Service Engineering

2. Auflage

Hans-Jörg Bullinger
August-Wilhelm Scheer
Herausgeber

Service Engineering

Entwicklung und Gestaltung innovativer Dienstleistungen

Schriftleitung: Kristof Schneider

Zweite, vollständig überarbeitete
und erweiterte Auflage
mit 226 Abbildungen
und 24 Tabellen

Prof. Dr.-Ing. habil. Prof. e.h. Dr. h.c. Hans-Jörg Bullinger
Fraunhofer-Gesellschaft
zur Förderung der angewandten Forschung e.V.
Hansastraße 27c
80686 München
E-mail: hans-joerg.bullinger@zv.fraunhofer.de

Professor Dr. Dr. h.c. mult. August-Wilhelm Scheer
Institut für Wirtschaftsinformatik im DFKI
Stuhlsatzenhausweg 3, Geb. 43.8
66123 Saarbrücken
E-mail: scheer@iwi.uni-sb.de

Bibliografische Information Der Deutschen Bibliothek
Die Deutsche Bibliothek verzeichnet diese Publikation in der Deutschen Nationalbibliografie; detaillierte bibliografische Daten sind im Internet über *http://dnb.ddb.de* abrufbar.

ISBN-10 3-540-25324-6 2. Auflage Springer Berlin Heidelberg New York
ISBN-13 978-3-540-25324-2 2. Auflage Springer Berlin Heidelberg New York
ISBN 3-540-43831-9 1. Auflage Springer Berlin Heidelberg New York

Springer ist ein Unternehmen von Springer Science+Business Media
springer.de

Umschlaggestaltung: Erich Kirchner
Herstellung: Helmut Petri
Druck: Strauss Offsetdruck

SPIN 11408178 Gedruckt auf säurefreiem Papier – 43/3153 – 5 4 3 2 1 0

Vorwort zur zweiten Auflage

Seit der Veröffentlichung der ersten Auflage des vorliegenden Herausgeberbands lässt sich feststellen, dass das Konzept des Service Engineering, also die systematische Entwicklung und Gestaltung innovativer Dienstleistungen, im deutschen Dienstleistungssektor immer mehr Beachtung findet. Nichtsdestotrotz ist es unstrittig, dass für die konsequente Umsetzung des Service Engineering-Ansatzes noch der Beantwortung weiterer Fragen bedarf, die bis dato nicht ausreichend behandelt wurden. Daher ist auch für die zweite Auflage der Anspruch des Herausgeberbands, Wissenschaftlern und Praktikern gleichermaßen einen Überblick über den aktuellen Kenntnisstand und zukünftige Tendenzen im Service Engineering zu geben.

Die grundsätzliche Gliederung des Sammelwerks in fünf Teile bleibt erhalten. Die Beiträge der ersten Auflage wurden aktualisiert und neue Beiträge in wichtigen, aber bislang unbesetzten Themenfeldern zusätzlich aufgenommen.

Wir möchten auch mit der zweiten Auflage dazu beitragen, dass das positive Interesse am Thema Service Engineering weiterhin erhalten bleibt und helfen, die damit zweifellos verbundenen wirtschaftlichen Potenziale auszuschöpfen.

Wir danken allen Autoren für die Bereitstellung ihrer Beiträge und für die gute Zusammenarbeit. Sie haben durch ihr Engagement das Erscheinen dieser zweiten Auflage ermöglicht. Darüber hinaus danken wir Herrn Dipl.-Kfm. Kristof Schneider (IWi) für die umfassende Betreuung des Manuskripts. Des Weiteren gilt unser Dank Frau Dipl.-Kffr. Christine Daun (IWi) und Herrn lic. oec. HSG Marc Opitz (Fraunhofer IAO) sowie allen weiteren beteiligten Mitarbeitern an unseren Instituten für deren Unterstützung bei der Fertigstellung dieses Werks.

München und Saarbrücken, im August 2005

Hans-Jörg Bullinger

August-Wilhelm Scheer

Vorwort zur ersten Auflage

Service Engineering – hinter diesem Begriff verbirgt sich mehr als nur ein Schlagwort. Service Engineering umfasst die systematische Entwicklung und Gestaltung innovativer Dienstleistungen. Es ist ein Konzept, das sich als unverzichtbares Instrumentarium sowohl auf strategischer als auch auf operativer Ebene durchsetzen wird. Es richtet sich nicht nur an klassische Dienstleistungsunternehmen, sondern auch an Hersteller von Sachgütern, die ihr produktbegleitendes Dienstleistungsangebot professionalisieren wollen.

Die schnelle und effiziente Realisierung innovativer Dienstleistungen stellt zunehmend einen Erfolgsfaktor für die Wettbewerbsfähigkeit von Unternehmen dar. Dienstleistungen werden in der Praxis jedoch häufig unkoordiniert und fehlerhaft entwickelt. Um dem entgegenzuwirken, stellt das Konzept des Service Engineering Vorgehensmodelle, Methoden und Werkzeugunterstützung für die systematische Planung, Entwicklung und Realisierung innovativer Dienstleistungen zur Verfügung.

Ziel des vorliegenden Herausgeberbands „Service Engineering – Entwicklung und Gestaltung innovativer Dienstleistungen" ist es, Wissenschaftlern und Praktikern gleichermaßen einen Überblick über den aktuellen Kenntnisstand zum Service Engineering zu vermitteln. Namhafte Wissenschaftler legen Grundlagen dar und zeigen aktuelle Tendenzen auf. Praktiker aus unterschiedlichen Branchen stellen ihre Erfahrungen aus aktuellen Service Engineering-Projekten vor.

Da sich der Begriff Service Engineering zunehmend in Wissenschaft und Praxis etabliert, ist es uns ein Anliegen, diese Entwicklung durch den gleichnamigen Herausgeberband zu untermauern und zu fördern.

Wir danken allen Autoren für die Bereitstellung ihrer Beiträge und für die gute Zusammenarbeit. Sie haben durch ihr Engagement das Erscheinen dieses Buchs ermöglicht. Darüber hinaus danken wir Herrn Dipl.-Verw.Wiss. Oliver Grieble (IWi) für die umfassende Betreuung des Manuskripts. Des Weiteren gilt unser Dank den Herren Dipl.-Kfm. Kristof Schneider (IWi) und Dipl.-Kfm. Peter Schreiner (Fraunhofer IAO) sowie allen weiteren beteiligten Mitarbeitern an unseren Instituten für deren Unterstützung bei der Fertigstellung dieses Werks.

Stuttgart und Saarbrücken, im August 2002

Hans-Jörg Bullinger

August-Wilhelm Scheer

Vorwort zur ersten Auflage

[illegible]

[illegible] Wettbewerbsfähigkeit von Unternehmen [illegible]

[illegible]

[illegible]

[illegible]

[illegible] im August 200[illegible]

[illegible]

[illegible]

Inhaltsverzeichnis

III Ausgewählte Ansätze des Service Engineering

I Grundlagen des Service Engineering

Service Engineering – Entwicklung und Gestaltung innovativer Dienstleistungen

Hans-Jörg Bullinger
Fraunhofer-Gesellschaft zur Förderung der Angewandten Forschung e. V., München
August-Wilhelm Scheer
Institut für Wirtschaftsinformatik (IWi) im Deutschen Forschungszentrum für Künstliche Intelligenz (DFKI), Saarbrücken

Inhalt

1 Service Engineering – Systematische Dienstleistungsentwicklung als interdisziplinäre Aufgabe für Forschung und Praxis

Dienstleistungen müssen systematisch entwickelt werden, lautet die zentrale Forderung des Service Engineering. Analog zur Produkt- und Softwareentwicklung ist auch für den Dienstleistungsbereich eine Entwicklungsdisziplin zu etablieren, die sich methodisch mit der Transformation von Dienstleistungsideen in marktfähige Leistungen auseinandersetzt. Dabei ist Service Engineering nicht als Selbstzweck oder als Aufgabe wissenschaftlicher Grundlagenforschung zu verstehen. Vielmehr unterstützt das Konzept Unternehmen konkret dabei, Dienstleistungen so zu gestalten, dass sie mit der gewünschten Qualität und Effizienz wirtschaftlich am Markt angeboten werden können. Die Notwendigkeit eines systematischen Vorgehens im Rahmen der Vorbereitung wird angesichts einer Vielzahl gescheiterter Dienstleistungen deutlich, bei denen unternehmensseitig einzelne oder mehrere Entwicklungsschritte nicht oder nur unzureichend bearbeitet wurden.

Ein Bedarf an Service Engineering-Lösungen besteht sowohl bei solchen Unternehmen, die überwiegend Dienstleistungen anbieten als auch bei solchen, die Services ergänzend zu Sachgütern offerieren. Dieser Bedarf ist in den letzten Jahren kontinuierlich gestiegen, was auf die bei vielen Unternehmen zunehmende Bedeutung von Dienstleistungen für Umsatz und Gewinn zurückzuführen ist. So stellt die Entwicklung neuer Services für Dienstleister und Produzenten materieller Güter gleichermaßen eine wichtige und kontinuierliche Herausforderung dar. Dem Angebot innovativer Dienstleistungen kommt die Bedeutung zu, die aktuelle Marktposition des Unternehmens abzusichern und zusätzliche Ertragspotenziale zu generieren. Industrieunternehmen sehen zudem die Möglichkeit, sich durch besondere Dienstleistungen von der Konkurrenz, die häufig qualitativ vergleichbare Produkte anbietet, zu unterscheiden.

Eine systematisch durchgeführte Dienstleistungsentwicklung ist eine Querschnittsaufgabe. Dies gilt sowohl für die Betrachtung des Service Engineering als Forschungsdisziplin als auch aus der Perspektive der Praktiker. Der Querschnittscharakter verdeutlicht die zwingende Interdisziplinarität. Ohne den folgenden Beiträgen vorzugreifen, soll eine kurze Analyse der Dienstleistungsentwicklung Aufschluss über unterschiedliche Fachbereiche geben, die mit eigenen Beiträgen einzelne Aufgaben im Service Engineering wahrnehmen:

Die These, dass Dienstleistungsprodukte ähnlich wie Sachgüter systematisch entwickelt werden können, lässt die enge Verbindung zu den *Ingenieurwissenschaften* erkennen. Der Einsatz standardisierter Vorgehensmodelle und einer Konstruktionsmethodik verheißen auch für den Dienstleistungsbereich signifikante Vorteile wie Reduktion der Entwicklungskosten und verkürzte Entwicklungszeit bis zur Markteinführung bei einer gleichzeitig stattfindenden Verbesserung der Qualität. Die Effizienz von Dienstleistungsentwicklung und -erbringung kann ebenfalls durch in der Produktion bewährte Ansätze, bspw. komponentenbasierte Entwicklungsverfahren oder Variantenkonzepte, gesteigert werden. Über den fachlich-inhaltlichen Beitrag ingenieurwissenschaftlicher Ansätze hinaus ist die Übertragung des Präzisionsansatzes – weitgehend bereits umgesetzt bei der Entwicklung materieller Produkte und elementare Voraussetzung für deren Einsatzfähigkeit und Nutzenstiftung für den Kunden – auf den Dienstleistungsbereich sinnvoll.

Auch die Anwendung *betriebswirtschaftlicher Konzepte* ist im Rahmen des Service Engineering unverzichtbar. Bereits zu Beginn neuer Dienstleistungsentwicklungsvorhaben, die meist als Projekt organisiert werden, müssen alternative Geschäftsmodelle identifiziert werden und sind Business Cases zu bewerten. Der Projekterfolg hängt darüber hinaus auch von einem proaktiven Controlling ab. Dessen Aufgabe ist es, einerseits die Einhaltung der geplanten Entwicklungskosten zu gewährleisten und andererseits, den Entwicklungsfortschritt kontinuierlich zu überwachen. Bei Störungen des Ablaufs sind geeignete Maßnahmen einzuleiten. Auch die entwicklungsbezogenen Aufgaben des Marketings tragen einen erheblichen Teil zum Erfolg einer Dienstleistungsentwicklung bei. Die diesbezüglich anfallenden Tätigkeiten sind äußerst vielschichtig, angefangen von der Aufnahme und Priorisierung der Kundenanforderungen über die Wahrnehmung von Qualitätsmanagementaufgaben bis hin zur Umsetzung zielgruppenspezifischer Vertriebskonzepte.

Die Gestaltung und Erbringung der für Dienstleistungen kennzeichnenden Interaktionsprozesse stellt eigene Anforderungen an die Berücksichtigung des „Faktors Mensch“. Im Service Engineering besteht die Notwendigkeit, das dienstleistende Personal im Hinblick auf die durchzuführenden Aktivitäten zu qualifizieren. Der Aufbau der notwendigen Sozial- und Methodenkompetenz bei den Mitarbeitern und die Motivation derselben stellen wichtige Aufgaben für die Personalentwicklung und Führung dar. Auch die Gestaltung der Kundenschnittstelle und die Planung der Interaktionsbeziehung zwischen dem Dienstleistungsanbieter und dem -nachfrager zeigen den Bedarf dienstleistungsspezifischer Konzepte. So ist auch die *Psychologie* gefordert, geeignete Methoden für eine systematische Dienstleistungsentwicklung bereitzustellen.

Der *Informatik* kommt zur Unterstützung des Service Engineering eine Doppelrolle zu: Einerseits muss sie Software bereitstellen, die das Dienstleistungsentwicklungsteam effizient in seiner Arbeit unterstützt, andererseits sind in fast allen Projekten, bei denen Dienstleistungen zu entwickeln sind, Neuentwicklungen oder Anpassungen von Informations- und Kommunikationssystemen erforderlich. Häufig wird durch die Gestaltung der Systeme die Effizienz der Dienstleistungserbringung maßgeblich beeinflusst und deren Flexibilitätsgrad festgelegt. Im Vergleich zum Service Engineering weist die Softwareentwicklung eine längere Tradition auf. Daher sind auch aus diesem Bereich etablierte Verfahren auf ihre Anwendbarkeit auf den Dienstleistungsbereich zu überprüfen.

Die geforderte *interdisziplinäre Zusammenarbeit* in Service Engineering-Projekten setzt in der Praxis voraus, dass sich Mitarbeiter unterschiedlicher Fachbereiche mit ihrem jeweiligen Wissen aktiv einbringen. Die Kommunikation über Funktionsgrenzen hinweg erfordert ein gemeinsames Verständnis der zu bewältigenden Herausforderung. Darüber hinaus ist der Erfolg der Teamarbeit auch von weichen Faktoren wie der gegenseitigen Achtung der Projektmitglieder sowie deren genereller Teamfähigkeit abhängig. Aus projektorganisatorischer Sicht ist vor allem zu beachten, dass Schnittstellen und Verantwortungsbereiche klar zu definieren und zwischen den Projektmitgliedern eindeutig aufzuteilen sind.

Die Entwicklung neuer und die Weiterentwicklung bestehender Konzepte innerhalb des Service Engineering bedarf einer intensiven Kooperation zwischen Forschungseinrichtungen und Unternehmen. Der hohe Bedarf an bereitzustellendem Wissen sowie der Druck, zeitnah geeignete Ansätze entwickeln und umsetzen zu müssen, verdeutlicht die Relevanz des Themas für beide Seiten – Wissenschaft und Praxis.

2 Überblick über ausgewählte Untersuchungsbereiche im Service Engineering

Wie dargestellt, lässt sich Service Engineering aus verschiedenen Perspektiven betrachten. Die Bedeutung dieser Disziplin im Rahmen der Dienstleistungsforschung ist dabei unbestritten. Breite Beachtung wird konkreten Vorgehensmodellen und einzelnen Phasen des Service Engineering geschenkt. Darüber hinaus wird zunehmend auch über die Verknüpfung von Service Engineering und Informationstechnologie diskutiert.

Ein wichtiges Ziel dieser Publikation ist es, das Thema Service Engineering umfassend darzustellen, wobei darauf geachtet wurde, dass es bei den einzelnen Beiträgen nicht zu größeren inhaltlichen Überschneidungen kommt. Zu diesem Zweck ist das Buch in folgende thematische Schwerpunkte gegliedert:

- Kapitel I: Grundlagen des Service Engineering
- Kapitel II: Ausgewählte Phasen des Service Engineering
- Kapitel III: Ausgewählte Ansätze des Service Engineering
- Kapitel IV: Service Engineering und Informationstechnologie
- Kapitel V: Service Engineering in der Praxis

Kapitel I gibt einen Überblick über die Grundlagen des Service Engineering. Das Thema wird dem Leser sowohl aus historischer als auch aus methodischer Sicht näher gebracht. Des Weiteren werden häufig beachtete Vorgehensmodelle zum Service Engineering erläutert.

Kapitel II beleuchtet einzelne Phasen des Service Engineering-Prozesses und deren besondere Rolle und Einordnung in den Gesamtprozess der Dienstleistungsentwicklung.

Im dritten Kapitel werden ausgewählte Ansätze des Service Engineering in den Vordergrund gestellt. Es wurde darauf geachtet, einen möglichst breiten und umfassenden Überblick über verschiedene Ansätze und Aspekte des Service Engineering zu vermitteln.

Dem Anspruch der Wirtschaftsinformatik, Methoden und Konzepte der Betriebswirtschaftslehre mit Ansätzen der Informationstechnologie zu verbinden, wird in Kapitel IV Rechnung getragen. Die vorgestellten Ansätze verfolgen das Ziel, methodische Konzepte des Service Engineering informationstechnisch zu unterstützen bzw. umzusetzen.

Das letzte Kapitel widmet sich dem Thema „Service Engineering in der Praxis". Anhand von sechs Praxisbeispielen wird gezeigt, dass Service Engineering nicht nur ein (theoretisches) Konzept zur Entwicklung von Dienstleistungen ist, sondern dass eine Notwendigkeit für Unternehmen besteht, Dienstleistungen schnell und systematisch zu entwickeln, um konkurrenzfähig zu bleiben und sich im Wettbewerb zu behaupten.

Die in diesem Herausgeberband aufgegriffenen Aspekte des Service Engineering erheben keinen Anspruch auf Vollständigkeit. Bei der Breite des Themas ist festzuhalten, dass auch zusätzliche Aspekte des Service Engineering fokussiert werden können, bspw. die besondere Bedeutung des Human Resource Management. Insgesamt trägt die Struktur dieses Buchs jedoch dazu bei, eine anschauliche Präsentation des Status quo im Service Engineering und einen adäquaten Überblick über das Thema zu geben. Im Folgenden werden die einzelnen Kapitel und Beiträge skizziert, um dem Leser einen ersten Einblick über den Aufbau des Herausgeberbands zu vermitteln.

2.1 Grundlagen des Service Engineering

Das erste Kapitel „Grundlagen des Service Engineering" dient dem Einstieg in das Thema. Neben der Einordnung des Service Engineering in das Dienstleistungsmanagement wird die Thematik sowohl aus methodischer als auch aus historischer Perspektive betrachtet. Des Weiteren wird anhand eines Vorgehensmodells zum anschließenden Kapitel II „Phasen des Service Engineering" übergeleitet.

SCHEER/GRIEBLE/KLEIN beschreiben in ihrem Artikel *Modellbasiertes Dienstleistungsmanagement* die Notwendigkeit, die Dienstleistung als (Entwicklungs-)Objekt zu begreifen. Auf der Grundlage der drei Dienstleistungsdimensionen Potenzial-, Prozess- und Ergebnisdimension werden adäquate Modelle vorgestellt, die sowohl für das Dienstleistungsmanagement allgemein als auch für das Service Engineering speziell hilfreich sind. Das komplexe Betrachtungsobjekt Dienstleistung wird mit Hilfe dieser Methodik greifbar und handhabbar. Dies vereinfacht sowohl die Entwicklung als auch das Management von Dienstleistungen.

Der Erfolg einer neuen Dienstleistung am Markt hängt in besonderem Maße von deren Konzeption und Gestaltung ab. In ihrem Beitrag *Service Engineering: Ein Rahmenkonzept für die systematische Entwicklung von Dienstleistungen* erläutern BULLINGER/SCHREINER konzeptionelle Grundlagen für eine systematische Dienstleistungsentwicklung und stellen ausgewählte Ansätze vor. Ausgehend von einem konstitutiven Dienstleistungsverständnis werden vier Gestaltungsräume für die Entwicklung abgeleitet. Das vor diesem Hintergrund entwickelte Service Engineering Rahmenkonzept stellt ein geeignetes Instrument dar, um Dienstleistungsentwicklungsprojekte zu strukturieren und die Gesamtheit aller zu bearbeitenden Aufgabenbereiche zu verdeutlichen.

Die zunehmende Bedeutung des Dienstleistungssektors war Anlass für die Förderinitiative „Dienstleistungen für das 21. Jahrhundert" vom Bundesministerium für Bildung und Forschung (BMBF). Innerhalb dieses Förderprogramms, das zahlreiche dienstleistungsbezogene Fragestellungen aufgreift, wurden seit Mitte der 90er Jahre auch konzeptionelle Arbeiten zur Entwicklung von Dienstleistungen durchgeführt. Mit ihrem Beitrag *Service Engineering – Entwicklungspfad und Bild einer jungen Disziplin* beleuchten FÄHNRICH/OPITZ die Entwicklung von Service Engineering und erläutern grundlegende Aspekte dieser Fachdisziplin.

Im abschließenden Beitrag zu den Grundlagen des Service Engineering beschäftigen sich SCHNEIDER/DAUN/BEHRENS/WAGNER in *Vorgehensmodelle und Standards zur systematischen Entwicklung von Dienstleistungen* mit der grundsätzlichen Vorgehensweise bei der Entwicklung von Dienstleistungen sowie in diesem Zusammenhang bestehenden Ansätzen zur Standardisierung. Nach theoretischen Vorüberlegungen werden insgesamt sieben Vorgehensmodelle beschrieben, die nicht nur in der Dienstleistungsliteratur häufig zitiert werden, sondern auch in der Praxis Anwendung finden.

2.2 Phasen des Service Engineering

Bereits im Grundlagenteil wird dargestellt, dass der umfassende Prozess der Dienstleistungsentwicklung in einzelne Phasen eingeteilt werden kann. Unabhängig von der Praktikabilität eines streng phasenorientierten sequenziellen Vorgehens dient eine solche Strukturierung der Komplexitätsreduzierung. Auf diese Weise wird die vielschichtige Aufgabe, eine neue Dienstleistung zu entwickeln und am Markt einzuführen, in verschiedene, besser handhabbare Teilaufgaben zerlegt. Das phasenorientierte Vorgehen ist nicht als dienstleistungsspezifische Neuerung zu sehen, sondern lehnt sich an Modellen der Produkt- und Softwareentwicklung an. Im zweiten Kapitel werden unterschiedliche Aufgaben des Service Engineering einzelnen oder mehreren Entwicklungsphasen zugeordnet und charakterisiert. Im Vordergrund stehen die Initialisierungsphase für Dienstleistungsinnovationen, die Service-Konzeption, die übergreifende Analyse und Verwertung von Kundeninformationen, der Dienstleistungstest sowie die Einführung am Markt.

Industrieunternehmen stehen häufig vor der Herausforderung, dass auf Basis der Sachgüter kaum noch Wettbewerbsvorteile zu erzielen sind. Um im Markt erfolgreich zu sein, entscheiden sich viele Anbieter von industriellen Gütern dafür, ergänzende Dienstleistungen zu offerieren. Damit diese industriellen Dienstleistungen den Erfordernissen der Nachfrager entsprechen, sollten Kunden schon in der Entwicklungsphase eingebunden werden. RECKENFELDERBÄUMER/BUSSE stellen in ihrer *phasenbezogene Analyse zum Thema Kundenmitwirkung bei der Entwicklung von industriellen Dienstleistungen* dar, welche Ansatzpunkte Anbieter industrieller Dienstleistungen haben, um den Kunden in Entwicklungsprozesse zu integrieren. Zur Darstellung von Wegen und Methoden der Kundenintegration unterscheiden die Autoren die Phasen der Ideengewinnung, der Ideenprüfung und -auswahl sowie der Ideenrealisierung. Als ein Konzept, das sich auf Grund seiner Komplexität nicht einer spezifischen Phase zuordnen lässt, wird darüber hinaus der Lead-User-Ansatz vorgestellt. Die Autoren zeigen Grenzen und Problemfelder auf, die bei der Einbindung des Kunden auf Seite des Anbieters, des Kunden sowie der Anbieter-Nachfrager-Beziehung auftreten können.

Innovationen beinhalten das größte Potenzial zur Erringung von Wettbewerbsvorteilen, sind aber mit „Flopraten" zwischen 30 und 50 Prozent auch mit einem hohen Risiko behaftet. Ein strukturiertes und effizientes Management von Dienstleistungs-Innovationen kann maßgeblich dazu beitragen, diese Innovationsrisiken durch entsprechende Vorgehensweisen und die Betrachtung aller Aufgaben- und Gestaltungsbereiche der Innovation zu reduzieren. REICHWALD/SCHALLER beschreiben in ihrem Beitrag *Innovationsmanagement von Dienstleistungen – Herausforderungen und Erfolgsfaktoren in der Praxis* die Gestaltungsfelder und die Erfolgsfaktoren für das Innovationsmanagement von Dienstleistungen und zeigen damit auf, wie ein intelligentes und methodisches Vorgehen bei der Innovation von Dienstleistungen dazu beiträgt, Innovationsrisiken zu minimieren.

Sowohl bei der Innovation von Dienstleistungen als auch bei der Erbringung spielt die Integration des externen Faktors innerhalb der *Dienstleistungsproduktion* eine zentrale Rolle. Durch die gezielte Ex- bzw. Internalisierung, also der Veränderung der Faktorkombination von dienstleistungsspezifischen Produktionsfaktoren, lassen sich Dienstleistungen verschiedenen Kundengruppen mit unterschiedlichen Nachfragefunktionen zugänglich machen und mit unterschiedlichen Kostenstrukturen produzieren. FRIETZSCHE/MALERI stellen die Variation der Faktorkombination von dienstleistungsspezifischen Produktionsfaktoren in den Mittelpunkt ihres Beitrags und beleuchten damit eine bisher weniger beachtete Gestaltungsdimension der Dienstleistungsentwicklung und -erbringung.

Bei der Markteinführung von Dienstleistungen müssen vorab Besonderheiten berücksichtigt werden, die sich von Sachgütern unterscheiden und von denen der Erfolg einer innovativen Dienstleistung maßgeblich abhängt. Einen kritischen Erfolgsfaktor bei der Einführung einer Dienstleistung stellt der Standardisierungsgrad des Entwicklungs- und Erbringungsprozesses dar, der direkt davon abhängig ist, in welchem Ausmaß der externe Faktor zu integrieren ist. BRUHN erklärt und systematisiert in seinem Beitrag *Markteinführung von Dienstleistungen – Vom Prototyp zum marktfähigen Produkt* den Einsatz von Methoden in Bezug auf unterschiedliche Klassen von Services, um die Nutzungsfähigkeit einer Leistung zu ermitteln. Er zeigt Wege für die einzelnen Markteinführungsphasen auf, die einen Entwicklungsprozess formalisieren und institutionalisieren. Nach Auffassung des Autors werden diese Möglichkeiten von den Unternehmen noch zu wenig adaptiert, um sich im starken Wettbewerb des Dienstleistungsbereichs zu positionieren und um Dienstleistungen optimal am Markt einzuführen.

Die Vermarktung stellt eine entscheidende Phase bei der Einführung neuer Leistungen dar. MEFFERT untersucht diesen Bereich in seinem Artikel *Marketing für innovative Dienstleistungen*. Er geht dabei insbesondere auf das strategische und das operative Marketing sowie auf Erfolgsfaktoren des Marketings für innovative Dienstleistungen ein. Dies geschieht auf der Basis einer intensiven Auseinandersetzung mit begrifflichen Grundlagen und einer Typologisierung von Dienstleistungsinnovationen.

Auch BENKENSTEIN/VON STENGLIN widmen sich der Thematik des Dienstleistungsmarketings. In ihrem Beitrag *Innovationsmanagement im Service-Marketing: Neue Geschäfte für den Service erschließen* fokussieren sie die Themen Dienstleistungsinnovation, Dienstleistungsqualität und Kundenorientierung. Letztere wird phasenweise betrachtet und für die Ideengewinnungsphase, die Phase des Service Designs, die Testphase und die Markteinführung explizit untersucht. Die Autoren halten fest, dass sich die Kundenorientierung auf den gesamten Innovationsprozess erstrecken muss.

2.3 Ansätze des Service Engineering

Nachdem in den beiden vorangegangenen Abschnitten zunächst Grundlagen und einzelne Phasen des Service Engineering verdeutlicht wurden, werden im Kapitel III „Ausgewählte Ansätze des Service Engineering“ verschiedene Konzepte für die systematische Dienstleistungsentwicklung vorgestellt. Neben populären Ansätzen wie Wissensmanagement werden auch seltener diskutierte Themen aufgegriffen, z. B. die Übertragbarkeit der Plattformstrategie, der Collaborative Service Engineering Gedanke sowie das Potenzial der Modularisierung. Besondere Aufmerksamkeit wird dem kundenorientierten Service Engineering zuteil. Die dargestellten Ergebnisse aus durchgeführten Studien machen den Stellenwert der Kundenorientierung für das Service Engineering besonders deutlich.

Um wettbewerbsfähig zu bleiben, müssen sich Dienstleister vermehrt den Herausforderungen veränderter Marktbedingungen stellen, die sich z. B. in einem starken Preiswettbewerb, Forderungen nach hohen Innovationsraten und/oder Wünschen nach Komplettleistungspaketen aus einer Hand manifestieren. Eine Option, den mannigfaltigen Kunden- und Marktanforderungen gerecht zu werden, sehen ZAHN/STANIK in einer Netzwerklösung; genauer im Erstellen von Full-Service-Leistungen in Dienstleistungsnetzwerken. Die Autoren beschreiben in ihrem Beitrag *Integrierte Entwicklung von Dienstleistungen und Netzwerken – Dienstleistungskooperationen als strategischer Erfolgsfaktor* wie Serviceanbieter bei der Entwicklung von Komplettdienstleistungen im Rahmen des Service Engineering geeignete Netzwerke aufbauen und managen können. Dabei arbeiten die Autoren Chancen und Risken dieses Ansatzes heraus und zeigen Perspektiven für zukünftige Entwicklungen in Wissenschaft und Praxis auf.

STAUSS befasst sich mit dem Thema *Plattformstrategien im Service Engineering*. Plattformstrategien sind im Bereich der Produktentwicklung von Investitions- und Produktionsgütern seit langem bekannt und spielen im Kontext der Neuproduktentwicklung eine zunehmend bedeutsame Rolle (z. B. in der Automobilindustrie). Im Kern haben Plattformstrategien zum Ziel, auf Basis wesentlicher gemeinsamer Komponenten und Strukturen unterschiedliche individuelle Produkte zu entwickeln, zu produzieren und zu vermarkten. STAUSS untersucht die Übertragbarkeit dieses Konzepts auf den Dienstleistungsbereich und diskutiert gleichzeitig die Besonderheiten der Serviceplattformentwicklung im Rahmen des Service Engineering.

Die kooperative Erstellung einer Dienstleistung steht im Mittelpunkt des Beitrags *Collaborative Service Engineering* von KERSTEN/KERN/ZINK. Das wesentliche Ziel des Collaborative Service Engineering sehen die Autoren darin, den Prozess der kooperativen Dienstleistungsentwicklung systematisch auszugestalten sowie die Entwicklungsprozesse der beteiligten Partner aufeinander abzustimmen und durch moderne Informations- und Kommunikationstechnologien zu unterstützen. Die Chancen eines solchen Konzepts liegen in einer realisierbaren Prozessbeschleunigung, einer Kostenreduzierung, einer kundenorientierten Dienstleistungsentwicklung und in einer Optimierung der Dienstleistungserbringungsprozesse.

KLEINALTENKAMP/FRAUENDORF stellen in ihrem Beitrag *Wissensmanagement im Service Engineering* die Bedeutung der Ressource Wissen in einem Dienstleistungsentwicklungsprozess in den Mittelpunkt ihrer Ausführungen. Dabei sehen sie die Unternehmen angesichts eines stetigen Wachstums des Dienstleistungssektors in Verbindung mit immer kürzer werdenden Innovationszyklen in einer Position, konstant neue und erfolgreiche Dienstleistungskonzepte entwickeln zu müssen, um auf dem Markt bestehen zu können. Im Besonderen weisen sie in diesem Zusammenhang auf das Wissen über die Kundenbedürfnisse hin und stellen dieses Wissen als elementaren Erfolgsfaktor heraus. Dazu wird die Notwendigkeit aufgezeigt, diese Ressource zur optimalen Nutzung in ein zielgerechtes Managementsystem einzubinden, damit eine sinnvolle Integration in die eigene Wertschöpfung möglich ist.

BÖHMANN/KRCMAR untersuchen in ihrem Beitrag *Modulare Servicearchitekturen* die Anwendbarkeit des Prinzips der Modularität auf die Entwicklung von Dienstleistungen. Sie identifizieren für modular aufgebaute Produkte und Dienstleistungen dort besondere Vorteile, wo sich Anbieter sowohl heterogenen Anforderungen der Kunden als auch heterogenen Inputfaktoren mit unterschiedlichen Lebenszyklen gegenüber sehen. Sie weisen allerdings darauf hin, dass der Erfolg dieses Prinzips davon abhängt, trotz der modularen Struktur eine einheitliche Wahrnehmung der Dienstleistung für den Kunden zu gewährleisten.

Die Potenziale des *Service Engineering zur Internationalisierung von Dienstleistungen* stehen im Kern des Beitrags von MEYER/KANTSBERGER/BLÜMELHUBER. Die Zukunft bedingt, dass deutsche Dienstleister ihr internationales Geschäft ausbauen, um ihre Bedeutung auf dem Weltmarkt zu bewahren. Zu diesem Zweck ist ein systematisches Service Engineering von entscheidender Bedeutung. Die Autoren stellen zunächst Grundlagen zur Internationalisierung von Dienstleistung dar bevor sie im Anschluss strategische und operative Aspekten des internationalen Service Engineering diskutieren.

Die Übertragbarkeit der Ergebnisse aus der ingenieurwissenschaftlichen Forschung auf die Dienstleistungsentwicklung ist Kern des Beitrags von EVERSHEIM/KUSTER/LIESTMANN *Anwendungspotenziale ingenieurwissenschaftlicher Methoden für das Service Engineering*. Begründet sind diese Überlegungen auf dem Faktum, dass für viele Unternehmen die systematische Gestaltung ihres Dienstleistungsportfolios eine große Herausforderung darstellt. Die Autoren verweisen darauf, dass die Anwendung ingenieurwissenschaftlicher Methoden als sehr sinnvoll anzusehen ist, wobei jedoch zu beachten ist, dass die Immaterialität der Dienstleistung eine spezifische Anpassung der Methoden für den Dienstleistungssektor erfordert.

LUCZAK/LIESTMANN/GILL fokussieren in ihren Ausführungen das *Service Engineering industrieller Dienstleistungen*. Ausgangspunkt ihrer Gedanken ist die Tatsache, dass sich das Produktportfolio von Investitionsgüterherstellern in zunehmendem Maße durch die Erweiterung um Dienstleistungen zu einem Produktportfolio von hybriden Produkten wandelt, um dadurch Kundenbedürfnissen besser entsprechen zu können. Sie untersuchen deshalb die einzelnen Elemente des Service Engineering hinsichtlich ihrer Eignung, den Entwicklungsprozess einer industriellen Dienstleistung wirkungsvoll zu unterstützen.

In vielen Branchen, besonders in der Investitionsgüterindustrie, haben sich ehemals produzierende Unternehmen zu integrierten Produkt- und Dienstleistungsunternehmen gewandelt. Sie bieten heute Leistungen an, die aus Produkten und Dienstleistungen bestehen. Bis heute existieren jedoch kaum Erkenntnisse darüber, wie Produkte und Dienstleistungen zusammen gestaltet werden können. In ihrem Beitrag *Entwicklung hybrider Produkte – Gestaltung materieller und immaterieller Leistungsbündel* differenzieren SPATH/DEMUSS fünf verschiedene Angebotstypen und zeigen auf, wie diese mit Hilfe ingenieurwissenschaftlicher Methoden integriert entwickelt werden können.

Im Kern des Beitrags von SPATH/ZÄHRINGER *Service Engineering – Ein Gestaltungsrahmen für internationale Dienstleistungen* steht die Frage, wie international erbrachte Dienstleistung systematisch entwickelt werden können. Sie zeigen Motive und Ziele, die auf der Ebene des einzelnen Dienstleistungsunternehmens Auslöser und Antrieb für die internationale Ausrichtung des Leistungsportfolios sind. Nach der Darlegung typischer Entwicklungspfade der Internationalisierung wird ein theoretischer Entwicklungsprozess für internationale Dienstleistungen präsentiert.

Zur Erforschung von Systemen und komplexen Zusammenhängen in Organisationen erweisen sich Fallstudien als geeignete Methode. Damit kommt ihnen für die Dienstleistungsforschung eine besondere Bedeutung zu. Zu diesem Schluss kommen NÄGELE/VOSSEN nach einer Vorstellung und kritischen Würdigung dieser Forschungsmethode. Die Autoren stellen in dem Beitrag *Erfolgsfaktor kundenorientiertes Service Engineering – Fallstudienergebnisse zum Tertiarisierungsprozess und zur Integration des Kunden in die Dienstleistungsentwicklung* die Ergebnisse zweier Projekte vor, in denen anhand von Fallstudien die Bedeutung der Kundenorientierung in der Dienstleistungsentwicklung herausgearbeitet wurde. Anhand der Resultate leiten sie ein Reifegradmodell der kundenorientierten Entwicklung von Dienstleistungen ab.

Auf großes Interesse im Zusammenhang mit Service Engineering stößt neben dem Dienstleistungsmarketing die Frage, inwiefern die *Dienstleistungsästhetik* vom Kunden beachtet wird. In ihrem Beitrag untersuchen GANZ/MEIREN/KAHL zunächst die Rolle von Design und Ästhetik in der Dienstleistungs- und Produktentwicklung. Nach grundsätzlichen Überlegungen zum Begriff der Ästhetik wird von den Autoren der Versuch unternommen, diese auf den Dienstleistungsbereich zu übertragen. Im Hauptteil des Beitrags wird ein Modell zur Operationalisierung von Dienstleistungsästhetik unter der Berücksichtigung des Kunden- und Mitarbeiterverhaltens skizziert.

2.4 Service Engineering und Informationstechnologie

Die Entwicklung neuer und innovativer Services geht häufig mit der Konzeption und Implementierung unterstützender Informations- und Kommunikationssysteme einher. In verschiedenen Branchen, bspw. bei Finanzdienstleistern, ist die Erbringung von Dienstleistungen untrennbar an informationstechnische Produktionssysteme geknüpft, so dass starke Abhängigkeiten entstehen. Methodisch fundierte Ansätze sollen sowohl im Rahmen der Dienstleistungs- als auch der Softwareentwicklung dazu beitragen, eine qualitäts-, kosten- und zeitgerechte Umsetzung der Anforderungen sicherzustellen. Die Beiträge des vierten Kapitels analysieren, wie die Effizienz der Dienstleistungsentwicklung durch den Einsatz geeigneter Tools unterstützt werden kann und wie Service und Software Engineering aufeinander abzustimmen sind. Ferner wird der Frage nachgegangen, welchen Beitrag ein systematisches Entwickeln zum Erfolg internetbasierter Dienstleistungen leisten kann.

ÖSTERLE/REICHMAYR betrachten in ihrem Beitrag *Out-tasking mit WebServices* einen informationstechnischen Aspekt des Service Engineering. Sie beschreiben zum einen das Konzept des Out-tasking, das es Unternehmen erlaubt, sich vollständig auf einen bestimmten Kundenprozess zu fokussieren. Zum anderen gehen sie auf WebServices ein, durch deren Einsatz es ermöglicht wird, sämtliche Leistungen zur Lösung eines Kundenproblems aus einer Hand anzubieten und sich auf die Kernkompetenz im engsten Sinne zu konzentrieren. Die Autoren zeigen in ihrem Beitrag, dass sich das Konzept des Service Engineering nicht nur auf klassische Dienstleistungsunternehmen anwenden lässt, sondern dass es auch einen wesentlichen Erfolgsfaktor bei der Entwicklung internetbasierter Anwendungen und Dienstleistungen darstellt.

Entgegen dem Verständnis vieler Phasenmodelle, die Service Engineering als eine sequenzielle Folge von Entwicklungsschritten erscheinen lassen, wird die Entwicklung von Dienstleistungen im Beitrag *Kooperationsunterstützung und Werkzeuge für die Dienstleistungsentwicklung: Die pro-services Workbench* von JUNGINGER/ LOSER/HOSCHKE/KRCMAR als ein flexibler kooperativer Prozess betrachtet. Es wird ein Konzept entwickelt, wie das Service Engineering durch den integrierten Einsatz von Kooperationswerkzeugen in einer softwarebasierten Workbench unterstützt werden kann. Existierende Systeme zur synchronen und asynchronen Kooperation liefern einen wichtigen Beitrag, damit die notwendigen Informationen zusammengetragen und die unterschiedlichen Perspektiven der Beteiligten berücksichtigt werden können.

BECKER/NEUMANN gehen in ihrem Beitrag auf *Referenzmodelle für Workflow-Applikationen in technischen Dienstleistungen* ein. Im Mittelpunkt der Ausführungen stehen die Themenschwerpunkte Prozessorientierung, Workflowsteuerung und Referenzmodellierung. Die Autoren übertragen dabei den betriebswirtschaftlich-strategischen Ansatz des Service Engineering auf die Ebene der Informationssystemgestaltung. In diesem Zusammenhang gehen sie explizit auf Workflow-basierte Servicemanagement-Systeme ein.

Die Konzeption und prototypische Realisierung eines *Computer Aided Service Engineering Tools* zur informationstechnischen Unterstützung der Entwicklung von Dienstleistungen ist Gegenstand des Beitrags von HERRMANN/KLEIN/THE. Ausgehend von der Darstellung der DV-Unterstützung von Fertigungsprozessen stellen die Autoren ein Rahmenkonzept zum ganzheitlichen Management von Service Engineering-Prozessen vor, von der organisatorischen Gestaltung bis zur informationstechnischen Umsetzung. Aus den organisatorischen, systemtechnischen und funktionalen Anforderungen an ein Service Engineering-Werkzeug wird die fachkonzeptionelle Beschreibung des entwickelten Prototyps abgeleitet. Abschließend erfolgt die Illustration der technischen Realisierung anhand des Architekturkonzepts sowie der umgesetzten Konfigurations-, Tailoring- und Realisierungskonzepte.

Anbieter von Dienstleistungen werden in zunehmendem Maße mit Marktveränderungen, neuartigen Kundenanforderungen sowie technologischen Neuentwicklungen konfrontiert. Der Erfolg eines Dienstleistungsangebots hängt maßgeblich von dessen Konzeption und kundenindividueller Gestaltung ab. Die zentrale Herausforderung bei Dienstleistungen liegt für Unternehmen demzufolge in der systematischen Entwicklung und der kontinuierlichen Verbesserung von Dienstleistungen. Gleichwohl sind substanzielle Vorgehensweisen kaum verbreitet und die systematische Gestaltung von Dienstleistungen wird nur unzureichend durch Informationstechnologie unterstützt. Im Beitrag *Customizing von Dienstleistungsinformationssystemen* von THOMAS/SCHEER wird die Entwicklung eines Werkzeugs motiviert, das die kundenindividuelle Konfiguration von Dienstleistungen auf der Basis eines modularen Dienstleistungsbaukastens ermöglicht. Die Anpassbarkeit und Flexibilität der Dienstleistungen und der sie unterstützenden Informationssysteme werden durch ein modellgestütztes Customizing auf der Basis von Referenzmodellen gewährleistet.

2.5 Service Engineering in der Praxis

Obwohl der Fokus der ersten vier Kapitel auf der Darstellung wissenschaftlich fundierter Konzepte liegt, wird stets betont, dass die Diskussion um eine Entwicklungssystematik für Dienstleistungen nicht nur auf akademischer Ebene stattfindet, sondern auch verstärkt zwischen Praktikern geführt wird. Die Forderung der Unternehmen nach praxisorientierten Lösungsansätzen wird umso lauter, je stärker sich Wertschöpfung und Gewinnmargen zu Gunsten des Dienstleistungsbereichs verschieben. Immer mehr Unternehmen haben diese Tendenz bereits erkannt und viele Praktiker bringen sich aktiv ein, um Ansätze des Service Engineering weiterzuentwickeln. Kapitel V beschäftigt sich mit ausgewählten Fragestellungen aus verschiedenen Unternehmen. Die Beispiele verdeutlichen, dass die systematische Dienstleistungsentwicklung eine branchenübergreifende Aufgabe darstellt und lassen erkennen, dass es eine Vielzahl von Anwendungsgebieten gibt.

Der *Einsatz von Prozessmodulen im Service Engineering* in der Praxis wird im Beitrag von KLEIN/ZÜRN untersucht. Dabei stellen die Autoren das Prozessmanagement und die Toolunterstützung als wichtige Faktoren im Service Engineering heraus. Anhand eines konkreten Beratungsprojekts der IDS Scheer AG zeigen sie den Einsatz von Prozessbausteinen bzw. -modulen im Rahmen einer systematischen Dienstleistungsentwicklung auf.

Ein methodisch fundiertes Service Engineering trägt zu einer gesteigerten Qualität, einer verkürzten Time-to-Market sowie zu einer besseren Erfüllung der Kundenwünsche bei. Von wissenschaftlicher Seite wird daher zunehmend die Übertragbarkeit von Methoden aus der klassischen Produktentwicklung auf den Dienstleistungsbereich untersucht. Die Bankgesellschaft Berlin AG hat zur praktischen Anwendung dieses Konzepts einen wertvollen Beitrag geleistet. ZACHARIAS berichtet über den Einsatz der Methode *Quality Function Deployment (QFD) im Kreditkartengeschäft*. Er zeigt auf, welche Erfahrungen bei der Entwicklung von Dienstleistungskomponenten gemacht wurden. In dem Beitrag wird erläutert, welche Potenziale im Hinblick auf Qualität und Kundenorientierung mit Hilfe von QFD erschlossen werden können. Darüber hinaus wird jedoch auch kritisch reflektiert, welche Nachteile mit dem Einsatz der Methode einhergehen.

Die Schenker Deutschland AG versteht sich als Full Service-Dienstleister. Um im komplexen Markt für Logistikdienstleistungen umfassende und kundenindividuelle Lösungen anbieten zu können, werden regelmäßig Service Engineering-Projekte durchgeführt. REPPAHN beschreibt *Service Engineering bei einem Logistikdienstleister am Beispiel eines Outsourcing- und Logistikprojekts*. Nach der einführenden Darstellung von Logistikdienstleistungen geht der Autor auf ein konkretes Entwicklungsobjekt ein. Unter Berücksichtigung von Kundenanforderungen wurde in der kurzen Entwicklungszeit von vier Monaten das Logistikzentrum Berlin-Nord aufgebaut.

Die aktuelle dynamische wirtschaftliche und gesellschaftliche Entwicklung stellt eine Vielzahl von Herausforderungen an heutige Serviceunternehmen. Zudem erhöht die wachsende Systemkomplexität die Anforderungen im IT-Bereich. So berichtet ROMBACH aus der Praxis von Siemens Business Services und über die *Einführung eines Betriebsführungskonzepts im Fachgebiet Back-Office Services*. Der Beitrag gibt eine Orientierungshilfe zur strategischen Ausrichtung eines IT-Service-Unternehmens im Back-Office-Umfeld. Das vorgestellte Betriebsführungskonzept ist das Resultat einer zwei Jahre währenden Analyse. Dabei werden die Aspekte „Qualitätsorientierte Teamentwicklung" und „Management heterogener Umgebungen" detaillierter betrachtet. Abschließend gibt der Autor einen ausführlichen Überblick über die Erfolgsfaktoren.

Als Mitarbeiter der Zentralen Organisationsdienste der AUDI AG berichtet STURM über *innovative Ansätze für interne Services* innerhalb des Automobilherstellers. Zunächst nur als Dienstleister für interne Kunden gedacht, wurden die zentralen Organisationsdienste kontinuierlich weiterentwickelt und durch kundenseitige Integration zu einem kompletten Dienstleistungsnetzwerk erweitert. Anhand von zahlreichen Praxisbeispielen werden die Charakteristika einer erfolgreichen Dienstleistungsentwicklung und -umsetzung erläutert sowie die Potenziale zukünftiger Dienstleistungsangebote aufgezeigt.

Im Kern der Ausführungen *Kooperative Services m Maschinen- und Anlagenbau* von KLOSTERMANN/BISCHOFF/BEILHARZ/DRESSELHAUS steht die Frage, wie die

Beziehungen zwischen Kunden, Zulieferern und Produzenten zur Abwicklung von Maschinen- und Anlagenbauprojekten durch eine internetbasierte Plattform unterstütz werden können. Im Anschluss an die Entwicklung einer geeigneten Plattform wird deren Umsetzung anhand der Praxisszenarien „Störungsbearbeitung im Service" bei einem Roboterhersteller und „Projektierung in der Inbetriebnahme" bei einem Holzmaschinenhersteller vorgestellt.

3 Zusammenfassung und Ausblick

Das Thema Dienstleistung ist Gegenstand verschiedener Forschungsansätze und Forschungsrichtungen. Die systematische Entwicklung neuer Dienstleistungen – für die sich der Begriff „Service Engineering" zunehmend etabliert – stellt dabei einen innovativen und interdisziplinären Forschungsbereich dar. Das Ziel ist es, neue Dienstleistungen zielgerichtet und methodisch fundiert zu gestalten und zu implementieren. Hierfür bieten insbesondere die Erkenntnisse aus der klassischen Produktentwicklung zahlreiche Anregungen. Aber auch Aspekte aus dem Customer Relationship Management, dem Qualitätsmanagement und dem Dienstleistungsmarketing fließen in die Methodik des Service Engineering ein. Die veränderten Anforderungen an elektronische Dienstleistungen, getrieben durch die rasche Entwicklung des Internets, tragen dazu bei, dass im Bereich der Entwicklung neuer Dienstleistungen auch neue Methoden benötigt werden. Besonders die Unterstützung von Dienstleistungen mit Hilfe moderner Informations- und Kommunikationstechnologie und die dazu notwendige Integration der zu verarbeitenden Daten und Informationen in die bestehenden IT-Strukturen stellen eine Anforderung dar, die bereits bei der Planung und Gestaltung von Services berücksichtigt werden muss.

Die vorliegende Veröffentlichung vermittelt einen umfassenden Eindruck über den Status quo und zukünftige Tendenzen im Bereich Service Engineering. Zahlreiche namhafte Autoren aus Wissenschaft und Praxis stellen ihre Erkenntnisse aus aktuellen Forschungs- und Praxisprojekten dar. Dabei werden sowohl Grundlagen des Service Engineering als auch ausgewählte Phasen und Ansätze dargestellt. Darüber hinaus wird auf die besonderen Anforderungen der Dienstleistungsentwicklung im IT-Umfeld eingegangen. Neben der Betrachtung theoretischer Aspekte wird auch über praktische Erfahrungen im Service Engineering berichtet.

Sowohl am Institut für Wirtschaftsinformatik (IWi) in Saarbrücken als auch am Fraunhofer-Institut für Arbeitswirtschaft und Organisation (IAO) in Stuttgart sowie an anderen renommierten Forschungseinrichtungen wird das Thema Service Engineering aktuell und auch zukünftig in Forschungsprojekten untersucht und weiterentwickelt. Dabei steht die Zusammenarbeit mit Wirtschaftsunternehmen im Vordergrund, um den Transfer von Forschungsergebnissen in die Praxis zu gewährleisten und die Rückmeldungen der Unternehmen wiederum in die wissenschaftliche Arbeit einfließen zu lassen. In diesem Sinne dokumentiert der Herausgeberband die bisherigen Ergebnisse und legt sie einer breiten Öffentlichkeit dar.

Modellbasiertes Dienstleistungsmanagement

August-Wilhelm Scheer
Oliver Grieble
Ralf Klein
Institut für Wirtschaftsinformatik (IWi) im Deutschen Forschungszentrum für Künstliche Intelligenz (DFKI), Saarbrücken

Inhalt

1 Einleitung

Die Forschungsdisziplin Service Engineering beschäftigt sich seit Mitte der 90er Jahre mit der systematischen Entwicklung von Dienstleistungen unter Einsatz geeigneter Vorgehensweisen, Methoden und Werkzeuge. Sie greift den Grundgedanken der wissenschaftlichen Arbeiten aus dem angloamerikanischen Raum zu den Konzepten des New Service Development und Service Designs auf, deren Fokus in erster Linie auf den Bereich des Dienstleistungsmarketings gerichtet ist. In Abgrenzung dazu verfolgt das Service Engineering einen interdisziplinären Ansatz, indem es die Übertragung ingenieurwissenschaftlichen und softwaretechnischen Know-hows untersucht [1]. Prinzipiell wird davon ausgegangen, dass eine Dienstleistung in ähnlicher Weise wie Sachgüter und Software entwickelt werden kann, wobei dienstleistungsspezifische Charakteristika sowie neue Entwicklungsschwerpunkte berücksichtigt werden müssen.

Einen zentralen Themenkomplex der Service Engineering Forschung stellt dabei eine den Anforderungen einer systematischen Dienstleistungsentwicklung gerecht werdende Beschreibungsform des immateriellen Konstrukts Dienstleistung dar. Die sachgerechte Erfassung bildet die Grundvoraussetzung für die Übertragbarkeit ingenieurwissenschaftlicher Verfahren. In diesem Zusammenhang existieren zwar erste Ansätze, jedoch beschränken sich diese auf die Visualisierung einzelner Gesichtspunkte. Des Weiteren wurde bislang kein Versuch einer Adaption von bereits in anderen Bereichen bewährten Methoden und Werkzeugen unternommen.

Das Problemfeld der Dienstleistungsbeschreibung wird im Folgenden thematisiert. Dazu werden zunächst im zweiten Abschnitt grundlegende Begriffe wie Sach- und Dienstleistung sowie hybride Produkte und Produkt-/Prozessmodellierung vorgestellt. Ein integriertes Rahmenkonzept zur vollständigen Abbildung einer Dienstleistung aus Produkt-, Prozess- und Ressourcensicht mit den darin enthaltenen Modelltypen wird in Abschnitt 3 präsentiert. Dabei richtet sich der Fokus zum einen auf die Konkretisierung der Sachverhalte im Hinblick auf die Anwendung in der betrieblichen Praxis. Zum anderen wird durch die konsistente Beschreibung struktureller Zusammenhänge mittels einer geeigneten Modellierungsmethode die Voraussetzung für eine DV-technische Implementierung geschaffen. Abschnitt 4 schließt mit einer Zusammenfassung und einem Ausblick.

Das Thema Dienstleistungsmodellierung ist und war Inhalt von Forschungsprojekten am Institut für Wirtschaftsinformatik (IWi) in Saarbrücken. Dazu zählen bspw. die vom Bundesministerium für Bildung und Forschung geförderten Projekte „Benchmarkingmethoden für öffentliche Dienstleistungen (BENEFIT)“, bei dem das Potenzial von Produktmodellen für das (Dienstleistungs-)Benchmarking untersucht wurde, und „Computer Aided Service Engineering Tool (CASET)“, bei dem die systematische Entwicklung neuer Dienstleistungen (auf Basis von Produktmodellen) einen Forschungsschwerpunkt darstellte.

2 Grundlagen

2.1 Leistungs- und Produktbegriff

Eine Leistung kann generell als das Ergebnis eines (Geschäfts-)Prozesses bezeichnet werden. Der Leistungsbegriff ist heterogen. Er umfasst unterschiedliche Leistungsarten wie Sach- und Dienstleistungen und kann auf unterschiedlichen Detaillierungsebenen verwendet werden. Der Begriff Leistung wird im Folgenden dem Begriff Produkt gleichgesetzt, wenn dies für Dienstleistungen auch noch etwas ungewöhnlich klingt [2].

Ein Produkt wird dabei wie folgt definiert: Ein Produkt ist eine Leistung oder eine Gruppe von Leistungen, die von Stellen außerhalb des jeweils betrachteten Fachbereichs (innerhalb oder außerhalb der Organisation) benötigt werden. Produkte sind somit einerseits der zentrale Träger von Information und andererseits die Summe und das Ergebnis der für die Erstellung eines Produkts erforderlichen Geschäftsprozesse [3].

Der Leistungs- bzw. Produktbegriff wird in Sach- und Dienstleistungen aufgeteilt. Letztere werden wiederum in Informations- und sonstige Dienstleistungen unterschieden. Abbildung 1 verdeutlicht diesen Zusammenhang.

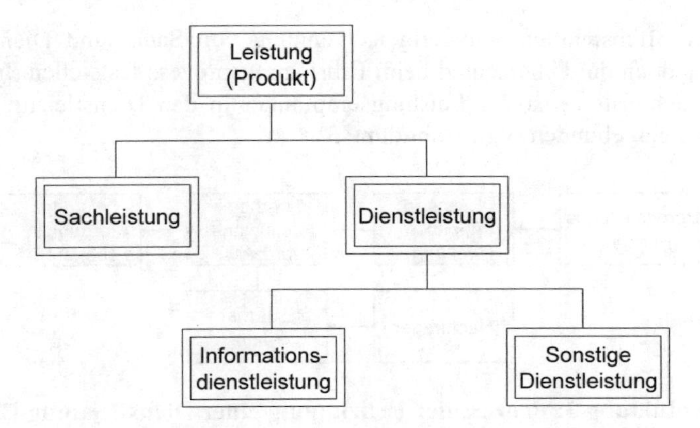

Abbildung 1: Leistungs- bzw. Produktarten [23]

2.1.1 Sachleistungen

WÖHE teilt Sachleistungen in Rohstoffe, Produktions-/Betriebsmittel und Verbrauchsgüter ein [4]. Der Begriff der materiellen Sachleistung ist somit relativ einfach einzugrenzen. Dazu zählen z. B. Material, gefertigte Vorprodukte und gefertigte Endprodukte. Bei der industriellen Fertigung werden Produktionsfaktoren kombiniert. Nach der betriebswirtschaftlichen Produktionstheorie von GUTENBERG sind dieses die Elementarfaktoren Betriebsmittel, menschliche Arbeitsleistung und Werkstoffeinsatz sowie der dispositive Faktor [5].

Eine Sachleistung im ursprünglichen Sinn wird dem (End-)Kunden stets in Form einer Ware bzw. eines materiell existierenden Guts angeboten, d. h. der Leistungsempfänger kann das materielle Produkt vor dem Kauf „ansehen und anfassen". Er ist nicht in den eigentlichen Produktionsprozess eingebunden (vgl. Abbildung 2). Es lässt sich jedoch feststellen, dass kaum ein Sachgut erzeugt wird, in dessen Produktion nicht eine Fülle von immateriellen Gütern eingeht. Dazu zählen Arbeitsleistungen, Informationen, (Nutzungs-)Rechte verschiedener Art sowie Dienstleistungen (vgl. hierzu auch Abschnitt 2.1.3) [6].

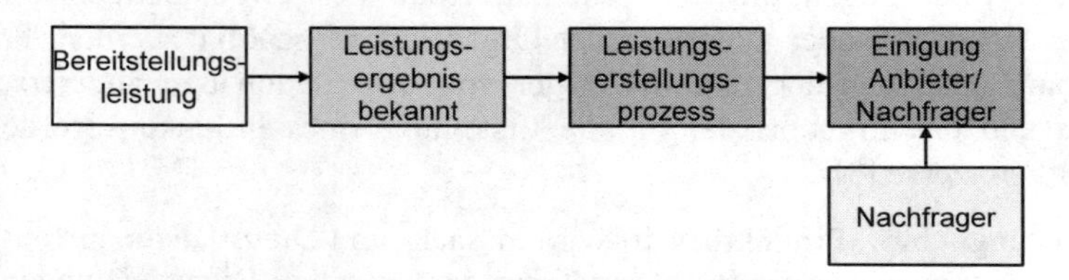

Abbildung 2: Prozess der Erbringung einer Sachleistung [7]

Neben der offensichtlich schwierigen Trennung von Sach- und Dienstleistung lässt sich jedoch ein Unterschied beim Erbringungsprozess feststellen. Im Gegensatz zur Sachleistung ist der Leistungsempfänger in den Dienstleistungsprozess unmittelbar eingebunden (vgl. Abbildung 3).

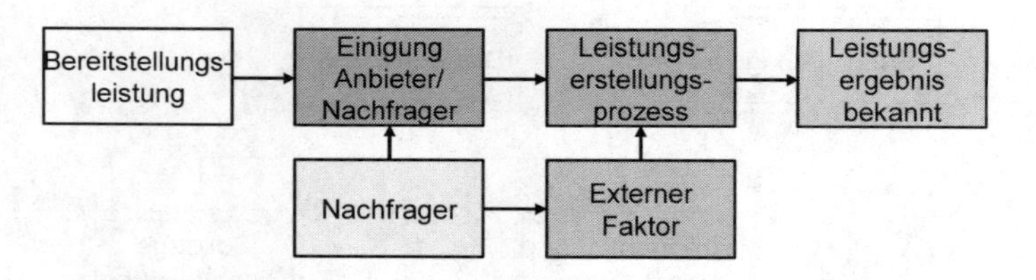

Abbildung 3: Prozess der Erbringung einer Dienstleistung [7]

Der Leistungsempfänger bringt somit sich selbst oder ein Objekt als „externen Faktor" in die Leistungserstellung ein. Dieser Sachverhalt macht den Prozess der Erbringung einer Dienstleistung und somit die Dienstleistung an sich zu einem komplexen Betrachtungsgegenstand. Auf diesen Sachverhalt wird im folgenden Abschnitt näher eingegangen.

2.1.2 Dienstleistungen

Seit Anfang der 80er Jahre beschäftigt sich die Betriebswirtschaftslehre und insbesondere das Marketing intensiv mit dem Dienstleistungsumfeld. Traditionelle Definitionsansätze befassen sich vorwiegend mit Merkmalen zur Abgrenzung des materiellen und des immateriellen Leistungsbegriffs. Die bei der wissenschaftlichen Abgrenzung von Dienstleistungen verwendeten Definitionsansätze lassen sich grob in vier Kategorien gliedern: enumerative, negative, institutionelle und konstitutive Abgrenzung (vgl. Abbildung 4) [8].

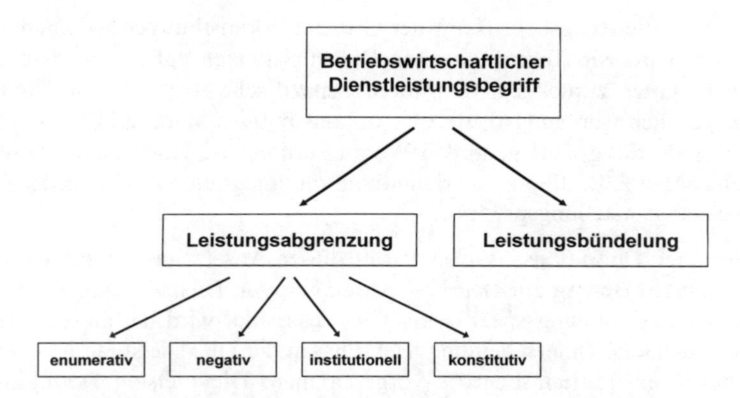

Abbildung 4: Betriebswirtschaftlicher Dienstleistungsbegriff

Enumerative Definitionen versuchen, das Wesen von Dienstleistungen durch Auflistung von Beispielen näher zu bestimmen [9][10][11]. Diese Vorgehensweise liefert ausreichende Ergebnisse, wenn es darum geht, einzelne Unternehmungen grob zu klassifizieren. Aus der Sicht der Praxis ist dies durchaus sinnvoll. Eine präzise Trennung der verschiedenen Wirtschaftsbereiche gelingt dadurch aber nicht [12]. Dieser Ansatz kann daher nicht dem Anspruch einer wissenschaftlichen Begriffsbestimmung genügen, da die Herausarbeitung besonderer Kriterien fehlt [13].

Im Rahmen der Negativabgrenzung wird alles als Dienstleistung bezeichnet, was nicht der Sachleistung zugeordnet werden kann [9][10][14]. Dienstleistungen können in diesem Kontext allgemein als Tätigkeiten, die sich nicht auf die unmittelbare Gewinnung, Verarbeitung oder Bearbeitung von Sachgütern richten, zusammengefasst werden. Bei diesem Ansatz wird darauf verzichtet, im positiven Sinne zu prüfen, was eine Dienstleistung ist. Es werden lediglich materielle und immaterielle Güter gegenübergestellt. Dies führt jedoch zu einer unzulässigen Reduktion der Erscheinungsvielfalt immaterieller Güter, da diese neben den Dienstleistungen bspw. auch Informationen und Rechte umfassen [8]. Dieser Definitionsansatz liefert ebenfalls keinen eindeutigen Beitrag zur Präzisierung des

Begriffs Dienstleistung. Negativdefinitionen erweisen sich eher als eine „wissenschaftliche Verlegenheitslösung“ [9].

Eine institutionelle Abgrenzung liegt dann vor, wenn die Annahme getroffen wird, dass Dienstleistungen ausschließlich im tertiären Sektor einer Volkswirtschaft produziert werden [8]. Der tertiäre Sektor beinhaltet Handel, Verkehr, Banken, Nachrichtenwesen, Versicherungen etc. [10][9][15]. Diese Abgrenzung ist jedoch problematisch, da Dienstleistungen auch im primären (Land- und Forstwirtschaft) und sekundären (Bergbau, verarbeitendes Gewerbe, Industrie) Sektor angeboten werden.

Wird der Dienstleistungsbegriff auf der Grundlage konstitutiver Merkmale explizit definiert, wird zur Abgrenzung von Dienstleistungen auf das Vorhandensein von Eigenschaften zurückgegriffen, die als spezifische Kriterien von Dienstleistungen angesehen werden [16][9][10]. Ein konstitutives Merkmal ist eine prägende Eigenschaft, die grundlegend den Wesenskern einer Dienstleistung beschreibt [8]. Dazu zählen z. B. die Immaterialität und die Integration des externen Faktors in den Leistungserstellungsprozess.

Von allen vier Definitionsansätzen leistet dieser Ansatz aus wissenschaftlicher Sicht den besten Beitrag zur Begriffsbestimmung von Dienstleistungen [10]. Neben der Berücksichtigung spezifischer Charakteristika wird bei diesem Definitionsansatz auch eine Unterscheidung nach Phasen der Dienstleistung bzw. Dimensionen des Dienstleistungsbegriffs vorgenommen. Die meisten Definitionsvorschläge setzen an der potenzial-, der prozess- und der ergebnisorientierten Dimension an (vgl. Abbildung 5).

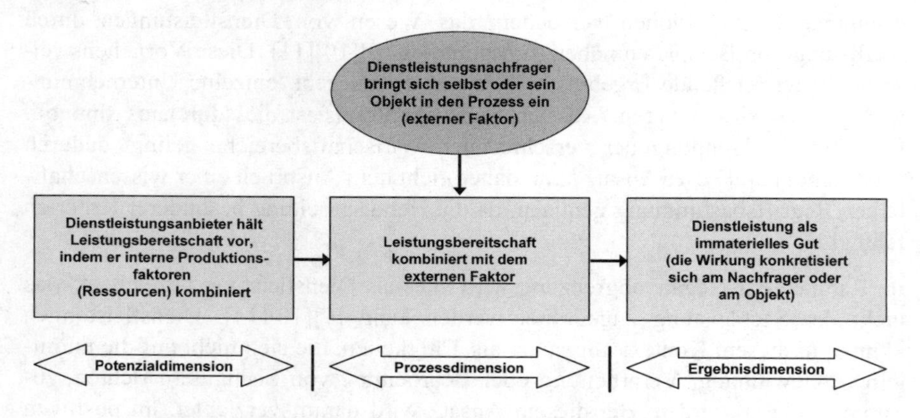

Abbildung 5: Dimensionen einer Dienstleistung [22]

Die potenzialorientierte Dimension ist auf die Bereitstellung einer Leistung fokussiert. Die anschließende Erstellung der Leistung wird dann durch das Kombinieren interner Potenzial- und Verbrauchsfaktoren (Ressourcen) möglich [7], d. h. unter der potenzialorientierten Dimension wird die Fähigkeit und Bereitschaft verstanden, mittels einer Kombination von internen Potenzialfaktoren, die ein Anbieter bereithält, tatsächlich eine Dienstleistung erbringen zu können [9].

Die erste Kontaktaufnahme zwischen Dienstleistungsanbieter und -nachfrager beruht auf zwei Interessenlagen. Der Anbieter möchte seine Leistungsfähigkeit unter Beweis stellen; der Nachfrager verspricht sich ein konkretes Leistungsergebnis. Dabei trägt er ein gewisses Risiko, weil nicht sichergestellt sein kann, dass das tatsächliche Endergebnis auch seinen Vorstellungen entspricht [9]. Diese Interessenlagen bilden die Grundlage für die geschäftliche Beziehung der Beteiligten. Sie lassen außerdem die Immaterialität, d. h. die „unkörperliche" Beschaffenheit, als spezifisches Charakteristikum (konstitutives Merkmal) einer Dienstleistung erkennen.

Die prozessorientierte Dimension versteht Dienstleistungen als Prozesse zur Übertragung der Potenzialdimension auf externe Faktoren (z. B. den Kunden) [10]. Der Prozess als Abfolge von Tätigkeiten zur Erstellung eines Produkts spielt bei Dienstleistungen eine zentrale Rolle, da häufig erst durch die Einbeziehung des Kunden (bzw. dessen Objekts) in den Prozess eine Dienstleistung erbracht werden kann. Vielfach ist der Leistungserstellungsprozess selbst das Produkt (z. B. Theateraufführung) [8]. Im Vordergrund steht dabei die Simultanität von Leistungserstellung und Leistungsabgabe, d. h. Erbringung und Verbrauch der Dienstleistung erfolgen gleichzeitig (Uno-actu-Prinzip [10]). Erst bei Einbezug des externen Faktors beginnt die Umsetzung des Dienstleistungsprodukts. Somit wird der Kunde zum prozessauslösenden und prozessbegleitenden Element. Als konstitutives Merkmal einer Dienstleistung ist damit die Integration mindestens eines externen Faktors anzusehen.

Die ergebnisorientierte Dimension beschreibt den Zustand, der nach vollzogener Faktorkombination, also nach Abschluss des Dienstleistungsprozesses, vorliegt. Dabei ist eine Differenzierung zwischen prozessualem Endergebnis (Output – z. B. Kurzhaarschnitt als Ergebnis des Friseurbesuchs) und den eigentlichen Zielen von Dienstleistungstätigkeiten und deren Folgen bzw. Wirkungen (Outcome – z. B. Zufriedenheit des Kunden mit der Frisur) vorzunehmen [17]. Ebenso wie für das Dienstleistungsangebot ist auch für das Dienstleistungsergebnis die Immaterialität charakteristisch.

Die beschriebenen Dimensionen sind bei der Erstellung von Dienstleistungsmodellen von zentraler Bedeutung. Dabei werden für die Modellierung von Dienstleistungen analog zu den drei Dimensionen Ressourcenmodelle (Potenzialdimension), Prozessmodelle (Prozessdimension) und Produktmodelle (Ergebnisdimension) benötigt (vgl. dazu Kapitel 3).

Neben der Fokussierung auf reine Dienstleistungsprodukte spielt die Betrachtung von Leistungsbündeln aus Sach- und Dienstleistungen eine zunehmend wichtigere Rolle. Ausgangsbasis dieser Sichtweise sind die Bedürfnisse der Kunden bzw. der zu erzielende Kundennutzen. Dieser wird zunehmend durch hybride Produkte [18] befriedigt, welche eine Aggregation aus materiellen und immateriellen Bestandteilen darstellen. Hybride Produkte werden im folgenden Abschnitt näher betrachtet.

2.1.3 Hybride Produkte

Durch den Trend zur Dienstleistungs- und Informationsgesellschaft werden bei physischen Produkten neben den grundlegend materiellen Bestandteilen immer mehr nichtmaterielle Eigenschaften betont.

Die generelle Notwendigkeit einer integrierten Betrachtung von Sach- und Dienstleistungen verdeutlicht ein Beispiel: Beim Wechsel eines defekten Autoreifens wird einerseits eine Dienstleistung erbracht (Auswechseln des Reifens), andererseits wird eine Sachleistung integriert (neuer Reifen). Beim Versuch, die Leistungskomponenten zu trennen, lässt sich feststellen, dass zwar eine separate Betrachtung der Sachleistung möglich ist (Reifen), aber keine isolierte Betrachtung der Dienstleistung (kein Reifenwechsel ohne neuen bzw. anderen Reifen).

Über die bloße Verbindung von Sach- und Dienstleistung zu einem hybriden Produkt hinaus wird diese integrierte Betrachtung mehr und mehr zum kritischen Erfolgsfaktor für die Leistungserstellung. Materielle Leistungen werden zunehmend zur Differenzierung und Steigerung der Wettbewerbsfähigkeit mit immateriellen Leistungen verknüpft, um sich von anderen Anbietern abzuheben und die Kundenbindung zu erhöhen [2]. Es sollen somit nicht lediglich Leistungen, sondern Problemlösungen für den Kunden angeboten werden.

Seit einigen Jahren vollzieht sich bei der Produktion von Leistungen ein Wandel von einer unternehmungsorientierten Sichtweise zur kundenorientierten Sichtweise, d. h. nicht die Möglichkeiten und Anforderungen der Unternehmung stehen im Vordergrund, sondern vielmehr die Wünsche und Bedürfnisse der Kunden. Es geht daher bei der Produktion von Leistungen weniger um die Entwicklung ausschließlich materieller oder immaterieller Leistungen als um die Entwicklung integrierter bzw. aggregierter Leistungspakete, die an den Kundenbedürfnissen ausgerichtet werden [8]. Wettbewerbsvorteile ergaben sich bisher aus innovativen und technisch hochwertigen materiellen Erzeugnissen. Durch die globale Annäherung von Produzenten und Konsumenten, die Homogenität bezüglich der Produktqualität sowie durch die technische Gleichwertigkeit werden Unternehmungen und Produkte für den Kunden immer ähnlicher und somit austauschbar.

Vor diesem Hintergrund reichen die bisher vorhandenen Konzepte zur isolierten Beschreibung von Sach- und Dienstleistungen nicht mehr aus. Ausgangspunkt des Überdenkens der bestehenden Ansätze ist eine kontroverse Diskussion der ergebnisorientierten Dienstleistungsbetrachtung bezüglich des konstitutiven Merkmals der Immaterialität. In diesem Zusammenhang wird auf die „Stofflichkeit bestimmter Dienstleistungsresultate“ hingewiesen [9]. Entsprechend der veränderten Anforderungen wurden verschiedene Konzepte entwickelt, die versuchen, die Dichotomie zwischen Sach- und Dienstleistungen zu überwinden [9][19][20][21][22].

Auf der Grundlage verschiedener Überlegungen erstellen ENGELHARDT/KLEINALTENKAMP/RECKENFELDERBÄUMER eine allgemeine Leistungstypologie auf der Basis einer „Immaterialitätsachse“ und einer „Integrativitätsachse“. In diese Leistungstypologie lassen sich sämtliche Leistungen positionieren (vgl. Abbildung 6) [16].

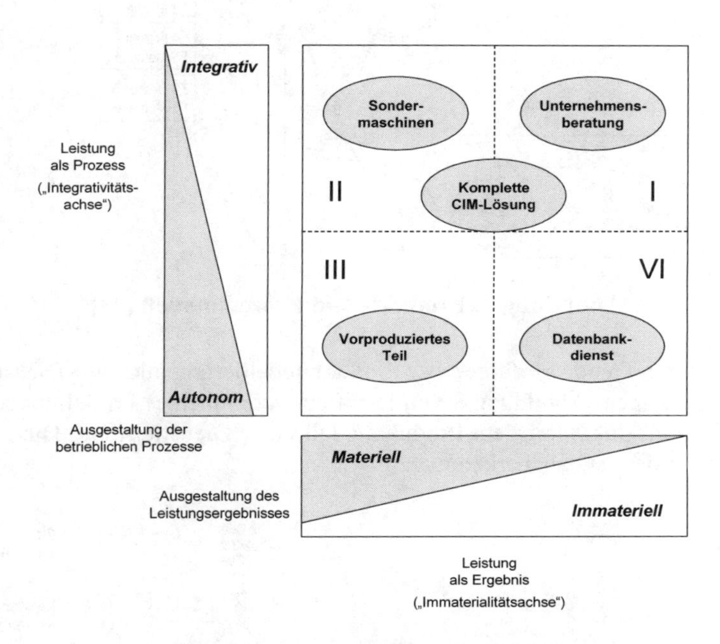

Abbildung 6: Leistungstypologie [16]

Hybride Produkte erlauben die integrierte Betrachtung von Sach- und Dienstleistungen. Des Weiteren sind auch Bündelungen und Kombinationen von systematisch zusammengehörigen Sach- bzw. Dienstleistungen möglich. Durch die Bildung entsprechender Leistungs- bzw. Produktmodelle auf der Basis modularer Leistungsbündel lassen sich auf abstrakter Ebene (Fachkonzept) die relevanten Sachverhalte der Realität (re-)konstruieren.

2.2 Produkt- und Prozessmodellierung

Der Zusammenhang zwischen Produkt- und Geschäftsprozessmodellen ist in der industriellen Fertigung durch die Begriffe Stückliste und Arbeitsplan gut beschrieben. Die Stückliste stellt dabei das Produktmodell dar und beschreibt die

Zusammensetzung von Endprodukten aus Baugruppen, Einzelteilen und Material. Jedem Bauteil sind wiederum Erstellungsprozesse in Form von Arbeitsplänen zugeordnet; dies entspricht dem Geschäftsprozessmodell. Ein Arbeitsplan umfasst dabei die auszuführenden Arbeitsgänge (vgl. Abbildung 7) [23].

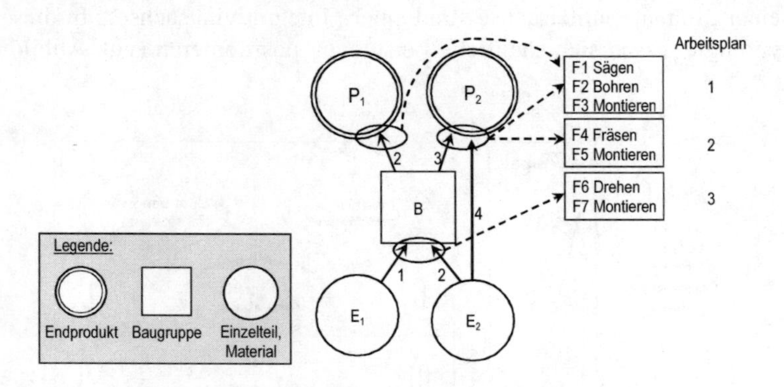

Abbildung 7: Produkt- und Prozessmodell [23]

Es besteht der Trend, Verfahren der Produktmodellierung auch auf Dienstleistungen zu übertragen. Abbildung 8 vergleicht ein vereinfachtes Produktmodell eines materiellen Produkts mit dem Produktmodell einer Dienstleistung. Die Analogie zwischen beiden ist dabei erkennbar.

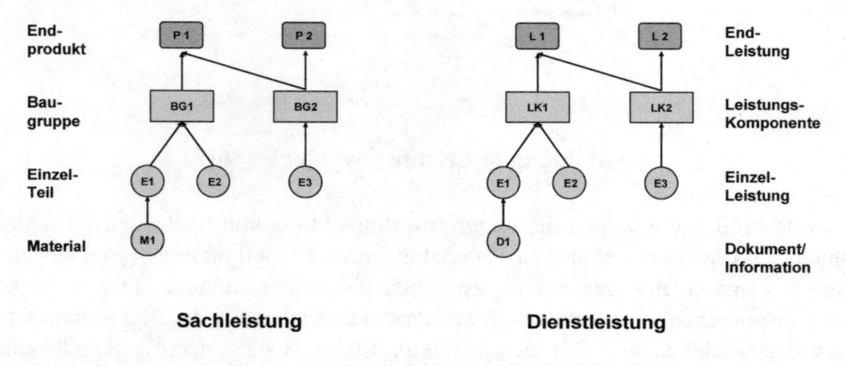

Abbildung 8: Produktmodell für Sach- und Dienstleistung [24]

Nach der Definition und Abgrenzung von Leistungen (Abschnitt 2.1) wird im Folgenden näher auf den Begriff des Geschäftsprozesses eingegangen. Der Geschäftsprozess erfährt in der Literatur eine Vielzahl von Definitionen. SCHEER beschreibt den Geschäftsprozess allgemein als eine zusammengehörende Abfolge von Unternehmungsverrichtungen zum Zweck einer Leistungserstellung [23]. HAMMER und CHAMPY bezeichnen den Geschäftsprozess als ein Bündel von Aktivitäten, für das ein oder mehrere unterschiedliche Inputs benötigt werden und das für den Kunden ein Ergebnis von Wert erzeugt [25].

Trotz teilweise unterschiedlicher Ansätze wird in der gängigen Literatur bei der Begriffsbestimmung von einer Abfolge von Tätigkeiten ausgegangen. Somit ist der Geschäftsprozess als Arbeitsablauf im weitesten Sinn zu verstehen.

Im Zusammenhang mit Leistungen und insbesondere Dienstleistungen stellt der Geschäftsprozess ein zentrales Element dar. Prozesse dienen der Herstellung von (Dienstleistungs-)Produkten. Des Weiteren bestimmt die Prozessform auch die Produktart. Eine Prozessmodifikation ermöglicht damit auch eine Produktmodifikation, da eine Änderung der Reihenfolge der Prozessfunktionen Einfluss auf das Prozessergebnis (Produkt) hat (vgl. Abbildung 9) [23].

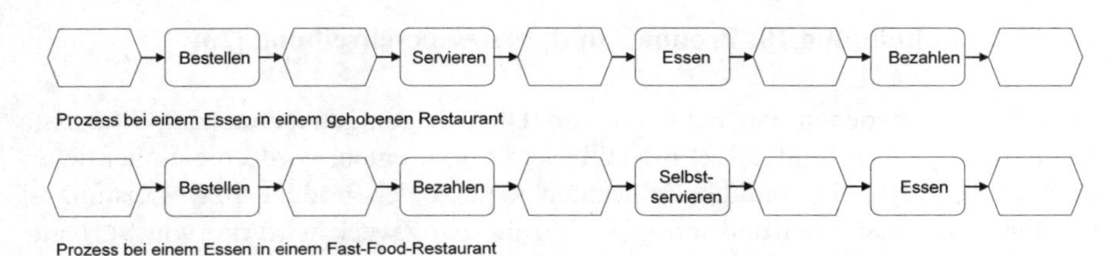

Abbildung 9: Zusammenhang von Produkt- und Prozessmodifikation [23]

Das Potenzial der integrierten Betrachtung von Produkten und den dazugehörigen Geschäftsprozessen liegt in der ganzheitlichen Sichtweise auf das zu erstellende Produkt. Letztlich ist das Produkt bzw. das Produktmodell der zentrale Informationsträger der Leistung. Abbildung 10 zeigt eine grafische Produkt- und Prozessbeschreibung, die den zuvor geschilderten Zusammenhang verdeutlicht. In diesem einfachen grafischen Modell ist zum einen die Produktstruktur enthalten, zum anderen sind die für die Erstellung der einzelnen Produktkomponenten erforderlichen Prozesse hinterlegt. Des Weiteren sind in dieser Darstellung bereits implizit materielle (z. B. Bild) und immaterielle Komponenten (z. B. Bedrucken) integriert.

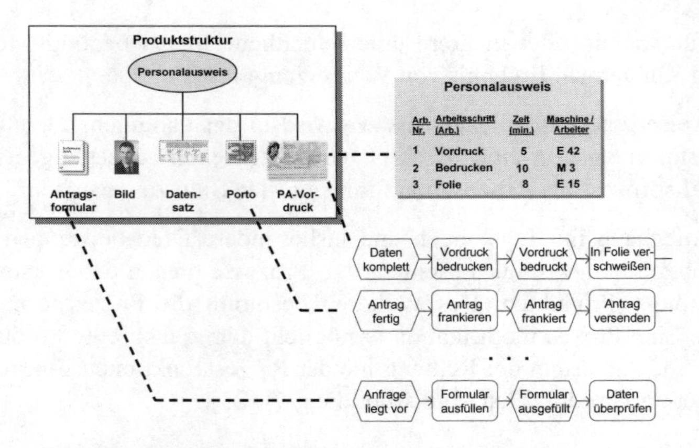

Abbildung 10: Produkt- und Prozessbeschreibung [23]

Um die verschiedenen Perspektiven von Dienstleistungen (Potenzial, Prozess, Produkt – vgl. Abschnitt 2.1.2) modellbasiert zu vereinen, wird eine einheitliche Methode benötigt, die sämtliche relevanten Aspekte der Produkt- bzw. Leistungserstellung berücksichtigt und integriert. Zu diesem Zweck wird die von SCHEER entwickelte Architektur integrierter Informationssysteme (ARIS) herangezogen [26][2][23]. Das ARIS-Haus dient als Bezugsrahmen der Geschäftsprozess- und Leistungsbeschreibung. Dabei werden die für das Geschäftsprozessmanagement relevanten Perspektiven Organisations-, Daten-, Funktions- und Leistungssicht in die Steuerungs- bzw. Prozesssicht integriert (vgl. Abbildung 11).

Anhand des ARIS-Hauses wird die Komplexität des realen Geschäftsprozesses durch Einteilung in verschiedene Sichten reduziert [23]. In der Funktionssicht werden Vorgänge zusammengefasst, die Input- zu Output-Leistungen transformieren. Die Organisationssicht beschreibt die Aufbauorganisation. Die Datensicht beinhaltet Umfelddaten der Vorgangsbearbeitung. In der Leistungssicht werden alle materiellen und immateriellen Input- und Outputleistungen betrachtet. Diese vier Sichten werden in der Steuerungssicht integriert.

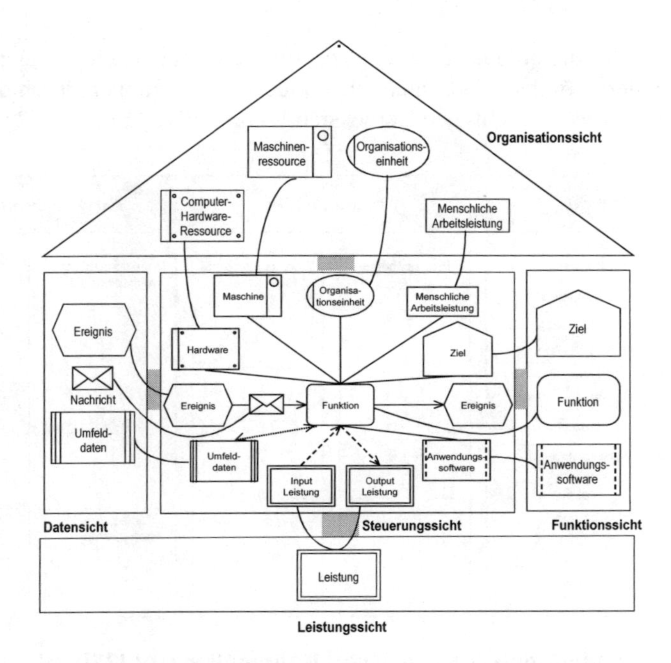

Abbildung 11: ARIS-Haus mit ARIS-Sichten [23]

Im folgenden Kapitel 3 wird auf die Modellierung von Dienstleistungen eingegangen. Dies geschieht unter besonderer Berücksichtigung der Ergebnis-, Prozess- und Potenzialdimension. Diese Dimensionen werden in das ARIS-Haus eingebettet. Die vier äußeren Sichten sind in diesem Zusammenhang als Ressourcen (Potenzial) zu sehen. Die Betrachtung der integrierten Steuerungssicht mit besonderem Fokus auf der Leistungssicht ermöglicht eine ganzheitliche Darstellung von Produkt- und dazugehörigen (Geschäfts-)Prozessmodellen.

3 Ganzheitliches Design von Dienstleistungen

3.1 Rahmenkonzept

Die systematische Entwicklung von Dienstleistungen setzt – wie bereits einleitend erwähnt – voraus, diese als Entwicklungsobjekte zu begreifen. Um die angemessene Abbildung der zu entwickelnden Dienstleistung zu gewährleisten, wird daher im Folgenden ein integriertes Set an Modellierungsmethoden vorgestellt, das die ganzheitliche Darstellung des immateriellen Betrachtungsgegenstands mit sämtlichen Eigenschaften zulässt. Darin sind zum einen bestehende Modellierungsmethoden integriert, die an dienstleistungsspezifische Gegebenheiten angepasst wurden. Zum anderen finden bisher nicht abgebildete Informationen durch die Einbettung gänzlich neuer Modelltypen Berücksichtigung (vgl. Abbildung 12).

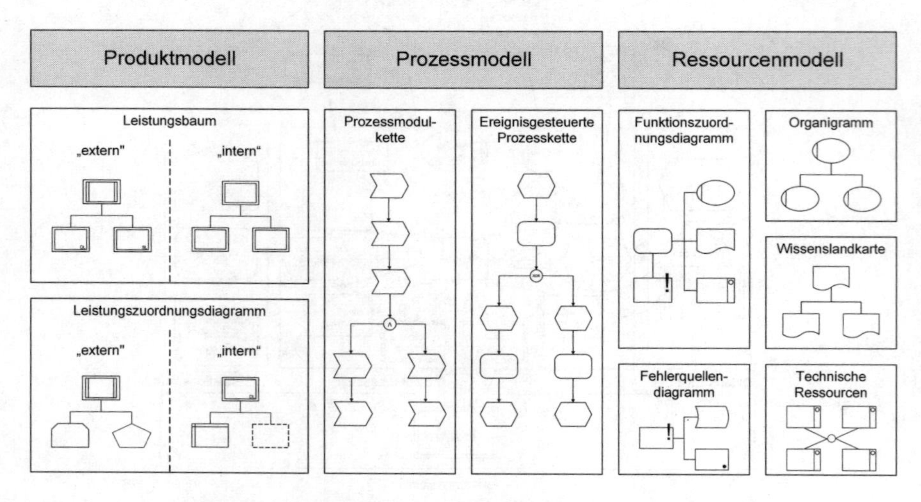

Abbildung 12: Integriertes Rahmenkonzept [27][28]

Im Gegensatz zu den in Abschnitt 2 aufgeführten Dienstleistungsbeschreibungsmethoden ermöglicht dieser ganzheitliche Ansatz die Darstellung der zu entwickelnden Dienstleistung über die drei Dimensionen Ergebnis, Prozess und Potenzial. Darüber hinaus erlaubt er auf Grund potenzieller Verknüpfungen zwischen einzelnen Objekt- und Modellinstanzen eine detaillierte Abbildung des interdependenten Wirkungsgefüges zwischen den Modellen, so dass die Auswirkungen auf alle Aspekte der Dienstleistung beim Eintreten einer Veränderung unmittelbar nachvollzogen werden können. Diesen Sachverhalt veranschaulicht die generelle Struktur des Modellierungsframeworks in Abbildung 13.

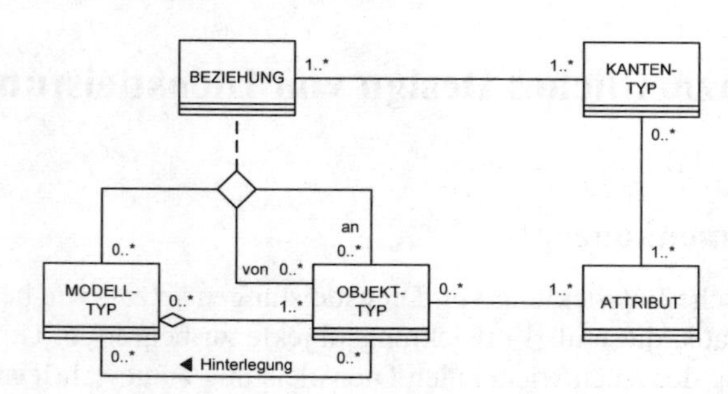

Abbildung 13: Modellstruktur – Meta-Modell

Den einzelnen Modelltypen (z. B. Prozessmodulkette) werden die verwendbaren Objekttypen (z. B. Prozessmodul) zugeordnet. Welche Objekte dabei miteinander in Beziehung gesetzt werden dürfen, ist jeweils in Abhängigkeit von dem betrachteten Modelltyp zu definieren. So können Organisationseinheiten in einem Organigramm miteinander verknüpft werden, im Rahmen eines Funktionszuordnungsdiagramms wäre dies jedoch nicht als sinnvoll zu erachten. Um unterschiedliche semantische Bedeutungen einer Verbindung zweier Objekttypen berücksichtigen zu können, lassen sich den Beziehungen beliebig viele Kantentypen zuweisen. Zur Verdeutlichung kann die Relation zwischen einer Organisationseinheit und einer Funktion angeführt werden, die Rollen wie „entscheidet über", „führt aus", „ist fachlich verantwortlich" etc. annehmen kann. In den Modellen wird dies grafisch durch unterschiedliche Darstellungsformen der Kanten visualisiert. Sowohl den Kanten- als auch den Objekttypen werden Attribute zugewiesen, die neben einer vollständigen Beschreibung vor allem Analyse- und Auswertungszwecken dienen, bspw. im Rahmen von Prozesssimulationen. Den integrativen Grundgedanken des Modellierungskonzepts spiegelt die Hinterlegungsassoziation zwischen Objekt- und Modelltyp wider. Diese determiniert, auf welche Modelltypen ein bestimmter Objekttyp verweisen darf.

Die einzelnen Modell- sowie die darin enthaltenen Produkt-, Prozess- und Ressourcenobjektinstanzen sind in einem Baukastensystem nach einem vorgegebenen Ordnungsraster speicherbar (vgl. Abbildung 14).

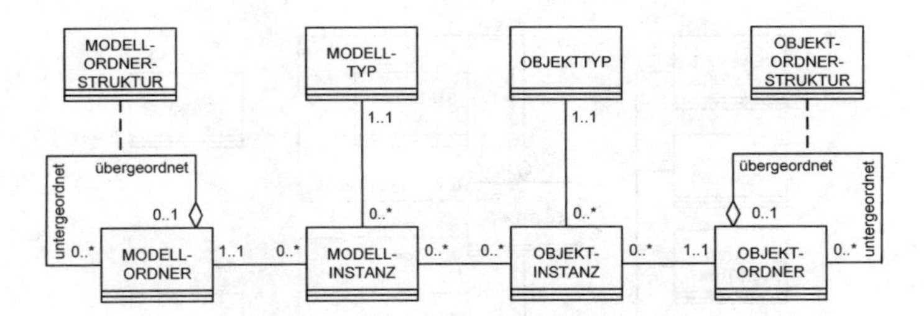

Abbildung 14: Modularität

Diese Bibliotheken stellen sicher, dass jedes Objekt genau einmal erfasst und danach im Rahmen von weiteren Modellinstanzen gezielt aufgefunden und wieder verwendet werden kann. Sie bilden somit die Grundlage für ein zeitnahes (Re-)Design von Dienstleistungen und führen zu einer Verkürzung von Entwicklungszeiten.

Im Folgenden werden für die Dienstleistungsdimensionen Ergebnis (Abschnitt 3.2), Prozess (Abschnitt 3.3) und Potenzial (Abschnitt 3.4) entsprechende Modelltypen beschrieben.

3.2 Produktmodelle

Ein Produktmodell kann allgemein definiert werden als „Teil eines Unternehmensdatenmodells, das als Träger der Produktinformationen alle charakteristischen Merkmale und Daten eines Produkts über dessen gesamten Lebenszyklus abbildet" [29]. Ein Produktmodell zur Darstellung eines Dienstleistungsergebnisses setzt sich typischerweise zusammen aus der Strukturdarstellung der Dienstleistungsprodukte sowie der Definition von Leistungsinhalten [30].

Dieser Einteilung folgend sieht das Framework den Einsatz der beiden Modelltypen Leistungsbaum und Leistungszuordnungsdiagramm vor. Ohne die jeweilige Meta-Modellstruktur zu ändern, wird in beiden Fällen auf Ausprägungsebene zudem eine Differenzierung zwischen einer unternehmungsexternen und einer unternehmungsinternen Perspektive vorgeschlagen. Während die nach außen gerichtete Sichtweise das Leistungsangebot aus dem Blickwinkel des Vertriebs und des Marketings unter Einbezug des Kundeninteresses betrachtet, fokussiert die nach innen gerichtete Sichtweise vor allem auf organisatorische Aspekte.

Leistungsbaum

Mit dem Modelltyp Leistungsbaum wird generell das Ziel verfolgt, die unterschiedlichen Beziehungsformen, die zwischen Leistungen auftreten können, entsprechend zu visualisieren (vgl. Abbildung 15).

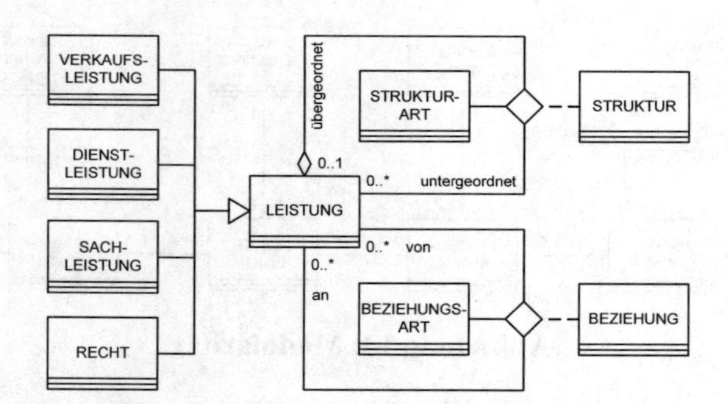

Abbildung 15: Leistungsbaum – Meta-Modell

Leistungen können in diesem Modelltyp auf zweierlei Weise miteinander verknüpft werden. Einerseits lassen sie sich zu einem übergeordneten Element aggregieren und somit in einen strukturellen Zusammenhang bringen. Andererseits können beliebige Abhängigkeiten nicht-hierarchischer Art berücksichtigt werden. Dabei besteht zudem die Möglichkeit, den Beziehungsarten jeweils mehrere Kantenrollen zuzuweisen. Hinsichtlich der Leistungsart kann zwischen so genannten Verkaufsleistungen, „reinen" Dienstleistungen, Sachleistungen sowie Rechten unterschieden werden. Zwei Beispiele für einen Leistungsbaum aus externer bzw. interner Sicht zeigt Abbildung 16.

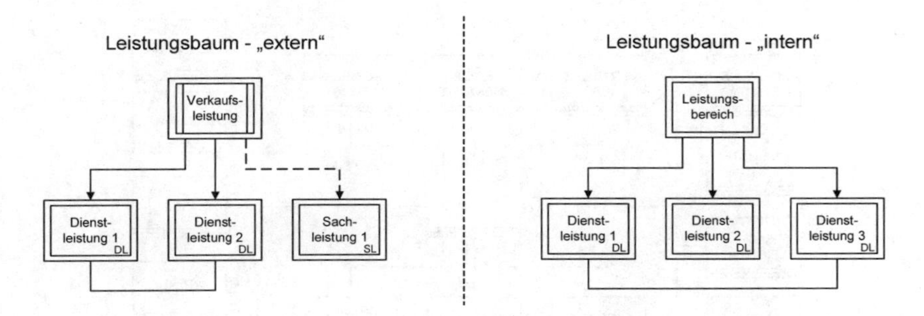

Abbildung 16: Leistungsbaum – Beispielmodelle

Im externen Leistungsbaum steht die Beschreibung so genannter Verkaufsleistungen im Vordergrund. Darunter werden alle Leistungen und Leistungsbündel zusammengefasst, die eine Unternehmung am Markt anbietet. Diese lassen sich sowohl aus Dienstleistungen, als auch aus den übrigen Leistungsarten beliebig kreieren, wodurch u. a. auch Leistungssysteme oder hybride Produkte abgebildet werden können [31][32]. Der Hauptvorteil dieser Darstellungsform liegt in der Möglichkeit, situations- und kundenspezifische Verkaufsleistungen aus unternehmungsintern standardisierten Leistungskomponenten erstellen zu können [33]. Auf welcher Beschreibungsebene (Leistungskomponenten, Elementarleistung, Teilleistung, Leistung, Leistungsbündel) die Zusammensetzung der Verkaufsleistung vorgenommen wird, schreibt der Modelltyp nicht vor. Durch die Form der hierarchischen Beziehungen kann bestimmt werden, ob ein Element einen festen (durchgezogene, gerichtete Kante) oder fakultativen Bestandteil (gestrichelte, gerichtete Kante) der Verkaufsleistung bildet. Abhängigkeiten zwischen einzelnen Komponenten werden durch ungerichtete Kanten ausgedrückt.

Der interne Leistungsbaum wird zur Abbildung des Produktportfolios einer Unternehmung eingesetzt, und zeigt dieses in der Regel von der obersten Ebene (Gesamtorganisation) bis zur untersten (Leistungskomponente). Die einzelnen Objekte sind entweder über die Kantenbeziehung „besteht aus“ (gerichtete Kante) oder „ist abhängig von“ (ungerichtete Kante) verbunden. Den größten Nutzen liefert der Modelltyp interner Leistungsbaum beim Einsatz im Controlling, da die einzelnen Leistungen und damit die dahinter liegenden Attributwerte nach beliebigen Gesichtspunkten (z. B. Produkt, Kunden, Sparten, Regionen) aggregiert werden können.

Leistungszuordnungsdiagramm

Im Gegensatz zum Leistungsbaum fokussiert das Leistungszuordnungsdiagramm nicht auf die Beziehungen zwischen Leistungen, sondern dokumentiert eine einzelne Leistung, indem sie diese mit den jeweils interessierenden Aspekten verbindet (vgl. Abbildung 17).

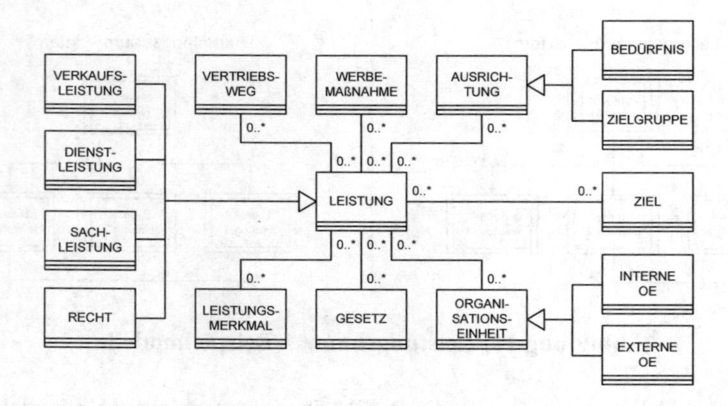

Abbildung 17: Leistungszuordnungsdiagramm – Meta-Modell

Das Leistungszuordnungsdiagramm erlaubt die Verknüpfung der verschiedenen Leistungsarten mit unterschiedlichen Objekttypen. Dazu zählen bspw. die Konstrukte Vertriebsweg, Werbemaßnahme und Ausrichtung (Bedürfnis oder Zielgruppe), die in erster Linie die Erläuterung von Verkaufsleistungen unterstützen. Demgegenüber repräsentieren Objekttypen wie Leistungsmerkmal, Gesetz oder Organisationseinheit Gesichtspunkte, die bezüglich einer (internen) Dienstleistung von Interesse sind. Das Element Ziel kann je nach Anwendung in beiden Zusammenhängen eingesetzt werden. Die Leistungsarten Sachleistung und Recht sind an dieser Stelle der Vollständigkeit halber aufgeführt. Eine Modellinstanziierung ist laut Meta-Modell damit zulässig, kann jedoch im Umfeld der Dienstleistungsmodellierung vernachlässigt werden. Zwei Beispiele für ein Leistungszuordnungsdiagramm zeigt Abbildung 18.

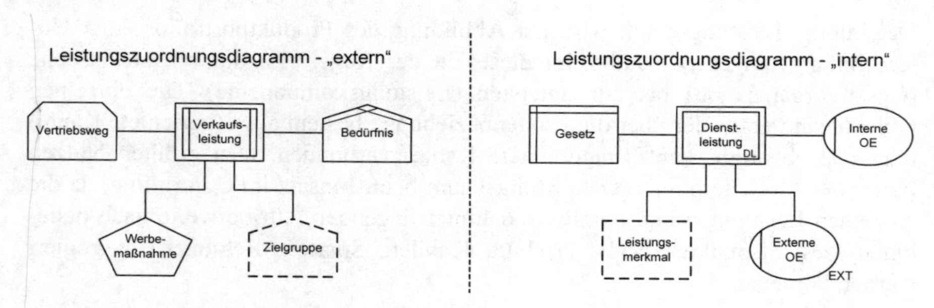

Abbildung 18: Leistungszuordnungsdiagramm – Beispielmodelle

Das externe Leistungszuordnungsdiagramm visualisiert in erster Linie die relevanten Aspekte einer Verkaufsleistung. Die Objekte Zielgruppe und Bedürfnis tragen der Notwendigkeit Rechnung, dass vor der Bildung einer Verkaufsleistung genau definiert werden muss, welches Kundensegment angesprochen bzw. welches Bedürfnis befriedigt werden soll. Je nachdem, ob der Leistungsmix an einer bestimmten Kundengruppe oder einem bestimmten Bedürfnis ausgerichtet ist, kann das entsprechende Konstrukt gewählt werden. Da der Vertriebsweg die Ausgestaltung des gesamten Dienstleistungserbringungsprozesses und damit der einzelnen Prozessmodule stark beeinflusst, wird im externen Leistungszuordnungsdiagramm zu dessen Dokumentation ein eigener Objekttyp zur Verfügung gestellt. Mit dem Objekt Werbemaßnahme lässt sich im Modell die Art und Weise beschreiben, wie die dargestellte Verkaufsleistung beworben werden soll. Über eine Kombination von Objekttypen, den zugehörigen Attributen sowie einer potenziellen Prozesshinterlegung können somit die 7 P's des Dienstleistungsmarketings abgebildet werden [34][35].

Das interne Leistungszuordnungsdiagramm zielt auf die Beschreibung eines (Dienst-)Leistungsobjekts aus unternehmungsinterner Sicht ab. Charakteristische Merkmale und Daten einer Leistung lassen sich darin über Objektattribute festhalten. Alternativ dazu können Merkmale aber auch durch die Verwendung eines eigenen Konstrukts explizit hervorgehoben werden. Ferner lassen sich sowohl unternehmungsinterne als auch -externe, an der Leistungserstellung beteiligte Organisationseinheiten darstellen. In stark reglementierten Branchen, wie z. B. dem Finanzdienstleistungssektor, ist es wichtig, die das Produkt beeinflussenden Gesetze, Vorschriften oder Regelungen im Rahmen der Visualisierung einer Leistung zu dokumentieren. Auf diese Weise kann bei Gesetzesänderungen aus dem Produktmodell direkt abgelesen werden, welche Teile des Produktportfolios in welchem Ausmaß davon betroffen sind. Das Leistungsobjekt stellt zudem die Schnittstelle zu den Prozessmodellen dar, weil ihm die im Rahmen der Leistungserstellung zu durchlaufenden Prozesse hinterlegt sind.

3.3 Prozessmodelle

Unter einem Prozess bzw. Geschäftsprozess kann allgemein eine zeitlich-logische Abfolge von Aktivitäten zum Zweck einer Leistungserstellung verstanden werden. Unter Einsatz von Ressourcen wird dabei ein Ergebnis erzeugt, das für einen unternehmungsinternen oder -externen Kunden einen Wert darstellt [23]. Bei der Betrachtung von Geschäftsprozessen werden Zustandsänderungen von Funktionen dargestellt und damit das dynamische Verhalten eines Systems abgebildet.

Für die adäquate Darstellung der Prozessdimension im Rahmen der Dienstleistungsmodellierung wird in diesem Abschnitt einerseits der Modelltyp der Prozessmodulkette zur Skizzierung eines Ablaufs auf hohem Abstraktionsniveau und andererseits der Modelltyp der Ereignisgesteuerten Prozesskette (EPK) zur detaillierten Beschreibung des Erbringungsvorgangs erläutert.

Prozessmodulkette

Mit dem Modelltyp der Prozessmodulkette wird die Zielsetzung verfolgt, den Erstellungsprozess einer Dienstleistung zu dekomponieren und anhand abstrakter Prozessmodule vergleichsweise einfach und übersichtlich zu beschreiben. Ein Prozessmodul bildet dabei eine abgeschlossene Einheit, die einen sinnvoll und eindeutig abgegrenzten Teil eines Geschäftsprozesses widerspiegelt. Im Kern handelt es sich bei diesem Modelltyp um eine Wertschöpfungskette, die um logische Verknüpfungsoperatoren sowie um dienstleistungsspezifische Besonderheiten erweitert wurde. Abbildung 19 visualisiert die Struktur der Prozessmodulkette.

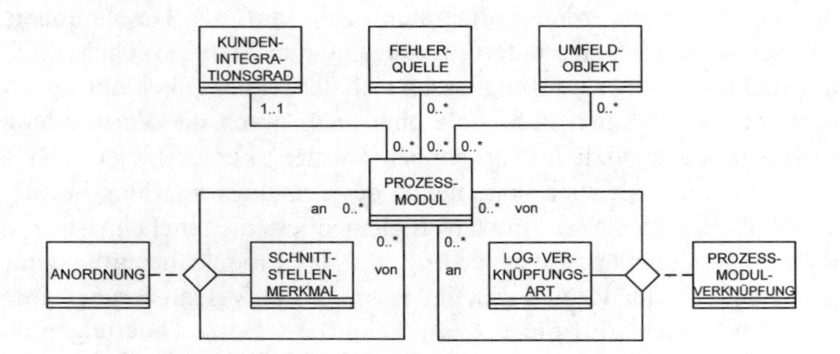

Abbildung 19: Prozessmodulkette – Meta-Modell

Im Mittelpunkt der Prozessmodulkette stehen die Prozessmodule, durch deren Aneinanderreihung (Objekttyp Anordnung) ein komplexer Geschäftsprozess generisch zusammengesetzt werden kann. Für eine lückenlose Prozessbeschreibung sorgt die Dokumentation und Gestaltung der zwischen den Bausteinen liegenden Schnittstellen. Um diese unabhängig von den jeweils angrenzenden Modulen zu halten, wird ein standardisiertes Beschreibungsschema zu Grunde gelegt (Objekttyp Schnittstellenmerkmal). Dieses umfasst zusätzlich zu den aus der Informationstechnologie bekannten Aspekten Daten und Technik eine Reihe weiterer Dimensionen. Hierzu zählen u. a. räumliche, zeitliche und rechtliche Gesichtspunkte. Als Beispiel seien Informationen genannt, die von einem Modul an einem bestimmten Wochentag an einem bestimmten Ort in einer bestimmten Form bereitgestellt, vom nachfolgenden Modul jedoch zu einem anderen Zeitpunkt an einem anderen Ort in einem anderen Format benötigt werden. Rechtliche Aspekte stehen vor allem dann im Mittelpunkt, wenn ein unternehmungsübergreifender Geschäftsprozess dargestellt wird, so dass verschiedene Unternehmungen für die Abarbeitung einzelner Prozessbausteine verantwortlich sind [36].

Um parallel verlaufende Prozessmodule bzw. Prozessalternativen adäquat abbilden zu können, sieht die Prozessmodulkette die Verwendung von konjunktiven („und"), adjunktiven („oder") sowie disjunktiven („exklusives oder") Verknüpfungsoperatoren vor. Zudem lassen sich die aus der Prozessbeschreibungsmethode

Service Blueprinting bekannten Elemente „Kundenintegrationsgrad" und „Fehlerquelle" einarbeiten. Im Falle des Kundenintegrationsgrads werden die Prozessbausteine einer Ebene zugeordnet, die den Wahrnehmungsgrad der Tätigkeit aus Sicht des Kunden reflektiert [37]. Dabei ist insbesondere die „Line of visibility" hervorzuheben, die Aktivitäten nach dem Kriterium differenziert, ob diese in Anwesenheit des Kunden durchgeführt werden oder nicht. Das Aufzeigen von potenziellen Fehlerquellen spielt vor allem bei Dienstleistungen eine wichtige Rolle, die in intensiver Zusammenarbeit mit dem Kunden erbracht werden. Die Visualisierung relevanter Aspekte des Risikomanagements wird in Abschnitt 3.4 durch die Beschreibung des Modelltyps Fehlerquellendiagramm weiter thematisiert.

Des Weiteren können in der Prozessmodulkette auch signifikante Eigenschaften oder Veränderungen einzelner Bausteine durch die Ergänzung zusätzlicher Umfeldobjekte abgebildet werden. Um die Übersichtlichkeit des Modells zu wahren, sollten diese jedoch nur dann eingebunden werden, wenn sie für den Gesamtprozess von besonderer Bedeutung sind. Beispiele für Erweiterungen können die Modellierung eines Prozessverantwortlichen im Zusammenhang mit einer Outsourcing-Entscheidung oder eines Anwendungssystems im Falle einer Softwareeinführung an den betroffenen Prozessbaustein sein. Welche Konstrukte im Detail zur Verfügung stehen, wird in Abschnitt 3.4 im Rahmen des Modelltyps Funktionszuordnungsdiagramm näher erläutert. Ein Beispiel mit den entsprechenden Modellkonstrukten zeigt Abbildung 20.

Um eine Wiederverwendbarkeit in unterschiedlichen Dienstleistungserbringungsprozessen zu gewährleisten, sind die Module in Form von allgemein gehaltenen, produktunabhängigen Standardprozessbausteinen zu definieren. Leistungsspezifische Abweichungen hinsichtlich des Erbringungsprozesses können durch die Kreation von Varianten abgebildet werden. Dadurch sowie auf Grund der flexiblen Anpassungsmöglichkeiten der hinterlegten Attribute und einer durchzuführenden Parametrisierung lassen sich Dienstleistungsprozesse für unterschiedliche Einsatzszenarien und leistungsspezifische Anforderungen individuell konfigurieren. Die Bausteine können in einem Prozess-Repository, das unterschiedliche Bibliotheksformen annehmen kann, gespeichert und verwaltet werden. Als Beispiel für ein solches Ordnungsraster sei der Modelltyp der Prozessauswahlmatrix genannt, in dem sich Prozessmodule und Varianten strukturiert ablegen lassen [38]. Damit wird ein Prozessmodulbaukasten implementiert, auf den bei der Entwicklung neuer Produkte (Service Engineering) oder bei der Durchführung eines Business Process Reengineering bzw. eines Continuous Process Improvement zurückgegriffen werden kann.

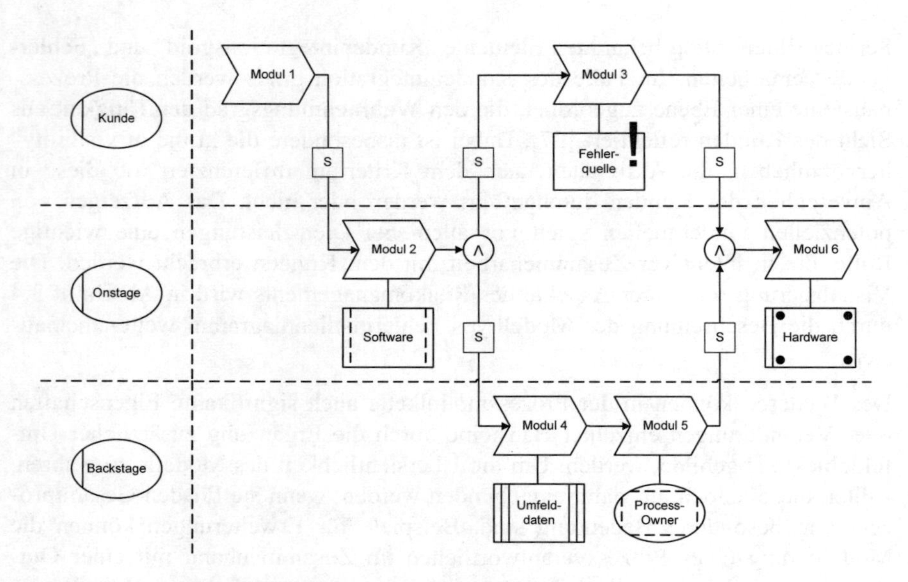

Abbildung 20: Prozessmodulkette – Beispielmodell

Zur grafischen Beschreibung der den einzelnen Prozessbausteinen zu Grunde liegenden Detailabläufe lassen sich den Modulen jeweils Modelle vom Typ Ereignisgesteuerte Prozesskette hinterlegen.

Ereignisgesteuerte Prozesskette

Zur ausführlichen Modellierung von Dienstleistungsprozessen wird die im Rahmen der Architektur integrierter Informationssysteme (ARIS) entwickelte Methode der Ereignisgesteuerten Prozesskette eingesetzt [39], deren Aufbau in Abbildung 21 beschrieben ist.

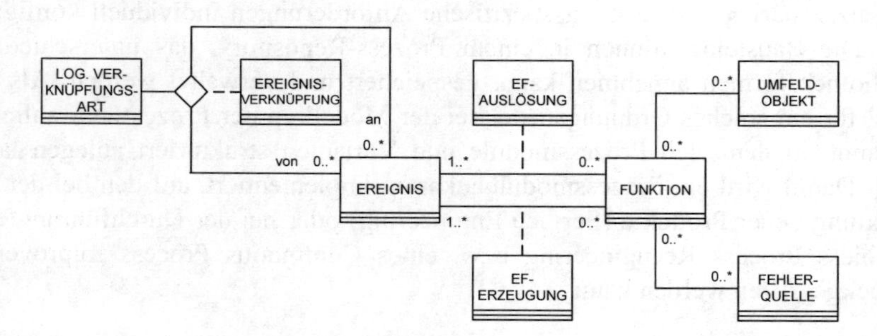

Abbildung 21: Ereignisgesteuerte Prozesskette – Meta-Modell [2]

Zentrales Merkmal der Ereignisgesteuerten Prozesskette bildet die Veranschaulichung der zu einem Prozess gehörenden Funktionen in deren zeitlich-logischer

Abfolge. Eingetretene Zustände, die wiederum nachgelagerte Unternehmungsverrichtungen anstoßen können, sowie Bedingungskomponenten werden unter dem zeitpunktbezogenen Konstrukt „Ereignis" zusammengefasst. Damit die die Kontrollflusssteuerung beschreibenden Regeln und Bedingungen berücksichtigt werden können, sind – wie in der Prozessmodulkette – Verknüpfungsoperatoren einsetzbar. Umfeldobjekte und insbesondere potenzielle Fehlerquellen lassen sich ebenso analog zur Prozessmodulkette anbinden. Die Beschreibung der Umfeldobjektzuordnung zu einzelnen Funktionen erfolgt im Abschnitt 3.4 (Modelltyp Funktionszuordnungsdiagramm).

Im Gegensatz zur Prozessmodulkette, die zur Abbildung eines Ablaufs auf einem allgemeinen Niveau dient, erlaubt die Ereignisgesteuerte Prozesskette die Justierung der Komplexität des gesamten Erbringungsprozesses auf ein gewünschtes Maß. Dies wird durch die Möglichkeit realisiert, vertikale Hierarchisierungen und horizontale Unterteilungen vornehmen zu können, wie Abbildung 22 verdeutlicht.

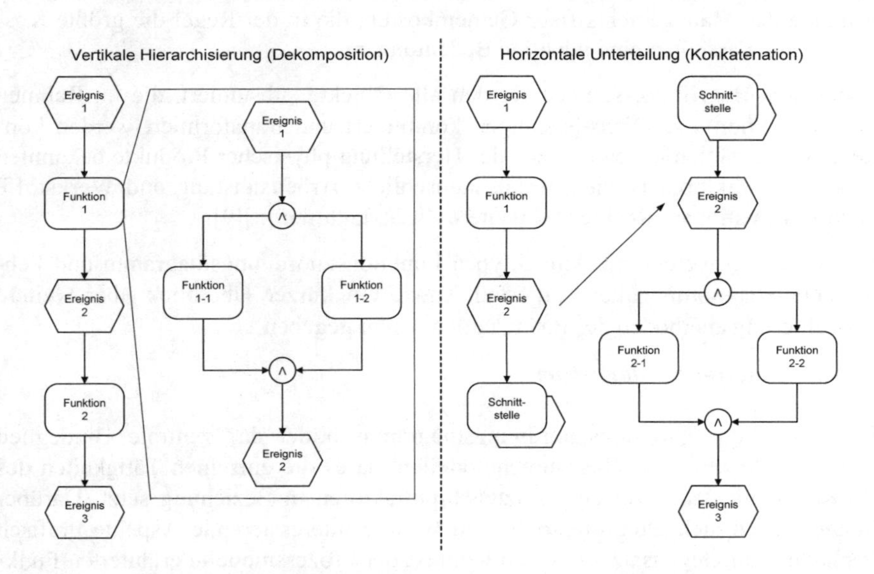

Abbildung 22: Ereignisgesteuerte Prozesskette – Dekomposition und Konkatenation [40]

Durch die vertikale Hierarchisierung können Dienstleistungsprozesse in Abhängigkeit vom gewünschten Abstraktionsniveau in verschiedenen Granularitätsgraden dargestellt werden. Die Kapselung eines Prozessausschnitts zu einer übergeordneten Funktion führt zu einem generalisierteren, die Aufsplittung einer Funktion in gekoppelte Teilaktivitäten zu einem detaillierteren Abbild des zu modellierenden Sachverhalts. Die horizontale Unterteilung erhöht die Übersichtlichkeit der Abbildung durch die Aufteilung eines komplexen Gesamtablaufs in kleinere Teilabschnitte, wobei die Abstraktionsstufe konstant bleibt. Die Verbindung wird dabei über Prozesswegweiser, visualisiert in Form von Schnittstellen, hergestellt [40].

Nach der Darstellung der dynamischen Sicht des Erbringungsprozesses widmet sich der nächste Abschnitt der Abbildung der dabei eingesetzten Ressourcen und somit der potenzialorientierten Dienstleistungsdimension.

3.4 Ressourcenmodelle

Ressourcenmodelle dienen der Beschreibung der von Dienstleistungsanbietern bereitzustellenden Produktionsfaktoren, die bei der Erstellung unter Einbezug von externen Faktoren kombiniert werden. Da die Aktivierung der Ressourcen von äußeren Einflüssen abhängig ist und sich von einer Unternehmung nur beschränkt steuern lässt, kommt Informationsmodellen dieser Dimension insbesondere im Rahmen des Managements fixer Gemeinkosten, die in der Regel die größte Kostenposition darstellen eine wichtige Bedeutung zu.

Unter dem Begriff Ressourcen werden alle Objekte subsumiert, die im Rahmen der Produktion von Dienstleistungen kombiniert und transformiert werden können. Hierzu zählen neben den aus der Herstellung physischer Produkte bekannten Produktionsfaktoren Betriebsmittel, menschliche Arbeitsleistung und Werkstoffe auch Informationen, Rechte und weitere Zusatzfaktoren [5][9].

Im Folgenden werden die Modelltypen Funktionszuordnungsdiagramm und Fehlerquellendiagramm näher vorgestellt sowie ein kurzer Überblick über weitere Modellierungsmethoden der Potenzialdimension gegeben.

Funktionszuordnungsdiagramm

Der Modelltyp Funktionszuordnungsdiagramm bildet das zentrale Bindeglied zwischen Prozess- und Ressourcenmodellen, da es die einzelnen Tätigkeiten des Prozesses mit den darin eingesetzten Inputfaktoren in Beziehung setzt. Darüber hinaus lassen sich Outputfaktoren und weitere interessierende Aspekte grafisch festhalten. Im Gegensatz zu der im Kontext der Prozessmodelle erläuterten Funktionsbetrachtung steht im Funktionszuordnungsdiagramm nicht der Zweck, den eine Funktion innerhalb eines Prozesses erfüllt, im Mittelpunkt, sondern vielmehr die Beschreibung eines einzelnen betrieblichen Vorgangs. Abbildung 23 zeigt die mit einer Funktion verknüpfbaren Elemente.

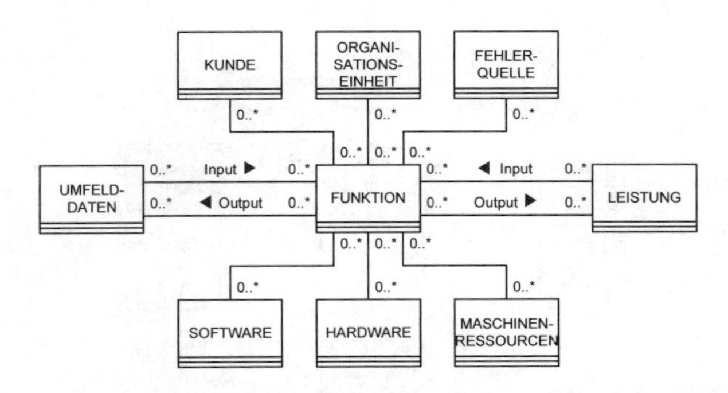

Abbildung 23: Funktionszuordnungsdiagramm – Meta-Modell

Im Zentrum des Funktionszuordnungsdiagramms steht die betrachtete Funktion. Die bei der Dienstleistungserbringung häufig stattfindende Interaktion zwischen dem Kunden und einer Organisationseinheit wird durch das Anmodellieren der entsprechenden Konstrukte berücksichtigt. Über die Zuweisung einer Kantenrolle lässt sich zudem die Form der Zusammenarbeit ausdrücken. Auf Seiten des Kunden handelt es sich hier um den Intensitätsgrad, bei dem zwischen den Stufen „Abnehmer“, „Betrachtungsobjekt“, „Informant“, „Co-Designer“ und „Partner“ unterschieden werden kann [41]. Auf der anderen Seite kann der unternehmungsinternen Organisationseinheit die Bedeutung „ist fachlich verantwortlich“, „führt aus“, „entscheidet über“, „stimmt zu“, „wirkt beratend mit“ oder „muss informiert werden“ zuteil werden.

Das charakteristische Merkmal der Zusammenarbeit zwischen Dienstleistungsanbieter und -nachfrager bei der Erfüllung einzelner Tätigkeiten begründet auch die Einführung des Konstrukts „Fehlerquelle“. Auf diese Weise lassen sich potenzielle Hindernisse grafisch hervorheben und durch präventive Maßnahmen auf ein Minimum reduzieren, was schließlich zu einer Verbesserung der Dienstleistungsqualität führt. Umfassende Informationen zum Umgang mit diesen Schwierigkeiten können durch eine Hinterlegung des Modelltyps Fehlerquellendiagramm festgehalten werden, das im nachfolgenden Abschnitt erläutert wird.

Neben den Objekttypen Kunde, Organisationseinheit und Fehlerquelle lassen sich noch eine Reihe weiterer Aspekte an einer Funktion abbilden. Hierzu zählen bspw. unterstützende Softwaresysteme sowie eingesetzte Hardware und Maschinenressourcen. Des Weiteren können zur Bearbeitung erforderliche Inputdaten bzw. bei der Durchführung der Aktivität erzeugte Outputdaten über gerichtete Kanten angebunden werden. Ebenfalls über gerichtete Kanten lassen sich Input- und Outputleistungen darstellen. Dabei handelt es sich in der Regel jedoch nicht um fertige, absatzfähige Produkte, sondern vielmehr wird deren Bearbeitungsstatus wiedergegeben, jeweils vor und nach dem betrachteten Arbeitsschritt. Abbildung 24 visualisiert eine Instanz des Modelltyps Funktionszuordnungsdiagramm.

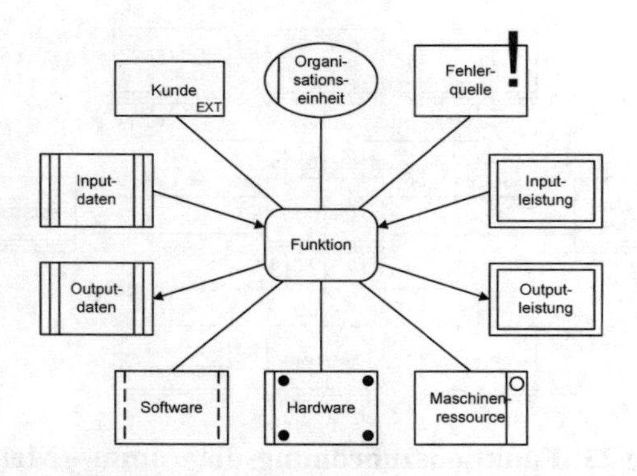

Abbildung 24: Funktionszuordnungsdiagramm – Beispielmodell

Die an dieser Stelle erwähnten Konstrukte bilden keine abschließende Liste. Je nach Bedarf können weitere Objekte hinzugefügt werden. Denkbar ist bspw. die Verwendung von Dokumenten, Dateien oder Wissenskategorien.

Fehlerquellendiagramm

Das Fehlerquellendiagramm fungiert als Beschreibungsmodell für die im Erbringungsprozess identifizierten Schwierigkeiten. Es liefert somit eine wichtige Informationsbasis für ein effektives Qualitätsmanagement. Es handelt sich bei diesem Modelltyp um eine dienstleistungsspezifische Adaption und Erweiterung des zur Abbildung von operationellen Risiken entwickelten Risiko-Detailanalysemodells [42]. Abbildung 25 gibt die Modellgrundform wieder.

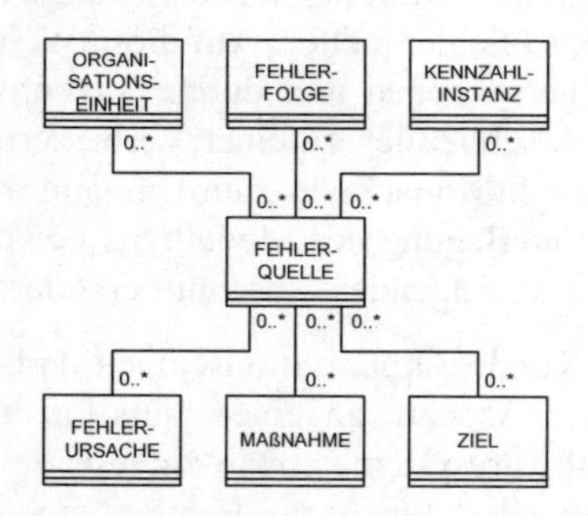

Abbildung 25: Fehlerquellendiagramm – Meta-Modell

An einer potenziellen Fehlerquelle lassen sich organisatorische Aspekte, wie z. B. ein Ansprechpartner, sowie die Folgen, die mit dem Eintreten eines Fehlers verbunden sind, festhalten. Die Überwachung, Analyse und damit die Minimierung eines Fehlerpotenzials bedingt die Pflege entsprechender Kennzahlen, anhand derer Veränderungen explizit nachvollzogen werden können. Hierzu können Eintritts-, Kundenbedeutungs- oder auch Aufdeckungswahrscheinlichkeiten gehören

[43]. Im Hinblick auf das Fehlermanagement lassen sich Fehlerursachen, zur Minimierung der Eintrittswahrscheinlichkeit (präventiv) zu ergreifende Maßnahmen sowie quantitative und qualitative Zielsetzungen dokumentieren. Ein Beispielmodell kann Abbildung 26 entnommen werden.

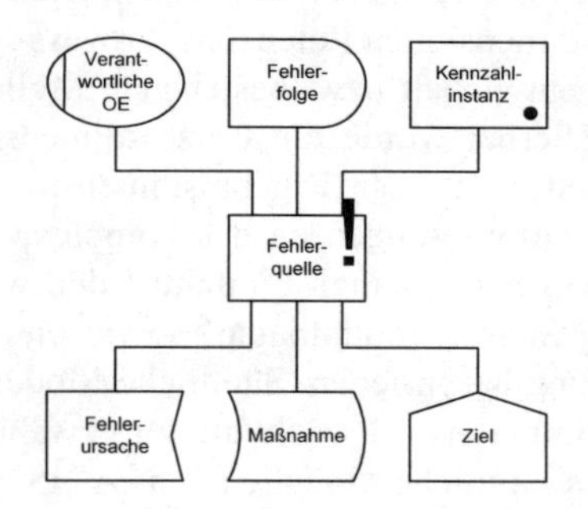

Abbildung 26: Fehlerquellendiagramm – Beispielmodell

Nach der Vorstellung der Modelltypen Funktionszuordnungs- und Fehlerquellendiagramm stehen im folgenden Abschnitt Ressourcenmodelle im engeren Sinn im Mittelpunkt der Betrachtung.

Weitere Ressourcenmodelle

Im Kontext des Funktionszuordnungsdiagramms wurde eine Reihe von Ressourcenobjekttypen vorgestellt. Zur Reduzierung der Komplexität lassen sich diese den äußeren Sichten des ARIS-Konzepts zuordnen. Dabei können konkrete Instanzen dieser Objekttypen jeweils in entsprechenden Modelltypen untereinander kombiniert werden. Diese Modelltypen werden unter dem Begriff Ressourcenmodelle zusammengefasst. Hierzu zählen bspw. das Organigramm (Organisationssicht) oder das Entity Relationship Modell (Datensicht), die in Abbildung 27 exemplarisch in das ARIS-Konzept eingebunden sind.

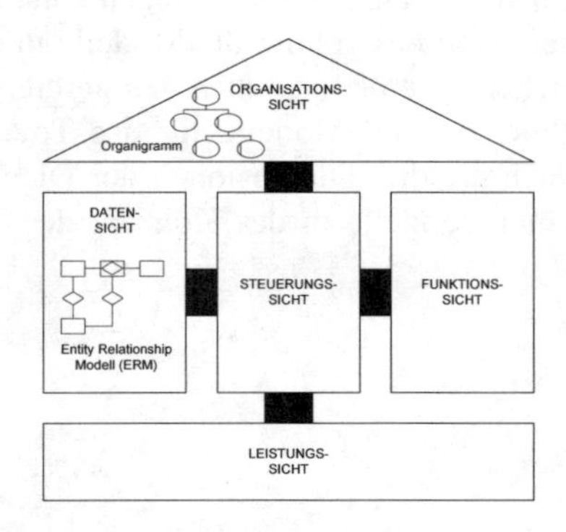

Abbildung 27: ARIS-Modellierungsframework

4 Zusammenfassung und Ausblick

Das Ziel der vorliegenden Arbeit bestand darin, den komplexen Betrachtungsgegenstand der Dienstleistung durch die Verwendung geeigneter Modelle für das Dienstleistungsmanagement handhabbar zu machen. Dazu wurden, in Analogie zu den drei Dienstleistungsdimensionen Potenzial-, Prozess- und Ergebnisdimension, entsprechende Modelle entwickelt bzw. bestehende Modelle den jeweiligen Perspektiven zugeordnet. Hierbei wurde die Prozessdimension um das Modell der Prozessmodulkette erweitert; in der Ergebnisdimension wurden neue Modelle entwickelt, welche die Anforderungen an das komplexe Dienstleistungsmanagement erfüllen. Neben dem Allgemeinen Produktmodell wurden zu diesem Zweck Modelle für die interne Sicht (Produktbaum) sowie die externe Sicht (Produktbündel) der Unternehmung beschrieben. Sämtliche Modelle wurden in ein Raster eingeordnet, um deren integrierte Betrachtung zu gewährleisten. Dies wurde dadurch sichergestellt, dass sämtliche Modelle in das ARIS-Haus, als einem Rahmen zur Unternehmungsmodellierung, eingegliedert wurden.

Weiterer Forschungsbedarf besteht bezüglich der Übertragung des vorgestellten Ansatzes auf Sachleistungen einerseits und kombinierte Leistungsbündel, bestehend aus Sach- und Dienstleistungskomponenten, andererseits. Hierbei ist insbesondere auf die Anforderungen von Sachleistungen einzugehen. Der Bereich der Produktmodellierung bzw. des Produktdatenmanagements im Bereich materieller Leistungen wird seit einigen Jahren intensiv diskutiert. Fertigungsspezifische Anforderungen, wie z. B. Konstruktions- oder Fertigungsaspekte, stehen dabei im Vordergrund. Prinzipiell ist der vorgestellte Ansatz jedoch auch auf den Bereich der Sachleistungen und somit auch oder insbesondere auf die Kombination beider Leistungsarten übertragbar. Ebenso stellt die Einordnung in die Dimensionen Potenzial, Prozess und Ergebnis keinen Hinderungsgrund dar, da diese Dimensionen im Bereich der materiellen Leistungen deutlicher abgegrenzt sind als dies im Bereich der Dienstleistungen der Fall ist (vgl. hierzu Abschnitt 3.4). Trotzdem ist für die Übertragung auf Sachleistungen weitere Forschungsarbeit notwendig.

Aus der Sicht reiner Dienstleistungsunternehmungen kann der vorgestellte Ansatz einen Mehrwert bedeuten, wenn es gelingt die Modelle in das Dienstleistungsmanagement mit einzubeziehen. Hierbei ist neben den bereits vorgestellten Möglichkeiten zusätzlich das Potenzial der Modelle für das Total Quality Management (TQM) zu nennen, da sich die drei Dimensionen der Dienstleistung und dementsprechend die dargestellten Modelle in das Konzept des TQM einordnen lassen (vgl. Abbildung 28) [17].

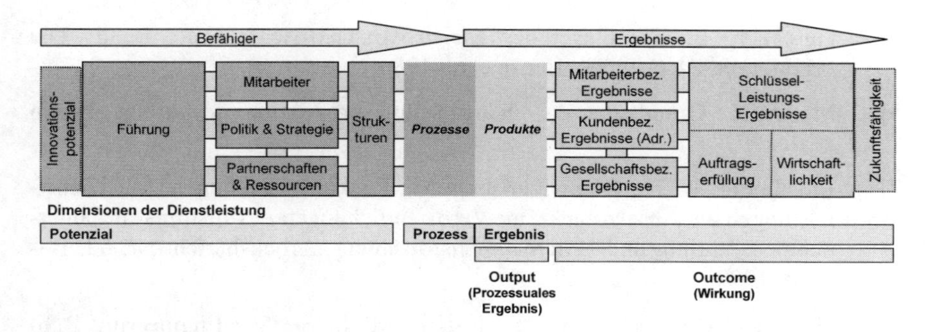

Abbildung 28: TQM im Kontext der Dienstleistungserbringung [17]

Bei diesem Ansatz wird der Aspekt der Leistungserstellung in die drei Säulen des TQM integriert (Mitarbeiter, Prozesse, Ergebnisse) und die Verbindung dieser drei Säulen zu den drei Dimensionen der Dienstleistung hergestellt. Die Basis dieser integrierten Betrachtung ist das EFQM-Modell, das als Management- und Bezugsrahmen für TQM dient.

Weiteres Potenzial für den modellbasierten Ansatz besteht insbesondere für die Entwicklung neuer Dienstleistungen im Rahmen des Service Engineering, vor allem für E-Services [44], die über das Internet vertrieben werden. Für E-Services ist der modulare Aufbau (z. B. durch Business Objects), sowie der Bezug zu den zugrunde liegenden Prozessen (z. B. Workflow- und IT-Prozesse) noch bedeutender als für herkömmliche Dienstleistungen, da auf sie zusätzlich das ARIS-Lifecyle-Konzept [17][44][2] zur Übertragung von Modellen des Fachkonzepts auf konkrete Softwareapplikationen angewendet werden kann.

Literaturverzeichnis

[1] Fähnrich, K.-P.; Meiren, T.; Barth, T.; Hertweck, A.; Baumeister, M.; Demuß, L.; Gaiser, B.; Zerr, K.: Service Engineering: Ergebnisse einer empirischen Studie zum Stand der Dienstleistungsentwicklung in Deutschland, Stuttgart 1999.

[2] Scheer, A.-W.: ARIS – Modellierungsmethoden, Metamodelle, Anwendungen, 4. Auflage, Berlin et al. 2001.

[3] KGSt (Hrsg.): Das neue Steuerungsmodell: Definition und Beschreibung von Produkten, Bericht Nr. 8/1994, Köln 1994.

[4] Wöhe, G.: Einführung in die allgemeine Betriebswirtschaftslehre, 20. Auflage, München 2000.

[5] Gutenberg, E.: Grundlagen der Betriebswirtschaftslehre: Erster Band – Die Produktion, 24. Auflage, Berlin et al. 1983.

[6] Maleri, R.: Grundlagen der Dienstleistungsproduktion, 4. Auflage, Berlin et al. 1997.

[7] Engelhardt, W. H.; Kleinaltenkamp, M.; Reckenfelderbäumer, M.: Dienstleistungen als Absatzobjekt, in: Veröffentlichungen des Instituts für Unternehmensführung und Unternehmensforschung, Arbeitsbericht Nr. 52, Bochum 1992.

[8] Nüttgens, M.; Heckmann, M.; Luzius, M. J.: Service Engineering Rahmenkonzept, in: IM – Fachzeitschrift für Information, Management und Consulting, 13(1998) Sonderausgabe, S. 14-19.

[9] Corsten, H.: Dienstleistungsmanagement, 4. Auflage, München et al. 2001.

[10] Meffert, H.; Bruhn, M. (Hrsg.): Dienstleistungsmarketing. Grundlagen – Konzepte – Methoden, 3. Auflage, Wiesbaden 2000.

[11] Langeard, E.: Grundfragen des Dienstleistungsmarketing, in: Marketing – Zeitschrift für Forschung und Praxis, München 1981, S. 233-240.

[12] Kleinaltenkamp, M.: Begriffsabgrenzungen und Erscheinungsformen von Dienstleistungen, in: Bruhn, M.; Meffert, H. (Hrsg.): Handbuch Dienstleistungsmanagement. Von der strategischen Konzeption zur praktischen Umsetzung, 2. Auflage, Wiesbaden 2001, S. 27-50.

[13] Huber, R. J.: Die Nachfrage nach Dienstleistungen, Volkswirtschaftliche Forschungsergebnisse, Band 15, Hamburg 1992.

[14] Altenburger, O. A.: Ansätze zu einer Produktions- und Kostentheorie der Dienstleistungen, Berlin 1980.

[15] Kuhlen, R.: Informationsmarkt: Chancen und Risiken der Kommerzialisierung von Wissen, Konstanz 1995, Schriften zur Informationswissenschaft, Band 15.

[16] Engelhardt, W. H.; Kleinaltenkamp, M.; Reckenfelderbäumer, M.: Leistungsbündel als Absatzobjekte – Ein Ansatz zur Überwindung der Dichotomie von Sach- und Dienstleistungen, in: Zeitschrift für betriebswirtschaftliche Forschung, 45(1993)5, S. 395-426.

[17] Grieble, O.; Scheer, A.-W.: Grundlagen des Benchmarkings öffentlicher Dienstleistungen, in: Scheer, A.-W. (Hrsg.): Veröffentlichungen des Instituts für Wirtschaftsinformatik, Nr. 166, Saarbrücken 2000.

[18] Bullinger, H.-J.: Dienstleistungen für das 21. Jahrhundert – Trends, Visionen und Perspektiven, in: Bullinger, H.-J. (Hrsg.): Dienstleistungen für das 21. Jahrhundert. Gestaltung des Wandels und Aufbruch in die Zukunft, Ulm 1997, S. 27-64.

[19] Meyer, A.: Dienstleistungs-Marketing, Erkenntnisse und praktische Beispiele, 8. Auflage, in: Meyer, P. W.; Meyer, A.: Schriftenreihe Schwerpunkt Marketing, Band 20, München 1998.

[20] Arbeitskreis "Marketing in der Investitionsgüter-Industrie" der Schmalenbach-Gesellschaft: System Selling, in: Zeitschrift für betriebswirtschaftliche Forschung, 27(1975), S. 757-773.

[21] Shostack, L. G.: Breaking Free from Product Marketing, in: Journal of Marketing, 41(1977), S. 73-80.

[22] Hilke, W.: Grundprobleme und Entwicklungstendenzen des Dienstleistungs-Marketing, in: Hilke, W. (Hrsg.): Dienstleistungs-Marketing, Schriften zur Unternehmensführung, Band 35, Wiesbaden 1989, S. 5-44.

[23] Scheer, A.-W.: ARIS – Vom Geschäftsprozess zum Anwendungssystem, 4. Auflage, Berlin et al. 2002.

[24] Kraemer, W.; Zimmermann, V.: Public Service Engineering – Planung und Realisierung innovativer Verwaltungsprodukte, in: Scheer, A.-W. (Hrsg.): Rechnungswesen und EDV: Kundenorientierung in Industrie, Dienstleistung und Verwaltung, 17. Saarbrücker Arbeitstagung, Heidelberg 1996, S. 555-580.

[25] Hammer, M.; Champy, J.: Business Reengineering – Die Radikalkur für das Unternehmen, 6. Auflage, Frankfurt et al. 1996.

[26] Scheer, A.-W.: Wirtschaftsinformatik – Referenzmodelle für industrielle Geschäftsprozesse, 7. Auflage, Berlin et al. 1997.

[27] Grieble, O.; Klein, R.; Scheer, A.-W.: Modellbasiertes Dienstleistungsmanagement, in: Scheer, A.-W. (Hrsg.): Veröffentlichungen des Instituts für Wirtschaftsinformatik. Nr. 171, Saarbrücken 2002.

[28] Scheer, A.-W.; Herrmann, K.; Klein, R.: Modellgestütztes Service Engineering: Entwicklung und Design neuer Dienstleistungen, in: Bruhn, M.; Stauss, B. (Hrsg.): Dienstleistungsinnovationen. Jahrbuch Dienstleistungsmanagement 2004. Wiesbaden 2004, S. 97-125.

[29] Genderka, M.: Objektorientierte Methode zur Entwicklung von Produktmodellen als Basis Integrierter Ingenieursysteme, Aachen 1995.

[30] Bullinger, H.-J.; Meiren, T.: Service Engineering: Entwicklung und Gestaltung von Dienstleistungen, in: Bruhn, M.; Meffert, H. (Hrsg.): Handbuch Dienstleistungsmanagement. Von der strategischen Konzeption zur praktischen Umsetzung, 2. Auflage, Wiesbaden 2001, S. 149-175.

[31] Belz, C.; Schuh, G.; Groos, S. A.; Reinecke, S.: Industrie als Dienstleister. St. Gallen 1997.

[32] Botta, C.; Steinbach, M.: Integrated View on Products and Services : Product-Service Systems. In: Scheer, A.-W. (Hrsg.): The Modern Information Technology in the Innovation Processes of the Industrial Enterprises. MITIP 2003, 5th international Conference Proceedings, German Research Center for Artificial Intelligence, September 4-6, 2003, Saarbruecken/Germany. Saarbruecken 2003, S. 37-42.

[33] Wind, Y.: The Challenge of „Customerization" in Financial Services, in: Communications of the ACM, 44(2001)6, S. 39-44.

[34] Magrath, A. J.: When Marketing Services, 4 P's are not Enough, in: Business Horizons, 29(1986)3, S. 44-50.

[35] Meffert, H.; Bruhn, M.: Dienstleistungsmarketing: Grundlagen – Konzepte – Methoden. 2. Auflage, Wiesbaden 1997.

[36] Herrmann, K.; Klein, R.: Effizientes Schnittstellenmanagement. Erfolgsfaktor für die E-Collaboration, in: IM – Fachzeitschrift für Information, Management & Consulting, 17(2002)4, S. 39-45.

[37] Meyer, A.; Blümelhuber, C.: Dienstleistungs-Design: Zu Fragen des Designs von Leistungen, Leistungserstellungs-Konzepten und Dienstleistungs-Systemen, in: Meyer, A. (Hrsg.): Handbuch Dienstleistungs-Marketing, Band I, Stuttgart 1998, S. 911-940.

[38] Scheer, A.-W.; Grieble, O.; Klein, R.: Modellbasiertes Dienstleistungsmanagement. In: Bullinger, H.-J.; Scheer, A.-W. (Hrsg.): Service Engineering: Entwicklung und Gestaltung innovativer Dienstleistungen, 1. Auflage, Berlin et al. 2003, S. 19-49.

[39] Keller, G.; Nüttgens, M.; Scheer, A.-W.: Semantische Prozeßmodellierung auf der Grundlage „Ereignisgesteuerter Prozeßketten (EPK)", in: Scheer, A.-W. (Hrsg.): Veröffentlichungen des Instituts für Wirtschaftsinformatik. Nr. 89, Saarbrücken 1992.

[40] Rump, F. J.: Geschäftsprozeßmanagement auf der Basis ereignisgesteuerter Prozeßketten. Stuttgart 1999.

[41] Nägele, R.; Vossen, I.: Erfolgsfaktor kundenorientiertes Service Engineering : Fallstudienergebnisse zum Tertiarisierungsprozess und zur Integration des Kunden in die Dienstleistungsentwicklung, in: Bullinger, H.-J.; Scheer, A.-W. (Hrsg.): Service Engineering: Entwicklung und Gestaltung innovativer Dienstleistungen, 1. Auflage, Berlin et al. 2003, S. 531-561.

[42] Brabänder, E.; Ochs, H.: Analyse und Gestaltung prozessorientierter Risikomanagementsysteme mit Ereignisgesteuerten Prozessketten, in: Nüttgens, M.; Rump, F. J. (Hrsg.): Geschäftsprozessmanagement mit Ereignisgesteuerten Prozessketten – EPK 2002. Proceedings des GI-Workshops und Arbeitskreistreffens, Trier 2002, S. 17-35.

[43] Eversheim, W.; Kuster, J.; Liestmann, V.: Anwendungspotenziale ingenieurwissenschaftlicher Methoden für das Service Engineering, in: Bullinger, H.-J.; Scheer, A.-W. (Hrsg.): Service Engineering: Entwicklung und Gestaltung innovativer Dienstleistungen, 1. Auflage, Berlin et al. 2003, S. 417-441.

[44] Bruhn, M.; Stauss, B. (Hrsg.): Electronic Services. Dienstleistungsmanagement Jahrbuch 2002, Wiesbaden 2002.

Service Engineering: Ein Rahmenkonzept für die systematische Entwicklung von Dienstleistungen

Hans-Jörg Bullinger
Fraunhofer-Gesellschaft zur Förderung der Angewandten Forschung e. V., München
Peter Schreiner
Celesio AG, Stuttgart

Inhalt

1 Einleitung

Die wachsende Bedeutung von Dienstleistungen für Wirtschaft und Gesellschaft ist unbestritten. So werden Services[1] nicht nur von klassischen Dienstleistungsbetrieben, sondern zunehmend auch von produzierenden Unternehmen erbracht [3][4]. Standen früher vorwiegend Sachgüter im Mittelpunkt der Leistungsangebote, bilden heute Dienstleistungen verstärkt den Kern der Absatzbündel [5]. Für Industrieunternehmen werden Dienstleistungen immer wichtiger, damit sie sich durch integrierte Leistungskonzepte bzw. unverwechselbare komplementäre Dienstleistungen von den Wettbewerbern differenzieren und sich vor ruinösen Preiskämpfen schützen können [6][7][8][9][10].

Das Thema Dienstleistungen hat sowohl in der Wissenschaft als auch in der Praxis zunehmend an Aufmerksamkeit gewonnen. Gleichwohl erfolgt die Auseinandersetzung in den Unternehmen weiterhin intuitiv und wenig systematisch, so dass Optimierungspotenziale im Hinblick auf Kundenorientierung und Kostensenkung oft nicht erschlossen werden [2].

Die betriebswirtschaftliche Dienstleistungsforschung wurde in den letzten beiden Jahrzehnten von einer marketing-orientierten Sichtweise geprägt [11][12][13][14][15][16]. Die Arbeiten stellen eine nachfrageseitige Betrachtung in den Vordergrund, indem sie sich schwerpunktmäßig mit Fragen der Dienstleistungsqualität und Kundenzufriedenheit auseinandersetzen. Dabei wurde weniger berücksichtigt, dass der wirtschaftliche Erfolg des Dienstleistungsangebots auch maßgeblich von dessen Konzeption und Gestaltung abhängt [2]. Obwohl die Entwicklung neuer Services eine essenzielle Grundlage für kontinuierliches Wachstum und für Profitabilität darstellt, haben sich bislang nur wenige Studien mit dieser Thematik auseinander gesetzt [17]. ALBRECHT U. ZEMKE vertreten die Auffassung, dass ein zuverlässiges Dienstleistungsangebot systematisch geplant werden kann und muss [18]. Daher fordern sie die Etablierung einer „Kunst/Wissenschaft" des Service Engineering, die sich analog zur Entwicklung materieller Güter mit der Gestaltung und Planung von Dienstleistungen beschäftigt.

Da sich die wissenschaftliche Auseinandersetzung mit dem Thema Service Engineering noch in den Anfängen befindet, ist ein Rückgriff auf empirisch belegte Forschungsansätze oder erprobte Theorien nur in begrenztem Umfang möglich. Der vorliegende Beitrag folgt daher einem induktiven Vorgehen, indem zunächst konzeptionelle Grundlagen erläutert, ausgewählte Ansätze zur qualitätsorientierten Dienstleistungsentwicklung vorgestellt und anschließend ein Rahmenkonzept vorgeschlagen wird.

---

[1] Im deutschsprachigen Raum wird der Service-Begriff häufig auf Leistungen im Bereich der Montage, Reparatur oder Wartung beschränkt. In dem vorliegenden Beitrag soll „Service" jedoch synonym zu dem Begriff der Dienstleistung verwendet werden. Damit wird dem Verständnis des Begriffs im anglo-amerikanischen Raum gefolgt (vgl. [1] und [2]).

2 Konzeptionelle Grundlagen

2.1 Dienstleistungsdefinitionen als Ausgangspunkt für die Gestaltung

In der Wissenschaft werden „Dienstleistungen" erst seit den 60er Jahren genauer untersucht [19]. Daher verwundert es kaum, dass der Begriff über die Jahrzehnte hinweg bis ins 21. Jahrhundert hinein blass und unscharf geblieben ist [20][21] und dass sich keine allgemein anerkannte Dienstleistungsdefinition herausgebildet hat [22].

Allgemein werden die Ansätze der Autoren, die sich mit der Begriffsdefinition von Dienstleistungen beschäftigen, in drei Gruppen[2] eingeteilt:

- *Enumerative Definition*:
  Die Vertreter eines enumerativen Definitionsansatzes versuchen, den Dienstleistungsbegriff über eine Aufzählung von Beispielen zu charakterisieren.
- *Negativdefinition*:
  Eine zweite Gruppe definiert Dienstleistungen, indem alle Objekte unter diesem Begriff zusammengefasst werden, die keine Sachgüter darstellen.
- *Definition anhand konstitutiver Merkmale*:
  Der dritte Definitionsansatz zieht so genannte konstitutive Merkmale heran, um Dienstleistungen zu definieren. Als konstitutive Merkmale werden häufig das zur Dienstleistungserbringung notwendige Leistungspotenzial des Anbieters, der immaterielle Charakter der Dienstleistung sowie die Integration des Kunden in die Leistungserstellung angeführt [25].

Als Ausgangspunkt für ein Rahmenkonzept zur systematischen Dienstleistungsentwicklung eignet sich lediglich der zuletzt vorgestellte Ansatz. Enumerative Definitionsansätze weisen keine verbindenden Eigenschaften der zu kennzeichnenden Objekte auf. Die gleiche Kritik ist den Vertretern einer Negativdefinition entgegenzuhalten. Zudem verstärkt der Ansatz der negativen Abgrenzung den Residualcharakter des Dienstleistungsbegriffs, der die Heterogenität des Sektors hervorhebt, ohne Anhaltspunkte für eine konstruktive Auseinandersetzung zu bieten.

Bei den Charakterisierungskonzepten auf Basis konstitutiver Merkmale können wiederum potenzial-, prozess- und ergebnisorientierte Ansätze unterschieden werden (vgl. Abbildung 1):

---

[2] An dieser Stelle wird darauf verzichtet, einzelne Vertreter der jeweiligen Gruppen anzuführen. Übersichten über die unterschiedlichen Definitionsansätze und deren maßgebliche Vertreter finden sich bspw. bei [11][14][23][24].

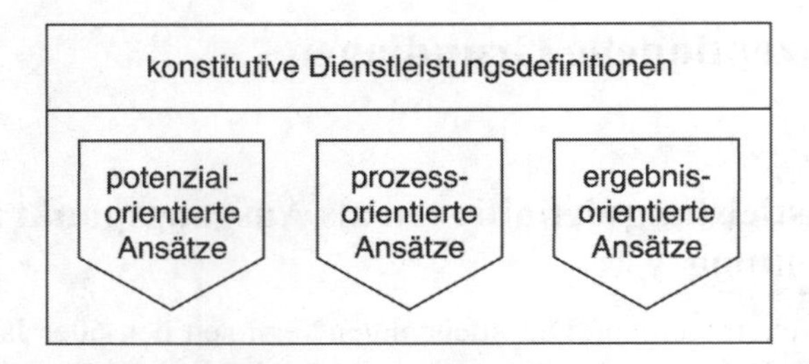

Abbildung 1: Überblick über die konstitutiven Dienstleistungsdefinitionen

- *Potenzialorientierte Dienstleistungsdefinitionen*:
  Auf das Potenzial abstellende Definitionsansätze betonen die Notwendigkeit, dass ein Dienstleistungsanbieter die Fähigkeit zur Leistungserbringung bereitstellen muss. Diese Fähigkeit bzw. dieses Potenzial ist durch den Einsatz von Humanressourcen bzw. von Maschinen zu gewährleisten [26]. Potenzialorientierte Definitionen interpretieren Dienstleistungen als Leistungsversprechen des Anbieters gegenüber dem Dienstleistungsnachfrager. Diese Sichtweise arbeitet den immateriellen Charakter der Dienstleistung als konstitutives Element heraus. Die Immaterialität bzw. die Tatsache, dass keine bereits erstellte Leistung, sondern lediglich Leistungspotenziale erworben werden, erhöht für den Nachfrager das Kaufrisiko [27].

- *Prozessorientierte Dienstleistungsdefinitionen*:
  Dienstleistungen lassen sich als Prozesse zwischen dienstleistungsanbietenden und dienstleistungsnachfragenden Wirtschaftseinheiten betrachten [28]. Im Gegensatz zur Produktion und Vermarktung von Sachgütern fallen bei Services Produktions- und Absatzprozesse nach dem Uno-actu-Prinzip zusammen [29][30][31]. Dabei wird betont, dass die Leistungserstellung nicht nur von den Potenzialqualitäten des Anbieters, sondern auch von der Integrationsfähigkeit des Nachfragers abhängt [32].

- *Ergebnisorientierte Dienstleistungsdefinitionen*:
  Im Gegensatz zu prozessorientierten Dienstleistungsdefinitionen wird bei ergebnisorientierten Ansätzen die Wirkung an der dienstleistungsnachfragenden Wirtschaftseinheit bzw. an deren Verfügungsobjekt in den Mittelpunkt gestellt [33][34].

Eine auf DONABEDIAN zurückgehende phasenorientierte Definition kombiniert die potenzial-, prozess- und ergebnisorientierte Sichtweise [35][36].[3] Objekte können

---

[3] Der von DONABEDIAN verwendete Begriff „structure“ wird im Deutschen mit „Potenzial“ übersetzt. Eine wörtliche Übersetzung würde eine Interpretation im Sinne von „Infrastruktur“ nahe legen. DONABEDIAN subsumiert unter dem Begriff jedoch nicht nur materielle Komponenten wie Maschinen und die physische Umgebung, in der die Dienstleistung erbracht wird, sondern auch die Mitarbeiter des Dienstleistungsunternehmens.

demnach dem Servicebereich zugerechnet werden, wenn Fähigkeiten von Dienstleistungsanbietern und -nachfragern (Potenzialorientierung) im Rahmen von Interaktionsprozessen (Prozessorientierung) zur Realisierung von Wirkungen am Dienstleistungsnachfrager bzw. an dessen Verfügungsobjekten eingesetzt werden. AVLONITIS ET AL. charakterisieren die drei Phasen als Variablen eines „New Services Development". Die Potenzialvariable wird dabei als „who"-Komponente des Dienstleistungsentwicklungsprozesses interpretiert; die Prozessvariable als „how"-Komponente und die Ergebnisvariable als „what"-Komponente" [37]. Die phasenorientierte konstitutive Dienstleistungsdefinition legt die Interpretation der Dienstleistung als Prozess nahe (vgl. Abbildung 2). Das bereitzustellende Potenzial wird dabei als Input, der Prozess selbst als Throughput und das erzeugte Leistungsergebnis als Output des Transformationsprozesses verstanden [38].

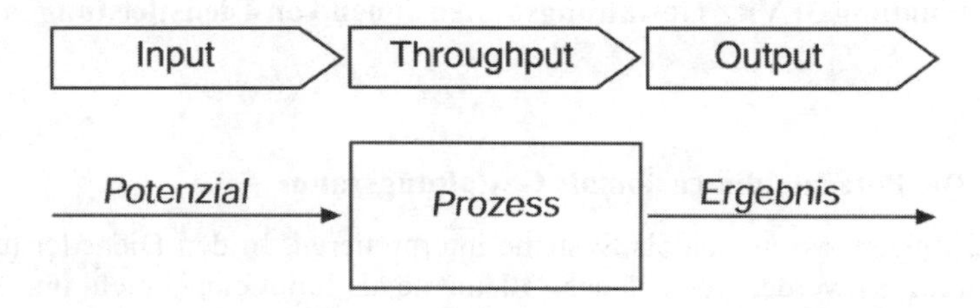

Abbildung 2: Konstitutive Dienstleistungsmerkmale im Kontext eines Transformationsprozesses

Einige Autoren erweitern den phasenorientiert-konstitutiven Definitionsansatz um eine vierte Dimension, die Marktdimension [39][40][41]. MEYER U. BLÜMELHUBER argumentieren, dass auf Grund der zwingenden Integration des externen Faktors in die Dienstleistungsproduktion alle Prozesse und Aktivitäten am Kunden auszurichten sind. Dieser Tatsache muss Rechnung getragen werden, indem die Marktdimension als phasenübergreifende Gestaltungsdimension in die Konzeption aufgenommen wird [39].

2.2 Gestaltungsdimensionen und ausgewählte Handlungsfelder der Dienstleistungsentwicklung

Die vorgestellten Definitionsansätze können herangezogen werden, um Spezifika von Dienstleistungen und deren Implikationen auf unterschiedliche Aufgabenbereiche des Dienstleistungsmanagement herauszuarbeiten. Im Folgenden werden – ausgehend von dem erweiterten phasenorientiert-konstitutiven Definitionsansatz – vier Gestaltungsdimensionen von Dienstleistungen eingeführt und ausgewählte Handlungsfelder für die Entwicklung aufgezeigt (vgl. Abbildung 3).

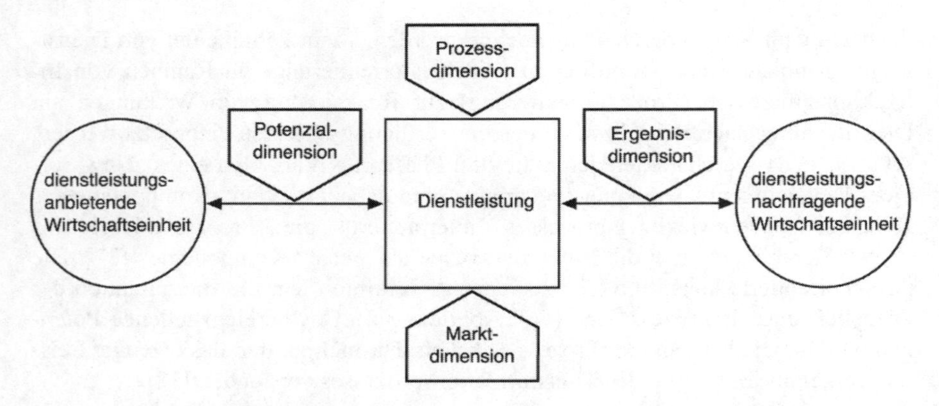

Abbildung 3: Vier Gestaltungsdimensionen von Dienstleistungen

2.2.1 Die Potenzialdimension als Gestaltungsraum

Dienstleistungen lassen sich als Systeme interpretieren. In den Dienstleistungserstellungsprozess werden verschiedene Elemente als Input eingebracht und miteinander in Beziehung gesetzt [42]. Zu den wesentlichen Elementen sind Humanressourcen, Maschinen, Informations- und Kommunikationssysteme sowie Informationsbestände sowohl der dienstleistungsanbietenden als auch der dienstleistungsnachfragenden Wirtschaftseinheit zu zählen.

Besondere Anforderungen an die Gestaltung der Potenzialdimension ergeben sich durch die beschränkte Speicher- bzw. Lagermöglichkeit sowie die zeitliche Varietät der Nachfrage bei Dienstleistungen (z. B. [43][44]). Eine Kapazitätsgestaltung, die sich an der möglichen Spitzenbelastung ausrichtet, verursacht Leerkosten durch Überkapazitäten [29]. Umgekehrt verringert eine Orientierung an der unteren Kapazitätsgrenze die Dienstleistungsqualität merklich und ist weder aus Sicht der nachfragenden noch aus Sicht der anbietenden Wirtschaftseinheit sinnvoll [44].

Die Qualität der Dienstleistung wird darüber hinaus unmittelbar determiniert durch die Potenzialqualitäten, die sowohl vom Dienstleistungsanbieter als auch vom -nachfrager in die Serviceerstellung eingebracht werden. Vielfach wird hinsichtlich der anbieterseitigen Potenzialqualität die besondere Bedeutung der Mitarbeiterqualifikation im Kundenkontaktbereich hervorgehoben (z. B. [13][45][46]). Die Gestaltung der Potenzialdimension muss darauf abzielen, die internen Leistungsfaktoren auf eine anforderungsgerechte Dienstleistungserbringung vorzubereiten. Der Autonomie des Dienstleistungsanbieters im Hinblick auf die Leistungserstellung sind jedoch, bedingt durch die Varietät des externen Faktors, Grenzen gesetzt [32]. Die nachfrageseitige Potenzialqualität und deren Unbestimmtheit bedingen für den Anbieter Unsicherheiten in Bezug auf die Leistungserstellung. Dabei setzt sich die Potenzialqualität der Nachfrager aus der Qualität des Integrationspotenzials und des Integrativitätspotenzials zusammen.[4] Die Qualitätsunsicherheit bei Anbieter und Nachfrager kann auf eine Informationsasymmetrie zurückgeführt werden. Während dem Nachfrager gesicherte Informationen über Talente, Fähigkeiten und Qualifikationen des Dienstleistungsanbieters fehlen, besteht beim Anbieter ein Informationsdefizit hinsichtlich des Leistungswillens und der Leistungsfähigkeit des Nachfragers [48].

Informations- und Kommunikationssysteme, interpretiert als Gestaltungsparameter der Potenzialdimension, können dazu beitragen, diese Informationsdefizite abzubauen, indem sie die Kosten sowohl auf der Angebots- als auch auf der Nachfrageseite für die Suche, Übertragung und Speicherung von Informationen senken [7]. Mittlerweile sind leistungsfähige Informations- und Kommunikationssysteme als unterstützende Instrumente für die Erbringung einer Vielzahl von Services als erfolgskritisch einzustufen. Rationalisierungspotenziale können sowohl an der Kundenschnittstelle (z. B. durch computergesteuerte Informations-, Auskunfts- und Kommunikationsdienste) als auch im Back Office-Bereich (z. B. durch den Einsatz von Dokumenten- oder Workflow-Management-Systemen) realisiert werden [49].

2.2.2 Die Prozessdimension als Gestaltungsraum

Die anbieter- und nachfragerseitigen Potenzialfaktoren werden in den Prozess der Dienstleistungserbringung eingebracht. Edvardsson u. Olsson betonen dabei den prozessualen Charakter der Dienstleistung („A Service is generated by a process", [50]). Auch Engelhardt et al. stellen in ihrer Dienstleistungsdefinition den Prozess in den Mittelpunkt:

„Ein Dienstleistungsprozeß liegt [...] dann vor, wenn der Anbieter einer Bereitstellungsleistung einen externen Faktor derart mit seiner Bereitstellungsleistung (seinen internen Produktionsfaktoren) kombiniert, daß dadurch ein Leistungserstellungsprozeß ausgelöst wird, in den der externe Faktor integriert wird und in dem er eine Be- oder Verarbeitung erfährt. [...] Leistungen, die derartige Prozesse beinhalten, sind demnach Dienstleistungen" [22].

Interaktionen zwischen der dienstleistungsanbietenden und der -nachfragenden Wirtschaftseinheit finden sowohl auf der Potenzial-, der Prozess- als auch auf der Ergebnisebene statt. Auf der Prozessebene (vgl. Abbildung 4) sind sie jedoch von

---

[4] Meyer u. Mattmüller definieren Integrationspotenziale als Grundeinstellungen des Kunden „bezüglich seiner physischen, intellektuellen oder emotionalen Mitwirkung an der eigentlichen Dienstleistungserstellung". Unter Interaktivitätspotenzialen subsumieren sie die Auswirkungen, die Interaktivitäten zwischen mehreren Nachfragern auf die Qualität der Leistung haben [47].

besonderer Bedeutung [51].

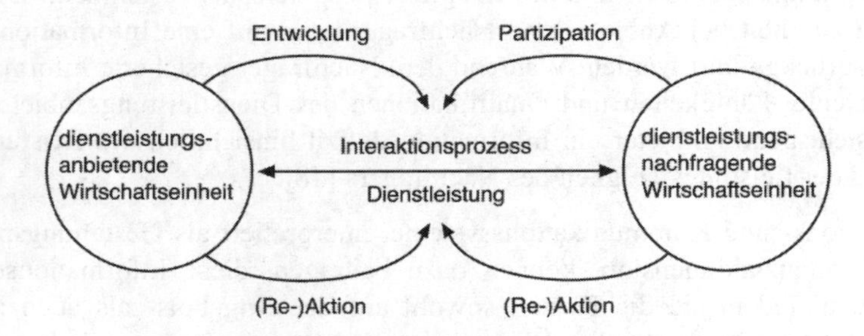

Abbildung 4: Die Dienstleistung als planbarer Interaktionsprozess

Die Gestaltung der Prozessdimension muss auf die Anforderungen der dienstleistungsnachfragenden Wirtschaftseinheit sowie deren Integrationsbereitschaft und -fähigkeit abgestimmt werden [52]. Die Bedeutung kundenspezifischer Aspekte nimmt dabei zu, je interaktiver und individueller die Prozesse sind [32]. Die bereits im Rahmen der Potenzialdimension diskutierte Varietät des externen Faktors erschwert auch die Planung und Standardisierung der Prozessdimension. Dennoch postuliert HALLER, die Kundenanforderungen hinsichtlich der Prozesse aufzunehmen und in Leistungsspezifikationen umzusetzen [2]. Zu diesem Zweck sollten routinisierte Abläufe identifiziert werden, deren Arbeitsteilung und Arbeitsinhalte generell regelbar sind [53].

Rationalisierungseffekte lassen sich auf der Prozessdimension durch die Verlagerung von Aktivitäten auf die dienstleistungsnachfragende Wirtschaftseinheit erzielen. Die dienstleistungsnachfragende Wirtschaftseinheit fungiert dabei für den Dienstleistungsanbieter als „unbezahlter Mitarbeiter" [2]. Durch die Externalisierung von Aktivitäten können Leistungsmengen vergrößert oder Angebotspreise gesenkt werden [54][55]. Darüber hinaus kann durch verstärkte Kundeneinbindung die Zufriedenheit sowohl bei den Angestellten des Dienstleistungsanbieters als auch beim Dienstleistungsnachfrager gesteigert werden [52]. Um für die Erhöhung des Kundenaktivitätsgrads [12] geeignete Aktivitäten zu identifizieren, kann das Instrument der Prozessanalyse eingesetzt werden [32][53][56].

2.2.3 Die Ergebnisdimension als Gestaltungsraum

Häufig ist das Missverständnis anzutreffen, der Prozess stelle das Ergebnis der Dienstleistung dar. Das Ergebnis ist jedoch vielmehr in der Änderung eines Zustands bei der dienstleistungsnachfragenden Wirtschaftseinheit oder bei einem ihrer Verfügungsobjekte zu sehen [57].[5] Hinsichtlich der Qualität der Ergebnisdimension kann zwischen dem „prozessualen Endergebnis" und der eigentlichen Wirkung der Dienstleistung, dem „Impact", unterschieden werden [36].[6] Während die Beurteilung des prozessualen Endergebnisses zeitlich mit dem Abschluss des Dienstleistungserbringungsprozesses zusammenfällt, weist die mittel- bis langfristige Dienstleistungswirkung den Charakter einer Folge- oder Dauerqualität auf [47]. Der Kunde bewertet die Ergebnisqualität ganzheitlich anhand des prozessualen Endergebnisses sowie der Dauerqualität. Entsprechend ergibt sich für eine systematische Dienstleistungsentwicklung die Aufgabe, beide Ergebniskomponenten an den Anforderungen der Kunden auszurichten.

Bei der Erzielung des gewünschten Qualitätsniveaus im Rahmen der Dienstleistungserbringung ist die Autonomie des Anbieters eingeschränkt. Bei vielen Services determinieren die Kunden in signifikantem Umfang die Qualität des Dienstleistungsergebnisses und des damit generierten Nutzens [59]. Durch die aktive Teilnahme am Dienstleistungsprozess gestaltet und produziert der Kunde als Co-Produzent das Dienstleistungsergebnis mit [50]. Er muss daher qualifiziert und weiterentwickelt werden (z. B. [60]). Dies stellt eine Voraussetzung dafür dar, dass die Nachfrager effektive und realistische Erwartungen hinsichtlich des Ergebnisses bilden und in der Lage sind, im Zuge der Ergebnisrealisierung ihrer Rolle gerecht zu werden [61].

Neben der Kundenentwicklung stellt die Standardisierung des Dienstleistungsergebnisses eine wichtige Gestaltungsaufgabe dar. Entgegen der Einschätzung vieler Führungskräfte, Dienstleistungen seien nicht standardisierbar und die Individualität sei essenziell, um qualitativ hochwertige Dienstleistungen erbringen zu können [62], können sowohl einzelne Dienstleistungskomponenten als auch die Gesamtleistung nach dem Baukastenprinzip vereinheitlicht werden [58]. Dabei steht meist das Ziel im Vordergrund, Kostenvorteile zu realisieren und gleichzeitig die Dienstleistungsqualität zu steigern. Die zunehmenden Kundenwünsche nach Individualisierung erfordern jedoch vom Anbieter eine differenzierte Bestimmung des Tradeoff zwischen Standardisierung und Individualisierung. Dabei ist zu beachten, dass der Kunde nicht den maximalen, sondern den optimalen Individualisierungsgrad wünscht. Seine Nutzenfunktion zur Bestimmung des angestrebten Individualisierungsgrads beinhaltet daher die Nebenbedingung, dass eine festgelegte Kostenhöhe nicht überschritten werden darf [40].

---

[5] JUGEL U. ZERR weisen jedoch zu Recht darauf hin, dass – im Gegensatz zum Sachgut, bei dem lediglich das Leistungsergebnis nachgefragt wird – bei Dienstleistungen auch der Serviceprozess ein wesentliches Element der Dienstleistungsnachfrage ist [58].

[6] So stellt die Diagnose eines Arztes zwar den prozessualen Endpunkt der Behandlungsdienstleistung dar; sie bleibt jedoch ohne unmittelbare Auswirkung auf den Gesundheitszustand des Patienten. Die Wirkung der Behandlung kann erst mit zeitlicher Verzögerung beurteilt werden.

Die Gestaltung der Ergebnisdimension und somit auch die Kundenentwicklung und Ergebnisstandardisierung müssen in besonderem Maße dem immateriellen Charakter der Dienstleistung Rechnung tragen. Auch wenn die erzielte Wirkung eines Service prinzipiell materieller oder immaterieller Art sein kann [63], wird vor allem bei Betrachtung der Ergebnisdimension deutlich, dass die Intangibilität die Dienstleistungsanbieter vor besondere Herausforderungen stellt (z. B. [64]). Die fehlende Möglichkeit, das Dienstleistungsergebnis vor dem Kauf physisch zu beurteilen, erschwert aus Kundensicht die Vergleichbarkeit der Leistungen [65] und erfordert seitens des Anbieters die Bereitstellung von Qualitätssurrogaten [66]. Solche Surrogate projizieren in Form tangibler Erscheinungen einen Eindruck der Dienstleistung und erleichtern es dem Nachfrager, auf die Leistungsqualität zu schließen [67]. Aufgabe der Dienstleistungsentwicklung muss es sein, derartige „tangible cues“ [68] als integrale Bestandteile in die Dienstleistungsbündel einzuplanen.

2.2.4 Die Marktdimension als Gestaltungsraum

Folgt man der Auffassung, dass die Marktfähigkeit ein unmittelbares Definitionsmerkmal für Dienstleistungen darstellt, muss die Marktdimension als vierter Gestaltungsraum in die Konzeption einer ganzheitlichen Dienstleistungsentwicklung aufgenommen werden. Eine umfassende, methodengestützte Integration von Marktinformationen in die Produktentwicklungsprozesse stellt Unternehmen jedoch vor große Herausforderungen [69].

Die Notwendigkeit eines systematischen Vorgehens wird durch die Kritik am gängigen Vorgehen in der Praxis unterstrichen: So wird bemängelt, dass Entscheidungen in Dienstleistungsunternehmen oft auf Basis von Mutmaßungen getroffen werden und eher Erfahrungen als aktuelle Informationen zur Meinungsbildung herangezogen werden [18]. Eine mangelnde Marktorientierung stellt nach Auffassung von JENNER [70] eine Hauptursache für Fehlentwicklungen dar. Der BEIRAT DES FORSCHUNGSPROJEKTS „DIENSTLEISTUNG 2000PLUS“ kommt zu dem Ergebnis, dass Serviceanbieter auf Grund unzureichender Marktanalysen Erfolgspotenziale zu selten erkennen. Dienstleistungsentwicklung und -erbringung ließen sich häufig durch eine Praxis des Improvisierens und des „muddling through“ charakterisieren [71].

Ein solches Vorgehen birgt die Gefahr in sich, Dienstleistungen am Bedarf des Markts vorbei zu entwickeln. Abhilfe können Instrumente schaffen, die bereits bei der Entwicklung von Sachgütern erfolgreich zum Einsatz kommen. Bspw. die Erstellung von detaillierten Pflichtenheften, die von der Marketing-Abteilung zur Abbildung der Markterfordernisse erstellt werden. Solche Pflichtenhefte fungieren als Richtlinie für die Konstruktion [72].

Auch Simulation und Prototyping stellen bewährte Ansätze der klassischen Produktentwicklung dar, die zur Analyse der Leistungs- und Marktfähigkeit auf den

Dienstleistungsbereich übertragen werden können. Mittels Simulation wird die abstrakte Dienstleistung konkretisiert, was es dem Kunden erleichtert, spezifische Kommentare und Anforderungen zu äußern [50]. Beim Prototyping wird die Dienstleistung zu einem frühen Entwicklungszeitpunkt mit ausgewählten Pilotkunden getestet. Die Rückmeldungen der Kunden sowie darüber hinausgehende positive und negative Erfahrungen fließen in die Weiterentwicklung des Service ein [73].

Eine stark ausgeprägte Ausrichtung am Markt und Kunden kann jedoch auch kontraproduktiv wirken. So orientiert sich der Kunde primär an den bestehenden Dienstleistungen und beurteilt echte Innovationen eher kritisch [74]. Zur Schaffung eines überlegenen Kundennutzens müssen daher im Sinne einer „balanced strategy" sowohl die Anforderungen des Markts als auch die technologischen Möglichkeiten in die Innovationsstrategie einbezogen werden [75][76][77]. Die Integration des Kunden in den Innovationsprozess stellt einen geeigneten Ansatzpunkt zur Realisierung einer solchen balanced strategy dar [70]. Dabei wird der Kunde als Co-Designer der Dienstleistung in den Entwicklungsprozess integriert [2][78]. Um dieser anspruchsvollen Herausforderung zu begegnen, müssen Unternehmen ihre Sichtweise der Produktionsressourcen über die traditionellen Grenzen der Firma erweitern. Sie müssen ihre Kunden als Partner in viele interne Prozesse einbeziehen [60][79]. Auf diese Weise wird nicht nur die kreative Entwicklung neuer Leistungen mit hohem Kundennutzen unterstützt, sondern auch die generelle Fähigkeit des Unternehmens gefördert, sich durch Innovationen kontinuierlich den veränderten Umweltbedingungen anzupassen [80].

2.3 Ausgewählte Ansätze zur qualitätsorientierten Dienstleistungsentwicklung

Ein methodisches Vorgehen bei der Produktentwicklung verbessert die generellen Erfolgsaussichten und stellt eine wichtige Voraussetzung dafür dar, Rationalisierungspotenziale zu erschließen [81]. BÖCKER U. KOTZBAUER [82] liefern einen empirischen Beleg über den positiven Zusammenhang zwischen der systematischen Planung einer Innovation und deren Erfolg. In der Dienstleistungsforschung wird die Bedeutung betont, die einer methodischen Entwicklung im Hinblick auf das Angebot qualitativer Services zukommt. So sehen ZEITHAML ET AL. [62] die qualitätsorientierte Entwicklung von Dienstleistungen als eine zentrale Herausforderung, um die Qualitätslücken zu schließen.

Potenzial-, Prozess-, Ergebnis- und Marktdimension bilden die vier Gestaltungsräume für eine systematische Dienstleistungsentwicklung. Ein Entwicklungsansatz, der auf ein hohes Qualitätsniveau abzielt, muss daher über die Gestaltung dieser vier Ebenen die Gesamtqualität sicherstellen.

Auch wenn derzeit erst wenige Arbeiten zur Dienstleistungsentwicklung vorliegen

[83], sind doch einige Ansätze zu verzeichnen, die auf konzeptioneller Ebene die Bereiche Dienstleistungsqualität und -entwicklung miteinander verknüpfen. Im Folgenden werden drei ausgewählte Konzepte vorgestellt. Dabei steht die Analyse im Vordergrund, welchen Mehrwert eine konstitutive Auffassung des Dienstleistungsbegriffs im Hinblick auf die Entwicklung qualitativ hochwertiger Services liefern kann.

2.3.1 Service Design-Konzept nach RAMASWAMY

RAMASWAMY interpretiert Dienstleistungen im Sinne der potenzial-, prozess- und ergebnisorientierten Sichtweise, wobei die Eigenschaft als Transaktionsprozess in den Mittelpunkt gestellt wird. Er definiert „service" als „[...] the business transaction that take place between a donor (service provider) and a receiver (customer) in order to produce an outcome that satisfies the customer" [84]. Gleichzeitig wird auf die fließende Grenze zwischen Produkten und Dienstleistungen hingewiesen. Leistungen sollen daher eher als „productlike" oder „servicelike" bezeichnet werden [84]. Service Design wird definiert als analytische Methodik zur Entwicklung von Dienstleistungen, die dabei unterstützt, ein erwartetes Ergebnis in zufriedenstellender Qualität und zu vertretbaren Kosten kontinuierlich zu reproduzieren [84]. In dem Modell von RAMASWAMY (vgl. Abbildung 5) bilden Design und Erbringung die Basis für eine hochwertige Dienstleistungsqualität. Um Qualität zu erreichen, die den Anforderungen der Kunden gerecht wird, ist es erforderlich, „service design" mit einer effektiven Dienstleistungserbringung zu verbinden. Service Design wird dabei als Indikator für die Stabilität und Reproduzierbarkeit der Service Performance gesehen und bezieht sich auf drei Elemente der Dienstleistungsplanung:

- „The features offered by the service,
- the nature of facilities where the service is provided, and
- the processes through which the service is delivered" [84].

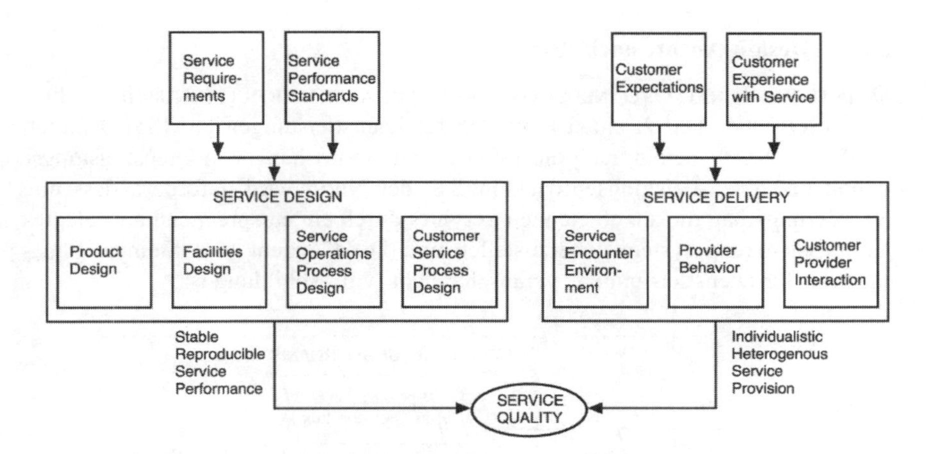

Abbildung 5: Design- und Delivery-Komponenten der Dienstleistungsqualität [84]

Service-Anforderungen und Performance-Standards stellen wesentliche Vorgaben für das Service Design dar. Die auf diesen Vorgaben aufsetzende Gestaltung der Dienstleistungen teilt RAMASWAMY in vier Komponenten auf:

- *Service Product Design* bezieht sich auf die Gestaltung der materiellen Komponenten des Leistungsangebots.
- *Service Facility Design* beschäftigt sich mit dem Entwurf der physisch wahrnehmbaren Umgebung, in der die Dienstleistung erbracht wird.
- Die infrastrukturbezogenen Aktivitäten, die zur Erbringung bzw. Aufrechterhaltung von Dienstleistungen erforderlich sind, werden durch das *Service Operations Process Design* festgelegt.
- Die Aufgabe des *customer service process design* besteht in der Gestaltung der Interaktion zwischen der dienstleistungsanbietenden und der -nachfragenden Wirtschaftseinheit.

Die Spezifikationen des Service Design determinieren die Rahmenbedingungen für die Dienstleistungserbringung (Service Delivery). RAMASWAMY sieht die wesentliche Herausforderung darin, das Ausmaß der Erbringungsvariabilität derart zu begrenzen, dass das Leistungsniveau einerseits verlässlich ist, andererseits jedoch flexibel genug bleibt, um individuelle Situationen handhaben zu können.[7]

---

[7] Vor dem Hintergrund dieser Überlegungen schlägt RAMASWAMY ein achtstufiges Vorgehensmodell für Service Design und Service Management vor, das sich am Dienstleistungslebenszyklus orientiert [84].

2.3.2 Design-Ansatz nach ISO

Die INTERNATIONAL ORGANIZATION FOR STANDARDIZATION (ISO) stellt in ihrer Norm ISO 9004, Teil 2, einen Leitfaden für Dienstleistungen vor [85]. Ähnlich wie RAMASWAMY betont auch die ISO den Zusammenhang von Dienstleistungsqualität und Dienstleistungsentwicklung. In der Norm wird gefordert, dass alle Anforderungen an die anzubietenden Services durch ein entsprechend ausgelegtes Qualitätssicherungssystem sicherzustellen sind. Das Konzept wird in einem „Qualitätskreis für Dienstleistungen" veranschaulicht (vgl. Abbildung 6).

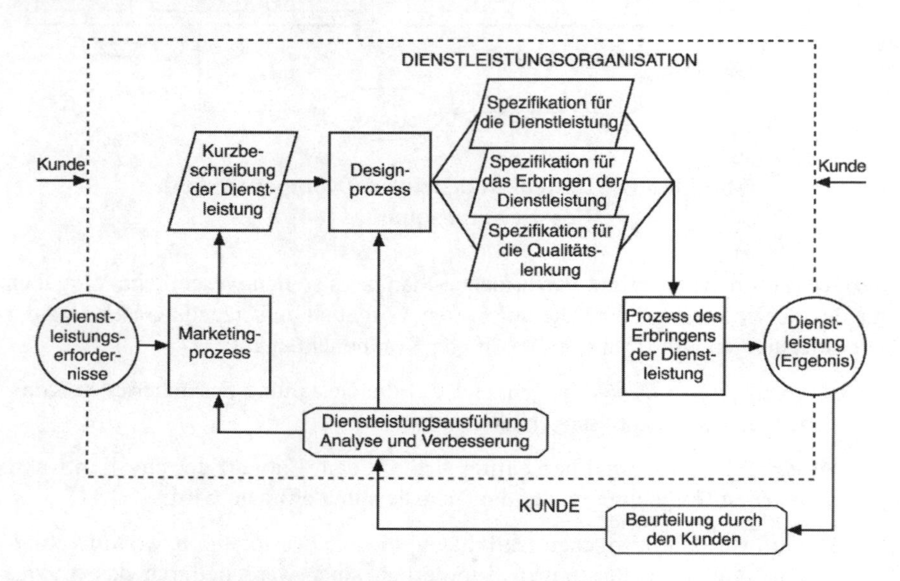

Abbildung 6: Qualitätskreis für Dienstleistungen (in Anlehnung an DEUTSCHES INSTITUT FÜR NORMUNG [85]).[8]

Ausgangspunkt des Regelkreises ist der *Marketingprozess*. Durch den Einsatz von Untersuchungen und Befragungen sind Marktinformationen hinsichtlich des Bedarfs und der Nachfrage nach einer Dienstleistung einzuholen. Anschließend wird ein *Lasten- bzw. Pflichtenheft* erstellt, das die Kundenanforderungen sowie eine Charakterisierung des Anbieterpotenzials enthält. Diese Kurzbeschreibung beinhaltet in komprimierter Form alle Forderungen, denen beim Design der Dienstleistung Rechnung zu tragen ist. Anhand des Lasten- bzw. Pflichtenhefts kann geprüft werden, ob das für die Serviceproduktion notwendige *Anbieterpotenzial* verfügbar

---

[8] Im Original wird ein so genannter „Lieferant" in die Konzeption aufgenommen. Darunter wird die Organisation verstanden, die dem Kunden eine Dienstleistung anbietet. Da es sich dabei um die Dienstleistungsorganisation handelt, die ohnehin im Mittelpunkt des Ansatzes steht, wurde zur Vereinfachung auf das Konstrukt des Lieferanten verzichtet.

ist. Dieser Analyse schließt sich der Design-Prozess an, bei dem das Lasten- bzw. Pflichtenheft in drei Spezifikationen überführt wird:[9]

- In der *Dienstleistungsspezifikation* erfolgt eine möglichst vollständige und genaue Festlegung der Dienstleistungsmerkmale.
- Die Verfahren, die zur *Dienstleistungserbringung* einzusetzen sind, finden Eingang in eine eigene Spezifikation. Dabei werden Art und Menge der einzusetzenden Potenzialfaktoren bestimmt. Darüber hinaus sollten die Ziele der Dienstleistungsorganisation sowie die maßgeblichen Rahmenbedingungen, denen die Erbringung unterliegt, beschrieben werden. Die Erbringung kann als Prozess beschrieben werden, der in unterschiedliche Arbeitsphasen gegliedert wird.
- Ergänzend werden im Rahmen der *Qualitätslenkung* Verfahren spezifiziert, die zur Bewertung und Lenkung der Dienstleistungen bzw. deren Erbringung eingesetzt werden. Zu diesem Zweck werden Schlüsseltätigkeiten mit bedeutendem Einfluss auf die Dienstleistung definiert. Diese sind im Zuge der Serviceerbringung mittels festgelegter Methoden zu bewerten und ggf. zu verbessern.

Die einzelnen Phasen des Designprozesses sowie die erstellten Spezifikationen werden vor der Dienstleistungserbringung validiert. Wird eine Dienstleistung nach Abschluss des Design validiert, stellt „die Beurteilung durch den Kunden [...] das endgültige Maß für die Qualität" dar [85]. Wird bei der Dienstleistungserbringung durch den Kunden oder durch einen Mitarbeiter der dienstleistungsanbietenden Wirtschaftseinheit eine Nichtkonformität festgestellt, werden geeignete Korrekturmaßnahmen eingeleitet.

---

[9] In Zusammenhang mit der Spezifikationserstellung und unter Hinweis auf deren Komplexität wird empfohlen, alle Aktivitäten sowie deren Beziehungen zueinander mit Hilfe von Ablaufdiagrammen zu visualisieren.

2.3.3 Service Development-Konzept nach EDVARDSSON u. OLSSON

Dem Service Development-Konzept von EDVARDSSON U. OLSSON liegt ein kundenorientiertes Verständnis des Dienstleistungsqualitätsbegriffs zu Grunde [50]. Demnach besteht die Hauptaufgabe der Dienstleistungsentwicklung darin, die Voraussetzungen zu schaffen, damit der Kunde die in Anspruch genommene Dienstleistung als Mehrwert wahrnimmt. Kundenorientierung wird dabei als ein zentraler Ausgangspunkt einer jeden Dienstleistungsentwicklung gesehen. Es wird jedoch davor gewarnt, den Kunden in jeglicher Hinsicht die Richtung bestimmen zu lassen: „It is important to understand and respect the customer's needs, wishes and requirements but not to follow them slavishly" [50]. Um die Bedarfe und Wünsche der Kunden zu verstehen, ist es in vielen Fällen notwendig, Kunden in den Prozess der Dienstleistungsneuentwicklung einzubeziehen.[10] Die Entwicklung wird somit um eine kundenfreundliche Dialogkomponente erweitert. Auf diese Weise wird kompetenten und anspruchsvollen Geschäftspartnern die Gelegenheit gegeben, Bedürfnisse, Anforderungen und Wünsche zu artikulieren.

Um die Voraussetzungen dafür zu schaffen, Mehrwertdienste anbieten zu können, bilden EDVARDSSON U. OLSSON ein Entwicklungsmodell mit drei grundlegenden Elementen:

- Das *Service Concept* beschreibt detailliert sowohl die Kundenbedürfnisse als auch die Art und Weise wie diese zu befriedigen sind. Implikationen ergeben sich im Hinblick auf die Dienstleistungsgestaltung durch die Unterscheidung von primären und sekundären Bedürfnissen.[11] Demnach sind die Kerndienstleistungen an den primären Kundenbedürfnissen auszurichten, während zur Befriedigung der Sekundärbedürfnisse entsprechende Unterstützungsdienste vorgehalten werden müssen.

- Zur Realisierung des Dienstleistungskonzepts werden Ressourcen benötigt. Diese werden in dem Modell von EDVARDSSON U. OLSSON unter dem Begriff *Service System* zusammengefasst. Im Einzelnen besteht das Dienstleistungssystem aus den Mitarbeitern der dienstleistungsanbietenden Wirtschaftseinheit, den Kunden, der physisch-technischen Umgebung, der Organisations-

---

[10] Zu der Thematik der Kundenintegration in den Entwicklungsprozess legen BULLINGER ET AL. einen Herausgeberband vor. Darin wird über neun Fallstudien berichtet, die zur kundenorientierten Dienstleistungsentwicklung in deutschen Unternehmen durchgeführt wurden [86].

[11] Die Autoren verdeutlichen die Unterscheidung, indem sie ein Leistungsangebot aus dem Telekommunikationsbranche analysieren: Die Kommunikation mit dem gewünschten Gesprächspartner stellt dabei das primäre Bedürfnis dar, während der Zugang zu einem Telefon sowie die richtige Ländervorwahl und Anschlussnummer als sekundäre Bedürfnisse zu betrachten sind. Aufgabe des Telekommunikationsanbieters ist es demnach, durch Bereitstellung von Kern- und Unterstützungsdienstleistungen sowohl die primären als auch die sekundären Bedürfnisse zu befriedigen [50].

struktur, den administrativen Unterstützungssystemen, der Interaktion mit den Kunden sowie den verschiedenen Marketingaktivitäten. Die vier letztgenannten Begriffe bilden das Subsystem „Organisation & Control“ des Service Systems.

- Die parallelen oder sequenziellen Abläufe der Dienstleistungserbringung bilden den *Service Process*. Der Dienstleistungsprozess ist somit definiert als die Summe aller Aktivitäten, die innerhalb des Unternehmens und an den Schnittstellen zu Lieferanten und Kunden zur Erbringung der Dienstleistung durchgeführt werden. Um das Service Concept umzusetzen und qualitativ hochwertige Dienstleistungen zu gewährleisten, ist es erforderlich, die Prozesse, Mikroprozesse und individuellen Aktivitäten genau festzulegen.

Abbildung 7 gibt einen Überblick über das Service Development-Konzept und die drei Gestaltungsebenen einer systematischen Dienstleistungsentwicklung.

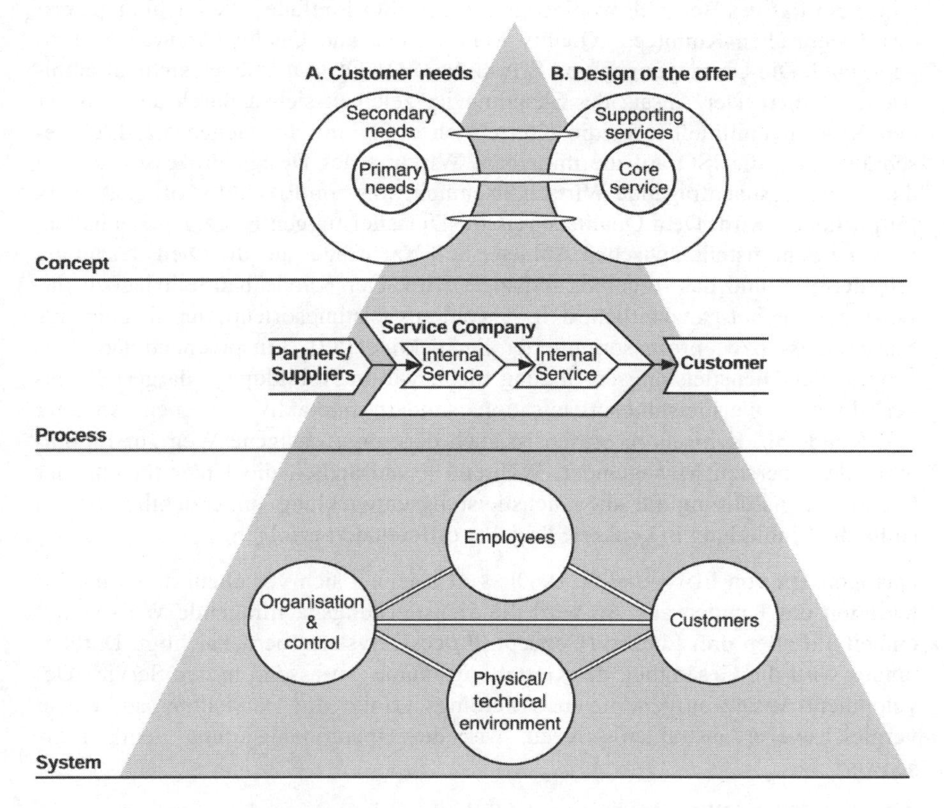

Abbildung 7: Service Development-Konzept (in Anlehnung an EDVARDSSON U. OLSSON [50])

2.3.4 Kritische Würdigung der vorgestellten Ansätze

Die Ansätze von RAMASWAMY, ISO sowie EDVARDSSON U. OLSSON basieren auf einem konstitutiven Dienstleistungsverständnis und wurden vor dem Hintergrund einer qualitätsorientierten Dienstleistungsentwicklung konzipiert. Durch diese gemeinsame Ausrichtung ist eine Vergleichbarkeit der Konzepte gegeben.

RAMASWAMY betont den Zusammenhang von Dienstleistungsentwicklung und -erbringung. Dabei stellt sich das Service Design als Aufgabe dar, die in erster Linie darauf abzielt, die unternehmensinternen Voraussetzungen für eine stabile Dienstleistungsperformance sicherzustellen. RAMASWAMY weist in diesem Zusammenhang auf die besondere Bedeutung des Service Design für die Wirtschaftlichkeit des Dienstleistungsangebots hin. Dieser Aspekt tritt bei EDVARDSSON U. OLSSON, vor allem aber bei dem Konzept der ISO in den Hintergrund.

Die Grundlage für das Modell von RAMASWAMY bilden Plausibilitätserwägungen sowie ein fiktives Beispiel, wohingegen in den ISO-Leitfaden die Fachkompetenz des Technischen Komitees „Quality Management and Quality Assurance" Eingang fand. Die Überlegungen von EDVARDSSON U. OLSSON stützen sich auf empirische Studien. Der Ansatz der Skandinavier zeichnet sich dadurch aus, dass er den Kunden unmittelbar in die Konzeption aufnimmt. Im Gegensatz dazu beschränkt sich die ISO auf die mittelbare Wirkung des Design-Prozesses auf die dienstleistungsnachfragende Wirtschaftseinheit, was von EDVARDSSON U. OLSSON [50] kritisiert wird. Dem Qualitätskreis für Dienstleistungen ist entgegenzuhalten, dass die Schnittstelle zwischen Anbieter und Nachfrager auf die Dienstleistungserfordernisse und das -ergebnis reduziert wird. Der Kunde beurteilt jedoch das Leistungsangebot ganzheitlich, d. h. sowohl aus leistungsorientierter als auch aus transaktions- bzw. prozessorientierter Perspektive [87]. Entsprechend läuft der Prozess der Dienstleistungserbringung nicht, wie in Abbildung 6 dargestellt, innerhalb der Dienstleistungsorganisation, sondern interaktiv zwischen Anbieter und Kunde ab. Kritisch zu prüfen ist auch der vorgeschlagene Weg zur Einbindung des obersten Management. Während grundsätzlich die Unterstützung der Unternehmensführung für die Dienstleistungsentwicklung unverzichtbar ist, so sollte die Einbindung in konkrete Projekte differenziert erfolgen.

Das Konzept von EDVARDSSON U. OLSSON zeichnet sich vor allem durch die Integration des Kunden aus. So wird die dienstleistungsnachfragende Wirtschaftseinheit auf allen drei Ebenen (Concept, Process, System) berücksichtigt. Darüber hinaus wird die Gesamtheit der Gestaltungsräume umfassend in den Service Development-Ansatz aufgenommen. Allerdings erfolgt die Darstellung auf einem vergleichsweise abstrakten Niveau, was die Operationalisierung deutlich erschwert.

Alle drei vorgestellten Ansätze (siehe Tabelle 1) integrieren Potenzial-, Prozess-, Ergebnis- und Marktdimension. Im Hinblick auf die zu gestaltenden Elemente eines Dienstleistungssystems sind sie daher als vollständig zu betrachten. Ein gewichtiges Defizit besteht jedoch in der unzureichenden Konzeption der Entwicklung selbst. Zwar beinhalten die Ansätze der ISO und von Ramaswamy grundsätzlich Vorschläge für eine prozessorientierte Entwicklung; eine Systematisierung einzusetzender Instrumente bzw. Werkzeuge erfolgt jedoch lediglich rudimentär. Aufgabe eines umfassenden Ansatzes zur systematischen Dienstleistungsentwicklung muss es aber sein, ein geeignetes Raster bereitzustellen, das sowohl die Dienstleistung als Objekt der Entwicklung als auch für die Entwicklung selbst umfasst.

	Ramaswamy	ISO	Edvardsson u. Olsson
Bezeichnung des Konzepts	Service Design	Qualitätskreis für Dienstleistungen	Service Development
Grundlage	Plausibilitätserwägungen, fiktives Beispiel	Fachkompetenz des Technischen Komitees „Quality Management and Quality Assurance"	empirische Studien
primäres Ziel	reproduzierbare Qualität zu vertretbaren Kosten	Qualitätslenkung	Mehrwert für den Kunden
Gestaltung der Potenzialdimension	Facility design	Analyse des Anbieterpotenzials	Gestaltung des Service System
Gestaltung der Prozessdimension	operations process design, customer service process design	Erbringungsspezifikation	Gestaltung des Service Process
Gestaltung der Ergebnisdimension	Product Design (materielle Komponenten)	Dienstleistungsspezifikation	Gestaltung des Service Concept
Gestaltung der Marktdimension	Service Requirements, Service Performance Standards	Marktinformationen durch Untersuchungen	Gestaltung des Service Concept
	Ramaswamy	ISO	Edvardsson u. Olsson
Rolle des Kunden	Kundenerwartungen und -erfahrungen als Unsicherheitsfaktoren in der Dienstleistungserbringung	Validierung der Spezifikation	Kundenwünsche und Bedarfe als Ausgangspunkt der Dienstleistungsentwicklung; aktive Mitgestaltung der Neuentwicklung

Tabelle 1: Vergleich der Ansätze von Ramaswamy, ISO sowie Edvardsson u. Olsson

3 Ableitung eines Service Engineering Rahmenkonzepts

Aus den Dienstleistungsdefinitionen konnten die Gestaltungsräume Potenzial, Prozess, Ergebnis und Markt abgeleitet werden. Es wurde gezeigt, dass RAMASWAMY, ISO sowie EDVARDSSON U. OLSSON auf diese Dienstleistungsdimensionen innerhalb ihrer Ansätze Bezug nehmen.

Neben der Strukturierung des „Entwicklungsobjekts Dienstleistung" bildet die Strukturierung der eigentlichen Entwicklung ein Kernelement des einzuführenden Rahmenkonzepts. Als Grundlage für die Konzeption kann die Definition von Service Engineering herangezogen werden: Dabei handelt es sich um die Disziplin, die sich mit der „Entwicklung und Gestaltung von Dienstleistungsprodukten unter Verwendung geeigneter Vorgehensmodelle, Methoden und Werkzeuge" beschäftigt [63]. Die aus der Definition abzuleitenden drei Dimensionen des Service Engineering – Vorgehensmodelle, Methoden und Werkzeuge – werden nachfolgend kurz skizziert, um sie über das Rahmenkonzept anschließend mit den Dienstleistungsdimensionen zu verbinden.

Vorgehensmodelle des Service Engineering definieren den Dienstleistungsentwicklungsprozess, indem sie die einzelnen Schritte festlegen, die von der Generierung der Serviceidee bis zur Einführung der marktreifen Dienstleistung durchlaufen werden. Ein vereinfachtes und idealtypisches Beispiel eines solchen Vorgehensmodells wird in Abbildung 8 dargestellt. Der Dienstleistungsentwicklungsprozess kann demnach in sechs Phasen eingeteilt werden. Im Rahmen der Startphase werden verschiedene Dienstleistungsideen generiert. In der folgenden Analysephase werden die nachfrage- und anbieterseitigen Anforderungen aufgenommen, die im Rahmen einer späteren Realisierung der Dienstleistungsidee zu beachten sind. Auf Basis dieser Informationen wird eine Bewertung vorgenommen. Für den Fall, dass keine geeigneten Ideen generiert wurden, erfolgt ein Rücksprung in die Startphase; ansonsten wird mit der Spezifikation auf der Potenzial-, Prozess-, Ergebnis- und Marktdimension begonnen. Diese Einzelspezifikationen werden am Ende der Konzeptionsphase zu einer Gesamtspezifikation integriert. Im nächsten Schritt erfolgt die Vorbereitung des Potenzials, das im Rahmen der Dienstleistungserbringung benötigt wird. Vor der Implementierung des Konzepts wird die Gesamtspezifikation einem Test unterzogen, um eventuelle Schwachstellen zu identifizieren. Werden Unzulänglichkeiten im Rahmen der Testphase offenkundig, müssen die betreffenden Einzelspezifikationen überarbeitet werden.

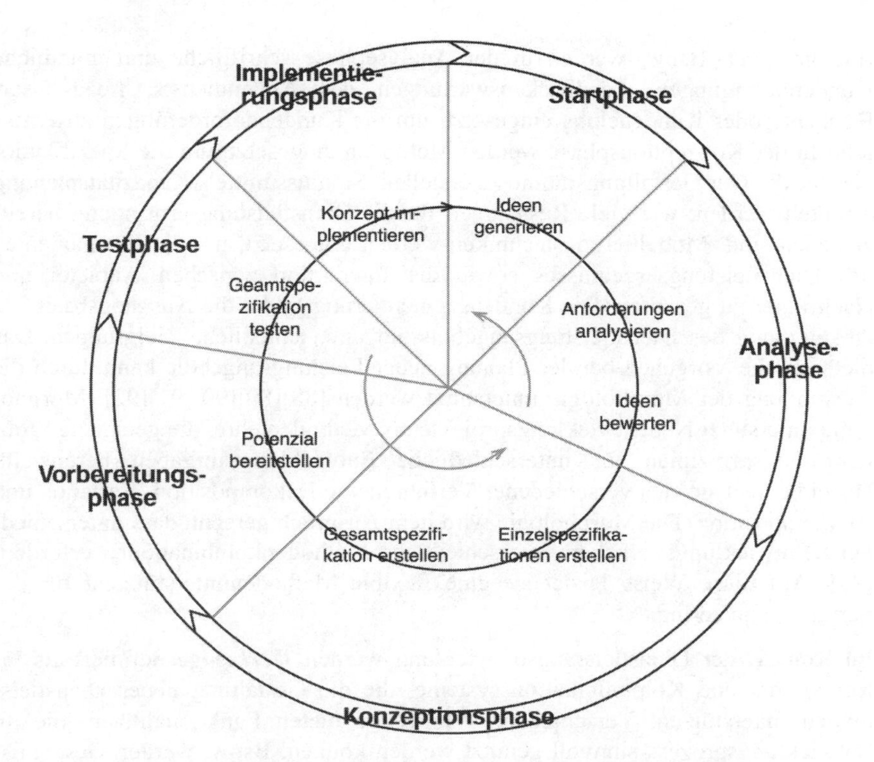

Abbildung 8: Idealtypisches Vorgehensmodell für die systematische Dienstleistungsentwicklung

Die Darstellung des Vorgehensmodells als Kreislauf wird dem flexiblen und kontinuierlichen Charakter der Dienstleistungsentwicklung gerecht. Die einzelnen Phasen werden nicht zwangsläufig in der dargestellten Reihenfolge durchlaufen. Die angedeuteten Rücksprünge in der Analyse- und Testphase stehen nur exemplarisch dafür, dass im Verlauf der Entwicklung immer wieder Anpassungen erforderlich sind. Nach der Implementierung wird die Dienstleistung am Markt angeboten, bis sich abzeichnet, dass sie das Ende ihres Lebenszyklus erreicht hat. Dienstleistungsentwicklung muss als fortlaufende Aufgabe verstanden werden, um obsolet gewordene Angebote zu substituieren und Wachstumspotenziale durch neue Services zu erschließen. Entsprechend wenden innovationsorientierte Unternehmen permanent das Vorgehensmodell an, um neue Ideen zu generieren und in marktfähige Leistungsangebote umzusetzen.

Um die einzelnen Phasen des Vorgehensmodells zielgerichtet und effizient zu durchlaufen, kommen unterschiedliche *Methoden* zum Einsatz. Dabei handelt es sich um definierte Handlungsanweisungen, die vorgeben, welche Aktivitäten durchzuführen sind, um ein bestimmtes Ziel zu erreichen. Grundsätzlich ist eine Vielzahl solcher Methoden für die Anwendung im Rahmen des Service Engineering geeignet. Bspw. werden in der Analysephase schriftliche und mündliche Kundenbefragungen, Feedbackauswertungen des Außendiensts, Lead User-Konzepte oder Kundenclubs eingesetzt, um die Kundenanforderungen zu ermitteln. In der Konzeptionsphase werden Methoden eingesetzt, um die Spezifikationen für die vier Gestaltungsräume zu erstellen. So muss mittels Kapazitätsplanung ermittelt werden, wie viele Ressourcen für die Dienstleistungserbringung bereitzustellen sind. Modellierungstechniken werden eingesetzt, um die Komponenten des Dienstleistungsergebnisses sowie die Interaktion zwischen Anbieter und Nachfrager zu gestalten. Die Kundensegmentierung bildet die Ausgangsbasis zur Abstimmung des Dienstleistungsangebots auf unterschiedliche Zielgruppen. Das methodische Vorgehen bei der Planung neuer Leistungsangebote kann durch die Anwendung der Morphologie unterstützt werden [88][89][90][91][92]. Morphologie unterstützt Neuentwicklungsprojekte als Methodenlehre, die geeignete Problemlösungsprinzipien für unterschiedliche Entwicklungsaufgaben bereitstellt. Dabei bedient sie sich verschiedener Verfahren wie Dekomposition, Variation und Neukomposition. Die Morphologie wird dem Anspruch gerecht, dass unterschiedliche Entwicklungsvorhaben unterschiedliche Methodenkombinationen erfordern [93]. Auf diese Weise leistet sie eine flexible Methodenunterstützung für das Service Engineering.

Im Kontext der Dienstleistungsentwicklung werden *Werkzeuge* definiert als Informations- und Kommunikationssysteme, die die Gestaltung neuer Dienstleistungen unterstützen. Verschiedene Werkzeuge bieten Funktionalitäten, die im Entwicklungsprozess sinnvoll genutzt werden können. Bspw. werden Geschäftsprozessmanagement-Werkzeuge eingesetzt, um Dienstleistungsprozesse zu planen [94]. Diese Werkzeuge stellen Methoden bereit, um die Prozesse zu spezifizieren. Die Spezifikationen und erstellten Prozessmodelle können als Handlungsanweisungen und Anschauungsmaterial eingesetzt werden, um die an der Dienstleistungserbringung beteiligten Mitarbeiter zu qualifizieren. In der Testphase können Analyse- und Simulationsfunktionalitäten der Werkzeuge genutzt werden, um vor der Markteinführung Schwachstellen wie überlange Durchlaufzeiten oder potenzielle Engpässe zu ermitteln. Wichtige Informationen über Verhalten und Präferenzen des Kunden können für die Dienstleistungsentwicklung aus Customer Relationship Management (CRM) Systemen abgeleitet werden. Der Dienstleistungsentwicklungsprozess selbst kann durch den Einsatz von Projektmanagement-Software unterstützt werden. Mit einem solchen System können Übersichten über das Entwicklungsvorhaben generiert, Projektdaten verwaltet und Auswertungen über den Projektstatus erstellt werden.

Die Zusammenführung der vorgestellten Dienstleistungs- und Service Engineering-Dimensionen wird in Abbildung 9 veranschaulicht. Dabei werden die Gestaltungsräume des Entwicklungsobjekts Dienstleistung in der Vertikalen und die drei Dimensionen einer systematischen Dienstleistungsgestaltung in der Horizontalen aufgeführt. Die daraus resultierende 4x3-Matrix kann als Raster zur Systematisierung des Service Engineering herangezogen werden. Zur Erläuterung sollen exemplarisch zwei Felder der Matrix beschrieben werden: Die Kombination Dienstleistungsergebnisdimension und Service Engineering-Vorgehensmodelle (1. Zeile, 3. Spalte) führt zu der Frage, welche Aktivitäten im Rahmen der Dienstleistungsentwicklung durchzuführen sind, um das prozessuale Endergebnis sowie die Dauerqualität der Dienstleistung zu gestalten. Die Entscheidung darüber, welche Mittel eingesetzt werden sollen, um das Personal eines Dienstleisters auf die Einführung einer neuen Dienstleistung vorzubereiten, wird durch eine Verknüpfung der Potenzial- und der Methodendimension (2. Zeile, 3. Spalte) repräsentiert.

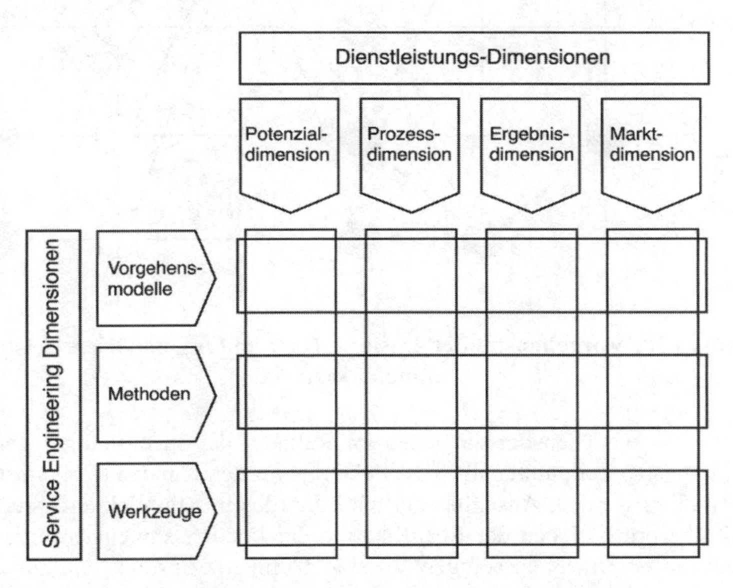

Abbildung 9: Service Engineering Rahmenkonzept

Das vorgestellte Rahmenkonzept unterstützt die Dienstleistungsentwicklung, indem es die Gesamtheit aller anfallenden Aufgabenbereiche systematisiert. Dabei ist zunächst auf der Vorgehensmodell-Ebene zu entscheiden, welche Aktivitäten zur Gestaltung der Dienstleistungsdimensionen erforderlich sind. Anschließend werden die einzusetzenden Methoden festgelegt, deren Anwendung eine zielführende Ausgestaltung der Entwicklung gewährleisten soll. In einem dritten Schritt sind Überlegungen anzustellen, ob die Anwendung der Methoden werkzeugtechnisch sinnvoll unterstützt werden kann und welche Systeme dabei zum Einsatz gebracht werden sollen.

Wurden die Entscheidungen über die einzusetzenden Vorgehensmodelle, Methoden und Werkzeuge getroffen, werden die sechs Phasen der eigentlichen Dienstleistungsentwicklung durchlaufen. Abbildung 10 stellt schematisiert dar, welche Dienstleistungsdimensionen (horizontale Achsen) in den einzelnen Phasen der Entwicklung (vertikale Achsen) schwerpunktmäßig zu betrachten sind.

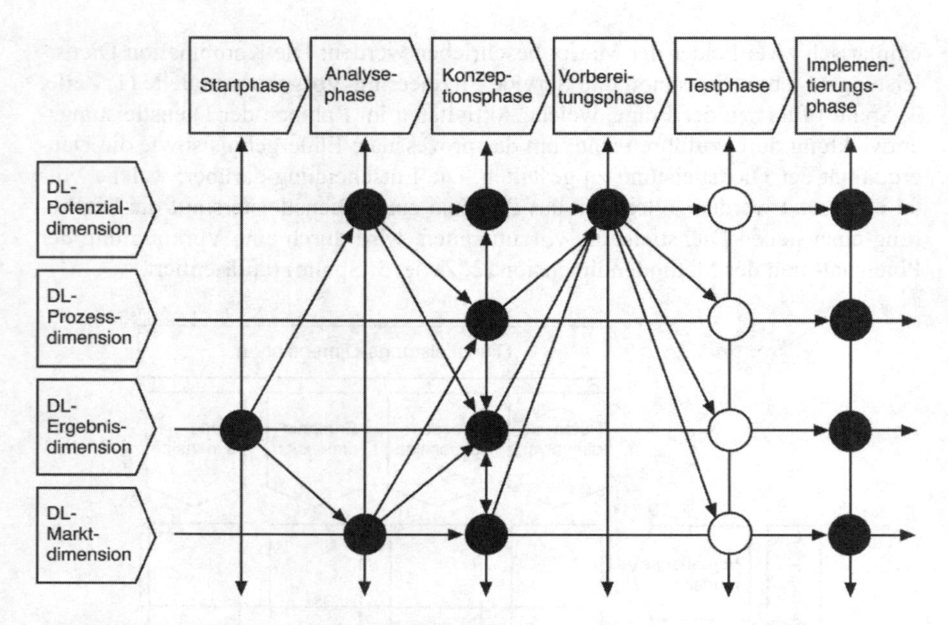

Abbildung 10: Vorgehensmodell-basierte Entwicklung der Dienstleistungs-dimensionen

Zunächst wird die Dienstleistungsidee im Rahmen der Ideenfindung generiert. Bereits zu diesem Zeitpunkt sollte der Mehrwert für den Kunden (Ergebnisdimension) formuliert werden. Anschließend wird die Idee im Hinblick auf ihre Marktfähigkeit überprüft. Neben der Identifikation der kundenseitigen Anforderungen sind auch die unternehmensseitigen Voraussetzungen zu prüfen, die zur Erbringung der Dienstleistung sicherzustellen sind. Insbesondere ist zu gewährleisten, dass die benötigten Ressourcen in ausreichendem Umfang verfügbar sind bzw. beschafft werden können. Die Ergebnisse der Analysephase haben unmittelbare Auswirkungen auf die Erstellung der Dienstleistungsspezifikationen, die während der Konzeptionsphase stattfindet: So bilden die gewonnenen Informationen die Ausgangsbasis zur Gestaltung der Produktmodelle (Ergebnisdimension), Rollenkonzepte (Potenzialdimension), Ablaufdiagramme (Prozessdimension) und Marketing-Konzepte (Marktdimension). Am Ende der Konzeptionsphase wird ein Maßnahmenplan zur Vorbereitung des Dienstleistungspotenzials erstellt. Diese Maßnahmen werden in der anschließenden Entwicklungsphase umgesetzt.

Ist die Potenzialvorbereitung abgeschlossen, werden die Gesamtspezifikation und die Leistungsfähigkeit des Dienstleistungspotenzials getestet. Dabei identifizierte Schwachstellen sind zu beheben. Erst nach Abschluss aller notwendigen Modifikationen liegt ein Dienstleistungskonzept vor, das sowohl die Anforderungen der dienstleistungsnachfragenden als auch der dienstleistungsanbietenden Wirtschaftseinheit gerecht wird. Diese Serviceleistung wird nun in der Breite am Markt eingeführt.

4 Schlussbetrachtungen

Der wirtschaftliche Erfolg eines Dienstleistungsangebots hängt maßgeblich von dessen Konzeption und Gestaltung ab. Dennoch liegen bisher erst wenige Ansätze zur Systematisierung der Dienstleistungsentwicklung vor. Aus einem konstitutiven Verständnis des Dienstleistungsbegriffs heraus lässt sich ein geeignetes Rahmenkonzept ableiten. Dabei kann die Entwicklung in die vier Gestaltungsräume Potenzial, Prozess, Ergebnis und Markt eingeteilt werden.

Die Diskussion ausgewählter Ansätze für die Dienstleistungsentwicklung hat gezeigt, dass sich eine Konzeption auf Basis des konstitutiven Dienstleistungsbegriffs zur Systematisierung des Entwicklungsobjekts Dienstleistung eignet. Gleichzeitig wurde ein Defizit im Hinblick auf die Strukturierung der eigentlichen Dienstleistungsentwicklung aufgezeigt.

Das vor diesem Hintergrund entwickelte Service Engineering Rahmenkonzept zeigt die Beziehungen zwischen den Dimensionen der Dienstleistung und der Dienstleistungsentwicklung auf. Auf diese Weise wird ein Raster bereitgestellt, der zur Strukturierung von Entwicklungsvorhaben herangezogen werden kann und der die Gesamtheit aller zu bearbeitenden Aufgabenbereiche veranschaulicht. So konnte dargestellt werden, welchen Strukturierungsmehrwert eine vorgehensmodell-basierte Entwicklung der einzelnen Dienstleistungsdimensionen im Hinblick auf die Gestaltung des Gesamtsystems liefert.

Service Engineering im Allgemeinen und die Systematisierungsforschung der Dienstleistungsentwicklung im Besonderen stellen Forschungsgebiete dar, über die erst wenige Erkenntnisse vorliegen. Zur Ableitung des Service Engineering Rahmenkonzepts wurde daher ein exploratives Vorgehen gewählt. Eine Überprüfung des Ansatzes in zukünftigen quantifizierenden Untersuchungen muss noch erfolgen.

Literaturverzeichnis

[1] Bruhn, M.: Qualitätsmanagement für Dienstleistungen, Berlin Heidelberg New York 1997.

[2] Haller, S.: Dienstleistungsmanagement. Grundlagen – Konzepte – Instrumente, Wiesbaden 2001.

[3] Bullinger, H.-J.; Ganz, W.; Schreiner, P.: Mehr Jobs, mehr Umsatz, mehr Service. Neue Potentiale durch Dienstleistungen, in: Warnecke, H.-J. (Hrsg.): Projekt Zukunft: die Megatrends in Wissenschaft und Technik, Köln 1999, S. 53-57.

[4] Benölken, H.; Greipel, P.: Dienstleistungsmanagement. Service als strategische Erfolgsposition, Wiesbaden 1994.

[5] Maier, K.-D.; Laib, P.: Prozeßoptimierung – Besser, kostengünstiger, schneller und kundennäher, in: Corsten, H. (Hrsg.): Management von Geschäftsprozessen: theoretische Ansätze - praktische Beispiele, Stuttgart et al. 1997, S. 95-120.

[6] Bieger, T.: Dienstleistungsmanagement. Einführung in Strategien und Prozesse bei persönlichen Dienstleistungen, Bern et al. 2000.

[7] Faust, K.: Tertiarisierung und neue Informations- und Kommunikationstechnologien, ifo – Schnelldienst, 52(1999)29, S. 23-34

[8] Simon, H.: Industrielle Dienstleistungen als Wettbewerbsstrategie, in: Simon, H. (Hrsg.): Industrielle Dienstleistungen, Stuttgart 1993, S. 5-22.

[9] Meyer, A.: Produktdifferenzierung durch Dienstleistungen, in: Marketing - Zeitschrift für Forschung und Praxis ZFP, 7(1985)2, S. 99-107.

[10] Meinig, W.: Produktdifferenzierung durch Dienstleistungen: Eine Herausforderung an das Marketing, in: Marktforschung, 28(1984)4, S. 133-142.

[11] Meffert, H.; Bruhn, M.: Dienstleistungsmarketing. Grundlagen, Konzepte, Methoden, Wiesbaden 2000.

[12] Meyer, A.: Handbuch Dienstleistungs-Marketing, Stuttgart 1998.

[13] Staffelbach, B.: Strategisches Marketing von Dienstleistungen, in: Marketing - Zeitschrift für Forschung und Praxis ZFP, 10(1988)4, S. 277-284.

[14] Hilke, W.: Dienstleistungs-Marketing, Wiesbaden 1989.

[15] Zeithaml, V.A.; Parasuraman, A.; Berry, L.: Problems and strategies in services marketing, in: Journal of Marketing, 49(1985) 2, S. 33-46.

[16] Lovelock, C.H.: Classifying services to gain strategic marketing insights, in: Journal of Marketing, 47(1983)3, S. 9-20.

[17] de Brentani, U.: New Industrial Service Development. Scenarios for success and failure, in: Journal of Business Research, 32(1995)2, S. 93-103.

[18] Albrecht, K.; Zemke, R.: Service-Strategien, Hamburg 1987.

[19] Graumann, J.: Die Dienstleistungsmarke. Charakterisierung und Bewertung eines neuen Markentypus aus absatzwirtschaftlicher Sicht, München 1983.

[20] Constable, C. J.: Operations management. A system approach trough text and cases, London 1976.

[21] Berekoven, L.: Der Dienstleistungsbetrieb. Wesen – Struktur – Bedeutung, Wiesbaden 1974.

[22] Engelhardt, W. H.; Kleinaltenkamp, M.; Reckenfelderbäumer, M.: Leistungsbündel als Absatzobjekte. Ein Ansatz zur Überwindung der Dichoto-

mie von Sach- und Dienstleistungen, in: Zeitschrift für betriebswirtschaftliche Forschung, 45(1993)5, S. 395-426.

[23] Corsten, H.: Dienstleistungsmanagement, München et al. 2001.

[24] Hipp, C.: Innovationsprozesse im Dienstleistungssektor. Eine theoretisch und empirisch basierte Innovationstypologie, Heidelberg 2000.

[25] Meyer, A.: Kommunikationspolitik von Dienstleistungsunternehmen, in: Berndt, R.; Hermanns, A. (Hrsg.): Handbuch Marketing-Kommunikation. Wiesbaden 1993, S. 895-921.

[26] Hentschel, B.: Dienstleistungsqualität aus Kundensicht, Wiesbaden 1992.

[27] Mengen, A.: Konzeptgestaltung von Dienstleistungen. Eine Conjoint-Analyse im Luftfrachtmarkt unter Berücksichtigung der Qualitätssicherheit beim Dienstleistungskauf, Stuttgart 1993.

[28] Franke, D.-P.: Dienstleistungsinnovationen: Eine prozeßorientierte Analyse dienstleistungsbezogener Neuerungen auf der Grundlage des „Integrationsansatzes", in: Innovation und Beratung, Bd. 14, Bergisch Gladbach 1991.

[29] Corsten, H.: Zum Problem der Mehrstufigkeit in der Dienstleistungsproduktion, in: Corsten, H. (Hrsg.): Integratives Dienstleistungsmanagement, Lengerich 1994, S. 169-189.

[30] Meyer, A.: Die Automatisierung und Veredelung von Dienstleistungen – Auswege aus der diestleistungsinhärenten Produktivitätsschwäche, in: Jahrbuch der Absatz- und Verbrauchsforschung, 33(1987)1, S. 25-46.

[31] Herder-Dorneich, P.; Kötz, W.: Zur Dienstleistungsökonomik, Systemanalyse und Systempolitik der Krankenhauspflegedienste, Berlin 1972.

[32] Büttgen, M.: Kundengerechte Gestaltung von Dienstleistungsprozessen, in: Bruhn, M.; Stauss, B. (Hrsg.): Dienstleistungsmanagement Jahrbuch 2001. Interaktionen im Dienstleistungsbereich, Wiesbaden 2001, S. 143-166.

[33] Maleri, R.: Grundlagen der Dienstleistungsproduktion, Berlin et al. 1997.

[34] Entgelter, K.A.: Das Rationalisierungspotential im Dienstleistungsbereich. Zu den Möglichkeiten der Substitution persönlicher Leistungsträger durch realtechnische Systeme im Bereich der Produktion immaterieller Güter, Frankfurt a. M. 1979.

[35] Donabedian, A.: Evaluating the quality of medical care, in: Milbank Memorial Fund Quarterly, 44(1966)3 Part 2, S. 166-203.

[36] Donabedian, A.: The definition of quality and approaches to its assessment, explorations, quality, assessment and monitoring, Michigan 1980.

[37] Avlonitis, G.J.; Papastathopoulou, P.G.; Gounaris, S.P.: An empirically-

based typology of product innovativeness for new financial services: Success and failure scenarios, in: The Journal of Product Innovation Management, 18(2001)5, S. 324-342.

[38] Helm, S.: Unsicherheitsaspekte integrativer Leistungserstellung - eine Analyse am Beispiel der Anbieter-Nachfrager-Interaktion im Asset Management, in: Bruhn, M.; Stauss, B. (Hrsg.): Dienstleistungsmanagement Jahrbuch 2001. Interaktionen im Dienstleistungsbereich, Wiesbaden 2001, S. 67-89.

[39] Meyer, A.; Blümelhuber, C.: Interdependenzen zwischen Absatz und Produktion in Dienstleistungsunternehmen und ihre Auswirkungen auf konzeptionelle Fragen des Absatzmarketing, in: Corsten, H.; Hilke, W. (Hrsg.): Dienstleistungsproduktion, Wiesbaden 1994, S. 5-42.

[40] Chini, L.: Marketing für gewerbliche Dienstleistungsunternehmungen. Entscheidungen über den Individualisierungsgrad von Dienstleistungen, in: Internationales Gewerbearchiv, 42(1976), S. 1-10.

[41] Kleine, D.: Wachstumsdifferenzierungen im Dienstleistungsgewerbe. Bestimmungsgründe, Marktposition und Zukunftsperspektive, Göttingen 1976.

[42] Benkenstein, M.: Dienstleistungsqualität: Anpassungen zur Messung und Implikationen für die Steuerung, in: Zeitschrift für Betriebswirtschaft, 63(1993)11, S. 1095-1116.

[43] Aggarwal, S. C.: A focussed review of scheduling in services, in: European Journal of Operational Research, 3(1982) 9, S. 114-121.

[44] Decker, F.: Struktur der Dienstleistungsunternehmen, in: Betriebswirtschaftliche Forschung und Praxis, 24(1972)7/8, S. 405-420.

[45] Coenen, C.: Serviceorientierung und Servicekompetenz von Kundenkontakt-Mitarbeitern, in: Bruhn, M.; Stauss, B. (Hrsg.): Dienstleistungsmanagement Jahrbuch 2001. Interaktionen im Dienstleistungsbereich, Wiesbaden 2001, S. 341-374.

[46] Lovelock, C. H.: Dienstleister können Effizienz und Kundenzufriedenheit verbinden, in: Harvard Business Manager, 15(1993)2, S. 68-75.

[47] Meyer, C.; Mattmüller, R.: Qualität von Dienstleistungen – Entwurf eines praxisorientierten Qualitätsmodells, in: Marketing – Zeitschrift für Forschung und Praxis ZFP, 9(1987)3, S.187-195.

[48] Roth, S.: Interaktionen im Dienstleistungsmanagement - Eine informationsökonomische Analyse, in: Bruhn, M.; Stauss, B. (Hrsg.): Dienstleistungsmanagement Jahrbuch 2001. Interaktionen im Dienstleistungsbereich Wiesbaden 2001, S. 35-66.

[49] Bodendorf, F.: Wirtschaftsinformatik im Dienstleistungsbereich, Berlin et

al. 1999.

[50] Edvardsson, B.; Olsson, J.: Key concepts for new service development, in: The Service Industries Journal, 16(1996)2, S. 140-164.

[51] Bouncken, R.B.: Transfer, Speicherung und Nutzung von Wissen bei Dienstleistungsunternehmen, in: Bruhn, M.; Stauss, B. (Hrsg.): Dienstleistungsmanagement Jahrbuch 2001. Interaktionen im Dienstleistungsbereich, Wiesbaden 2001, S. 203-223.

[52] Bowers, M. R.; Martin, C. L.; Luker, A.: Trading places: employees as customers, customers as employees, in: The Journal of Services Marketing, 4(1990)2, S. 55-69.

[53] Gaitanides, M.: Prozessorganisation: Entwicklung, Ansätze u. Programme prozessorientierter Organisationsgestaltung, München 1983.

[54] Lehmann, A.P.: Dienstleistungsbeziehung zwischen Kunden und Unternehmen, in: Bruhn, M.; Meffert, H. (Hrsg.): Handbuch Dienstleistungsmanagement: Von der strategischen Konzeption zur praktischen Umsetzung, Wiesbaden 1998, S. 827-842.

[55] Bode, J.; Zelewski, S.: Die Produktion von Dienstleistungen – Ansätze zu einer Produktionswirtschaftslehre der Dienstleistungsunternehmen?, in: Betriebswirtschaftliche Forschung und Praxis, 44(1992)6, S. 594-607.

[56] Hertel, M.; Schreiner, P.: Methodische Gestaltung von wirtschaftlichen Prozessen in der Patientenversorgung, in: BALK Info, 12(2001)6, S. 8-12.

[57] Hill, T.: On goods and services, in: Review of income and wealth, 23(1977)4, S. 315-338.

[58] Jugel, S.; Zerr, K.: Dienstleistungen als strategisches Element eines Technologie-Marketing, in: Marketing – Zeitschrift für Forschung und Praxis ZFP, 11(1989)3, S. 162-172.

[59] Dreyer, A.: Kundenzufriedenheit und Kundenbindungs-Marketing, in: Bastian, H.; Born, K.; Dreyer, A. (Hrsg.): Kundenorientierung im Touristikmanagement, München et al. 1999, S. 11-50.

[60] Hearn, A.; Schreiner, P.; Vossen, I.: Erfolg durch Service Partnerschaften mit dem Kunden, in: Bullinger, H.-J.; Scheer, A.-W.; Zahn, E. (Hrsg.): Vom Kunden zur Dienstleistung: Fallstudien zur kundenorientierten Dienstleistungsentwicklung in deutschen Unternehmen, Stuttgart 2002, S. 62-67.

[61] Bitner, M. J.; Faranda, W.; Hubbert, A.; Zeithaml, V. A.: Customer contributions and roles in service delivery, in: International Journal of Service Industry Management, 8(1997)3, S. 193-205.

[62] Zeithaml, V. A.; Parasuraman, A.; Berry, L. : Delivering quality service:

Balancing customer perceptions and expectations, New York 1990.

[63] Bullinger, H.-J.: Entwicklung innovativer Dienstleistungen, in: Bullinger, H.-J. (Hrsg.): Dienstleistungen – Innovation für Wachstum und Beschäftigung, Wiesbaden 1999, S. 49-65

[64] Rushton, A. M.; Carson, D. J.: The marketing of services: Managing the intangibles, in: European Journal of Marketing, 23(1989)8, S. 23-44.

[65] McDougall, G. H. G.; Snetsinger, D. W.: The intangibility of services: Measurement and competetive perspectives, in: Journal of Services Marketing, 4(1990)4, S. 27-40

[66] Corsten, H.: Analyse der Dienstleistungsbesonderheiten und ihre ökonomische Auswirkungen, Arbeitspapier Nr. 4 der Braunschweiger Wirtschaftswissenschaftlichen Arbeitspapiere, Braunschweig 1985.

[67] Crane, F. G.; Clarke, T. K.: The identification of evaluative criteria and cues used in selecting services, in: The Journal of Services Marketing, 2(1988)2, S. 53-60.

[68] Zeithaml, V. A.; Bitner, M. J.: Services marketing: integrating customer focus across the firm, Boston, Mass 2000.

[69] Volkmann, M.: Marktorientierung und methodische Unterstützung von (Neu-) Produktentwicklungen in der Praxis, in: Spath, D. (Hrsg.): Vom Markt zum Produkt - Impulse für die Innovationen von morgen, Stuttgart 2001, S. 36-49.

[70] Jenner, T.: Überlegungen zur Integration des Kunden in das Innovationsmanagement, in: Jahrbuch der Absatz- und Verbrauchsforschung, 46(2000)22, S. 130-147.

[71] Beirat des Forschungsprojekts „Dienstleistung 2000plus“: Handlungsempfehlungen zur Stärkung des Dienstleistungssektors, in: Mangold, K. (Hrsg.): Die Welt der Dienstleistung, Wiesbaden 1998, S. 219-287.

[72] Gröner, L.: Konstruktionsbegleitende Kalkulation innerhalb Target Costing, in: Betrieb und Wirtschaft, 47(1993)17, S. 565-570.

[73] Rau, J.; Lienhard, P.; Opitz, M.: Prototypische Entwicklung der Dienstleistung TÜV CERT Excellence Audit, in: Bullinger, H.-J.; Scheer, A.-W.; Zahn, E. (Hrsg.): Vom Kunden zur Dienstleistung: Fallstudien zur kundenorientierten Dienstleistungsentwicklung in deutschen Unternehmen, Stuttgart 2002, S. 43-48.

[74] Christensen, C.; Bower, J.: Customer power, strategic investment, and the failure of leading firms, in: Strategic Management Journal, 17(1996), S. 197-218.

[75] Day, G.: What does it mean to be market-driven?, in: Business Strategy

Review, 9(1998)1, S. 1-14.

[76] Köhler, R.: Strategische Früherkennung für die Planung von Produktinnovationen, in: Thexis, 8(1991)4, S. 9-14.

[77] Cooper, R.: New product strategies: What distinguishes the top performers, in: The Journal of Product Innovation Management, 1(1984)1, S. 151-164.

[78] Meyer, A.; Blümelhuber, C.; Pfeiffer, M.: Der Kunde als Co-Produzent und Co-Designer - oder: die Bedeutung der Kundenintegration für die Qualitätspolitik von Dienstleistungsanbietern, in: Bruhn, M.; Stauss, B. (Hrsg.): Dienstleistungsqualität: Konzepte – Methoden – Erfahrungen, Wiesbaden 2000, S. 49-70.

[79] Lengnick-Hall, C.: Customer contributions to quality: A different view of the customer-oriented firm, in: Academy of Management Journal, 21(1996)3, S. 791-824.

[80] Peters, T.; Waterman, R.: Auf der Suche nach Spitzenleistungen: Was man von den bestgeführten US-Unternehmen lernen kann, Landsberg/Lech 1993.

[81] Albers, A.; Schweinberger, D.: Methodik in der praktischen Produktentwicklung – Herausforderungen und Grenzen, in: Spath, D. (Hrsg.): Vom Markt zum Produkt - Impulse für die Innovationen von morgen, Stuttgart 2001, S. 25-34.

[82] Böcker, F.; Kotzbauer, N.: Einflußgrößen des Erfolgs von Markteinführungen industrieller Produkte, Arbeitspapier 52 des Instituts für Betriebswirtschaftslehre der Universität Regensburg, Regensburg 1989.

[83] Bowers, M. R.: An exploration into new service development: Process, structure and organization, Texas 1985.

[84] Ramaswamy, R.: Design and management of service processes, Reading 1996.

[85] Deutsches Institut für Normung DIN: Qualitätsmanagement und Elemente eines Qualitätssicherungssytems. Leitfaden für Dienstleistungen DIN EN ISO 9004-2, Berlin 1992.

[86] Bullinger, H.-J.; Scheer, A.-W.; Zahn, E.: Vom Kunden zur Dienstleistung: Fallstudien zur kundenorientierten Dienstleistungsentwicklung in deutschen Unternehmen, Stuttgart 2002.

[87] Georgi, D.: Einfluss der normativen Erwartungen auf die Transaktionsqualität – Bedeutung der Beziehungsqualität, in: Bruhn, M.; Stauss, B. (Hrsg.): Dienstleistungsmanagement Jahrbuch 2001. Interaktionen im Dienstleistungsbereich, Wiesbaden 2001, S. 91-113.

[88] Witt, J.: Produktinnovation: Entwicklung und Vermarktung neuer Produk-

te, München 1996.

[89] Schlicksupp, H.: Innovation, Kreativität und Ideenfindung, Würzburg 1992.

[90] Hürlimann, W.: Methodenkatalog. Ein systematisches Inventar von über 3000 Problemlösungsmethoden, Bern 1981.

[91] Rothenbach, F.: Morphologie bei der Planung neuer Produkte, in: Industrielle Organisation, 36(1967)8, S. 301-308.

[92] Zwicky, F.: Entdecken, Erfinden. Forschen im Morphologischen Weltbild, München 1966.

[93] Crawford, M. C.: New products management, Boston, Mass. 1997.

[94] Schreiner, P.: Dienstleistungsmodellierung – Systematische Entwicklung und Gestaltung von Dienstleistungsprozessen mit Business Process Management Tools, in: Bullinger, H.-J.; Schreiner, P.(Hrsg.): Business Process Management Tools: Eine evaluierende Marktstudie über aktuelle Werkzeuge, Stuttgart 2001, S. 31-34.

Service Engineering – Entwicklungspfad und Bild einer jungen Disziplin

Klaus-Peter Fähnrich
Institut für Informatik, Universität Leipzig
Marc Opitz
Fraunhofer-Institut für Arbeitswirtschaft und Organisation (IAO), Stuttgart

Inhalt

1 Einleitung

Service Engineering ist eine junge Disziplin in Praxis und Forschung. Seit Mitte der 90er Jahre wird der sich zunehmend etablierende Begriff „Service Engineering" regelmäßig und konsequent in Deutschland sowie international verwendet. Der folgende Beitrag zeigt die Hintergründe zur Entstehung und Entwicklung der Disziplin Service Engineering sowie über ihre inhaltliche Ausrichtung auf.

Zunächst wird die zunehmende Bedeutung von Dienstleistungen für die deutsche Wirtschaft im Kapitel 2 dieses Beitrags dargestellt. Die Erläuterungen zum Drei-Sektoren-Modell sowie die Darstellung struktureller Unterschiede zwischen den USA und Deutschland erlauben, erste Implikationen auf die Disziplin Service Engineering aufzuzeigen. Die Dienstleistungsthematik, die in den letzten Jahrzehnten zunehmend in den Brennpunkt der Betrachtung rückte, gab den Anstoß zu der vom Bundesministerium für Bildung und Forschung gestarteten Initiative „Dienstleistungen für das 21. Jahrhundert", aus der heraus erste richtungweisende Forschungsarbeiten zu Service Engineering entstanden sind. Das Kapitel 3 behandelt Projekte, die sich mit Fragestellungen der Entwicklung von Dienstleistungen befasst haben. Dabei stellt sich die Frage, wie sich das Entwicklungsobjekt Dienstleistung für die Fachdisziplin Service Engineering darstellt. Es wird aufgezeigt, dass die Bildung von Dienstleistungstypologien ein wichtiges Instrument zur Formulierung von Entwicklungsstrategien ist. Aufbauend auf einer Strategie können zielgerichtet Vorgehensmodelle, Methoden und Werkzeuge bei der Dienstleistungsentwicklung eingesetzt werden. Kapitel 4 des vorliegenden Aufsatzes behandelt die wissenschaftliche Positionierung des Fachs Service Engineering sowie das Berufsbild eines Dienstleistungsingenieurs. Kapitel 5 fasst in Form einer Chronologie wesentliche Ereignisse in der Entwicklung der Disziplin Service Engineering zusammen und zeigt Zukunftsperspektiven auf.

2 Die Entwicklung zur Dienstleistungsgesellschaft

2.1 Die Bedeutung von Dienstleistungen und ihre Einordnung im Sektoren-Modell

Zur Einordnung von Dienstleistungen innerhalb der Gesamtwertschöpfung eines Lands wird in der Literatur häufig das Drei-Sektoren-Modell herangezogen. Das Drei-Sektoren-Modell beruht auf der historischen Perspektive, wonach zunächst der primäre Sektor (Urproduktion) dominierte, darauf der sekundäre Sektor (Industrie) der bedeutungsvollste Wirtschaftsbereich wurde und schließlich der tertiäre Sektor (Dienstleistungssektor) den größten Beitrag zum Volkseinkommen lieferte. Für FOURASTIÉ ist der technische Fortschritt das entscheidende Merkmal zur Differenzierung der Sektoren [1]. Für ihn stehen der technische Fortschritt und die Höhe der Arbeitsproduktivität im Vordergrund seiner Überlegungen. Er ordnet Tätigkeiten mit mittlerem technischen Fortschritt dem primären Sektor, Tätigkeiten mit großem technischen Fortschritt dem sekundären Sektor und Tätigkeiten mit geringem oder keinem technischen Fortschritt dem tertiären Sektor zu.

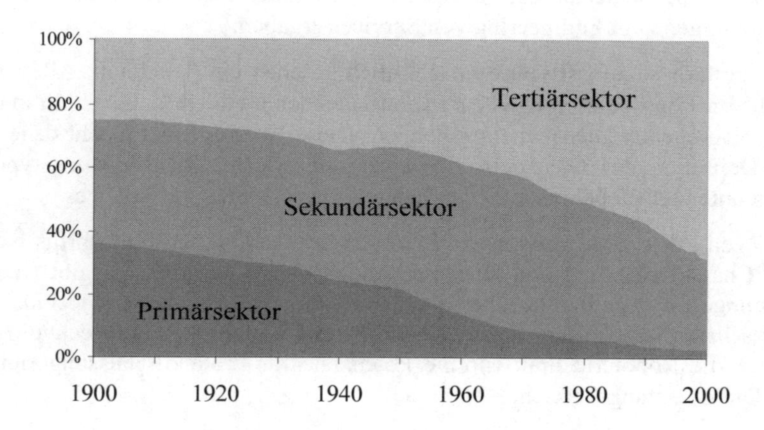

Abbildung 1: Erwerbstätige nach Wirtschaftsbereichen (Anteile an der gesamten Erwerbsbevölkerung in Prozent) [2]

In den 70er Jahren hatte in westlichen Nationen der tertiäre Sektor den sekundären an wirtschaftlicher Bedeutung eingeholt und überholt. Die Zeit der „postindustriellen Gesellschaft" begann, die zuerst in den USA erreicht wurde [3]. Inzwischen hat auch Deutschland den Wandel zur Dienstleistungsgesellschaft vollzogen, da der Industriesektor nicht mehr den größten Anteil der Wertschöpfung bzw. der Anzahl Erwerbstätige (Abbildung 1) bestimmt. In Deutschland lag 2001 die Beschäftigtenquote im tertiären Sektor bei 64,3 Prozent; im Vergleich dazu in den USA bei 75,1 Prozent [4]. Ein Teil dieses Unterschieds kann dadurch erklärt werden, dass in Deutschland viele Dienstleistungen immer noch von Unternehmen erbracht werden, die statistisch dem zweiten Sektor zugerechnet werden. Dies hängt damit zusammen, dass in den USA der Outsourcing-Gedanke weiter verbreitet ist und deutsche Unternehmen noch sehr stark vertikal integriert sind [5]. Ein weiterer Grund ist die Deregulierungswelle, die in den USA bereits in den 70er und 80er Jahren [6], in Deutschland aber erst in den 90er Jahren einsetzte. Zusätzlich wurde in Deutschland das Dienstleistungspotenzial, sicherlich auch bedingt durch den großen Erfolg der Industrieunternehmen, sowohl im Hinblick auf künftiges Wirtschaftswachstum als auch auf neue Arbeitsplätze erst spät erkannt.

Die Darstellung zur Entwicklung der sektoralen Einteilung der Volkswirtschaft erlaubt an dieser Stelle, Implikationen für das Service Engineering aufzuzeigen:

- Die zunehmende Bedeutung von Dienstleistungen für unsere Gesellschaft sowie der Rückstand gegenüber den USA war Anlass für die in den 90er Jahren vom Bundesministerium für Bildung und Forschung[1] (BMBF) geförderte Initiative „Dienstleistungen für das 21. Jahrhundert", aus der heraus sich Fragestellungen zum Engineering von Services ergaben.
- Der tertiäre Sektor ist volkswirtschaftlich gesehen ein Residuum. Alles, was nicht zur Urproduktion bzw. zum verarbeitenden Gewerbe gehört, fällt in diesen heterogenen Dienstleistungsbereich. Diese Heterogenität macht daher eine Definition des Dienstleistungsbegriffs schwierig. Dienstleistungstypologien unterstützen bei einer zielgerichteten Entwicklung von Services.
- Das von FOURASTIÉ verwendete Merkmal des technischen Fortschritts ist für die Charakterisierung von Dienstleistungen wenig geeignet. Es gibt Dienstleistungen mit geringem, aber auch mit mittlerem und hohem technischen Fortschritt. So schaffen die Informations- und Kommunikationstechnologien sowie die Robotertechnik enorme Potenziale für Produktivitätssteigerungen im Dienstleistungsbereich.
- Durch die Erfolge im technologischen Bereich (sekundärer Sektor) wurde erst spät erkannt, dass auch im tertiären Sektor enorme Chancen für die Wirtschaft liegen. Die Sichtweise, dass im Wesentlichen materielle Produkte wichtig sind, verzögerte die eingehende Berücksichtigung des Produkts „Dienstleistung".
- Die Entwicklung von Dienstleistungen wurde lange Zeit eher am Rande und zumeist unsystematisch durchgeführt. Um den Mangel an methodischer Dienstleistungsentwicklung zu beheben, lassen sich ingenieurmäßige Ansätze des Sekundärsektors, der eine Stärke des Standorts Deutschland ist, auf das Service Engineering übertragen.

2.2 Initiative „Dienstleistungen für das 21. Jahrhundert"

Die zunehmende Bedeutung von Dienstleistungen für den Standort Deutschland war Anlass für die 1994 vom BMBF gegründete Initiative „Dienstleistungen für das 21. Jahrhundert". Aus dieser Initiative heraus entstanden erste Untersuchungen und Konzeptarbeiten zum Thema Service Engineering.

---

[1] Damals noch Bundesministerium für Bildung, Wissenschaft, Forschung und Technologie. Im Folgenden wird durchgängig die heute aktuelle Bezeichnung „Bundesministerium für Bildung und Forschung" verwendet.

Im Anschluss an die im Juni 1995 in Berlin veranstaltete erste BMBF-Tagung „Dienstleistung der Zukunft" wurde mit der Grundlagenforschung „Dienstleistung 2000plus" ein erster Meilenstein gesetzt. Die Untersuchung war breit angelegt. Ziel war eine umfassende Bestandsaufnahme zum Thema Dienstleistungen in Deutschland. Da die Vorarbeiten zeigten, dass eine Orientierung an Branchen nicht weiterführte [7], wurden vier inhaltliche Leitthemen gewählt: „Grundlagenbezogene Forschungsfragen und -felder", „Neue Märkte und Intelligente Produkte", „Kreative Organisationen und Wertschöpfungsprozesse" sowie „Infrastrukturen als Potenziale". In zwölf Arbeitskreisen und drei Arbeitsgruppen wurden die vielseitigen Forschungsfelder untersucht. An den Forschungsarbeiten und Diskussionen beteiligten sich mehr als 300 Experten aus Wirtschaft, Wissenschaft, intermediären Organisationen und Politik [8]. Die zweite BMBF-Tagung, die Ende November 1996 unter dem Titel „Dienstleistungen für das 21. Jahrhundert – Gestaltung des Wandels und Aufbruch in die Zukunft"[2] in Bonn stattfand, bildete den Abschluss von „Dienstleistung 2000plus".

Ein Ergebnis von „Dienstleistung 2000plus" war die Definition von sechs Forschungsfeldern, aus denen heraus erste geförderte Forschungsprojekte, so genannte Prioritäre Erstmaßnahmen (PEM), abgeleitet wurden. Ziel dieser Prioritären Erstmaßnahmen war es, Innovationsbarrieren zu reduzieren und die Zusammenarbeit zwischen Wirtschaft und Forschung im Dienstleistungsbereich zu besonders relevanten Themen zu fördern [9]. Insbesondere PEM 7, „Marktführerschaft durch Leistungsbündelung und kundenorientiertes Service Engineering", schaffte erste Grundlagen für die sich in den Anfängen befindliche Disziplin Service Engineering.

Auf der dritten BMBF-Tagung, „Dienstleistungen – Innovation für Wachstum und Beschäftigung: Herausforderungen des internationalen Wettbewerbs"[3] Ende August 1998 in Bonn, wurden die Ergebnisse der Prioritären Erstmaßnahmen präsentiert. Bereits im Mai 1998 hatte Dr. Mangold, Beiratsvorsitzender von „Dienstleistung 2000plus", dem Bundesminister Dr. Rüttgers die im Rahmen der Grundlagenuntersuchung gesammelten Handlungsempfehlungen überreicht. Die zirka hundert Empfehlungen zur Stärkung des Dienstleistungssektors gliedern sich in vier Felder: „Verbesserung der Infrastrukturdienstleistungen", „Mobilisierung von Dienstleistungsinnovationen", „Neue Unternehmen und neue Märkte" sowie „Political Leadership und Grundlagenentscheidungen" [10]. Insbesondere das Handlungsfeld „Mobilisierung von Dienstleistungsinnovationen" wendet sich typischen Fragenstellungen des Service Engineering zu, z. B. Entwicklung intelligenter Services und Produkte, Design und Engineering-Prozesse, Kundenorientierung, Dienstleistungsqualität und Intrapreneurship.

---

[2] Der gleichnamige Herausgeberband [37], in dem über 70 Autoren Fragestellungen des Dienstleistungssektors behandeln, dokumentiert die bis zur Veranstaltung thematisierten Fragestellungen zum Dienstleistungsstandort Deutschland.

[3] Dokumentation im gleichnamigen Herausgeberband [44].

Auf Grundlage der Handlungsempfehlungen startete das BMBF eine breite öffentliche Förderung. Zwischen September 1998 und März 1999 wurden fünf Bekanntmachungen vom BMBF veröffentlicht. Die Bekanntmachung „Service Engineering und Service Design“ vom 25. September 1998 forderte deutsche Unternehmen und wissenschaftliche Einrichtungen auf, Projektskizzen zum Thema Dienstleistungsentwicklung und -gestaltung einzureichen. Bei positiver Begutachtung wurden den Antragstellern Fördergelder zur Verfügung gestellt. Aus diesem Förderprogramm heraus sind eine Reihe von Service Engineering-Projekten initiiert worden.

Parallel zu den inhaltlichen Arbeiten wurde innerhalb der Initiative „Dienstleistungen für das 21. Jahrhundert“ eine Internet-Plattform für die Dienstleistungs-Community eingerichtet. Ziel ist es, eine Aktionsplattform im Dienstleistungsbereich zur Verfügung zu stellen, auf der sich Experten aus Wirtschaft, Wissenschaft und Politik über Forschungsergebnisse, Unternehmenspraxis und Zukunftstrends informieren und austauschen können, um Innovationen voranzutreiben. Auf dieser Homepage können u. a. Informationen zu Service Engineering-Projekten bzw. -Publikationen abgerufen werden. Die Community zählt mittlerweile insgesamt über 3.630 Mitglieder und führt über 219 Projekte auf [11].

3 Inhaltliche Entwicklung und konzeptioneller Rahmen der Disziplin Service Engineering

3.1 Forschungsprojekte im Bereich Service Engineering

Mit den Ausführungen zur Initiative „Dienstleistungen für das 21. Jahrhundert“ wurde der Rahmen aufgezeigt, in dem Service Engineering zum ersten Mal als Forschungsfeld genannt wurde. Hier befindet sich die Grundlage für eine Reihe von Projekten, die sich der Dienstleistungsinnovation und -entwicklung zuwenden. Zwar gab es schon in den Jahren vor der Dienstleistungsinitiative Projekte, die ähnliche Fragestellungen bearbeiteten wie es später im Service Engineering erfolgte – bspw. zum Thema Dienstleistungsqualität – die Tragweite des Ansatzes war jedoch geringer. Während zuvor einzelne Aspekte des – damals noch nicht so bezeichneten – Service Engineering behandelt wurden, erfolgte innerhalb der Initiative „Dienstleistungen für das 21. Jahrhundert“ die Anerkennung eines eigenständigen Themenschwerpunkts.

Die Prioritäre Erstmaßnahme 7, ein frühes Forschungsvorhaben im Rahmen der Dienstleistungsinitiative mit der Bezeichnung „Marktführerschaft durch Leistungsbündelung und kundenorientiertes Service Engineering“, hatte für die Disziplin Service Engineering richtungweisenden Charakter. Von April 1997 bis

September 1998 arbeiteten etwa 20 Unternehmen bzw. Forschungseinrichtungen unter der Leitung der BPU GmbH und der Deutsche Telekom Berkom GmbH gemeinsam an Fragestellungen der Leistungsbündelung und Dienstleistungsentwicklung. Das Verbundprojekt teilte sich in drei Module auf, die jeweils aus weiteren Teilmodulen bestanden. Jedes Teilmodul wurde von ein bis drei Partnern bearbeitet. Die drei Hauptmodule sind:

- Querschnitts-Modul: Leistungsbündelung und Service Engineering unter Anwendung der Telekommunikation,
- Bündelungs-Modul: Kundenorientierte Dienstleistungen durch Leistungsbündelung in Telekooperationsnetzwerken sowie
- Service Engineering-Modul: Service Engineering: Integrierte Methoden und Werkzeuge für Dienstleistungsprozesse.

Die Forschungsarbeiten innerhalb dieses Verbundprojekts waren äußerst vielschichtig. Ergebnisse und Zwischenergebnisse wurden durch Transfermaßnahmen wie Vorträge, Veranstaltungen oder Publikationen der interessierten Öffentlichkeit vorgestellt. Zu den zeitnahen Veröffentlichungen gehören der DIN-Fachbericht 75 „Service Engineering: Entwicklungsbegleitende Normung (EBN) für Dienstleistungen“ [12] sowie die Sonderausgabe „Service Engineering“ der Fachzeitschrift „Information Management & Consulting“ [13].

Zeitnah zur Prioritären Erstmaßnahme 7 des BMBF förderte das Ministerium für Wissenschaft, Forschung und Kunst des Lands Baden-Württemberg im Rahmen der „Zukunftsoffensive Junge Generation“ das Forschungsprojekt „Service Engineering – Innovation und Wachstum durch systematische Entwicklung von Dienstleistungen“. Von September 1998 bis Juni 2000 bauten vier Forschungseinrichtungen – das Institut für Arbeitswissenschaft und Technologiemanagement IAT der Universität Stuttgart, das Institut für Werkzeugmaschinen und Betriebstechnik wbk der Universität Karlsruhe, der Lehrstuhl für Allgemeine Betriebswirtschaftslehre und Betriebswirtschaftliche Planung LfP der Universität Stuttgart sowie das Institut für angewandte Forschung IAF der Fachhochschule Pforzheim – die konzeptionelle Basis der Disziplin Service Engineering aus. Das Forschungsprogramm teilte sich in fünf Arbeitsschwerpunkte auf: Start-up-Phase, Engineering und Design von Dienstleistungen, Positionierung neuer Dienstleistungen im Markt, Management des Dienstleistungsentwicklungsprozesses sowie Best Practices in der Entwicklung von Dienstleistungen. Im Rahmen des Projekts wurde eine erste umfassende empirische Studie zum Stand der Dienstleistungsentwicklung in Deutschland durchgeführt [14].

Parallel zum Service Engineering-Verbundprojekt, das vom Land Baden-Württemberg gefördert wurde, begann eine breite öffentliche Förderung durch das BMBF im Rahmen der Initiative „Dienstleistungen für das 21. Jahrhundert“. Am 25. September 1998 gab das BMBF die Förderung von Vorhaben auf dem Gebiet

„Service Engineering und Service Design“ bekannt. Das Thema beinhaltete folgende Gegenstandsbereiche:

- Definition, Beschreibung und Gestaltung von Schnittstellen zu anderen Unternehmensprozessen,
- Entwicklung und Erprobung von Werkzeugen im Sinne eines „Computer Aided Service Engineering“,
- Verknüpfung von Vorgehensmodellen und Rollenkonzepten, deren Beschreibung und Erprobung,
- Entwicklung und Erprobung neuartiger und spezifischer formaler Gestaltungskonzepte und -werkzeuge für Dienstleistungen aus Sicht von Design, Ergonomie und Kundenerwartung,
- Integration des Service Engineering und Service Design in komplexe Innovationsprozesse,
- Erarbeitung notwendiger Qualifikations- und Qualifizierungskonzepte im Rahmen des Einsatzes von Service Engineering und Service Design und
- Erarbeitung von neuen Ansätzen für Normierung und Standardisierung, Handlungsempfehlungen für nationale und internationale Normierungs- und Standardisierungsorganisationen.

Unternehmen und wissenschaftliche Einrichtungen haben Projektskizzen zur Begutachtung eingereicht. Die als förderungswürdig anerkannten Vorhaben starteten im Jahr 1999. Seit dieser Zeit existiert eine vielseitige Projektlandschaft zum Thema „Service Engineering“. Überdies behandeln auch Projekte, die aus weiteren Bekanntmachungen gründen, Fragestellungen der Dienstleistungsentwicklung. Alle Vorhaben in ein Ordnungsraster zu bringen, ist auf Grund der Heterogenität kaum möglich. Bei einer Betrachtung nach Branchen lassen sich bspw. Finanzwirtschaft, Mediendienste, Landmaschinen, Elektrohandwerk, Wohnungswirtschaft, Wasserwirtschaft oder Gesundheitswesen anführen. Als Adressaten der Projektergebnisse sind sowohl Existenzgründer [15] als auch etablierte Unternehmen, sowohl Firmen der „New Economy“ als auch der „Old Economy“ angesprochen. Eine ressourcenbezogene Betrachtung offenbart ein Spektrum von Informations- und Kommunikationstechnologie bis zu Personal. Service Engineering erfolgt bei Einzelunternehmen und in Unternehmensnetzwerken, für „reine“ Dienstleistungen ebenso wie für Produkt-Service-Einheiten, aus kompetenzorientierter und aus kundenorientierter Sicht. Die Liste ließe sich beliebig fortsetzen. Jedes dieser Forschungsprojekte leistet einen Beitrag zur Festigung und inhaltlichen Ausgestaltung der Disziplin Service Engineering. Die Beschreibungen der geförderten Projekte können auf der Internetseite der DL2100-Community [11] nachgelesen werden.

Dass Service Engineering und insbesondere die frühen Phasen dieser Disziplin so eng an Forschungsprojekte geknüpft ist, hat seine Gründe. Das Engineering von

Dienstleistungen wurde in Wissenschaft und Praxis weitestgehend vernachlässigt. Die Dienstleistungsentwicklung wurde eher beiläufig durchgeführt, ohne systematisches und methodengestütztes Vorgehen. Prüfstein für das Service Engineering wird es sein, dass Vorteile wie gesteigerte Dienstleistungsqualität, Kundenorientierung, Effizienz bzw. verkürzte Time-to-market realisiert werden können, indem dienstleistende Organisationen Service Engineering-Konzepte erstellen und einsetzen. Schon heute öffnen sich Unternehmen der Thematik: sie implementieren eine Organisationseinheit für die Dienstleistungsentwicklung, definieren Vorgehensmodelle oder wählen geeignete Methoden und Werkzeuge aus. In der nahen Zukunft wird sich zeigen, ob sich Service Engineering von den zahlreichen Forschungsprojekten lösen und einen festen Platz in Unternehmenspraxis und Wissenschaft einnehmen wird.

3.2 Entwicklungsobjekt Dienstleistung

Im Mittelpunkt der Betrachtung steht beim Service Engineering die zu entwickelnde Dienstleistung.[4] Dienstleistungen sind jedoch ein äußerst heterogenes Forschungsfeld. Für die Wissenschaft ergibt sich daher die Schwierigkeit, diesen Begriff definitorisch zu erfassen.[5] Die Klärung dessen, was Dienstleistungen sind, hat Einfluss auf das Management, Marketing und Engineering von Dienstleistungen.

Aus volkswirtschaftlicher Betrachtungsweise wird der tertiäre Sektor häufig gleichgesetzt mit einem Dienstleistungssektor. Demnach sind Dienstleistungsunternehmen jene, die nicht zur Urproduktion bzw. zum verarbeitenden Gewerbe zählen. Der Hauptanteil der Wertschöpfung entfällt bei diesen Unternehmen nicht auf die Produktion von Sachgütern. Aus dieser Perspektive heraus werden Dienstleistungen negativ definiert: sie sind alles das, was weder fest noch flüssig ist.[6]

Neben einer Negativdefinition finden sich in der Literatur auch enumerative Definitionen. Hierbei wird versucht, durch Aufzählung von Beispielen den Dienstleistungsbegriff zu klären. Sowohl die Negativdefinition als auch enumerative Definitionen stiften nur einen geringen Beitrag, wenn das Spezifische von Dienstleistungen für Marketing und Engineering genutzt werden soll. Aus diesem Grund werden häufig für Dienstleistungen typische, so genannte konstitutive Merkmale angeführt [16].

---

[4] An dieser Stelle sei angemerkt, dass die Autoren Dienstleistungen synonym zu Services verwenden; Dienstleistungsentwicklung und Service Engineering sind sich begrifflich nur gleich, wenn unter Entwicklung ein systematisches, konstruktives Vorgehen gemeint wird. Eine eher sporadische, mehr durch Zufall als durch Methodik gelenkte Entwicklung wird dabei ausgeklammert.

[5] Zur Definition des Begriffs „Dienstleistung" [19][20][41].

[6] „… all that is neither solid nor liquid" [42].

Ein erstes konstitutives Element von Dienstleistungen ist die Immaterialität. MALERI nennt die Unstofflichkeit als das „prägnanteste Kriterium des Dienstleistungsbereichs“ [17]. Immaterialität von Dienstleistungen bedeutet für ein Unternehmen, dass es nicht „auf Lager“ produzieren kann – Schwankungen im Absatz können somit nicht durch Lagerung ausgeglichen werden. Auch wenn Dienstleistungen immateriell sind, so bedarf es jedoch immer materieller Trägermedien [17].

Ein weiteres konstitutives Merkmal von Dienstleistungen ist die Integration eines externen Faktors in den Produktionsprozess. In Anlehnung an die Theorie der Produktionsfaktoren tritt neben den Einsatz von internen Faktoren der externe Faktor hinzu. Dies können, je nach Dienstleistung, Personen, aber auch deren Verfügungsobjekte sein. Durch den Einbezug des externen Faktors in die Dienstleistungsproduktion „ist somit die zeitliche Differenz zwischen [Produktion,] Marktentnahme und Konsum gleich Null“ [18]. Es ist auch nicht möglich, dass, wie bei einem Sachgut oder bei Software, das Ergebnis der Produktion durch Eigentumsübertragung abgesetzt wird. Dienstleistungen können nur erfahren werden.[7] Ein weiteres konstitutives Element von Dienstleistungen ist die Leistungsfähigkeit bzw. Bereitschaft des Anbieters. Unternehmen müssen auf die Erbringung von Dienstleistungen vorbereitet sein.

Dienstleistungen sind von Natur aus weniger als Sache zu sehen denn als Prozess. Gerade der Interaktionsprozess zwischen Unternehmen und Kunden muss in der Entwicklung geplant werden. Dass bei Dienstleistungen häufig von Produkten oder Entwicklungsobjekten gesprochen wird, lässt sich u. a. auf den Gutscharakter zurückführen. Wie auch andere Wirtschaftsgüter zeichnen sich Dienstleistungen durch ihre Knappheit bzw. durch die Fähigkeit, Nutzen zu stiften, aus [17]. Dienstleistungen als Produkte zu sehen, hat auch den Vorteil, dass man die Möglichkeit der Entwicklung und Gestaltung anerkennt.

In der folgenden Definition von MEYER [19] sind die wesentlichen Merkmale von Dienstleistungen enthalten:

„Dienstleistungen sind angebotene Leistungsfähigkeiten, die direkt an externen Faktoren (Menschen oder deren Objekte) mit dem Ziel erbracht werden, an ihnen gewollte Wirkungen (Veränderung oder Erhaltung bestehender Zustände) zu erreichen.“

Diese Definition kombiniert die Dimensionen Potenzial, Prozess und Ergebnis [20]. Für das Service Engineering leiten sich hieraus methodische Ansätze ab. Die Potenzial-Dimension betrachtet die Leistungsfähigkeit und Leistungsbereitschaft des Anbieters. Die internen Ressourcen sind für die Dienstleistungserbringung vorzubereiten: die Mitarbeiter müssen qualifiziert, die räumliche Umgebung

---

[7] „Services are rendered; products are possessed. Services cannot be possessed; they can only be experienced, created or participated in” [24].

gestaltet und die Informations- und Kommunikationssysteme eingerichtet werden. Die Potenzial-Ebene erfordert das Erstellen von Ressourcenkonzepten. Auf der Prozess-Ebene werden die Dienstleistungsprozesse geplant. Alle relevanten Interaktionen zwischen Anbieter und Kunde sowie Abläufe im Back Office müssen durchgängig gestaltet werden. Auf dieser Betrachtungsebene ist es die Aufgabe des Dienstleistungsentwicklers, Prozessmodelle anzufertigen. Die Ergebnis-Dimension zielt auf die Festlegung konkreter Wirkungen beim Kunden ab. Ähnlich wie bei Sachgütern können für Dienstleistungen Produktmodelle aufgestellt werden. Sie sind sowohl für die Entwicklung von Dienstleistungen als auch für ihre wirksame Kommunikation hilfreich. Abbildung 2 gibt einen Überblick über die drei Dimensionen und die methodischen Ansatzpunkte für ein Service Engineering [16]. In einer empirischen Studie aus dem Jahr 1999 zeigte sich, dass 74 Prozent der befragten Unternehmen Produktmodelle erstellt haben, 72 Prozent Prozessmodelle und 54 Prozent Ressourcenkonzepte [14].

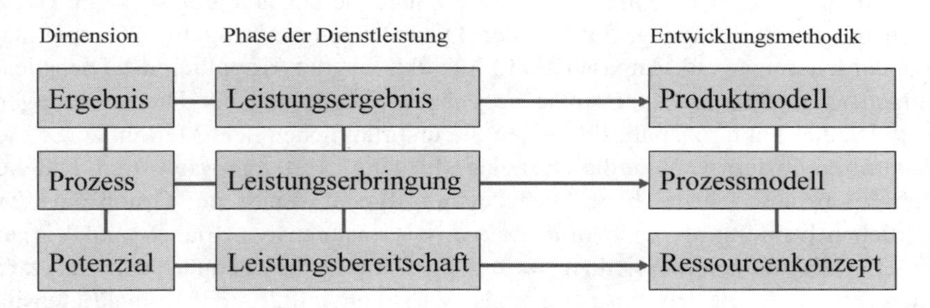

Abbildung 2: Der Zusammenhang zwischen den Phasen der Dienstleistung und einer Entwicklungsmethodik [16]

Ein sequenzielles Vorgehen von der Definition der Dienstleistung bzw. von Leistungsbündeln (Produktmodell) über die Gestaltung der Prozesse (Prozessmodell) bis zur Entwicklung und Vorbereitung der internen Ressourcen (Ressourcenkonzept) gibt eine sinnvolle Richtung für den Engineering-Prozess vor. Eine zusätzliche, frühzeitige integrierte Betrachtung der drei Dimensionen ist hilfreich, insbesondere, um die Marktanforderungen, die sich im Produktmodell ausdrücken, mit den Kompetenzen des Unternehmens (Ressourcen) abzugleichen.

Das Finden einer allgemein akzeptierten Definition für die durch Heterogenität gekennzeichneten Dienstleistungen ist vorwiegend aus wissenschaftlicher Sicht von Interesse. In der Praxis stellt sich die Frage nach einer Definition kaum, da ein intuitives Verständnis von Dienstleistungen vorzufinden ist. Wichtiger als die Diskussion von Begrifflichkeiten ist für Unternehmen neben der Vermarktung von Services die Gestaltung von konkreten Dienstleistungsentwicklungsprozessen. Für diese konstruktivistische Herangehensweise des Service Engineering eignet sich die Betrachtung von Dienstleistungen anhand der drei oben angeführten Dimensionen.

3.3 Dienstleistungstypologien als Ausgangspunkt von Entwicklungsstrategien

Die Entwicklung von Produkt- und Prozessmodellen sowie von Ressourcenkonzepten ist beim Service Engineering grundlegend. Es stellt sich jedoch die Frage, welche Aspekte fokussiert berücksichtigt werden müssen, um die Dienstleistungsentwicklung sowie das Marketing wirksam zu unterstützen. Dienstleistungstypologien geben hier Orientierung.

Eine Typologisierung hat das Ziel, Leistungstypen zu identifizieren, die „typenübergreifend differenzierte, innerhalb eines Typs aber einheitliche Implikationen für das Marketing [und die Entwicklung von Dienstleistungen] besitzen“ [21]. Anstelle einer Differenzierung nach Branchen erweist sich jedoch eine merkmalsorientierte Unterscheidung, die sich an wesentlichen Dienstleistungscharakteristika orientiert, als Erfolg versprechender [22]. Bei der empirischen Studie „Service Engineering“ wurden acht Charaktermerkmale berücksichtigt [14]: Objekt der Dienstleistungserbringung, Faktor der Dienstleistungserbringung, Komplexität, Standardisierungsgrad, Anpassbarkeit, Interaktionsgrad, Kopplung der Dienstleistungen an materielle Güter sowie gegenseitige Kopplung der Dienstleistungen. Mittels einer Faktorenanalyse konnten die ursprünglichen acht Merkmale auf vier Faktoren reduziert werden, die Grundlage für eine Clusteranalyse waren. Die vier sich ergebenden Cluster bzw. Dienstleistungstypen können auf Grund einer inhaltlichen Deutung als kundenintegrative, wissensintensive, Einzel- und Varianten-Dienstleistungen bezeichnet werden [22]. Eine Verwendung von nur zwei Faktoren – am Besten bezeichnet als Variantenvielfalt und Kontaktintensität (Abbildung 3) – erzeugt ähnliche Cluster [14]. Auf Grund der Eignung für eine Portfolio-Analyse sind zwei Faktoren bzw. Dimensionen zu bevorzugen.

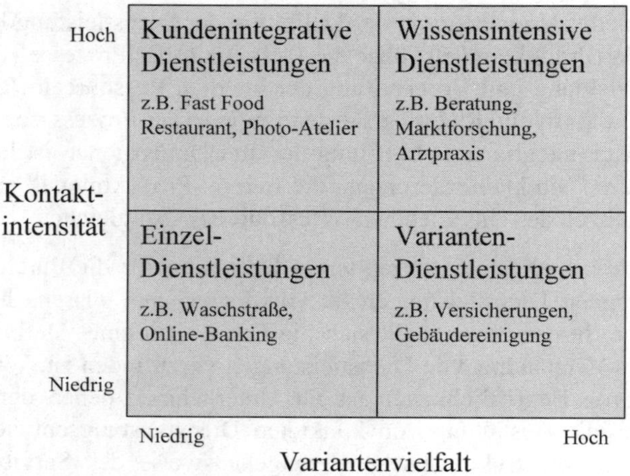

Kontaktintensität	Variantenvielfalt: Niedrig	Variantenvielfalt: Hoch
Hoch	Kundenintegrative Dienstleistungen z.B. Fast Food Restaurant, Photo-Atelier	Wissensintensive Dienstleistungen z.B. Beratung, Marktforschung, Arztpraxis
Niedrig	Einzel-Dienstleistungen z.B. Waschstraße, Online-Banking	Varianten-Dienstleistungen z.B. Versicherungen, Gebäudereinigung

Abbildung 3: Vier Dienstleistungstypen [14]

Auf Basis der vier Dienstleistungstypen können differenzierte Strategien für Service Engineering und Marketing abgeleitet werden. Wissensintensive Dienstleistungen zeichnen sich sowohl durch eine große Variantenvielfalt als auch durch eine hohe Kontaktintensität aus. Hier steht die Flexibilität bei der Dienstleistungserbringung im Vordergrund. Wissensmanagement und Kundenintegration sind wichtige Erfolgsfaktoren. Bei kundenintegrativen Dienstleistungen, die durch hohe Kontaktintensität aber nur geringe Variantenvielfalt charakterisiert sind, steht die Interaktion mit dem Kunden im Mittelpunkt. Die Schnittstelle zum Kunden ist ein bedeutendes Kriterium und muss bei der Dienstleistungsentwicklung ausreichend berücksichtigt werden. Einzel-Dienstleistungen sind durch eine kleine Variantenvielfalt sowie eine geringe Kontaktintensität gekennzeichnet. Bei diesem Dienstleistungstyp, auch treffend als Service Factory bezeichnet, steht die Optimierung des Dienstleistungsprozesses im Zentrum. Der vierte Dienstleistungstyp, die Varianten-Dienstleistungen, hat eine große Variantenvielfalt bei nur geringer Kontaktintensität. Die Beherrschung der Produktkomplexität, z. B. über ausgereifte Produktmodelle, steht im Vordergrund.

3.4 Inhaltliche Ausgestaltung der Disziplin Service Engineering

Mit der Charakterisierung der zu betrachtenden Dienstleistung, d. h. mit der Bestimmung des Dienstleistungstyps, stellt sich die Frage, wie sie professionell entwickelt werden kann. Die Definition von Service Engineering, wie sie in diesem Beitrag vertreten wird,[8] gibt dazu eine erste Orientierung:

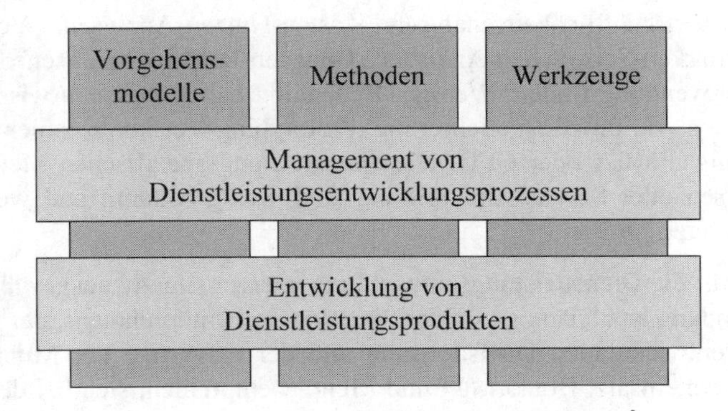

Abbildung 4: Strukturierung des Arbeitsgebiets [14]

Service Engineering beschäftigt sich mit der systematischen Entwicklung von Dienstleistungen unter Verwendung geeigneter Vorgehensmodelle, Methoden und

---

[8] In Anlehnung an [12].

Werkzeuge sowie mit dem Management von Dienstleistungsentwicklungsprozessen.

Bei dieser Definition lassen sich zwei sich überlagernde Dimensionen unterscheiden (Abbildung 4). Die inhaltliche Dimension bezieht sich auf die Entwicklung und den Einsatz von Vorgehensmodellen, Methoden und Werkzeugen. Unter Vorgehensmodellen sind definierte Abläufe zu verstehen, die bei Dienstleistungsentwicklungsprozessen durchschritten werden. „Vorgehensmodelle enthalten eine ausführliche Dokumentation von Projektabläufen, Projektstrukturen und Projektverantwortlichkeiten und unterstützen somit die Planung, Steuerung und Überwachung von Projekten" [16]. Das Ziel bei der Verwendung von Vorgehensmodellen ist „die Strukturierung des Entwicklungsprozesses und die Komplexitätsreduktion in Projekten durch eine idealtypische Gliederung in Phasen" [23]. Je nach Vorgehensmodell können die einzelnen Prozessschritte sequenziell, parallel oder in Zyklen erfolgen.

Unter einer Methode versteht man allgemein eine „detaillierte und systematische Handlungsvorschrift, wie nach bestimmten Prinzipien ein vorgegebenes Ziel erreicht werden kann" [23]. Für das Service Engineering existiert eine Vielzahl von Methoden, die bevorzugt der Betriebswirtschaftslehre und den Ingenieurwissenschaften entlehnt sind.[9] Überwiegend wurden bestehende Methoden an die Anforderungen der Dienstleistungsentwicklung angepasst, bspw. Service-FMEA (Fehlermöglichkeits- und Einflussanalyse), Service-QFD (Quality Function Deployment) oder Target Costing; zu den dienstleistungsspezifischen Methoden werden Service Blueprinting [24] und ServQual [25] gezählt. Einen Überblick über die in der Praxis eingesetzten Methoden gibt Abbildung 5 wider. Es zeigt sich, dass bei der Dienstleistungsentwicklung bevorzugt Methoden aus der Betriebswirtschaftslehre wie Wirtschaftlichkeitsanalysen, Kosten-Nutzen-Analysen, Wettbewerbsanalysen, Stärken-Schwächen-Analysen, Chancen-Risiken-Analysen oder Target Costing Verwendung finden. Weniger Bedeutung haben ingenieurwissenschaftliche Methoden wie Prozessmodellierung, Prototyping-Verfahren, objektorientierte Modellierung, FMEA oder QFD. Die dienstleistungsspezifischen Methoden wie Gap-Analysen oder Service Blueprinting sind wenig bekannt und werden noch kaum eingesetzt.

Methoden für die Dienstleistungsentwicklung müssen situativ ausgewählt werden. Ihre Anwendung ist abhängig von der Situation des Unternehmens, der Komplexität der zu entwickelnden Dienstleistung und der Erfahrung der Mitarbeiter mit dem Methodeneinsatz. Bullinger und Meiren empfehlen, sich bei der Auswahl der Methoden an Dienstleistungstypologien zu orientieren [16].[10] Zur Unterstützung des Methodeneinsatzes und allgemein bei Entwicklungsprozessen kann Software eingesetzt werden. In der Praxis finden vor allem folgende Werkzeuge

---

[9] Zu Methoden im Service Engineering siehe u. a. [14][43][44].

[10] Zu Typologisierungen von Dienstleistungen siehe auch [45].

Verwendung: Groupware-Systeme, Projektmanagement-Software, Office-Tools, Software zur Prozessmodellierung[11] und zur Unterstützung einzelner Methoden. Ein Prototyp eines übergreifenden Tools zur Unterstützung des gesamten Dienstleistungsentwicklungsprozesses wurde in dem Forschungsprojekt Computer Aided Service Engineering Tool (CASET) entwickelt [26]. Das Projekt „ServCASE: Computer Aided Engineering für IT-basierte Dienstleistungen" befasst sich – wenn auch mit einem anderen Fokus – ebenfalls mit einem durchgängigen Werkzeug für die Dienstleistungsentwicklung [27].

Abbildung 5: Methodeneinsatz bei der Entwicklung von Dienstleistungen [14]

Während die inhaltliche Dimension zwischen Vorgehensmodellen, Methoden und Werkzeugen unterscheidet, bezieht sich die Betrachtungsdimension entweder auf die Entwicklung einer singulären Dienstleistung oder auf das Management von Entwicklungsprozessen. Die Entwicklung von Dienstleistungsprodukten kann

[11] Zum Einsatz von Werkzeugen für das Business Process Management siehe [46].

bedeuten, dass Dienstleistungen originär neu implementiert (innovative Dienstleistungen) oder dass bestehende Services verbessert werden. Die Entwicklung beinhaltet auch das Design [28], also die Gestaltung von materiellen Dienstleistungselementen. Weiterhin sollte schon in frühen Phasen des Service Engineering an eine parallele Planung des Marketing-Konzepts gedacht werden. Hierzu zählen die Entwicklung einer Marketing-Strategie und die Bestimmung von Marketing-Instrumenten. Das Management von Dienstleistungsentwicklungsprojekten beinhaltet die Lenkung der Projekte, die Gestaltung von förderlichen Rahmenbedingungen und die Entwicklung des Service Engineering-Systems.[12]

4 Service Engineering als Disziplin

4.1 Über die Disziplin Service Engineering

Die erste Verwendung des Begriffs „Service Engineering" geht bis in die Anfänge der 80er Jahre zurück. In der angloamerikanischen Literatur wird „Service Engineering" und „Service Engineer" z. B. bereits bei SHOSTACK verwendet [24]. Die Betrachtung der Autorin ist jedoch noch vorwiegend auf das Marketing von Dienstleistungen bezogen. ALBRECHT und ZEMKE sprechen ebenfalls von „Service Engineering", womit sie die systematische Serviceplanung verbinden [29]. Service Engineering sei eine „aufkommende Kunst/Wissenschaft der Dienstleistungsentwicklung", die so neu ist, dass „man sich noch nicht einmal auf einen Namen geeinigt, geschweige denn einen Komplex von Gründsätzen und Verfahren festgelegt hat" [29]. Andere Autoren wie RAMASWAMY benutzen nicht explizit den Ausdruck „Service Engineering", verfolgen aber einen vergleichbaren methodischen Ansatz [30]. Die erste, in regelmäßiger Konsequenz erfolgte Verwendung des Begriffs „Service Engineering" ist seit Mitte der 90er Jahre in Deutschland zu beobachten. Im Rahmen der Initiative „Dienstleistungen für das 21. Jahrhundert" benutzten Forschungseinrichtungen den Ausdruck „Service Engineering" und leisteten grundlegende Forschungsarbeiten zu dem Thema.

Wenn man betrachtet, wie sich Unternehmen, wissenschaftliche Einrichtungen oder andere, an der Dienstleistungsthematik interessierte Organisationen dem Feld nähern, so lassen sich drei Sichtweisen bzw. Stile unterscheiden: bewertend, konstruktivistisch und theoriebildend (Abbildung 6). Der bewertende Stil untersucht die Dienstleistungsthematik mit empirischen Mitteln. Die Beobachtung und Beschreibung von dienstleistungsbezogenen Sachverhalten ist Voraussetzung für die anschließende Evaluierung. Diese Herangehensweise nutzt Methoden wie empiri-

[12] Zu den Funktionen von Management – das Lenken, Gestalten und Entwickeln von Systemen – siehe [47].

sche Untersuchungen, Benchmarking, Kundenzufriedenheitsanalysen oder Assessments. Die Dienstleistungsforschung, insbesondere im angloamerikanischen Raum, ist dominiert durch den beschreibend-bewertenden Stil. Der zweite Stil, die konstruktivistische Herangehensweise, geht von der prinzipiellen Gestaltbarkeit von Dienstleistungen aus. Nicht die zufallsgesteuerte Entwicklung, sondern ein systematisches, methodisches Vorgehen zur Erreichung bestimmter Ziele ist das Paradigma. Service Engineering lässt sich hier einordnen. Die dritte Herangehensweise bewegt sich auf einem abstrakteren Niveau als der bewertende und konstruktivistische Stil. Hier werden wissenschaftlich fundierte Modelle allgemeinen Charakters gebildet. Die wichtigsten Instrumente der theoriebildenden Herangehensweise stammen aus formalen Wissenschaften wie Mathematik, Informatik oder Operations Research. Es sind logisch-mathematische oder systemtheoretisch-kybernetische Modelle, Algorithmen sowie Simulationsprogramme. Fundierte Modelle sind für das Management bedeutend, da ein Unternehmen nicht besser gelenkt werden kann, als mit den eingesetzten Modellen – außer durch Zufall.[13]

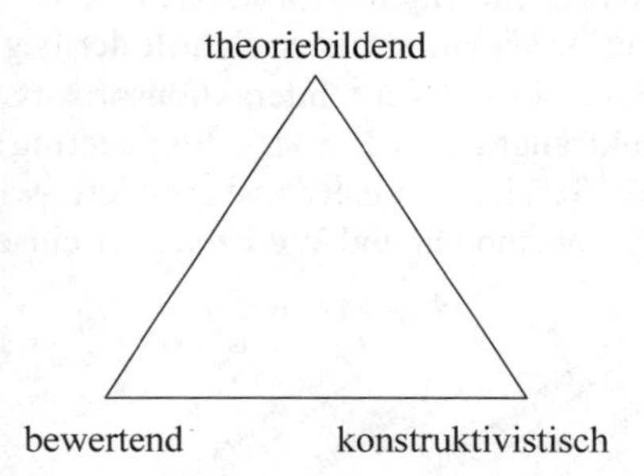

Abbildung 6: Drei sich ergänzende Herangehensweisen an die Dienstleistungsthematik

Die drei Sichten schließen sich nicht aus, sondern können sich gegenseitig befruchten. Auf Unternehmensebene ist es sogar wichtig, dass alle drei Komponenten verknüpft werden. Im deskriptiv-bewertenden Teil wird der Ist-Zustand festgestellt. Durch Theoriebildung und die Verbindung zum Zielsystem eines Unternehmens können dann Entscheide für konstruktivistische Umsetzungsmaßnahmen bestimmt werden. Bisher wurde der bewertende Stil in der Dienstleistungsforschung sehr betont. Die Autoren sind der Meinung, dass im theoriebildenden und insbesondere im konstruktivistischen Ansatz, z. B. durch Service Engineering, noch ein erhebliches Potenzial für die Zukunft liegt.

---

[13] Diese Aussage basiert auf dem Conant-Ashby-Theorem „Every good regulator of a system must be a model of that system" [48].

Wenn hier gesagt wird, dass sich Service Engineering durch eine konstruktive Herangehensweise auszeichnet, so stellt sich die Frage, von welchen anderen Fächern diese noch junge Disziplin abschauen kann. Es zeigt sich, dass zwei bedeutende wissenschaftliche Äste fruchtbaren Boden für das Service Engineering darstellen: die Betriebswirtschaftslehre mit Fokus auf Dienstleistungsmanagement sowie die Ingenieurwissenschaften (Abbildung 7).

Die Ingenieurwissenschaften leisten einen großen Beitrag zur Bestimmung einer Methodik für das Service Engineering. Ingenieure haben allgemein die Aufgabe, auf Grundlage natur- und technikwissenschaftlicher Erkenntnisse „technische Werke zu planen und zu konstruieren sowie die Ausführung des Geplanten leitend anzuordnen und zu überwachen". Die Ingenieurwissenschaften umfassen die „Gesamtheit der Disziplinen, die aus der systematischen theoretischen Bearbeitung technischer Probleme entstanden" ist [31]. Der Begriff „technisches Werk" bzw. „Artefakt" wurde in den letzten Jahrzehnten erweitert. Die Erweiterung erfolgte zunächst von den materiellen Sachgütern, z. B. aus dem Bauwesen, dem Maschinenbau, der Verfahrenstechnik, der Elektrotechnik oder dem Automobilbau, zu den immateriellen Informationsprodukten, z. B. Software Engineering oder Media Engineering. In einem nächsten Schritt der begrifflichen Erweiterung werden Dienstleistungen, die im Kern Interaktionsprozesse darstellen, als plan- und gestaltbares Produkt angesehen (Service Engineering). Von den Ingenieurwissenschaften lernt der Service Engineer insbesondere, wie er systematisch vorzugehen hat bzw. welche Methoden und Werkzeuge er einsetzen kann.

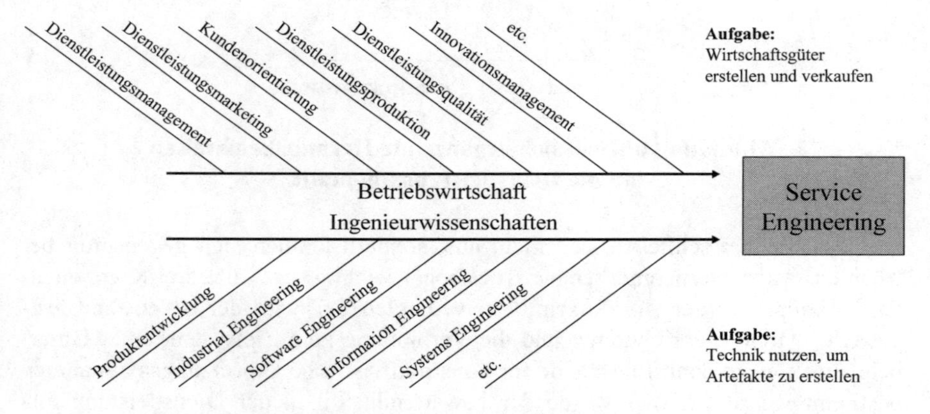

Abbildung 7: Fachliche Einflüsse auf das Service Engineering

Die Betriebswirtschaftslehre sowie die Forschung zum Management von Dienstleistungsunternehmen gibt weitere wichtige Impulse für die Fachdisziplin Service Engineering. Das Dienstleistungsmanagement wendet die Erkenntnisse aus der – meist sachgut-orientierten – Betriebswirtschaftslehre (bspw. Produktion, Marketing, Organisation, Qualitäts- und Innovationsmanagement) auf die typischen

Merkmale von Dienstleistungen an. Zunehmend rückt auch das Thema „Kundenorientierung“ in den Mittelpunkt der Betrachtung. Da sowohl die Erbringung von Dienstleistungen als auch deren Entwicklung immer unter Berücksichtigung der Kundensicht erfolgen muss, dient Kundenorientierung, verstanden als die Ausrichtung auf den Kunden, als Integrator für die unternehmensbezogenen Geschäftsprozesse.

Service Engineering als Disziplin hat verschiedene Aufgaben, die von der Betrachtungsebene abhängen. Aus praktischen Gründen lassen sich drei Ebenen bestimmen: die Wissenschaftsebene, die Unternehmensebene und die Projektebene (Abbildung 8) [32]. Auf der Wissenschaftsebene geht es um die Bereitstellung von umfassenden Konzepten für das Service Engineering. Die wissenschaftliche Forschung beschäftigt sich u. a. mit Dienstleistungstypologien, Vorgehensmodellen, Methoden, Werkzeugen, Personal-Konzepten oder organisatorischen Fragen. Auf der Unternehmensebene werden die von der Forschung bereit gestellten Konzepte weiter konkretisiert. Ein Dienstleistungsunternehmen bestimmt sein Leistungsportfolio, definiert Referenz-Vorgehensmodelle, wählt einzelne Methoden und Werkzeuge zur Dienstleistungsentwicklung aus, entscheidet über Qualifizierungsmaßnahmen der Mitarbeiter und verankert die Dienstleistungsentwicklung organisatorisch. Auf der Projektebene wird eine Kombination aus Konzepten und Maßnahmen bestimmt, die das konkrete Dienstleistungsprojekt bestmöglich unterstützen. Die zu entwickelnde Dienstleistung wird festgelegt, das Projekt in seinen einzelnen Phasen geplant, die anzuwendenden Methoden und Werkzeuge bestimmt und Regeln für die Zusammenarbeit festgelegt.

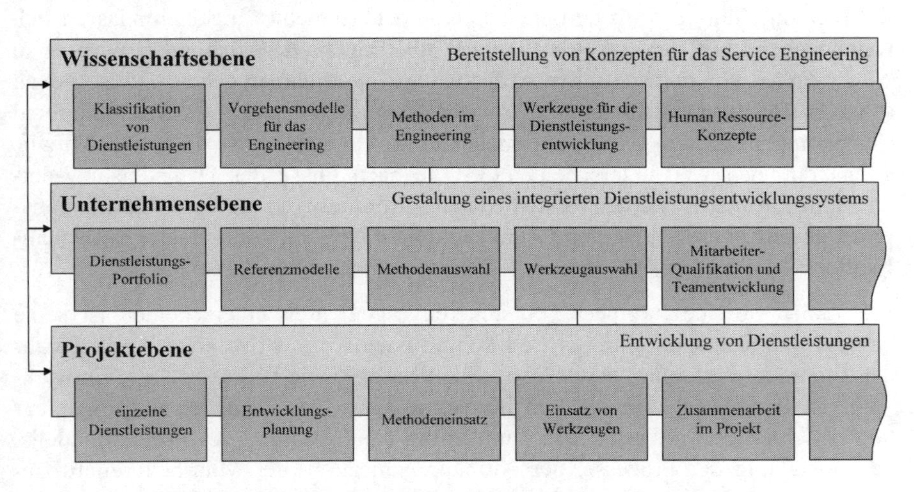

Abbildung 8: Drei Ebenen zur Betrachtung der Disziplin Service Engineering

4.2 Das Berufsbild eines Service Engineer

Ein Service Engineer ist, wie andere Ingenieure auch, ein „homo faber". Durch seine technische Begabung und seinen pragmatischen Ansatz erstellt er, ähnlich einem Handwerker oder Schmied, ein von Menschenhand geschaffenes Produkt. Im Unterschied zu einem materiellen Sachgut entwickelt der Dienstleistungsingenieur jedoch einen Interaktionsprozess zwischen dem Unternehmen und seinen Kunden bzw. dessen Verfügungsobjekten. Der Service Engineer benötigt als Ingenieur viele Fähigkeiten, die bspw. auch für Softwareentwickler oder Ingenieure des Maschinenbaus gefordert werden; darüber hinaus bedarf es besonderer Fähigkeiten, die der Disziplin Service Engineering eigen sind.

Die Kompetenzen, die ein Service Engineer für die Entwicklung eines Dienstleistungsprodukts bzw. für das Management von Dienstleistungsentwicklungsprojekten besitzen und erwerben muss, sind vielseitig. FISCHER fordert von Ingenieuren „praxisrelevantes betriebswirtschaftliches Wissen, unternehmerisches Denken und Verständnis für wirtschaftliche Zusammenhänge im Betrieb, konsequente Orientierung am Kunden und am Markt in der ganzen Prozesskette vom Marketing bis zum Service sowie ausgeprägtes Kosten-, Termin- und Qualitätsbewusstsein" [33]. In einer empirischen Studie vom Verband Deutscher Maschinen- und Anlagenbau e.V. (VDMA) aus dem Jahr 1998 ergab sich, dass Unternehmen insbesondere „betriebswirtschaftliche Grundlagenkenntnisse, gute schriftliche und mündliche Ausdrucks- und Kommunikationsfähigkeit, Teamfähigkeit, Flexibilität, [sowie] Kreativität" schätzen [34].

Die hier angeführten Anforderungen an Kompetenzen eines Ingenieurs lassen sich weitestgehend auf den Service Engineer übertragen. Abweichungen wird es in Abhängigkeit von den speziellen Aufgaben im Unternehmen geben. TIELSCH et al. schlagen für die Qualifikation im Service Engineering vor, zwischen funktional (Fachkompetenz) und extrafunktional (Lern-, Methoden-, Sozial-, und Mitwirkungskompetenz) zu unterscheiden [35]. Je nach Phase des Dienstleistungsentwicklungsprozesses werden verschiedene Anforderungen an das Qualifikationsprofil gestellt. Fundament sind Grundkenntnisse bzw. die individuelle Basisqualifikation.

Was einen Service Engineer von anderen Ingenieuren unterscheidet, ist seine ausgeprägte Kundenorientierung. Er kommt demnach auch weniger in die Gefahr der Technikorientierung, des „Happy Engineering", wie BACKHAUS die Entwicklung um der Entwicklung Willen bezeichnet [36]. Der Dienstleistungsingenieur berücksichtigt und integriert den Kunden bei der Erstellung des Produktmodells, der Gestaltung der Prozesse, der Aufbauorganisation, der Mitarbeiterqualifizierung sowie der Umsetzung des Marketing-Konzepts.

Die Ausbildung zu einem Service Engineer, wie sie für dienstleistende Unternehmen gebraucht wird, ist in Deutschland noch wenig zu finden. Die Universität Stuttgart gilt mit der Vorlesung „Service Engineering", die seit dem Wintersemester 2000/2001 stattfindet, als Vorreiter[14]. Der Bedarf wird zeigen, inwiefern in Zukunft weitere Einrichtungen ein Service Engineering-Ausbildungsprogramm anbieten bzw. bestehende Kurse im Bereich Service Engineering oder Dienstleistungsmanagement ausbauen werden. Vielleicht bewirken die Aktivitäten von Vereinen wie dem VDLI[15], der sich um die Schaffung und Etablierung eines Berufsbilds „Dienstleistungsingenieur" verdient macht, dass der Arbeitsmarkt in wenigen Jahren die ersten Studienabgänger mit einem Dipl.-Ing. für Service Engineering begrüßen kann.

5 Chronologie des Service Engineering und Zukunftsperspektiven

5.1 Meilensteine des Service Engineering

Wenn man von sporadischen Ansätzen absieht, werden Fragen des Service Engineering international erst seit etwa einem Jahrzehnt ernsthaft diskutiert. Forschungszentren zu dieser Disziplin gibt es in den USA[16], Skandinavien und Israel. Die wohl intensivste Erforschung des neuen Felds Service Engineering erfolgte seit Mitte der 90er Jahre in Deutschland. Einige Meilensteine sind in Form einer Chronologie in Tabelle 1 aufgeführt.[17]

Jahr	Ereignis	Art*
1995	1. BMBF-Tagung, „Dienstleistungen der Zukunft", 28./29. Juni 1995, Berlin: Start der Grundlagenuntersuchung „Dienstleistung 2000plus"	V
1996	2. BMBF-Tagung, „Dienstleistungen für das 21. Jahrhundert", 27./28. November 1996, Bonn: Ergebnisbericht zu „Dienstleistung 2000plus" [49]	V

[14] Seit dem Wintersemester 2001/2002 findet die Vorlesung auch an der Universität Leipzig statt.

[15] VDLI ist die Abkürzung für Verein Deutscher Dienstleistungsingenieure e. V.; Internet: http://www.vdli.de, aufgerufen am 5. April 2005.

[16] Zur Stimulierung von Forschungsarbeiten zum Engineering im Dienstleistungssektor hat die National Science Foundation (2002) ein Förderprogramm initiiert [50].

[17] Die Tabelle kann nur einen Teil aller Aktivitäten und Ereignisse wider geben. Auf Grund des Verlaufs dieses Beitrags und zu Gunsten der Übersichtlichkeit wurde auf die Darstellung weiterer Forschungsarbeiten, Veranstaltungen und Publikationen verzichtet.

1997	Herausgabe des Buchs „Dienstleistungen für das 21. Jahrhundert“ [37]	P
	Beginn der Prioritären Erstmaßnahme 7: „Marktführerschaft durch Leistungsbündelung und kundenorientiertes Service Engineering“	F
1998	Beginn des vom Land Baden-Württemberg geförderten Projekts „Service Engineering – Innovation und Wachstum durch systematische Entwicklung von Dienstleistungen“	F
	3. BMBF-Tagung, „Dienstleistungen – Innovation für Wachstum und Beschäftigung: Herausforderungen des internationalen Wettbewerbs“, 31. August/1. September 1998, Bonn: Vorstellung der Ergebnisse der Prioritären Erstmaßnahmen	V
	Herausgabe der Sonderausgabe „Service Engineering“ der Fachzeitschrift „Information Management & Consulting“ [13]	P
	Herausgabe des DIN-Fachberichts „Service Engineering“ [12]	P
	Bekanntmachung des Förderprogramms (25. September 1998) „Service Engineering und Service Design” durch das BMBF	F
1999	Beginn der geförderten Projekte zur Bekanntmachung „Service Engineering und Service Design“	F
	Durchführung und Veröffentlichung einer empirischen Studie zum Stand der Dienstleistungsentwicklung in Deutschland [14]	F/P
	Veranstaltung „Service Engineering ’99 – Entwicklung und Gestaltung innovativer Dienstleistungen“, 2./3. Dezember 1999, Stuttgart	V
2000	Veranstaltung „Service Engineering 2000 – Entwicklung und Gestaltung innovativer Dienstleistungen“, 23./24. November 2000, Karlsruhe	V
	Weltweit erste Vorlesung zu Service Engineering an einer ingenieurwissenschaftlichen Fakultät (Universität Stuttgart, Wintersemester 2000/01)	V
2001	4. BMBF-Tagung, „4. Dienstleistungstagung des BMBF – Innovationen, Forschungsergebnisse, Best Practices“, 16./17. Oktober 2001, Bonn: Darstellungen von Projektergebnissen und Zwischenergebnissen	V
	Veranstaltung „Service Engineering 2001 – Entwicklung und Gestaltung innovativer Dienstleistungen“, 28. bis 30. November 2001, Stuttgart	V
2003	Herausgabe des Standardwerks „Service Engineering: Entwicklung und Gestaltung innovativer Dienstleistungen“ in der ersten Auflage [38]	P

2003	Veranstaltung „Service Engineering 2003 – Neue Dienstleistungen erfolgreich entwickeln“, 9./10. Juli 2003, Stuttgart	V
	5. BMBF-Tagung, „Erfolg mit Dienstleistungen: Innovationen, Märkte, Kunden, Arbeit“, 10./11. Dezember 2003, Berlin: Darstellungen von Projektergebnissen	V
2004	Geförderte Projekte im Rahmen der Bekanntmachung „Service Engineering und Service Design“ laufen aus	F

* Art des Ereignisses: Forschung (F), Veranstaltung (V), Publikation (P)

Tabelle 1: Chronologie der Disziplin Service Engineering

5.2 Zukunftsperspektiven

Im Jahr 1990 nannten ZEITHAML et al. vier Herausforderungen der 90er Jahre für die Dienstleistungsqualität [25]. Die erste und, bezogen auf Service Engineering, wichtigste Herausforderung ist die Hineinentwicklung von Qualität in neue Dienstleistungen. Dieser Aufforderung hat sich die Disziplin Service Engineering, wie sie heute verstanden und praktiziert wird, angenommen. Neben dem Einfluss auf die Dienstleistungsqualität wirkt Service Engineering positiv auf die Faktoren Kundenorientierung, Innovationskraft und Kosteneffizienz.

Der Beitrag hat aufgezeigt, wie die Bedeutung des Dienstleistungssektors zugenommen hat und was die Entstehungsgründe der jungen Disziplin Service Engineering waren. Die Forschungsarbeit zu Service Engineering wurde ebenso wie die inhaltliche Ausgestaltung der Disziplin dargelegt. Es stellt sich die Frage, wie sich Service Engineering in der Zukunft ausgestalten wird. Auf Basis der bereits erfolgten Forschungsarbeiten und unter Berücksichtigung möglicher Entwicklungen im Dienstleistungsbereich lassen sich für die nähere Zukunft folgende Perspektiven ableiten:

- Service Engineering erhält eine breite theorie-gestützte Basis, die um weitere empirie-gestützte Forschungen, z. B. Best Practice-Analysen, ergänzt werden.
- Die Erforschung und Berücksichtigung von geeigneten Dienstleistungsmerkmalen, -morphologien und -typologien wird zunehmen. Der heterogene Dienstleistungssektor erhält sinnvolle Klassifikationen, so dass sich typgerechte, detaillierte Dienstleistungsstrategien und Konzepte für das Service Engineering ableiten lassen.
- Auf Grund der Wichtigkeit des Interaktionsprozesses zwischen Unternehmen und Kunden wird verstärkt die Entwicklung und Gestaltung von Dienstleistungsprozessen Bedeutung gewinnen, insbesondere unter Verwendung geeigneter Tools.

- Es erfolgt zunehmend ein Co-Engineering von Dienstleistungen, Sachgütern und Software, um ganzheitliche Leistungsangebote für die Kunden zu entwickeln.
- Methodenkompendien zu einzelnen Fragen des Service Engineering werden erstellt. Diese behandeln ausgewählte Ansätze zur Dienstleistungsentwicklung in einer integrativen Form.
- Service Engineering wird zunehmend als permanente Aufgabe von Dienstleistungsunternehmen verstanden. Dies macht es erforderlich, organisationale Strukturen für das Service Engineering – integrierte unternehmensweite Entwicklungssysteme, die Prozesse der kontinuierlichen Verbesserung und Erneuerung gewährleisten – zu implementieren.[18]
- Psychosoziale Faktoren werden für die Gesellschaft an Bedeutung zunehmen[19], so dass sich die Frage stellt, wie diese professionell bei der Dienstleistungsentwicklung berücksichtigt werden können.
- Kunden und Marktpartner werden vermehrt in die Dienstleistungsentwicklungsprozesse integriert.

Die Liste ließe sich noch um zusätzliche Aspekte erweitern. Das frühe Stadium im Lebenszyklus der Disziplin Service Engineering erfordert es, dass noch in viele Richtungen geforscht und gearbeitet werden muss. Wenn dies weiterhin unter hohem Einsatz von Praxis und Wissenschaft geschieht, können dienstleistende Unternehmen optimistisch in die Zukunft sehen; denn sie sind für die größte Herausforderung des neuen Milleniums gerüstet – wie COOPER und EDGETT es bezeichnen [39] –, für die Entwicklung neuer Dienstleistungen.

Literaturverzeichnis

[1] Fourastié, J.: Die große Hoffnung des zwanzigsten Jahrhunderts, Köln 1954.

[2] Statistisches Bundesamt.

[3] Bell, D.: Die nachindustrielle Gesellschaft, Frankfurt 1996.

[4] OECD: OECD in Figures, Statistics of the Member Countries, Paris 2003

---

[18] Einige Unternehmen befassen sich zur Zeit intensiv mit der organisatorischen Implementierung von Dienstleistungsentwicklungsprozessen. Es sind eigene Organisationseinheiten für die Entwicklung von Dienstleistungen eingerichtet sowie Entwicklungsprozesse definiert und schriftlich dokumentiert [51].

[19] [52] zur Theorie des sechsten Kondratieffs.

[5] Berger, R.: Die Dienstleistungsgesellschaft als Herausforderung und Chance, in: Beisheim, O. (Hrsg): Distribution im Aufbruch: Bestandsaufnahme und Perspektive, München 1999, S. 199-215.

[6] Heskett, J. L.: Management von Dienstleistungsunternehmen: erfolgreiche Strategien in einem Wachstumsmarkt, Wiesbaden 1988.

[7] Ernst, G.: Dienstleistungen als Leitsektor in einer zukunftsfähigen, humanen Gesellschaft, in: Information Management & Consulting, Sonderausgabe (1998)13, S. 7-10.

[8] Bullinger, H.-J.: Vorwort, in: Bullinger, H.-J. (Hrsg): Dienstleistung 2000plus, Stuttgart 1998, S. I-III.

[9] Ganz, W.; Wiedmann, G.: Einführung, in: Bullinger, H.-J. (Hrsg): Dienstleistung 2000plus, Stuttgart 1998, S. 1-6.

[10] Ganz, W.; Hermann, S.; Neuburger, M.: Handlungsempfehlungen zur Stärkung des Dienstleistungssektors, in: Bullinger, H.-J. (Hrsg): Dienstleistung 2000plus, Stuttgart 1998, S. 82-92.

[11] <URL: http://www.dl2100.de/>, online: 5. April 2005.

[12] DIN Deutsches Institut für Normung e. V. (Hrsg): Service Engineering: Entwicklungsbegleitende Normung (EBN) für Dienstleistungen, Berlin 1998.

[13] Scheer, A.-W.: Service Engineering, in: Information Management & Consulting, 13(1998) Sonderausgabe, S. 3.

[14] Fähnrich, K.-P. et al.: Service Engineering: Ergebnisse einer empirischen Studie zum Stand der Dienstleistungsentwicklung in Deutschland, Stuttgart 1999.

[15] Schreiner, P.: Klein, L.; Seemann, C.: Die Dienstleistungen im Griff – Erfolgreich gründen mit System: Service Engineering Guideline für Existenzgründer, Stuttgart 2001.

[16] Bullinger, H.-J.; Meiren, T.: Service Engineering – Entwicklung und Gestaltung von Dienstleistungen, in: Bruhn, M.; Meffert, H. (Hrsg): Handbuch Dienstleistungsmanagement. Von der strategischen Konzeption zur praktischen Umsetzung, 2. Auflage, Wiesbaden 2001, S. 149-175.

[17] Maleri, R.: Grundzüge der Dienstleistungsproduktion, Berlin 1973.

[18] Scheuch, F.; Hasenauer, R.: Leistung – Dienstleistung – Dienstleistungsbetrieb, in: Jahrbuch der Absatz- und Verbrauchsforschung, 15(1969), S. 125-134.

[19] Meyer, A.: Dienstleistungs-Marketing, in: DBW, 51(1991), S. 195-199.

[20] Kleinaltenkamp, M.: Begriffsabgrenzungen und Erscheinungsformen von Dienstleistungen, in: Bruhn, M.; Meffert, H. (Hrsg): Handbuch Dienstleistungsmanagement. Von der strategischen Konzeption zur praktischen Umsetzung, 2. Auflage, Wiesbaden 2001, S. 27-50.

[21] Meffert, H.: Marktorientierte Führung von Dienstleistungsunternehmen – neuere Entwicklungen in Theorie und Praxis, in: DBW, 54(1994), S. 519-541.

[22] Barth, T.; Hertweck, A.; Meiren, T.: Typologisierung von Dienstleistungen: Basis für wettbewerbsorientierte Strategien im Rahmen eines erfolgreichen Service Engineering, in: Barske, H. et al. (Hrsg): Das innovative Unternehmen: Produkte, Prozesse, Dienstleistungen, Wiesbaden 2000.

[23] Stickel, E.; Groffmann, H.-D.; Rau, K.-H. (Hrsg): Gabler-Wirtschaftsinformatik-Lexikon, Wiesbaden 1997.

[24] Shostack, G. L.: How to Design a Service, in: European Journal of Marketing, (1982)1, S. 49-63.

[25] Zeithaml, V. A.; Parasuraman, A.; Berry, L.: Delivering Quality Service: Balancing Customer Perceptions and Expectations, New York 1990.

[26] <URL: http://www.caset.de>, online: 5. April 2005.

[27] <URL: http://www.servcase.de>, online: 5. April 2005.

[28] Mager, B.: Service Design – Gestaltung lebender Produkte, in: Absatzwirtschaft, (1998)5, S. 32-34.

[29] Albrecht, K.; Zemke, R.: Service-Strategien, Hamburg 1987.

[30] Ramaswamy, R.: Design and Management of Service Processes: Keeping Customers for Life, Massachusetts 1996.

[31] Brockhaus: Die Enzyklopädie in vierundzwanzig Bänden, 20. Auflage, Mannheim 1997.

[32] Fähnrich, K.-P.: Service Engineering – Perspektiven einer noch jungen Fachdisziplin, in: Information Management & Consulting, 13(1998) Sonderausgabe, S. 37-39.

[33] Fischer, H. B.: Was müssen Ingenieure und Naturwissenschaftler der Zukunft können, in: Jischa, M. F. (Hrsg): Was müssen Ingenieure und Naturwissenschaftler der Zukunft können? Clausthal-Zellerfeld 1998, S. 27-38.

[34] Acker, R.; Konegen-Grenier, C.; Werner, D.; IMPULS-Stiftung; Institut der deutschen Wirtschaft (Hrsg): Der Ingenieurberuf der Zukunft: Qualifikationsanforderungen und Beschäftigungsaussichten, 1999.

[35] Tielsch, R; Heintz, M.; Saßmannshausen, A.: Qualifizierung und berufliche Kompetenzentwicklung im Service Engineering, in: Information Management & Consulting, 13(1998) Sonderausgabe, S. 52-56.

[36] Backhaus, K.: Happy Engineering, in: Manager Magazin (1999)8, S. 130-133.

[37] Bullinger, H.-J. (Hrsg): Dienstleistungen für das 21. Jahrhundert: Gestaltung des Wandels und Aufbruch in die Zukunft, Stuttgart 1997.

[38] Bullinger, H.-J.; Scheer, A.-W. (Hrsg.): Service Engineering – Entwicklung und Gestaltung innovativer Dienstleistungen, Berlin 2003.

[39] Cooper, R. G.; Edgett, S. J.: Product Development for the Service Sector: Lessons from Market Leaders, New York 1999.

[40] Bullinger, H.-J. (Hrsg): Dienstleistungen – Innovation für Wachstum und Beschäftigung: Herausforderungen des internationalen Wettbewerbs, Wiesbaden 1999.

[41] Corsten, H.: Zum Problem der Mehrstufigkeit in der Dienstleistungsproduktion, in: Jahrbuch der Absatz- und Verbrauchsforschung 30(1984), S. 253-272.

[42] Judd, R. C.: The Case for Redefining Services, in: Journal of Marketing, 28(1964), S. 58-59.

[43] <URL: http://www.uni-karlsruhe.de/~map/>, online: 5. April 2005.

[44] Hoeth, U.; Schwarz, W.: Qualitätstechniken für die Dienstleistung, München 1997.

[45] Jaschinski, C.; Roy, K.-P.: Typologie Dienstleistungen: Entwicklung von Grundlagen der Qualitätssicherung im Dienstleistungsbereich, Projektbericht, Aachen 1993.

[46] Bullinger, H.-J.; Schreiner, P.: Business Process Management Tools: Eine evaluierende Marktstudie über aktuelle Werkzeuge, Stuttgart 2001.

[47] Bleicher, K.: Das Konzept Integriertes Management, Frankfurt 1991.

[48] Conant, R. C.; Ashby, W. R.: Every good regulator of a system must be a model of that system, in: International Journal of System Science, 1(1970)2, S. 89-97.

[49] Bullinger, H.-J. (Hrsg): Dienstleistung 2000plus – Zukunftsreport Dienstleistungen in Deutschland, Stuttgart 1998.

[50] National Science Foundation: Exploratory Research on Engineering the Service Sector (ESS): Program Announcement NSF 02-029, Arlington 2002.

[51] Meiren, T.: Organisation der Dienstleistungsentwicklung, in: Meiren, T.; Liestmann, V. (Hrsg): Service Engineering in der Praxis: Kurzstudie zu Dienstleistungsentwicklung in deutschen Unternehmen, Stuttgart 2002, S. 21-27.

[52] Nefiodow, L. A: Der 6. Kondradieff, in: Absatzwirtschaft, (1999)4, S. 32-37.

Vorgehensmodelle und Standards zur systematischen Entwicklung von Dienstleistungen

Kristof Schneider
Christine Daun
Institut für Wirtschaftsinformatik (IWi) im Deutschen Forschungszentrum für Künstliche Intelligenz (DFKI), Saarbrücken
Hermann Behrens
DIN, Deutsches Institut für Normung e. V., Berlin
Daniel Wagner
Ministerium für Wirtschaft und Arbeit des Saarlandes, Saarbrücken

Inhalt

1 Vorgehensmodelle – Grundgerüst für ein strukturiertes Vorgehen

Die Entwicklung neuer Dienstleistungen in einem Unternehmen basierte bislang zumeist auf ad hoc Entscheidungen und ließ vornehmlich kein strukturiertes Vorgehen erkennen. Diese situativ entstandenen Dienstleistungen entsprachen nur selten den tatsächlichen Anforderungen ihrer Zielgruppen und mussten demzufolge häufig als Fehlinvestitionen angesehen werden.

Im Hinblick auf die zunehmende Bedeutung des tertiären Sektors an der wirtschaftlichen Gesamtentwicklung in Deutschland wird immer häufiger proklamiert, dass die Qualität einer erbrachten Dienstleistung für ein Unternehmen von besonderer Bedeutung ist [1][2]. Durch die zunehmende Konkurrenzsituation birgt eine konsequente Qualitätsausrichtung für ein Unternehmen ein sehr großes Positionierungspotenzial mit der Folge, dass die feste Verankerung der Qualitätsorientierung in der Unternehmensstrategie für das erfolgreiche Bestehen am Markt unerlässlich geworden ist [3].

Das DIN (Deutsches Institut für Normung) definiert Qualität als die Beschaffenheit einer Einheit bezüglich ihrer Eignung, festgelegte oder vorausgesetzte Erfordernisse zu erfüllen [4]. Aufbauend auf dieser Qualitätsdefinition formuliert GARVIN vier unterschiedliche Qualitätsansätze [5]:

- **Produktorientierter Ansatz**, wonach sich die Qualität einer Leistung aus dem Vorhandensein einer bestimmten Eigenschaft oder eines bestimmten Attributs definiert,
- **Kundenorientierter Ansatz**, der Qualität umschreibt als die subjektiv wahrgenommene Fähigkeit einer Leistung, die Bedürfnisse eines Kunden zu befriedigen,
- **Herstellerorientierter Ansatz**, der sich an bestimmten Vorgaben (Eigenschaften) anlehnt, die durch den Hersteller festgelegt werden und die durch die erbrachte Leistung erfüllt sein müssen sowie
- **Wertorientierter Ansatz,** wobei sich die Qualität aus dem Preis-Leistungs-Verhältnis bestimmt, nach dem beurteilt wird, ob die Leistung ihren Preis „wert" ist.

Für die Bestimmung der Dienstleistungsqualität ist nach BRUHN neben dem produktorientierten Ansatz im Besonderen der kundenorientierte Ansatz zu verfolgen [1]. Demnach muss es die oberste Prämisse eines Unternehmens sein, den Ansprüchen seiner Kunden gerecht zu werden.

Die Realität hat jedoch gezeigt, dass die Ergebnisse dieser Bestrebungen selten den Anforderungen genügen. Ein Forschungsansatz, der dieses Problem aufgreift, ist das GAP-Modell der Dienstleistungsqualität [6].

Mit Hilfe dieses Modells ist es möglich, die Ursache mangelhafter Qualität einer Dienstleistung anhand fünf so genannter „Gaps" (Diskrepanzen, Unstimmigkeiten) zu bestimmen (Abbildung 1):

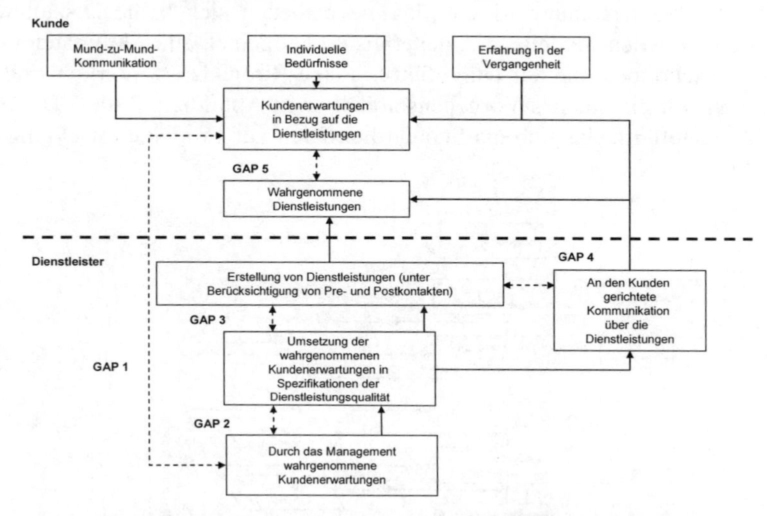

Abbildung 1: GAP-Modell der Dienstleistungsqualität [6]

- **GAP 1** berücksichtigt die Unstimmigkeit zwischen den Erwartungen des Kunden und der Wahrnehmung dieser Erwartungen durch das Unternehmensmanagement,
- **GAP 2** betrachtet die Abweichung zwischen der Wahrnehmung der Erwartungen des Kunden durch das Unternehmensmanagement und der Realisierung dieser in der Dienstleistungsqualität,
- **GAP 3** bewertet die Diskrepanz zwischen der erdachten und der realisierten Dienstleistungsqualität,
- **GAP 4** besteht in der Abweichung zwischen der erbrachten Dienstleistung und der kundengerichteten Kommunikation und
- **GAP 5** dokumentiert die Differenz zwischen der erwarteten und der tatsächlich wahrgenommenen Dienstleistungsqualität durch den Kunden.

In der klassischen Produktentwicklung hat man frühzeitig erkannt, dass der Erfolg eines Produkts eng mit der Befriedigung der Kundenbedürfnisse verbunden ist. Die erfolgreiche Produktgestaltung gründet dabei auf der Idee, dass ein in sich stimmiger Entstehungsprozess zu einem erfolgreichen Produkt führt oder anders formuliert, dass die Prozessqualität die Produktqualität bestimmt [7].

Der Prozess der Produktentwicklung gliedert sich dabei in die vier sequentiell ablaufenden Phasen der Produktidee, der Konstruktion, der Produktionsvorbereitung sowie der Kalkulation [7][8]. In Analogie zur Produktentwicklung wird auch in der Softwareentwicklung ein ganzheitlicher Entwicklungsansatz, von der Produktidee (Softwareidee) hin zum endgültigen Produkt (Software), verfolgt [9][10]. Zur Sicherstellung dieser Maxime bedienen sich beide Disziplinen so genannter Vorgehensmodelle, die, generalisiert betrachtet, alle Aktivitäten in ihrer Abfolge beschreiben, die zur Durchführung eines Projekts erforderlich sind [11]. Beispielhaft für ein solches Vorgehensmodell ist in Abbildung 2 die VDI Richtlinie 2221 angeführt, die sich als Standardleitfaden zur Produktentwicklung etabliert hat [12].

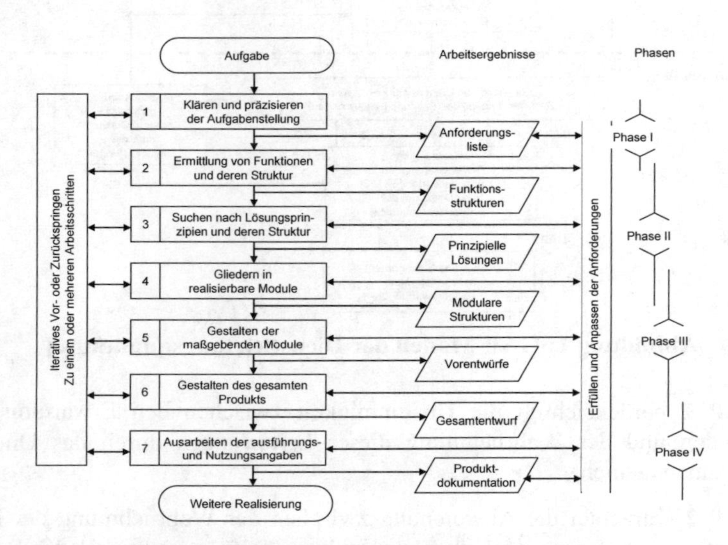

Abbildung 2: VDI Richtlinie 2221 [12]

Die Übertragung eines Vorgehensmodells auf die Entwicklung von Dienstleistungen erscheint im Rahmen der bisher beschriebenen Problemsituation mehr als sinnvoll. Auch die Gestaltung einer Dienstleistung ist als ein Projekt (bzw. ein Prozess) anzusehen, welches ausgehend von einer bestimmten Idee in einer für den Kunden interessanten Leistung enden soll. Gerade die beiden besonderen Charakteristika einer Dienstleistung, die Intangibilität zum einen, man kann die Dienstleistung als solche nicht fassen, und die direkte Einbindung des externen Faktors in die Leistungserstellung (Uno-Actu-Prinzip) zum andern [13][14][3], machen deutlich, dass der Erfolg einer Dienstleistung in besonderem Maße auf die Qualität des Erstellungsprozesses zurückzuführen ist [2].

Im Folgenden werden verschiedene Vorgehensmodelle vorgestellt und untersucht, wie ein Vorgehensmodell den Entstehungsprozess einer Dienstleistung wirkungsvoll unterstützen kann. Durch ein ganzheitliches Vorgehen bei der Dienstleistungsentwicklung wird dem Bedarf nach einer nachvollziehbaren, ingenieurmäßigen und systematischen Methode, die einen gleich bleibenden Qualitätsstandard ermöglicht, Rechnung getragen [15][16]. Die Verbesserungspotenziale, die sich aus Sicht eines Unternehmens durch den Einsatz solcher Modelle realisieren lassen, sind die Folgenden [17]:

- Einführung eines Entwicklungsleitfadens zur Sicherstellung einer gleich bleibenden Qualität durch das Zusammenfassen aller Aktivitäten zu klar definierten und voneinander abgegrenzten Prozessschritten,
- Aufzeigen von Ressourcenbedarf und der Möglichkeit des Methodeneinsatzes,
- Verdeutlichen des Integrationspotenzials angrenzender Unternehmenseinheiten sowie
- exakte Dokumentation darüber, in welchen Prozessabschnitten der Kunde integriert werden kann, um so der Forderung nach der Einbindung des Kunden (Kunde als Co-Designer, Co-Produzent) Rechnung zu tragen.

Hinsichtlich der Art und Weise wie ein Vorgehensmodell den „Weg zum Ziel" beschreibt, lassen sich drei differente Ausprägungsformen unterscheiden (Abbildung 3) [15]:

- Lineare Vorgehens- oder Phasenmodelle,
- Iterative Vorgehensmodelle und
- Prototyping Modelle

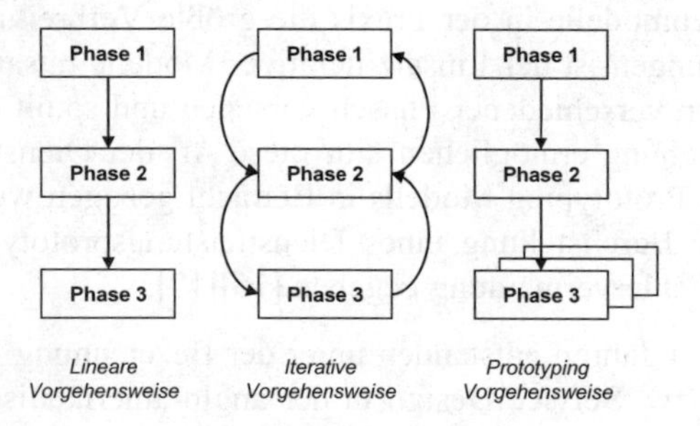

Abbildung 3: Ausprägungsformen von Vorgehensmodellen

Ein **lineares Vorgehens- oder Phasenmodell** (z. B. Wasserfallmodell) beschreibt die Entwicklungsschritte, die zur Erstellung einer Dienstleistung durchlaufen werden müssen, in einer sequentiellen Abfolge [18]. Dabei gilt es zu beachten, dass die nächste Phase erst startet, wenn die Ergebnisse der vorherigen als erforderliche Inputinformationen für diese vorliegen. Diese klare Einteilung in vordefinierte Teilschritte führt zu einer hohen Prozesstransparenz. Darüber hinaus eignen sich die zu erzielenden Ergebnisse einer jeden Phase gut als so genannte Meilensteine. Das Endprodukt wird folglich sukzessive konkretisiert. Innerhalb dieses

Modells ist jedoch nicht vorgesehen aufgrund von z. B. sich ändernden Voraussetzungen einen Rückschritt in eine vorangehende Phase vorzunehmen, um diesen geänderten Bedingungen gerecht zu werden [19][20].

Diesen Mangel an Flexibilität beseitigen die **iterativen Vorgehensmodelle**. Diese Modelle ermöglichen es beim Auftreten eines Fehlers, der seinen Ursprung in der vorangehenden Phase hat, in diese zurück zu springen, diesen zu beseitigen und die anschließende Phase erneut zu durchlaufen [10][18]. Bekannteste Vertreter dieses Modelltypus sind das Spiralmodell aus dem Bereich der Softwareentwicklung sowie die VDI-Richtlinie 2221 aus dem Bereich der Produktentwicklung.

Das **Prototyping Modell** als letzte betrachtete Ausprägungsform ist dadurch charakterisiert, dass frühzeitig eine Vorabversion der beabsichtigten Dienstleistung entwickelt wird, anhand derer das Vorhandensein erforderlicher Merkmale und Funktionalitäten getestet werden kann. Kennzeichnend ist dabei, dass die einzelnen Phasen nicht mehr sequentiell, sondern teilweise überlappend ablaufen können. Prototyping Modelle können ihrerseits bezüglich verschiedener Merkmale gruppiert werden. Neben einer Klassifizierung nach der Zielsetzung und nach dem Umfang der geplanten Funktionalitäten ist auch eine Unterscheidung nach dem Detaillierungsgrad möglich [11][9][10].

Welche Vorgehensweise gewählt werden sollte, ist insbesondere von dem angestrebten Umfang (der Größe) und dem damit verbundenen Aufwand zur Entwicklung sowie von den zu erwartenden Kosten der Dienstleistung abhängig. Aufgrund ihres einfachen Aufbaus und der damit verbundenen leichten Verständlichkeit finden Phasenmodelle in der Praxis die größte Verbreitung. Für umfangreichere Dienstleistungen ist der Einsatz iterativer Modelle ratsam, da sie das mehrfache Durchlaufen verschiedener Phasen vorsehen und somit die Gelegenheit der frühen Fehlerbehebung ermöglichen. Für diese Art der Dienstleistung kann auch der Einsatz eines Prototyping Modells in Betracht gezogen werden. Auch hier ist durch die zeitige Bereitstellung eines Dienstleistungsprototyps die Möglichkeit zur frühzeitigen Fehlervermeidung gegeben [15][17].

Bereits in den 80er Jahren entstanden unter der Bezeichnung New Service Development (NSD) bzw. Service Design in der anglo-amerikanischen Literatur erste wissenschaftliche Arbeiten zu Fragestellungen der Entwicklung und Gestaltung von Dienstleistungen. Parallel zu diesen durch das Marketing geprägten Arbeiten entwickelte sich in Deutschland Mitte der 90er Jahre mit dem Service Engineering ein stärker interdisziplinär ausgerichteter Ansatz [21].

Tabelle 1 gibt einen Überblick über die im NSD bzw. Service Engineering konzipierten Vorgehensmodelle und weist die einzelnen Modelle gleichzeitig den Kategorien Phasenmodell oder iteratives Modell zu. Die meisten Modelle lassen sich ab einem gewissen Stadium auch dem Prototyping Modell zuordnen. Dieses Stadium ist erreicht, sobald die konzipierte Dienstleistung in einem Testmarkt eingeführt werden kann. Dabei wird die Dienstleistung hinsichtlich erforderlicher Ausprägungen und Funktionalitäten evaluiert und in einem iterativen Zyklus angepasst.

Merkmal / Modell	New Service Development	Service Engineering	Phasenmodell	Iteratives Modell
Bowers	X		X	
Bullinger/Schreiner		X		X
Cooper/Edgett	X		X	
Cowell	X		X	
DIN		X	X	
Donnelly/Berry/Thompson	X		X	
Edgett	X		X	
Edvardsson/Olsson	X		X	
Fähnrich et al.		X	X	
FIR		X	X	X
Haller		X	X	
IAO		X		X
Jaschinski		X		X
Johnson/Menor/Roth/Chase	X		X	
Johnson/Scheuing/Gaida	X		X	
Meiren/Barth		X	X	
Meyer/Blümelhuber		X	X	
Mohammed-Salleh/Easingwood	X		X	
PEM 7		X	X	
Ramaswamy	X		X	
Reichwald/Goecke/Stein		X	X	
Scheuing/Johnson	X		X	
Schneider/Scheer		X		X
Schreiner/Nägele		X	X	
Shostack	X		X	
Shostack/Kingman-Brundage	X			X
Tax/Stuart	X			X

Tabelle 1: Überblick über existierende Vorgehensmodelle (in Anlehnung an [22][23])

Im folgenden Kapitel 2 wird das Thema Normung und Standardisierung in der Dienstleistungsentwicklung aufgegriffen. Im sich anschließenden Kapitel 3 werden ausgewählte Vorgehensmodelle überblicksartig dargestellt. Die Entscheidung zugunsten der gewählten Modelle erfolgte anhand der Häufigkeit, mit der diese in der Dienstleistungsliteratur zitiert werden.

2 Normung und Standardisierung in der Dienstleistungsentwicklung

Normen und Standards schaffen Voraussetzungen für freien und fairen Handel, tragen zur Öffnung der Märkte bei, unterstützen das wirtschaftliche Wachstum und schützen den Verbraucher. Um den Nutzen der Normung transparent zu machen, hat das DIN (Deutsches Institut für Normung e. V.) eine Untersuchung des „Gesamtwirtschaftlichen Nutzens der Normung" durchführen lassen. Die Ergebnisse wurden im Jahr 2000 veröffentlicht [24]:

Einige der Kernaussagen der Untersuchung sind im Folgenden zusammengefasst:

- Der volkswirtschaftliche Nutzen der Normung bewegt sich in einer Größenordnung von mehr als 15 Mrd. Euro pro Jahr.
- Wirtschaftswachstum wird durch Normen stärker beeinflusst als durch Patente und Lizenzen.
- Transaktionskosten werden gesenkt, wenn europäische und internationale Normen Anwendung finden.
- Das Forschungsrisiko und die Entwicklungskosten werden für alle am Normungsprozess Beteiligten reduziert.
- Beispiel: Durch intensive deutsche Mitarbeit ist es gelungen, ein konsistentes internationales Normenwerk zur Lasertechnik zu erarbeiten, das unerlässlich ist zur Berechnung und Charakterisierung von Laserstrahlen und Laseroptiken, zur Bestimmung der Strahlenpropagation, für die Auslegung von Systemen, für Qualitätsmanagement (Dokumentation) und Benchmarking sowie für Marketingzwecke. Diese technischen Parameter definieren den Markt für Lasertechnik.

Ebenso wenig wie das produzierende Gewerbe werden auch Wachstumsbranchen im Dienstleistungssektor auf weltweit gültige Normen und Standards verzichten können. Dies gilt im Besonderen für die zunehmend von Informationstechnik geprägten Bereiche der Dienstleistungswirtschaft. Daher haben sich Vorhaben des Bundesministeriums für Bildung und Forschung (BMBF) schwerpunktmäßig mit dem Thema Standardisierung im Umfeld der Dienstleistungen auseinandergesetzt.

Im Vorhaben Dienstleistung 2000plus hat sich das DIN erstmals im Rahmen eines Forschungsvorhabens mit Dienstleistungen beschäftigt und gemeinsam mit der Arbeitsgruppe „Dienstleistung und Regelsetzung" analog zum Handlungs- und Forschungsbedarf das Normungspotenzial im Umfeld der Dienstleistungen erarbeitet. Eines der in dieser Arbeitsgruppe als prioritär eingestuften Handlungsfelder für die Standardisierung war das „Service Engineering".

In einem anschließenden Projekt „Marktführerschaft durch Leistungsbündelung und kundenorientiertes Service Engineering" wurden wesentliche erste normative

Ergebnisse erarbeitet, die im DIN-Fachbericht 75 „Service Engineering, Entwicklungsbegleitende Normung für Dienstleistungen“ dokumentiert sind [25].

Um Dienstleistungen entwickeln und permanent an Kundenanforderungen, Marktgegebenheiten, Wirtschaftlichkeitsbedingungen und technologische Entwicklungen anpassen zu können, sind Entwicklungskonzepte sowie Methoden und Werkzeuge zur systematischen Entwicklung neuer Dienstleistungen und Maßnahmen zur Bündelung von Dienstleistungen erforderlich.

Das methodische Entwickeln und Konstruieren von Produkten und Systemen ist vor dem Hintergrund einer wettbewerbsfähigen Herstellung zwingend erforderlich. Dieses Verständnis liegt im industriellen Sektor bereits seit langem vor und es wurden entsprechende Methoden und Modelle für das systematische Vorgehen im Engineering-Bereich entwickelt.

In Analogie gilt dies ebenso für die Gestaltung und Entwicklung von Dienstleistungen. Durch die frühe Fokussierung von Prozessen im Service Engineering soll die Dienstleistung optimal entwickelt werden, so dass eine Ex-post-Optimierung überflüssig wird.

Die prozessorientierte Betrachtung von Dienstleistungen kann dazu idealtypisch auf der Basis von Modellen erfolgen. Ein Modell lässt sich dabei als eine Abstraktion des betrachteten Realitätsausschnitts definieren [9]. Durch die Modellbildung, d. h. die Beschreibung des Systems auf einer abstrakteren Ebene, werden Systeme geschaffen, die leichter zu handhaben sind.

Das im DIN-Fachbericht vorgeschlagene standardisierte Phasenmodell zur Entwicklung von Dienstleistungen wird in Kapitel 3.1.3 vorgestellt.

Als Gründe, die zu Standardisierungsmaßnahmen im Umfeld des Service Engineering geführt haben, sind die folgenden zu nennen:

- Es werden sowohl auf der Anbieter- als auch auf der Nachfragerseite Vorteile geschaffen, da Leistungsumfang, Leistungsmerkmale und Qualität der Dienstleistungen transparent werden. Möglich wird dies durch die Bereitstellung von Dienstleistungsinformationen, also der Summe aller Maßnahmen und Medien, die den Käufer von Dienstleistungen vor der Kaufentscheidung über wesentliche Leistungsbestandteile, deren Qualität und auch über langfristige Risiken und Konsequenzen informieren. Dienstleistungsinformation in diesem umfassenden Sinne ist ein entscheidender Baustein für die Qualität einer Dienstleistung und ein integraler Bestandteil von Service Engineering. Die Normung bietet kostengünstige und effiziente Möglichkeiten zur Entwicklung qualifizierter Dienstleistungsinformationen.
- Die systematische und rationelle Herstellung von Dienstleistungen und Dienstleistungsbündeln ist mit einem enormen Rationalisierungspotenzial verbunden, mit dem Kosteneinsparungen (z. B. durch die Vermeidung zeit-

und dadurch kostenintensiver Fehlentwicklung von Dienstleistungen) einhergehen.

Neben einer standardisierten Vorgehensweise zur systematischen Entwicklung von Dienstleistungen ist es empfehlenswert, bereits verfügbare Standards bei der Entwicklung von Dienstleistungen einzubeziehen. Hier sind zum einen existierende Management-Standards wie z. B. die Normen der Reihe DIN EN ISO 9000 zu sehen. Zum anderen existieren im Dienstleistungsbereich erste branchenspezifische Normen wie z. B. Anforderungen an Speditionsunternehmen. Weiterhin sind gerade branchenübergreifende Normungsaktivitäten für die Terminologie im Dienstleistungsbereich, Klassifikation von Dienstleistungen, Modelle zur Bewertung und/oder Spezifikation von Dienstleistungen beispielhaft zu nennen [26].

Von den schon in Tabelle 1 aufgeführten Vorgehensmodellen für die systematische Entwicklung von Dienstleistungen werden im Folgenden einige ausgewählte Modelle vorgestellt. Dabei wird der Einteilung in Phasenmodelle und iterative Modelle gefolgt.

3 Ausgewählte Vorgehensmodelle zur systematischen Entwicklung von Dienstleistungen

Wie bereits festgestellt wurde, finden sowohl in der Fachliteratur als auch in der Praxis Phasenmodelle am häufigsten Verwendung. Dies mag zum einen an ihrer leichten Verständlichkeit und dem damit verbundenen, geringfügigen zeitlichen Bedarf zur Einarbeitung liegen. Zum anderen kann dieser Umstand aber auch in Zusammenhang mit dem vielfach spontan ablaufenden Dienstleistungsentstehungsprozess gesehen werden (vgl. Kapitel 1).

3.1 Phasenmodelle

3.1.1 Modell nach EDVARDSSON und OLSSON

Die Einordnung des 1996 vorgestellten Modells von EDVARDSSON und OLSSON [27] (vgl. Abbildung 4) zu den Phasenmodellen ist auf den ersten Blick nicht sogleich ersichtlich. Die weiteren Ausführungen werden allerdings zeigen, dass auch sie eine sequentielle Abfolge der einzelnen zu durchlaufenden Schritte fokussieren, die eine Zuordnung zu den Phasenmodellen rechtfertigt.

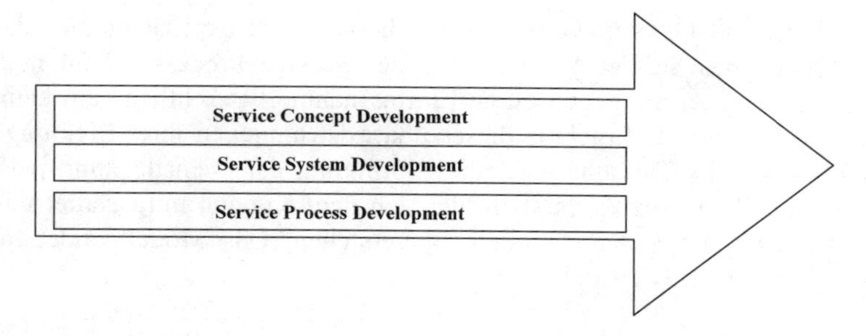

Abbildung 4: Modell nach EDVARDSSON und OLSSON [27]

Das Modell basiert auf den Ergebnissen mehrerer Studien. Um schon bei der Dienstleistungsentwicklung eine adäquate Qualität sicherzustellen, erachten EDVARDSSON und OLSSON es als außerordentlich wichtig, dass die teilweise widersprüchlichen Interessen der Kunden, der Mitarbeiter und der Unternehmenseigentümer ins Gleichgewicht gebracht werden. Da Kunden als Co-Produzenten einer Dienstleistung agieren, wird zudem ihrer Einbindung in den Erbringungsprozess im Rahmen der Dienstleistungsentwicklung eine besondere Bedeutung beigemessen.

Der Entstehungsprozess einer Dienstleistung wird in drei Phasen segmentiert [27]:

- Service Concept
- Service System
- Service Process.

Zunächst muss von einem Unternehmen die Phase des **Service Concept** durchlaufen werden. Als erstes soll dabei in Zusammenarbeit von erfahrenen Mitarbeitern mit repräsentativen Kunden ein Konzept einer neuen Dienstleistung entwickelt werden. Anschließend erfolgt eine Evaluierung, inwiefern das beschriebene Konzept den Bedürfnissen der Kunden entspricht. Ferner muss untersucht werden, welche Konkurrenzprodukte am Markt existieren, welche Schwächen diese haben und wie die neue Dienstleistung davon profitieren kann. Parallel dazu muss das Unternehmen auch eine interne Stärken- und Schwächenanalyse durchführen und das eigene Potenzial realistisch abschätzen.

Der Entwicklung des Entwurfs schließt sich die Phase des **Service System** an. Diese legt auf Basis des Dienstleistungskonzepts die erforderlichen Ressourcen fest. Der Fokus richtet sich dabei auf die Auswahl geeigneter Mitarbeiter sowie deren Schulung. Weiter müssen technische Ressourcen sowie mögliche Änderungen in der Organisationsstruktur eindeutig spezifiziert werden.

Parallel zu der letzt genannten werden in der Phase des **Service Process** die konkreten Arbeitsschritte zur Erstellung der Dienstleistung dokumentiert. Des Weiteren gilt es die zu erwartenden Kosten zu kalkulieren sowie den Preis festzulegen.

EDVARDSSON und OLSSON verweisen an dieser Stelle explizit darauf, dass die beiden Phasen des Service Systems und des Service Process „Hand in Hand“ ablaufen müssen, da die gegenseitige Einflussnahme beträchtlich sein kann. Der entwickelte Prozess als Ergebnis dieser Phase ist hingegen ihrer Meinung nach, im Hinblick auf die Tatsache, dass die Erbringung der Dienstleistung jedes mal einen individuellen Prozess darstellt, der von dem Kunden mitgestaltet wird, lediglich als eine Art Referenzmodell zu verstehen. Das Modell endet mit der Markteinführung der Dienstleistung.

3.1.2 Modell nach SCHEUING und JOHNSON

1989 schlagen SCHEUING und JOHNSON ein Phasenmodell zur Dienstleistungsentwicklung vor, das zum einen auf den Ergebnissen aus Gesprächen mit verschiedenen Service Managern basiert und zum anderen auf den zu diesem Zeitpunkt bekannten Modellen der Dienstleistungsentwicklung aufbaut [28].

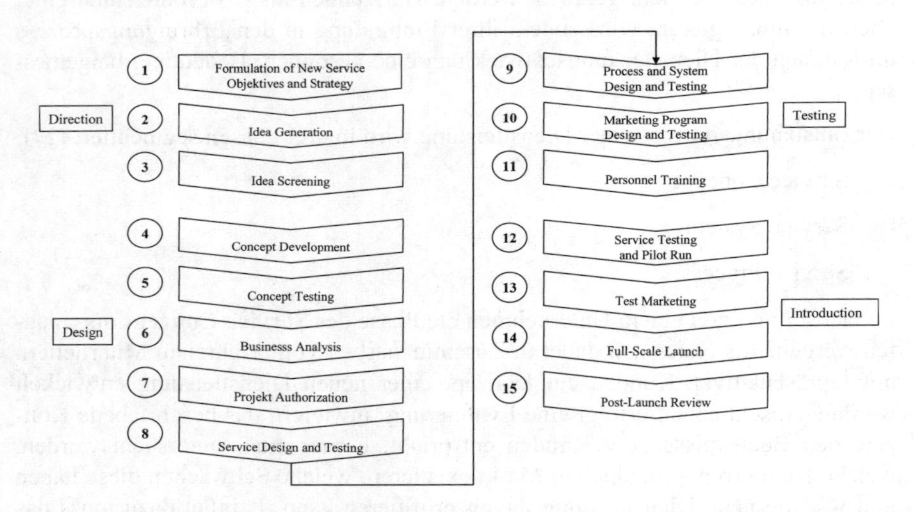

Abbildung 5: Modell nach SCHEUING und JOHNSON [28]

Das vorgestellte Modell unterteilt sich in 15 Phasen (vgl. Abbildung 5), wobei ein Teil der Phasen den bereits bekannten Modellen der Dienstleistungsentwicklung entnommen ist. Jedoch verweisen die Autoren darauf, dass der von ihnen beschriebene Detaillierungsgrad über den bekannter Modelle hinausgeht. Ferner betonen sie, dass eine weitere Neuerung dieses Modells in der Berücksichtigung sowohl interner als auch externer Informationsquellen liegt.

Zur Verbesserung der Verständlichkeit unterteilen SCHEUING und JOHNSON den Entwicklungsprozess in vier Stufen [28]:

- **Direction** (Phasen 1 bis 3)
- **Design** (Phasen 4 bis 8)
- **Testing** (Phasen 9 und 11)
- **Introduction** (Phasen 12 und 15).

Direction: Als ersten Schritt des Dienstleistungsentwicklungsprozesses definieren die Autoren die Entwicklung einer Service Strategie als Ausgangspunkt für einen effektiven und effizienten Entwicklungsprozess. Dem schließt sich die Generierung ziel- und strategiekonformer Ideen unter Rückgriff auf interne sowie externe Quellen (insbesondere Kunden) an. Die so gesammelten Ideen werden im Anschluss einer ersten Bewertung unterzogen, wobei im Besonderen auf die Realisierbarkeit sowie die Profitabilität geachtet werden sollte.

Design: Die Ideen, die die erste Stufe überstanden haben, werden nun detailliert beschrieben. Am Ende dieses Beschreibungsprozesses sollten konkrete Konzepte stehen, die anschließend den potenziellen Adressaten vorgestellt und bzgl. ihrer Akzeptanz evaluiert werden können. Die verbleibenden Dienstleistungsentwürfe werden im Folgenden sowohl einer Marktanalyse als auch einer Umsetzbarkeitsanalyse unterzogen, deren Ergebnisse als Entscheidungsgrundlage für das Top-Management dienen. Dieser Auswahl schließt sich die präzise Ausgestaltung des neuen Dienstleistungskonzepts an. SCHEUING und JOHNSON betonen an dieser Stelle, dass vor allem die Entwicklung des Produkt-, Prozess- sowie Ressourcenmodells Gegenstand dieser Entwicklungsphase sein muss. Auch ein Marketingkonzept für das neue Dienstleistungsprodukt soll in dieser Phase entwickelt und validiert werden. SCHEUING und JOHNSON verweisen zudem explizit auf die Notwendigkeit der Personalschulung, um eine den Kundenerwartungen entsprechende Dienstleistungsqualität zu gewährleisten.

Testing: Die fertige Dienstleistung wird nun in Zusammenarbeit mit ausgewählten Kunden zum einen entsprechend ihres Leistungsumfangs und zum anderen gemäß des Erbringungsprozesses überprüft. Die Ergebnisse dieser Testläufe machen eventuelle Verbesserungspotenziale an Produkt-, Prozess- und Ressourcenmodell offenkundig. Einhergehend mit den Testläufen muss auch der entwickelte Marketing-Mix auf notwendige Änderungen hin untersucht werden.

Introduction: Nach einer erfolgreichen Testphase erfolgt die Markteinführung der neuen Dienstleistung, der sich eine Untersuchung anschließen muss, ob diese den an sie gestellten Anforderungen gerecht wird oder ob Anpassungen vorgenommen werden müssen. SCHEUING und JOHNSON weisen hier deutlich darauf hin, dass unabhängig davon, wie sorgfältig der Entwicklungsprozess durchlaufen wurde, die Erbringung unter Marktbedingungen nicht gänzlich im Vorfeld simuliert werden kann.

3.1.3 Modell nach DIN

Im DIN Fachbericht 75 wird 1998 das in Abbildung 6 dargestellte Modell für das Service Engineering vorgeschlagen. Die Aufnahme der Anforderungen, das Design und die Einführung der Dienstleistung werden als Kern des Modells herausgestellt [25].

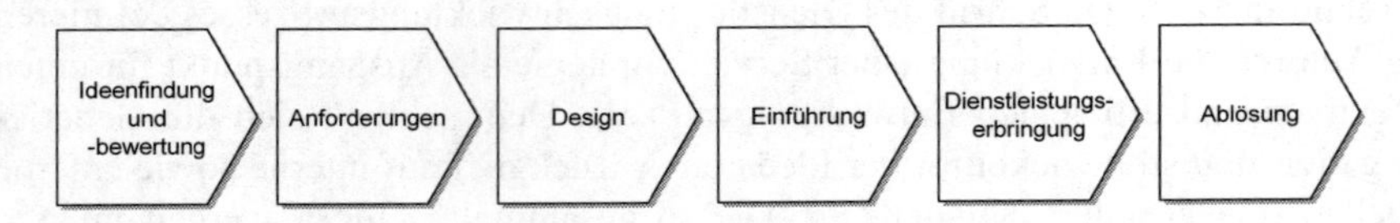

Abbildung 6: DIN Phasenmodell zur Entwicklung von Dienstleistungen [25]

Anregungen von Kunden, Wettbewerbern und aus der eigenen Organisation werden in der Phase der Ideenfindung und -bewertung zunächst gesammelt und im Anschluss zu konkreten Ideen für neue Dienstleistungen weiterentwickelt. Dem schließen sich eine Bewertung dieser Ideen unter Zuhilfenahme geeigneter Methoden sowie weitere erste Untersuchungen an.

Um sicherzustellen, dass die neue Dienstleistung die Kundenanforderungen erfüllt, findet in der zweiten Phase ein Abgleich zwischen im Rahmen dieser Phase ermittelten Zielsetzungen, Kernelementen und Rahmenbedingungen der neuen Dienstleistung und den Erwartungen der potenziellen Nutzer statt. Basierend auf den Ergebnissen der Anforderungsanalyse wird im Anschluss die zu entwickelnde Dienstleistung genauer spezifiziert.

In der Designphase werden Potenzial-, Prozess- und Ergebnisdimension der neuen Dienstleistung gestaltet. Hier wird darauf hingewiesen, dass insbesondere Methoden aus dem Bereich der prozess- und objektorientierten Modellierung hilfreich sein können.

In der Einführungsphase wird schließlich die Organisation an die neue Dienstleistung angepasst, die notwendige Infrastruktur bereitgestellt und die Mitarbeiter qualifiziert. Das umgesetzte Dienstleistungskonzept aus der Designphase wird im Anschluss evaluiert, um gegebenenfalls notwendige Verbesserungsmaßnahmen einleiten zu können.

Mit der Phase der Erbringung der Dienstleistung wird schließlich auch der Bereich des Dienstleistungsmanagements in das Vorgehensmodell integriert. Hier sollen Strukturen etabliert werden, die eine ständige Rückkopplung zur Dienstleistungsentwicklung sicherstellen.

Unter Zuhilfenahme von Lebenszyklusmodellen kann weiterhin eine rechtzeitige Ablösung der alten durch eine neue Dienstleistung unterstützt werden.

3.1.4 Modell nach RAMASWAMY

Das 1996 von RAMASWAMY vorgestellte Modell zur Entwicklung von Dienstleistungen unterscheidet zwei Phasen [29]:

- Service Design: Konzeption der neu zu entwickelnden Leistung
- Service Management: Umsetzung der Dienstleistung und Beobachtung der am Markt befindlichen Leistung

Jede dieser beiden Hauptphasen umfasst vier Schritte, welche sequentiell durchlaufen werden (vgl. Abbildung 7). Dabei liefert die Phase des Service Design Inputdaten in Form von Designvorschriften an die Phase des Service Management, während diese Vorschläge zum Redesign einer Leistung zum Ergebnis hat.

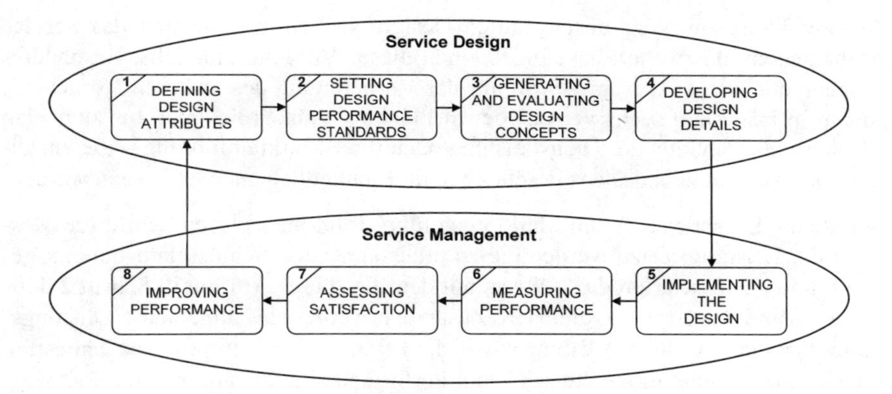

Abbildung 7: Vorgehensmodell nach RAMASWAMY [29]

Die Festlegung der Designattribute im ersten Schritt setzt eine genaue Analyse der Kundenbedürfnisse voraus. RAMASWAMY empfiehlt dazu, zunächst die Zielgruppe und deren Erwartungen an die neue Dienstleistung einzugrenzen und gemäß ihrer Bedeutung im Hinblick auf die Erfüllung dieser Erwartungen zu priorisieren. Für die zu entwickelnde Dienstleistung müssen quantitativ messbare Attribute definiert werden, um diese in Relation zu den Kundenbedürfnissen bringen zu können. Aus dieser Gegenüberstellung lassen sich dann die wichtigsten Designmerkmale der neuen Dienstleistung bestimmen. Für dieses Vorgehen eignet sich das von HAUSER und CLAUSING vorgestellte House of Quality [29].

Im Rahmen der Spezifikation der Leistungsstandards (Schritt 2) geht es darum, den vom Kunden erwarteten Leistungslevel für jedes Attribut festzulegen, die Leistungsattribute der Wettbewerber zu analysieren sowie die Beziehung zwischen der Leistungserfüllung und der Zufriedenheit des Kunden herzustellen. Daraus lassen sich die minimal zu erfüllenden Leistungsstandards für jedes Attribut der zu entwickelnden Dienstleistung definieren.

Der dritte Schritt umfasst den Entwurf und die Bewertung von Konzepten für die Dienstleistungserbringung. Dazu werden die essentiellen Kernfunktionen für die Erbringung der Dienstleistung festgelegt und in einem Prozessdiagramm dokumentiert. Aus der so ersichtlich werdenden Grundstruktur der neuen Dienstleistung werden mehrere alternative Prozessabläufe gebildet und bewertet, um wenige geeignete Designvorschläge für die Ausführung der Dienstleistung zu extrahieren.

Bei der Entwicklung der Designdetails (Schritt 4) stehen die Funktionen der Designvorschläge aus Schritt 3 im Fokus der Betrachtungen. Diese Funktionen werden jeweils unter Berücksichtigung der für diese Funktionen relevanten Designattribute sowie der Leistungsstandards (aus Schritt 1 und 2) optimiert. Dabei lassen sich zunächst auch mehrere Funktionen zu Funktionsblöcken zusammenfassen.

Mit der Umsetzung des ausgewählten Designs in Schritt 5 beginnt das Service Management als zweite Phase im Rahmen dieses Vorgehensmodells. Besonderes Augenmerk liegt in diesem Schritt auf der Vorbereitung des weiteren Vorgehens, indem in insgesamt sechs verschiedenen Plänen – vom Projektplan bis zum Plan für den Lebenszyklus der Dienstleistung nach ihrer Markteinführung – die einzelnen Maßnahmen genauestens beschrieben und schließlich auch umgesetzt werden.

Wurde die Dienstleistung am Markt eingeführt, folgt im sechsten Schritt die Messung der Leistung. Dazu werden die zu untersuchenden Schlüsselattribute ausgewählt und gemessen, um diese Werte mit dem für dieses Attribut in Schritt 2 definierten Mindestwert zu vergleichen. Zusätzlich werden das allgemeine Leistungsvermögen der einzelnen Attribute sowie die Effizienz der Kernprozesse gemessen, die Gründe für eine mögliche schlechte Performanz hinterfragt und – wenn möglich – die notwendigen Korrekturen durchgeführt.

Die möglichen Unterschiede zwischen der Kundenerwartung an eine Dienstleistung aus Schritt 2 und der tatsächlichen Wahrnehmung bei der Erbringung dieser Leistung werden im Schritt 7 untersucht. Dabei werden die allgemeine Zufriedenheit des Kunden mit der erbrachten Leistung und seine Zufriedenheit in Abhängigkeit seiner Erwartungen sowie im Vergleich mit den Wettbewerbern gemessen.

Schließlich wird im achten Schritt eine Verbesserung der Leistung angestrebt. Dabei werden sowohl strategische finanzielle Ziele (z. B. Marktanteil) als auch Veränderungen an den Attributen der Dienstleistung sowie am Prozess bei der Erbringung dieser Leistung miteinander abgeglichen. Die Ergebnisse dieses Schrittes bilden somit die Ausgangslage, um erneut die Phase des Service Design zu durchlaufen.

Während das Modell von RAMASWAMY mit dem vorgesehenen Kreislauf bereits die mögliche Wiederholung einzelner Schritte andeutet, sehen die im folgenden Abschnitt vorgestellten iterativen Modelle bereits bei der Entwicklung der Dienstleistung ein mehrmaliges Durchlaufen einzelner Schritte vor.

3.2 Iterative Modelle

3.2.1 Modell nach JASCHINSKI

Basierend auf einigen theoretischen Vorüberlegungen und der Durchführung einer Feldstudie entwickelt JASCHINSKI 1998 ein Metamodell zur Dienstleistungsentwicklung [30]. Dieses Vorgehensmodell gliedert sich in drei Hauptphasen (Abbildung 8 bis Abbildung 10) und weicht von den oben beschriebenen linearen Phasenmodellen, welche nur eine einstufige Anforderungsanalyse voraussetzen, ab. Über den gesamten Entwicklungsprozess hinweg wird ein iteratives Vor- und Zurückspringen in andere Ablaufschritte unterstützt.

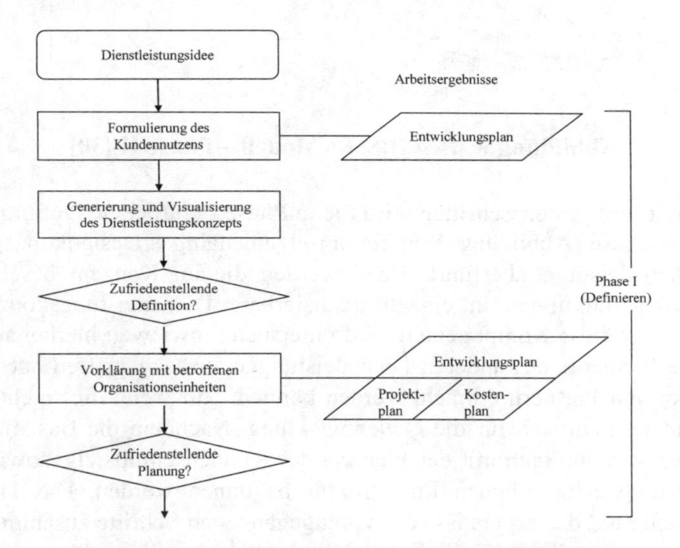

Abbildung 8: JASCHINSKI-Modell – Phase I [30]

Wichtigstes Ergebnis der Definitionsphase (Abbildung 8) ist die Beschreibung der zu entwickelnden Dienstleistung sowie die Planung der für die Entwicklung notwendigen Schritte. Dazu wird zunächst die aus Kundenanforderungen oder Mitarbeitervorschlägen stammende Idee präzisiert und der entstehende Nutzen für den Kunden herausgestellt. Im nächsten Schritt wird eine durchgängige Projektplanung aufgestellt, welche alle weiteren Tätigkeiten und Dokumente enthält, die im Rahmen der Entwicklung oder der Erbringung der Dienstleistung notwendig werden. Am Ende dieser Phase steht eine sorgsame Kontrolle der erarbeiteten Ergebnisse. Erst wenn die in der Dienstleistungsdefinition sowie dem Projektplan beschriebenen Lösungsvorschläge freigegeben werden können, wird mit der Phase II begonnen. Im anderen Fall wird ein Rücksprung in einen früheren Schritt vollzogen.

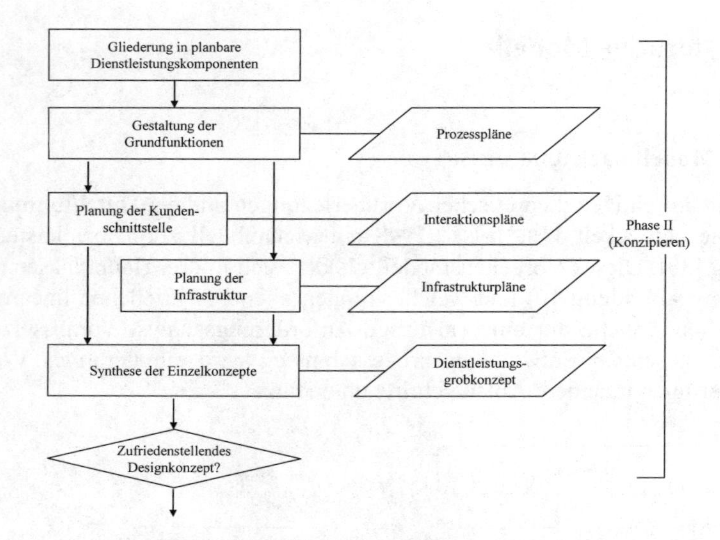

Abbildung 9: JASCHINSKI-Modell – Phase II [30]

In insgesamt fünf Arbeitsschritten wird die in Phase I erarbeitete Definition in der Konzeptionsphase (Abbildung 9) in ein umsetzungsfähiges Designkonzept für die spätere Dienstleistung überführt. Dazu werden die im Konzept beschriebenen Dienstleistungsfunktionen in einzeln realisierbare Dienstleistungskomponenten zergliedert. Für diese Komponenten wird untersucht, inwieweit hierbei auf bereits bestehende Elemente aus anderen Dienstleistungen zurückgegriffen oder diese in Kooperation mit Partnern erbracht werden können. Nur wenn dies nicht möglich ist, entscheidet man sich für die Neuentwicklung. Nachdem die Basisfunktionen ausgestaltet wurden, kann mit der Planung der Kundenschnittstelle sowie der für die Erbringung erforderlichen Infrastruktur begonnen werden. Das Dienstleistungskonzept fasst die Ergebnisse der vorangegangenen Schritte zusammen. Auch hier kann es aufgrund der Ergebnisse der an der Schnittstelle zu Phase III stattfindenden Überprüfung zum erneuten Durchlaufen einzelner Arbeitsschritte kommen.

Die Umsetzungsphase beginnt mit konzeptionellen Arbeitsschritten, in welchen ein Umsetzungsplan erstellt und die genaue Prozessorganisation festgelegt wird sowie die zur Markteinführung erforderlichen Konzepte erarbeitet werden, bevor die konkreten praktischen Schritte eingeleitet werden (Abbildung 10). Vor der eigentlichen Markteinführung steht eine Piloteinführung, welche in Abhängigkeit von den dabei gesammelten Erfahrungen zum erneuten Durchlaufen einzelner Entwicklungsschritte oder ganzer Phasen führen kann. Erst wenn alle funktionalen und wirtschaftlichen Anforderungen erfüllt werden, wird mit der anschließenden Markteinführung der eigentliche Entwicklungsprozess abgeschlossen.

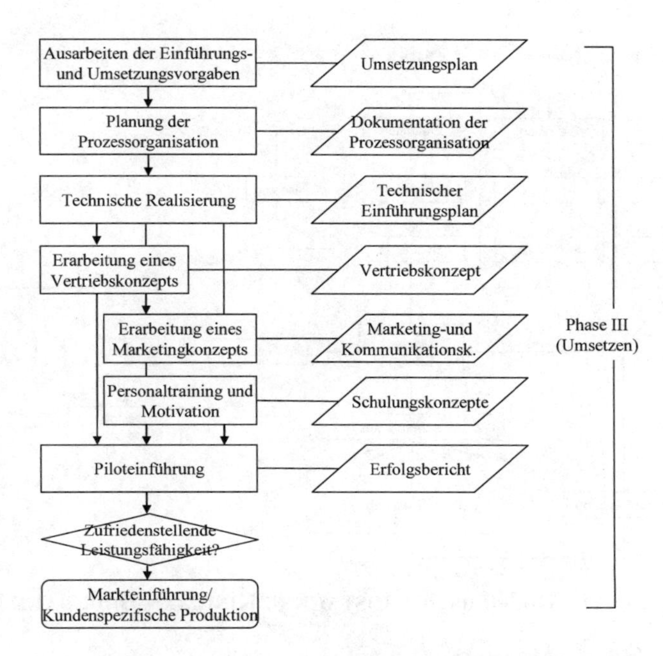

Abbildung 10: JASCHINSKI-Modell – Phase III [30]

3.2.2 Modell nach SHOSTACK U. KINGMAN-BRUNDAGE

Nachdem SHOSTACK mit der Entwicklung des Service Blueprintings maßgeblich zur Abbildung von Dienstleistungen beigetragen hatte [31], stellte sie 1991 zusammen mit KINGMAN-BRUNDAGE ein iteratives Vorgehensmodell zur Dienstleistungsentwicklung vor [32]. Dieses Modell wird in der folgenden Abbildung 11 dargestellt.

Zu Beginn dieses Vorgehensmodells werden im Rahmen der Designphase die Schritte Definition (Definition), Analyse (Analysis) und Synthese (Synthesis) so oft durchlaufen, bis ein taugliches Grundmuster für die zu entwickelnde Dienstleistung daraus hervor gegangen ist. Der iterative Charakter wird bereits an diesem Zyklus der schrittweisen Verbesserung der zu Beginn existierenden Idee ersichtlich.

In einem zweiten Schritt folgt die Implementierung (Implementation) der neuen Dienstleistung. Hier wird das Master Design in operative Aufgaben, Funktionen und Anforderungen an die Einführung und Ausübung der Dienstleistung überführt.

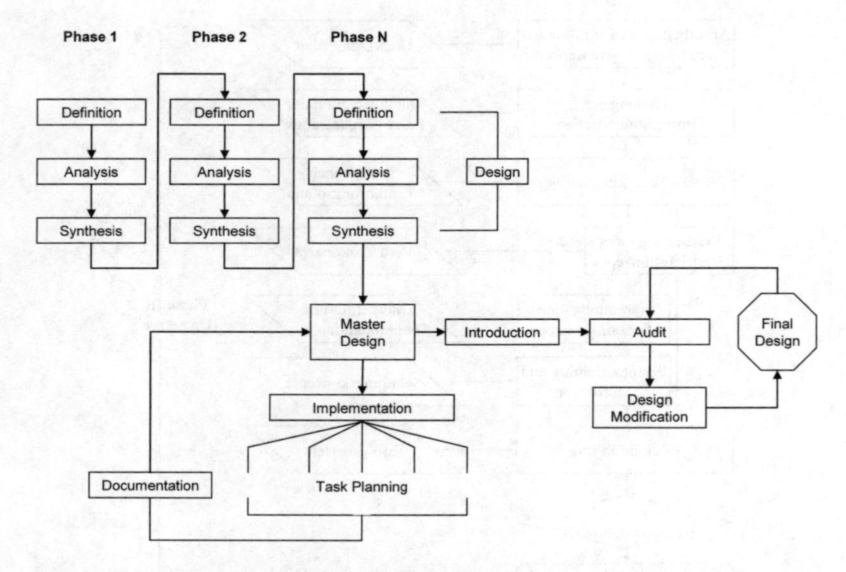

Abbildung 11: Modell nach SHOSTACK U. KINGMAN-BRUNDAGE [32]

Der Schritt der Dokumentation (Documentation) ist vergleichbar mit der Erstellung eines Benutzerhandbuchs für die Dienstleistung und das zu ihrer Entwicklung sowie der Erbringung notwendige System. Das Ergebnis sind Anweisungen, Zeitpläne und Regeln, welche es Außenstehenden theoretisch ermöglichen sollen, das Funktionieren dieser Leistung nachzuvollziehen.

Unter der Einführung (Introduction) verstehen SHOSTACK U. KINGMAN-BRUNDAGE das Zusammenbringen des potenziellen Kundenkreises mit der neuen Dienstleistung. Hier zeigt sich, ob das zuvor in der Theorie entwickelte Konzept vom Markt akzeptiert wird.

Jeder dieser vorgestellten Schritte wird um organisatorische Anweisungen und konkrete Hinweise zur Umsetzung ergänzt. Insbesondere der Teamzusammensetzung lassen SHOSTACK U. KINGMAN-BRUNDAGE eine besondere Bedeutung zukommen.

3.2.3 Modulbasiertes Vorgehensmodell

Das in diesem Abschnitt beschriebene Modell wurde zunächst als Phasenmodell vom Fraunhofer-Institut für Arbeitswirtschaft und Organisation (IAO) [33] in Zusammenarbeit mit dem deutschen Kraftfahrzeug-Überwachungsverein e. V. (DEKRA) [34] entwickelt. Im Forschungsprojekt CASET[1] wurde dieses Modell mit Praxispartnern aus dem Finanzdienstleistungssektor weiterentwickelt und prototypisch umgesetzt.

Statt eines sequenziellen Abarbeitens der einzelnen Hauptphasen aus Abbildung 12 werden vielmehr die einzelnen Schritte innerhalb dieser Phasen in den Vordergrund gerückt. Welche dieser Schritte mit ihren jeweiligen Unterpunkten für die Entwicklung einer konkreten Dienstleistung zu durchlaufen sind, wird individuell vor jedem Entwicklungsprojekt festgelegt. Dies geschieht durch eine Klassifizierung der zu entwickelnden Leistung anhand definierter Merkmale. Die Zusammenfassung zu den Phasen dient einzig Strukturierungszwecken.

Die beiden zur Definitionsphase zählenden Schritte behandeln zum einen das Ideenmanagement und zum anderen die Durchführung von Machbarkeitsstudien. Dabei unterstützt das Ideenmanagement den Ideenfindungsprozess, indem auf einzelne Aspekte bereits entwickelter Ideen zurückgegriffen werden kann. Gleichzeitig wird eine erste Bewertung der Dienstleistungsidee erstellt. Durch die Machbarkeitsstudien wird das Konzept auf bestimmte Aspekte hin näher untersucht und bewertet. Diese Bewertung wird über den gesamten Entwicklungsprozess hinweg fortgeführt, um die Auswirkungen der sich im Entwicklungsverlauf ändernden Rahmenbedingungen direkt einfließen zu lassen.

Die benötigten Ressourcen stehen im Mittelpunkt der Betrachtungen im Rahmen der Anforderungsanalyse. Sowohl von Seiten des Markts als auch des Unternehmens werden diese Untersuchungen angestellt und führen letztlich zu einer ersten Preisvorstellung für die spätere Dienstleistung. Auch hier wird schnell ersichtlich, dass diese Überlegungen mit dem Fortschreiten des Entwicklungsprozesses immer wieder neu durchgeführt werden müssen und zu immer verlässlicheren Ergebnissen führen.

---

[1] Das Forschungsprojekt „Computer Aided Service Engineering Tool (CASET)“ wurde durch das Bundesministerium für Bildung und Forschung (BMBF) im Rahmen des Programms „Arbeitsgestaltung und Dienstleistungen“ gefördert und lief vom 01.09.2000 bis zum 31.08.2003.

Wesentliche Aufgaben bei der Dienstleistungskonzeption sind die jeweiligen Produkt-, Prozess- und Ressourcenmodelle. Idealerweise wird dabei auf bereits vorhandenen Modellen aufgebaut und nur innovative Komponenten der Dienstleistung für diese Modelle neu erstellt. Das Anfertigen einer Marketingkonzeption sowie das Aufsetzen von Verträgen sind ebenfalls zu dem Bereich der Dienstleistungskonzeption zu zählen.

Abbildung 12: Vorgehensmodell als Modulbaukasten [35]

Die zuvor in der Konzeption erarbeiteten Vorschläge für Dienstleistung, Prozess, Ressourcen sowie Marketing werden nun in konkrete Systeme überführt. Dabei ergeben sich jeweils zwischen der Konzepterstellung und der Realisierung kleine Regelkreise. Die Erfahrungen aus verschiedenen Vortests fließen in diese Regelkreise ein.

Unter der Vorbereitung der Markteinführung wurden die letzten durchzuführenden Tests der neuen Dienstleistung sowie als Übergang zur Markteinführung das Roll-Out zusammengefasst. Dem Roll-Out mit dem wesentlichen Inhalt, die Existenz der neuen Dienstleistungen bekannt zu geben, wird besondere Bedeutung beigemessen. Dabei werden die relevanten Eigenschaften den verschiedenen internen und externen Zielgruppen klar kommuniziert.

Mit der Markteinführung beginnen gleichsam die Controlling-Aufgaben für das Unternehmen. Hier zeigt sich, ob die Ergebnisse der zuvor durchgeführten Tests tatsächlich der Realität entsprechen. Verschiedene Feedbackmechanismen führen dabei zu Verbesserungen am laufenden System. Erreichen die Kennzahlen festgelegte Schwellwerte, kann dies zu einem kompletten Redesign der bestehenden oder der Entwicklung einer neuen Dienstleistung führen, welche die bestehende ersetzt.

4 Fazit

Die Vielzahl der existierenden Vorgehensmodelle zur systematischen Entwicklung von Dienstleistungen zeigt, dass die Bedeutung eines solchen systematischen Vorgehens für den Erfolg einer Dienstleistung weitgehend erkannt wurde. Eine informationstechnische Unterstützung dieser Vorgehensmodelle kann ihre weitere Verbreitung in der Praxis fördern. Hier bestehen bereits erste Ansätze wie z. B. die Beiträge von HERRMANN/KLEIN/THE und von JUNGINGER/LOSER/HOSCHKE/WINKLER/KRCMAR in diesem Herausgeberband zeigen. Diese gilt es in Zukunft weiter anzupassen und zu verfeinern.

Der Trend zur Konzentration auf Kernkompetenzen trägt der verstärkten Nachfrage der Kunden nach immer komplexeren Leistungen Rechnung. Dieser Marktveränderung sehen sich zunehmend auch Unternehmen des Dienstleistungssektors gegenüber. Unternehmensübergreifende Dienstleistungsangebote müssen ebenfalls im Sinne des Service Engineering systematisch entwickelt werden (vgl. hierzu auch den Beitrag von KERSTEN/KERN/ZINK in diesem Band). Hier gilt es für die Zukunft, die existierenden Vorgehensmodelle auf ihre Anwendbarkeit hin zu untersuchen und entsprechend anzupassen.

Literaturverzeichnis

[1] Bruhn, M.: Qualitätssicherung im Dienstleistungsmarketing – eine Einführung in die theoretischen und praktischen Probleme, in: Bruhn, M.; Stauss, B. (Hrsg): Dienstleistungsqualität, 3. Auflage, Wiesbaden 1999, S. 21-48.

[2] Eversheim, W. (Hrsg): Qualitätsmanagement für Dienstleister: Grundlagen – Selbstanalyse – Umsetzungshilfen, Berlin et al. 1997.

[3] Corsten, H.: Dienstleistungsmanagement, 4. Auflage, München et al. 2001.

[4] Deutsches Institut für Normung (Hrsg): DIN 55350, Begriffe der Qualitätssicherung und Statistik – Teil 11: Begriffe des Qualitätsmanagements, Berlin 1995.

[5] Garvin, D. A.: What Does “Product Quality” Really Mean? Sloan Management Review 25(1984), S. 25-43.

[6] Parasuraman, A.; Berry, L. L.; Zeithaml, V. A.: Kommunikations- und Kontrollprozesse bei der Erstellung von Dienstleistungsqualität, in: Bruhn, M.; Stauss, B. (Hrsg): Dienstleistungsqualität, 3. Auflage, Wiesbaden 2000, S. 115-144.

[7] Ehrlenspiel, K.: Integrierte Produktentwicklung: Methoden für Prozeßorganisation, Produkterstellung und Konstruktion, München et al. 1995.

[8] Scheer, A.-W.: Wirtschaftsinformatik, Referenzmodelle für industrielle Geschäftsprozesse, 7. Auflage, Berlin et al. 1997.

[9] Hansen, H. R.; Neumann, G.: Wirtschaftsinformatik I: Grundlagen betrieblicher Informationssysteme, 8. Auflage, Stuttgart 2001.

[10] Balzert, H.: Lehrbuch der Software-Technik, Heidelberg et al. 1998.

[11] Stahlknecht, P.; Hasenkamp, U.: Einführung in die Wirtschaftsinformatik, 10. Auflage, Berlin et al. 2002.

[12] VDI-Gesellschaft Entwicklung Konstruktion Vertrieb (Hrsg): VDI-Richtlinie 2221: Methodik zum Entwickeln und Konstruieren technischer Systeme und Produkte, Düsseldorf 1993.

[13] Kleinaltenkamp, M.: Begriffsabgrenzungen und Erscheinungsformen von Dienstleistungen, in: Bruhn, M.; Meffert, H. (Hrsg): Handbuch Dienstleistungsmanagement, 2. Auflage, Wiesbaden, S. 27-50.

[14] Maleri, R.: Grundlagen der Dienstleistungsproduktion, 4. Auflage, Berlin et al. 1997.

[15] Bullinger H.-J.; Meiren, T.: Service Engineering – Entwicklung und Gestaltung von Dienstleistungen, in: Bruhn, M.; Meffert, H. (Hrsg): Handbuch Dienstleistungsmanagement, 2. Auflage, Wiesbaden 2001, S. 149-175.

[16] Krallmann, H.; Hoffrichter, M.: Service Engineering – Wie entsteht eine neue Dienstleistung, in: Bullinger, H.-J.; Zahn, E. (Hrsg): Dienstleistungsoffensive – Wachstumschancen intelligent nutzen, Stuttgart 1998, S. 231-261.

[17] Meiren, T.; Hofmann, H. R.; Klein, L.: Vorgehensmodelle für das Service Engineering, in: IM Fachzeitschrift für Information Management & Consulting, 13(1998) Sonderausgabe, S. 20-25.

[18] Grob, H. L.; Seufert, S.: Vorgehensmodelle bei der Entwicklung von CAL-Software, Arbeitsbericht 5, Münster 1996.

[19] Bremer, G.: Genealogie von Entwicklungsschemata, in: Oberweis et al. (Hrsg.): Vorgehensmodelle für die betriebliche Anwendungsentwicklung, Stuttgart et al. 1998, S. 32-59.

[20] Seibt, D.: Vorgehensmodell, in: Mertens, P. et al. (Hrsg.): Lexikon der Wirtschaftsinformatik, Berlin et al. 2001

[21] Meiren, T.; Barth, T.: Service Engineering in Unternehmen umsetzen – Leitfaden für die Entwicklung von Dienstleistungen, Stuttgart 2002.

[22] Daun, C.; Klein, R.: Vorgehensweisen zur systematischen Entwicklung von Dienstleistungen im Überblick, in: Scheer, A.-W.; Spath, D. (Hrsg.): Computer Aided Service Engineering – Informationssysteme in der Dienstleistungsentwicklung, Berlin et al. 2004, S. 43-67.

[23] Schneider, K.: Der Customer related Service Life Cycle, in: Zahn, E.; Spath, D.; Scheer, A.-W. (Hrsg.): Vom Kunden zur Dienstleistung. Methoden, Instrumente und Strategien zum Customer related Service Engineering, Stuttgart 2004, S. 157-194.

[24] DIN Deutsches Institut für Normung e. V. (Hrsg.): Gesamtwirtschaftlicher Nutzen der Normung Abschlussdokumentation, Darstellung der Forschungsergebnisse, Berlin et al. 2001.

[25] DIN Deutsches Institut für Normung e. V. (Hrsg.): DIN-Fachbericht 75, Entwicklungsbegleitende Normung (EBN) für Dienstleistungen, Berlin et al. 1998.

[26] DIN Deutsches Institut für Normung e. V. (Hrsg.): DIN-Fachbericht 116, Standardisierung in der deutschen Dienstleistungswirtschaft – Potenziale und Handlungsbedarf, Berlin et al. 2002.

[27] Edvardsson, B.; Olsson, J.: Key Concepts for New Service Development, in: The Service Industries Journal, 16(1996)2, S. 140-164.

[28] Scheuing, E. E.; Johnson, E. M.: A proposed model for new service development, in: The Journal of Services Marketing, 3(1989)2, S. 25-34.

[29] Ramaswamy, R.: Design and Management of Service Processes, Reading et al. 1996.

[30] Jaschinski, C.: Qualitätsorientiertes Redesign von Dienstleistungen; Dissertationsschrift an der Rheinisch-Westfälischen Technischen Hochschule Aachen, Aachen 1998.

[31] Shostack, G. L.: Designing services that deliver, in: Harvard Business Review, 62(1984)1, S. 133-139.

[32] Kingman-Brundage, J.; Shostack, L. G.: How to design a service, in: Congram, C. A.; Friedman, M. L. (Hrsg.): The AMA Handbook of Marketing for the Service Industries, New York 1991, S. 243-261.

[33] http://www.iao.fhg.de.

[34] http://www.dekra.de.

[35] Meiren, T.: Entwicklung von Dienstleistungen unter besonderer Berücksichtigung von Human Ressources, in: Bullinger, H.-J. (Hrsg.): Entwick-

lung und Gestaltung innovativer Dienstleistungen, Tagungsband zur Service Engineering 2001, Stuttgart 2001.

II Ausgewählte Phasen des Service Engineering

Kundenmitwirkung bei der Entwicklung von industriellen Dienstleistungen – eine phasenbezogene Analyse

Martin Reckenfelderbäumer
AKAD Wissenschaftliche Hochschule Lahr (WHL)
Daniel Busse
Ruhr-Universität Bochum

Inhalt

1 Einleitung

Die gesamtwirtschaftliche Bedeutung des Dienstleistungssektors ist in den letzten Jahrzehnten beständig angestiegen. Der Wandel hin zur Dienstleistungsgesellschaft ist zum größten Teil bereits vollzogen worden, und der Tertiäre Sektor stellt schon seit längerer Zeit den größten Anteil des Bruttosozialprodukts sowie der Erwerbstätigen [1]. Jedoch ist in diesem Zeitraum nicht nur das Volumen des Dienstleistungssektors an sich gestiegen, sondern zugleich auch – bedingt durch das Auftauchen zahlreicher neuer Anbieter – die Wettbewerbsintensität innerhalb der einzelnen Dienstleistungsmärkte. Hierdurch wird die langfristige Sicherung der eigenen Wettbewerbsposition zu einer immer wichtigeren, aber auch immer schwierigeren Aufgabe für die Dienstleistungsanbieter.

Auch der Wettbewerbsdruck im Bereich des industriellen Maschinen- und Anlagenbaus hat sich in den letzten Dekaden enorm verschärft. Die eigentliche (materielle) Kernleistung befindet sich in den meisten industriellen Märkten in einem homogenen (Preis-)Wettbewerb, und die Erzielung von komparativen Konkurrenzvorteilen ist meist nur durch die Anreicherung des Sachguts mit produktbegleitenden, speziell differenzierenden Dienstleistungen möglich.

Vor diesem Hintergrund erscheinen die Erhaltung und der Ausbau der Wettbewerbsposition im industriellen Bereich nur durch die *Entwicklung und Einführung neuer industrieller Dienstleistungen* zu gewährleisten zu sein. Um die Effizienz und die Effektivität der Dienstleistungsentwicklung sicherzustellen, muss der Dienstleister den Kunden in seine innovativen Aktivitäten integrieren, da der Grad der Marktorientierung der Service-Angebote zum größten Teil bereits innerhalb des Innovationsprozesses festgelegt wird. Das aktuell häufig vorzufindende Verständnis von unternehmerischer Marktorientierung, das sich lediglich auf den Zeitraum erstreckt, in dem eine bereits existierende Leistung am Markt angeboten wird, greift zu kurz. Vor allem bei Dienstleistungen darf der Innovationsprozess nicht länger völlig losgelöst vom integrativen, d. h. in Zusammenarbeit von Anbieter und Nachfrager ablaufenden Leistungserbringungsprozess gesehen werden.

Ein kürzlich durchgeführtes Forschungsprojekt zur Konzeptionierung innovativer industrieller Dienstleistungsangebote hat diese Feststellung nachhaltig gestützt: 65,8 % der an einer Befragung teilnehmenden Unternehmungen aus der Getränkeindustrie, die regelmäßig Services ihrer Maschinen- und Anlagenlieferanten benötigen, bezeichneten die Einbindung in die Dienstleistungsneuentwicklung der Anbieterseite als eher gering. 51,2 % der Unternehmungen wünschten sich jedoch eine frühzeitigere und intensivere Einbindung in die Service-Entwicklungsprozesse der Anbieter [2].[1]

---

[1] Die Marktstudie wurde im Rahmen des Verbundprojekts „Invest-S“ im Sommer/Herbst 2001 erstellt. Dieses Forschungs- und Entwicklungsprojekt wurde mit Mitteln des Bundesministeriums für Bildung und Forschung (BMBF) innerhalb des Rahmenkonzepts

Dieser Beitrag möchte – nicht zuletzt als Konsequenz aus der zitierten Marktstudie – Ansatzpunkte aufzeigen, wie industrielle Dienstleister die Nachfrageseite bei ihren Bemühungen um innovative Service-Konzepte einbinden können. So werden zunächst auf der Basis einiger begrifflicher Grundlagen die Besonderheiten von Dienstleistungsinnovationen herausgearbeitet. Daran anschließend werden die unterschiedlichen Ziele einer innovationsbezogenen Kundeneinbindung dargelegt, bevor im Hauptteil dieses Beitrags die verschiedenen Integrationsmöglichkeiten analysiert werden, derer sich der Dienstleistungsanbieter grundsätzlich bedienen kann. Der letzte Abschnitt befasst sich mit den Problemen und Hindernissen, die eine Einbindung des Kunden in die Innovationsprozesse des Anbieters mit sich bringen und die von Seiten des Dienstleisters gelöst werden müssen, um eine effiziente Einbindung zu gewährleisten. Ein kurzes Fazit rundet den Beitrag ab.

2 Dienstleistungen als Gegenstand von Innovationsprozessen

2.1 Begriffliche und konzeptionelle Grundlagen

2.1.1 Untersuchungsobjekt „Dienstleistung"

Das hier betrachtete **Innovationsobjekt „Dienstleistung"** zeichnet sich durch eine vergleichsweise starke *Einbeziehung von externen Faktoren* in die betrieblichen Prozesse des Anbieters aus, was in der Dienstleistungsforschung unter dem Schlagwort „Integrativität" näher analysiert wird. Diese externen Faktoren, die zunächst nicht im Verfügungsbereich des Anbieters liegen, stellen im industriellen Kontext in erster Linie Personen (z. B. Mitarbeiter), Objekte (z. B. Maschinen oder Anlagen) sowie, unabdingbar, Informationen dar. Sowohl die Eingriffstiefe als auch die Eingriffsintensität sind im Bereich der industriellen Dienstleistungen in besonderem Maße ausgeprägt, da zum einen ein industrielles Sachgut im Mittelpunkt der Betrachtung steht und zum anderen in der Regel langfristige Leistungsbeziehungen vorliegen. Ein im Vergleich zur Integrativität von der Bedeutung her eher nachgeordnetes Charakteristikum von Dienstleistungen ist ihr *relativ hoher Immaterialitätsgrad*. Beide Charakteristika stellen keine trennscharfen Abgrenzungskriterien von Dienstleistungen zu anderen Absatzobjekten dar [3],

---

„Forschung für die Produktion von morgen" gefördert und vom Projektträger Produktion und Fertigungstechnologien (PFT), Forschungszentrum Karlsruhe – Außenstelle Dresden, betreut.

sondern sind tendenzielle Eigenschaften, die einen spezifischen Einfluss auf das Innovationsmanagement von Dienstleistungen ausüben.

Die **industriellen Services** bilden im äußerst heterogenen Dienstleistungssektor einen eigenständigen Teilbereich. Bisher hat sich in der Literatur noch keine allgemeingültige Begriffsabgrenzung herausgebildet [4]. Im Rahmen dieses Beitrags werden unter industriellen Services solche Leistungen verstanden, die zum einen gegenüber Organisationen bzw. Unternehmen erbracht werden und somit – im Gegensatz zu konsumtiven Dienstleistungen, die gegenüber privaten Endverbrauchern angeboten werden – zu den *investiven Dienstleistungen* zu zählen sind. Zum anderen grenzen sie sich innerhalb des weiten Felds der investiven Dienstleistungen durch einen *direkten Produktbezug* zu einer (sachlichen) „Kern-"Leistung ab, weshalb sie teilweise auch als „produktbegleitende" Dienstleistungen bezeichnet werden. Hinsichtlich des Dienstleisters wird somit nicht zwischen Industrieunternehmen, die neben der Service- auch die „Kern-"Leistung erstellen, einerseits und institutionellen Dienstleistungsanbietern, die sich auf die Erbringung bestimmter Services spezialisiert haben, andererseits unterschieden. Ausschlaggebend bleiben der investive Charakter und der unmittelbare Bezug zu einer materiellen Sachleistung. Prinzipiell ist diese Begriffsauffassung von industriellen Dienstleistungen somit auch auf interne produktbegleitende Services innerhalb einer Unternehmung anwendbar (z. B. Reparatur einer selbst genutzten Maschine durch die eigene Instandhaltung) [5].

2.1.2 Untersuchungsobjekt „Innovation"

Eine allgemeingültige Abgrenzung, was genau unter dem Begriff „Innovation" zu verstehen ist, existiert ebenfalls nicht. Je nach Standpunkt und Blickwinkel lassen sich unterschiedliche Innovationsbegriffe definieren, wobei sich als einziges konstitutives Element das Merkmal der *Neuheit bzw. Neuartigkeit* herausgebildet hat [6]. Darauf aufbauend können verschiedene, in der Regel jedoch kaum trennscharfe Systematisierungskriterien für Innovationen herausgearbeitet werden.

Hinsichtlich der *Innovationsart* lassen sich Produkt-, Prozess- (bzw. Verfahrens-) und Potenzialinnovationen voneinander unterscheiden. Während Produktinnovationen nach außen auf den Markt gerichtet sind, haben Prozess- und Potenzialinnovationen in erster Linie eine interne, produktivitätssteigernde Zielrichtung [7]. Zu den Potenzialinnovationen zählen neben den Neuerungen im Bereich der Bereitstellungsleistung des Anbieters auch Sozial- und Strukturinnovationen, die Veränderungen im Humanbereich sowie im Ordnungs- und Beziehungsgefüge der Unternehmung umfassen [8]. Bezüglich des *Innovationsgrads* können Basisinnovationen, die einen relativ hohen Innovationsgehalt aufweisen, von Folge- und Verbesserungsinnovationen (Modifikationen und Variationen bestehender Produkte) unterschieden werden [9].

Im Hinblick auf den *Ursprung von Innovationen* können zum einen solche identifiziert werden, die innerhalb einer Unternehmung entstehen und daraufhin weiterentwickelt werden (Technology-Push). Auf der anderen Seite können Innovationen aber auch vom Markt her angestoßen werden (Demand-Pull) [6]. Eine zu einseitige Ausrichtung an einer der beiden Stoßrichtungen kann langfristig in eine Sackgasse führen, wenn die Fähigkeiten und Kompetenzen zur Realisierung der jeweils vernachlässigten Innovationsquelle abgebaut werden. Vielmehr muss es das Ziel einer Unternehmung sein, die eigenen Ressourcen mit den Ideen, Anregungen und eventuell auch einem weitergehenden Input der Marktseite zu kombinieren. Das *„erstellungsorientierte Wissen"* des Anbieters muss mit dem *„nutzungsorientierten Wissen"* der Nachfrageseite verbunden werden, was letztendlich zur Zusammenführung von Technology-Push und Demand-Pull führt. Das Hauptanliegen muss die – im Einzelfall zu spezifizierende – Symbiose aus unternehmensinternen und -externen Einflussfaktoren sein, um sowohl eine gewisse Unternehmensspezifität der Innovation zu erzeugen als auch eine ausreichende Marktorientierung sicherzustellen. Der erste Aspekt stellt auf die Effizienz der Innovationsentwicklung ab, der zweite Gesichtspunkt soll die Effektivität der Innovationsaktivitäten gewährleisten. Die Sicherung der Marktorientierung einer neuen Dienstleistung kann nur durch die Einbeziehung der Kundenseite in die anbieterseitigen Innovationsprozesse erfolgen, da der Kunde als „Problemträger" oftmals auch eine entscheidende Quelle für die Problemlösung darstellt.

2.1.3 Die Besonderheiten von Dienstleistungsinnovationen

Bedingt durch den relativ hohen Immaterialitätsgrad vieler Dienstleistungen können Innovationen in diesem Bereich häufig nicht mit *gewerblichen Schutzrechten* (z. B. Patente) versehen werden, so dass ein Aufbau und Schutz von dauerhaften Wettbewerbsvorteilen mit Hilfe von rechtlichen Imitationsbarrieren kaum realisierbar ist. Die aus rechtlicher Sicht leicht mögliche Imitation hat zur Folge, dass die Anreize zur Entwicklung und Implementierung innovativer Dienstleistungen gedämpft werden und die Innovationstätigkeiten unter Umständen sogar völlig unterbleiben [10].

Eine weitere einschneidende Besonderheit von Dienstleistungsinnovationen ist durch die relativ hohe Integrativität bedingt: Die Nachfrager von Services kommen – anders als die Nachfrager von typischen Sachleistungen – nicht nur mit dem *Leistungsergebnis* in Kontakt, sondern, bedingt durch ihre Rolle als Co-Produzent der Leistung, ebenfalls mit dem *Prozess der Leistungserbringung* und den *Leistungspotenzialen des Anbieters.* Der Kontakt des Kunden zum Dienstleistungsanbieter erstreckt sich somit über alle drei Leistungsdimensionen (siehe die diesen Unterschied mit Hilfe der so genannten „Line of Visibility" idealtypisch wiedergebende Abbildung 1) [11].

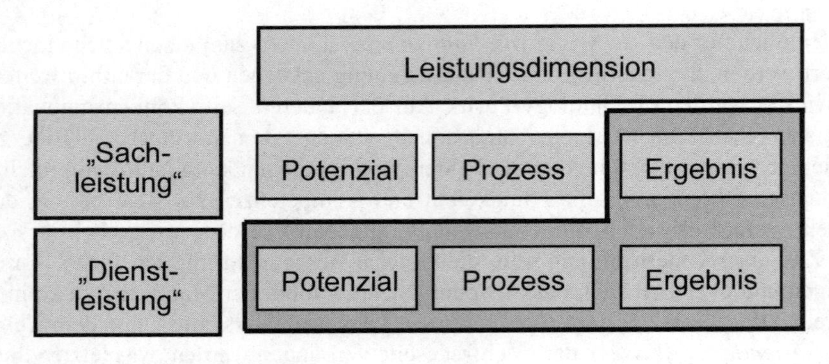

Abbildung 1: Wahrnehmung der Leistungsdimensionen durch den Kunden

Diese spezifische Besonderheit hat schwerwiegende Konsequenzen für die Entwicklung neuer Dienstleistungen. Zum einen können Prozess- und Potenzialinnovationen nicht mehr nur unter Wirtschaftlichkeitsgesichtspunkten (z. B. Kostenreduzierung) erfolgen, wie dies bei Sachleistungen üblich ist. Vielmehr müssen Neuerungen in diesen Bereichen ebenfalls gewisse *Qualitäts- und Akquisitionsanforderungen* erfüllen. Hierdurch werden zugleich die Implementierungsrisiken dieser Art von Innovationen erhöht, da sie bei Dienstleistungen auch „am Markt“ durchgesetzt werden müssen. Auf der anderen Seite steigt durch diese dienstleistungsspezifische Besonderheit das *Innovationspotenzial*, das der Anbieter ausschöpfen kann, da der Kunde die Neuerungen in allen drei Leistungsdimensionen „erlebt“. Hierdurch bieten sich dem Dienstleister gegenüber dem Hersteller von Sachleistungen weitaus mehr Möglichkeiten, sich als ein innovativer und kundenorientierter Problemlöser zu präsentieren.

Hier kommt die *starke Interdependenz zwischen der Dienstleistungserstellung* auf der einen Seite *und der Dienstleistungsinnovation* auf der anderen Seite zum Ausdruck. Der Kunde bzw. der externe Faktor muss bereits bei der Entwicklung innovativer Dienstleistungen berücksichtigt werden, da die Leistungserstellung nicht autonom vom Dienstleister erbracht werden kann. Die Art und Intensität der Einbindung des externen Faktors sollte daher im Innovationsprojekt deutlich definiert werden. Dies gilt umso mehr vor dem Hintergrund, dass der Dienstleister die externen Faktoren nicht direkt steuern, sondern lediglich indirekt beeinflussen kann. Eine gedankliche Trennung zwischen Erstellung und Entwicklung ist bei Dienstleistungen in noch viel größerem Maße als bei Sachleistungen nicht angebracht und kann zu erheblichen Mängeln im Dienstleistungsdesign führen.

Es bleibt festzuhalten, dass es besonders im Dienstleistungsbereich unabdingbar ist, die Integrativität, die bei der Leistungserstellung in großem Maße vorhanden ist, auf die Phase des Innovationsprozesses von Dienstleistungen zu übertragen, da sich dieser Innovationsprozess letztendlich als eine spezielle Form von „Produktionsprozess“ interpretieren lässt, dessen „Produktionsergebnis“ eine erfolgreich implementierte Dienstleistungsinnovation darstellt. Die anbieterseitig vorhandene Autonomie während des Innovationsprozesses, die auch heute noch oftmals festzustellen ist [12], muss zugunsten einer kundenintegrierten Dienstleistungsentwicklung durchbrochen werden.

2.2 Motive der Einbindung des Kunden in den Innovationsprozess

Das grundsätzliche Ziel von innovativen Aktivitäten liegt im Aufbau bzw. der Erhaltung von Wettbewerbsvorteilen gegenüber der Konkurrenz begründet [13]. Bei einem Wettbewerbsvorteil handelt es sich um einen komparativen Unterschied, der aus Sicht des Kunden sowohl wahrnehmbar als auch relevant ist. Zudem sollte er eine gewisse Dauerhaftigkeit aufweisen [14]. Im Rahmen dieses unternehmerischen Strebens nach Wettbewerbsvorteilen ist auch die Kundeneinbindung in die anbieterseitigen Innovationsprozesse zu sehen: Durch die Integration der Marktseite in die Innovationsbemühungen des Anbieters können mögliche Wettbewerbsvorteile oftmals überhaupt erst identifiziert werden. Empirisch konnte nachgewiesen werden, dass die Einbindung des Kunden in der Regel eine Verbesserung der Wettbewerbsposition der Unternehmung bewirkt [15].

Die Realisierung von Wettbewerbsvorteilen durch die Einbindung von Kunden in die Innovationsprojekte kann auf unterschiedliche Art und Weise erfolgen. Zunächst wird hierdurch eine *kundengerechtere Entwicklung von Dienstleistungen* angestrebt, wodurch die am Markt vorhandenen Bedürfnisse gezielter erfasst und abgedeckt werden können [16]. Neue, innovative Dienstleistungen werden nicht (mehr) am Markt vorbei entwickelt, da der Verwendungsbezug bereits frühzeitig sichergestellt ist. Zahlreiche empirische Studien belegen, dass die Markt- und Kundenorientierung ein entscheidender Erfolgsfaktor von innovativen Dienstleistungen ist [17]. Im Einklang hiermit steht die Erkenntnis, dass eine fehlende Kongruenz zwischen der durch den Anbieter wahrgenommenen und der realen Bedürfnislage der Kunden eine der häufigsten Ursachen für den Misserfolg von Service-Innovationen darstellt [18]. Somit lässt sich die Erfolgswahrscheinlichkeit von Innovationsprojekten durch die Kundeneinbindung eindeutig erhöhen, was zu einer *Risikominderung* und letztendlich zu einer *Kostensenkung* führt. Neben den vermeidbaren Kosten für einen ineffizienten Ressourceneinsatz sind hier insbesondere auch die Imageeinbußen zu nennen, die der Dienstleister durch eine fehlende Marktorientierung seiner Leistungspolitik erleidet [19]. Unter bestimmten Umständen können durch die Integration von Kunden in die Innovationsprozesse des Anbieters auch *Zeitvorteile* realisiert werden, wenn die bedarfsorientierte Herangehensweise zu einem zielgerichteteren Innovationsprozess führt. Vor allem in den frühen Phasen der Ideengenerierung und -selektion kann der Kundeneinfluss für eine Eingrenzung der potenziellen Suchfelder für innovative Ideen sorgen [20]. Aber auch die Konzeptionierung und Realisierung der Dienstleistungsinnovation lässt sich durch die Mitwirkung des Kunden beschleunigen [21]. Hierdurch lassen sich weitere Kostensenkungen erzielen. Durch die Einbindung von besonders prestigeträchtigen Nachfragern kann der Dienstleister – insbesondere in investiven Märkten, die häufig eine überschaubare Anzahl an Marktteilnehmern aufweisen – ein *Akquisitionspotenzial* aufbauen. So können Kunden, die in ihrem Markt eine gewisse Reputation aufweisen, als Referenzkunden genutzt werden, durch die die Adoption und Diffusion der Innovation im Markt gefördert werden kann. Besonders bei Dienstleistungen, die verhältnismäßig wenig Sucheigenschaften aufweisen, werden oftmals Surrogatinformationen, wie eben die Reputation oder auch Mund-zu-Mund-Werbung, zur Beurteilung der Qualität einer Leistung herangezogen [22]. Hierdurch kann der Anbieter die bestehende Unsicherheit auf dem Markt, die bei Innovationen im Allgemeinen und bei innovativen Dienstleistungen im Besonderen als sehr hoch einzustufen ist, wirksam reduzieren. Bei den direkt in den Entwicklungsprozess involvierten Kunden kann es darüber hinaus zu einer erhöhten Kundenbindung kommen, was auf eine verstärkte Identifikation mit der Innovation bzw. dem Anbieter zurückgeführt werden kann [23].

3 Phasenbezogene Betrachtung der Entwicklung innovativer industrieller Dienstleistungen: Ansatzpunkte für die Integration des Kunden

3.1 Dienstleistungsinnovationen als phasenbezogener „Produktions“-Prozess

Dienstleistungsinnovationen sind kein punktuelles Ereignis, sondern stellen – wie oben schon angedeutet – zeitraumbezogene „Produktions-“Prozesse dar, deren Ergebnis in einer erfolgreich implementierten Dienstleistungsinnovation zu sehen ist. Hier zeigen sich eindeutige Parallelen zwischen der Dienstleistungsinnovation auf der einen Seite und der Leistungserstellung auf der anderen Seite (siehe Kapitel 2.1.3). Jedoch besitzen Innovationsprozesse im Dienstleistungsbereich, im Gegensatz zu den vielfach detailliert ausgearbeiteten und formalisierten Leistungserstellungsprozessen, einen eher zufälligen und intuitiven Charakter: Neue Dienstleistungen werden in der Regel informell konzipiert, entstehen oftmals beiläufig im Zeitverlauf oder beruhen auf dem Gespür und Glück einzelner Personen [24], was häufig in einem kostenintensiven „Trial-and-Error-“Verfahren endet. Im Gegensatz zu Sachleistungsherstellern, für die ein formaler Prozess zur Erarbeitung von Innovationen häufig geradezu als Selbstverständlichkeit angesehen wird, existieren bei Dienstleistungsunternehmen meist weder explizit als solche definierte Innovationsaktivitäten und -phasen, noch gibt es klar festgelegte

Zuständigkeiten, Kompetenzen und Informationsströme, geschweige denn ein konzeptionell in sich geschlossenes Innovationsmanagement. Im Gegensatz zu den Gegebenheiten in der Praxis hat die empirische Dienstleistungsforschung die Nutzung eines formalen Innovationsprozesses allerdings als einen der wesentlichen Erfolgsfaktoren für Dienstleistungsanbieter herausgestellt [25].

In der Literatur existieren unterschiedliche theoretische Phasenkonzepte, von denen die meisten aus dem Bereich der Sachleistungen stammen. Jedoch gibt es auch speziell im Dienstleistungsschrifttum verschiedene detaillierte Ansätze [26]. An dieser Stelle wird allerdings ein gegenüber vielen Konzepten vergleichsweise „grobes" *Drei-Phasen-Modell* als Strukturierungsansatz für die Kundenintegration in die Dienstleistungsinnovationsprozesse verwendet, das im Folgenden kurz zu skizzieren ist [27]: In der *Phase der Ideengewinnung* werden Anregungen und Vorschläge für Dienstleistungsinnovationen aktiv und systematisch generiert, gesammelt und dokumentiert. Die gewonnenen innovativen Ansätze werden in der *Phase der Ideenprüfung und -auswahl* auf Grundlage ihrer Verwendungsfähigkeit, ihres potenziellen Kundennutzens sowie ihrer Umsetzbarkeit geprüft und selektiert. Die Erfolg versprechendsten Ideen werden durch die Erstellung eines Konzepts konkretisiert, getestet und mit Hilfe einer Wirtschaftlichkeitsrechnung analysiert. In der *Phase der Ideenrealisierung* werden die einzelnen Eigenschaften der Dienstleistung entwickelt und festgelegt. Das Leistungsangebot muss definiert, die Leistungserstellungsprozesse müssen entworfen und die Leistungspotenziale der Unternehmung auf die Erbringung der innovativen Leistung ausgerichtet werden.

Ohne ein solch strukturiertes und planvolles Vorgehen wird die Integration des Kunden in die Innovationsaktivitäten zwangsläufig unsystematisch, ziellos, unregelmäßig und damit letzten Endes ohne die gewünschte positive Wirkung auf Wettbewerbsfähigkeit und Erfolg bleiben. Daher soll im Folgenden anhand dieser Phasen das Mitwirkungspotenzial des Kunden aufgezeigt und diskutiert werden.

3.2 Kundeneinbindung in die Phase der Ideengewinnung

Die Formen der Einbindung des Kunden in die Phase der Ideengenerierung lassen sich nach der *Intensität* abstufen, mit der der Kunde beteiligt wird: Von sehr schwach bis sehr intensiv sind alle Spielarten denkbar, wobei industrielle Dienstleister bisher eher die weniger intensiven Ansätze verwenden.

So kann der Nachfrager zunächst im Sinne einer *„passiven Informationsquelle"* genutzt werden: Dieses Vorgehen ist methodisch wenig anspruchsvoll; berücksichtigt man jedoch die Tatsache, dass in den Kunden latente Träger innovativer Anregungen und Ideen gesehen werden können [19], die ihre Bedürfnisse und Probleme durch die Verwendung der am Markt verfügbaren Leistungen oder aber ein Mangelempfinden angesichts des Fehlens der betreffenden Angebote zu erkennen vermögen, wird der Wert einer intensiven Beobachtung der Abnehmer deutlich. Die Aufnahme und Registrierung von Äußerungen der Mitarbeiter der Kundenunternehmung, die bei der Abwicklung von Markttransaktionen, insbesondere im persönlichen Gespräch ermittelt werden können, ist in jedem Fall sinnvoll, denn letztlich birgt jede explizite oder implizite Bedürfnisformulierung seitens des Kunden Anregungen zur Verbesserung und Initiierung von Innovationsprozessen. Die durch die Integration des externen Faktors erfassbaren Anregungen und Ideen können als „integrative Informationen" bezeichnet werden [28]. Der Kunde nimmt hierbei nicht bewusst bzw. aktiv an den Innovationsaktivitäten teil, sondern erfüllt lediglich seine „übliche" Funktion bei der Erstellung und Vermarktung einer Leistung, sei es Hardware oder Service. Er nimmt insofern bezüglich des Innovationsprozesses eine eher passive Rolle ein. Aus Anbietersicht handelt es sich um eine verdeckte Beobachtung, die den großen Vorteil hat, dass das Auftreten eines Beobachtungseffektes verhindert wird. Gerade bei industriellen Dienstleistungen ist der direkte Kontakt zum Kunden häufig so stark ausgeprägt – insbesondere aufgrund dauerhafter Geschäftsbeziehungen –, dass sich zahlreiche Gelegenheiten für einen diskreten und unverfälschten Einblick in die Kundenbedürfnisse bieten.

Das Service-Personal stellt ohne Zweifel den Schlüsselfaktor bei dieser Art der Informationsbeschaffung dar: Die Mitarbeiter des Anbieters stehen in Kontakt mit denen des Kunden, kommunizieren mit ihnen, erleben deren Reaktionen und erlangen Einsicht in ihre Bedürfnisse und Probleme. Sie müssen für diese spezifische Aufgabenstellung sensibilisiert und entsprechend geschult werden, denn sie werden zu „Part-Time-Marktforschern" [29] und „Sensoren im Markt" [8], welche die Kundeninformationen nicht nur erheben, sondern auch dokumentieren und weiterleiten müssen. Zur effizienten und effektiven Nutzung dieser wichtigen Informationsmöglichkeit sind vom Anbieter organisatorische Voraussetzungen wie feste Kommunikationswege sowie Anreiz- und Belohnungssysteme zu schaffen, die in der Praxis allerdings häufig noch fehlen [30].

Die oben schon zitierte Marktanalyse im Rahmen des Projekts Invest-S brachte zum Ausdruck, dass die Kunden vor allem aus dem Tagesgeschäft heraus, speziell im Rahmen von Gesprächen mit den Außendienstmitarbeitern des Anbieters in die Entwicklung neuer industrieller Dienstleistungen eingebunden werden (siehe Abbildung 2) [2]. Ähnliche, allerdings von der Anbieterperspektive ausgehende Ergebnisse lieferte eine andere Studie im Investitionsgüterbereich [31]: Hier stellte sich heraus, dass Tätigkeiten, die sich aus der täglichen Arbeit ergeben – wie etwa die Anwenderbeobachtung oder die Auswertung von Kundendienstberichten – die am häufigsten genutzten Quellen zur Gewinnung von innovationsrelevanten Anwenderinformationen darstellen. Sie wurden den aufwändigeren Methoden in der Regel vorgezogen und konnten überdies gute Einsichten und Ergebnisse bewirken.

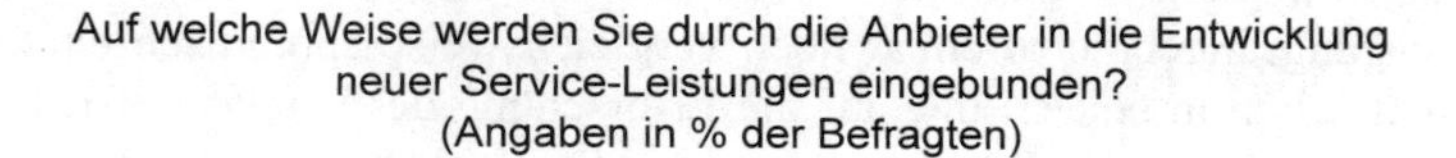

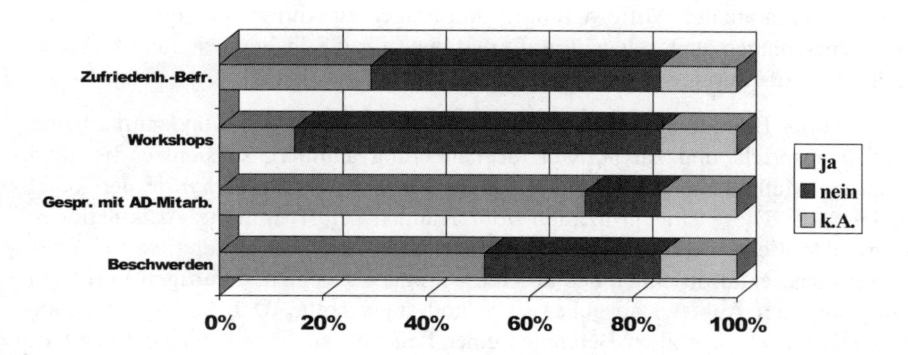

Abbildung 2: Formen der Kundeneinbindung in die Dienstleistungsentwicklung

Durch diese Form der Ideen- und Informationssammlung können in erster Linie aktuelle Bedürfnisse der Kunden erfasst werden. Teilweise sind bei der Beobachtung der Abnehmer aber auch latente Bedürfnisse erkennbar, wohingegen zukünftige auf diese Weise nicht entdeckt werden können [32]. Aus den so gewonnenen Daten resultieren vor allem innovative Verbesserungen existierender Leistungen, da die Ideen in der Regel sehr eng an die bestehenden Services angelehnt sind. Aber auch höhere Innovationsgrade sind nicht generell ausgeschlossen, wenngleich sie eher bei den nachfolgend behandelten Formen der Einbindung zu finden sind.

Im Grunde muss der Übergang von der beschriebenen eher passiven Einbindung des Kunden hin zu den aktiven Formen als fließend angesehen werden. So besteht eine erste Möglichkeit der aktiveren Einbeziehung des Kunden in die Ideenfindung darin, ihn durch eine gezielte und systematische *Befragung* zur Äußerung seiner Vorstellungen und Anregungen zu veranlassen [33]. Auch bei dieser Methode bietet die Integrativität der schon bestehenden Service-Prozesse einen besonderen Vorteil, da der Anbieter dadurch die Gelegenheit erhält, den Nachfrager vor, während und/oder nach der Leistungserstellung direkt anzusprechen. Der Kunde kann dabei aufgrund der zeitlichen Nähe zur Inanspruchnahme der Leistung wesentlich qualifiziertere Auskünfte geben, als dies bei einer zeitlich deutlich nachgelagerten Befragung der Fall wäre. Zu unterscheiden sind hierbei einmalige von wiederholten Befragungen. Erstere führen zur Gewinnung von Daten für Querschnittsanalysen, während Letztere, sofern sie zum identischen Themenkomplex durchgeführt werden, zeitliche Entwicklungen und Veränderungen in den Nachfragerbedürfnissen aufzeigen können (Längsschnittanalyse) [34]. Zwar zielen derartige Befragungen, die in der Investitionsgüterindustrie bezüglich relevanter Dienstleistungsangebote offenbar noch vergleichsweise sporadisch eingesetzt werden, nicht selten in erster Linie auf die Erforschung der Kundenzufriedenheit und auf die Beurteilung der Dienstleistungsqualität, doch können durch die Aufnahme von expliziten Aufforderungen und Fragen zu Anregungen und Verbesserungsvorschlägen auch relevante Informationen für die Ideengewinnung hinsichtlich möglicher Service-Innovationen Berücksichtigung finden.

Tritt bei der Befragung der Anbieter in Vorlage, indem er die Kundenmitarbeiter gezielt anspricht und zur aktiven Ideenäußerung animiert, so sieht es bei dem nächsten Methodenbaustein, den *Beschwerden und Reklamationen*, in der Regel anders aus: Diese sind prinzipiell vom Kunden selbst initiierte Artikulationen bezüglich erlebter Mängel und Schwachstellen einer Dienstleistung, wobei allerdings – das sei ausdrücklich betont – die Anregung zu einem derartigen Verhalten durchaus vom Anbieter ausgehen kann und sogar sollte. Der Auslöser für eine Beschwerde kann in allen Bereichen einer Leistung zu finden sein und insofern die Potenzial- ebenso wie die Prozess- und Ergebnisebene betreffen. Gerade im industriellen Bereich können neben spezifisch servicebezogenen Beschwerden zudem auch hardwarebezogene Reklamationen Anhaltspunkte für ergänzenden Service-Bedarf geben, z. B. für die Einrichtung ergänzender Kundendienstangebote zur Aufrechterhaltung der Leistungsbereitschaft der Maschinen und Anlagen des Kunden. Eingehende Beschwerden beinhalten regelmäßig Anhaltspunkte für die Suche nach möglichen Innovationen und bergen darüber hinaus meist auch erste Hinweise zu einer Lösung in sich. Häufig hat der Beschwerdeführer sogar schon eigene Vorschläge zur Verbesserung bzw. Neuentwicklung einer Dienstleistung entwickelt [29], wenn auch in zunächst noch eher bescheidenem Umfang.

Beschwerden sind zwar grundsätzlich höchst subjektive Meinungsäußerungen, die nicht als repräsentativ anzusehen sind, doch können durch eine systematische Zusammenfassung und Auswertung Schwerpunkte in den Reklamationen herausgearbeitet werden, die verallgemeinerbare Ansätze für Verbesserungen darstellen. Für den Anbieter bietet sich insofern die Notwendigkeit der Implementierung eines Beschwerde-Management-Systems an. Neben dem Vorteil einer gezielten und strukturierten Sammlung der eingehenden Reklamationen und deren Auswertung im Hinblick auf innovative Ideen und Anregungen kann hierdurch möglicherweise eine Imageverbesserung erreicht werden, da der Anbieter für den Kunden jederzeit ansprechbar ist, so dass dieser seine Wünsche, Anstöße und Vorschläge unkompliziert einbringen kann – auch solche, die er ansonsten vielleicht für sich behalten würde. Allerdings sind auch die Beschwerden vor allem ein Instrument zur Gewinnung von Ideen für Verbesserungsinnovationen, wohingegen die Möglichkeit zur Gestaltung völlig innovativer Konzepte kaum gegeben ist [35].

Eine weitere, oftmals und sicherlich auch bei industriellen Dienstleistern noch zu wenig beachtete Konzeption zur Kundeneinbindung in die Dienstleistungsentwicklung stellen so genannte *User Groups* dar. Unter diesen versteht man „demokratische Foren“, zu denen sich interessierte Kunden zusammenschließen und die sich ursprünglich vor allem in der Computerbranche herausgebildet haben [36]. Dabei können derartige User Groups äußerst unterschiedliche Organisationsformen und Formalisierungsgrade aufweisen. So können sie sich auf eigene Initiative der Abnehmer oder auf die des Dienstleisters hin bilden, von diesem abhängig oder unabhängig sein und sich in unterschiedlich hohem Maße auf einen einzelnen Anbieter fixieren [37], was sich gerade im industriellen Bereich häufig dann findet, wenn ein bestimmter Großabnehmer für den Anbieter von besonderer strategischer Bedeutung ist.

Durch das grundsätzlich zu unterstellende hohe Involvement der Mitglieder kommt es innerhalb einer User Group zu einem regen Informations- und Erfahrungsaustausch, der auch eine kritische und konstruktive Beurteilung der Service-Angebote beinhalten sollte. Aus diesen Diskussionen heraus können innovative Anstöße entstehen, durch die sich neue Lösungs- und Verbesserungsansätze konzipieren lassen. Die User Groups können darüber hinaus auch selbst versuchen, aktiven Einfluss auf die Gestaltung neuer Dienstleistungen zu nehmen. Zudem hat der Anbieter die Möglichkeit, User Groups als kompetentes und motiviertes Forum zu nutzen, um ein fundiertes marktliches Feedback bezüglich aktuell aufgekommener Innovationsideen zu erhalten (siehe auch Abschnitt 3.3). Vorbilder für derartige User Groups finden sich z. B. bei produktbegleitenden Dienstleistungen im Systemgeschäft [38] oder in der Softwarebranche.

Ein äußerst flexibles, sowohl periodisch als auch in unregelmäßigen Abständen einsetzbares Instrument der Kundeneinbindung nicht nur, aber auch in der Phase der Ideengewinnung stellen *Workshops* dar. Unter diesem Begriff werden vom Anbieter anberaumte ein- oder mehrtägige Treffen verstanden, deren inhaltliche Thematik meist vorab festgelegt wird, mitunter aber auch weniger konkret vorgegeben sein kann. Unter der Leitung eines fachkundigen Moderators werden neben Personal des Anbieters auch Vertreter der Kundenunternehmungen einbezogen. Bei der Auswahl der einzubindenden Abnehmer können bspw. diejenigen angesprochen werden, die sich schon in der Vergangenheit durch eigene Vorschläge, Beschwerden oder andere Aktivitäten als Kunden mit einem überdurchschnittlichen Interesse und Engagement bemerkbar gemacht haben. Durch die Einladung zu einem Workshop wird der Kunde zum einen für seine Aktivitäten belohnt (z. B. durch einen attraktiven Tagungsort), zum anderen kann hierdurch sein vorhandenes Involvement noch weiter stimuliert und gesteigert werden [19].

Im Hinblick auf Innovationsprozesse eignen sich insbesondere so genannte „Kreativ-Workshops“ [39], in denen durch die Zusammenarbeit mit den Kunden detaillierte Bedürfnis- und Problemdefinitionen erarbeitet und darauf aufbauend erste Lösungsideen entwickeln werden. Konnten durch die bisher vorgestellten Maßnahmen und Methoden in erster Linie nur die aktuellen Bedürfnisse und Probleme der Nachfrager erhoben werden, so stellen die Kreativ-Workshops ein adäquates Integrationsmedium dar, um auch latente und sogar zukünftige Kundenbedürfnisse zu ermitteln [35]. Hierzu stehen dem Anbieter verschiedene Kreativitätstechniken zur Verfügung, die den Nachfrager aus der Rolle des Befragten in die eines Experten befördern, der sich aktiv und selbständig zu einem Themenkomplex äußert (z. B. Brainstorming, Morphologischer Kasten etc.).

In Anlehnung an die in der Industrie wie im Dienstleistungsbereich verbreiteten Qualitätszirkel kann der Anbieter auch einen *Innovationszirkel* etablieren, bei dem es sich um die Einrichtung von regelmäßig stattfindenden Gruppendiskussionsrunden handelt, die speziell auf die Entwicklung von Ideen und Problemlösungsansätzen zur Entdeckung weitergehender Innovationspotenziale ausgerichtet sind [40]. In derartige Zirkel können auch Kunden mit einbezogen werden, was im Hinblick auf die Gestaltung von Innovationsprozessen bei industriellen Dienstleistungen in jedem Fall sinnvoll erscheint. Dabei sollte durchaus mit wechselnden Kunden zusammengearbeitet werden, da hierdurch eine Auffrischung des Zirkels stattfindet und es darüber hinaus vielfach nicht möglich ist, einen Anreiz für die Kundenunternehmungen und ihre Mitarbeiter zu schaffen, der diesen dazu veranlassen könnte, sich langfristig in derartigen Gremien des Anbieters zu engagieren.

Damit sind einige der wesentlichen Methoden zur Kundenintegration in die Phase der Ideengewinnung vorgestellt worden. Es wird sich zeigen, dass manche Konzepte auch in den beiden Folgephasen zum Einsatz gelangen können.

3.3 Kundeneinbindung in die Phase der Ideenprüfung und -auswahl

In der Phase der Ideenprüfung und -auswahl, die bis zur Entwicklung und Wirtschaftlichkeitsprüfung von Leistungskonzepten reicht, spielen allein solche Integrationsansätze eine Rolle, in deren Rahmen dem Kunden eine aktive Funktion zukommt. Sofern es sich dabei um Vorgehensweisen handelt, die bereits im vorhergehenden Abschnitt behandelt wurden, reicht im Folgenden ein kurzer Hinweis auf die spezielle Ausrichtung dieser Methoden auf die hier zu betrachtende Phase aus, so dass die Darstellung vergleichsweise knapp gestaltet werden kann.

Reine Kundenbefragungen genügen in der Phase der Ideenprüfung und -auswahl nicht mehr, denn dadurch allein erhält der Anbieter noch keine ausreichenden Informationen für das weitere Vorgehen. Denkbar ist aber, dass in dieser Phase die Ergebnisse von Kundenbefragungen genutzt werden, um sie in das Instrument des *Quality Function Deployment* zu integrieren. Zwar hat dieses in erster Linie die kunden- und qualitätsorientierte Entwicklung von Sachleistungen zum Gegenstand, doch kann es durchaus auch zur Gestaltung neuer Dienstleistungen herangezogen werden [41]. Bei diesem Verfahren wird versucht, die durch Kundenbefragungen ermittelten subjektiven Bedürfnisse mit objektiven Gestaltungselementen zu verbinden, um hierdurch eine möglichst optimale Gestaltung der Services zu realisieren. Dies geschieht mit Hilfe des *House of Quality*, in dem die beiden Dimensionen (Bedürfnisse und Gestaltungselemente) anhand von Tabellen und Diagrammen verknüpft werden. Es ist deutlich geworden, dass die Rolle des Kunden bei dieser Vorgehensweise noch vergleichsweise gering ist und sich im Grunde auf das Liefern informatorischer Inputs für die dann durch den Anbieter weiterzuführende Service-Konzeptgestaltung beschränkt. Dies stellt sich bei den meisten der folgenden Verfahren anders dar.

So lassen sich mit Hilfe der schon angesprochenen *User Groups* sehr gut zuvor gesammelte Ideen hinsichtlich ihrer kundenseitigen Relevanz diskutieren und selektieren. Die einbezogenen Kunden können jeweils aus ihrer Sicht die Bedarfsgerechtigkeit der aus den Vorschlägen resultierenden Dienstleistungen beurteilen und gleichzeitig Hinweise für die konkrete Ausgestaltung derselben geben. Dies wird umso besser gelingen, je wichtiger die beteiligten Abnehmer die zu erwartenden Service-Leistungen einschätzen, da dann ihr persönliches Interesse, sich einzubringen und die Angebote ihren individuellen Erwartungen entsprechend mitzugestalten, tendenziell größer ist.

Ähnlichen Zwecken wie die User Groups können grundsätzlich auch *Workshops* jedweder Art dienen, deren flexible und vielfältige Einsatz- und Ausgestaltungsmöglichkeiten schon im vorhergehenden Abschnitt betont wurden. So bieten gerade Kreativ-Workshops ein hervorragendes Forum zur Diskussion und Bewertung von Ideen, aber auch darauf aufbauend zur Konzeptentwicklung. Hier sei besonders auf das Instrument des *Morphologischen Kastens* verwiesen, das im Rahmen derartiger Workshops zum Einsatz gelangen kann: Dabei wird das Ausgangsproblem zunächst in diejenigen Bestandteile zerlegt, die Einfluss auf die Lösung besitzen. Zu diesen Problemmerkmalen werden dann die jeweils möglichen Ausprägungen ermittelt. Merkmale und Ausprägungen werden daraufhin in einer Matrix, die den Morphologischen Kasten i. e. S. darstellt, zusammengefasst und können nunmehr zu unterschiedlichen Gesamtlösungen kombiniert werden [42]. Eine weitere Möglichkeit, den Kunden mit Hilfe von Workshop-Konzepten in den Innovationsprozess zu integrieren, besteht in der Durchführung einer *Target-Design*-Workshop-Reihe. Bei diesem Verfahren geht es um die Erforschung der konkreten Kundenbedürfnisse, darauf aufbauend vor allem aber auch um die Modellierung von Konzepten für neue Dienstleistungen. Die Kunden wählen aus einem Spektrum vorgegebener Leistungsmerkmale die gewünschten Ausprägungen aus und stellen auf diese Weise bestimmte Angebotstypen zusammen. Daraus ergeben sich für den Anbieter konkrete Hinweise auf eine weitere Ausgestaltung der innovativen Service-Konzepte [43].

Wandelte sich bei den im vorliegenden Abschnitt umrissenen Konzepten die Rolle des Kunden schon deutlich immer mehr vom Innovationsinitiator hin zum Innovationsberater, so wird diese Entwicklung mit dem nunmehr zu behandelnden *Konzepttest* weiter fortgeführt: Der Kunde wird in die Überprüfung, Bewertung und Modifizierung gestalterischer Vorschläge eingebunden, so dass er nunmehr neben Anregungs- vor allem auch Absicherungsinformationen für den Anbieter liefert, die diesem beim Auffinden des „richtigen Wegs“ helfen [33].

Im Rahmen des Konzepttests wird den Kunden die zu einem (Service-)Konzept weiterentwickelte innovative Idee vorgelegt. Die Nachfrager sollen das Konzept hinsichtlich seiner Vorteilhaftigkeit gegenüber aktuellen Leistungsangeboten prüfen und darüber hinaus Vorschläge machen und Anregungen geben, die zu weiteren Verbesserungen führen können. Als Konzept einer neuen Dienstleistung wird in diesem Zusammenhang die „aus der Perspektive [...] der anvisierten Leistungsnehmer beschriebene, gedanklich konkret ausgestaltete Darstellung eines Dienstleistungsinnovationsvorschlags" [34] verstanden. Bei dieser Definition wird unmittelbar deutlich, dass das Service-Konzept aus Sicht des Kunden ausgearbeitet werden muss, da diesem die Aufgabe der Überprüfung zukommt.

Damit der Kunde ein Konzept überhaupt fundiert beurteilen kann, muss es vom Anbieter entweder verbal oder – besser noch – visuell dargestellt und erläutert werden. Zur Visualisierung von Service-Konzepten bietet sich nicht zuletzt das Verfahren des *Service-Blueprinting* an, das in dieser Hinsicht seit langer Zeit eingesetzt wird, bisher jedoch eher im konsumtiven als im industriellen Dienstleistungsbereich. Die Leistung wird hierbei in ihre einzelnen Teilprozesse zerlegt und mit Hilfe von Ablaufdiagrammen abgebildet, wodurch sich eine Art „Blaupause" der gesamten Leistung entwickeln lässt [44][45]. Diese strukturierte Darstellung hilft dem Kunden dabei, sich die einzelnen Dienstleistungskomponenten besser vorstellen zu können, wodurch er eher in die Lage versetzt wird, Mängel erkennen und Modifikationen vornehmen zu können. Alternativ erarbeitete Konzepte und konkurrierende Dienstleistungsangebote können ebenfalls als Blueprints dargestellt werden, was eine Vergleichbarkeit ermöglicht, so dass der Kunde wiederum die jeweiligen Vor- und Nachteile besser identifizieren und herausfiltern kann. Im Hinblick auf prozessorientierte Dienstleistungen, bei denen der Ausgestaltung der Abläufe aus Kundensicht mehr Bedeutung zukommt als dem Leistungsergebnis i. e. S., können grundsätzlich auch audio-visuelle Hilfsmittel zur Darstellung des Konzepts eingesetzt werden [34], wobei von derartigen Möglichkeiten für industrielle Dienstleistungen bisher allerdings wenig Gebrauch gemacht wird.

Der Vorteil der zuletzt vorgestellten Form der Kundeneinbindung und -mitwirkung besteht darin, dass die Nachfrager auf ein konkret vorgelegtes Konzept besser reagieren und fundiertere Stellungnahmen dazu abgeben können, als es ohne eine derartige Unterstützung der Fall wäre. Es darf allerdings nicht übersehen werden, dass Mitarbeiter des Kunden vor allem diejenigen Teilprozesse adäquat beurteilen können, zu denen sie unmittelbar in Kontakt treten. Eine Einschätzung der Teilschritte, die hinter der „Line of Visibility" ablaufen und sich allein im Bereich des Anbieters vollziehen, wird ihnen zwangsläufig nur schwer oder gar nicht möglich sein. Hier muss der Anbieter selbst entsprechende Rückschlüsse ziehen. Trotz dieses Einwands kann der Anbieter jedoch durchaus mit Hilfe von Konzepttests grundsätzlich vorhandene Schwachstellen im Service-Design durch die Einbeziehung der Nachfrager und ihrer Urteilsfähigkeit frühzeitig ausfindig machen und gegebenenfalls korrigierend eingreifen [46].

3.4 Kundeneinbindung in die Phase der Ideenrealisierung

Die im vorhergehenden Abschnitt behandelte Phase der Ideenprüfung und -auswahl geht mehr oder weniger nahtlos in die abschließende Phase der Ideenrealisierung über, in der die Konzepte in konkrete Dienstleistungen umgesetzt werden. Insofern behalten viele der zuvor behandelten Einbindungsmöglichkeiten auch bei der Service-Realisierung ihre grundsätzliche Gültigkeit, wobei der Konkretisierungsgrad der Service-Konzeptionen allerdings zunimmt, denn das Ergebnis des Innovationsprozesses besteht aus einer marktreifen und marktfähigen Dienstleistung. Im Vordergrund der letzten Phase steht insofern weniger die Prüfung von Alternativen als vielmehr die endgültige Ausformulierung des Service-Angebots. Auf diesen Aspekt sei insbesondere unter dem Blickwinkel der Möglichkeiten einer Einbeziehung der Kunden anhand der Durchführung von *Dienstleistungstests* nunmehr näher eingegangen.

Während bei Produkttests im Sachgüterbereich vielfach Prototypen hergestellt werden, um diese dann unter Einbeziehung der Kunden zu testen, fällt dieses Vorgehen bei Dienstleistungen schwer: Hier können regelmäßig keine einzelnen Testeinheiten im Sinne von Leistungsergebnissen erstellt werden. Da es sich bei Dienstleistungen regelmäßig um äußerst komplexe Systeme handelt, die aus vielfältigen Potenzialen und Prozessen bestehen, in die zudem noch externe Faktoren integriert werden müssen, kann durch die Vorkombination der internen Produktionsfaktoren zunächst nur eine „prototypische Leistungsfähigkeit" hergestellt werden [34]. Bei der eigentlichen Durchführung des Dienstleistungstests muss dann jedoch der externe Faktor mit einbezogen werden, wobei sich vor allem durch ihn letzte Hinweise auf vorhandene Mängel in der Leistungsgestaltung und Möglichkeiten zur Verbesserung erkennen lassen.

Derartige Leistungstests sollten so durchgeführt werden, dass sie möglichst unter realen Bedingungen ablaufen. So können Dienstleistungsinnovationen im Banken- und Versicherungsbereich zunächst örtlich oder regional in ausgewählten Filialen getestet werden, während Fluggesellschaften neue Services möglicherweise anfangs nur auf einer bestimmten Route anbieten. Für industrielle Dienstleistungen fällt eine Übertragung derartiger Vorgehensweisen relativ schwer. Hier besteht aber die Möglichkeit, innovative Service-Konzepte zunächst mit ausgewählten Kunden zu testen, z. B. mit Lead Usern, die im folgenden Abschnitt noch näher vorgestellt werden. Allerdings muss der Anbieter für solche Tests bereit sein, die erforderlichen Voraussetzungen zu schaffen, indem er die notwendigen personellen und sachlichen Potenziale aufbaut. Diesem Aufwand steht jedoch ein erheblicher Zugewinn qualitativ hochwertiger Informationen gegenüber, da die Abnehmer die Service-Leistungen auf diese Weise wesentlich besser beurteilen können, woraus dann auch gegebenenfalls konstruktive Verbesserungsvorschläge erwachsen sollten. Allerdings können bei der Durchführung von Dienstleistungstests im Hinblick auf die anschließende Überprüfung und Überarbeitung der Dienstleistungsgestaltung in erster Linie nur noch relativ geringfügige Korrekturen und Verfeinerungen berücksichtigt werden [47]. Beispielsweise ist es möglich, die zeitliche Ausgestaltung (Dauer und Abfolge) der Teilprozesse einer Dienstleistung weiter zu optimieren. Werden von den Abnehmern jedoch größere Schwachstellen identifiziert, für die eine grundlegende Lösung erst noch erarbeitet werden muss, kann dies unter Umständen zu einem Abbruch des Innovationsvorhabens führen. Dies sollte angesichts der bereits investierten Ressourcen in dieser späten Phase jedoch eher die Ausnahme sein, die tendenziell um so seltener eintreten dürfte, je intensiver und systematischer eine Einbeziehung der Kunden bereits in den vorausgegangenen Phasen des Innovationsprozesses vorgenommen wurde.

3.5 Das Lead User-Konzept und seine dienstleistungsspezifische Anwendbarkeit

Abschließend sei auf eine Konzeption eingegangen, die sich einer einzelnen Phase des Innovationsprozesses aufgrund ihrer Komplexität nicht zuordnen lässt und daher hier gesondert behandelt wird: Das Lead User-Konzept nach VON HIPPEL stellt das bislang detaillierteste Modell für eine *langfristige Innovationskooperation* zwischen einem Anbieter und einem oder wenigen ausgewählten Kunden dar [48]. Diese vertikale Zusammenarbeit kann sich entweder auf ein spezielles Innovationsprojekt erstrecken oder darüber hinaus in eine projektübergreifende Innovationspartnerschaft münden. Die herausforderndste Aufgabe für den Anbieter, der das Lead User-Konzept für seine Innovationsbestrebungen nutzten möchte, besteht in der richtigen Identifikation geeigneter Nachfrager. Lead User lassen sich durch zwei wesentliche Merkmale charakterisieren:

„Lead users face needs that will be general in a marketplace – but face them months or years before the bulk of that marketplace encounters them, *and*

Lead users are positioned to benefit significantly by obtaining a solution to those needs" [48].

Lead User verspüren somit zum einen zukünftige Bedürfnisse wesentlich früher als die meisten anderen Nachfrager und erzielen zum anderen einen ökonomischen Nutzen aus der Lösung ihrer Probleme, die von den aktuell am Markt angebotenen Leistungen nicht bewältigt werden können. Der Lead User hat somit einen wirtschaftlichen Anreiz und ein entsprechendes Interesse, aktiv bei einer solchen Innovationskooperation mitzuwirken. Je stärker der Kunde das Problem empfindet und je größer sein ökonomischer Nutzen aus der Problemlösung ist, desto eher wird er zu einer Kooperation bereit sein. Der Anbieter sollte bestrebt sein, die identifizierten Lead User in den gesamten Innovationsprozess zu integrieren und ihr Wissen von der Ideensuche bis hin zur Markteinführung zu nutzen [49]. Daher wird dieser Ansatz im Rahmen des vorliegenden Beitrags als phasenübergreifendes Konzept explizit hervorgehoben.

Zur erfolgreichen Identifizierung von Lead Usern sollte der Anbieter die im industriellen Bereich aufgrund der hier oftmals vorherrschenden langjährigen Geschäftsbeziehungen meist vorhandenen Informationen über die eigenen Kunden nutzen, um geeignete Partner ausfindig zu machen. Meist lassen sich aus der Masse der Nachfrager einzelne herausfiltern, die innovativer, aufgeschlossener, flexibler oder auch fordernder sind. Diese Kunden stellen potenzielle Lead User dar. Zudem sollte der Anbieter gezielt auf innovative Aktivitäten bei einzelnen Nachfragern im Absatzmarkt achten, die versuchen, ihre Probleme – aufgrund des aktuell unzureichenden Leistungsangebots – selbst zu lösen.

Zwar wurde das Lead User-Modell bis heute noch nicht im Dienstleistungsbereich empirisch untersucht bzw. nachweislich angewendet, doch stellt es – insbesondere im industriellen Service-Bereich – einen durchaus viel versprechenden Ansatz zur Sicherung und weiteren Verbesserung der Marktorientierung dar. Darüber hinaus lassen sich durch die Einbindung von Lead Usern weitere positive Effekte realisieren, die insbesondere in Lern-, Differenzierungs-, Referenz- und Bindungspotenzialen begründet sind [23].

4 Grenzen und Problembereiche bei der Einbindung von Kunden

4.1 Hindernisse auf Seiten des Anbieters

Die Integration des Kunden in die internen Prozesse und Abläufe des Innovators stellt sehr hohe Ansprüche an die Integrationsfähigkeit und -willigkeit des Anbieters. Nicht überall werden externe Einflüsse ohne Widerstände aufgenommen. Im Mittelpunkt stehen hier die Mitarbeiter des Dienstleisters, die an den Innovationsprojekten aktiv oder passiv beteiligt sind. Bei ihnen gilt es, mögliche Barrieren in Form einer fehlenden *Fähigkeit* und/oder *Bereitschaft* zur Kundenintegration abzubauen [50]. Im Vordergrund stehen hierbei die Motivation, die Sachkompetenz sowie das Fach- und Methodenwissen der Mitarbeiter [8]. Insbesondere der *„Not-Invented-Here-Effekt“* stellt in diesem Zusammenhang ein schwerwiegendes Problem dar. Dieser bezeichnet die Ablehnung unternehmensexterner Einflüsse durch die Mitarbeiter. Gründe hierfür liegen oftmals in der Befürchtung bestimmter betrieblicher Bereiche begründet, ihre Kompetenzen und Aufgabenfelder könnten eingeschränkt werden [51].

Entsprechende Lösungsansätze bestehen in der Etablierung von zielgerichteten Anreizsystemen zur Förderung der Motivation sowie Schulungs- und Trainingsmaßnahmen zur Steigerung der Kompetenzen und Fähigkeiten der Mitarbeiter [19]. Des Weiteren hat sich die feste Einrichtung von Fach-, Macht- und Beziehungspromotoren für einzelne Innovationsprojekte als geeignetes Instrument herausgestellt, um innerbetriebliche Widerstände des Nicht-Wollens und Nicht-Könnens zu überwinden und den gesamten Innovationsprozess – insbesondere in Hinblick auf die Kundeneinbindung – voranzutreiben [52]. Die internen Hindernisse auf Anbieterseite verursachen in erster Linie eine zeitliche Verlängerung des Innovationsprojektes und, damit zusammenhängend, erhöhte Kosten.

Letztendlich muss es das langfristige Ziel der Unternehmung sein, eine innovationsfreundliche und kundenorientierte Infrastruktur im gesamten Unternehmen – und nicht nur in den absatznahen Bereichen – zu etablieren, um die Symbiose zwischen den internen Innovationsaktivitäten und den externen Einflüssen erfolgreich zu managen. Eine innovative Unternehmenskultur kann vor dem Hintergrund des steigenden Wettbewerbsdrucks in den Dienstleistungsmärkten zu einem entscheidenden Vorteil werden [53].

Des Weiteren kann es anbieterseitig auch zu einer Gefahr der falsch eingeschätzten Intensität der Kundenorientierung kommen. So weist GRUNER in seiner empirischen Studie auf eine „Diskrepanz zwischen vordergründig wahrgenommener Kundeneinbindung [...] und der tatsächlichen Intensität der Kundeneinbindung in den einzelnen Phasen" [54] hin. Die untersuchten Unternehmen haben zwar durchaus Kontaktpunkte zu ihren Kunden, doch zeichnen sich diese zumeist durch eine nur geringe Intensität aus, da die Unternehmen wohl auf Kundenäußerungen reagieren, es darüber hinaus aber zu keiner intensiveren Kundeneinbindung kommt. Der Grad der tatsächlich erreichten Marktnähe sollte hierbei kritisch hinterfragt werden. Häufig liegt durch eine anbieterseitig falsch eingeschätzte Marktorientierung keine wirkliche Problemevidenz vor, so dass die vorhandenen Kundeneinflüsse die Effektivität der innovativen Bemühungen kaum sicherstellen können.

4.2 Barrieren auf der Kundenseite

Auch auf der Kundenseite können Probleme bezüglich der *Bereitschaft und Fähigkeit zur Integration* auftreten. Die Motivation des Kunden, den Dienstleister bei seinen innovativen Tätigkeiten zu unterstützen, kann hierbei durch das Setzen bestimmter Anreize einfacher gefördert werden als die Überwindung von physischen oder intellektuellen Überforderungen seiner Fähigkeiten [55]. Je höher der Innovationsgrad einer neuen Dienstleistung ist, desto limitierter sind tendenziell die Möglichkeiten der Nachfrager, da diese in der Regel stark an ihre bisherigen Erfahrungen und Verwendungsgewohnheiten gebunden sind. Insbesondere hochinnovative Basisneuerungen erfordern ein erhebliches Maß an Kreativität, Abstraktions- und Konfliktfähigkeiten, um die gewohnte Erlebniswelt zumindest einmal gedanklich zu verlassen [51].

4.3 Schwierigkeiten in der Anbieter-Nachfrager-Beziehung

Innerhalb der Anbieter-Nachfrager-Beziehung kann es im Hinblick auf die richtige Erfassung der Kundenbedürfnisse zu einer *gestörten Verständigung* zwischen den beiden Partnern kommen. Diese tritt ein, wenn die Äußerungen des Kunden vom Dienstleister falsch bzw. verfälscht wahrgenommen werden, es also zu einer Kommunikationsstörung kommt [51]. Um dies zu vermeiden, sollte sich der Dienstleister um ein planvolles und objektives Vorgehen bei der Kundeneinbindung bemühen und von Ad hoc-Maßnahmen absehen.

Bei einer längerfristigen Zusammenarbeit mit einem Nachfrager können Störungen der innerbetrieblichen Abläufe durch den Kunden auftreten. Diese Behinderungen sind häufig auf eine *mangelnde Prozessevidenz* auf Seiten des Nachfragers zurückzuführen, der oftmals nicht oder zumindest nicht genau genug weiß, welche Tätigkeiten und Informationen er zu welchem Zeitpunkt in den Innovationsprozess des Anbieters einzubringen hat. Ursache hierfür kann zum einen ein *mangelndes Prozessbewusstsein* des Kunden sein, wenn ihm nicht gegenwärtig ist, dass seine Aktivitäten und sein Wissen die Effizienz und vor allem die Effektivität des Innovationsprojekts unmittelbar beeinflussen. Zum anderen kann eine *mangelnde Prozesstransparenz* beim Kunden vorliegen. Hier hat es der Anbieter versäumt, den Kunden über die Prozessschritte innerhalb des Innovationsprojekts genau zu informieren und ihm aufzuzeigen, welche Aufgaben und Arbeitsschritte von dem jeweiligen Partner wann zu erbringen sind [56]. Um diese Problembereiche zu umgehen, muss der Dienstleister den Kunden als gleichwertigen Partner im Innovationsprojekt behandeln und ihm alle wichtigen Informationen mitteilen, die für eine ausreichende Prozessevidenz beim Nachfrager notwendig sind. Dies erfordert anbieterseitig ebenfalls einen nicht zu unterschätzenden Lernprozess hin zu einer offeneren und somit effizienteren externen Kommunikation.

5 Fazit

Die vorliegenden Ausführungen sollten gezeigt haben, dass sich den Anbietern industrieller Dienstleistungen grundsätzlich vielfältige Möglichkeiten in allen Phasen des Innovationsprozesses bieten, zum eigenen Vorteil dem Wunsch vieler Kunden nach einer intensiveren Einbindung in die Aktivitäten bei der Entwicklung neuer Service-Angebote nachzukommen. Zwar gibt es auch Hindernisse, die dem entgegenstehen, aber diese sind vielfach durchaus nicht unüberwindbar. Wichtig ist, dass die Anbieter die großen Chancen, die in einer frühzeitigen und intensiven Einbindung der Kunden liegen, klarer erkennen und konsequenter nutzen, als es bisher häufig in der Praxis der Fall ist. Gerade in vielen Investitionsgüterunternehmungen muss hier ein Umdenkprozess einsetzen, der mit einer markt- und kundenorientierten Ausrichtung der Gesamtunternehmung einhergeht. Insbesondere in wirtschaftlich schwierigen Zeiten jedoch ergibt sich nicht selten ein Verhalten, das vor allem auf eine Senkung der Kosten abzielt und sich viel zu wenig mit der anderen Komponente der Gewinngröße, den Erlösen, beschäftigt: Nicht zuletzt eine konsequent kundenfokussierte Ausgestaltung der Service-Angebote hilft vielfach bei der Erschließung entsprechender neuer Potenziale und sollte vor diesem Hintergrund eine interessante Option für letztlich alle Anbieter sein.

Literaturverzeichnis

[1] Licht, G.; Hipp, C.; Kukuk, M.; Münt, G.: Innovationen im Dienstleistungssektor: Empirischer Befund und wirtschaftspolitische Konsequenzen, Baden-Baden 1997.

[2] Fiege, J.; Zinkler, M.; Busse, D.: Wieviel Service braucht der Kunde? Anforderungen an industrielle Dienstleistungsangebote aus Sicht der deutschen Getränkeindustrie, in: Meier, H. (Hrsg.): Dienstleistungsorientierte Geschäftsmodelle im Maschinen- und Anlagenbau – Vom Basisangebot bis zum Betreibermodell, Berlin 2004, S. 31-59.

[3] Engelhardt, W. H.; Kleinaltenkamp, M.; Reckenfelderbäumer, M.: Leistungsbündel als Absatzobjekte – Ein Ansatz zur Überwindung der Dichotomie von Sach- und Dienstleistungen, in: Zeitschrift für betriebswirtschaftliche Forschung, 45(1993), S. 395-426.

[4] Homburg, C.; Garbe, B.: Industrielle Dienstleistungen – Bestandsaufnahme und Entwicklungsrichtungen, in: Zeitschrift für Betriebswirtschaft, 66(1994)3, S. 253-282.

[5] Engelhardt, W. H.; Reckenfelderbäumer, M.: Industrielles Service-Management, in: Kleinaltenkamp, M.; Plinke, W. (Hrsg.): Markt und Produktmanagement: die Instrumente des Technischen Vertriebs, Berlin 1999, S. 181-280.

[6] Hauschildt, J.: Innovationsmanagement, 3. Auflage, München 2004.

[7] Benkenstein, M.: Besonderheiten des Innovationsmanagements in Dienstleistungsunternehmen, in: Bruhn, M.; Meffert, H. (Hrsg.): Handbuch Dienstleistungsmanagement: Von der strategischen Konzeption zur praktischen Umsetzung, 2. Auflage, Wiesbaden 2001, S. 687-702.

[8] Eigenmann-Wunderli, R.: Innovationsmanagement für Dienstleistungsunternehmen – Implikationen für die Schweizer Lebensmittelversicherung, Dissertation der Hochschule St. Gallen, Hallstadt 1994.

[9] Trommsdorff, V.: Vorwort und Einleitung, in: Trommsdorff, V. (Hrsg.): Fallstudien zum Innovationsmarketing, München 1995, S. 1-11.

[10] Hilke, W.: Grundprobleme und Entwicklungstendenzen des Dienstleistungs-Marketing, in: Hilke, W. (Hrsg.): Dienstleistungs-Marketing, Wiesbaden 1989, S. 5-44.

[11] Busse, D.; Reckenfelderbäumer, M.: Die Rolle des Kunden bei der Gestaltung von Dienstleistungsinnovationen, Schriften zum Marketing Nr. 41, Ruhr-Universität, Bochum 2001.

[12] Bowers, M.: Developing New Services: Improving the Process Makes it Better, in: The Journal of Services Marketing, 3(1989)1, S. 15-20.

[13] Albach, H.; De Pay, D.; Rojas, R.: Quellen, Zeiten und Kosten von Innovationen – Deutsche Unternehmen im Vergleich zu ihren japanischen und amerikanischen Konkurrenten, in: Zeitschrift für Betriebswirtschaft, 61(1991), S. 309-324.

[14] Simon, H.: Management strategischer Wettbewerbsvorteile, in: Zeitschrift für Betriebswirtschaft, 58(1988), S. 461-480.

[15] Kirchmann, E.: Innovationskooperationen zwischen Hersteller und Anwender, in: Zeitschrift für betriebswirtschaftliche Forschung, 48(1996), S. 442-465.

[16] Lehmann, A.: Dienstleistungsbeziehungen zwischen Kunde und Unternehmen, in: Bruhn, M.; Meffert, H. (Hrsg.): Handbuch Dienstleistungsmanagement: Von der strategischen Konzeption zur praktischen Umsetzung, Wiesbaden 1998, S. 827-842.

[17] Martin Jr.; C.; Horne, D.: Level of Success Inputs for Service Innovations in the Same Firm, in: International Journal of Service Industry Management, 6(1995)4, S. 40-56.

[18] Zollner, G.: Kundennähe in Dienstleistungsunternehmen: Empirische Analyse von Banken, Wiesbaden 1995.

[19] Müllers, A.: Die Gewinnung innovationswirksamer Informationen mittels Anbieter-Nachfrager-Kommunikation, Frankfurt a. M. et al. 1988.

[20] Raabe, T.: Ziele und Voraussetzungen des Dialogs bei Unternehmen, in: Hansen, U.; Raabe, T.; Schoenheit, I. (Hrsg.): Konsumentenbeteiligung an der Produktinnovation – Dialoge zwischen Unternehmen und Verbrauchern, Universität Hannover 1987, S. 155-163.

[21] De Pay, D.: Informationsmanagement von Innovationen, Wiesbaden 1995.

[22] Helm, S.; Günter, B.: Kundenempfehlungen – Resultat und Ausgangspunkt des Kundenbindungsmanagements im Dienstleistungsbereich, in: Bruhn, M.; Stauss, B. (Hrsg.): Dienstleistungsmanagement Jahrbuch 2000, Wiesbaden 2000, S. 103-130.

[23] Freiling, J.; Busse, D.; Estevão, M.-J.: Black Box Engineering - Ein strategischer Koordinationsansatz zur Entwicklung neuer Dienstleistungen?, in: Bruhn, M.; Stauss, B. (Hrsg.): Dienstleistungsinnovationen - Forum Dienstleistungsmanagement, Wiesbaden 2004, S. 151-172.

[24] De Brentani, U.: Success Factors in Developing New Business Services, in: European Journal of Marketing, 25(1991)2, S. 33-59.

[25] Schneider, M.: Innovation von Dienstleistungen: Organisation von Innovationsprozessen in Universalbanken, Wiesbaden 1999.

[26] Scheuing, E.; Johnson, E.: A Proposed Model for New Service Development, 3(1989)2, S. 171-192.

[27] Meffert, H.; Bruhn, M.: Dienstleistungsmarketing: Grundlagen – Konzepte – Methoden, 4. Auflage, Wiesbaden 2003.

[28] Ehret, M.: Nutzungsprozesse als Ausgangspunkt des Innovationsmanagements, in: Engelhardt, W. H. (Hrsg.): Perspektiven des Dienstleistungsmarketing: Ansatzpunkte für Forschung und Praxis, Wiesbaden 1998, S. 189-241.

[29] Meyer, A.; Blümelhuber, C.: Dienstleistungs-Innovation, in: Meyer, A. (Hrsg.): Handbuch Dienstleistungs-Marketing , Stuttgart 1998, S. 807-826.

[30] Berry, L.; Parasuraman, A.: Marketing Services: Competing Through Quality, New York et al. 1991.

[31] Geschka, H.; Herstatt, C.: Kundennahe Produktinnovation – Ergebnisse einer Befragung, in: Die Unternehmung, 45(1991), S. 207-219.

[32] Geschka, H.; Eggert-Kipfstuhl, K.: Innovationsbedarfserfassung, in: Tomczak, T.; Reinecke, S. (Hrsg.): Marktforschung, St. Gallen 1994, S. 116-127.

[33] Kleinschmidt, E.; Geschka, H.; Cooper, R.: Erfolgsfaktor Markt: Produktinnovationen am Markt und Kunden ausrichten, Berlin et al. 1996.

[34] Oppermann, R.: Marktorientierte Dienstleistungsinnovation: Besonderheiten von Dienstleistungen und ihre Auswirkungen auf eine abnehmerorientierte Innovationsgestaltung, Göttinger Handelswissenschaftliche Schriften, Göttingen 1998.

[35] Herstatt, C.: Anwender als Quellen für die Produktinnovation, Dissertation der Universität Zürich 1991.

[36] Von Hippel, E.: The Sources of Innovation, Oxford et al. 1988.

[37] Erichson, S.: Möglichkeiten der Integration von User Groups in die Marktforschung, in: Tomczak, T; Reinecke, S. (Hrsg.): Marktforschung, St. Gallen 1994, S. 106-115.

[38] Jenner, T.; Erichson, S.: User Groups als Plattform für die Erbringung produktbegleitender Dienstleistungen – Bedeutung im Systemgeschäft und weitere Einsatzmöglichkeiten, in: Bruhn, M.; Stauss, B. (Hrsg.): Dienstleistungsmanagement Jahrbuch 2000, Wiesbaden 2000, S. 355-371.

[39] Geschka, H.: Konsumentenbeteiligung beim Need Assessment für neue Produkte, in: Hansen, U.; Raabe, T.; Schoenheit, I. (Hrsg.): Konsumentenbeteiligung an der Produktinnovation – Dialoge zwischen Unternehmen und Verbrauchern, Universität Hannover 1987, S. 155-163.

[40] Roepke-Abel, H.; Gerpott, T.: Innovationszirkel, in: Die Betriebswirtschaft, 46(1986), S. 776-777.

[41] Gogoll, A.: Service-QFD: Quality Function Deployment im Dienstleistungsbereich, in: Bruhn, M.; Stauss, B. (Hrsg.): Dienstleistungsqualität: Konzepte – Methoden – Erfahrungen, 3. Auflage, Wiesbaden 2000, S. 363-377.

[42] Pepels, W.: Einführung in das Dienstleistungsmarketing, München 1995.

[43] Biermann, T.: Erkenntnisse und Erfahrungen mit Target Design – Marktakzeptanztests auf Basis von Paarvergleichen, in: Bruhn, M.; Stauss, B. (Hrsg.): Dienstleistungsinnovationen – Forum Dienstleistungsmanagement, Wiesbaden 2004, S. 227-248.

[44] Shostack, G.: How to Design a Service, in: European Journal of Marketing, 16(1982)1, S. 49-63.

[45] Fließ, S.; Nonnenmacher, D.; Schmidt, H.: ServiceBlueprint als Methode zur Gestaltung und Implementierung von innovativen Dienstleistungsprozessen, in: Bruhn, M.; Stauss, B. (Hrsg.): Dienstleistungsinnovationen – Forum Dienstleistungsmanagement, Wiesbaden 2004, S. 173-202.

[46] De Brentani, U.; Cooper, R.: Developing Successful New Financial Services for Businesses, in: Industrial Marketing Management, 21(1992), S. 231-241.

[47] Peters, K.: Formen der Konsumentenbeteiligung an Prozessen der Produktentwicklung in der qualitativen Marktforschung, in: Hansen, U.; Raabe, T.; Schoenheit, I. (Hrsg.): Konsumentenbeteiligung an der Produktinnovation – Dialoge zwischen Unternehmen und Verbrauchern, Universität Hannover 1987, S. 100-119.

[48] Von Hippel, E.: Lead Users: A Source of Novel Product Concepts, in: Management Science, 32(1986), S. 791-805.

[49] Herstatt, C.: Realisierung der Kundennähe in der Innovationspraxis, in: Tomczak, T.; Belz, C. (Hrsg.): Kundennähe realisieren, 2. Auflage, St. Gallen 1996, S. 291-307.

[50] Corsten, H.: Überlegungen zu einem Innovationsmanagement – organisationale und personale Aspekte, in: Corsten, H. (Hrsg.): Die Gestaltung von Innovationsprozessen: Hindernisse und Erfolgsfaktoren im Organisations-, Finanz- und Informationsbereich, Berlin 1989, S. 1-56.

[51] Brockhoff, K.: Wenn der Kunde stört – Differenzierungsnotwendigkeiten bei der Einbeziehung von Kunden in die Produktentwicklung, in: Bruhn, M.; Steffenhagen, H. (Hrsg.): Marktorientierte Unternehmensführung: Reflexionen – Denkanstösse – Perspektiven, Wiesbaden 1997, S. 351-370.

[52] Bauer, H.; Westerhoff, T.; Keller, T.: Innovationsmanagement in investiven Dienstleistungsunternehmen am Beispiel der Siemens IT-Service GmbH & Co. OHG, in: Herrmann, A.; Hertel, G.; Virt, W.; Huber, F. (Hrsg.): Kundenorientierte Produktgestaltung, München 2000.

[53] Biermann, T.: Kundenbindung durch Innovation – Strategische Optionen für Dienstleister, in: Bruhn, M.; Meffert, H. (Hrsg.): Dienstleistungsmanagement Jahrbuch 2000 Wiesbaden 2000, S. 307-328.

[54] Gruner, K.: Kundeneinbindung in den Produktinnovationsprozess: Bestandsaufnahme, Determinanten und Erfolgsauswirkungen, Wiesbaden 1997, S. 182.

[55] Corsten, H.: Der Integrationsgrad des externen Faktors als Gestaltungsparameter in Dienstleistungsunternehmen, in: Bruhn, M.; Stauss, B. (Hrsg.): Dienstleistungsqualität. Konzepte, Methoden, Erfahrungen, 3. Auflage, Wiesbaden 2000, S. 145-168.

[56] Fließ, S.: Prozessevidenz als Erfolgsfaktor der Kundenintegration, in: Kleinaltenkamp, M.; Fließ, S.; Jacob, F. (Hrsg.): Customer Integration: von der Kundenorientierung zur Kundenintegration, Wiesbaden 1996, S. 91-103.

Innovationsmanagement von Dienstleistungen – Herausforderungen und Erfolgsfaktoren in der Praxis

Ralf Reichwald
Christian Schaller
Lehrstuhl für Allgemeine und Industrielle Betriebswirtschaftslehre,
Technische Universität München

Inhalt

1 Einleitung[1]

Innovationen gelten seit jeher als Schlüssel zu Wachstum und Unternehmenserfolg.[2] Die zunehmend sich verschärfende Konkurrenzsituation, verändertes Kundenverhalten wie auch technologischer Fortschritt machen für viele Anbieter die Beschreitung neuer Wege zur Erringung von Wettbewerbsvorteilen notwendig oder anders formuliert: „Innovations are going to be the principal means for competing [1].“ Effektives und effizientes Management von Innovationen ist maßgeblich für den Unternehmenserfolg verantwortlich – und formuliert ein zentrales Interesse von Wissenschaft und Praxis. Kein Anbieter von Produkten und Dienstleistungen wird sich dem Thema des Innovationsmanagements nachhaltig entziehen können.

Den Chancen auf Wachstum und Unternehmenserfolg durch Innovationen stehen jedoch Risiken des Misserfolgs gegenüber. Zahlreiche empirische Studien betonen, dass sich in Abhängigkeit von der Branche 30-50 Prozent aller am Markt neu eingeführten Leistungen als „Flops“ erweisen, also nicht die Erwartungen des Anbieters erfüllen und wieder vom Markt genommen werden.[3] Innovationen sind also unternehmerische Herausforderungen ersten Rangs – und das nicht nur für Anbieter von Sachgütern, sondern zunehmend und insbesondere auch für Anbieter von Dienstleistungen [2]. Dabei lassen gerade die Spezifika der Dienstleistung besondere Herausforderungen für das Innovationsmanagement erwarten – und der Status quo in der Praxis Handlungsbedarf vermuten.[4]

Es scheint also dringend geboten, sich mit dem Thema des Innovationsmanagements von Dienstleistungen eingehend(er) auseinander zu setzen. Das Ziel dieses Beitrags soll es nun sein, Herausforderungen und Erfolgsfaktoren des Innovati-

---

[1] Dieser Beitrag stützt sich in wesentlichen Teilen auf erste Ergebnisse des Projekts „Service Engineering“, das vom Bundesministerium für Bildung und Forschung (BMBF) unterstützt wird (FKZ: 01HR0019). Weitere Informationen zum Projekt siehe http://www.service-engineering.de.

[2] SCHUMPETER bezeichnete bereits 1912, mit Fokus vor allem auf die gesamtwirtschaftliche Ebene, die Durchsetzung neuer Kombinationen als Träger für Wachstum und wirtschaftliche Entwicklung [37]. Seit den 70er Jahren wird diese These aus einzelwirtschaftlicher Sicht wieder verstärkt aufgegriffen, i. d. R. wird die steigende Bedeutung von (Produkt-) Innovationen durch die zunehmende Verkürzung der (Produkt-) Lebenszyklen begründet.

[3] Z. B. CRAWFORD [38] und [39], DAVIDSON [40] oder BROCKHOFF [41], hier jedoch meist noch mit Fokus auf Sachleistungs-Innovationen.

[4] SUNDBO [42] spricht bspw. von der Dienstleistungsinnovation als einem „unsystematic search-and-learn process“, LANGEARD et. al. [43], bezeichnen die Entwickung neuer Dienstleistungen als Ergebnis von „intuition, flair and luck“ und RATMELL [36] prägte hierfür den oft zitierten Ausspruch „New services happen“, VON GRÖNROOS [44] dann auch noch bestätigt: „unfortunately this seems to be the case in too many situations today“.

onsmanagements von Dienstleistungen zu untersuchen und anhand von Praxisbeispielen zu veranschaulichen.[5] Zu diesem Zweck wird in Abschnitt 2 vorab ein fundiertes Verständnis von den zentralen Begrifflichkeiten der Innovation und der Dienstleistung aufgebaut. Anschließend werden in Abschnitt 3 die Gestaltungsbereiche des Innovationsmanagements dargelegt, um dann in Abschnitt 4 zentrale Herausforderungen und Erfolgsfaktoren auf Basis aktueller Beispiele aus der Praxis zu diskutieren. Der Beitrag wird in Abschnitt 5 mit einer Zusammenfassung der Ergebnisse abgeschlossen.

2 Begriffliche Grundlagen

Während also weitestgehend Übereinstimmung darüber herrscht, dass Innovationsmanagement etwas substanziell anderes ist als das Management von wiederholten Routineentscheidungen [3], herrscht bei den zentralen Begrifflichkeiten noch große Verwirrung. Die beiden Begriffe der Innovation und der Dienstleistung werden sowohl im Allgemeinen als auch im wirtschaftswissenschaftlichen Sprachgebrauch sehr uneinheitlich verwendet. Zur Schaffung eines einheitlichen Begriffsverständnisses für diesen Beitrag sowie zur Abgrenzung des Untersuchungsobjekts und zur Vermeidung von Missverständnissen ist es daher unerlässlich, die zentralen Begriffe zu definieren. Dem eigentlichen Ziel dieses Beitrags und der Komplexität der Thematik entsprechend werden wir uns um Knappheit und Einfachheit bemühen.

2.1 Dienstleistung

„Auf Grund ihrer spezifischen Besonderheiten werden Dienstleistungen in der Praxis vielfach als „Problemgüter" bezeichnet [4]." Diese Aussage mag nicht zuletzt auch darin begründet liegen, dass sich bis heute keine einheitliche und präzise Vorstellung von der Bedeutung des Konstrukts „Dienstleistung" hat etablieren können. Wir wollen uns im Weiteren auf eine für unsere Zwecke geeignete Definition stützen, ohne zu tief in die wissenschaftliche Diskussion zum Begriff der Dienstleistung einzusteigen.[6]

---

[5] Anspruch kann und wird nicht Vollständigkeit sein, sondern eine Konzentration auf wesentliche Aspekte, wie sie aus vorhandenen Studien wie auch dem aktuell laufenden Forschungsprojekt „Service Engineering" (siehe http://www.service-engineering.de) entnommen werden können.

[6] In Anlehnung an die Aussage von KLEINALTENKAMP [9]: „Eine entsprechende Begriffsfassung (der Dienstleistung, Anm. d. Verf.) kann somit nicht richtig oder falsch sein, sondern „nur" mehr oder weniger zweckmäßig". Einen schönen Überblick über den ak-

Nach CORSTEN [5] lassen sich in der Literatur vorgenommene Definitionsversuche in drei Gruppen einteilen, eine der enumerativen Definitionen, eine der Negativdefinitionen und eine der expliziten Definitionen anhand konstitutiver Merkmale. Geeignet für unsere Zwecke scheint die letzte Variante. Wir wollen also Dienstleistungen anhand ihrer konstitutiven Merkmale in den klassischen Leistungsdimensionen des Leistungspotenzials, des Leistungserstellungsprozesses und des Leistungsergebnisses beschreiben:[7]

- Die *potenzialorientierte Dimension* stützt sich auf die Betrachtung von Dienstleistungen als angebotene Leistungspotenziale, d. h. als Leistungsfähigkeit und -bereitschaft zur Erstellung einer Dienstleistung. Absatzobjekt ist damit ein noch nicht realisiertes Leistungspotenzial, d. h. ein Leistungsversprechen, und nicht ein schon fertiges, bereits auf Vorrat produziertes Produkt. Das konstitutive Element der Dienstleistung in diesem Fall ist die Intangibilität des Absatzobjekts Dienstleistungsfähigkeit und -bereitschaft [6].

- Die *prozessorientierte Dimension* stellt Dienstleistungen als einen sich vollziehenden (noch nicht abgeschlossenen) Prozess dar, der durch die Integration eines externen Faktors in den Leistungserstellungsprozess gekennzeichnet ist. Unter einem externen Faktor werden dabei (Produktions-) Faktoren verstanden, die vom Nachfrager der Leistung zur Verfügung gestellt werden (müssen) und an denen oder mit denen die Leistung erbracht wird. Typische Beispiele für externe Faktoren sind der Kunde selbst oder Gegenstände des Kunden (z. B. Maschinen, an denen Wartungsdienstleistungen erbracht werden). Ein Dienstleistungsprozess liegt dann vor, wenn ein Anbieter externe Faktoren mit seinem Leistungspotenzial kombiniert. Ein weiteres hier häufig genanntes konstitutives Element ist die (zeitliche) Synchronität von Dienstleistungserstellung und Inanspruchnahme durch den externen Faktor, meist auch als „uno-actu"-Prinzip bezeichnet [7].

- Die *ergebnisorientierte Dimension* stützt sich auf das Resultat des Leistungserstellungsprozesses. Das zentrale, hier meist angeführte Charakteristikum, ist das der Immaterialität. Es definiert Dienstleistungen demnach als immaterielle Leistungen. Dieses Merkmal ist jedoch sehr umstritten. Während nämlich Wirkungen von Dienstleistungen generell immateriell sind, kann das prozessuale Endergebnis sowohl materieller als auch immaterieller Natur sein. Es scheint also angebracht bei Dienstleistungen höchstens von „überwiegend immateriellen Leistungen" zu sprechen [8][9].

Zusammenfassend können wir – in Anlehnung an MEYER [10] – Dienstleistungen demnach folgendermaßen definieren: „Dienstleistungen sind angebotene Leis-

---

tuellen Stand der Diskussion zum Dienstleistungsbegriff findet man z. B. bei SCHNEIDER [29].

[7] Z. B. MEYER [11] oder auch – mit einer in der Konsequenz etwas anderen Orientierung – KLEINALTENKAMP [9].

tungsfähigkeiten, die direkt an externen Faktoren (Menschen oder deren Faktoren) mit dem Ziel erbracht werden, an ihnen gewollte Wirkungen (Veränderungen oder Erhaltung bestehender Zustände) zu erreichen." Zudem sind „[...] Prozesse und Ergebnisse zum großen Teil immaterieller Natur [11]." Als zwingend notwendige, d. h. nie vollkommen substituierbare Eigenschaften, können also das direkte Angebot in Form von – immateriellen – Leistungspotenzialen wie auch die – zeitlich synchrone – Integration von externen Faktoren in die Prozessphase festgehalten werden.

2.2 Innovation

Auch der Begriff der Innovation ist – ähnlich dem der Dienstleistung – ein viel gebrauchter und dennoch selten präzise bestimmter.[8] Übereinstimmung besteht darin, dass es sich bei einer Innovation um etwas „Neues" handelt, also z. B. neue Produkte, neue Verfahren, neue Vertriebswege, neue Werbeaussagen [12]. Zur Eingrenzung des Begriffs wird typischerweise eine prozessorientierte und eine ergebnisorientierte Dimension unterschieden. In einem Fall wird „Innovation als Prozess" im anderen Fall die „Innovation als Ergebnis" betrachtet:

- Die *prozessorientierte Dimension* betrachtet den eigentlichen Innovationsprozess, konzentriert sich also unter Betrachtung der Prozessdimension auf die Frage „Wo beginnt, wo endet die Neuerung?". Sie adressiert den Aspekt, dass Innovation mehr ist als Invention, d. h. die pure Erfindung, sondern typischerweise alle Schritte von der Ideenfindung bis zur erfolgreichen Etablierung am Markt umfasst. Ein idealtypischer Innovationsprozess umfasst demnach wenigstens die Schritte der Invention, Innovation und Exploitation bzw. in einer erweiterten Form bspw. die Schritte Ideengewinnung, Ideenprüfung und -auswahl, Design, Implementierung, Test und Einführung.[9]

  Der Vorteil derartiger linearer Phasenmodelle liegt „[...] in ihrer komplexitätsreduzierenden Wirkung, die durch die gedankliche Einteilung des Innovationsprozesses in eine logische Abfolge einzelner Schritte erreicht wird [13]."

---

[8] Einen schönen Überblick über mögliche Definitionsansätze und über den Stand der Diskussion zum Thema findet man z. B. bei MUESER [45] oder bei HAUSCHILDT [12] bzw. etwas kompakter auch bei SCHNEIDER [29].

[9] In Anlehnung an das im Projekt „Service Engineering" verwendete lineare Phasenmodell [46]. Neben zahlreichen weiteren linearen Modellen in der Literatur finden sich auch Ansätze, die der Kritik begegnen, dass die Reihenfolgebehauptung klar gebündelter Aktivitäten nicht der Realität des Innovationsmanagements entspricht. Die Beschreibung eines zyklischen Modells findet sich z. B. in REICHWALD et. al. [47].

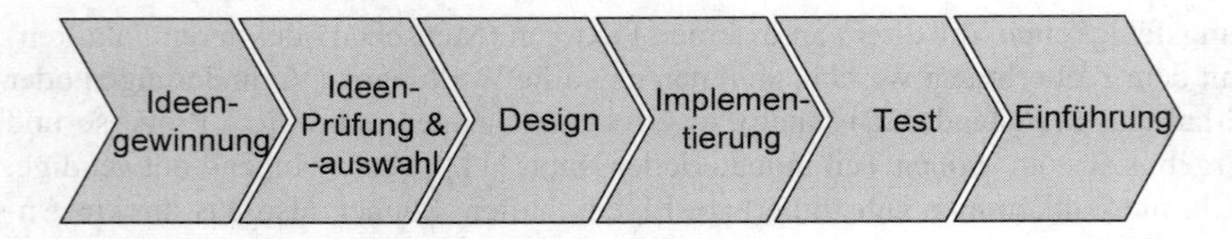

Abbildung 1: Idealtypischer Innovationsprozess von Dienstleistungen

- Die *ergebnisorientierte Dimension* betrachtet das Resultat eines Innovationsprozesses und spaltet sich weiter auf in die Objekt- („Was ist neu?"), die Subjekt- („Für wen neu?") und die Intensitätsdimension („Wie sehr neu?")[12] [14]:

Die *Objekt- oder Inhaltsdimension* der Innovation adressiert den Umstand, dass sich die jeweilige Neuerung auf unterschiedlichste Gegenstandsfelder beziehen kann. So werden in der Literatur üblicherweise Produkt- und Prozessinnovationen oder – mit Blick auf die funktionalen Bereiche der Unternehmensführung – Personal-, Sozial-, Struktur-, Beschaffungs- oder auch Marketinginnovationen unterschieden. In Anlehnung an unsere obige Dienstleistungsdefinition können für den Kunden erlebbare Innovationen also nicht nur wie im Fall reiner Sachgüter im eigentlichen Leistungsergebnis, sondern ebenso in der Form von Potenzial- oder Prozessinnovationen stattfinden. Die „line of visibility" (Sichtbarkeitslinie) der Dienstleistung wird jedoch auch hier eine Trennlinie zwischen erlebbaren und verborgenen Innovationen ziehen. Dienstleistungsinnovationen müssen also nach diesem Verständnis (aus Anbietersicht) nicht zwangsläufig „eigentliche" Innovationen sein, sondern können durchaus auch inkrementelle, (aus Kundensicht wahrnehmbare) innovative Änderungen oder neue Kombinationen sein [15].

Die *Subjektdimension* widmet sich der Frage, für wen eine Innovation letztendlich eine Neuerung darstellt: „Innovation ist danach das, was für innovativ gehalten wird [12]." Es kann zwischen einer Abnehmer- (also z. B. ein Markt oder ein individueller Kunde) und einer Anbietersicht (das Unternehmen) unterschieden werden. Zum Tragen kommt hier, insbesondere auf Basis der beschriebenen konstitutiven Eigenschaften der Dienstleistung, die zunehmende Ausrichtung der Unternehmen am individuellen Kunden und seinen Bedürfnissen, von KOTLER Ende der 80iger Jahre bereits provozierend formuliert als: „The mass market is dead [16]." Jede (erfolgreiche) Innovation wird also – mit zunehmenden Maße – nicht umhin kommen, nicht nur aus Unternehmenssicht den Innovationsgrad einer Leistungsinnovation zu klären, sondern sich auch an den (individuellen) Präferenzen des Nachfragers zu orientieren und somit die Anbietersicht in den Innovationsprozess zu integrieren.

Die *Intensitätsdimension* schließlich kennzeichnet den Grad der Neuigkeit oder auch den Innovationsgehalt und adressiert die Tatsache, dass Innovationen einen wie groß auch immer gearteten „qualitativen" Unterschied gegenüber dem bisherigen Zustand aufweisen. Abhängig vom Neuigkeitsgrad ergeben sich unterschiedliche Anforderungen an das Innovationsmanagement. Und abhängig vom Innovationsgrad werden in der Praxis auch die Innovationsprozesse von Dienstleistungen gestaltet.[10]

3 Gestaltungsbereiche des Innovationsmanagements

“Successful new services rarely emerge by mere happenstance [17].” Die strategische Aufgabe der Innovation ist also zu planen – will man die in der Einleitung aufgeworfenen hohen Flopraten vermeiden. Das Management von Innovationen ist dabei etwas substanziell anderes als das Management von wiederholten Routineentscheidungen, d. h. die „[...] Bestimmung eines Problems als „innovativ“ löst ein anderes Management-Handeln aus, als wenn diese Aufgabenstellung mit dem Kennzeichen „nicht innovativ“ belegt wird. Dem Problem wird eine unterschiedliche Aufmerksamkeit, Akzeptanz, Bearbeitungsform und wirtschaftliche Einschätzung zuteil [12].“ Und die im vorigen Abschnitt dargelegten Spezifika von Dienstleistungen werden das Innovationsmanagement nicht einfacher werden lassen. Bevor wir uns im nächsten Abschnitt mit den wesentlichen Herausforderungen und Erfolgsfaktoren für das Innovationsmanagement von Dienstleistungen auseinander setzen, wollen wir hier die möglichen Gestaltungsfelder des Innovationsmanagements für Dienstleistungen beschreiben.

3.1 Ein Modell zum Innovationsmanagement

Eine vornehmlich prozessuale Sichtweise des Innovationsmanagements, die den Entscheidungs- und Durchsetzungsaspekt in den Mittelpunkt der Betrachtung stellt, definiert Innovationsmanagement als dispositive Gestaltung von einzelnen Innovationsprozessen, d. h. die Entscheidung über und Durchsetzung von Innovationen [12]. Eine Einbettung in einen größeren Kontext scheint jedoch sinnvoll, Innovationsmanagement demnach als bewusste Gestaltung des Innovationssystems, also nicht nur einzelner Prozesse, sondern auch der Institution, innerhalb derer die Prozesse ablaufen. Im Zentrum eines derart begriffenen Innovationsmanagements stehen damit vier Gestaltungsfelder: Kunde, Mitarbeiter, Systeme und

[10] So konnte z. B. SCHNEIDER in einer empirischen Untersuchung in der Finanzbranche nachweisen, dass mit geringerem Innovationsgrad einer Dienstleistungsinnovation auf bestimmte Prozessaktivitäten, insbesondere Testaktivitäten, aber z. B. auch Aktivitäten der Personalschulung und der Wirtschaftlichkeitsanalyse, häufig verzichtet wird [29].

Wettbewerber [2]. Das zugrunde liegende Modell werden wir im Folgenden kurz vorstellen (siehe Abbildung 2).[11]

Das Modell zu den Aufgabenbereichen bzw. Gestaltungsfeldern des Innovationsmanagements führt die Ansätze der Market-Based View[12] mit denen der Ressource-Based View[13] in einen integrierten Ansatz zusammen, versucht also sowohl das Umfeld des Unternehmens wie auch die die internen Fähigkeiten und Ressourcen in die Betrachtung mit einzubeziehen. Die zentralen Aufgabenbereiche bzw. Gestaltungsfelder des Innovationsmanagements sind: Kunde, Mitarbeiter, Systeme und Konkurrenz – das ganze natürlich in Überlappung mit dem eigentlichen Innovationsprozess. Die zentralen Ziele sind demnach Akzeptanz, Fähigkeiten, Systemkonformität und Schutz bzw. Nachahmung. „In diesem Spannungsfeld hat sich die Analyse und Erarbeitung von Innovationen zu bewegen [2].“

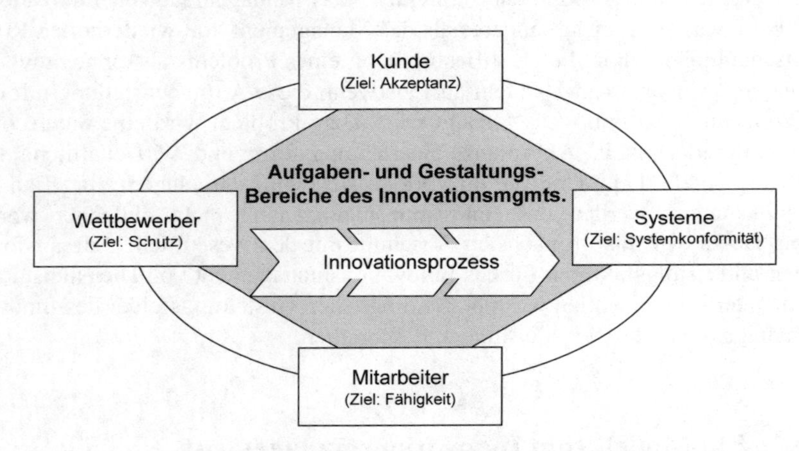

Abbildung 2: Aufgaben- und Gestaltungsbereiche des Innovationsmanagements von Dienstleistungen [2]

---

[11] Wichtig zu erwähnen scheint uns vor der eigentlichen Darstellung noch, dass es – entgegen manch anderslautender Aussagen in der Management-Literatur – „das“ Erfolgsrezept und „den einzig richtigen“ Kurs des Innovationsmanagements nicht gibt, nicht geben kann. Es gilt also die jeweiligen situativen Einflüsse zu berücksichtigen und Modelle als das zu begreifen, was sie sind: Struktur- und Denkhilfen, die es an die jeweilige Situation anzupassen gilt.

[12] Im Zentrum der Market-Based View steht die (Struktur der) Branche, in der das Unternehmen im Wettbewerb steht. Die Market-Based View war während der 70er und zu Beginn der 80er Jahre die dominante strategische Perspektive, ihr wohl bekanntester Vertreter ist PORTER [48].

[13] Die Ressource-Based View entstand als Gegenpol zur Market-Based View und geht von der Annahme aus, dass der Erfolg eines Unternehmens eher von internen materiellen und immateriellen Vermögenswerten und Ressourcen abhängt als von externen Faktoren (siehe z. B. ANDREWS [49] oder BARNEY [50]).

- Das Aufgabenfeld des *Kunden* formuliert das Management der konsequenten Ausrichtung aller Entwicklungsaktivitäten auf die Bedürfnisse und Anforderungen der Abnehmer, also letztendlich die Kundenorientierung. Dahinter steht die Annahme, dass auf Käufermärkten lediglich diejenigen Dienstleistungen Erfolg haben werden, mit denen Kunden einen dauerhaften Nutzenvorteil gegenüber den Konkurrenzangeboten verbinden [18]. Zudem kann Kundenorientierung die Marktunsicherheit reduzieren helfen, die mit Innovationen – insbesondere von Dienstleistungen als immateriellen Absatzobjekten – verbunden ist [19][20]. Kundenorientierung bei Innovationen stellt jedoch hohe Herausforderungen dar, im Gegensatz zu verbraucherbezogenen Routineprozessen steht die *zukünftige* Marktakzeptanz im Vordergrund. Die zentralen Grundprobleme der Kundenorientierung im Innovationsmanagement sind die Prognoseaufgabe, also das Ermitteln zukünftiger Kundenbedürfnisse, aber auch die Realisierungsaufgabe, also die – gemeinschaftliche – Übersetzung der erhobenen Kundenbedürfnisse in marktgerechte Problemlösungen [13]. Bezogen auf eine prozessorientierte Sichtweise des Innovationsmanagements kann die Interaktion mit dem Kunden oder sogar die Integration des Kunden in die Innovationsaktivitäten angestrebt werden, in alle Schritte, von der Ideengewinnung bis zur Einführung. Dabei kann die Kundenintegration dann sogar soweit gehen, den Kunden als eigentlichen Innovator zu nutzen [21] [22].

- Nun will im Rahmen des Innovationsmanagements von Dienstleistungen neben dem Kunden auch das externe wettbewerbliche Umfeld in Betracht gezogen werden. Im Rahmen unseres Modells erfolgt die Konzentration auf die *Wettbewerber*, die zum einen – im Rahmen eines externen Benchmarking – als Ideengeber dienen können, aber auch – insbesondere auf Basis der konstitutiven Eigenschaften der Dienstleistung – für den Schutz vor allzu schneller Nachahmung beachtet werden müssen. Grundsätzliche Beachtung erfährt die Konkurrenz bereits bei der Bestimmung der Innovationshöhe einer angestrebten Dienstleistungsinnovation. „Die Frage „Neu für wen?“ wird danach i. d. R. mit der Antwort „Neu für die Branche“ oder „Neu für uns und die wichtigsten Wettbewerber“ beschieden [12].“ Aber auch in den Phasen des Designs, der Implementierung, der Tests und der Markteinführung erfährt die Konkurrenz üblicherweise Beachtung, meist unter den Aspekten der Differenzierung und des Schutzes vor Nachahmung. Grundlage ist die stets wieder formulierte Aussage, dass Dienstleistungen nicht patentierbar und damit auch nicht oder nur schwierig zu schützen seien, also leicht nachahmbar seien [20]. Dem sei – nicht zuletzt auf der Basis des Kenntnisstands im Bereich des Wissensmanagements – deutlich widersprochen. Die Anreicherung der vom Kunden erlebbaren Leistungsbestandteile um solche des Leistungspotenzials und des Leistungs(erstellungs)prozesses, vor wie hinter der „line of visibility“, und die dafür erforderlichen Kompetenzen und Ressourcen lassen eine

Nachahmung nicht leichter als bei Sachleistungen erwarten.[14] Dennoch werden natürlich insbesondere bei Tests Fragen des Schutzes vor Nachahmung zu berücksichtigen sein [23].

- Das Aufgabenfeld der *Mitarbeiter* formuliert den Anspruch, den mit jeder Dienstleistungsinnovation verbundenen, notwendigen internen Wandel entsprechend anzustoßen und zu begleiten. „Fähigkeiten stehen im Zentrum jeder Dienstleistung und natürlich auch im Zentrum der Dienstleistungsinnovation. Neue und/oder veränderte Dienstleistungen verlangen i. d. R. auch nach neuen Fähigkeiten [2].“ Auf Basis der ganzheitlichen Wahrnehmung einer Dienstleistung durch den Kunden gilt es demnach beim Innovationsmanagement von Dienstleistungen i. d. R. auch Potenzial- und Prozessinnovationen zu beachten, also eine umfassendere Perspektive einzunehmen. Auf Grund dessen, dass die Qualitätswahrnehmung der Dienstleistungsinnovation in großem Maße vom Verhalten der Mitarbeiter im Erstellungsprozess abhängt, wird das Personal zu einer wesentlichen internen Zielgruppe qualitätsorientierten Innovationsmanagements. "Externes Marketing, d. h. also das Marketing gegenüber den Kunden, erfordert eine interne Absicherung im Unternehmen. Notwendig ist daher ein so genanntes „internes Marketing“ als ein „Konzept zur auf die internen Faktoren bezogenen (vor allem personenbezogenen) Absicherung einer externen Marketingstrategie [24][11].“

- Schlussendlich gilt es im Rahmen des Innovationsmanagements von Dienstleistungen auch noch das Feld der Systemkonformität zu gestalten. Ziel ist – in Bezug auf das Unternehmen selbst – die Einbindung in die Kultur und in die Systeme des Unternehmens. Hintergrund ist, dass neue und veränderte Dienstleistungen meist Teil eines größeren Programms an angebotenen Produkten und Dienstleistungen sind, sich also in ein wie auch immer geartetes Angebots-System innerhalb eines Unternehmens einzufügen haben. Bezogen auf eine Makro-Perspektive gilt es zudem im Rahmen des Innovationsmanagements, insbesondere in der Phase des Dienstleistungsdesigns, auch Fragen der Einbindung der Dienstleistung in die sie umgebenden wirtschaftlichen Großsysteme zu gestalten [2]. So macht das Beispiel einer Taxifahrt deutlich, dass die Qualitätswahrnehmung des Kunden ganz maßgeblich von einem übergeordneten Systemverbund, wie z. B. die Verfügbarkeit von Autobahnen und Schnellstraßen, die gesetzliche Geschwindigkeitsbegrenzung etc., geprägt wird. Auch diese Aspekte gilt es demnach im Rahmen der Dienstleistungsinnovation zu adressieren und die Kompatibilität mit diesen Systemelementen zu gewährleisten.[15]

---

[14] „Damit ist eine Dienstleistung zwar nicht rechtlich, aber doch faktisch vor Nachahmungen geschützt.“ [2]

[15] Dieser Aspekt wird vielfach auch Integrations-Design genannt, siehe z. B. MEYER et. al. [51].

Angestrebt wird also zusammenfassend die Akzeptanz beim Kunden, auf der Basis geeigneter Fähigkeiten bei den Mitarbeitern, einer sorgsam gewählten Systemkonformität mit dem Unternehmen und seinem Umfeld und ausreichender Schutz vor Nachahmung durch die Wettbewerber. Diese vier aus unserer Sicht zentralen Aufgaben- und Gestaltungsfelder des Innovationsmanagements gilt es über alle Schritte des Innovationsprozesses zu beachten. So sind die beschriebenen vier Bereiche bspw. nicht nur wichtige Bereiche bei der Planung und Umsetzung von Dienstleistungsinnovationen, sondern können auch Auslöser von Innovationsprozessen sein.

Im nächsten Abschnitt werden wir – gestützt durch Beispiele aus der Praxis – untersuchen, wie die beschriebenen Aufgabenfelder des Innovationsmanagements effektiv und effizient gestaltet werden können.

4 Herausforderungen und Erfolgsfaktoren des Innovationsmanagements von Dienstleistungen

“Today no one needs to be convinced of the importance of innovation – intense competition, along with fast-changing markets and technologies, has made sure of that. How to innovate is the key question.”[25] Dabei zeichnet sich die Innovationsaufgabe – in Abgrenzung zur Routineaufgabe – im Allgemeinen durch anspruchsvolle Charakteristika aus, wie z. B. durch eine tendenziell geringe Strukturiertheit, hohe Komplexität und eine eher geringe Wiederholungshäufigkeit und Gleichartigkeit [26][27]. So müssen die in der Einleitung angemerkten hohen Flopraten nicht überraschen, zu befürchten steht jedoch, dass die Innovation von Dienstleistungen mit noch größeren Anforderungen (und Flopraten?) verbunden sein wird. Schon die Tatsache, dass Dienstleistungen nicht alleine anhand ihrer Ergebnismerkmale, sondern auch anhand ihrer Prozess- und Potenzialmerkmale vom Kunden wahrgenommen und bewertet werden, verdeutlicht die gesteigerten Anforderungen an das Management.

In der Praxis findet man – wie sowohl zahlreiche empirische Studien immer wieder betonen als auch die ersten explorativen Befunde des Projekts „Service-Engineering“ bestätigen – jedoch meist noch das Gegenteil dessen, was DRUCKER als „purposeful innovation“ [25] bezeichnet. Im Gegensatz wäre es sicherlich auch vermessen zu glauben, Kochrezepte a la „six steps managing the process of innovation“ [28] könnten den rechten Weg weisen. Wir wollen uns im Folgenden anhand eines Fallbeispiels anschauen, wo typische Probleme und Herausforderungen des Innovationsmanagements in der Praxis liegen können. Im Anschluss daran werden dann ausgewählte aktuelle Forschungsergebnisse aus der Erfolgsfaktorenforschung herangezogen und zum dargestellten Status quo der Praxis in Bezug gesetzt, um darzulegen, wo noch Handlungsbedarf zur Ausschöpfung von Potenzialen in der Praxis zu vermuten ist.

4.1 Fallbeispiel

Wollen wir ein Fallbeispiel näher betrachten, dass in seiner Ausprägung durchaus eine gewisse Repräsentativität besitzen dürfte. Das – aus Gründen der Vertraulichkeit – anonymisierte Unternehmen ist ein klassischer Mittelständler deutscher Prägung, mit etwa 600 Mitarbeitern und 100 Mio. Euro Umsatz, tätig als Zulieferer für Fertigungsstoffe, mit weltweiter Präsenz, bei Schwerpunkten im deutschsprachigen und amerikanischen Raum. Nachdem in den letzten Jahren Konkurrenten aus dem Ausland wie auch Konzentrationstendenzen in der Branche die Wettbewerbsintensität zunehmend erhöht hatten, waren vor zwei Jahren erstmals explizit Visionen und Strategien formuliert worden, die u. a. auch die Serviceführerschaft vorsahen. Ziel war also, auf der Basis einer ausgesprochen guten, jedoch zunehmend unter Druck geratenen Position am Markt, sich im Bereich der Dienstleistungen zu bewähren. Konnte man sich in der Vergangenheit noch über seine Produktqualität vom Gros der Konkurrenten differenzieren, sollte das nun – in Zeiten sich nivellierender Qualitätsunterschiede – in verstärktem Maße über Dienstleistungen geschehen. Ein internes Projekt wurde ins Leben gerufen: „Service Excellence“.

Die Ist-Analyse zu Beginn des Projekts förderte nun Erstaunliches zutage, es wurden – wider das Wissen und dem Bewusstsein der meisten Mitarbeiter (wie auch Kunden) – bereits zahlreiche Dienstleistungen angeboten: „Wenn der Bedarf da ist und der Kunde danach fragt, bekommt der Kunde das, er bekommt seine Technikerunterstützung, Finanzierungsbeihilfe und, und, und, er kriegt ein Konsilager, er muss schon selber darauf kommen.“[16] Wobei die zahlreichen bestehenden Dienstleistungen, z. B. Kundenseminare, 24h Lieferservice oder Beratung im Bereich des Umweltmanagements, nicht vermarktet werden, wie der Projektleiter von „Service Excellence“ durchaus mit ein wenig Ernüchterung bemerkt: „Wir vermarkten das nicht, gehen nicht damit proaktiv auf den Markt. [...] Auf Grund dessen, dass das Gros der Dienstleistungen nicht bepreist wird, wir für Dienstleistungen im Normalfall keine Preise verlangen, nur indirekt über die Deckungsbeiträge der Produkte das berechnen [...].“ So findet sich ein Sammelsurium an verschiedensten Dienstleistungen, die kundenindividuell entwickelt und angeboten werden, jedoch weder vermarktet noch bepreist oder sonst wie explizit in die Kalkulation mit einbezogen werden. Dabei wurden die meisten der bestehenden Dienstleistungen als produktbegleitende Services von Kunden initiiert entwickelt, z. T. sah man sich auch gezwungen, dem Wettbewerb zu folgen. Das zentrale Ziel war jeweils das der Kundenbindung durch hohe Kundenzufriedenheit. Explizite ökonomische oder vorökonomische Ziele wurden mit den angebotenen Dienstleistungsinnovationen meist nicht verbunden: „Gar keine Zielsetzung. [...] Grund für

---

[16] Zitate im Folgenden jeweils vom Projektleiter des Projekts „Service Excellence“ im Rahmen eines Interviews zum Status quo des Innovationsmanagements von Dienstleistungen im Unternehmen (13.03.2002).

das Anbieten, reines Kundenbedürfnis, und dadurch, dass das teilweise der Wettbewerb gemacht hat, da haben wir dann halt nachgezogen."

Der Entwicklungsprozess selbst wurde bei den bisherigen Innovationsvorhaben meist – natürlich ausgerichtet am jeweiligen Innovationsgrad – sehr einfach gehandhabt: „Das wird sehr pragmatisch in Angriff genommen. [...] Also man setzt sich zusammen, auf Grund einer Idee, und versucht das dann immer weiter zu verfeinern, und es läuft halt jetzt nicht so, nach den klassischen Methoden, also es läuft recht pragmatisch ab." Wobei dieser Pragmatismus durchaus ein definiertes Vorgehen auf der Ebene der beteiligten Instanzen und Abteilungen vorsieht, jedoch ohne fest definierte oder strukturierte Innovationsprozesse. Eine explizite Kundenintegration oder auch Markforschungsaktivitäten im Rahmen des Innovationsprozesses werden i. d. R. nicht praktiziert, die betroffenen internen Abteilungen werden jedoch in das jeweilige Projektteam personell integriert wie auch frühzeitig über die Einführung informiert. Aktivitäten zur Konzeption bzw. zum Design der Dienstleistungsinnovation werden üblicherweise nicht in Form von Modellen oder Konzepten, wie z. B. Prozessmodellen, Marketingkonzepten oder ähnlichem beschrieben. Bei Fragen der Bepreisung orientiert man sich – entsprechend der obigen Beschreibung – auch bei Neuentwicklungen am bisherigen Vorgehen und an üblichen Branchengepflogenheiten: „Es war von vornherein klar, dass die Dienstleistung nicht bepreist wird. [...] Für Sonderleistungen hat man schon mal überlegt, ob man denen das berechnen soll, aber dadurch, dass der Wettbewerb das nicht berechnet, scheut sich jeder, hier den Vorreiter zu bilden." Demzufolge gestaltet sich dann naturgemäß auch die eigentliche Kosten-/Nutzen-Kalkulation schwierig: „Seinerzeit bei der Service-Bereitschaft wurde das gemacht, ausgerechnet, was das pro Monat an Mehrkosten verursacht, das war also entsprechend gering, ist dann allerdings nutzenseitig nicht hundertprozentig zuzuordnen oder zu bewerten, [...], i. d. R. rechnet sich das generell." Tests werden in der Phase der Markteinführung durchgeführt und sahen bei der Einführung einer erweiterten Service-Bereitschaft als Dienstleistungsinnovation (zu der Zeit für die Branche ein Novum) bspw. einen inkrementellen Rollout der neuen Dienstleistung vor: „Der Test erfolgt dahingehend, dass man die Auswahl der Kunden, denen das bekannt gegeben wurde, die wurde laufend erhöht, man hat mit 50 Kunden angefangen, ist dann auf 100 gegangen, auf 200 und dann nach einer Großaktion in einer Fachzeitschrift (27000 Stück Auflage) hat es halt jeder gewusst, der die Fachzeitschrift im Abo hatte." Auch Kommunikationsmaßnahmen im Rahmen der Markteinführung werden – wie dargelegt – z. T. durchaus aufwändig und über mehrere Kanäle und einen längeren Zeitraum betrieben. Mit dem Betrieb erfolgt dann ein laufendes Monitoring der Nutzung der Dienstleistung durch die verschiedenen Kunden, wobei bei intensiver Nutzung dann durchaus auch dem Vertrieb Argumente für die nächsten Preisverhandlungen zur Hand gegeben werden. Explizite Kundenbefragungen zur Zufriedenheit mit einzelnen Dienstleistungen wurden bis dato nicht durchgerührt, hier sollte das Projekt dann für manch positive Überraschung sorgen.

So wurden zu Beginn des Projekts „Service-Excellence“ ausgewählte Kunden aus allen relevanten Branchen in einer Kundenbefragung in Form von persönlichen Leitfaden-Interviews zu Ideen für neue Dienstleistungen, Verbesserungsmöglichkeiten der bestehenden (Dienst-)Leistungen wie auch zum Kontext des jeweiligen Unternehmens intensiv untersucht. Für die Branche kommt das nahezu einer Revolution gleich, zu deutlich stand der Kommentar des Geschäftsführers zum Projektbeginn vor Augen, so etwas wäre in der Branche nicht üblich, sich mit seinen Kunden so intensiv auszutauschen. Dementsprechend groß war dann auch die Scheu aller Beteiligter zu Beginn der Kundenbefragung. Die Ergebnisse waren dann nicht nur sehr brauchbar und lieferten zahlreiche gute Ideen für den steinigen Weg zur Service-Excellence, sondern auch sehr erfreulich von der Kundenresonanz, wie folgende Kommentare von Interviewpartnern vielleicht untermalen können: „Haben noch nie einen Lieferanten so massiv mit derartigem Interesse bei uns gesehen. Finde ich ganz toll, ehrlich!“ (Einkaufsleiter, Kundenunternehmen); “Das erste Gespräch, das wir so mit einem Hersteller führen. Sehr gut, das Feedback von seinen Kunden einzuholen.“ (Werksleiter, Kundenunternehmen); „Trend bei ziemlich vielen, Service abzubauen. Sie scheinen in eine andere Richtung zu laufen!“ (Technischer Leiter, Kundenunternehmen). Das sollte doch Mut machen für den weiteren Weg zur Service-Excellence![17]

Kommentar:

Wie lässt sich nun das aufgeführte Fallbeispiel beurteilen? Auffällig ist mit Sicherheit zum einen die gering ausgeprägte Strukturierung des *Innovationsprozesses*[18], wie auch die Unvollständigkeit der Prozessaktivitäten gemessen am zugrunde liegenden Prozessmodell (siehe Abschnitt 2, Abbildung 1). Jedoch auch die anderen Gestaltungsbereiche des Innovationsmanagements (siehe Abschnitt 3, Abbildung 2) werden nur in geringem Maße adressiert. So wird die *Konkurrenz* bei Innovationsaktivitäten i. d. R. lediglich passiv, als verpflichtender Ideengeber beachtet; eine Markt- oder *Kundenorientierung* im eigentlichen Sinne, z. B. im Sinne von Analysen zum Marktpotenzial oder einer Integration von Kunden in Innovationsaktivitäten, erfolgt nicht. Die Ausrichtung erfolgt jeweils nur auf einen einzelnen, den ideengebenden Zielkunden der jeweiligen Dienstleistungsinnovation. *Mitarbeiteraspekte* werden zwar z. T. berücksichtigt, z. B. in Form von aktualisierten Stellenbeschreibungen oder einem ausgeprägten internen Marketing, jedoch werden Schulungen und Trainings nur vereinzelt und wenig systematisch im Kontext der Einführung von neuen Dienstleistungen angeboten. *Systeme*, seien es interne oder externe, werden i. d. R. nicht explizit beachtet, lediglich vereinzelt

---

[17] Anm. d. Verf.: Das Projekt „Service Excellence“ ist noch nicht abgeschlossen, nach der anfänglichen Ist-Analyse und Mitarbeiter- wie auch Kundenbefragung wird derzeit die Bewertung und Auswahl der Ideen für Dienstleistungsinnovationen betrieben.

[18] Prozessstrukturierung verstanden als verbindliche grobe Vorstrukturierung von Innovationsprozessen hinsichtlich der Ablauf- und Entscheidungsstruktur.

erfolgt eine Berücksichtigung von Systemvariablen, wie z. B. neuen Umweltvorschriften (auch als Ideengeber für neue Dienstleistungen).

Wir wollen zur weiteren Vertiefung zwei zentrale Problemfelder des obigen Fallbeispiels herausgreifen und näher betrachten:

- Ein zentrales Problemfeld aus unserer Sicht ist das der eigentlichen Gestaltung des Innovationsprozesses. Hier kommen insbesondere Probleme auf Grund der konstitutiven Dienstleistungsmerkmale zu tragen [29]. So führt die Immaterialität des Leistungsangebots z. B. zu Evaluierungs- und Konkretisierungsproblemen, die dann die Formulierung von Konzeptbeschreibungen im Innovationsprozess erschweren und so die Basis für jegliche Art von Test- wie auch Personalschulungsaktivitäten nachhaltig erschweren. Weiterhin führt die notwendige Integration eines externen Faktors zu Problemen bei der Standardisierung der Dienstleistungsinnovation und damit zur mangelhaften Vermarktung. Ziel muss hier also sein, durch einen strukturierten und vollständigen Innovationsprozess die Grundlage für effektives und effizientes Innovationsmanagement zu legen.

- Ein weiteres aus unserer Sicht zentrales Problemfeld ist das der Gestaltung der Kunden- und Marktorientierung. Das dargestellte Unternehmen ist deutlich in einer so genannten Service-Falle gefangen, das ist eine Spirale aus Differenzierungsversuchen durch (Sekundär-)Dienstleistungen, die dann stets bald (durch Nachziehen der Konkurrenz) zu obligatorischen (kostentreibenden) Leistungen in der Branche werden. Ohne explizite Nutzung der Beziehungsoption durch ausgeprägtes Kundenbeziehungsmanagement verpuffen die kurzzeitigen Differenzierungsvorteile dann jeweils rasch wieder. Ziel muss hier also sein, durch eine wohlgestaltete Kunden-Hersteller-Interaktion die Grundlage zur nachhaltigen Differenzierung zu legen.

4.2 Ergänzende empirische Erkenntnisse

Nun könnte man natürlich den Eindruck gewinnen, das obige Beispiel würde lediglich als hypothetisches Konstrukt beabsichtigt einen besonders eindrücklichen Fall darlegen, Praktiker in klassischen Produktionsgüterbranchen werden dies wohl mit Deutlichkeit verneinen und auch ein Blick in die Empirie, sei es aus der Sekundärliteratur[19] oder aus ersten explorativen Studien im Rahmen des Projekts „Service Engineering“ [30], bestätigt dies Beispiel nachhaltig.

---

[19] Metaanalysen zur Erfolgsfaktorenforschung siehe z. B. MOWERY et. al. [52] oder KÖHLER [53]. Eine sehr umfangreiche Analyse, die auch deutschsprachige Untersuchungen mit einbezieht findet sich bei HAUSCHILDT [54], mit ausschließlicher Konzentration auf Dienstleistungen bei KÜPPER [31].

Im Weiteren – wie oben bereits beschrieben – findet eine Fokussierung auf zwei aus unserer Sicht wesentlichen Aspekte für erfolgreiches Innovationsmanagement statt:

- die Gestaltung des Innovationsprozesses
- die Gestaltung der Kunden- und Marktorientierung

Dazu wollen wir das dargelegte Fallbeispiel durch ausgewählte Ergebnisse aus zwei empirischen Studien der letzten Zeit ergänzen und vertiefen. Diese Studien recherchieren jeweils selbst erst vorhandene empirische Arbeiten zum Thema, bevor sie in die eigenen empirischen Untersuchungen einsteigen. Wir werden auch die zentralen Ergebnisse dieser Sekundärrecherchen jeweils kurz zusammenfassen. Zentraler Fokus der Beschreibungen wird neben der deskriptiven Darlegung des jeweils erhobenen Status quo in der Praxis insbesondere das Feld der Erfolgsfaktoren sein, d. h. die Gestaltungsempfehlungen, die daraus dann jeweils abgeleitet werden.

In Bezug auf die dargelegten Erfolgsfaktoren gilt es jedoch zu beachten, dass auf Grund der Heterogenität möglicher Ausprägungen von Dienstleistungen wie auch verschiedenster Branchen oder sonstiger Kontextfaktoren, willkürliche Verallgemeinerungen derartig lokal erhobener – und streng genommen auch nur lokal gültiger – Ergebnisse vermieden werden sollten: „It is conceivable that totally different success factors influence a home-banking-system than a new car repairing method [31].“[20] Der Ansatz der Erfolgsfaktorenforschung basiert dabei auf dem Grundgedanken, dass es trotz Mehrdimensionalität und Multikausalität des Unternehmenserfolgs wie auch des Innovationserfolgs für Dienstleistungen einige wenige globale Einflussfaktoren gibt, die den Erfolg oder Misserfolg entscheidend mitbestimmen [32][33]. Diejenigen Faktoren, die die entscheidenden Determinanten für den Erfolg von Unternehmen (oder Innovationen) darstellen, werden dann als „kritische Erfolgsfaktoren“ bezeichnet.[21] „Diese Faktoren können sowohl im Unternehmen selbst (interne Faktoren) wie auch in seiner politischen, finanziellen, rechtlichen etc. Umwelt (externe Faktoren) begründet sein [34].“ Das zentrale Forschungsziel der Erfolgsfaktorenforschung im Bereich des Innovationsmanagements ist die Erkenntnis von Bestimmungsgründen für Innovationserfolg. Der Erfolg von Dienstleistungsinnovationen wird dabei meist in ökonomischen Größen, wie z. B. Gewinn oder Deckungsbeiträge aus der Dienstleistungsinnovation gemessen, z. T. auch anhand von Erfolgskriterien je nach Projektphase [34].

---

[20] Neben dem Service-Typ kann dies natürlich auch auf die Branche bezogen werden: “However, the service sector is too heterogeneous so that results from one branch cannot directly adapted to another.” [31]

[21] „Critical Success Factors (CSFs) are those characteristics, conditions, or variables that when properly sustained, maintained or managed can have significant impact on the success of a firm for competing in a particular industry [55].“

4.2.1 Gestaltung des Innovationsprozesses [29]

Die erste empirische Studie, deren Ergebnisse hier auszugsweise vorgestellt werden sollen, wurde 1996 in der Finanzindustrie erhoben und untersuchte u. a. Möglichkeiten zur effizienten Organisation von Innovationsprozessen.

Die der eigenen empirischen Untersuchung vorgeschaltete Recherche bereits vorhandener Studien zum Thema konnte bereits interessante Ergebnisse zutage fördern. Es zeigt sich, dass „Innovationsprozesse in der Praxis im Vergleich zu den theoretischen Prozessmodellen verkürzt sind, d. h. dass einige der von der Theorie vorgegebenen Aktivitäten nicht durchgeführt werden. Insbesondere auf marktbezogene Aktivitäten, wie z. B. Marktstudien, Konzepttests, Produkttests oder Testmarkt, wird verzichtet bzw., wenn überhaupt, werden sie nur sehr oberflächlich durchgeführt [29].“ Untersuchungen zur Prozessstrukturierung, d. h. zur verbindlichen Vorstrukturierung von Innovationsprozessen, zeigen, dass „[...] von der Existenz eines systematisch strukturierten Innovationsprozesses bei Dienstleistungsunternehmen weitgehend nicht gesprochen werden kann [29].“ Die Entwicklung neuer Produkte wird eher ad hoc bzw. sehr informal vorangetrieben. Eine explizite Vorgabe der durchzuführenden Aktivitäten konnte nur in Ausnahmefälle festgestellt werden. Bestehende Ergebnisse der Erfolgsfaktorenforschung zeigen dagegen, dass „[...] vor allem die gründliche und systematische Durchführung aller Aktivitäten des Innovationsprozesses, ein hoher Produktnutzen der Dienstleistungsinnovation für den Konsumenten und die Übereinstimmung der Unternehmensressourcen mit den Anforderungen der neuen Dienstleistung den (finanziellen) Innovationserfolg entscheidend beeinflussen [29].“

Die eigenen empirischen Untersuchungen von SCHNEIDER füllen dann zahlreiche Lücken in der bestehenden Forschung zum Innovationsmanagement von Dienstleistungen, wir wollen uns in der Darstellung auf einige wenige Aspekte beschränken. So konnte die Untersuchung der Prozessvollständigkeit die oben bereits aufgeführten Ergebnisse bestätigen, „[...] dass einige der durch das Prozessmodell theoretisch geforderten Aktivitäten in den untersuchten Innovationsprozessen weitgehend nicht durchgeführt wurden, während andere in fast allen Fällen auftraten [29].“ Überwiegend nicht durchgeführt wurden auch hier alle marktorientierten Testaktivitäten (Konzepttest, Dienstleistungstest und Testmarkt), die eine explizite Einbindung des Kunden in den Interaktionsprozess erfordert hätten, wie auch – in etwas geringerem Umfang – auf den internen Funktionsfähigkeitstest (Pilotproduktion) und Aktivitäten der Personalschulung und Wirtschaftlichkeitsanalyse häufig verzichtet wurde. Eine genauere Analyse zeigte, dass sich zwei Typen von Innovationsprozessen in der Praxis finden lassen, „Unternehmensintern dominierte Innovationsprozesse“, die marktorientierte (Test-)Aktivitäten ausnahmslos weglassen, und in deutlicher Unterzahl „marktorientierte Prozesse", die einen weitestgehend vollständigen Prozessverlauf aufweisen (siehe Abbildung 3) [29].[22]

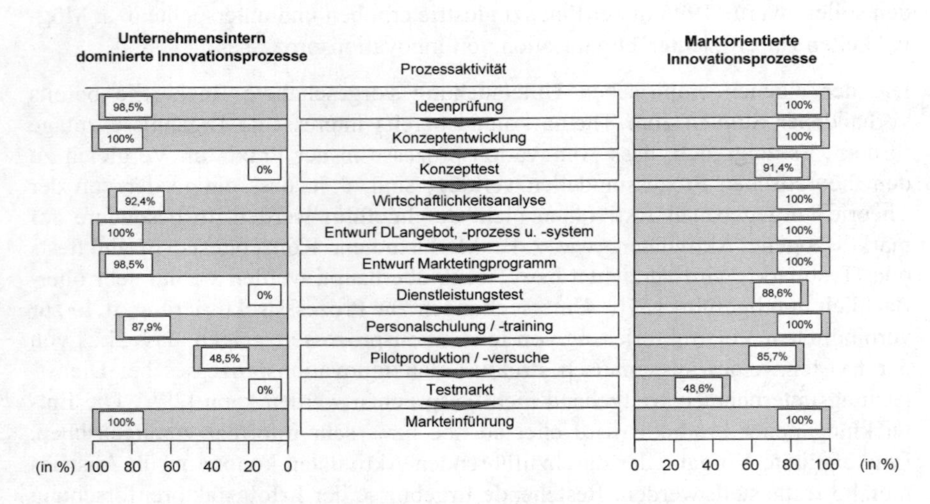

Abbildung 3: Durchführung von Prozessaktivitäten [29]

Die Ursachen für die in nur sehr geringem Umfang durchgeführten marktorientierten Aktivitäten – wie auch von internen Aktivitäten wie z. B. der Personalschulung – lassen sich anhand der konstitutiven Dienstleistungsmerkmale detaillierter beleuchten. So führen z. B. die Immaterialität des Leistungsangebots und die Dominanz von Erfahrungs- und Vertrauenseigenschaften zu Problemen bei der Konkretisierung der Dienstleistung, die dann wiederum die Entwicklung von Konzepten behindern. Diese Probleme bei der Formulierung von präzisen verbalen Konzeptbeschreibungen wirken sich dann natürlich entsprechend nachteilig auf Marktforschungsaktivitäten, wie z. B. Konzepttests oder Dienstleistungstests, aus [29]. Verstärkt werden diese Schwierigkeiten zusätzlich noch durch die Standardisierungsprobleme von Leistungsangebot, -prozess und -ergebnis, insbesondere als Folge der Notwendigkeit zur Integration eines externen Faktors. Je höher also die Individualisierung von Dienstleistungen ist, desto stärker werden diese Schwierigkeiten zu tragen kommen – und desto weniger sind dann auch diese marktorientierten Aktivitäten ausgeprägt.[23]

Erstaunen macht sich nun breit, wenn die Untersuchung der Erfolgsfaktoren bei SCHNEIDER unterstreicht, dass von allen dargelegten Prozessaktivitäten, gerade

[22] Ein ähnliches Ergebnis findet sich auch bei KOHLBECHER: „Nur bei knapp einem Drittel aller Innovationsprojekte erfolgte die Abschätzung des Marktpotenzials durch eine genaue Marktanalyse [34]."

[23] [29], insbesondere Hypothese 2.

diejenigen, auf die unternehmensintern dominierte Innovationsprozesse so häufig verzichten, insbesondere die Konzepttests, die Wirtschaftlichkeitsanalyse und die Personalschulung, einen hoch signifikanten Einfluss auf den marktlichen Innovationserfolg ausüben. Hier scheint in der Praxis also noch Handlungsbedarf zu herrschen. Das Ziel formulieren demnach marktorientierte Innovationsprozesse, d. h. solche Prozesse, die eine explizite Integration von Kunden oder Kundeninformationen vorsehen. Wie sollte diese Kunden- oder Marktorientierung nun gestaltet werden? Die nächste Studie wird uns hierauf Antworten geben können.

4.2.2 Gestaltung der Kunden- und Marktorientierung [13]

Wenden wir uns auf dieser Basis einer weiteren empirischen Studie zu, die sich mit der Kundenorientierung des Innovationsprozesses in Konsumgütermärkten (Outdoor-Branche) befasst und 1997 durchgeführt wurde.

Ein Schwerpunkt der Arbeit bildete die Untersuchung zur Gestaltung der Kunden-Hersteller-Interaktion. Kundenorientierung selbst wird verstanden als die Ermittlung von Kundeninformationen, welche für die Entwicklung neuer Produkte und Dienstleistungen genutzt werden können, d. h. die Ermittlung aktueller und zukünftiger Kundenbedürfnisse, wie dann auch die Umsetzung dieser generierten Kundeninformationen durch die verantwortlichen Funktionsträger des innovierenden Unternehmens, d. h. die konkrete Übersetzung der Kundenbedürfnisse in Innovationen.[24] Auch hier wird der eigenen empirischen Untersuchung die Recherche vorhandener Arbeiten im Themenfeld vorgeschaltet, hier insbesondere der Forschung zu Erfolgsfaktoren in der Kunden-Hersteller-Interaktion. Die Theorie zur Vorteilhaftigkeit kundenorientierter Innovationsprozesse betont hauptsächlich die Möglichkeit zur Reduzierung des Floprisikos von Innovationen, jedoch finden auch akquisitorische Absichten (z. B. Gewinnung von Referenzkunden) und ressourcenbezogene Vorteile (z. B. Zeit- und Kostenminderung) Erwähnung [13]. Die lange Zeit kontroversen Diskussionen zu „technology push vs. market pull"-Innovationen mündeten schließlich in der Erkenntnis geringen Erfolgs eindimensionaler Strategien: „Erst die Verknüpfung eines existierenden Marktbedürfnisses (market pull) mit einer technologischen Chance (technology push) erhöht die Erfolgswahrscheinlichkeit einer Innovation [13]." Die existierenden Ergebnisse der Erfolgsfaktorenforschung zur Kunden-Hersteller-Interaktion beim Innovationsprozess betonen dann die positive Wirkung von Aktivitäten im Innovationsprozess auf den Innovationserfolg sowohl phasenübergreifend (z. B. intensive Hersteller-Kunden-Kommunikation oder Nutzung des Know-hows von Mitarbeitern mit direktem Kundenkontakt), wie auch in der Phase der Ideengenerierung (z. B. tiefes Verständnis der Kundenbedürfnisse zu Beginn des Innovationsprozesses), der Phase der Konzepterstellung (z. B. Durchführung von Kon-

---

[24] Auf Basis einer aktivitätsbezogenen Definition [13].

zepttests) oder der Phase der Entwicklung (z. B. Durchführung von Prototypentests mit Kunden) [13]. Zusammenfassend deuten die Befunde der Erfolgsfaktorenforschung darauf hin, dass insbesondere die frühzeitige Kundenorientierung positive Auswirkungen aufweist, wenn Kunden und Hersteller also bereits miteinander kommunizieren, bevor mit der eigentlichen Entwicklung neuer Produkte und Dienstleistungen begonnen wird, die Kundenorientierung also eine entdeckende Zielsetzung verfolgt. Die eigenen empirischen Untersuchungen von LÜTHJE setzen nun hier auf, wir wollen uns in der weiteren Darstellung auf einzelne Aspekte der Kunden-Hersteller-Interaktion beschränken.

Die explorativ empirische Untersuchung konzentriert sich – wie erwähnt – auf die Kunden-Hersteller-Interaktion auf Endverbrauchermärkten.[25] Die vorneweg skizzierten Gestaltungsvariablen für das innovierende Unternehmen gliedern sich in Instrumente der Kontaktierung, also Kontaktierungsinstrumente wie z. B. Beschwerdestellen, Kundenclubs, Ideenwettbewerbe oder Meinungsumfragen, und in Instrumente der Einbindung. Gestaltungsvariablen der Einbindung sind zum einen die Kontinuität der Einbindung, d. h. in welche Phasen des Innovationsprozesses werden Kunden eingebunden, und die konkreten Einbindungsinstrumente, d. h. wie erfolgt konkret dann die Einbindung, z. B. über Gruppendiskussionen/Fokus Groups oder Kreativworkshops. Erwartungsvariablen von Seiten des Unternehmens können z. B. eine Senkung des Floprisikos, eine Erhöhung der Vielfalt Erfolg versprechender Ideen, aber auch das Bild vom inkompetenten Konsumenten sein [13].

Die Ergebnisse der Status quo Analyse legen nun dar, dass das Gros der Unternehmen Kunden als Informationsquelle zwar nutzt, jedoch eine Kontaktaufnahme mit Kunden durch spezifische Maßnahmen und Einrichtungen (siehe obige Kontaktierungsinstrumente) wie auch eine explizite Einbindung von Kunden in den Innovationsprozess nur bei etwa der Hälfte der Unternehmen stattfindet. Der gering ausgeprägte Einsatz von Instrumenten zur Verbraucherkontaktierung dürfte dann wohl dazu führen, dass den Herstellern nur selten innovative und fortschrittliche Kunden bekannt sind [13]. Die organisatorische Zuordnung der Verantwortung zur Sammlung von Kundeninformationen ist bei etwa 30 Prozent der Unternehmen nicht festgelegt wie auch bei keinem der befragten Unternehmen in der Entwicklungsabteilung angesiedelt. „Dieser Funktionsbereich, der letztendlich für die Umsetzung der Kundenbedürfnisse in neue Produkte und Dienstleistungen sorgen muss, kommuniziert also relativ selten direkt mit Endverbrauchern [13]."[26] Die Hauptverantwortung für die Kundenorientierung trägt meist die Marketing- und Vertriebsabteilung. Die Einbindung von Kunden erfolgt in einem u-förmigen

---

[25] Die meisten Studien zur Kunden-Hersteller-Interaktion untersuchen den Investitionsgüterbereich, siehe z. B. GEMÜNDEN [56], PARKINSON [57] oder HERSTATT [58].

[26] LÜTHJE betont hier zudem, dass in empirischen Studien gezeigt werden konnte dass eine indirekte Kommunikation über zwischengelagerte Stellen i. d. R. weniger erfolgreich ist, als wenn sie direkt erfolgt wäre [59].

Verlauf über den Innovationsprozess, mit deutlichem Schwerpunkt bei der Markteinführung, geringer ausgeprägt bei der Ideengenerierung und Entwicklung und sehr gering ausgeprägt bei der Konzeptformulierung, d. h. dem Design der Innovation.

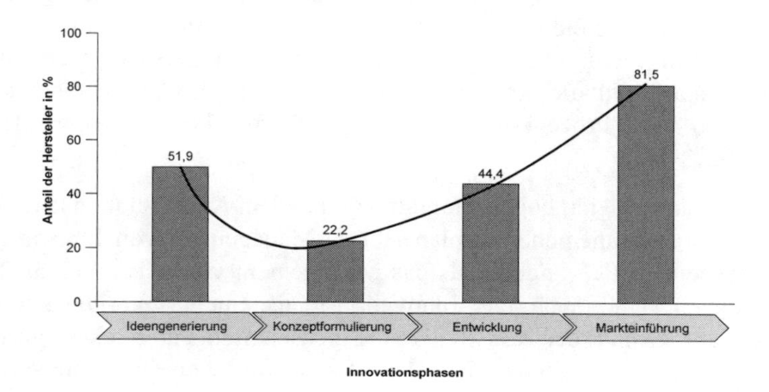

Abbildung 4: Kundeneinbindung im Phasenverlauf des Innovationsprozesses [13]

Die geringen Quoten bei der Ideengenerierung und der Konzeptformulierung überraschen und werden von LÜTHJE primär auf das Fehlen geeigneter Instrumente bzw. der negativen Kosten-Nutzen-Einschätzung vorhandener Instrumente zurückgeführt. „Eine kontinuierliche Kunden-Hersteller-Interaktion findet in den meisten Unternehmen nicht statt [13].“ Bezogen auf reine Dienstleistungsinnovationen wird hier mit einer deutlicheren Ausprägung des u-förmigen Verlaufs zu rechnen sein (siehe Studie von SCHNEIDER [29] bzw. das obige Fallbeispiel). Entsprechend der bereits mehrfach dargelegten hohen Flopraten bei Innovationsvorhaben, werden Hersteller primär durch die Erwartung einer Senkung des Floprisikos zur Einbindung von Kunden motiviert.

Auch hier öffnet sich demnach ein Spannungsbogen aus den anfänglich dargelegten Erfolgsfaktoren und der Beschreibung des Status quo in der Praxis. Die Erfolgsfaktorenforschung betonte insbesondere, dass eine frühe Kundenorientierung positive Auswirkungen aufweisen wird, und das sind nun genau diejenigen Phasen, für die festgestellt wurde, dass eine Kundeneinbindung nur selten stattfindet – mit entsprechend negativen Konsequenzen auf den marktlichen Erfolg des Innovationsvorhabens.

5 Zusammenfassung

„It is the customer who determines what a business is [35].“ Die in diesem Beitrag dargelegten Ergebnisse der Erfolgsfaktorenforschung unterstreichen diese Aussage mit Nachdruck, auch und insbesondere für das Innovationsmanagement von Dienstleistungen. Und die beschriebenen Fälle aus der Praxis wie aus der empirischen Forschung zum Innovationsmanagement verdeutlichen nachhaltig den Handlungsbedarf und die schlummernden Potenziale. So müssen derzeit wohl Flopraten von 30-50 Prozent, wie sie in einigen Studien beschrieben werden, nicht überraschen.

Will man die dargelegten hohen Flopraten vermeiden, ist die strategische Aufgabe des Innovationsmanagements zu planen. Das Management von Innovationen ist dabei etwas substantiell anderes als das Management von wiederholten Routineentscheidungen. Und auch das Innovationsmanagement von Dienstleistungen sieht sich auf Grund der konstitutiven Eigenschaften zahlreicher zusätzlicher Herausforderungen ausgesetzt. Grundlage für die weiteren Darstellungen bildete ein Modell zum Innovationsmanagement, das neben dem eigentlichen Innovationsprozess in einer integrierten Sichtweise interne wie externe Gestaltungsfelder zu berücksichtigen sucht. Angestrebt wird die Akzeptanz beim Kunden, auf der Basis geeigneter Fähigkeiten bei den Mitarbeitern, einer sorgsam gewählten Systemkonformität mit dem Unternehmen und seinem Umfeld und ausreichender Schutz vor Nachahmung durch die Wettbewerber. Diese aus unserer Sicht zentralen Aufgaben- und Gestaltungsfelder des Innovationsmanagements gilt es über alle Schritte des Innovationsprozesses zu gestalten.

Das aufgeführte – und nach ersten Erfahrungen aus dem Projekt „Service Engineering“ durchaus repräsentative – Fallbeispiel konnte nun eindrucksvoll darlegen, dass alle Handlungsfelder auch gleichzeitig Problemfelder sind. Nicht umsonst werden Dienstleistungen auf Grund ihrer konstitutiven Eigenschaften in der Praxis auch häufig als Problemgüter bezeichnet. Zwei aus unserer Sicht zentrale Problemfelder wurden dann im Weiteren anhand von empirischen Studien vertieft, das der Gestaltung des Innovationsprozesses und das der Gestaltung der Kunden- und Marktorientierung. Die erste Studie verdeutlichte, dass Innovationsprozesse für Dienstleistungen in der Praxis vielfach unvollständig und unstrukturiert durchgeführt werden, wobei insbesondere auf marktorientierte Aktivitäten, wie z. B. Testaktivitäten oder Marktanalysen, die eine explizite Kundenintegration erfordern würden, häufig verzichtet wird. Genau diese Aktivitäten üben aber den deutlichsten Einfluss auf den marktlichen Erfolg eines Innovationsvorhabens aus. Die zweite Studie setzte nun hier auf und untersuchte, wie diese Kunden- und Marktorientierung gestaltet werden sollte. Ziel soll nicht eine eindimensionale Orientierung an den Kundenbedürfnissen (market pull), sondern die Verknüpfung von Marktbedürfnis mit technologischen Chancen (technology push) sein. Die Erfolgsfaktorenstudien im Themenbereich legen nahe, dass insbesondere die frühzeitige Kundenorientierung positive Auswirkungen aufweist, wenn Kunden und

Hersteller also bereits miteinander kommunizieren, bevor mit der eigentlichen Entwicklung neuer Produkte und Dienstleistungen begonnen wird, die Kundenorientierung also eine entdeckende Zielsetzung verfolgt. Für genau diese Phasen des Innovationsprozesses konnte die Empirie aber dann zeigen, dass eine Kundeneinbindung nur selten stattfindet. Ein kontinuierliche Kunden-Hersteller-Interaktion findet also in den meisten Unternehmen nicht statt – mit entsprechend negativen Konsequenzen für den Markterfolg der Innovationsvorhaben.

Also doch „New service happen.“, wie RATHMELL das einst ein wenig pathetisch formuliert hatte [36]? Die Ergebnisse der empirischen Forschung zeugen von äußerst pragmatischen und reduzierten Ansätzen in der Praxis, wenig strukturierten und definierten Innovationsprozessen, geringer Markt- und Kundenorientierung und reduzierter Berücksichtigung von Personalfragen oder Wirtschaftlichkeitsanalyen. So müssen die hohen Flopraten nicht überraschen. Überraschend aus unserer Sicht scheint insbesondere der vielfach betonte Umstand der gering ausgeprägten Markt- und Kundenorientierung des Innovationsmanagements. So sind es beileibe nicht nur die beiden oben aufgeführten Studien, die betonen, dass eine ausgeprägte Interaktion und auch Integration von Kunden oder von Kundeninformationen deutlichen Einfluss auf den marktlichen Erfolg von Innovationsvorhaben zeigen.[27]

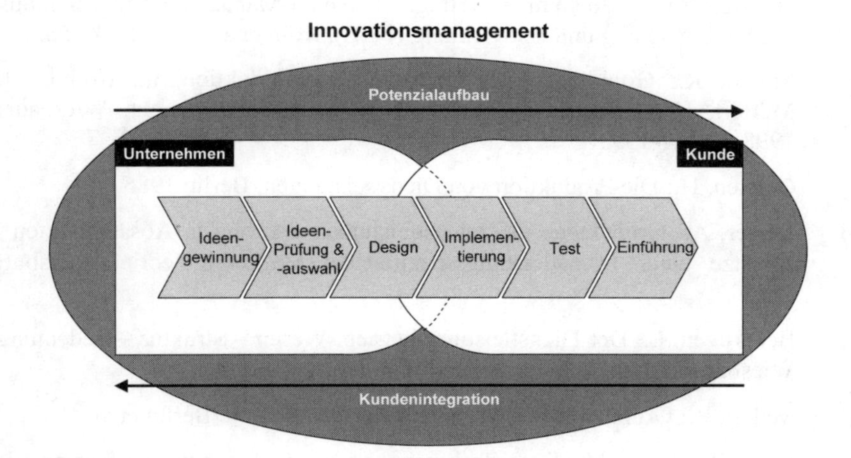

Abbildung 5: Gestaltung von Innovationsprozessen und Kundenorientierung

[27] Siehe z. B. auch die Studie von KOHLBECHER: „Im Einklang mit den Ergebnissen der Erfolgsfaktorforschung steht das Untersuchungsergebnis, dass die Kundenorientierung eine wesentliche Erfolgsdeterminante darstellt [34].“ Oder die Studie von MARTIN ET. AL.: „The more successful new services consistently had more utilization of information about the customer in idea generation, business evaluation and marketing plan preparation [60].“

Ein Zielsystem (mit Fokus auf die vertieften Bereiche der Gestaltung des Innovationsprozesses wie der Kundenorientierung)[28] könnte aus unserer Sicht folgendermaßen aussehen (siehe Abbildung 5): Eine vollständige, definierte und strukturierte Ausführung des Innovationsprozesses unter expliziter Einbindung von Kunden oder Kundeninformationen über alle Prozessschritte hinweg und parallelem Aufbau der erforderlichen Potenziale (beim Unternehmen wie beim Kunden) zur Dienstleistungsinnovation.

Literaturverzeichnis

[1] Booms, B. H.; Davis, D.; Guseman, D.: Participant Perspectives on Developing a Climate for Innovation of New Services, in: W. R. George & C. E. Marshall (Hrsg.): Developing New Services, Chicago Ill. 1983, S. 23-26.

[2] Meyer, A.; Blümelhuber, C.: Dienstleistungs-Innovation, in: A. Meyer (Hrsg.): Handbuch Dienstleistungs-Marketing, Stuttgart 1998, S. 807-826.

[3] Kieser, A.: Organistion der industriellen Forschung und Entwicklung, in: Domsch, M. v.; Jochum, E. (Hrsg.): Personal-Management in der industriellen Forschung und Entwicklung (F&E), Köln et al. 1984, S. 48-58.

[4] Maleri, R.: Grundlagen der Dienstleistungsproduktion, in: Bruhn, M.; Meffert, H. (Hrsg.): Handbuch Dienstleistungsmanagement, Wiesbaden 1998, S. 117-139.

[5] Corsten, H.: Die Produktion von Dienstleistungen, Berlin 1985.

[6] Meyer, A.: Grundlagen des Dienstleistungsmarketing in Absatzmärkten – Ansätze einer Dienstleistungsspezifischen Marketingtheorie, Augsburg 1983.

[7] Berekoven, L.: Der Dienstleistungsbetrieb. Wesen – Struktur – Bedeutung, Wiesbaden 1974.

[8] Maleri, R.: Grundzüge der Dienstleistungsproduktion, Berlin et al. 1973.

[9] Kleinaltenkamp, M.: Begriffsabgrenzungen und Erscheinungsformen von Dienstleistungen, in: Bruhn, M.; Meffert, H. (Hrsg.): Handbuch Dienstleistungsmanagement, Wiesbaden 1998, S. 29-52.

[10] Meyer, A.: Dienstleistungsmarketing, in: Die Betriebswirtschaft (DBW), 51(1991)2, S. 195-209.

---

[28] D. h. gegenüber dem vollständig integrierten Modell des Innovationsmanagements sind hier die Gestaltungsfelder der Wettbewerber und der Systeme der Einfachheit halber weggelassen.

[11] Meyer, A.: Dienstleistungs-Marketing: Grundlagen und Gliederung des Handbuchs, in: Meyer, A. (Hrsg.): Handbuch Dienstleistungs-Marketing, Stuttgart 1998, S. 3-22.

[12] Hauschildt, J.: Innovationsmanagement, 2. Auflage, München 1997.

[13] Lüthje, C.: Kundenorientierung im Innovationsprozess. Eine Untersuchung der Kunden-Hersteller-Interaktion in Konsumgütermärkten, Wiesbaden 2000.

[14] Schmitt-Grohé: Produktinnovation. Verfahren und Organisation der Neuproduktplanung, Wiesbaden 1972.

[15] Meffert, H.; Bruhn, M.: Dienstleistungsmarketing. Grundlagen, Konzepte, Methoden, 2. Auflage, Wiesbaden 1997.

[16] Kotler, Ph.: From Mass Marketing to Mass Customization, in: Planning Review, 17(1989)5, S. 10-13.

[17] Scheuing, E.; Johnson, E. M.: A Proposed Model for New Service Development, in: Journal of Services Marketing, 2(1989), S. 25-34.

[18] Narver, J. C.; Slater, S. F.: The effect of market orientation on business profitability, in: Journal of Marketing, 54(1990)4, S. 20-35.; Bruhn, M.: Marketing, 3. Auflage, Wiesbaden 1997.

[19] Gales, L.; Mansour-Cole, D.: User involvement in innovation projects: toward an information processing model, in: Journal of Engineering and Technology Management, 12(1995), S. 77-109.

[20] Homburg, C.; Faßnach, M.: Wettbewerbsstrategien von Dienstleistungs-Anbietern, in: A. Meyer (Hrsg.): Handbuch Dienstleistungs-Marketing, Stuttgart 1998, S. 527-541.

[21] Thomke, S.; Hippel, E. v.: Customers as Innovators: A New Way to Create Value, in: Harvard Business Review, 80(2002)April, S. 74-81.

[22] Hippel, E. v.: The Sources of Innovation, New York et al. 1995.

[23] Abrecht, K.; Zemke, R.: Service-Strategien, Hamburg 1987.

[24] Meyer, A.: Kommunikationspolitik von Dienstleistungsunternehmen, in: Berndt, R. v.; Hermanns, A. (Hrsg.): Handbuch Marketing-Kommunikation. Strategien - Instrumente - Perspektiven, Wiesbaden 1993, S. 895-922.

[25] Drucker, P. F.: The Discipline of Innovation, in: Harvard Business Review, 76(1998)November-Dezember, S. 149-157.

[26] Picot, A.: Organisation, in: Bitz, M. v. et al. (Hrsg.): Vahlens Kompendium der Betriebswirtschaftslehre, 2. Auflage, München 1990, S. 95-158.

[27] Nippa, M.: Gestaltungsgrundsätze für die Büroorganisation. Konzepte für eine informationsorientierte Unternehmensentwicklung unter Berücksichtigung neuer Bürokommunikationstechniken, Berlin 1988.

[28] Biolos, J.: Managing the Process of Innovation, Harvard Business School Press Newsletter 1996, August 1996.

[29] Schneider, M.: Innovation von Dienstleistungen. Organisation von Innovationsprozessen in Universalbanken, Wiesbaden 1998.

[30] Meiren, T.; Liestmann, V.: Service Engineering in der Praxis, Stuttgart 2002.

[31] Küpper, C.: Service Innovation - A review of the state of the art, Institute of Innovation Research and Technology Management, Munich 2001.

[32] Fritz, W.: Marketing - ein Schlüsselfaktor des Unternehmenserfolges? Eine kritische Analyse vor dem Hintergrund der empirischen Erfolgsfaktorenforschung, in: Marketing - Zeitschrift für Forschung und Praxis, 12(1990)2, S. 91-110.

[33] Trommsdorff, V.: Erfolgsfaktorenforschung über Produktinnovationen, in: Meyer-Krahmer, F. (Hrsg.): Innovationsökonomie und Technologiepolitik - Forschungsansätze und politische Konsequenzen, (Physica) Heidelberg 1993, S. 135-149.

[34] Kohlbecher, S.: Förderung betrieblicher Innovationsprozesse. Eine empirische Erfolgsanalyse, Wiesbaden 1997.

[35] Drucker, P. F.: The Practice of Management, New York 1954.

[36] Rathmell, J.: Marketing in the Service Sector, Cambridge, Mass. 1974.

[37] Schumpeter, J. A.: Theorie der wirtschaftlichen Entwicklung, Leipzig 1912.

[38] Crawford, C. M.: Marketing research and the new product failure rate, in: Journal of Marketing, 41(1977)2, S. 51-61.

[39] Crawford, C. M.: New Product Failure Rates: A Reprise, in: Research Management, 4(1987), S. 20-24.

[40] Davidson, J. H.: Why most new consumer brands fail, in: Harvard Business Review, 54(1976)2, S. 117-122.

[41] Brockhoff, K.: Produktpolitik, 3. Auflage, Stuttgart 1993.

[42] Sundbo, J.: Management of Innovation in Services, in: Service Industries Journal, 17(1997)3, S. 432-455.

[43] Langeard, M. v.; Reffait, E.; Eiglier, P.: Developing New Services, in: Venkatesan, M.; Schmalensee, D. H.; Marshall, C. E. (Hrsg.): Creativity in

Services Marketing: What´s new, what works, what´s developing, Chicago, Ill. 1986, S. 192-203.

[44] Grönroos, C.: Service Management and Marketing, Lexington, MA. 1990.

[45] Mueser, R.: Identifying Technical Innovations, in: IEEE Transactions on Engineering Management, (1985), S. 158-176.

[46] Schaller, C.: Innovationsmanagement für Dienstleistungen, in: Meiren, T.; Liestmann, V. (Hrsg.): Service Engineering in der Praxis, Stuttgart 2002, S. 10-20.

[47] Reichwald, R.; Goecke, R.; Stein, S.: Dienstleistungsengineering: Dienstleistungsvernetzung in Zukunftsmärkten, TCW Report 17, München 2000.

[48] Porter, M. E.: Competitive Strategy: Techniques for Analyzing Industries and Competitors, Erstausgabe 1980, New York 1998.

[49] Andrews, K., R.: The Concept of Corporate Strategy, 3. Auflage, Homewood, Ill. 1987.

[50] Barney, J., B.: Gaining and Sustaining Competitive Advantage, Reading, MA. 1997.

[51] Meyer, A.; Blümelhuber, C.: Dienstleistungs-Design: Zu Fragen des Designs von Leistungen, Leistungserstellungs-Konzepten und Dienstleistungs-Systemen, in: Meyer, A. (Hrsg.): Handbuch Dienstleistungs-Marketing, Stuttgart 1998, S. 911-940.

[52] Mowery, D.; Rosenberg, N.: The Influence of Market Demand upon Innovation: A Critical Review of Some Recent Empirical Studies, in: Research Policy, 8(1986)2, S. 102-153.

[53] Köhler, R.: Strategische Stoßrichtung und Erfolg von Produktinnovationen, in: Hauschildt, J.; Grün, O. (Hrsg.): Ergebnisse empirischer betriebswirtschaftlicher Forschung: Zu einer Realtheorie der Unternehmung, Stuttgart 1993, S. 255-293.

[54] Hauschildt, J.: Innovationsmanagement - Determinanten des Innovationserfolges, in: Hauschildt, J.; Grün, O. (Hrsg.): Ergebnisse empirischer betriebswirtschaftlicher Forschung: Zu einer Realtheorie der Unternehmung, Stuttgart 1993, S. 295-326.

[55] Leidecker, J. K.; Bruno, A. V.: Identifying and using critical success factors, in: Longe Range Planning, 17(1984)1, S. 23-32.

[56] Gemünden, H. G.: Innovationsmarketing, Tübingen 1981.

[57] Parkinson, S., T.: Successful new product development: An international comparative study, in: R&D Management, 11(1981)2, S. 79-85.

[58] Herstatt, C.: Anwender als Quellen für die Produktinnovation, Zürich 1991.

[59] Schrader, S.: Zur Organisation der Schnittstelle zwischen Zulieferern und ihren Kunden: Stand der Forschung und neue empirische Befunde, in: Zahn, E. (Hrsg.): Technologiemanagement und Technologien für das Management, Stuttgart 1994, S. 259-287.

[60] Martin, C. R. J.; Horne, D. A.: Level of success inputs for service innovations in the same firm, in: International Journal of Service Industry Management, 6(1995)4, S. 40-56.

Dienstleistungsproduktion

Ursula Frietzsche
Rudolf Maleri
Fachhochschule Worms

Inhalt

1 Einführung

Ungeachtet jahrzehntelanger Diskussionen über eine allgemein konsensfähige, definitorische Abgrenzung der Dienstleistungen von anderen Wirtschaftsgütern werden hierzu in Theorie und Praxis derzeit noch durchaus kontroverse Auffassungen vertreten.

Vor diesem Hintergrund entspricht es der Logik, wenn auch die Auffassungen hinsichtlich der Beiträge, welche die Produktion von Dienstleistungen zum Sozialprodukt einer Volkswirtschaft leistet, sowie die Zahlen der in verschiedenen Volkswirtschaften mit der Produktion von Dienstleistungen Beschäftigten, umstritten sind. Dennoch herrscht immerhin Einhelligkeit darüber, dass sich sowohl der Anteil der Dienstleistungen am Sozialprodukt als auch die Zahlen der im Dienstleistungsbereich Beschäftigten in praktisch allen hoch entwickelten Volkswirtschaften seit Langem kontinuierlich erhöhen. Zumindest die zahlreich vorliegenden „Allgemeinen Betriebswirtschaftslehren" haben sich – von wenigen Ausnahmen abgesehen – von dieser Entwicklung in den letzten Jahrzehnten offensichtlich nicht sonderlich beeindrucken lassen.

Eine zentrale Folgeproblematik produktionstheoretischer Analysen der Dienstleistungen besteht in der systematischen Erfassung und Bewertung unterschiedlicher Erscheinungsformen externer Produktionsfaktoren hinsichtlich ihrer quantitativen, qualitativen, zeitlichen und räumlichen Dimensionen sowie insbesondere der da raus resultierenden Kostenwirkungen. Der oftmals institutionell integrierende Charakter des Service Engineering scheint die isolierte Betrachtung der dienstleistungsspezifischen Produktionsanalyse zu erschweren. Dies mag teilweise zwar hinsichtlich der Abgrenzungsdiskussion des Service Engineering zu Eigenleistungen, welche hier über die juristische und ökonomische Selbständigkeit der Unternehmenseinheiten geführt wird, der Fall sein. Es trifft jedoch nicht auf das Produktionsfaktorsystem und die Besonderheiten des Dienstleistungsprozesses zu.

Service Engineering benötigt ebenso den dienstleistungsspezifischen Ansatz der Differenzierung nach internen und externen Produktionsfaktoren in den hier präsentierten Erscheinungsformen. So ist es Ziel der nachfolgenden Ausführungen, Transparenz und Verständnis für die wesentlichen Eigenschaften von Dienstleistungen und die hieraus folgenden Eigengesetzlichkeiten der Dienstleistungsproduktion zu schaffen.

2 Definition und Position der Dienstleistungen im System der Wirtschaftsgüter

2.1 Begriff „Dienstleistungen“

Seien es die wirtschaftswissenschaftliche Literatur oder auch die amtlichen Statistiken, selten gleicht ein Katalog von Dienstleistungsunternehmen dem anderen. Diese Uneinheitlichkeit bei der Auswahl von Abgrenzungskriterien für die Zuordnung der Dienstleistungsproduzenten bzw. -anbieter zu bestimmten Wirtschaftsbereichen oder -sektoren setzt sich bei den vorliegenden Definitionen zum Begriff *Dienstleistung* fort. Das Divergieren der Auffassungen, die zu den hier behandelnden Begriffen bzw. Definitionen vertreten werden, lässt es sinnvoll erscheinen, diesen Ausführungen einige wenige Abgrenzungen voranzustellen.

Nachfolgend werden Dienstleistungen als *unter Einsatz externer Produktionsfaktoren für den fremden Bedarf produzierte immaterielle Wirtschaftsgüter* angesehen.

Der Begriff „Service Engineering“ subsumiert eine Vielzahl der technischen Dienstleistungen in funktionaler (F & E, Projektplanung, Wartung, etc.) und institutioneller Sicht (S. E.-Anbieter mit zunehmender Relevanz IT- und netzbasierter Dienste).

2.2 Abgrenzung zu Sachleistungen

Soweit nachvollziehbar, gebrauchte SAY erstmals das Begriffspaar materielle und immaterielle Güter. SAY bezeichnete die Dienstleistung als „un produit réel, mais immateriel” [1]. Wie sich in der Folge und zwar bis in die heutige Zeit erwies, hatte SAY mit der Kennzeichnung der Dienstleistungen als immateriell fraglos ein wichtiges Merkmal dieser Güter spezifiziert. Bereits an dieser Stelle sei darauf hingewiesen, dass es sich bei der *Immaterialität* lediglich um *ein* Kriterium bzw. Merkmal der Dienstleistungen handelt. Von gleichrangiger Bedeutung für die Definition einer Dienstleistung sind die Notwendigkeit des *Einsatzes externer Produktionsfaktoren* bei der Dienstleistungsproduktion sowie die *Produktion für den fremden* (also nicht den eigenen) *Bedarf.*

In der jüngeren dienstleistungsspezifischen Literatur wird weithin unstrittig die Notwendigkeit der Integration externer Produktionsfaktoren als essentielles Kriterium der Dienstleistung bzw. der Dienstleistungsproduktion angesehen.

Beim Ringen um die Beantwortung der Frage, ob denn der Output bei der Dienstleistungsproduktion in Form materieller Substanz vorliegt oder etwa doch nicht, scheint die *Ursache* der Immaterialität von Dienstleistungen der Aufmerksamkeit vieler Analytiker entgangen zu sein. Diese besteht – so banal dies auch erscheinen mag – schlicht darin, dass in die Produktion von Dienstleistungen *keine materielle Substanz in Form von Rohstoffen* eingeht, das Ergebnis dieser Produktionsprozesse daher logischerweise auch nicht in Form materieller Substanz vorliegen kann. Diese Feststellung dürfte zumindest für die Faktorkombination des Dienstleistungsproduzenten zutreffen. Die Frage, inwieweit Eigenschaften der durch den Abnehmer der Dienstleistung in Form externer Produktionsfaktoren in die objektbezogene Leistungserstellung eingebrachten Materie durch die Dienstleistungsproduktion verändert werden, sollte hiervon unabhängig betrachtet werden.

So besteht das Produktionsergebnis einer Mühle üblicherweise in Mehl, fraglos einem Sachgut. Hierbei kann es sich einerseits um das Ergebnis eines Produktionsprozesses handeln, bei dem durch die Mühle bzw. den Müller beschafftes Getreide – der entsprechende *Rohstoff* – als interner Produktionsfaktor eingesetzt wurde. Andererseits wird auch durch Landwirte deren selbsterzeugtes Getreide zum Zwecke des Mahlens, also ebenfalls mit dem Ziel der Erzeugung von Mehl, bei Mühlen angeliefert und somit in deren Produktionsprozess integriert. Hiermit vergleichbar ist auch die Übergabe von Seide, Popeline oder Tuch an eine Schneiderin oder einen Schneider zwecks Anfertigung von Kleidungsstücken. Prinzipiell geht es in derartigen und ähnlich gelagerten Fällen stets um die Produktion von Sachgütern. Der Dienstleistungscharakter dieser Aktivitäten resultiert daraus, dass durch die jeweiligen Betriebe in den genannten Fällen keine eigenständige Sachgüterproduktion erfolgt. Angeboten – und nachgefragt – wird vielmehr das sich an abnehmerseitig beigesteuerten, externen Produktionsfaktoren konkretisierende Ergebnis betrieblicher Faktoreinsätze verschiedener Art. Nachgefragt wird bspw. nicht das Mehl in Form eines eigenständigen Absatzobjekts, sondern lediglich *das Mahlen*; von der Schneiderei wird kein Kleidungsstück abgesetzt, vielmehr *das Anfertigen*.

2.3 Abgrenzung zu anderen immateriellen Gütern

Wie bereits angesprochen zählen zwar alle Dienstleistungen zu den immateriellen Gütern, nicht jedoch sind umgekehrt alle immateriellen Güter Dienstleistungen [2]. So sind bspw. sämtliche Nominalgüter, wie Geld, Darlehens- und Beteiligungswerte sowie zahlreiche weitere immaterielle Realgüter, wie vor allem Rechte auf materielle und immaterielle Güter, Arbeitsleistungen, Kapital, ökonomische Potenzen, Patente, Konzessionen sowie *insbesondere Informationen* zwar immaterielle Güter, jedoch keine Dienstleistungen.

Insbesondere scheint es geboten, Dienstleistungen gegenüber den *Arbeitsleistungen* abzugrenzen. RAFFÉE [3] charakterisiert die Arbeitsleistung – im Sinne der physischen und psychisch-intellektuellen menschlichen Energie – als das auf dem Arbeitsmarkt angebotene *Absatzgut des privaten Haushalts*. Die nachgefragten bzw. beschafften Arbeitsleistungen gehen wiederum als Produktionsfaktoren in zahllose Leistungserstellungsprozesse ein. Bei vielen Dienstleistungen ist eine eindeutige Dominanz des Einsatzes von Arbeitsleistungen festzustellen, d. h. weitere Produktionsfaktoreinsätze haben eine vergleichsweise periphere Bedeutung.

Als entscheidend für die Abgrenzung zwischen Arbeitsleistung und Dienstleistung ist anzusehen, ob eine Arbeitsleistung – zumindest de facto – isoliert angeboten bzw. beschafft wird, oder aber ein komplexes, aus dem Einsatz und der Kombination mehrerer Produktionsfaktoren hervorgegangenes Gut in Rede steht.

Überaus unbefriedigend ist weiterhin die in Theorie und Praxis verbreitete unzulängliche *Abgrenzung der Informationen von Dienstleistungen* und anderen Wirtschaftsgütern. In diesem Zusammenhang sei auf die Arbeit von BODE [4] hingewiesen. BODE charakterisiert die Information als eigenständiges Wirtschaftsgut und erläutert insbesondere deren Rolle als Produkt und als Produktionsfaktor. Es dürfte unstrittig sein, Informationen als die mittlerweile wichtigsten Produktionsfaktoren weiter Teile des Wirtschaftens anzusehen. Informationen können in außerordentlich vielfältigen Formen auftreten. So werden Informationen neben ihrer Bindung an ein materielles Trägermedium häufig im Verbund mit Sachgütern abgesetzt. Während eine Information als Gut sui generis aufzufassen ist, erweist sich das Sammeln bzw. Recherchieren, Aufbereiten, Auswerten, Übertragen und Übermitteln von Informationen als bedeutender Bestandteil zahlloser Arten – respektive Sparten – der Dienstleistungsproduktion und des Service Engineering im Speziellen. Ergänzend sei hier angemerkt, dass für Informationen gegebenenfalls exorbitant hohe Preise erzielt werden können.

2.4 Abgrenzung zu Eigenleistungen

Das entscheidende Wesensmerkmal der Dienstleistungsproduktion besteht im Einsatz externer, d. h. aus der Sphäre des Dienstleistungsabnehmers in den Produktionsprozess zu integrierender Produktionsfaktoren. Merkmale und Erscheinungsformen dieser externen Produktionsfaktoren der Dienstleistungsproduktion werden in den Abschnitten 3 und 4 des vorliegenden Beitrags besprochen. Bei externen Produktionsfaktoren handelt es sich um Inputs, die be- bzw. verarbeitet werden und auf welche im Zuge des Produktionsprozesses eingewirkt wird.

Entscheidend für das Verständnis der Dienstleistungen und der Dienstleistungsproduktion ist jedenfalls das dieser Gegebenheit zugrunde liegende Charakteristikum der Dienstleistung: Bei Dienstleistungen handelt es sich stets um für den *fremden Bedarf* produzierte Wirtschaftsgüter, folglich um das logische Gegenteil – sowie vielfach das Substitut – der Eigenleistung.

3 Dienstleistungsspezifische Produktionsfaktoren

3.1 Vorbemerkung

Als *Produktionsfaktoren* werden in der Betriebswirtschaftslehre die (Einsatz-) güter angesehen, die für den Produktionsprozess benötigt werden oder ihn beeinflussen und als solche auch feststellbar und von Interesse sind. Es ist daher davon auszugehen, dass es praktisch ebenso viele Produktionsfaktoren wie Güterarten gibt.

Ein Produktionsfaktor ist in der Betriebswirtschaftslehre durch drei *Kriterien* definiert. Es sind dies im Einzelnen:

- Die Wirtschaftsgutseigenschaft, charakterisiert durch Nutzenstiftung, relative Knappheit und daraus resultierend, dem ökonomischen Wert/Preis.
- Der Einsatz des entsprechenden Guts stellt die bewirkende Ursache (causa efficiens) für das Hervorbringen bzw. Entstehen eines neuen Guts dar.
- Der mit dem Einsatz in einem bestimmten Produktionsprozess verbundene Güterverzehr.

Letzterer kann durch Verbrauch (Arbeitsleistungen, Werkstoffe), Gebrauch/Abnutzung (Betriebsmittel und andere Faktorpotenziale) sowie durch das Entstehen von Opportunitätskosten, d. h. dem Entgang alternativer Verwendungsmöglichkeiten, bedingt sein.

Die Mehrzahl der in der Betriebswirtschaftslehre verbreiteten – i. d. R. an der Sachgüterproduktion ausgerichteten – Faktorsysteme ist für die Erklärung der Dienstleistungsproduktion nicht geeignet. Insbesondere lassen diese Faktorsysteme zumeist immaterielle Güter – außer Arbeitsleistungen – als für die Produktion zahlreicher Wirtschaftsgüter vielfach wichtigste Inputfaktoren, weitgehend außer Betracht. Dies gilt insbesondere für den Einsatz von *Nominalgütern*, *Dienstleistungen* und *Informationen* als Produktionsfaktoren; daneben allerdings auch für weitere immaterielle Wirtschaftsgüter (Lizenzen, Patente, ökonomische Potenzen, akquisitorische Potenziale usw.), die als entscheidende Inputfaktoren in zahlreiche Produktionsprozesse eingehen. Letzterer Feststellung kommt im Zusammenhang mit der Dienstleistungsproduktion besondere Bedeutung zu, da die weit überwiegende Mehrzahl sämtlicher Dienstleistungsproduktionsprozesse durch eine auffällige Dominanz immaterieller Güter (einschließlich Arbeitsleistung) als Inputfaktoren gekennzeichnet ist.

Das entscheidende konstitutive Merkmal einer Dienstleistung besteht in der Notwendigkeit, bei der Produktion derselben externe, d. h. aus der Sphäre des Abnehmers bzw. Verwerters der Dienstleistung beizusteuernde Produktionsfaktoren einzusetzen. Ohne den Einsatz dieser externen Produktionsfaktoren ist die Produktion von Dienstleistungen nicht möglich. Hieraus folgen eine Reihe dienstleistungsspezifischer Besonderheiten des Faktorsystems und darüber hinaus vielfältige Konsequenzen für Produktion, Absatz, Marketing und Finanzierung bei der Dienstleistungsproduktion.

3.2 Interne Produktionsfaktoren

Bei den internen Produktionsfaktoren handelt es sich um diejenigen, für die Leistungserstellung benötigten Inputfaktoren, die durch den Produzenten bzw. den produzierenden Betrieb autonom von den Beschaffungsmärkten bezogen oder aber – in Form derivativer Produktionsfaktoren – selbst erstellt und disponiert bzw. eingesetzt werden können [5]. Bei der Produktion von Sachgütern sowie von immateriellen Gütern, bei denen es sich nicht um Dienstleistungen handelt, werden *ausschließlich interne Produktionsfaktoren* eingesetzt. Als Beispiel für letztere Güterkategorie sei lediglich die Produktion von Informationen in Form selbständiger Absatzobjekte (Software usw.) genannt [4]. Als interne Produktionsfaktoren können außerordentlich verschiedenartige Güter in Frage kommen. So bspw. Arbeitsleistungen, Betriebsmittel und Werkstoffe in Form von Hilfs- und Betriebsstoffen.

Hier sei nochmals darauf hingewiesen, dass bei der Dienstleistungsproduktion *keine Rohstoffe* zum Einsatz kommen. Dieser Sachverhalt ist ursächlich für die Immaterialität der Dienstleistung.

Da es sich beim Unterbleiben des Einsatzes von Rohstoffen um ein grundsätzliches Phänomen bei der Produktion sämtlicher immaterieller Güter, damit logischerweise auch bei der Produktion von Dienstleistungen handelt, erscheint nachfolgender Hinweis geboten: Bei Rohstoffen handelt es sich keineswegs um eine durch technisch-physikalische oder sonstige Merkmale klar abgegrenzte Gütergruppe. Zwar werden Rohstoffe gemeinhin als materielle Substanzen angesehen; die entsprechende Produktionsfaktoreigenschaft sowie die Abgrenzung zu anderen materiellen Einsatzfaktoren wie Betriebsmitteln, Hilfs- und Betriebsstoffen ergibt sich jedoch vor allem aus der *Art des Einsatzes* bzw. deren *Stellung* in einem bestimmten Produktionsprozess.

So stellt sich bspw. eine Kartoffel als *Output*, also als Produktionsergebnis eines landwirtschaftlichen Betriebs dar. In den Produktionsprozess eines Herstellers, etwa von Kartoffel-Chips, geht dieses landwirtschaftliche Produkt wiederum als *Produktionsfaktor* ein. Gleiches gilt für einen Baumstamm als Endprodukt eines Forstbetriebs, der wiederum als Rohstoff in die Leistungserstellung eines holzverarbeitenden Betriebs (Sägewerk, Möbelfabrik usw.) eingehen kann. Prinzipiell vergleichbare Tatbestände sind verbreitet anzutreffen.

Ein weiteres wichtiges Kriterium für die Beantwortung der Frage, ob ein bestimmtes Gut als Rohstoff eingesetzt wird oder nicht, ist dessen *Verwendungs-*

zweck bzw. seine *Einsatzart* in einem bestimmten Produktionsprozess. So handelt es sich bspw. bei Wasser, welches zur Herstellung von Getränken eingesetzt wird, um einen *Rohstoff*. Wird hingegen Wasser bei der Produktion elektrischer Energie zur Kühlung eines Kernreaktors eingesetzt, so tritt dieses Wasser im entsprechenden Produktionsprozess als *Hilfsstoff* in Erscheinung. Wasser, welches zum Antrieb eines Mühlrads oder einer Turbine eingesetzt wird, ist als *Betriebsstoff* anzusehen. Materielle Güter in Form von Hilfs- und Betriebsstoffen werden bei vielen Arten der Dienstleistungsproduktion eingesetzt, so als Treibstoffe für Land-, Wasser- und Lufttransportmittel, als Reinigungsmittel, Heilmittel, elektrische und andere Energieträger sowie auf andere Weise.

3.3 Externe Produktionsfaktoren

Formal stimmen Faktoreinsatz und -kombination bei der Produktion von Dienstleistungen mit den entsprechenden Gegebenheiten bei der Produktion anderer immaterieller sowie materieller Güter überein. Stets werden verschiedene Güter mit dem Ziel des Schaffens neuer Güter eingesetzt; stets wird nach einem *optimalen Verhältnis zwischen Faktoreinsatz und Güterentstehung* gesucht.

Grundsätzlich unterschiedlich gelagert ist dagegen die autonome *Disponierbarkeit der Faktoreinsätze* durch den Produzenten. Die Produktion eines Sachguts sowie anderer immaterieller Güter – bspw. als eigenständige Absatzobjekte produzierte Informationen – lässt sich in aller Regel völlig getrennt vom Vorhandensein sowie von der Mitwirkung eines präsumtiven Abnehmers der Leistung durchführen, da die entsprechenden Ergebnisse entweder in Form materieller Substanz oder aber auf Trägermedien gespeichert anfallen. Im Gegensatz hierzu muss im Falle der Dienstleistung der Nutzen dem Empfänger derselben unmittelbar zugänglich gemacht werden.

Eine Systematisierung der entsprechenden Möglichkeiten erscheint weder durchführbar, noch lässt sie sinnvolle und aussagefähige Ergebnisse erwarten. Die Untersuchung der Wesensmerkmale und Erscheinungsformen der externen Produktionsfaktoren bei der Dienstleistungsproduktion zeigt allerdings drei *Grundtypen*:

- Materielle und/oder immaterielle Güter/Lebewesen werden von *außen*, zumeist von Seiten des Abnehmers der Dienstleistung, in den Produktionsprozess des Dienstleistungsunternehmens eingebracht.
- Der Abnehmer der Leistung beteiligt sich *passiv* an der Produktion der Dienstleistung.
- Der Abnehmer der Leistung beteiligt sich *aktiv* an der Produktion der Dienstleistung.

Ohne die hier genannten Einsätze abnehmerseitiger Güter/Lebewesen respektive die gegebenenfalls erforderliche aktive Mitwirkung bzw. passive Beteiligung des

Abnehmers am Produktionsprozess, ist die Produktion von Dienstleistungen nicht möglich [6].

In den Fällen der aktiven bzw. passiven Beteiligung des Abnehmers am Produktionsprozess ist vielfach ein analoges Abnehmerverhalten zu beobachten. Im Falle der aktiven Mitwirkung des Abnehmers einer Dienstleistung bei deren Produktion fällt dem jeweiligen Aktivitätsgrad des Abnehmers eine entscheidende Rolle für den Erfolg der Dienstleistungsproduktion zu. In diesem Zusammenhang sind die Ausführungen von RECKENFELDERBÄUMER besonders hervorzuheben [6].

Bei *Informationen*, die als externe Produktionsfaktoren der Dienstleistungsproduktion in Erscheinung treten, handelt es sich lediglich um solche Informationen, die im Dienstleistungsprozess be- bzw. verarbeitet werden. Nicht in Rede stehen hier *reine Absatzinformationen*, d. h. solche, die lediglich Art und Umfang der zu produzierenden Dienstleistungen determinieren.

Ein Beispiel aus der Steuer- bzw. Wirtschaftsberatung mag dies illustrieren: Externe Produktionsfaktoren dieser Dienstleistungsproduktion sind Daten des Bilanz- und Rechnungswesens der Mandanten, nicht jedoch die Informationen darüber, ob hieraus etwa ein Jahresabschluss oder aber ein Kreditgutachten, eine Unternehmensberatung oder Ähnliches erstellt werden soll.

Die eigenen Einlassungen der Autoren zu den externen Produktionsfaktoren der Dienstleistungsproduktion [5] wurden zwischenzeitlich in der betriebswirtschaftlichen Literatur vielfältig aufgegriffen, diskutiert und übernommen. Da sich hierbei in einigen Beiträgen eine bedauerliche Fehlinterpretation der zitierten Ausführungen ausgebreitet hat, wird auf folgende Klarstellung Wert gelegt:

Soweit bei der Dienstleistungsproduktion die aktive Mitwirkung oder aber die passive Beteiligung des Abnehmers erforderlich ist, sei in Erinnerung gebracht: Externer Produktionsfaktor ist in diesen Fällen nicht etwa der Abnehmer der Dienstleistung, sondern vielmehr dessen *Beteiligung bzw. Mitwirkung am Produktionsprozess*. Analoge Verhältnisse hierzu liegen übrigens bei der menschlichen Arbeitsleistung als interner Produktionsfaktor vor. In diesem Fall ist Produktionsfaktor die physische und psychisch-intellektuelle menschliche Energie [3] und nicht etwa die personifizierte Arbeitskraft in der Erscheinungsform eines Arbeiters oder einer Angestellten.

Zusammenfassend lässt sich das Produktionsfaktorsystem der Dienstleistungsproduktion wie folgt darstellen.

3.4 Produktionsfaktorsystem

Interne Produktionsfaktoren

I. Reale immaterielle Produktionsfaktoren

Menschliche Arbeitsleistungen

Dienstleistungen

Informationen

Ökonomische Potenzen

Rechte auf materielle und immaterielle Güter

II. Tiere (Zugtiere, Tragtiere)

III. Reale materielle Produktionsfaktoren

Betriebsmittel

Werkstoffe (*ohne* Rohstoffe)

IV. Nominale Produktionsfaktoren (stets immateriell)

Darlehens- und Beteiligungswerte

Geld

Externe Produktionsfaktoren

I. Materielle Güter des Abnehmers

Immobile Sachgüter

Mobile Sachgüter

II. Tiere des Abnehmers (Transport- und/oder Pflegeobjekte)

III. Immaterielle Güter des Abnehmers

Abnehmerseitige Arbeitsleistungen

Nominalgüter

Informationen

Gefahren, Risiken, Probleme

Rechtsgüter

IV. Aktive Mitwirkung und/oder passive Beteiligung des Abnehmers

Physische und psychische Energie

Zeit

4 Erfassung und Bewertung externer Produktionsfaktoren

4.1 Erfassungs- und Bewertungsmöglichkeiten in ihren Dimensionen

In der dienstleistungsspezifischen Marketingliteratur finden sich Untersuchungen, welche die Integration externer Produktionsfaktoren exemplarisch beschreiben, indem nach Integrations*formen* (physisch, intellektuell, emotional), Integrations*intensitäten* (stark, mittel, schwach) und Integrations*wirkungen* (positiv, neutral, negativ) unterschieden [7] [8] oder allgemein von einem Aktivitätsgrad des Nachfragers [9] im Verhältnis zur Gesamtheit der zu erbringenden Aktivitäten gesprochen wird. Darüber hinaus wird für die Marktforschung postuliert, „... Erkenntnisse über die Integrations*bereitschaft* und *-fähigkeit* sowie das Integrations*verhalten* zu erlangen, um dann auf dieser Grundlage [Anm. d. Verf.: *markt-*]*segmentspezifische Aussagen* über den Umfang und die Art der Integration des externen Faktors formulieren zu können" [9]. Abgesehen von der Tatsache, dass diese Aussagen nur *eine* Erscheinungsform externer Produktionsfaktoren berücksichtigen bzw. den externen Produktionsfaktor fälschlicherweise quasi mit dem Kunden gleichsetzen, sind die rein verhaltenswissenschaftlichen Implikationen der Dienstleistungsnachfrager nicht hinreichend geeignet, indeterminierte Endkombinationen der Dienstleistungsproduktion zu begründen.

Bei nahezu allen kontinuierlich erbrachten, permanenten bzw. zeitraumbezogenen Dienstleistungsproduktionen werden verschiedene Leistungsarten gebündelt. Oftmals treten dann je nach Leistungsart mehrere externe Produktionsfaktoren in Erscheinung. Während der permanenten Produktion sind die einzelnen konkreten Dienstleistungsproduktionsprozesse differenziert zu betrachten; und darin auf jeweils ein oder maximal zwei externe Hauptfaktor/en, der/die dann für produktions- und kostentheoretische Optimierungen zu analysieren ist/sind, zu reduzieren. Bspw. besteht bei Abschluss einer Fahrzeug-Sachversicherung der immaterielle Output in dem Versicherungsschutz für das zu bewertende *Risiko des Haftpflicht- bzw. Kaskoschadens* (= externer Produktionsfaktor); der Versicherungsschutz wird permanent produziert und stellt die Kernverrichtung der Versicherungsproduktion dar. Als eine weitere Leistungsart dieser permanenten Produktion sind bei Bedarf die konkreten Schadensvergütungen zu nennen, bei denen externe Produktionsfaktoren bspw. in Form von abnehmerseitigen *Informationen* und *Arbeitsleistungen* auftreten können. Aus Letzterem wird ersichtlich, dass externe Produktionsfaktoren – abhängig von der jeweils zu analysierenden Teilverrichtung einer Dienstleistungsproduktion – in einem Produktionsprozess nicht nur als Kostenverursacher bzw. auch -treiber durch ausprägungsspezifische Eigenschaften externer Produktionsfaktoren auftreten, sondern auch als leistungsgebende und Kosten einsparende Faktoren (kostenlose Arbeitsleistungen des Abnehmers, das vom

Abnehmer angelegte Geld im Passivgeschäft der Banken) hinzutreten können. In der jüngeren Dienstleistungsliteratur zeigt sich erfreulicherweise ein Trend zur Beschäftigung mit kostentheoretischen Aspekten der Dienstleistungsproduktion [10].

Da die Endkombination durch den/die externen Produktionsfaktor/en in *Menge, Art, Zeit* und *Ort* fremdbestimmt ist, ergibt sich zwangsläufig, dass der/die externe/n Produktionsfaktor/en ebenso in diesen vier Dimensionen kosten- und leistungswirksam für ein Dienstleistungsunternehmen ist bzw. sind [11].

4.1.1 Quantitative Dimension

Mit der quantitativen Dimension werden die Mengen externer Produktionsfaktoren in ihren aufgeführten Erscheinungsformen erfasst. Die Menge an eingebrachten Objekten materieller und/oder immaterieller Art, an denen die Dienstleistung produziert wird, hängt unmittelbar mit den Fragen der Outputerfassung und Kapazitätsauslastung sowie dem Leerkostenanteil für eine Dienstleistung zusammen.

Das *Erfassen von Gütermengen* erfolgt im Allgemeinen auf kardinalem Niveau. In der Literatur existieren zahlreiche Vorschläge für die Messung von (internen) Arbeitsleistungen, Betriebsmitteln und Werkstoffen, die sich sehr wohl methodisch auch auf externe Produktionsfaktorenmengen übertragen lassen. Des Weiteren existieren Ansätze zur Messung von Informations- [4] und Risikomengen [12]. Einerseits ist es möglich durch i. d. R. kontinuierliche physikalische Maße (z. B. Längen, Flächen, Volumen, Gewicht, Zeit) Produktionsfaktorenmengen zu messen; andererseits – wenn geeignete Maßgrößen fehlen – werden sie klassifikatorisch als ein Einheitselement mit bestimmten Eigenschaften (=„Stück“) erfasst.

Unter *Erfassungs- und Bewertungsgesichtspunkten* können *die humanen Beteiligungsakte* im Wesentlichen *unter immateriellen Wirtschaftsgütern*, wie Arbeitsleistungen und Informationen, oder auch mit dem Abnehmer direkt verbundene materielle Komponenten subsumiert werden. D. h. aus produktionstheoretischer Sicht ist Ziel der Erfassungs- und Bewertungsansätze humaner Beteiligungs- und Mitwirkungsakte des Dienstleistungsabnehmers die Reduktion auf materielle und immaterielle Produktionsfaktoren, wobei letztere im Wesentlichen für die Erfassungs- und Bewertungsansätze zu monetarisieren und partiell zu materialisieren sind [13].

Limitationalität

Der limitationale Zusammenhang zwischen internen und externen Faktorkombinationen beschäftigt sich mit dem Aspekt der Teilbarkeit bzw. Nichtteilbarkeit dieser Produktionsfaktoren und somit der Kapazitätsauslastung. Neben den limitationalen internen Betriebsmittelbindungen, sind interne Arbeitsleistungen i. d. R. durch gesetzliche bzw. arbeitsvertragliche Rahmenvorschriften limitational und führen daher zu sprungfixen Kostenverläufen. Die externen Arbeitsleistungen sind aus Sicht des Dienstleisters dagegen i. d. R. gut teilbar und damit in bestimmten Teilprozessen der Endkombination – wo dies möglich – auch für den Dienstleister kostengünstig einzusetzen. Hierbei ist jedoch zu berücksichtigen, dass diese gut teilbaren Arbeitsleistungen der Dienstleistungsabnehmer (Unterform humaner Beteiligungsakte) in bestimmten Dienstleistungsproduktionen durch gesetzliche Restriktionen (Ladenschlusszeiten), durch fehlende Fach- und Spezialkenntnisse (z. B. erforderliche technische Vorkenntnisse) oder durch fehlende generelle Kenntnisse bis hin zum Analphabetismus (gewisse Selbstbedienungsfunktionen des Dienstleistungsabnehmers während eines Dienstleistungsproduktionsprozesses) eingeschränkt werden. Dies zeigt den engen Zusammenhang von quantitativer und qualitativer Dimension, die in Folge die quantitative und qualitative Kapazitätsauslastung beeinflusst. Wenn ein Produktionsfaktor eine hohe qualitative Kapazität besitzt, dann nicht deswegen, weil er eine hohe Produktqualität garantiert, sondern weil man mit ihm vielerlei produzieren kann.

Substitutionalität

Neben limitationalen Faktorkombinationen zwischen internen und externen Produktionsfaktoren sind fallweise Möglichkeiten von Substitutionen gegeben, mittels derer die Dienstleistungsproduktionsprogramme erweitert bzw. verändert werden können. Im Rahmen der quantitativen Dimension sollte der externe Produktionsfaktor daher auch nach seiner Substitutionsmöglichkeit erfasst und bewertet werden.

Eine Substitution liegt vor, wenn bei gleicher Kapazität ein gegebener Output unter vermindertem Einsatz des externen Produktionsfaktors durch den vermehrten Einsatz des internen Produktionsfaktors ausgeglichen wird, oder aber ein Mindereinsatz interner Produktionsfaktoren durch einen Mehreinsatz an externen Produktionsfaktoren (Faktormengensubstitution) erfolgt. Bei substitutionalen Faktorkombinationen zwischen internen und externen Produktionsfaktoren kann es sich jeweils nur um partielle und nie um alternativ-substitutionale handeln.[1] Die Substitutionalität bezieht sich auf Teilprozesse einer an sich gegebenen Dienstleistungsproduktion.[2]

---

[1] Grenzen sind der Substitution von internen durch externe Arbeitsleistungen gesetzt, da der externe Faktor sich nicht gänzlich durch interne Faktoren substituieren lässt, sonst würde ex definitione eine Eigenleistung produziert werden [11].

[2] CORSTEN versucht mit der Isoleistungslinie die substitutionalen Beziehungen von internen und externen Arbeitsleistungen zu erfassen und zu beschreiben: „Solange die Externalisierung und Internalisierung auf einer Isoleistungslinie erfolgt, handelt es sich lediglich um eine Umverteilung der zu erbringenden Leistungen auf den Nachfrager und Anbieter. [Anm. d. Verf.: Dies entspricht der obenstehenden Definition einer Faktormengensubstitution]. Erfolgt hingegen eine Verschiebung der Isoleistungslinie vom Koordinatenursprung weg, dann werden weitere Leistungen in die Dienstleistung aufgenommen, die dann wieder auf den Nachfrager und Anbieter aufzuteilen sind“ [9].

Einerseits können betriebliche Produktionsfaktoreinsätze durch den Einsatz von Arbeitsleistung des Dienstleistungsabnehmers substituiert werden (z. B. alle Selbstbedienungsleistungen des Dienstleistungsabnehmers).

Andererseits besteht auch die Möglichkeit, dass externe Produktionsfaktoren durch den Einsatz zusätzlicher interner Produktionsfaktoren teilweise substituiert werden oder zumindest, dass aktives Mitwirken am Produktionsprozess in eine passive Beteiligung umgewandelt wird.

Des Weiteren finden sich insbesondere auch Substitutionsalternativen zwischen Informationen, Risiken und Betriebsmitteln interner wie externer Produktionsfaktorarten.

Um diese Substitutionsmöglichkeiten und daraus folgende Kosten- und Leistungspotenziale zu identifizieren, erscheint es hilfreich bei jeder Dienstleistungsproduktion, die Teilprozesse und Arbeitsablaufanalysen differenziert nach pre-, in- and post-produced services darzustellen und mit Hilfe der bekannten Kundenkontaktpunktanalysen sowie den zielgruppenspezifischen Festlegungen von Muss-, Soll- und Kann-Leistungen zu verknüpfen.

Es stellt sich die Frage, auf welche Art und Weise der zusätzliche Einsatz externer Produktionsfaktoren in den Dienstleistungsprozess für den Kunden attraktiv gestaltet werden kann, so dass er seinen zusätzlichen Einsatz gleichzeitig als persönlichen Vorteil bzw. Nutzen empfindet: sei es durch Preisvorteil und/oder durch zeit- und/oder räumlich unabhängigeres Agieren auf Seiten des Nachfragers.

Die Erhöhung des Substitutionalitätsgrads externer Produktionsfaktoren bei der Dienstleistungsproduktion ist nur dann sinnvoll, wenn die freiwerdenden internen Produktionsfaktoren anderweitig zur Erzielung eines höheren Deckungsbeitrags genutzt und Leerzeiten bzw. Leerkosten interner Arbeitsleistungen vermieden werden können.

4.1.2 Qualitative Dimension

Die Integrationsqualität[3], die unmittelbar auf die Gesamtqualität der Dienstleistung wirkt, soll nachstehend neben kundenspezifischen Verhaltensimplikationen – als ein wesentliches Qualitätskriterium – auch alle weiteren Erscheinungsformen externer Leistungsarten und -intensitäten sowie ihre Wirkungen auf die Dienstleistungsproduktion beinhalten. Die qualitative Dimension beleuchtet somit aus einer anderen Betrachtungsperspektive als der marketingspezifischen die eher

[3] Der Begriff geht auf CORSTEN [9] zurück, der zwischen Verrichtungs- und Ergebnisqualität einer Dienstleistung differenziert und Letzterer zuschreibt: Funktional-, Stil-, Dauer- und Integrationsqualität.

isolierte produktionsorientierte Erfassung und Bewertung externer Leistungsarten und -intensitäten.

Die Qualität eines externen Produktionsfaktors kann in einfachster Form als gut oder mangelhaft, ausführlich/vollständig oder minderwertig eingebracht erfasst werden. Abhängig von der Qualität externer Produktionsfaktoren können je nach Dienstleistung und Erwartungshaltung des Kunden vom Dienstleister oft kurzfristig Leistungsausgleiche erforderlich werden.

Zu integrierende *materielle Güter* unterliegen generell in der qualitativen Erfassung objektiven Messverfahren. Mit der Integration sollte beim Dienstleister eine „Lieferungseingangskontrolle" erfolgen, die je nach Güte externer Produktionsfaktoren durch einfaches in Augenschein nehmen und kurzes Bewerten bis hin zu objektiven Qualitätsmessverfahren reichen kann.

Kostenintensive Nutzungsausfallzeiten werden bei hochwertigen und/oder dringend benötigten Sachgütern vom Konsumenten bewertet, und die Erwartungshaltung eines sofortigen Dienstevollzugs ist entsprechend hoch. So bedarf bspw. der Ausfall eines Produktionssteuerungssystems oder einer DV-Anlage in einer Bank einer schnelleren Reparatur.

Bei *immateriellen Gütern* können bspw. genaue oder ungenaue Informationen, gute oder schlechte Risiken, eingebracht werden.

Eine aus Sicht des Dienstleistungsunternehmens anders zu qualifizierende Dimension nehmen nun auf Grund *exogener Einflüsse plötzlich veränderte Anforderungsprofile der Dienstleistungsabnehmer* ein. Das planvolle Erfassen und Bewerten der Dimensionen externer Produktionsfaktoren wird dadurch begrenzt. Flexibles Reagieren ist die für Dienstleister einzig verbleibende Chance zur Leistungserbringung.

4.1.3 Zeitliche Dimension

Nicht nur die in Qualitätshandbüchern vorgeschriebenen exakten Zeitstandards – in der hier vertretenen Diktion: Zeitaufwand für interne Produktionsfaktoreinsätze – sondern vielmehr das kontinuierliche Erforschen der Zeiterwartungen der Kunden und die Zeit-Nutzen-Evaluierung integrierter externer Produktionsfaktoren determinieren Leistungspotenziale, ihre Flexibilisierung und Permanenz.[4]

Mittels der zeitlichen Dimension wird der Tatsache Rechnung getragen, dass Dienstleistungen erst zu dem Zeitpunkt erbracht werden können, zu dem externe Produktionsfaktoren in die Produktion (Endkombination) eintreten und nur so lange andauern können, wie externe Produktionsfaktoren an der Faktorkombinati-

---

[4] Anm. d. Verf.: Insbesondere im Sinne der ständigen (telefonischen) Erreichbarkeit eines Dienstleisters.

on beteiligt sind, d. h. externe Produktionsfaktoren determinieren nicht nur die Dauer einzelner Teilprozesse, sondern auch den Beginn und das Ende der gesamten Dienstleistungsproduktion. Diese beschriebene Integrationsdauer im Produktionsprozess wirkt sich i. d. R. auf die Leistungen, die Kosten und z. T. auf die Absatzpreise aus. Generell ist zu beobachten, dass kürzere Produktionszeiten höhere Einsätze interner Produktionsfaktoren und damit höhere Kosten bewirken, die langfristig über die Preise an die Dienstleistungsabnehmer weitergegeben werden müssen.

Für das Dienstleistungsunternehmen stellen sich somit Fragen der Aufgabenreihung im Ablauf und der Ressourcenzuteilung. Ohne integrierte externe Produktionsfaktoren in der Endkombination ist der Dienstleister mit dem Kapazitätsauslastungs- bzw. Leerkostenproblem konfrontiert.

Bei Integration humaner Beteiligungsakte ist die Zeitevaluierung der Produktion von Seiten des Dienstleistungsabnehmers sehr unterschiedlich zu bewerten. Zum einen ist die Differenzierung des Angebots in „consumer und producer services" hilfreich und zum anderen führt die Betrachtung eines Dienstleistungsprozesses, wie dies durch Blueprinting erfolgt, zu weiterführenden Aussagen, auch wenn das Problem des intrapersonellen Change des Zeitempfindens bestehen bleibt.

Sofern die Nachfrage preiselastisch ist, kann der Einbringungszeitpunkt externer Produktionsfaktoren beeinflusst, die Wartezeit reduziert und die Kapazität gleichmäßiger ausgelastet werden, indem ein Mix aus verschiedenen Preisdifferenzierungen angewendet wird. Beispiele finden sich in praxi vielfältig, wie die unterschiedliche Tarifierung von Tagesrand- bzw. Hauptzeitverbindungen bei Verkehrsdienstleistern und Telekommunikationsanbietern oder Nebensaison-Hochsaison-Tarifierungen in der Touristik etc. belegen. Obwohl die Leerkosten in der Hochsaison gegen Null gehen und in dieser Zeit auf Grund der Kostenstruktur unwesentlich höhere variable Kosten anfallen, werden wesentlich höhere Absatzpreise verlangt; eine „klassische" Quersubventionierung durch die Hochsaisongäste für die Nebensaisongäste. Alleine mit der zeitlichen Preisdifferenzierung werden somit zeitlich unelastische, dennoch preisbewusste Nachfrager mittel- bis langfristig vom Dienstleister „wegtarifiert", obwohl diese für ihn so genannte A-Kunden darstellen. Hier ist zumindest bei Stammkunden, z. B. jährlichen Messebesuchern in einem Hotel, eine Kombination aus individuellen und/oder mengenbezogenen Preisdifferenzierungen angezeigt.

Generell ist aus dem wichtigen Steuerungsinstrument Preisdifferenzierung für Dienstleister eine kombinierte Instrumentenwahl aus zeitlicher, räumlicher, individueller, leistungs- und mengenbezogener Tarifierung empfehlenswert.

Von insgesamt zehn *nicht-monetären Kundenkennzahlen* im entsprechenden System des Consumer Service der Sony Deutschland GmbH sind vier auf die zeitliche Dimension bezugnehmende erfasst:

- die eigentliche Integrationsdauer materieller externer Produktionsfaktoren durch Ermitteln der Durchlaufzeit (Transaktionszeit) in den „Sony-Werkstätten" und
- die für Kunden als z. T. Warte- und Abwicklungszeiten gelten: die permanente telefonischen Erreichbarkeit an der „Hotline" und im „Ersatzteilverkauf" sowie der Schnelligkeit der Auszahlung im Service-Bereich „Garantievergütung" [14].

Beim Erfassen derartiger nicht-monetärer Kundenkennzahlen sei auf differenzierte Transaktions-, Warte- und Abwicklungszeiten durch Selektion bzw. Antiselektion externer Produktionsfaktoreinsätze hingewiesen.

4.1.4 Örtliche/räumliche Dimension

Bei der örtlich/räumlichen Dimension stellt sich die Frage nach dem Standort des Dienstleisters bzw. dem Produktionsort/-raum [15]. Die zu überbrückende Distanz zwischen Produzent und externen Produktionsfaktoren wird auf Grund des Uno-Actu-Prinzips der Dienstleistungsproduktion zu einer zu erfassenden und zu bewertenden Größe. In diesem Zusammenhang determiniert der *Mobilitätsgrad der externen Produktionsfaktoren* den Produktionsort der Dienstleistung. Je nach Mobilitätsgrad kann in variable und/oder gebundene Standorte differenziert werden; ebenso können Fragen nach Aufbau einer Organisationsstruktur strategische Aufgabe des Dienstleistungsmanagements sein.

Obwohl auf Grund der Entwicklung und des verbreiteten Einsatzes der Telekommunikation sowie durch Produktivitätszuwächse bei Transportleistungen die räumlichen Bindungen der Produktion zunehmend aufgelöst werden, ist insbesondere

- bei Einsatz immobiler interner oder externer Produktionsfaktoren und
- bei Unmöglichkeit der Raumüberwindung des Dienstleistungsergebnisses

eine räumliche Standortbindung der Produktionsstätte gegeben.

Daraus folgt, dass externe wie interne Produktionsfaktoren die Standortbindung hervorrufen können, und/oder die Produktionsstätten sich – abhängig vom Mobilitätsgrad externer wie interner Produktionsfaktoren und dem gewünschten bzw. vertraglich vereinbarten Geltungsbereich der Dienstleistungsproduktionsprozesse – als gebunden oder variabel gestalten lassen.

Unterschiedliche Produktionsorte erfordern differenzierte Leistungspotenziale und Betriebsmittel mit differenzierten Kostenstrukturen. Eine Erfassung der Mobilitätsgrade externer Produktionsfaktoren und eine Bewertung derselben sollten zugunsten qualitativ hochwertiger und preiswerter Produktionsorte erfolgen.

Demzufolge sind nachstehend spezifizierte *Produktionsstätten*, die je nach Mobilitätsgraden im Laufe der Gesamtproduktion wechseln können i. S. v. *sowohl als auch*, differenziert zu nennen:

- *der Ort* des *Dienstleistungsproduzenten* (Institute, Kanzleien und Praxen aller Art, Reparatur-Dienstleistung, Kleiderreinigungen, Friseur, Fitness-Studios, Veranstaltungshäuser, Fachhandel, Krankenhäuser, Sportstadien, Hotels, Vergnügungsparks etc.),
- *der Ort des Dienstleistungsabnehmers* (Immobilien-Bewachung, Immobilien-Reinigung, Immobilien-Instandhaltungen, medizinische Hausbesuche/Pflege- und Versorgungsdienste, Betriebsmittel-/Haushaltsgeräte-Wartungen etc.),
- *ein Raum zwischen Anbieter und Nachfrager* (Internet-Anbieter, Telefonbanking, Satellitenübertragungen, Fernsehen, Online etc.),
- *ein vom Dienstleistungsproduzenten festgelegter Raum* (räumliche Geltung des Versicherungsschutzes, Linienverkehre von Bus, Bahn, Flug & Schiff, das Einsatzgebiet bei Notfällen etc.),
- *ein vom Dienstleistungsabnehmer festgelegter Raum* (Gelegenheitsverkehre, Versandhandel, Notfallort im Einsatzgebiet etc.),
- *ein vom Dienstleistungsproduzenten und -abnehmer gemeinsam festgelegter Ort/Raum* als Folge individuell vereinbarter Angebotsgestaltung, der eine Kombination aus den ersten fünf Produktionsstätten darstellen kann sowie
- *ein durch Dritte festgelegter Ort/Raum,* der zumeist von öffentlichen Stellen bzw. durch hoheitliche Akte dem Dienstleistungsproduzenten wie -abnehmer vorgeschrieben wird (z. B. Gerichte, Finanzämter für Anwälte, Steuerberater etc.) [11].

4.2 Erfassungs- und Bewertungsprobleme

Mit Darstellung der Erfassung quantitativer, qualitativer, zeitlicher und räumlicher Dimensionen externer Produktionsfaktoren werden gleichzeitig Leistungen definiert, sofern sie operational und zielbezogen betrachtet werden. Damit stellt sich die Frage nach der Bewertung externer Produktionsfaktoren, die auf das Gebiet der Nutzenrechnung und hier zu nicht-monetären und/oder monetären sowie zu statistischen und dynamischen Bewertungen führen. Zumeist ist eine Kopplung von qualitativen, quantitativen, zeitlichen und z. T. räumlichen Kosteneinflüssen externer Produktionsfaktoren zu beobachten. Dienstleister riskieren Gewinneinbußen, falls nur eine Dimension in die Bewertungen einbezogen wird, oder aber die Dienstleistungsabnehmer bzw. deren externe Produktionsfaktoren unzutreffend antizipiert werden.

Nicht-monetäre Bewertungen können weitgehend subjektive Bewertungen sein, die sich an den individuellen Einschätzungen orientieren und keine allgemeingültige Aussage zulassen. Bedingt durch Schwierigkeiten der Messung immateriellen Nutzens bei gewissen Dienstleistungen (z. B. Gesundheits- und Pflegeleistungen) existieren einheitliche und unanfechtbare Maßstäbe für die Bewertung des Nutzens genauso wenig wie sich u. E. auch *der* Absatzpreis eines Produkts oft schwer ermitteln lässt. Daher sind Hilfsmittel wie marginale Kennzahlen/Indikatoren zu nennen, welche die nicht-monetäre Bewertung bestimmter externer Produktionsfaktoren klassifizieren. Nicht-monetäre Bewertungen, wie z. B. die erfasste spezielle Güte und Menge eines externen Produktionsfaktors, bilden häufig die Basis für die daraus resultierende monetäre Bewertung. Die mangelnde Güte und nicht ausreichende Quantität externer Produktionsfaktoren verursachen dem Dienstleister i. d. R. erhöhte Kosten, wobei zudem die Dienstleistungsqualität insgesamt reduziert werden kann.

Monetäre Bewertungsansätze ergeben sich aus der Multiplikation verbrauchter Mengen mit ihren Produktionsfaktorpreisen (kostenorientierte Bewertung). Auf Grund der Zulieferfunktion externer Produktionsfaktoren entstehen beim Dienstleistungs*abnehmer* gewisse Nutzungsausfälle bzw. Zeitaufwendungen, die er je nach Dienstleistungsprodukt situationsbedingt bewertet oder nicht. Ein Produktionsfaktorgebrauch bzw. -verbrauch liegt somit vordergründig beim Dienstleistungsabnehmer, der dem Dienstleister externe Produktionsfaktoren scheinbar kostenlos zur Verfügung stellt.[5]

Zu den extern verursachten Fehlerkosten zählen insbesondere mangelhaft integrierte externe Produktionsfaktoren, die vom Dienstleister – sofern möglich – nachgebessert werden müssen, um die eigentliche Kernleistung erbringen zu können.

Als „Integrationsleistungen" können all jene externen Leistungen aufgefasst werden, die zu Einsparungen interner Leistungen führen, sei es durch Substitutionen interner durch externe Arbeitsleistungen[6], sei es durch Akquisitionsleistungen bspw. „renommierter" Kunden, die durch ihre Anwesenheit oder durch ihre Weiterempfehlung dem Dienstleister einen Teil der Werbeausgaben ersparen, oder durch kundenseitige, internetbasierte Onlinebuchungen, wodurch Provisionszahlungen an Absatzmittler beim Dienstleister entfallen .

---

[5] Eine Ausnahme bilden die Ansparprodukte der Finanzdienstleister; hier erhält der Abnehmer für das Nominalgut einen Preis in Form von „Habenzinsen", den die Dienstleister auch als Beschaffungspreis für ihre Kreditprodukte werten.

[6] Je nach Leistungswilligkeit und -fähigkeit der Dienstleistungsnachfrager können diese Externalisierungen ex ante auf Kosteneinsparungen hinweisen, ex post jedoch durch erhebliche Nachbesserungen interner Leistungen zu Kostenanstiegen führen. Beispiel: Mandant bucht seine Belege selbst (externe Arbeitsleistung) – Fehlbuchungen bedingen erforderliche Korrekturen, die im nachhinein kostenintensiver sind als die richtige Ersteingabe durch kanzleieigene Buchhalter (interne Arbeitsleistung).

Es steht außer Frage, dass der zunehmende Sinneswandel auf Seiten der Kunden zu einem verstärkten Bewerten der Nutzenausfälle externer Produktionsfaktoren und damit zu höheren Kosten führen wird.

Die bisher als nicht nachweisbar bzw. nicht monetarisierbar angesehenen Kosten des Dienstleistungsabnehmers werden dem Dienstleister insbesondere bei Schlechterfüllung der Leistung in Rechnung gestellt werden. Eine Entwicklung, die ihren Niederschlag nicht nur in der Produktpreiskalkulation sondern auch in der Rückstellungspraxis zu finden hat.

Die partiellen Probleme der Indeterminiertheit in den objektbezogenen Leistungserstellungen, die Schwierigkeiten der Nutzenevaluierungen in den entsprechenden Teilfunktionen und Wertanalysen sowie vor allem das mögliche Hinzutreten exogener Einflüsse während der Produktion bleiben bei allen systematischen Erfassungs- und Bewertungsansätzen als stochastische Größen in der Planungs- wie auch in der konkreten Produktionsphase bestehen. In nachstehenden Abbildungen werden die monetären und nicht-monetären Grundlagen für die Erfassung und Bewertung der einzelnen Dimensionen externer Produktionsfaktoren sowohl aus Sicht des Dienstleisters wie des Abnehmers zusammengefasst:

Erfassungs- und Bewertungsansätze für Dienstleister	**nicht-monetär durch**	**monetär durch**
	nominale bis kardinale Messungen Klassifizierungen Polaritätenprofile u. a. m.	Kosten-Nutzen-Analyse Kosten-Wirksamkeits-Analyse Nutzwert-Analyse festzustellende induzierte integrative
Integrationsmenge	Limitationalitätsgrade Substitutionalitätselastizität mit Mindestaktivitätsgrad und Leistungsübernahme	Kostenerhöhungen Kosteneinsparungen
Integrationsqualität	Aktivitätsgüte Intensitätsgrad Leistungsgeschwindigkeit Informationsspezifikationen	Kostenerhöhungen Kosteneinsparungen
Integrationszeiten - Transferzeiten - Wartezeiten - Abwicklungszeiten - Transaktionszeiten	Eintrittszeitpunkt und Bindungsdauer saisonaler Abhängigkeiten	Kostenerhöhungen Kosteneinsparungen
Integrationsort/-raum	Mobilitätsgrade und Produktionsorte Geltungsbereich	Kostenerhöhungen Kosteneinsparungen

Tabelle1: Erfassungs- und Bewertungsmöglichkeiten externer Produktionsfaktoren in den vier Dimensionen für Teilprozesse

In Tabelle 2 finden sich einige der bereits im Rahmen der oben wiedergegebenen Qualitätsdiskussion spezifizierten Integrationskosten für Dienstleister. Die beim Dienstleistungsabnehmer aufgelisteten Integrationskosten und -leistungen sind in vielen Dienstleistungsbranchen anzutreffen. Mit zunehmendem Einsatz der multimedialen Kooperation zwischen Dienstleister und Konsument sind auch nachfrageseitig dessen Betriebsmittelnutzungen anzuführen.

Integrationskosten und -leistungen externer Produktionsfaktoren				
Dienstleistungsunternehmen		**Dienstleistungsabnehmer**		
induziert durch	**bewertet mit**	**bewertet/nicht bewertet mit**		**verursacht durch**
quantitative Dimension qualitative Dimension zeitliche Dimension örtliche Dimension	Produktions-kostenerhöhungen Produktions-kosteneinsparungen Qualitätskosten Fehlerkosten, z. B. Migrationskosten	Integrations-kosten	Arbeitskosten „Zeitkosten“ Zinskosten Fehlerkosten	Integrationsleistungen, z. B. Arbeits-, Akquisitions-, Transfer- bzw. Transportleistungen

Tabelle 2: Integrationskosten und -leistungen externer Produktionsfaktoren bei Anbieter und Nachfrager

5 Besonderheiten der Dienstleistungsproduktionsprozesse

5.1 Absatz vor Endkombination

Absatz wird in der betriebswirtschaftlichen Deutung als Austausch von Gütern [16][17] gesehen, unabhängig davon, ob eine entscheidungs- [18] oder funktionsorientierte [19][20] Betrachtungsweise zugrunde gelegt wird.[7] Das Konzept der Austauschbeziehungen ermöglicht es, jede Transaktion sowohl anbieter- als auch nachfragerseitig zu betrachten. SCHEUCH bezeichnet dies als „Dualität von Absatz- und Beschaffungsmärkten [18]“ und plädiert für die analoge Anwendung der absatzpolitischen Instrumente für entsprechende Relationen auf Beschaffungsmärkten.

Da der mehrstufige Produktionsprozess bei Dienstleistungen mit der erforderlichen Integration externer Produktionsfaktoren begründet und somit i. d. R. ein zeitlich der objektbezogenen Leistungserstellung vorgelagerter Absatz bedingt wird, verspricht das Dienstleistungsunternehmen auf dem Absatzmarkt nicht nur

---

[7] Der wesentlich erweiterte Marketingbegriff – verstanden als marktorientierte Unternehmensführung, der Organisationen, Institutionen, Funktionen und Maßnahmen umfasst – überwindet durch die Gestaltung von Austauschrelationen gezielt die Spannungen zwischen Produktion und Konsum. NIESCHLAG, DICHTL, HÖRSCHGEN subsumieren darunter einen erweiterten Absatzbegriff [20].

eine Leistungsabgabe, sondern ist zugleich auch mit Entscheidungen der Leistungsaufnahme konfrontiert. Somit ist das Dienstleistungsunternehmen zum einen bei Entscheidungen um Aufnahme interner Produktionsfaktoren in klassische Lieferanten-Kunden-Relationen und zum anderen bei Entscheidungen um Aufnahme externer Produktionsfaktoren in Kunden = Lieferanten-Beziehungen[8] eingebunden.

Dienstleister müssen realisieren, dass der Kunde zugleich auch eine Lieferantenfunktion zu erfüllen hat, um eine güterschaffende Produktion entstehen zu lassen. LEHMANN identifiziert jüngst *fünf Funktionen* des Kunden: Neben Nachfrager und Co-Produzent ist der Kunde des Weiteren als Ertrags- und Kostenfaktor, als Substitute of Leadership und als Marketing- und Qualitätssicherungsressource zu betrachten [21]. Für einzelne Dienstleistungsbranchen und Dienstleistungsproduktionsprozesse ergeben sich daraus erhebliche Implikationen für den Produktionsablauf und das Marketing wie auch für das Management [6]. Im Gegensatz zu den ansonsten üblichen Verhältnissen beim Absatz von Sachgütern sowie anderen immateriellen Gütern werden folglich im Falle der Dienstleistungen stets unproduzierte Güter bzw. *Leistungsversprechen* abgesetzt. Dies hat für den Abnehmer bzw. Käufer einer Dienstleistung einige – vorwiegend negative – Folgen. So kann der Erwerber bzw. Käufer eines Leistungsversprechens letztlich nur darauf hoffen, dass der Schuldner dieses Leistungsversprechens (Dienstleistungsproduzent) willens und vor allem auch in der Lage ist, das geschuldete Versprechen in gewünschtem Umfang sowie in der erwarteten Art bzw. Qualität zu erfüllen. Beides lässt sich in der Praxis nur in seltenen Fällen garantieren, da das Einhalten von Leistungsversprechen durch vielfältige Umstände, die häufig außerhalb der Einflussmöglichkeit des Dienstleistungs-produzenten liegen, unmöglich werden kann. So können ungünstige Witterungsbedingungen, Streiks, Unruhen, Störungen produktionstechnischer Apparaturen, Krankheit, Unfälle und zahllose andere Ereignisse zu erheblichen, i. d. R. qualitätsmindernden Störungen der Dienstleistungsproduktion oder aber auch zu deren Unmöglichkeit führen.

5.2 Indeterminiertheit der Endkombination

Indeterminiertheit kann als Sammelbegriff für zahlreiche Arten unvollkommener Information gesehen werden. Nach produktionstheoretischen Gesichtspunkten tritt Indeterminiertheit zum einen in Form des Inputs, des Kombinationsprozesses und des Outputs, zum zweiten hinsichtlich Art, Menge, Ort und/oder Zeit auf [22][23]. Eine Produktion ist indeterminiert, wenn die Ausprägung mindestens eines der Merkmale unbestimmt ist.

Bei Dienstleistungsproduktionen sind die quantitativen wie qualitativen Dimensionen externer Produktionsfaktoren der autonomen Disponierbarkeit des

[8] Das Ist-Gleich Zeichen soll die Zulieferfunktion externer Produktionsfaktoren andeuten.

Dienstleisters weitestgehend entzogen; daher liegt die räumlich-zeitliche Zuordnung der Produktion nicht ausschließlich in der Entscheidungssphäre des entsprechenden Unternehmens. Während in der Sachgüterproduktion i. d. R. vor Aufnahme des materiellen Produktionsprozesses sämtliche relevanten Informationen über den Output vorhanden sind, ist dies bei Dienstleistungsproduktionen zumeist nicht der Fall. Zwar kann die Herstellung der Leistungsbereitschaft von Unternehmen autonom geplant und vorbereitet werden, jedoch entscheiden die externen Produktionsfaktoren über Art, Menge, Zeit und Ort des Dienstleistungsproduktionsprozesses und das -ergebnis.

Somit sind die externen Produktionsfaktoren eine indeterminierte Inputgröße, die zumindest die letzte Phase des Kombinationsprozesses, d. h. die Endkombination, zum Teil unbestimmt lässt und ex ante zu indeterminierten Outputarten führt.

Wird – wie hier unterstellt – bei Dienstleistungsproduktionen generell von indeterminierten Endkombinationsphasen ausgegangen, hat dies insbesondere bei zeitraumbezogenen respektive permanenten Dienstleistungsproduktionen, wie sie in praxi vielfach anzutreffen sind, entscheidende Konsequenzen für Kapazitätsaufbau und -nutzung. Bisher wurde in der Literatur die Ausrichtung der Kapazität an Spitzennachfragen zumeist mit Qualitätsaspekten, akquisitorischen Potenzialen, Opportunitäten möglicher Gewinnentgänge oder teils unelastischen Nachfrageschwankungen begründet [24][25], wobei der grundlegende Aspekt hierfür, nämlich das Vorliegen indeterminierter Produktionsprozesse allerdings unberücksichtigt blieb.

Stochastische Produktionsmodelle [26] finden sich bereits unter Einbezug des monetarisierten externen Produktionsfaktors – dem Risikosausmaß in Geldeinheiten – ausgedrückt, angewandt in Versicherungsproduktionen [27].

Als Konsequenz eines zumindest zweistufigen Produktionsprozesses ist hier auch festzustellen, dass für das produktionstheoretische Modul der *Endkombination* eine Produktionsfunktion Gültigkeit hat, die derjenigen der Sachgüterproduktion *invers* ist, d. h. *Input = f (Output)*. Der Input ist die abhängige Variable, denn der Umfang des Einsatzes interner Produktionsfaktoren ist von den Mengen abgesetzter Dienstleistungen abhängig[9] [13].

Im Bereich der *Vorkombination* findet sich überwiegend auch eine für die Sachgüterproduktion gültige Produktionsfunktion, d. h. *Output = f (Input)*. Der (Teil)-output der Leistungsbereitschaft ist ausschließlich von den Angebotskapazitäten bzw. den internen Produktionsfaktoren abhängig. Bezogen auf die Dimensionen der Indeterminiertheit sollte gemäß diesem funktionalen Zusammenhang für

[9] Der Dienstleistungsoutput wird über den externen Produktionsfaktor gemessen; aus diesem Grunde induzieren externe Produktionsfaktoren die abhängige Inputvariablen der internen Produktionsfaktoren.

Dienstleistungsproduktionen zumindest partiell eine horizontale Abhängigkeit zwischen indeterminiertem Input und indeterminiertem Output unterstellt werden.

5.3 Simultanität von Produktion und Übertragung

Die notwendige Integration externer Produktionsfaktoren in die objektbezogene Leistungserstellung (Endkombination) erfordert einen synchronen Kontakt zwischen den eingesetzten internen und externen Produktionsfaktoren. Dieses zeitgleiche Zusammentreffen ist üblicherweise mit der Übertragung der Dienstleistung auf den Abnehmer bzw. dessen in den Dienstleistungsproduktionsprozess eingebrachten materiellen oder immateriellen Gütern bzw. Lebewesen identisch.

Der bei der Dienstleistungsproduktion erforderliche synchrone Kontakt zwischen den eingesetzten internen und externen Produktionsfaktoren wird in der Literatur zumeist als „Uno-actu-Prinzip" bezeichnet. In diesem Zusammenhang sind allerdings vielfach Fehlinterpretationen dieser Gegebenheit anzutreffen. So wird bspw. behauptet, bei der Dienstleistungsproduktion müssten Produktion und Absatz oder aber Produktion und Verwertung zeitlich und/oder räumlich zusammentreffen. Diese Feststellungen lassen sich in der Praxis entweder überhaupt nicht oder aber nur in vergleichsweise seltenen Ausnahmefällen nachweisen. Ein *zeitgleiches Zusammentreffen von Produktion und Absatz* tritt bspw. verbreitet bei Telekommunikationsdienstleistungen auf. D. h. während eines Telefongesprächs oder einer anderen Nutzung von Telekommunikations-verbindungen werden gleichzeitig die entsprechenden Takt- bzw. Gebühreneinheiten abgesetzt und berechnet. Vergleichbare Erscheinungen können bei einigen (Personen-)Verkehrsleistungen sowie in einigen anderen Fällen auftreten. Das Zusammenfallen von Produktion und Absatz stellt jedoch eher die Ausnahme dar. In aller Regel werden Dienstleistungen abgesetzt, bevor sie produziert werden.

Das *räumliche Zusammentreffen von Produktion und Absatz* tritt zwar durchaus in Erscheinung, stellt jedoch keine zwingende Notwendigkeit für den Dienstleistungsabsatz dar. So ist es bspw. in Berlin problemlos möglich, einen Skipass für Grindelwald oder aber einen Hotelvoucher für ein Hotel auf einer Karibikinsel zu verkaufen. Ebenso verhält es sich mit dem Zusammentreffen von Produktion und Verwertung einer Dienstleistung. Auch dies kann sicherlich in bestimmten Fällen in Erscheinung treten, ist jedoch keinesfalls typisch oder dienstleistungsspezifisch. Ganz im Gegenteil werden viele Dienstleistungen nach ihrer Produktion als langlebige Verbrauchsgüter bzw. Leistungspotenziale genutzt. Als Beispiele hierfür mögen vor allem die Dienstleistungen privater Schulen und Hochschulen, Beratungsleistungen, Dienstleistungen im Bereich der Fort- und Weiterbildung, aber auch viele medizinische Dienstleistungen (Therapien, Schutzimpfungen usw.) und ähnliche, angesehen werden.

Auf Grund der hier dargestellten dienstleistungsspezifischen Besonderheit der Produktionsprozesse ist eine Vorratsproduktion von Dienstleistungen ausgeschlossen. D. h. *Absatzschwankungen* werden bei der Produktion von Dienstleistungen unmittelbar zu *Beschäftigungsschwankungen.*

5.4 Mehrstufige Produktionsprozesse

Da die Verfügbarkeit der für die Produktion der Dienstleistung zwingend erforderlichen externen Produktionsfaktoren somit erst nach erfolgtem Absatz der Dienstleistung gegeben ist, kann die *objektbezogene Leistungserstellung* (Endkombination) bei der Dienstleistungsproduktion auch erst nach Absatz derselben beginnen. Dies führt zu einer signifikanten Unterteilung der Produktionsprozesse, welche in dieser Form bei der Produktion von Sachgütern sowie derjenigen anderer immaterieller Güter nicht in Erscheinung tritt, da bei Letzterer ausschließlich interne Produktionsfaktoren eingesetzt werden, die üblicherweise autonom beschaffbar und daher in erforderlichem Umfang vorhanden sind.

Im Gegensatz hierzu ist bei der Produktion von Dienstleistungen die autonome *Disponierbarkeit der Produktionsfaktoreinsätze* auf diejenigen Teile der Produktionsprozesse beschränkt, die der Herstellung und Erhaltung der Leistungsbereitschaft des Dienstleistungsbetriebs dienen. Bei der Dienstleistungsproduktion kann folglich in aller Regel nicht die zu produzierende Menge der jeweiligen Absatzgüter bestimmt werden, sondern lediglich Art und Umfang des Dienstleistungsangebots. Lediglich der Vollständigkeit halber sei darauf hingewiesen, dass auf Grund des geschilderten Sachverhalts bei der Dienstleistungsproduktion bzw. in Dienstleistungsbetrieben kein „Fertigwarenlager" existiert.

Mit zunehmender Komplexität und Differenzierung der produzierten Dienstleistungen wächst zwangsläufig das Erfordernis, *Vorkombinations-* bzw. *Teilkombinationsprozesse* vorzunehmen. Spezifisches Merkmal sämtlicher Dienstleistungsproduktionsprozesse ist jedenfalls die bei der Produktion anderer Güter i. d. R. nicht auftretende Sekanz zwischen Herstellung der Leistungsbereitschaft und Endkombination bzw. zwischen Vorkombination und objektbezogener Leistungserstellung, also der Produktion der jeweiligen Dienstleistungen.

Die somit gegebene *Mehrstufigkeit der Dienstleistungsproduktionsprozesse* sei in nachfolgendem Schaubild verdeutlicht, welches die sehr unterschiedlichen Phasenabläufe bei Produktion und Absatz von Sachgütern und anderen immateriellen Gütern (non-services) sowie die entsprechenden Abläufe bei Absatz und Produktion von Dienstleistungen veranschaulicht:

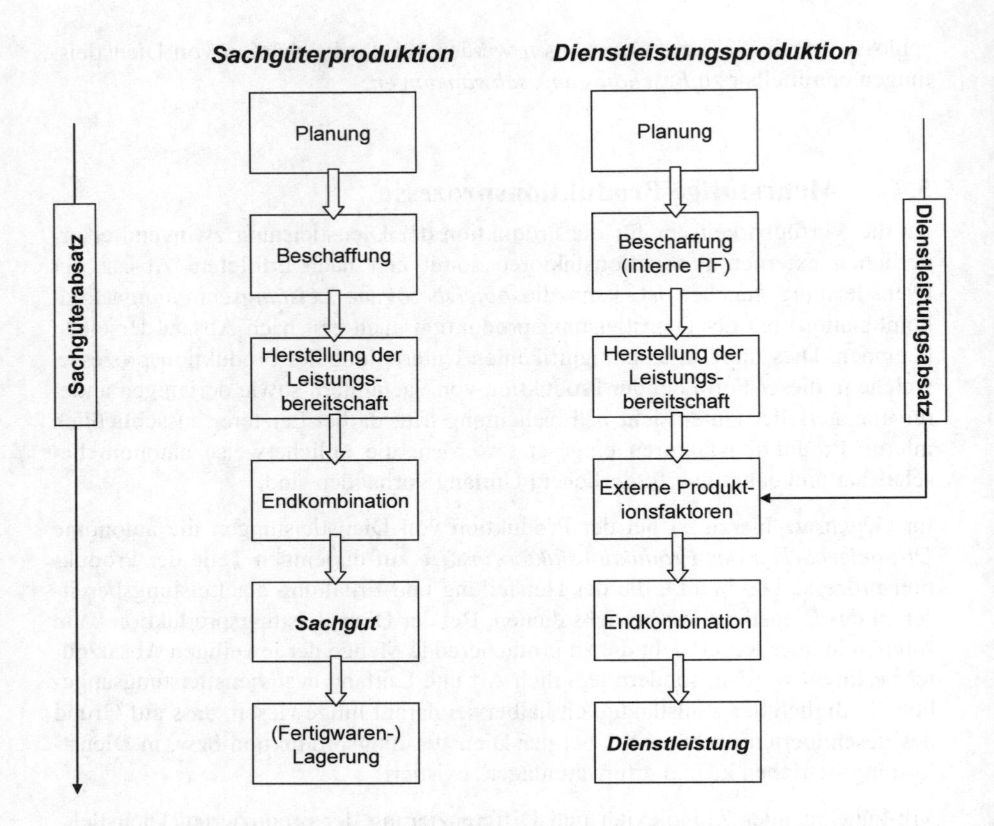

Abbildung 1: Vergleich der Phasen bei der Sachgüter- und der Dienstleistungsproduktion

Ergänzend sei zu Abbildung 1 angemerkt: Sachgüter sowie auch bestimmte immaterielle Güter wie bspw. Nominalgüter, Rechte, gespeicherte Informationen usw. können *vor*, *während* oder auch *nach* ihrer Produktion bzw. ihrem Entstehen abgesetzt bzw. veräußert werden. Zudem ist es in aller Regel möglich, diese Güter mehrfach an jeweils andere Abnehmer zu veräußern. Dies tritt in der Praxis vor allem bei Immobilien, Kunstgegenständen, Wertpapieren, aber auch bei Büchern, Software (gespeicherte Informationen), Automobilen und vielen anderen beweglichen Gütern in Erscheinung.

Dienstleistungen können zwar ebenfalls vor ihrem Entstehen, durchaus auch vor Beschaffung der benötigten internen Produktionsfaktoren, abgesetzt werden; der Absatz muss jedoch spätestens vor Beginn der Endkombination erfolgt sein, da letztere ansonsten mangels der hierfür erforderlichen externen Produktionsfaktoren nicht zustande kommen kann. Eine Weiterveräußerung produzierter Dienstleistungen ist in aller Regel unmöglich, d. h. bei Dienstleistungen existiert *keine Drittverwendungsfähigkeit*. Diese dienstleistungsspezifische Gegebenheit führt verbreitet zu erheblichen Problemen bei der Absatzfinanzierung, da das Institut des Eigentumsvorbehalts praktisch entfällt.

5.5 Zeitpunkt- und zeitraumbezogene Produktion

Eine bei der Produktion von Sachgütern eher seltene, in einigen Bereichen der Dienstleistungsproduktion jedoch verbreitet anzutreffende Erscheinung besteht in der *permanenten Produktion* (continuous processing) von Dienstleistungen. Empirisch sind folglich zwei unterschiedliche Typen bzw. Kategorien von Dienstleistungen anzutreffen, nämlich zeitpunktbezogene und zeitraumbezogene Dienstleistungen sowie hieraus folgend die entsprechend unterschiedlichen Arten der Leistungserstellung.

Bei der *Produktion zeitpunktbezogener Dienstleistungen* werden die jeweiligen, auf die Hervorbringung der einzelnen Dienstleistung gerichteten Produktionsprozesse abgeschlossen, sobald das gewünschte Ergebnis erreicht ist. So bspw. die vollzogene Ortsveränderung als Ergebnis eines Transportprozesses, der Abschluss eines Waschgangs bei der Autowäsche, die Vollendung eines Haarschnitts bzw. einer Frisur, der Abschluss eines chirurgischen Eingriffs usw. Im Gegensatz hierzu richtet sich das Interesse der Dienstleistungsabnehmer bei *zeitraumbezogenen Dienstleistungen* jedoch darauf, die jeweiligen Ergebnisse der Dienstleistungsproduktion von Beginn bis zum Ende einer bestimmten – in aller Regel vertraglich vereinbarten – Zeitspanne nutzen zu können.

Die Eigenart der permanenten – also zeitraumbezogenen – Leistungserstellung sei am Beispiel der *Produktion von Sicherheit* erläutert. Hierbei sei von untergeordnetem Interesse, ob es sich im Einzelfall um die Absicherung der privaten Lebensführung oder aber unternehmerischer Aktivitäten gegen diese bedrohende Risiken, die Sicherung bzw. Bewachung von Personen oder Objekten oder aber die Produktion von Sicherheit für ein Gemeinwesen zwecks Abwehr äußerer Gefahren handelt. Die mit der Produktion von Sicherheit verbundenen vitalen „abnehmerseitigen" Interessen richten sich jedenfalls in derartigen Fällen auf das *ständige Vorhandensein* der erwünschten Sicherheit. Für die Praxis der Produktion, bspw. in einem Versicherungs- oder Bewachungsunternehmen, bedeutet dies, dass der jeweilige Output (Versicherungsschutz/Bewachung) von Beginn bis zum Ende der jeweils zugrundeliegenden Vertragszeiträume in Form eines ständig verfügbaren Produktionsergebnisses hervorgebracht werden muss.

6 Zusammenfassung

Nach der Darstellung von Begriff, Funktion und Erscheinungs- wie Integrationsformen externer Produktionsfaktoren werden die wesentlichen Merkmale externer Produktionsfaktoren in der Dienstleistungsproduktion zusammengefasst:

– Die Integration externer Produktionsfaktoren ist für die Erstellung der Dienstleistung eine unabdingbare Voraussetzung (conditio sine qua non der Produktion) – ohne externe Produktionsfaktoren kann die hergestellte Leistungsbereitschaft nicht zur Dienstleistung transformiert werden. D. h. der externe Produktionsfaktor ist als „limiting factor" der Dienstleistungsproduktion anzusehen.

– Die erforderliche Integration externer Produktionsfaktoren ist für das dienstleistungsspezifische Uno-Actu-Prinzip, d. h. die Simultanität von Produktion und Übertragung in zeitlicher und/oder räumlicher Hinsicht verantwortlich. Zur Erstellung der Dienstleistung ist der synchrone Kontakt von internen und externen Produktionsfaktoren erforderlich.

– Dem externen Produktionsfaktor wird daher eine gleichbedeutende Rolle zuteil, wie analog dem Rohstoffeinsatz bei der Sachgüterproduktion oder den Informationen bei der Produktion von Informationsgütern. Somit stellt der externe Produktionsfaktor das entscheidende Abgrenzungskriterium zwischen Dienstleistungen und anderen materiellen wie immateriellen Gütern dar.

– Die externen Produktionsfaktoren sind vom Abnehmer einzubringen. Sie sind und bleiben in aller Regel Eigentum des Abnehmers der Dienstleistung.

– Externe Produktionsfaktoren werden auf Absatzmärkten akquiriert und können nicht von Beschaffungsmärkten bezogen werden. Daraus ergeben sich Konsequenzen für Managementstrategien, die auf integrative Lieferanten-Kunden-Beziehungen zielen.

– Während der Diensteerstellung wird auf externe Produktionsfaktoren eingewirkt; die Dienstleistung erfolgt am externen Produktionsfaktor. Dieser erfährt einen Wertzuwachs i. S. einer Nutzenerhöhung.

– Zur Dienstleistungsproduktion werden oftmals verschiedene externe Produktionsfaktoren eines Dienstleistungsabnehmers benötigt. Unter Erfassungs- und Bewertungsaspekten lassen sich die Erscheinungsformen externer Produktionsfaktoren auf materielle und immaterielle Güter reduzieren.

– Die Erfassung und Bewertung externer Produktionsfaktoren über quantitative, qualitative, zeitliche und räumliche Dimensionen sind für die Produktionsoptimierung und das Aufdecken kosteninduzierender Wirkungen – vor allem durch Selektion bzw. Antiselektion externer Produktionsfaktoren – unverzichtbar. In Fällen der Integration materieller Güter finden die bekannten Messmethoden Anwendung. In Fällen der Integration immaterieller Güter ist eine Erfassung nur möglich, indem Ansätze der Materialisierung und – wo dies nicht möglich – der Monetarisierung zu suchen sind.

- Art und Menge der externen Produktionsfaktoren sind entscheidend für den Umfang des für den Produktionsprozess erforderlichen Einsatzes an internen Produktionsfaktoren und somit für die hieraus resultierenden Kostenstrukturen. Die Entscheidungen über den Mitteleinsatz eines Dienstleisters werden zunehmend von den Modalitäten des externen Produktionsfaktors bestimmt, d. h. Art und Umfang der eingesetzten Mittel sind nicht mehr allein vom angestrebten Ziel des Produktionsprozesses, sondern vielmehr von den Erscheinungs- und Integrationsformen externer Produktionsfaktoren abhängig.
- Der Output einer Dienstleistung wird mit und über die integrierten Mengen externer Produktionsfaktoren gemessen, wobei in vielen Dienstleistungsproduktionen der (Teil-)Output als Produkt aus Menge externer Produktionsfaktoren multipliziert mit Art-/Zeit- oder Raum-Dimensionen definiert werden kann.

Literaturverzeichnis

[1] Say, J.-B.: Cours complet d´économie politique pratique, 3. Auflage, Band I, Paris 1852.

[2] Maleri, R.: Grundlagen der Dienstleistungsproduktion, 4. Auflage, Berlin et al. 1997.

[3] Raffee, H.: Grundlagen der Betriebswirtschaftslehre, Band 1, Göttingen 1974.

[4] Bode, J.: Betriebliche Produktion von Informationen, Wiesbaden 1993.

[5] Maleri, R.: Grundzüge der Dienstleistungsproduktion, Berlin et al. 1973.

[6] Reckenfelderbäumer, M.: Die Lehre von den Unternehmerfunktionen als theoretische Grundlage der Integrativität und des Dienstleistungs-Management, in: Mühlbacher, H.; Thelen, E. (Hrsg.): Neue Entwicklungen im Dienstleistungsmarketing, Wiesbaden 2002, S. 223-256.

[7] Meyer, A.: Dienstleistungs-Marketing, Erkenntnisse und praktische Beispiele, 6. Auflage, Augsburg 1994.

[8] Meyer, A.; Blümelhuber, C.: Leistungsziele – Orientierungsgröße, Effektivitäts- und Effizienzmaßstab für Management und Mitarbeiter, in: Meyer, A. (Hrsg.): Handbuch Dienstleistungsmarketing, Band 1, Stuttgart 1998, S. 911-940.

[9] Corsten, H.: Der Integrationsgrad des externen Faktors als Gestaltungsparameter in Dienstleistungsunternehmen – Voraussetzung und Möglichkei-

ten der Externalisierung und Internalisierung, in: Bruhn, M.; Stauss, B. (Hrsg.): Dienstleistungsqualität – Konzepte – Methoden – Erfahrungen, 3. Auflage, Wiesbaden 2000.

[10] Fließ, S.: Die Steuerung von Kundenintegrationsprozessen, Wiesbaden 2001.

[11] Frietzsche, U.: Der externe Faktor in der Dienstleistungsproduktion, Probleme der Erfassung und Bewertung, Diss. Wirtschaftsuniversität Wien, Wien 1999.

[12] Maleri R.: Grundlagen der Dienstleistungsproduktion, in: Bruhn, M.; Meffert, H. (Hrsg.): Handbuch Dienstleistungsmanagement, 2. Auflage, Wiesbaden 2001, S. 126-148

[13] Frietzsche, U.: Externe Produktionsfaktoren in der Dienstleistungsproduktion, Wiesbaden 2001.

[14] Bruhn, M.: Wirtschaftlichkeit des Qualitätsmanagements – Qualitätscontrolling für Dienstleistungen, Berlin et al. 1998.

[15] Woratschek, H.; Pastowski, S.: Dienstleistungsmanagement und Standortentscheidungen im internationalen Kontext – Möglichkeiten und Grenzen des Einsatzen betriebswirtschaftlicher Verfahren, in: Gardini M. A.; Dahlhoff, H. D. (Hrsg.): Management internationaler Dienstleistungen, Wiesbaden 2004, S. 215-240.

[16] Schierenbeck, H.: Grundzüge der Betriebswirtschaftslehre, 16. Auflage, München et al. 2003.

[17] Scheuch, F.: Marketing, 5. Auflage, München 1996.

[18] Scheuch, F.: Dienstleistungsmarketing, 2. Auflage, München 2002.

[19] Maleri, R.: Zur Relevanz der Dienstleistungsbesonderheiten für das internationale Dienstleistungsmanagement, in: Gardini, M. A.; Dahlhoff, H. D. (Hrsg.): Management internationaler Dienstleistungen, Wiesbaden 2004, S. 37-61.

[20] Nieschlag, R.; Dichtl, E.; Hörschgen, H.: Marketing, 19. Auflage, Berlin, 2002.

[21] Lehmann, A.: Dienstleistungsbeziehungen zwischen Kunde und Unternehmen, in: Bruhn, M.; Meffert, H. (Hrsg.): Handbuch Dienstleistungsmanagement, 2. Auflage, Wiesbaden 2001.

[22] Gerhardt, J.: Dienstleistungsproduktion – Eine produktionstheoretische Analyse der Dienstleistungsprozesse, Bergisch-Gladbach et al. 1987.

[23] Müller, W.: Zur informationstheoretischen Erweiterung der Betriebswirtschaftslehre – Ein Modell der Informationsproduktion, in: Adam, D.

(Hrsg.): Neuere Entwicklungen in der Produktions- und Investitionspolitik, 1987.

[24] Kimes, S.; Chase, R.: The Strategic Level of Yield Management, in: Lovelock, C. H. (Hrsg.): Service Marketing, People, Technology, Strategy, 4. Auflage, Upper Saddle River, NJ 2001.

[25] Heskett, J.; Sasser, Jr. E.; Hart, C. W.: Bahnbrechender Service, Frankfurt a. M. et al. 1991.

[26] Fandel, G., Blaga St.: Aktivitätsanalytische Überlegungen zu einer Theorie der Dienstleistungsproduktion, in: ZfB, Produktion von Dienstleistungen, Ergänzungsheft, (2004)1, Wiesbaden, S. 1-21

[27] Albrecht, P.: Zur Risikotransformationstheorie der Versicherung – Grundlagen und ökonomische Konsequenzen, Karlsruhe 1992.

Markteinführung von Dienstleistungen – Vom Prototyp zum marktfähigen Produkt

Manfred Bruhn
Lehrstuhl für Marketing und Unternehmensführung,
Universität Basel

Inhalt

1 Dienstleistungsinnovation als mehrstufiger Planungsprozess

Auf Märkten mit hoher Wettbewerbsintensität gehören die Entwicklung und Vermarktung innovativer Angebote zu den besonders bedeutsamen unternehmerischen Aufgaben. Aufgrund der hohen Veränderungsdynamik in den Kundenanforderungen und Wettbewerbsbedingungen hängen langfristige Existenz und dauerhafter Erfolg von Unternehmen wesentlich von ihrer Innovationskompetenz ab [1][2][3]. Dies gilt für Sachgüter- und Dienstleistungsunternehmen gleichermaßen. Dennoch bedarf die Innovationstätigkeit im Dienstleistungsbereich aus mehreren Gründen einer besonderen Betrachtung [3]:

- In zentralen Dienstleistungsbranchen (z. B. im Bereich Transport, Telekommunikation oder Energieversorgung) haben sich erst in den letzten Jahren durch *Deregulierung* und *Liberalisierung* funktionsfähige Wettbewerbsverhältnisse durchgesetzt. Hier stehen Unternehmen vielfach vor der Herausforderung, sich erstmals mit der systematischen Entwicklung neuer Dienstleistungen zu befassen.

- Auch in Dienstleistungsbranchen, die seit Langem unter Wettbewerbsbedingungen agieren, fehlt es meist an einem *eigenständigen Innovationsmanagement*. In der internationalen wissenschaftlichen Diskussion wird seit Jahren betont, dass neue Dienstleistungen eher beiläufig und zufällig entstehen und kaum das Ergebnis eines systematischen Planungsprozesses darstellen [4][5]. Neuere empirische Studien bestätigen diesen Sachverhalt auch für Deutschland [6][7]. Insofern besteht ein grundsätzlicher Nachholbedarf.

- Industrieunternehmen stehen vor dem Problem, dass sich aufgrund *austauschbarer Kernprodukte* der Wettbewerb zunehmend auf das Angebot innovativer begleitender Dienstleistungen verlagert. Entsprechend resultiert auch für Industrieunternehmen die Notwendigkeit einer planvollen Serviceinnovationspolitik.

Ziel eines Innovationsmanagements ist es, die Markteinführungsrisiken zu reduzieren. Gescheiterte Versuche, neue Dienstleistungen erfolgreich am Markt einzuführen (z. B. mobile WAP-Dienste) zeigen, dass es sinnvoll ist, das Produkt- bzw. Innovationsmanagement als systematischen Planungsprozess anzulegen [8]. Studien zur Diskriminierung erfolgreicher und nicht-erfolgreicher Service-Entwicklungen belegen, dass ein formalisierter und institutionalisierter Entwicklungsprozess einen kritischer Erfolgsfaktor für eine gelungene Markteinführung darstellt [9] [10].

Ein prominentes Beispiel für einen besonders teuren „Dienstleistungsfehlschlag“ ist der Konkurs des Satellitentelefon-Betreibers Iridium, an dem die US-amerikanische Firma Motorola maßgeblich beteiligt war. Der Verlust beziffert sich auf ungefähr fünf Mrd. Euro [11]. Neben den finanziellen Konsequenzen beschädigt eine misslungene Markteinführung nicht zuletzt auch das Image und die Glaubwürdigkeit einer Marke.

Ein *systematischer Innovationsprozess* ist also unabdingbar. Dabei kann jedoch der üblicherweise für Sachgüter zugrunde gelegte Planungsprozess nicht für sämtliche Phasen uneingeschränkt für Dienstleistungen übernommen werden. Vielmehr sind die konstitutiven Merkmale von Dienstleistungen zu berücksichtigen.

Aus den charakteristischen Merkmalen einer Dienstleistung – Intangibilität (oder Immaterialität) und Kundenbeteiligung (oder Integrativität) resultieren spezifische *Anforderungen* an das dienstleistungsspezifische Innovationsmanagement [3][12] [13]:

Aus der *Intangibilität* von Dienstleistungen resultieren vor allem folgende Herausforderungen: Intangible Leistungen:

- weisen einen hohen Abstraktionsgrad auf, was bei der Konzeptionsentwicklung von den Beteiligten ein erhöhtes Abstraktionsvermögen erfordert,
- lassen sich nur mit vergleichsweise hohem Aufwand in der Form einer Vorabversion entwickeln und auf dieser Planungsebene eingehend testen,
- sind bei hohem Innovationsgrad nur schwer gegenüber potenziellen Kunden kommunizierbar und
- lassen sich kaum rechtlich schützen, da Möglichkeiten der Absicherung durch Patente, Gebrauchs- und Geschmacksmuster nur eingeschränkt zur Verfügung stehen.

Aus der *Kundenbeteiligung* an der Leistungserstellung folgt, dass:

- bei interaktiven Dienstleistungen innovative Kundenanregungen, -wünsche und -ideen – im Sinne von Innovationspotenzialen – bereits im normalen Dienstleistungserstellungsprozess aufgenommen werden können,
- Art und Ausmaß der Kundenbeteiligung an der Leistungserstellung selbst Gegenstand einer (Prozess-)Innovation sind (Kunde als Co-Designer bzw. Prosumer) [14],
- daher Überlegungen zur Veränderung von Kundenprozessen nicht primär unter Effizienzgesichtspunkten anzustellen sind, sondern vor allem Skripte, gelernte Verhaltensweisen und gewünschte Prozessveränderungen der Kunden im Innovationsprozess zu berücksichtigen sind sowie
- insbesondere bei Verbesserungsinnovationen gute Voraussetzungen für die Integration von Kunden in den Innovationsprozess bestehen, da diese über Wissen und Erfahrung aus der bisherigen Dienstleistungsnutzung verfügen.

Um die mit diesen besonderen Bedingungen verbundenen Chancen zu nutzen bzw. die spezifischen Risiken zu vermeiden, bedarf es zum einen der Modifikation bekannter idealtypischer Innovationsprozesse aus dem Industriegüter- oder

Konsumgüterbereich, zum anderen des Einsatzes neuer und modifizierter Planungsinstrumente.

Auf Grund der bei Dienstleistungen immanenten Besonderheiten haben SCHEUING und JOHNSON einen spezifischen Modellrahmen zur Entwicklung von Dienstleistungsinnovationen vorgeschlagen [5]. Dieser Prozess, der idealtypisch 15 Phasen umfasst, ist in Abbildung 1 dargestellt.

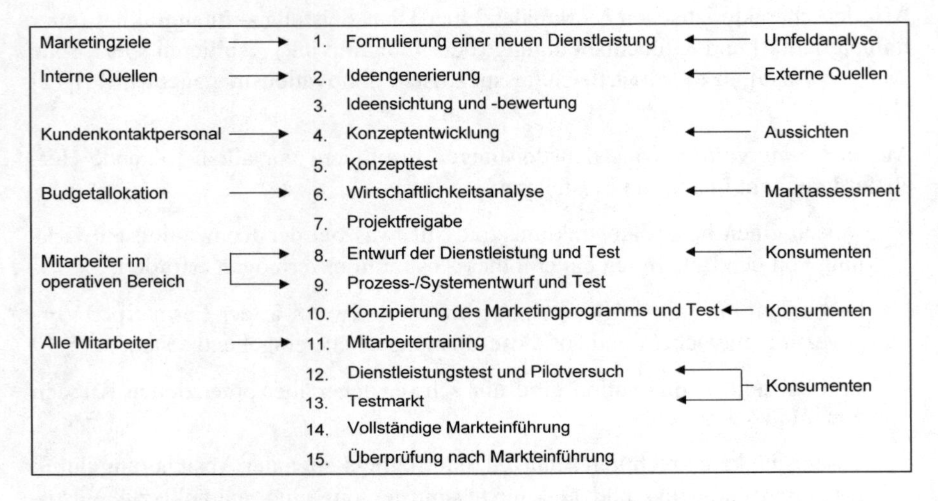

Abbildung 1: Planungsprozess für Dienstleistungsinnovationen [5]

Grundsätzlich kann nach Gestaltungsphasen und Bewertungsphasen differenziert werden. Die Bewertung erfolgt im Rahmen eines so genannten „*Stage-Gate-Systems*“, welches nach jeder Gestaltungsphase eine „Stop-“ oder „Go-Entscheidung“ verlangt. Insbesondere im Dienstleistungsbereich erstrecken sich Bewertungsphasen idealtypisch über den gesamten Innovationsprozess [15]. Diese Evaluation bezieht sich zum einen auf die technische und zum anderen auf die wirtschaftliche Realisierbarkeit.

Im Folgenden wird ausschließlich der Kernbereich des dienstleistungsspezifischen Innovationsprozesses betrachtet, d. h., die Entwicklung von Prototypen zu einer marktfähigen Dienstleistung. Damit setzen die folgenden Überlegungen in dem in Abbildung 1 dargestellten Planungsprozess nach der Projektfreigabe (in der achten Phase) an und erstrecken sich bis hin zur Überprüfung der Markteinführung (Phase 15). Zur besseren Strukturierung des Entwicklungsprozesses werden im Folgenden die verschiedenen Schritte in drei Teilphasen zusammengefasst.

1.1 Teilphasen der Entwicklung marktfähiger Dienstleistungen

Bei der Entwicklung marktfähiger Dienstleistungen lassen sich *drei grundlegende Phasen* unterscheiden (vgl. Abbildung 2). In der Voreinführungsphase wird die Dienstleistungsinnovation konzipiert und – soweit dies möglich ist – getestet. Bei der eigentlichen Markteinführung werden erste Erfahrungen im Rahmen der erstmaligen Erstellung des Dienstleistungsprozesses (Dienstleistungs-Nullserie) gesammelt. Schließlich sind in der Nachprüfungsphase die gesammelten Erfahrungen mit der neuen Dienstleistung auszuwerten, um Verbesserungen für das zukünftige Dienstleistungsangebot vorzunehmen.

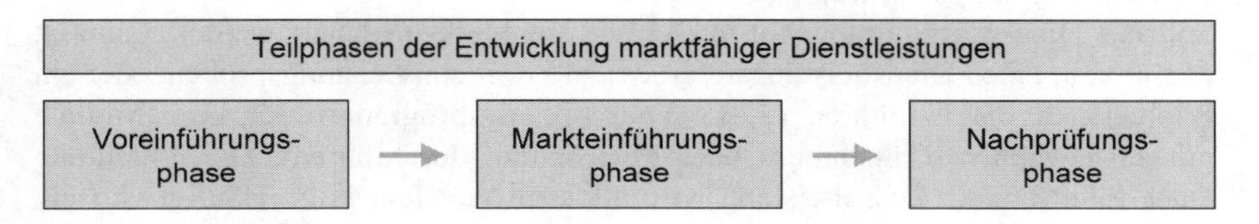

Abbildung 2: Teilphasen der Entwicklung marktfähiger Dienstleistungen

1.1.1 Voreinführungsphase

In der Voreinführungsphase zur Entwicklung marktfähiger Dienstleistungen sind verschiedene Arbeitsschritte erforderlich:

(1) Entwurf des engeren Dienstleistungsangebots (Kernleistung)
Hier erfolgt eine genaue Beschreibung der eigentlichen Kernleistung, insbesondere die Herausarbeitung des zentralen strategischen Wettbewerbsvorteils (USP) des Angebots gegenüber der Konkurrenz (z. B. Weiterbildungsprogramm: Schwerpunkte im Curriculum).

(2) Entwurf des erweiterten Dienstleistungsangebots (Zusatzleistungen)
Neben den Kernleistungen sind die Zusatzleistungen zu beschreiben, damit ein gesamtes Dienstleistungsangebot entsteht. Im Vordergrund steht das Design eines Leistungsbündels, das am Markt angeboten wird (z. B. Weiterbildungsprogramm: Tagungsort, Finanzierung, Betreuung, Abschlusszertifikat).

(3) Entwurf des externen Vermarktungsprogramms
Zur Vermarktung des Dienstleistungsangebots ist es erforderlich, ein Marketingkonzept zu entwerfen, basierend auf einer systematischen Situations- und Zielgruppenanalyse – bis hin zum Einsatz verschiedener Marketinginstrumente, wie etwa Werbemaßnahmen, Vertriebsaktivitäten u. a. m. (z. B. Weiterbildungsprogramm: Konkretisierung der Zielgruppen, Werbe- und PR-Maßnahmen, Broschüren, Internetauftritt).

(4) Entwurf der internen Leistungspotenziale
Schließlich sind auch die internen Leistungspotenziale zu beschreiben, d. h. die internen Voraussetzungen, damit das Dienstleistungsangebot in der beschriebenen Art auch umgesetzt werden kann (z. B. Weiterbildungsprogramm: Dozierende, Administration, Technik).

In diesen ersten vier Phasen erfolgt eine Beschreibung im Sinne einer Konzepterarbeitung. In allen vier Phasen empfiehlt es sich, einen Konzepttest vorzunehmen. Das Dienstleistungsangebot liegt zu diesem Zeitpunkt jedoch noch nicht real vor, so dass die Erfolgschancen des Konzepts z. B. durch Befragungen von Experten oder potenziellen Kunden zu ermitteln sind.

(5) Dienstleistungstest und ggf. Pilotversuch
Soll das Dienstleistungsangebot tatsächlich am Markt realisiert werden, dann ist es sinnvoll, einen Dienstleistungstest, etwa in Form von Leistungsproben, oder ein Pilotversuch durchzuführen (z. B. Weiterbildungsprogramm: Einzelne Module mit ausgewählten Teilnehmern oder Mitarbeitern durchführen). Die Bedeutung eines Pilottests der Dienstleistung wird allzu oft vernachlässigt. Häufig wird ein neues Dienstleistungskonzept erst bei seiner wirklichen Markteinführung zum ersten Mal getestet. Es liegt auf der Hand, dass es in diesem Stadium viel problematischer ist, Korrekturen am Service-Design vorzunehmen [10].

1.1.2 Markteinführungsphase

Die Markteinführungsphase bezieht sich auf das erstmalige Durchführen des Dienstleistungsprozesses im relevanten Markt unter realen Bedingungen. Die externen Faktoren, an denen sich das Dienstleistungsergebnis konkretisiert, lassen sich dementsprechend im übertragenen Sinn als *Nullserie* betrachten.

Die Zeitspanne, die diese Phase umfasst, ist von der Art der Dienstleistung abhängig. Am Beispiel eines einjährigen Weiterbildungsprogramms wird deutlich, dass der *Markeinführungsprozess* teilweise eine recht lange Zeit beansprucht. Die Markteinführungsphase entspricht dem erstmaligen Durchführen des neu angebotenen Kursprogramms (vom ersten Tag bis hin zum Abschluss). Somit lässt sich der erste Jahrgang als Nullserie interpretieren. Mit der Übergabe des Abschlusszertifikats endet diese Phase. Hingegen wird die Erstellung der Nullserie eines neuen Speiseangebotes bei einem Restaurant weitaus weniger Zeit in Anspruch nehmen. Am Beispiel eines neuen TV-Konzepts entspricht diese Phase der erstmaligen Ausstrahlung der Sendung.

In der Markteinführungsphase kommt dem Einsatz des gesamten Marketinginstrumentariums große Bedeutung zu, insbesondere der Kommunikations- und Preispolitik. Auf Grund des als hoch empfundenen Kaufrisikos werden häufig vertrauenserzeugende *Testimonials* (z. B. Schauspieler) eingesetzt und die neue Leistung zu einem besonders attraktiven Preis angeboten („*Lockangebot*") [8].

Glaubwürdige Testimonials helfen dabei, Erfahrungseigenschaften in Quasi-Sucheigenschaften umzuwandeln.

1.1.3 Nachprüfungsphase

Die Nachprüfungsphase der Markteinführung beginnt mit dem Vorliegen des ersten Dienstleistungsergebnisses. Die Nachprüfungsphase am Beispiel eines neuen TV-Programms setzt nach der erstmaligen Ausstrahlung ein. Nun liegt das erste Dienstleistungsergebnis vor, das z. B. durch die Befragung von Fernsehzuschauern oder die Analyse der Zuschauerzahlen ausgewertet wird. Eventuell erscheinen Kritiken in Tages- oder Programmzeitungen, die zusätzlich zu analysieren sind.

Die *Marktakzeptanz* spiegelt sich mittel- bis langfristig in den Erlösen und Marktanteilen wider. Falls die neue Dienstleistung z. B. keine Akzeptanz in bestimmten regionalen Märkten findet, sind entsprechende Korrekturen einzuleiten. So ist z. B. das Vertriebskonzept, die Preisgestaltung, die werbliche Ansprache u. a. m. zu ändern.

Nur wenige neu eingeführte Dienstleistungen etablieren sich langfristig am Markt. Jede Innovation sieht sich einem allgemeinen Marktrisiko gegenüber, und die Wahrscheinlichkeit eines Misserfolgs ist auch durch einen systematischen Service-Engineering-Prozess nicht vollkommen auszuschalten.

Auf Grund ihrer Besonderheiten sind Dienstleistungen a priori schwerer beurteilbar als Sachleistungen und werden individuell erfahren. Demzufolge dauern A-daption und Diffusion deutlich länger als bei Innovationen im Sachgüterbereich [8]. Der Aufbau von *Reputation* ist in dieser Phase deshalb besonders bedeutsam [15]. Der Marketingmix, insbesondere die Kommunikationspolitik, erhält entsprechend eine zentrale Bedeutung, um den Diffusionsprozess der neu angebotenen Leistung anzuregen [16]. Als erfolgsförderlich hat sich in diesem Zusammenhang auch das Anbieten von Garantien sowie die Darstellung von Zertifikaten gezeigt. Generelle Faktoren, die die Adoption einer neuen Leistung begünstigen, sind z. B. ein deutlicher Leistungsvorteil, eine attraktive Preisgestaltung, geringe Erklärungsbedürftigkeit der Leistung, die Möglichkeit der Inanspruchnahme einer Probe (z. B. „Schnupperabonnement") sowie die Möglichkeit der Beobachtung greifbarer Elemente, die als Ersatzqualitätsindikator zur Beurteilung der intangiblen Leistung dienen [17].

1.2 Qualitätsdimensionen bei der Entwicklung von Dienstleistungen

Um sich im Wettbewerbsumfeld dauerhaft zu behaupten, sind Dienstleistungsunternehmen ständig gefordert, neue Leistungsangebote zu entwickeln bzw. bereits existierende zu modifizieren und entsprechend den Kundenerwartungen zu verbessern. Der Umstand, dass Dienstleistungen nicht patentierbar sind und somit vor Nachahmung kaum zu schützen sind, stellt einen weiteren Anreiz zu *kontinuierlicher Innovation* dar. Ein zentrales Kriterium, das geeignet ist, um ein Leistungsangebot gegenüber konkurrierenden Angeboten positiv abzugrenzen, ist insbesondere die Qualitätsorientierung [15].

Gemäß der *Definition* der Deutschen Gesellschaft für Qualität ist Qualität die Gesamtheit von Merkmalen einer Einheit bezüglich ihrer Eignung, festgelegte und vorausgesetzte Erfordernisse zu erfüllen [18]. Die Wahrnehmung der Dienstleistungsqualität durch den Nachfrager knüpft dabei nicht nur an dem Ergebnis der Dienstleistungserstellung an. Vielmehr bezieht der Nachfrager auch die Qualität der Leistungspotenziale und -prozesse in sein Qualitätsurteil ein [15]. Allgemein können Innovationen im Dienstleistungsbereich somit an der Potenzial-, Prozess- und Ergebnisdimension anknüpfen; gemäß empirischen Studien sind Innovationen im Dienstleistungssektor jedoch zumeist Potenzial- und Prozessinnovationen [15].

1.2.1 Potenzialqualität

Auf Grund des hohen Anteils von Glaubens- und Vertrauenseigenschaften bei Dienstleistungen ziehen Konsumenten häufig die Qualität der Potenzialfaktoren als *Ersatz(Qualitäts)indikator* heran.

Die Bewertung der Potenzialqualität erfolgt primär anhand des *tangiblen Umfelds* und des *Personals*. Potenzialfaktoren, die die Qualitätswahrnehmung positiv beeinflussen, sind bspw. die Breite des Angebots, die Sauberkeit der Räumlichkeiten des Dienstleisters, aber auch und insbesondere die Fach- und Sozialkompetenz der Mitarbeiter. Aus diesem Grund sind Maßnahmen der Personalentwicklung besonders wichtig.

Durch gezielte Maßnahmen der Aus- und Weiterbildung ist die Fach- und Sozialkompetenz der Mitarbeiter so zu verbessern, dass eine anforderungsgerechte Leistungserstellung gewährleistet wird. Bei interaktionsorientierten Dienstleistungen steht hierbei vor allem die *Verstärkung der Kundenorientierung* der Mitarbeiter – insbesondere derjenigen im direkten Kundenkontakt – im Mittelpunkt der Personalentwicklung. Ansatzpunkte zur Verbesserung der Kundenorientierung liegen dabei in der Erweiterung des Aufgabenfeldes einzelner Mitarbeiter (*Job Enlargement*), der Ausdehnung der Kompetenzen (*Job Enrichment*) oder in der Verbesserung der kundenbezogenen Informationsversorgung [19].

Da bei Dienstleistungen i. d. R. der Vertrauensgutcharakter überwiegt, ist es für einen Anbieter besonders wichtig, dass Nachfrager Vertrauen in seine Problemlösungskompetenz haben. Potenzialinnovationen, die auf Know-how-Zuwachs der Mitarbeiter beruhen, sind für Dienstleistungskunden nicht auf den ersten Blick erkennbar. Daher ist es erforderlich, den entsprechenden Kompetenzzuwachs auf andere Art und Weise zu signalisieren. Dies ist bspw. durch die Darstellung von *Qualifikationsnachweisen* (z. B. Zeugnisse) im Rahmen der Kommunikationspolitik umsetzbar [19]. Darüber hinaus steht der Aufbau eines positiven *Images* bei der Schaffung von Vertrauen in neue Leistungsangebote im Mittelpunkt, wobei das Image selbst als ein (intangibler) Potenzialfaktor interpretiert werden kann.

1.2.2 Prozessqualität

Gemäß traditioneller Auffassung ist es das Ziel von Prozessinnovationen, effektivere Prozesse zu schaffen, um die Kostenseite des Unternehmens zu verbessern (z. B. durch einen geringeren Ressourcenverbrauch). Da der Dienstleistungserstellungsprozess zumeist ein nutzenstiftender Bestandteil der Leistung ist, zielen Prozessinnovationen eines Dienstleistungsanbieters auch auf Veränderungen, die eine *Qualitätsverbesserung des Dienstleistungserstellungsprozesses* herbeiführen. Somit wird eine höhere Nutzenstiftung für den Nachfrager erzeugt.

Im Rahmen der Prozessinnovation können zum einen völlig neue, bisher nie realisierte Prozesse entwickelt werden (z. B. zusätzliche Internetberatung für Kunden einer Bank), zum anderen bestehende Prozesse optimiert werden. Die Kenntnis der nutzenstiftenden Prozesskomponenten ermöglicht bei der Prozessoptimierung eine Fokussierung auf diese erfolgskritischen Prozesse [20]. Insbesondere bei integrativen Prozessen der Leistungserstellung kommt der *Sicherstellung einer konstanten Prozessqualität* hohe Bedeutung zu. Die Prozessdimension wird z. B. durch die Freundlichkeit des Beraters und die Berücksichtigung individueller Bedürfnisse beeinflusst. Jedoch ist die Gewährung einer konstanten Prozessqualität auf Grund der Integration des externen Faktors nur schwer möglich. Für einen Arzt ist es bspw. kaum realisierbar, eine hohe Behandlungsqualität zu gewährleisten, wenn ein Patient unzureichend kooperiert.

Um eine hohe Prozessqualität zu erzeugen, sind u. a. Informationen über die zeitliche und mengenmäßige Verteilung der Nachfrage sowie über die konkreten Prozesserwartungen der Kunden erforderlich. Durch den Einsatz *dienstleistungsspezifischer Informations- und Analyseinstrumente*, wie z. B. dem Service-Blueprinting und der Sequenziellen-Ereignis-Methode, lassen sich Verbesserungspotenziale bei der Prozessqualität identifizieren. Eine Verbesserung der Prozessqualität ist z. B. durch eine Beschleunigung der Prozessabläufe, Veränderungen der Prozessumfänge sowie eine generelle Anpassung der Prozesse an kundenseitige Anforderungen erreichbar [20].

1.2.3 Ergebnisqualität

Qualität bezieht sich auf die Eigenschaft einer Leistung, die in sie gesetzten Erwartungen zu erfüllen. Auf das Ergebnis einer Dienstleistung bezogen hat das Ergebnis der Dienstleistungserstellung den Erwartungen des Nachfragers gerecht zu werden. Die Ergebnisdimension wird dabei durch das Zusammenwirken der verschiedenen Einsatzfaktoren (Potenziale und externe Faktoren) im Rahmen des Prozesses erreicht.

Die Gewährung einer konstanten Ergebnisqualität ist – ähnlich wie bei der Prozessqualität – bei integrativen Dienstleistungen nicht vollkommen möglich, d. h., jedes Dienstleistungsergebnis hat etwas Einzigartiges bzw. Innovatives. Allerdings ist unter einer Ergebnisinnovation im engeren Sinne nicht eine Abweichung im Detail zu verstehen, sondern gänzlich *neue oder verbesserte Dienstleistungsergebnisse*. Ein Beispiel für ein neues Dienstleistungsergebnis ist die komplette Neuinszenierung eines Theaterstücks. Eine Ergebnismodifikation ist z. B. die Erhöhung der Zinsgutschrift für eine Sparanlage bei einer Bank. Grundsätzlich kann die Ergebnismodifikation an der Kernleistung selbst ansetzen oder an den angebotenen Zusatzleistungen.

Für die Realisierung von Ergebnisinnovationen ist eine Potenzial- und/oder Prozessinnovation eine notwendige Voraussetzung [19]. So lässt sich z. B. das Ergebnis eines Sprachkurses – im Sinne des individuellen Lernfortschritts – nicht optimieren, ohne in neues Lehrpersonal (Potenziale) bzw. Weiterqualifizierungen zu investieren oder den Ablauf der Lehrveranstaltungen (Prozesse) zu verbessern.

2 Prototypen als Ausgangspunkt vor der Markteinführung

Nachdem im vorhergehenden Abschnitt die grundlegenden Gegenstandsbereiche einer Dienstleistungsinnovation dargelegt wurden, ist im Folgenden das Vorgehen beim sog. *Service Prototyping* aufgezeigt. Im Rahmen des Service Prototyping wird das erstellte Dienstleistungskonzept in eine Testversion überführt, um frühzeitig wesentliche Merkmale und Funktionalitäten der Dienstleistung untersuchen und verfeinern zu können [21]. Ein Dienstleistungsprototyp umfasst die materiellen Leistungskomponenten, die operationalen Prozesse sowie die Kunden-Mitarbeiter-Schnittstelle [22].

2.1 Anforderungen an Prototypen

Vor dem Hintergrund der Ziele, die mit dem Service Prototyping verfolgt werden, d. h., der Bewertung der Funktionalität und der Erfolgschancen eines Dienstleistungskonzepts, hat ein Prototyp eine Reihe von Voraussetzungen zu erfüllen. Dabei sind die folgenden *Voraussetzungen* besonders hervorzuheben:

- **Leistungsbezug**
  Ein Prototyp hat der angestrebten Leistungskonzeption (Kern- und Zusatznutzen) zu entsprechen, damit der Nachfrager den Kundennutzen erkennt und beurteilen kann.
- **Vollständigkeit**
  Ein Prototyp hat die Leistungen umfassend abzubilden. Dies ist nicht nur erforderlich, damit der potenzielle Kunde sich ein umfassendes Bild von dem Leistungsbündel machen kann, sondern auch, damit die Mitarbeiter (z. B. im Rahmen von Schulungen) mit den neuen Leistungen umzugehen lernen.
- **Testeignung**
  Ein Prototyp muss zum Konzept- oder Leistungstest geeignet sein, d. h. die Leistung darf bspw. nicht zu stark individualisierungsbedürftig sein, so dass keine generalisierbaren Implikationen durch eine Leistungsevaluation gewonnen werden können.
- **Variationsmöglichkeit**
  Beim Prototyping sind auch alternative Lösungsmöglichkeiten in Betracht zu ziehen (z. B. unterschiedliches Leistungsspektrum, Preise, Serviceniveau usw.).
- **Validität**
  Ein Prototyp ist so zu gestalten, dass durch seine Beurteilung eine valide Aussage darüber getroffen werden kann, welche Verbesserungen notwendig sind und welche Erfolgswahrscheinlichkeit für die Markteinführung und den Markterfolg gegeben ist.

Bevor verschiedene Formen von Prototypen unterschieden werden, sind im folgenden Abschnitt zunächst einige grundlegende Probleme bei deren Erstellung aufgezeigt.

2.2 Probleme der Erstellung von Prototypen bei Dienstleistungen

Die Entwicklung von Prototypen weist im Dienstleistungsbereich auf Grund des Prozesscharakters einige Besonderheiten auf. Es ist selbstverständlich möglich, Prototypen der Leistungspotenziale zu entwerfen und beurteilen zu lassen. Jedoch ist dies in den meisten Fällen nicht ausreichend, um neue Dienstleistungen auf ihre Funktionsfähigkeit und Erfolgschancen hin zu überprüfen. Im Dienstleistungsbereich sind ergänzende, *prozessorientierte Beurteilungsverfahren* hinzuzuziehen. Je nach Art der neuen Dienstleistung (potenzial-, prozess- oder ergebnisorientierte Dienstleistung) hat der zu entwickelnde Prototyp in unterschiedlichem

Umfang die Potenzial- und Prozessebene zu berücksichtigen. Beispielsweise hat beim Service Prototyping einer neuen Freizeitdienstleistung (prozessorientierte Dienstleistung) eindeutig die Prozessebene im Vordergrund zu stehen.

Allgemein gilt, dass ein Prototyp umso bessere Prognoseergebnisse über den zu erwartenden Markterfolg liefert, je geringer der Interaktions- und Individualisierungsgrad ist. Eine autonome Leistungserstellung begünstigt die Möglichkeiten einer *Leistungsstandardisierung* und erhöht damit die Aussagekraft von Pilotversuchen [23]. Qualitätsschwankungen infolge des Einbezugs externer Faktoren lassen sich in gewissem Rahmen ex-ante durch Standardisierung unterdrücken. Es kann jedoch nicht gewährleistet werden, dass selbst durch Standardisierung aller Potenziale und Prozesse eine hundertprozentige Ergebnisstandardisierung und eine vergleichbare Qualitätswahrnehmung seitens der Kunden erreicht wird [23].

Je höher der Grad der Integration und Individualität der Leistung ist, desto schwieriger ist die Vereinheitlichung des Leistungserstellungsprozesses und somit auch die Entwicklung eines einheitlichen Prototypen (z. B. bei spezifischen Beratungsleistungen). Zudem erschwert die Immaterialität eine valide Qualitätsbeurteilung durch potenzielle Kunden. Dies führt dazu, dass die Kunden sich bei ihrem Qualitätsurteil an bestimmten Ersatzqualitätsindikatoren orientieren. Entsprechend sind diese peripheren Qualitätshinweise in einem Dienstleistungsprototypen vollständig zu realisieren. Beispiele für derartige Qualitätsindikatoren sind z. B. die Erscheinung der Dienstbekleidung, Frische signalisierende Früchte am Eingang eines Restaurants oder Hygiene signalisierende Folienverpackung des Einwegbestecks einer Fluggesellschaft.

2.3 Formen von Prototypen

In Abhängigkeit von der Art der neu konzipierten Dienstleistung sind verschiedene Möglichkeiten der Prototypengestaltung denkbar. Das Spektrum möglicher Service-Prototypen reicht von Beschreibungen bis hin zu Feldexperimenten mit Kunden.

Versucht man eine *Kategorisierung* möglicher Prototypen vorzunehmen, sind zunächst real durchgeführte Experimente und simulierte Prozessmodelle bzw. Simulationen zu unterscheiden.

Reale Prototypen lassen sich umso eher und einfacher erstellen, je stärker der Anteil der Potenzialfaktoren ausgeprägt ist. Alle materiellen Komponenten können als Vorabversion hergestellt und auf ihre Funktionsfähigkeit und Akzeptanz getestet werden. Beispielhaft sei hierfür eine Autovermietung genannt, deren Buchungssystem vor dem Markteintritt problemlos als realer Prototyp getestet werden kann.

Verfahren, mit deren Hilfe Dienstleistungskonzepte simuliert werden, sind z. B. visuelle Flussdiagramme (*FAST: Functional Analysis System Technique*), die Netzplantechnik oder ereignisorientierte Prozessketten. Diese Verfahren entstammen dem *Operations Research* und werden eingesetzt, um grundlegende Geschäftsprozesse zu modellieren. Bei diesen wird jede Aktivität (Verb-Nomen-Kombination, z. B. „Bestellung aufnehmen“) als ein Element dargestellt. Diese Elemente werden dann in einem Ablaufdiagramm mit anderen Aktivitäten zu gesamten Dienstleistungsprozessen verknüpft [24]. Neben der Visualisierung des Prozessablaufs ermöglichen diese Verfahren eine zeitliche Simulation. Mit Hilfe leistungsfähiger Software werden komplexe Prozesse mit vielen Schnittstellen und Entscheidungswegen simuliert und Durchlaufzeiten berechnet. Diese Verfahren sind hilfreich, um die Allokation der Dienstleistungskapazitäten vorzunehmen. Engpässe im Prozessablauf werden transparent und können behoben werden. Durch die Modellierung und Analyse der Prozesse werden häufig bessere Möglichkeiten der Dienstleistungserbringung gefunden [25]. So lässt sich etwa der Durchlauf von Kunden durch die Prozesse eines Fast-Food-Restaurants simulieren (Bestellung aufgeben, Bezahlvorgang, Warten und Warenempfang). Entsprechend der erwarteten Nachfrage ist daraufhin z. B. die Personal- und Ressourcenplanung zu optimieren.

Eine einfache Methode, um Dienstleistungsprozesse abzubilden, ist die so genannte Blueprinting-Methode. Mittels dieser wird eine „Blaupause” der Dienstleistung, eine so genannte *Service Performance Map* entworfen, die in Form graphischer Darstellung den Kontaktverlauf zwischen Anbieter und Nachfrager einer Dienstleistung wiedergibt. Eine Sichtbarkeitslinie – „*Line of Visibility*“ – trennt dabei die Prozesse, die für den Kunden sichtbar ablaufen, von denen, die im Hintergrund geschehen (z. B. Koordination der Mitarbeiter). Im Rahmen der Entwicklung marktfähiger Dienstleistungen ist ein Blueprint hilfreich, um ein erstes Konzept zu erstellen. Das Blueprinting-Verfahren eignet sich für Dienstleistungen, deren Prozesse in gewissen Grenzen standardisierbar sind, wie z. B. bei einer chemischen Reinigung oder einem Fast-Food-Restaurant. Ein Blueprint wird zumeist iterativ durch die verschiedenen Vorschläge der am Entwicklungsprozess beteiligten Parteien entwickelt [10].

Die Eigenschaften, welche eine Dienstleistung auszeichnen, tragen maßgeblich dazu bei, welches Verfahren zur Erstellung eines Prototypen sinnvoll anzuwenden ist. Im Folgenden wird eine Systematisierung möglicher Dienstleistungsprototypen anhand der Merkmale Kundenintegration und tatsächliche Realisierung vorgenommen (vgl. Abbildung 3) und aufgezeigt, bei welchen Dienstleistungseigenschaften welcher Prototyp einsetzbar ist.

Realisierung der Dienstleistung \ Kundenintegration	Mit Kunden	Ohne Kunden
Real	Prototyp 1 Tatsächliche Erstellung einer Nullserie mit ausgewählten Kunden	Prototyp 3 Tatsächliche Erstellung einer Nullserie ohne Kundenintegration
Simulation	Prototyp 2 Simulation von Dienstleistungen mit Unterstützung von ausgewählten Kunden	Prototyp 4 Simulation von Dienstleistungen ohne Kundenintegration

Abbildung 3: Formen von Dienstleistungsprototypen

Prototyp 1: Die reale Erstellung einer Dienstleistungs-Nullserie unter Einbezug ausgewählter Kunden ist aufwendig, dafür aber entsprechend aussagekräftig, um die Marktakzeptanz und Funktionalität der Dienstleistungskonzeption zu überprüfen. Die Erstellung einer realen Nullserie bezieht sich nicht nur auf die materiellen Leistungskomponenten. Dieser Prototyp ist ebenfalls bei Dienstleistungen mit hohem Immaterialitätsgrad einsetzbar. Ein Beispiel dafür ist die Aufzeichnung und Auswertung einer Probestaffel eines neuen Talkshow- oder Nachrichten-Konzepts. Die Einbeziehung von Kunden ist insbesondere dann notwendig, wenn die Dienstleistung einen hohen Anteil integrativer Prozesse aufweist, d. h. eine Vielzahl von Anbieter-Kunden-Schnittstellen existieren, die es zu optimieren gilt.

Prototyp 2: Dieser Typ ist zum einen durch die Integration von Kunden gekennzeichnet, zum anderen wird das Dienstleistungskonzept lediglich simuliert. Eine Simulation lässt sich bspw. durch eine detaillierte Beschreibung einer spezifischen Dienstleistungssituation bzw. spezifischer Dienstleistungsprozesse umsetzen. Die Kunden stellen sich dabei vor, dass sie die Dienstleistungssituation real erleben und bewerten diese anschließend kritisch. Hauptsächlich wird dieser Typ bei Dienstleistungen eingesetzt, die hochgradig individualisiert angeboten werden und hohe Anfangsinvestitionen erfordern. Damit lassen sich z. B. verschiedene Beratungskonzepte (Finanz- und Versicherungsangebote) auf ihre Akzeptanz hin testen.

Prototyp 3: Dieser Typ ist dadurch gekennzeichnet, dass eine Nullserie realisiert, aber auf Kundenintegration verzichtet wird. Insbesondere bei Dienstleistungen, die automatisiert erstellt werden, finden solche Prototypen Anwendung. So sind als Beispiel die Entwicklung und der Test eines neuen Fahrkartenautomaten oder einer Online-Banking-Software ohne Einbezug der potenziellen Kunden umsetzbar. Dieser Dienstleistungsprototyp beschränkt sich i. d. R. auf die Entwicklung der materiellen Komponenten und ist vergleichbar mit der klassischen Prototypenentwicklung der Industrie.

Prototyp 4: Dieser Prototyp bietet sich für Dienstleistungen an, die über einen hohen Anteil autonomer Prozesse verfügen. Da diese größtenteils standardisierbar sind, werden Modelle zur Abbildung der Prozesse eingesetzt. Eine Simulation erfolgt mittels Verfahren, wie Flussdiagrammen bzw. Prozessketten, und empfiehlt sich insbesondere für solche Dienstleistungen, die durch hohe Kapitalbindung im Anlagevermögen gekennzeichnet sind und eine dementsprechend sorgfältige Kapazitätsplanung verlangen). Ein derartiger Prototyp eignet sich z. B. für Dienstleistungsanbieter, wie Speditionen und Logistikunternehmen. Eine Simulation, d. h. fiktive Erstellung eines neuen Dienstleistungskonzepts ohne Einbezug von Kunden, ist hierbei eine kostengünstige Variante, um Informationen über die neue Dienstleistung zu erhalten. Allerdings ist eine Prognose über einen zukünftigen Markterfolg auf Grund der mangelnden Kundenintegration kaum möglich. Im Vordergrund steht der Test der Funktionsfähigkeit der neuen Leistung.

3 Methoden zur Bewertung in den Teilphasen der Entwicklung marktfähiger Dienstleistungen

3.1 Überblick der Bewertungsmethoden (Prototypenevaluation)

Liegen die Dienstleistungskonzepte als Prototypen vor, dann sind sie einem Bewertungsprozess zu unterziehen. Zur Evaluation von Prototypen lassen sich Assessment-Verfahren heranziehen, die eine Beurteilung der Qualität von Dienstleistungen vornehmen und Verbesserungsmöglichkeiten der Dienstleistungserstellung identifizieren. Es handelt sich dabei um Verfahren, die dem Bereich des Qualitätsmanagements für Dienstleistungen entstammen. Diese Bewertungsverfahren lassen sich zwei Gruppen zuordnen.

Die erste umfasst Methoden der Selbstbewertung (*Self-Assessment*), d. h. Verfahren, bei denen die Analyse aus einer Innenperspektive erfolgt. Die zweite hingegen umfasst Verfahren, bei denen eine Fremdbewertung vorgenommen wird (*Audits)*.

Die Vorteile eines *Self-Assessments* liegen in der direkten Integration der für die Dienstleistungserstellung zuständigen Mitarbeiter in den Bewertungsprozess. Somit wird die Akzeptanz der Dienstleistungsinnovation seitens der Mitarbeiter erhöht. Gleichzeitig führt das dienstleistungsbezogene Expertenwissen der Mitarbeiter dazu, dass diese umsetzungsrelevante Problembereiche des neuen Dienstleistungsangebotes frühzeitig erkennen. Nachteilig ist hingegen die Subjektivität und mögliche Kurzsichtigkeit in Bezug auf bestimmte kundenrelevante Probleme oder Mängel der neuen Dienstleistung [22]. Diese Nachteile sind durch eine

Fremdbewertung vermeidbar. Die Einbeziehung von Kunden oder externen Beratern (so genannte Assessoren) stellt eine objektive Beurteilung sicher.

Entsprechend der jeweiligen Teilphase der Markteinführung sind verschiedene Verfahren der Selbst- oder Fremdbewertung geeignet. Abbildung 4 gibt einen Überblick über die gängigsten Bewertungsverfahren.

Bewertungsform / Phase der Markteinführung	Selbstbewertung	Fremdbewertung
Voreinführungsphase	Checklisten Pugh-Methode	Kundenbefragungen
Markteinführungsphase	FMEA FRAP	Kontaktpunktanalysen Sequenzielle Ereignismethode Beschwerdeanalysen Expertenurteile
Nachprüfungsphase	Benchmarking Wirtschaftlichkeitsanalyse	Audits Zertifizierung

Abbildung 4: Analyseinstrumente zur Bewertung von Dienstleistungsprototypen

3.2 Methoden in der Voreinführungsphase

In der Voreinführungsphase wird die Basis für den Markterfolg gelegt. Der zentrale zu testende Aspekt ist – neben der Funktionsfähigkeit – die Marktakzeptanz der neuen Dienstleistung [26]. In der Voreinführungsphase werden häufig zunächst Verfahren der Selbstbewertung angewendet.

Eine geeignete Möglichkeit, Dienstleistungskonzepte bzw. -prototypen in der Voreinführungsphase zu bewerten, ist z. B. das Vorhandensein notwendiger Eigenschaften zu überprüfen und mittels Checklisten im Rahmen eines *Self-Assessments* zu evaluieren [22] (vgl. Abbildung 5).

- Welchen Kundennutzen soll die Dienstleistung schaffen?
- Hat sie Neuigkeitswert?
- Hat sie höhere Problemlösungsfähigkeit als bestehende Leistungen und Konkurrenzleistungen?
- Geht sie stärker auf die Kundenbedürfnisse ein?
- Verbessert oder erleichtert sie die Anwendbarkeit für den Kunden?
- Bietet sie einen Zusatznutzen?
- Welches sind die wichtigen Teileigenschaften der Dienstleistung – formuliert im Nutzen für den Kunden?
- Welches Image ist zu kreieren?
- Wie werden Moden und Trends berücksichtigt?
- Welche ästhetischen Qualitäten sind zu bedenken?
- Wie sieht das Preis-Leistungs-Verhältnis aus?
- Wie können ökologische Ansprüche Beachtung finden?
- Wie könnten die Zielgruppe, die Mitarbeiter und sonstige Betroffene auf diese Teileigenschaften reagieren?

Abbildung 5: Fragebogen zur Bewertung von Dienstleistungen [22]

Die so genannte *Pugh*-Methode – benannt nach ihrem geistigen Vater STUART PUGH – setzt ebenfalls an dem Vorhandensein verschiedener Teileigenschaften an [24]. Dieses Verfahren ist ein Punktbewertungsansatz, mittels dessen die Leistungsbestandteile alternativer Dienstleistungskonzepte verglichen werden. Diese werden dann als besser, gleich oder schlechter beurteilt. Zusätzlich werden Kostenaspekte der Leistungserbringung berücksichtigt. Die Alternative, die in der Summe über alle Beurteilungsaspekte am besten bewertet wird, gilt es daraufhin, entsprechend zu realisieren.

Neben den Verfahren der Selbstbewertung sind auch Verfahren der *Fremdbewertung* einzusetzen, um eine vollumfängliche Beurteilung vorzunehmen. Dazu bieten sich Befragungen potenzieller Kunden an, aber auch das Hinzuziehen von Sachverständigen oder Experten.

Externen Kundenbefragungen kommt dabei die größere Bedeutung zu. Hierbei gilt es, Urteile und Verbesserungsvorschläge potenzieller Kunden in der Voreinführungsphase einzuholen. Dies geschieht in Abhängigkeit von der Komplexität der Dienstleistung durch schriftliche oder mündliche – gegebenenfalls standardisierte – Befragungen.

Neben der direkten Befragung können Kundenurteile ebenfalls im Rahmen einer so genannten *Planungszelle* erhoben werden. Eine Planungszelle besteht aus ca. 25 Teilnehmern, die für eine bestimmte Zeitspanne an einem Problem arbeiten, z. B. einen Prozess neu zu organisieren. Moderatoren strukturieren das Problem und Experten liefern das notwendige Grundlagenwissen. Es ist darauf zu achten, dass verschiedene Kundentypen berücksichtigt werden, um möglichst valide Hinweise zu erhalten, wie das Dienstleistungskonzept zu modifizieren ist [27]. Der Kunde wird somit zum Unternehmensberater des Dienstleistungsanbieters, indem er Detailideen liefert und dabei behilflich ist, die Dienstleistungsprozesse zu optimieren.

3.3 Methoden in der Markteinführungsphase

Die Markteinführungsphase ist durch die erstmalige Prozesserstellung am Markt charakterisiert. Das Dienstleistungskonzept liegt nun real vor und es sind dementsprechende Bewertungsmethoden einzusetzen, um die neue Dienstleistung hinsichtlich der Qualität zu beurteilen.

Im Rahmen einer Selbstbewertung eignet sich zur Überwachung des Dienstleistungsprozesses die Fehler-Möglichkeiten-und-Einfluss-Analyse (*FMEA: Failure Mode and Effects Analysis*). Diese analysiert mögliche Fehlerursachen und deren Konsequenzen. Sinnvoll wird das Verfahren durch eine Frequenz-Relevanz-Analyse auftretender Probleme (*FRAP*) ergänzt. Auf Grund der Analyseergebnisse lässt sich eine Fehlerhierarchie bilden und die Dringlichkeit von Maßnahmen zur Fehlerbehebung bestimmen.

Insbesondere in der Markteinführungsphase ist es wichtig, kontinuierliche Fremdbewertungen vorzunehmen, da bei länger dauernden Dienstleistungsprozessen (z. B. Weiterbildungsprogramm) bereits während der Leistungserstellung qualitätsverbessernde Maßnahmen einzuleiten sind. Durch die Einrichtung eines *Feedback-Kanals* – z. B. im Rahmen eines Beschwerdemanagementsystems – lassen sich Informationsrückflüsse von Kunden gewinnen. In dem Fall, dass die Nullserie Mängel aufweist, empfiehlt es sich, Instrumente des Qualitätsmanagements wie die Sequenzielle-Ereignis-Methode oder andere Kontaktpunktanalysen einzusetzen, um Hinweise zur Konzeptverbesserung zu erhalten. Diese Verfahren liefern Informationen über besonders herausragende – sowohl positive als auch negative – Ereignisse bzw. Interaktionen mit dem Dienstleister [18].

Neben Kundenbefragungen ist eine Fremdbewertung auch durch Sachverständige durchführbar. *Expertenbeobachtungen* oder *Audits* durch unabhängige Dritte bieten gegenüber Kundenurteilen den Vorteil, dass die Bewertungsergebnisse objektiv und neutral sind sowie i. d. R. direkte Implikationen zur Konzeptverbesserung enthalten. Gleichzeitig empfiehlt es sich, die bei der Markteinführung involvierten Mitarbeiter nach realisierten Schwachstellen des Konzepts und möglichen Verbesserungspotenzialen zu befragen.

3.4 Methoden in der Nachprüfungsphase

In der Nachprüfungsphase ist das erste Dienstleistungsergebnis realisiert. Eine expost Bewertung entspricht einem *Markttest unter realen Bedingungen*. Im Gegensatz zum marktbezogenen Leistungstest prüft der Anbieter im Markttest idealtypisch auch die Wirkung der übrigen Marketingmix-Elemente. Dementsprechend ist ein Markttest mit hohem Aufwand und Kosten verbunden [26].

Leistungen, die sich durch starke Kundenintegration auszeichnen, werden häufig auch in der Nachprüfungsphase mittels *Kontaktpunktanalysen* untersucht. Im

Rahmen einer schriftlichen oder mündlichen Befragung schildern Kunden ihre Wahrnehmung des Dienstleistungsprozesses (z. B. nach Absolvierung eines Kurses im Rahmen der Weiterbildung oder nach einem Restaurantbesuch).

Dabei sind die Kundeninformationen in der Nachprüfungsphase zu verdichten bzw. zu quantifizieren, indem z. B. eine FMEA oder FRAP sowie Verfahren zur Zufriedenheitsmessung durchgeführt werden. Ziel dieser Analysen in der Nachprüfungsphase ist es, relevante „Kinderkrankheiten" der erstmaligen Dienstleistungserstellung aufzudecken und auszubessern. Nach Berücksichtigung dieser externen Informationen ist es oftmals sinnvoll, durch ein Audit, d. h. Bewertung des Konzepts durch eine unabhängige Stelle, auch eine Zertifizierung anzustreben. Die hierbei erhaltenen Qualitätszertifikate lassen sich im Rahmen der Kommunikationspolitik einsetzen, um somit das wahrgenommene Kaufrisiko von Neukunden zu reduzieren.

Eine Möglichkeit der Selbstbeurteilung stellt das *Benchmarking* dar. Hierbei wird durch einen Vergleich mit anderen Dienstleistern versucht, Schwachstellen und Verbesserungsmöglichkeiten im eigenen Konzept aufzudecken. Als Vergleichspartner werden im Allgemeinen Unternehmen verwendet, die besonders erfolgreich sind. Dabei ist es nicht erheblich, welcher Branche der Vergleichspartner angehört.

Im Rahmen eines *internen Controlling* sind schließlich Wirtschaftlichkeitsanalysen durchzuführen, um sicherzustellen, dass die Leistungserstellung auch zu den veranschlagten Kosten erfolgt. Falls in der Nachprüfungsphase bspw. festgestellt wird, dass Prozesse zu überhöhten Kosten bereitgestellt werden, ist eine Neuorganisation der Prozesse (*Process-Reengineering*) in Betracht zu ziehen, um Kosten zu senken.

4 Abschließende Würdigung

Insgesamt ist deutlich geworden, dass es erfolgsrelevant ist, Innovationen nicht dem Zufall zu überlassen, sondern im Rahmen eines strategischen Prozesses quasi zu generieren. Hierzu ist in sämtlichen Phasen der Dienstleistungsentwicklung die Kundensicht in den Mittelpunkt des Innovationsprozesses zu stellen. Darauf aufbauend sind – auf Basis der vorgestellten Verfahren – kundenorientierte Prozesse und Strukturen zu entwickeln und abzustimmen, die dafür sorgen, dass eine exzellente Dienstleistung entsteht. Dabei ist im Vorfeld der Markteinführung von Dienstleistungen eine Reihe von Besonderheiten zu beachten. Im Rahmen der Prototypenentwicklung gilt es, neben der Potenzial- auch die Prozessdimension zu berücksichtigen, um dem Prozesscharakter von Dienstleistungen gerecht zu werden.

Eine weitere Herausforderung bei der Entwicklung neuer Dienstleistungen ergibt sich aus der Notwendigkeit zur Integration des externen Faktors in den Dienstleistungsprozess und die damit verbundenen Einschränkungen bezüglich der Standardisierung eines Dienstleistungskonzepts. Insbesondere bei Dienstleistungen mit hohem Integrationsgrad gestaltet sich die Erstellung eines Prototyps im herkömmlichen Sinne als nahezu unmöglich. Vielmehr sind hier innovative Methoden der Prototypentwicklung, wie z. B. Dienstleistungssimulationen, einzusetzen.

Generell lässt sich durch die Entwicklung eines Prototyps sicherstellen, dass Leistungen kunden- bzw. marktorientiert gestaltet werden. Ein neuer Dienstleistungsentwurf wird langfristig nur dann am Markt erfolgreich sein, wenn gewährleistet werden kann, dass ein bestimmter Qualitätsstandard gleich bleibend erreicht bzw. sukzessive erhöht wird. Aus diesem Grund ist es wichtig, Verfahren des Qualitätsmanagements bereits im Innovationsprozess anzuwenden, um die Qualität der Dienstleistung sicherzustellen.

Es ist allerdings festzustellen, dass viele der vorgestellten Verfahren – obwohl sie relativ günstig verfügbar sind – noch zu selten von Unternehmen genutzt werden. Insbesondere beim Einsatz von Methoden zum Entwurf von kundennahen Dienstleistungsprozessen ist eine Implementierungslücke in der betrieblichen Praxis zu erkennen. Daher wird es zukünftig notwendig sein, dass bei der Entwicklung neuer Dienstleistungen verstärkt auf die Methoden der Prototypenentwicklung und die hier vorgestellten Bewertungsverfahren zurückgegriffen wird.

Literaturverzeichnis

[1] Edvardson, B.: Quality in New Service Development. Key Concepts and a Frame of Reference, in: International Journal of Production Economics, 52(1997)1/2, S. 31-46.

[2] Zanner, S.: Management inkrementaler Dienstleistungsinnovation. Gestaltungsempfehlungen für Financial E-Services, Wiesbaden 2002.

[3] Stauss, B.; Bruhn, M.: Dienstleistungsinnovationen – Eine Einführung in den Sammelband, in: Bruhn, M.; Stauss, B. (Hrsg.): Forum Dienstleistungsmanagement – Dienstleistungsinnovationen, Wiesbaden 2004, S. 3-25.

[4] Rathmell, J.: Marketing in the Service Sector, Cambridge 1974.

[5] Scheuing, E. E.; Johnson, E. M.: A Proposed Model for New Service Development, in: Journal of Services Marketing, 3(1989)2, S. 25-34.

[6] Bullinger, H.-J.; Meiren, T.: Service Engineering – Entwicklung und Gestaltung von Dienstleistungen, in: Bruhn, M.; Meffert, H. (Hrsg.): Hand-

buch Dienstleistungsmanagement, 2. Auflage, Wiesbaden 2001, S. 149-175.

[7] Meiren, T.; Liestmann, V.: Service Engineering in der Praxis, Stuttgart 2002.

[8] Meffert, H.; Bruhn, M.: Dienstleistungsmarketing. Grundlagen – Konzepte – Methoden, 4. Auflage, Wiesbaden 2003.

[9] Edgett, S.: The Traits of Successful New Service Development, in: Journal of Services Marketing, 8(1994)3, S. 40-49.

[10] Zeithaml, V. A.; Bitner, M. J.: Services Marketing: Integrating Customer Focus across the Firm, 2. Auflage, Boston 2000.

[11] Erichson, B.: Prüfung von Produktideen und -konzepten, in: Albers, S.; Herrmann, A. (Hrsg,): Handbuch Produktmanagement. Strategieentwicklung – Produktplanung – Organisation – Kontrolle, Wiesbaden 2000, S. 385-410.

[12] Freiling, J.; Weißenfels, S.: Innovationsorientierte industrielle Dienstleistungsnetzwerke: Aufbau, Steuerung und Wettbewerbsvorteilspotenziale, in: Bruhn, M.; Stauss, B. (Hrsg.): Dienstleistungsnetzwerke. Dienstleistungsmanagement Jahrbuch 2003, Wiesbaden 2003, S. 467-489.

[13] Fließ, S.; Nonnenmacher, D.; Schmidt, H.: ServiceBlueprint als Methode zur Gestaltung und Implementierung von innovativen Dienstleistungsprozessen, in: Bruhn, M.; Stauss, B. (Hrsg.): Forum Dienstleistungsmanagement – Dienstleistungsinnovationen, Wiesbaden 2004, S. 173-20.

[14] Nägele, R.; Vossen, I.: Erfolgsfaktor kundenorientiertes Service Engineering – Fallstudienergebnisse zum Tertiarisiserungsprozess und zur Integration des Kunden in die Dienstleistungsentwicklung, in: Bullinger, H.-J.; Scheer, A.-W. (Hrsg.): Service Engineering. Entwicklung und Gestaltung innovativer Dienstleistungen, Berlin et al. 2003, S. 531-561.

[15] Benkenstein, M.: Besonderheiten des Innovationsmanagements in Dienstleistungsunternehmen, in: Bruhn, M.; Meffert, H. (Hrsg.): Handbuch Dienstleistungsmanagement, 2. Auflage, Wiesbaden 2001, S. 687-702.

[16] Schmalen, H.; Xander, H.: Produkteinführung und Diffusion, in: Albers, S.; Herrmann, A. (Hrsg.): Handbuch Produktmanagement. Strategieentwicklung – Produktplanung – Organisation – Kontrolle, Wiesbaden 2000, S. 411-440.

[17] Guiltinan, J. P.: Launch Strategy, Launch Tactics, and Demand Outcomes, in: Journal of Product Innovation Management, 16(1999)6, S. 509-529.

[18] Bruhn, M.: Qualitätsmanagement für Dienstleistungen, 5. Auflage, Berlin et al. 2004.

[19] Benkenstein, M.; Steiner, S.: Formen von Dienstleistungsinnovationen, in: Bruhn, M.; Stauss, B. (Hrsg.): Forum Dienstleistungsmanagement – Dienstleistungsinnovationen, Wiesbaden 2004, S. 26-43.

[20] Büttgen, M.: Kundengerechte Gestaltung von Dienstleistungsprozessen, in: Bruhn, M.; Stauss, B. (Hrsg.): Dienstleistungsmanagement. Jahrbuch 2001. Interaktionen im Dienstleistungsbereich, Wiesbaden 2001, S. 143-166.

[21] Scheer, A.-W.; Herrman, K.; Klein, R.: Modellgestütztes Service Engineering – Entwicklung und Design neuer Dienstleistungen, in: Bruhn, M.; Stauss, B. (Hrsg.): Forum Dienstleistungsmanagement – Dienstleistungsinnovationen, Wiesbaden 2004, S. 97-125.

[22] Stein, S.; Meiren, T.: Assessment-Verfahren zur Entwicklung von Dienstleistungen, in: Information Management & Consulting, Sonderausgabe 13(1998), S. 40-45.

[23] Backhaus, K.; Brzoska, L.; Theile, G.: Produktmanagement für Dienstleistungsunternehmen, in: Böhler, H. (Hrsg.): Marketing-Management und Unternehmensführung, Festschrift für Professor Dr. Richard Köhler zum 65. Geburtstag, Stuttgart 2002, S. 637-676.

[24] Ramaswamy, R.: Design and Management of Service Processes, Reading, Massachusetts 1996.

[25] Lovelock, C. H.: Services Marketing, 5. Auflage, New Jersey 2003.

[26] Hansen, U.; Hennig-Thurau, T.; Schrader, U.: Produktpolitik, 3. Auflage, Stuttgart 2001.

[27] Botschen, G; Botschen, M.: Kundenorientierte Neuproduktentwicklung von Dienstleistungen, in: Hinterhuber, H. H.; Matzler, K. (Hrsg.): Kundenorientierte Unternehmensführung, 2. Auflage, Wiesbaden 2000, S. 359-376.

Marketing für innovative Dienstleistungen

Heribert Meffert
Marketing Centrum Münster, Universität Münster

Inhalt

1 Innovative Dienstleistungen als Herausforderung an die marktorientierte Unternehmensführung

Die Bedeutung des tertiären Sektors für die Konsolidierung und Entwicklung des Wirtschaftsstandorts Deutschland hat sich in den letzten Jahren zu einem zentralen Diskussionspunkt in Wissenschaft und Praxis entwickelt. Beleg dafür sind sowohl die zahlreichen Veröffentlichungen zum Thema „Dienstleistungen“ seit Mitte der 80er Jahre als auch die amtlichen Statistiken, welche die dominante Stellung des Dienstleistungssektors in Deutschland aufzeigen. So ist der Anteil der im Dienstleistungsbereich Beschäftigten an der Gesamtzahl der Erwerbstätigen von unter 50 % in den 70er Jahren auf gegenwärtig 70 % gestiegen, und auch der Beitrag des tertiären Sektors an der gesamten Bruttowertschöpfung weist mit 70 % die gleiche Größenordnung auf [1].

Die skizzierte Entwicklung ist zum einen auf die durch den gestiegenen Wettbewerbsdruck induzierte Zunahme von Outsourcing-Prozessen der verarbeitenden Industrie zurückzuführen [2]. Die notwendige Fokussierung auf unternehmensspezifische Kernkompetenzen führte in der jüngeren Vergangenheit zu einer Auslagerung von Unternehmensprozessen (z. B. Marktforschung, Beratung), die von externen Dienstleistern häufig schneller und kostengünstiger erbracht werden können. Auf der anderen Seite ist ein konsumenteninduzierter Nachfrageanstieg nach Serviceleistungen festzustellen, der auf vielfältige gesellschaftliche und demografische Veränderungen sowie den Wandel im Konsumentenverhalten zurückzuführen ist.

Vor dem Hintergrund eines in den letzten Jahren auch im Dienstleistungssektor zunehmenden Wettbewerbs stehen einheimische Dienstleistungsunternehmen jedoch vor neuen Herausforderungen. Die Problematik einer in den letzten Jahren defizitären Dienstleistungsbilanz wird verstärkt durch dynamische Entwicklungen im Informations- und Kommunikationssektor sowie durch Deregulierungsschritte, die zur Standortunabhängigkeit vieler Dienstleister und damit zum Markteintritt ausländischer Wettbewerber geführt haben. In der Konsequenz sehen sich nationale Dienstleistungsanbieter zunehmend vor die Aufgabe gestellt, den Aufbau und die Sicherung komparativer Konkurrenzvorteile durch die Erbringung innovativer und kundenindividueller Dienstleistungen mittels effizienter Prozesse zu gewährleisten. Analog zu Produktinnovationen kommt dabei neben den Phasen der Planung und Entwicklung in besonderem Maße der Markteinführung und -bearbeitung eine zentrale und in der Praxis häufig unterschätzte Bedeutung hinsichtlich des Markterfolgs innovativer Dienstleistungen zu [3][4].

Die Bedeutung von Innovationen für die wirtschaftliche Entwicklung eines Lands ist unumstritten. In hoch entwickelten Volkswirtschaften stellen Innovationen gar den zentralen Treiber des Wirtschaftswachstums dar, da auf Grund der Diffusion des technologischen Know-hows Entwicklungs- und Schwellenländer wegen des niedrigeren Lohnniveaus kostenbezogene Vorteile besitzen [5]. Trotz der Relevanz auch im Dienstleistungssektor wurde die Bedeutung von Innovationen als entscheidende Voraussetzung für Produktivitätsfortschritte in der Vergangenheit fast ausschließlich für den Bereich der Sachgüter untersucht. Erst in jüngster Zeit widmet sich die betriebswirtschaftliche Forschung verstärkt dem Thema Dienstleistungsinnovation [6].

2 Grundlagen des Marketing für innovative Dienstleistungen

2.1 Marketingrelevante Typologisierung von Dienstleistungsinnovationen

Aufbauend auf dem konstitutiven Element der Neuheit lassen sich verschiedene Dimensionen zur Abgrenzung einer Dienstleistungsinnovation ableiten [7]. Die Objektdimension unterscheidet als Ansatzpunkte innovativer Dienstleistungen in Potenzial-, Prozess- und Ergebnisinnovationen [8]. Während der Fokus von Ergebnisinnovationen auf dem Absatzmarkt liegt und der Generierung akquisitorischer Potenziale dient, verfolgen Prozessinnovationen das Ziel der Effizienzsteigerung durch die Optimierung interner Geschäftsprozesse. Auch Potenzialinnovationen setzen an internen Faktoren der Dienstleistungserstellung an, welche die Veränderung personeller oder organisatorischer Rahmenbedingungen betreffen. Da auf Grund der Integration des externen Faktors dieser sowohl interne als auch externe Innovationen wahrnimmt, müssen Dienstleistungsinnovationen stets ganzheitlich vermarktet werden, so dass eine Unterscheidung in Potenzial-, Prozess- und Ergebnisinnovationen unter Marketinggesichtspunkten wenig zweckmäßig ist.

Die Zeitdimension bezeichnet den Zeitraum, in dem eine Innovation nach der Markteinführung als neu gilt. Diesbezüglich wurde festgestellt, dass sich durch eine Kontraktion der Lebenszyklen der „Neuigkeits"-Zeitraum vieler Produktinnovationen verkürzt hat. Für innovative Dienstleistungen hat diese These jedoch nur begrenzte Gültigkeit, da diese vom Kunden zunächst individuell erfahren werden müssen. Zwar bietet eine Systematisierung anhand des Faktors Zeit wenig Ansatzpunkte für die Ausgestaltung der Marketinginstrumente, jedoch hat diese Besonderheit Auswirkungen auf das strategische Marketing im Rahmen der Betrachtung von Adoptions- und Diffusionsprozessen.

Der Intensitätsgrad fragt nach dem Neuigkeitsgehalt einer Innovation und führt zu einer Unterscheidung in Basisinnovationen mit einem relativ hohen Innovationsgrad und Verbesserungsinnovationen, die sich durch entsprechend geringere Modifikationen oder Variationen auszeichnen. Ist diese Unterscheidung im Sachgüterbereich noch hinreichend trennscharf, muss dies für Dienstleistungen angezweifelt werden, da diese in der Regel weniger klar definiert sind als Sachgüter. Hinzu kommt, dass viele Dienstleistungsinnovationen auf dem bestehenden Leistungsangebot aufbauen, während „radikale" Innovationen eher selten auftreten.

Die Subjektdimension definiert eine Innovation im Hinblick auf ihren Bezugspunkt. Liegt aus Kundensicht eine Leistung erstmalig am Markt vor, so spricht man von Marktneuheiten oder absoluten Innovationen. Führt dagegen ein Dienstleister eine Innovation erstmalig ein, unabhängig davon, ob sie zuvor bereits von der Konkurrenz realisiert wurde, so liegt eine Unternehmens- bzw. Betriebsinnovation oder relative Innovation vor. Aus theoretischer Perspektive ist die Relevanz dieser Differenzierung für das Marketing gegeben, da eine für den Kunden gänzlich neue Dienstleistung eine andere Marktbearbeitung erfordert als eine reine Unternehmensinnovation.

Im Hinblick auf den Auslöser der Dienstleistungsinnovation kann letztlich unterschieden werden in „technology-push"-Innovationen, deren Initiative auf Grund neuer technologischer Fähigkeiten vom betreffenden Unternehmen ausgeht und „market-pull"-Innovationen, die ihren Ursprung in veränderten Kundenbedürfnissen finden. In der Regel weist die erste Gruppe einen stärkeren Neuigkeitsgrad auf, während der zweiten Gruppe höhere Erfolgschancen mit gleichzeitig geringeren Ergebnisbeiträgen zugesprochen werden [9]. Wie im Falle der Subjektdimension lässt insbesondere die explizite Berücksichtigung des Nachfragers die Differenzierung in push- und pull-getriebene Dienstleistungsinnovationen aus Sicht des Marketing relevant erscheinen. Die Verknüpfung beider Dimensionen ergibt die in Abbildung 1 dargestellte Typologisierung von Dienstleistungsinnovationen, die den Ausgangspunkt für eine differenzierte Marktbearbeitung bildet.

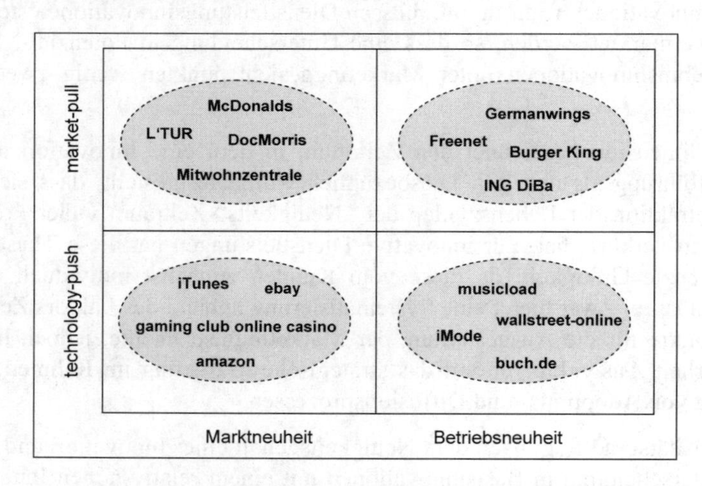

Abbildung 1: Marketingrelevante Typologisierung innovativer Dienstleistungen

2.2 Dienstleistungsspezifische Besonderheiten des Innovationsmarketing

Einen Ansatzpunkt für die Abgrenzung innovativer Dienstleistungen gegenüber Innovationen im Sachgüterbereich bilden die generellen Besonderheiten beim Absatz von Dienstleistungen, die auf die Immaterialität von Dienstleistungen, die Notwendigkeit der Leistungsfähigkeit des Dienstleistungsanbieters sowie die Integration des externen Faktors zurückzuführen sind [10]. Zwar gehen in die Dienstleistungserstellung neben immateriellen auch materielle Vorleistungen ein, entscheidend ist jedoch die Komponente noch nicht realisierter menschlicher bzw. automatisierter Potenziale, die aus Kundensicht sinnlich nicht wahrnehmbar sind und demnach immateriellen Status besitzen. Neben der Immaterialität stellt die Leistungsfähigkeit des Anbieters eine Besonderheit von Dienstleistungen dar. Die Einbeziehung des Kunden in den Dienstleistungserstellungsprozess als dritte Besonderheit verdeutlicht die Abhängigkeit der Dienstleistungsqualität von einer externen, außerhalb des Verfügungsbereichs des Dienstleisters stehenden Größe.

Aufbauend auf diesen Charakteristika können aus theoretischer Perspektive marketingrelevante Besonderheiten von Dienstleistungsinnovationen ausgemacht werden. So erschweren die vielfältigen Leistungspotenziale und die Immaterialität oftmals die konkrete Abgrenzung einer Dienstleistungsinnovation. Auf Grund der beschränkten Standardisierbarkeit unterliegen Dienstleistungen per se einem evolutorischen Anpassungsprozess, der dem Nachfrager die Wahrnehmung des Übergangs zu einer echten Innovation häufig erschwert.

Bedingt durch den immateriellen Charakter können Dienstleistungen oftmals nicht mit Schutzrechten oder Patenten versehen werden. Die beschränkte Möglichkeit zum Aufbau rechtlicher Markteintrittsbarrieren führt dazu, dass Dienstleistungsinnovationen einer erhöhten Imitationsgefahr durch Wettbewerber ausgesetzt sind, der es durch adäquate Marketingmaßnahmen zu begegnen gilt.

Die Integration des externen Faktors hat zur Folge, dass der Kunde im Unterschied zu Produktinnovationen nicht nur mit dem Ergebnis der Dienstleistungsinnovation, sondern auch mit möglichen Innovationen im internen Prozess- bzw. Potenzialbereich in Kontakt tritt, die somit ebenfalls die Qualitätswahrnehmung beeinflussen. Da sich durch die zusätzliche Wahrnehmung interner Dimensionen sowohl Innovationspotenziale als auch -risiken ergeben, bedürfen diese Aspekte einer verstärkten Markt- und Kundenorientierung.

Neben den theoretisch abgeleiteten Charakteristika wurden in zahlreichen empirischen Untersuchungen die Besonderheiten innovativer Dienstleistungen eruiert [11]. ATUAHENE-GIMA identifiziert außer der leichteren Imitierbarkeit von Dienstleistungsinnovationen die stärkere Bedeutung einer „human relations"-Strategie sowie die stark eingeschränkten Möglichkeiten zur Durchführung von Markttests im Vorfeld der Markteinführung [12]. BROWNER und KLEINKNECHT charakterisieren Innovationen im Dienstleistungsbereich durch die geringere Bedeutung von

F&E-Tätigkeiten und einen höheren Fixkostenanteil durch verstärkte Patent- und Lizenzinvestitionen [13]. In weiteren Studien werden die geringere Technologieorientierung, die Bedeutung der Mitarbeiterqualifikation sowie die niedrigen Innovationsinvestitionen als dienstleistungsspezifisch herausgestellt [14][15][16].

Es kann festgehalten werden, dass sich aus theoretischer und praktischer Perspektive Besonderheiten innovativer Dienstleistungen ergeben, die jeweils ausgewählte Problembereiche des Marketing betreffen. Eine reine Transformation des Innovationsmarketing auf Dienstleistungsinnovationen wird somit den Spezifika innovativer Dienstleistungen nicht vollständig gerecht. Aus diesem Grund werden den Ausführungen zum strategischen und operativen Marketing fallspezifisch die aufgezeigten Besonderheiten zu Grunde gelegt.

3 Strategisches Marketing für innovative Dienstleistungen

3.1 Zielsetzungsgerechte Positionierung

Die Voraussetzungen für erfolgreiche Dienstleistungsinnovationen werden in der Entwicklungsphase durch interne Ideengenerierungs-, Prüf- und Selektionsprozesse gelegt. Letztlich hängt jedoch der Erfolg einer Innovation davon ab, ob es gelingt, eine klar definierte Leistung in einem abgegrenzten Markt durchzusetzen. Aufbauend auf den mit einer innovativen Dienstleistung verfolgten Zielen ist dabei zunächst eine kunden- und wettbewerbsorientierte Positionierung der Dienstleistung am Markt vorzunehmen.

Ohne zielorientierte Ausrichtung ihrer Aktivitäten läuft die marktorientierte Unternehmensführung Gefahr, zu einer reaktiven Anpassung an sich wandelnde Umfeldbedingungen im Sinne eines „muddling through" zu verkümmern. Dienstleistungsinnovationen müssen dabei nicht zwangsläufig mit kurz- oder mittelfristigen Umsatz- oder Renditezielen verbunden sein. Vielmehr liegt das Hauptziel von Innovationen im Aufbau langfristiger Erfolgspotenziale und damit in der Sicherung und Erhaltung der Wettbewerbsfähigkeit. Analog zu einer Erhebung von COOPER/KLEINSCHMIDT im Konsumgüterbereich können im Dienstleistungssektor drei übergeordnete Zieldimensionen identifiziert werden: „Financial Performance" (Umsatz, Gewinn etc.), „Market impact" (Marktanteile) und „Opportunity window" (Erschließung neuer Märkte) [3]. Auf Grund des hohen Interaktionsgrads mit dem Kunden sind zusätzlich mitarbeitergerichtete Kriterien (Motivation, Produktivität) im Rahmen der Zieldefinition für Dienstleistungsinnovationen relevant.

Sind die mit der Dienstleistungsinnovation verfolgten Zielsetzungen definiert, besteht die Aufgabe des Unternehmens darin, diese zielsetzungsgerecht zu positionieren, um sie positiv von Wettbewerbsangeboten abzugrenzen. Neben der Positionierung von Kunden bzw. Kundengruppen hinsichtlich ihres Anforderungsprofils werden in dem Raum Konkurrenzangebote eingeordnet, um auf dieser Basis potenzialträchtige Positionierungslücken aufzudecken. Vor dem Hintergrund der hohen Wettbewerbsintensität und den Besonderheiten innovativer Dienstleistungen scheint diese Vorgehensweise jedoch nur beschränkt Erfolg versprechend [17]. So führt die zunehmende Informationsdiffusion dazu, dass die Wettbewerber ähnliche Schlussfolgerungen bezüglich der Ausrichtung ihrer Marketingaktivitäten ziehen, was einen Trend zur Homogenisierung des Leistungsangebots mit sich bringt.

Zielsetzung einer aktiven Positionierung ist es, bestehende, für den Kunden jedoch unbewusste, d. h. latente, Bedürfnisse zu erkennen und auf dieser Basis innovative Problemlösungen zu entwickeln. Ausgehend von der Unterscheidung in markt- bzw. technologiegetriebene Dienstleistungsinnovationen stehen dabei zwei Ansatzpunkte zur Verfügung. „Market-pull"-Innovationen zeichnen sich durch eine Outside-In-Orientierung aus, d. h. nachdem die Positionierung im Eigenschaftsraum durch die Analyse der Nachfragerbedürfnisse weitgehend definiert ist, liegt der Fokus auf der bedarfsgerechten Entwicklung der Dienstleistung. Werden Dienstleistungsinnovationen auf Basis unternehmensspezifischer Kernkompetenzen kreiert (Inside-Out-Orientierung), so liegt die Aufgabe des strategischen Marketing in der Identifikation von Kunden(-gruppen) mit latent vorhandenen Bedürfnissen.

Ungeachtet der strategischen Notwendigkeit stellt die Neupositionierung den Dienstleistungsanbieter vor spezifische Herausforderungen. Die Immaterialität führt zu einer Standardisierungsproblematik, die eine eindeutige Positionierung in der Praxis erschwert. Aus der Integration des externen Faktors resultiert eine Heterogenität der erstellten Dienstleistung, so dass die Vergleichbarkeit mit der Konkurrenz oftmals nicht gewährleistet werden kann. Verstärkt wird diese Problematik durch den Prozesscharakter, der eine Abgrenzung anhand vieler kaufverhaltensrelevanter Dimensionen erforderlich macht. Da die Nachfrage nach Dienstleistungen relativ stark vom gesellschaftlichen Umfeld bestimmt wird und sich kaufverhaltensrelevante Faktoren dementsprechend rasch wandeln, erfordert eine innovative Positionierung Kreativität, Individualität und strategische Weitsicht.

3.2 Spezifikation des Geschäftsmodells

Neben einer zielgruppen- und wettbewerbsgerichteten Positionierung entscheidet die Art und Weise des Geschäftsmodells über Erfolg oder Misserfolg einer innovativen Dienstleistung. Als komplexer Planungsprozess zur Etablierung einer Dienstleistung umfasst die Definition eines Geschäftsmodells die Spezifizierung der Kunden und Wettbewerber, die Festlegung des Angebots sowie die Ausgestaltung des Distributions- und Erlösprogramms. Bei genauerer Betrachtung lassen sich die vielfältigen Entscheidungen auf die drei Dimensionen Nutzenstiftung, Erlösmodell und Architektur zurückführen, die im Folgenden am Beispiel innovativer E-Business-Dienstleistungen spezifiziert werden sollen [18].

Die Frage der Nutzenstiftung als Ausgangspunkt des Marketing ist den Dimensionen Erlösmodell und Architektur gedanklich vorgelagert. Ein überlegener Nutzen kann entweder auf einem höheren Leistungsnutzen im Sinne von schneller, besser oder individueller oder bei gleichem Nutzen auf einem geringeren Leistungsentgelt beruhen. So bietet das us-amerikanische Internet-Auktionshaus ebay.com seinen Kunden auf Basis einer neuen Technologie und damit verbundenen geringeren Transaktionskosten einen Nutzen, der in dieser Form im Vor-Internet-Zeitalter nicht existierte. Während den Zeitvorteilen in der Informationsphase häufig noch Barrieren in der Auslieferung materieller Güter entgegenstehen, ist das Internet für das Angebot „reiner" Dienstleistungen (z. B. Buchung von Reisen, Abschluss von Versicherungen etc.) auf Grund seiner Spezifika prädestiniert.

Ist der Ausgangspunkt eines innovativen E-Business-Geschäftsmodells unternehmensintern begründet, so ist dies häufig auf Überlegungen im Bereich der Erlösgestaltung zurückzuführen. Wurde die Idee der Transformation variabler in fixe Erlöse bereits vor einigen Jahrzehnten durch die Idee der Buchclubs verwirklicht, so gewinnt sie gegenwärtig durch innovative Geschäftsformen im Internet eine neue Dimension. Als Beispiel technologiegetriebener Unternehmensneuheiten sei auf die zahlreichen Application Service Provider verwiesen, die ihren Kunden neben dem Software-Kauf die Möglichkeit einer zeitlich begrenzten Nutzung gegen ein entsprechendes Entgelt bieten. Obgleich die Gestaltung der Architektur in der Regel dem Nutzen- oder Erlösgedanken nachgelagert ist, können interne Anstöße für eine Dienstleistungsinnovation auch in Entscheidungen über die Leistungs- und Informationsströme begründet sein. Eine innovative Business-to-Business-Architektur hat die Deutsche Post mit der Online-Solution „Mailing Factory" realisiert: Als Komplettlösung für die professionelle Durchführung adressierter Werbesendungen integriert die Plattform die Angebote angeschlossener Dienstleister und erleichtert die für die Mailingerstellung notwendigen Arbeitsschritte der Wertschöpfungskette von der Konzeption und Gestaltung bis zu Produktion und Versand. Während es vielen etablierten Unternehmen (z. B. Kaufhof, Schlecker, Otto) gelingt, ihr bestehendes Leistungsangebot durch die Nutzung des Internet als neuen Absatzkanal zu erweitern, sind langfristig erfolgreiche Beispiele „radikaler" Innovationen im Bereich der Architektur jedoch eher selten zu finden.

3.3 Analyse des Marktpotenzials

Hohe Flopraten auf der einen Seite und gestiegene Entwicklungskosten auf der anderen Seite führen zu einem Risiko im Rahmen der Markteinführung, welches eine detaillierte Analyse der Marktchancen erfordert. Für die Erhebung der Konsumentenakzeptanz kann jedoch nur in beschränktem Rahmen auf die für Produktinnovationen bekannten Testverfahren zurückgegriffen werden, da neben den bekannten Risiken dienstleistungsspezifische Besonderheiten zu beachten sind. So sind die den experimentellen Verfahren zuzuordnenden Produkttest nicht ohne weiteres auf Dienstleistungsinnovationen anwendbar, da die Integration des Kunden eine aktivere und intensivere Beteiligung erfordert. Damit verbunden ist ein höheres wahrgenommenes Risiko, insbesondere bei Dienstleistungen, die physische Änderungen am Kunden vornehmen (z. B. neuartige Operationsverfahren). Im Rahmen des Vorfeld-Marketing kommt hier der Kommunikationspolitik die Aufgabe zu, bestehende wahrgenommene Risiken durch die Signalisierung von Sicherheit und Kompetenz zu reduzieren.

Höhere Relevanz zur Abschätzung der Marktwirkung von Dienstleistungsinnovationen erfahren die so genannten explorativen Verfahren. Im Rahmen von Expertengesprächen wird versucht, Tendenzaussagen über die Erfolgspotenziale zu gewinnen, auch wenn die leichtere Imitierbarkeit von Dienstleistungen eine langfristig reliable Prognose von Absatzpotenzial und Marktanteil oftmals unmöglich macht. Eine weitere Methode zur Analyse der Konsumentenakzeptanz stellen Gruppendiskussionen mit ausgewählten Zielpersonen oder, im Falle investiver Dienstleistungen, Key-Accounts dar. Werden mittels Kaufanreizskalen die Nutzungsbereitschaften eruiert, können bei hinreichender Vergleichbarkeit Schlüsse auf die Akzeptanz der Dienstleistung am Markt gezogen werden. Ein empirischer Akzeptanztest einer Innovation kann durch die Simulation von Kaufentscheidungen mittels der Conjoint-Analyse durchgeführt werden. Aus innovativen Eigenschaftskombinationen und der Analyse der Konsumentenreaktion lassen sich Hinweise auf eventuelle Anpassungsmaßnahmen gewinnen. Darauf aufbauend bieten sich Markttests an, um Misserfolgen bei der Markteinführung vorzubeugen [19].

Oftmals besteht aus Konsumentensicht zunächst kein unmittelbarer Anreiz der Inanspruchnahme einer Innovation, da die bestehenden Vorteile nicht hinreichend bekannt sind. Zusätzlich herrscht generelle Skepsis gegenüber Neuentwicklungen, weil die Angebotsvielfalt die Aufnahmefähigkeit der Kunden überstrapaziert. An der Überwindung dieser Barrieren setzen Analysen an, die die Entscheidungsprozesse hinsichtlich der Übernahme oder Ablehnung einer Innovation (Adoption) sowie die Verbreitung der Innovation aus aggregierter Sicht (Diffusion) betreffen.

Zahlreiche Untersuchungen der Adoptionsforschung haben gezeigt, dass von der ersten Kenntnisnahme einer neuen Dienstleistung bis zu ihrer endgültigen Übernahme eine mehr oder weniger lange Zeitspanne verstreicht. Prinzipiell unterscheidet man mit den Phasen Wahrnehmung, Interesse, Bewertung, Versuch und

Annahme 5 Stufen der Adoption [20]. Obwohl über die zeitliche Länge der Phasen keine Aussagen gemacht werden, ist davon auszugehen, dass die Zeit bis zur Adoption einer neuen Dienstleistung auf Grund der Notwendigkeit individueller Erfahrungen länger als im Sachgüterbereich dauert.

Hintergrund diffusionstheoretischer Überlegungen ist die Ausbreitung einer Dienstleistung auf Grundlage sozialer Interaktionen. Überträgt man den Prozess der Adoption auf bestimmte Marktsegmente, so erhält man Diffusionskurven, welche den kumulierten Prozentsatz potenzieller Nutzer anzeigen, die die Innovation innerhalb eines bestimmten Zeitraums annehmen [21]. Nach dem Kriterium der Innovationsfreudigkeit lassen sich fünf Klassen unterscheiden, deren Wertorientierung jeweils spezifisch ausgeprägt ist: die Innovatoren, die Frühadopter, die frühe und späte Mehrheit sowie die Nachzügler [21]. Da die Innovatoren und Frühadopter meinungsbildenden Einfluss auf die anderen Gruppen ausüben, sind Informationen über diese Segmente im Vorfeld der Markteinführung unerlässlich und haben prägenden Einfluss auf Ausmaß und Timing der Markteinführung.

3.4 Timing des Markteintritts

Erst wenn ein grundlegendes Verständnis des Adoptions- und Diffusionsprozesses entwickelt wurde, kann eine effektive und effiziente Planung des Markteintritts erfolgen. Als Übergang vom internen zum externen Innovationsmarketing markiert der Markteintrittszeitpunkt den Diffusionsbeginn der Dienstleistung am Markt. Eine Schlüsselrolle kommt dem Timing des Markteintritts vor dem Hintergrund der „Zeitfalle“ zu, die dadurch gekennzeichnet ist, dass die steigenden Entwicklungskosten einer Innovation auf Grund der verkürzten Lebenszyklen häufig nicht mehr amortisiert werden [22]. Obwohl diese Entwicklungen originär im Konsum- und Investitionsgütersektor identifiziert wurden, ist auch im Falle innovativer Dienstleistungen von ähnlichen, wenn auch weniger stark ausgeprägten Tendenzen auszugehen.

In der Literatur sind verschiedene Systematisierungen von Markteintrittstrategien vorzufinden. Ein Ansatz, der auf breite Akzeptanz gestoßen und durch empirische Studien belegt ist, unterscheidet die Optionen „Pionier“, „früher Folger“ und „später Folger“, die jeweils mit spezifischen Vor- und Nachteilen verbunden sind [23][24]. Eine Abgrenzung dieser Strategien kann anhand eines idealtypischen Marktlebenszyklusmodells vorgenommen werden, wie Abbildung 2 beispielhaft für den Telekommunikationsmarkt in der Schweiz verdeutlicht [10].

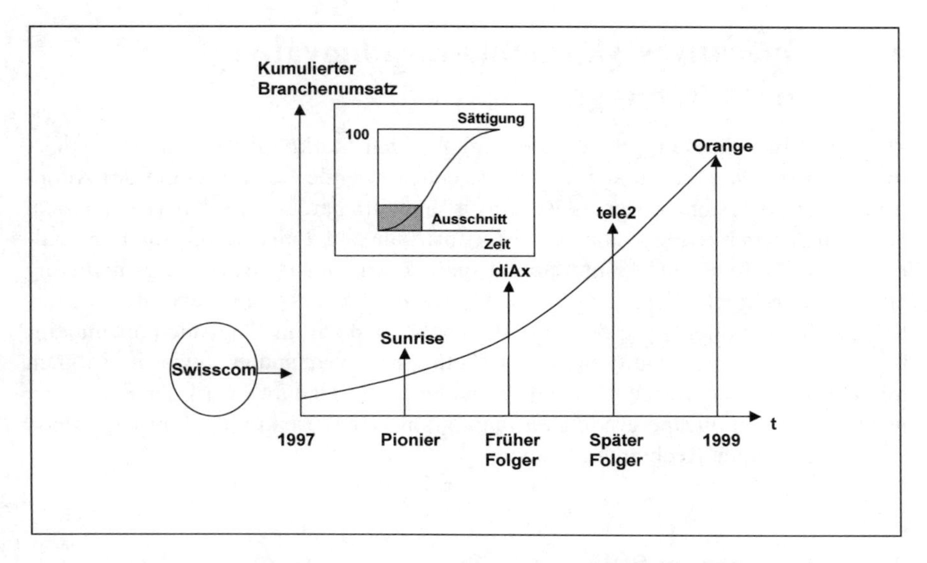

Abbildung 2: Abgrenzung von Timingstrategien am Beispiel des Schweizer Telekommunikationsmarkts

Unter Berücksichtigung ihrer Potenziale und Risiken wird die Pionierstrategie sowohl in der theoretischen als auch in der empirischen Forschung oftmals als überlegen bezeichnet. Insbesondere die Ergebnisse der PIMS-Forschung stützen die Hypothese des Pioniervorteils, weisen jedoch zugleich auf die damit verbundenen Risiken hin [25][26]. Während auch dem frühen Folger potenzielle Chancen eingeräumt werden, wird die Erfolgswahrscheinlichkeit einer späten Folgerstrategie in der Literatur als eher gering bezeichnet.

Im Vergleich zum Sachgütermarketing lässt sich ein zentraler Unterschied hinsichtlich der Wahl der Timingstrategie ausmachen. Während sich in diesem Sektor auf Grund der Bedeutung technischer Standards oftmals eine Folgerstrategie als erfolgsträchtig erweist, dominieren im Dienstleistungsmarketing im stärkeren Maße die Kundenpräferenzen. Somit empfiehlt sich zumindest tendenziell ein früherer Markteintritt, der es erlaubt, kaufentscheidende Unternehmens- bzw. Leistungspräferenzen aufzubauen [10].

Damit wird zugleich die enge Verbindung von Markteintrittsplanung und operativem Marketing deutlich: Die Entscheidung hinsichtlich einer zeitlichen Markteintrittsform kann nur unter Berücksichtigung der geplanten Marktbearbeitung erfolgen, ebenso wie diese abhängig von der gewählten Timingstrategie ist. So steht der Pionier auf Grund des erhöhten wahrgenommenen Risikos vor der Aufgabe, dieses für die Erstnutzer durch geeignete Marketingmaßnahmen zu reduzieren. Der Initiierung einer positiven Mund-zu-Mund-Kommunikation kommt hier zur Beschleunigung des Diffusionsverlaufs eine besondere Bedeutung zu.

4 Operatives Marketing für innovative Dienstleistungen

Das operative Marketing besitzt die Aufgabe, den Markt auf die neue Dienstleistung vorzubereiten und umgekehrt. Eine entsprechende Beeinflussung des Adoptions- und Diffusionsprozesses ist hierfür unabdingbar. Neben den vier aus dem Konsumgütermarketing bekannten Mix-Instrumenten Leistungs-, Kommunikations-, Distributions- und Kontrahierungspolitik wird im Dienstleistungsmarketing ein um die Bereiche Personal-, Ausstattungs- und Prozesspolitik erweiterter Marketing-Mix diskutiert [27][28][29]. Diese sollen jedoch im Folgenden als integrativer Bestandteil des traditionellen Marketing-Mix verstanden sowie im Rahmen mixübergreifender Entscheidungen erörtert werden. Dadurch wird der Forderung nach einer funktionsübergreifenden Integration von Wertaktivitäten in Dienstleistungsunternehmen Rechnung getragen.

4.1 Leistungspolitik

Vor dem Hintergrund dynamischer Wettbewerbsbeziehungen wird eine rein statische Betrachtung den Anforderungen an das Marketing von Dienstleistungsinnovationen nur begrenzt gerecht. Stattdessen sehen sich innovative Dienstleister zunehmend vor die Aufgabe gestellt, ihr Leistungsangebot hinsichtlich der veränderten Umweltbedingungen ständig neu zu überdenken.

Aufbauend auf den Besonderheiten von Dienstleistungen ergeben sich spezifische Problemstellungen für die Leistungspolitik im Rahmen einer Dienstleistungsinnovation. Die Immaterialität von Dienstleistungen und die damit einhergehende Nichtlagerfähigkeit und Nichttransportfähigkeit bedingen, dass bei der Planung von Leistungsinnovationen neben der Ergebnisdimension an der Potenzial- bzw. Prozessdimension anzusetzen ist. Findet eine Veränderung auf einer der drei Ebenen statt, ist vielfach auch eine Anpassung einer der beiden anderen Ebenen notwendig. Insbesondere die gezielte Berücksichtigung der Dienstleistungspotenziale, d. h. der materiellen und personellen Ausstattung, der Verrichtungsprogramme sowie der raum- und zeitbezogenen Dienstleistungskapazitäten, kann in diesem Zusammenhang sicherstellen, dass die innovative Leistung, trotz geringer Erfahrungen im Leistungserstellungsprozess, auf dem gewünschten Qualitätsniveau erstellt wird.

Grundsätzlich kann bei Dienstleistungen über eine Standardisierung der Leistung ein Abbau des von den Konsumenten wahrgenommenen Risikos vorgenommen werden. Als Ansatzpunkt bietet sich die Vereinheitlichung von Teilkomponenten oder die Standardisierung des Kundenverhaltens an. Da wegen ihres immateriellen Charakters die physische Markierung innovativer Dienstleistungen mit Schwierigkeiten behaftet ist, finden Standardisierungsbestrebungen ihren Einzug über die einheitliche Markierung interner Kontaktsubjekte (Kundendienstpersonal) und -objekte (Gebäude und Räumlichkeiten) sowie externer Kontaktsubjekte (Markierung am eingebrachten externen Faktor) und -objekte (Incentives mit Marke des Dienstleistungsanbieters).

Auf Grund der Integration des externen Faktors in den Leistungserstellungsprozess können innovative Dienstleistungen in der Wahrnehmung des Kunden (im Sinne einer Angebotsinnovation) häufig allein durch die Übertragung von Teilen des Leistungserstellungsprozesses auf den Kunden (Externalisierung) oder die Übernahme bisher vom Kunden selbst erbrachter Leistungskomponenten (Internalisierung) entstehen. Wegen der geringen Erfahrungen bei neuen Dienstleistungen besteht allerdings Unsicherheit über den notwendigen bzw. möglichen Grad der Ex- bzw. Internalisierung. Da die Anwesenheit des Kunden bei der Leistungserstellung notwendig ist, sind Innovationen auch durch eine zeitabhängige Variation von Leistungen denkbar. Derartige Maßnahmen zur Leistungsinnovation sind bei vielen Dienstleistungen im Gegensatz zu Sachgütern mit nur geringen zusätzlichen Kosten verbunden, so dass insbesondere bei fixkostenintensiven Dienstleistungen anfallende Zusatzkosten oft kaum ins Gewicht fallen.

Zur Sicherung des langfristigen Innovationserfolgs kommt der Leistungspolitik die Aufgabe zu, durch differenzierende Merkmale einen wirksamen Schutz vor Konkurrenzimitationen aufzubauen. Auf Grund der Immaterialität können Dienstleistungen jedoch nur sehr eingeschränkt durch rechtliche Maßnahmen geschützt werden. Als Ansatzpunkte für den Aufbau von Markteintrittsbarrieren bieten sich vor allem die Patentierung genutzter Prozesstechnologien bzw. der Schutz geistigen Eigentums (z. B. Musical) an.

4.2 Kommunikationspolitik

Zentrale Aufgabe der Kommunikationspolitik für Dienstleistungsinnovationen ist die Reduktion des wahrgenommenen Risikos und der Abbau von Informationsdefiziten durch die Herausstellung positiver Imagemerkmale und Kommunikation der Vorteilhaftigkeit der Innovation [30]. Zu diesem Zweck kommt das so genannte Vorfeld- oder Prämarketing zum Einsatz, das durch ein aktives Ergreifen zielgerichteter Marketingmaßnahmen schon während des Innovationsprozesses, und damit vor der eigentlichen Verfügbarkeit der Dienstleistung, gekennzeichnet ist [31]. Hier erfährt die „Mund-zu-Mund-Kommunikation“ auf Grund ihrer Glaubwürdigkeit einen besonderen Stellenwert. Für eine rasche Adoption und Diffusion der neuen Dienstleistung ist die Identifikation und Ansprache von Meinungsführern bzw. Innovatoren relevant, deren Verhalten richtungweisenden Charakter für nachfolgende Kundengruppen hat. Durch den Aufbau eines kundenorientierten Beschwerdemanagements kann der Gefahr einer negativen „Mund-zu-Mund-Propaganda“ frühzeitig entgegengewirkt werden.

Die Immaterialität innovativer Dienstleistungen macht eine Materialisierung der Leistungen über die Darstellung tangibler Elemente erforderlich. Eine Visualisierung der Dienstleistung kann dabei über die Präsentation von Ersatzkörperlichkeiten bzw. Surrogaten geschehen (Räume, Ausstattungsgegenstände, Mitarbeiter etc.). Kunden wird damit die Möglichkeit gegeben, die Qualität des Leistungsangebots nachzuvollziehen [32]. Daneben können materielle Komponenten der Unternehmenskommunikation dazu verwendet werden, Aufmerksamkeit für innovative Services zu erzeugen (z. B. durch eine besondere Gestaltung von Hinweisschildern) [10].

Weitere Implikationen für die Kommunikationspolitik resultieren aus der Integration des Kunden in den Leistungserstellungsprozess. Gerade bei innovativen Dienstleistungen kommt dem Aufbau einer Mitarbeiter-Kunden-Beziehung hohe Bedeutung zu, um dem Kunden die Innovation näher zu bringen und vorhandenen Erklärungsbedarf zu decken. Als besonders zweckmäßig erweisen sich dabei die Instrumente der Dialogkommunikation [33]. In diesem Zusammenhang weisen vor allem „market-pull"-Innovationen hohe Einführungschancen auf, da sie sich im Vergleich zu „technology-push"-Innovationen an den Kundenbedürfnissen orientieren und dementsprechend geringere Akzeptanzbarrieren aufweisen.

4.3 Preispolitik

Innerhalb der Preispolitik werden sämtliche Vereinbarungen zwischen Dienstleistungsnachfrager und -anbieter über das Entgelt des Leistungsangebots, über Rabatte sowie Lieferungs- und Zahlungsbedingungen festgelegt. Im Rahmen der Markteinführung innovativer Dienstleistungen kommen im Wesentlichen zwei strategische Stoßrichtungen in Betracht: Wird die Innovation über eine Abschöpfungsstrategie (Skimming) eingeführt, kann unter Ausnutzung einer temporären Monopolstellung das Marktpotenzial umfassend abgeschöpft werden. Die Skimming-Strategie dient insbesondere im Bereich fixkostenintensiver Dienstleistungsinnovationen dem schnellen Anstreben von Profitabilität. Bei der Penetrationsstrategie stehen die Gewinnung eines großen Kundenpotenzials und das Erreichen einer starken Wettbewerbsposition im Vordergrund. Die rasche Gewinnung von Marktanteilen dient dem Aufbau wirksamer Markteintrittsbarrieren, um potenzielle Imitatoren frühzeitig abzuschrecken. Welche Strategie letztlich den größeren Erfolg verspricht, hängt u. a. von der Preissensibilität des Markts, dem Wettbewerbsumfeld und der Kostensituation des Dienstleistungsanbieters ab.

Grundsätzlich wird die Preisgestaltung bei innovativen Dienstleistungen vom individuellen Standardisierungsgrad determiniert. Ist der Leistungsumfang ex ante hinreichend genau zu bestimmen und bei allen Konsumenten gleich, kann eine Preisfestsetzung analog zu Produktinnovationen erfolgen. Kann der Leistungsumfang wegen der Kundenintegration nicht exakt eingeschätzt werden, ist die Preisfestlegung erst im Anschluss an die Dienstleistungserbringung möglich. Hier kommen Verträge zum Einsatz, um Entgelte für die Beanspruchung der Dienstleistungskapazitäten und die Art der Kundenintegration zu vereinbaren. Da der Kunde im Vorfeld der Dienstleistungsbeanspruchung nur selten das Ausmaß entsprechender Vertragsgegenstände beurteilen kann, erhöht der Kontraktaspekt die dienstleistungsspezifische Unsicherheit zusätzlich.

Ungeachtet dieser Herausforderungen offeriert die Preispolitik Möglichkeiten zur Überwindung von Schwierigkeiten, die mit den Besonderheiten von Dienstleistungen verbunden sind [34]. Da ein Kunde die Dienstleistungsqualität a priori nur schwer beurteilen kann, fungiert das Preisniveau verstärkt als Ersatzkriterium zur Qualitätsbeurteilung und damit als Qualitätsindikator. Über Maßnahmen der Preisdifferenzierung lässt sich eine zeitliche Anpassung von unstetiger Dienstleistungsnachfrage an inflexible Dienstleistungskapazitäten erzielen. Die zeitliche Preisdifferenzierung wird in der Praxis häufig mit räumlichen, abnehmerorientierten und quantitativen Ansätzen der Preisdifferenzierung verknüpft oder im kombinierten Einsatz mit einer Differenzierung des Leistungsangebots angewandt. Hier ist die ertragsorientierte Preis-Mengen-Steuerung (Yield Management) zu nennen, die sich insbesondere für Dienstleistungsanbieter mit hohen Fixkosten und inflexiblen Kapazitäten anbietet (z. B. innovative Services bei Fluglinien oder Transportunternehmen).

Neben der Preisdifferenzierung bietet die Preisbündelung eine weitere Möglichkeit, Dienstleistungspotenziale mittels der Preispolitik auszulasten [34][35]. Das Bündeln von reinen Servicepaketen bzw. Paketen aus Sach- und Dienstleistungen führt oftmals bereits zur Wahrnehmung einer neuartigen Dienstleistung aus der Sicht des Kunden. Durch das Angebot von Programmpaketen aus einer Hand kann zudem ein Abbau des empfundenen Risikos erreicht werden [10].

4.4 Distributionspolitik

Die zentrale Aufgabe der Distributionspolitik liegt darin, innovative Dienstleistungen „an den Kunden" zu bringen, wobei diese im Vergleich zu Sachgütern nicht physisch vertrieben werden können. Analog zur Kommunikationspolitik kommt dabei der Identifikation von Innovatoren und Frühadoptern eine hohe Bedeutung zu.

Im Rahmen der Distributionspolitik werden unterschiedliche versorgungsorientierte Zielgrößen angestrebt. Einerseits muss der Distributionsgrad eine Präsenz und Erreichbarkeit der neuen Dienstleistung sicherstellen, die der Bedarfsperiodizität entspricht. Daneben sollte der qualitative Gesichtspunkt des Zugangs des externen Faktors zum Dienstleistungserstellungsprozess Berücksichtigung finden. Die kundengerechte und problemlose Integration des externen Faktors ist vor diesem Hintergrund über entsprechend ausgestattete Warteräume, Beförderungseinrichtungen, Reservierungssysteme etc. sicherzustellen. Zusätzlich hat die Distributionspolitik bei innovativen Dienstleistungen Aspekte der Lieferzeit (Zuverlässigkeit und schnelle Reaktionszeit), der Lieferbereitschaft (kontinuierliche Bereitstellung) sowie der Lieferzuverlässigkeit zu beachten. Die Ausgestaltung der Distribution bewegt sich dabei im Spannungsfeld zwischen Kundenwünschen und unternehmensspezifischer Kostenentwicklung.

Bedingt durch ihre Immaterialität sind innovative Dienstleistungen anders als Sachgüterinnovationen zu behandeln. Für die Bewertung und Präzisierung der neuen, nicht greifbaren Dienstleistung und ihrer Qualität sind das Image des Absatzkanals sowie die persönliche Identifikation der einbezogenen Absatzmittler entscheidend. Die Kompatibilität des Images von Dienstleistungsanbieter und Absatzmittler stellt in diesem Zusammenhang eine zentrale Voraussetzung dar. Unter Berücksichtigung eines einheitlichen Außenauftritts ist dabei eine enge Zusammenarbeit zwischen Dienstleistungsersteller und Absatzmittler notwendig. Eine Steuerung der Auslastung von Dienstleistungskapazitäten kann bspw. über gemeinsam errichtete Buchungs- und Reservierungssysteme Anwendung finden [10].

Im Hinblick auf die Gestaltung des Absatzkanalsystems stehen für innovative Dienstleistungen zwei Varianten zur Disposition. Im Rahmen der direkten Distribution kann die Innovation dem Kunden entweder unmittelbar an zentraler Stelle oder mittelbar in Form eines Filial- oder Franchisesystems zur Verfügung gestellt werden. Erfolg versprechend ist die direkte Distribution gerade für solche Innovationen, die eine sehr hohe Erklärungsbedürftigkeit aufweisen. Das Franchising stellt eine Möglichkeit dar, existierende Barrieren in Verbindung mit der Expansionsgeschwindigkeit zu überwinden und Dienstleistungsinnovationen mit geringem Kapitaleinsatz zu distribuieren. Bei der Kombination aus direkter und indirekter Distribution erfolgt der Vertrieb über verschiedene Absatzwege und eröffnet in vielen Fällen eine erhöhte Marktabdeckung. Die Gefahr einer fehlenden Abstimmung und Koordination im Mehrkanalvertrieb kann sich dabei u. U. kontraproduktiv auf die Distributionsziele auswirken.

Insbesondere im Dienstleistungsbereich stellen Formen der Online-Distribution eine Option dar, kostengünstig eine schnelle Diffusion zu erreichen. Hier hat das Internet als logistischer Vertriebsweg und als Mittel zur Anbahnung und Abwicklung von Transaktionen einen dichotomen Charakter. Während aus Nachfragersicht die Vorteile im Wegfall räumlicher und zeitlicher Grenzen sowie erhöhter Markttransparenz zu sehen sind, ergeben sich für den Dienstleistungsanbieter Chancen aus der Automatisierung von Teilprozessen und der Integration des Kunden in die Auftragserfassung. Neben diesen Effizienzvorteilen sind Effektivitätsvorteile durch die Ansprache bisher nicht erreichter Zielgruppen festzustellen.

Ist eine Online-Distribution der innovativen Dienstleistung auf Grund erhöhter Komplexität nicht realisierbar, so sind, gerade bei stark erklärungsbedürftigen Innovationen (z. B. Dienstleistungen im Bereich der Medizin), spezifische Maßnahmen erforderlich. Je nachdem, ob die Distribution über eigene Mitarbeiter oder

Absatzmittler erfolgt, kommt der Bereitstellung von Informations- und Verkaufsförderungsmaterialien sowie der Durchführung von Schulungen des internen und externen Kundenkontaktpersonals unterschiedlich starke Bedeutung zu.

4.5 Mixübergreifende Entscheidungen und Innovationscontrolling

Zur Reduktion bestehender Unsicherheiten gewinnt die Markenpolitik für innovative Dienstleistungen aus Anbieter- und Nachfragerperspektive an Relevanz [36]. Zum einen kann ein „über die ‚Persönlichkeit' der Marke aufgebautes Image eine wesentliche Nutzenkomponente der Innovation aus Sicht von Nachfragern" [37] bilden. Dieser Nutzen einer Marke resultiert, insbesondere bei neuen Dienstleistungen im Bereich des Electronic Commerce, in ihrer Eigenschaft als Orientierungs- und Navigationshilfe für den Kunden (z. B. über die Reduktion von Suchkosten). Gleichzeitig reduziert die Marke das wahrgenommene Risiko und dient damit als Vertrauensanker.

Auf der anderen Seite kann die Marke, gerade in der Einführungs- und Wachstumsphase einer neuen Dienstleistung, einen Beitrag zum Schutz vor potenziellen Imitationen leisten. In diesem Zusammenhang eröffnet die Marke Differenzierungspotenziale, die, bei entsprechend positiven Assoziationen, zu einer markenspezifischen Kaufbereitschaft seitens der Nachfrager beitragen [38]. Ob sich letztlich im Rahmen der Einführung innovativer Dienstleistungen eine Markentransferstrategie oder Neumarkenstrategie als erfolgreicher erweist, wird in Wissenschaft und Praxis kontrovers diskutiert [38].

Bei innovativen Dienstleistungen, die durch hohe Erklärungsbedürftigkeit und die Interaktion zwischen Anbieter und Kunde gekennzeichnet sind, wird der Einsatz des internen Marketing zentraler Bestandteil eines erfolgreichen Dienstleistungsmarketing. In Anbetracht der Tatsache, dass das Kundenkontaktpersonal des Dienstleistungsanbieters als wichtiger Qualitätsindikator in der Wahrnehmung des Kunden fungiert, kommt der gezielten Entwicklung und Akquisition von fachlich und sozial kompetenten Mitarbeitern hohe Bedeutung zu. Die Schaffung und erfolgreiche Implementierung eines internen Marketing im Sinne einer Dienstleistungskultur dient dabei der ständigen Verhaltensbeeinflussung der Unternehmensmitglieder und somit der langfristigen Sicherung des Innovations- und Unternehmenserfolgs [39][40].

Um Akzeptanzprobleme bei der Markteinführung einer innovativen Dienstleistung zu erkennen und Erfahrungen für weitere Innovationen zu gewinnen, ist es zweckmäßig, ein Innovationscontrolling zu etablieren. Zentrale Bestandteile einer Kontrolle sind die frühzeitige Identifikation sowie Überwindung von Planungs- (zeitliche Verzögerungen bei Entwicklung und Einführung, Fehleinschätzung des Kundenverhaltens etc.) und Leistungsmängeln (Funktions- und Qualitätsmängel) sowie weiterer Marketing- (fehlendes Image, unzureichende Kommunikation und Schulung des Kundenkontaktpersonals etc.) und Anwendungsprobleme (ungenügende Erfüllung spezifischer Kundenwünsche etc.). Im Dienstleistungsbereich dient ein institutionalisiertes Beschwerdemanagement der Ermittlung erster Feedbacks und als zentraler Ausgangspunkt für mögliche Modifikationen, Variationen und Innovationen.

Obwohl die Darstellung der einzelnen Marketinginstrumente in der Literatur weitgehend getrennt erfolgt, findet der tatsächliche Einsatz im Rahmen der Neueinführung einer Dienstleistung nicht isoliert statt. Neben gemeinsamen Budgetrestriktionen erfordern insbesondere die vielfältigen Wirkungsbeziehungen zwischen den Instrumenten eine koordinierte Abstimmung des Marketing-Mix. Insgesamt erlaubt daher nur die optimale Kombination der absatzpolitischen Instrumente eine effektive und effiziente Mittelverwendung [41].

5 Erfolgsfaktoren des Marketing für innovative Dienstleistungen

Die vorangegangenen Ausführungen haben die Bedeutung innovativer Problemlösungen für den Aufbau und die Sicherung komparativer Wettbewerbsvorteile im Dienstleistungssektor aufgezeigt. Die marktgerechte Gestaltung hat sich dabei als kritische Determinante für den Erfolg innovativer Dienstleistungen herausgestellt. Aufbauend auf der Komplexität des Entscheidungsfelds können zentrale Erfolgsfaktoren des Marketing für Dienstleistungsinnovationen identifiziert werden:

- Obwohl eine marktorientierte Entwicklung von Dienstleistungen tendenziell hohe Erfolgschancen verspricht, kann eine einseitige Fokussierung auf die Absatzmärkte langfristig nicht erfolgreich sein. Da innovative Dienstleistungen stets ganzheitlich wahrgenommen werden, ist ein Fit zwischen Marktchancen und Unternehmensressourcen unter Berücksichtigung der Potenzial- und Prozessdimension anzustreben.

- Die Spezifikation des Geschäftsmodells auf Basis der Nutzenstiftung legt das Fundament für die Vermarktung einer Innovation. Da insbesondere onlinebasierte Dienstleistungen oftmals technologieinduziert sind, ist Kreativität gefragt, um die technologischen Spezifikationen in marktadäquate Problemlösungen zu transformieren.

- Entgegen den Tendenzen im Sachgüterbereich führt die Notwendigkeit einer intensiven Auseinandersetzung mit neuartigen Services zu verzögerten Adoptionsprozessen. Dienstleistungspioniere sehen sich mit einer verlangsamten Durchsetzung der Innovation am Markt konfrontiert. Die Gewinnung von Marktanteilen und der Aufbau von Eintrittsbarrieren erfordern innovative

Methoden der Marktforschung und -segmentierung zur Identifikation und Ansprache meinungsbildender Innovatoren.

- Auf Grund leistungspolitischer Grenzen steht insbesondere die Kommunikationspolitik vor der Aufgabe, das mit der Neueinführung einer Dienstleistung verbundene wahrgenommene Risiko zu reduzieren. Der Aufbau einer starken Marke als „Vertrauensanker“ kann hier zum Abbau bestehender Unsicherheiten beitragen und bietet gleichzeitig Differenzierungspotenziale im Wettbewerb.
- Die Integration des Kunden in den Innovationsprozess erfordert eine Parallelität von Kunden- und Mitarbeiterorientierung. Das interne Marketing hat die Aufgabe, die Innovationsbereitschaft und -fähigkeit des Kundenkontaktpersonals sicherzustellen. Ziel ist die Abstimmung des organisatorischen Leistungsprofils mit den Innovationsanforderungen des Markts im Hinblick auf eine serviceorientierte Unternehmenskultur.

Da auch in Zukunft eine zunehmende Wettbewerbsintensität im Dienstleistungssektor zu erwarten ist, wird eine konsequente Marktorientierung innovativer Dienstleister unerlässlich sein. Die existierenden Pioniereffekte sind weniger als singuläre Determinanten des Erfolgs, sondern vielmehr in Wechselwirkung mit anderen Einflussfaktoren zu würdigen. Die Notwendigkeit hochspezialisierten Expertenwissens bedingt eine kreative und lernende Dienstleistungsorganisation und die funktions- und unternehmensübergreifende Vernetzung der Marketingaktivitäten. Ansatzpunkte für die Zukunft ergeben sich aus den Weiterentwicklungen im Telekommunikationsbereich, um im Rahmen flexibler Unternehmenskooperationen die individuellen Kundenbedürfnisse optimal zu befriedigen.

Literaturverzeichnis

[1] Statistisches Bundesamt (Hrsg.): Statistisches Jahrbuch 2004, Wiesbaden 2004.

[2] Albach, H.: Dienstleistungsunternehmen in Deutschland, in: Zeitschrift für Betriebswirtschaft, 59(1989)4, S. 397-421.

[3] Cooper, R. G.; Kleinschmidt, E. J.: An Investigation into the New Product Process: Steps, Deficiencies and Impact, in: Journal of Product Innovation Management, 3(1986)2, S. 71-85.

[4] Hopkins, D. S.: New Product Winners and Loosers, Conference Board, Rep. 773, New York 1980.

[5] Meffert, H.: Marktorientiertes Innovationsmanagement – Erfolgsvoraussetzungen von Produkt- und Dienstleistungsinnovationen, in: Oppenländer,

K. H.; Popp, W. (Hrsg.): Innovationen und wirtschaftlicher Fortschritt: betriebs- und volkswirtschaftliche Perspektiven, Bern 1995, S. 27-51.

[6] Bruhn, M.; Stauss, B. (Hrsg.): Dienstleistungsinnovationen – Forum Dienstleistungsmanagement, Wiesbaden 2004.

[7] Busse, D.; Reckenfelderbäumer, M.: Die Rolle des Kunden bei der Gestaltung von Dienstleistungsinnovationen, Schriften zum Marketing Nr. 41, Lehrstuhl für angewandte BWL IV (Marketing), Ruhr-Universität Bochum 2001.

[8] Benkenstein, M.; Steiner, S.: Formen von Dienstleistungsinnovationen, in: Bruhn, M.; Stauss, B. (Hrsg.): Dienstleistungsinnovationen – Forum Dienstleistungsmanagement, Wiesbaden 2004, S. 27-43.

[9] Brockhoff, K.: Produktinnovation, in: Albers, S.; Herrmann, A. (Hrsg.): Handbuch Produktmanagement. Strategieentwicklung – Produktplanung – Organisation – Kontrolle, 2. Auflage, Wiesbaden 2002, S. 25-54.

[10] Meffert, H.; Bruhn, M.: Dienstleistungsmarketing. Grundlagen – Konzepte – Methoden, 4. Auflage, Wiesbaden 2003.

[11] Küpper, C.: Service Innovation – A review of the state of the art, Working Paper, Fakultät für Betriebswirtschaft, Ludwig-Maximilians-Universität, München 2001.

[12] Athuahene-Gima, K.: Differential potency of factors affecting innovation performance in manufacturing and service firms in Australia, in: Journal of Product Innovation Management, 13(1996)1, S. 35-52.

[13] Brouwer, E.; Kleinknecht, A.: Measuring the unmeasurable. A Country´s non R&D-expenditure on product and service innovation, in: Research Policy, 25(1997), S. 1235-1242.

[14] Cooper, R.; de Brentani, U.: New Industrial Financial Services: What distinguishes the winners, in: Journal of Product Innovation Management, 8(1991)2, S. 75-90.

[15] Ebbling, G. et al.: Innovationsaktivitäten im Dienstleistungssektor – Ergebnisse der Innovationserhebung 1997, in: Janz, N. et al. (Hrsg.): Innovationsaktivitäten in der deutschen Wirtschaft – Analysen des Mannheimer Innovationspanels im verarbeitenden Gewerbe und im Dienstleistungssektor, Baden-Baden 1999, S. 99-223.

[16] Sirilli, G.; Evangelista, R.: Innovation in the service sector – results from the italian statistical survey, in: Technological Forecasting and Social Change, 58(1998), S. 251-269.

[17] Haedrich, G.; Tomczak, T.: Produktpolitik, Stuttgart et al. 1996.

[18] Ahlert, D.; Backhaus, K.; Meffert, H.: Geschäftsmodelle im E-Business – Modethema oder mehr?, in: Absatzwirtschaft, Sonderausgabe Oktober 2001, S. 32-44.

[19] Woratschek, H.; Roth, S.; Pastowski, S.: Markttests innovativer Dienstleistungen aus der Perspektive unterschiedlicher Geschäftsmodelle, in: Bruhn, M.; Stauss, B. (Hrsg.): Dienstleistungsinnovationen – Forum Dienstleistungsmanagement, Wiesbaden 2004, S. 381-411.

[20] Rogers, E. M.: Diffusion of Innovation, 5. Auflage, New York 2003.

[21] Meffert, H.: Die Durchsetzung von Innovationen in der Unternehmung und im Markt, in: Zeitschrift für Betriebswirtschaft, 46(1976)2, S. 77-100.

[22] Backhaus, K.: Industriegütermarketing, 7. Auflage, 2003.

[23] Crawford, C. M.: New Products Management, 5. Auflage, Homewood 1997.

[24] Schnaars, S. P.: When Entering Growth Markets. Are Pioneers better than Poachers?, in: Business Horizons, 29(1986)March/April, S. 27-36.

[25] Buzzel, R. D.; Gale, B.: Das PIMS-Programm, Wiesbaden 1989.

[26] Urban, G. L. et al. (Hrsg.): Market share rewards to pioneering brands. An empirical analysis and strategic implications, in: Management Science, 32(1986)6, S. 645-659.

[27] Cowell, D. W.: The Marketing of Services, 2. Auflage, Oxford et al. 1993.

[28] Magrath, A. J., When Marketing Services 4Ps Are Not Enough, in: Business Horizons, 29(1986)May/June, S. 44-50.

[29] Payne, A.: The Essence of Services Marketing, New York et al. 1993.

[30] Töpfer, A.: Marketing für Start-up-Geschäfte mit Technologieprodukten, in: Sommerlatte, T.; Töpfer, A. (Hrsg.): Technologie-Marketing: Die Integration von Technologie und Marketing als strategischer Erfolgsfaktor, Landsberg am Lech 1991.

[31] Möhrle, M.: Prämarketing: zur Markteinführung neuer Produkte, Wiesbaden 1995.

[32] Berry, L. L.: Service marketing is different, in: Lovelock, C. H. (Hrsg.): Service marketing; Text, cases and readings, Englewood Cliffs 1984.

[33] Hünerberg, R.; Mann, A.: Dialogkommunikation als Instrument des Innovationsmanagements in Dienstleistungsunternehmen, in: Bruhn, M.; Stauss, B. (Hrsg.): Dienstleistungsinnovationen – Forum Dienstleistungsmanagement, Wiesbaden 2004, S. 259-271.

[34] Simon, H.: Preismanagement, 2. Auflage, Wiesbaden 1992.

[35] Diller, H.: Preisbaukästen als preispolitische Option, in: Wirtschaftswissenschaftliches Studium, 22(1993)6, S. 270-275.

[36] Graumann, J.: Die Dienstleistungsmarke, München 1983.

[37] Sattler, H.: Markenpolitik für Innovationen, in: Franke, N.; von Braun, C.-F. (Hrsg.): Innovationsforschung und Technologiemanagement: Konzepte, Strategien, Fallbeispiele, Gedenkschrift für Stephan Schrader, Heidelberg u. a. 1998, S. 314-323.

[38] Bongartz, M.; Burmann, Ch.; Maloney, Ph.: Marke und Markenführung im Kontext des Electronic Commerce, in: Meffert, H.; Burmann, C.; Koers, M. (Hrsg.): Markenmanagement – Grundfragen der identitätsorientierten Markenführung, 2. Auflage, Wiesbaden 2005, S. 433-467.

[39] Decker, D.; Gaiser, B.; Ortlieb, E.; Zerr, K.: Personalorientiertes internes Marketing bei der Entwicklung von Dienstleistungen, <URL: http://www.innovation-aktuell.de/kv0407.htm>, online: 05.06.2002.

[40] Meffert, H.: Marktorientierte Führung von Dienstleistungsunternehmen, in: Bruhn, M.; Meffert, H. (Hrsg.): Handbuch Dienstleistungsmanagement, Wiesbaden 1998, S. 955-982.

[41] Gatignon, H. A.; Van Den Abeele, P. M.: To standardize or not to standardize: marketing-mix effectiveness in Europe, Marketing Science Institute (Hrsg.), Cambridge, Mass. 1995.

Innovationsmanagement im Service-Marketing: Neue Geschäfte für den Service erschließen

Martin Benkenstein
Ariane von Stenglin
Institut für Marketing und Dienstleistungsforschung,
Universität Rostock

Inhalt

1 Stellenwert und Besonderheiten von Innovationen in Dienstleistungsunternehmungen

1.1 Bedeutung von Innovationen für Dienstleister

Die Auseinandersetzung mit dem Innovationsphänomen ist für die wirtschaftswissenschaftliche Forschung alles andere als neu. Bereits seit SCHUMPETER ist hinreichend bekannt, dass der Wohlstand einer Gesellschaft und die Ertragskraft von Unternehmungen durch Innovationen bestimmt werden [1]. Im Mittelpunkt der betriebswirtschaftlichen Forschungsbemühungen um das Phänomen „Innovation" und dabei speziell um die Gestaltung von Innovationsprozessen stehen *Änderungsprozesse* im Bereich von Leistungsprogrammen industriell erzeugter Realgüter [2][3][4]. Dienstleistungsinnovationen stehen hingegen – von wenigen Ausnahmen vor allem auf dem Gebiet der Finanzinnovationen abgesehen [5][6] – nicht im Mittelpunkt betriebswirtschaftlicher Forschungsansätze [7].

Dies ist umso erstaunlicher, als dem tertiären Sektor für die wirtschaftliche Entwicklung hoch entwickelter Volkswirtschaften ein besonderer Stellenwert zukommt [8] und sich gleichzeitig der Wettbewerb in vielen Dienstleistungsbranchen zunehmend verschärft [9]. Entsprechend sind Dienstleistungsanbieter aufgerufen, sich durch eine konsequente *Wettbewerbsorientierung* im Konkurrenzumfeld zu positionieren und zu profilieren. In empirischen Untersuchungen sind eine Vielzahl von Dimensionen identifiziert worden, die in den Augen der Nachfrager zur Profilierung gegenüber den Leistungsangeboten der Wettbewerber geeignet erscheinen. Sie sind letztlich auch für Dienstleistungsunternehmungen relevant. Zu diesen wettbewerbsbezogenen Profilierungsdimensionen zählt insbesondere die Qualitäts- aber auch die *Innovationsorientierung* [10]. So haben empirische Untersuchungen nachgewiesen, dass die Innovationsintensität der Dienstleistungsbranche in Deutschland deren Wettbewerbsposition in internationalen Märkten nachhaltig verbessert [11].

In diesem Zusammenhang ist auch zu konstatieren, dass die bisherigen Abhandlungen auf dem Gebiet von Innovationen im Dienstleistungsbereich durch eine Begriffsvielfalt gekennzeichnet sind. Die Diskussion um die Innovation in Dienstleistungsunternehmungen fasst dieses Phänomen auch unter Begriffe wie Service Engineering [12], Service Design [13], Servicescapes [14][15] etc., um nur einige zu nennen.

Im Rahmen dieses Beitrags wird Service Engineering gleichbedeutend mit Dienstleistungs- oder Serviceinnovation verwendet. Das Service Design stellt, wie später noch verdeutlicht wird, lediglich einen Teilbereich von Serviceinnovationen dar. Dieser Zusammenhang ist typisch für die deutschsprachige Begriffsverwendung [13].

1.2 Dimensionen von Dienstleistungsinnovationen

Zur Beschreibung und Kennzeichnung von Dienstleistungsinnovationen soll auf verschiedene Dimensionen zurückgegriffen werden, durch die Innovationen klassischerweise in der Literatur gekennzeichnet werden. Dabei kann vor allem, wie in Abbildung 1 veranschaulicht, zwischen der Objekt- („Was ist neu?"), der Subjekt- („Für wen neu?") und der Intensitätsdimension („Wie sehr neu?") differenziert werden [16][3]. Diese Grundlagen ermöglichen dann Aussagen über die Gestaltung und Steuerung der Innovationsprozesse für Dienstleistungen, die im Mittelpunkt des zweiten Teils dieses Beitrags stehen.

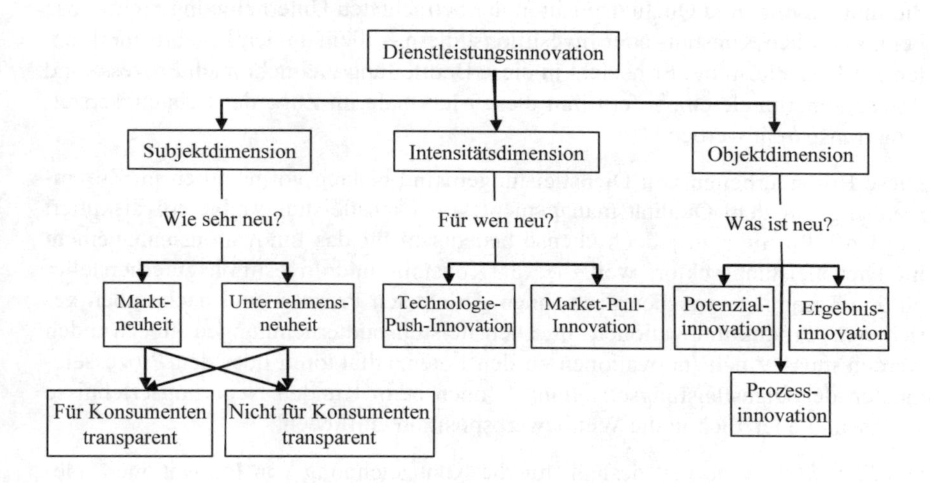

Abbildung 1: Dimensionen von Dienstleistungsinnovationen [17]

Die *Objektdimension* von Neuerungen kennzeichnet die Tatsache, dass sich die jeweilige Neuerung auf unterschiedlichste Gegenstandsfelder beziehen kann. So werden in der Literatur klassischerweise Produkt- und Prozessinnovationen unterschieden [3]. Wesentlich in diesem Zusammenhang ist die jeweilige Zielsetzung, mit der Innovationen von der Unternehmung vorangetrieben werden.

Prozessinnovationen sollen durch neue Formen der Faktorkombination vor allem Kostenvorteile realisieren. Im Gegensatz dazu will die Unternehmung mit Produktinnovationen – sofern sie echten Marktneuheiten nahe kommen [18] – neue akquisitorische Potenziale aufbauen und damit Leistungs- bzw. Qualitätsvorteile realisieren. Während somit Produktinnovationen die Qualitäts- und Innovationsposition der Unternehmung im Wettbewerbsumfeld – aus Kundensicht – bestimmen, sind Prozessinnovationen dem Kunden nicht direkt transparent und schlagen sich allenfalls über die Kostenposition im Produktpreis nieder.

Dienstleistungsinnovationen lassen eine derartig präzise Trennung zwischen Innovationen, die vom Kunden direkt wahrgenommen werden und damit den Qualitäts- oder Innovationsvorteil der Unternehmung bestimmen, und Innovationen, die die Kostenposition beeinflussen und die der Kunde allenfalls indirekt über den Angebotspreis wahrnimmt, nicht zu. Dies ist darauf zurückzuführen, dass die Leistungserstellung von Diensten nicht losgelöst von ihrer Vermarktung erfolgen kann. Dienstleistungen können vielmehr nur am Kunden selbst (Weiterbildung, Gesundheitsdienste) oder an einem Objekt des Kunden (Autoreparatur, Gebäudereinigung) erbracht werden [19]. Durch diese Integration des externen Faktors in den Prozess der Dienstleistungserstellung beurteilt der Dienstleistungsnachfrager die Innovations- und Qualitätsposition der betrachteten Unternehmung nicht – wie bei klassischen Konsum- oder Investitionsgütern – allein an den Ergebnismerkmalen der Dienstleistung. Er bezieht in diese Beurteilung vielmehr auch Prozess- und Potenzialmerkmale ein, sofern ihm diese Merkmale im Zuge der Leistungserstellung transparent werden [19].

Diese Besonderheiten von Dienstleistungen sind bislang vornehmlich im Zusammenhang mit dem Qualitätsmanagement von Dienstleistungsanbietern diskutiert worden [20]. Sie sind jedoch ebenso bedeutsam für das Innovationsmanagement im Dienstleistungssektor, weil die für Konsum- und Investitionsgüterhersteller gültige Trennung zwischen nach innen gerichteten Prozess- und nach außen gerichteten Produktinnovationen in Dienstleistungsunternehmungen überwunden werden muss. Auch Innovationen an den Potenzialfaktoren oder den Prozesselementen der Dienstleistungserstellung können beim Kunden Neuerungserlebnisse auslösen, die letztlich in die Wettbewerbsposition einfließen.

Die *Subjektdimension* ist deshalb für die Kennzeichnung von Innovationen relevant, weil zur Bewertung, ob und inwieweit eine Innovation vorliegt, ein subjektiver Vergleich des neuen mit dem bisherigen Zustand erforderlich ist [3]. Die Subjektdimension beantwortet dabei die Fragestellung, wer diesen Vergleich durchführt und – damit einhergehend – für wen das jeweilige Angebot einer Unternehmung eine Neuerung darstellt.

Grundlegend kann in diesem Zusammenhang zwischen Unternehmens- und Marktneuheiten unterschieden werden. Unternehmensneuheiten liegen dann vor, wenn die Unternehmung „eine technische Neuerung erstmalig nutzt, unabhängig davon, ob andere Unternehmungen den Schritt vor ihr getan haben oder nicht" [21]. Marktneuheiten sind dann zu konstatieren, wenn innerhalb einer Branche bzw. eines Markts neue Produkte und/oder neue Prozesse erstmalig eingeführt oder eingesetzt werden [3].

Sind derartige Veränderungen für den Konsumenten transparent, lösen Marktneuheiten auch beim Kunden Innovationserlebnisse aus, während Unternehmensneuheiten für den Kunden in aller Regel nicht neu sind. Die Differenzierung in Markt- und Unternehmensneuheiten korrespondiert somit direkt mit den für die marktorientierte Führung in jungen, dynamisch wachsenden Märkten hinlänglich diskutierten Pionier- und Folgerstrategien [22][23]. Pionierstrategien führen zu Markt-, Folgerstrategien klassischerweise zu Unternehmensneuheiten.

Die Frage, ob im Rahmen des Innovationsmanagements von Dienstleistungsunternehmungen vor allem Markt- oder Unternehmensneuheiten anzustreben sind, ist insbesondere davon abhängig, inwieweit es mit der jeweiligen Dienstleistungsinnovation möglich ist, Markteintrittsbarrieren aufzubauen. Im Hinblick auf die Entscheidung zwischen Markt- und Unternehmensneuheiten bzw. zwischen Pionier- und Folgerstrategien ist festzustellen, dass der Mangel an gewerblichen Schutzrechten Dienstleistungspionieren nur sehr kurze Zeit- und Innovationsvorteile verschafft, sofern es ihnen nicht gelingt, kurzfristig ihre Marktinnovation durch den Aufbau einer entsprechenden Reputation und der damit verbundenen Kundenbindung vor Folgern zu schützen. In diesem Zusammenhang ist jedoch auch zu beachten, dass Innovationen die Reputation von Dienstleistungsanbietern nicht nur stärken, sondern auch schwächen können, sofern die mit der Innovation angestrebte Qualitätsposition nicht erreicht wird. Mit Marktneuheiten sind somit immer auch Reputationsrisiken verbunden, vorausgesetzt der jeweilige Dienstleistungsanbieter hat bereits eine starke Qualitätsposition aufgebaut. Risikoscheue Entscheidungsträger werden in einer solchen Situation eher eine Folgerstrategie wählen.

Die *Intensitätsdimension* von Innovationen kennzeichnet den Grad der Neuartigkeit oder auch den Innovationsgehalt. Das deutsche Patentamt spricht in diesem Zusammenhang von der „Erfindungshöhe". Letztlich ist die Frage zu beantworten, wie neu eine Innovation ist [3].

Wesentlich ist in diesem Zusammenhang zunächst, dass die Intensitätsdimension nicht unabhängig von der Subjektdimension bewertet werden kann. Denn auch hier muss festgelegt werden, wer den Neuartigkeitsgrad oder die Erfindungshöhe bewertet. Grundlegend kann wiederum zwischen der Unternehmung und ihren Kunden differenziert werden. Die Diskussion um den Innovationsgrad wird jedoch vor allem aus einer anderen Perspektive geführt, indem zwischen „technology push"- und „market pull"-Innovationen differenziert wird [24].

„Technology push"-Innovationen zeichnen sich durch „technische Erstmaligkeit" [3] aus und bemessen somit den Innovationsgrad am technologischen Fortschritt, der mit der Innovation verbunden ist. Zur Kennzeichnung des Innovationsgrads kann deshalb auf Modelle zur Erklärung der technologischen Entwicklung zurückgegriffen und bspw. zwischen Innovationen, die auf Schrittmacher-, Schlüssel- oder Basistechnologien beruhen, differenziert werden [25]. Derartige Abgrenzungen können jedoch allenfalls den Grad technischer Neuerungen kennzeichnen. Sie sind deshalb für Dienstleistungsinnovationen nur dann geeignet, wenn die Neuerung auf Innovationen der Potenzialfaktoren einer Dienstleistung abzielt [26]. Hier spielen sie jedoch eine bedeutsame Rolle [27]. So konnte empirisch nachgewiesen werden, dass bei technischen Dienstleistungen die Forschung und Entwicklung wesentliche Impulse für Dienstleistungsinnovationen liefert

[28]. Viele virtuelle Dienstleistungen sind aus Sicht des Kunden allein deshalb innovativ, weil der Potenzialfaktor Internet Neuheitserlebnisse vermittelt. Ähnlich kann beim Beispiel einer Krankenhausdienstleistung der technische Innovationsgrad für Potenzialfaktoren, also bspw. für medizintechnische Geräte bestimmt werden, während eine derartige Abgrenzung für die Prozess- und Ergebniselemente der Dienstleistung kaum möglich ist.

„Market pull"-Innovationen zeichnen sich im Gegensatz zu „technology push"-Innovationen dadurch aus, dass der Innovationsimpuls aus den Wünschen und Bedürfnissen der Kunden abgeleitet wird und deshalb der von den Nachfragern wahrgenommene Neuigkeitsgrad nicht grundsätzlich technischer, sondern vor allem auch psychologischer Natur ist. Dienstleistungsinnovationen sind in diesem Sinne typischerweise „market pull"-Innovationen, da Innovationen an den Prozess- und Ergebniselementen einer Dienstleistung hinsichtlich ihres Neuerungsgrads technisch kaum näher gekennzeichnet werden können.

2 Aufgaben und Prozess von Dienstleistungsinnovationen

2.1 Anforderungen und Ziele von Dienstleistungsinnovationen

Aus den dargestellten Besonderheiten von Dienstleistungen ergeben sich spezielle Anforderungen, die bei derartigen Serviceneuerungen zu berücksichtigen sind. Neben den Aufgaben des Schutzes der Innovation vor Nachahmung, der Systemkompatibilität sowie der Mitarbeiterqualifikation [29] soll im Folgenden insbesondere das Ziel der Kundenorientierung betrachtet werden.

Um dauerhafte Wettbewerbsvorteile zu generieren, ist es aufgrund der bereits diskutierten Grenzen der *Patentierbarkeit* von Dienstleistungen notwendig, stärker auf prozess- und ablauforientierte Neuerung abzustellen als auf die rechtlichen oder technischen Ansätze, um somit der Nachahmung durch Konkurrenten vorzubeugen.

Des Weiteren müssen bei der Einführung neuer Leistungen betriebsinterne und marktseitige Verbundbeziehungen zwischen den neuen und bestehenden Leistungsangeboten beachtet werden. Auf dieses Ziel der *Systemkompatibilität* sind auch die Bemühungen auszurichten, die Fähigkeiten und Erfahrungen bzw. Spezifikationen des externen Faktors bei der Gestaltung der Dienstleistungsinnovation zu berücksichtigen.

Das Erfolgspotenzial von Serviceinnovationen lässt sich nur dann realisieren, wenn das Unternehmen über das notwendige dispositive (zur Prozessbeherrschung), operative und technische Know How verfügt. Demzufolge muss sich das Dienstleistungsunternehmen frühzeitig mit Aspekten der erforderlichen *Mitarbeiterqualifikation* zum Aufbau von Leistungspotenzialen auseinander setzen.

In zahlreichen Studien, nicht nur zu Dienstleistungsinnovationen, wurde herausgestellt, dass eine ausgeprägte *Kundenorientierung* ganz wesentlich den Erfolg von (Produkt-)Innovationen bestimmt [30][31]. Insofern stellt die Kundenorientierung einen wesentlichen Erfolgsfaktor von Innovationsprojekten dar. Ziel einer durchgängigen Berücksichtigung der Kundensicht ist die Erstellung von Leistungsangeboten, welche in hohem Maße den Kundenerwartungen und den Kundenvorstellungen entsprechen. Auf diese Weise ist es möglich, eine hohe wahrgenommene Qualität, welche allgemein als das für Dienstleistungen wesentliche Qualitätsverständnis angesehen wird, zu erreichen.

Die wahrgenommene Qualität von Dienstleistungen wird nicht nur durch die Marketingaktivitäten und den Einsatz qualifizierter Mitarbeiter bei der Erstellung der Dienstleistung, sondern auch durch die Konzeption und Gestaltung der Rahmenbedingungen im Innovationsprozess bestimmt [13]. Eine hohe wahrgenommene Servicequalität einer neuartigen Dienstleistung ist also nur dann zu erreichen, wenn bereits in den Phasen der Dienstleistungsinnovation die Sicht der Kunden berücksichtigt wird.

Eine hohe wahrgenommene Leistungsqualität führt zur Erfüllung von Kundenerwartungen und damit zu steigender Kundenzufriedenheit. Als wesentliche erfolgsrelevante Wirkung der Kundenzufriedenheit ist die Kundenbindung oder -loyalität anzusehen. Dies schlägt sich auch in der Steigerung wirtschaftlicher Erfolgsgrößen, insbesondere der Rentabilität nieder. Diesen grundsätzlichen Zusammenhang stellt Abbildung 2 dar.

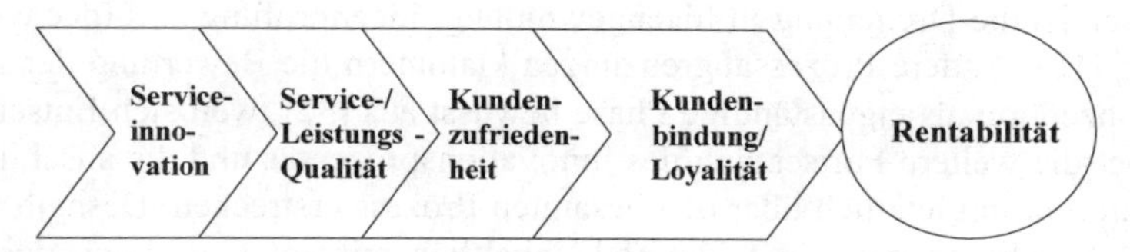

Abbildung 2: Service-Gewinn-Kette

Vor diesem Hintergrund ist es von besonderer Relevanz, eine starke Konzentration auf die Sicherstellung einer hohen Dienstleistungsqualität bereits im Rahmen des Serviceinnovationsprozesses zu legen und spezielle Instrumente einzusetzen, die die Qualitäts- und Kundenorientierung im Innovationsprozess von Dienstleistungen gewährleisten. Diese Instrumente sind Gegenstand dieses Beitrags. Zuvor gilt es jedoch, die Entstehung einer Dienstleistung anhand einer Prozessbetrachtung detaillierter zu beschreiben.

Der vorliegende Beitrag konzentriert sich somit auf die Fragestellung, wie im Innovationsprozess sichergestellt werden kann, dass die zu entwerfende Dienstleistungsinnovation auf dem Qualitätsniveau, welches die Kunden erwarten, erstellt wird.

2.2 Der Prozess der Dienstleistungsinnovation

Viele Unternehmen verfolgen kein konsequentes und zielorientiertes Innovationsmanagement für Dienstleistungen. Die Dienstleistungen entstehen vielmehr ad hoc, wobei Anforderungen an die Mitarbeiter, aber auch Markt- und Umweltentwicklungen sowie Kundenbedürfnisse und -erwartungen zu spät oder nicht analysiert bzw. einbezogen werden [7]. In der Praxis werden Dienstleistungen häufig noch „aus dem Bauch heraus" entwickelt und nach der Methode „Trial and Error" am Markt erprobt. Ein strukturierter und umfassender Entwicklungsprozess liegt in diesen Fällen nicht vor [13].

Vor diesem Hintergrund soll im Folgenden zunächst der Innovationsprozess für Dienstleistungen kurz präzisiert werden, um darauf aufbauend die wesentlichen Methoden und Instrumente zur Integration der Kundenwünsche und -bedürfnisse in den Innovationsprozess vorzustellen.

Zur Gestaltung und Durchsetzung von Innovationen in der Unternehmung und im Markt werden in der Literatur unterschiedliche Prozesskonzepte diskutiert. Dabei kann zwischen Phasenmodellen, welche eine lineare Abfolge der einzelnen Phasen aufweisen, und iterativen Modellen, bei denen einzelne Phasen mehrmals durchlaufen werden können, unterschieden werden [7]. Im Mittelpunkt steht dabei die Frage, wo ein Neuerungsprozess beginnt, wo er endet und welche unterschiedlichen Maßnahmen innerhalb dieses Prozesses ergriffen werden müssen.

Klassisch ist die Dreiteilung in Ideengewinnung, Ideenprüfung und Ideenverwirklichung [16]. Andere Prozessabgrenzungen klammern die Bewertung der Innovationskonzeption als eigenständige Phase bewusst aus [32], weil sich Entscheidungen über die weitere Fortsetzung des Innovationsprozesses und die anschließende Markteinführung letztlich über den gesamten Prozess erstrecken. Deshalb werden nur solche Phasen betrachtet, die sich inhaltlich mit der Gestaltung des neuen Leistungsangebots auseinander setzen. Gleichzeitig wird unterstellt, dass die Innovationsentstehung insgesamt von einem Bewertungsprozess überlagert wird. Entsprechend werden z. B. die folgenden Prozessschritte idealtypisch gegeneinander abgegrenzt [3]:

- *Ideengewinnung:* In dieser Phase wird gezielt nach neuen Ideen gesucht und der Entschluss gefasst, sich mit diesen Ideen detailliert auseinander zu setzen.
- *Leistungs-/Servicedesign:* Zur Phase des Servicedesigns zählen sämtliche Tätigkeiten und Entscheidungstatbestände des Innovationsprozesses, welche

sich über Neuerungen im Bereich der Potenzialfaktoren hinaus mit der Umsetzung der Kundenanforderungen speziell in Prozessdefinitionen und der Gestaltung des tangiblen Umfelds der Dienstleistung beschäftigen. Dabei ist zu berücksichtigen, dass die Dienstleistungsqualität nicht nur durch den so genannten „Service Encounter", d. h. der Kontaktsituation mit dem Kunden, sondern auch durch weitere Faktoren bestimmt wird [29].

- *Produkt- und Markttest:* In dieser Phase soll geprüft werden, ob die Dienstleistung den Wünschen und Bedürfnissen der jeweiligen Kundengruppen gerecht wird, indem in Laborexperimenten die jeweiligen Leistungseigenschaften der Innovation von den potenziellen Kunden bewertet werden und/oder in Feldexperimenten die Markteinführung simuliert und deren Erfolgsaussichten geprüft werden.
- *Markteinführung:* Mit der Markteinführung wird die Innovation in der Unternehmung durchgesetzt, indem die Dienstleistung im gesamten für die Unternehmung relevanten Marktraum angeboten wird.

Dieser Phaseneinteilung soll auch in den anschließenden Überlegungen gefolgt werden.

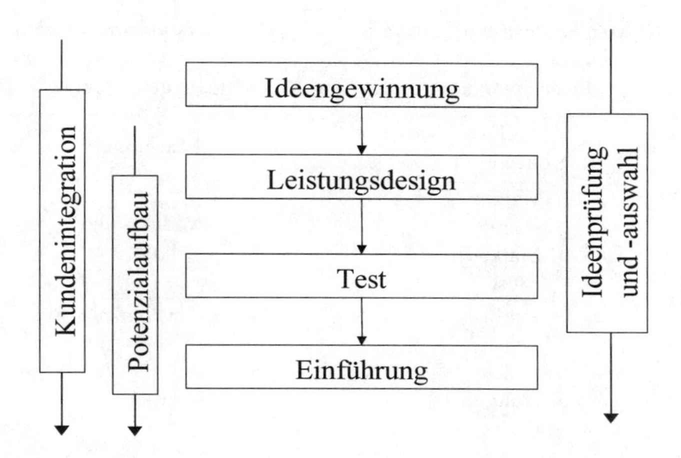

Abbildung 3: Elemente eines Innovationsprozesses von Dienstleistungen (in Anlehnung an [29])

Abbildung 3 verdeutlicht den Ablauf des Innovationsprozesses in Dienstleistungsunternehmungen entsprechend der vorgestellten Prozessabläufe. Diese verschiedenen Phasen werden von einem *Bewertungsprozess* überlagert, innerhalb dessen regelmäßig analysiert und hinterfragt wird, ob die Erfolgschancen der Innovation die Fortsetzung des Innovationsprozesses rechtfertigen.

Dabei muss beachtet werden, dass bei Dienstleistungsinnovationen jenseits der Neuerungen im Bereich der Potenzialfaktoren, die klassischen Produkt- und Prozessinnovationen gleichzusetzen sind, die *Abbruchwahrscheinlichkeit* in den späten Phasen des Innovationsprozesses besonders ausgeprägt ist, während bei den klassischen Innovationen die Abbruchwahrscheinlichkeit bereits in der Phase der Konzeption und der Forschung & Entwicklung sehr hoch ist. Zurückzuführen ist dies vor allem auf den jeweiligen Investitionsbedarf. Bei technischen Produkt- und Prozessinnovationen steigt der Finanzmittelbedarf überproportional an, sobald die Innovation die Konzeptionsphase beendet und in die Entwicklungsphase eintritt [33]. Im Gegensatz dazu ist die Konzeption neuer Dienstleistungen sowie ihre Umsetzung mit einem vergleichsweise geringen Investitionsbedarf verbunden. Hier wächst der Finanzmittelbedarf erst in der Phase der Markteinführung überproportional an, weil zu diesem Zeitpunkt die jeweilige Dienstleistungsinnovation am Ort der Erstellung vorgehalten und darüber hinaus mittels klassischer Werbestrategien bekannt gemacht werden muss. Die Unterschiede im Bewertungs- und Selektionsprozess zwischen klassischen Produkt- bzw. Prozessinnovationen und Dienstleistungsinnovationen sind in Abbildung 4 dargestellt.

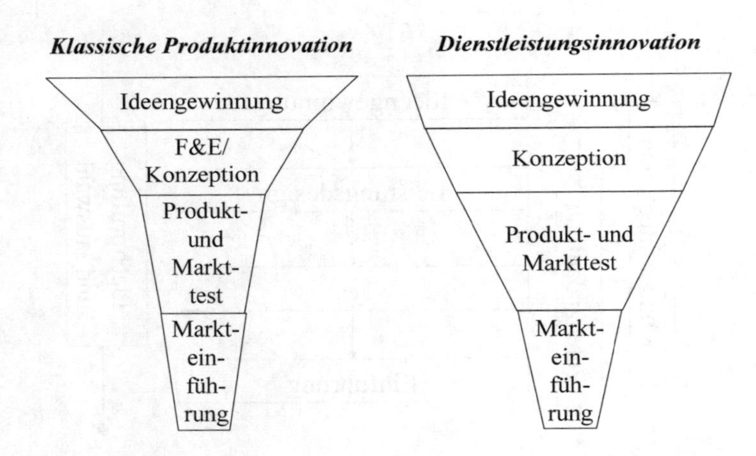

Abbildung 4: Trichtermodell für Innovationen [34]

Mit Blick auf das Innovationsmanagement in Dienstleistungsunternehmungen ist somit festzustellen, dass auf Grund der relativ geringen Investitionsbedarfe in den frühen Phasen des Innovationsprozesses nahezu sämtliche Ideen – und damit auch jene, die nur geringe Aussichten auf eine erfolgreiche Markteinführung haben – konzeptionell entwickelt und dann im Hinblick auf ihre Erfolgsaussichten im Markt getestet werden können. Erst jetzt muss ein sehr restriktiver *Bewertungs- und Selektionsprozess* einsetzen, um zu gewährleisten, dass allein diejenigen Dienstleistungsinnovationen durchgesetzt und im gesamten für die Unternehmung relevanten Marktraum angeboten werden, die die in der Zielplanung festgelegten Zielerreichungsgrade erfüllen.

Neben einer kontinuierlichen Ideenprüfung und -auswahl wird der Dienstleistungsinnovationsprozess von Aktivitäten zur Kundenintegration und zum Aufbau der für die Dienstleistungsproduktion erforderlichen Leistungspotenziale begleitet. Der *Potenzialaufbau* bezieht sich dabei sowohl auf personelle als auch auf maschinelle Fähigkeiten bzw. Kapazitäten. Dies betrifft die Qualifizierung der Mitarbeiter und die Schaffung unterstützender Systeme, z. B. die Auswahl und Anschaffung von Hard- und Software. Dabei ist die Auswahl und die Schulung der Mitarbeiter als eine der wichtigsten Aufgaben innerhalb des Innovationsprozesses anzusehen [35].

Gerade bei Dienstleistungen besitzt die *Kundenintegration* große Bedeutung. Einerseits stellt die Integration des externen Faktors einen immanenten Bestandteil jeder Dienstleistungserstellung dar. Der Kunde bestimmt durch sein Mitwirken deren Qualität mit und tritt somit als „Co-Produzent" auf. Davon abzugrenzen ist die Zurverfügungstellung von Informationen bezüglich der Güte der Dienstleistung durch den Kunden, welche zur Gestaltung der Dienstleistung genutzt werden können. In diesem Fall kann vom Kunden als „Co-Designer" gesprochen werden [29]. Diese Form der Kundenintegration ist als die für Innovationen relevante anzusehen.

Alle dargestellten Phasen des Innovationsprozesses bestimmen den Erfolg von Dienstleistungsneuerungen in unterschiedlich starker Weise. Insofern ist es vor dem Ziel der Gestaltung von Serviceinnovationen mit hoher wahrgenommener Dienstleistungsqualität erforderlich, die Kundenorientierung in allen Teilbereichen des Innovationsprozesses sicherzustellen. Um dieser Überlegung Rechnung zu tragen und die Übersichtlichkeit der Ausführungen zu erhöhen, sind die folgenden Ausführungen zur Kennzeichnung wesentlicher Methoden entsprechend der verschiedenen Phasen des Innovationsprozesses strukturiert und die verschiedenen Ansätze den Bereichen, in welchen sie besondere Bedeutung und Anwendung finden, zugeordnet.

3 Gestaltung kundenorientierter Innovationsprozesse im Service-Marketing

3.1 Kundenorientierung in der Ideengewinnungsphase

In der Ideengewinnungsphase ist eine hohe Kundenorientierung vor allem über die Berücksichtigung von Kundenwünschen und -anforderungen bei der Generierung von Neuproduktideen zu gewährleisten. In diesem Zusammenhang sollten neben den Gesprächen mit dem Kundenkontaktpersonal und klassischen kundenorientierten Kreativitätstechniken wie bspw. dem Brainstorming auch die merkmals- und ereignisorientierten Verfahren zur Messung der Dienstleistungsqualität eingesetzt werden.

Durch die *Messung der wahrgenommenen Dienstleistungsqualität* bestehender Leistungsangebote eröffnen sich einer Unternehmung Möglichkeiten zur Gewinnung von Anregungen zur Gestaltung neuer oder verbesserter Leistungen.

Mit Blick auf die Messung der Dienstleistungsqualität herrscht Einvernehmen darüber, dass die Qualität zunächst aus Nachfragersicht gemessen werden muss, um diese Nachfragerperspektive darauf aufbauend in angebotsseitige Qualitäts- und Innovationsmerkmale zu überführen. Darüber hinaus muss im Rahmen der Qualitätsmessung beachtet werden, dass auf Grund des immateriellen Charakters von Dienstleistungen die Qualitätsmerkmale ausgeprägt subjektiv wahrgenommenen werden und objektive Qualitätsmaßstäbe einen untergeordneten Stellenwert besitzen [36]. Somit müssen die Verfahren zur Messung der Dienstleistungsqualität eine subjektive Kundenperspektive in den Mittelpunkt stellen. Eine grundlegende Einteilung der Verfahren, die diese Besonderheiten berücksichtigen, kann in ereignisorientierte und merkmalsorientierte Ansätze erfolgen.

Ereignisorientierte Messmethoden berücksichtigen in besonderer Weise den Prozesscharakter von Dienstleistungen [37]. Durch die Nennung und Bewertung besonders relevanter Kundenkontaktsituationen bzw. Ereignisse im Verlauf des Dienstleistungserstellungsprozesses wird auf die wahrgenommene Dienstleistungsqualität geschlossen. Diese Verfahren führen in aller Regel zu qualitativen Aussagen, die mit Hilfe von Inhaltsanalysen weiter bearbeitet werden müssen und multivariaten statistischen Auswertungen nur schwer zugänglich sind [38]. Weit verbreitete ereignisorientierte Messverfahren sind die Beschwerdeanalyse, die Critical Incident Technique sowie die sequenzielle Ereignismethode.

Im Gegensatz zu den ereignis- gehen *merkmalsorientierte Methoden* davon aus, dass die Einschätzung der Gesamtqualität einer Dienstleistung aus dem Zusammenwirken unterschiedlicher Qualitätsmerkmale resultiert [37]. Dementsprechend werden bei derartigen Messansätzen möglichst umfassende Merkmalskataloge zur Beurteilung der Dienstleistungsqualität aufgestellt, um darauf aufbauend die Dienstleistungsqualität durch die Kunden anhand dieser Merkmale bewerten zu lassen. Typische merkmalsorientierte Verfahren zur Messung der Dienstleistungsqualität sind so genannte multiattributive Methoden. Aber auch die Vignette-Methode, dekompositionelle Verfahren, der Willingness-to-pay- oder der Penalty-Reward-Faktoren-Ansatz werden zur merkmalsorientierten Qualitätsmessung eingesetzt [37].

Die Anwendung von Verfahren zur Messung der Dienstleistungsqualität bestehender Angebote geben einer Unternehmung Aufschluss darüber, welche bestehenden Leistungsangebote und -elemente von den Kunden als besonders gut eingeschätzt, welche Bereiche kritisch gesehen und welche Wünsche und Bedürfnisse bisher nicht oder nur in unzureichendem Maße erfüllt werden. Derartige Erkenntnisse können den Ausgangspunkt für die Gestaltung neuer bzw. die Variation bestehender Leistungsangebote bilden. In diesem Fall wird eine strenge „market-pull"-Sichtweise verfolgt. Dabei wird es typischerweise zu Dienstleistungen mit einem geringen Innovationsgrad kommen.

3.2 Kundenorientierung in der Phase des Service Designs

Im Rahmen des Servicedesigns sind die Verfahren der Wertkettenanalyse, des Blueprinting und des Quality Function Deployment besonders relevant, um die Kundenintegration zu gewährleisten.

Die *Wertkettenanalyse* ist ein strategisches Prozessanalyseinstrument. Mittels einer Wertkette erfolgt anhand eines vertikalen Schnitts eine Analyse der Grundfunktionen eines Geschäftsfelds (bzw. anderer Untersuchungseinheiten). Die betrachteten Geschäftsfelder werden systematisch in ihre wertschöpfenden Aktivitäten zerlegt. Dabei wird zwischen primären und sekundären Tätigkeiten differenziert. Die grundlegende Struktur der Wertkette ist in Abbildung 5 dargestellt. Unter den primären Aktivitäten werden solche betrieblichen Funktionen zusammengefasst, die mit dem physischen Durchlauf der zu erstellenden Leistungen verbunden sind. Hierzu zählen bspw. die Eingangslogistik, die Fertigung, der Vertrieb oder auch der Kundendienst. Die sekundären Aktivitäten umfassen demgegenüber die Tätigkeiten, die zwar nicht unmittelbar mit dem physischen Durchlauf der Leistungen zusammenhängen, die jedoch auf Grund ihrer unterstützenden Funktionen indirekt zur Gewährleistung der primären Aktivitäten erforderlich sind. Darunter fallen insbesondere die Beschaffung, das Personalwesen, die Technologieentwicklung und die gesamte Unternehmensinfrastruktur [39].

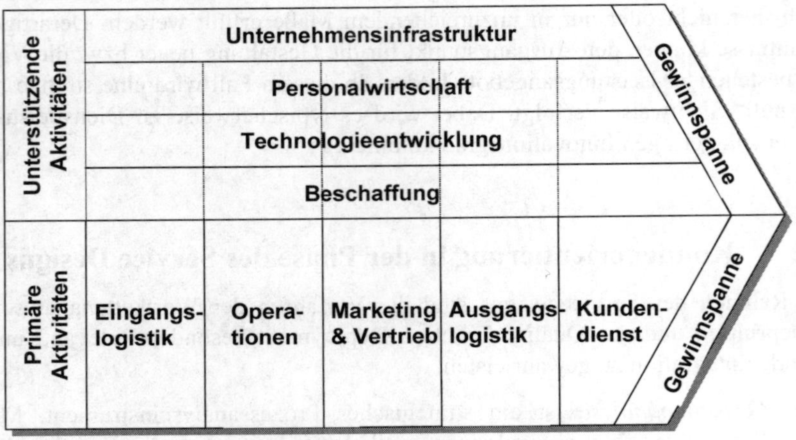

Abbildung 5: Wertkette nach Porter [40]

Der zentrale Unterschied im Aufbau einer Wertkette für Dienstleistungsunternehmen im Vergleich zu Sachgüterproduzenten liegt in den Besonderheiten von Dienstleistungen begründet.

Die Integration des Kunden in den Erstellungsprozess einer Dienstleistung erzwingt auch dessen Integration in die Dienstleister-Wertkette [19]. Aus dieser Integration ergeben sich verschiedene Besonderheiten. So muss die Simultanität von Produktion und Konsum sowie der der Produktion vorgelagerte Absatz Berücksichtigung finden [41]. Innerhalb einer Wertkette für Dienstleistungsunternehmen sind damit das Marketing und der Vertrieb mit dem Ziel der Kundenakquisition noch vor der Eingangslogistik anzusiedeln. Die Eingangslogistik ist darüber hinaus eng mit den Operationen verbunden, weil bei den meisten Dienstleistungen die Inputfaktoren unmittelbar in die Operationen eingehen und der Lageranteil gering ist.

Weiterhin ist die Mehrstufigkeit der Leistungserstellung in der Wertkette für Dienstleister zu berücksichtigen [42]. Ein Teil der hierfür erforderlichen Wertaktivitäten, und zwar solche, die dem Aufbau des Leistungspotenzials dienen, sind den verschiedenen unterstützenden Tätigkeiten zuzuordnen. Die konkrete Leistungserstellung am Kunden ist in der Kategorie „Operationen“ anzusiedeln. Dagegen kann die von der Porterschen Wertkette bekannte Wertaktivität „Ausgangslogistik“ vernachlässigt werden, da Vorratshaltung und Lagerung bei Dienstleistungen nicht stattfinden [41].

Es empfiehlt sich zudem, einmalige Dienstleistungsvereinbarungen im Sinne einer projektorientierten Dienstleistungserstellung bzw. wiederholte in Form einer kontinuierlichen Leistungserbringung zu unterscheiden [43].

Wie in Abbildung 6 ersichtlich, sind der projektorientierten Leistungserstellung die primären Aktivitäten Akquisition, Eingangslogistik, Kontaktphase und Nachkontaktphase zuzuordnen [44].

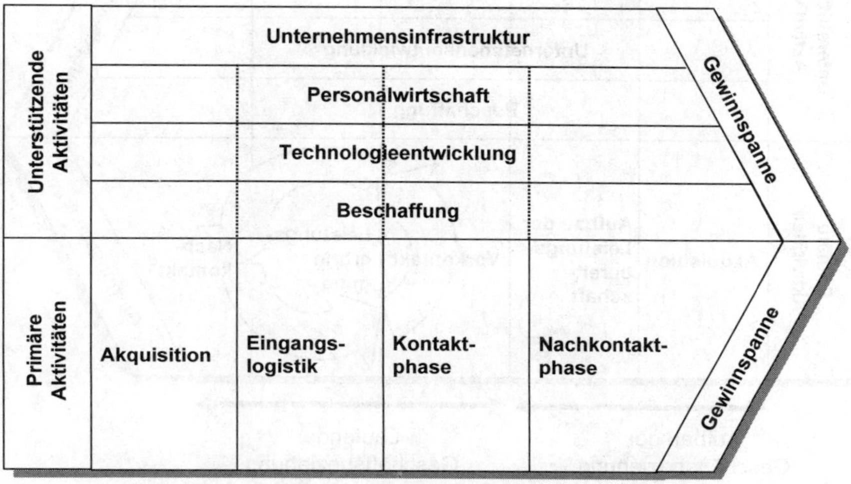

Abbildung 6: Wertkette einer projektbezogenen Dienstleistung [44]

Die Weiterentwicklung der Wertkette für kontinuierliche Leistungsvereinbarungen führt zu einer phasenbezogenen Differenzierung der primären Leistungen. Die Phase „Aufbau der Geschäftsbeziehung“ umfasst die primären Aktivitäten der Kundengewinnung und der Sicherung der Leistungsbereitschaft. Der Abschnitt „laufende Geschäftsbeziehung“ mit den Prozessen Vorkontakt, Leistungserstellung und Nachkontakt spiegelt den kontinuierlichen Charakter der Leistungserstellung in Form eines Kreislaufs wider [43]. Abbildung 7 zeigt zusammenfassend den modifizierten Aufbau einer Wertkette für Dienstleistungen mit kontinuierlicher Leistungserstellung.

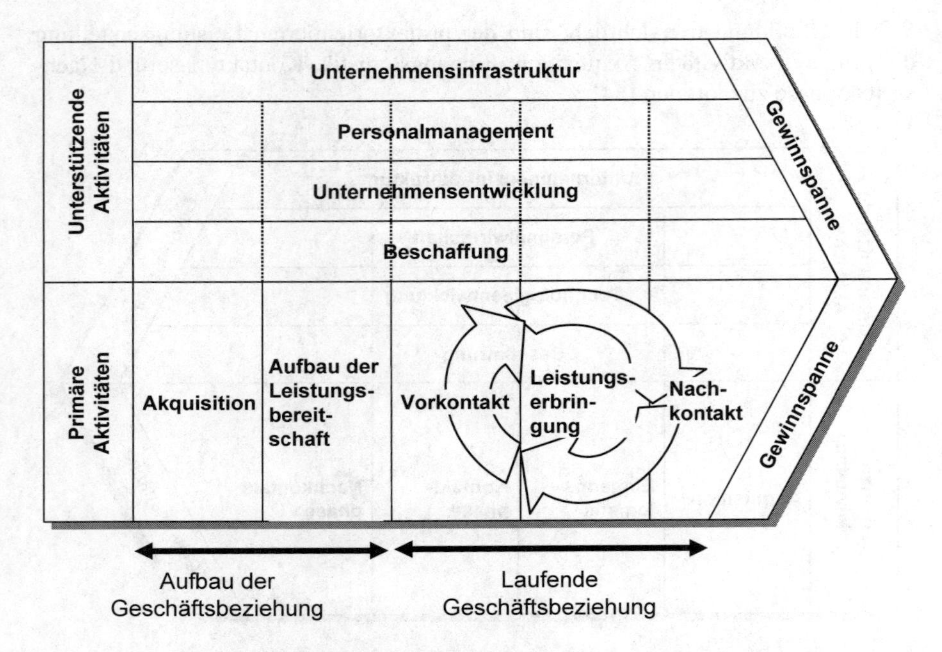

Abbildung 7: Wertkette einer kontinuierlichen Dienstleistung [43]

Die Wertkette – gleich welcher Strukturierung – ist zum einen ein Instrument zur *Abnehmernutzenanalyse*, weil untersucht wird, durch welche Wertaktivitäten dem Konsumenten im Vergleich zu Wettbewerbsangeboten ein Zusatznutzen und somit ein zusätzlicher Wert entsteht, den zu bezahlen er bereit ist. Zum anderen dient die Wertkette als Instrument der *Kostenanalyse*, indem solche Aktivitäten in den Vordergrund gestellt werden, die auf Grund ihres vergleichsweise hohen Kostenanteils einen hohen Einfluss auf die Kostenposition und damit auf den Gewinn der Unternehmung haben [45][46].

Eine isolierte Betrachtung einzelner Aktivitäten würde Verflechtungen, die auf vielfältige Weise zwischen einzelnen Tätigkeiten bestehen können, unberücksichtigt lassen und entspricht somit nicht dem ganzheitlichen Prinzip der Wertkettenanalyse. Über die wettbewerbsorientierte Analyse einzelner Tätigkeiten bzw. ganzer Wertaktivitäten hinaus ist es vielmehr das Ziel der Wertkettenanalyse, die Interdependenzen, die zwischen den Tätigkeiten einer Wertkette aber auch zwischen den Wertketten verschiedener Geschäftsfelder einer Unternehmung bzw. den Wertketten vor- oder nachgelagerter Stufen eines vertikalen Systems bestehen, zu analysieren und für die Erlangung strategischer Wettbewerbsvorteile zu nutzen [45][46]. Abbildung 8 stellt die Verknüpfung vertikal verbundener Wertketten schematisch dar.

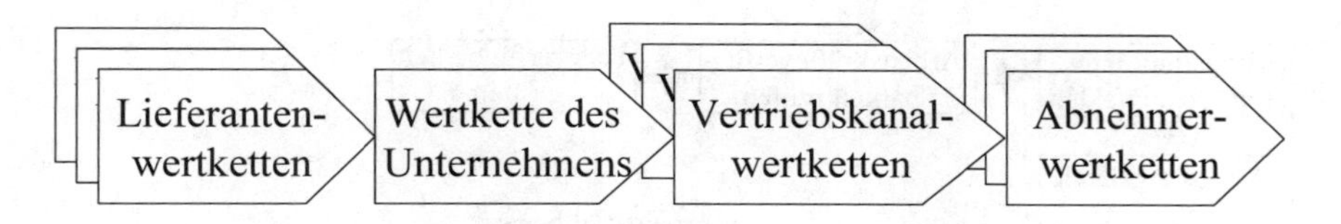

Abbildung 8: Ebenen der Wertkettenanalyse

Eine Verwendung der Wertkettenanalyse im Rahmen des Servicedesigns muss auf Grund des abstrakten und langfristigen Charakters dieses Analyseinstruments vor allem strategische Anregungen zur Gestaltung der Dienstleistungsabläufe liefern. Auf Grund der Prozessbetrachtung der Wertkettenanalyse ist diese geeignet, globale Empfehlungen für die Gestaltung neuer Dienstleistungsprozesse zu geben. Dabei beziehen sich vor allem die primären Aktivitäten, welche sich mit dem physischen „Leistungsdurchlauf" beschäftigen, auf den Ablauf der Dienstleistungserstellung. Die sekundären Aktivitäten betreffen eher den Potenzialaufbau. Im Rahmen einer Abnehmernutzenanalyse ist es nun möglich, potenzielle Prozessabläufe hinsichtlich des Kundennutzens und damit unter dem Gesichtspunkt der wahrgenommenen Dienstleistungsqualität zu untersuchen. Eine besondere Rolle spielt in diesem Zusammenhang auch die Betrachtung möglicher vertikaler Verknüpfungen mit den Wertketten der Abnehmer. Darüber hinaus ist zu überlegen, inwieweit durch die Umgestaltung, Umverlagerung oder Verknüpfung verschiedener (primärer) Aktivitäten bzw. der Wertketten verschiedener Geschäftseinheiten oder Unternehmungen Dienstleistungsinnovationen mit hohem Kundennutzen geschaffen werden können.

Das *Blueprinting* ist ein operatives Prozessanalyseinstrument, welches sich vor allem für die grafische Verdeutlichung von Prozessabläufen und darauf aufbauenden Ablaufanpassungen eignet. Im Gegensatz zu „normalen" Prozessablaufmodellen enthält ein Blueprint über die Darstellung des Prozessverlaufs mit seinen einzelnen Teilschritten hinaus noch Informationen zur Intensität der Kundenintegration in den verschiedenen Phasen des Dienstleistungsprozesses. Durch die „line of visibility" wird gekennzeichnet, welche Prozessaktivitäten der Kunde wahrnimmt bzw. in welche er integriert ist, und welche Leistungen für ihn im Verborgenen stattfinden. Besonders die Analyse und Gestaltung von Kundenkontaktpunkten ist mittels des Blueprinting möglich. Auf diese Weise lassen sich detaillierte Analysen über den Einfluss verschiedener Prozessphasen auf die von den Kunden wahrgenommene Dienstleistungsqualität ableiten. Abbildung 9 enthält einen Blueprint für das Beispiel der Reparaturannahme eines Automobils.

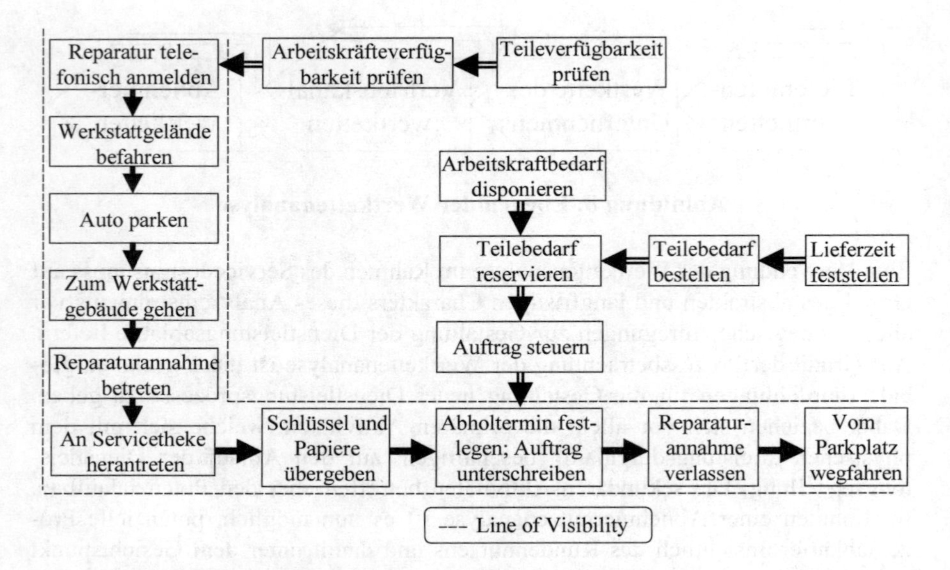

Abbildung 9: Blueprint am Beispiel einer Reparaturannahme

Dabei bestimmt der Neuigkeitsgrad der Innovation die konkreten Einsatzmöglichkeiten des Service-Blueprint. Die Modifikation bzw. Variation von Dienstleistungsprozessen erfordert zunächst die Darstellung eines Ist-Blueprint, auf dessen Basis Optimierungspotenziale abzuleiten sind, welche wiederum die Grundlage für die Erstellung eines Soll-Blueprint darstellen. Soll im Rahmen der Leistungspolitik eine echte Dienstleistungsinnovation entwickelt werden, kann diese Neukonzeption durch die Erstellung eines Soll-Blueprint erfolgen, welches in der anschließenden Testphase zu beurteilen ist [47].

Das *Quality Function Deployment* (QFD) ist schließlich ein mehrstufiger, eher ingenieurwissenschaftlicher Ansatz zur „Übersetzung" von Kundenanforderungen in technische Spezifikationen, welcher zunehmend auch zur Gestaltung von Dienstleistungsprozessen verwendet wird. Ausgehend von den Nachfragerbedürfnissen werden Leistungsmerkmale abgeleitet und Zielgrößen quantifiziert, die der Erfüllung der Kundenwünsche dienen sollen [37]. Einschränkend ist zu erwähnen, dass das Konzept des QFD trotz seiner Übertragbarkeit vor allem für materielle Produkte angewendet wird. Darüber hinaus liegt diesem Verfahren eine statische, merkmalsorientierte und keine ereignisbezogene, prozessorientierte Sichtweise zu Grunde.

3.3 Kundenorientierung in der Testphase

Wesentliche Aufgabe der Testphase im Rahmen des Dienstleistungsinnovationsprozesses ist die Überprüfung des entwickelten Servicedesigns in Hinblick auf deren Eignung zur Erreichung der mit den Neuerungen verfolgten Ziele.

Neben der Prüfung der Qualität der eigenen Potenziale und der Qualität des externen Faktors (bezüglich der Anforderungen, welche an diesen im Rahmen des Erstellungsprozesses gestellt werden) zur Identifikation möglicher Fehlerquellen im Dienstleistungserstellungsprozess dienen Pilotversuche vor allem dazu, die Akzeptanz der neuen Dienstleistungen beim Kunden zu ermitteln. So ist die Erprobung von Dienstleistungsinnovationen in aller Regel auf die Integration des externen Faktors, d. h. des Kunden oder seiner Objekte, angewiesen [29]. Dabei kommen z. B. die aus dem Sachgüterbereich bekannten Konzepttests zur Anwendung. Methodisch können diese durch die Critical Incident Technique oder die sequenzielle Ereignismethode unterstützt werden.

Die Critical Incident Technique basiert auf der Erfassung möglicher kritischer Ereignisse während des Dienstleistungsprozesses, indem der Kunde gezielt animiert wird, abgeleitet aus dem geschilderten Dienstleistungskonzept, besonders negative oder positive Kontaktsituationen zu antizipieren [48].

Auch die sequenzielle Ereignismethode basiert auf dem Prinzip des so genannten „Story Telling" [48]. Der Kunde wird gebeten, den entwickelten Dienstleistungsprozess ausgehend von einem vorgelegten Soll-Blueprint systematisch zu beurteilen.

3.4 Kundenorientierung in der Markteinführung

In der Phase der Markteinführung gilt es, die Um- und Durchsetzung der Serviceinnovationen zu gewährleisten. Auch in dieser Phase ist es von entscheidender Bedeutung, eine strikte Kundenorientierung zu gewährleisten. Deshalb ist es erforderlich, sämtliche am Innovationsprozess beteiligten Personen, Abteilungen und Unternehmen auf eine umfassende Kundenorientierung auszurichten. Um dies im Rahmen der Markteinführung sicherzustellen, kann bspw. auf Ansätze zurückgegriffen werden, die auch bei der Steuerung der Dienstleistungsqualität Anwendung finden. Diese Adoption scheint geeignet, weil im Rahmen der Schaffung von Dienstleistungsinnovationen das Kundenurteil ganz wesentlich durch das Verhalten der beteiligten Mitarbeiter bestimmt wird. Im Folgenden soll – aufbauend auf Überlegungen der Organisationstheorie – eine Systematisierung in technokratische sowie struktur- und kulturorientierte Ansätze vorgenommen werden [49]. Abbildung 10 verdeutlicht dieses Vorgehen.

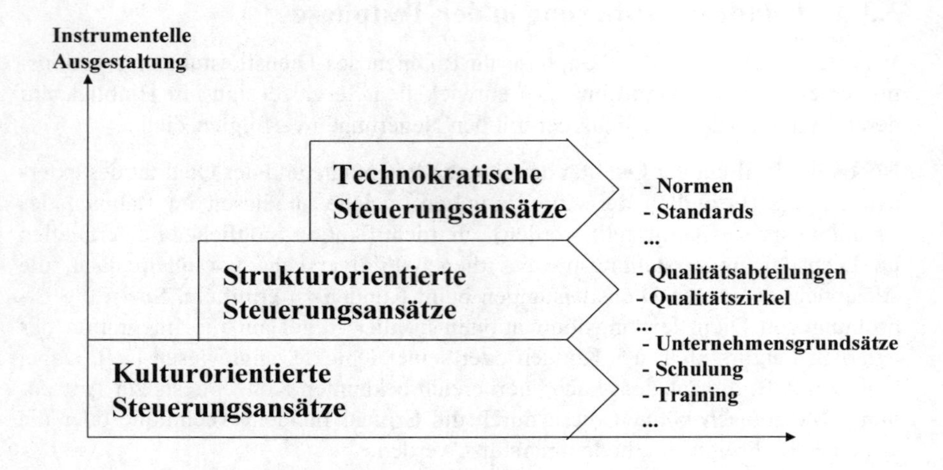

Abbildung 10: Steuerungsansätze der Dienstleistungsqualität (in Anlehnung an [50])

Im Rahmen der *technokratischen Ansätze* wird durch Normen und Standards das Verhalten der Mitarbeiter zielorientiert beeinflusst und so die Kundenorientierung gewährleistet. Durch Regeln soll die Vielzahl möglicher Verhaltensweisen auf jene beschränkt werden, die für die Einführung der Dienstleistungsinnovation entsprechend der Kundenerwartungen geeignet sind. Als besonders wesentlich, aber auch besonders schwierig, stellt sich in diesem Zusammenhang die Überführung qualitätsbezogener Erwartungen der Kunden in handlungsbezogene Vorgaben für die Mitarbeiter dar. Um eine hohe Gesamtqualität der Innovation sicherzustellen, ist es notwendig, Festlegungen für sämtliche aus Kundensicht wesentliche Qualitätsmerkmale in einem Normensystem zusammenzuführen. Dabei können sowohl konkrete Zielwerte als auch detaillierte Handlungsbeschreibungen vorgegeben werden [37].

Neben der Vorgabe von Normen und Standards muss der Dienstleistungsanbieter auch die organisatorischen Voraussetzungen für die Ausrichtung der Innovation am Kunden in der Markteinführungsphase schaffen. Dementsprechend beziehen sich *strukturorientierte Steuerungsansätze* auf die Institutionalisierung des Innovationsmanagements im Unternehmen. Hierbei ist es erforderlich, die Vielzahl von Unternehmensbereichen und teilweise unternehmensexternen Institutionen, die an der Erstellung der Dienstleistungsinnovation mittelbar oder unmittelbar beteiligt sind und damit deren Qualität beeinflussen, miteinander zu koordinieren und abzustimmen. Dafür muss eine Innovationsorganisation implementiert werden, welche mit der Messung, Steuerung und dem Controlling der Qualität der Serviceinnovation betraut ist [49]. Dies kann im Rahmen der Primärorganisation bspw. durch Qualitätsabteilungen und in der Sekundärorganisation bspw. in Form von Qualitätszirkeln erfolgen. Wichtig ist hierbei eine breite Integration der betroffenen Mitarbeiter.

Ziel der *kulturorientierten Steuerungsansätze* ist es schließlich, durch die Implementierung eines innovationsorientierten Wertesystems im gesamten Unternehmen die entsprechende Motivation und das erforderliche Problembewusstsein bei den Mitarbeitern zur Erzielung einer herausragenden Dienstleistungsinnovation aufzubauen [20].

Auf Grund der unterschiedlichen Leistungsprofile technokratischer, struktur- und kulturorientierter Steuerungsansätze ist deren Einsatz nicht alternativ, sondern integriert anzustreben. Auf diese Weise kann durch die Nutzung der Komplementarität der Steuerungsansätze eine optimale Markteinführung der Dienstleistungsinnovation erreicht werden. Welche Instrumente im Mittelpunkt der Steuerungsmaßnahmen stehen, hängt wesentlich von der Art der erstellten Dienstleistung ab. Während bei Dienstleistungen mit hohem Interaktionsgrad zwischen Anbieter und Nachfrager dem kulturorientierten Ansatz eine hohe Bedeutung zukommt, spielen bei Dienstleistungen, welche sich an Objekten der Nachfrager vollziehen, technokratische Steuerungsmaßnahmen eine größere Rolle [20].

4 Zusammenfassung und Ausblick

Die Schaffung neuer Leistungen stellt eine der wesentlichen Herausforderungen in Dienstleistungsunternehmungen dar. Einen essentiellen Erfolgsfaktor für ein gelungenes Innovationsprojekt bilden die Berücksichtigung der Kundenperspektive und die Implementierung einer ausgeprägten Dienstleistungsqualität in allen Phasen des Innovationsprozesses. Gegenstand des vorliegenden Beitrags war es deshalb, Bezug nehmend auf die verschiedenen Phasen des Innovationsprozesses von Dienstleistungen, wesentliche Methoden für diesen Aufgabenbereich zu kennzeichnen.

Es hat sich gezeigt, dass sich die Kundenorientierung auf den gesamten Innovationsprozess erstrecken muss. Versäumnisse auf diesem Gebiet schmälern den Markterfolg der Innovationen erheblich und können teilweise nur mit unverhältnismäßig großem Aufwand revidiert werden.

Weiterer Forschungsbedarf besteht dahingehend, dass existierende Verfahren verfeinert und noch stärker auf den Anwendungsbereich der Serviceinnovationen zugeschnitten werden müssen und dass eine Integration und Verknüpfung isoliert dargestellter Verfahren zu einem umfassenden Konzept der Kundenorientierung im Rahmen des Service Engineering erfolgen muss.

Literaturverzeichnis

[1] Schumpeter, J. A.: Theorie der wirtschaftlichen Entwicklung, 9. Auflage, Berlin 1997.

[2] Thom, N.: Grundlagen des betrieblichen Innovationsmanagements, 2. Auflage, Königstein 1980.

[3] Hauschildt, J.: Innovationsmanagement, 3. Auflage, München 2004.

[4] Urban, G. L.; Hauser, J. R.: Design and Marketing of New Products, 2. Auflage, Englewood Cliffs, N.J 1993.

[5] Binkowski, P.; Beeck, H.: Finanzinnovationen, 3. Auflage, Bonn 1995.

[6] Eilenberger, G. (Hrsg.): Lexikon der Finanzinnovationen, 3. Auflage, München 1996.

[7] Bullinger, H.-J.; Meiren, T.: Service Engineering – Entwicklung und Gestaltung von Dienstleistungen, in: Bruhn, M.; Meffert, H. (Hrsg.): Handbuch Dienstleistungsmanagement, 2. Auflage, Wiesbaden 2001, S. 149-175.

[8] Meyer, P. W.; Meyer, A.: Dienstleistungen. Die große Hoffnung für Wirtschaft und Wirtschaftswissenschaften in den neunziger Jahren?, in: Jahrbuch der Absatz- und Verbrauchsforschung, 36(1990)2, S. 124-139.

[9] Güthoff, J.: Dienstleistungsqualität als strategischer Vorteil, in: Wirtschaftswissenschaftliches Studium, 27(1998)12, S. 610-615.

[10] Meffert, H.: Marketing-Management. Analyse – Strategie – Implementierung, Wiesbaden 1994.

[11] Elbing, G.; Janz, N.: Export and Innovation Activities in the German Service Sector: Empirical Evidence at the Firm Level, Discussion Paper No. 99-53, Center for European Economic Research, Mannheim 1999.

[12] Bullinger, H.-J.: Dienstleistungsmärkte im Wandel. Herausforderungen und Perspektiven, in: Bullinger, H.-J. (Hrsg.): Dienstleistung der Zukunft. Märkte, Unternehmen und Infrastrukturen im Wandel, Wiesbaden 1995, S. 45-95.

[13] Haller, S.: Dienstleistungsmanagement: Grundlagen – Konzepte – Instrumente, 2. Auflage, Wiesbaden 2002.

[14] Bitner, M. J.: Servicescapes: The Impact of Physical Surroundings on Customers and Employees, in: Journal of Marketing, 56(1992)2, S. 57-71.

[15] Zeithaml, V. A.; Bitner, M. J.: Services Marketing: integrating customer focus across the firm, 3. Auflage, Boston et al. 2003.

[16] Schmidt-Grohé, J.: Produktinnovation – Verfahren und Organisation der Neuproduktplanung, Wiesbaden 1972.

[17] Benkenstein, M.; Steiner, S.: Formen von Dienstleistungsinnovationen, in: Bruhn, M.; Stauss, B. (Hrsg.): Dienstleistungsinnovationen, Wiesbaden 2004, S. 27-43.

[18] Freudenmann, H.: Planung neuer Produkte, Stuttgart 1965.

[19] Meffert, H.; Bruhn, M.: Dienstleistungsmarketing. Grundlagen – Konzepte – Methoden, 4. Auflage, Wiesbaden 2003.

[20] Benkenstein, M.: Dienstleistungsqualität – Ansätze zur Messung und Implikationen für die Steuerung, in: Zeitschrift für Betriebswirtschaft, 63(1993)11, S. 1095-1116.

[21] Witte, E.: Organisation für Innovationsentscheidungen, Göttingen 1973.

[22] Remmerbach, K.-U.: Markteintrittsentscheidungen. Eine Untersuchung im Rahmen der strategischen Marketingplanung unter besonderer Berücksichtigung des Zeitaspektes, Wiesbaden 1988.

[23] Specht, G.; Zörgiebel, W. W.: Technologieorientierte Wettbewerbsstrategien, in: Marketing ZFP, 7(1985)3, S. 161-172.

[24] Bennett, R. C.; Cooper, R. G.: Beyond the Marketing Concept, in: Business Horizons, 22(1979)3, S. 76-83.

[25] Benkenstein, M.: Modelle technologischer Entwicklung als Grundlage für das Technologiemanagement, in: Die Betriebswirtschaft, 49(1989)4, S. 497-512.

[26] Barras, R.: Towards a Theory of Innovation in Services, in: Research Policy, 15(1986)4, S. 161-173.

[27] Evangelista, R.; Sirilli, G.: Innovation in the Service Sector: Results from the Italian Statistical Survey, in: Technological Forecasting and Social Change, 58(1998)3, S. 251-269.

[28] Gellatly, G.; Peters, V.: Understanding the Innovation Process: Innovation in Dynamic Service Industries, Arbeitspapier Nr. 127 der Micro-Economic Analysis Division, Ottawa, Ontario 1999.

[29] Meyer, A.; Blümelhuber, C.; Pfeiffer, M.: Der Kunde als Co-Produzent und Co-Designer, oder: die Bedeutung der Kundenintegration für die Qualitätspolitik von Dienstleistungsanbietern, in: Bruhn, M.; Stauss, B. (Hrsg.): Dienstleistungsqualität: Konzepte – Methoden – Erfahrungen, 3. Auflage, Wiesbaden 2000, S. 49-70.

[30] Atuahene-Gima, K.: An Exploratory Analysis of the Impact of Market Orientation on New Product Performance: A Contingency Approach, in: The Journal of Product Innovation Management, 12(1995)1, S. 275-293.

[31] Lüthje, C.: Kundenorientierung im Innovationsprozess: Eine Untersuchung der Kunden-Hersteller-Interaktion in Konsumgütermärkten, Wiesbaden 2000.

[32] Brockhoff, K.: Produktpolitik, 4. Auflage, Stuttgart et al. 1999.

[33] Benkenstein, M.: Integriertes Innovationsmanagement. Ansatzpunkte zum „lean innovation", in: Marktforschung & Management. Zeitschrift für marktorientierte Unternehmenspolitik, 37(1993)1, S. 21-25.

[34] Benkenstein, M.: Besonderheiten des Innovationsmanagements von Dienstleistungsunternehmungen, in: Bruhn, M.; Meffert, H. (Hrsg.): Handbuch Dienstleistungsmanagement, 2. Auflage, Wiesbaden 2001, S. 687-702.

[35] Meyer, A.; Blümelhuber, C.: Dienstleistungs-Innovation, in: Meyer, A. (Hrsg.): Handbuch Dienstleistungs-Marketing, Bd. I, Stuttgart 1998, S. 807-826.

[36] Stauss, B.; Hentschel, B.: Dienstleistungsqualität, in: Wirtschaftswissenschaftliches Studium, 20(1991)5, S. 238-244.

[37] Bruhn, M.: Qualitätsmanagement für Dienstleistungen. Grundlagen – Konzepte – Methoden, 5. Auflage, Berlin et al. 2004.

[38] Benkenstein, M.; Güthoff, J.: Methoden zur Messung der Dienstleistungsqualität, in: Bruhn, M.; Meffert, H. (Hrsg.): Handbuch Dienstleistungsmanagement, Wiesbaden 1998, S. 429-447.

[39] Bircher, B.: Dienste um die Produktion, in: Afheldt, H. (Hrsg.): Erfolge mit Dienstleistungen, Stuttgart 1988, S. 57-70.

[40] Porter, M. E.: Wettbewerbsvorteile. Spitzenleistungen erreichen und behaupten, 6. Auflage, Frankfurt a. M. et al. 2000.

[41] Maleri, R.: Grundlagen der Dienstleistungsproduktion, 4. Auflage, Berlin et al. 1997.

[42] Corsten, H.: Betriebswirtschaftslehre der Dienstleistungsunternehmen. Einführung, 2. Auflage, München 1990.

[43] Spiegel, T.: Prozessanalyse in Dienstleistungsunternehmen – Hierarchische Integration strategischer und operativer Methoden im Dienstleistungsmanagement, Wiesbaden 2003.

[44] Altobelli, C. F.; Bouncken, R.: Wertkettenanalyse von Dienstleistungsanbietern, in: Meyer, A. (Hrsg.): Handbuch Dienstleistungsmarketing, Bd. I, Stuttgart 1998, S. 282-297.

[45] Meffert, H.: Die Wertkette als Instrument einer integrierten Unternehmensplanung, in: Delfmann, W. (Hrsg.): Der Integrationsgedanke in der Betriebswirtschaftslehre, Wiesbaden 1989, S. 255-277.

[46] Esser, W.-M.: Die Wertkette als Instrument in der Strategischen Analyse, in: Riekhof, H.-C. (Hrsg.): Praxis der Strategieentwicklung, 2. Auflage, Stuttgart 1994, S. 129-149.

[47] Fließ, S.; Nonnenmacher, D.; Schmidt, H.: ServiceBlueprint als Methode zur Gestaltung und Implementierung von innovativen Dienstleistungsprozessen, in: Bruhn, M.; Stauss, B. (Hrsg.): Dienstleistungsinnovationen, Wiesbaden 2004, S. 173-202.

[48] Stauss, B.; Hentschel, B.: Verfahren der Problementdeckung und -analyse im Qualitätsmanagement von Dienstleistungsunternehmen, in: Jahrbuch der Absatz- und Verbrauchsforschung, 36(1990)3, S. 232-259.

[49] Benkenstein, M.: Ansätze zur Steuerung der Dienstleistungsqualität, in: Meyer, A. (Hrsg.): Handbuch Dienstleistungs-Marketing, Bd. I, Stuttgart 1998, S. 444-454.

[50] Benkenstein, M.; Holtz, M.: Qualitätsmanagement von Dienstleistungen, in: Bruhn, M.; Meffert, H. (Hrsg.): Handbuch Dienstleistungsmanagement, 2. Auflage, Wiesbaden 2001, S. 193-209.

III Ausgewählte Ansätze des Service Engineering

Integrierte Entwicklung von Dienstleistungen und Netzwerken – Dienstleistungskooperationen als strategischer Erfolgsfaktor

Erich Zahn
Lehrstuhl für Allgemeine Betriebswirtschaftslehre, Betriebswirtschaftliche Planung und Strategisches Management,
Universität Stuttgart
Martin Stanik
DaimlerChrysler AG, Stuttgart

Inhalt

1 Ausgangslage

Die jüngste Jahrhundertwende steht im Zeichen des Wandels von der Industrie- zur Dienstleistungsgesellschaft. Das traditionelle Wachstumsmodell der Industriegesellschaft, basierend auf Arbeit, Kapital und Boden, verliert an Einfluss. An seine Stelle tritt das ideengetriebene Wachstum einer entstehenden Wissensökonomie.

Die verstärkte Tertiarisierung der Wirtschaft zeigt sich deutlich in der Verschiebung von Wertschöpfung und Beschäftigung vom produzierenden Sektor hin zum Dienstleistungssektor [1]. Von der Globalisierung des Wettbewerbs und der schnellen Diffusion neuer Informations- und Kommunikations-Technologien gehen nachhaltige Impulse für den Wandel zur Dienstleistungsgesellschaft aus. Zusätzlich führen ökonomische Makrotrends wie z. B. die wachsende Bedeutung von Serviceleistungen als Mittel zur wettbewerblichen Differenzierung und gleichzeitig ein zunehmendes Outsourcing industrienaher Dienstleistungen zu einer erhöhten Nachfrage nach Dienstleistungen. Dies wird weiter verstärkt durch gewisse gesellschaftliche Entwicklungen, die mit einem steigenden Bedarf an Freizeitangeboten, Unterhaltung, Lebensqualität und Pflege einhergehen. Insbesondere die so genannten TIMES-Branchen profitieren hiervon. TIMES steht für **T**elekommunikation, **I**nformation, **M**edien, **E**ntertainment und **S**ervices [2].

Neben der steigenden Bedeutung von Dienstleistungen auf der Nachfrageseite ist ein verstärkter Fokus der Angebotsseite auf Kernkompetenzen zu beobachten. Der Wettbewerb zwingt die Unternehmen in vielen Branchen zu einer neuen Arbeitsteilung, zur Konzentration auf wenige Kompetenzfelder und zur Auslagerung von Standardfähigkeiten. Dies führt häufig zu hochwertigen und i. d. R. preisgünstigeren Leistungen. Unternehmen, die über alle notwendigen Kompetenzen zur Leistungserstellung verfügen, sind heute nur noch in hochintegrierten, gewöhnlich jungen Branchen vorstellbar. Dagegen hält der Trend zur Verschlankung in traditionellen Industrien noch an. Ein Beispiel dafür ist die weiter sinkende Leistungstiefe in der Automobilindustrie. Allerdings führen solche Auslagerungen nicht immer zum gewünschten Erfolg. Häufig lagern Unternehmen Wertschöpfungsaktivitäten aus, die sie behalten sollten, und sie behalten solche, von denen sie sich trennen sollten.

Die Konzentration auf die Kernfähigkeiten steht in einem gewissen Widerspruch zur wachsenden Nachfrage nach Komplettleistungen. Kunden wollen ihre verschiedenen Leistungen aus einer Hand. Sie wünschen „Rundumsorglospakete“ als abgestimmte, individuelle Full-Service-Leistungen von einem Anbieter [3]. Das gilt bspw. für das Angebot von Softwaresystemen ebenso wie für Angebote im Facility Management.

2 Aktuelle Herausforderungen an Dienstleister

Die skizzierten Entwicklungen bedeuten für die Anbieter von Dienstleistungen neue Herausforderungen, denen es zu begegnen gilt [4]. Sie bieten ihnen aber auch gleichzeitig neue Wachstumschancen (Abbildung 1).

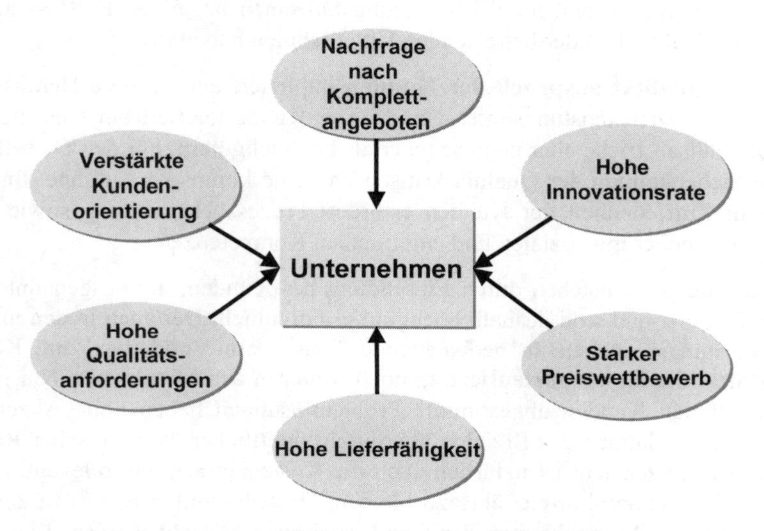

Abbildung 1: Herausforderungen an Dienstleister

Der schnelle technische Wandel, insbesondere in der Informations- und Kommunikationstechnik verlangt von den anbietenden Unternehmen eine **hohe Innovationsrate**. Nur durch immer wieder neue Leistungspakete können die komplexen Probleme der Kunden gelöst, ihre be- und entstehenden Bedürfnisse befriedigt und so die Wettbewerbsfähigkeit der Unternehmen sichergestellt werden. Der sich auch bei Dienstleistungen verkürzende Lebenszyklus verlangt einen hohen Einsatz in der Entwicklung neuer, insbesondere wissensintensiver Dienstleistungen und eine Verkürzung der Time-to-Market.

Eine weitere Herausforderung ist der **starke Preiswettbewerb** in den meisten Dienstleistungsbranchen. Der Preis spielt neben seiner Funktion als Qualitätsindikator eine wesentliche Rolle bei der Kaufentscheidung. Die Möglichkeit des einfachen Preisvergleichs mit Hilfe moderner Informationstechnik hat den Wettbewerb weiter verschärft. Unternehmen sind daher gezwungen, den Kosten bei der Dienstleistungsentwicklung und -erbringung größere Bedeutung zuzumessen. Potenziale für Skalen-, Scope-, Speed- und Lerneffekte müssen deshalb systematisch identifiziert und konsequent genutzt werden.

Der Markterfolg eines Unternehmens hängt wesentlich von seiner **Lieferfähigkeit** ab. Die Bereitstellung der notwendigen Potenziale zur Leistungserbringung ist für

Dienstleister kritisch. Da Dienstleistungen i. d. R. personalintensiv erbracht werden, sind mit einer hohen Lieferfähigkeit gewöhnlich auch hohe Personalkosten verbunden. Werden keine Leistungspotenziale vorgehalten, sind Lieferengpässe zu befürchten. Dienstleistungen können schließlich nicht auf Lager produziert werden. Lange Wartezeiten bei Hotlines oder Call-Centern können zu unzufriedenen Kunden führen und im Wiederholungsfall einen negativen Einfluss auf die Wettbewerbsfähigkeit der betreffenden Unternehmen haben [5].

Der hohe **Qualitätsanspruch der Kunden** impliziert eine weitere Herausforderung für die Dienstleistungsunternehmen. Der Kunde toleriert bei Dienstleistungen Qualitätsabstriche eher noch seltener als bei Sachgütern. Für den Dienstleister ist die Sicherstellung der Qualität kritisch und eine komplexe Aufgabe. Ihre Lösung zur Zufriedenheit der Kunden erfordert Prozessbeherrschung sowie motivierte Mitarbeiter mit sozialen und emotionalen Kompetenzen.

Dienstleistungen entstehen durch Einbindung des Kunden, des so genannten externen Faktors, und sind deshalb hochgradig individuell. Der auch in den meisten Dienstleistungsbranchen zu beobachtende Trend vom Verkäufer- zum Käufermarkt rückt die **Kundenorientierung** noch weiter in den Mittelpunkt. Nur individuelle auf den Kunden abgestimmte Problemlösungen haben hohe Akzeptanzchancen und erlauben das Erzielen überdurchschnittlicher ökonomischer Renten. Neben der Nutzensicht ist natürlich auch die Kostenbetrachtung relevant, um im Preiswettbewerb konkurrenzfähig zu bleiben. Deshalb sollten bereits in der Entwicklungsphase Möglichkeiten der Standardisierung bedacht werden. Ebenso ist zu prüfen, ob und wie Prozessschritte optimiert oder sogar eliminiert werden können. Dies setzt einen engen Kontakt zum Kunden voraus, der als Co-Designer in die Dienstleistungsentwicklung eingebunden werden sollte.

Eine besonders kritische Herausforderung manifestiert sich in der **Nachfrage nach Komplettleistungen** oder Full-Service-Leistungen. Der Bedarf an kompletten Leistungspaketen anstatt Einzelleistungen ist bereits aus den produzierenden Branchen bekannt. Konzepte wie System- oder Modular Sourcing werden dort seit Jahren angewendet und haben zu signifikanten Kostensenkungen und Qualitätssteigerungen geführt. In den letzten Jahren ist eine derartige Entwicklung auch im Dienstleistungsbereich zu beobachten. Der Kunde wünscht möglichst komplette Problemlösungen. Diese will er aus einer Hand kaufen. Mit der Koordination der Teilleistungen will er nicht mehr belastet werden. Der dadurch bedingte Wegfall von Koordinations- und Beschaffungskosten führt i. d. R. zu einer höheren Preisbereitschaft des Kunden [6][7][8].

Die oben aufgezeigten Herausforderungen haben den Druck auf Dienstleistungsunternehmen in den letzten Jahren insgesamt beträchtlich erhöht. Das gleichzeitige Beherrschen dieser zum Teil konkurrierenden Herausforderungen ist sehr schwierig und hat zur Herausbildung neuer Handlungsalternativen geführt.

3 Handlungsalternativen für Dienstleister

Zur Anpassung an die veränderten Marktanforderungen und zur Sicherung ihrer Wettbewerbsfähigkeit wählten Dienstleister in den letzten Jahren vermehrt zwei Handlungsoptionen: die Bildung von Dienstleistungsnetzwerken und die systematische Entwicklung von Dienstleistungen, auch Service Engineering genannt. Die Kombination dieser Optionen ergibt die Erstellung von Full-Service-Leistungen in Netzwerken.

3.1 Die Bildung von Dienstleistungsnetzwerken

Die Konzentration von Kompetenzen und Kapazitäten reflektiert eine Art von Megatrend. So haben sich bspw. in den letzten zehn Jahren die Übernahmeaktivitäten in der Telekommunikationsbranche mehr als verdreifacht [9]. Für die Zunahme von Fusionen großer Unternehmen zu noch größeren Konzernen stehen so bekannte Beispiele wie DaimlerChrysler, Exxon Mobil, Vodafone oder Rentokil Initial. Leider zeigt sich an solchen Beispielen auch schnell die Kehrseite dieser Entwicklung. In empirischen Studien werden mehr als 50 % aller Fusionen als nicht erfolgreich und damit als Wertvernichter bezeichnet [10][11]. Die Gründe für diese Misserfolge sind vielfältig. Sie liegen nicht zuletzt in einer unreflektierten Nachahmung.

Eine Alternative zur Fusion als Mittel zur Konzentration von Marktmacht und zur Bündelung von Kernkompetenzen ist die Kooperation in Form von Joint Ventures, strategischen Allianzen und Netzwerken. Letztere erweisen sich offenbar gerade für kleine und mittlere Dienstleister als sinnvolle und Erfolg versprechende Optionen. Als Netzwerkpartner können diese die oben aufgezeigten Herausforderungen gemeinsam angehen, ohne ihre größenspezifischen Wettbewerbsvorteile (Flexibilität, Spezialisierung) zu gefährden. Die einzelnen Dienstleister behalten ihre Eigenständigkeit und schaffen sich im Netzwerkverbund die Möglichkeit, auch mit großen Konzernen zu konkurrieren. Außerdem bieten Netzwerke das größere Potenzial zur Anpassung an schnelle Marktveränderungen.

3.1.1 Entwicklung zum „Netzwerker"

Das Unternehmen ist das traditionelle Forschungsobjekt der Betriebswirtschaftslehre und wird von dieser vornehmlich als „Einzelkämpfer" gesehen. Wettbewerbsvorteile muss es allein erkämpfen und verteidigen. Zu deren Erklärung und der daraus resultierenden „überdurchschnittlichen ökonomischen Rente" werden in der Strategieforschung zwei Erklärungsansätze bemüht. Auf der einen Seite werden Wettbewerbsvorteile aus attraktiven Marktpositionen erklärt. Nach diesem so genannten Market-based View lassen sich überdurchschnittliche Gewinne mit Maßnahmen zur Beeinflussung der Branchenstruktur erzielen [12]. Auf der anderen Seite erklärt der Resource-based View Wettbewerbsvorteile und überdurchschnittliche Gewinne aus überlegenen Ressourcen und Kompetenzen. Die Verfügbarkeit und der Aufbau erfolgskritischer Ressourcen stehen hier im Zentrum der Betrachtung (vgl. Abbildung 2) [13].

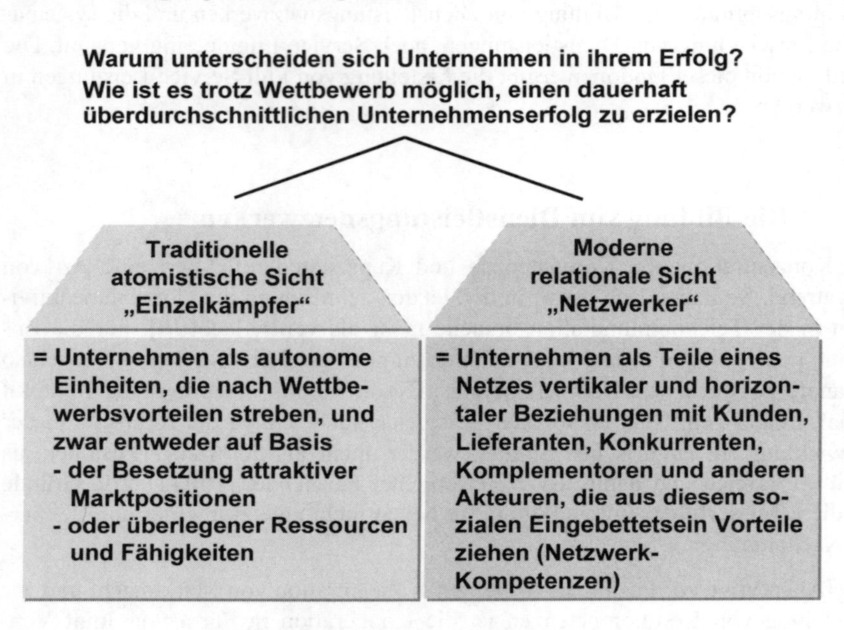

Abbildung 2: Ansätze für Wettbewerbsvorteile

Nicht als Ersatz, doch als notwendige Ergänzung zu dieser traditionellen atomistischen Sicht etabliert sich eine relationale Sicht. Sie steht gleichzeitig für eine Erweiterung des Betrachtungsobjekts vom Unternehmen zum Netzwerk. Aus der relationalen Sicht wird das Unternehmen nicht mehr nur als „Einzelkämpfer", sondern auch als „Netzwerker" gesehen. Es befindet sich in einem Geflecht von vertikalen und horizontalen Beziehungen zu Kunden, Lieferanten, Konkurrenten, Komplementoren und anderen Akteuren. Aus diesem sozialen Eingebettetsein heraus kann das Unternehmen zusätzlich Vorteile ziehen, so es denn Netzwerkkompetenzen entwickelt und nutzt.

Netzwerke lassen sich interpretieren als eine auf konkrete Aufgaben begrenzte und auf längere Zeitdauer angelegte Zusammenarbeit rechtlich und wirtschaftlich selbstständiger Unternehmen. Vorherrschende Motive der Netzwerkbildung sind die Konzentration von Marktmacht, die Bündelung komplementärer Ressourcen, gemeinsames Lernen sowie die Erzielung von Größeneffekten, die Realisierung von Systemlösungen und die Verteilung von Risiken. Netzwerke gelten als erfolgreich, wenn sie für alle beteiligten Partner eine Win-Win Situation bedeuten [14][15][16]. Empirische Studien zeigen, dass die Erfolgsquote von Dienstleistungskooperationen oft höher ist als gemeinhin erwartet [17][3]. Dies überrascht umso mehr, als die vorliegenden Erfahrungen im Sachgüterbereich zu einem Großteil negativ sind. So bezeichnete der ehemalige Vorstandsvorsitzende der Siemens AG VON PIERER fast 50 % der Siemens-Kooperationen als „schwierig" [18]. Diese Zahl kann bei Kooperationen kleiner und mittlerer Dienstleister nicht bestätigt werden. Nur zwischen 10 und 15 % der befragten Netzwerkpartner geben ihre Kooperationserfahrungen als negativ an. Netzwerke scheinen mithin eine geeignete Option zur Erzielung von Wettbewerbsvorteilen zu sein. Gleichzeitig stellt sich aber die Frage, warum nur wenige Unternehmen Netzwerkpotenziale nutzen. In Gesprächen mit Dienstleistern konnten mangelnde Kenntnisse und Methodendefizite als Gründe identifiziert werden. Vor allem kleine und mittlere Dienstleister artikulieren einen breiten Unterstützungsbedarf vom Abgleich der strategischen Ausrichtung und der Ermittlung der Kooperationsnotwendigkeit über die Analyse der Kooperationsfähigkeit des eigenen Unternehmens und potenzieller Partner bis zur Kooperationsumsetzung mit Hilfe eines umfassenden Kooperationsmanagement [16].

3.1.2 Vorgehensmodell für die Bildung von Dienstleistungsnetzwerken

In der einschlägigen Literatur finden sich mehrere Vorschläge zu Vorgehensmodellen für die Bildung von Netzwerken [19][20][21]. Allerdings berücksichtigen nur wenige die spezifischen Merkmale und Herausforderungen bei Dienstleistungsunternehmen. Aspekte wie die Immaterialität der Dienstleistung und die notwendige Integration des externen Faktors werden nicht beachtet. Im Folgenden wird ein Vorgehensmodell, das dem spezifischen Unterstützungsbedarf kleiner und mittlerer Dienstleister Rechnung trägt, vorgestellt (Abbildung 3) [3].

Ausgangspunkt einer Netzwerkbildung von Dienstleistern sollte immer die **Identifikation einer marktfähigen und Erfolg versprechenden Full-Service Dienstleistung** sein. Aus den erforderlichen Bestandteilen einer möglichen Systemleistung lässt sich die Kooperationsnotwendigkeit ableiten. Diese ist gewöhnlich gegeben, wenn Kunden komplexe Leistungen nachfragen, die ein kleiner oder mittlerer Dienstleister alleine nicht erbringen kann.

Für die Zweckmäßigkeit einer Netzwerkpartizipation ebenso wichtig ist die **Bestimmung der eigenen strategischen Ausrichtung**. Ohne klare strategische Absicht und konkrete Ziele kann die Bildung eines neuen Netzwerks oder der Eintritt in ein bestehendes Netzwerk leicht zu einem hochriskanten Abenteuer werden. Bei der Netzwerkbildung ist stets zu bedenken, dass die Mitgliedschaft in einem bestimmten Netzwerk, die Partizipation an einem anderen unter Umständen attraktiveren Netzwerk ausschließt (Lock-in- und Lock-out-Effekte).

Besteht im betroffenen Unternehmen Einigkeit über die Bildung einer Kooperation, ist der nächste Schritt die **Untersuchung der Kooperationsfähigkeit**. Diese Phase bezieht sich sowohl auf die Ermittlung der eigenen Kooperationsfähigkeit und -attraktivität (u. a. der Leistungs- und Netzwerkkompetenz) als auch auf die Suche und Bewertung potenzieller Partner (an Hand eines Lastenhefts).

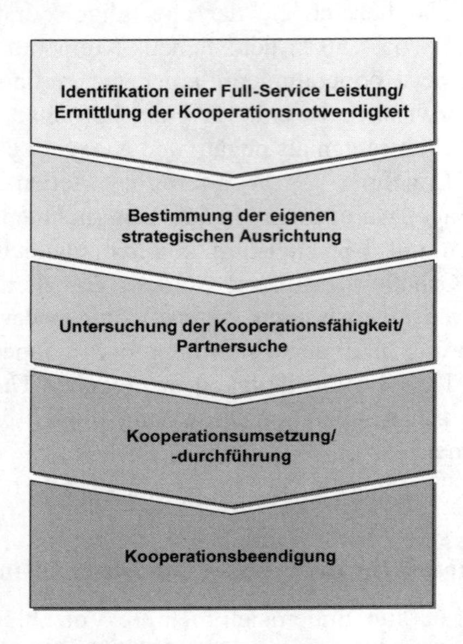

Abbildung 3: Vorgehensmodell für Dienstleistungsnetzwerke

Sind geeignete Partner gefunden und können mit diesen Einigungen über die jeweiligen Leistungsbeiträge (in Form eines Pflichtenhefts) erzielt werden, kann die Phase der **Kooperationsumsetzung**, die gezielte Ausgestaltung der Kooperation beginnen. Organisatorische Themen, die Art und Umfang der Zusammenarbeit, Form und Intensität der Kommunikation, das Management des Netzwerks, die Verrechnung von Leistungen im Netzwerk, die Bepreisung der Netzwerkleistung sowie der Klärung von Haftungsfragen stehen hier im Vordergrund. Diese Phase kann sich über einen längeren Zeitraum hinziehen; eine sorgfältige Abarbeitung als wichtig erachteter Punkte erscheint im Hinblick auf den Netzwerkerfolg jedoch notwendig. Bei der Kooperationsanalyse identifizierte Probleme müssen hier wieder aufgegriffen und einer Lösung zugeführt werden. Probleme im Netzwerk müssen im Interesse einer hohen Reaktionsfähigkeit auf Marktveränderungen rechtzeitig erkannt und schnell gelöst werden.

Der letzte Akt im Netzwerkprozess ist die **Kooperationsbeendigung**. Hier sind sowohl die laufende Bewertung der Zusammenarbeit als auch die gezielte Analyse der Marktchancen und des Kooperationserfolgs von Bedeutung. Ein vorher vereinbartes Trennungsprozedere kann helfen, nicht mehr erfolgreiche Netzwerke konfliktfrei aufzulösen und die frei werdenden Ressourcen in neue, Erfolg versprechendere Alternativen zu investieren.

Das vorgestellte Phasenschema ist idealtypisch und muss im konkreten Fall an die spezifischen situativen Bedingungen der speziellen Kooperationsproblematik angepasst werden. Es will Anregungen geben und auf Gefahrenquellen hinweisen. Das Vorgehensmodell impliziert keinen zwanghaften Ablauf in der Reihenfolge der genannten Phasen.

So darf der Prozess nicht blind fortgeführt werden, wenn sich Veränderungen in bereits abgeschlossenen Phasen abzeichnen. Eventuell ist es notwendig, den Prozess bzw. Teilprozesse neu zu beginnen oder Entscheidungen zu revidieren, falls sich neue Erkenntnisse ergeben.

3.2 Die systematische Entwicklung von Dienstleistungen – Das Service Engineering

Neben dem Aufbau von Dienstleistungsnetzwerken bietet auch das systematische Entwickeln innovativer Dienstleistungen eine Möglichkeit, den eingangs beschriebenen Herausforderungen zu begegnen. Seit Mitte der 90er Jahre hat sich in Deutschland das Service Engineering – eine Fachdisziplin, die sich mit der systematischen Entwicklung und Gestaltung von Dienstleistungen unter Verwendung geeigneter Vorgehensweisen, Methoden und Werkzeugen beschäftigt – etabliert.

3.2.1 Wesen des Service Engineering

Die Anfänge der Dienstleistungsentwicklung liegen in den USA. Dort hatte man schon früh begonnen, sich mit „Service Design“ oder „Service Development“ zu beschäftigen [22]. In Deutschland setzte die Auseinandersetzung mit Dienstleistungsthemen relativ spät und zunächst mit dem Dienstleistungsmarketing und der Dienstleistungsqualität ein. Aspekte der Dienstleistungsentwicklung und deren Unterstützung werden erst seit dem Aufkommen des Service Engineering behandelt. Das Service Engineering hat zwei Ansatzpunkte. Auf der Ebene der einzelnen Dienstleistung will es typ- und situationsspezifische Vorgehensweisen, Methoden und Werkzeuge zur Verfügung stellen und so eine effektive und reproduzierbare Dienstleistungsentwicklung gewährleisten. Auf der Managementebene betrachtet Service Engineering das Dienstleistungsentwicklungssystem der Unternehmung und stellt einen Entwicklungsprozess zur Verfügung [23].

Service Engineering kann bei verschiedenen Entwicklungsaufgaben angewendet werden [24]:

- Bei der Neuentwicklung von Dienstleistungen,
- bei der Erstellung hybrider Produkte,
- beim Service Bundling und

- beim Reverse Engineering/Reengineering.

3.2.2 Vorgehensmodell für das Service Engineering

In der Praxis haben sich zur Entwicklung von Dienstleistungen Vorgehensmodelle durchgesetzt, die in einem gewissen Ausmaß standardisiert sind und einen formalen Ablauf für den Entwicklungsprozess bereitstellen. Auch diese Modelle wollen keine starren Anweisungen geben; vielmehr sind sie als Grobrahmen für individuelle Gestaltungen zu sehen. Ähnlich wie die Vorgehensmodelle zur Netzwerkbildung leisten sie Hilfestellung bei der Definition einer Dienstleistung, bei der Ermittlung des Ressourcenbedarfs für die Entwicklung, bei der Auswahl und Anwendung von Methoden sowie bei der Konfiguration der Entwicklungsprozesse.

Als repräsentatives Beispiel für ein Vorgehensmodell sei nachstehend der PEM-Prozess zur Dienstleistungsentwicklung skizziert. Der PEM-Prozess entstand im Rahmen der BMBF-Initiative „Dienstleistungen für das 21. Jahrhundert“. Das Modell ist in Grundschritte strukturiert, die flexibel anwendbar sind. Diese Flexibilität ist der Vorteil des Modells und erlaubt den Einsatz über ein breites Anwendungsspektrum [25].

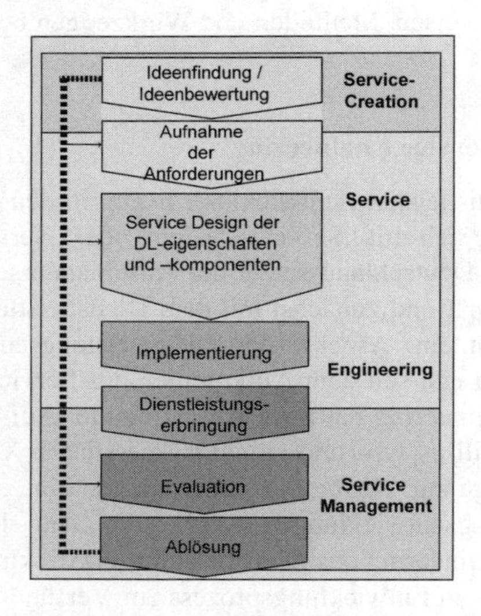

Abbildung 4: Vorgehensmodell PEM nach DIN

Der PEM-Prozess ist in die drei Bereiche

- Service Creation,
- Service Engineering und
- Service Management

unterteilt.

Die einzelnen Phasen sind eng miteinander verbunden, bedingen und beeinflussen sich gegenseitig. Das im Prozess gewonnene Wissen sollte kodifiziert, gespeichert und für neue Entwicklungsprozesse verfügbar gemacht werden.

Der PEM-Prozess bietet eine solide Basis für die systematische Dienstleistungsentwicklung und hat sich in einer Reihe von Projekten und Unternehmen bereits bewährt [26][27].

3.3 Die gemeinsame Entwicklung von Dienstleistungen und Netzwerk

Durch den Aufbau von Dienstleistungsnetzwerken und die Nutzung von Service Engineering-Modellen können Unternehmen ihre Leistungsfähigkeit signifikant steigern. Allerdings werden noch selten beide Möglichkeiten gleichzeitig genutzt.

Bei der Bildung von Dienstleistungsnetzwerken wird gewöhnlich auf bereits von einem der Partner entwickelte Dienstleistungen zurückgegriffen. Beim Service Engineering hingegen werden entweder Einzelleistungen separat entwickelt, Service- und Sachleistungen zu hybriden Produkten kombiniert oder einzelne vorhandene Dienstleistungen kombiniert (Service Bundling). Netzwerke zur Neuentwicklung von Dienstleistungen spielen dabei bislang noch eine untergeordnete Rolle.

Die zunehmende Bedeutung von Full-Service-Leistungen und stetig wachsende Kundenanforderungen implizieren einen Druck zur systematischen Entwicklung und Erbringung von Dienstleistungen gemeinsam mit Partnern. Es liegt daher nahe, die systematische Entwicklung einer Full-Service-Leistung und die Bildung eines Dienstleistungsnetzwerks simultan anzugehen. Diese Aufgabe ist zwar komplex und bedingt einen hohen Koordinationsaufwand, bietet aber auch die Chance zur Vermeidung von Doppelarbeit und zur Risikoreduktion.

4 Vorgehensmodell zur integrierten Entwicklung von Full-Service-Leistungen und Netzwerk

Der Ansatz, den Aufbau eines Service-Netzwerks und die Entwicklung einer neuen Full-Service-Leistung zu kombinieren und aufeinander abzustimmen, kann durch ein ganzheitliches Vorgehensmodell unterstützt werden (vgl. Abbildung 5). Als Wissensbasis für dieses Phasenkonzept, das sich als Grobrahmen für situative Ausgestaltungen versteht, diente eine Analyse von Netzwerkformierungsprozessen und Modellen zur Dienstleistungsentwicklung (Service Engineering).

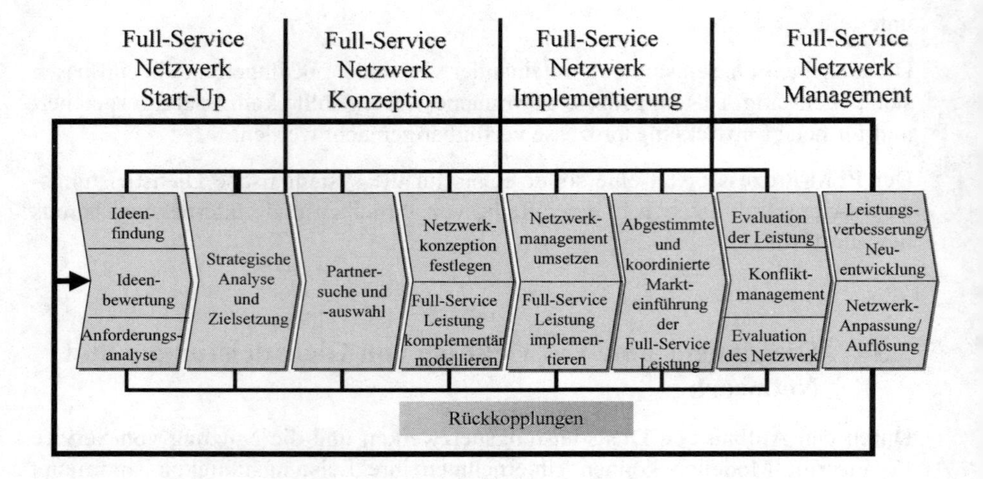

Abbildung 5: Integrierte Entwicklung von Dienstleistungen in Netzwerken

Durch simultane Abläufe integrierter Aktivitäten sind Vorteile in Bezug auf die Qualität des Leistungsbündels, die Effizienz des Ressourceneinsatzes sowie bei der Netzwerk-Führung zu erwarten. Eine frühzeitig begonnene, immer wieder abgestimmte Zusammenarbeit sowie eine offene und intensive Kommunikation fördern das Entstehen von Vertrauen und unterstützen die Zusammenarbeit im Netzwerk. Das Vorgehensmodell hat vier Hauptphasen, die sich jeweils in einzelne Aufgaben untergliedern lassen.

4.1 Full-Service-Netzwerk Start-Up

Am Beginn des Prozessmodells steht die **Ideenfindung**. Ohne überzeugende Ideen für die gemeinsame Entwicklung Erfolg versprechender Full-Service-Leistungen lassen sich potenzielle Partner für den Aufbau eines Service-Netzwerks kaum motivieren. Es darf vermutet werden, dass sich Unternehmen, die auf Full-Service-Leistungen fokussierte strategische Absichten verfolgen, zusammenfinden, um diesbezüglich Ideen auszutauschen und Möglichkeiten für die kooperative Erbringung solcher Full-Service-Leistungen auszuloten. Der Ideenfindung folgen als Teile einer umfassenden strategischen Analyse eine erste **Ideenbewertung** und auch eine allgemeine **Anforderungsanalyse.** Beide Schritte können bereits in Zusammenarbeit schon vorhandener Partner erfolgen. Zur Unterstützung der Ideenbewertung kann auf ein breites Spektrum von Methoden – von einfachen Scoring-Methoden [28][29] bis zum komplexen Real Option Valuation [30][31] – zurückgegriffen werden. Während bei der Dienstleistungsentwicklung in individuellen Unternehmen gewöhnlich Ressourcenbeschränkungen die Ideenbewertung dominieren, spielen diese bei der gemeinsamen Entwicklung von Komplettleistungen eine eher geringere Rolle. Dienstleistungspartnerschaften haben schließlich auch den Zweck, Ressourcenknappheit durch Ressourcenbündelung zu überwinden. Entscheidende Bewertungskriterien sind der mögliche Markterfolg bzw. der potenzielle Kundennutzen. Vorstellungen über den Kundennutzen bilden die Basis für die Ableitung von Anforderungen an Full-Service-Leistungen.

Die Aufnahme solcher Anforderungen nach aktuellen und potenziellen Kundenwünschen kann in einem Lastenheft geschehen. Zur Unterstützung stehen hierfür Methoden zur Verfügung, die an alle speziellen Belange der Dienstleistungsentwicklung angepasst werden können. Beispielhaft sollen Kundenbefragungen, Lead User-Methoden (Erheben von Ideen und Erwartungen erfahrener und wichtiger Kunden), Kunden-Fokusgruppen (wiederholt stattfindende Workshops mit verschiedenen Kundengruppen) oder auch Dienstleistungs-Prototyping (Erbringen einer neuen Dienstleistung für ausgewählte Kunden ganz oder teilweise zu Testzwecken) genannt werden [32][33]. Das erarbeitete Lastenheft bietet eine bessere Informationsgrundlage, wenn es nach Kundenclustern aufbereitet wird. Nach der Aufnahme der Anforderungen folgt im Rahmen der **strategischen Analyse** ein Abgleich von aktuellen oder latenten Kundenanforderungen einerseits und vorhandenen Fähigkeiten andererseits. Dabei identifizierte Kompetenzlücken stoßen eine gezielte Partnersuche an. Geeignete Partner können komplementäre Kompetenzen und neue Ideen zur Entwicklung von Full-Service-Leistungen einbringen. Bevor sich die Partner auf eine Zusammenarbeit festlegen, sollten sie natürlich kritisch prüfen, ob die angedachten Full-Service-Leistungen und das dafür vorgesehene Netzwerk mit den eigenen strategischen Ausrichtungen kompatibel sind oder inwieweit sie diesen entgegenstehen [34]. Notwendige Grundlage für die Entscheidung zur Erbringung einer Full-Service-Leistung im Netzwerk ist deshalb eine sorgfältige Unternehmens- und Umweltanalyse. Damit sollen die Marktchancen des Komplettangebots, die notwendigen Teilleistungen und zusätzlich notwendige externe Ressourcen und Kompetenzen identifiziert werden. Als hilfreiche Methoden für diese Aufgabe haben sich Gap-, SWOT-, Kunden- und verschiedene Portfolioanalysen erwiesen. Sie unterstützen sowohl bei der Entscheidung für eine spezielle Full-Service-Leistung als auch bei der Auswahl von Kooperationspartnern. Hat die Analyse keine Erfolg versprechenden Ideen erbracht, kann die Start-up-Phase wiederholt werden. Das ist ebenso geboten, wenn die geplante Komplettleistung nicht in den Unternehmens- und Marktkontext passt, eine Netzwerkformierung erschwert oder bei potenziellen Kunden nicht auf Akzeptanz stößt. Sprechen die Analysen für ein Full-Service-Netzwerk, ist als letzter Schritt eine **Festlegung der Ziele** für die Zusammenarbeit vorzunehmen. Mögliche Ziele [35] können z. B. die Erschließung neuer Geschäftsfelder, die Nutzung von Synergieeffekten, die Realisierung von Zeitvorteilen, aber auch generelle Rentabilitäts- und Leistungsziele sein. Zu bedenken ist jedoch, dass mit der Entscheidung für eine Kooperation die Weichen für eine längere Bindung gestellt werden, die nicht notwendig zu einer Win-Win-Gemeinschaft führen muss, sondern gleichzeitig in einem unangenehmen „Lock-in" und „Lock-out" resultieren kann.

Die Start-Up Phase schafft die Informationsbasis für die Konzeption, Implementierung und Management der Zusammenarbeit im Full-Service-Netzwerk.

4.2 Full-Service-Netzwerk Konzeption

Nach der strategischen Entscheidung für ein Full-Service-Netzwerk und den damit verbundenen Zielen folgt die Konzeptionsphase.

Die **Partnerauswahl** ist bei jeder Netzwerkbildung ein erfolgskritischer Entscheidungstatbestand, erst recht bei einer simultanen Full-Service-Entwicklung und Dienstleistungs-Netzwerkbildung. Potenzielle Partner sollten nicht nur über die im Lastenheft festgehaltenen Fähigkeiten (nicht zuletzt Fähigkeiten im Service Engineering) verfügen, sondern auch bezüglich ihrer Unternehmenskultur und vor allem ihrer strategischen Absichten zueinander passen. Die Partnersuche kann im näheren Wettbewerbsumfeld ansetzen, über Berater, Datenbanken und Kooperationsbörsen erfolgen [32]. Methodisch unterstützen Eigenschaftsprofile, Kompetenzportfolios, Ertrags- und Potenzialbeurteilungen bei der Partnerauswahl. Zur Partner-Bewertung wird häufig auf Scoringmodelle zurückgegriffen. Ein oft vernachlässigter Erfolgsfaktor für die Zusammenarbeit ist die Netzwerkkompetenz der potenziellen Partner. Netzwerkkompetenz resultiert aus akkumulierten Netzwerkerfahrungen und manifestiert sich nicht zuletzt in Fähigkeiten zum Konfliktmanagement. Sind geeignete Partner gefunden, folgen gemeinsame Entscheidungen über das weitere Vorgehen. In diesem Stadium wird gewöhnlich ein Letter of Intent zur gegenseitigen Absicherung unterzeichnet.

Nach der Partnerwahl steht die **Festlegung der Netzwerkkonzeption** an. Dabei sind u. a. Fragen nach der Dauer und Form einer Zusammenarbeit, nach dem notwendigen Beziehungskapital und nach der adäquaten Netzwerkarchitektur zu beantworten.

Full-Service-Netzwerke werden gewöhnlich durch unternehmensübergreifende Projekte initiiert [36]. Ausgangspunkt ist die Entscheidung über eine bestimmte Art von Komplettleistung, die in der Regel noch nicht endgültig spezifiziert ist. Allein die potenziellen Teilleistungen stehen fest, und die dafür notwendigen Partner haben sich gefunden. Die Festlegung einer Full-Service-Leistung erfolgt im Kundenprojekt. Erst wenn das Kundenproblem bekannt ist, werden die für seine Lösung notwendigen Partner und die erforderlichen Teilleistungen kundenorientiert konfiguriert. Dieses Vorgehen erlaubt eine flexible Ausgestaltung der Angebote und eine kundenorientierte Entwicklung mit den Vorteilen des Mass Customization. Vorab generisch entwickelte Teilleistungen müssen nur noch an das spezifische Kundenproblem angepasst und durch eine effiziente Koordination zusammengefügt werden. Dieser Vorgang wiederholt sich bei jedem neuen Kundenprojekt. Während die Kooperation für ein Kundenprojekt auf dessen Dauer befristet ist, erfolgt die grundsätzliche Zusammenarbeit gewöhnlich über einen längeren Zeitraum. Eine wichtige Entscheidung für das Netzwerk betrifft die Frage nach dem Formalisierungsgrad. Soll die Partnerschaft als fokales oder polyzentrisches Netzwerk etabliert, durch einen oder alle Partner nach Außen repräsentiert werden? Antworten auf diese Fragen betreffen den Marktauftritt. Diesbezügliche Entscheidungen orientieren sich an den Leistungspotenzialen, den Kundenwünschen und den Marktchancen. Für die Kooperationsvereinbarung hat sich der Grundsatzvertrag, der die Ziele und Regeln der Zusammenarbeit beinhaltet [37], bewährt.

Parallel mit der **Gesamtleistung** sind die erforderlichen **Teilleistungen kundenspezifisch festzulegen**. Dabei ist zunächst noch zu klären, ob die Teilleistungen von einzelnen Partnern oder gemeinsam in Teams erbracht werden sollen. In jedem Fall empfiehlt sich die Dokumentation der Leistungsbeiträge in einem Pflichtenheft. Für das Team sprechen der direkte Zugriff auf eine breitere Wissensbasis sowie eine leichtere, auch informelle Abstimmung der Beteiligten. Bei einer Entwicklung der Teilleistungen durch die jeweiligen Spezialisten kann das Knowhow der Partner besser geschützt und effizienter genutzt werden. Allerdings dürfte der Koordinationsaufwand bezüglich einer Integration der Teilleistungen hier signifikant höher sein. Sind die erforderlichen Teilleistungen bei den verschiedenen Partnern bereits auf einem generischen Niveau in Modulform vorhanden, bietet sich für kundenindividuelle Anpassungen ebenfalls der Einsatz von Spezialisten an.

Ein effizienzkritischer Entscheidungstatbestand ist die Gestaltung der **Entwicklungsprozesse** – ihre intelligente Zerlegung in flexible, nach Kundenanforderungen konfigurierbare und über definierte Schnittstellen leicht integrierbare Aktivitäten. Standardisierungspotenziale sollten weitgehend genutzt werden. Hilfen dazu bietet die Verwendung von **Produkt-, Ressourcen- und Prozessmodellen**. Allerdings sollten Standardisierungsbemühungen innovative Lösungen nicht behindern. Effektivität und Effizienz von Full-Service-Netzwerken hängen neben der wirtschaftlichen Leistungserstellung und der Qualität der Leistungen auch von einer überzeugenden Vermarktungskonzeption ab. Die Verantwortung dafür kann einem Spezialisten im Netzwerk übertragen werden, wenn sichergestellt ist, dass dadurch die Intention von einem gemeinsamen Geschäftsmodell nicht beschädigt wird. Am Ende dieser Phase sind die Leistung kundenindividuell entwickelt und das Netzwerk einsatzbereit.

4.3 Full-Service-Netzwerk Implementierung

In der Phase der Implementierung ist eine zeitliche Abgrenzung der einzelnen Aufgaben nicht immer möglich. Häufig erfolgt die **Implementierung einer neuen Full-Service-Leistung** parallel zur **Netzwerketablierung**. Dabei sind Aufgaben wie die Führung im Netzwerk und der Aufbau der dazu erforderlichen Planungs-, Controlling- und Informationssysteme [38] anzugehen. Das Management von Dienstleistungs-Netzwerken stellt auf Grund der typischen Dienstleistungsmerkmale (z. B. Immaterialität, Einbindung des externen Faktors) besondere Anforderungen. Dienstleistungen (abgesehen von Trägermedien) und insbesondere Komplettleistungen können i. d. R. nicht auf Lager produziert werden. Nach dem Uno-Actu Prinzip fallen die Erstellung und Inanspruchnahme der Full-Service-Leistung weitgehend zusammen. Dementsprechend müssen die Partner auch gemeinsam bzw. abgestimmt beim Kunden auftreten. Daraus resultieren hohe Anforderungen an die Koordination im Netzwerk – insbesondere dann, wenn Full-Service-Leistungen mit anhaltend hoher Qualität und mit innovativem Gehalt kundengerecht bereitgestellt werden sollen (Markteinführung der Full-Service-Leistung). Dem Kunden gegenüber muss das Prinzip eines „One-Face to the Customer" eingehalten werden.

Die **Markteinführung einer Full-Service-Leistung**, ihre erste Realisierung beim Kunden, verlangt vom Netzwerk eine hohe Einsatzbereitschaft. Es kann durchaus sinnvoll sein, die bei Dienstleistungen nur beschränkt vorhandenen Möglichkeiten eines Prototyping zu nutzen. Pilotkunden, mit denen innovative Full-Service-Leistungen entwickelt wurden, können als Multiplikatoren dienen. Auftretende Probleme sollten schnell identifiziert und gelöst werden, um zu verhindern, dass die Komplettleistung und das Netzwerk im Markt Nachteile erleiden. Möglichst zeitgleich mit der ersten Umsetzung sollte auch das Marketingkonzept des Full-Service-Netzwerks stehen.

Am Ende dieser Phase ist die Leistung am Markt eingeführt und das Netzwerk etabliert.

4.4 Full-Service-Netzwerk Management

Die letzte Phase befasst sich mit dem laufenden Betrieb im Full-Service-Netzwerk. Mit der Komplexität der Komplettleistungen steigen auch die Anforderungen an das Netzwerk-Controlling. Nicht nur der Erfolg einer Full-Service-Leistung, sondern auch der ihrer Teilleistungen muss laufend überwacht werden (**Evaluation der Leistung**) [39]. Probleme, die bei einzelnen Partnern auftreten, haben Einfluss auf die Gesamtleistung und können den Netzwerkerfolg gefährden. Erschwert wird ein Netzwerk-Controlling durch oft nicht kompatible Controlling-Systeme der Partner. Der Aufwand zur Entwicklung eines eigenen Controlling-Standards für das Netzwerk erscheint aber nur bei einer stabilen Zusammenarbeit sinnvoll. Eine **Netzwerk-Evaluation** muss nicht zuletzt für eine faire Ergebnisverteilung Sorge tragen. Netzwerke sind immer dann gefährdet, wenn sie aufhören, eine Win-Win-Gemeinschaft zu sein. Eine wichtige Aufgabe betrifft den Umgang mit Konflikten (**Konfliktmanagement**). Konflikte bezeichnen die Spannungen zwischen Personen und/oder Unternehmen und treten bei Unvereinbarkeit bestimmter Verhaltensweisen, Erwartungen, Werte oder Machtinteressen auf [40]. Diese äußern sich in Netzwerken in erster Linie in Spannungen zwischen Personen und Gruppen, welche verschiedenen Unternehmen angehören. Für ein Management solcher Spannungen stehen den Unternehmen sowohl präventive (z. B. Kommunikations- und Vertrauensmanagement) als auch kurative Methoden (z. B. Moderation, Vermittlung etc.) zur Verfügung. Sinnvoll eingesetzt erlauben sie, Konflikte zu dämpfen und zu steuern. Nicht gelöste Spannungen können, wenn sie bis zum Kunden durchdringen oder negative Effekte auf die Leistungsqualität haben, den Erfolg einer Full-Service-Leistung nachhaltig beeinträchtigen.

Ergibt die Evaluation, dass Full-Service-Leistungen und das Netzwerk nicht mehr erfolgreich sind oder unüberbrückbare Konflikte bestehen, stellt sich die Frage nach ihrer Einstellung. Dienstleistungen, die am Lebenszyklusende angelangt sind, können – ähnlich wie Produkte – durch einen Relaunch erneuert, durch eine Neuentwicklung ersetzt oder einfach eingestellt werden. Ebenso wie die angebotenen Full-Service-Leistungen sollte das Full-Service Netzwerk regelmäßig auf Erfolg und Erfolgspotenziale untersucht werden. Gegebenenfalls ist eine Erneuerung (mit anderen Partnern) oder eine Auflösung des Netzwerks (**Netzwerkanpassung und -auflösung**) im gegenseitigen Einvernehmen zu bedenken. Dabei sind verschiedene Rechte z. B. an der Nutzung von Patenten oder Maschinen zu klären.

4.5 Projektmanagement

Für die integrierte Entwicklung von Full-Service-Leistungen in einem dafür entstehenden Netzwerk empfiehlt sich ein Projektmanagement, das die simultanen Prozesse koordiniert und die verschiedenen Aktivitäten plant, überwacht und steuert. Ein Projektmanagement kann durch schnelle Informationsrückkopplungen in und zwischen den einzelnen Phasen Voraussetzungen für flexible Prozesskonfigurationen und für eine hohe System-Responsität in Bezug auf Marktveränderungen schaffen.

5 Fazit

Seit Anfang der 90er Jahre sind der Wettbewerbsdruck im Dienstleistungsbereich und die Kundenansprüche an die hier tätigen Unternehmen merklich gestiegen. Die Dienstleistungsbranche selbst hat durch das Entstehen und die schnelle Verbreitung wissensbasierter, IT-getriebener Dienstleistungen Veränderungen im revolutionären Ausmaß erfahren. Ihre gesamtwirtschaftliche Bedeutung hat, gemessen an ihrem Beschäftigungs- und Wohlfahrtsbeitrag, signifikant zugenommen. Dieser Wandel bedingt für die Anbieter wissensintensiver Dienstleistungen neue Herausforderungen. Zur besseren Beherrschung damit verbundener Risiken, aber vor allem zur erfolgreichen Nutzung der wirtschaftlichen Chancen sind innovative Antworten gefordert. Das Service Engineering, die Formierung von Dienstleistungs-Netzwerken und vor allem die Entwicklung von Full-Service-Leistungen in Netzwerken sind ermutigende Ansätze zu solchen Antworten. Sie bieten insbesondere kleinen und mittleren Dienstleistern Entwicklungspotenziale und damit die Möglichkeit weiter und wahrscheinlich auch besser am dynamischen Marktgeschehen teilzunehmen.

Eine Erfolgsgarantie ist damit allerdings nicht verbunden. Noch viele Fragen sind offen – bei der systematischen Entwicklung von Full-Service-Leistungen ebenso wie bei der Formierung von Dienstleistungs-Netzwerken. Die Suche nach Antworten hat jedoch zugenommen – in der Praxis durch vermehrtes Experimentieren, in der Wissenschaft durch eine intensivierte empirische Forschung.

Literaturverzeichnis

[1] Statistisches Bundesamt: Informationelle Grundversorgung, Wiesbaden 2002.

[2] Wirtschaftsministerium Baden-Württemberg: Pressemittteilung 16.11. 2000, Stuttgart 2000.

[3] Zahn, E.; Stanik, M.: Wachstumspotenziale kleiner und mittlerer Dienstleister: mit Dienstleistungsnetzwerken zu Full-Service-Leistungen, IHK Region Stuttgart, Stuttgart 2002.

[4] Mangold, K.: Globalisierung durch innovative Dienstleistungen, in: Bullinger, H.-J. (Hrsg.): Dienstleistungen – Innovation für Wachstum und Beschäftigung, Wiesbaden 1999, S. 12-25.

[5] Mandelbaum, A.: Modelling, Analysis and Inference of Service Networks, in: Spath, D; Bullinger, H.-J.; Demuß, L. (Hrsg.): Service Engineering 2000, Tagungsband, Stuttgart 2000, S. 31-49.

[6] Arnold, U.: Beschaffungsmanagement, 2. Auflage, Stuttgart 1997.

[7] Eicke, H. v.; Femerling, C.: Modular Sourcing, München 1991.

[8] Goecke, R.; Stein, S.: Marktführerschaft durch Leistungsbündelung und kundenorientiertes Service Engineering, in: Information Management & Consulting, Sonderausgabe 13(1998), S. 11-13.

[9] Engeser, M.: Die S-Kurve der Konzentration, in: Wirtschaftswoche, (2000)52, S. 128-130.

[10] Bieshaar, H.; Knight, J.; van Wassenaer, A.: Deals that create value, in: The McKinsey Quarterly, (2001)1, S. 65-73.

[11] Schmidt, S.: Merger of Equals – Idee und Wirklichkeit, in: Die Betriebswirtschaft, 61(2001)5, S. 601-614.

[12] Porter, M.: Wettbewerbsstrategien, 10. Auflage, Frankfurt a. M. et al., 1999.

[13] Prahalad, C. K.; Hamel, G.: The Core Competence of the Corporation, in: Harvard Business Review, 68(1990)3, S. 79-91.

[14] Hess, T.: Unternehmensnetzwerke, in: Zeitschrift für Planung, (1999)10, S. 225-230.

[15] Sydow, J.: Strategische Netzwerke: Evolution und Organisation, Wiesbaden 1992.

[16] Stanik, M.: Größe und Individualität dank Kooperation, in IHK Magazin Wirtschaft, (2002)1, S. 30.

[17] Friese, M.: Kooperation als Wettbewerbsstrategie für Dienstleistungsunternehmen, Wiesbaden 1998.

[18] Pierer, H. v.: Die innovative Dynamik des Wettbewerbs als unternehmerische Führungschance, in: Schmalenbach-Gesellschaft; Deutsche Gesellschaft für Betriebswirtschaft (Hrsg.): Internationalisierung der Wirtschaft, Stuttgart 1993, S. 3-16.

[19] Staudt, E.; Toberg, M.; Linné, H.; Bock, J.; Thielmann, F.: Kooperationshandbuch, Düsseldorf 1992.

[20] Zimmermann, S.: Strategische Netzwerke als Chance, in: Gablers Magazin, (1998)6-7, S. 32-35.

[21] Sonnek, A.; Stüllenberg, F.: Kooperations- und Konfliktmanagement in Logistiknetzwerken, in: io-Management, (2000)11, S. 32-39.

[22] Bullinger, H.-J.; Meiren, T.: Service Engineering – Entwicklung und Gestaltung von Dienstleistungen, in: Bruhn, M.; Meffert, H. (Hrsg.): Handbuch Dienstleistungsmanagement, 2. Auflage, Wiesbaden 2001, S. 149-176.

[23] Bullinger, H.-J.: Entwicklung innovativer Dienstleistungen, in: Bullinger, H.-J. (Hrsg.): Dienstleistungen – Innovation für Wachstum und Beschäftigung, Wiesbaden 1999, S. 49-65.

[24] Fähnrich, K.-P.; Meiren, T.; Barth, T.; Hertweck, A.; Baumeister, M.; Demuß, L.; Gaiser, B.; Zerr, K.: Service Engineering. Ergebnisse einer empirischen Studie zum Stand der Dienstleistungsentwicklung in Deutschland, Stuttgart 1999.

[25] DIN, Deutsches Institut für Normung e. V. (Hrsg.): Service Engineering: Entwicklungsbegleitende Normung für Dienstleistungen, DIN-Fachbericht 75, Berlin 1998.

[26] Faust, M.: Auf dem Weg vom produktorientierten Serviceanbieter zum globalen Lösungsanbieter, in: o. V.: Service Engineering 2001, Entwicklung und Gestaltung innovativer Dienstleistungen, Tagungsband, Stuttgart 2001.

[27] Bauer, R.: Innovationsmanagement im Service Engineering, in: o. V.: Service Engineering 2001, Entwicklung und Gestaltung innovativer Dienstleistungen, Tagungsband, Stuttgart 2001.

[28] Leist, G.: Nutzwertanalyse, in: Szyperski, N.; Winand, U. (Hrsg.): Handwörterbuch der Planung, Stuttgart 1989, S. 1259-1266.

[29] Zangemeister, C.: Nutzwertanalyse in der Systemtechnik: Eine Methodik zur multidimensionalen Betrachtung und Auswahl von Projektalternativen, München 1976.

[30] Amram, M.; Kulatilka, N.: Real options, Boston 1999.

[31] Müller, J.: Real option valuation in service industries, Wiesbaden 2000.

[32] Stanik, M.; Meyer, S.: Erfolg mit dem Kunden – die gestiegene Bedeutung der Kundenorientierung, in: Mager, B.; Scholven, K.-G. (Hrsg.): Service Werkstatt: Service entwickeln – Service gestalten, Köln 2003, S. 44-47

[33] Zahn, E.; Spath, D.; Scheer, A.-W. (Hrsg., 2004), Vom Kunden zur Dienstleistung – Methoden, Instrumente und Strategien zum Customer related Service Engineering, Stuttgart 2004:

[34] Arbeitskreis Unternehmenskooperation des DIHK: Mit Kooperationen zum Erfolg, Berlin 2002.

[35] Zahn, E.; Stanik, M.: Wie Dienstleister gemeinsam den Erfolg suchen – Eine empirische Studie über Netzwerke kleiner und mittlerer Dienstleister, in: Bruhn, M.; Stauss, B. (Hrsg.), Dienstleistungsnetzwerke, Wiesbaden 2003, S. 593-612.

[36] Zahn, E.; Stanik, M.: Wachstumspotenziale kleiner und mittlerer Dienstleister. Mit Dienstleistungsnetzwerken zu Full-Service-Leistungen, Stuttgart 2002.

[37] Diese Empfehlung bestätigte auch ein Großteil der Dienstleister mit Kooperationserfahrungen, sowohl aus dem Dienstleistungsausschuss der IHK in Stuttgart als auch der IHK in Oldenburg in Gesprächen mit dem Autor auf Netzwerkkongressen.

[38] Zum Thema Netzwerkcontrolling siehe Hess, T.: Anwendungsmöglichkeiten des Konzerncontrolling in Unternehmensnetzwerken, in: Sydow, J.;

Windeler, A. (Hrsg.): Steuerung von Netzwerken, Opladen 2000, S. 156-177.

[39] Hess, T.; Wohlgemuth, O.; Schlembach, H.-G.: Bewertung von Unternehmensnetzwerken, in: ZFO, 70(2001)2, S. 68-74.

[40] Brommer, U.: Konfliktmanagement statt Unternehmenskrise, Zürich 1994.

Plattformstrategie im Dienstleistungsbereich

Bernd Stauss
Lehrstuhl für Dienstleistungsmanagement,
Katholische Universität Eichstätt-Ingolstadt

Inhalt

1 Problemstellung

Plattformstrategien sind im Bereich der Produktentwicklung von Investitions- und Produktionsgütern seit Jahren bekannt und spielen im Kontext der Neuproduktentwicklung eine zunehmend bedeutsamere Rolle [1][2][3][4][5][6][7]. Im Kern haben Plattformstrategien zum Ziel, auf der Basis wesentlicher gemeinsamer Komponenten und Strukturen unterschiedliche individuelle Produkte zu entwickeln, zu produzieren und zu vermarkten. Einen besonders hohen Stellenwert nehmen sie im Bereich der Automobilindustrie ein [5]. In Deutschland hat hier vor allem deren konsequente Anwendung durch die Volkswagen AG Aufmerksamkeit gefunden [8][28]. So basiert eine Vielzahl von Modellen verschiedener Konzernmarken (Volkswagen, Audi, Skoda, Seat) auf wenigen Plattformen, die zwischen 60% und 70% des Werts eines Fahrzeugs ausmachen. Anwendungen von Plattformstrategien im Dienstleistungsbereich werden dagegen bisher kaum beschrieben und diskutiert. Deshalb ist es das Ziel des vorliegenden Beitrags, die Übertragbarkeit dieses Konzepts auf den Dienstleistungsbereich zu prüfen, unterschiedliche Arten von Service-Plattformen zu identifizieren, die Besonderheiten der Service-Plattformentwicklung im Rahmen des Service Engineering zu untersuchen und die marktstrategischen Einsatzmöglichkeiten zu reflektieren.

2 Charakteristika einer Plattformstrategie

In ihrem Standardwerk „The Power of Product Platforms" definieren MEYER/ LEHNERD eine **Produktplattform** als „a set of subsystems and interfaces that form a common structure from which a stream of derivative products can be efficiently developed and produced" [4]. In diesem Sinne stellen Produktplattformen substantielle Bündel von Komponenten dar, die in mehreren Einzelprodukten eingesetzt werden bzw. auch zukünftig eingesetzt werden können [8][9][10][11] [29]. Eine Produktplattform zeichnet sich demnach durch drei charakteristische Merkmale aus:

- Sie ist wesentlicher Bestandteil von mehreren Produkten,
- stellt selbst eine Kombination von Elementen (Subsystemen, Strukturen, Schnittstellen) dar und
- bildet die gemeinsame Basis für die Entwicklung einer Mehrzahl darauf aufbauender (derivativer) Produkte.

Bei einer **Plattformstrategie** handelt es sich um die langfristig angelegte, systematische Bündelung von produktinhärenten Elementen (Produktgemeinsamkeiten) zu Plattformen und das Management dieser Plattformen im Rahmen einer langfristig angelegten Produktplanung [8].

Die Einführung von Plattformstrategien ist eine Reaktion von Unternehmen auf eine Reihe von Herausforderungen. So sehen sich Unternehmen vielfach einer immer stärkeren Individualisierung der Nachfrage sowie kürzeren Produktlebenszyklen und zugleich steigenden Kosten in Entwicklung und Produktion gegenüber. In dieser Situation versuchen sie, durch die Verwendung von Gleichteilen die Entwicklungs- und Markteinführungszeiten zu verkürzen, Kostensenkungseffekte zu realisieren und zugleich eine stärkere Vielfalt an Produkten und Produktvarianten auch für kleine Segmente anzubieten. Im Einzelnen stehen bei der Anwendung einer Plattformstrategie in Industrieunternehmen vor allem folgende **Ziele** im Vordergrund [3][12][9][8][29][30][31]:

- verkürzte Neuproduktentwicklungszeiten,
- verkürzte Markteinführungszyklen,
- Kostensenkung in der Neuproduktentwicklung durch Rückgriff auf vorliegende Plattformen,
- Kostensenkung in der Produktion durch Erfahrungskurveneffekte sowie die Mehrfachverwendung von Produktionsmitteln, Modulen und Strukturen,
- Kostensenkung in der Beschaffung aufgrund von Mengenrabatten,
- Kostensenkung in Vertrieb und Service durch reduzierte Lagerhaltung und einheitliche Wartungs- und Reparaturprozesse,
- Individualisierung des Angebots auf der Basis von Standardkomponenten,
- Erhöhung der Qualität durch Einsatz bewährter Elemente und Strukturen,
- Verstetigung der Geschäftsbeziehung durch Schaffung von Integrationsmöglichkeiten kundenspezifischer Module auch bei Produktvariationen und -innovationen sowie
- Erleichterung von Internationalisierung und Globalisierung durch die bessere Möglichkeit, länderspezifische Varianten auf der Basis von Standardelementen zu erstellen.

3 Service-Plattformen

Die Diskussion von Plattformstrategien hat ihren Schwerpunkt im industriellen Bereich, dienstleistungsbezogene Reflexionen sind noch sehr selten. Diesbezügliche Pionierarbeit hat vor allem Meyer mit seinen Koautoren geleistet, die sich in mehreren Veröffentlichungen mit der Anwendung von Plattformstrategien auf intangible Produkte befasst haben [13][14][15][27]. Insbesondere in ihrer exemplarischen Übertragung des Plattformkonzeptes auf den Versicherungsbereich zeigen sie, wie ein klassischer Dienstleister Service-Plattformen bildet, auf dieser

Basis branchen- und unternehmensindividuelle Angebote entwickelt und dabei gleichzeitig Differenzierungs- und Kostensenkungsziele realisiert [14][15].

Mit diesen Beiträgen ist es MEYER und seinen Koautoren gelungen, die grundsätzliche Tauglichkeit und erfolgreiche Anwendung von Plattformstrategien im Dienstleistungsbereich nachzuweisen und zugleich eine systematische Vorgehensweise vorzustellen. Bei dieser beeindruckenden Transferleistung steht naturgemäß die Analogie zum industriellen Bereich im Zentrum der Betrachtung. Diese Perspektive soll im Folgenden ergänzt und erweitert werden, indem der Fokus auf die Frage gerichtet wird, welche besonderen Voraussetzungen bei der Anwendung von Plattformstrategien im Dienstleistungsbereich zu erfüllen und welche Plattformarten grundsätzlich zu unterscheiden sind.

3.1 Voraussetzungen der Bildung von Service-Plattformen

Die Bildung von Service-Plattformen ist an die Erfüllung zweier interdependenter Voraussetzungen gebunden: Modularisierung und Standardisierung.

3.1.1 Modularisierung

Service-Plattformen sind selbst Bestandteil von verschiedenen Produkten und zugleich Aggregationen von Komponenten und Subsystemen. Insofern besteht ein enger Zusammenhang von Plattformstrategie und Modularisierung.

Modularisierung ist eine spezifische Form der Dienstleistungsarchitektur [32][33], die sich vor allem durch die beiden Merkmale „Dekomposition" und „standardisierte Schnittstellenspezifikationen" charakterisieren lässt. Die Dekomposition betrifft die Zerlegung einer Dienstleistung in funktionale Teileinheiten, die untereinander einen hohen Grad an Unabhängigkeit aufweisen. Schnittstellenspezifikationen definieren, wie die verschiedenen funktionalen Teileinheiten zusammenwirken. Diese müssen in modularen Architekturen standardisiert und so vorgenommen werden, dass Substitutionen von Komponenten möglich sind, ohne dass sich im übrigen Systemveränderungen ergeben [33][34][35].

In diesem Sinne sind Service-Plattformen einerseits Service-Module, da sie klar abgrenzbare Teilleistungen umfassen und Bestandteil einer übergeordneten modularen Servicearchitektur sind [34]. Andererseits enthalten sie in der Regel selbst wiederum Service-Module im Sinne eindeutig definierter Sub-Teilleistungen. Insofern setzt eine Service-Plattformstrategie eine modularisierte Dienstleistungsarchitektur voraus. Doch eine Gleichsetzung von Modularisierung und Service-Plattform ist nicht zulässig. Im Sinne der obigen Definition kann ein Service-Modul nur dann als Service-Plattform bezeichnet werden, wenn alle drei oben angeführten definitorischen Bestandteile erfüllt sind, d. h. wenn das Modul wesentlicher Bestandteil von mehreren Dienstleistungen ist, selbst eine Kombination von Elementen (Subsystemen, Strukturen, Schnittstellen) darstellt und die gemeinsame Basis für die Entwicklung einer Mehrzahl darauf aufbauender (derivativer) Dienstleistungen bildet.

3.1.2 Standardisierung

Im Zusammenhang mit der Modularisierung ist bereits auf die Notwendigkeit standardisierter Schnittstellen zwischen den funktionalen Teilleistungen hingewiesen worden. Doch die Notwendigkeit einer **Standardisierung** geht im Rahmen der Plattformstrategie wesentlich weiter und bezieht sich auch auf die Teilleistungen bzw. Komponenten der Dienstleistungserstellung selbst.

Die Standardisierung im Sinne einer zweckmäßigen Vereinheitlichung von Dienstleistungen kann sich auf Ergebnis, Prozess und Potenzial der Dienstleistungserstellung sowie auf den vom Kunden bereit gestellten externen Faktor (Kundenfaktor) beziehen [16][17].

Ein erster Ansatzpunkt für die systematische Vereinheitlichung von Dienstleistungen ist die **Standardisierung des Ergebnisses**. Sie liegt vor, wenn dem Kunden eine spezifizierte Leistung versprochen wird, die weder er durch eigene Aktivität verändern kann noch durch Mitarbeiter des Anbieters individuell angepasst werden. Der Kunde hat das Angebot in seiner konkreten Ausprägung zu akzeptieren oder abzulehnen (z. B. Kleinkredit, Kfz-Versicherung). Ein zweiter Ansatzpunkt berücksichtigt, dass die meisten Dienstleistungen Aktivitäten mit Prozesscharakter sind. Insofern richtet sich die **Standardisierung des Leistungserstellungsprozesses** auf die Vereinheitlichung einzelner Aktivitäten und Sequenzen bzw. auf die Standardisierung der Abfolge von Aktivitäten (z. B. der Check-In Prozesse bei Flugreisen). Damit werden Einwirkungsmöglichkeiten von Mitarbeitern und/oder Kunden auf die Prozessausführung eingeschränkt. Einen dritten Ansatzpunkt für die Standardisierung stellen die Potenziale dar. Zu Potenzialen gehören die für die Dienstleistungserstellung eingesetzten Gebäude und Ausrüstungen, Technologien und Systeme sowie Mitarbeiter. Eine **Standardisierung der Potenziale** erfolgt, wenn die jeweilige Vielfalt der eingesetzten Potenzialfaktoren reduziert wird, z. B. indem für verschiedene Dienstleistungen die gleiche Technologie oder Mitarbeiter mit einem gleichen Qualifikationsniveau eingesetzt werden. Eine Besonderheit der Dienstleistungserstellung besteht auch darin, dass sich der Kunde an der Dienstleistungsproduktion beteiligt, d. h. als so genannter externer Faktor sich selbst oder eines seiner Objekte einbringt. Insofern liegt ein vierter Ansatzpunkt in der **Standardisierung der vom Kunden eingebrachten (externen) Faktoren**. Diese erfolgt, wenn nur bestimmte Kunden (z. B. im Krankenhaus Patienten mit genau definierten Krankheitsbildern) oder Objekte (z. B. zur Reparatur nur Produkte einer spezifischen Marke) angenommen und die Einflussmöglichkeiten des Kunden begrenzt werden.

Die Ansatzpunkte zur Standardisierung sind nicht völlig unabhängig voneinander, zum Teil stehen sie sogar in einem engen deterministischen Verhältnis. So ist eine Standardisierung der Ergebnisse in vielen Fällen nur nach vorheriger Festlegung von Standards für Potenziale und Prozesse möglich [34][36].

Sofern Ergebnisse, Prozesse, Potenziale und Kundenfaktoren standardisierbar sind, können sie auch in Subsystemen zu Plattformen verschiedener Dienstleistungsangebote kombiniert werden.

3.2 Arten von Service-Plattformen

Service-Plattformen beruhen auf Standardisierungen und Servicemodulen, die sich auf Ergebnisse, Prozesse, Potenziale und Kundenfaktoren beziehen. Dementsprechend können diese Ansatzpunkte der Standardisierung und Modularisierung [37] auch zur Differenzierung von Plattformarten herangezogen werden. Insofern sind Ergebnisplattform, Prozessplattform, Potenzialplattform oder Kundenfaktorplattform zu unterscheiden. Darüber hinaus wird es vielfach zu spezifischen Plattformkombinationen kommen (Kombinationsplattform).

Ergebnisplattformen basieren auf standardisierten Dienstleistungsergebnissen; d. h. vorgegebene Ergebnisse von Leistungserstellungsprozessen stellen selbst die Grundlage unterschiedlicher Dienstleistungen bzw. Dienstleistungsvarianten und Dienstleistungsbündel dar.

Diese Variantenbildung kann in verschiedener Weise erfolgen: So kann eine Standarddienstleistung durch weitere standardisierte oder individuelle Module ergänzt werden. Das ist z. B. schon der Fall, wenn ein Standardwartungsvertrag durch eine individuelle Zusatzvereinbarung ergänzt wird. Noch ausgeprägter wird der Plattformcharakter, wenn die Standarddienstleistung den Kern einer Reihe von Dienstleistungen bildet, die sich in Bezug auf Leistungsqualität und -umfang voneinander unterscheiden. Zu denken ist hier an einen Standardwartungsvertrag, dessen Modalitäten in vorgegebenen Stufen verändert werden können. Darüber hinaus können verschiedene Module von Standarddienstleistungen zu einem Leistungsbündel zusammengefasst werden, das als eigenständige neue Dienstleistung angeboten wird. Dies ist etwa der Fall, wenn die Standardwartung durch ein Bestandsmanagementmodul ergänzt und im Rahmen eines umfangreichen Betreuungskonzepts angeboten wird.

Prozessplattformen enthalten standardisierte Aktivitäten, Teilprozesse bzw. Prozessmodule [38]. So können z. B. Aufnahme-, Untersuchungs- oder Rechnungsstellungsprozesse in einem Krankenhaus Bestandteil völlig unterschiedlicher Diagnose- und Behandlungsdienstleistungen sein.

Bei Prozessplattformen ist im Hinblick auf Art und Umfang der Kundenbeteiligung an diesen Prozessen eine Differenzierung vorzunehmen, da diese die grundsätzliche Standardisierbarkeit von Prozessen bestimmen und zudem die strategischen Einsatzmöglichkeiten der Plattform determinieren. Deshalb wird hier unter dem Gesichtspunkt von Art und Umfang der Kundenbeteiligung zwischen kundenautonomen, unternehmensautonomen und interaktiven Prozessen unterschieden.

Kundenautonome Prozesse liegen vor, wenn Dienstleistungsteilprozesse vom Kunden selbst durchgeführt werden, wie dies z. B. in Selbstbedienungsrestaurants, an Bankterminals oder bei Autowaschstraßen der Fall ist. Wegen der Spezifizität dieser Prozesse können sie nur in wenigen Fällen als Plattform dienen. Ein Beispiel hierfür ist die Eingabe von Stammdaten durch den Kunden in Webformularen, die in verschiedenen Dienstleistungskontexten genutzt werden.

Unternehmensautonome Prozesse sind die Prozesse, die „backstage" ablaufen, also für den Kunden unsichtbar und ohne dessen direkten Einfluss vom Unternehmen durchgeführt werden können. Dazu gehören Abwicklungsprozesse wie die Bearbeitung eines Kreditantrags, die Laboruntersuchung oder die Reparatur in der Werkstatt. Zu Plattformen oder Bestandteilen von Plattformen können unternehmensautonome Prozesse dann werden, wenn sie standardisiert im Rahmen unterschiedlicher Dienstleistungen realisiert werden. Dies ist etwa der Fall, wenn Kreditwürdigkeitsprüfungen als integrativer Teil von Kreditvergaben und der Ausgabe von Kreditkarten fungieren.

Problematischer als bei den autonomen Prozessen erscheint die Standardisierung von **interaktiven Prozessen**, in die sowohl die Kunden als auch die Mitarbeiter des Dienstleisters eingebunden sind. Lange Zeit herrschte die Meinung vor, diese Prozesse entzögen sich der Standardisierung, da Individualität geradezu ein Bestimmungsmerkmal der Interaktion sei. Allerdings ist man sich zunehmend bewusst geworden, dass auch in interaktiven Prozessen hohe Standardisierungspotenziale liegen [18]. So können z. B. bestimmte medizinische Teilleistungen wie Temperatur messen oder Blut abnehmen nach klar standardisierten Vorgaben ablaufen, oder eine Bedarfsanalyse im Rahmen der Kreditberatung kann auf der Grundlage standardisierter Sequenzlisten erfolgen. Als Plattformen bzw. Plattformsubsysteme können aber auch diese standardisierten interaktiven Teilprozesse nur angesehen werden, wenn sie (potenzielle) Bestandteile unterschiedlicher Dienstleistungen darstellen.

Während bei der Ergebnis- und Prozessbetrachtung noch relativ klar in Analogie zum Konzept der Produktplattformen argumentiert werden kann, ändert sich dies in Bezug auf die Potenzialdimension. In der Regel gehören bei industriellen Produktplattformen die Produktionsfaktoren und internen Potenziale nicht zur Plattform selbst, weil sie nicht Teil der Produkte werden, sondern den Erstellungsprozess ermöglichen. Im Dienstleistungsbereich liegt hier aber eine Besonderheit vor. Wird die Dienstleistung in einem Interaktionsprozess mit dem Kunden erstellt, kommt der Kunde während der Dienstleistungsnutzung mit den eingesetzten Potenzialen in Kontakt, so dass diese zum Teil seines Qualitätserlebens werden. In dieser Beziehung werden das Gebäude einer Bank, die Innenausstattung eines Restaurants, die sichtbar eingesetzte Technologie im Diagnoseprozess oder die Kompetenz der Berater zu Bestandteilen der Dienstleistung. Deshalb erscheint es gerechtfertigt, auch von **Potenzialplattformen** zu sprechen, sofern standardisierte Potenzialbereiche in vom Kunden als unterschiedlich erlebte Dienstleistungen eingehen. Entsprechend der jeweils betrachteten Potenzialbereiche kann darüber hinaus zwischen Gebäude- und Ausrüstungs-, Technologie- und System- sowie Mitarbeiterplattformen unterschieden werden, wobei branchen- und unternehmensindividuell differenziertere und auch andere Potenzialplattformvarianten denkbar sind. Betrachtet man die eingesetzten Potenziale nicht nur als Produktionsfaktoren, sondern auch als (potenzielle) Plattformen, dann öffnet sich der Blick dafür, dass vorhandene Gebäude (z. B. Showrooms) nicht nur für Vertriebszwecke, sondern auch für andere Dienstleistungen (wie Events) genutzt oder die eingesetzte Technologie bzw. die vorhandenen Qualifikationen eines Mitarbeitersegments Chancen für die Entwicklung weiterer Dienstleistungen und die Ansprache neuer Kundengruppen bieten. Darüber hinaus ist beachtlich, dass es häufig ein spezifisches Set verschiedener Potenziale ist, die in ihrer Kombination eine Plattform bilden können, etwa wenn Handelsbetriebe ihre Standort-, Ladenlayout-, Personal- und Lagerhaltungskonzepte in einem spezifischen Verbund zum Kern von Überlegungen zur Dienstleistungsvariation und -innovation machen [14].

Betrachtet man nun den vierten Ansatzpunkt für Standardisierungen, den Kundenfaktor, dann erscheint es auf den ersten Blick absurd, den Plattformgedanken auch auf ihn zu übertragen, da der Kunde nicht Teil, sondern Adressat der Dienstleistung ist. Doch sofern sich der Kunde an der Leistungserstellung beteiligt, gilt für ihn das für die internen Potenziale Gesagte analog. Der externe Faktor determiniert oder beeinflusst bestimmte Prozesse und Ergebnisse. Der Kunde macht sich bzw. eines seiner Objekte zum Teil des Erstellungssystems. Dementsprechend ist es für Unternehmen auch ein sinnvolles Vorgehen, von standardisierten externen Faktoren, d. h. klar und eng abgegrenzten Kundengruppen bzw. Objekten auszugehen und sich zu fragen, inwieweit genau diese Kunden bzw. deren Objekte Gegenstand unterschiedlicher Dienstleistungen werden können. In diesem Verständnis macht es auch Sinn, von **Kundenfaktorplattformen** zu sprechen[1] [12].

So wie zwischen den verschiedenen Standardisierungsbereichen vielfach Interdependenzen bestehen, so gilt für Plattformen Entsprechendes. Es ist denkbar, dass bestimmte Kombinationen von standardisierten Potenzialen, Prozessen und Ergebnissen eine Plattform – die **Kombinationsplattform** – bilden. Beispielhaft sei an ein Customer Interaction Center gedacht, für das eine Plattform mit einer spezifischen technologischen Ausstattung, klar definierten Kundendialogprozessen sowie Mitarbeitern eines bestimmten Fähigkeits- und Fertigkeitsniveaus zu defi-

[1] Unabhängig vom Dienstleistungskontext spricht SAWHNEY [12] von einer „customer platform", versteht darunter allerdings ein Kern- und Ausgangssegment der Marktstrategie, das als Basis für die Expansion und die Bearbeitung weiterer Zielgruppen dient.

nieren ist. Auf dieser Plattform könnte ein Unternehmen seinen Business-to-Business-Kunden ganz unterschiedliche Dienstleistungen wie Kampagnendurchführung, Befragungen, Beschwerdeannahme oder Rückgewinnungs-Outbound-Calls anbieten.

4 Der marktstrategische Nutzen von Service-Plattformen

Neben den internen, insbesondere auf Kostensenkung und Zeitreduzierung ausgerichteten Zielen wird mit einer Plattformstrategie vor allem auch versucht, über das Angebot einer stärkeren Varianten- bzw. Angebotsvielfalt marktstrategische Ziele zu erreichen. Für die Betrachtung der Frage, inwieweit die verschiedenen Service-Plattform-Varianten geeignete Ansatzpunkte bilden, sei auf ANSOFFS bewährte Produkt-Markt-Matrix Bezug genommen, die unterschiedliche marktstrategische Stoßrichtungen als Produkt-Marktkombinationen ausweist [19][20] [21]. Je nachdem, ob mit gegenwärtigen oder neuen Dienstleistungen auf gegenwärtigen oder neuen Märkten agiert wird, unterscheidet ANSOFF [19] zwischen den Strategien der Marktdurchdringung, Marktentwicklung, Produktentwicklung und Diversifikation.

Es lässt sich nun zeigen, dass sich für Dienstleistungsunternehmen die jeweiligen marktstrategischen Ausrichtungen mit Hilfe von Plattformstrategien erreichen lassen, wobei für die marktstrategischen Alternativen unterschiedliche Plattformarten als primär geeignet anzusehen sind.[2]

Die Strategie der **Marktdurchdringung** zielt auf die Ausschöpfung des Marktpotenzials vorhandener Dienstleistungen in bestehenden Märkten. Im Mittelpunkt steht hier das Bemühen, die bisherigen Kunden zu einer Intensivierung der Dienstleistungsnutzung zu bewegen. Hierfür sind vor allem **Ergebnisplattformen** einsetzbar, indem eine spezifische Dienstleistung durch wechselnde Zusatzangebote attraktiver gemacht wird. Durch solche Variationen, die Ergänzung um Module oder die Schaffung von Bündelungen schon vorhandener Leistungen können auch Kunden gewonnen werden, die bisher beim Wettbewerber Käufer waren oder die Dienstleistung noch überhaupt nicht genutzt haben. Dies könnte zum Beispiel durch das Angebot von Servicegarantien erfolgen, wenn diese gegenüber dem Konkurrenzangebot ein Alleinstellungsmerkmal darstellen und für bisherige Nichtkäufer das Kaufrisiko erheblich senken.

---

[2] Im Folgenden wird nur auf die jeweiligen Bereichsplattformen, nicht aber auf die in der Regel jeweils einsetzbare kombinierte Service-Plattform eingegangen.

Bei der Strategie der **Marktentwicklung** strebt der Dienstleister an, für die gegenwärtigen Dienstleistungen neue Märkte zu finden, seien es neue geographische Märkte oder neue Kundensegmente. Für eine **geographische Marktentwicklung** stellen **Potenzialplattformen** den zentralen Ausgangspunkt dar. Das gilt insbesondere für die ortsgebundenen Dienstleistungen, bei denen Kunden den Ort der Dienstleistungserstellung aufsuchen müssen. Durch die Verwendung von standardisierten Gebäude- und Ausrüstungskonzepten, Systemen und Technologien lassen sich Dienstleistungsangebotskonzepte replizieren. So sind detailliert durchdachte Potenzialstrategien die wesentliche Voraussetzung für das Wachstum von Fastfood-Ketten, Handelsfilialsystemen und Dienstleistungsfranchiseunternehmen wie Schlüsseldienste oder Reisebüros.[3]

Für die Gewinnung **neuer Segmente** kann man auf das von MEYER/LEHNERD vorgeschlagene Segmentierungsgitter zurückgreifen [4]. Es macht deutlich, dass Segmentierungen sowohl auf horizontaler als auch auf vertikaler und diagonaler Ebene vorgenommen werden können. In horizontaler Hinsicht unterscheiden sich Kunden einer Marktstufe hinsichtlich ihrer Bedürfnisse in Bezug auf eine bestimmte Produktart. So können z. B. die Ansprüche der Kunden im Hinblick auf das Ausmaß der persönlichen Betreuung variieren. Darüber hinaus sind Kunden vertikal im Hinblick auf das von ihnen gewünschte Preis-Leistungsverhältnis zu differenzieren. Eine diagonale Segmentierung liegt vor, wenn von einem Ausgangspunkt eine Wahl auf Kundensegmente fällt, die sowohl abweichende Bedürfnisse haben als auch zugleich einer neuen Marktstufe angehören. Die diagonale Segmentierung lässt sich demnach als Kombination der horizontalen und vertikalen Segmentierung verstehen.

Für eine Ansprache neuer **horizontaler Segmente**, d. h. für Kunden, die eine im Kern gleiche Dienstleistung in verschiedenen Bedarfsvarianten wünschen, bieten sich vor allem **Ergebnisplattformen und Prozessplattformen** an. In Bezug auf die Ergebnisplattformen besteht die Vorgehensweise u. a. darin, existierende Dienstleistungen auf innovative Weise zu bündeln bzw. neue Bündel durch die Auflösung von traditionellen Leistungsangebotskombinationen zu bilden. Dies ist der Fall, wenn ein Autohaus nicht mehr die Gesamtpalette der Dienstleistungen anbietet, sondern nur noch eine begrenzte Zahl standardisierter Leistungen (etwa Reparaturen zu den Bereichen Bremsen, Auspuff und Reifen). Diese neue Kombination kann an anderen Standorten und unter einer neuen Marke produziert werden, was den Anbieter in die Lage versetzt, markenübergreifend neue Segmente anzusprechen.

Einen weiteren Ansatzpunkt für die horizontale Segmentierung liefern Prozessplattformen. So lässt sich auf der Basis von interaktiven Prozessplattformen das Maß der persönlichen Betreuung im Beratungsprozess zielgruppengerecht variie-

---

[3] So weist MEYER [9] explizit auf die Wachstumsstrategien von Handelsbetrieben wie Walmart oder Staples aufgrund standardisierter Infrastrukturplattformen hin.

ren. Gleiches gilt für die zeitliche Skalierung der Prozesse. So lassen sich durch die Variation von Zugangs-, Response- oder Wartezeiten unterschiedliche Zeitsensibilitäten unter den Kunden berücksichtigen.

In **vertikaler Hinsicht** ist zu entscheiden, ob Kunden auf unterschiedlichen Marktstufen angesprochen werden können, d. h. ausreichend große verschiedene Segmente im Hinblick auf Qualitätserwartungen und Preisbereitschaften vorliegen. Ist dies der Fall, bieten sich für die Variation des Dienstleistungsangebots vor allem **kundenautonome und unternehmensautonome Prozessplattformen** an. Unternehmensautonome Prozessplattformen beinhalten ein hohes Effizienzpotenzial, das dazu genutzt werden kann, eine im Kern gleiche Dienstleistung – etwa eine Versicherung – unter einer anderen Marke im unteren Preissegment zu platzieren. Auch kann es sinnvoll sein, interaktive Prozesse in kundenautonome Prozesse zu verlagern, d. h. Selbstbedienungsanteile zu erhöhen und daher ein Externalisierungskonzept zu verfolgen [22]. Dies ermöglicht in der Regel eine Kostenreduktion und damit die Ansprache eines niedrigeren vertikalen Preis-Leistungssegments. Darüber hinaus können auch **Potenzialplattformen**, vor allem Systemplattformen, für die vertikale Segmentierung herangezogen werden. So können z. B. im Kern gleiche Konzepte und Systeme zur Führung von Hotels die Plattform von Hotelmarken bilden, die auf unterschiedlichen Marktstufen positioniert sind.

Die Strategie der **Dienstleistungsentwicklung** basiert auf der Bemühung, für existierende Märkte und vorhandene Kundengruppen neue Dienstleistungen anzubieten. Dabei wird hier nur dann von „neu“ gesprochen, wenn die Dienstleistung von der Kundengruppe selbst auch als eigenständig und innovativ wahrgenommen wird. Für die Dienstleistungsentwicklung können grundsätzlich alle Plattformvarianten den Ausgangspunkt bilden. Bei dem unterstellten hohen Innovationsgrad kommen aber primär **Ergebnisplattformen, Potenzialplattformen und Kundenplattformen** hierfür in Betracht.

Ergebnisplattformen im Sinne von bisher bereits angebotenen Leistungssets haben meist einen innovativ ausbaubaren Kern. Man denke an einen Automobilhersteller, der auch Autofinanzierung betreibt, dann aber diese singuläre Leistung zum Ausgangspunkt für die Entwicklung völlig neuer Finanzdienstleistungen nimmt, seien es Leasing, Versicherungsleistungen oder Spar- und Kreditkartenangebote.

Potenzialplattformen sind der Ausgangspunkt für innovative Dienstleistungsüberlegungen, wenn man systematisch für jeden Plattformbereich bedenkt, für welche neuen Dienstleistungen die Kundengruppe angesprochen werden kann. In Bezug auf Gebäude geht es z. B. darum, zu prüfen, ob nicht Gebäudeteile, die zeitweise nicht genutzt werden, für andere Dienstleistungen eingesetzt werden können. Viele innovative und marktübergreifende Dienstleistungsangebote sind das Ergebnis solcher Überlegungen. So erscheint es immer weniger überraschend, dass Warenhausrestaurants am Wochenende für Events geöffnet sind, dass man an der Tankstelle frische Brötchen kaufen und Versicherungen im Kaffeegeschäft abschließen kann. Bezüglich der technologischen Ausrüstung und Systeme sowie der Mitarbeiter gilt Analoges. So lassen sich Management-, Betreiber- und Franchisekonzepte auf andere Branchen und Märkte übertragen. Viele Cross-Selling-Anstrengungen im Dienstleistungsbereich haben ihren Ursprung in dem Wissen, dass vorhandene Mitarbeiter, Technologien und Systeme auch Chancen für die Aufnahme neuer Dienstleistungen bilden. Das gilt im Finanzdienstleistungsbereich sowohl für Banken als auch für Versicherungen. Banken nutzen ihre Filial-, System- und Mitarbeiterpotenzialplattformen dazu, neben ihren klassischen Bankleistungen auch eigene oder fremde Versicherungsleistungen, Bausparverträge, Leasing, Factoring oder Vermögensberatung anzubieten. In gleicher Weise nutzen Versicherungsunternehmen ihre Personal- und Systempotenzialplattformen, insbesondere ihre mit Hard-Selling-Methoden vertrauten, nicht an übliche Geschäftszeiten gebundenen Außendienstmitarbeiter, zur Ausdehnung des Dienstleistungsangebots um klassische Bankdienstleistungen wie den Verkauf von Produkten zur finanziellen Altersvorsorge [21].

Auch Kundenplattformen, verstanden als eindeutig und eng begrenzte Segmente von Kunden und den von ihnen eingebrachten Objekten, könnten der Startpunkt für Überlegungen zur Serviceentwicklung sein. Hier ist in einem ersten Schritt die Frage zu beantworten, inwieweit gerade diese Kunden sich noch durch weitere Gemeinsamkeiten auszeichnen, die eine Erweiterung des Dienstleistungsangebots sinnvoll erscheinen lassen. Dies kann z. B. durch Methoden des Data Mining erfolgen, indem durch die differenzierte Analyse der Kundendatenbank neue, nicht-offensichtliche Gemeinsamkeiten identifiziert werden. In einem zweiten Schritt ist dann zu prüfen, ob zur Bereitstellung dieser neuen Dienstleistungen auf Potenzial-, Prozess- und Ergebnisplattformen zurückgegriffen werden kann oder ob hier neue geschaffen werden müssen.

Die **Diversifikation** zielt auf das Angebot von neuen Dienstleistungen in neuen Märkten. Geht man davon aus, dass für das Unternehmen tatsächlich ein hoher Innovationsgrad vorliegt und zudem völlig neue Märkte angesprochen werden, dann werden auch hier vor allem **Potenzialplattformen** einen sinnvollen Ausgangspunkt bilden. Allerdings ist der Blick in diesem Fall nicht – wie bei der Marktentwicklung – auf die Replikation von Potenzialplattformkombinationen im Rahmen einer geographischen Wachstumsstrategie gerichtet und er wird nicht – wie bei der Dienstleistungsentwicklung – durch die Maßgabe, nur die bestehende Kundengruppe anzusprechen, begrenzt. Vergleichbares gilt auch für kombinierte Service-Plattformen. So ist es etwa denkbar, dass eine Customer Interaction Plattform, die bisher nur für Outbound-Kontakte im Business-to-Business-Bereich eingesetzt wurde, nun auch Inbound-Aufgaben für Kunden aus dem Business-to-Customer-Bereich übernimmt.

Abbildung 1 zeigt die Zuordnung von marktstrategischen Ausrichtungen und primär geeigneten Service-Plattformen.

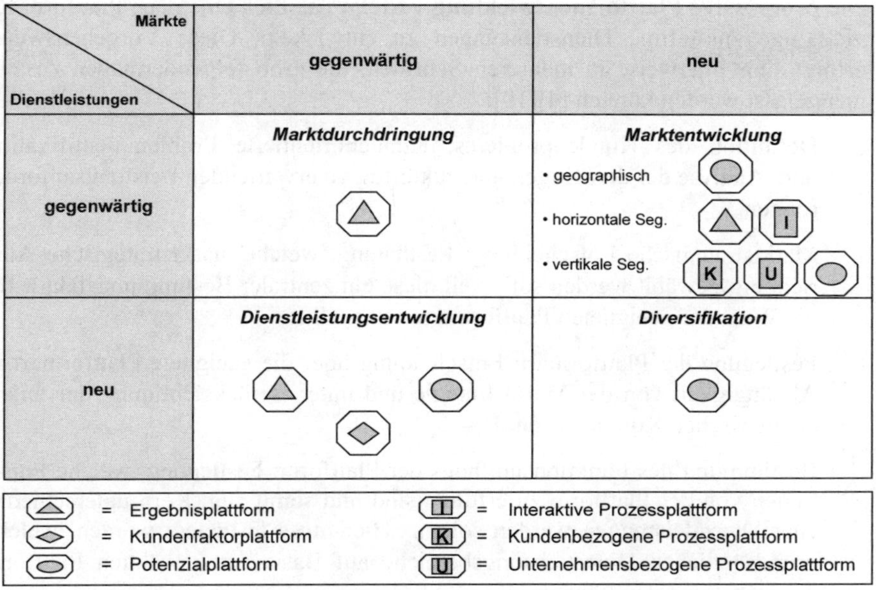

Märkte / Dienstleistungen	gegenwärtig	neu
gegenwärtig	*Marktdurchdringung*	*Marktentwicklung* • geographisch • horizontale Seg. I • vertikale Seg. K U
neu	*Dienstleistungsentwicklung*	*Diversifikation*

- = Ergebnisplattform
- = Kundenfaktorplattform
- = Potenzialplattform
- I = Interaktive Prozessplattform
- K = Kundenbezogene Prozessplattform
- U = Unternehmensbezogene Prozessplattform

Abbildung 1: Marktstrategische Ausrichtungen und primär geeignete Service-Plattformen

5 Plattformentwicklung im Service Engineering

Die wissenschaftliche und praktische Diskussion zum Service Engineering in den letzten Jahren hat wesentlich dazu beigetragen, dass Fragen der systematischen Serviceentwicklung inzwischen eine intensive Beachtung gefunden haben [23] [24][25]. Sollten plattformstrategische Überlegungen im Dienstleistungsbereich stärker aufgenommen werden, dann steht auch das Service Engineering in Praxis und Wissenschaft vor einer neuen Herausforderung, da neben der Serviceneuentwicklung Fragen einer systematischen Plattformentwicklung zu beantworten und das Verhältnis von Plattform- und Serviceentwicklung zu bestimmen sind.

Unter **Plattformentwicklung** versteht man den Prozess der Konzeption, Planung und Entwicklung von Plattformen [8]. Hierbei können grundsätzlich zwei Vorgehensweisen unterschieden werden: die progressive und die retrograde Plattformentwicklung.[4]

[4] In ähnlicher Weise unterscheiden SIMPSON; MAIER; MISTREE [10] zwischen Top-Down (a priori)- und Bottom-Up (a posteriori)-Vorgehensweisen.

Die **progressive Plattformentwicklung** verfolgt das Ziel, eine neue Plattform für vielfältige zukünftige Dienstleistungen zu entwickeln. Diese Vorgehensweise erfolgt sinnvollerweise in mehreren Schritten, die grob folgendermaßen zusammengefasst werden können [4][10]:

- Definition des Kundenproblems: Kundenorientierte Problemidentifikation und Analyse der derzeitigen und zukünftig zu erwartenden Leistungsanforderungen.
- Marktstrategische Entscheidung: Festlegung, welche marktstrategische Ausrichtung gewählt werden soll, weil diese ein zentraler Bestimmungsfaktor für die Wahl der geeigneten Plattformarten darstellt.
- Festlegung der Plattformart: Entscheidung über die geeignete Plattformart in Abhängigkeit von der Marktstrategie und unter Berücksichtigung der unternehmerischen Kompetenzen.
- Bestimmung des Funktionsumfangs der Plattform: Festlegung, welche Funktionen von der Plattform zu erfüllen sind und somit zum Kern unterschiedlicher Dienstleistungen werden sollen. Hier muss festgelegt werden, welche grundsätzlichen Dienstleistungsbereiche auf Basis der gewählten Plattform entwickelt werden können.
- Entwicklung der spezifizierten Plattformelemente: Definition und Konkretisierung der Servicemodule und Schnittstellen zwischen den Plattformelementen. Die Gesamtheit dieser Elemente einschließlich der Schnittstellen bildet die Plattform, die die Grundlage für die spätere Neuserviceentwicklung darstellt.

Viele Dienstleistungsunternehmen, in denen es nur in wenigen Fällen überhaupt eine systematische und institutionalisierte Neuserviceentwicklung gibt [25], wären überfordert, den Einstieg in eine Plattformstrategie über diese progressive Vorgehensweise zu suchen. Sie bieten in der Regel eine Fülle von Dienstleistungen an, über deren Struktur und mögliche gemeinsame modulare Komponenten sie vielfach keine bzw. keine genaue Kenntnis haben. Insofern liegt es nahe, zunächst Dienstleistungsplattformen als Ergebnis einer sorgfältigen Ist-Analyse zu entwickeln und auf dieser Basis spätere Weiter- und Neuentwicklungen von Service-Plattformen anzustreben.

Die **retrograde Leistungsplattformentwicklung** besteht darin, eine Bestandsaufnahme aller angebotenen Dienstleistungen im Hinblick auf die in ihnen enthaltenen Subsysteme und Elemente vorzunehmen, die standardisierten bzw. standardisierbaren Gemeinsamkeiten zu identifizieren und auf dieser Basis Plattformen zu bestimmen, die zur Neukonfiguration des Angebots bzw. für die weiteren Neuserviceentwicklungen genutzt werden können. Die entsprechende stufenartige Vorgehensweise der retrograden Service-Plattformentwicklung sieht folgendermaßen aus:

- Systematische Erfassung der vom Unternehmen angebotenen Dienstleistungen.

- Analyse der Dienstleistungsangebote im Hinblick auf standardisierte bzw. standardisierbare Ergebnisse, Prozesse, Potenziale und Kundenfaktoren.

- Identifikation der Gemeinsamkeiten. Hier könnte auf ein modifiziertes Analyseraster zurückgegriffen werden, das MEYER/SELIGER in Bezug auf die Entwicklung von Software-Plattformen vorschlagen [13]. Auf abstrakter Ebene ergibt sich dann ein Tableau, das in den Spalten die verschiedenen angebotenen Dienstleistungen und in den Zeilen eine Auflistung von potenzial-, prozess-, ergebnis- und kundenfaktorbezogenen Elementen enthält, so dass eine schnelle Übersicht über Leistungsgemeinsamkeiten möglich ist (siehe Abbildung 2).

- Vorauswahl von Gemeinsamkeitsgruppen unter den Perspektiven der marktstrategischen Priorität und der unternehmerischen Kompetenzen.

- Konzipierung von Service-Plattformen auf der Basis der selektierten Gemeinsamkeitsgruppen. Dabei ist eine „clean sheet"-Perspektive [3] erforderlich, d. h., dass in Kenntnis der ermittelten Daten und strategischen Rahmenbedingungen eine neue Plattform zu entwickeln ist, die in der Lage ist, für die jeweiligen marktstrategischen Ausrichtungen und Segmente überlegene Lösungen hervorzubringen.

- Konkrete Entwicklung der spezifizierten Elemente der Service-Plattform unter Berücksichtigung der festgelegten Veränderungen und Ergänzungen.

Sowohl für die progressive als auch für die heterogene Plattformentwicklung sind drei wesentliche Handlungsbereiche von Bedeutung: die Verknüpfung von Plattform- und Neuserviceentwicklung – damit zusammenhängend – die Organisation der Plattformentwicklung sowie die ständige Überprüfung und Weiterentwicklung von Service-Plattformen.

In der Diskussion der industriellen Plattformstrategie wird ein wesentlicher Vorteil dieses Ansatzes darin gesehen, dass Plattformentwicklung und Produktentwicklung voneinander getrennt werden können, auch wenn natürlich eine enge Verzahnung erforderlich ist. Der Vorteil liegt darin, dass große Unterschiede in Bezug auf Kosten, Entwicklungszeiten und Zahl der Entwicklungsprojekte bestehen, so dass sich durch die gesonderte Entwicklung Effizienzgewinne realisieren lassen [6][8][26].[5] Im Dienstleistungsbereich, in dem bis heute nur selten eine langfristige Neuserviceplanung existiert, stellt sich die Problematik nicht in der Weise, so dass von einer engeren Verknüpfung von Plattform- und Neuservice-

---

[5] Allerdings zeigt die aktuelle empirische Studie von VÖLKER, VOIT U. MÜLLER [26] für den deutschsprachigen Raum, dass bisher in Unternehmen überwiegend keine spezifischen organisatorischen Strukturen zur Plattformentwicklung vorhanden sind.

entwicklung auszugehen ist. Einerseits kann durch Einnahme der Plattformperspektive eine Fülle von Ideen für Neuservices gewonnen werden, andererseits sind unter Anlage dieser Perspektive alle Neuserviceideen im Hinblick auf die Nutzung von Plattformen bzw. zumindest von Plattformsubsystemen zu betrachten.

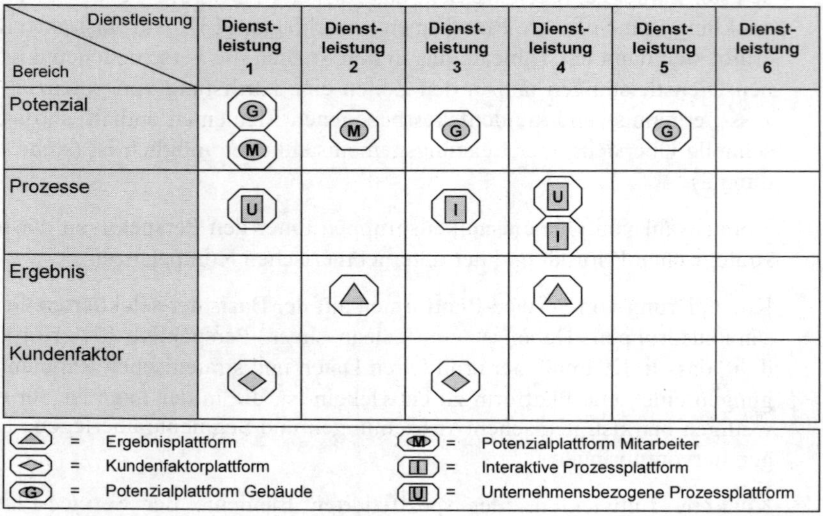

Dienstleistung / Bereich	Dienst-leistung 1	Dienst-leistung 2	Dienst-leistung 3	Dienst-leistung 4	Dienst-leistung 5	Dienst-leistung 6
Potenzial	G, M	M	G		G	
Prozesse	U		I	U, I		
Ergebnis		△		△		
Kundenfaktor	◇		◇			

△ = Ergebnisplattform
◇ = Kundenfaktorplattform
G = Potenzialplattform Gebäude
M = Potenzialplattform Mitarbeiter
I = Interaktive Prozessplattform
U = Unternehmensbezogene Prozessplattform

Abbildung 2: Identifikation von Gemeinsamkeiten bestehender Dienstleistungen

Aufgrund der mangelnden Institutionalisierung der Innovationspolitik in Dienstleistungsunternehmen gibt es auch in organisatorischer Hinsicht meist weniger Alternativen. Hier erscheint es sinnvoll, sich an den Teamkonzepten zu orientieren, die im industriellen Bereich vorzufinden sind bzw. vorgeschlagen werden [6][11]. Diesen ständigen oder projektorientierten, cross-funktionalen Plattformteams kommt die Aufgabe zu, unter Einbezug aller relevanten Experten – und gegebenenfalls auch Lieferanten und Kunden – die Plattformenentwicklung zu betreiben, die Entwicklung neuer Subsysteme anzuregen und zu koordinieren sowie neue Subsysteme in Plattformen zu integrieren [3][13][27].

Um den Innovationscharakter von Service-Plattformen zu erhalten und eine Erstarrung auf Grund des Festhaltens an Plattformen zu vermeiden, gehört es auch zu den Aufgaben der Teams, die Plattformen selbst einer ständigen Überprüfung zu unterziehen und systematisch weiterzuentwickeln [13]. Zu diesem Zweck sind zielorientierte Audits im Hinblick auf den strategischen Fit der Plattformen durchzuführen und aussagefähige Kennzahlensysteme für die Überwachung von Effizienz und Effektivität der Subsysteme und der Plattform zu entwickeln. Insgesamt wird damit in Umrissen ein eigenständiges Tätigkeitsfeld eines Service-Plattform-Engineering erkennbar.

6 Zusammenfassung

Während im industriellen Bereich seit Jahren Plattformstrategien eingesetzt und wissenschaftlich analysiert werden, steht die entsprechende Entwicklung im Bereich der Dienstleistungen erst am Anfang. Allerdings spricht viel dafür, dass auch hier ein sehr Erfolg versprechender Ansatzpunkt liegt, um über Standardisierungen Effizienzpotenziale auszuschöpfen und zugleich eine Individualisierung des Angebots und die Ausweitung des Dienstleistungssortiments zu erreichen. Eine genauere Betrachtung zeigt, dass sich idealtypisch unterschiedliche Ansatzpunkte für Plattformen im Dienstleistungskontext finden. Dabei handelt es sich um Potenzial-, Prozess-, Ergebnis- und Kundenfaktorplattformen sowie kombinierte Plattformen, die im Service-Plattform-Modell zusammengefasst werden. Jeder dieser Plattformbereiche bietet unterschiedliche Handlungsmöglichkeiten, ist mit abweichenden Anwendungschancen im marktstrategischen Kontext verbunden und setzt verschiedene unternehmerische Kompetenzen voraus. Insofern ist eine unternehmensstrategische Fundierung der Service-Plattformstrategie dringend erforderlich. Für einen Einstieg in die Plattformstrategie wird es für viele Dienstleistungsunternehmen angebracht sein, eine retrograde Plattformentwicklung zu wählen, indem zunächst Gemeinsamkeiten im Dienstleistungsangebot bestimmt und als Subsysteme von Plattformen identifiziert werden. Diese können dann in der Folge weiterentwickelt und zum Gegenstand von Neuserviceentwicklungen gemacht werden. Hier eröffnet sich dem Service Engineering in Wissenschaft und Praxis ein weites und zum Großteil noch zu erkundendes Handlungs- und Untersuchungsfeld.

Literaturverzeichnis

[1] Meyer, M. H.; Utterback, J. M.: The product family and the dynamics of core capability, in: Sloan Management Review, 34(1993)3, S. 19-48.

[2] Wheelwright, S. C.; Clark, K. B.: Revolution der Produktentwicklung, Frankfurt et al. 1994.

[3] Meyer, M. H.: Revitalize your product lines through continuous platform renewal, in: Research Technology Management, 40(1997)2, S. 17-28.

[4] Meyer, M. H.; Lehnerd A. P.: The Power of Product Platforms, New York et al. 1997.

[5] Robertson, D.; Ulrich, K.: Planning for Product Platforms, in: Sloan Management Review, 39(1998)4, S. 19-31.

[6] Muffatto, M.: Introducing a platform strategy in product development, in: International Journal of Production Economics, 60-61(1999)1, S. 145-153.

[7] Tatikonda, M.: An Empirical Study of Platform and Derivative Product Development Projects, in: Journal of Product Innovation Management, 16(1999)1, S. 3-26.

[8] Müller, M.: Management der Entwicklung von Produktplattformen, Bamberg 2000.

[9] Meyer, M. H.: The strategic integration of markets and competencies, in: International Journal of Technology Management, 17(1999)6, S. 677-695.

[10] Simpson, T. W.; Maier, J. R. A.; Mistree, F.: Product platform design: method and application, in: Research in engineering design – Theory, application, and concurrent engineering, 13(2001)1, S. 2-22.

[11] Muffato, M; Roveda, M.: Developing product platforms: analysis of the development process, in: Technovation, 20(2000)11, S. 617-630.

[12] Sawhney, M. S.: Leveraged High-Variety Strategies: From Portfolio Thinking to Platform Thinking, in: Journal of the Academy of Marketing Science, 26(1998)1, S. 54-61.

[13] Meyer, M. H.; Seliger R.: Product Platforms in Software Development, in: Sloan Management Review, 40(1998)1, S. 61-74.

[14] Meyer, M. H.; DeTore, A.: Product Development for Services, in: Academy of Management Executives, 13(1999)3, S. 64-76.

[15] Meyer, M. H.; DeTore, A.: Perspective: Creating a platform-based approach for developing new services, in: Journal of Product Innovation Management, 18(2001)3, S. 188-204.

[16] Corsten, H.: Dienstleistungsmanagement, 3. Auflage, München 1997.

[17] Zahn, E.; Barth, T.; Hertweck, A.: Erfolgreiches Dienstleistungsmanagement – Ein Weg zu mehr Innovation, Wachstum und Ertragskraft, in: Bullinger, H. J.; Zahn, E. (Hrsg.): Service Engineering ´99, Stuttgart 1999, S. 85-109.

[18] Zeithaml, V. A.; Berry, L. L.; Parasuraman, A.: Kommunikations- und Kontrollprozesse bei der Erstellung von Dienstleistungsqualität, in: Bruhn, M.; Stauss, B. (Hrsg.): Dienstleistungsqualität, 3. Auflage, Wiesbaden 2000, S. 115-144.

[19] Ansoff, H. I.: Management-Strategie, München 1966.

[20] Meffert, H.; Bruhn, M.: Dienstleistungsmarketing, 3. Auflage, Wiesbaden 2000.

[21] Becker, J.: Marketing-Konzeption, München 2001.

[22] Corsten, H.: Der Integrationsgrad des externen Faktors als Gestaltungsparameter in Dienstleistungsunternehmungen – Voraussetzungen und Möglichkeiten der Externalisierung und Internalisierung, in: Bruhn, M.; Stauss, B. (Hrsg.): Dienstleistungsqualität, 3. Auflage, Wiesbaden 2000, S. 145-168.

[23] Bullinger, H. J.; Zahn, E. (Hrsg.): Service Engineering ′99, Stuttgart 1999.

[24] Fähnrich, K. P. et al.: Service Engineering. Ergebnisse einer empirischen Studie zum Stand der Dienstleistungsentwicklung in Deutschland, Stuttgart 1999.

[25] Bullinger, H.-J.; Meiren, T.: Service Engineering – Entwicklung und Gestaltung von Dienstleistungen, in: Bruhn, M.; Meffert, H. (Hrsg.): Handbuch Dienstleistungsmanagement, 2. Auflage, Wiesbaden 2001, S. 149-176.

[26] Völker, R.; Voit, E.; Müller, M.: Plattformmanagement – Effizienter innovieren mit Produktplattformen, in: Die Unternehmung, 56(2002)1, S. 5-16.

[27] Meyer, M. H.; Mugge, P. C.: Make Platform Innovation Drive Enterprise Growth, in: Research Technology Management, 44(2001)1, S. 25-39.

[28] Dudenhöfer, F.: Outsourcing, Plattform-Strategien und Badge Engineering, in: Wirtschaftswissenschaftliches Studium, 26(1997)3, S. 144-149.

[29] Cooper, R.; Edgett, S. J.: Product Development for the service sector: lessons from market leaders, Cambridge 1999.

[30] Sanchez, R.: Strategic Product Creation: Managing New Interactions of Technology, Markets, and Organizations, in: European Marketing Journal 14(1996)2, S. 121-138.

[31] Baldwin, C. Y.; Clark K. B.: Managing in an Age of Modularity, in: Harvard Business Review, 75(1997)9-10, S. 84-93.

[32] Sanchez R.; Collins R. P.: Competing and Learning in Modular Markets, in: Long Range Planning, 34(2001)6, S. 645-667.

[33] Böhmann, T.; Krcmar, H.: Modulare Servicearchitekturen, in: Bullinger, H.-J.; Scheer, A.-W. (Hrsg.): Service Engineering, 1. Auflage, Berlin et al. 2003, S. 391-415.

[34] Burr, W.: Service Engineering bei technischen Dienstleistungen, Wiesbaden 2002.

[35] Thomas, O.; Scheer A.-W.: Ein modellgestützter Ansatz zum Customizing von Dienstleistungsinformationssystemen, in: Becker, J.; Knackstedt, R. (Hrsg.): Referenzmodellierung 2002, Münster 2002, S. 81-117.

[36] Gersch, M.: Die Standardisierung integrativ erstellter Leistungen, Arbeitsbericht des Institut für Unternehmensführung, Nr. 57, Bochum 1995.

[37] Hermsen, M.: Ein Modell zur kundenindividuellen Konfiguration produktnaher Dienstleistungen, Aachen 2000.

[38] Klein, C.; Zürn, A.: Einsatz von Prozessmodulen im Service Engineering – Praxisbeispiel und Problemfelder, in: Bullinger, H.-J.; Scheer, A.-W. (Hrsg.): Service Engineering, 1. Auflage, Berlin et al. 2003, S. 721-739.

Collaborative Service Engineering

Wolfgang Kersten
Eva-Maria Kern
Thomas Zink
Technische Universität Hamburg-Harburg

Inhalt

1 Collaborative Business als neue Form der Zusammenarbeit

Die Nutzung moderner Informations- und Kommunikationstechnologien zur Abwicklung von Geschäftsprozessen hat sich in den letzten Jahren dynamisch entwickelt. Im Vordergrund steht nicht nur die Optimierung der unternehmensinternen Prozesse, sondern vor allem auch der Zusammenarbeit in der gesamten Wertschöpfungskette im Rahmen eines so genannten Collaborative Business. Charakteristisch hierfür ist eine vernetzte, zielgerichtete Kooperation der Wertschöpfungspartner über räumliche Grenzen hinweg mit Unterstützung internetbasierter Technologien. Voraussetzung für eine erfolgreiche internetgestützte Zusammenarbeit ist die ganzheitliche Betrachtung der Prozesse sowie die Einbeziehung der Prozessbeteiligten im Hinblick auf deren Informationsbedürfnisse [1].

Standen zu Beginn der oben beschriebenen Entwicklung die Beschaffungs- und Vertriebsprozesse im Zentrum, so steht derzeit insbesondere die Gestaltung des Engineering-Prozesses im Sinne der Prinzipien des Collaborative Business im Fokus des Interesses. Dieses so genannte Collaborative Engineering (C-Engineering) beinhaltet aus Sicht der Verfasser vor allem die internetgestützte Gestaltung verteilter, gemeinschaftlicher Produktentstehungsprozesse, wobei die Entwicklungspartner entweder unterschiedlichen Bereichen bzw. Standorten eines Unternehmens oder aber einem firmenübergreifenden Entwicklungsnetzwerk angehören können [2][3]. Alle zur effizienten Abwicklung der Engineeringprozesse erforderlichen Unternehmensfunktionen, wie z. B. Entwicklung/Konstruktion, Produktion und Einkauf werden in das C-Engineering eingebunden [4].

Dieses Konzept des C-Engineering lässt sich auch auf das Produkt „Dienstleistung“ übertragen. Ausgehend von Collaborative Engineering im Produktbereich verfolgt dieser Beitrag das Ziel,

- wesentliche Elemente des Collaborative Service Engineering herauszuarbeiten und seine Gestaltungskomponenten darzustellen,
- die Frage zu beantworten, für welche Art von Dienstleistungen Collaborative Service Engineering sinnvoll angewendet werden kann,
- ein Prozessmodell für Collaborative Service Engineering zu entwickeln,
- dessen Internetunterstützung durch virtuelle Projektplattformen zu beschreiben sowie
- wesentliche Herausforderungen bei der Implementierung aufzuzeigen.

2 Collaborative Service Engineering

2.1 Der Begriff des Collaborative Service Engineering (CSE)

Collaborative Service Engineering, im Folgenden mit CSE abgekürzt, wird in der Literatur bislang kaum behandelt. KLOSTERMANN nimmt eine erste Definition vor, die CSE als einen „integrierten Ansatz für die systematische Entwicklung von Dienstleistungsprodukten und die Gestaltung von Entwicklungsprozessen für Dienstleistungen unter kooperativer Einbeziehung aller am Prozess beteiligter Ingenieursdisziplinen und Ressourcen" [5] [6] beschreibt.

Im vorliegenden Beitrag soll unter Collaborative Service Engineering in Analogie zum C-Engineering ein Konzept zur internetgestützten Gestaltung einer verteilten, gemeinschaftlichen, d. h. von mehreren Unternehmen bzw. Unternehmensbereichen durchgeführten, Dienstleistungsentwicklung verstanden werden, das alle Phasen und Beteiligten des Dienstleistungsentstehungsprozesses umfasst und darüber hinaus die systematische Auswahl der Entwicklungspartner und die Steuerung der Intensität der Zusammenarbeit entsprechend der Prozesserfordernisse beinhaltet (vgl. Abbildung 1).

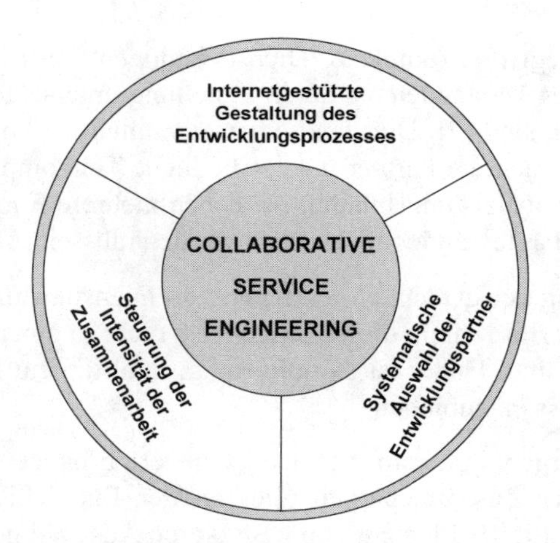

Abbildung 1: Definition und Merkmale von CSE

Wesentliche Ziele des CSE sind es, den Prozess der kooperativen Dienstleistungsentwicklung systematisch auszugestalten, die Entwicklungsprozesse der beteiligten Partner aufeinander abzustimmen und durch moderne I&K-Technologien zu unterstützen. Hierdurch wird einerseits eine Prozessbeschleunigung und Kostenreduzierung erreicht. Andererseits ist es möglich, durch die gemeinschaftliche Entwicklung neuartige, den Kundenbedürfnissen entsprechende Dienstleistungen zu entwickeln und die Prozesse zur Dienstleistungserbringung zu optimieren.

2.2 Gestaltungskriterien für Collaborative Service Engineering

2.2.1 Auswahl geeigneter Dienstleistungen und Partner für CSE

Auch im herkömmlichen Service Engineering spielen der Kunde und etwaige Partner bei der Dienstleistungsentwicklung eine wesentliche Rolle. CSE stellt aber eine Zusammenarbeit über das bisher existierende Maß hinaus dar. Dies bedeutet, dass mit der Anwendung von CSE ein Implementierungsaufwand verbunden ist, der in Relation zum erzielbaren Nutzen gesetzt werden muss. Ob eine derartige methodenunterstützte Kooperation erforderlich ist, hängt von den Charakteristika des zu entwickelnden Services ab. Grundsätzlich kommen zwei Ecktypen von Dienstleistungen, nämlich kundenindividuelle und komplexe Dienstleistungen sowie Kombinationen derselben für die Anwendung von CSE in Frage:

- Unter einer kundenindividuellen Dienstleistung ist ein Service zu verstehen, der auf Kundenanforderungen hin spezifisch für den einzelnen Kunden bzw. eine Kundengruppe entwickelt wird. In diesem Fall empfiehlt sich die enge Einbindung des Kunden als aktiver Entwicklungspartner in den gesamten Entwicklungsprozess.

- Unter dem Begriff „komplexe Dienstleistungen" werden im Folgenden Dienstleistungen verstanden, zu deren Erstellung unterschiedliche Kompetenzen erforderlich sind [7]. Dies sind einerseits inhaltlich komplexe Dienstleistungen, bei der mehrere Partner unterschiedliche Teilkomponenten erbringen; andererseits Dienstleistungsbündel, bei denen mehrere Einzeldienstleistungen kombiniert und aufeinander abgestimmt werden müssen [8][9][10].

Für die Entwicklung der genannten Ecktypen von Dienstleistungen sind spezielle Kernkompetenzen erforderlich, die üblicherweise nicht in einem einzelnen Unternehmen zu finden sind. Daher ist es notwendig, qualifizierte Partner eng in den Entwicklungsprozess einzubinden.

Die Entwicklungsergebnisse beim Service Engineering hängen erheblich von der Kompetenz und der Zusammenarbeit aller an der Entwicklung Beteiligten ab [11][12]. Ein wesentliches Element von CSE ist die Auswahl geeigneter Kooperationspartner für den Entwicklungsprozess. Wie Abbildung 2 zeigt, sind für die Dienstleistungsentwicklung unterschiedliche Partnerkonstellationen denkbar. Art und Zahl der Beteiligten werden von der Beschaffenheit der Dienstleistung bestimmt.

Begonnen wird mit einem Kernteam von Entwicklungspartnern. Insbesondere bei der Entwicklung völlig neuer Dienstleistungen kann sich im Laufe des Projektfortschritts und des damit verbundenen Wissenszuwachses die Notwendigkeit einer Einbindung zusätzlicher Partner ergeben.

Sind alle Kooperationspartner festgelegt, erfolgt die Aufteilung der Entwicklungs- und Koordinationsaufgaben zwischen den Partnern entsprechend ihrer Kompetenzen.

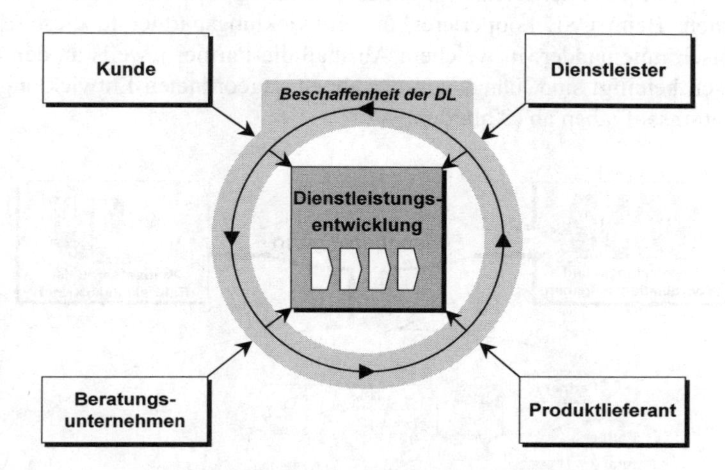

Abbildung 2: Mögliche Kooperationspartner im CSE

Die Intensität der Abstimmung mit den Entwicklungspartnern erfolgt nach Maßgabe der Dienstleistungscharakteristika (vgl. Abbildung 3). Je höher die Dienstleistungskomplexität bzw. die Kundenindividualität der Dienstleistungen, desto intensiver muss zusammengearbeitet werden.

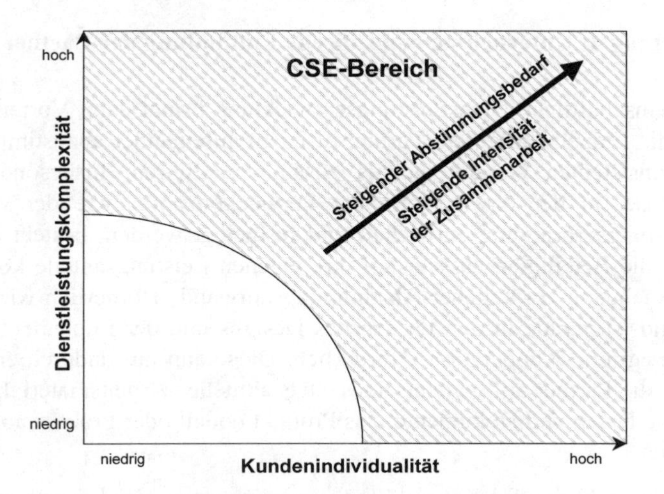

Abbildung 3: Intensität der Zusammenarbeit in Abhängigkeit von Kundenindividualität und Dienstleistungskomplexität

2.2.2 Intensität der Zusammenarbeit

In dem hier zugrunde gelegten Vorgehensmodell zum Service Engineering [13], können beim Prozess der Dienstleistungsentwicklung mehrere Phasen unterschieden werden. Beim CSE kooperieren die Entwicklungspartner in diesen Phasen systematisch miteinander. In welchem Ausmaß die Partner jeweils an den einzelnen Phasen beteiligt sind, hängt von den ihnen zugeordneten Entwicklungs- und Koordinationsaufgaben ab (Abbildung 4).

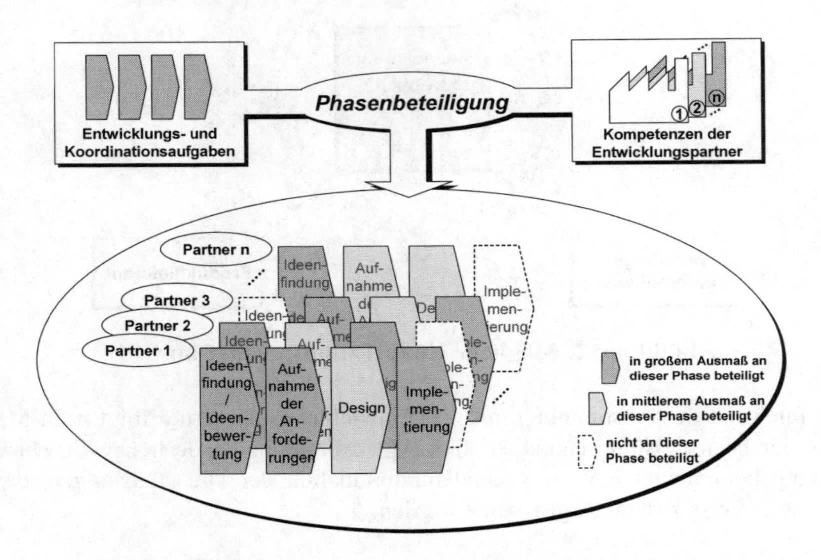

Abbildung 4: Unternehmensspezifische Einbindung der Partner im CSE

Die gemeinschaftliche Dienstleistungsentwicklung bringt dann Vorteile, wenn es gelingt, die Einzelbeiträge der Partner effizient aufeinander abzustimmen und zu einem konsistenten Gesamtergebnis zusammenzuführen. Insbesondere in der Designphase, in der das gemeinsame Servicekonzept sowie der Prozess der Dienstleistungserbringung entwickelt und festgelegt werden, besteht die Gefahr, dass sich die Beteiligten zu sehr auf ihre eigenen Leistungsanteile konzentrieren und im Nachgang zusätzlicher Abstimmungsaufwand erforderlich wird. Aus diesem Grund ist gerade in den Phasen des Designs und der Implementierung eine prozessintegrierte Kooperation erforderlich. Dies kann nur dadurch erreicht werden, dass die Partner auf gemeinsames, stets aktuelles Arbeitsmaterial, wie bspw. allgemeine Daten und Dokumente, das Produktmodell oder Prozessmodell zugreifen können.

Nicht in jeder Phase des Entwicklungsprozesses muss gleich intensiv kooperiert werden. Zielsetzung von CSE ist es, das Ausmaß der Zusammenarbeit in Abhängigkeit von den Prozesserfordernissen und den Bedürfnissen der Partner zu gestalten. Wie Abbildung 5 zeigt, können drei Intensitätsstufen unterschieden werden.

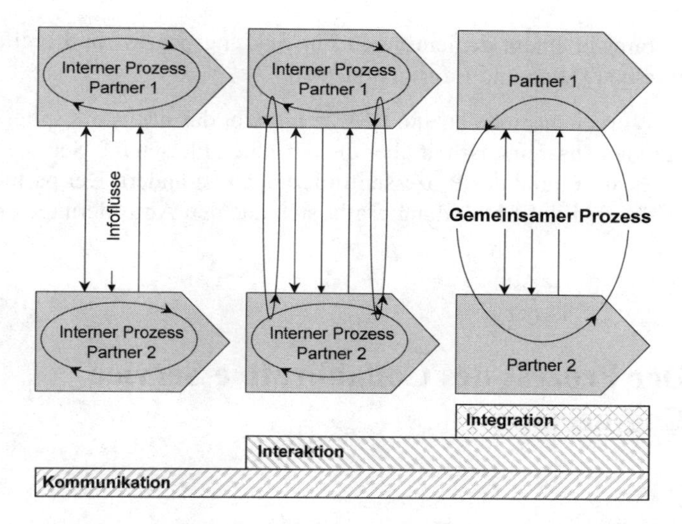

Abbildung 5: Intensitätsstufen der Zusammenarbeit

- **Kommunikation**: Die Effizienz des CSE-Prozesses wird maßgeblich durch die Gestaltung der Informationsflüsse zwischen den Beteiligten bestimmt. Zur Gewährleistung eines möglichst störgrößenfreien Prozessablaufs muss jeder Partner zum richtigen Zeitpunkt die Informationen erhalten, die er zur Erbringung seiner Aufgaben benötigt. Zielgerichtete Kommunikation stellt damit die Basis von CSE dar.

- **Interaktion**: Kommunikation führt zu einem Informationsaustausch zwischen den Partnern, bedingt aber nicht notwendigerweise eine abgestimmte Zusammenarbeit nach dem Aktions-Reaktions-Prinzip. In Phasen der gemeinschaftlichen Entwicklung, bei denen die Erarbeitung der partnerspezifischen Komponenten bzw. Beiträge vorwiegend in den unternehmensinternen Prozessen der Kooperationspartner erfolgt, ist eine ständige Abstimmung nicht erforderlich. Für eine effiziente Zusammenarbeit muss aber dennoch die Möglichkeit einer Interaktion geschaffen werden, bei der die unternehmensspezifischen Prozesse der Partner punktuell, z. B. in Form von Workshops, zusammengeführt werden. Die Intervalle der Zusammenführung werden durch den Abstimmungsbedarf der Beteiligten im Laufe des Projektfortschritts determiniert.

- **Integration**: Für jene Entwicklungsphasen, in denen eine ständige Abstimmung notwendig ist, weil die Partner am gleichen Objekt, d. h. für CSE am Produkt- und Prozessmodell der Dienstleistung, arbeiten, ist die punktuelle Zusammenführung der Prozesse der Entwicklungspartner nicht mehr ausreichend. Unnötige Abstimmungsschleifen werden in diesem Fall nur durch die Gestaltung integrierter Gesamtprozesse vermieden. Die Prozessbeteiligten arbeiten somit in einem gemeinsamen Entwicklungsprozess und greifen hierzu auf dieselben Daten und Informationen zu.

Anhand des Vorgehensmodells zum CSE beschreibt das nächste Kapitel, wie sich die Intensität der Zusammenarbeit über die einzelnen Phasen des Service Engineering Prozesses auf Grund der Prozessanforderungen verändert. Der partnerspezifische Intensitätsgrad der Einbindung ergibt sich aus den Anforderungen des CSE-Projekts.

3 Der Prozess des Collaborative Service Engineering

3.1 Das Prozessmodell

Zur Unterstützung einer systematischen Entwicklung von Services werden Vorgehensmodelle aus dem Bereich der Produktentwicklung auf den Bereich der Dienstleistungen übertragen (vgl. Abbildung 6). Obwohl hierzu auch die aus der Software-Entwicklung adaptierten **Spiralmodelle** und **Prototyping-Modelle** genannt werden, spielen **Phasenmodelle** für das Service Engineering in Wissenschaft und Praxis die dominierende Rolle [13][9][11][14]. Im Folgenden wird deshalb untersucht, welche Besonderheiten sich bei der Gestaltung eines CSE-Prozesses nach dem Phasenmodell ergeben können.

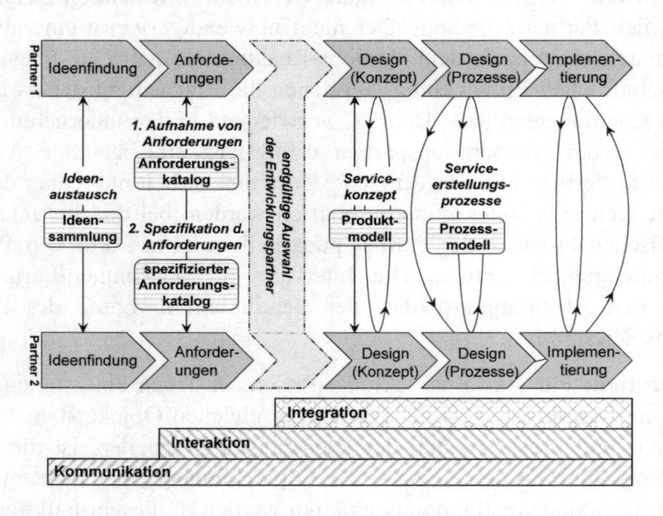

Abbildung 6: Vorgehensmodell zum Collaborative Service Engineering (beispielhaft dargestellt an zwei Kooperationspartnern)

Ziel der Anwendung des CSE ist es, die Service Engineering Prozesse der kooperierenden Entwicklungspartner derart zu koordinieren und miteinander zu verzahnen, dass sich ein konsistenter Entwicklungsprozess ergibt [4]. Dies kann nur durch optimale Gestaltung des Informationsaustauschs erfolgen. Wie gezeigt, existieren im Laufe des Engineering Prozesses unterschiedliche „Arbeitsobjekte", die die Partner gemeinsam erarbeiten bzw. an denen sie gemeinsam arbeiten. Die erforderliche Intensität der Zusammenarbeit erhöht sich mit dem Prozessfortschritt.

3.2 Gestaltung der Phasen des Service Engineering Prozesses nach CSE-Prinzipien

Konsequent durchgeführtes CSE umfasst alle Phasen des Service Engineering Prozesses. Dementsprechend werden im Folgenden die Phasen des Prozesses einzeln hinsichtlich des Einflusses des CSE betrachtet.

3.2.1 Ideenfindung

Gegenstand der Phase **Ideenfindung** ist die Nutzung geeigneter Methoden zur systematischen Ideensammlung und -beurteilung [9][14]. Das Vorgehen in dieser Phase wird wesentlich vom Innovationsgrad des Services und von der Quelle der Informationen beeinflusst [14]. Im Rahmen des CSE sind insbesondere die Quellen der Information für die Gestaltung des Engineering Prozesses relevant. Zusätzlich zu den bei einem allein durchgeführten Service Engineering Prozess zu berücksichtigenden Informationsquellen „eigenes Unternehmen" und „Kunde" [14], sind beim CSE auch die Kooperationspartner als Ideenlieferanten zu berücksichtigen. Um die Phase der Ideenfindung im CSE zu optimieren, müssen die beteiligten Entwicklungspartner eine Kooperationskultur entwickeln, in der Mitarbeiter gemeinsam Ideen für neue Serviceprodukte generieren. Eine mögliche Hilfestellung stellen gemeinschaftliche Kreativitätssitzungen dar. Diese können als internetbasierte Videokonferenzen durchgeführt werden, die einen schnellen Gedankenaustausch der Mitarbeiter aller beteiligten Partner untereinander ermöglichen. Durch das Internet können zusätzlich bspw. geeignete Tools zur schnellen Visualisierung von Skizzen verwendet und die gemeinschaftliche Arbeit an den erstellten Dokumenten und Dateien über Unternehmensgrenzen hinaus unterstützt werden.

3.2.2 Aufnahme der Anforderungen

Nach der Auswertung der gesammelten Ideen und damit dem Abschluss der Phase Ideenfindung und -bewertung werden in der nächsten Phase die **Anforderungen** an den Service ermittelt. Die Aufnahme der Anforderungen gliedert sich in zwei Schritte [15][9].

Zunächst werden mit Hilfe einer Anforderungsanalyse die Leistungscharakteristika des Services ermittelt und mit den Anforderungen der potenziellen Abnehmer abgeglichen [15][9]. Dabei ergeben sich mit hoher Wahrscheinlichkeit unterschiedliche Ansprüche der Partner an die zu entwickelnde Dienstleistung. Im Rahmen des CSE müssen die Partner bereits bei der Aufnahme der Anforderungen gemeinsam vorgehen. Dazu müssen sie direkt auf denselben Anforderungskatalog, der allen Beteiligten gleichermaßen als Arbeitsunterlage dient, zugreifen können. Im Gegensatz zu einem getrennten Vorgehen bei der Aufnahme der Anforderungen entfällt hierbei das Abgleichen der ermittelten Anforderungskataloge, so dass eine Verkürzung des Prozesses ermöglicht werden kann.

Zur Unterstützung einer gemeinsamen Erstellung des Anforderungskatalogs bietet sich die Durchführung von Workshops mit den Verantwortlichen aus allen beteiligten Unternehmen bzw. Bereichen an. Die Workshops können sowohl im herkömmlichen Sinne durchgeführt werden als auch internetbasiert in Form von Web-Videokonferenzen abgehalten werden. Der Fokus dieser Veranstaltungen muss auf der Unterstützung einer kreativen Beteiligung der Mitwirkenden im Sinne eines Brainstorming liegen.

Im zweiten Schritt dieser Phase werden die im Anforderungskatalog enthaltenen Leistungscharakteristika der zu entwickelnden Dienstleistung im Detail spezifiziert, wobei der Detaillierungsgrad der Spezifikation von der Komplexität des Serviceprojekts abhängig ist [15][9]. Hierbei ist es ebenfalls erforderlich, dass die Partner auf einer einheitlichen Datenbasis arbeiten. Dies ermöglicht eine simultane Erarbeitung der Spezifikation und die Vermeidung unnötiger Schleifen im Entwicklungsablauf. Die zur optimalen Durchführung dieser Phase erforderliche gemeinsame Datenbasis kann durch die Nutzung einer virtuellen Plattform geschaffen werden, in der die aktuellen Daten und Dokumente für alle Beteiligten je nach ihren Bedürfnissen sowohl einsehbar als auch veränderbar sind (vgl. hierzu auch Kapitel 4.1).

3.2.3 Design

Nachdem die Anforderungen an den zu entwickelnden Service definiert sind, können zusätzlich benötigte Kooperationspartner ausgewählt werden. Zunächst müssen die beteiligten Partner die für die Durchführung bestimmter Entwicklungsaufgaben erforderlichen Kompetenzen gemeinsam ermitteln. Anschließend sind Unternehmen oder Unternehmensbereiche zu bestimmen, die diese Anforderungen erfüllen und über die entsprechenden Kompetenzen verfügen. Den ermittelten Entwicklungspartnern werden dann die Aufgaben im CSE-Prozess in einem gemeinsamen Abstimmungsprozess zugeordnet, so dass klare Zuständigkeiten geschaffen werden.

Die **Design-Phase** selbst besteht ebenfalls aus zwei Schritten. Zunächst muss das Servicekonzept festgelegt werden, das als Produktmodell des Services aufgefasst werden kann [7]. Im zweiten Schritt werden die Prozesse der Serviceerstellung und damit die Teilleistungen der Partner bei der Erbringung des Services definiert und gestaltet. Das Prozessmodell wird schrittweise verfeinert [15], bis alle erforderlichen Detailprozesse erarbeitet und zwischen den Beteiligten abgestimmt sind.

Die beiden Schritte der Design-Phase stellen an den Collaborative Service Engineering Prozess unterschiedliche Gestaltungsanforderungen:

- Im ersten Schritt, in dem das Produktmodell des Services, also die Serviceleistung, die der Kunde wahrnimmt und abruft, festgelegt wird, muss eine Abstimmung der Kundenprozesse durchgeführt werden. Dabei ist einerseits zu ermitteln, welche Partner im Rahmen des Serviceerstellungsprozesses direkten Kontakt zum Kunden oder auch zu Unterlieferanten haben. Andererseits muss die voraussichtliche Intensität dieser Kontakte ermittelt werden. Beides leitet sich aus den im Anforderungskatalog vereinbarten Leistungscharakteristika und den Wettbewerbsvorteilen, über die das angebotene Servicebündel am Markt konkurrieren soll, ab.

- Im zweiten Schritt der Design-Phase werden die Prozesse der Serviceerstellung entworfen. Diese bestehen neben den Prozessen der Partner zur Erbringung ihrer Teilleistungen auch aus den unternehmensübergreifenden Prozessen, die keine Kundenprozesse sind. Neben der reinen Konzeption müssen insbesondere auch die Verknüpfungen dieser Prozesse untereinander sowie mit den Kundenprozessen bestimmt und gestaltet werden.

Durch den Umfang der zu berücksichtigenden Teilprozesse und deren Verknüpfungen ist der Grad der Komplexität bei der Modellierung der Prozesse zum Kunden und zur internen Serviceerstellung sehr hoch. Eine Hilfestellung für beide Schritte der Design-Phase bietet der Einsatz geeigneter Modellierungs- oder Simulationstools. Ein Tool zur Modellierung dieser Prozesse, mit dem diese Komplexität beherrschbar und abbildbar ist, stellt die Architektur integrierter Informationssysteme (ARIS) dar [16][17]. Im CSE-Prozess arbeiten die Entwicklungspartner gemeinsam an dieser Modellierung, so dass entsprechende Anforderungen an das Tool, aber auch an die gemeinsame Systematik zu stellen sind (vgl. Kapitel 4.2).

3.2.4 Implementierung

In der **Implementierungsphase** werden das in der Design-Phase entworfene Servicekonzept und die Prozesse der Serviceerstellung umgesetzt [9][14][15]. In dieser Phase ergibt sich insbesondere dann ein hohes CSE-Unterstützungspotenzial, wenn mehrere Partner den entwickelten Service auch gemeinschaftlich erbringen, da sich daraus speziell bei der Implementierung der Prozesse ein hoher

Abstimmungsbedarf ergibt. Zunächst müssen die internen Prozesse zur Erbringung der Teilleistungen realisiert werden. Darüber hinaus müssen die implementierten Prozesse zwischen den Partnern und die Schnittstellen, die sich hierbei ergeben, optimiert werden. Vor dem aktiven Anbieten des Services am Markt ist i. d. R. eine Pilotphase erforderlich. Diese Pilotphase, in der der Service in angemessenem Rahmen getestet wird, muss ebenfalls von allen Entwicklungspartnern gemeinsam begleitet werden. Dabei ist der Fokus auf die gemeinschaftliche Auswertung der Ergebnisse der Pilotphase und gegebenenfalls eine kooperative Fehleranalyse und -behebung zu legen.

4 Realisierung von CSE-Konzepten

4.1 Internetunterstützung des CSE durch virtuelle Projektplattformen

Kennzeichen des CSE-Prozesses ist die Kooperation mehrerer Partner in einem verteilten Entwicklungsprozess. Dieser Prozess kann nur dann effizient gestaltet werden, wenn alle Beteiligten den Zugriff auf die für sie projektrelevanten Daten und Informationen besitzen, gemeinsam, d. h. synchron am Entwicklungsobjekt arbeiten können, und ihnen die Möglichkeiten einer schnellen, direkten Kommunikation zur Verfügung gestellt werden (vgl. Abbildung 7).

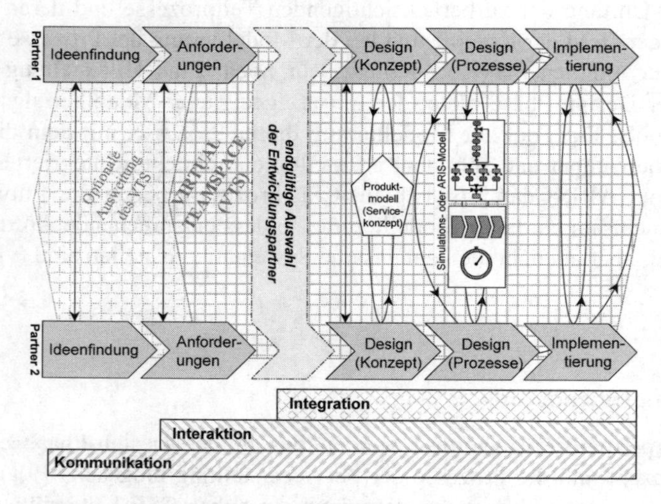

Abbildung 7: IT-Unterstützung des CSE-Prozesses

Abbildung 8 zeigt, welche Funktionalitäten phasenspezifisch den CSE-Prozess gestalten helfen. In der Phase der Ideenfindung können ggfs. internetbasierte Videokonferenzen durchgeführt werden bzw. ein gemeinsames internetgestütztes Brainstorming über einen Chatroom. Auch in der Phase, in der Anforderungen definiert werden, sind die oben genannten Kommunikationswege denkbar. Bei der Zusammenstellung bzw. Bearbeitung der ermittelten Anforderungen empfiehlt es sich, mit einer gemeinsamen Datenbasis, z. B. in Form eines Anforderungskatalogs, zu arbeiten. Dazu werden in einem so genannten „virtuellen Teamspace" Dokumente aus Office-Programmen und Daten in zwischen den Partnern abgestimmten Formaten gespeichert. Alle Partner können entsprechend festgelegter Zugriffsrechte auf den gemeinsamen Datenbestand zugreifen und ihre Arbeitsergebnisse dort einstellen. Da es sich im CSE um sensible Produkt-, Prozess- und ggfs. auch Kundendaten handelt, gehört zu einer virtuellen Projektplattform in jedem Falle auch ein umfassendes Sicherheitskonzept.

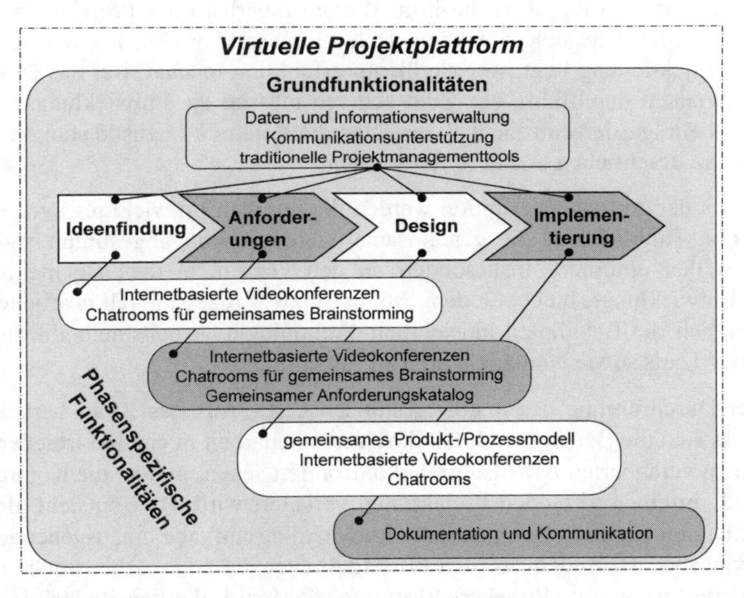

Abbildung 8: Nutzung virtueller Projektplattformen im CSE

Insbesondere in der Designphase ermöglicht die Verwendung einer virtuellen Projektplattform die Integration auf Prozessebene. Gemeinsame Entwicklungsobjekte, auf die die Entwicklungspartner zugreifen können, sind das Produkt- bzw. das Prozessmodell. In dieser Phase sind ebenfalls Online-Videokonferenzen bzw. Chats zur Abstimmung denkbar. In der Implementierungsphase der Dienstleistung dient die Projektplattform vor allem als Kommunikationsmedium hinsichtlich der Probleme bei der Implementierung sowie als Dokumentationsmedium für aufgetretene Änderungen.

Zusammenfassend ist zur Gestaltung des CSE Prozesses hervorzuheben, dass die Verwendung des Internet in jenen Phasen unerlässlich ist, in denen mehrere Partner auf die gleiche Daten- bzw. Informationsbasis zugreifen bzw. daran arbeiten. In den kreativen und damit weniger formalisierten Prozessschritten sollten parallel auf jeden Fall aber auch traditionelle Kommunikationsmethoden wie persönliche Gespräche, Workshops, Telefonate etc. Anwendung finden.

4.2 Implementierung des CSE-Prozesses

Einen wesentlichen Erfolgsfaktor für CSE stellt die Implementierung des CSE-Prozesses dar. Da jeder Entwicklungspartner über individuelle interne Prozesse verfügt, muss als Ausgangsbasis für die Zusammenarbeit ein Gesamtprozess definiert und damit ein gemeinsames Prozessverständnis geschaffen werden. Dazu ist zum einen erforderlich, dass die Projektrollen innerhalb der Projektorganisation des CSE-Projekts festgelegt werden. D. h. es muss klar sein, bei wem z. B. die Gesamtprojektleitung liegt, wer die Planungsfunktion innehat, wer das Dokumentenmanagement durchführt, etc. Zum anderen müssen die Entwicklungsaufgaben und Teilbeiträge der einzelnen Partner für die konkrete Dienstleistungsentwicklung genau beschrieben und definiert werden.

Auf Basis der Aufgabendefinition werden die internen Entwicklungsprozesse der Partner in Hinblick auf die gemeinsame Zielerreichung abgestimmt sowie die Schnittstellen optimiert. Insbesondere in den Phasen, in denen gemeinsam an einem Entwicklungsobjekt wie dem Produkt- bzw. Prozessmodell gearbeitet wird, müssen sich die Beteiligten hinsichtlich Technologie, Arbeitsmethodik und verwendeter Tools sowie Nomenklaturen etc. abstimmen.

Bei der Durchführung des internetgestützten CSE-Prozesses ist zu berücksichtigen, dass sich die Beteiligten durch die Zusammenarbeit in einem virtuellen Team mit einem veränderten Arbeitsumfeld konfrontiert sehen, in dem die Kommunikation z. T. in einen virtuellen Projektraum verlagert wird. Hier entsteht gleich zu Projektbeginn ein über die eigentliche Entwicklungsaufgabe hinausgehender Qualifizierungsbedarf. Zudem werden die Mitarbeiter die neue Arbeitsmethodik nur akzeptieren, wenn eine Projektplattform gewählt wird, die den Bedürfnissen und Anforderungen der Entwicklungspartner gerecht wird und zu echten Arbeitserleichterungen führt.

Für die Auswahl der Projektplattform empfiehlt es sich, auf bestehende Angebote zurückzugreifen. Die meisten dieser Plattformen unterscheiden sich kaum im Bereich ihrer Grundfunktionalitäten. Entscheidende Kriterien für die Benutzerfreundlichkeit stellen die strukturierte Gestaltung der Oberfläche und das Ausmaß dar, in dem ein Customizing möglich ist. Die Auswahl und Anpassung der Plattform entsprechend der Projektspezifika sollte gemeinsam mit dem Projektteam erfolgen. Dazu müssen sich die Partner über die Art der Umsetzung des je Entwicklungsphase vereinbarten Kommunikations-, Interaktions- bzw. Integrationsgrads abstimmen, so dass eine optimale Implementierung des CSE-Prozesses und eine anforderungsgerechte Unterstützung durch virtuelle Projektplattformen gewährleistet wird.

5 Zusammenfassung und Ausblick

Collaborative Service Engineering stellt einen Ansatz zur internetgestützten Gestaltung einer verteilten, gemeinschaftlichen Dienstleistungsentwicklung dar (vgl. Abbildung 9).

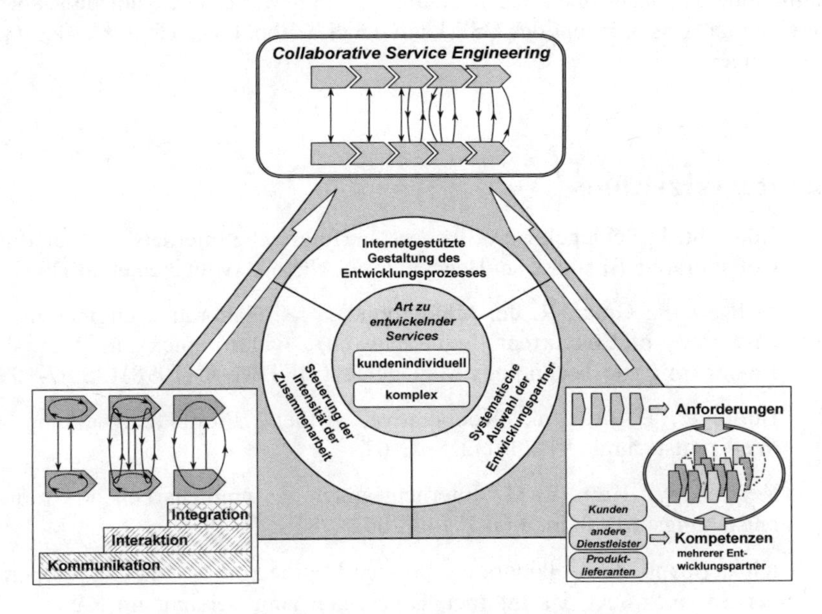

Abbildung 9: Charakteristika des CSE-Prozesses

Anwendung findet CSE bei kundenindividuellen Dienstleistungen sowie komplexen Dienstleistungen. Im Vergleich zum herkömmlichen Service Engineering werden bei diesem Konzept die Phasen des Entwicklungsprozesses von mehreren Entwicklungspartnern systematisch in enger Abstimmung durchlaufen. Die Basis für erfolgreiches CSE bildet eine zielgerichtete Kommunikation. Zur Unterstützung der Interaktion und insbesondere der Integration der Partner auf Prozessebene bietet sich insbesondere die Nutzung virtueller Projekträume an, die den Beteiligten neben einer schnellen, direkten Kommunikation auch einen gemeinsamen Zugriff auf projektrelevante Dateien und Modelle ermöglicht.

Eine wesentliche Herausforderung im Collaborative Service Engineering stellt die Implementierung des CSE-Prozesses dar. Hier gilt es insbesondere, ein gemeinsames Verständnis der beteiligten Partner für den Prozess zu schaffen und notwendigen Qualifizierungsbedarf bei den Mitarbeitern frühzeitig zu erkennen und zu decken.

In den letzten Jahren gewannen produktbegleitende Dienstleistungen zunehmend an Bedeutung. Im Fokus der Diskussion steht derzeit die Entwicklung so genannter Hybrider Produkte. Ein Hybrides Produkt ist ein Leistungsbündel, das sich aus einer Kombination aus Sach- und Dienstleistungsanteilen zusammensetzt und eine auf die individuellen Bedürfnisse von Kunden ausgerichtete Problemlösung darstellt [18]. Die erfolgreiche Entwicklung Hybrider Produkte bedarf einer engen Abstimmung der Sach- und Dienstleistungsanteile bzw. der Dienstleistungsanteile untereinander. Das Konzept des CSE kann dabei helfen, diese Herausforderungen zu bewältigen.

Literaturverzeichnis

[1] Röhricht, J.; Schlegel, C.: cBusiness – erfolgreiche Internetstrategien durch Collaborative Business am Beispiel my SAP.com, München et. al. 2001.

[2] Willaert, S.; Graaf, R. de; Minderhoud, S.: Collaborative engineering: A case study of Concurrent Engineering in a wider context, in: Journal of Engineering and Technology Management: JET-M, 15(1998)1, S.87-109.

[3] Bullinger, H.-J. et al.: Kooperative, virtuelle Produktentwicklung, in: Werkstattstechnik, 91(2001)2, S.63-67.

[4] Kersten, W.; Kern, E.-M.: Internetgestützte Zusammenarbeit im Produktentstehungsprozeß, in: VDI-Z 144(2002)7/8, S. 47-49.

[5] Klostermann, T.: Collaborative Service Engineering – Nutzung kooperativer Services über das Internet, Unterlagen zum Seminar im Rahmen der Tagung „Service Engineering 2001 – Entwicklung und Gestaltung innovativer Dienstleistungen“ des Fraunhofer IAO, Stuttgart 2001.

[6] Klostermann, T.; Specht, T.: Kollaborative technische Prozesse im Maschinenservice; in: Industriemanagement 19(2003)5, S. 66-69.

[7] Scheer, A.-W.: Vernetzung von Industrie, Dienstleistung und Verwaltung, in: Bullinger, H.-J.; Zahn, E. (Hrsg.): Dienstleistungsoffensive – Wachstumschancen intelligent nutzen, Stuttgart 1998.

[8] Bullinger, H.-J. et al.: Die Entwicklung der Dienstleistung zum Produkt, in: Computerworld, 51(1997).

[9] DIN Deutsches Institut für Normung e.V. (Hrsg.): Service Engineering – Entwicklungsbegleitende Normung (EBN) für Dienstleistungen, Berlin et al. 1998.

[10] Shapiro, C.; Varian, H. R.: Information rules – a strategic guide to the network economy, Boston 1999.

[11] Bullinger, H.-J.; Meiren, T.: Service Engineering – Entwicklung und Gestaltung von Dienstleistungen, in: Handbuch Dienstleistungsmanagement, 2. Auflage, Wiesbaden 2001.

[12] Specht, G.; Beckmann, C.: F&E-Management, Stuttgart 1996.

[13] Stein, S.; Meiren, T.: Assessment-Verfahren zur Entwicklung von Dienstleistungen, in: Information, Management & Consulting, 13(1998) Sonderausgabe, S. 40-45.

[14] Haller, S.: Dienstleistungsmanagement – Grundlagen – Konzepte – Instrumente, Wiesbaden 2001.

[15] Ramaswamy, R.: Design and Management of Service Processes, Reading et al. 1996.

[16] Scheer, A.-W.: ARIS – Vom Geschäftsprozess zum Anwendungssystem, 3. Auflage, Berlin et al. 1998.

[17] Scheer, A.-W.: ARIS – Modellierungsmethoden, Metamodelle, Anwendungen, 3. Auflage, Berlin et al. 1998.

[18] Spath, D.; Demuß, L.: Entwicklung hybrider Produkte – Gestaltung materieller und immaterieller Leistungsbündel, in: Bullinger, H.-J.; Scheer, A.-W. (Hrsg.): Service Engineering – Entwicklung und Gestaltung innovativer Dienstleistungen, Berlin et al. 2003, S. 467-506.

Wissensmanagement im Service Engineering

Michael Kleinaltenkamp
Institut für Marketing, Freie Universität Berlin
Janine Frauendorf
Department of Marketing, University of Otago

Inhalt

1 Einführung

Angesichts eines stetigen Wachstums des Dienstleistungssektors sind Unternehmen gezwungen, neue erfolgreiche Dienstleistungskonzepte im Sinne des Service Engineering zu entwickeln, um auf dem Markt zu bestehen. Die Hürden immer kürzer werdender Innovationszyklen und sich dynamisch ändernder Kundenanforderungen können die Anbieter nur dann überwinden, wenn sie berücksichtigen, dass sie in einem besonders wissensintensiven Marktfeld agieren. Daher ist es notwendig, sich die Bedeutung der Ressource Wissen bewusst zu machen und sie strategisch einzusetzen. Einzigartige und Kundenbedürfnissen gerecht werdende Dienstleistungen können lediglich unter der Voraussetzung entwickelt werden, dass Wissen über Kundenbedürfnisse generiert, systematisch aufbereitet und verteilt wird, um es dann schließlich in entsprechende Dienstleistungen umzusetzen [1]. Dabei sind Service- bzw. Dienstleistungsprozesse dadurch gekennzeichnet, dass in ihnen immer ein unmittelbarer Kontakt zwischen Kunden und Anbieterunternehmen stattfindet. Dieses Phänomen auch und gerade für die Zwecke des Wissensmanagements zu nutzen, stellt eine besondere Herausforderung, gleichzeitig aber auch Chance für das Service Engineering dar.

2 Wissen als Ressource von Dienstleistungsunternehmen

Die nachstehenden Darstellungen befassen sich deshalb damit, die Ressource Wissen in ein zielgerechtes Managementsystem einzubinden, damit Wissen optimal genutzt und sinnvoll in die eigene Wertschöpfung integriert werden kann. Dazu ist es erforderlich, sich Wissen als den wichtigsten Produktionsfaktor vor Augen zu führen, der essenziell zur Innovation neuer Produkte und Services beiträgt [2]. „Knowledge, not labor or raw material or capital, is the key resource. […] knowledge will become the key competitive factor“ [3]. In diesem Sinne reicht es längst nicht aus, sich der komplexen Aufgabe Wissen zu „managen“ schlichtweg mittels eines informationstechnologischen Lösungsapparats zu entledigen, weil damit der eigentliche Kern und die Vielschichtigkeit dieser Ressource vernachlässigt würden. Stattdessen bedarf es einer Einordnung der Ressource in einen Ziel-Zweck-Zusammenhang der Unternehmung sowie einer Betrachtung der daraus resultierenden wirtschaftlichen Konsequenzen.

2.1 Wissensnutzung in Dienstleistungsunternehmen

Kunden besitzen für ein Unternehmen nicht nur insofern einen ökonomischen Wert, als dass die mit ihnen erzielten Erlöse zur kurzfristigen Überlebensfähigkeit eines Unternehmens beitragen. Sie können darüber hinaus auch deshalb „wertvoll" sein, weil sie die unternehmerische Wissensbasis vergrößern bzw. verbessern und so dazu beitragen, dass ein Unternehmen langfristig im Wettbewerb bestehen kann. Vor diesem Hintergrund kann differenziert werden, welche von Kunden bereitgestellten bzw. erwerbbaren Informationen für ein Unternehmen für welche Zwecke verwertet werden können. Wie kann sich ein kundenbezogener Wissenserwerb in einem Dienstleistungsunternehmen vollziehen?

Eine für unsere Zwecke sinnvolle Definition von Informationen liefert WITTMANN, der sie als „zweckorientiertes Wissen" definiert, d. h. als Wissen, „das zur Erreichung eines Zwecks, nämlich einer möglichst vollkommenen Disposition, eingesetzt wird" [4]. Folgt man dieser Begriffsfassung, wird zunächst deutlich, dass Wissen und Information nicht identisch sind, sondern Informationen eine Nutzung von Wissen darstellen. Zunächst bedeutet dies, dass Informationen immer Verbrauchsfaktoren darstellen. Sie werden für einen bestimmten Zweck, nämlich das Treffen einer Entscheidung, genutzt und dabei im Hinblick auf die betreffende Verwendung „verbraucht". Damit ist nicht ein physischer Untergang verbunden, sondern vielmehr ihr Untergang im Hinblick auf den betreffenden Ziel-Mittel-Zusammenhang. Jede weitere Verwendung desselben Wissens für nachfolgende Dispositionen erfordert eine neue Prüfung seiner Verwendungsfähigkeit. Das in einem Unternehmen zu einem bestimmten Zeitpunkt vorhandene Wissen stellt somit – im Gegensatz zu den Informationen – einen Potenzialfaktor dar, der erst in dem Augenblick, in dem man das Wissen zweckgerichtet nutzt, zur Information wird [5][6].

Darüber hinaus erkennt man ebenso, dass jede Informationsnutzung zunächst einen Wissenserwerb voraussetzt. Dieser setzt sich wiederum aus verschiedenen Teilschritten zusammen. Die relevanten Tatbestände müssen durch eine entsprechende Abbildung in Daten umgesetzt werden, welche dann wiederum durch Gewinnung, Aufbereitung und Speicherung in den Wissensbestand einer Person bzw. eines Unternehmens eingehen können. Ein Problem besteht dabei in Unternehmen darin, dass es sich bei diesem Wissen in aller Regel um verteiltes Wissen handelt. Häufig verfügen etwa die Außendienstmitarbeiter eines Anbieters über entsprechende Kenntnisse in Bezug auf ihre Kunden, wobei eine große Schwierigkeit darin besteht, dieses Wissen im Unternehmen allgemein oder an anderen Stellen als im Vertrieb verfügbar zu machen [7].

Wendet man diese Überlegungen nun auf Wissensbestandteile an, die ihren Ursprung bei den Kunden eines Unternehmens haben, stellt man fest, dass ein Unternehmen in zweifacher Weise Wissen von seinen Kunden erlangen kann [8]: nämlich zum einen autonom, d. h. unabhängig von einzelnen Markttransaktionen und zum anderen integrativ, d. h. im Zusammenhang mit der Durchführung konkreter Markttransaktionen mit einzelnen Kunden:

- Bei der autonomen Wissenserlangung handelt es sich um den typischen Einsatzbereich der Marktforschung, durch die versucht wird, unabhängig vom konkreten Bedarf eines aktuellen Kunden eher allgemeines Wissen über eine Mehrzahl von Kunden, d. h. Märkte oder Marktsegmente, zu erlangen.

- Die integrative Wissensentstehung beschreibt die für die Erstellung von Dienstleistungen typische Situation, dass ein Anbieter durch die Durchführung einzelner Markttransaktionen zwangsläufig Erkenntnisse über bestimmte Gegebenheiten beim Kunden, seine Problemstellungen, mögliche Ansatzpunkte zu ihrer Lösung etc. erlangt, auf die, sofern sie gespeichert werden, zu späteren Zeitpunkten zurückgegriffen werden kann [8][9].

Dabei sind auch Wechselwirkungen zu berücksichtigen, die dadurch zustande kommen, dass bei jeder zweckgerichteten Nutzung von Informationen Wissen als „Kuppelprodukt“ entsteht, auf das, sofern es gespeichert wird, zu späteren Zeitpunkten zurückgegriffen werden kann. Gleichzeitig erlangt auch der Nachfrager durch seine Mitwirkung am Leistungserstellungsprozess „zwangsläufig“ Wissen, das er in späteren Transaktionen nutzen kann. Durch die Durchführung derartiger Prozesse gewinnt der Leistungsanbieter unwillkuerlich Erkenntnisse über bestimmte Gegebenheiten beim Kunden, seine Problemstellungen, mögliche Ansatzpunkte zu ihrer Lösung etc. Dieses Wissen muss sich nicht nur auf die konkrete Leistungserbringung beziehen, sondern kann auch für andere Nachfrager Geltung besitzen. Damit vergrößert sich zwangsläufig der Bestand des Wissens im Unternehmen.

Jedes Dienstleistungsunternehmen verfügt somit über eine bestimmte Wissensbasis, auf die es beim Treffen seiner Entscheidungen zurückgreift. Das in diesem Wissensbestand enthaltene Markt- und Kundenwissen wird nun indessen für unterschiedliche Zwecke „verbraucht“, d. h. es wird für unterschiedliche Dispositionszwecke eingesetzt (siehe Abbildung 1):

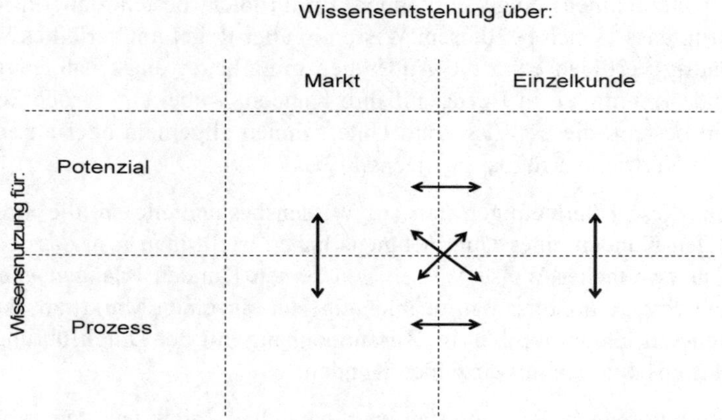

Wissensentstehung über:
Markt
Einzelkunde
Wissensnutzung für:
Potenzial
Prozess

Abbildung 1: Zusammenhang zwischen Wissensentstehung und Wissensnutzung

- Erstens wird auf der Basis des verfügbaren Wissens über die Ausgestaltung des Leistungspotenzials eines Unternehmens entschieden. Dieses Leistungspotenzial besteht zunächst aus den im Unternehmen vorhandenen Potenzial- und Verbrauchsfaktoren [10], durch deren Einsatz im Rahmen einer Vorkombination, d. h. ohne Vorliegen einer konkreten Kundenorder und lediglich auf angenommene Kundenbedürfnisse und -bedarfe „spekulierend“ [11], auch bereits unfertige oder fertige Erzeugnisse produziert werden können.

  Durch die Dispositionen über das Leistungspotenzial wird also immer wieder neu eine Leistungsbereitschaft beim Anbieterunternehmen geschaffen oder modifiziert, die dann durch die konkreten Leistungserstellungsprozesse mit einzelnen Kunden in Anspruch genommen wird bzw. werden kann. Das Charakteristische derartiger Entscheidungen in Bezug auf das Leistungspotenzial ist, dass ein Unternehmen bzw. die betreffenden Entscheidungsträger sie völlig autonom, d. h. ohne Einflüsse einzelner Kunden vornehmen können. Die hierzu verwendeten „Potenzialinformationen“ [9][12] können dementsprechend auch als die „ersten, dem Einsatz aller anderen Produktionsfaktoren vorgelagerte(n) Produktionsfaktoren“ [13] angesehen werden, da sie die Grundlage für Entscheidungen in Bezug auf die Gestaltung des zu einem Zeitpunkt in einem Unternehmen existierenden Leistungspotenzials darstellen.

- Zweitens wird das in einem Unternehmen verfügbare Wissen für die Steuerung und Durchführung konkreter Leistungserstellungsprozesse verwandt. Allerdings ist allein mittels der Verwendung dieser „Internen Prozessinformationen“ eine Durchführung von Leistungserstellungsprozessen nicht möglich, denn solche Prozesse sind ja gerade dadurch charakterisiert, dass sie nur in einer informatorischen Verknüpfung mit einzelnen Kunden stattfinden können, d. h. die konkreten Kunden steuern durch ihre „Externen Prozessinformationen“, über die ihre konkreten Kundenwünsche zum Anbieterunternehmen transferiert werden, die Leistungserstellungsprozesse mit [12].

Das Charakteristikum von „Potenzialinformationen“ ist somit, dass durch ihren Einsatz Entscheidungen über neu zu schaffende oder zu verändernde Leistungspotenziale getroffen werden, welche die Basis für die Erbringung innovativer oder modifizierter Leistungen darstellen. Demgegenüber werden durch den Einsatz von „Internen Prozessinformationen“ Leistungserstellungsprozesse gemeinsam mit dem Kunden möglichst effektiv und/oder effizient gesteuert [14].

Abbildung 2 veranschaulicht den Zusammenhang und das Zusammenwirken der betreffenden Prozesse der Wissensentstehung und Informationsnutzung. Welche betriebswirtschaftlichen Auswirkungen sind damit speziell für Dienstleistungsunternehmen verbunden?

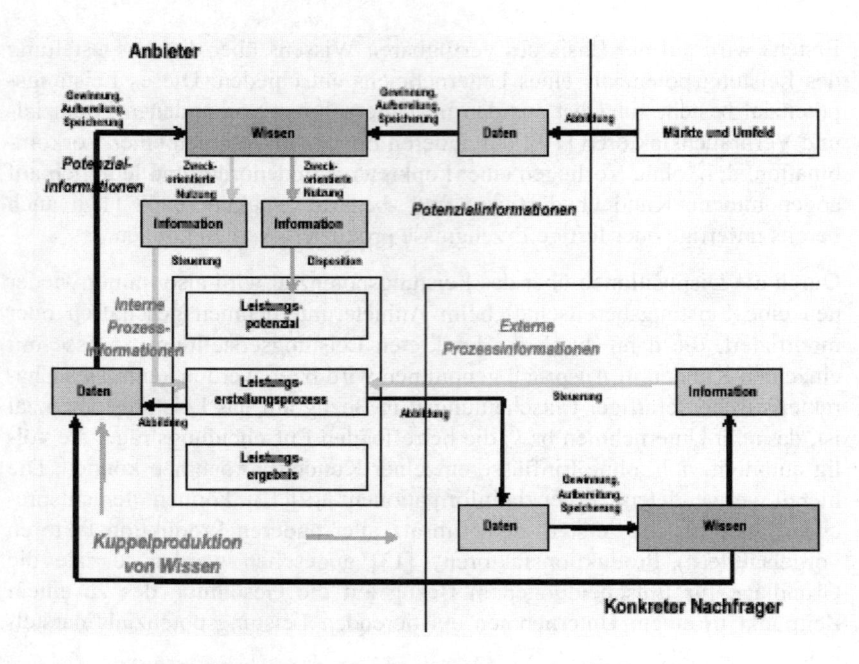

Abbildung 2: Informationsnutzung und Wissensentstehung im Unternehmen [15]

2.2 Betriebswirtschaftliche Konsequenzen

Die Ziele eines Unternehmens bestehen grundsätzlich darin, Umsatzwachstum und Profitabilität zu realisieren, um seinen Wert zu steigern. Mit der Entwicklung vom Industrie- hin zum Wissensunternehmen ist allerdings eine Tendenz von einer physischen zu einer intellektuell-orientierten Wertschöpfung verbunden. Die entscheidende Frage ist daher, inwiefern der Einsatz der Ressource Wissen einem Dienstleistungsunternehmen zur Verfolgung seiner Ziele dient.

Um den Output von Investitionen in das Wissen eines Unternehmens, d. h. bspw. in Bereiche wie Forschung und Entwicklung oder Wissensinfrastruktur, sichtbar zu machen, lässt sich etwa die Geschwindigkeit von Innovationsprozessen oder die Vermarktung von Patenten heranziehen, da diese sich in einem quantitativ messbaren ökonomischen Nutzen niederschlagen. Unternehmenswachstum wird in sehr hohem Maße durch Innovationen begünstigt, welche ihrerseits nur mit Hilfe von Wisseneinsatz entstehen. Zur Antizipation von Kundenbedürfnissen, die zur Entwicklung von Innovationen erforderlich sind, muss der Anbieter jedoch bereits über eine Wissensbasis verfügen. Dieses Wissen über seine Kunden kann dann für die Umsetzung in innovative Dienstleistungen verwendet werden. Der Wert, den das Wissen für das Unternehmen besitzt, resultiert aus dem vom Kunden wahrgenommenen Nutzen der erzeugten Leistung und steigt mit der Intensität der Kundenbeziehung [16]. Mit der Erzeugung wissensbasierter Leistungen ist nicht nur die Errungenschaft neuer Marktsegmente verbunden, sondern sie zieht ebenso eine Intensivierung der Kundenbeziehungen nach sich, was den Wissensstand des Anbieters abermals erhöht. Auf diese Weise ist mit dem aus einer Kundenbeziehung neu gewonnenen Wissen für den Anbieter weiteres Innovationspotenzial verbunden. Die dargestellten Zusammenhänge (siehe Abbildung 3) offenbaren deutliche Interdependenzen. Folglich lässt sich resümieren, dass die gemeinsame Nutzung von Wissens- und Beziehungspotenzialen zu einer stärkeren Innovationsentwicklung führt, was dem Anbieter steigende Umsätze, erhöhte Profitabilität sowie Wachstum und einen größeren Unternehmenswert verspricht [17].

Durch den Erwerb von Wissen bzw. Wissensvorsprüngen erlangt der Anbieter eindeutige Wettbewerbsvorteile. Kundenspezifisches Wissen, das aus einer Einzeltransaktion gewonnen wird, kann im Rahmen einer Geschäftsbeziehung für Folgetransaktionen mit demselben Nachfrager sowohl als Potenzialinformation als auch als interne Prozessinformationen genutzt werden. Das Unternehmen kann somit in Folgetransaktionen effizienter agieren, weil bereits Wissen über Transaktionsabwicklungen vorliegt, und spart daher Kosten hinsichtlich der Informationsrekrutierung. Für den Kunden schlägt sich dieser Vorteil insofern nieder, als dass sein Auftrag schneller bearbeitet werden kann und er ein an seine Bedürfnisse angepasstes bzw. optimiertes Leistungsergebnis erhält, weil der Anbieter bereits über Wissen hinsichtlich der kundenspezifischen Probleme verfügt.

Indem Unternehmen neues, eigenes Wissen generieren und dieses bspw. in neue Dienstleistungen umsetzen, erlangen sie – im Gegensatz zu der Erzeugung von imitierten und bereits auf dem Markt vorhandenen „me-too-products“ oder „me-too-services“ – einen Informationsvorsprung. Solche Informationsvorsprünge können im Nachhinein schwerlich ausgeglichen werden. Wenn eine Leistung zu spät auf dem Markt eingeführt wird, können sich die Entwicklungskosten nicht mehr amortisieren. Aus der Perspektive des Kunden stellt dieser Informationsvorsprung einen maßgebenden Vorteil dar und offenbart deshalb eine erhöhte Effektivität [18]. Ebenso können jedoch aus derartigen Informationsvorsprüngen auch Anbietervorteile resultieren: Dabei erzielt das Unternehmen zwar ein für den Kunden identisches Ergebnis, setzt aber das neu gewonnene Wissen zu einer effizienteren Gestaltung seiner Potenziale und Prozesse ein [19].

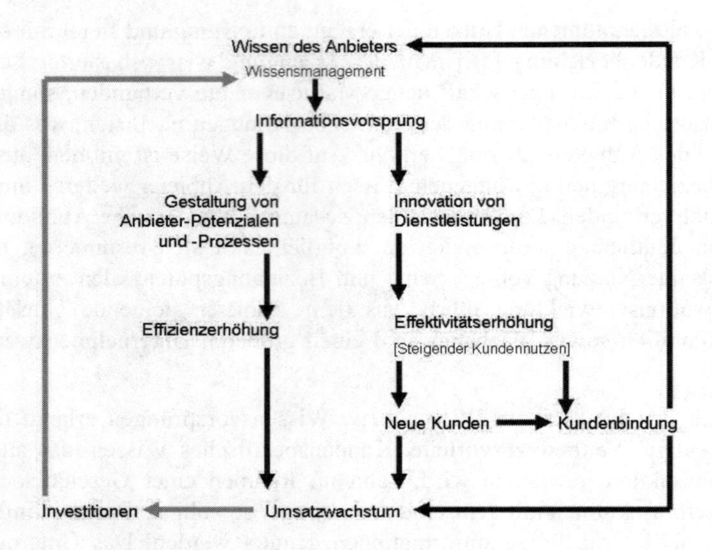

Abbildung 3: Auswirkungen von Wissensänderungen auf Effektivität und Effizienz

Obwohl für den Erwerb von Wissen explizit kein Preis festgelegt ist, verursacht er – wie jede andere Anschaffung auch – Kosten [3]: zum einen auf eine direkte Art und Weise, weil bestimmte Rahmenbedingungen innerhalb des Unternehmens geschaffen werden müssen, um bspw. die Mitarbeiter zu schulen, so dass sie Wissen besser aufnehmen und weitergeben, oder um im Unternehmen die informationstechnologischen Voraussetzungen bereitzustellen. Zum anderen muss sich der Anbieter auch der Kosten bewusst sein, die indirekt durch die Ausschöpfung von Wissen bei der Entwicklung neuer Leistungen verursacht werden können. Da hierbei dem Kunden häufig ein „Mehr an Dienstleistungen" in Form von erhöhter Effektivität geboten werden soll, zieht dies gleichzeitig eine Komplexitätssteigerung der Prozessstrukturen nach sich, was jedoch auch höhere Kosten und das Risiko einer höheren Störanfälligkeit der Dienstleistungsprozesse birgt [20].

Welche Konsequenzen resultieren aus den dargestellten Zusammenhängen für die Ausgestaltung eines Wissensmanagements in Dienstleistungsunternehmen?

3 Ansatzpunkte des Wissensmanagements in Dienstleistungsunternehmen

Ausgangpunkt der folgenden Überlegungen ist die Tatsache, dass Wissen in einem Unternehmen in unterschiedlichen Formen und auf unterschiedliche Wissensträger verteilt vorliegt. Es ist deshalb die Aufgabe des Managements eines

Anbieterunternehmens, verschiedene Wissensarten zu qualifizieren und für die Zwecke des Unternehmens nutzbar zu machen. Dazu gehört es nicht nur, Wissen innerhalb des Unternehmens, sondern zum Teil auch für den Kunden disponibel zu machen, damit dieser als Wissensträger und wichtigste Informationsquelle im Rahmen des Wissensprozesses optimal für die Ziele des Anbieters ausgeschöpft werden kann. Weiterhin sind im Unternehmen sowohl in Bezug auf die eigenen Organisationsmitglieder als auch hinsichtlich des externen Informationsaustauschs mit dem Markt die erforderlichen Rahmenbedingungen für eine bestmögliche Wissensübertragung sowie Wissensnutzung zu schaffen.

3.1 Wissensarten und emergente Phänomene

Zur Differenzierung von Wissensarten soll als Ausgangspunkt zunächst die Unterscheidung in explizites und implizites Wissen nach POLANYI herangezogen werden. Er definiert explizites Wissen als eine Form von dokumentiertem und ausgesprochenem Wissen, das gespeichert werden kann und daher übertragbar, d. h. nicht an bestimmte Personen gebunden ist. Implizites Wissen hingegen ist schwieriger zu formulieren und zu kommunizieren, da es dem Wissensträger, d. h. dem Individuum, das sich dieses Wissen bspw. durch Erfahrung angeeignet hat, häufig selbst nicht bewusst ist [21][22]. Angesichts der Diskussion, ob implizites Wissen überhaupt als Wissen deklariert werden kann, soll hier stattdessen das Konstrukt eines latenten Wissens als Grundlage dienen [23].

Aus dieser Perspektive heraus lässt sich folglich die Aufgabe des Unternehmens ableiten, eine möglichst produktive Basis an Wissen zu gewinnen, über das aktiv verfügt werden kann. Für unternehmerische Entscheidungen ist sowohl explizites als auch latentes Wissen, bspw. im Sinne von gefühlsmäßigem Umgang mit Kunden, von Belang. Daher liegt es in der Hand des Unternehmens, auch dieses latente Wissen als Ressource zu erfassen und davon, gleichwohl insbesondere auf der Prozessebene, zu profitieren. Als Paradigma sei hier das Konzept der „Communities of Practice“ erwähnt, bei dem ein gemeinsamer Erfahrungskontext von Experten zur Aufbereitung von problemspezifischem Wissen führt, den Beteiligten selbst diese Gemeinsamkeit als solche jedoch gar nicht bewusst ist [23].

Eine weitere Konsequenz, die mit dem Vorhandensein latenten Wissens einhergeht, ist das Emergenzphänomen [24]. Auf Grund von Kommunikationsprozessen und Interaktionen zwischen Wissensträgern werden deren bestehende Wissensmuster durch neue Wissensinhalte angereichert. Verschiedene Informationen werden in einen neuartigen Kontext eingebunden und neu kombiniert, was zur Entstehung von neuem Wissen führt, d. h. „altes Wissen“ wird verknüpft und auf diese Weise neues Wissen erzeugt. Diese wissensintensiven Prozesse werden als emergente Phänomene bezeichnet. Wissensmanagement muss daher zum einen die für solch einen selbstgesteuerten Prozess erforderlichen Rahmenbedingungen schaffen (siehe dazu 3.3), zum anderen aktiv dafür Sorge tragen, dass neues Wissen weiterentwickelt und daraus für das Unternehmen relevante Inhalte selektiert sowie verwertbar gemacht werden [2]. Durch die kontinuierliche Veränderung des Wissensstands über den Kunden bzw. die daraus resultierende Rekombination dieses Wissens entstehen emergente Phänomene in Form von Ideen für neue, effektivitätserhöhende Leistungskonzepte sowie der damit verbundenen Gestaltung von Unternehmenspotenzialen und -prozessen. Ebenso kann jedoch emergentes Wissen auch direkt der Neugestaltung von Leistungspotenzialen und -prozessen des Anbieters zugute kommen, wenn in der bestehenden Wissensbasis neu gewonnenes Wissen über dessen Potenziale und Prozesse für neuartige Handlungsmöglichkeiten und damit neue Chancen für eine Effizienzsteigerung erschlossen werden.

3.2 Wissensträger

Um ein optimales Wissensmanagement zu betreiben, bedarf es nicht nur der Identifikation der für das Unternehmen relevanten Wissensquellen, sondern der Anbieter muss sich gleichermaßen damit auseinandersetzen, für wen er selbst Informationen bereitstellen will. So ist es zunächst unerlässlich, die internen Organisationsmitglieder mit Wissen auszustatten. Mitarbeitern unterschiedlichster Bereiche muss der Zugriff auf die unternehmerische Wissensbasis ermöglicht werden. Kundeninformationen sind nicht nur für das Kundenkontaktpersonal relevant, ebenso wenig wie die in einer Datenbank gesammelten Innovationsideen lediglich für den Forscher aus der Technologieabteilung von Belang sind. Jeder Mitarbeiter ist Wissensträger und muss auch vom Unternehmen als solcher behandelt werden, so dass zwischen einzelnen Abteilungen ein Informationsaustausch gewährleistet werden kann. Erst wenn es das Unternehmen bewerkstelligt, den „Vertriebler" genauso wie den F&E-Mitarbeiter, den Innen- sowie den Außendienstler mit für seine Aufgabenstellung adäquatem Wissen zu versorgen, kann sich zwischen den Wissensträgern eine Kommunikations- bzw. soziale Interaktionsbasis mit gemeinsamem Kontext entwickeln, die einen effizienten Informationsaustausch sowie die Entstehung von Emergenzwissen und innovativen Leistungen fördert.

Angesichts der Tatsache jedoch, dass Unternehmen in eine externe Umwelt eingebettet und hinsichtlich ihrer Leistungserstellung auf die Integration externer Kundeninformationen angewiesen sind, ist eine allein intern fokussierte Informationsbereitstellung keine hinreichende Grundlage für ein optimales Wissensmanagement. Der Anbieter muss auch für seine Kunden Informationen bereitstellen, zum einen, um mit deren Hilfe neue Leistungskonzepte und -prozesse zu entwickeln, zum anderen, um für sie Prozessevidenz und somit einen bestmöglichen und effizienten Ablauf des Leistungsprozesses zu gewährleisten.

Die Entwicklung neuer Leistungskonzepte basiert auf den von Kunden artikulierten sowie auf den vom Anbieter antizipierten Kundenbedürfnissen. Meist fehlt indessen dem Kunden selbst Fachwissen und Vorstellungsvermögen bezüglich der im Hinblick auf neuartige Leistungen bestehenden Möglichkeiten. Zudem mangelt es ihm häufig an vorhandenem Problembewusstsein bzw. Problemevidenz [25], so dass von ihm auf Grund der ihm zur Verfügung stehenden begrenzten Wissensbasis keine selbstständigen Lösungsvorschläge zu erwarten sind [18]. Daher tut der Anbieter gut daran, den Wissenshorizont potenzieller und aktueller Kunden derart zu erweitern, dass der Nachfrager in die Rolle eines nutzbringenden Mitentwicklers bzw. Ideengebers für innovative Leistungskonzepte versetzt wird, ansatzweise so wie dies im Rahmen von „Lead-User"-Projekten inszeniert wird (siehe dazu Abbildung 4).

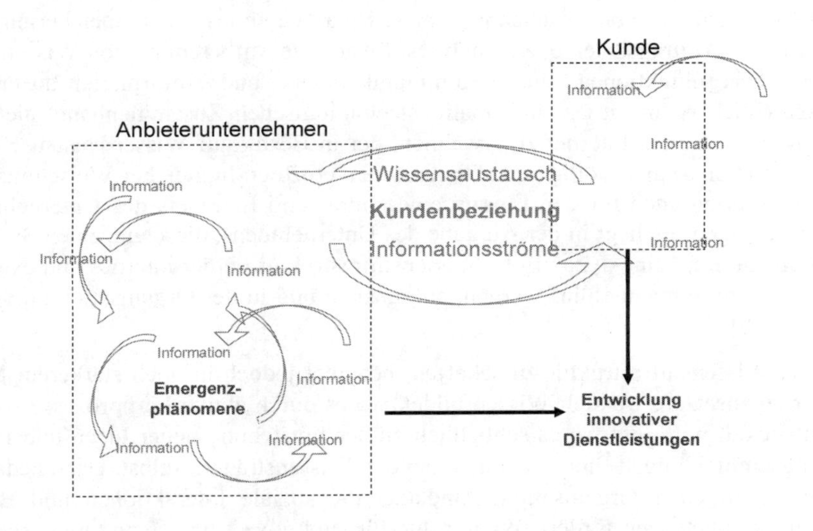

Abbildung 4: Wissensträger

Des Weiteren liegt es auch im Aufgabenbereich des Anbieters, dem Kunden so gut es geht aufzuzeigen, wo, wann und wie dieser sich in den Leistungsprozess einbringen kann und soll. Häufig fehlt es dem Nachfrager aber an Prozessevidenz, d. h. er weiß nicht, wie er sich bzw. „seine" Faktoren in die Wertschöpfung einbringen kann, was letztendlich zu Kostensteigerung und Kundenunzufriedenheit führt. Um eine dem Kundenwunsch adäquate Problemlösung zu liefern und einen reibungslosen Ablauf des Leistungserstellungsprozesses zu garantieren, muss der Kunde qualifiziert, d. h. mit Wissen versorgt werden [26]. Abhängig von der Komplexität der für die Leistungserstellung erforderlichen Kundenrolle und des Vorliegens einer langfristigen Geschäftsbeziehung, ist der Kunde als „partieller Mitarbeiter" anzusehen und daher in den Informationszyklus des Anbieters zu integrieren [27].

3.3 Rahmenbedingungen des Wissensmanagements

Zur Sicherstellung eines funktionierenden Wissensmanagements muss ein Anbieterunternehmen die erforderlichen Rahmenbedingungen für die Organisation schaffen. Obgleich Wissensmanagement sich keinesfalls auf die Implementierung von informationstechnologischen Systemen beschränkt, spielt deren Bereitstellung insbesondere hinsichtlich der Abbildung von Wissen in Daten, der Speicherung und der Disponibilität von Informationen eine äußerst wichtige Rolle. So kann der Einsatz von Informationssystemen die Handhabung und den Zugriff auf Informationen vereinfachen, erweitern und v. a. beschleunigen. Gedacht sei hier etwa an die Verwendung von Datenbanken bzw. Data Warehouses zur Speicherung von Kunden-, Auftragsdaten o. ä., Analysesoftware zur Aufbereitung von Wissen oder Groupware-Funktionen zum Kommunikations- und Informationsaustausch. Schließlich ist in diesem informationstechnologischen Zusammenhang auch der Anschluss an das Internet zu erwähnen, der in Bezug auf Wissensaustausch und Informationszugriff völlig neue Dimensionen eröffnet. In gleicher Weise muss die Organisation auch für den Einsatz eines Intra- und Extranets des Unternehmens Sorge tragen. Es liegt in der Aufgabe des Unternehmens, diese einzelnen Systeme zu integrieren, eine dynamische Wissensinfrastruktur, in der internes und externes Wissen zusammengeführt werden, aufzubauen und in der Organisation zu verankern [28].

Eine Wissensinfrastruktur zu schaffen, bedeutet jedoch in noch stärkerem Maße dort anzusetzen, wo sich Wissen bildet, wo es durch aktive Lernprozesse weiterentwickelt wird und wo es schließlich zu der Entstehung neuer Ideen und Handlungsempfehlungen führt – nämlich bei den Wissensträgern selbst. Dazu bedarf es vor allem einer Organisationsgrundlage, die soziale Interaktionen und Beziehungskompetenzen fördert. Wichtig hierfür sind etwa eine offene Organisationskultur, die gezielte Einrichtung von „Wissensräumen" [2] sowie die Förderung von Kontextgemeinschaften wie die „Communities of Practice" [29][30]. Die Gestaltung von Wissensräumen, bspw. durch den Wissensaustausch in der Kantine, organisationale Veranstaltungen oder den Chatroom im firmeneigenen Intranet, begünstigt die Entstehung neuen Wissens und erhöht Emergenzphänomene. In einer „beweglichen" Organisationsstruktur, die das Empowerment der Organisationsmitglieder protegiert, wächst auch die für Innovationsprozesse notwendige Kreativität im Unternehmen [2][31]. Innerhalb der Organisation muss ein Bewusstsein für die Aufnahme und Weitergabe von Wissen geschaffen, die Organisationsmitglieder müssen hinsichtlich der Relevanz der Ressource Wissen für das Unternehmen sensibilisiert werden. Um soziale Kompetenzen, die Wahrnehmung von Wissensräumen oder auch Beziehungen zwischen verschiedenen Unternehmenseinheiten zu fördern, bedarf es der Schulung der Organisationsmitglieder.

Ähnlich dem Wissensmanagement-Konzept von WILLKE (s. dazu auch „doppelte Wissensbuchführung" [32]) weisen die vorangehenden Überlegungen auf zwei bedeutende Schlussfolgerungen hin: Einerseits stellt sich Wissen, in Form von

Wissensinfrastruktur, als ein dem Anbieterpotenzial immanenter Teil dar, auf Grund dessen Wissen generiert, verarbeitet, verteilt, die Anbieterprozesse gesteuert und Leistungen produziert werden. Andererseits erfüllt jedoch der Aufbau einer solchen Wissensinfrastruktur und die Durchführung der Prozesse selbst den Zweck, neues Wissen zu erzeugen, wodurch sich wiederum eine neue Anordnung der Prozesse, aber auch der Potenzialgestaltung selbst ergibt. Daher ist Wissensmanagement nicht nur als interner Geschäftsprozess zu optimieren, sondern auch als ein Vorgang zu organisieren, welcher über den Gesamtprozess des Unternehmens entscheidet.

4 Wissensmanagement-Tools

Abhängig davon, ob Wissen über anonyme Märkte oder Einzelkunden gewonnen werden soll, lassen sich diverse Instrumente einsetzen, mittels derer Wissen generiert und zur Gestaltung von Anbieterpotenzialen und -prozessen verwendet werden kann (siehe dazu auch Abbildung 2).

Ein „Tool", das sich gerade für das Wissensmanagement in Bezug auf Aktivitäten des Service Engineering als sehr zweckmäßig erwiesen hat, stellt das Blueprinting dar. Als eine konsequent kundenorientierte Methode der Prozessanalyse und -gestaltung wird damit die Transparenz von Anbieterprozessen speziell im Hinblick auf ihren Kundenbezug erzeugt und verbessert. Auf diese analytische Weise vermittelt das Blueprinting u. a. Informationen über die Prozessstruktur, den Einsatz materieller und personaler Ressourcen im Zeitablauf, sowie die den einzelnen Aktivitäten inhärenten Mitarbeitertätigkeiten. Blueprints können des Weiteren auch für die Neugestaltung bestehender, ebenso wie für die Konzipierung innovativer Dienstleistungsprozesse genutzt werden. Durch das Blueprinting werden bspw. „Prozesspathologien" aufgedeckt und durch Eliminierung oder Parallelisierung von Aktivitäten Prozessabläufe vereinfacht, wenn die Reduzierung der Komplexität, d. h. meist effizienzbezogene Veränderungen angestrebt werden. Soll hingegen die Effektivität für den Kunden erhöht werden, kann es auch zu einer Komplexitätssteigerung bei den Prozessstrukturen kommen. Für das Service Engineering ist das Blueprinting deshalb sehr hilfreich, weil es hier vor allem notwendig ist, die Prozessabläufe vorab zu strukturieren und möglichst fehlerfrei zu planen, da die spätere Kundenmitwirkung vorgedacht und geplant werden muss [33].

Im Rahmen von „Lead-User"-Projekten, welche in diesem Kontext als weiteres Instrument aufgeführt seien, kann spezifisches, von ausgewählten Einzelkunden gewonnenes Wissen zum Aufbau von Anbieterpotenzialen genutzt werden. Bei „Lead-Usern" handelt es sich um „Innovatoren" auf Seiten der Nachfrager, die in ihren Kaufverhaltensweisen den übrigen Nachfragern voraus sind. In Kooperation mit dieser speziellen Kundengruppe können daher Informationen für den Massenmarkt im Hinblick auf die Entwicklung und Einführung innovativer Leistungskonzepte gewonnen werden. „Lead-User“ lassen sich häufig auch aus dem Teilnehmerkreis der so genannten „User Groups“ rekrutieren, die für Anbieterunternehmen als Ganzes sowie für einzelne Personen in den Unternehmen als Informationsinstrument von Bedeutung sind. Ebenso kann es durch „User Groups“ gelingen, einen Marktüberblick sowie wichtige Informationen für Investitionsentscheidungen zu erlangen und somit die Potenzialgestaltung für den Massenmarkt zu beeinflussen [34].

Anders als in der klassischen Marktforschung, mittels derer der Anbieter Informationen hinsichtlich seiner Potenziale über den Gesamtmarkt beschafft, können im Rahmen eines Geschäftsbeziehungsmanagements einzelkundenbezogene Informationen gewonnen werden, welche der Potenzialgestaltung für die Abwicklung von Folgetransaktionen dienen. Die Etablierung eines Geschäftsbeziehungsmanagements bzw. die Einführung eines Key-Account-Managements kann daher auch und vor allem als ein „Tool“ des Wissensmanagement verstanden und eingesetzt werden [35]. Und insbesondere die in jüngster Zeit (weiter-)entwickelten elektronisch gestützten CRM-Systeme (Customer Relationship Management) bieten in diesem Zusammenhang neue Möglichkeiten der Speicherung und Auswertung einzelkundenbezogener Daten.

5 Die Bedeutung des Wissensmanagements für das Service Engineering

Leider orientieren sich viele der z. Zt. diskutierten Vorschläge zum Service Engineering immer noch zu sehr am traditionellen Konzept der Produktentwicklung, das davon ausgeht, dass eine Problemlösung von vornherein bestimmt werden kann und dann „nur noch“ entwickelt werden muss. Derartige Handlungsweisen gehen von innen nach außen – d. h. vom Unternehmen zum Kunden – vor und verkennen, dass Dienstleistungen der Mitwirkung und insbesondere der Informationen des Kunden im Prozess der Leistungserstellung bedürfen. Der Marketinggedanke hingegen fordert eine Vorgehensweise von außen nach innen. Dies muss seinen Niederschlag auch und gerade bei der Konzeption neuer Dienstleistungen finden [33].

Jeder Kauf eines Leistungskonzepts beinhaltet in gewisser Weise für den Kunden implizit die Erwartung an eine Dienstleistung. Wenn Anbieter auf diese Erwartungen nur reagieren, nutzen sie das Wissen über ihre Kunden und deren Anforderungen lediglich auf passive Art. In diesem Fall wird Wissen eher ungeplant bzw. unstrukturiert an einer Stelle im Unternehmen angewandt und in suboptimale Dienstleistungen umgesetzt. Dabei werden weder der Kunde, noch das Wissen über den Kunden, noch die Dienstleistungsentwicklung in den Gesamtprozess des Unternehmens integriert. Das angewandte Wissen wird so nur innerhalb eines internen Geschäftsprozesses, sozusagen als Supportfunktion gemanagt. Stattdessen muss es aber als interne Leistungsressource betrachtet werden, die im Rahmen eines wissensbasierten Unternehmens alle anderen Prozesse mitsteuert.

Wissensmanagement besteht aber gerade in einer aktiven Anwendung des Wissens. Durch das Zusammenwirken unterschiedlicher Wissensträger werden deren bestehende Wissensinhalte kombiniert, wobei neue Wissensstrukturen in Form von emergenten Phänomenen aufkeimen. Emergentes Wissen kann vom Anbieter in neue Leistungskonzepte transformiert werden. Auf diese Weise lassen sich neuartige Dienstleistungen entwickeln, deren Bedürfnis dem Kunden selbst vorher noch gar nicht bewusst oder die er zu artikulieren nicht in der Lage war. Dem Anbieter wird es ermöglicht, die eigentlichen Ziele des Nachfragers zu identifizieren, die sich hinter den Kundenwünschen verbergen und daraus diejenigen Leistungen zu konzipieren, die dem Nachfrager Nutzen und dem Unternehmen Wert stiften. Durch Wissensmanagement lassen sich Datenströme vom Kunden optimal aufnehmen und verarbeiten. Daher werden die Entstehung von emergentem Wissen und somit die Entwicklung innovativer Dienstleistungen, welche auf den Kundennutzen fokussiert sind, stimuliert. Aus einer solchen Perspektive heraus lässt sich Wissensmanagement auch als „proaktiver" Prozess betrachten [36], der den Anbieter befähigt, Kundenbedürfnisse zu antizipieren und aus Wissen neue Services zu generieren [37]. In diesem Prozess gelingt es dem Anbieter, neue Nachfrager zu akquirieren und gleichzeitig den Wert des Unternehmens in den Augen bereits vorhandener Kunden zu erhöhen, was eine verstärkte Kundenbindung nach sich zieht. Die intensivere Kundenbindung ermöglicht dem Anbieter indessen eine Erweiterung seiner Wissensbasis hinsichtlich der Kunden, die dann ausgeschöpft werden kann, um weitere Services zu entwickeln.

Der gesamte Prozess des Service Engineering ist durch interdependente Informationsströme charakterisiert. So wird etwa zur Ermittlung von Kundenanforderungen versucht, das Wissen des Kundenkontaktpersonals, das häufig in latenter Form vorliegt, zu aktivieren, zu nutzen und disponibel zu machen, um Wissensinteraktionen und die Entstehung von Emergenzwissen zu fördern. Die meist dynamischen Kundenanforderungen müssen kontinuierlich revidiert werden, was sich bspw. durch den Einsatz von „Lead-User"-Projekten realisieren lässt.

Mittels geeigneter Wissensmanagement-Tools wird die Prozessgestaltung innovativer Dienstleistungen nicht dem Zufall überlassen, sondern bewirkt, dass Service Engineering auch wirklich als solches realisiert wird – nämlich als planbarer Prozess, bei dem die Kundenmitwirkung und -informationen bestmöglich verarbeitet und mitgedacht werden. Vor dem Hintergrund der Dienstleistungsinnovation als Prozessinnovation dient daher das Service Blueprinting als Instrument für das Wissensmanagement [18][33].

Aktives Wissensmanagement heißt aber auch, am Wissen selbst anzusetzen und dieses einer Revision zu unterziehen, um die Anwendung von nicht-generalisierbaren, nicht-transferierbaren oder unselektierten Wissensinhalten zu vermeiden

[23]. So lassen sich bspw. nicht alle Informationen eines Dienstleistungskonzepts für ein E-Learning-Sprachlernprogramm für Vorschulkinder auf ein online-basiertes Weiterbildungsprogramm für Unternehmen übertragen, gleichwohl die Dienstleistungen auf ähnlichen Leistungsmerkmalen basieren. In Zusammenhang mit der Revision von Wissensinhalten spielt Wissensmanagement auch insofern eine wichtige Rolle, dass das an vielen Stellen der Organisation verteiltes Wissen sinnvoll verknüpft wird und nicht „neue" Dienstleistungen doppelt erfunden oder Fehler wiederholt werden.

Literaturverzeichnis

[1] Davenport, T.; Harris, J. G.; Kohli, A. K.: How Do They Know Their Customer So Well?, in: Sloan Management Review, 42(2001)2, S.63-73.

[2] Malhotra, Y.: Knowledge Management for (E-)Business Performance in Information Strategy, in: The Executives Journal, 16(2000)4, S. 5-16.

[3] Drucker, P. F.: The Age of Social Transformation, in: The Atlantic Monthly, (1994), S. 53-80.

[4] Wittmann, W.: Unternehmung und unvollkommene Information, Köln et al. 1959.

[5] Kortzfleisch, H. von: Information und Kommunikation in der industriellen Unternehmung, in: Zeitschrift für Betriebswirtschaft, 43(1973) 8, S. 549-560.

[6] Mag, W.: Planung, in: Vahlens Kompendium der Betriebswirtschaftslehre, Band. 2, München 1990, S. 1-56.

[7] Kubitschek, C.; Meckl, R.: Die ökonomischen Aspekte des Wissensmanagements – Anreize und Instrumente zur Entwicklung und Offenlegung von Wissen, in: Zeitschrift für betriebswirtschaftliche Forschung, 52(2000)2, S. 742-761.

[8] Kleinaltenkamp, M.: Investitionsgüter-Marketing als Beschaffung externer Faktoren, in: Thelen, E. M.; Mairamhof, G. B. (Hrsg.): Dienstleistungsmarketing – Eine Bestandsaufnahme, Frankfurt a. M. et al. 1993, S. 101-126.

[9] Weiber, R.; Jacob, F.: Kundenbezogene Informationsgewinnung, in: Kleinaltenkamp, M.; Plinke, W. (Hrsg.): Technischer Vertrieb. Grundlagen, 2. Auflage, Berlin et al. 2000, S. 523-611.

[10] Gutenberg, E.: Grundlagen der Betriebswirtschaftslehre, Band 1, Die Produktion, 24. Auflage, Berlin et al. 1983.

[11] Schneider, D.: Betriebswirtschaftslehre, Band 1: Grundlagen, 2. Auflage, München et al. 1995.

[12] Kleinaltenkamp, M.; Haase, M.: Externe Faktoren in der Theorie der Unternehmung, in: Albach, H. et al. (Hrsg.): Die Theorie der Unternehmung in Wissenschaft und Praxis, Berlin et al. 1999, S. 167-194.

[13] Picot, A.: Der Produktionsfaktor in der Unternehmensführung, in: Information Management, 1(1990)1, S. 6-14.

[14] Kleinaltenkamp, M.: Customer Integration, in: Albers, S. et al. (Hrsg.): Verkauf: Kundenmanagement, Vertriebssteuerung, E-Commerce (Loseblattwerk), Wiesbaden 2001, Kap. 01.16, S. 1-28.

[15] Kleinaltenkamp, M.: Prozeßmanagement im Technischen Vertrieb, in: Kleinaltenkamp, M.; Ehret, M. (Hrsg.): Prozeßmanagement im Technischen Vertrieb. Neue Konzepte und erprobte Beispiele für das Business-to-Business-Marketing, Berlin et al. 1998, S. 3-31.

[16] Walter, A.; Ritter, T.: Value-creation in customer-supplier-relationships: the role of adaptation, trust and commitment, in: Wierenga, B.; Smids, A.; Antonides, G. (Hrsg.): Marketing in the new millennium, Proceedings of the 29th EMAC Conference, 2000, Rotterdam.

[17] Storbacka, K.: Customer Relationship Management, Singapur 2001.

[18] Ulwick, A. W.: Turn customer input into innovation, in: Harvard Business Review, 80(2002)1, S. 91-98.

[19] Plinke, W.: Grundlagen des Marktprozesses, in: Kleinaltenkamp, M.; Plinke, W. (Hrsg.): Technischer Vertrieb. Grundlagen, Berlin et. al. 1995, S. 3-95.

[20] Kleinaltenkamp, M.: Blueprinting – Grundlage des Managements von Dienstleistungsunternehmen, in: Woratschek, H. (Hrsg.): Neue Aspekte des Dienstleistungsmarketing – Konzepte für Forschung und Praxis, Wiesbaden 2000, S. 3-28.

[21] Nonaka, I.; Takeuchi, H.: Die Organisation des Wissens. Wie japanische Unternehmen eine brachliegende Ressource nutzbar machen, Frankfurt a. M. et al. 1997.

[22] Polanyi, M.: Implizites Wissen, Frankfurt a. M. 1985.

[23] Schreyögg, G.; Geiger, D.: Wenn alles Wissen Wissen ist, ist Wissen dann am Ende nichts?!, in: Die Betriebswirtschaft, 63(2003)1, S. 7-22.

[24] Schreyögg, G.: Wissen, Wissenschaftstheorie und Wissensmanagement. Oder: Wie die Wissenschaftstheorie die Praxis einholt, in: Schreyögg, G. (Hrsg.): Wissen in Unternehmen. Konzepte, Maßnahmen, Methoden, Berlin 2001.

[25] Engelhardt, W. H.; Schwab, W.: Die Beschaffung von investiven Dienstleistungen, in: Die Betriebswirtschaft, 42(1982)4, S. 503-513.

[26] Gouthier, M.: Kundenentwicklung im Dienstleistungsbereich, Wiesbaden 2003.

[27] Kleinaltenkamp, M.: Kundenintegration, in: WiSt – Wirtschaftswissenschaftliches Studium, Zeitschrift für Ausbildung und Hochschulkontakt, 26(1997)7, S. 350-354.

[28] Schmidt, W.; Marzian, S. H.: Brennpunkt Kundenwert. Mit dem Customer Equity Kundenpotenziale erhellen, erweitern und ausschöpfen, Berlin et al. 2001.

[29] Lave, J.; Wenger, E. C. : Situated Learning – Legitimate Peripheral Participation, Cambridge 1991.

[30] Wenger, E. C.: Communities of Practice: Learning, Meaning and Identity, Cambridge 1999.

[31] Sparrow, J.: Knowledge Management in Small Firms, in: Knowledge Process Management, 12(2001)1, S. 3-16

[32] Willke, H.: Systemisches Wissensmanagement, Stuttgart 1998.

[33] Kleinaltenkamp, M.: Service-Blueprinting – Nicht ohne einen Kunden, in: technischer vertrieb, 1(1999)2, S. 33-39.

[34] Kleinaltenkamp, M.: Kooperationen mit Kunden, in: Kleinaltenkamp, M.; Plinke, W. (Hrsg.): Geschäftsbeziehungsmanagement, Berlin et al. 1997, S. 219-274.

[35] Ehret, M.: Innovative Kapitalnutzung. Die Entstehung neuer Business-to-Business-Märkte in der Internet-Ökonomie. Wiesbaden 2000.

[36] Bullinger, H.-J. et al.: Design neuer Dienstleistungen. Herausforderungen für das Service-Management, in: Office Management, (1997)6, S. 9-14.

[37] König, A.: Grundlagen und Konzepte des Service-Engineering, Institut für Arbeitswissenschaft und Technologiemanagement, Universität Stuttgart, DeMeS Arbeitspapier 2, Stuttgart 1998.

Modulare Servicearchitekturen

Tilo Böhmann
Helmut Krcmar
Lehrstuhl für Wirtschaftsinformatik, Technische Universität München

Inhalt

1 Einleitung[1]

Service Engineering stellt Dienstleistungsunternehmen vor große Herausforderungen. Auf der einen Seite sollen Dienstleistungen Probleme für Kunden lösen. Dienstleistungsanbieter sehen sich daher oft individuellen Kundenanforderungen gegenüber. Teilweise können Kunden diese Anforderungen selbst nicht präzise angeben, weil ihnen im eigenen Haus die Expertise für das entsprechende Gebiet fehlt. Gleichzeitig sind Märkte auch von einem hohen Wettbewerbs- und Innovationsdruck gekennzeichnet – oder zumindest einer entsprechenden Rhetorik. Neue Leistungen werden in das Portfolio aufgenommen oder neue Geschäftsmodelle für Dienstleistungen im Markt erprobt. Nicht zuletzt sind aber gerade bei technischen Dienstleistungen die technologischen Veränderungen einer der Gründe, die eine Anpassung des Leistungsportfolios erfordern und Möglichkeiten für innovative Dienstleistungen eröffnen. Dabei verändern sich die Teile der Dienstleistung oft unterschiedlich, z. B. weil sie Technologien zur Grundlage haben, die sich in unterschiedlichen Lebenszyklusphasen befinden. Gerade komplexe Unternehmensdienstleistungen, wie z. B. Informationstechnologie (IT)-Dienstleistungen oder das Facility Management, sehen sich diesen Herausforderungen gegenüber.

Im Bereich der Produktentwicklung wird vor diesem Hintergrund seit längerem das Konzept modular aufgebauter Produkte in der Praxis eingesetzt und in der Forschung diskutiert. Auch im Software Engineering gehört Modularität zu den seit langem eingeführten und akzeptierten Prinzipien [1][2]. Modulare Produktarchitekturen beschreiben die Aufteilung eines Produkts in Module, die untereinander möglichst unabhängig sind und über standardisierte Schnittstellen verbunden sind. Dadurch können Module unabhängig voneinander verändert werden, um z. B. unterschiedliche technologische Veränderungsraten berücksichtigen zu können. Auch lassen sich die Module durch die standardisierten Schnittstellen neu kombinieren, um unterschiedliche Kundenanforderungen zu befriedigen und Trends im Markt zu folgen. Allgemein gesprochen bieten modular aufgebaute Produkte und Dienstleistungen dort besondere Vorteile, wo sich Anbieter sowohl heterogenen Anforderungen der Kunden wie auch heterogenen Inputfaktoren mit unterschiedlichen Lebenszyklen gegenüber sehen [3].

Das Konzept der Modularität ist prinzipiell auch auf Dienstleistungen übertragbar. Allerdings müssen die Besonderheiten von Dienstleistungen dabei Berücksichtigung finden. Während sich bei Softwaresystemen die Schnittstellen im wesentlichen auf den Austausch von Daten und Steuerungsinformationen beschränken, weisen Dienstleistungen als soziotechnische Systeme noch eine Reihe weiterer Interdependenzen auf. Insbesondere gilt es, trotz der modularen Struktur eine einheitliche Wahrnehmung der Dienstleistung für den Kunden zu gewährleisten. Gelingt es, diese besonderen Anforderungen von Dienstleistungen zu berücksich-

[1] Die Arbeiten zu diesem Beitrag sind Teil des vom BMBF geförderten Projekts „proservices“ (Fördernummer 01HG0066/0067).

tigen, bieten modular strukturierte Dienstleistungen einen Mittelweg zwischen kundenindividuellen und standardisierten Dienstleistungen (vgl. Abbildung 1). Ziel ist es dabei, im Unternehmen einen modularen „Baukasten“ für Dienstleistungen aufzubauen, aus dessen Modulen neue Dienstleistungsprodukte und kundenindividuelle Konfigurationen zusammengestellt werden können.

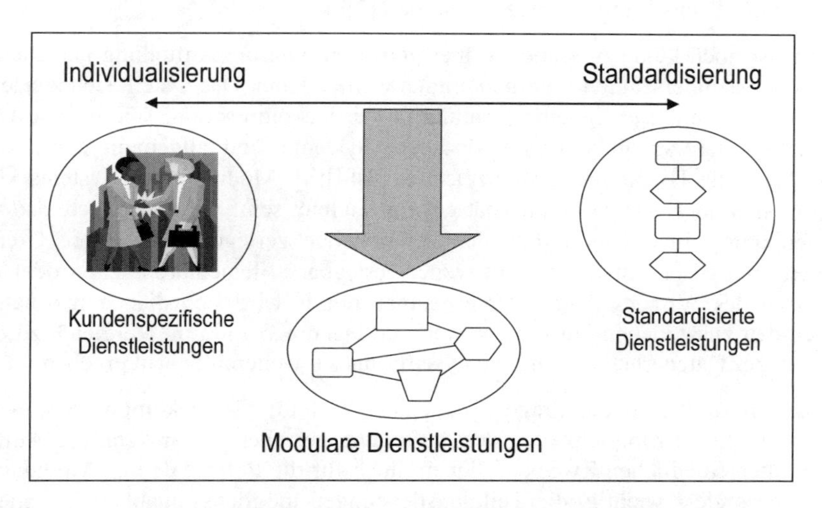

Abbildung 1: Modulare Dienstleistungen zwischen Individualisierung und Standardisierung

In diesem Beitrag wird dargestellt, wie sich das Prinzip der Modularität auch für das Service Engineering anwenden lässt. Dabei werden im ersten Abschnitt zunächst die grundlegenden Prinzipien erläutert und die spezifischen Fragestellungen von Modularität bei Dienstleistungen erörtert. Im zweiten Teil wird näher auf die Potenziale und Risiken von modularen Servicearchitekturen eingegangen. Im dritten Teil schließlich werden einige Hinweise für die praktische Umsetzung modularer Servicearchitekturen in Dienstleistungsunternehmen am Beispiel von IT-Dienstleistungen gegeben.

2 Prinzipien

2.1 Modularität

Modulare Dienstleistungen sind durch eine Reihe einfacher Merkmale gekennzeichnet. Das erste Merkmal ist die Dekomposition [4][5][6][7]. Die Entwicklung und die Erbringung einer komplexen Dienstleistung lassen sich durch eine Aufteilung in Teildienstleistungen vereinfachen. Durch die Dekomposition wird eine solche Aufteilung vorgenommen und für jeden Teil genau beschrieben, welche Rolle er in der Gesamtdienstleistung ausfüllt. Die Beschreibung dieser Rolle wird erleichtert, wenn die Teildienstleistung in einem Modell vereinfacht dargestellt werden kann. Durch diese Modellbildung, d. h. durch Abstraktion, kann die Komplexität der Dienstleistung reduziert werden [2][4].

Damit ist noch keine Aussage darüber getroffen, wie die Aufteilung der Dienstleistung besonders sinnvoll vorgenommen werden kann. Dabei stellt sich zunächst die Frage nach der geeigneten Granularität der Dekomposition. Wie weit soll die Dienstleistung zerlegt werden? Modulare Systeme sind allgemein durch eine verschachtelte Hierarchie gekennzeichnet [3][4][8]. Module eines Systems können in sich auch durch Modularität gekennzeichnet sein. Sie lassen sich also auf Stufen unterschiedlicher Größe der Teileinheiten zerlegen. Die untere Grenze bilden theoretisch entweder nicht weiter zerlegbare Elementareinheiten oder die Grenzen des Wissens. In der Unternehmenspraxis wird sich die Grenze häufig durch den zusätzlichen Nutzen der weiteren Dekomposition im Vergleich zu den Kosten der Datenerhebung und -analyse für diesen weiteren Schritt ergeben.

Weiterhin stellt sich die Frage nach einem Ziel für die Dekomposition, wenn unterschiedliche Möglichkeiten der Aufteilung bestehen. Zwar kann die Aufteilung unterschiedlichen Zwecken dienen, doch für die Potenziale von Modularität ist es besonders wichtig, die Teildienstleistungen möglichst unabhängig voneinander zu machen. Deshalb sollen die Teildienstleistungen so gebildet werden, dass sie lose gekoppelt sind. Eng miteinander verknüpfte Elemente der Dienstleistung sollen in der gleichen Teildienstleistung zusammengefasst werden, so dass die Elemente unterschiedlicher Teildienstleistungen nur geringe Interdependenzen aufweisen [4]. Elemente der Dienstleistungen können z. B. die Aktivitäten eines Dienstleistungsprozesses und die dafür benötigten Ressourcen sein.

Die lose Kopplung führt dazu, dass die Teildienstleistungen unabhängig voneinander einsetzbar oder veränderbar sind. Eine Veränderung der einen Teildienstleistung erfordert dann bspw. nicht auch noch weitere Teildienstleistungen zu verändern. Die Anpassungen bleiben auf Grund der geringen Interdependenzen mit anderen Teilen zumeist auf das eine Modul beschränkt. Um die Unabhängigkeit der Teildienstleistungen festzuschreiben, sind modulare Dienstleistungen als letztes auch noch durch das Geheimnisprinzip gekennzeichnet [9].

Die Rolle der Teildienstleistungen und die Beziehungen zu anderen Teildienstleistungen werden in einer Schnittstelle dokumentiert. Alle weiteren Informationen über die Teildienstleistung werden versteckt. Durch dieses Verstecken des internen Aufbaus können diese Informationen bei der Entwicklung oder Erbringung anderer Teildienstleistungen nicht berücksichtigt werden. Dadurch ist gewährleistet, dass die Unabhängigkeit der Teildienstleistungen nicht durch Berücksichtigung von Informationen über ihren internen Aufbau bei der Entwicklung anderer Teildienstleistungen unterlaufen wird. Abbildung 2 zeigt einen Auszug aus einer möglichen Modulbeschreibung, durch die Informationen für das Service Engineering über das Modul bereitgestellt werden.

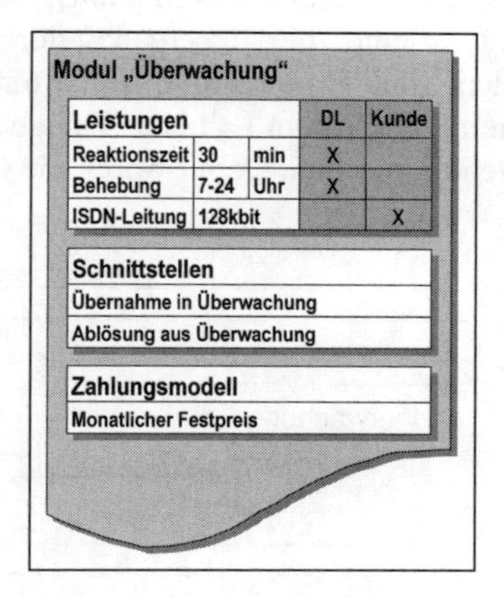

Abbildung 2: Beispiel für Modulbeschreibung

Was zunächst sehr abstrakt erscheint, wird schnell an einem Beispiel verständlich. Das Unternehmen A bietet eine Dienstleistung an, die technische Anlagen für Kunden aufstellt, einrichtet, in Betrieb nimmt und dann Störungen im Betrieb überwacht und diese behebt. Im Service Engineering dieser Dienstleistung haben die Entwickler beschlossen, die Dienstleistung in zwei Teildienstleistungen aufzuteilen. Die Dienstleistung „Anlagenservice" wird in zwei Teildienstleistungen aufgeteilt (*Dekomposition*): Die erste Teildienstleistung ist für die Aufstellung, Einrichtung und Inbetriebnahme der Anlagen verantwortlich, die zweite für Überwachung und Störungsbehebung. Die erste Teildienstleistung wird als „Einrichtung" bezeichnet, die zweite als „Überwachung" (*Abstraktion*). Die beschriebenen Teildienstleistungen lassen sich prinzipiell weiter zerlegen (*verschachtelte Hierarchie*), doch scheint eine weitere Dekomposition nicht sinnvoll, da die Änderungsrate durch den technischen Fortschritt in der Anlagentechnik unterhalb der gewählten Ebene groß ist.

Um die Überwachung durchzuführen, setzt das Unternehmen ein Informationssystem ein, in dem die zu überwachenden Anlagen verzeichnet sind und automatisch Meldungen über Betriebsstörungen erfasst und gemeldet werden. Da das System vornehmlich der Überwachung dient, wird der Betrieb dieses Systems der Teildienstleistung „Überwachung" zugeordnet (*Abgrenzung*). Beim Service Engineering stellt sich die Frage, wie die in Betrieb genommenen Anlagen von der Teildienstleistung „Einrichtung" an die Teildienstleistung „Überwachung" übergeben werden (*Schnittstelle*). Ein Vorschlag lautet, dass die Mitarbeiter, die die Anlage einrichten, sie auch gleich im Informationssystem für die Überwachung erfassen könnten (vgl. Abbildung 3). Dieser Weg führt aber zu einer engen Kopplung der beiden Teileinheiten. Warum? Immer, wenn an dem Informationssystem zur Überwachung etwas verändert werden soll, müssen auch Arbeitsabläufe in der Teileinheit Einrichtung angepasst werden. Mitarbeiter der Einrichtung müssen z. B. neu für die Arbeit mit dem veränderten Informationssystem qualifiziert werden. Größere Unabhängigkeit könnte die Übergabe durch ein standardisiertes Workflow-Formular bieten. Eine Veränderung des Informationssystems für die Überwachung würde nun nicht in jedem Fall eine Veränderung der Teildienstleistung „Einrichtung" notwendig machen. Damit wären die beiden Teileinheiten nur noch *lose gekoppelt*.

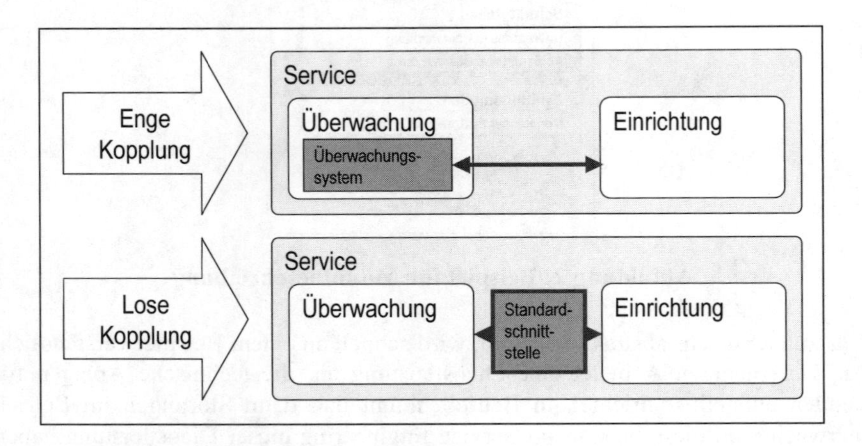

Abbildung 3: Beispiel für enge und lose Kopplung

Das Ergebnis von Dekomposition, Abstraktion, verschachtelter Hierarchie, loser Kopplung und Geheimnisprinzip sind Dienstleistungsmodule, die in ihrer Kombination die Ausgangsdienstleistung umfassen.

2.2 Modulare Servicearchitekturen

Die Modularisierung ist implizit Teil vieler Entwicklungsprozesse komplexer Systeme und kann, wie weiter oben dargestellt, auf unterschiedlichen Abstraktionsebenen eines Produkts, eines Softwaresystems oder einer Dienstleistung erfolgen. Während die Modularität „im Kleinen" – wie BALZERT sie nennt – den Konstruktionselementen von Software z. B. durch die Verwendung von Funktionen und Klassen [2] inhärent ist, wird aus betriebswirtschaftlicher Sicht stärker eine Modularität auf einer höheren Ebene betont.

Der Begriff der Architektur hebt die Bedeutung eines gemeinsamen „Grundrisses" von Dienstleistungen und Dienstleistungsvarianten, deren Gestaltung in Wechselwirkung mit der Gestaltung des Leistungsprogramms insgesamt steht. BURR hat für diese Ebene des Service Engineering den Begriff der Servicearchitektur eingeführt. Er definiert die Servicearchitektur als „... die Dekomposition einer Dienstleistung in Teildienstleistungen inklusive Festlegung von technischen und organisatorischen Schnittstellen zwischen den Teildienstleistungen“ [10].

Zu den architektonischen Entscheidungen gehören nach BALDWIN U. CLARK die Abgrenzung von Modulen, die Spezifikation von Schnittstellen zwischen den Modulen und die Festlegung von Prüfungs- und Integrationsverfahren, nach denen die Leistung und Qualität der Module und der Gesamtdienstleistung geprüft und die Module zu einer Gesamtdienstleistung zusammen geführt werden können [4]. Diese architektonischen Entscheidungen müssen gerade bei arbeitsteilig organisierten Prozessen oft zwischen unterschiedlichen Beteiligten vereinbart und durchgesetzt werden [4][6][7]. Das erfordert sowohl für die Entwicklung als auch für die Leistungserstellung, dass die Architektur auch zeitlich vor Beginn der Entwicklung und Leistungserstellung definiert wird, damit nachfolgende Aktivitäten sich an den Festlegungen orientieren können.

2.3 Ebenen des Service Engineering

Modulare Servicearchitekturen ermöglichen die Definition von Produkten sowie von individuellen Konfigurationen von Dienstleistungen für Kunden [11]. Daraus werden drei Ebenen des Service Engineering deutlich, auf die Modularisierung von Dienstleistungen Auswirkungen zeigt. Die erste Ebene ist die der Servicearchitektur. Sie muss dementsprechend gewährleisten, dass die erforderlichen Leistungsmerkmale der Serviceprodukte und ihrer Varianten und die Prozesse und Potenziale der Serviceprodukte effizient umgesetzt werden können [12], insbesondere durch Möglichkeiten zur gemeinsamen Verwendung von Ressourcen, Prozessen und Leistungen in Angeboten für unterschiedliche Märkte und Marktsegmente [13]. Besonders eng ist die Servicearchitektur allerdings mit der Organisation der Entwicklung sowie der Leistungserstellung und Lieferkettengestaltung verbunden. Für Dienstleistungen stellt daher BURR auch einen direkten Zusammenhang zwischen der Servicearchitektur und der Leistungstiefengestaltung her [10].

Auf der Ebene der Serviceprodukte werden Module der Servicearchitektur zu Produkten zusammengestellt. Dadurch können aus einer gemeinsamen Servicearchitektur Angebote für unterschiedliche Märkte oder Marktsegmente zugeschnitten werden. Schließlich wird auf der Ebene der Servicekonfiguration aus einem Serviceprodukt eine Dienstleistung spezifisch für einen Kunden konfiguriert (vgl. Abbildung 4).

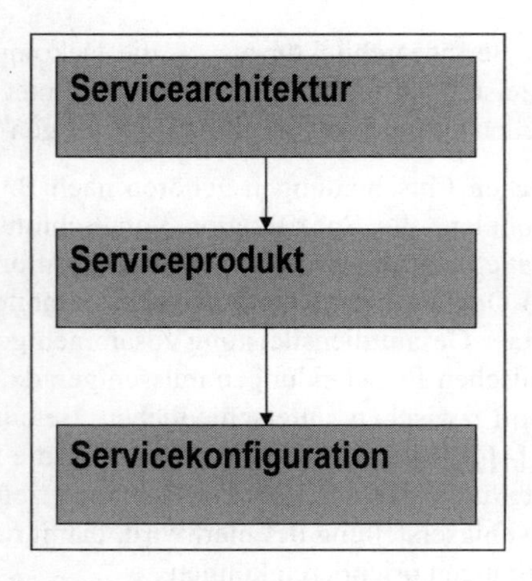

Abbildung 4: Ebenen des Service Engineering

Diese drei Ebenen sind eine Hilfe, um das Service Engineering in einem Unternehmen besser verstehen zu können. Dienstleistungsanbieter werden die Schwerpunkte auf unterschiedlichen Ebenen legen. Für Anbieter kundenindividueller Dienstleistungen, wie z. B. Unternehmensberatung, ist bspw. die Ebene der Servicekonfiguration von besonderer Bedeutung. Im Projektgeschäft werden Dienstleistungen für Kunden individuell entwickelt und festgelegt. Dabei werden vielleicht einzelne Elemente der Dienstleistung wieder verwendet, doch erfolgt dies mit großer Diskretion der Mitarbeiter – oft auf einer sehr granularen Ebene, z. B. durch Wissensdatenbanken, in denen sich Lösungen, Dokumente und andere Wisseneinheiten [14][15] finden. Eine explizite Entwicklung von Servicearchitekturen und Produkten erfolgt zumeist nicht.

Der umgekehrte Fall sind Anbieter standardisierter Dienstleistungen, wie z. B. Standardbankdienstleistungen. Ihre Dienstleistungen werden nicht oder nur in einem geringen Maß kundenindividuell konfiguriert. Der Schwerpunkt des Service Engineering liegt daher auf der Ebene der Serviceprodukte.

Bei modular aufgebauten Dienstleistungen rückt auf jeden Fall die Ebene der Servicearchitektur in das Zentrum des Service Engineering. Die Servicearchitektur bestimmt das Leistungsspektrum des Dienstleistungsangebots. Fragen der Veränderung des Leistungsangebots sind damit Fragen der Ebene der Servicearchitektur. Die Ebene der Serviceprodukte erlaubt im Service Engineering den Zuschnitt von Dienstleistungsangeboten für einzelne Zielgruppen. Je nach Standardisierungsgrad ist auch die Ebene der Servicekonfiguration relevant. Anwendungsfelder für alle drei Ebenen des Service Engineering lassen sich bei komplexen Unternehmensdienstleistungen finden, wie z. B. IT-Dienstleistungen und Facility Management. Aber auch für Trainingsdienstleistungen sind verwandte Strukturen bekannt.

Im folgenden Kapitel wird gezeigt, welche Potenziale modular aufgebaute Dienstleistungen für das Service Engineering bergen. Diesen Potenzialen werden ihre spezifischen Risiken, die bei der Nutzung modularer Servicearchitekturen berücksichtigt werden müssen, gegenübergestellt.

3 Potenziale

3.1 Nutzen für das Service Engineering

3.1.1 Strukturierung von Informationen und Wissen

Modulare Servicearchitekturen strukturieren Wissen und Informationsflüsse im Service Engineering. Sie teilen Wissen über Dienstleistungen in offene und „versteckte" Information. Die Rolle eines Moduls, d. h. seine Abgrenzung in der Dienstleistung und seine Schnittstellen sind offene, das „Innenleben" eines Moduls dagegen verborgene Informationen.

Diese Strukturierung von Informationen im Service Engineering leistet zweierlei. Zum einen hebt sie die für die Neukonzeption von Dienstleistungen besonders bedeutsame Information hervor. Die präzise Beschreibung von Modulen und ihren Schnittstellen vereinfacht z. B. die Identifikation von Lücken zwischen dem vorhandenen Leistungsangebot und den für eine neue Dienstleistung benötigten Leistungen. Die Dokumentation von Schnittstellen zeigt Kombinationsmöglichkeiten der bestehenden Module auf, durch die die Anforderungen neuer Dienstleistung abgedeckt werden können. Weiterhin definiert und reduziert eine Servicearchitektur die Menge an Informationen, die allen Beteiligten im Service Engineering bekannt sein müssen. Darüber hinaus definiert die Teilung in offene und versteckte Information aber auch „Unsicherheitszonen", über die bewusst keine Informationen bereitgestellt werden. Wenn über die Umsetzung der Module im Detail keine Informationen bereitgestellt werden, dann können diese Informationen auch nicht bei der Entwicklung anderer Module berücksichtigt werden. Dadurch werden die Entscheidungen über die Ausgestaltung der Module voneinander unabhängig gemacht.

Neben einer Dokumentation von für das Service Engineering besonders bedeutsamen Informationen in der Servicearchitektur ist in dieser Strukturierung der Information auch eine gewisse Koordinationsleistung im Service Engineering eingebettet. Die Abgrenzung der Module beschreibt (in Teilen) das Ziel der Entwicklung einzelner Module und die Schnittstellen zeigen die in der Entwicklung zu berücksichtigenden Interdependenzen mit anderen Modulen auf [4][7][10].

3.1.2 Parallelität

Die klare Abgrenzung von Modulen und ihre Entflechtung durch lose Kopplung lässt sich in vielen Fällen übertragen auf die Organisation des Service Engineering. Die Abgrenzung der Module beschreibt, was für eine Teildienstleistung entwickelt werden soll. Die Schnittstellen beschreiben die Beziehungen der Module zu anderen Teildienstleistungen und wie z. B. Informationen zwischen den Modulen ausgetauscht werden. Entlang dieser Rahmenvorgaben lassen sich auch abgegrenzte Aufgaben für das Service Engineering beschreiben, die – wie die ihnen zu Grunde liegenden Teildienstleistungen – nur lose miteinander gekoppelt sind. Diese lose Kopplung wird vor allem durch das Verstecken von Informationen über die Module erreicht. Da alle Informationen über die Art, wie Module miteinander interagieren, zu Beginn des Service Engineering in den Schnittstellenvorgaben der Servicearchitektur fest gelegt werden, können die Entwicklungsaktivitäten für die einzelnen Module unabhängig voneinander durchgeführt werden. Auf Grund dieser Unabhängigkeit besteht auch die Möglichkeit der parallelen Durchführung. Diese Parallelisierung kann zu Zeitgewinnen bei der Entwicklung neuer Dienstleistungen führen [4][7].

3.1.3 Leistungsmessung und Qualitätssicherung

Die Unabhängigkeit der Module und ihre definierten Beziehungen untereinander können weiterhin die Verbesserung von Leistung und Qualität erleichtern. Die Dekomposition der Dienstleistung in Module führt zu einer Verringerung der Komplexität, und die Zusammenhänge innerhalb eines Moduls sind leichter zu überblicken als die einer integrierten Dienstleistung. Dies ermöglicht ein einfacheres Auffinden von Verbesserungsmöglichkeiten oder Fehlerquellen innerhalb eines Moduls. Auch sind kürzere Feedback-Zyklen möglich, weil die Module nur einen Teil der Ressourcen, Prozesse und Leistungen einer Dienstleistung umfassen [7].

Alle diese Potenziale beziehen sich allerdings auf die lokale Verbesserung von Leistung und Qualität, d. h. sie beziehen sich auf ein Modul. Die globale Verbesserung, die auf die aus allen Modulen zusammengesetzte Dienstleistung bezogen ist, kann durch die Dekomposition auch eingeschränkt werden. Dies kann in Redundanzen in den Modulen begründet sein. Eine Redundanz liegt vor, wenn z. B. eine Ressource in mehreren Modulen jeweils separat vorgehalten wird, um eine lose Kopplung der betreffenden Module zu ermöglichen. Weiterhin kann es in einem modularen System aufwändig sein, die für Leistungsschwächen oder Fehler verantwortlichen Module eindeutig zu identifizieren, weil sie sich aus unterschiedlichen Konstellationen des Zusammenwirkens von Modulen ergeben können [5][7].

3.1.4 Optionen

Das wohl bedeutendste Potenzial modularer Servicearchitekturen liegt aber in der Eröffnung von Optionen für die Entwicklung neuer Dienstleistungen [4][5][7][16]. Die Aufteilung von Dienstleistungen in Module und die Standardisierung der Schnittstellen erleichtert die Weiterverwendung, die Wiederverwendung und die Neukombination von Modulen für die Entwicklung neuer Dienstleistungen.

Weiterverwendung von Modulen bedeutet, dass in eine neue Generation einer Dienstleistung ein Modul der alten Generation unverändert übernommen werden kann [7][16][17]. Beispielsweise kann für eine neue Generation der technischen Betriebsdienstleistung des beschriebenen Beispiels eine verbesserte Problemlösungszeit bei Störungen geplant sein. Für das Modul Einrichtung ändert sich allerdings nichts. Deshalb kann dieses Modul in der neuen Generation weiter verwendet werden.

Wiederverwendung von Modulen meint, ein bestehendes Modul einer Dienstleistung in einer neu zu entwickelnden Dienstleistung ebenfalls zu verwenden [4][5][7][16][17]. Wieder auf das Beispiel bezogen: In einer neuen Dienstleistung sollen den Kunden Beratungsleistungen bei der Auswahl der richtigen technischen Anlage, verbunden mit ihrer gebrauchsfertigen Einrichtung, angeboten werden. Neben einem neuen Modul für Beratungsleistungen kann das Modul „Einrichtung" wieder verwendet werden, da dieses bereits die Aufstellung und Einrichtung der technischen Anlage bis zur Betriebsbereitschaft umfasst.

Bei einer Neukombination werden bestehende Module aus einer Servicearchitektur zu neuen Dienstleistungen zusammengestellt [5][6]. Die unterschiedlichen Kombinationsmöglichkeiten erlauben eine schnelle Reaktion auf Kundenbedürfnisse, denn die Dienstleistungen, die sich aus der Neukombination ergeben, müssen nicht jeweils grundsätzlich neu entwickelt werden.

Diese Optionen können natürlich auch bewusst an Kunden weitergegeben bzw. verkauft werden. Damit erwirbt auch der Kunde die Möglichkeit, zu einem späteren Zeitpunkt die Dienstleistung an veränderte Anforderungen anzupassen.

Durch die Schaffung einer modularen Servicearchitektur erwirbt ein Unternehmen Optionen auf neue Dienstleistungen, die sich aus den Kombinationsmöglichkeiten der Module der Servicearchitektur ergeben. Diese Optionen sind besonders für Unternehmen vorteilhaft, die in Märkten agieren, die von einer hohen Innovationsrate geprägt sind. Ein Beispiel dafür ist sicherlich der Markt für IT-Dienstleistungen, der nicht zuletzt durch den technologischen Fortschritt der eingesetzten Technologien einem schnellen Wandel in Produkt und Prozess unterworfen ist.

3.1.5 Die Potenziale im Zusammenspiel

Die unterschiedlichen Potenziale können im Zusammenwirken zu einer Reihe von Vorteilen für das Service Engineering führen. Die Möglichkeit der Parallelisierung sowie der Weiter- und Wiederverwendung kann das Service Engineering beschleunigen. [18][19]. Die Optionen zur Neukombination von Modulen einer Servicearchitektur ermöglicht das Angebot einer größeren Vielfalt von Dienstleistungen [19]. Wenn Module weiter und wieder verwendet werden können, so bietet das Möglichkeiten zur Kostensenkung, wenn in den Modulen Skaleneffekte realisiert werden können [19]. Bei Sachgütern wird ein modularer Aufbau als eine wichtige Voraussetzung für Mass Customization gesehen, bei der die Vorteile der Massenproduktion mit einer Konfigurierbarkeit des Produkts auf spezifische Kundenbedürfnisse hin verbunden werden sollen [20][21]. Schließlich kann der modulare Aufbau von Dienstleistungen Innovation fördern, da durch die Unabhängigkeit der Module eine entkoppelte Weiterentwicklung der einzelnen Module einfacher möglich ist [4][19].

3.2 Risiken

Während an vielen Stellen die Potenziale modularer Produkte und Systeme aufgezeigt werden, unterbleibt häufig die nähere Untersuchung der Risiken. Schon ULRICH verweist darauf, dass eine modulare Produktarchitektur nicht per se die bessere Wahl ist [7]. Eingehend untersucht wurden die Risiken modularer Servicearchitekturen von BURR [10], dem die nun folgende Darstellung weitgehend folgt.

Durch die Abgrenzung der Module und festgelegte Schnittstellen ist mit dem modularen Aufbau von Dienstleistungen auch immer eine gewisse Standardisierung der Dienstleistung verbunden. Damit besteht das Risiko eines verminderten Kundennutzens der einzelnen Module im Vergleich zu kundenspezifisch entwickelten und erbrachten Dienstleistungen [10]. Dieser möglichen Reduzierung der Kundennutzung durch Standardisierung stehen allerdings die Optionen entgegen, die der Kunde durch die modulare Struktur erwirbt. Weiterhin ist es möglich, dass durch die Möglichkeit zur lokalen Innovation und Optimierung einzelne Module eigene Wettbewerbsvorteile entwickeln.

Ähnlich ist auch das Risiko statischer Effizienznachteile geartet. Die lose Kopplung von Modulen kann zu einer Redundanz von Ressourcen in den Modulen führen [10]. In dem bereits eingeführten Beispiel der technischen Dienstleistung kann es z. B. notwendig sein, Mitarbeiter mit speziellen technischen Kenntnissen über die betriebene Anlage sowohl für das Modul „Einrichtung" wie für das Modul „Überwachung" einzustellen, damit keine Interdependenz durch einen gemeinsame Pool dieser Mitarbeiter zwischen den Modulen entsteht. Eine weitere Quelle von statischen Effizienznachteilen sind „überdimensionierte" Schnittstellen. Wenn über eine Schnittstelle unterschiedliche Verwendungen eines Moduls abgedeckt werden sollen, dann sind sie nicht spezifisch auf eine bestimmte Verbindung zweier Module zugeschnitten [22]. Ist also die Optimierung der gesamten Dienstleistung besonders wichtig, dann können modulare Servicearchitekturen durch die Gefahr von Redundanzen ein Risiko darstellen. Doch auch hier kann eingewendet werden, dass diese Perspektive die dynamischen Effizienzvorteile modularer Servicearchitekturen vernachlässigt [10]. Insgesamt kommt es also auf eine Bewertung der Bedeutung der Veränderbarkeit für das Service Engineering an. Bei hoher Bedeutung können die dynamischen Vorteile der modularen Servicearchitektur ihre möglichen statischen Nachteile überwiegen.

Ein besonderes Risiko stellt die Gefahr der Imitation der Servicearchitektur dar [10]. Die Entwicklung einer modularen Servicearchitektur kann mit hohen Investitionen in die Entwicklung einer geeigneten Dekomposition verbunden sein, die den unterschiedlichen Zieldimensionen einer Dienstleistungsstruktur gerecht wird. Wenn es nun für Wettbewerber leicht fällt, das Ergebnis eines solchen Entwicklungsprozesses zu imitieren, dann gelingt es dem entwickelnden Unternehmen nicht oder nur eingeschränkt, durch die modulare Servicearchitektur einen Wettbewerbsvorteil zu erzielen. Die Gefahr der Imitation ist vor allem bei Dienstleistungen gegeben, bei denen die Leistungserbringung in Teilen zumindest für den Kunden, manchmal aber auch für Dritte einsehbar erfolgt. Im genannten Beispiel wäre das Risiko für Imitation besonders hoch, wenn z. B. die technische Anlage beim Kunden vor Ort aufgestellt ist und der Kunde oder ein ebenfalls für den Kunden tätiger Wettbewerber die Einrichtung der Anlage sowie ihre Übergabe in die Überwachung beobachten kann. Schutzmöglichkeiten sieht BURR [10] vor allem durch die Kontrolle über komplementäre Assets (z. B. eines Markenzeichens, eines flächendeckenden Niederlassungsnetzes, usw.), die Durchsetzung von Urheberrechten an der Servicearchitektur, das Angebot schwer imitierbarer Komplettlösungen oder einer Fast-Pacing-Strategie, die einen frühen Markteintritt und eine Folge kontinuierliche Innovationsvorsprünge voraussetzt.

Mit der Möglichkeit, Dienstleistungen durch eine modulare Struktur neu zuzuschneiden oder bündeln zu können, ist das Risiko des Unbundlings [10] verbunden. Kunden können z. B. versuchen, nur einzelne Module und nicht, wie vielleicht vom Dienstleistungsanbieter vorgesehen, bestimmte Kombinationen von Modulen zu erwerben. Genauso ist es für Wettbewerber des Anbieters möglich, nur einzelne, besonders attraktive Module anzubieten, diese dann aber z. B. durch Ausnutzung von Spezialisierungsvorteilen zu besseren Konditionen als es vielleicht ein breiter aufgestellter Anbieter kann. Im Beispiel könnte z. B. ein Kunde entscheiden, dass er ausschließlich die Überwachung der Anlage einkaufen möchte, weil er sich für die Aufstellung von einem Wettbewerber oder im eigenen Haus bessere Konditionen verspricht. Ähnlich wie die Imitation kann dieses Risiko minimiert werden, wenn der Anbieter neben der Servicearchitektur selbst auch noch strategische Module kontrolliert, ohne die die Dienstleistung insgesamt nicht sinnvoll erbracht werden kann. Ohne diese Kontrolle jedoch besteht das Risiko, dass sich der Wettbewerb von der Architektur- oder Produktebene auf die Ebene einzelner Module verlagert, weil Wettbewerber die Möglichkeit haben, ihre Leistungen gezielt über die standardisierten Schnittstellen in die Dienstleistung einzufügen [4][5][23].

Schließlich bringt auch die mit der modularen Servicearchitektur einhergehende Strukturierung von Informationen ein Risiko mit sich. Eine etablierte Servicearchitektur strukturiert die Suche nach Lösungen für neue Anforderungen und die Umsetzung technologischer Veränderungen [5][24]. In der Regel wird dabei versucht werden, die Veränderungen innerhalb einzelner Module umzusetzen und dabei die Modulabgrenzung sowie die Schnittstellen unverändert zu lassen. Dieses Festhalten an der modularen Servicearchitektur ist dann ein Nachteil, wenn Veränderungen durch eine neue Servicearchitektur bedeutend besser umgesetzt werden können als durch eine Evolution der bestehenden [25]. Da die Servicearchitektur sowohl das marktliche Angebot eines Dienstleisters, wie die internen Prozesse des Service Engineering sowie der Leistungserstellung mit prägen können, stellt die Rigidität einer Servicearchitektur ein besonderes Risiko für das Service Engineering dar. Wie lässt sich das Risiko der Rigidität am genannten Beispiel verdeutlichen? Es wird unterstellt, dass eine neue Generation der technischen Anlage, die der Dienstleister für seine Kunden einrichtet und überwacht, einen neuen Aufbau aufweist. Dieser neue Aufbau teilt die Anlage in eine Basiskomponente, die weitgehend vom konkreten Einsatzort und -zweck unabhängig ist und eine Steuerkomponente, durch die eine einfache und kurzfristige Anpassung des Leistungsprofils der Anlage an die konkreten Kundenbedürfnisse möglich ist. Die bisherige Servicearchitektur unterstellt, dass nach der einmaligen Einrichtung der Anlage diese in die Überwachung übergeben wird und in dem einmal konfigurierten Zustand betriebsbereit gehalten wird. Der neue Aufbau würde es aber möglich machen, eine Aufteilung in eine weitgehend standardisierte Einrichtung und Überwachung der Basiskomponente sowie eine interaktive Kundendienstkomponente vorzunehmen. Durch die Kundendienstkomponente wäre sichergestellt, dass die Anlage immer auf die aktuellen Anforderungen des Kunden eingestellt ist und dass die dafür relevanten Parameter regelmäßig überwacht werden. Zunächst einmal kann die Aufteilung in „Einrichtung“ und „Überwachung“ unterbinden, dass die neue Möglichkeit erkannt wird. Die kundenspezifische Nachkonfiguration der Anlage ließe sich sicher auch durch das Modul „Einrichtung“ übernehmen. Da es aber im Kern auf die komplette Neueinrichtung von Anlagen ausgerichtet ist, kann die Ausführung von kleinen Anpassungseinrichtungen nicht sehr effizient ausgeführt werden. Selbst wenn die alternative Modulbildung erkannt würde, erfordert deren Umsetzung jedoch die vollständige Veränderung der bestehenden Servicearchitektur. Unter Umständen muss neu in standardisierte Schnittstellen und die Reorganisation der Organisationseinheiten investiert werden, die hinter den bestehenden Modulen stehen.

Chancen	Risiken
- Größere Vielfalt an Dienstleistungen und kundenspezifischen Konfigurationen durch Möglichkeit zur Neukombination von Modulen - Schnellere Entwicklung und Einführung von neuen Dienstleistungen durch Parallelisierung und Wiederverwendung - Kostensenkung durch Wieder- und Weiterverwendung von Modulen - Förderung von Innovation in den Modulen - Strukturierung von Informationen für das Service Engineering	- Sinkender Kundennutzen durch Standardisierung im Vergleich zu vollständig kundenspezifischen Dienstleistungen - Statische Effizienznachteile - Unbundling und Wettbewerb auf Ebene der Module - Imitation der Servicearchitektur - Rigidität der Architektur im Innovationsprozess

Tabelle 1: Chancen und Risiken modularer Servicearchitekturen

4 Praxis

4.1 Anwendungsfall: IT-Dienstleistungen

Vor dem Hintergrund des sich wandelnden Marktes und der zunehmenden Industrialisierung der Erbringung ist die Modularisierung ein viel versprechender Ansatz für das Service Engineering von Dienstleistungen. Wie aber kann eine praktische Umsetzung der allgemeinen Prinzipien der Modularisierung aussehen, damit Anbieter systematisch bei der Entwicklung die Nutzenpotenziale modularer Servicearchitekturen ausschöpfen? Dies soll im Folgenden am Beispiel von IT-Dienstleistungen dargestellt werden. Dazu werden zunächst die besonderen Anforderungen an die Modularisierung dieses Typus von Dienstleistungen untersucht und dann eine konkrete Methodik zum Entwurf einer modularen Servicearchitektur vorgestellt. Eine ausführliche Darstellung der Grundlagen und umfangreiche Anwendungsbeispiele finden sich in [26][27].

IT-Dienstleistungen können durch den Objektbezug entlang der drei Dimensionen, dem Leistungsergebnis, Leistungsprozess und Leistungspotenzial konstitutiv abgegrenzt werden [28][29]. Demnach zielt das Ergebnis auf die Planung, Entwicklung, Bereitstellung, Unterstützung und/oder das Management von IT-Systemen oder durch IT-Systeme ermöglichte Geschäftsaktivitäten [in Anlehnung an 30]. IT-Systeme sollen hier als der informationstechnische Teil betrieblicher Informationssysteme verstanden werden. Dabei sind IT-Systeme oder auf sie bezogene Faktoren sowohl Gegenstand des Leistungspotenzials als auch externe Faktoren dieser Dienstleistungen [27]. Institutionell gesehen werden IT-Dienstleistungen einerseits von selbständigen Unternehmen und andererseits unternehmensintern durch Organisationseinheiten der Informationsverarbeitung erbracht.

Im Folgenden sollen die Leistungs- und Gestaltungselemente von IT-Dienstleistungen aus Anbietersicht herausgearbeitet werden, um die Komplexität von IT-Dienstleistungen untersuchen zu können.

Ein wesentliches Merkmal von IT-Dienstleistungen ist, dass sich im Leistungsergebnis, im Leistungserstellungsprozess und im Leistungspotenzial technische und organisatorische Gestaltungselemente verbinden (vgl. Abbildung 5). Dies soll zunächst am Beispiel der Bereitstellung eines betriebswirtschaftlichen Anwendungssystems mit vereinbarten Servicegraden verdeutlicht werden. Die vereinbarten Leistungen sollen hier die Funktionen des Systems umfassen, d. h. seine Performanz (z. B. Antwortzeiten) sowie seine Zuverlässigkeit (z. B. durchschnittliche Verfügbarkeit). Die Erstellung einer solchen Leistung erfordert einerseits die Bereitstellung einer geeigneten Konfiguration von Systemelementen und andererseits die Durchführung von Serviceprozessen, durch die ein anforderungsgerechter Betrieb sichergestellt wird. Diese Serviceprozesse sorgen bspw. für die Migration von einem bestehenden System auf das neue, durch die Dienstleistung bereitgestellte Anwendungssystem, den sicheren Betrieb oder das regelmäßige Umsetzen erforderlicher Änderungen an den fachlichen Funktionen (Wartung).

Gestaltungselemente sind demnach zunächst IT-Systeme, an denen Leistungen erbracht oder die bereitgestellt werden. Dazu zählen Anwendungen mit ihren Funktionen und Daten sowie die für ihren Einsatz erforderlichen IKT-Infrastrukturen [vgl. auch 15]. Für die Leistungserbringung oder Bereitstellung können Transformationen der IT-Systeme erforderlich sein, die durch Serviceprozesse bewirkt werden. Beispiele dafür finden sich in den allgemeinen Prozessen der Informationsverarbeitung [31][32][33]. Durch die Transformation ergeben sich gegenseitige Abhängigkeiten zwischen IT-Systemen und Serviceprozessen. Um die zugesicherten Leistungen zu erreichen, sind Systemelemente und Serviceprozessaktivitäten (begrenzt) füreinander substituierbar.

Allerdings kann sich eine Beschreibung von IT-Dienstleistungen nicht auf IT-Systeme und Serviceprozesse als zentrale Leistungselemente beschränken. Dienstleistungen im Allgemeinen und auch IT-Dienstleistungen sind zudem durch eine Integration externer Faktoren in die Leistungserstellung gekennzeichnet [28]. Für Dienstleistungsanbieter ist die effektive und effiziente Integration von Nachfragern eine zentrale Kompetenz. Die Nachfragerintegration bedeutet bei IT-Dienstleistungen, dass sowohl externe IT-Systeme der Nachfrager genutzt oder verändert werden als auch, dass Mitglieder der Nachfragerorganisation in die Durchführung der Serviceprozesse eingebunden sind [27].

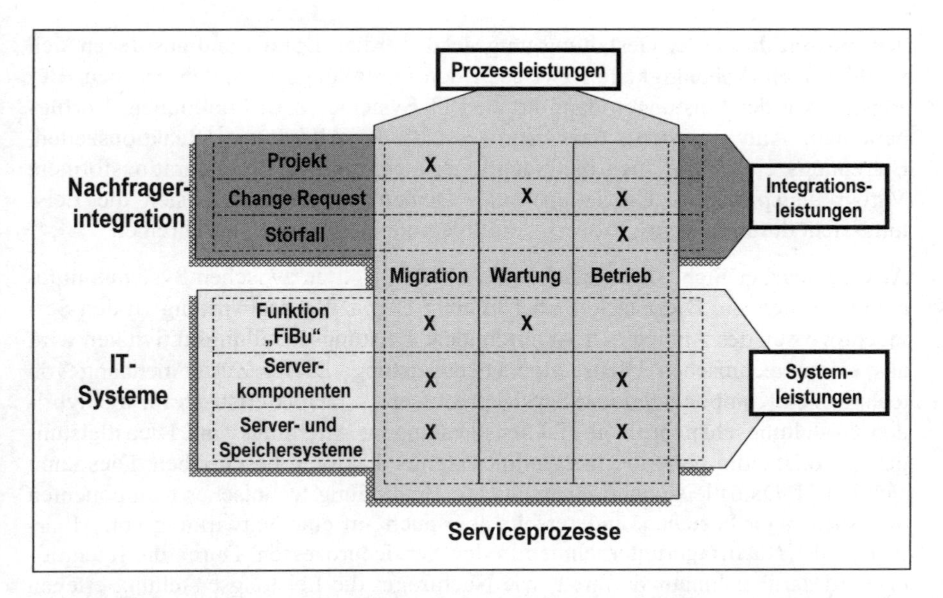

Abbildung 5. Leistungselemente von IT-Dienstleistungen (Vereinfachtes Beispiel aus [31])

Insbesondere die Mitarbeiterintegration führt zu einer Sichtbarkeit von Leistungserstellungsprozessen [34], die die wahrgenommene Qualität der Dienstleistung beeinflusst und den Nachfragern die Möglichkeit gibt, den Prozess mit zu steuern [35]. Gleichzeitig definiert diese Schnittstelle zum Nachfrager auch die umgekehrte Verzahnung, d. h. wie sich die Serviceprozesse des Anbieters in die Aktivitäten der Nachfragerunternehmen einfügen. Um diese gegenseitige Integration zu optimieren, nutzen Anbieter oftmals spezielle Instrumente. Ein Beispiel dafür ist das Service-Management, das die Zusammenarbeit von Mitarbeitern, Anbietern und Nachfragern überwacht und steuert. Neben IT-Systemen und Serviceprozessen kann daher auch die Gestaltung der Nachfragerintegration zur Spezifikation einer IT-Dienstleistung gezählt werden.

Diese Gestaltungselemente spiegeln sich zudem in der Leistungssicht. Durch die zumeist immateriellen Leistungsergebnisse von Dienstleistungen kommt der Definition der Leistungen eine besondere Bedeutung zu [10][35][36]. Für die Spezifikation von IT-Dienstleistungen ist daher vor allem die vertragliche Sicht auf die Gestaltungselemente relevant, zumal bei IT-Dienstleistungen sowohl die Vertragswerke als auch mögliche Methoden zur Messung der Leistungsqualität relativ weit entwickelt sind [37]. Die zu erbringenden Leistungen werden über Service-Level-Agreements definiert, in denen die Leistungen benannt, das Qualitätsniveau der Leistungen definiert und die Verantwortlichkeiten bei deren Erbringung bestimmt werden. Diese stehen jedoch in enger Verbindung mit den Leistungselementen der IT-Dienstleistungen, für die sie Vorgaben spezifizieren. Diese Vorgaben müssen die in der Gestaltung umgesetzt werden. Daraus und aus denen sich folglich auch Abhängigkeiten zwischen den Gestaltungselementen ergeben. Bezugsobjekte der Leistungen dann können IT-Systeme (z. B. Funktionen, Verfügbarkeiten, Antwortzeiten), Serviceprozesse (z. B. Aktivitäten, Reaktionszeiten, Betreuungszeiten) wie auch die Nachfragerintegration (z. B. Integrationsformen, Mitwirkungspflichten, Eskalation) sein. Dementsprechend lässt sich die Leistungssicht durch System-, Prozess- und Integrationsleistungen beschreiben.

Aus technischer Sicht sind zunächst die Abhängigkeiten zwischen Systemkomponenten zu nennen. Diese stehen aber in einer engen Wechselwirkung zu den Serviceprozessen des Anbieters. Erst durch diese Leistungserstellungsaktivitäten wird aus einem technischen Dienst eine Dienstleistung. Dieser Zusammenhang von technischen Komponenten und Serviceprozessen ist charakteristisch für die hybriden Gestaltungselemente von IT-Dienstleistungen. Allerdings sind Dienstleistungen unvollständig ohne die Integration externer Faktoren beschrieben. Dies kann sich bei IT-Dienstleistungen einerseits auf Einbindung technischer Komponenten der Nachfrager beziehen, andererseits aber auch auf eine Mitwirkung von Mitarbeitern der Nachfragerunternehmen in den Serviceprozessen. Durch die Integration wird darüber hinaus definiert, wie Nachfrager die Leistungserstellung erleben und welche Teile der Prozesse für Nachfrager sichtbar sind. Aus dieser Wahrnehmung der Leistungserstellung können sich gleichfalls Abhängigkeiten zwischen den Serviceprozessen ergeben, wenn aus einem Integrationskontext heraus mehrere Prozesse angestoßen werden. Diese werden bei ingenieurwissenschaftlichen Methoden der Modularisierung nicht berücksichtigt, obwohl sie für Dienstleistungen hohe Bedeutung haben.

4.2 Methodik der Modularisierung

Die Gestaltungselemente und ihre Abhängigkeiten beschreiben Möglichkeiten und Grenzen für die Modulbildung, bieten aber noch keine ausreichende Entscheidungsgrundlage für den Entwurf einer modularen Servicearchitektur. Diese ist erst gegeben, wenn sie auf die Ausschöpfung betriebswirtschaftlicher Nutzenpotenziale der Modularisierung ausgerichtet wird. Der Entwurf einer modularen Servicearchitektur für IT-Dienstleistungen erfolgt in vier Phasen: Zielbestimmung, Leistungs- und Gestaltungsanalyse, Modulbildung mit Potenzialanalyse und Implementierung (vgl. Abbildung 6).

Ausgangspunkt des Entwurfs ist die Bestimmung von Zielen und Rahmenbedingungen, welche beim Entwurf der modularen Servicearchitektur berücksichtigt werden müssen. Der eigentliche Entwurfsprozess ist in zwei Kernphasen gegliedert. Die erste Phase ist die Leistungs- und Gestaltungsanalyse, in der die Leistungsmerkmale der betrachteten Dienstleistungen sowie die für die Umsetzung der Leistungsmerkmale benötigten IT-Systeme und Serviceprozesse erfasst werden. Darüber hinaus wird in der Leistungs- und Gestaltungsanalyse auch die Nachfragerintegration dokumentiert und damit die Sicht der Nachfrager auf die Dienstleistung verdeutlicht. Damit wird die Grundlage für den Entwurf einer modularen Servicearchitektur geschaffen, da alle relevanten Gestaltungselemente der Dienstleistung auf diesem Weg identifiziert und die für die Modulbildung wesentlichen Informationen zu diesen Gestaltungselementen dokumentiert werden.

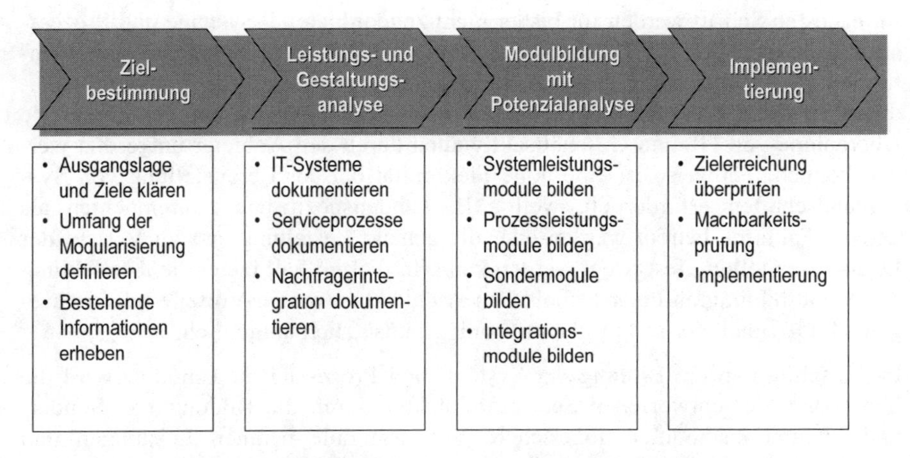

Abbildung 6: Überblick über das Vorgehen bei der Modularisierung von IT-Dienstleistungen [26]

Ausgehend von den Erkenntnissen der Leistungs- und Gestaltungsanalyse werden in der Phase der Modulbildung als zweiter Kernphase der Methode zunächst Auslöser für die Modulbildung ermittelt. Da die Auslöser jeweils mit bestimmten betriebswirtschaftlichen Potenzialen verknüpft sind, wird dieser Schritt als „Potenzialanalyse" bezeichnet. Mit Hilfe der Potenzialanalyse sollen zunächst mögliche Systemleistungsmodule identifiziert werden, da diese den ersten Ansatzpunkt für die Modulbildung darstellen.

Systemleistungsmodule sind Bausteine für die Bereitstellung von Systemen, Systemdiensten und Informationsressourcen, die in die Systemlandschaften der Nachfrager integriert werden. Die Bildung von Systemleistungsmodulen soll für diese IT-Dienstleistungen zum einen bewirken, dass unterschiedliche Anforderungen der Nachfrager an die Funktionen und die nicht-funktionalen Eigenschaften an technische Komponenten durch die Kombination von Modulen erfüllt werden können anstatt dafür nachfragerspezifische Lösungen zu entwickeln. Mit einer hohen Rate der Wiederverwendung dieser Module sollen vor allem die Kosten und der Zeitbedarf für die Entwicklung neuer Systemlösungen reduziert werden.

Zum Beispiel könnte die Bereitstellung eines Applikationsservers mit garantierter Verfügbarkeit, definiertem Release-Management-Prozess und festgelegten Betriebszeiten ein solches Modul darstellen, auf dem dann kundenspezifisch angepasste Fachkomponenten ausgeführt werden. Zu einem solchen Systemleistungsmodul gehören damit neben den technischen Komponenten auch alle relevanten

Lebenszyklusaktivitäten. Die möglichen Systemleistungsmodule werden im Anschluss einer Schnittstellenprüfung unterzogen, um zu prüfen, ob sowohl technische wie organisatorische Schnittstellen existieren oder gebildet werden können, die eine lose Kopplung des Moduls sicherstellen.

Im nächsten Schritt werden für bisher nicht zugeordnete IT-Systeme und Prozessaktivitäten mit Hilfe der Potenzialanalyse mögliche Prozessleistungsmodule identifiziert. Sie stellen Bausteine für umfassendere Lösungen für Nachfrager dar, durch die spezifische Anforderungen an technische Lösungen und weitergehende Übernahme von IT- und Geschäftsaktivitäten durch den Anbieter umgesetzt werden können. Teilweise ist eine hohe Flexibilität bei der Bereitstellung von Systemlandschaften erforderlich, weil z. B. kundenspezifische Komponenten als externe Faktoren betreut werden oder die genaue Gestaltung erst im Verlauf der Leistungserstellung festgelegt werden kann. In diesem Fall bietet die Ausrichtung der Modulbildung an einer technischen Architektur wenige Vorteile oder ist wegen der Offenheit der technischen Lösung grundsätzlich unmöglich.

Im Anschluss an die Bildung der System- und Prozessleistungsmodule wird die Umsetzung der entworfenen Servicearchitektur durch die Bildung von Sonder- und Integrationsmodulen abgesichert. Sondermodule nehmen Leistungen und deren zugehörige Gestaltungselemente auf, für die aufgrund starker Abhängigkeiten keine system- oder prozessorientierte Modulbildung durchgeführt werden kann. Die Bildung von Integrationsmodulen dient hier nicht der Realisierung weiterer Potenziale der Modularisierung, sondern soll die Auswirkungen der Modularisierung auf die Leistungserstellung reduzieren. Sie bildet gewissermaßen die Stabilschicht für die Integration zwischen den Modulen des Anbieters und den IT- und Geschäftsaktivitäten der Nachfrager. Integrationsmodule stellen entweder zusätzliche Ressourcen für die Koordination der Leistungserstellung bereit (z. B. Mitarbeiter für das Projekt- und Servicemanagement), oder sie bündeln die Interaktion, so dass die Interaktion zwischen Anbieter und Kunden im Wesentlichen über das Servicecenter verläuft.

Im letzten Schritt, der Implementierung, werden die für die Umsetzung der gebildeten Module erforderlichen Informationen ermittelt und die Implementierung angestoßen. Dazu liefert die Methode Informationen über:

- *Modulumfänge*: Im Zuge des Entwurfs sind die zum Modul gehörenden IT-Systeme und Serviceprozessaktivitäten identifiziert und in der Matrix markiert worden. Diese können nun den Modulen zugeordnet werden.
- *Interne Schnittstellen*: Die Dokumentation der Abhängigkeiten und Zuordnungen von IT-Systemen, der Einordnung von Leistungserstellungsaktivitäten in Serviceprozesse, sowie der Zusammenführung von Serviceprozessen in Integrationsfällen zeigt wesentliche Abhängigkeiten zwischen den Elementen auf. Durch die Bestimmung des Modulumfangs können nun die die Modulgrenzen überschreitenden Abhängigkeiten identifiziert und die dafür erforderlichen Schnittstellen dokumentiert werden.

- *Leistungsbeschreibung und Produktumfänge*: Die Zuordnung der Leistungen zu den einzelnen Elementen macht es nun möglich, die Leistungsbeschreibungen der Module abzuleiten. Diese können dann Grundlage für die Ableitung von Service-Level-Agreements für Serviceprodukte und Servicekonfigurationen sein. Ferner werden aus der Leistungssicht die für die Realisierung der Serviceprodukte erforderlichen Module ermittelt, da hier die Verwendung der Module dokumentiert ist.
- *Sichtbarkeitslinie*: Die Beschreibung von Integrationsfällen und die Markierung integrativer Aktivitäten zeigen auf, welche Elemente der Leistungserstellung für Nachfrager sichtbar sind. Für diese sichtbaren Teile der Dienstleistung gelten andere Gestaltungsgrundsätze als für die vor den Nachfragern verborgenen (z. B. bezüglich des Auftretens der Mitarbeiter). Für die Module lassen sich diesbezüglich Gestaltungsanforderungen aus der Matrix ermitteln.
- *Vorgaben für die Detailimplementierung*: Auslöser für die Modulbildung wie „Standardisierung" oder „gemeinsame Ressourcen" formulieren gleichzeitig Anforderungen an die Module. Gerade wenn es sich um geplante Module handelt, sollten diese Anforderungen in den Entwicklungsprozess der Module einfließen.

Durch die Modularisierung wird ein Baukastensystem für IT-Dienstleistungen entwickelt. Die Nutzung eines solchen Baukastens für Neu- und Weiterentwicklung sowie bei der kundenspezifischen Anpassung von Dienstleistungen kann durch entsprechende IT-Werkzeuge unterstützt werden (vgl. den Beitrag von JUNGINGER ET AL. in diesem Band).

Dieses Vorgehen geht über erste betriebswirtschaftliche und ingenieurwissenschaftliche Arbeiten zum Entwurf modularer Servicearchitekturen hinaus, indem drei wesentliche Gestaltungselemente und ihre Abhängigkeiten von IT-Dienstleistungen erfasst werden: die technischen Systeme, die Serviceprozesse sowie die Nachfragerintegration. Ferner erfolgt die Modulbildung stärker als bei ingenieurwissenschaftlichen Ansätzen unter Berücksichtigung betriebswirtschaftlicher Anforderungen (Kontrahierung) und der Nutzenpotenziale der Modulbildung, die sich aus der bisherigen betriebswirtschaftlichen Forschung zu Produkt- und Servicearchitekturen ableiten lassen. Das erlaubt Anbietern von IT-Dienstleistungen, besser als bisher den unterschiedlichen ressourcen- und marktorientierten Herausforderungen des Entwurfs von Servicearchitekturen zu begegnen.

5 Fazit

Modulare Servicearchitekturen eröffnen für das Service Engineering eine Reihe von Potenzialen. Sie bieten Optionen für neue Serviceprodukte und kundenspezifische Konfigurationen auf Grundlage einer gemeinsamen Servicearchitektur. Ferner bieten sie eine Grundlage für eine übersichtliche Strukturierung von Informationen und Aktivitäten im Prozess des Service Engineering. Damit sind modulare Servicearchitekturen gerade für Dienstleistungsanbieter interessant, die sehr unterschiedlichen Anforderungen der Kunden oder schnellen Veränderungszyklen bei ihren Dienstleistungen gegenüber stehen, für eine effiziente Leistungserstellung jedoch intern einen gewissen Grad an Systematisierung und Standardisierung benötigen. Grundlage für diese Potenziale ist die Aufteilung von Dienstleistungen in lose gekoppelte Module, die über eine Servicearchitektur zu Produkten und Konfigurationen integriert werden können. Das setzt die Entwicklung und Durchsetzung sowohl der Aufteilung als auch von standardisierten Schnittstellen zwischen den Modulen voraus.

Auf Grundlage einer Servicearchitektur können Dienstleistungsanbieter dann einen Modulbaukasten aufbauen, dokumentieren und weiter entwickeln, der die Definition von Serviceprodukten für bestimmte Zielgruppen sowie von kundenindividuellen Servicekonfigurationen auf Basis dieser Produkte abdeckt und damit die unterschiedlichen Ebenen des Service Engineering wirkungsvoll unterstützt. Allerdings haben auch die dargestellten Risiken modularer Servicearchitekturen deutlich gemacht, dass sich durch die Modularisierung ebenso die Wettbewerbsbedingungen in Dienstleistungsmärkten verschieben können. Bei der Entscheidung über die Entwicklung modularer Servicearchitekturen müssen daher die Chancen und Risiken für den Dienstleistungsanbieter genau abgewogen werden. Besonders für Anbieter komplexer Unternehmensdienstleistungen, die ihre Dienstleistungen auf stark variierende Kundenanforderungen zuschneiden müssen, sind aber modulare Servicearchitekturen ein wichtiges Konzept für die Ausrichtung des Service Engineering.

Literaturverzeichnis

[1] Parnas, D. L.: On the Criteria To Be Used in Decomposing Systems into Modules, in: Communications of the ACM, 15(1972)12, S. 1053-1058.

[2] Balzert, H.: Lehrbuch der Software-Technik. Software-Management, Software-Qualitätssicherung, Unternehmensmodellierung, Heidelberg et al. 1998.

[3] Schilling, M. A.: Toward a General Modular Systems Theory and Its Application to Interfirm Product Modularity, in: Academy of Management Review, 25(2000)2, S. 312-333.

[4] Baldwin, C. Y.; Clark, K. B.: Design Rules: The Power of Modularity, London 2000.

[5] Burr, W.: Modularisierung, Leistungstiefengestaltung und Systembündelung bei technischen Dienstleistungen: Ansätze zu einer ökonomischen

Fundierung des Service Engineerings in Dienstleistungsunternehmen. Stuttgart 2004.

[6] Sanchez, R.: Strategic Product Creation: Managing New Interactions of Technology, Markets, and Organizations, in: European Management Journal, 14(1996)2, S. 121-138.

[7] Ulrich, K.: The role of product architecture in the manufacturing firm, in: Research Policy, 24(1995)3, S. 419-441.

[8] Simon, H. A.: The architecture of complexity, in: Proceedings of the American Philosophical Society, 106(1962), S. 467-482.

[9] Parnas, D. L.: Information distribution aspects of design methodology, in: Freiman, C. V.; Griffith, J. E.; Rosenfeld, J. L. (Hrsg.): Information Processing 71, North-Holland 1971, S. 339-344.

[10] Burr, W.: Service Engineering bei technischen Dienstleistungen: eine ökonomische Analyse der Modularisierung, Leistungstiefengestaltung und Systembündelung, Wiesbaden 2002.

[11] Krishnan, V.; Ulrich, K. T.: Product Development Decisions: A Review of the Literature, in: Management Science, 47(2001)1, S. 1-21.

[12] Robertson, D.; Ulrich, K.: Planning for product platforms, in: Sloan Management Review, 39(1998)4, S. 19.

[13] Meyer, M. H.; DeTore, A.: Product development for services, in: The Academy of Management Executive, 13(1999)3, S. 64-76.

[14] Böhmann, T.; Krcmar, H.: Werkzeuge für das Wissensmanagement, in: Bellmann, M.; Krcmar, H.; Sommerlatte, T. (Hrsg.): Handbuch Wissensmanagement, Düsseldorf 2002, S. 385-396.

[15] Krcmar, H.: Informationsmanagement, 3. Auflage. Heidelberg 2002.

[16] Sanchez, R.; Mahoney, J. T.: Modularity, flexibility, and knowledge management in product and organization design, in: Strategic Management Journal, 1996(17)Winter Special Issue, S. 63-76.

[17] Ericsson, A.; Erixon, G.: Controlling Design Variants: Modular Product Platforms, Dearborn, MA 1999.

[18] Thomke, S.; Reinertsen, D.: Agile Product Development: Managing Development Flexibility in Uncertain Environments, in: California Management Review, 41(1998)1, S. 8-30.

[19] Sanchez, R.: Modular architectures, knowledge assets and organizational learning: new management processes for product creation, in: International Journal of Technology Management, 19(2000)6, S. 610-629.

[20] Pine, J. I.: Maßgeschneiderte Massenfertigung: Neue Dimensionen im Wettbewerb, Wien 1994.

[21] Piller, F. T.: Mass Customization: Ein wettbewerbsstrategisches Konzept im Informationszeitalter, Wiesbaden 2000.

[22] Rathnow, P. J.: Integriertes Variantenmanagement: Bestimmung, Realisierung und Sicherung der optimalen Produktvielfalt, Göttingen 1993.

[23] Baldwin, C. Y.; Clark, K. B.: Managing in an age of modularity, in: Harvard Business Review, 75(1997)5, S. 84-93.

[24] Henderson, R. M.; Clark, K. B.: Architectural Innovation: The Reconfiguration of Existing Product Technologies and the Failure of Establishes Firms, in: Administrative Science Quarterly, 35(1990), S. 9-30.

[25] Fleming, L.; Sorenson, O.: The Dangers of Modularity, in: Harvard Business Review, 79(2001)8, S. 20.

[26] Böhmann, T.; Krcmar, H.: Modularisierung: Grundlagen und Anwendung bei IT-Dienstleistungen, in: Hermann, T.; Krcmar, H.; Kleinbeck, U. (Hrsg.): Konzepte für das Service Engineering – Modularisierung, Prozessgestaltung und Produktivitätsmanagement, Heidelberg 2005.

[27] Böhmann, T.: Modularisierung von IT-Dienstleistungen: Eine Methode für das Service Engineering, Wiesbaden 2004.

[28] Kleinaltenkamp, M.: Begriffsabgrenzungen und Erscheinungsformen von Dienstleistungen, in: Bruhn, M.; Meffert, H. (Hrsg.): Handbuch Dienstleistungsmanagement, Wiesbaden 2001, S. 27-50.

[29] Meffert, H.; Bruhn, M.: Dienstleistungsmanagement, 3. Auflage, Wiesbaden 2000.

[30] o.V.: The Building Blocks of the Services Industry. o. O. 2004.

[31] Böhmann, T.; Krcmar, H.: Grundlagen und Entwicklungstrends im IT-Servicemanagement, in: HMD - Praxis der Wirtschaftsinformatik, 237(2004), S. 7-21.

[32] Rehäuser, J.: Prozessorientiertes Benchmarking im Informationsmanagement, Wiesbaden 1999.

[33] Hochstein, A.; Hunzinker, A.: Serviceorientierte Referenzmodelle des IT-Managements, in: HMD - Praxis der Wirtschaftsinformatik, 40(2003)232, S. 45-56.

[34] Shostack, G. L.: Designing services that deliver, in: Harvard Business Review, 62(1984)1, S. 133-139.

[35] Kern, T.; Willcocks, L. P.: Exploring information technology outsourcing relationships: theory and practice, in: Journal of Strategic Information Systems, 9(2000)4, S. 321-350.

[36] Burr, W.: Service-Level Agreements: Arten, Funktionen und strategische Bedeutung, in: Bernhard, M. G.; Mann, H.; Lewandowski, W.; Schrey, J.

(Hrsg.): Praxishandbuch Service-Level-Management, Düsseldorf 2003, S. 33-46.

[37] Sturm, R.; Morris, W.; Jander, M.: Foundations of Service Level Management, Indianapolis, IN 2000.

Service Engineering zur Internationalisierung von Dienstleistungen

Anton Meyer
Roland Kantsperger
Christian Blümelhuber
Institut für Marketing, Ludwig-Maximilians-Universität, München

Inhalt

1. Einführung: eine deutsche Perspektive zur Internationalisierung von Dienstleistungen[1]

In den letzten Jahrzehnten hat die Internationalisierung der Geschäftstätigkeit für viele Unternehmen stetig zugenommen. Gerade für deutsche Unternehmen bestimmt sich die eigene Wettbewerbsfähigkeit nicht mehr allein aus der strategischen Positionierung im Heimatmarkt, sondern die globale Perspektive wird für den unternehmerischen Erfolg entscheidend.

Von dieser Tendenz ist nicht nur das produzierende Gewerbe betroffen. Insbesondere Dienstleistungsunternehmen stehen vermehrt in Konkurrenz zu ihren internationalen Wettbewerben. Diese Entwicklungen lassen sich in vielen Branchen beobachten. Unternehmen wie die Deutsche Telekom und die Deutsche Post World Net tätigen große Akquisitionen, um ihre Dienste in Zukunft auch weltweit anbieten zu können. Amerikanische Unternehmen wie McKinsey & Co. und die Boston Consulting Group besitzen schon seit Jahren große Niederlassungen in Deutschland und spielen auf dem hiesigen Markt für Beratungsleistungen eine wichtige Rolle, während das deutsche Unternehmen Roland Berger seine weltweite Präsenz ebenfalls stark ausgebaut hat. Anderen Branchen wie die Luftfahrt oder die Touristik standen im Prinzip schon immer im Wettbewerb zur internationalen Konkurrenz und mussten stets global planen und agieren.

Die Gründe für die Ausweitung der Geschäftsaktivitäten auf weitere Ländermärkte sind vielseitig. Viele Unternehmen versuchen durch eine internationale Ausrichtung Kosten- (z. B. Lohnkosten) und Qualitätsunterschiede zwischen den verschiedenen Ländern für Arbitragemöglichkeiten zu nutzen. So versprechen sich die deutschen Dienstleistungsunternehmen durch die Internationalisierung einerseits Größenvorteile, andererseits zwingt sie die Internationalisierung des Wettbewerbs und der Kunden zur internationalen Ausrichtung der eigenen Geschäftstätigkeit [1]. Die Voraussetzungen für eine zunehmende Internationalisierung sind für die deutsche Dienstleistungswirtschaft positiver denn je [2][3][4][5] [6]:

- Die zunehmende Deregulierung vieler Dienstleistungsmärkte (z. B. Bankenwesen, Versicherungswesen, Transportwesen) und die Harmonisierung des

---

[1] Dieser Artikel basiert in Teilen auf zwei weiteren Veröffentlichungen des Instituts für Marketing im Bereich internationales Dienstleistungsmarketing: Blümelhuber, C.; Kantsperger, R.: Multiplikation und Multiplizierbarkeit von Leistungserstellungssystemen als Basis der Internationalisierung von Dienstleistungen, in: Bruhn, M.; Stauss, B. (Hrsg.): Forum Dienstleistungsmanagement, Wiesbaden 2005, S. 125-148 sowie Kantsperger, R.; Kunz, W. H.; Meyer, A.: Wettbewerbsstrategien internationaler Dienstleistungsunternehmen, in: Gardini, M. A.; Dahlhoff, D. (Hrsg.): Management internationaler Dienstleistungen, Wiesbaden 2004, S. 111-134.

Handelsrechts innerhalb der Binnenmärkte erhöhen die Möglichkeiten zur Internationalisierung.

- Die neuen Informations- und Kommunikationstechnologien erhöhen den globalen Datentransfer und ermöglichen eine Senkung von Transaktionskosten im Rahmen der internationalen Geschäftstätigkeit.
- Leistungsfähigere Verkehrssysteme sowie die Lockerung traditioneller sozialer Beziehungen lassen die Menschen entscheidend mobiler werden.

Nach einer Studie der Weltbank liegt gerade im tertiären Sektor das größte Internationalisierungspotenzial der Zukunft, da dieser Bereich schon seit Jahrzehnten der am stärksten wachsende Sektor der führenden Industrienationen ist [7].

An dieser Stelle gibt es großen Nachholbedarf der deutschen Wirtschaft, will sie auch in Zukunft eine starke Exportnation bleiben. Zwar wächst auch hier der tertiäre Sektor stetig und das Exportvolumen der Bundesrepublik Deutschland ist im internationalen Vergleich stets auf Spitzenplätzen. Der Anteil der Dienstleistungen an diesem Exportvolumen ist aber im Vergleich zu den USA oder dem Weltmarkt stark unterdurchschnittlich [8] (vgl. Abbildung 1). Innerhalb der Europäischen Union liegt Deutschland mit einer Exportquote des tertiären Sektors von 13,9 % an letzter Stelle. Nicht zuletzt deswegen hat sich das Bundesministerium für Forschung und Bildung (BMBF) in letzter Zeit verstärkt dem Export von Dienstleistungen gewidmet und fördert die Forschung auf diesem Gebiet.

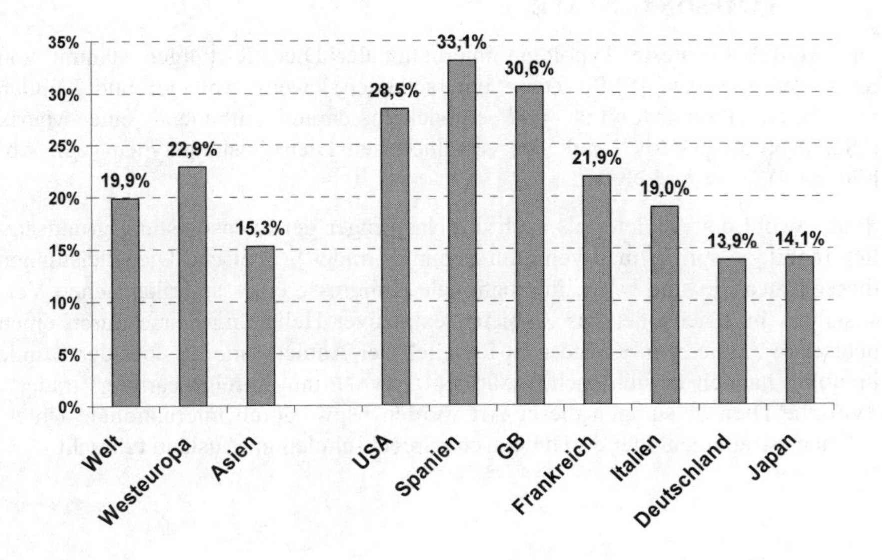

Abbildung 1: Dienstleistungsanteil am Gesamtexport führender Exportländer 2002 [8]

Um auch in Zukunft ihre Bedeutung auf dem Weltmarkt zu bewahren, müssen deutsche Dienstleister ihr internationales Geschäft ausbauen. Zu diesem Zweck ist ein systematisches Service Engineering von entscheidender Bedeutung. Wir werden im Folgenden zunächst einige Grundlagen zur Internationalisierung von Dienstleistung aufzeigen bevor wir uns im Anschluss strategischen und operativen Aspekten des internationalen Service Engineering widmen. Wir vertreten hierbei die Position, dass sich ein internationales Service Engineering – abgesehen von den veränderten Rahmenfaktoren im jeweiligen Auslandsmarkt – grundsätzlich nicht von einem nationalen Service Engineering unterscheidet. Weiter gehen wir davon aus, dass eine bestehende Dienstleistung im Zuge der Internationalisierung in, gleichwohl unter Umständen stark modifizierter Form, neuen Märkten angeboten wird, nicht jedoch, dass eine quasi komplett neue Dienstleistung für Auslandsmärkte entwickelt wird.

2 Grundlagen zur Internationalisierung von Dienstleistungen

2.1 Typologie internationaler Dienstleistungen nach SAMPSON U. SNAPE

Die wohl bekannteste Typologie internationaler Dienstleistungen stammt von SAMPSON U. SNAPE [5][9]. Diese unterscheiden jeweils Anbieter und Kunden hinsichtlich ihrer Mobilität und entwickeln darauf aufbauend eine Matrix („Sampson-Snape-Box") mit vier verschiedenen Dienstleistungstypen (vgl. Abbildung 2).

Sind sowohl der Anbieter als auch die Nachfrager der Dienstleistung grundsätzlich mobil, so spricht man von „third-country trades". Typische Dienstleistungen dieser Kategorie sind bspw. internationale Kongresse eines amerikanischen Veranstalters in Asien oder das Anbieten exklusiver Heliskiing-Kurse durch einen deutschen Anbieter in Kanada. Ist lediglich der Anbieter mobil, aber der Kunde immobil, handelt es sich nach SAMPSON U. SNAPE um „foreign-earnings trades". Typische Dienstleistungen dieser Art werden bspw. durch internationale Unternehmensberatungen oder durch deutsche Sprachschulen im Ausland erbracht.

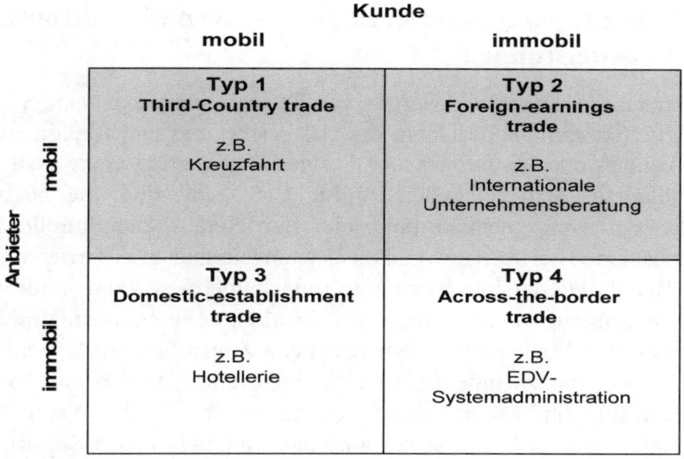

Anbieter \ Kunde	mobil	immobil
mobil	**Typ 1** **Third-Country trade** z.B. Kreuzfahrt	**Typ 2** **Foreign-earnings trade** z.B. Internationale Unternehmensberatung
immobil	**Typ 3** **Domestic-establishment trade** z.B. Hotellerie	**Typ 4** **Across-the-border trade** z.B. EDV-Systemadministration

Abbildung 2: Sampson-Snape-Box internationaler Dienstleistungen [5][9]

Demgegenüber sind bei „domestic-establishment trades" der Anbieter immobil und der Kunde mobil, so dass sich die Mobilitätsgesichtspunkte umkehren und die Dienstleistung folglich im Heimatland des Anbieters in Anspruch genommen werden muss. Beispiele hierfür wären etwa eine Schönheitsoperation in einer Klinik am Bodensee oder das Anbieten einer Führung in einem Museum für ausländische Gäste. Schließlich sind als vierter Typus internationaler Dienstleistungen die sog. „across-the-border trades" zu nennen, bei denen sowohl die Anbieter als auch die Nachfrager immobil sind. Typische Beispiele hierfür wären die weltweiten distance-learning-Konzepte amerikanischer Business Schools oder die Durchführung einer EDV-Systemadministration per Internet.

Wir werden uns im Folgenden auf Dienstleistungen des Typs 1 und Typs 2 fokussieren, da eine Mobilität des Anbieters im Normalfall auch eine Multiplikation sowie eine zumindest partielle Modifikation des Leistungsdesigns und des Leistungserstellungssystems erfordert und sich in der Regel erst hierauf basierend vielfältige Fragestellungen eines internationalen Service Engineering ergeben.

Demgegenüber kann sich auch bei Dienstleistungen des Typs 3 und Typs 4 die Notwendigkeit einer – gleichwohl nationalen – Multiplikation und Modifikation von Leistungspotenzialen ergeben. Beispiele hierfür wären eine erfolgreiche Frisörkette, die weitere Geschäfte eröffnet, oder eine renommierte Tennisschule, die zusätzliche Trainingsstätten aufbaut und im Zeitablauf ihr Leistungsdesign verändert oder ausbaut. Gleichwohl werden wir uns mit derartigen Beispielen und den damit verbundenen Fragestellungen im Fortgang nicht weiter beschäftigen. Diese sind Gegenstand eines nationalen Dienstleistungsmarketing und fallen somit nicht in den Objektbereich eines Service Engineering im Kontext einer Internationalisierung von Dienstleistungen.

2.2 Grundlegende Barrieren einer Internationalisierung von Dienstleistungen

Hinsichtlich einer Internationalisierung von Dienstleistungen ist eine Vielzahl von potenziellen Barrieren zu beachten, die sich nach Land und Region stark unterscheiden können und im Bereich des Service Engineering einer systematischen und gründlichen Analyse bedürfen. Im Einzelnen sind hier ökonomisch-strukturelle Barrieren, rechtlich-politische Barrieren, soziokulturelle Barrieren, ressourcenbasierte Barrieren sowie dienstleistungsimmanente Barrieren zu nennen [10]. Die Bandbreite der Internationalisierungshindernisse kann somit von unterschiedlichen Zahlungsbereitschaften und Marktstrukturen, dem Vorhandensein protektionistischer Maßnahmen, dem fehlenden Zugang zu Markt- und Kooperationspartnern bis hin zu unterschiedlichen kulturellen Werten und Normen reichen. Gleichzeitig sind es auch diese international spezifischen Faktoren, die ein rein nationales Service Engineering von einem internationalen Service Engineering unterscheiden.

Neben den eingangs skizzierten und in der Literatur häufig angesprochenen Faktoren kann auch die Adjunktivität von Dienstleistungen ein unüberwindbares Hindernis der Internationalisierung von Dienstleistungen darstellen. CHMIELEWICZ versteht unter „adjunktiven Gütern" Merkmale, die untrennbar mit einer Unternehmung verbunden sind und mit dieser untergehen [11]. SCHEUCH unterscheidet im Kontext des Dienstleistungsmarketing zwischen personenbezogenen und sachbezogenen Gütern [12]. Ein personenbezogenes adjunktives Gut bezieht sich auf die spezifischen sowie einzigartigen Eigenschaften und Fähigkeiten einer Person. Machen diese einen zentralen oder gar dominierenden Anteil des Nutzens der Leistung aus, so ist unmittelbar einsichtig, dass die Dienstleistung ohne diese Person nicht oder zumindest nicht in vergleichbarer Qualität erstellt werden kann. Klassische Beispiele hierfür sind renommierte Ärzte, berühmte Sänger und Künstler oder bekannte Sportstars. Basiert nun eine Dienstleistung im Wesentlichen auf derartigen personenbezogenen, adjunktiven Gütern, so ist das Leistungserstellungssystem in der versprochenen und erwarteten Qualität nicht multiplizierbar und damit die Dienstleistung zumindest auf diesem Wege nicht internationalisierbar. Dies schließt gleichwohl nicht aus, dass die einzigartigen, persönlichen Fähigkeiten stärker international vermarktet werden. So kann bspw. ein renommierter Chirurg seine Dienste zunehmend weltweit anbieten oder ein bislang national bekannter Sänger auch international auftreten. Spezifische Fragen eines internationalen Service Engineering stellen sich hierbei freilich nicht.

Daneben lässt sich der Aspekt der Adjunktivität auf sachbezogene Güter im Sinne einzigartiger materieller Potenzialfaktoren übertragen. Dominieren diese das Nutzenversprechen der zugrunde liegenden Dienstleistung, erscheint eine Multiplikation des Leistungserstellungssystems als strategische Option erneut ausgeschlossen. So könnte bspw. die Vervielfältigung des erfolgreichen Konzepts eines Urlaubsclubs nicht an der mangelnden Verfügbarkeit qualifizierten Personals, sondern vielmehr am Zugang zu hochwertigen Standorten scheitern, die dem Anspruch des Clubs gerecht werden. Auch hier bleibt wiederum nur die Möglichkeit, die vorhandenen Potenziale effizienter auszuschöpfen. So könnte bspw. der Urlaubsclub versuchen, eine noch zahlungskräftigere Klientel anzusprechen, um hierdurch die Umsatzerlöse an dem einzigartigen und nicht multiplizierbaren Standort zu erhöhen. In Konsequenz ist hierin eine weitere Barriere zur Internationalisierung von Dienstleistungen zu sehen, tief greifende Fragen eines internationalen Service Engineering bleiben allerdings grundsätzlich ausgespart.

3 Service Engineering zur Internationalisierung von Dienstleistungen

Im Folgenden beschäftigen wir uns mit ausgewählten Fragen des Service Engineering zur Internationalisierung von Dienstleistungen. Hierbei unterscheiden wir zwischen grundsätzlichen, strategischen Fragestellungen einerseits sowie konkreten, operativen Fragestellungen andererseits.

3.1 Strategische Fragestellungen des internationalen Service Engineering

Bei strategischen Fragestellungen handelt es sich um grundsätzliche, langfristige und nur unter Schwierigkeiten korrigierbare Festlegungen zur Erreichung unternehmensrelevanter Ziele. Strategien bedürfen einer situationsspezifischen Konkretisierung mittels operativer Maßnahmen [13]. Wir werden im Folgenden vor dem Hintergrund des Service Engineering auf strategische Festlegungen im Verhältnis zu Kunden und Wettbewerbern und somit auf Prädispositionen im klassischen Objekt-Markt-Bereich fokussieren.

3.1.1 Strategische Ausrichtung im Verhältnis zum Kunden

Die grundlegende strategische Entscheidung im Objekt-Markt-Bereich besteht darin, ob die Leistung den Kunden auf den verschiedenen Ländermärkten in differenzierter oder in standardisierter Form angeboten werden soll. Diese Fragestellung hat in Gestalt der sog. Standardisierung-Differenzierungs-Kontroverse einen beträchtlichen Stellenwert im internationalen Marketing [14], wobei allerdings ein deutlicher Schwerpunkt auf der Vermarktung von Konsumgütern lag.

LEVITT als prominentester Verfechter der Standardisierung ging davon aus, dass sich die Bedürfnisse der Kunden aufgrund zunehmender Mobilität, steigender Bildung, globalen Medien sowie ähnlicher Soziodemographika in den großen

Industrienationen weltweit angleichen [15]. Demzufolge empfahl er den international agierenden Unternehmen „...to sell the same things in the same way everywhere.“ [15]. Diese weltweite Standardisierung und eine hiermit einhergehende Zentralisierung von Unternehmensaktivitäten führen nun zu einer überlegenen Kostenposition, die es ermögliche, verbliebene Differenzierungs- und Lokalisierungsvorteile zu durchbrechen. Im Ergebnis begreift LEVITT die Globalisierung und Standardisierung von Leistungen als einen selbstverstärkenden Prozess. Aus der Praxis erhielt LEVITT Unterstützung von OHMAE, dem damaligen Leiter der McKinsey Niederlassung in Tokio sowie von der britischen Werbeagentur Saatchi & Saatchi.

Diese dogmatische Position blieb nicht unwidersprochen. So gingen Anhänger der Produktdifferenzierung von einer Individualisierung von Bedürfnissen, sich verstärkenden Fragmentierungs- und Regionalisierungstendenzen sowie der starken kulturellen Bedingtheit jeglicher Bedürfnisse aus [16]. Dementsprechend prägte KOTLER den Ausspruch „...all business is local...“ [17] und kritisierte, dass die Standardisierungsstrategie nicht nur individuelle Kundenwünsche ignoriere, sondern gleichzeitig profitable Segmente außer Acht lasse.

Im Zuge einer Vermittlung zwischen diesen beiden Positionen versuchte man zunächst zwischen verschiedenen Produktarten und Branchen zu unterscheiden. Während „culture bound“ Produkte eine länderspezifische Differenzierung unabdingbar erscheinen lassen, eignen sich „culture free“ Produkte für eine weltweite Standardisierung [3]. Dementsprechend kann bspw. festgestellt werden, dass der Servicestil und das Geschäftsmodell amerikanischer Fast-Food-Ketten weltweit erfolgreich sind, während Leistungen einer Unternehmensberatung in hohem Maße kulturgebunden sind und einer länderspezifischen Anpassung bedürfen [5].

Daneben hat sich auch die Erkenntnis durchgesetzt, dass Standardisierung und Differenzierung für sich sehr extreme Positionen darstellen und kaum in Reinform auftreten. Strategien, die eine Standardisierung soweit wie möglich und eine Differenzierung soweit wie nötig nahe legen, werden dementsprechend auch als glocale Strategien, opportunistische Strategien oder komplex-globales Marketing bezeichnet [14][18]. Diese Arten von Strategien haben im Konsumgüter- und Investitionsgüterbereich vor allem in Form von Baukastensystemen und Modulbauweisen Anwendung gefunden. Grundgedanke ist hier, die für den Kunden unbedeutenden oder sogar überhaupt nicht wahrnehmbaren Produkteigenschaften zu standardisieren und bezüglich der wesentlichen Merkmale eine Differenzierung durchzuführen. Übertragen auf den Dienstleistungsbereich würde es sich anbieten, Prozesse jenseits der „line of visibility“ zu standardisieren, dagegen für den Kunden sichtbare und differenzierungsrelevante Prozesse individuell zu erbringen.

Neben der Betrachtung auf Länderebene ist es nötig, die Diskussion um eine Standardisierung oder Differenzierung auch auf Zielgruppenebene zu führen. Für viele Leistungen gibt es länder- und kulturübergreifende Segmente, sog. Cross Cultural Target Groups. So werden bspw. von vielen Geschäftsreisenden bis hin zum internationalen Jet-Set standardisierte Dienstleistungen in Form von First-class-Flügen oder dienstleistungsnahe Leistungen von Kreditkartenorganisationen oder Autovermietungen in Anspruch genommen.

Daneben muss man auch zwischen einer Standardisierung oder Differenzierung aus Unternehmenssicht und aus Kundensicht unterscheiden. Während eine weltweite Standardisierung aus Unternehmenssicht mit Größenvorteilen und einer Komplexitätsreduktion einhergeht, sind auch aus Kundensicht mit einer Standardisierung mitunter Vorteile verbunden [19]. So könnte eine weltweit standardisierte Dienstleistung für den Kunden zuverlässiger und berechenbarer erscheinen und somit aus Kundensicht ein höherer Nutzen entstehen. Vor diesem Hintergrund stellt eine standardisierte Dienstleistung nicht nur eine second-best-Lösung, sondern eine interessante strategische Option dar.

Weiter erscheint es notwendig, verschiedene Arten des Zusammenspiels von Standardisierung und Differenzierung zu unterscheiden. So gibt es zum einen Bereiche und Leistungen, bei denen ein grundsätzlicher Differenzierungsbedarf besteht, der nur überwunden werden kann, sofern die Notwendigkeit zur Differenzierung durch entsprechende Standardisierungs- und Kostenvorteile überkompensiert wird. Daneben gibt es auch Dienstleistungen, für die sich die Option Standardisierung oder Differenzierung nicht wirklich stellt, da die erbrachte Leistung, von geringfügigen Differenzierungen abgesehen, per se globaler Natur ist („globally born"). Dies ist im Besonderen der Fall bei Dienstleistungen, die eine gewisse Weitläufigkeit besitzen, wie bspw. die Serviceleistungen einer Kreditkartenorganisation.

Daneben existieren, wie bereits angeklungen, auch Dienstleistungen, bei denen mittels der Standardisierung und undifferenzierten Übertragung der Leistungserstellung ein höherer Kundennutzen generiert wird. Dieses Phänomen lässt sich häufig bei der Übertragung einer stark länder- und kulturgebundenen Dienstleistung beobachten. In Analogie zum klassischen Industriedesign lässt sich von einem „exotischen Design" sprechen. So sind viele Kunden bereit, mehr für einen französischen Friseur, einen italienischen Schneider oder original japanische Heilpraktiken auszugeben, da diese ihre Dienstleistung nicht differenzieren, sondern im Sinne einer überlegenen Kunst zelebrieren. Dementsprechend stehen bei dieser Art von Dienstleistungen nicht Größenvorteile, sondern spezielle Vorteile im Sinne einer kulturellen Arbitrage im Mittelpunkt [20]. Die Zahl an Beispielen für diese Art der Vermarktung von Dienstleistungen erscheint bei genauerem Hinsehen fast unerschöpflich. So erfahren original bayerische Restaurants in den USA. einen regen Zulauf, Touristen auf dem ganzen Erdball genießen die spezifische Atmosphäre und Unterhaltung in den geradezu legendären Hard Rock Cafes und deutsche Touristen bevorzugen bewusst das frankophile oder italophile Flair in den Ferienanlagen des Club Mediterranee oder des Club Valtur.

Neben dem Leistungsprozess und dem Leistungsergebnis ist zu beachten, dass sich die Frage der Standardisierung oder Differenzierung vor allem auch auf die vorgehaltenen Leistungspotenziale bezieht. Besondere Erwähnung verdienen hier die „Geschäftsräume" des Dienstleisters, die sog. Servicescapes. Diese können hinsichtlich ihrer Gestaltung und Einrichtung ebenfalls standardisiert oder kulturspezifisch differenziert werden. So hat bspw. die Hotelkette Hilton, die in Japan unter dem Namen Okura firmierte, ihre Zimmereinrichtung in den 60er Jahren weltweit standardisiert, um ihren Kunden – zu einem beträchtlichen Anteil vielreisende Geschäftsleute – ein globales Gefühl der Heimat und Orientierung zu geben [21]. Später wurde dieses Prinzip aufgegeben und die Gestaltung der Hotels um länder- und kulturspezifische Elemente erweitert. Auch die bereits erwähnte Fast-Food-Kette McDonalds ist dafür bekannt, dass sie ihre Leistungsprozesse zwar weitestgehend standardisiert, ihre Restaurants hinsichtlich der Architektur und Gestaltung jedoch kulturellen Besonderheiten anpasst.

Ergänzend hierzu stellt sich die Frage, mit welchen Maßnahmen sich die Notwendigkeit einer Differenzierung grundsätzlich umgehen oder zumindest mildern lässt. Hierzu bietet sich unter Umständen eine sog. No-Frills Strategie an. Dabei findet eine klare Konzentration auf die Kernleistung, die zu günstigen und fairen Preisen angeboten wird, statt. Hiermit einhergehend erfolgt eine Verschlankung des gesamten Leistungsangebotes, wobei der Fokus auf der Elimination von unnötigem Zierrat und Zusatzleistungen mit fragwürdigem Kundennutzen liegt [22]. Da Zusatz- und Serviceleistungen mit einer erhöhten Interaktionsintensität einhergehen und häufig einer kulturspezifischen Differenzierung bedürfen, könnte mit Hilfe einer No-Frills Strategie das Standardisierungspotenzial internationaler Dienstleistungen erhöht werden. Derartige Strategien werden sehr erfolgreich von europäischen Fluglinien wie Ryanair und Jetblue sowie bereits seit langem äußerst profitabel von der amerikanischen Firma Southwest Airlines angewendet. Die klare Konzentration auf die Kernleistung Flug bei hoher Pünktlichkeit und Sicherheit zu niedrigen Preisen, sowie die Elimination von Zusatzleistungen wie Menüwahl, Reservierungs- und Bonussystemen erhöht noch weiter das Standardisierungspotenzial der Dienstleistung. In diesem Kontext kann das Standardisierungspotenzial von Dienstleistungen auch durch die Übertragung einzelner Leistungsbestandteile auf den Kunden, also durch eine Erhöhung des Aktivitätsgrades des externen Faktors, erhöht werden. Hierdurch kann der Kunde eine Gestaltung einzelner Teilleistungen nach seinen Wünschen vornehmen, so dass ein kulturbedingter Anpassungsbedarf ebenfalls reduziert werden könnte.

3.1.2 Strategische Ausrichtung im Verhältnis zur Konkurrenz

Mit der Gestaltung der Dienstleistung im Verhältnis zum Kunden ist noch nichts über die strategische Ausrichtung zum Wettbewerb ausgesagt. Zurückgehend auf PORTER lässt sich zwischen Kostenführerschaft und Differenzierung als grundlegenden Wettbewerbsstrategien unterscheiden [23]. Unter Bezugnahme auf den Grad der Marktabdeckung ist ferner zwischen einer umfassenden Kostenführerschaft und Differenzierung sowie einem Kostenfokus und einem Differenzierungsfokus bei partieller Marktabdeckung zu unterscheiden.

Die strategische Ausrichtung aus Kundensicht und die Strategie im Verhältnis zum Wettbewerb sind häufig in hohem Maße interdependent. Allerdings greift es gerade im internationalen Kontext zu kurz, eine Standardisierung von Leistungen mit einer Strategie der Kostenführerschaft gleichzusetzen und eine Differenzierung von Leistungen als Differenzierungsstrategie im Verhältnis zur Konkurrenz zu begreifen. So ist es, wie bereits skizziert, häufig möglich, sich durch eine weltweite standardisierte Leistung von der Konkurrenz zu differenzieren und hierdurch ein Preispremium zu erzielen. Gleichzeitig impliziert eine Anpassung der Leistung nicht zwangsläufig eine Differenzierungsstrategie, sofern sich diese auf ein Minimum beschränkt und die Konkurrenten in den jeweiligen Landesmärkten eine noch stärkere kulturspezifische Anpassung ihrer Leistungen verfolgen.

Hinsichtlich der Umsetzung einer Differenzierungsstrategie oder einer Strategie der Kostenführerschaft stehen den Unternehmen prinzipiell dieselben Mittel zur Verfügung, die auch auf nationalen Märkten Anwendung finden. Um sich von der Konkurrenz zu differenzieren, spielen häufig starke Marken, eine herausragende Qualität der Leistungen sowie eine innovative und integrierte Kommunikation eine bedeutende Rolle [24]. So differenziert sich Singapore Airlines von der Konkurrenz nicht nur durch eine moderne Flugzeugflotte und einen besonders individuellen Service, sondern zudem durch die Tatsache, dass die Fluggesellschaft für ihre besonders attraktiven Stewardessen bekannt ist. Für eine erfolgreiche Anwendung der Kostenführerschaft sind dagegen Größeneffekte, effiziente Abläufe und ein straffes Kostenmanagement von besonderer Bedeutung. So realisiert Southwest Airlines eine überlegene Kostenposition, indem man sich auf nur einen Flugzeugtyp beschränkt (Boeing 737), sich auf Kurz- und Mittelstrecken konzentriert, bevorzugt kleinere Flughäfen anfliegt und durch ein effizientes Prozessmanagement die Standzeit der Flugzeuge auf ein Minimum reduziert.

3.2 Operative Fragestellungen des internationalen Service Engineering

Während sich strategische Fragestellungen auf die grundsätzliche Positionierung der Dienstleistung im Produkt-Markt-Bereich beziehen und eine grundsätzliche strategische Stoßrichtung vorgeben, setzen sich operative Fragestellungen des Service Engineering mit der konkreten Gestaltung der Dienstleistung im internationalen Kontext auseinander. Hierbei gilt es im Kern die Dienstleistung zunächst gedanklich in ihre Einzelteile zu zerlegen und dann vor dem Hintergrund der internationalen Anforderungen zu re-konfigurieren. Hierzu zeigen wir zunächst den formal-analytischen Prozess des Design Stripping und Design Dressing auf bevor wir im Anschluss auf ausgewählte Gestaltungsfelder des Service Engineering im Rahmen der internationalen Geschäftstätigkeit eingehen.

3.2.1 Design Stripping and Dressing

Neben der Frage der grundsätzlichen Internationalisierung und ihrer strategischen Stoßrichtung sind in einer verfeinerten Betrachtungsweise verschiedene Facetten des Service Engineering zu analysieren. Die zentrale Basis ist eine genaue Analyse der Ausgangseinheit: Eine Methodik, die zentralen Basis-Elemente einer Dienstleistung zu erkennen, zu entwickeln, zu planen und zu koordinieren ist das sog. Design-Stripping. Dieses vollzieht sich in der Regel über mehrere Stufen, um schließlich zu den „bare essentials“ einer Dienstleistung vorzudringen. Alle nicht essenziellen Designattribute, Prozesse und Potenziale werden eliminiert um somit die Kernattribute der Leistung offen zu legen. Dem schließt sich eine Bewertung dieser Kernattribute an, und zwar hinsichtlich

- ihrer Möglichkeiten der Multiplikation bzw. Internationalisierung in jeweils standardisierter oder differenzierter Form und
- ihrer Bedeutung für die Positionierung der Dienstleistung bzw. Marke („points of parity“ versus „points of difference“).

Dabei ist eine kritische Analyse hinsichtlich der Erfolgswahrscheinlichkeit im Ausland im Zuge der Internationalisierung der Dienstleistung notwendig.

- Zur Möglichkeit der Multiplikation und Internationalisierung: Sind die notwendigen Ressourcen vorhanden bzw. ausbaubar oder erwerbbar? Wie skizziert ist eine Multiplikation schwierig, wenn der Erfolg der Dienstleistung an speziellen, einzigartigen, quasi adjunktiven Potenzialfaktoren ansetzt, wenn Ressourcen auf Faktormärkten nicht beschafft werden können oder wenn es dem Unternehmen nicht gelingt, die dem Wettbewerbsvorteil zugrunde liegenden Ressourcen zu durchschauen.
- Zur Positionierung: Diese Dimension betrifft nun weniger die Ressourcen-, als vielmehr die Marktseite: Ein neuer Markt kann immer auch eine andere Kategorie und damit andere Spielregeln bedeuten. Abgeleitet aus der Branchenstruktur, vor dem Hintergrund spezieller Erwartungen und Schemata von Kunden und Partnern ergeben sich spezielle „points of parity“ [25] eines Markts, die sich unter Umständen deutlich von denen der Ausgangsbedingungen unterscheiden können. Ähnlich ist auch der Fall denkbar, dass in einem neuen Markt die Differenzierungsdimensionen der Ausgangseinheit schon „besetzt“ sind. Dies verlangt nach einer neuen Positionierung und diese wiederum nach neuen Potenzialen.

Die interessantesten Kernelemente eines Dienstleistungs-Designs findet man vor allem in den seltenen, von der Konkurrenz nicht-imitierbaren und nicht-substituierbaren Ressourcen [26][27], die im Laufe eines längeren Zeitraums akkumuliert werden. Über diese Ressourcen lassen sich nachhaltige Wettbewerbsvorteile begründen und überdurchschnittliche Erlöse generieren.

Ist man so zum Kern der Dienstleistung vorgedrungen, und hat man die Kernpotenziale bewertet, beginnt für den Dienstleistungsdesigner die Aufgabe des „Service-(Re-)Dressings“: Die quasi „entkleidete“ Dienstleistung wird wieder bekleidet, und zwar mit eventuell an die Situation bzw. den Markt angepassten Designelementen. Denkbar und notwendig können dabei eine Anpassung an die Servicestile vor Ort, an die Fähigkeiten der verfügbaren Mitarbeiter im Ausland oder an bestimmte „Raum-Stile“ bei der Gestaltung des räumlichen Umfelds oder der Uniformierung der Mitarbeiter sein.

Das Ergebnis eines Design Stripping and Dressing Prozesses sind unterschiedliche, an das jeweilige Gastland angepasste Dienstleistungs-Designs, die allerdings auf einem gemeinsamen Kern basieren, der von allen Partnern geteilt wird. In diesem Kern sind die wesentlichen Ressourcen und der Wettbewerbsvorteil des internationalen Systems als eine Art „Gen-Pool“ oder Plattform angelegt: „Offerings that are managed as platforms can be extended more logically and coherently to ... geographical regions“ [28]. Schließlich ermöglicht eine solche Strategie Dienstleistungen mit höherer Geschwindigkeit, zu niedrigeren Kosten und mit höherer Qualität zu internationalisieren.

3.2.2 Gestaltungsfelder des Service Engineering

Nachdem bislang relativ abstrakt von Dienstleistungsdesigns die Rede war, wollen wir nun die konkrete Dienstleistung etwas näher betrachten und letztlich konkrete Ansatzpunkte einer Multiplikation aufzeigen und diskutieren. Dabei sind die Potenzialfaktoren oder Ressourcen die wesentlichen Elemente. Sie determinieren nicht, was das betreffende Dienstleistungsunternehmen tun will (also den „strategic intent“ zur Internationalisierung), sondern was das Unternehmen tun kann [26]. Damit geben sie vor, ob eine Multiplikation und Internationalisierung überhaupt möglich ist. Sie sind die zentralen Einheiten bzw. Ansatzpunkte jeder Multiplikations- bzw. Internationalisierungsstrategie.

Die Bandbreite möglicher Ressourcen reicht von mehr oder weniger einfachen und weitgehend austauschbaren Inputfaktoren wie der Bestuhlung eines Seminarraumes oder den Bällen einer Tennisschule bis hin zu stark differenzierenden, langfristig aufgebauten und äußerst sensiblen Ressourcen wie bspw. der Reputation eines Unternehmens oder patentierten Marktforschungstools, die nur schwer substituiert und repliziert werden können.

Zum Begriff der Ressource lässt sich in der wissenschaftlichen Auseinandersetzung kein einheitliches Begriffsverständnis finden. Das wohl am häufigsten zitierte und gängigste Begriffsverständnis findet sich bei WERNERFELT. Er definiert eine Ressource als „... anything which could be thought of as a strength or weakness of a given firm. More formally, a firm`s resources at a given time could be defined as those (tangible and intangible) assets which are tied semipermanently to the firm" [29]. Hieran anknüpfend sind in Tabelle 1 zentrale Ressourcenarten aufgeführt. Einige, für die Multiplikation besonders relevant erscheinende Ressourcen werden im Folgenden einer etwas ausführlicheren Betrachtung unterzogen.

Ressourcenart	Beispiele
Fertigkeiten und Fähigkeiten	Leistungsfähigkeit der Mitarbeiter Kultur
Organisationale Ressourcen	Routinen Information
Relationale Ressourcen	Beziehungen zu Kunden und Partnern Marken Reputation
Physische Ressourcen	Ausstattung Gebäude
Juristische Ressourcen	Intellectual property (z. B. Patent, Copyright) Markenzeichen (Branding)
Finanzielle Ressourcen	Interne Fonds (Cash Flow) Externe Fonds (z. B. preiswerte Finanzierungsmöglichkeiten)
Ressourcen des Kunden	Fähigkeiten und Fertigkeiten des externen Faktors Verfügbare Zeit

Tabelle 1: Arten von Ressourcen im Dienstleistungsbereich [26][30][31]

Neben den relativ einfach zu vervielfältigenden physischen Ressourcen oder Designelementen wie z. B. der Ausstattung (physical evidence) oder der Uniform sind es vor allem die Standards und Routinen, das Branding und nicht zuletzt die Reputation, die wesentliche Ansatzpunkte und Elemente einer Internationalisierungsstrategie von Dienstleistungen darstellen:

Routinen können nicht losgelöst von „skills" und „competences", von Fertigkeiten und Fähigkeiten betrachtet und interpretiert werden. Sie entstehen vielmehr aus der Zusammenarbeit und Kombination unterschiedlicher Ressourcen, wodurch ein einzigartiges System entsteht bzw. entstehen kann [32], das auf die Koordination von Handlungen wirkt und in der Tiefenstruktur der Organisation verankert ist. Organisationale Routinen manifestieren sich in beobachtbaren Strukturen und

Prozessen, im Leadership und den administrativen Systemen [33], betreffen die Abstimmung – das sog. Alignment [34] – der zentralen Ressourcen mit der Positionierung bzw. den Marktanforderungen und haben ein Fundament in der Unternehmenskultur sowie im Beziehungsnetzwerk der Mitarbeiter und externen Faktoren.

Routinen sind also eine Art Kodierung zentraler Koordinationsprobleme. Sie dienen der Strukturbildung und der effektiven und effizienten Aufgabenbewältigung. Aus ressourcenorientierter Perspektive beruhen letztlich alle Regelmäßigkeiten bei der Durchführung von Aktivitäten auf Routinen. Somit können sie als Basiskomponente jedes Dienstleistungsunternehmens, jeder Design-Plattform und jedes Wettbewerbsvorteils interpretiert werden.

Angelehnt an COHEN ET AL. können zwei Arten von Routinen bzw. Prozeduren unterschieden werden [35]:

Zum einen Routinen, die zu quasi automatisiert ablaufenden Handlungssequenzen führen und in Situationen anzutreffen sind, die sich häufig in ähnlicher Form wiederholen. Nehmen wir das Einchecken im Hotel oder die Vorbereitung eines Flugzeuges vor dem Start. Diese Sequenzen basieren weitgehend auf Routinen, die im Dienstleistungs-Management in der Regel über Standards den Mitarbeitern vorgeschrieben werden. Solche Standards geben den Mitarbeitern klare Handlungsanweisungen für ein bestimmtes Spektrum an Situationen.

Zum anderen die sog. „Daumenregeln", die wir als Routinen mit einer eher losen Kopplung an bestimmte Verhaltensweisen kennzeichnen können [36]. Hier werden eher allgemein gehaltene Verhaltensweisen für ein relativ breites Spektrum an Situationen vorgegeben.

Es ist nun für das Service Engineering eine Aufgabe höchster Priorität, die für Erfolg und Wettbewerbsvorteil zentralen Routinen zu identifizieren, zu bewerten, sie evtl. anzupassen und letztlich die Mitarbeiter im Zielland bezüglich der wesentlichen Routinen und Standards zu schulen.

Das *Branding* – also Produkte zu kennzeichnen – um sie damit ihrer Anonymität zu entheben ist Jahrhunderte alt: Ziegelsteine wurden mit Symbolen versehen, Urkunden wurden gesiegelt und Meister-Markierungen galten als Nachweise der Verantwortung für die ordnungsgemäße Ausführung bei arbeitsteiliger Spezialisierung. Nun waren – zumindest persönlich erbrachte – Dienstleistungen nie anonym. Schließlich sind Dienstleistungen durch den direkten Kontakt zwischen internen und externen Faktoren geprägt. Trotzdem ist das Branding auch im Dienstleistungskontext zunehmend populär. Im Mittelpunkt steht neben den sog. „Herkunfts"informationen oder Identifikationsleistungen vor allem auch die Vermittlung von Zusatzinformationen, die in den Markenzeichen „abgespeichert" sind und über diese abgerufen werden. Damit wird eine Dienstleistung nicht nur identifizierbar, sondern auch, und dies scheint weitaus bedeutender, aus der bloßen Funktion herausgehoben und mit („Charakter"-)Eigenschaften wie z. B. Sympathie oder Sicherheit aufgewertet. Diese Eigenschaften, die man im Markenmanagement als „Assoziationen“ bezeichnet [37], sind entscheidend, wenn es um die Stärke einer Marke und damit um die Wahl eines Angebots geht.

Zentrale Aufgabe des Branding ist es, eine Verbindung zwischen einer Leistung – bzw. einem Dienstleistungserlebnis – und eben diesen Zusatzeigenschaften herzustellen. Mit der Identifikation der Marke sollen bestimmte Eigenschaften abgerufen werden, die den Wert des Angebots erhöhen und zu einer Identifikation mit der Marke führen. Neben der Bekanntheit der Marke sind es die Stärke (mit welcher Wahrscheinlichkeit werden die Assoziationen in Entscheidungssituationen abgerufen?), die Vorteilhaftigkeit (Bedeutung der Assoziation für die Kaufentscheidung) und die Einzigartigkeit (in welchem Maße müssen Assoziationen mit der Konkurrenz geteilt werden? Oder können sie vielleicht exklusiv besetzt werden?) dieser Assoziationen, die – folgt man dem berühmten Modell KELLERS [25] – das Markenimage prägen und Markenstärke und Markenwerte treiben.

Markenzeichen und starke Marken sind Versprechen an den Kunden und damit auch eine Verpflichtung für den Anbieter und den Mitarbeiter vor Ort, da die Konsumenten auf die Einlösung der damit verbundenen Erwartungen vertrauen. Deswegen ist eine Internationalisierung der Markenzeichen zwar technisch einfach zu bewerkstelligen. Erfolg entscheidend ist aber, dass das quasi „hinter“ dem Branding stehende Reproduktionsprogramm, also die Standards und Routinen der Marke, auch tatsächlich erfüllt und damit erlebt werden. Eine so verstandene und umgesetzte Marke ist dann eine der wesentlichsten (Marketing-)Ressourcen eines Unternehmens [27].

Eine zentrale Ressource höherer Ordnung ist die *Reputation* [38], die vor allem aus relationaler Perspektive, also aus der Beziehung zwischen Dienstleister und Kunde erklärt werden kann. Im Gegensatz zu Standards und Routinen oder dem Markenzeichen kann die Reputation nicht einfach reproduziert werden. Die Ressource Reputation wird vielmehr geteilt, man stellt sie der neuen Einheit, die ihrerseits an der Produktion – im Sinne einer „joint production“ bzw. Teamproduktion – aktiv beteiligt ist, zur Verfügung. Dies ist ein kritischer Akt. Denn die langfristig aufgebaute Reputation kann – wenn bspw. zentrale Routinen nicht eingehalten werden können – kurzfristig vernichtet werden. Diese Reputationsverluste erschweren eine Wiedererlangung der ursprünglich erreichten Reputation. Die Auswahl der Partner ist also, wie angesprochen, vor allem bei einer Internationalisierung in Form einer partnerschaftlichen Strategie, deren zentraler Wettbewerbsvorteil die Reputation ist, eine Aufgabe von höchster Bedeutung.

Auch wenn eine breit getragene Definition und Operationalisierung der Ressource Reputation noch aussteht, so gilt: „there is a general agreement that it [Reputation, d. Verf.] is important“ [39]. Reputation ist – und darüber ist man sich in der Literatur weitgehend einig – das Resultat einer effektiven Marken- bzw. Imagepolitik, eine potenzielle Markteintrittsbarriere und ein zentraler Wert eines Unternehmens [40], der aus dem Zusammenspiel unterschiedlicher Ressourcen entsteht. Reputation stärkt das Vertrauen in ein Unternehmen, schafft – via Bindung bzw. Loyalität – höhere (Wieder-)Kaufraten, höhere Preisprämien und einen idiosynkratischen Kredit.

Versteht man Reputation als zweidimensionales Konstrukt aus Sympathie und Kompetenz [41], so wird deutlich, dass der Aufbau der Reputation nicht nur durch klassische Werbung aus einer Dienstleistungszentrale heraus, sondern vor allem durch die Erfahrungen des Kunden mit dem Anbieter (customer experience) vor Ort geprägt wird. Dies macht deutlich, wie sensibel diese Ressource ist und wie pfleglich sie daher zu behandeln ist.

4 Zusammenfassung und Ausblick

Wir haben in unserem Beitrag deutlich gemacht, dass ein Service Engineering im internationalen Kontext gerade für deutsche Unternehmen eine besondere Notwendigkeit und Herausforderung darstellt. Es wurde gezeigt, dass sich grundsätzliche Herausforderungen eines internationalen Service Engineering vor allem dann ergeben, sofern eine Dienstleistung im Zuge der Internationalisierung auf bislang noch nicht bearbeiteten Auslandsmärkten angeboten wird. Hierbei sind verschiedene grundsätzliche Barrieren zu beachten, die eine Internationalisierung der Dienstleistung verhindern oder zumindest beträchtlich erschweren können.

Hierauf basierend unterscheiden wir strategische und operative Aspekte des internationalen Service Engineering und Service Design. Während strategische Fragestellungen primär grundsätzliche Festlegungen im Produkt-Markt-Bereich betreffen, adressieren operative Fragestellungen die analytische Durchdringung und letztlich (Re-)Konfiguration der Dienstleistung auf verschiedenen Ebenen. Vor dem Hintergrund der ungebrochenen Internationalisierungstendenzen der Wirtschaft steht zu erwarten, dass dieses Thema gerade auch in Zukunft wachsendes Interesse in Wissenschaft und Praxis auf sich ziehen wird.

Literaturverzeichnis

[1] Köhler, L.: Die Internationalisierung produzentenorientierter Dienstleistungsunternehmen, Hamburg 1991.

[2] Bea, F. X.: Globalisierung, in: WiSt, 26(1997)8, S. 419-421.

[3] Müller, S.; Kornmeier, M.: Strategisches Internationales Management, München 2002.

[4] Porter, M. E.: Nationale Wettbewerbsvorteile – Erfolgreich konkurrieren auf dem Weltmarkt, München 1991.

[5] Stauss, B.: Internationales Dienstleistungsmarketing, in: Herrmanns, A.; Wissmeier, U. K. (Hrsg.): Internationales Marketing Management, München 1995, S. 437-474.

[6] Hübner, C.: Internationalisierung von Dienstleistungsangeboten, München 1996.

[7] Weltbank: Global Economic Prospects and the Developing Countries, Washington, D.C. 1995.

[8] WTO: World Trade Developments in 2002 and Prospects for 2003, New York 2003.

[9] Sampson, G. P.; Snape, R. H.: Identifying the issues in Trade in Services, in: The World Economy, 8(1985)8, S. 24-31.

[10] Kantsperger, R.; Kunz, W. H.; Meyer, A.: Wettbewerbsstrategien internationaler Dienstleistungsunternehmen, in: Gardini, M. A.; Dahlhoff, D. (Hrsg.): Management internationaler Dienstleistungen, Wiesbaden 2004, S. 111-134.

[11] Chmielewicz, K.: Wirtschaftsgut und Rechnungswesen, in: Zeitschrift für betriebswirtschaftliche Forschung, 21(1969)2/3, S. 85-122.

[12] Scheuch, F.: Dienstleistungsmarketing, München 1982.

[13] Becker, J.: Marketing-Konzeption, 7. Auflage, München 2002.

[14] Meffert, H.: Marketing im Spannungsfeld von weltweitem Wettbewerb und nationalen Bedürfnissen, in: Zeitschrift für Betriebswirtschaft, 56(1986)8, S. 689-712.

[15] Levitt, T.: The globalization of markets, in: Harvard Business Review, 61(1983)05/06, S. 92-102.

[16] Naisbitt, J.; Aburdene, D.: Megatrends, 2. Auflage, Düsseldorf 1990.

[17] Kotler, P.; Bliemel, F.: Marketing-Management, 7. Auflage, Stuttgart 1992.

[18] Meffert, H.; Bolz, J.: Internationales Marketing Management, 3. Auflage, Stuttgart et al. 1998.

[19] Ringlstetter, M.; Skrobarczyk, P.: Die Entwicklung internationaler Strategien, in: Zeitschrift für Betriebswirtschaft, 64(1994), S. 333-357.

[20] Ghemawat, P.: The Forgotten Strategy, in: Harvard Business Review, (2003)11, S. 76-84.

[21] Blümelhuber, C.: Dienstleistungs-Design: Über die Szenerie der Dienstleistung: Aufgaben, Wahrnehmungs- und Gestaltungsaspekte von "Ge-

schäftsräumen", in: Meyer, A. (Hrsg.): Handbuch Dienstleistungs-Marketing, Band 2, Stuttgart et al. 1998, S. 1194-1218.

[22] Meyer, A.; Blümelhuber, C.: "No Frills" – oder wenn auch für Dienstleister gilt: "Less is more", in: Meyer, A. (Hrsg.): Handbuch Dienstleistungs-Marketing, Band 1, Stuttgart et al. 1998, S. 736-750.

[23] Porter, M. E.: Wettbewerbsstrategie, Frankfurt a. M. 1983.

[24] Homburg, C.; Fassnacht, M.: Wettbewerbsstrategien von Dienstleistungs-Anbietern, in: Meyer, A. (Hrsg.): Handbuch Dienstleistungs-Marketing, Band 1, Stuttgart et al. 1998, S. 527-541.

[25] Keller, K. L.: Strategic Brand Management. Building, Measuring, and Managing Brand Equity, Upper Saddle River 2003.

[26] Collis, D.; Montgomery, C.: Creating Corporate Advantage, in: Harvard Business Review, 76(1998)3, S. 71-83.

[27] Capron, L.; Hulland, J.: Redeployment of Brands, Sales Forces, and General Marketing Management Expertise Following Horizontal Acquisitions: A Resource-Based View, in: Journal of Marketing, 63(1999)2, S. 41-54.

[28] Swahney, M.: Leveraged High-Variety Strategies: From Portfolio Thinking to Platform Thinking, in: Journal of the Academy of Marketing Science, 26(1998)1, S. 54-61.

[29] Wernerfelt, B.: A Resource-based View of the Firm, in: Strategic Management Journal, 5(1984), S. 171-180.

[30] Grönroos, C.: Value-driven Relational Marketing: from Products to Resources and Competencies, in: Journal of Marketing Management, 13(1997)5, S. 407-419.

[31] Hall, R.: The Strategic Analysis of Intengible Ressources, in: Strategic Management Journal, 13(1992)1, S. 135-144.

[32] Collis, D.: How Valuable are Organizational Capabilities?, in: Strategic Management Journal, 15(1994)2, S. 143-152.

[33] Lovas, B.; Ghoshal, S.: Strategy as Guided Evolution, in: Strategic Management Journal, 21(2000), S. 875-896.

[34] Fuchs, P. et al.: Strategic Integration: Competing in the Age of Capabilities, in: California Management Journal, 42(2000)3, S. 118-147.

[35] Cohen, M.; Bacdayan, P.: Organizational Routines are Stored as Procedural Memory: Evidence from a Laboratory Study, in: Organizational Science, 5(1994)4, S. 554-568.

[36] Burmann, C.: Strategische Flexibilität und Strategiewechsel als Determinante des Unternehmenswertes, Wiesbaden 2002.

[37] Aaker, D. A.: Building Strong Brands, New York et al. 1996.

[38] Hunt, S.; Morgan, R. M.: The Comparative Advantage Theory of Competition, in: Journal of Marketing, 59(1995)4, S. 1-15.

[39] Sobol, M. et al.: Shaping Corporate Image, Oxford 1992.

[40] Roberts, P.; Dowling, G.: Corporate Reputation and Sustained Superior Financial Performance, in: Strategic Management Journal, 23(2002)7, S. 1077-1093.

[41] Schwaiger, M.: Components and Parameters of Corporate Reputation – an Empirical Study, in: Schmalenbach Business Review, 56(2004)1, S. 46-71.

Anwendungspotenziale ingenieurwissenschaftlicher Methoden für das Service Engineering

Walter Eversheim
Volker Liestmann
Katrin Winkelmann
Forschungsinstitut für Rationalisierung (FIR), RWTH Aachen

Inhalt

1 Notwendigkeit zur Systematik in der Entwicklung

Viele Dienstleistungsunternehmen haben große Probleme bei der systematischen Gestaltung ihres Dienstleistungsportfolios [1]. Dies gilt sowohl für „reine Dienstleister", wie z. B. Banken, Versicherungen oder Airlines, als auch für produzierende Unternehmen, die ein sachgutbegleitendes Dienstleistungsgeschäft betreiben. Beispiele für diese Unternehmen sind Maschinen- und Anlagenbauer oder Automobilhersteller.

So wird z. B. häufig ein zu breites, mit der Zeit gewachsenes Spektrum unterschiedlicher Leistungen angeboten, so dass sich die damit verbundene Komplexität negativ auf die Qualität des Angebots und die internen Kostenstrukturen auswirkt. Ein weiteres Problem in diesem Zusammenhang stellen unzureichend durchdachte Dienstleistungskonzepte dar, die in der Praxis zu einer ineffizienten Dienstleistungserbringung führen. Insbesondere im direkten Kundenkontakt wird dies auch als niedere Qualität wahrgenommen. Zudem kommt es vor, dass Dienstleistungen zu wenig die Bedürfnisse des Markts treffen und deshalb nur geringen Kundennutzen erzeugen. Die Reihe der Problemfelder ließe sich beliebig fortsetzen.

Daher dürfen Dienstleistungen nicht länger auf Basis einer schlechten Planung und Entwicklung hervorgehen. So ist der gesamte Prozess vom Kanalisieren von innovativen Dienstleistungsideen bis hin zum eigentlichen Absatz von Dienstleistungen in einer systematischen, methodenunterstützten Vorgehensweise abzubilden und im Unternehmen zu verankern, um eine hohe Effektivität und Effizienz im Dienstleistungsgeschäft zu erreichen.

Unter dem Begriff des Service Engineering oder Service Development beginnen sich auch im Dienstleistungsbereich systematische Entwicklungsansätze durchzusetzen [2][3][4][5][6][7][8]. Die dort vorhandenen Modelle setzen wie die aus der Sachgut- und Softwareentwicklung an der Erkenntnis an, dass Kreativität ohne Systematik in einer chaotischen Vorgehensweise endet. Daher wird der kreative Akt der Ideenfindung in „geordnete Bahnen" gelenkt, so dass die Entwicklung neuer Dienstleistungen sukzessive, zielgerichtet und nachvollziehbar erfolgt. Die Intention dabei ist nicht, den Entwicklungsprozess in einem starren, algorithmusähnlichen Prozess abzubilden. Denn Systematik ohne Kreativität ist starr und damit innovationshemmend. Vielmehr wird der Ansatz verfolgt, eine geeignete Balance zwischen Kreativität und Systematik herzustellen, um Innovationen zu fördern und Dienstleistungen erfolgreich vor dem Hintergrund von Qualitäts-, Zeit- und Kostenzielen zu entwickeln.

Entsprechende ingenieurwissenschaftliche Methoden und Werkzeuge sind aus den Bereichen Konstruktionssystematik [9][10][11] und Software Engineerings [12] bekannt und werden seit Jahren erfolgreich eingesetzt. Die Vermutung liegt daher nahe, dass die Anwendung dieser Methoden im Dienstleistungsbereich ebenfalls erhebliche Potenziale birgt. Wegen der Unterschiede zur Sachgutentwicklung sind die dort verwendeten Methoden allerdings nicht direkt übertragbar. Sie müssen daher auf die speziellen Belange der Dienstleistungsentwicklung zumindest angepasst bzw. an mancher Stelle durch andere Methoden ersetzt und ergänzt werden. Der generelle Ansatz, nämlich den Prozess der Entwicklung von der Idee bis zur innovativen Leistung durch geeignete Vorgehensweisen und Methoden zu unterstützen, ist jedoch in den Grundzügen gleich. Das Zurückgreifen auf Bekanntes und Bewährtes aus dem Bereich der Produktentwicklung erhöht dabei die Akzeptanz und erleichtert die Umsetzung.

Die Grundvoraussetzung zur Anwendung ingenieurwissenschaftlicher Methoden ist daher die Betrachtung von Dienstleistungen als System. Der Begriff „System" wird in der Regel definiert als Menge von Elementen (Dingen, Objekten, Sachen, Komponenten, Teilen, Bausteinen) mit Eigenschaften, die durch Beziehungen untereinander verknüpft sind [13][14][15]. Jedes System ist in der Regel Bestandteil eines übergeordneten Systems, kann aber auch in praktisch beliebig viele untergeordnete Systeme unterteilt werden. Für Dienstleistungen ist dies beispielhaft im Beitrag „Modellbasiertes Dienstleistungsmanagement" (vgl. S. 19) unter Anwendung des ARIS-Modellierungsrahmens für die dort vorgesehenen Sichten dargestellt.

2 Phasen des Service Engineering als Rahmen für den Methodeneinsatz

Das Service Engineering lässt sich grob in die Dienstleistungsplanung, die Dienstleistungskonzeption und die Umsetzungsplanung untergliedern [3][4][16]. Diese Phasen stellen den Rahmen dar, in dem die verschiedensten Hilfsmittel und Methoden zum Einsatz kommen.

Im Rahmen der Dienstleistungsplanung werden Ideen für Dienstleistungen formuliert und anschließend für die detaillierte Entwicklung (Konzeption) ausgewählt [4][17].

Die Dienstleistung wird in der Dienstleistungskonzeption soweit definiert, dass in ausreichender Genauigkeit ersichtlich wird, wie das Dienstleistungsgeschäft zukünftig abgewickelt werden soll. Ergebnis ist ein entsprechend detailliertes und umfassendes Dienstleistungskonzept. Dabei ist es sinnvoll, zunächst den Kern einer Dienstleistung im Rahmen eines Leistungskonzepts, losgelöst von sekundären oder übergeordneten Leistungsbestandteilen, zu konzipieren. Ein solches Leistungskonzept umfasst alle Aspekte der direkten Leistungserbringung und dient als Basis für die weitere Entwicklung der Dienstleistung aus der Perspektive anderer Bereiche wie dem Marketing, Vertrieb und Management der Dienstleistung. Eine solche Unterscheidung von Perspektiven bedeutet jedoch nicht, dass die Konzepte getrennt voneinander entwickelt werden sollen. Vielmehr wird eine überlappende Entwicklung im Sinne des „Concurrent Engineering" angestrebt [4].

Die abschließende Umsetzungsplanung hilft die mit der Umsetzung verbundenen Risiken zu reduzieren und legt die Zielvorgaben für die Einführung der neu entwickelten Dienstleistung fest. Das Service Engineering unterstützt darüber hinaus die Wiederverwendung bereits existierender Ergebnisse aus abgeschlossenen Entwicklungsvorhaben [4].

Vor dem Hintergrund unterschiedlicher Detaillierungs- und Konkretisierungsgrade ist es offensichtlich, dass in den verschiedenen Phasen des Service Engineering unterschiedliche Methoden sinnvoll zum Einsatz kommen. Während in den frühen Phasen vor allem Methoden zur Unterstützung von Innovationsprozessen notwendig sind, bedarf es zu späteren Phasen im Service Engineering eher Methoden, die zur Ausgestaltung der operativen Prozesse hilfreich sind.

3 Einsatz typischer ingenieurwissenschaftlicher Methoden im Service Engineering

Im Folgenden wird anhand verschiedener Methoden entlang der unterschiedlichen Entwicklungsphasen das Potenzial ingenieurwissenschaftlicher Methoden im Service Engineering aufgezeigt. Der Bezug zu den Ingenieurwissenschaften ist vor allem dadurch gegeben, dass die Methoden ursprünglich zur zielgerichteten sowie systembezogenen theoretischen Bearbeitung technischer Probleme entwickelt wurden und darüber hinaus eine breite praktische Anwendung finden.

Natürlich kann hier nur ein Ausschnitt der angewandten Methoden im Service Engineering gezeigt werden. Abgesehen von einer Vielzahl weiterer Methoden, die hier nicht aufgeführt werden, sind die Möglichkeiten zur Anwendung von Methoden aus dem Ingenieursbereich auf die Dienstleistungsentwicklung in Wissenschaft und Praxis noch lange nicht ausgeschöpft.

3.1 Morphologischer Kasten

Die Phase der Dienstleistungsplanung beginnt mit einer systematischen Ideenfindung. Der Ausdruck „systematisches Finden" bringt hier den Bogen zwischen Systematik und Kreativität erneut zum Ausdruck. Das Finden einer Idee kann lediglich durch systematisches Suchen gezielt unterstützt, jedoch nicht selbst systematisiert werden. Hier ist immer ein kreativer und daher nicht steuerbarer Einfall erforderlich, der z. B. im Rahmen eines Einsatzes von Kreativitätstechniken hervorgebracht werden kann. In diesem Sinne ist auch der Ausdruck „systematische Ideenfindung" zu verstehen. Auf Grund der Komplexität einer frühen

Dienstleistungsdefinition ist ein Hilfsmittel erforderlich, welches die Fülle der Informationen strukturiert und visualisiert.

Dazu kann der Morphologische Kasten genutzt werden, der einen bewährten Ansatz im Ingenieurwesen zur Beschreibung und Auswahl technischer Problemlösungen darstellt und insbesondere im Rahmen der Konstruktionssystematik für das Suchen nach Wirkprinzipien und Prinziplösungen proklamiert wird [10][11][12] [18].

Die Ideensuche erfolgt mit dem Morphologischen Kasten nicht nach einem Zufallsprinzip wie bei den intuitiven Kreativitätstechniken (Brainstorming, Methode 635, Synektik, etc.), sondern indem die Intuition durch eine systematische Kreativitätsmethodik angeregt und unterstützt wird. Entsprechend lässt sich der Morphologische Kasten den systematisch-analytischen Methoden zuordnen.

Das Prinzip des Morphologischen Kastens ist es, einen komplexen Sachverhalt zunächst in seine Teilaspekte über Parameter zu zerlegen, für diese Teilaspekte jeweils Gestaltvariationen von Einzelelementen zu sammeln und schließlich durch systematische Kombination der Einzelelemente zu neuen Ganzheiten, also zu Lösungsvarianten für das gesamte Problem zu gelangen. Dadurch ist man mit Hilfe dieser Methode dazu in der Lage, potenziell alle Lösungsmöglichkeiten für ein Problem aufzuzeigen und sie gleichzeitig übersichtlich gegliedert darzustellen [19][20].

Bei der Bestimmung der Parameter ist darauf zu achten, dass die Kombinierbarkeit sichergestellt wird, indem sie logisch voneinander unabhängig gewählt werden, d. h. sie dürfen sich nicht gegenseitig bedingen. Darüber hinaus sollten die Parameter allgemeingültig sein und eine hohe konzeptionelle Relevanz aufweisen, so dass der Morphologische Kasten nicht zu komplex wird.

Bei der Anwendung eines Morphologischen Kastens werden die Parameter in der Vorspalte einer Tabelle angeordnet und deren unterschiedliche Ausprägungen rechts daneben aufgelistet (Abbildung1). Für die Bestimmung der Kombinationsmöglichkeiten wird jeweils eine Ausprägung eines Parameters mit je einer Ausprägung der anderen Parameter durch eine Linie verbunden. Jede Kombination je einer Ausprägung der verschiedenen Parameter entspricht also einer Lösungsvariante. Bei reiner Beachtung der Kombinatorik ergibt sich schon bei relativ wenig Parametern und Parameterausprägungen eine sehr große Anzahl theoretisch möglicher Lösungsvarianten. Es bedarf entsprechend eines Auswahlprozesses, der sinnvoller Weise im Rahmen einer iterativen Anwendung des Morphologischen Kastens erfolgt.

Teleservice-Dienstleistung

Parameter	Parameterausprägung			
Software-Wartung	Modem-/ISDN-Einwahl in Wartungsintervallen		Zustandsabhängige Modem-/ ISDN-Einwahl	
Hardware-Wartung	Unterstützung in Wartungsintervallen		Zustandsabhängige Unterstützung	
Hardware-Inspektion	Maschinen-daten	Audiodaten	Bild- und Audiodaten	Film- und Audiodaten
Erreichbarkeit	werktags: 8 - 17 Uhr	werktags: 6 - 24 Uhr		365-Tage/ 24 Stunden
Unterstützungs-sprache	Deutsch	Deutsch & Englisch		Deutsch, Englisch & Spanisch
Schulungsmittel	Videomaterial	CBT		Internet Schulungseinheit

Abbildung 1: Der Morphologische Kasten

Die wesentlichen Vorteile des Morphologischen Kastens liegen in seiner universellen Anwendbarkeit auf verschiedenste Problemtypen und in seiner einfachen Anwendung. Als Nachteile dieser Methode können das erforderliche umfangreiche Fachwissen zum Problem sowie der große Zeitaufwand angesehen werden. Weiterhin ist das Zerlegen des Gesamtproblems in Teilprobleme nicht immer einfach.

Insgesamt kann festgestellt werden, dass keine besonderen Anpassungen notwendig sind, um die Anwendung der Methode aus der Sachgutentwicklung auf die Entwicklung von Dienstleistungen zu übertragen. Der Morphologische Kasten kann bei der Dienstleistungsentwicklung auf allen Detaillierungs-(Gesamtleistung bis Einzelprozess) und Konkretisierungsebenen (erste bis n-te Iteration) angewendet werden. Auf der Gesamtleistungsebene sind dabei insbesondere die Art der Vertriebswege, der Grad der Herstellerbindung, der Eigen-/Fremderbringungsanteil sowie der organisatorische Rahmen zu berücksichtigen.

3.2 Quality Function Deployment (QFD)

In den späteren Phasen des Service Engineering kann zur systematischen Konzeption und Optimierung von Dienstleistungen eine aus der Sachgüterproduktion bewährte Technik eingesetzt werden, mit der sich die Kundenanforderungen in mehreren Stufen in konkrete Zielgrößen für die Dienstleistung übersetzen lassen: das Quality Function Deployment (QFD).

Die QFD-Methode beruht auf der Philosophie, dass in allen Stadien der Produktentstehung den Anforderungen der Kunden an ein Produkt ein höherer Stellenwert beizumessen ist, als den Realisierungsvorstellungen der Entwicklungsingenieure [21]. Ausgehend von diesen Kundenanforderungen werden mittels des QFD im Sachgutbereich in mehreren Stufen Anforderungen an das Produkt, Produktteile, Produktionsprozesse bis hin zu Prüfverfahren abgeleitet und mit technischen Spezifikationen versehen. Im Dienstleistungsbereich ist die Anzahl der QFD-Planungsstufen abhängig von der Komplexität der Dienstleistung und dem erforderlichen Detaillierungsgrad der Lösung. Eine mögliche Vorgehensweise wäre zum Beispiel, dass zunächst die Ergebnisse, dann die Prozesse und schließlich die zugrunde liegenden Potenziale eines Dienstleistungsangebots grob (auf der obersten Ebene) konzipiert werden und in weiteren Iterationen sukzessive eine Top-Down-Detaillierung erfolgt [4][22][23].

Die instrumentelle Basis für den Konzeptionsprozess stellen Matrizen dar, in denen die Zusammenhänge zwischen Anforderungen und Spezifikationen an ein Konzept analysiert und visualisiert werden. Häufig reduziert sich jedoch der QFD-Ansatz nur auf eine Matrix, das House of Quality [24][25]. Das House of Quality enthält in der Regel acht Felder, deren Nummerierung der Reihenfolge bei der Benutzung entspricht (Abbildung 2).

Feld 1 enthält Kundenanforderungen an die Dienstleistung in subjektiver Form, die gemäß ihrer Bedeutung für den Kunden qualitativ gewichtet werden. Ein Beispiel könnte lauten: „Ich will, dass die Instandhaltung schnelle Hilfe bei Problemen leistet". Was unter „schnell" zu verstehen ist, ist noch offen für Interpretationen und stellt daher noch keine objektiv messbare Spezifikation dar.

Derartige Spezifikationen werden in Feld 2 aufgenommen und drücken z. B. das Dienstleistungsergebnis, den Dienstleistungsprozess oder die Dienstleistungspotenziale aus Sicht des Entwicklungsteams in möglichst quantifizierbaren Einheiten aus. Im Falle der Instandhaltung wären "Reaktionszeit" oder „Durchführungszeit" objektive Beschreibungsmerkmale des Dienstleistungsergebnisses. Bei Dienstleistungen ist dieser Schritt etwas schwieriger durchzuführen als bei der Entwicklung von Sachgütern, da hier grundsätzlich seltener quantifizierbare oder gar physikalische Eigenschaften vorliegen. Er erfordert daher vom Entwicklungsteam ein größeres Maß an Abstraktion, ist jedoch nicht grundlegend unterschiedlich.

Feld 3 ist die Zusammenhangsmatrix, mit deren Hilfe die Verknüpfungen zwischen den Kundenerwartungen und den Konzeptspezifikationen visualisiert und qualitativ gewichtet werden. Dabei hat sich eine dreistufige Skala etabliert, in der 9 Punkte eine starke, 3 Punkte eine mäßige und 1 Punkt eine schwache Wechselbeziehung bedeuten.

Die Felder 4 und 5 dienen einem Benchmarking des zu erzielenden Dienstleistungsergebnisses aus Sicht des Kunden (Feld 4) bzw. aus der Sicht des Dienstleistungsunternehmens gegenüber Konkurrenzunternehmen (Feld 5).

Feld 6, das „Dach" des House of Quality, dient einer Dokumentation möglicher Wechselwirkungen zwischen einzelnen Dienstleistungsspezifikationen. Diese Wechselwirkungen sind bei der Festsetzung von Zielwerten für die Konzeptparameter (Feld 8) zu berücksichtigen. Hinsichtlich einer Instandhaltungsdienstleistung bestehen beispielsweise positive Wechselwirkungen zwischen der Reaktionszeit und der Entfernung der Werkstätten.

Abschließend werden die einzelnen Konzeptparameter hinsichtlich ihrer Bedeutung für die Kundenzufriedenheit gewichtet (Feld 7). Um die Priorisierung zu ermitteln, werden nun spaltenweise die Gewichtung der Kundenanforderung (Feld 1) und die Stärke der Wechselbeziehung (Feld 3) multipliziert und aufsummiert. Damit ergibt sich für jeden Konzeptparameter eine Zahl, die die Priorität bezüglich der Anforderungen angibt. Auf diese Weise können besonders kundenrelevante Dienstleistungselemente identifiziert und in der Konzeption berücksichtigt werden.

Trotz der Systematik ist bei der Anwendung des House of Quality zum einen Kreativität erforderlich, um die Beschreibungsparameter einer Dienstleistung zu generieren. Auch wenn manchmal – wie beim Beispiel der Reaktionszeit – eine einfache Ableitung der Parameter aus den Kundenanforderungen möglich ist, ist dies keinesfalls eine triviale Aufgabe. Zum anderen werden auf Basis der Beschreibungsparameter in einem stark kreativen Vorgang die eigentlichen Konzepte generiert, indem das Entwicklungsteam festlegt, auf welche Art und Weise diese realisiert werden. Dieser Prozess kann gut durch Kreativitätstechniken wie Brainstorming, Methode 635 oder auch den Morphologischen Kasten unterstützt werden. Die intensive Auseinandersetzung mit den Kundenanforderungen sowie die im Entwicklungsteam bestehende Erfahrung mit Dienstleistungen fördern weiterhin das Aufstellen von Konzepten. Die Ergebnisparameter können dabei selbst bereits Teil des Konzepts sein. In der Regel ergeben sich allerdings verschiedene Möglichkeiten, wie die aufgestellten Ergebnisparameter in der Realität quantitativ belegt werden.

Das so ermittelte Konzept wird dann als Grundlage für die weitere Entwicklung der Dienstleistung verwendet und stellt mit seinen Spezifikationen seinerseits Anforderungen auf der einen Seite an die Konzeption der Dienstleistungsprozesse und auf der anderen Seite an die ergebnisorientierte Konzeption auf höherem Detaillierungsniveau. Es dient als Zeileninput für die jeweiligen weiterführenden Houses of Quality auf dem Weg zum Entwicklungsziel. Die Transformationen in eine andere Dienstleistungsdimension oder -detaillierungsstufe sind solange fortzusetzen, bis das Leistungskonzept in ausreichender Detaillierung alle drei Dienstleistungsdimensionen Ergebnis, Prozess und Potenzial abbildet. Dies erfordert allerdings bei der Zuordnung realer Gegebenheiten zu diesen Dimensionen ein gewisses Abstraktionsvermögen vom Entwickler. Die Zusammenhänge der Dienstleistungselemente untereinander werden durch die QFD-Matrizen anschaulich und damit (be-)greifbarer gemacht. Das Ergebnis der Dienstleistungskonzeption unter Verwendung des QFD ist ein detailliertes Konzept, das alle aus Kundensicht wesentlichen Vorgaben für die Dienstleistung enthält.

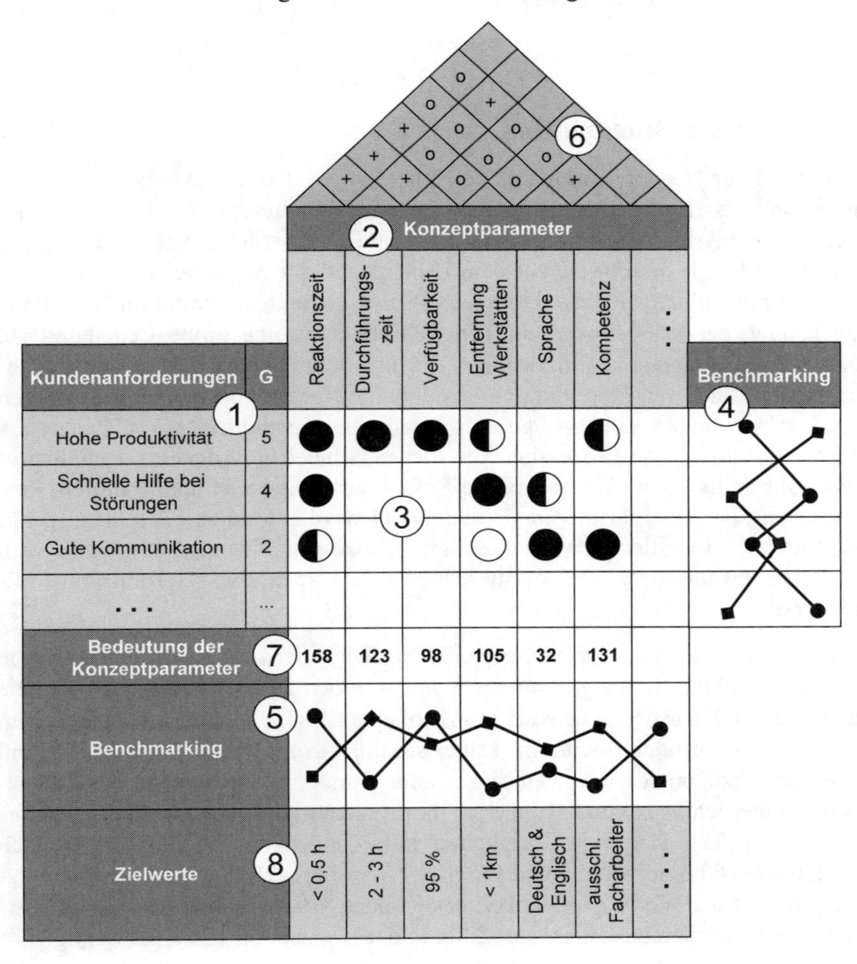

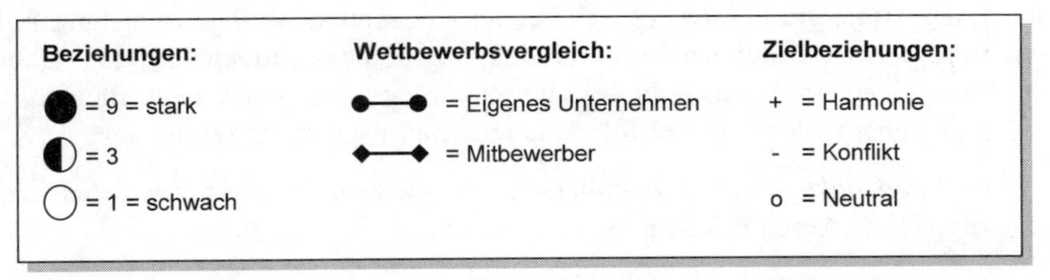

Abbildung 2: Das House of Quality für Dienstleistungen

Vor diesem Hintergrund bleibt festzuhalten, dass das QFD im Dienstleistungsbereich ebenso wie bei der Sachgutentwicklung ein wertvolles Hilfsmittel darstellt [22][23].

3.3 Service-Blueprinting

Sowohl bei der Neuentwicklung als auch bei der Weiterentwicklung von Dienstleistungen müssen nicht nur die groben Leistungsinhalte und die damit zu erzielenden Ergebnisse, sondern auch detailliert die Prozesse der Leistungserbringung geplant werden. Insbesondere vor dem Hintergrund der weitgehenden Immaterialität des Entwicklungsobjekts und dessen Prozesscharakters kommt im Dienstleistungsbereich der Darstellung von Tätigkeitsabläufen eine große Bedeutung zu. Dazu können allgemeine Prozesspläne der Informationsverarbeitung herangezogen werden, für deren Erstellung vereinheitlichte Regeln und Elemente existieren [26]. Darüber hinaus gibt es weitere Modellierungsmethoden, die nicht nur der reinen Darstellung von Prozessinhalten dienen, sondern mit denen Geschäftsprozesse vollständig bspw. über beteiligte Ressourcen, Organisationsstrukturen, Prozessdauern oder Qualitätsmerkmale abgebildet werden können [27][28][29]. Für eine einfache Modellierung von (Geschäfts-)Prozessen allgemein und damit auch von Dienstleistungsprozessen existiert inzwischen auch eine Vielzahl von Software-Tools.

Eine Besonderheit des Entwicklungsobjekts „Dienstleistung“ ist allerdings, wie eingangs erwähnt, die Integration des Kunden in den Dienstleistungsprozess. Die Qualität einer Dienstleistung wird in erheblichem Maße anhand von subjektiven Eindrücken des Kunden beurteilt. Dabei sind die Kontakte zu den Mitarbeitern, die Räumlichkeiten sowie die Betriebs- oder Kommunikationsmittel des Dienstleistungsunternehmens von besonders hoher Bedeutung für das Qualitätsurteil des Kunden [30][31]. Derartige Tätigkeiten mit Kundenkontakt müssen demnach zwingend zielführend, robust und möglichst reproduzierbar sein. Aber auch Aspekte, die auf die Wohlbefindlichkeit des Kunden abzielen, sind bei interaktionsintensiven Prozessen besonders sorgfältig in der Konzeption zu berücksichtigen.

Vor diesem Hintergrund bietet es sich bei der Konzeption von Dienstleistungsprozessen an, den Grad der Kundeneinbindung zu berücksichtigen [32][33]. Dabei gibt es verschiedene Ansätze, die bis zu sechs Integrationsgrade unterscheiden. In der Regel werden allerdings nur folgende Integrationsgrade unterschieden:

- Die *Kundenaktivitäten* bezeichnen diejenigen Prozessschritte, in denen eine aktive (Mit-)Arbeit des Kunden notwendig ist.
- *Onstage-Aktivitäten* dagegen können zwar vom Kunden wahrgenommen werden, sie werden aber aktiv vom Dienstleister durchgeführt.

- Als *Backstage-Aktivitäten* werden die Prozessschritte bezeichnet, die für den Kunden nicht mehr wahrnehmbar „im Hintergrund" ablaufen.

Um diese unterschiedlichen Arten von Teilprozessen zu kennzeichnen, wird der Prozessplan durch zwei Linen – eine Interaktionslinie und eine Sichtbarkeitslinie – gegliedert. Die Interaktionslinie trennt die Kundenaktivitäten von den Onstage-Aktivitäten des Dienstleisters. Die Sichtbarkeitslinie teilt die Aktionen des Dienstleisters in für den Kunden sichtbare und unsichtbare Aktionen (Backstage-Aktivitäten) ein (Abbildung 3). Zusätzlich zu der horizontalen Unterteilung nach der Kundenkontaktintensität kann eine weitere vertikale Strukturierung der Prozesse entlang der Wertkette in das Blueprinting erfolgen [22].

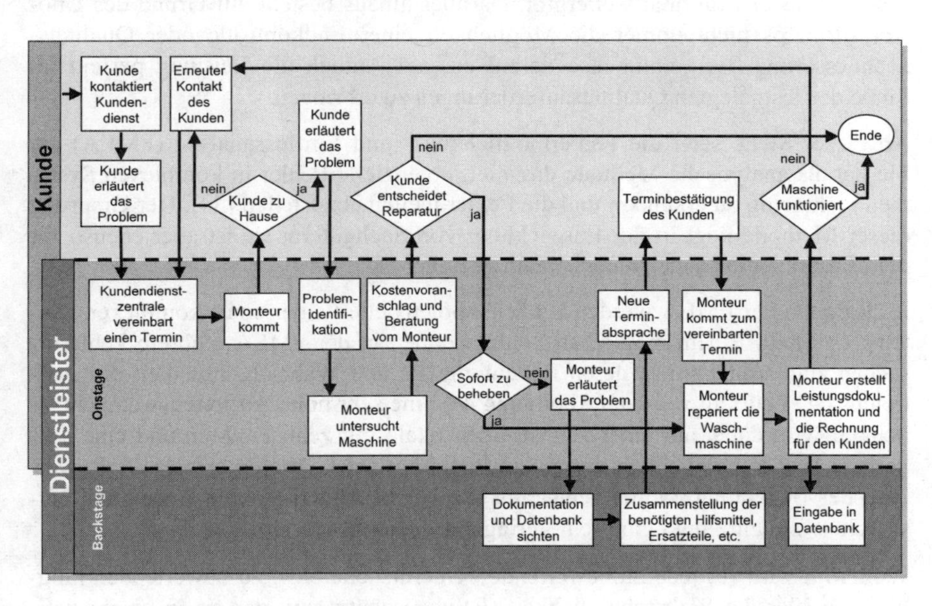

Abbildung 3: Dienstleistungsspezifische Prozessdarstellung mittels Service-Blueprinting

Das Service-Blueprinting stellt ein wichtiges Hilfsmittel für die Dienstleistungskonzeption dar, indem es dem Entwicklungsteam eine größere Transparenz vor dem Hintergrund der Kundenkontaktintensität verschafft. Auf dieser Basis wird auf der einen Seite der Immaterialität von Dienstleistungen begegnet und diese (be-)greifbarer gemacht. Auf der anderen Seite kann eine Priorisierung von Prozessen im Rahmen der Leistungskonzeption vorgenommen werden. Darüber hinaus kann auch die Konzeption des Marketings oder des Dienstleistungsmanagements an einer solchen Vorstrukturierung ansetzen. Für die Mitarbeiter, die die Dienstleistung später erbringen sollen, können auf Grundlage der Blueprints leicht verständliche Verfahrensanweisungen und Schulungskonzepte erarbeitet werden, in denen die durchzuführenden Tätigkeiten innerhalb der Prozesskette beschrieben werden. Mit den Blueprints werden Schnittstellen offen gelegt, und Missverständnisse können vermieden werden.

3.4 Fehlermöglichkeits- und Einflussanalyse (FMEA)

Dienstleister sind in starkem Maße auf Weiterempfehlungen angewiesen, denn die Kunden können das immaterielle Produkt nicht im Vorhinein testen. Erschwerend lautet eine „Daumenregel“, dass ein enttäuschter Kunde ein schlechtes Erlebnis mindestens zehnmal weitererzählt, während ein zufriedener Kunde seinen Eindruck höchstens fünfmal weitergibt. Darüber hinaus besteht auf Grund des Uno-Actu-Prinzips nicht immer die Möglichkeit einer Endkontrolle oder Qualitätsnachbesserung. Es kommt also darauf an, auf Anhieb die Leistung perfekt im Sinne der festgelegten Qualitätsanforderungen zu erbringen.

An dieser Stelle setzt die Fehlermöglichkeits- und Einflussanalyse (FMEA) an. Sie hat als analytische Methode das Ziel, potenzielle Fehler in komplexen Systemen rechtzeitig zu erkennen und die Fehlerquellen abzustellen [34]. Der Ursprung dieser Methode liegt in der Entwicklung von Sachgütern, sie ist aber ebenso für den Einsatz im Dienstleistungsbereich geeignet [22].

Im Rahmen der FMEA werden zunächst potenzielle Fehler eines komplexen Systems ermittelt. Einem möglichen Fehler können in der FMEA mehrere Fehlerursachen zugeordnet sowie deren Bedeutung (B) und Wahrscheinlichkeit des Auftretens (A) beurteilt werden (Abbildung 4). Eine sehr hohe Auftretenswahrscheinlichkeit wird dabei auf einer zehnstufigen Skala mit zehn Punkten und eine sehr geringe Wahrscheinlichkeit mit einem Punkt bewertet. Analog erfolgt die Bewertung der Bedeutung, wobei zehn Punkte einer besonders großen Bedeutung entsprechen und ein Punkt eine sehr geringe Bedeutung widerspiegelt.

Weiterhin wird für jede zu bewertende Fehlerursache bzw. zu bewertenden möglichen Fehler die Wahrscheinlichkeit (E) abgeschätzt, mit der sie in einem definierten Zeitraum entdeckt werden. Der Wertebereich erstreckt sich hier genau umgekehrt zu der Auftretenswahrscheinlichkeit zwischen 1 für maximale Entdeckbarkeit und 10 für keine Entdeckbarkeit. Aus diesen drei Werten wird durch Multiplikation eine Risikoprioritätszahl (RPZ) als Bewertungsgröße für das Risiko jeder Fehlerursache in der FMEA errechnet. Es gilt: Je größer die RPZ, desto höher ist das Risiko.

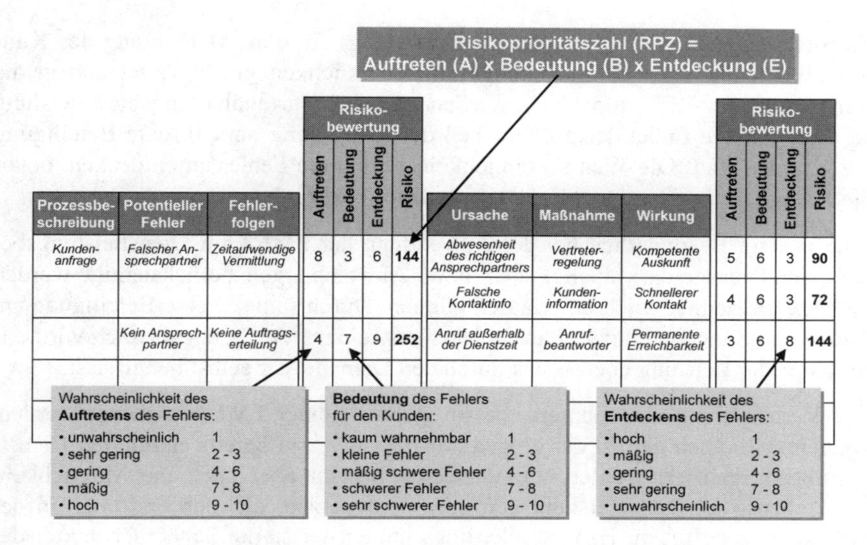

Abbildung 4: Beispiel für eine Service FMEA

Die Risikoprioritätszahlen geben einen Anhaltspunkt für die Reihenfolge der anschließend durchzuführenden Verbesserungsmaßnahmen im Rahmen der Risikominimierung. Für jeden potenziellen Fehler werden entsprechende Maßnahmen erarbeitet, die dessen Entstehen verhindern oder die rechtzeitige Entdeckung ermöglichen sollen. Fehlerursachen mit einer hohen RPZ sollten demnach zuerst betrachtet werden. Auf der Grundlage der vorgeschlagenen Maßnahmen kann erneut eine RPZ berechnet werden, die durch Vergleich mit der zuvor berechneten die Wirksamkeit einer Maßnahme widerspiegelt.

Die Anwendung der FMEA im Dienstleistungsbereich ist mit der für materielle Produkte und industrielle Produktionsprozesse im Prinzip identisch, da in allen Bereichen Fehler mit einer gewissen Wahrscheinlichkeit auftreten und diese auch nicht grundlegend anders beschrieben werden.

Allerdings kann im Dienstleistungsbereich die Wahrscheinlichkeit, einen Fehler zu entdecken, bevor der Kunde ihn wahrnimmt, nicht immer sinnvoll bewertet werden. Fehler werden unmittelbar an den Kunden weitergegeben, sofern es sich nicht um interne Abläufe ohne Kundenkontakt handelt. Selbst wenn der Dienstleister einen Fehler während der Erbringung entdeckt, besteht auf Grund des Uno-actu-Prinzips häufig nicht die Möglichkeit, durch konzeptionelle Maßnahmen diesen vom Kunden abzuschotten. Daher ist bei Anwendung der FMEA auf Dienstleistungsprozesse mit Kundenkontakt zu überprüfen, ob der Aufwand für die Abschätzung der Entdeckungswahrscheinlichkeit gerechtfertigt ist. Die RPZ berechnet sich in diesem Fall nur aus dem Produkt der Fehlerbedeutung und Auftretenswahrscheinlichkeit [22].

Für diejenigen Bestandteile einer Dienstleistung, die ohne Beteiligung des Kunden ablaufen, kann die Entdeckungswahrscheinlichkeit gut bewertet und in die Berechnung der RPZ einbezogen werden. Bei einer Instandhaltungsdienstleistung an einer Anlage findet der größere Teil der Erbringung ohne direkte Beteiligung des Kunden statt. Die Wahrscheinlichkeit, bestimmte Fehler zu entdecken, bevor die Anlage freigeschaltet wird, lässt sich daher konkret bewerten.

Eine weitere Besonderheit bei der Anwendung der FMEA im Dienstleistungsbereich liegt darin, dass auch Fehler bzw. Abweichungen berücksichtigt werden müssen, die dem Kunden unterlaufen können. Durch seine direkte Beteiligung am Prozess oder die Beteilung eines Objekts aus seinem Verfügungsbereich wird das Ergebnis der Leistung ebenso wie durch den Dienstleister selbst beeinflusst.

Die Verbesserungsmaßnahmen, die im Rahmen einer FMEA ermittelt werden, können zum einen gemäß der obigen Ausführungen an bereits etablierten Dienstleistungen realisiert werden. Zum anderen besteht aber auch die Möglichkeit, diese ebenso an Dienstleistungskonzepten anzusetzen, die sich erst noch in der Entwicklung befinden. Hier ist allerdings immer der starke Schätz-Charakter der Bewertungen zu bedenken, und kleinere Unterschiede in der RPZ sind entsprechend nicht überzubewerten.

Insgesamt bleibt festzuhalten, dass mit der FMEA auch eine stark mathematisch-deterministisch angelegte Methode aus dem Ingenieurwesen im Dienstleistungsbereich ein großes Potenzial aufweist.

3.5 Allgemeine Bewertungsmethoden

Im Entwicklungsprozess eines Produkts steht das Entwicklungsteam ständig vor der Frage, für welche Alternative es sich bei der Lösung einer Aufgabe entscheiden soll. Derartige Aufgaben können die vielfältigsten Facetten annehmen, angefangen von der Bewertung und Auswahl erster Ideen bis hin zur Bewertung und Auswahl ganzer Produktvarianten. Bei vielen Kriterien und Einflussfaktoren wird die Entscheidung für die eine oder andere Realisierung schnell zu einem äußerst komplexen Problem. Auch die Priorisierung von Bewertungskriterien selbst stellt eine häufige Bewertungsaufgabe im Entwicklungsprozess dar.

In den frühen Phasen der Entwicklung erfolgen derartige Bewertungen vor allem qualitativ. Der Grund liegt meist darin, dass zu diesem Zeitpunkt lediglich unscharfe Informationen – bspw. über Konzepte und ihre Auswirkungen – zur Verfügung stehen oder der Aufwand zur Beschaffung quantitativer Daten bei der Vielzahl der Entscheidungen und der Breite des Alternativenspektrums nicht zu rechtfertigen ist.

Bei der Entwicklung von Dienstleistungen spielen qualitative Bewertungsmethoden eine noch viel größere Rolle als in der Sachgutentwicklung, da auf Grund der

Immaterialität kaum entscheidungsunterstützende Berechnungsalgorithmen existieren, z. B. zu physikalischen Eigenschaften des Entwicklungsobjekts.

Vor diesem Hintergrund werden im Folgenden mit der Nutzwertanalyse und dem paarweisen Vergleich zwei typische Bewertungsmethoden im Ingenieursbereich beschrieben, die auf Grund ihrer Allgemeingültigkeit auch im Service Engineering eine breite Anwendung finden.

3.5.1 Nutzwertanalyse

Die Nutzwertanalyse ist eine Methode zur Bewertung von Alternativen, die insbesondere dann vorteilhaft ist, wenn eine Vielzahl von Kriterien für die Entscheidung wichtig ist. Sie stellt ein heuristisches Verfahren dar, das auf Schätzungen und nicht auf exakten Messergebnissen oder eindeutig quantifizierbaren Zielen beruht [19][35][36].

Zur Durchführung einer Nutzwertanalyse werden zunächst die verschiedenen Alternativen und anschließend alle Kriterien zusammengestellt und gewichtet, die für die Entscheidung von Bedeutung sein können. Die eigentliche Bewertung erfolgt, indem für die Alternativen jeweils eingeschätzt wird, inwieweit sie den einzelnen Kriterien im positiven Sinne gerecht werden. Sämtliche Gewichtungen und Bewertungen können dabei z. B. auf einer Skala von 0 (unwichtig, sehr schlecht) bis 10 (sehr wichtig, sehr gut) vorgenommen werden. Durch Multiplikation des Erfüllungsgrads und der Gewichtung wird der Nutzwert für jedes Kriterium berechnet.

Die Summe aller Nutzwerte für eine Alternative gibt an, ob sie vorteilhaft ist oder nicht. Je höher diese Summe ist, desto besser ist die Alternative anzusehen. Das Ergebnis einer Nutzwertanalyse hängt stark von der subjektiven Gewichtung der Kriterien und der Bewertung der Erfüllungsgrade ab. Daher sollte dieses Verfahren möglichst im Team eingesetzt werden.

3.5.2 Paarweiser Vergleich

Eine weitere Methode, die die Entscheidungsfindung zwischen mehreren Alternativen unterstützt, ist der paarweise Vergleich. Das zugrunde liegende Prinzip beruht darauf, dass man die Alternativen untereinander bzgl. eines Kriteriums vergleicht und die Alternativen auf diese Weise in eine Rangfolge stellen kann [19][36][37].

Für eine vollständige, komplexe Bewertung von Alternativen wird die Entscheidung in eine Reihe leicht durchzuführender paarweiser Vergleiche zerlegt. Dafür werden zunächst die eigentlichen Bewertungskriterien mittels paarweisen Vergleichs untereinander gewichtet und anschließend die (Konzept-)Alternativen vor dem Hintergrund jedes einzelnen Kriteriums bewertet. Diese Einzelbewertungen können letztendlich unter Berücksichtigung der Kriteriengewichtungen zu einer Gesamtbewertung zusammengeführt werden und die Entscheidung unterstützen (Abbildung 5).

Ein einzelner paarweiser Vergleich erfolgt in einer quadratischen Matrix, in der die einzelnen Alternativen die Spalten und die Zeilen definieren. Die Bewertungen erfolgen zeilenweise, d. h. die in einer Zeile stehende Alternative wird mit den in den Spalten stehenden Alternativen bzgl. eines Kriteriums verglichen und bewertet. Jedem Vergleich der Alternativen wird ein komparativer Wert zugeordnet. Dabei können verhältnismäßige und normierte Bewertungsgrößen verwendet werden. Die Verfahren unterscheiden sich in der Art, wie die Bewertungsgrößen an der Hauptdiagonalen gespiegelt werden. Während bei den verhältnismäßigen Bewertungsgrößen die an der Hauptdiagonalen gespiegelten Bewertungen zueinander ins Verhältnis gesetzt werden ($u_{ij}=1/u_{ji}$), ergibt sich bei normierten Bewertungsgrößen die Summe dieser beiden Werte zu eins ($u_{ij}+u_{ji}=1$). Bei vereinfachten Verfahren mit paarweise normierten Bewertungsgrößen werden nur drei diskrete Ausprägungen verwendet (0 für schlechter, 0,5 für gleich und 1 für besser geeignet).

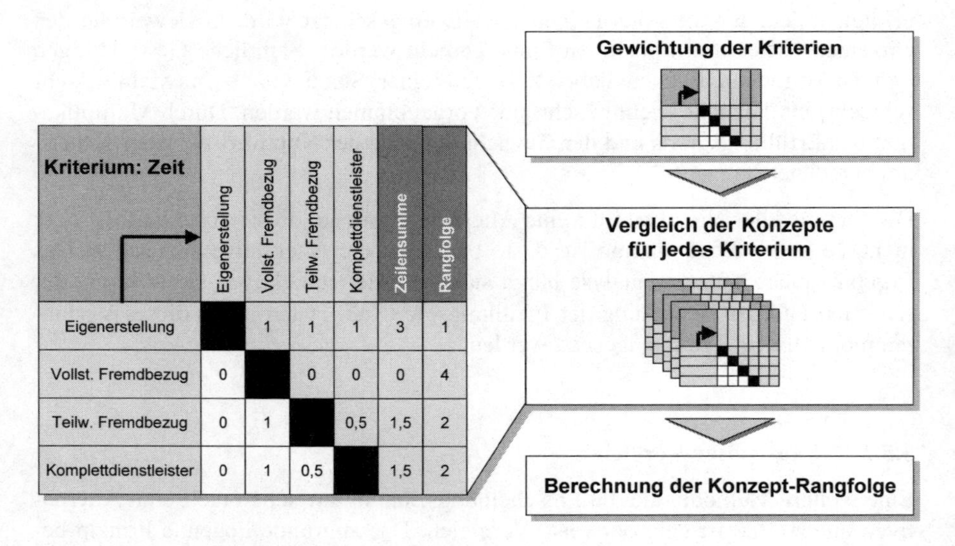

Abbildung 5: Der paarweise Vergleich

Die dem Vergleich entsprechenden Werte werden in die erste Zeile eingetragen. Die restlichen Werte können anschließend für beide Verfahrensarten berechnet werden. Nach der Bewertung/Berechnung aller Vergleichspaare wird bei der normierten Bewertung für jede Zeile der Matrix die Zeilensumme gebildet und bei der verhältnismäßigen Bewertung das erweiterte geometrische Mittel. Mit Kenntnis dieser für jede Zeile der Bewertungsmatrix errechneten Zeilenwerte können die Rangfolge und der Gewichtungsfaktor für jede Alternative ermittelt werden.

Der Vorteil dieser Methode liegt eindeutig in der Reduzierung einer komplexen Entscheidung in viele übersichtliche Micro-Entscheidungen (Abbildung 6).

Restriktionen ergeben sich in der praktischen Anwendung insofern, als Befragte häufig nicht in der Lage sind, bei einer größeren Zahl zu vergleichender Objekte konsistente Rangordnungen herzustellen. So können sich nicht-transitive Rangordnungen bzw. zirkuläre Triaden ergeben, bei denen die Urteilsverkettungen in sich widersprüchlich sind. Diese Inkonsistenzen sind allerdings quantifizierbar und können bis zu einem gewissen Grade toleriert werden [37].

4 Zusammenfassung und Ausblick

Das Kernproblem, mit dem Unternehmen bei der Entwicklung von Dienstleistungen konfrontiert sind, liegt vor allem in der fehlenden Greifbarkeit von Dienstleistungen. Den Betrachtungsgegenstand be-„griffen“ zu haben, ist jedoch eine Grundvoraussetzung für die effektive und effiziente Gestaltung von Dienstleistungen. Hier setzt das Service Engineering an, das sich stark an die etablierte Disziplin des Systems Engineering anlehnt.

Das „ingenieurmäßige“ im Service Engineering liegt dabei vor allem in der Sichtweise auf Dienstleistungen als System begründet. Durch die Untergliederung des gesamten Entwicklungsgegenstands in Teilsysteme wird es möglich, die Komplexität der Dienstleistungsentwicklung in den Griff zu bekommen. Es entstehen Dienstleistungen von hoher Robustheit und Qualität.

Da im Systems Engineering bereits viele Ansätze zur Lösung spezifischer Problemstellungen existieren, werden diese sinnvollerweise auch vor dem Hintergrund der Dienstleistungsentwicklung genutzt. Im Service Engineering wird das Rad also nicht völlig neu erfunden.

Dieser Beitrag zeigt anhand einiger Beispiele auf, wie das große Potenzial ingenieurwissenschaftlicher Methoden auch im Dienstleistungsbereich genutzt werden kann. Angefangen bei der systematischen Unterstützung der Ideensuche durch den Morphologischen Kasten wird mit den Methoden QFD und FMEA der Einsatz klassischer qualitätsorientierter Entwicklungsansätze aufgezeigt. Die Prozesspläne des Service-Blueprinting unterstützten vor allem die Dienstleistungsentwicklung in ihren späteren Phasen, wenn die Aktivitäten der Dienstleistungserbringung mit und ohne Kundeninteraktion im Detail geplant werden. Bei vielen Ansätzen ist zu beachten, dass sich die Anwendung der Methoden vor allem durch die Immaterialität des Entwicklungsobjekts, die Integration des externen Faktors und das Uno-Actu-Prinzip im Detail bei der Dienstleistungsentwicklung und der Sachgutentwicklung unterscheiden. Der Einsatz typischer qualitativer Bewertungsmethoden aus dem Ingenieurwesen hat abschließend aber auch verdeutlicht, dass das Potenzial mancher Methoden auch ohne Anpassung direkt im Service Engineering ausgeschöpft werden kann.

Die Integration bekannter Ansätze bietet eine Reihe von Vorteilen. So ist zum einen deren Effektivität bereits vielfach unter Beweis gestellt worden. Weiterhin ist im Zusammenhang mit der Anwendung etablierter Prinzipien, Konzepte und Methoden mit geringen Verständnisschwierigkeiten und hoher Akzeptanz zu rechnen. Der Einarbeitungsaufwand wird auf diese Weise möglichst gering gehalten.

Ein Vergleich mit dem Wissensstand im Sachgutbereich zeigt, dass sich das Service Engineering erst am Anfang befindet und sich noch eine Vielzahl von Herausforderungen auftun, um qualitativ und wirtschaftlich bessere Dienstleistungen zu schaffen. In diesem Zusammenhang stellen beispielsweise Plattformkonzepte, Benchmarkingtechniken oder computerunterstütztes Engineering viel versprechende Ansätze dar, um aus dem Umfeld der Sachgutentwicklung in das Service Engineering integriert zu werden.

Trotz des „ingenieurmäßigen" Vorgehens ist allerdings immer zu bedenken, dass das Service Engineering nicht als Disziplin eines Fachbereichs anzusehen ist. Auf Grund des sozio-technischen Charakters einer Dienstleistung können neben der Ingenieurwissenschaft vor allem auch die Wirtschaftswissenschaften, die Kommunikationswissenschaften, Arbeits- und Sozialwissenschaften sowie Designwissenschaften einen wichtigen Beitrag zur Dienstleistungsentwicklung leisten.

Literaturverzeichnis

[1] Fähnrich, K.-P. et al.: Service Engineering – Ergebnisse einer empirischen Studie zum Stand der Dienstleistungsentwicklung in Deutschland, Stuttgart 1999.

[2] Ramaswamy, R.: Design and Management of Service Processes, Reading 1996.

[3] DIN (Hrsg.): Service Engineering. Entwicklungsbegleitende Normung (EBN) für Dienstleistungen – DIN Fachbericht 75, Berlin 1998.

[4] Luczak, H. et al. Service Engineering – Der systematische Weg von der Idee zum Leistungsangebot, München 2000.

[5] Reichwald, R.; Goecke, R.; Stein, S.: Dienstleistungsengineering – Dienstleistungsvernetzung in Zukunftsmärkten, München 2000.

[6] Bullinger, H.-J.; Meiren, T.: Service Engineering, in: Bruhn, M.; Meffert, H. (Hrsg.): Handbuch Dienstleistungsmanagement, 2. Auflage, Wiesbaden 2001.

[7] Edvardsson, B.; Gustavsson, A.; Johnson, M.: New Service Development and Innovation in the New Economy, Lund 2000.

[8] Liestmann, V.: Dienstleistungsentwicklung durch Service Engineering – Von der Idee zum Produkt, Aachen 2001.

[9] Koller, R.: Konstruktionslehre für den Maschinenbau – Grundlagen zur Neu- und Weiterentwicklung technischer Produkte mit Beispielen, 3. Auflage, Berlin et al. 1994.

[10] Ehrlenspiel, K.: Integrierte Produktentwicklung – Methoden für Prozessorganisation, Produktherstellung und Konstruktion, München 1995.

[11] Pahl, G.; Beitz, W.: Konstruktionslehre – Methoden und Anwendung, 4. Auflage, Berlin et al. 1997.

[12] Balzert, H.: Lehrbuch der Software-Technik: Software-Entwicklung, Heidelberg et al. 1996.

[13] Fuchs, H.: Systemtheorie und Organisation – Die Theorie offener Systeme als Grundlage zur Erforschung und Gestaltung betrieblicher Systeme, Wiesbaden 1973.

[14] Haberfellner, R.: Die Unternehmung als dynamisches System – Der Prozesscharakter der Unternehmungsaktivitäten, Zürich 1975.

[15] Patzak, G.: Systemtechnik – Planung komplexer innovativer Systeme. Grundlagen – Methoden – Techniken, Berlin et al. 1982.

[16] Jaschinski, C.: Qualitätsorientiertes Redesign von Dienstleistungen, Dissertation, Aachen 1998.

[17] Sontow, K.: Dienstleistungsplanung in Unternehmen des Maschinen- und Anlagenbaus, Dissertation, Aachen 1999.

[18] VDI (Hrsg.): Systematische Produktplanung – Leitfaden und Arbeitshilfen, Düsseldorf 1983.

[19] Haberfellner, R. et al.: Systems Engineering. Methodik und Praxis, 9. Auflage, Zürich 1997.

[20] Schlicksupp, H.: Kreative Ideenfindung in der Unternehmung – Methoden und Modelle, Berlin et al. 1977.

[21] Clausing, D.: Total Quality Development. A Step-By-Step Guide to World-Class Concurrent Engineering, New York 1994.

[22] Eversheim, W. (Hrsg): Qualitätsmanagement für Dienstleister, 2. Auflage, Berlin et al. 2000.

[23] Mazur, G.: QFD for Service Industries – From Voice of Customer to Task Deployment, in: The Fifth Symposium on Quality Function Deployment, Novi 1993.

[24] Hauser, J.; Clausing, D.: The House of Quality, in: Harvard Business Review, 66(1988)3, S. 63-73

[25] Cohen, L.: Quality Function Deployment – How to Make QFD Work for You, Reading 1995.

[26] DIN (Hrsg.): DIN 66001. Informationsverarbeitung – Sinnbilder und ihre Anwendungen, Berlin 1983.

[27] Tränckner, J.-H.: Entwicklung eines prozeß- und elementorientierten Modells zur Analyse und Gestaltung der technischen Auftragsabwicklung von komplexen Produkten, Dissertation RWTH Aachen, Aachen 1995.

[28] Scheer, A.-W.: ARIS – Modellierungsmethoden, Metamodelle, Anwendungen, 3. Auflage, Berlin et al. 1998.

[29] Krallmann, H.; Frank, H.; Gronau, N.: Systemanalyse im Unternehmen – Partizipative Vorgehensmodelle, objekt- und prozeßorientierte Analysen, flexible Organisationsarchitekturen, 3. Auflage, München et al. 1999.

[30] Bitner, M.: Servicescapes: The Impact of Physical Surroundings on Customers and Employee, in: Journal of Marketing, 56(1992)4, S. 57-71

[31] Erlhott, M.; Mager, B.; Manzini, E.: Dienstleistung braucht Design – Professioneller Produkt- und Marktauftritt für Serviceanbieter, Neuwied 1997.

[32] Shostack, L.: Designing services that deliver, in: Harvard Business Report, (1984)1, S. 133-139.

[33] Kleinaltenkamp, M.: Service-Blueprinting – Nicht ohne einen Kunden. Ein Instrument zur Steigerung der Effektivität und der Effizienz von Dienstleistungsprozessen, in: Technischer Vertrieb, 2(1999), S. 33-39.

[34] DIN (Hrsg.): DIN 25 448 – Ausfalleffektanalyse (Fehler-Möglichkeits- und Einfluß-Analyse), Berlin 1990.

[35] Zangemeister, C.: Nutzwertanalyse in der Systemtechnik: Eine Methodik zur multidimensionalen Bewertung und Auswahl von Projektalternativen, 4. Auflage, München 1976.

[36] Breiing, A.; Knosala, R.: Bewerten technischer Systeme: Theoretische und methodische Grundlagen bewertungstechnischer Entscheidungshilfen, Berlin et al. 1997.

[37] Saaty, T.: The analytic hierarchy process: planning, priority setting, resource allocation, New York 1980.

Service Engineering industrieller Dienstleistungen

Holger Luczak
Volker Liestmann
Katrin Winkelmann
Forschungsinstitut für Rationalisierung (FIR), RWTH Aachen
Christian Gill
SKF GmbH, Schweinfurt

Inhalt

1 Die Bedeutung industrieller Dienstleistungen

Industrielle Dienstleistungen stellen als Know-how- und technologiegeprägte Wertschöpfungsprozesse einen wesentlichen Erfolgsfaktor in unserer Wirtschaft dar. Die wachsende Bedeutung ist nicht nur bei reinen Industriedienstleistern, sondern in der gesamten Investitionsgüterindustrie deutlich spürbar. Ursache für diesen Wandel ist auf der Nachfrageseite der steigende Bedarf an umfassenden und individuellen Problemlösungen. Dieser Bedarf bewirkt auf der Angebotsseite, dass das Produktportfolio von Investitionsgüterherstellern, das sich bisher auf Sachgüter beschränkte, um Dienstleistungen zu einem Produktportfolio von hybriden Produkten erweitert wird. Viele Sachgüter lassen sich ohne ein begleitendes Dienstleistungsangebot inzwischen kaum noch am Markt absetzen.

Die Konzentration von Unternehmen auf die Technologie- oder Kostenführerschaft ist somit kein alleiniges Erfolgskriterium mehr, sondern es wird um das Streben nach einer Dienstleistungsführerschaft, um überdurchschnittliche Renditen und stärkere Kundenbindung zu erzielen, erweitert.

2 Die Systematik industrieller Dienstleistungen

2.1 Fachliche Begriffsebene

Für die in diesem Beitrag betrachteten industriellen Dienstleistungen finden sich in der Literatur Bezeichnungen, wie „funktionelle Dienstleistung", „investive Dienstleistung" oder „technische Dienstleistung" [1][2][3][4][5][6][7]. Eine allgemeingültige Abgrenzung der Begriffsinhalte existiert nicht; diese unterliegt vielmehr der Subjektivität der Autoren [6][7]. Ein Ansatz, der zurzeit die meiste Akzeptanz erfährt, ist der der Typologisierung von industriellen Dienstleistungen. Hier werden deren Besonderheiten auf der Basis von Merkmalen und deren Ausprägungen beschrieben. Dabei ist zu bemerken, dass sich in der Literatur eine Vielzahl unterschiedlicher Typologien findet, die teilweise gleiche Merkmale und Merkmalsausprägungen aufweisen, sich teilweise aber auch erheblich voneinander unterscheiden [8][9][10][11][12]. Sehr detailliert geht hier insbesondere JASCHINSKI vor (vgl. Abbildung 1), weshalb in diesem Beitrag die dort vorgeschlagene Struktur einer Spezifikation von industriellen Dienstleistungen zu Grunde gelegt wird.

JASCHINSKI baut auf insgesamt zehn Merkmalen auf und identifiziert sieben Dienstleistungstypen. Für die weiteren Ausführungen wurde die Beschreibung des Typs VII herangezogen und auf Basis von Expertengesprächen in verschiedenen Unternehmen ergänzt bzw. reduziert. Die einzelnen von JASCHINSKI betrachteten Merkmale werden im Folgenden für industrielle Dienstleistungen spezifiziert:

- Produkttyp: Die betrachteten Leistungsbündel sind durch ihre flexible Verknüpfbarkeit als „Baukastenprodukte" zu sehen. Gemäß der Einordnung JASCHINSKIS bestehen jedoch die einzelnen Module jeweils aus standardisierbaren Leistungen.

- Haupteinsatzfaktoren: Als „Haupteinsatzfaktoren" werden die „menschliche Arbeitsleistung" sowie „Maschinen und Geräte" genannt. Insbesondere wird auch die IT-Unterstützung immer wichtiger. Im Bereich industrieller Dienstleistungen seien Teleservicesysteme, mobile Außendienstunterstützung, aber auch die administrativen Back-Office-Systeme genannt, die jedoch in der Regel nicht den Kern einer Leistung ausmachen.

- Hauptobjekt der Dienstleistung: Als wesentliche Kundengruppe industrieller Dienstleister werden in der Regel produzierende Unternehmen betrachtet, deren Betriebsmittel und Werkstoffe die relevanten Produktionsfaktoren darstellen. Als Dienstleistungsobjekte kommen daher materielle Objekte in Betracht. Allerdings kann auch der (menschliche) Kunde selbst als Objekt für Beratungs- oder Schulungsleistungen auftreten.

- Produktumfang: Bei der Beschreibung des Produktumfangs unterscheidet JASCHINSKI zwischen Einzelleistungen und Produktbündeln. Entgegen seiner Typologie wird hier das Merkmal „Leistungsbündel" als relevant erachtet, da genau deren Absatz formuliertes Ziel industrieller Dienstleistungsunternehmen ist. So bieten immer mehr Unternehmen „Full Service" an, was genau dieser Einordnung entspricht [13][14].

- Produktart: Die Produktart wird als „unternehmensbezogen" im Vergleich zu JASCHINSKIS Dienstleistungstyp VII beibehalten.

- Planung des Kundenauftrags: Bei der Planung eines Kundenauftrags sind im Vergleich zur Typologie eher langfristige Zeiträume anzusetzen, so dass dieses Merkmal ergänzt werden soll.

- Erbringungsdauer: Die Erbringungsdauer ist schließlich als langfristig anzusehen, da von entsprechenden Kundenbeziehungen die Rede ist.

- Interaktionsort: Sieht man von Leistungen wie Werkstatt- oder Teleservice ab, so ist der Interaktionsort der Dienstleistung beim Kunden also gemäß der Begriffswahl JASCHINSKIS „nachfrageorientiert". Dementsprechend ist entgegen JASCHINSKIS Einordnung oftmals auch die Kundenrolle des „Zuschauers" anzutreffen.

- Prozessstabilität: Schließlich ist die Prozessstabilität, wie bei JASCHINSKI eingeschätzt, als mittelmäßig zu betrachten. Dies lässt sich auch aus einer Einordnung der Merkmale „Komplexität" und „Anpassbarkeit" bei [15] ableiten, die die Prozessstabilität beeinflussen.

- Kundenrolle: Wie bereits erwähnt, ist die Rolle des Kunden im Falle eines nachfrageorientierten Interaktionsorts nicht unbedingt passiv, sondern kann auch in Form des Zuschauers wahrgenommen werden. Lediglich die Rolle des Akteurs ist weiterhin eher auszuschließen, da industrielle Dienstleister meist für Kunden tätig sind, die ihre eigenen indirekten Bereiche entsprechend zurückgefahren haben. Allerdings sind auch Kooperationen denkbar, was die grundsätzliche Tendenz allerdings nicht beeinflussen soll.

Somit lassen sich in Anlehnung an JASCHINSKI industrielle Dienstleistungen anhand der in Abbildung 1 dargestellten Merkmalsausprägungen spezifizieren.

Industrielle Dienstleistungen			
Produkttyp	**Individuelles Produkt**	**Baukastenprodukt**	**Standardprodukt**
Haupteinsatzfaktoren	**menschliche Arbeitsleistung**	**Maschinen Geräte**	**Informationssysteme**
Hauptobjekt der Dienstleistung	**Kunde**	**materielle Objekte**	**immaterielle Objekte**
Produktumfang	**Einzelleistung**		**Leistungsbündel**
Produktart	**Endkunde/ Konsument**		**unternehmensbezogen**
Planung des Kundenauftrags	**kurz (< 1 Tag)**	**mittel (< 1 Monat)**	**lang (> 1 Monat)**
Erbringungsdauer	**kurz (< 1 Tag)**	**mittel (< 1 Monat)**	**lang (auf Dauer)**
Interaktionsort	**angebotsorientiert**	**nachfrageorientiert**	**getrennter Ort**
Prozessstabilität	**niedrig**	**mittel**	**hoch**
Kundenrolle	**Akteur**	**Zuschauer**	**ohne direkte Beteiligung**

Abbildung 1: Merkmale und Merkmalsausprägungen von industriellen Dienstleistungen

2.2 Formale Begriffsebene

Für den im weiteren Verlauf dieses Beitrags näher beschriebenen Service Engineering Ansatz ist eine Transformation des Begriffs „industrielle Dienstleistung" von der fachlichen auf die formale Begriffsebene notwendig. Hierfür wird auf die Arbeiten von EDVARDSSON und OLSSON [16] zurückgegriffen, die sich dem Themenkomplex „Dienstleistung als System" vor allem unter dem Gesichtspunkt der Entwicklung von Dienstleistungen widmen (Abbildung 2). EDVARDSSON und OLSSON formulieren als Grundbausteine einer zu gestaltenden Dienstleistung die Elemente „Concept", „System" und „Process". Im Grundsatz ähnlich zu den von DONABEDIAN genannten Begriffen erweitern bzw. konkretisieren EDVARDSSON und OLSSON die relevanten Elemente wie folgt [16][17][18]:

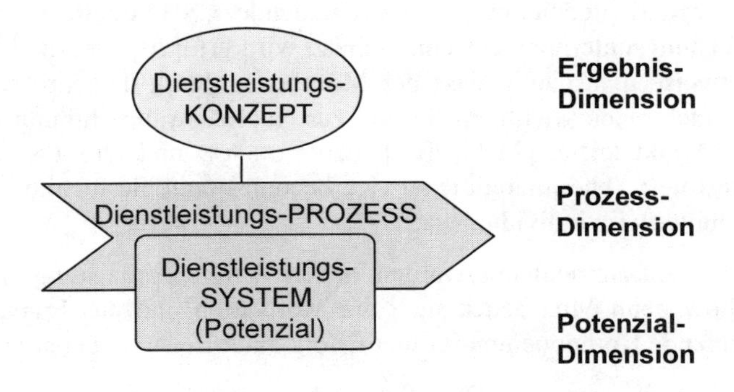

Abbildung 2: Formale Begriffsdefinition von industriellen Dienstleistungen [16]

- Concept: Der Begriff des Dienstleistungskonzepts umfasst einerseits die Kundenbedürfnisse und andererseits die Art und Weise, auf die ein Dienstleistungsunternehmen diese zu befriedigen sucht. Bzgl. der Kundenwünsche wird unterschieden zwischen solchen, die dem Kauf einer Dienstleistung zu Grunde liegen und weiteren, die in dem Moment auftreten, in dem der Kunde die Dienstleistung in Anspruch nehmen möchte. Letztere ergeben sich meist aus dem Erfordernis weiterer Leistungen, die entweder dazu notwendig sind, den eigentlichen Wunsch überhaupt erfüllt zu bekommen oder dem Kunden Erleichterungen bei der Inanspruchnahme der Dienstleistung verschaffen.

  Beim zweiten Punkt, der Betrachtung der Bedürfnisbefriedigung des Kunden durch den Dienstleister, steht nicht die konkrete Ausgestaltung einer Dienstleistung im Mittelpunkt. Vielmehr beschreibt das Dienstleistungskonzept das Angebot, welches dem Kunden unterbreitet werden soll. Analog zur Gliederung der Kundenwünsche erfolgt auch in diesem Punkt eine Unterscheidung in Hauptleistungen, die die Kernwünsche des Kunden befriedigen sollen und unterstützende Leistungen, die es dem Kunden ermöglichen oder erleichtern, die Hauptleistung in Anspruch zu nehmen.

Schließlich wird insbesondere darauf hingewiesen, dass einzelne Leistungen eines Unternehmens nicht isoliert betrachtet werden können. Vielmehr sind sie Teil eines Gesamtsystems, welches der Kunde wahrnimmt, so dass Interdependenzen zwischen einzelnen Leistungen berücksichtigt werden müssen.

- System: Der Systembegriff steht auch für die zur Erbringung einer Dienstleistung erforderlichen Potenziale [16]. Als zu betrachtende und gestaltende Elemente des Dienstleistungssystems werden die Mitarbeiter, die Kunden, die physikalisch-technische Umgebung und die Organisation genannt [19]. Vor allem der Mitarbeiterperspektive wird eine sehr hohe Bedeutung eingeräumt, da der Mitarbeiterstamm als entscheidende „Schlüsselressource" eines Dienstleistungsunternehmens eingeschätzt wird [16][20]. Begründet wird diese Sichtweise u. a. damit, dass der Mitarbeiter durch den direkten Kontakt zum Kunden einen wichtigen Beitrag zur Qualitätswahrnehmung einer Leistung im Markt leistet [21][22][23]. EDVARDSSON und OLSSON formulieren dies wie folgt: „The intangible service becomes tangible for the customer in the encounter with individual staff."

  In diesem Zusammenhang werden neben dem dienstleistungsspezifischen Know-how beim Mitarbeiter auch die Motivation und das Engagement als entscheidende Komponenten für den Erfolg einer Leistung genannt.

  Als zweitem Element des Dienstleistungssystems kommt dem Kunden eine entscheidende Rolle zu [16]. In Erweiterung des oben dargestellten Modells wird hier dem dienstleistungsimmanenten „Externen Faktor" im Modell Rechnung getragen und dieser als gestaltbares Element betrachtet. In diesem Sinne wird gefordert, den Kunden nicht nur hinsichtlich seiner Wünsche zu kennen und die Abläufe in seinem Unternehmen zu verstehen, sondern ihn als Co-Produzenten der zu erbringenden Dienstleistungen zu qualifizieren. Dazu sind nicht nur informatorische Marketing-Maßnahmen gefragt, sondern auch gestalterische Maßnahmen an der Kundenschnittstelle, um dem Kunden die Möglichkeit der aktiven Teilnahme am Dienstleistungsprozess zu geben.

  Als „physikalisch-technische Umgebung" schließlich werden die unternehmenseigenen Geschäftsräume, die IT-Landschaft sowie weitere technische Einrichtungen, aber auch die entsprechenden Ausrüstungen bei Partnern und beim Kunden selbst bezeichnet. Insofern könnten hier bspw. Einrichtungen für Dienstleistungen, die unter Einsatz von I&K-Technologien (z. B. Teleserviceleistungen) über Distanzen erbracht werden, angesprochen sein.

  Im Zusammenhang mit dem Einsatz von modernen Technologien wird insbesondere auf die Notwendigkeit hingewiesen, dass diese Technologien im Einklang mit Mitarbeiter- und Kundenanforderungen sowie organisatorischen Regelungen stehen müssen.

Die Organisation schließlich wird als vierter wichtiger Baustein der Dienstleistungsstruktur gesehen [16]. Dabei werden die Felder der Aufbauorganisation [24][25], der administrativen Support-Systeme, der Gestaltung der Kundenschnittstelle sowie des Marketing angesprochen. Insbesondere sind die letzten beiden Punkte sehr eng mit der Gestaltung des „Externen Faktors" unter Berücksichtigung des Mitarbeiters verbunden – den beiden wichtigsten Gestaltungselementen des Dienstleistungssystems.

- Process: Als Besonderheit des Dienstleistungsprozesses sticht vor allem die Tatsache heraus, dass die Teilprozesse nicht nur beim Dienstleister selbst, sondern auch beim Kunden und ggf. bei Partnern ablaufen [16]. Dennoch wird an den Dienstleister die Forderung gestellt, den Prozess derart zu kontrollieren, dass verschiedene standardisierte Alternativprozesse in Abhängigkeit vom jeweiligen Kundenverhalten ablaufen. D. h., dass kundenseitig ablaufende Prozesse zu antizipieren sind und darauf gemäß dem Service Blueprinting ab der „Line of Interaction" zu reagieren ist [26][27][28].

  Des Weiteren werden die unterschiedlichen Teilprozesse unter dem Aspekt ihrer Sichtbarkeit für den Kunden beleuchtet. Auf die Gestaltung dieser Grenze zwischen sichtbaren und nicht sichtbaren Teilprozessen für den Kunden wurde bereits ebenfalls in einer Vielzahl von Beiträgen hingewiesen [26][27][28].

Daher soll im Folgenden das oben dargestellte Modell, ergänzt um weitere Punkte, als Basis für die Gestaltung industrieller Dienstleistungen dienen.

- Concept: Das hier betrachtete Dienstleistungskonzept besteht aus den drei Bausteinen Hauptleistung, Zusatzleistung, unterstützende Leistung. Die Hauptleistung spiegelt dabei den Kern bzw. die eigentliche Dienstleistungsidee wider. Sie ist das eigentliche Absatzobjekt und dazu geeignet, ein bestehendes Kundenproblem zu lösen. Zusatzleistungen ergänzen die eigentliche Hauptleistung und sind in der Regel nicht als eigenständiges Absatzprodukt vermarktbar. Sie dienen der Steigerung der Qualitätswahrnehmung durch den Kunden. Unterstützende Leistungen schließlich sind als Gestaltungselemente an der Kundenschnittstelle wichtig, da sie dem Kunden die Inanspruchnahme der Hauptleistung erst ermöglichen oder erleichtern.

- Process: Bei der Betrachtung des Dienstleistungsprozesses soll zwischen den beim bzw. mit dem Kunden ablaufenden Prozessen sowie den für ihn sichtbaren und nicht sichtbaren Prozessen beim Dienstleister unterschieden werden.

- Structure: Die Dienstleistungsstruktur schließlich umfasst als Betrachtungselemente die Mitarbeiter im Front- und im Back-Office hinsichtlich ihrer Fähigkeiten und Motivation, die Kunden, die Infrastruktur (Informationstechnik, Geschäftsräume an der Kundenschnittstelle, sonstige technische Geräte und Einrichtungen) sowie die Organisation.

3 Das Service Engineering von industriellen Dienstleistungen

3.1 Die Elemente des Service Engineering

Unabhängig von dem jeweils zu Grunde gelegten Vorgehensmodell (vgl. dazu auch den Beitrag „Vorgehensmodelle und Standards zur systematischen Entwicklung von Dienstleistungen", S. 113) besteht ein Entwicklungsprozess für Dienstleistungen grundsätzlich aus drei Elementen (vgl. Abbildung 3):

- Element 1: Dienstleistungsplanung,
- Element 2: Dienstleistungskonzeption,
- Element 3: Umsetzungsplanung.

Jedes dieser Elemente umfasst mehrere Aufgaben und Teilelemente; demnach stehen Vorgehensmodell und Aufgaben in folgendem Bezug zueinander:

- Die Aufgaben des Service Engineering geben vor, was in einem Entwicklungsvorhaben zu tun ist.
- Das Vorgehensmodell gibt vor, wie und wann diese Aufgaben in einem Entwicklungsvorhaben durchgeführt werden.

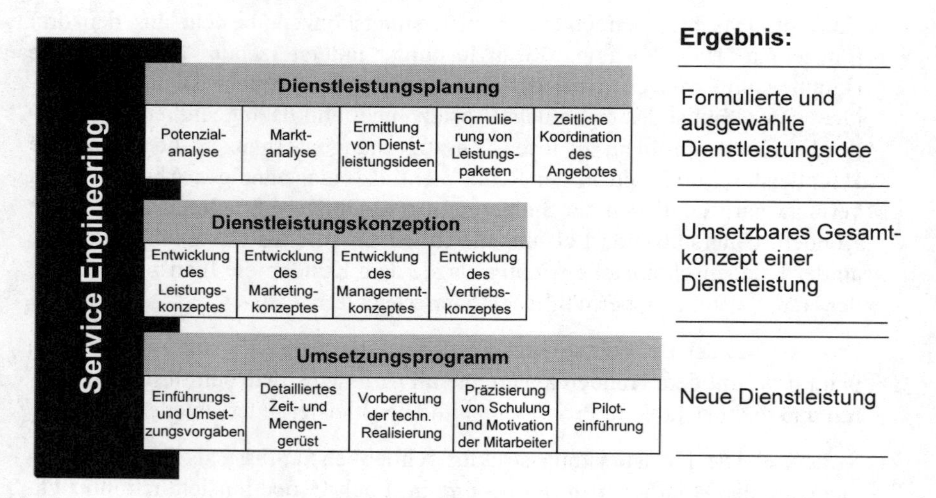

Abbildung 3: Die Elemente des Service Engineering

So können bspw. alle Aufgaben nach dem Prinzip des Phasenmodells nacheinander in einmaligem Durchlauf abgearbeitet, oder aber im Sinne des Prototyping

Ansatzes mehrfach in Iterationsschleifen durchlaufen werden. Die einzelnen Elemente sind inhaltlich stets dieselben, ihre logische und zeitliche Verknüpfung wird dabei durch das ausgewählte Vorgehensmodell bestimmt.

Das Element Dienstleistungsplanung beinhaltet alle Aufgaben, die zum Finden und Formulieren von Dienstleistungsideen führen. Dazu gehören zunächst eine Analyse der im Unternehmen vorhandenen Potenziale sowie eine Marktanalyse. Vor dem Hintergrund der Ergebnisse dieser Analysen werden dann Erfolg versprechende Ideen ausgewählt. Anschließend wird ein Entwicklungsvorschlag formuliert, um eine ausgewählte Idee zu einem marktfähigen Konzept auszugestalten. Ergebnis dieses ersten Bausteins des Service Engineering ist eine grob formulierte Dienstleistung.

Das zweite Element ist die Konzeption einer neuen Dienstleistung. Hierbei werden die einzelnen Bestandteile einer Dienstleistung festgelegt und dimensioniert. Es werden alle Aspekte einer Dienstleistung soweit detailliert, dass anschließend ein direkt umsetzbares Gesamtkonzept vorliegt. Dazu gehören neben dem Leistungskonzept auch ein Marketing-, ein Vertriebs- und ein Managementkonzept für die Dienstleistung. Am Ende dieses Elements steht eine umsetzbare Dienstleistung.

In der letzten Phase dieses Entwicklungsprozesses, der Umsetzungsplanung, werden alle Belange der späteren Überführung des fertigen Dienstleistungskonzepts in die Praxis erarbeitet. Dies beinhaltet alle Aspekte, die dazu dienen, die erstmalige Leistungsbereitschaft herzustellen. Zu dieser Phase gehören deshalb Aufgaben der Planung von Qualifizierung und Akquisition der „dienstleistenden" Mitarbeiter sowie zur Beschaffung der einzusetzenden Hilfsmittel (EDV, technische Geräte, Unterlagen, usw.). Zudem muss für die Dienstleistung ein Konzept zur Markteinführung erstellt und ggf. eine Piloteinführung vorbereitet werden. Resultat dieses Elements ist ein Ergebnisbericht über die Piloteinführung der Dienstleistung.

3.2 Dienstleistungsplanung

Die Phase der Dienstleistungsplanung beginnt mit einer systematischen Ideenfindung. Diese dient dazu, zunächst zielgerichtet eine konkrete Idee für eine Dienstleistung zu „finden". Der Ausdruck „systematisches Finden" thematisiert hier den Spagat zwischen Systematik und Kreativität. Das Finden einer Idee kann lediglich durch systematisches Suchen gezielt unterstützt werden, jedoch nicht selbst systematisiert werden. Hier ist immer ein kreativer und daher nicht steuerbarer Einfall erforderlich, der z. B. im Rahmen eines Einsatzes von Kreativitätstechniken hervorgebracht werden kann. In diesem Sinne ist auch der Ausdruck „systematische Ideenfindung" zu verstehen. Ein Hilfsmittel ist die Hierarchisierung, z. B. unterstützt durch das Molekularmodell (vgl. Abbildung 4).

Vor diesem Hintergrund werden nachfolgend Schritte beschrieben, die dazu beitragen, den Suchraum für eine Dienstleistungsidee aufzuspannen und gezielt zu reduzieren. Je genauer durch Vorgaben eingeschränkt werden kann, wonach gesucht werden soll, desto höher ist auch die Wahrscheinlichkeit, eine passende Idee zu finden.

Dabei kann der Schwerpunkt der Ideensuche unterschiedlich gelagert sein: Beim potenzialorientierten Ansatz liegt der Ausgangspunkt der Entwicklung bei den Kernkompetenzen eines Unternehmens, für die eine neue oder zusätzliche Nutzung in Form einer Dienstleistung angestrebt wird. Dementsprechend werden zunächst geeignete Dienstleistungspotenziale ausgewählt. Daraufhin wird ermittelt, ob der Markt neue Nutzungsmöglichkeiten im Rahmen von Dienstleistungen für die bereits vorhandenen Potenziale anbietet. Im Laufe des Entwicklungsprozesses verschiebt sich dann der Fokus immer stärker hin zur Marktorientierung, um die Dienstleistung kontinuierlich nach den Bedürfnissen der Abnehmer auszurichten. Mit Hilfe dieser potenzialorientierten Vorgehensweise erfolgt nicht nur die Nutzung der eigenen Stärken und Ressourcen, sondern auch eine Risikoverringerung bedingt durch den reduzierten Investitionsbedarf und die vorhandenen Erfahrungen. Deshalb bietet sich der potenzialorientierte Ansatz insbesondere für kleine und mittlere Unternehmen mit geringer Kapitalausstattung an [29].

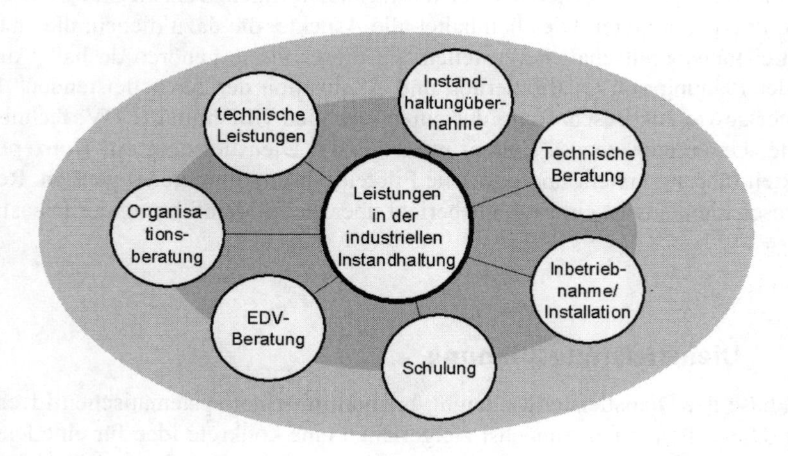

Abbildung 4: Strukturierte Dienstleistungsideen [30]

Für große Unternehmen ist in erster Linie der marktorientierte Ansatz für den Entwicklungsprozess sinnvoll. Soll z. B. aus strategischen Gründen ein neues Marktsegment erschlossen werden, so kann ein Großunternehmen, dank seiner finanziellen Möglichkeiten, die erforderlichen Potenziale neu aufbauen oder extern zukaufen. Dazu wird zunächst eine Marktanalyse durchgeführt und eine

Auswahl existenter Problemfelder getroffen. Anschließend werden im Laufe des Entwicklungsprozesses alle dazu benötigten Potenziale und Ressourcen ermittelt, konkretisiert und ihre Beschaffung geplant. Hier wandert der Schwerpunkt während der Entwicklung also in die umgekehrte Richtung, von der Markt- hin zur Potenzialorientierung. Da kleinen und mittleren Unternehmen oftmals die finanzielle Ausstattung zur Durchführung des marktorientierten Ansatzes fehlt, empfiehlt es sich für diese, über Kooperationen die finanziellen Risiken zu teilen [31].

Bei der Auswahl der Potenziale stehen vor allem die Dauerhaftigkeit von Wettbewerbsvorsprüngen sowie die Kompatibilität zur Unternehmensstrategie im Vordergrund. Außerdem sind die diesen Potenzialen zugrunde liegenden Unternehmensressourcen auszuweisen.

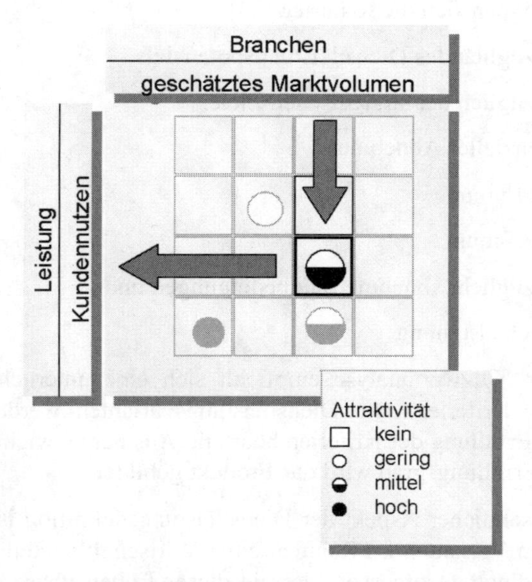

Abbildung 5: Attraktivität von Dienstleistungsideen [30]

Die Ermittlung der Problemfelder erfolgt zunächst auf der Grundlage unternehmensinterner Informationen, die in Bereichen mit unmittelbarem Kundenkontakt vorliegen (z. B. Vertrieb, After-Sales-Service). Zur Identifikation von Problemfeldern, die außerhalb bereits erschlossener Kundenkreise liegen, leisten vor allem Analogieschlüsse und quantitative Feldstudien einen Beitrag. Die Problemdefinition hat demnach den Charakter einer kreativen Suche, die durch den Einsatz einer Suchfeldanalyse – soweit möglich – strukturiert und systematisiert wird [32].

Die Analyse und Bewertung von Kundenproblemen dient dazu, Verständnis für Ursachen und Auswirkungen der zuvor ermittelten Probleme potenzieller Kunden zu schaffen. Die Auswahl der Probleme umfasst die Aufgaben der Ermittlung der

Konsequenzen eines Kundenproblems, der Ermittlung der Problemursachen sowie der Bewertung des Problems hinsichtlich der Attraktivität eines Leistungsangebots.

Die systematische Ermittlung aller Beschreibungsparameter der Leistung sowie deren Belegung mit konkreten Ausprägungen sind für die Konkretisierung ausgewählter Dienstleistungsideen unerlässlich. In diesem Schritt werden die Leistungsinhalte, die Zielgruppe, die einzusetzenden Ressourcen sowie die grundlegenden Elemente eines Vertriebs- und Marketingkonzepts formuliert.

Aus den möglichen Dienstleistungsvarianten sind anschließend diejenigen auszuwählen, die besonders Erfolg versprechend sind. Dazu wird zunächst eine qualitative Grobbewertung der Varianten durchgeführt. Zur Auswahl der Dienstleistungsvarianten eignen sich die Kriterien [33]:

- Eignung bezüglich des Dienstleistungspotenzials,
- Eignung bezüglich der strategischen Ziele,
- Anzahl potenzieller Abnehmer,
- Funktionale Eignung,
- Einführungseignung,
- Eignung bezüglich Abnehmerrandbedingungen und
- Wirtschaftliche Eignung.

Im Rahmen der Nutzwertanalyse empfiehlt sich eine unternehmensspezifische Gewichtung der Kriterien. Die Dienstleistungsvarianten werden dann einzeln hinsichtlich der Erfüllung der Kriterien beurteilt. Aus der Gewichtung eines Kriteriums und dem Erfüllungsgrad wird das Produkt gebildet.

Ein weiterer wesentlicher Aspekt der Dienstleistungsdefinition ist die Bewertung der ausgewählten Varianten im Rahmen einer Wirtschaftlichkeitsanalyse. Grundsätzlich ist allerdings anzumerken, dass in dieser frühen Phase der Entwicklung eine Abschätzung der Wirtschaftlichkeit lediglich auf einem relativ groben Niveau durchgeführt werden kann.

3.3 Dienstleistungskonzeption

Das Leistungskonzept stellt den Kern des gesamten Dienstleistungskonzepts dar. Für die Dienstleistungskonzeption resultieren daraus somit ergebnis-, prozess- und potenzialbezogene Aufgaben. Für das Leistungskonzept ergibt sich demnach, dass darin all diejenigen Potenzial-, Prozess- und Ergebniskomponenten einer Dienstleistung beschrieben werden, die direkten Bezug zur Leistungserbringung haben. Zunächst soll nur beispielhaft erläutert werden, was unter einem Leistungskonzept zu verstehen ist, da Dienstleistungen in ihren Eigenschaften sehr heterogene Gebilde darstellen und somit über sehr unterschiedliche Bestandteile verfügen können. Anschließend wird eine methodisch unterstützte Vorgehensweise aufgezeigt, mit der ein Leistungskonzept systematisch entwickelt werden kann.

Eine ergebnisbezogene Aufgabe der Leistungskonzeption ist bspw. bei Teleservice-Dienstleistungen die Festlegung des Service-Levels, der mit dem Dienstleistungsangebot erreicht werden soll. Dabei werden Leistungspakete aus Teleservice-Bausteinen geschnürt, die den Dienstleistungsumfang und -inhalt angeben. Vom Prinzip her entspricht das einem Molekularmodell, wie es bereits in der Phase der Planung von Dienstleistungen vorgestellt wurde. Die Konzeption hingegen erfordert eine deutlich stärkere Detaillierung der bereits angelegten Bausteine der Dienstleistungsidee (z. B. Unterstützung in Wartungsintervallen), die gegebenenfalls um einige Ergänzungen erweitert wird (z. B. Audio-/Bild+Audio-/Film+Audio-Unterstützung), um so eine möglichst vollständige Angabe der Bestandteile sämtlicher Leistungsvariablen im Leistungskonzept sicherzustellen. Ein namhafter Teleservice-Anbieter bspw. hat auf diese Weise aus einer Vielzahl detaillierter Bausteine drei Teleservice-Pakete definiert: ein Basis-, ein Standard- und ein Top-Paket. Eine derartige Festlegung der anzubietenden Service-Levels zielt dabei primär auf die Ergebnisse der Dienstleistungen und den damit verbundenen Kundennutzen ab.

Die Prozessdimension soll abbilden, auf welchem Weg die Ergebnisse einer Dienstleistung erzielt werden. Dies setzt voraus, dass zuvor in der Leistungskonzeption alle bei der Leistungserbringung auszuführenden Tätigkeiten festgelegt und verknüpft werden. Das Detaillierungsniveau muss dabei ausreichend genau gewählt werden, so dass allen Beteiligten der Dienstleistungsprozess unmissverständlich kommuniziert werden kann. Zur Darstellung von Tätigkeitsabläufen werden Prozesspläne herangezogen, für deren Erstellung weitgehend vereinheitlichte Regeln und Elemente existieren. Konventionelle Prozesspläne werden vor allem im Rahmen von Analysen zur Optimierung unternehmensinterner Prozesse als Hilfsmittel verwendet. Sie dienen nicht nur zur Darstellung der Prozessinhalte, sondern können auch Informationen über beteiligte Ressourcen, Prozessdauer oder Qualitätsmerkmale aufnehmen. Neben den Grundelementen Start, Ende, Prozess, Elementarprozess und Entscheidung existieren für die Prozessdarstellung auch branchenspezifisch erweiterte Symbolbibliotheken, die bei der Dienstleistungskonzeption ebenfalls Verwendung finden können.

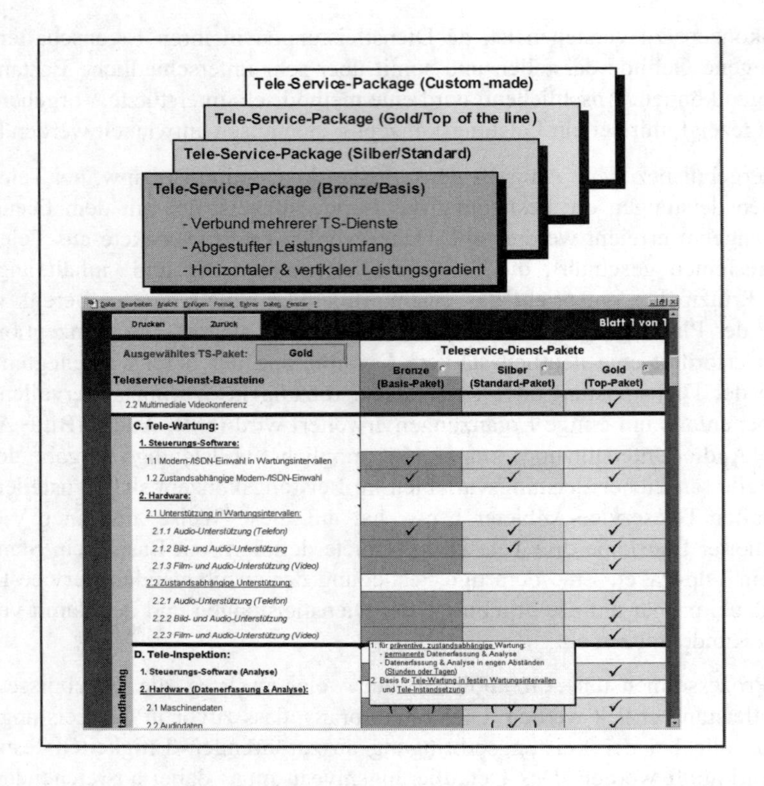

Abbildung 6: Beschreibung verschiedener Service Level [26]

Da bei Dienstleistungen der Kunde direkt oder indirekt in den Erstellungsprozess einbezogen wird, stellen sich solche Prozessschritte, sofern sie unter Kundenbeteiligung durchgeführt werden, als besonders qualitätskritisch dar. Folglich sollten derartige Tätigkeiten innerhalb einer Dienstleistung zwingend zielführend, robust und möglichst reproduzierbar sein. Aber auch Aspekte, die auf die Wohlbefindlichkeit des Kunden abzielen, sind bei interaktionsintensiven Prozessen besonders sorgfältig in der Konzeption zu berücksichtigen.

Zu diesem Zweck werden bei der Dienstleistungskonzeption Blueprints zur Darstellung von Prozessen angewendet, bei denen die einzelnen Prozessschritte je nach Kundenkontaktintensität den Bereichen Back Office, Kundenkontaktbereich oder Erbringung durch den Kunden zugeordnet werden [28]. Auf diese Weise wird vor dem Hintergrund der Kundenkontaktintensität eine Priorisierung von Prozessen für die Leistungskonzeption vorgenommen. Außerdem kann auch die Konzeption des Marketings oder des Dienstleistungsmanagements an einer solchen Vorstrukturierung ansetzen. Für die Zielgruppe derjenigen Mitarbeiter, die die Dienstleistung später erbringen sollen, können auf Grundlage der Blueprints dann leicht verständliche Verfahrensanweisungen erarbeitet werden, in denen die durchzuführenden Tätigkeiten innerhalb der Prozessschritte beschrieben werden.

Die so dokumentierten Prozessstrukturen setzen bestimmte Fähigkeiten und Ressourcen voraus. Diese werden in der Potenzialdimension einer Dienstleistung abgebildet. Daher sind im Rahmen der Leistungskonzeption neben den Dienstleistungsergebnissen und -prozessen die zugrunde liegenden Ressourcen zu gestalten. Einerseits sind alle mitarbeiterbezogenen Dienstleistungsaspekte zu berücksichtigen, wozu auch die Zuordnung von Prozessschritten zu Unternehmensbereichen zählt. Aufgaben und Tätigkeiten müssen konkret Arbeitsstellen zugeordnet werden, indem Stellenbeschreibungen verfasst werden. Aufbauend auf Stellenbeschreibungen lassen sich anschließend Kapazitätsbedarfe ableiten. Aus Stellenbeschreibungen ergeben sich weiterhin Qualifikationsbedarfe für das Dienstleistungspersonal, die ebenfalls Bestandteil der potenzialorientierten Leistungskonzeption sind. Auch die Auswahl eines geeigneten Arbeitszeitmodells, mit dem die Leistungsbereitschaft sichergestellt werden soll, gehört bspw. zu diesem Teil der Leistungskonzeption.

Andererseits erfolgt neben den Aspekten des Personals auch die Zuordnung spezifizierter technischer Bestandteile zu potenzialbezogenen Aufgaben der Leistungskonzeption. Insbesondere bei neuen Internet-, Call Center- oder Mediendienstleistungen ist das Aufstellen eines I&K-Konzepts ein zentraler Bestandteil der Leistungskonzeption. Am Beispiel des Teleservices ist demnach festzulegen, auf welche Weise der Kontakt zum Kunden hergestellt wird. Vor dem Hintergrund der Menge und Qualität der zu übermittelnden Informationen stehen dafür verschiedene Alternativen wie Telefon, Telefax, Internet oder andere Datennetze zur Auswahl. Darauf aufbauend ist sowohl die benötigte Hardware als auch die Software zunächst sukzessive zu spezifizieren. Auf sehr detaillierter Ebene können bspw. Datenmodelle oder ein programmierter Maschinencode Ergebnis der potenzialbezogenen Konzeption sein. Der Detaillierungsgrad der technischen Seite ist neben der Wirtschaftlichkeit vor allem abhängig von den vorhandenen Potenzialen im Unternehmen. Die Spezifizierung des Konzepts muss jedoch soweit vorangetrieben werden, dass die technischen Dienstleistungskomponenten zumindest durch Kauf oder Fremdvergabe realisiert werden können. Bspw. ist davon auszugehen, dass Maschinenbauunternehmen, die Teleservice-Dienstleistungen anbieten wollen, weder die vollständige Konzeption der Hardware noch der Software anstreben. Die Programmierung einer geeigneten Benutzeroberfläche zur Darstellung des Betriebszustands einer Maschine ist bspw. ein Bestandteil der Entwicklung einer Teleservice-Dienstleistung, der fremdvergeben werden kann. Den Beitrag, den der Maschinenhersteller im Rahmen der Konzeption allerdings leisten muss, ist die Festlegung der Funktionalität mit allen relevanten Informationen und ggf. die Definition der Schnittstellen zu den Maschinensteuerungen. Ebenso wird kein Maschinenbauunternehmen die notwendigen Videokameras, Bildschirme, Mikrofone oder Lautsprecher zur Aufnahme und Wiedergabe audiovisueller Daten selbst entwickeln oder gar herstellen. Auch hier müssen allerdings zumindest die

Anforderungen bezüglich der Bildauflösung, Tonqualität oder Übertragungsgeschwindigkeit im Rahmen der Leistungskonzeption formuliert werden.

Anhand der aufgezeigten Beispiele wird deutlich, dass die Aspekte, die bei der Leistungskonzeption zu berücksichtigen sind, wesentlich von der Art der Dienstleistung abhängen. Eine vollständige, explizite Aufzählung aller Bestandteile eines Leistungskonzepts ist daher nicht möglich. Jedoch gibt die Dienstleistungsunterteilung in Potenzial, Prozess und Ergebnis eine Struktur von Dimensionen vor, aus denen sich das Leistungskonzept zusammensetzt.

3.4 Umsetzungsplanung

Mit der Dienstleistungsplanung und der Dienstleistungskonzeption ist bis zu diesem Zeitpunkt ein detailliertes Konzept erarbeitet worden, das alle Elemente und Zusammenhänge während der Erbringung einer Dienstleistung ausreichend präzise beschreibt. Auf dieser Grundlage ist es Aufgabe der Umsetzungsplanung, alle Aspekte für den erstmaligen Aufbau der Leistungsbereitschaft zu erarbeiten. D. h. mit Abschluss der Umsetzungsplanung muss ein Unternehmen in der Lage sein, die Leistungsbereitschaft tatsächlich aufzubauen. Die Umsetzungsplanung ist daher als Projektmanagement anzusehen und enthält die wesentlichen Aufgaben:

- Ausarbeitung von Einführungs- und Umsetzungsvorgaben
- Detaillierte Zeit- und Mengenplanung
- Erarbeitung von Plänen zur Schulung und Motivation von Mitarbeitern, die an der Dienstleistungserbringung beteiligt sind
- Planung der technischen Realisierung
- Ggf. eine Piloteinführung

Die Reihenfolge dieser Aufgaben ist nicht grundsätzlich als lineare Abfolge aufzufassen [12]. Vielmehr sind in dieser Phase des Service Engineering nachbessernde Iterationen zu erwarten, da einzelne Dienstleistungskomponenten hier erstmalig unter realen Bedingungen getestet werden können.

Der Ausarbeitung von Einführungs- und Umsetzungsvorgaben in der Umsetzungsplanung kommt wegen der finanziellen Auswirkungen besondere Bedeutung zu. Dazu gehören alle Aspekte, die die praktische Einführung einer Dienstleistung betreffen. Als übergeordnete Aufgabe der Umsetzungsplanung sind hier zunächst alle Aufgaben und Termine für die Markteinführung in einem detaillierten Projektplan festzuhalten.

Aus den Informationen eines Dienstleistungskonzepts ist dann abzuleiten, wie die Dienstleistung in die betriebliche Praxis integriert wird. Ein wichtiger Aspekt ist hierbei die Bereitstellung der einzusetzenden Ressourcen. Dazu ist in dem Dienstleistungskonzept erarbeitet worden, welche Ressourcen in welcher Menge für welche Aufgaben benötigt werden. Im Anschluss erfolgt die Planung für dieses Mengengerüst, wobei hier die Zeitpunkte der Verfügbarkeit bestimmter Einsatzfaktoren festgelegt werden. Schließlich bleibt zu überprüfen, welche Einsatzfaktoren bereits im Unternehmen verfügbar sind und welche noch „beschafft“ werden müssen. So kann bspw. die Einstellung zusätzlicher Mitarbeiter erforderlich sein, weil Anzahl oder Qualifikation der vorhandenen Mitarbeiter nicht ausreichen, um die angestrebte Absatzmenge an Dienstleistungen erbringen zu können. Entsprechende Maßnahmen zur Erreichung des gewünschten Zustands, wie z. B. die Schaltung von Stellenanzeigen, werden in dieser Phase des Service Engineering geplant.

Weiterhin kann es erforderlich sein, vorhandene Mitarbeiter auf ihre neuen Tätigkeiten im Rahmen einer Dienstleistung vorzubereiten. Dazu müssen geeignete Schulungs- und Motivationsprogramme geplant werden.

Ebenso muss die Bereitstellung der technischen Ausrüstung oder einer bestimmten Infrastruktur geplant werden, um eine Dienstleistung erbringen zu können. Solche Komponenten können entweder selbst entwickelt und realisiert, oder extern zugekauft werden. In diesem Zusammenhang ist ebenfalls zu planen, wie bspw. für Dienstleistungen auf Basis neuer Informations- und Telekommunikationstechnologien, die Infrastruktur nach Kostenaspekten schrittweise aufgebaut werden soll.

Neben der Beschaffung zusätzlicher Ressourcen für eine Dienstleistung ist unter Umständen auch die Anpassung der Aufbauorganisation erforderlich. Hat sich bspw. ein produzierendes Unternehmen entschieden, künftig technische Dienstleistungen als eigenständige Absatzleistungen anzubieten, so kann die Einrichtung einer neuen Abteilung mit eigenem Vertrieb und weiteren Aufgaben für das Dienstleistungsgeschäft eine sinnvolle Veränderung der Aufbauorganisation sein. Entscheidet sich ein Unternehmen, nicht alle Teilleistungen einer Dienstleistung selbst zu erbringen, muss zudem die Einbeziehung von Kooperationspartnern oder Fremddienstleistern in allen Einzelheiten geplant und organisiert werden.

Im Rahmen der Umsetzungsplanung wird das Dienstleistungskonzept zur vollständigen Marktreife gebracht, weshalb es sich hier anbietet, mittels einer Piloteinführung die neue Leistung in ihren Teilkomponenten oder als Ganzes unter realen Marktbedingungen zu testen. Unter ungünstigen Bedingungen können dabei gewonnene Erkenntnisse auch Iterationsschleifen zurück in die Phase der Konzeption oder gar der Ideenfindung auslösen. Auch wenn dadurch ein zusätzlicher Arbeitsaufwand entsteht, sind derartige Iterationen dennoch als positiv anzusehen, da sie letztlich kostspielige Auswirkungen von Fehlentwicklungen nach der Markteinführung verhindern.

Die genannten Beispiele mögen einen Eindruck vermitteln, was Aufgabe und Bedeutung der Umsetzungsplanung sind. Es ist ersichtlich, dass eine vollständige Aufzählung aller Aspekte hier nicht möglich und sinnvoll ist, da sich die spezifischen Anforderungen für den Einzelfall aus dem Konzept jeder Dienstleistung ableiten. Vielmehr verdeutlicht dieser Abschnitt das grundsätzliche Vorgehen in der Umsetzungsplanung. Damit wird ein Handlungsrahmen aufgezeigt, wie Unternehmen diese Phase des Service Engineering durchführen können.

Mit Abschluss der Umsetzungsplanung endet das Service Engineering. Als Ergebnis liegt nunmehr ein robustes Dienstleistungskonzept und ein Plan zu dessen Umsetzung vor. Darin sind alle relevanten Informationen soweit systematisch erarbeitet und aufbereitet, dass ein an den Kundenbedürfnissen ausgerichtetes Dienstleistungsangebot hoher Qualität am Markt platziert werden kann.

Literaturverzeichnis

[1] Jugel, S.; Zerr, K.: Dienstleistungen als strategisches Element eines Technologie-Marketing, in: Marketing – ZFP, (1989)3, S.162-172.

[2] Forschner, G.: Investitionsgüter-Marketing mit funktionellen Dienstleistungen: Die Gestaltung immaterieller Produktbestandteile im Leistungsangebot industrieller Unternehmen, Dissertation, Universität Freiburg, Berlin 1988.

[3] Buttler, G.; Stegner, E.: Industrielle Dienstleistungen, in: Zeitschrift für betriebswirtschaftliche Forschung, 42(1990)11, S. 931-946.

[4] Graßy, O.: Industrielle Dienstleistungen: Diversifikationspotenziale für Industrieunternehmen, Dissertation, Universität Augsburg 1993, München 1993.

[5] Elbl, T.; Wolfrum, B.: Situative Determinanten für die Dimensionierung industrieller Dienstleistungen, in: Marketing – ZFP, (1994)2, S. 121-132.

[6] Haß, H.-J.: Industrienahe Dienstleistungen, in: Beiträge zur Wirtschafts- und Sozialpolitik des Instituts der deutschen Wirtschaft Nr. 223, (1995)3.

[7] Homburg, C.; Garbe, B.: Industrielle Dienstleistungen – lukrativ, aber schwer zu meistern, in: Harvard Business Manager, (1996)1, S. 68-75.

[8] Meyer, A.: Dienstleistungs-Marketing, Augsburg 1983.

[9] Lovelock, C.: Managing Services, Englewood Cliffs 1988.

[10] Meffert, H.: Marktorientierte Führung von Dienstleistungsunternehmen – neuere Entwicklungen in Theorie und Praxis, in: Die Betriebswirtschaft, 54(1994)4, S. 519-541.

[11] Benkenstein, M.; Güthoff, J.: Typologisierung von Dienstleistungen, in: Zeitschrift für Betriebswirtschaft, 66(1996)12, S. 1493-1510.

[12] Jaschinski, C.: Qualitätsorientiertes Redesign von Dienstleistungen, Dissertation, RWTH Aachen, Aachen 1998.

[13] Hauer, C.: Kennzahlengestützte Qualitätsregelkreise zur Steigerung der Kundenzufriedenheit bei Serviceprozessen, Dissertation, Technische Universität Hamburg-Harburg 1998, Düsseldorf 1998.

[14] Brumby, L.; Corsten, A.: Marktstudie Fremdinstandhaltung 2000, Aachen 2001.

[15] Fähnrich, K.-P. et al.: Service Engineering. Ergebnisse einer empirischen Studie zum Stand der Dienstleistungsentwicklung in Deutschland, Stuttgart 1999.

[16] Edvardsson, B.; Olsson, J.: Key Concept for New Service Development, in: The Service Industries Journal, 16(1996)2, S. 140-164.

[17] Donabedian, A.: Evaluating the Quality of Medical Care, in: Milbank Memorial Fund Quarterly, 44(1966)o. Nr., S. 166-203.

[18] Donabedian, A.: Explorations in Quality Assessment and Monitoring. Volume I: The Definition to Quality and Approaches to its Assessment, Ann Arbor 1980.

[19] Edvardsson, B.; Gustavsson, B.-O.: Problem Detection in Service Management Systems - A Consistency Approach in Quality Improvement. Karlstad 1990, in: Proceedings of the QUIS – Quality in Services Conference, July 8- 11, 1990, Norwalk, Connecticut 1990.

[20] Heskett, J. L.; Sasser, W. E.; Schlesinger, L. A: The Service Profit Chain, New York 1997.

[21] Bowen, D. E.; Schneider, B.: Boundary-Spanning Role of Employees and the Service Encounter, in: Czepiel, J.; Soloman, M.; Suprenant, C.: The Service Encounter, Lexington 1985, S. 124-147.

[22] Parasuraman, A.; Berry, L.; Zeithaml, V.: Understanding Customer Expectations of Service, in: Sloan Management Review, Spring 1991; S. 39-48.

[23] Crane, F. G.; Clarke, T. K.: The Identification of Evaluative Criteria and Cues Used in Selecting Services, in: Journal of Service Marketing, 2(1988)2, S. 53-59.

[24] Horwitz, F. M.; Neville, M. A.: Organization Design for Service Excellence: A Review of the Literature, in: Human Resource Management, 35(1996)4, S. 471-492.

[25] Liestmann, V.; Scherrer, U.: Entwicklung eines Instrumentariums zur unternehmensspezifischen Konzeption einer geeigneten Organisationsform für eigenständige industrielle Dienstleistungen im Maschinen- und Anlagenbau, Abschlussbericht, AiF-Nr. 12186, Aachen 2001.

[26] Luczak, H. et al.: Service Engineering. Der systematische Weg von der Idee zum Leistungsangebot, München 2000.

[27] Shostack, G. L.: Designing services that deliver, in: Harvard Business Review, (1984)1, S. 133-139.

[28] Shostack, G. L.: Service Positioning through Structural Change, in: Journal of Marketing, 51(1987)1, S. 34-43.

[29] Sontow, K.; Kallenberg, R.; Fischer, J.: Gestaltung von Leistungsprogrammen im Service, FIR-Sonderdruck 1998.

[30] Liestmann, V. et al.: Systematische Entwicklung von Dienstleistungen eines Fremdinstandhalters, in: Technischer Vertrieb, (1999)2, S. 52-54.

[31] Liestmann, V. et al.: Kooperationen Industrieller Dienstleistungen, in: Luczak, H.; Schenk, M. (Hrsg.): Kooperationen in Theorie und Praxis, Düsseldorf 1999.

[32] Luczak, H.; Sontow, K.: Dienstleistungspotenziale im Maschinen- und Anlagenbau, in Bullinger, H. J.; Zahn, E.: Dienstleistungsoffensive – Wachstumschancen intelligent nutzen, Stuttgart 1998.

[33] Luczak, H.; Jaschinski, C.; Sontow, K.: Entwicklung einer Vorgehensweise zur Planung eines potentialorientierten Dienstleistungsprogramms für kleine und mittelständische Unternehmen des Maschinen- und Anlagenbaus, Abschlussbericht, AiF-Nr. 10329, Aachen 1997.

Entwicklung hybrider Produkte – Gestaltung materieller und immaterieller Leistungsbündel

Dieter Spath
Fraunhofer-Institut für Arbeitswirtschaft und Organisation (IAO), Stuttgart
Lutz Demuß
DEMUSS CONSULTING, Karlsruhe

Inhalt

1 Der Wandel produzierender Unternehmen zu integrierten Produkt- und Dienstleistungs-unternehmen

Technisch und qualitativ hochwertige Produkte sicherten lange Zeit deutschen Unternehmen einen nachhaltigen Wettbewerbsvorsprung. In zunehmend reiferen Branchen kommt es jedoch zu einer stetigen Verringerung des technischen Differenzierungspotenzials; Produktfunktionalitäten, Qualität und Preis gleichen sich immer mehr an. Steigender Wettbewerbsdruck und Margenverfall sind die Folge. Die Unternehmen reagieren auf diesen Trend, indem sie das Kerngeschäft um Dienstleistungsangebote zu einem *Systemgeschäft* erweitern, um sich am Markt wieder besser differenzieren zu können und den Margenverfall zu kompensieren. Der Erfolg gibt diesen Unternehmen Recht, denn in vielen Bereichen haben die Serviceleistungen bereits einen größeren Einfluss auf die Kaufentscheidungen als die Preise und die Funktionalität des Produkts; rund um High-Tech-Produkte werden systematisch High-Tech-Serviceleistungen ergänzt; die produzierenden Unternehmen wandeln sich zu integrierten Produkt- und Dienstleistungsunternehmen.

Ein weiterer Trend ist erkennbar, der die Unterscheidung von Produkt- und Servicemerkmalen in Zukunft noch schwerer werden lässt, als es schon heute ist. Die Kunden erwarten immer komplexere, ganzheitliche Problemlösungen von den Unternehmen, die zu einer Verschmelzung des Produkt- und Servicegeschäfts führen. Performance Contracting-Leistungen und Betreibermodelle sind aktuelle Beispiele für das *kundenindividuelle Lösungsgeschäft*, welches vor allem für die Investitionsgüterhersteller als eigenständiges Geschäft eine zunehmend wichtige Rolle spielt.

In der Praxis hingegen prägen noch immer die folgenden beiden Problemfelder die Unternehmensrealität:

Das erste Problemfeld ist *Art und Umfang der angebotenen industriellen Dienstleistungen.* Ergänzende und integrierte Produkt- und Servicebündel müssen ebenso strategisch geplant werden wie das klassische Produktgeschäft. Bei vielen Unternehmen ist jedoch das Leistungsangebot historisch gewachsen. *UnfokussierteLeistungsprogramme*, die trotz einer hohen Variantenvielfalt die Bedürfnisse der Kunden ungenügend treffen, haben zu einer unsystematischen Ausweitung des *ergänzenden Leistungsprogramms* geführt. Die „Dienstleistungswüste" hat sich mittlerweile zu einem bei Anbieter und Nachfrager gleichermaßen intransparenten „Service Dschungel" entwickelt, der Kosten- und Preisnachteile verursachen [1]. Und produzierenden Unternehmen fällt es noch immer schwer, für ergänzende Dienstleistungen die *Zahlungsbereitschaft* beim Kunden abzugreifen, so dass manche Dienstleistung zwecks Absatzförderung des Kernprodukts „verschenkt" wird. Vielen Unternehmen fällt es dagegen noch immer schwer, neue industrielle Dienstleistungen überhaupt anbieten zu wollen, weil es zu keinem *Mentalitäts-*

wechsel kam; Produkt und Service werden weiterhin als *nebeneinander bestehende Leistungsprogramme* gesehen und das Servicegeschäft spielt erschwerend nur eine untergeordnete Rolle.

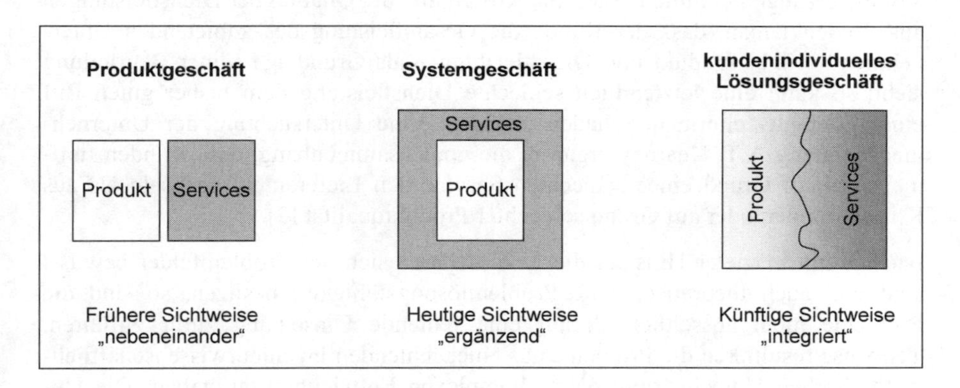

Abbildung 1: Paradigmenwechsel in der Produkt- und Dienstleistungsentwicklung [1]

Unternehmen ist jedoch das Leistungsangebot historisch gewachsen. *Unfokussierte Leistungsprogramme*, die trotz einer hohen Variantenvielfalt die Bedürfnisse der Kunden ungenügend treffen, haben zu einer unsystematischen Ausweitung des *ergänzenden Leistungsprogramms* geführt. Die „Dienstleistungswüste" hat sich mittlerweile zu einem bei Anbieter und Nachfrager gleichermaßen intransparenten „Service Dschungel" entwickelt, der Kosten- und Preisnachteile verursachen [1]. Und produzierenden Unternehmen fällt es noch immer schwer, für ergänzende Dienstleistungen die *Zahlungsbereitschaft* beim Kunden abzugreifen, so dass manche Dienstleistung zwecks Absatzförderung des Kernprodukts „verschenkt" wird. Vielen Unternehmen fällt es dagegen noch immer schwer, neue industrielle Dienstleistungen überhaupt anbieten zu wollen, weil es zu keinem *Mentalitätswechsel* kam; Produkt und Service werden weiterhin als *nebeneinander bestehende Leistungsprogramme* gesehen und das Servicegeschäft spielt erschwerend nur eine untergeordnete Rolle.

Das zweite zentrale Problemfeld ist das *Management der Entwicklungsprozesse.* Die weitgehend *unsystematische Entwicklung und Gestaltung* von Sach- und Dienstleistungsbündeln hat dazu geführt, dass viele Servicesysteme inflexibel und ineffektiv sind. Zusätzlich sind sie kostenintensiv und schnittstellenreich, weil Standardisierungs- und Rationalisierungspotenziale nur ungenügend ausgeschöpft werden [1]. Teilweise bleiben Geschäftschancen sogar vollständig ungenutzt, weil die Unternehmen den neuen und komplexen Anforderungen der Kunden ohnmächtig gegenüber stehen. Die Gründe sind, dass Ingenieure und Mitarbeiter nicht die notwendigen *Qualifikationen* für die Entwicklung von Dienstleistungsbündeln besitzen und spezielle Organisationseinheiten und Verantwortlichkeiten für die

Entwicklung von Dienstleistungen i. d. R. ebenso unbekannt sind wie Konzepte für die Umlage der Dienstleistungsentwicklungskosten auf die Produkt- oder Dienstleistungspreise. In Summe wirken sich diese fehlenden organisatorischen Voraussetzungen unmittelbar auf die Kosten und die Qualität der Dienstleistungen aus. Bedenkt man, dass der Kunde die Gesamtleistung des anbietenden Unternehmens – d. h. Produkt und Dienstleistung – als Grundlage seiner Beurteilung sieht, so kann eine letztendlich schlechte Dienstleistung dem bisher guten Ruf eines Sachguts enormen Schaden zufügen. Eine Untersuchung der Unternehmensberatung A.T. Kearney ergab in diesem Zusammenhang, dass Kunden fünfmal eher auf Grund eines schlechten Service den Lieferanten wechseln als aus Kostengründen oder auf Grund schlechter Produktqualität [2].

Auch wenn in vieler Hinsicht die Unternehmen sich der Problemfelder bewusst sind und auch theoretisch eine Problemlösungsfähigkeit besitzen, so sind die Probleme nicht ausschließlich auf eine fehlende Umsetzung zurückzuführen. Teilweise resultieren die Probleme aus einer fehlenden ingenieurwissenschaftlich-methodischen Unterstützung dieser komplexen Entwicklungsaufgaben. Die Unternehmen suchen nach Lösungen, zu denen noch keine klaren Vorgehensweisen formuliert worden sind. Die Erkenntnisse aus dem Service Engineering haben in den letzten Jahren schon große Dienste erwiesen, jedoch handelt es sich hierbei um eine Ingenieurdisziplin, die sich auf die Entwicklung überwiegend immaterieller Leistungsbündel konzentriert. Die sich ergänzenden und integrierten Angebotsbündel aus materiellen und immateriellen Leistungen übertreffen jedoch die bekannte Komplexität klassischer Sachleistungen. Eine ingenieurmäßige Entwicklung dieser Leistungsbündel erscheint deshalb zwingend notwendig, die zwangsweise zu einem Paradigmenwechsel der Produkt- und Dienstleistungsentwicklung führen wird (Abbildung 1). Mit diesem Paradigmenwechsel und den daraus resultierenden neuen Ansätzen für Konstruktionsmethodiken sollen sich die folgenden Ausführungen beschäftigen.

2 Materielle und immaterielle Leistungsbündel industrieller Dienstleistungen

Mit welchen Dienstleistungen können produzierende Unternehmen ihr Produktgeschäft erweitern? Lässt sich das Dienstleistungsangebot für Entwicklungsaufgaben sinnvoll strukturieren und beschreiben? Und welche Bedeutung besitzen die materiellen und immateriellen Anteile der Leistungsbündel für das Engineering? Weshalb müssen sie für Entwicklungsaufgaben getrennt werden? Auf diese grundlegenden Fragen sollen im Folgenden Antworten für ein besseres Verständnis der Entwicklungsobjekte gefunden werden.

2.1 Angebotstypen industrieller Dienstleistungen

Dienstleistungen produzierender Unternehmen werden heutzutage überwiegend als *industrielle Dienstleistungen* bezeichnet [2]. Kennzeichnend für industrielle Dienstleistungen sind immaterielle Leistungen, die von einem Investitionsgüterhersteller in direkter oder indirekter Verbindung mit Sachleistungen angeboten werden. Dieses Kennzeichen schließt aber nicht aus, dass industrielle Dienstleistungen nicht auch einen hohen Anteil an materiellen Leistungen beinhalten können (siehe Kapitel 2.3 mit Beispielen). Industrielle Dienstleistungen sind überwiegend selbständige Leistungen, welche nicht immer unmittelbar mit einem Sachgut in Verbindung stehen müssen, trotzdem aber schwerpunktmäßig der Vermarktung dieser dienen.

Industrielle Dienstleistungen sind ein Teilbereich *investiver Dienstleistungen* (Abbildung 2). Darunter werden Dienstleistungen verstanden, die von Organisationen bzw. Unternehmen nachgefragt werden und bei ihrer Erstellung mit den Wertschöpfungsprozessen des Nachfragers verbunden werden müssen. Daraus resultiert i. d. R. nicht nur ein erheblicher Koordinationsbedarf, auch hat die Güte dieser Abstimmung weitreichende Auswirkungen auf die Kostensituation sowohl beim Nachfrager als auch beim Anbieter [3]. Handelt es sich bei den Nachfragern um Konsumenten, so werden die Dienstleistungen als *konsumtive Dienstleistungen* bezeichnet. *Reine investive Dienstleistungen* unterscheiden sich von industriellen Dienstleistungen darin, dass selbständig marktfähige, immaterielle Leistungen nicht an Sachleistungen gekoppelt sind. Angebote dieser Dienstleistungsunternehmen an Unternehmen sind beispielsweise Beratungsleistungen für Personalwesen und Strategie oder EDV-Dienstleistungen.

In der dritten Ebene lassen sich aus Anbietersicht die industriellen Dienstleistungen in produktbegleitende Dienstleistungen und Performance Contracting unterscheiden:

Produktbegleitende Dienstleistungen sind immaterielle Leistungen, die ein Industriegüterhersteller zur Absatzförderung seiner Güter zusätzlich anbietet. Sie sind damit direkt oder indirekt mit der Hauptleistung verknüpft und tragen als immaterielle Zusatzleistungen dazu bei, den Nutzen des Kunden aus den angebotenen Investitionsgütern zu vervollständigen bzw. zu erhöhen. Die Produktion und der Verkauf des Kernprodukts, d. h. der Sachleistung, stehen jedoch nach wie vor im Mittelpunkt; der Industriegüterhersteller wird so zum „dienstleistenden Produzenten“ [4].

Dem gegenüber stehen *Performance Contracting-Leistungen*. Kennzeichnend ist, dass der Industriegüterhersteller seinen Kunden völlig neue Geschäftsmodelle auf Basis seiner Industriegüter anbietet. Statt seine Investitionsgüter und seine produktbegleitenden Dienstleistungen zu verkaufen, bietet er ein Leistungsbündel aus Sachleistungen und produktbegleitenden Dienstleistungen an. Er verkauft bzw. erbringt eine Leistung oder ein Leistungsergebnis. Das produzierende Unternehmen wird so zu einem „produzierenden Dienstleister" und das eigentliche Kernprodukt Teil umfassender Dienstleistungskonzepte [4].

Führt man eine Angebotssicht ein, so lassen sich auf einer vierten Ebene die produktbegleitenden Dienstleistungen und die Performance Contracting–Leistungen weiter unterscheiden:

Die *gestaltenden Dienstleistungen* sind Dienstleistungen, welche die Produkteigenschaften für den Kunden direkt oder indirekt optimieren. Hierzu zählen beispielsweise im Maschinenbau die Finanzierung, das Simultaneous Engineering, die Leistungssteigerung, der Umbau, Modernisierung oder die Rücknahme [5].

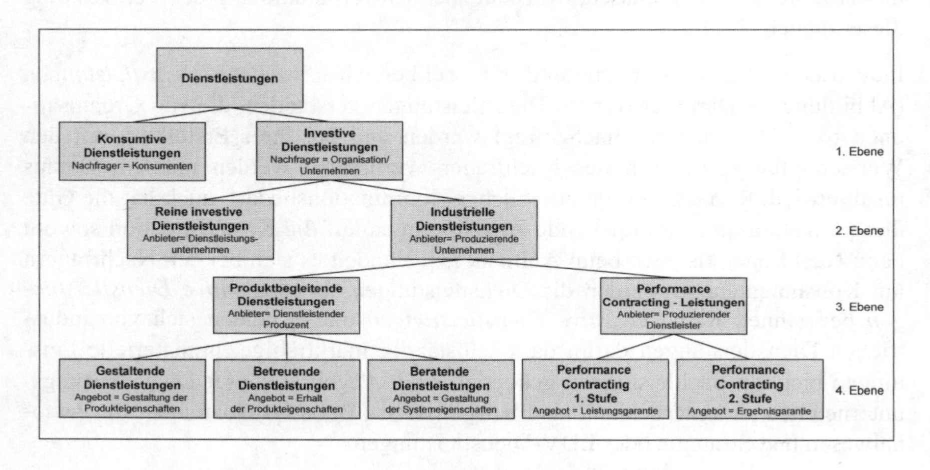

Abbildung 2: Differenzierung des Dienstleistungsbegriffs

Bei den *betreuenden Dienstleistungen* handelt es sich um Dienstleistungen, welche die optimalen Eigenschaften eines Produkts erhalten. Für den Maschinen- und Anlagenbau sind das beispielsweise die Wartung, der Ersatzteildienst, die Schulung oder ein Full-Service [5].

Beratende Dienstleistungen sind dadurch gekennzeichnet, dass die Eigenschaften der Wertschöpfungskette des Kunden, die direkt oder indirekt vom Produkt betroffen sind, optimiert werden. Im Maschinen- und Anlagenbau sind das beispielsweise Prozess- und Konfigurationsberatungsleistungen oder Ingenieurleistungen für die Produktentwicklung.

Das *Performance Contracting der 1. Stufe* umfasst Dienstleistungen, bei welchen eine Leistung für einen festen Mietpreis zur Verfügung gestellt werden. Der Investitionsgüterhersteller überlässt seinen Kunden sein Kernprodukt inklusive eines Full-Service für einen bestimmten Zeitraum zu einem Festpreis und garantiert innerhalb des Zeitraums eine vereinbarte Verfügbarkeit seines Produkts [4]. Der Investitionsgüterhersteller übernimmt dadurch vollständig das technische Risiko seines Produkts. Aber neben dem Risiko der Aufrechterhaltung der optimalen Produkteigenschaften seines Produkts übernimmt er auch das Risiko der Wiederverwendung seines Sachguts am Ende der Vertragslaufzeit. Nicht verantwortlich dagegen ist er für die Betriebsführung und damit für das Personal. Beispiel für solche Geschäftsmodelle sind so genannte „Pay on Availability“- [6], „Care free Motoring“- oder „Contract-Hire“-Konzepte [4].

Beim *Performance Contracting der 2. Stufe* stellt nun der Investitionsgüterhersteller auch das Personal und betreibt seine Sachleistung vollständig selbst. Er verkauft somit eine Leistungsergebnisgarantie. Der Investitionsgüterhersteller übernimmt gegenüber der ersten Stufe auch die Risiken, die aus der Bedienung entstehen, wie beispielsweise die Kosten aus Unfällen, Fehlbedienungen oder Fehlnutzungen. Daneben hat er ein Eigeninteresse an der Optimierung der Wertschöpfungskette seines Kunden, weil die gewonnene Effizienz auch ihm selbst zugute kommt. Unterschieden werden kann innerhalb der zweiten Stufe noch, ob der Investitionsgüterhersteller nur sein Sachgut alleine betreibt, oder ob er einen Teil der Wertschöpfungskette seines Kunden betreibt, die auch sein Sachgut als größere Einheit beinhaltet [4]. Beispiele im Maschinen- und Anlagenbau sind „Pay on Production“, „Betreiberkonzepte“ [6] oder das „Contract Manufacturing“.

2.2 Reifemodell für industrielle Dienstleistungen

Die industriellen Dienstleistungen der vierten Ebene stellen unterschiedliche Möglichkeiten des Investitionsgüterherstellers dar, sich mit immateriellen Leistungsangeboten gegenüber seinen Wettbewerbern zu differenzieren. Je größer jedoch das Differenzierungspotenzial einer industriellen Dienstleistung ist, desto höher sind auch die Anforderungen, diese Dienstleistungsprodukte erfolgreich zu entwickeln und zu erbringen. Das Erfüllen dieser Anforderungen setzt spezifische Fähigkeiten einer Organisation voraus. Lassen sich diese Fähigkeiten in Stufen differenzieren, wobei jede Stufe auf den Fähigkeiten der unteren Stufen aufbaut, so spricht man von einem *Reifemodell*, die einzelnen Stufen werden als *Reifestufen* bezeichnet. Abbildung 3 zeigt ein solches Reifemodell für industrielle Dienstleistungen mit fünf Reifestufen, die gleichzeitig den Angebotstypen industrieller Dienstleistungen entsprechen (vgl. Kapitel 2.1).

Nach diesem Reifemodell können Unternehmen ihr aktuelles Dienstleistungsangebot den fünf Angebotstypen von industriellen Dienstleistungen zuordnen und von der höchsten Reifestufe ausgehend ihr Leistungsangebot durch eine industrielle Dienstleistung der nächsthöheren Reifestufe erweitern. Dabei sollten möglichst keine Reifestufen übersprungen werden, weil i. d. R. ein erfolgreiches Dienstleistungsangebot einer Reifestufe auf den organisatorischen Fähigkeiten und der unternehmerischen Wissensbasis der jeweils unteren Stufe aufbaut. So setzt das Anbieten von Performance Contracting-Leistungen der 1. Stufe voraus, dass das integrierte Produkt- und Dienstleistungsunternehmen sowohl durch Full-

Service-Leistungen die Produktqualität einer Sachleistung optimal erhalten (Reifestufe 2), als auch die Leistungsprozesse des Kunden in optimaler Weise gestalten kann (Reifestufe 3). Die Summe dieser Fähigkeiten ist die Voraussetzung, dem Kunden auf Reifestufe 4 im Rahmen von innovativen Geschäftsmodellen eine Leistungsgarantie gewähren zu können.

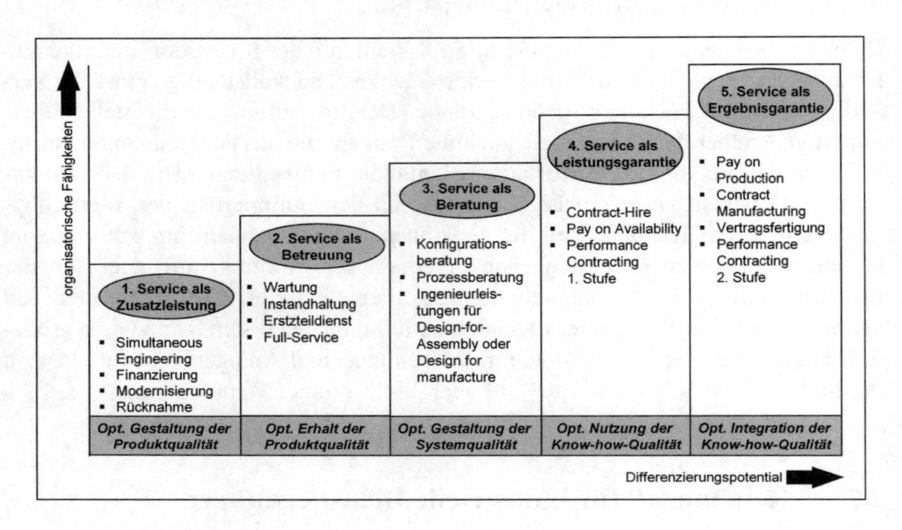

Abbildung 3: Reifemodell für industrielle Dienstleistungen mit Beispielen für den Maschinen- und Anlagenbau

Der Vorteil dieser sequentiellen Vorgehensweise von „links nach rechts" gemäß der Abbildung 3 besteht darin, dass das produzierende Unternehmen seine dienstleistungsorientierten Fähigkeiten und unternehmerische Wissensbasis zunächst auf einer Reifestufe entwickelt, bevor es sich höheren Anforderungen der nächsten Reifestufe stellt.

2.3 Materielle und immaterielle Leistungsbündel als Absatzobjekte

Zunächst ist festzuhalten, dass alle industriellen Dienstleistungen der vierten Ebene Absatzobjekte und damit unmittelbar Gegenstand von Entwicklungsaufgaben sind. Allgemein setzen sich Absatzobjekte aus mehreren gleich- oder verschiedenartigen Wirtschaftsgütern zusammen. Sie werden durch den Anbieter zur Befriedigung spezieller Nachfragerbedürfnisse geschnürt und am Markt verwertet (gegen oder ohne direktes Entgelt). Am Markt werden somit niemals nur einzelne Leistungen abgesetzt, sondern eine vermarktete Leistung ist immer ein Bündel von Teilleistungen [7]. Absatzobjekte bzw. Produkte können damit als Leistungsbündel verstanden werden, wobei die Leistungen Träger von Eigenschaften sind, die für den Nachfrager einen Nutzen stiften (können). Das Leistungsbündel stellt eine Kombination von Teilleistungen dar, mit denen ein Unternehmen die Bedürfnisse der Nachfrager zu befriedigen gedenkt. Das gedankliche Gegenstück ist das Nutzenbündel, d. h. die eigenschaftsbezogene Erwartungshaltung der Nachfrager an eine Leistung.

Die Teilleistungen können Sachleistungen, Dienstleistungen und Rechte sein. Reine Sachleistungen existieren i. d. R. nicht, weil der Absatz von Sachleistungen ohne die Inanspruchnahme von Dienstleistungen nicht vorstellbar ist, auch wenn sich die immateriellen Leistungen auf Nebenleistungen wie Lieferung beschränken. Damit hat jedes Leistungsbündel immer einen gewissen Dienstleistungsanteil bzw. immateriellen Anteil. Die Rechte sollten bei der Entwicklung von Leistungsbündeln berücksichtigt werden, denn mit jeder Absatzleistung ist im Grunde auch der Übergang von (Verfügungs-)Rechten verbunden [7].

Bei allen in der Realität zu beobachtenden Absatzobjekten handelt es sich um Leistungsbündel, welche materielle und immaterielle Ergebnisbestandteile enthalten [7]. Sie lassen sich auf einem Kontinuum zwischen hohem und niedrigem materiellen Anteil platzieren (vgl. Abbildung 4).

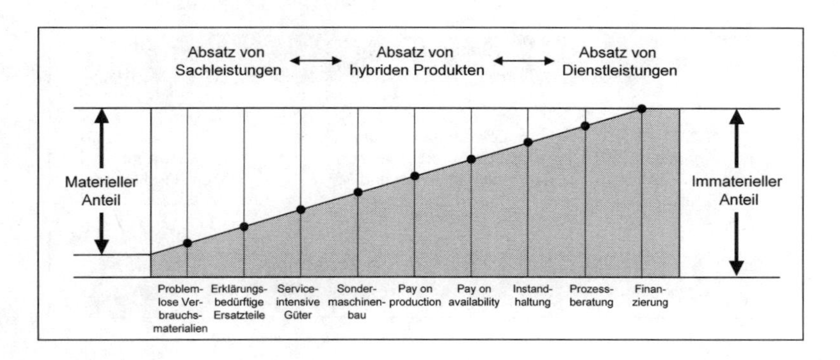

Abbildung 4: Kontinuum von materiellen und immateriellen Leistungsbündeln [8]

Der Verkauf von *problemlosen Verbrauchsmaterialien* beinhaltet neben den materiellen Ergebnisbestandteilen (das produzierte Produkt) auch immaterielle Komponenten (z. B. Auslieferung des Produkts zum Kunden). Der *Sondermaschinenbau* hat durch die Gestaltung einer kundenindividuellen, materiellen Lösung und den daraus resultierenden kundenindividuellen Engineering- bzw. Produktionskomponenten auch eine hohe immaterielle Ergebniskomponente. *Pay on Availability-Konzepte* umfassen die Bereitstellung einer materiellen Sachleistung und aller produktbegleitenden Dienstleistungen, durch welche sichergestellt wird, dass der

Kunde eine Sachleistung im Rahmen einer vereinbarten Verfügbarkeit nutzen kann [6]. Bei der *Instandhaltung* werden u. a. materielle Veränderungen an dem Instandhaltungsobjekt des Kunden, d. h. des externen Faktors vorgenommen. Dienstleistungen wie *Finanzierung* hingegen beinhalten fast ausschließlich reine immaterielle, insb. rechtliche Komponenten. Als materielle Ergebniskomponenten spielen hier vor allem Trägermedien eine wichtige Rolle (z. B. Disketten, Kreditvertrag, Abschlussbericht der Unternehmensberatung), wenn auch im geringen Umfang.

Je höher der materielle Ergebnisbestandteil eines Leistungsbündels ist, desto eher wird im Allgemeinen vom Absatz von Sachleistungen gesprochen. Ist hingegen der Anteil an immateriellen Ergebnisbestandteilen für den Kunden höher als der materielle, so spricht man eher vom Absatz von Dienstleistungen. Zwischen Sachleistungen und Dienstleistungen gibt es aber noch eine weitere Produktart, die *hybriden Produkte*.

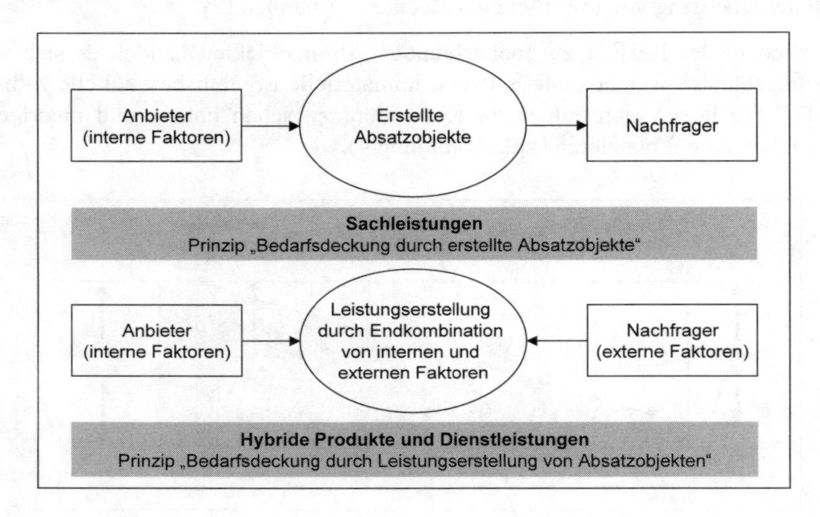

Abbildung 5: Unterschiedliche Bedarfsdeckung bei Sachleistungen, hybriden Produkten und Dienstleistungen [9]

Hybride Produkte sind komplexe Problemlösungen für den Kunden, die sich aus einem stimmigen, auf den Kundennutzen ausgerichteten Mix aus materiellen und immateriellen Leistungsergebniskomponenten zusammensetzen, dabei der materielle Anteil überwiegt und der immaterielle Anteil die Integration des Kunden in den Leistungserstellungsprozess erfordert. Sie spielen insbesondere bei industriellen Dienstleistungen eine bedeutende Rolle [10], aber auch kundenindividuell gefertigte Konsumgüter wie ein Großteil der Automobile fallen unter diese Definition. Wesentliches Merkmal hybrider Produkte ist die zwingend notwendige Integration des externen Faktors für ihre Erstellung, so dass sie demselben Leistungserstellungsprinzip folgen wie Dienstleistungen (vgl. Abbildung 5). Dadurch bekommt der Absatz sowohl von hybriden Produkten wie auch von Dienstleistungen einen Prozesscharakter. So sind beispielsweise die Leistungen des Sondermaschinenbaus ohne die Integration des Kunden genauso wenig vorstellbar wie bei Betreiberkonzepten, welche jeweils als Kernleistung überwiegend materielle Ergebniskomponenten haben.

Der Absatz von reinen Sachleistungen grenzt sich vom Absatz hybrider Produkte dadurch ab, dass bei Sachleistungen die Endkombination der materiellen Kernleistung durch eine reine interne Faktorkombination möglich ist, bei hybriden Produkten die materielle Kernleistung jedoch erst durch die Endkombination von externen und internen Faktoren produziert werden kann. D. h., reine Sachleistungen können im Gegensatz zu hybriden Produkten auf Vorrat produziert werden und die Absatzfähigkeit der Sachleistung ist unabhängig von einem konkreten Kunden (vgl. Abbildung 5). Solche Produkte sind beispielsweise Staubsauger oder Autoradios. Sie werden deshalb auch als *Standardprodukte* bezeichnet. Bei hybriden Produkten ist eine Produktion auf Vorrat nur für die kundenunabhängigen Teile möglich, die im Rahmen einer Vorkombination für eine schnelle kundenindividuelle Endkombination bevorratet werden. Bespiele hierfür sind diverse Maschinenelemente für eine modular aufgebaute Werkzeugmaschine im Sondermaschinenbau, die kundenindividuell konfiguriert werden kann. Hybride Produkte wiederum grenzen sich von reinen Dienstleistungen dadurch ab, dass ihr Leistungsbündel überwiegend aus materiellen Ergebniskomponenten besteht.

In Abhängigkeit des Integrations- und Immaterialitätsgrads des Absatzobjekts lassen sich vier Grundtypen von Leistungsbündel ableiten, die sich folgendermaßen charakterisieren lassen (Abbildung 6) [7]:

- *Typ I*: Leistungsbündel, die in hohem Maße materielle Leistungsergebnisbestandteile beinhalten und die vom Anbieter weitgehend autonom erstellt werden (Sachleistungen).

- *Typ II*: Leistungsbündel, die ausschließlich bzw. in hohem Maße immaterielle Leistungsergebnisbestandteile beinhalten und die vom Anbieter weitgehend autonom erstellt werden (Dienstleistungen).

- *TYP III*: Leistungsbündel, die in hohem Maße materielle Leistungsergebnisbestandteile beinhalten und die vom Anbieter unter weitgehender Mitwirkung des externen Faktors erstellt werden (Hybride Produkte).

- *TYP IV*: Leistungsbündel, die ausschließlich bzw. in hohem Maße immaterielle Leistungsergebnisbestandteile beinhalten und die vom Anbieter unter weitgehender Mitwirkung des externen Faktors erstellt werden (Dienstleistungen).

Der Nutzen der obigen begrifflichen Abgrenzung von Sachleistung, hybriden Produkt- und Dienstleistung wird ersichtlich, wenn es gilt, den Typen von Leistungsbündeln geeignete Entwicklungssysteme zuzuordnen. Dabei ist zu beachten, dass die Übergänge der einzelnen Typen fließend sind und entsprechend die Erfahrung des Ingenieurs bei der Auswahl einer geeigneten Konstruktionsmethodik eine große Rolle spielt. Dennoch bieten die obigen Unterscheidungsmerkmale eine geeignete Basis zur Differenzierung und Bezeichnung von innovativen Konstruktionsmethodiken.

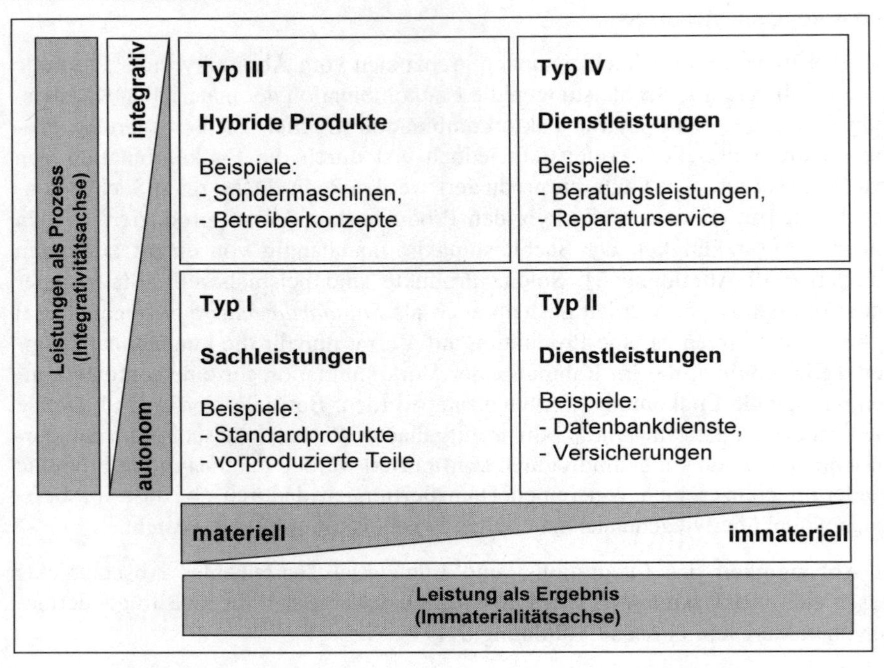

Abbildung 6: Typologisierung von Leistungsbündeln [7]

2.4 Ingenieurwissenschaftliche Entwicklungssysteme für Leistungsbündel

Aus ingenieurwissenschaftlicher Sicht, und die soll nun in den Vordergrund treten, stellt sich im Gegensatz zur Marketing-Sichtweise der vorherigen Kapitel vielmehr die Frage, wie die unterschiedlichen materiellen und immateriellen Komponenten des Leistungsbündels ganzheitlich entwickelt werden können.

Bei der Entwicklung von Leistungsbündeln sind verschiedene ingenieurwissenschaftliche Disziplinen zu einer systematischen Vorgehensweise für die Entwicklung der materiellen und immateriellen Teilleistungen zu integrieren. Allgemein lässt sich die Entwicklung von Produkten in Ziel-, Leistungs- und Entwicklungssysteme gliedern [11]:

- *Zielsysteme* stellen die Menge der Zielvorgaben – die Anforderungen – und deren Verknüpfungen dar. Im Zielsystem werden die Anforderungen des Absatzobjekts z. B. nach Wichtigkeit strukturiert und in Lasten- und Pflichtenheften dokumentiert. Sie bilden die Grundlage für jede Beurteilung des entstehenden Leistungssystems und des Entwicklungssystems.

- *Leistungssysteme* sind die aus der Arbeit der Ingenieure entstehenden Gebilde wie Maschinen, Maschinenteile, Computer, Software und Dienstleistungen. Leistungssysteme sind das Objekt des Entwicklungssystems (s. u.), wobei dieses Objekt ein materielles und/oder immaterielles Leistungsbündel sein kann. Im Leistungssystem wird das zu entwickelnde Absatzobjekt als Produkt- und Prozessmodell beschrieben. Die Modellierung des Produkts wird durch das Entwicklungs- und Zielsystem unterstützt.

- *Entwicklungssysteme* enthalten strukturierte Aktivitäten, die zur Erfüllung des Zielsystems eines zu erstellenden Leistungssystems nötig sind. Dazu gehören u. a. Ressourcen, Ablaufpläne und Arbeitsschritte, Vorgehensmodelle, Methoden und Werkzeuge. Sie beschreiben die Vorgehensweise zur Entwicklung eines Leistungssystems.

Bei der Entwicklung von Produkten besteht ein enger Zusammenhang zwischen Ziel-, Leistungs- und Entwicklungssystem. Die im Zielsystem vorgegebene Art des Leistungssystems beeinflusst den Prozess der Entwicklung (das Entwicklungssystem) und dieser wiederum das Leistungssystem (Abbildung 7).

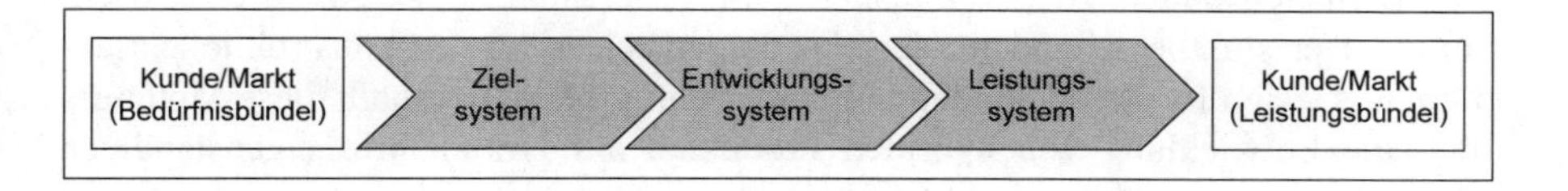

Abbildung 7: Für die Entwicklung von Absatzobjekten wesentliche Systeme

Weil bestimmte Leistungssysteme in ähnlicher Weise entwickelt werden können, haben sich spezifische Konstruktionsmethodiken entwickelt, die den engen Zusammenhang zwischen Ziel-, Leistungs-, und Entwicklungssystem widerspiegeln [10]. In der Tabelle 1 sind wichtige Konstruktionsmethodiken aufgeführt. Unter einer Konstruktionsmethodik versteht man die Vorgehensweise beim Entwickeln und Konstruieren von materiellen und immateriellen Leistungsbündeln *nach Ablaufplänen mit Arbeitsschritten* und *Konstruktionsphasen* unter Verwendung von *Richtlinien* und *Methoden* sowie *technischen* und *organisatorischen Hilfsmitteln*. Die Konstrukteure erhalten Methoden und Hilfsmittel, die es ihnen gestatten, systematisch und zielorientiert zu arbeiten, um effektiver und besser als bisher Lösungen zu finden [12].

Steht das Leistungssystem am Anfang einer Entwicklungstätigkeit eindeutig fest, so kann auch die entsprechende Konstruktionsmethodik gewählt werden. Problematisch ist jedoch die Aufgabenstellung, wenn die Teilleistungen des Leistungsbündels verschiedenen Leistungssystemen zuzuordnen sind. Eine Lösung kann darin bestehen, integrierte Konstruktionsmethodiken zu entwickeln, die verschiedene Leistungssysteme berücksichtigen und daraus spezifisch abgestimmte Ziel- und Entwicklungssysteme ableiten. Beispiele für solche „integrierte technische Entwicklungssysteme" sind für *technische Systeme* das „Systems Engineering" und das „Mechatronic Engineering".

Bei der Entwicklung von hybriden Leistungsbündeln bzw. bei der parallelen Entwicklung von Sachleistungen und produktbegleitenden Dienstleistungen handelt es sich hingegen um *sozio-technische Systeme*, die durch ein vielschichtiges Zusammenspiel von Mensch, Technik und Organisation geprägt sind [14]. Für sie gibt es bisher keine „integrierte sozio-technische Entwicklungssysteme". Sie sind jedoch notwendig, um die Entwicklung innovativer und komplexer Leistungsbündel zu unterstützen, bei denen sowohl Sachleistungen als auch Dienstleistungen parallel zu entwickeln sind. Nur so können beispielsweise Performance Contracting-Leistungen oder Sachleistungen und deren produktbegleitende Dienstleistungen erfolgreich gestaltet werden.

Die Anforderungen produktbegleitender Dienstleistungen werden heutzutage durch eine *Design for Service*- oder *Design for Recycling*-Methodik, also durch eine instandsetzungsgerechte und recyclinggerechte Konstruktion im Entwicklungsprozess der Sachleistung berücksichtigt [15][16]. Methodiken für eine darüber hinausgehende Berücksichtigung der Anforderungen aus produktbegleitenden Dienstleistungen existieren bisher nicht. Problematisch ist, dass die Entwicklung der produktbegleitenden Dienstleistungen selbst bei den konstruktionsorientierten „Design for X"-Methoden unberücksichtigt bleibt, weshalb diese Methodik für eine Entwicklung von hybriden Produkten auf Grund ihres eigenständigen Dienstleistungscharakters nicht geeignet ist.

Materialität	**Leistungssystem**	**Konstruktionsmethodik**
Materielle Leistungsbündel	Sachleistungen	Mechanische Konstruktion (Mechanical Engineering)
		Integrierte Produkt- und Prozessentwicklung (Integrated Product and Process Development)
Immaterielle Leistungsbündel	Dienstleistungen	Service Engineering (Dienstleistungsentwicklung)

	Softwareprodukte	Software Engineering (Softwareentwicklung)
Materielle und immaterielle Leistungsbündel	Elektrische bzw. elektronische Produkte	Elektrokonstruktion (Electrical Engineering)
	Integrierte Software- und Hardware-systeme	„Systems Engineering“
	Integrierte Mecha-nik-, Elektronik- und Softwaresysteme	„Mechatronic Engineering“

Tabelle 1: Auswahl an Konstruktionsmethodiken für die Entwicklung von Leistungssystemen

Die Lücke soll im Folgenden durch zwei integrierte sozio-technische Entwicklungssysteme gefüllt werden. Einerseits die *Integrierte Produkt- und Dienstleistungsentwicklung*, welche die parallele Entwicklung von Sachleistungen und deren produktbegleitenden Dienstleistungen ermöglichen soll, und die *Hybride Produktentwicklung*, die die Entwicklung von komplexen hybriden Produkten systematisieren soll. Basis dieser innovativen integrierten Entwicklungssysteme sind *elementare Entwicklungssysteme* wie das Service Engineering. Für das Service Engineering fehlt bisher eine ausgereifte Konstruktionsmethodik, so dass zuerst weitere Grundlagen in Form von Arbeitsschritten und „Konstruktionsphasen“ entwickelt werden müssen (Kapitel 3), bevor auf Basis dieser die bekannten und neuen integrierten Entwicklungssysteme vorgestellt werden (Kapitel 4).

3 Konstruktionsmethodik für Dienstleistungen

Weil die Konstruktionslehre auf einen breiten Erfahrungsschatz und intensive wissenschaftliche Arbeiten zurückgreifen kann, stehen dem Konstrukteur heute ausgereifte Konstruktionsprozesse und genormte Vorgehenspläne zur Verfügung. Anders hingegen die „Konstruktionslehre“ für Dienstleistungen. Diese recht junge Konstruktionsmethodik befindet sich noch in einem intensiven praktischen und wissenschaftlichen Lern- und Diskussionsprozess, u. a. bezüglich der Frage, wie der ingenieurwissenschaftliche Entwicklungsprozess zu gestalten ist. Für das bessere Verständnis von integrierten Entwicklungssystemen ist es vorteilhaft, sich zunächst mit den Gemeinsamkeiten und den Besonderheiten von Entwicklungsprozessen für Sach- und Dienstleistungen auseinander zu setzen.

3.1 Der Konstruktionsprozess für technische Produkte

Beim Konstruieren wird im Rahmen eines Konstruktionsprozesses von einer abstrakten Problemstellung zu einer konkreten Lösung hingearbeitet. Die konventionelle Vorgehensweise, d. h. der nicht rechnerunterstützte Konstruktionsprozess des Planens und Konstruierens von technischen Produkten, wurde in allgemeiner Form sowie branchen- und produktunabhängig in den VDI-Richtlinien 2221, 2222 und 2223 zusammenfassend beschrieben [16]. Die VDI-Richtlinie 2221 ist eine Dachrichtlinie, unterhalb derer durch eine Detaillierung der Arbeitsschritte 1 bis 3 die VDI-Richtlinie 2222 und der Arbeitsschritte 4 bis 7 die VDI-Richtlinie 2223 entstanden sind [17][18][19]. Die einzelnen Arbeitsschritte werden je nach Aufgabenstellung vollständig, teilweise oder mehrmals iterativ durchlaufen [20]. Die VDI-Richtlinie 2221 unterteilt den Konstruktionsprozess in vier Phasen [20]:

1. In der Konstruktionsphase *Aufgaben klären* wird die vollständige formale Beschreibung eines Produkts in Form von *Anforderungen* verfolgt. Damit wird das Zielsystem aller Konstruktionsaktivitäten festgelegt.

2. In der Konstruktionsphase *Konzipieren* werden die in der Aufgabenklärungsphase ermittelten funktionalen Produktanforderungen in einer Funktionsstruktur abgebildet. Zuerst wird die Gesamtfunktion beschrieben und dann solange in Teilfunktionen zerlegt, bis eine weitere sinnvolle Funktionszerlegung nicht mehr möglich ist. Anschließend werden den Teilfunktionen Lösungsprinzipien zugeordnet, die in Form von Wirkeffekten ausgeprägt sind und zu Wirkstrukturen zusammengefügt werden. Ergebnisse der Konzipierungsphase sind die *Funktionsstruktur* und die sich daraus ergebenden *Wirkstrukturen*.

3. In der Konstruktionsphase *Entwerfen* wird auf der Grundlage der Wirkstrukturen die Gestalt des zukünftigen Produkts festgelegt. Es resultieren meist mehrere Entwürfe, die durch eine technische und wirtschaftliche Bewertung gegenübergestellt werden. Durch Kombination favorisierter Entwürfe und Elimination von Schwachstellen wird der *endgültige Gesamtentwurf* ausgearbeitet. Dieser ist allerdings noch nicht vollständig detailliert, es fehlen noch geometrische Ausprägungen wie z. B. Rundungen oder Fasen.

4. In der Konstruktionsphase *Ausarbeiten* wird der Gesamtentwurf geometrisch und stofflich vollständig detailliert. Die *Produktdokumentation* in Form von Einzelteil-, Gruppen und Gesamtzeichnungen, Stücklisten, Vorschriften für die Herstellung, den Transport, den Betrieb und die Reparatur wird erstellt.

Auf Grund der besonderen Anforderung an den Konstruktionsprozess, die aus dem Einsatz von Rechnern resultiert, wurde die VDI-Richtlinie 2210 erstellt, welche die Phasen *Anforderungsmodellierung*, *Funktionsmodellierung*, *Prinzipmodellierung* und *Gestaltmodellierung* umfasst (Abbildung 8). Auffällig ist, wie sich die Gestaltmodellierung von den konventionellen Konstruktionsprozessen unterscheidet. Der Grund liegt darin, dass innerhalb der Entwurfsphase noch nicht vollständig detaillierte Konstruktionen erstellt werden, der Rechner hingegen i. d. R. vollständig modellierte Modelle erwartet [20].

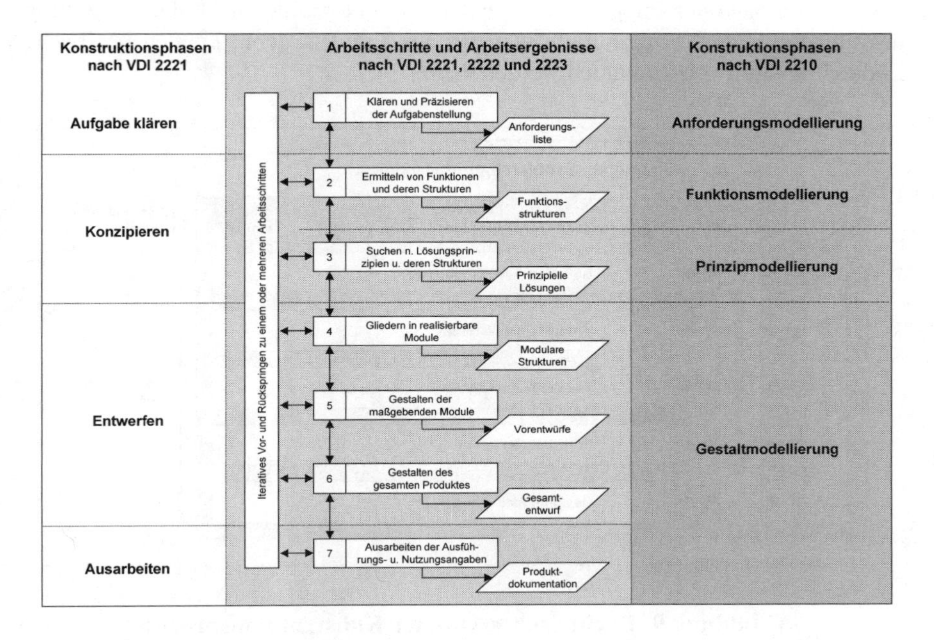

Abbildung 8: Gegenüberstellung der Konstruktionsprozesse nach den VDI- Richtlinien 2210, 2221, 2222 und 2223

Zusätzlich zu den VDI–Richtlinien hat sich aber noch ein weiterer Arbeitsschritt innerhalb der Aufgabenklärungsphase entwickelt, die *Produktstrukturierung*. In diesem wird eine vollständige Beschreibung des Liefer- und Leistungsangebots, d. h. des Leistungsbündels vorgenommen. Diese Beschreibung kann von einem Standardprodukt bis hin zu einem variantenreichen Konfigurationsangebot reichen. Zur Strukturierung des variantenreichen Leistungsbündels werden verschiedene Produktmerkmale verwendet. Zu jedem Merkmal existiert eine Reihe von Merkmalsausprägungen, die direkt aus unterschiedlichen Anforderungen verschiedener Kundengruppen an eine Produktfamilie abgeleitet werden. Durch die Definition von Konfigurationsbeziehungen zwischen Merkmalen bzw. Merkmalsausprägungen wird die Varianz des Liefer- und Leistungsangebots konkretisiert, die entwicklungsseitig vorbereitet werden soll [21].

Der Vorteil der Produktstrukturierung in diesem frühen Stadium der Produktentwicklung besteht u. a. in der Modularisierungsmöglichkeit des Leistungsangebots. Durch einen modularen Aufbau des Kernprodukts kann das Dilemma zwischen Individualisierung und Standardisierung gelöst werden, und damit ist sie ein wichtiges Instrument zur Verbindung von Kunden- und Kostenorientierung hybrider

Produkte [22]. Die Modularisierung des materiellen (Teil-)Leistungsbündels ermöglicht eine kundenanonyme Vorfertigung von materiellen Leistungskomponenten, so dass nach der Integration des externen Faktors, also nach der Integration des immateriellen Konfigurationswunschs des Kunden, deren kundenspezifische Endkombination vorgenommen werden kann.

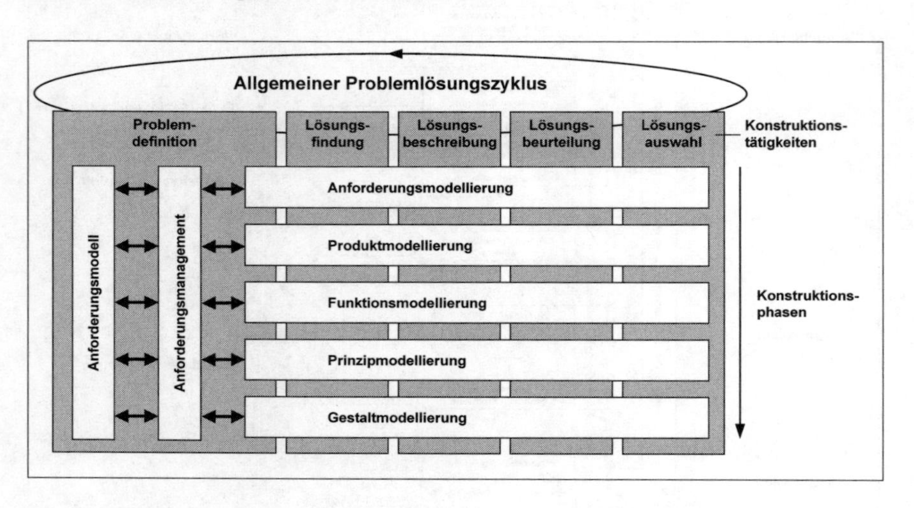

Abbildung 9: Rechnerunterstützter Konstruktionsprozess und Konstruktionstätigkeiten [20]

Somit werden Vorteile der Massenfertigung realisiert, während die kundenindividuelle Endkonfiguration des hybriden Leistungsbündels eine hohe Kundennähe ermöglicht [23].

Zu jedem sowohl konventionellen als auch rechnergestützten Konstruktionsprozess gehört der Problemlösungszyklus, bestehend aus den fünf Konstruktionstätigkeiten Problemdefinition, Lösungsfindung, Lösungsbeschreibung, Lösungsbeurteilung und Lösungsauswahl, welcher innerhalb jeder Konstruktionsphase durchlaufen wird (Abbildung 9).

Bei der Problemdefinition erfolgt die Abgrenzung einer gegebenen Problemstellung gegenüber der Umwelt. Die Lösungsfindung ist eine konstruktionsphasenübergreifende Tätigkeit, die den Übergang zwischen den einzelnen Konstruktionsphasen beschreibt. Die Lösungsbeschreibung bildet die Teil- oder Gesamtlösung der einzelnen Konstruktionsphasen ab, z. B. das Anforderungsmodell in der Phase der Anforderungsmodellierung oder das Gestaltmodell in der Phase der Gestaltmodellierung. Durch die Lösungsbeurteilung erfolgt eine technisch-wirtschaftliche Bewertung beim Vorliegen verschiedener Lösungsalternativen. Durch die Tätigkeit der Lösungsauswahl wird aus der Menge der bewerteten Lösungsalternativen schließlich eine Lösung ausgewählt [20].

3.2 Der Entwicklungsprozess für Dienstleistungen

Die VDI-Richtline 2221 definiert den Begriff *Konstruieren* als die „Gesamtheit aller Tätigkeiten, mit denen – ausgehend von einer Aufgabenstellung – die zur Herstellung und Nutzung eines Produkts notwendigen Informationen erarbeitet werden und in der Festlegung der Produktdokumentation enden“ [17]. Mit dieser Definition lassen sich auch Tätigkeiten der Dienstleistungsentwicklung beschreiben, jedoch ist der allgemeine Sprachgebrauch der Art, dass man beim Konstruieren überwiegend von technischen und materiellen Produkten spricht. Dienstleistungen ebenso wie Softwareprodukte werden hingegen „entwickelt“, so dass im Folgenden zur besseren Differenzierung materiell-technische Leistungsbündel *konstruiert*, immaterielle Leistungsbündel *entwickelt* werden. Entsprechend soll von einem Entwicklungsprozess für Dienstleistungen gesprochen werden.

Der Entwicklungsprozess für Dienstleistungen ist ein wesentliches Element des Service Engineering. BULLINGER und MEIREN haben sich intensiv mit den Entwicklungsobjekten und Vorgehensweisen für eine Dienstleistungsentwicklung beschäftigt. Als *Entwicklungsobjekte* werden von ihnen Produktmodelle, Prozessmodelle und Ressourcenkonzepte identifiziert. Für eine Konstruktionsmethodik sind aber neben diesen aus ihrer Arbeitsdefinition des Dienstleistungsbegriffs abgeleiteten zentralen Entwicklungsobjekte typischerweise noch weitere Entwicklungsobjekte zu integrieren, wie die Ausführungen zum Konstruktionsprozess für technische Produkte in Kapitel 3.1 zeigte. Welche das für Dienstleistungen sein können, soll im Folgenden gezeigt werden. Bei der *Vorgehensweise* stehen Vorgehensmodelle als Untersuchungsobjekte im Vordergrund, die eine Reihenfolge von Entwicklungsaktivitäten festlegen und damit das Entwicklungsprojektmanagement über alle Phasen des Produktentstehungsprozesses von der Ideenfindung bis zur Markteinführung einer Dienstleistung unterstützen [14]. Wesentliche Aspekte für eine Arbeitsteilung, wie es ein *Anforderungsmanagement* ermöglicht, blieben bei den Betrachtungen bisher unberücksichtigt. Aus einer *ingenieurwissenschaftlichen Sicht* sollen nun diese Ansätze speziell für die „konstruktiven“ Phasen vertieft werden.

Ein nicht rechnergestützter, d. h. konventioneller Entwicklungsprozess für Dienstleistungen lässt sich entsprechend der VDI-Richtlinie 2221 ebenfalls in vier Phasen unterteilen. Die sieben Arbeitsschritte des Entwicklungsprozesses von Dienstleistungen, die die Phasen detaillieren, unterscheiden sich jedoch inhaltlich und sollen deshalb im Folgenden vorgestellt werden (Abbildung 10):

Der *Arbeitsschritt 1a (Klären und Präzisieren der Aufgabenstellung)* entspricht inhaltlich der VDI-Richtlinie 2222 und umfasst das Sammeln und das Analysieren von Anforderungen. Die Ergebnisse werden in einer Anforderungsliste oder einem Lasten- bzw. Pflichtenheft dokumentiert.

Im *Arbeitsschritt 1b (Ermitteln von Leistungsbündeln und deren Strukturen)* erfolgt die Produktstrukturierung des Dienstleistungsangebots gemäß den ermittelten Anforderungen, indem eine vollständige und klar verständliche Beschreibung des Leistungsangebots für die spezifischen Kundennutzenbündel vorgenommen wird [24]. Die Beschreibung kann ebenfalls wie bei Sachgütern von einem Standardprodukt bis hin zu einem variantenreichen Konfigurationsangebot reichen. Die Modularisierung des Leistungsbündels spielt in diesem Arbeitsschritt der Dienstleistungsentwicklung eine besondere Rolle, indem sie nicht nur aus *Kundensicht* die spezifischen Nutzenbündel, sondern aus *Anbietersicht* auch Teilleistungen, zwischen denen Interdependenzen aus Leistungsverflechtungen (Prozesssicht) oder Ressourceninterdependenzen (Ressourcensicht) bestehen, bei der Bündelung berücksichtigt [23]. Das Arbeitsergebnis ist eine Produktstruktur, die auch zur weiteren Strukturierung der Entwicklungstätigkeiten dienen kann [25].

Im *Arbeitsschritt 2 (Ermitteln von Funktionen und deren Strukturen)* erfolgt das Ableiten der Gesamtfunktion und der wesentlichen, vom zu entwickelnden soziotechnischen System zu erfüllenden Teil- und Hauptfunktionen aus der Anforderungsliste bzw. der Produktstruktur. Die Gesamtfunktion wird in Teilfunktionen zerlegt, bis eine sinnvolle Zerlegung nicht mehr möglich ist. Bei der Zergliederung der Gesamtfunktion werden die Teilfunktionen identifiziert, die vom Kunden vollständig selbst (*Kundenfunktionen*), die vom Dienstleister nur durch eine Integration des externen Faktors (*kundenintegrative Dienstleisterfunktionen*) und die vom Dienstleister kundenneutral ausgeführt werden können (*kundenautonome Dienstleisterfunktionen*). Hierzu sind die Blueprinting-Methode und die Methoden der Funktionsanalyse wie beispielsweise die FAST (Function Analysis System Technique) oder SADT (Structured Analysis Design Technique) eine nützliche Hilfestellung. Werden den Funktionen auch schon erste *Ressourcen* zugeordnet, durch welche die Funktionen realisiert werden können, so stellen sie *konzeptionelle Lösungen* der zu entwickelnden Dienstleistung dar. Die Arbeitsergebnisse sind ein oder mehrere Blueprints und Funktionsstrukturen und können als Skizzen oder Beschreibungen dokumentiert werden.

Im *Arbeitsschritt 4 (Gliedern in realisierbare Module)* wird die konzeptionelle Lösung in Prozessmodule inkl. der einzusetzenden Ressourcen beschrieben, bevor deren weitere, im Allgemeinen arbeitsaufwendige Ausarbeitung beginnt. Das Ziel dabei ist die Reduzierung der Komplexität und die Standardisierung des Prozessmodells. Die *Reduzierung der Komplexität* wird erreicht, indem die Zahl der Prozesse sowie die Zahl und Intensität der Beziehungen zwischen den Prozessen reduziert wird. Dies geschieht durch die Identifizierung von modularisierbaren Prozessen. Bei der Modularisierung von Prozessen wird angestrebt, die Interdependenzen zwischen den Prozessen zu minimieren, indem die Teilprozesse, die funktional, physisch und zeitlich relativ abhängig sind, zu Prozessmodulen zusammengefasst werden, so dass zwischen den Prozessmodulen nur relativ wenige bzw. schwache Beziehungen existieren. Das Ergebnis sind Prozessmodule, die relativ unabhängig voneinander sind. Die Beziehungen der Prozesselemente innerhalb eines Moduls wiederum sind relativ stark und zahlreich. Modulare Prozesse stellen relativ abgeschlossene Aufgabenblöcke dar, die Entwicklungsteams und später organisatorische Erbringungseinheiten zugeordnet werden können [25]. Die *Standardisierung* strebt eine Wiederverwendbarkeit der modularen Prozesse an. Je unspezifischer der modulare Prozess ist, d. h. je weniger die Prozessaktivitäten auf ein konkretes Leistungsbündel zugeschnitten sind, desto höher ist die Standardisierbarkeit des Prozesses zu bewerten [25].

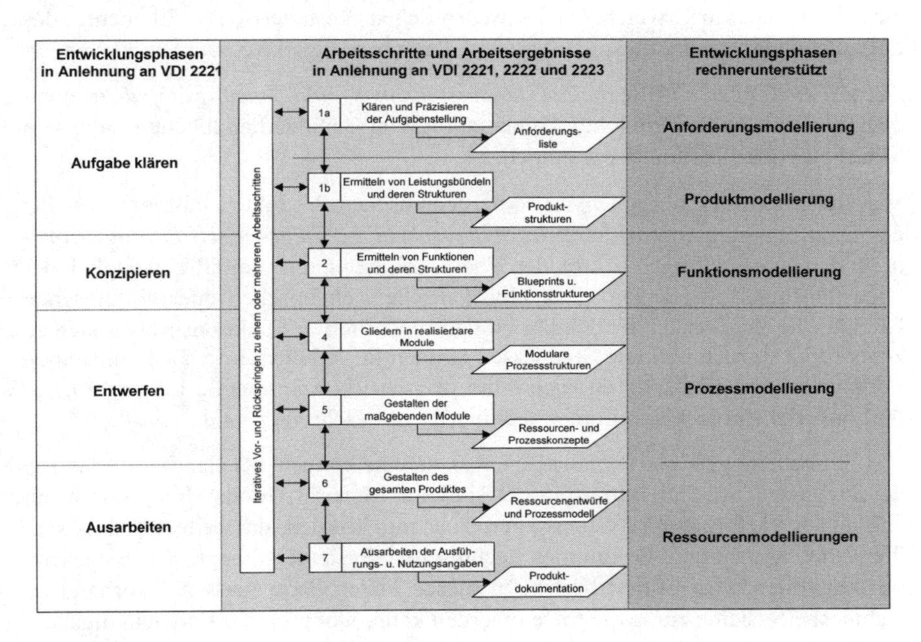

Abbildung 10: Konventioneller und rechnerunterstützter Entwicklungsprozess von Dienstleistungen

Im *Arbeitsschritt 5 (Gestalten der maßgebenden Module)* erfolgt die Grobgestaltung der für die Systemoptimierung maßgebenden Prozessmodule. Der Konkretisierungs- und Vollständigkeitsgrad der Festlegung von Funktionen, Ressourcen, Ereignissen und deren Beziehungen ist nur so weit zu betreiben, dass ein Erkennen und Auswählen eines Gestaltungsoptimums möglich wird. Einsetzbare Methoden in diesem Arbeitsschritt können beispielsweise ereignisgesteuerte Prozessketten oder Arbeitsablaufbögen sein. Arbeitsergebnisse sind Vorentwürfe für die maßgebenden Prozessmodule, die z. B. grobe Prozessdarstellungen mit grober Beschreibung nach Art, Umfang und Ausprägung der einzusetzenden Ressourcen (mit vorläufigen Ressourcenlisten, -anforderungen und -beschreibungen) sein können.

Im *Arbeitsschritt 6 (Gestalten des gesamten Produkts)* werden die bereits vorentworfenen Prozessmodule weiter detailliert, noch nicht bearbeitete Prozessmodule gestaltet und ergänzt, und alle Prozessmodule miteinander verknüpft, so dass die

Abläufe, Rollen, Ressourcen, Organisationsstrukturen und Informationsflüsse in einem Prozessmodell vollständig erfasst und dargestellt werden können. Zusätzlich werden alle technischen und humanen Ressourcen, die bei der Dienstleistungserbringung zum Einsatz kommen, spezifiziert und gegebenenfalls durch geeignete Konstruktionsmethodiken vollständig ausgestaltet. Arbeitsergebnis ist ein Gesamtentwurf, welcher alle wesentlichen gestalterischen Elemente des Dienstleistungserbringungsprozesses und deren benötigten Ressourcen festlegt.

Der *Arbeitsschritt 7 (Ausarbeiten der Ausführungs- und Nutzungsangaben)* dient dem Ausarbeiten der Produktdokumentation, von Benutzerhandbüchern oder von Mitarbeiterqualifikationsprogrammen.

Verglichen mit der Vorgehensweise bei technischen Produkten fällt auf, dass bei der Dienstleistungsentwicklung *der Arbeitschritt 3 (Suchen nach Lösungsprinzipien und deren Strukturen)* in der Phase „Konzipieren" entfällt, weil bei der Dienstleistungsentwicklung keine physikalischen, chemischen oder biologischen Effekte, die in formaler Beziehung zu den modellierten Funktionsgrößen stehen, zugeordnet werden müssen. Stattdessen können im Arbeitsschritt 2 den einzelnen Funktionen erste Ressourcen zugeordnet werden (konzeptionelle Lösungen), die im Laufe der Entwicklung immer detaillierter zu beschreiben sind.

Die Anforderungen von technischen Ressourcen können bei der Ausgestaltung der Prozesse entweder durch ein „Design for Material Goods" bzw. durch ein „Design for Information Systems" berücksichtigt werden, das bedeutet, dass sich die Prozessgestaltung bestimmten technischen Systemen beugt, die eingesetzt werden sollen. Der Vorteil besteht in diesen Fällen darin, dass auf vorhandene technische Systeme zurückgegriffen werden kann, wodurch die Entwicklungskosten für die Dienstleistung geringer ausfallen. Umgekehrt können im Laufe der Entwurfsphase die Anforderungen der Dienstleistungserbringungsprozesse an die technischen Systeme in Lasten- oder Pflichtenhefte spezifiziert werden, welche speziell für die Dienstleistung zu entwickeln sind. In dem *Arbeitsschritt 6 (Gestalten des gesamten Produkts)* werden sie dann von Konstruktionsabteilungen für technische Systeme konzipiert, entworfen und ausgearbeitet.

Der Entwicklungsprozess von Dienstleistungen kann auch rechnerunterstützt gestaltet werden und umfasst die Phasen *Anforderungsmodellierung*, *Produktmodellierung*, *Funktionsmodellierung*, *Prozessmodellierung* und *Ressourcenmodellierungen* (Abbildung 11). In diesem Fall entfallen auch die Arbeitsschritte 4 und 5 der Entwurfsphase für die Prozesse und die Ressourcen, weil Rechner vollständig modellierte Modelle erwarten. Die Phase „Ressourcenmodellierungen" ist ein Oberbegriff für die rechnerunterstützten Modellierungsmöglichkeiten, die in allen Konstruktionsphasen von technischen Produkten wie beispielsweise dem Mechanical Engineering oder dem Software Engineering, aber auch z. B. von (Innen-) Architekten für die Gestaltung von Gebäuden und Räumlichkeiten eingesetzt werden können. Somit stellt diese letzte Phase eine Schnittstelle zu rechnerunterstützten Modellierungsinstrumenten anderer Konstruktionsmethodiken dar.

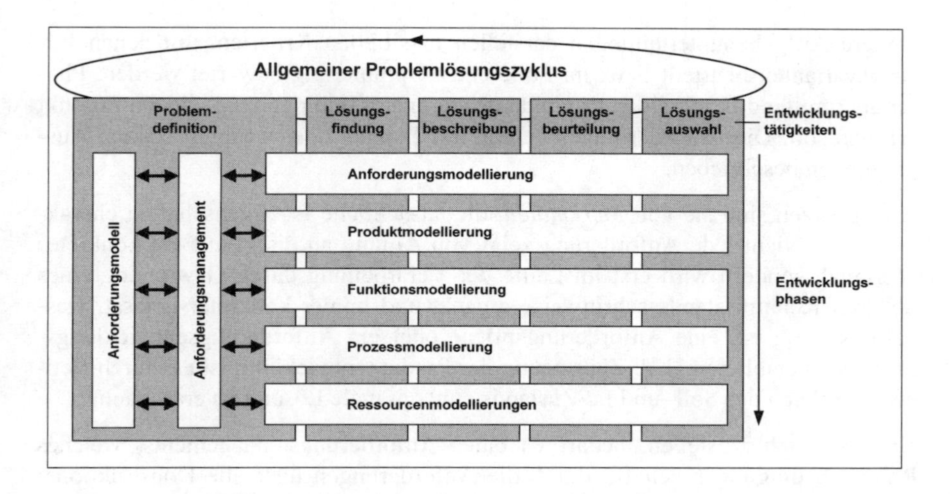

Abbildung 11: Entwicklungsobjekte, rechnerunterstützter Entwicklungsprozess und Entwicklungstätigkeiten für Dienstleistungen

Die Abbildungen 10 und 11 fassen die Entwicklungsobjekte, den Entwicklungsprozess, die Entwicklungstätigkeiten und -phasen und die Arbeitsschritte für Dienstleistung zusammen. Vorteilhaft ist, dass sie mit der VDI-Richtlinie 2221 weitgehend kompatibel sind. Dies verdeutlicht, dass Dienstleistungen auf vergleichbare Art und Weise wie technische Produkte ingenieurmäßig entwickelt werden können. Diese Erkenntnis ist im Folgenden von großem Nutzen, wenn es darum geht, das Service Engineering mit anderen Konstruktionsmethoden für die Entwicklung von materiellen und immateriellen Leistungsbündeln zu verbinden.

3.3 Das Anforderungsmanagement

Je komplexer Entwicklungsaufgaben sind, desto mehr ist ein professionelles Anforderungsmanagement erforderlich, damit komplexe Entwicklungsaufgaben durch eine systematische Arbeitsteilung von verschiedenen spezialisierten Entwicklungsingenieuren bearbeitet und daneben deren Ingenieurtätigkeiten parallelisiert werden können. Das erfolgreiche Managen aller Anforderungen ist eine unerlässliche Voraussetzung für die zielorientierte Koordination aller Entwicklungstätigkeiten, dessen Grundlagen sollen deshalb im Folgenden vorgestellt werden.

In der Aufgabenklärungsphase (vgl. Abbildung 8 und 10) werden alle Anforderungen von den Kunden, der Produktplanung des Unternehmens oder von rechtlicher Seite geklärt und präzisiert. *Anforderungen* beschreiben die zukünftigen Eigenschaften, die so genannten Soll-Eigenschaften eines zu realisierenden Produkts oder Prozesses [13]. Sie sind Bedingungen, die den Ausgangspunkt für weitere Aufgabenunterteilungen darstellen und bilden Kriterien, mit denen Lösungsvarianten beurteilt bzw. im Falle einer Optimierung bewertet werden. Phasenübergreifend beschreiben Produktanforderungen Bedingungen, die ein Produkt erfüllen soll. Die Anforderungen werden mit exakten oder weniger exakten Ausprägungen beschrieben.

Abzugrenzen sind sie von *Merkmalen*, die tatsächliche Ist-Eigenschaften charakterisieren. Nicht jede Anforderung zeigt von Anfang an direkt auf ein konkretes Merkmal, sondern wird erst im Laufe der Verarbeitung durch Gewinnung eines höheren Kenntnisstands schrittweise ergänzt und immer konkreter gefasst, weshalb es nötig ist, eine Anforderungspflege oder ein Anforderungsentwicklungsprozess zu etablieren [13]. Zielsetzung der Produktentwicklung ist es, durch stetigen Vergleich des Soll- und Ist-Zustands eine optimale Lösung zu erarbeiten.

Um dies sicherzustellen, bedarf es eines Anforderungsmanagements, welches Rahmenbedingungen schafft, durch die Anforderungen über alle Konstruktionsphasen freigegeben, verwaltet, gepflegt und in einem geeigneten Detaillierungsgrad ausführlich beschrieben werden, so dass sie objektiv und verifizierbar sind (Abbildung 9 und 11). Die Anforderungen sollen die Grundlage für Schätzung, Planung, Durchführung und Überwachung aller Entwicklungsprojekt-Aktivitäten und eine Art Abkommen zwischen allen Beteiligten des Entwicklungsprojektes sein, auf welche sich die Entwickler im weiteren Entwicklungsprozess beziehen können. Das Anforderungsmanagement ermöglicht die *Strukturierung des Produktentwicklungsprozesses*, eine *Parallelisierung der Entwicklungsaktivitäten* und den *effektiveren Einsatz von Entwicklungsressourcen*, wodurch die Entwicklungskosten reduziert und die Qualität zugleich erhöht werden können.

Der Prozess des Anforderungsmanagements besteht aus vier Teilprozessen, die iterativ ausgeführt werden [21][26]:

- Die *Anforderungssammlung* ist der Prozess des Suchens und Zusammentragens aller Anforderungen der betroffenen Stakeholder (Kunden, Konkurrenz, aus Gesetz und Norm, vom Unternehmen und internen Stellen) über den gesamten Lebenszyklus des zu realisierenden Produkts.
- Die *Anforderungsanalyse* ist der Prozess der Interpretation der gesammelten Anforderungen und des Ableitens von expliziten Anforderungen, welche von den Entwicklungsingenieuren verstanden und interpretiert werden können. Sie sind Gegenstand der strategischen Produktplanung, in der beispielsweise die Anforderungen der einzelnen Marktsegmente auf ihren Beitrag zur Kaufentscheidung, ihre künftige Relevanz und ihre Bedeutung für die Variantengestaltung des Angebots untersucht werden. Die Ergebnisse der Anforderungsanalyse werden in einem Anforderungskatalog (Lastenheft, Pflichtenheft, Anforderungsliste, rechnerunterstütztes Anforderungsmodell) beschrieben.

- Die *Anforderungspflege* ist der Prozess der systematischen Anpassung und Pflege des definierten Anforderungskatalogs, so dass dieser durch neue Erkenntnisse und Anforderungen im fortschreitenden Entwicklungsprozess angepasst werden kann und alle betroffenen Entwicklungsingenieure über die Änderungen der Anforderungen informiert werden. Die Anforderungspflege umfasst einen kontinuierlichen Austausch und eine wechselseitige Verhandlung vor allem für Konfliktlösungen mit den Entwicklungsteams, die durch den Wechsel oder der Weiterentwicklung der Anforderungen entstehen. Die Anforderungspflege stellt darüber hinaus die beidseitige Rückverfolgbarkeit zwischen den Anforderungen und den Entwicklungsergebnissen sicher.

- Die *Anforderungskontrolle* ist der Prozess der Entwicklungsüberwachung, in dem systematisch zu überprüfen ist, ob die erarbeiteten (Teil-)Lösungen und konkretisierten Produktmerkmale die definierten Anforderungen erfüllen. Die Phase ist ferner der Prozess der Identifizierung und Beseitigung von Widersprüchen zwischen den Anforderungen und dem Entwicklungsprojektplan bzw. den Entwicklungsergebnissen.

Das Anforderungsmanagement hat in den einzelnen Konstruktionsmethodiken einen unterschiedlich starken Formalisierungsgrad erreicht. Im *Electrical Engineering* erfolgt die Anforderungsbearbeitung des Elektronikentwurfs streng formal. Dagegen gewinnt die formale Bearbeitung der Anforderungen im *Software Engineering* durch CASE-Tools (Computer-Aided Software Engineering) und die Forderung des CMMI (Capability Maturity Modell Integrated) nach einem Requirement Engineering zunehmend an Bedeutung [27]. Mit dem Requirement Engineering wird die Aufgabenklärungsphase in der Informatik stark betont. Danach wird, vor allem bei komplexen Programmen, die Funktionalität aufgetrennt und parallel bearbeitet. Die Modularisierung ist so abgeschlossen, dass einzelne Module oft an weit entfernten Standorten programmiert werden können und sukzessive in der Unternehmenszentrale zu einem komplexen Programmpaket zusammengesetzt werden. Damit verfolgt das Anforderungsmanagement besonders das Ziel, die eigentliche Programmierung stark parallelisierbar zu organisieren [28].

Wenig ausgeprägt ist der Grad der Formalisierung im *Mechanical Engineering* [21], jedoch ist durch Einsatz moderner CAD-Systeme eine Parallelisierung der geometrischen Gestaltung eines Produkts ebenfalls bereits weit vorangeschritten, weil durch Metastrukturen und klar definierten Schnittstellen vor der eigentlichen geometrischen Gestaltungsphase parallel arbeitende Entwicklungsingenieure die Schnittstellen als Randbedingungen für ihre Konstruktionsbereiche vorfinden können (so genannter „Konstruktionsraum").

Am geringsten ist in der Praxis der Formalisierungsgrad des Anforderungsmanagements beim *Service Engineering* anzutreffen. Die Gründe liegen in der noch nicht vollständig ausgereiften Konstruktionsmethodik für Dienstleistungen. Seitens der Wissenschaft wurde dieses Themenfeld für die Dienstleistungsentwicklung bisher nicht intensiv behandelt und seitens der Praxis werden die Dienstleistungen überwiegend „ad hoc“ oder nach einem „Trial-and-Error“-Verfahren entwickelt, so dass professionelle Anforderungsmanagement-Prozesse i. d. R. nicht vorliegen.

Je komplexer aber die Entwicklungsaufgabe und je mehr Entwicklertätigkeiten unterschiedlicher ingenieurwissenschaftlicher Disziplinen miteinander koordiniert werden müssen, desto mehr ist ein formalisiertes Anforderungsmanagement erforderlich. Dementsprechend bekommt das Anforderungsmanagement einen hohen Stellenwert in der Konstruktionsmethodik von integrierten und hybriden Produkten (Kapitel 4.1 und 4.4).

4 Integrierte Konstruktionsmethodiken für produzierende Unternehmen

4.1 Integrierte Produktentwicklung für produzierende Unternehmen

Viele moderne technische Produkte bestehen schon längst nicht mehr nur aus mechanischen und elektrischen Komponenten, sondern sind eine gelungene Kombination aus Elementen der verschiedenen Fachgebiete wie Mechanik, Elektrik, Elektronik, Hydraulik, Pneumatik und Informatik. Sie sind das Ergebnis eines Paradigmenwechsels in der Konstruktion, indem die Konstruktionsmethodiken Mechanical Engineering, Electrical Engineering und Software Engineering zusammengeführt werden [29]. Bei der *Integrierten Produktentwicklung* wird die Zusammenarbeit zwischen den Ingenieurdisziplinen bei der Produktentwicklung verbessert, indem Arbeitsaufgaben, die voneinander abhängen, gemeinsam bearbeitet, optimiert und in einem ständigen Wechselspiel Zwischenergebnisse ausgetauscht werden [30], so dass durch die integrierte Betrachtung von technischen Ingenieurdisziplinen Produktverbesserungen realisiert werden können. Entsprechend ist die Integrierte Produktentwicklung definiert als „eine humanzentrierte Vorgehensweise zur Entwicklung von wettbewerbsfähigen Produkten oder Dienstleistungen mit hoher Qualität, in angemessener Zeit und einem sinnvollen Preis-Leistungsverhältnis. Sie beschreibt die integrierte Anwendung ganzheitlicher und multidisziplinärer Methoden, Prozesse und Organisationsformen sowie manueller und rechnergestützter Werkzeuge bei minimierter und nachhaltiger Nutzung von Produktionsfaktoren und -ressourcen“ [31].

Wesentliches Merkmal der Integrierten Produktentwicklung ist die Zusammenfassung der frühen Konstruktionsphasen „Aufgabe klären“ und „Konzipieren“: Die Aufgaben der Anforderungssammlung und -analyse, der Produktstrukturierung, der Funktions- und Lösungsfindung werden im Wechselspiel bearbeitet, und zwar so lange, bis eine Prinziplösung für das Produkt gefunden ist, die prinzipiell funktioniert und die Anforderungen erfüllt [21]. Ausgehend von der erarbeiteten Prinziplösung werden die Produktkomponenten getrennt nach den einzelnen Konstruktionsmethodiken entsprechend ihrer Vorgehensweisen und Methoden entworfen. Das Anforderungsmanagement stellt sicher, dass alle Entwicklungsaktivitäten auf das integrierte Produkt ausgerichtet sind. Weil die Entwicklung von integrierten Produkten höhere Anforderungen an den Konstruktionsprozess stellt, ist eine formalere Bearbeitung der Anforderungen nötig, als es heute üblich ist [21].

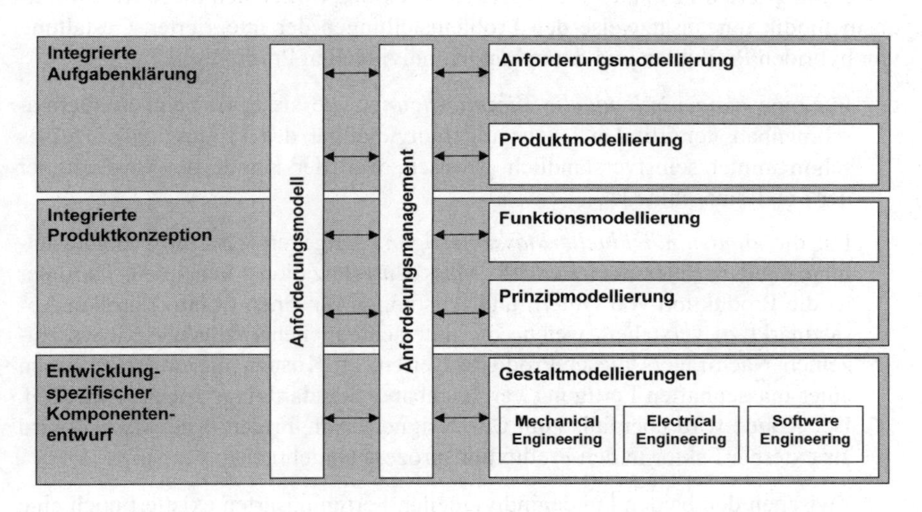

Abbildung 12: Rechnerunterstützte Integrierte Produktentwicklung

4.2 Integrierte Produkt- und Prozessentwicklung für produzierende Unternehmen

Die Konstruktionsmethodik „Integrierte Produktentwicklung" wird in der Literatur teilweise auch mit einer „Integrierten Produkt- und Prozessentwicklung" gleichgesetzt [11][30]. Sind die Bezeichnungen auch unterschiedlich, so ist das Verständnis über die Ziele der Integrierten Produkt- und Prozessentwicklung bei den Autoren im Wesentlichen vergleichbar. Ziel der *Integrierten Produkt- und Prozessentwicklung* ist die weitere Reduzierung der Entwicklungskosten und -zeiten von Sachgütern. Sie umfasst Elemente des Simultaneous Engineering und „Design for X"-Methoden [31]. Durch das *Simultaneous Engineering* wird eine Verkürzung der Entwicklungszeiten angestrebt, indem voneinander unabhängige Arbeitsaufgaben der Produkt- und Prozessentwicklung möglichst simultan bearbeitet werden. Die Parallelisierung von Entwicklungsprozessen und Produktionsplanungsprozesse ist die Folge. Durch *Design for Manufacture*, *Design for Assembly* und *Design to Cost* sollen mittels einer fertigungs- und montagegerechten Konstruktion die Produktionskosten reduziert werden [15].

Neuere Ansätze streben eine durchgängige Rechnerunterstützung für eine Produkt- und Prozessentwicklung an, indem die Produkt- und Prozessinformationen in einem integrierten Produkt- und Prozessmodell gespeichert werden. Dadurch soll auf die zunehmend steigende Funktionalität und Individualität der Produkte reagiert werden [32]. Durch die Berücksichtigung der Individualität der Produkte in der Integrierten Produkt- und Prozessentwicklung öffnet sich diese Konstruktionsmethodik nur ansatzweise den Problemstellungen der integrierten Gestaltung von hybriden Produkten und deren kundenindividuellen Produktion:

- Für eine *kundenindividuelle Einzelfertigung*, wie sie z. B. beim Sondermaschinenbau vorzufinden ist, ist die Individualität des Produktionsprozesses schon immer selbstverständlich gewesen, weil der Kunde der Co-Designer der Sondermaschine ist.

- Für die *kundenindividuelle Massenfertigung* hingegen wird die Problemstellung intensiv unter dem Begriff „Mass Customization" behandelt. Darunter ist die Produktion von Gütern und Leistungen für einen (relativ) großen Absatzmarkt zu verstehen, welche die unterschiedlichen Bedürfnisse jedes einzelnen Nachfragers dieser Produkte treffen, zu Kosten, die ungefähr denen einer massenhaften Fertigung vergleichbarer Standardgüter entsprechen [33]. Der Kunde wird ebenfalls zum Co-Designer des hybriden Produkts und wird als externer Faktor in den Produktionsprozess eingebracht.

- Zwischen den beiden kundenindividuellen Fertigungsarten existiert noch eine spezielle Form, die *kundenindividuelle Kleinserienfertigung*. Sie ist gekennzeichnet durch einen (verhältnismäßig) kleinen Absatzmarkt, jedoch mit einer mehr oder weniger stark ausgeprägten Regelmäßigkeit der Nachfrage. Die Folge sind Produktionssysteme, die für diese Produkte nur schwer vollständig ausgelastet werden können und dennoch günstigst und flexibel bereitgehalten werden müssen. Die Kosten für diese Produkte sollten auf einem vergleichbaren Niveau sein wie bei der Kleinserienfertigung von Standardprodukten, was innovative und kostengünstige Produktionssysteme voraussetzt.

Dieses bisher in den Integrierten Produkt- und Prozessentwicklung vernachlässigte Ziel, hybride Produkte und deren kundenindividuelle Fertigungs- und Dienstleistungsprozesse integriert zu entwickeln, soll im neuen Ansatz der Hybriden Produktentwicklung für dienstleistende Produzenten realisiert werden (Kapitel 4.4).

4.3 Integrierte Produkt- und Dienstleistungsentwicklung für dienstleistende Produzenten

Viele technische Produkte werden heute mit einem Bündel von produktbegleitenden Dienstleistungen angeboten, wobei jedoch diese Dienstleistungsangebote oft erst nach der Markteinführung des technischen Produkts entwickelt und am Markt angeboten werden. Eine Abstimmung der technischen Produkte mit deren produktbegleitenden Dienstleistungen ist auf Grund der sequentiellen Entwicklungsreihenfolge nicht mehr oder nur mit großem Aufwand möglich und würde zu einer teureren und technisch weniger perfekten Lösung führen. Ferner kann ein Kundenbedarf nach produktbegleitenden Dienstleistungen erst nach einer gewissen entwicklungsbedingten Verzögerung befriedigt werden, was neben entgangenen Geschäftchancen auch zu einer Unzufriedenheit der Kunden führen kann.

Der Grund für diese sequentielle Entwicklungsphilosophie ist i. d. R., dass die Unternehmen die Entwicklung der Sachleistung als ihr Kerngeschäft und die produktbegleitenden Dienstleistungen eher als ein Nebengeschäft sehen, so dass das Dienstleistungsangebot oft reaktiv bereitgestellt wird, nachdem ein Kunde sie zu dem Kerngeschäft wünscht. Mit dem aktuellen Umdenken der Unternehmen bzgl. der strategischen Bedeutung von produktbegleitenden Dienstleistungen ändern sich auch die Anforderungen an die Entwicklungsprozesse in den Unternehmen. Sie streben eine parallele Entwicklung von technischem Produkt und produktbegleitenden Dienstleistungen an, so dass sie abgestimmte, sich ergänzende Leistungsbündel zeitgleich am Markt einführen können.

Gestaltet werden können diese Entwicklungsprozesse durch eine Konstruktionsmethodik der *Integrierten Produkt- und Dienstleistungsentwicklung.* Dieser neue Ansatz zeichnet sich dadurch aus, dass ein technisches Produkt und seine produktbegleitenden Dienstleistungen als eigenständige Leistungsbündel parallel und abgestimmt entwickelt werden. Wesentliches Merkmal ist die *Zusammenfassung der Anforderungssammlung und -analyse* für das Kernprodukt und den produktbegleitenden Dienstleistungen im Rahmen einer integrierten Aufgabenklärung, weil die wechselseitige Berücksichtigung von Anforderungen in den frühen Entwicklungsphasen noch relativ leicht zu bewältigen ist. Im Anschluss werden aus den gewonnenen Erkenntnissen die Produktstrukturen für das technische Produkt und die produktbegleitenden Dienstleistungen getrennt abgeleitet und strukturiert. Die Produktkonzeption, der Entwurf und die Ausarbeitung werden mit den entsprechenden Konstruktionsmethodiken für das technische Produkt und dem Service Engineering für die produktbegleitenden Dienstleistungen durchgeführt, wobei das integrierte Anforderungsmodell durch ein Anforderungsmanagement gepflegt wird (für Details vgl. Kapitel 3). Abbildung 13 zeigt diesen Zusammenhang. Durch die frühe Berücksichtigung von Produkt und produktbegleitenden Dienstleistungen in der Produktentwicklung können so neue Produkt- und Dienstleistungsmerkmale entstehen, die erst aus der Kombination von Produkt und Dienstleistungen resultieren.

Die Integrierte Produkt- und Dienstleistungsentwicklung ist dann vorteilhaft, wenn der Kunde seine Anforderungen an das Produkt und an den Service getrennt formuliert bzw. die materiellen und immateriellen Angebotsanteile gut voneinander unterschieden werden können, so dass abgestimmte, eigenständige Produkte und Dienstleistungen dem Kunden angeboten werden können. Das Motiv des Kunden für diese getrennte Produkt- und Service-Sicht kann beispielsweise darin liegen, den Lieferanten und sein Produktspektrum getrennt sehen zu wollen, weil er auch Dienstleistungen von Dritten einkauft und deshalb eine Transparenz der Angebotsleistungen wünscht.

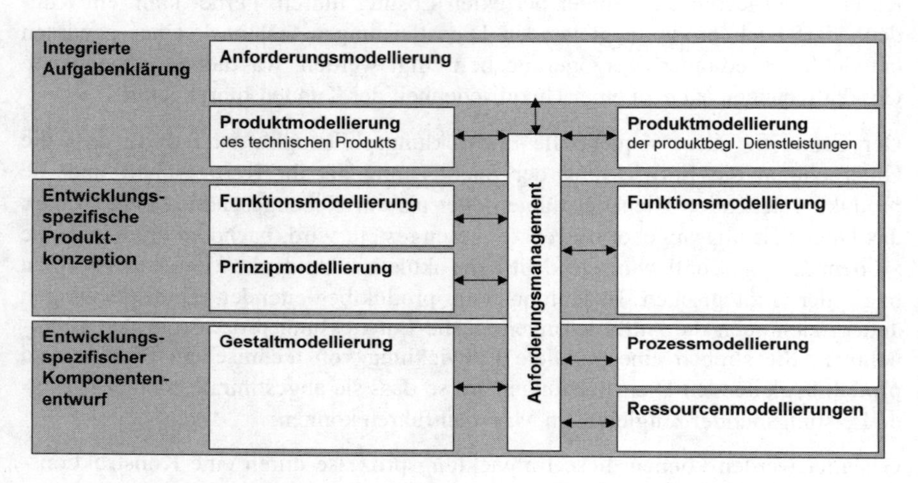

Abbildung 13: Primärer und sekundärer Entwicklungsprozess der rechnerunterstützten Integrierten Produkt- und Dienstleistungsentwicklung

Auch wenn die produktbegleitenden Dienstleistungen als eigenständige Absatzleistungen angeboten und entwickelt werden, so dienen sie doch hauptsächlich der Absatzförderung der technischen Produkte. Der Kunde will hauptsächlich Sachleistungen kaufen, entsprechend liegt die *Systemführerschaft* bei der technischen Produktentwicklung, welche als *primärer Entwicklungsprozess* bezeichnet wird. Die produktbegleitenden Dienstleistungen werden in dem *sekundäreren Entwicklungsprozess* entwickelt. Bindeglied der beiden Entwicklungsprozesse ist das Anforderungsmanagement. Die Wechselwirkungen zwischen Produkt- und Serviceanforderungen, die teilweise miteinander konkurrieren, können so in einem frühen Stadium in ein konsistentes Gesamtkonzept integriert werden.

Durch die Integrierte Produkt- und Dienstleistungsentwicklung wird die produktbegleitende Dienstleistungsentwicklung genau wie die Produktentwicklung zu einem unternehmensweit auf Dauer etablierten Prozess. Es wird zu einer optimalen unternehmensinternen Verflechtung zwischen Dienstleistungsentwicklern und den Konstrukteuren aus der Produktentwicklung kommen, die zu neuen, optimal gestalteten Produkt- und Dienstleistungsangeboten für den Kunden führen wird.

4.4 Hybride Produktentwicklung für produzierende Dienstleister

Die Individualisierung der Nachfrage nimmt in vielen Investitions- und Konsumgütermärkten stetig zu. Innovative und kundenindividuelle Produkte sind die Antwort für immer kleinere Marktsegmente bei den Endverbrauchern bzw. für immer höhere Anforderungen an die Problemlösungsfähigkeit von Investitionsgüterherstellern. Diese Produkte bestehen aus Sach- und Dienstleistungsbündeln, jedoch ist eine Trennung des Angebots in ein Sachleistungsangebot und den dazugehörigen produktbegleitenden Dienstleistungen wie bei der Integrierten Produkt- und Dienstleistungsentwicklung nicht sinnvoll bzw. möglich, weil der Kunde die materiellen und immateriellen Angebotsteile nicht mehr voneinander unterscheiden will.

Die Automobilindustrie bietet schon seit Jahren ihren Kunden als Endverbraucher kundenindividuell konfigurierbare Automobile nach dem *Mass Customization-Prinzip* an. Dieses Prinzip wird auch auf andere Branchen wie die Computerindustrie (kundenindividuell konfigurierbare PCs oder industrielle Maßanfertigung einer kundenindividuell angepassten Jeans in der Textilindustrie) übertragen. Auch für produzierende Unternehmen werden immer kundenindividuellere Angebote geschnürt. Neben dem Sondermaschinenbau bieten Maschinen- und Anlagenbauer ihren Kunden in neuen Geschäftsmodellen nach dem *Performance Contracting Prinzip* immer komplexere Lösungen an, mit denen sie einen Teil der Wertschöpfungskette des Kunden für diese betreiben können [10].

Charakteristisch für die hybriden Produkte ist die zwingend notwendige Integration des externen Faktors in den Leistungserstellungsprozess. Dadurch ergeben sich neue Anforderungen an den Produktentstehungsprozess, die in einer speziellen Konstruktionsmethodik, der *Hybriden Produktentwicklung*, zusammengefasst werden. Die Hybride Produktentwicklung ist die konsequente und kundenintegrative Weiterentwicklung der Integrierten Produktentwicklung und der Integrierten Produkt- und Prozessentwicklung, die zusätzlich um die Konstruktionsmethodik des Service Engineering erweitert werden. Dadurch werden nicht nur die Konstruktionsmethodiken der beteiligten Sachleistungen, sondern auch die der Prozessentwicklung für die Dienstleistungsbündel und der Fertigung vollständig in den Produktentstehungsprozess des hybriden Produkts integriert. Abbildung 14 veranschaulicht diese Integration anhand des rechnerunterstützten hybriden Produktentwicklungsprozesses.

Bei der Hybriden Produktentwicklung werden die frühen Phasen der Aufgabenklärung und Produktkonzeption zusammengefasst und im Wechselspiel so lange bearbeitet, bis eine konzeptionelle Lösung für das hybride Produkt gefunden ist. Die Besonderheiten der einzelnen Arbeitsschritte sollen im Folgenden vorgestellt werden, wobei sich die Arbeitsschritte und die Nummerierung an jenen der Dienstleistungsentwicklung des Kapitels 3.2 orientieren:

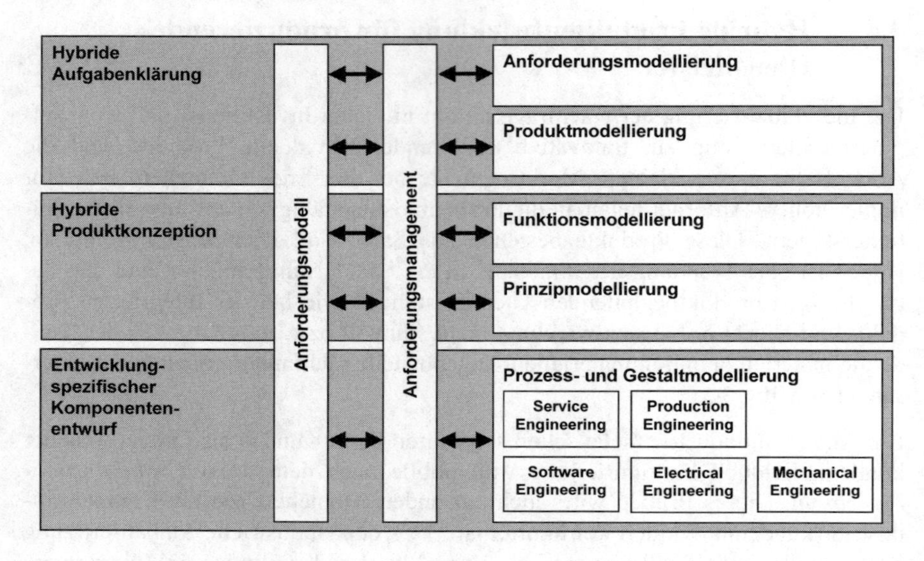

Abbildung 14: Rechnerunterstützte Hybride Produktentwicklung

Zu Beginn des Entwicklungsprozesses werden in *Arbeitsschritt 1a (Klären und Präzisieren der Aufgabenstellung)* die Anforderungen des hybriden Produkts systematisch gesammelt und analysiert. Dabei ist eine *Einflussrichtung der Anforderungen* zu beachten, wie sie schon im Maschinenbau bei der Integrierten Produktentwicklung zu beobachten ist: Durch die Integration von Kommunikationstechnik werden heutzutage kommunikationsfähige Maschinen und Anlagen geschafft, die beispielsweise einen Teleservice durch den Anlagenbauer ermöglichen. Die Kommunikationstechnik tritt neben die Mechanik, die Antriebstechnik und die Steuerungstechnik. Doch es geschieht mehr als eine Addition technischer Disziplinen. Die Verbreitung der Kommunikationstechnik im Maschinen- und Anlagenbau bringt einen Paradigmenwechsel mit sich (vgl. Abbildung 15). Während früher die Mechanik die Antriebstechnik festlegte und sich hieraus die Steuerungstechnik „bottom-up" ableitetet, dreht heute die Einflussrichtung auf „top-down". Die Kommunikationstechnik schreibt das Pflichtenheft für die Steuerungstechnik und fördert die Digitalisierung der Antriebstechnik [5].

Die neue sozio-technische Disziplin des Service Engineering wird diesen Paradigmenwechsel noch zusätzlich verstärken, indem die *Mehrwertdienste* das Pflichtenheft für die Kommunikationstechnik schreiben. Die Mehrwertdienste werden *Systemführer* bei hybriden Leistungsbündeln, weil nicht mehr der Wert der Ware den ausschlaggebenden Anreiz für den Kunden ausmacht, sondern der Nutzwert aus Sach- und Dienstleistungsbündel, der durch die Dienstleistungen systematisch erschlossen wird.

Beispielsweise legt die Mehrwertleistung einer maßgeschneiderten Jeans die Anforderungen an das Informationssystem für den Austausch der Daten zwischen dem Mess- und Produktionsort, seine Auswahlmöglichkeiten nach Stoff und Schnitt, die Speicherbarkeit und Pflege seiner kundenindividuellen Daten fest. Die Informationstechnik wiederum schreibt das Pflichtenheft für das Produktionssystem und fördert durch die Digitalisierung der Produktionssteuerung die Digitalisierung der Produktion. Beispielsweise kann heute durch eine webtechnologiebasierte (Kunden-) Bestellung direkt auf die Steuerung und damit auf den Prozess des Produktionssystems zugegriffen werden [34].

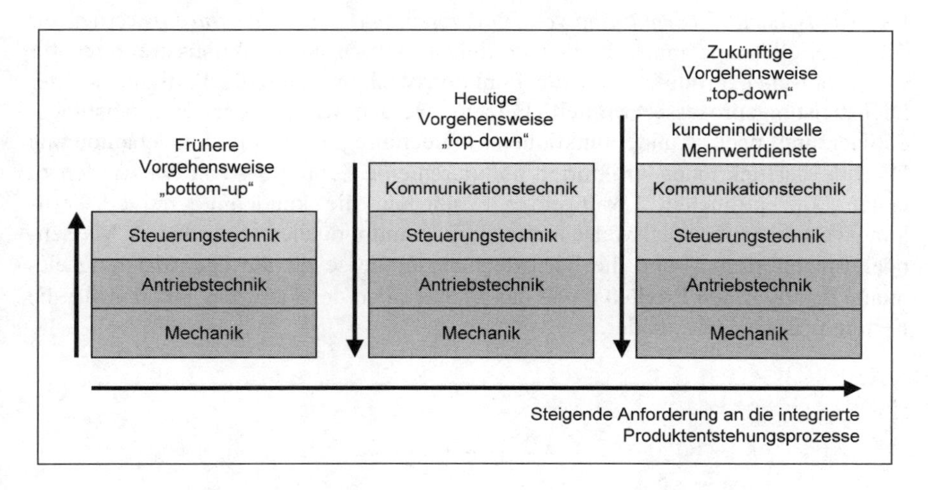

Abbildung 15: Paradigmenwechsel der Einflussrichtung des Maschinen- und Anlagenbaus

Abbildung 16 zeigt die Komplexität des Anforderungsmanagements hybrider Produkte am Beispiel eines V-Modells, die aus der Einflussrichtung resultiert. Sie spiegelt wider, wie stark die einzelnen Anforderungen materieller und immaterieller Leistungsbündel voneinander abhängen und wie schwer sie voneinander getrennt werden können. Trotzdem müssen die Komponenten des hybriden Produkts auf die einzelnen Konstruktionsmethodiken und die Produktionstechnik aufgeteilt werden, so dass die spezialisierten Maschinenbauer, Produktionstechniker, Elektroingenieure, Softwarespezialisten und Dienstleistungsingenieure ihre Entwicklungsaktivitäten parallel durchführen können. Der erforderliche intensive Austausch von Zwischenergebnissen und die intensive gemeinsame Bearbeitung und Optimierung von Entwicklungsaufgaben legen deshalb eine möglichst enge (räumliche) Zusammenarbeit aller Beteiligten nahe.

In den speziellen Fällen von *Produktionsdienstleistungsmodellen* (z. B. Pay on Production oder Betreiberkonzepte) wird der Mehrwert für den Kunden durch die Produktionsleistung generiert, so dass die *Produktionstechnik* die Systemführerschaft übernimmt und die Anforderungen an die Dienstleistungsbündel in einem Pflichtenheft für das Service Engineering konkretisiert. Die Einflussrichtung in Abbildung 16 verlängert sich entsprechend um das Lasten- und Pflichtenheft für Production Engineering.

Im *Arbeitschritt 1b (Ermitteln von Leistungsbündeln und deren Strukturen)* spielt die Modularisierung der hybriden Produktstruktur eine entscheidende Rolle, indem sowohl die materiellen als auch die immateriellen Leistungsbündel für eine effiziente Leistungserbringung möglichst modular zu strukturieren sind. Dadurch wird die effiziente Konfiguration kundenindividueller Lösungen gewährleistet.

Im *Arbeitsschritt 2 (Ermittlung von Funktionen und deren Strukturen)* werden für die materiellen und immateriellen Produktstrukturen die Funktionsstrukturen für die technischen Produkte und die Funktionsstrukturen für die Fertigungs- oder Dienstleistungsprozesse ermittelt. Letztere werden wie bei der Dienstleistungsentwicklung nach Kundenfunktionen, kundenintegrative und kundenautonome Dienstleisterfunktionen strukturiert und durch eine Zuordnung von Ressourcen zu ersten konzeptionellen Lösungen. Sie spiegeln die kundenintegrativen Fertigungsverfahren beispielsweise einer kundenindividuellen Betreiber-, Massen- oder Einzelfertigung und die Dienstleistungsprozesse für die Dienstleistungselemente des hybriden Produkts, wie das Maßnehmen der Figur des Kunden für die Fertigung einer Jeans, wider.

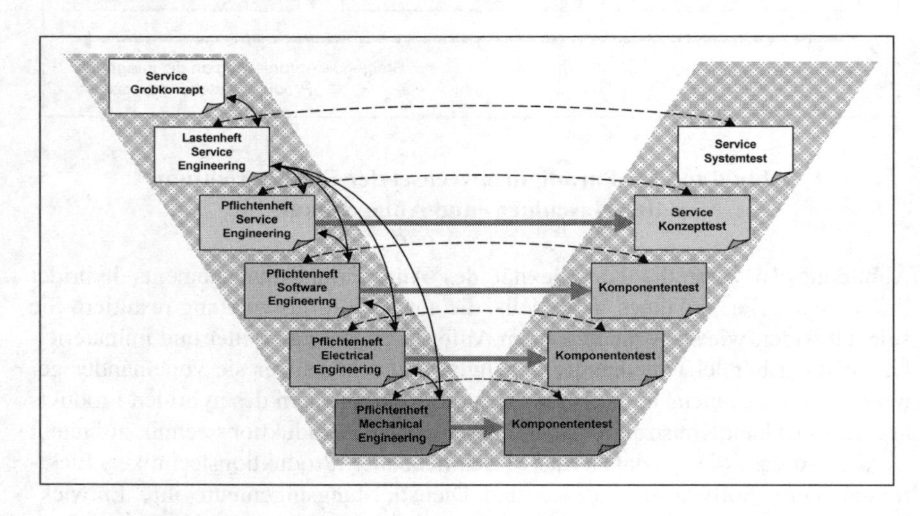

Abbildung 16: Beispiel für die Einflussrichtung der Anforderungssammlung, -analyse, und -kontrolle einer Hybride Produktentwicklung anhand eines V-Modells

Im *Arbeitsschritt 3 (Suchen nach Lösungsprinzipien und deren Strukturen)* werden ausschließlich den technischen Produkten die physikalischen, chemischen, biologischen Effekte oder Algorithmen, die eine formale Beziehung zu den Funktionen haben, zugeordnet. Ebenso wie bei der Dienstleistungsentwicklung können für die Fertigungs- und Dienstleistungsprozesse erste konzeptionelle Lösungen gesucht werden.

In den *Arbeitsschritten 5 und 6* werden die einzelnen Wirk- und Funktionsstrukturen von den entsprechenden ingenieurwissenschaftlichen Disziplinen parallel ausgestaltet, und im *Arbeitsschritt 6 (Gestalten des gesamten Produkts)* wird das gesamte hybride Produkt als integriertes Produkt- und Prozessmodell in einem Gesamtentwurf beschrieben.

Eine weitere Herausforderung ist die *Pflege des Anforderungsmodells* im fortschreitenden Entwicklungsprozess. Durch die Vielzahl der beteiligten unterschiedlichen Ingenieure bedarf es formalisierter und gut gemanagter Prozesse für die Anpassung und Pflege des definierten Anforderungskatalogs. Nur so kann sichergestellt werden, dass alle einzelnen Komponenten des hybriden Produkts am Ende des Entwicklungsprozesses den Anforderungen des gesamten hybriden Produkts genügen.

Anhand der Entwicklung von Betreiberkonzepten soll die obige Vorgehensweise verdeutlicht werden: Betreiberkonzepte bestehen im Maschinen- und Anlagenbau im Wesentlichen aus vier Elementen, die jeweils durch verschiedene Konstruktionsmethodiken entwickelt werden [35]:

- Die *Betriebsmittel* wie beispielsweise eine Lackieranlage für Automobile werden durch die *Integrierte Produktentwicklung* konstruiert,
- der *„Full Service“* als Bündel von Dienstleistungen rund um die Betriebsmittel wird durch ein *Service Engineering* entwickelt, d. h. beispielsweise die Instandhaltungsleistungen, Modernisierungsleistungen etc. des Betreibers an der eigenen Lackieranlage,
- die *Finanzierung* für die Aufwände des Betreiberkonzepts (Betriebsmittel, Ressourcen für den Full Service, anfängliche Schulungsaufwände der Mitarbeiter etc.) wird durch ein *Financial Engineering* bereitgestellt, sofern nicht auf standardisierte Finanzierungskonzepte von Finanzdienstleister zurückgegriffen werden kann,
- die *Produktionsergebnisse* auf den Betriebsmitteln für den Kunden und die *Abläufe der Anlagebedienung* als auch die *Integration in den Wertschöpfungsprozess* der Betriebsmittel beim Kunden werden mittels der Methoden und Vorgehensweisen der *Produktionstechnik* definiert.

Zwischen den vier Elementen eines Betreiberkonzepts bestehen vielfältige Wechselwirkungen, die durch ein professionelles Anforderungsmanagement zu berücksichtigen sind. Ausgehend von den Kundenanforderungen an das kundenindividuelle Produktionsdienstleistungsmodell (z. B. die geforderten Stückzahlen des Produktionsguts, die gewünschte Vertragsdauer, Verfügbarkeit und Produktionsqualität, die Preisvorstellung pro produzierter Einheit, die Spezifizierung der Schnittstellen des Betreibers und des Kunden) wird ein Lastenheft für das Betreibermodell im Rahmen eines *Production Engineering* erstellt. Die gesammelten Anforderungen an die Leistungsfähigkeit der Wertschöpfungsteilkette des Kunden werden nun systematisch auf die konstruktionsspezifischen Pflichtenhefte heruntergebrochen, indem beispielsweise das notwendige Dienstleistungsbündel für ein Full Service rund um die Betriebsmittel geschnürt und in einem Pflichtenheft für eine *Service Engineering* zusammengefasst wird. Die Anforderungen für eine effiziente Dienstleistungserbringung (beispielsweise mittels Teleservice) oder für eine Fernsteuerung der Betriebsmittel (beispielsweise mittels Teleoperating) konkretisieren die Anforderungen an die Kommunikationskonzepte der Betriebsmittel, die in die Pflichtenhefte für die Softwareentwicklung und für die elektronischen Bauelemente eingehen. Anforderungen aus der effizienten Dienstleistungserbringung und intelligente Steuerungs- und Antriebskonzepte bestimmen wiederum das Pflichtenheft für den servicefreundlichen Aufbau und die Mechanik der Betriebsmittel. Somit lassen sich durch eine Berücksichtigung der Einflussrichtung der Anforderungen systematisch die Anforderungen für die einzelnen Konstruktionsmethoden und -aufgaben konkretisieren. Ein effizientes und konsistentes Anforderungsmanagement legt damit die Grundlage für eine verteilte Bearbeitung der einzelnen Konstruktion- und Entwicklungsaufgaben aller beteiligten Ingenieure.

Verglichen mit der Entwicklung reiner Sachgüter und reiner Dienstleistungen ist die Entwicklung von hybriden Produkten eine komplexe Entwicklungsaufgabe, in der viele Ingenieure unterschiedlicher Disziplinen für eine gemeinsame Entwicklungsaufgabe zusammenzuführen sind. Hybride Entwicklungsprozesse sind eine organisatorische Herausforderung, die hohe Anforderungen an die Vorgehensweise und den Formalisierungsgrad der Produktentstehungsprozesse und des Anforderungsmanagements stellen. Unternehmen, die diese organisatorischen Anforderungen erfolgreich umsetzten, können durch innovative und erfolgreiche hybride Produkte nachhaltige Wettbewerbsvorteile generieren.

5 Fazit und Ausblick

Ausgehend vom Wandel des Werkzeugmaschinen- und Anlagenbaus zu integrierten Produkt- und Dienstleistungsunternehmen wurden fünf Angebotstypen industrieller Dienstleistungen identifiziert, mit welchen produzierende Unternehmen ihr Sachleistungsangebot durch ein Dienstleistungs- oder einem hybriden Produktangebot prinzipiell erweitern können. Der Begriff des *hybriden Produkts* wurde eingeführt, um spezielle Formen von materiellen und immateriellen Leistungsbündeln besser bezeichnen zu können. Die fünf Angebotstypen industrieller

Dienstleistungen sind Entwicklungsobjekte von Konstruktionsmethodiken. Auf Grund eines Mangels geeigneter integrierter Konstruktionsmethodiken zur Entwicklung dieser Absatzobjekte in Theorie und Praxis wurden zwei neue Ansätze entwickelt: Für die parallele Entwicklung von trennbaren Sachleistungen und produktbegleitenden Dienstleistungen die *Integrierte Produkt- und Dienstleistungsentwicklung* und für die integrierte Entwicklung von nicht trennbaren Sach- und Dienstleistungsbündeln die *Hybride Produktentwicklung*.

Als Grundlage dieser integrierten Konstruktionsmethodiken dienten jeweils die *Entwicklungsphasen und Arbeitsschritte des Dienstleistungsentwicklungsprozesses*, die als wesentliche Elemente einer Entwicklungslehre für Dienstleistungen zunächst für ein Service Engineering zu entwickeln war. Es zeigte sich, welche besondere Rolle dem Service Engineering und der Produktionstechnik bei der hybriden Produktentwicklung zukommen, indem sie die Systemführerschaft für die integrierte Produktentwicklung übernehmen.

Durch diese Ausführungen werden den Unternehmen grundlegende Untersuchungen zu innovativen Konstruktionsmethodiken für die Gestaltung ihrer Produktentstehungsprozesse bereitgestellt. Die Ingenieure produzierender Unternehmen können ihrem (zukünftigen) materiellen und immateriellen Leistungsangebot die geeignete Konstruktionsmethodik zuordnen und dementsprechend gezielt ihren Produktentstehungsprozess den neuen organisatorischen Anforderungen anpassen.

In den nächsten Jahren werden Unternehmen ihre unternehmerischen Anstrengungen auf die Erweiterung ihrer Produktentwicklungsfähigkeiten konzentrieren, wenn sie die Chancen, die im Angebot industrieller Dienstleistungen stecken, nutzen wollen. Eine Hilfestellung hierfür kann das vorgestellte Reifemodell für industrielle Dienstleistungen sein, weil es einen Entwicklungspfad des unternehmerischen Produktentstehungsprozesses widerspiegelt: Die überwiegend reifen (primären) Konstruktionsprozesse für Sachleistungen werden im Rahmen des Wandels zu einem integrierten Produkt- und Dienstleistungsunternehmen durch (sekundäre) Entwicklungsprozesse für die Dienstleistungen erweitert und miteinander verbunden. Die produzierenden Unternehmen lernen, Dienstleistungen zu entwickeln und bauen entsprechende Entwicklungskompetenzen auf, wodurch sich die produzierenden Unternehmen zu dienstleistenden Produzenten wandeln. Haben die Produkt- und Dienstleistungsangebote und deren integrierte Produkt- und Dienstleistungsentwicklungsprozesse des dienstleistenden Produzenten wiederum eine gewisse Reife erlangt, werden sie in einem nächsten Schritt dazu übergehen, Performance Contracting-Leistungen am Markt anzubieten. Hierzu integrieren sie die primären und sekundären Entwicklungsprozesse vollständig zu einem hybriden Produktentwicklungsprozess. Die dienstleistenden Produzenten wandeln sich zu produzierenden Dienstleistern. Dieser systematische Aufbau von organisatorischen Entwicklungskompetenzen stellt sicher, dass sich die Unternehmen auf Grund wachsender Fähigkeiten an immer komplexere Angebotstypen heranwagen können, ohne durch Produktinnovationen ihre Unternehmensexistenz gefährden zu müssen.

Mit diesem Beitrag konnte ein erster Schritt für (integrierte) Konstruktionsmethodiken materieller und immaterieller Leistungsbündel gemacht werden. Viele Aspekte dieser Ansätze müssen in den nächsten Jahren detailliert und ausgearbeitet werden, so dass sich der Wissenschaft und Praxis ein breites Betätigungsfeld eröffnet.

Literaturverzeichnis

[1] In Anlehnung an Schuh, G.; Speth, C.: Industrielle Dienstleistungen – vom notwendigen Übel zum strategischen Erfolgsfaktor, in: SMM, (2000)45, S. 12-15.

[2] Homburg, C.; Garbe, B.: Industrielle Dienstleistungen – Bestandsaufnahme und Entwicklungsrichtungen, in: Zeitschrift für Betriebswirtschaftslehre, 66(1996), S. 253-282.

[3] Kleinaltenkamp, M.: Begriffsabgrenzung und Erscheinungsformen von Dienstleistungen, in: Bruhn M., Meffert H. (Hrsg.): Handbuch Dienstleistungsmanagement, 2. Auflage, Wiesbaden 2001.

[4] In Anlehnung an Backhaus K.; Kleikamp C.: Marketing von investiven Dienstleistungen, in: Bruhn, M.; Meffert, H. (Hrsg.): Handbuch Dienstleistungsmanagement, 2. Auflage, Wiesbaden 2001, S. 73-102.

[5] Gerhardt, A.: Neue Formen der Arbeitsteilung in der produzierenden Industrie, in: Vortragsband des X. Internationalen Produktionstechnischen Kolloquium, 27. u. 28. September 2001 in Berlin, S. 13-17.

[6] Spath, D.; Nesges, D.; Demuß, L.: Die Fabrik in der Fabrik – Wie Betreiberkonzepte die Maschinen- und Anlagennutzung rationalisieren, in: New Management, 71(2002), S. 44-50.

[7] In Anlehnung an Engelhardt, W.; Kleinaltenkamp, M.; Reckenfelderbäumer, M.: Leistungsbündel als Absatzobjekte – Ein Ansatz zur Überwindung der Dichotomie von Sach- und Dienstleistungen, in: Schmalenbachs Zeitschrift für betriebswirtschaftliche Forschung, 45(1993), S. 395-462.

[8] In Anlehnung an Hilke, W.: Grundprobleme und Entwicklungstendenzen des Dienstleistungs-Marketing, in: Hilke, W. (Hrsg.) Dienstleistungs-Marketing, Wiesbaden 1989, S. 5-44.

[9] In Anlehnung an Meyer, A.; Mattmüller, R.: Qualität von Dienstleistungen – Entwurf eines praxisorientierten Qualitätsmodells, in: Marketing: Zeitschrift für Forschung und Praxis, (1987)3, S. 187-195.

[10] Spath, D.; Demuß, L.: Integrierte Produkt- und Dienstleistungsentwicklung für den Maschinen- und Anlagenbau – Neue Anforderungen an den Produktentstehungsprozess durch die systematische Entwicklung von Betrei-

bermodellen, in: Verein Deutscher Ingenieure (Hrsg.): Instandhaltung – Ressourcenmanagement, VDI-Berichte 1598, Düsseldorf 2001, S. 395-410.

[11] In Anlehnung an Ehrlenspiel, K.: Integrierte Produktentwicklung: Methoden für Prozessorganisation, Produkterstellung und Konstruktion, München 1995.

[12] Conrad K.-J.: Grundlagen der Konstruktionslehre, München et al. 1998.

[13] Gebauer, M.: Kooperative Produktentwicklung auf der Basis verteilter Anforderungen, Aachen 2001.

[14] Bullinger, H.-J.; Meiren T.: Service Engineering – Entwicklung und Gestaltung von Dienstleistungen, in: Bruhn M., Meffert H. (Hrsg.): Handbuch Dienstleistungsmanagement, Wiesbaden 2001, S. 149-175.

[15] Bullinger H.-J.; Warschat J.: Forschungs- und Entwicklungsmanagement, Stuttgart 1997.

[16] Pahl, G.; Beitz, W.: Konstruktionslehre – Methoden und Anwendungen, Berlin et al. 1997.

[17] VDI Richtlinie 2221: Methodik zum Entwickeln und Konstruieren technischer Systeme und Produkte, in: Verein Deutscher Ingenieure (Hrsg.): VDI-Handbuch Konstruktion, Berlin 1993.

[18] VDI Richtlinie 2222: Methodisches Entwickeln von Lösungsprinzipien, Blatt 1, in: Verein Deutscher Ingenieure (Hrsg.): VDI-Handbuch Konstruktion, Berlin 1997.

[19] VDI Richtlinie 2223: Methodisches Entwerfen technischer Produkte, in: Verein Deutscher Ingenieure (Hrsg.): VDI-Handbuch Konstruktion, Berlin 1999.

[20] In Anlehnung an Grabowski, H.: Informationssysteme in der Produktentwicklung, Vorlesungsskriptum der Universität Karlsruhe (TH), <URL: http://www-rpk.mach.uni-karlsruhe.de/vorlesungen/IDPK-Vorlesung/IDPK-Kapitel_6.pdf>, online: 30.04.2002.

[21] Gausemeier J.; Brexel, D.; Humpert, A.: Anforderungsbearbeitung in integrierten Ingenieursystemen, in: Konstruktion, 48(1996)5, S. 119-127.

[22] Schuh, G.; Schwenk, U.; Speth, C.: Komplexitätsmanagement im St. Galler Management-Konzept – Wie man einer falsch verstandenen und kostenintensiven Kundenorientierung gezielt begegnet, in: io management, (1998)3, S. 78-85.

[23] Schuh, G.; Speth, C.; Friedli, T.: Kostenfalle Service? Ansätze zur Verbindung von Kunden- und Kostenorientierung bei industriellen Dienstleistungen, in: io management, (2000)11, S. 40-46.

[24] Scheer, A.-W.; Grieble, O.; Klein, R.: Produkt- und Prozessmodellierung, in: Industrie Management, 18(2002), S. 26-30.

[25] Göpfert, J.: Modulare Produktentwicklung, Wiesbaden 1998.

[26] Tseng, M.; Jiao, J.: Computer-Aided Requirement Engineering for Product Definition: A Methodology and Implementation, in: Concurrent Engineering – Research and Applications, 6(1998)2, S. 145-160.

[27] Software Engineering Institut at Carnegie Mellon University (Hrsg.): Capability Maturity Model Integration, Staged Representation, CMMI-SE/SW/IPPD/SS Version 1.1, <URL: http://www.sei.cmu.edu/cmmi/products/models.html>, online: 30.04.2002.

[28] Eisenhut, A.: Service Driven Design, VDI Reihe 20 Nr. 297, Düsseldorf 1999.

[29] Meerkamm, H.: Editorial - Integrierte Produktentwicklung, in: Konstruktion, 50(1998)9.

[30] Lindemann, U; Bichlmaier, C.; Stetter, R.; Viertlblöck, M.: Integrierte Produktentwicklung in der industriellen Anwendung, in: Konstruktion, 51(1999)9, S. 30-34.

[31] Vajna, S.; Burchardt, C.: Integrierte Produktentwicklung, in: Konstruktion, 50(1998), S. 45-50.

[32] Eversheim, W.; Aßmus D.; Weber, P.: Parametrik als Grundlage für eine integrierte Produkt- und Prozessentwicklung, in: wt Werkstattstechnik, 91(2001), S. 112-116.

[33] Piller, F.: Kundenindividuelle Massenproduktion, (Hanser) München 1998.

[34] Spath, D.; Landwehr, R.; Gönnheimer, C.: Webserver für Feldgeräte: Vom Prozess direkt ins Web, in: SPS Magazin, 15 [HMI-Special] (2002), S. 51-52.

[35] Nesges, D.; Spath, D.; Demuß, L.: Marktorientierte Servicekataloge für die Instandhaltung in Betreibermodellen - Best Practices industrieller Dienstleistungen zur systematischen Gestaltung des Dienstleistungsangebots, in: Verein Deutscher Ingenieure (Hrsg.) Bestleistungen in der Instandhaltung, VDI-Berichte 1650, Düsseldorf 2002, S. 229-245.

Service Engineering – Ein Gestaltungsrahmen für internationale Dienstleistungen

Dieter Spath
Daniel Zähringer
Fraunhofer-Institut für Arbeitswirtschaft und Organisation (IAO), Stuttgart

Inhalt

1 Einleitung und empirische Bedeutung

Zunehmend rücken Fragestellungen und Herausforderungen in das Interesse von Forschung, Wirtschaft und Politik, die sich, aus der systematischen Anpassung von Dienstleistungsportfolien an die Anforderungen internationaler Märkte ergeben. Als Impulsgeber für die wachsende internationale Verflechtung des Dienstleistungswettbewerbs werden die sich öffnenden ehemaligen Planwirtschaften, die Deregulierung, die zunehmenden Kooperationen zwischen Staaten sowie eine wachsende Integration zur Beseitigung von Handels- und Investitionsbarrieren genannt [1]. Besonders in Dienstleistungsmärkten wie Energieversorgung, Telekommunikation, Verkehr und Transport sowie Finanzdienstleistungen wurden Marktzutrittsbarrieren abgebaut, so dass sich kaum ein Unternehmen den Kräften des internationalen Wettbewerbs entziehen kann. Neben politischen und rechtlichen Änderungen der Rahmenbedingungen begünstigt und bestärkt der technische Fortschritt die Internationalisierung.

Historisch betrachtet haben internationale Dienstleistungen eine lange Tradition [2][3]. Auf der Suche nach den Anfängen stößt man im Alten Orient auf internationale Dienstleistungsaktivitäten. Bereits mehrere Jahrtausende vor Christi Geburt bestanden Handelsbeziehungen zwischen Stadtkulturen in Ägypten, Europa und Asien. Hatte für die Ägypter eher der Seehandel hohe Bedeutung, so betrieben die Griechen und Römer in der Antike vermehrt auf dem Landweg grenzüberschreitenden Handel. Die Gründung des Handelsverbunds der Hanse und das Erstarken von Kaufmannsfamilien, wie der süddeutschen Adelsfamilien der Fugger oder der lombardischen Adelsfamilie de Tassis, verdeutlichen das Wachstum der Außenhandelsaktivitäten im 12. Jahrhundert. Mit der Kolonialzeit wurde der internationale Handel in Form von Überseegesellschaften institutionalisiert. Spätestens mit der industriellen Revolution begannen vor allem englische Unternehmen im Ausland Tochtergesellschaften zu gründen.

Historisch gesehen begrenzten sich die internationalen Geschäftsaktivitäten zunächst auf grenzüberschreitenden Handel und erst später erfolgten internationale Engagements in Form von grenzüberschreitenden Direktinvestitionen [4]. Unter dem Begriff Direktinvestitionen werden im Zusammenhang internationaler Wirtschaftsaktivitäten allgemeine grenzüberschreitende Investitionen verstanden, die darauf abzielen, einen dauerhaften Einfluss auf eine Unternehmung in einem anderen Land zu nehmen [5].

Entgegen dem allgemeinen Rückgang der Direktinvestition haben die dienstleistungsbezogenen Direktinvestitionen zugenommen [6]. In den Jahren von 1990 bis 2002 hat sich der Bestand an dienstleistungsbezogenen Direktinvestitionen von 950 Mrd. US Dollar auf etwa 4 Billionen US Dollar vervierfacht. Der Anteil dienstleistungsbezogener Direktinvestitionen ist von ca. 25% in 1970 auf etwa 60% des weltweiten Direktinvestitionsbestands angewachsen. Zunehmend investieren neben Dienstleistungsunternehmen auch produzierende Unternehmen in ausländische Organisationseinheiten, um das Dienstleistungsportfolio über den Heimatmarkt hinaus anzubieten.

Indem die historische sowie die gegenwärtige Entwicklung internationaler Dienstleistungen betrachtet wurde, konnte die Bedeutung internationaler Dienstleistungen im Vergleich zu Sachgütern dargestellt werden. Im folgenden Kapitel werden Motive und Ziele betrachtet, die auf der Ebene des einzelnen Dienstleistungsunternehmens Auslöser und Antrieb für die internationale Ausrichtung des Leistungsportfolios sind. Im Kapitel 3 werden die begrifflichen Grundlagen erarbeitet, die Gestaltungsdimensionen internationaler Dienstleistungen identifiziert sowie die Besonderheiten und Anforderungen betrachtet, die sich bei der Entwicklung internationaler Dienstleistungen ergeben. Für die zentralen Gestaltungsdimensionen internationaler Dienstleistungen werden im Kapitel 4 bestehende Handlungsfelder und Gestaltungsansätze behandelt. Typische Entwicklungspfade der Internationalisierung werden im Kapitel 5 vorgestellt. Abschließend werden die sich ergebenden Änderungen und Ergänzungen in einen theoretischen Entwicklungsprozess für internationale Dienstleistungen überführt. Der Beitrag schließt mit Überlegungen zum Forschungsbedarf.

2 Ziele internationaler Unternehmenstätigkeit

Wurden in der Einführung die Ursachen und Rahmenbedingungen beschrieben, die Internationalisierung von Dienstleistungen ermöglichen und stärken, wird im Folgenden betrachtet, welche einzelbetrieblichen Ziele Dienstleistungsunternehmen antreiben, sich die Rahmenbedingungen zunutze zu machen. Die Motive lassen sich den drei Kategorien absatzorientierte, produktionsorientierte sowie ressourcenorientierte Ziele zuordnen [7][8][9][10]. Abbildung 1 zeigt die wichtigsten Ziele der Internationalisierung im Überblick.

In einer Untersuchung der einzelbetrieblichen Internationalisierungsmotive bei produzentenorientierten Dienstleistern konnte als wichtigstes Internationalisierungsmotiv die Erschließung neuer Märkte identifiziert werden [11]. Weitere absatzorientierte Gründe für eine länderübergreifende Unternehmensausrichtung liegen in der Internationalisierung bestehender Kunden sowie in der Sättigung der Heimatmärkte. Richten sich die Kunden der Unternehmen international aus, streben Dienstleister danach, durch eine Ausdehnung der Geschäftsaktivitäten in das Ausland als internationaler Single-Source-Lieferant bestehende Kundenbeziehungen zu erhalten (Kielwasser-Investitionen). Ferner wurden als kosten- und ertragsorientierte Motive Gewinnüberlegungen, Risikostreuung und eine gleichmäßige Kapazitätsauslastung in der Untersuchung genannt. Die für Dienstleistungsunternehmen bedeutsamsten beschaffungsorientierten Ziele liegen in der Zugangsicherung zu ausländischem Wissen.

Absatzorientierte Ziele

- Erhöhung der Marktpräsenz
- Ausgleich Saison bedingter Nachfrageschwankungen auf dem Inlandsmarkt
- Verringerung der Wettbewerbsvorteile der im Ausland investierenden Konkurrenten durch eigene Investitionen („band-wagon-Effekt“)
- Sicherung des Absatzes bei Verlagerung der Produktion wichtiger inländischer Partner („Kielwasser-Investition“ von Zulieferunternehmen)
- Langfristige Sicherung des Weltmarktanteils (z. B. weil Konkurrenten den Heimatmarkt bedrohen; „cross investment“)
- Nutzung von Phasenverschiebungen im Lebenszyklus
- Stabilisierung des Gesamtunternehmensumsatzes durch Belieferung verschiedener Märkte mit unterschiedlichen Konjunkturzyklen
- Überwindung von Sättigungserscheinungen auf heimischen Märkten
- Ausweichen auf Auslandsmärkte mit geringem Wettbewerbsdruck
- Umgehen tarifärer und nicht-tarifärer Handelshemmnisse
-

Produktionsorientierte Ziele

- Risikostreuung
- Auslastung vorhandener oder zu schaffender Kapazität
- Kompensation von Standortnachteilen
- Nutzung von Kostenvorteilen durch Produktion im Ausland (z. B. niedrigere Lohn- und Transportkosten)
- Kostensenkung durch Erzielung von Economies of Scale
- Verhinderung von Wissensabfluss
- Nutzung staatlicher Fördermaßnahmen
-

Ressourcenorientierte Ziele

- Nutzung des Arbeitskräftepotenzials
- Verbesserung der Chancen für alternative, später zu realisierende Markteintrittsformen (z. B. Gewinnung geeigneter Netzwerkpartner)
- Erwerb bzw. Nutzung von Wissen
- Sicherung der Rohstoffversorgung

Abbildung 1: Einzelunternehmerische Ziele der Internationalisierung (in Anlehnung an [7][8])

Eine weitere Unterteilung der Internationalisierungsziele sieht die Unterscheidung in defensive und offensive Ziele vor [7]. Die Ziele haben defensiven Charakter, wenn Wettbewerbern ins Ausland gefolgt wird. Werden dahingegen bestehende Technologievorsprünge genutzt, haben die Ziele offensiven Charakter. Als wichtigste einzelbetriebliche Internationalisierungsmotive für produzentenorientierte Dienstleistungen sind nach KÖHLER die aktive Erschließung neuer Märkte als offensives Ziel und die passive Reaktion auf internationale Kundenaktivitäten als defensives Ziel zu nennen [11]. Neben ökonomischen Zielen lassen sich auch nicht ökonomische Ziele identifizieren, die mit einer Internationalisierung verfolgt werden. Beispielhaft sei Macht- und Prestigestreben genannt.

3 Gestaltungsrahmen internationaler Dienstleistungen

Ausgehend von einer Betrachtung der zentralen Begrifflichkeiten dieses Beitrags wird ein Gestaltungsrahmen für die Entwicklung internationaler Dienstleistungen erarbeitet. Im Zentrum des Beitrags steht der Begriff der internationalen Dienstleistung. Da dieser Begriff nicht eindeutig in der Literatur belegt ist, wird durch eine Begriffsabgrenzung der Einzelbegriffe „International" und „Dienstleistung" versucht, sich dem Wesen internationaler Dienstleistungen zu nähern.

3.1 Dimensionen des Begriffs „Dienstleistung"

In der Literatur finden sich verschiedene Verfahren, mittels derer versucht wurde, sich dem Begriff „Dienstleistung" zu nähern. Die Definitionsvorschläge lassen sich in die Gruppen der enumerativen, negativen und konstitutiven Definitionsansätze einteilen [12]. Eine detaillierte Darstellung der Definitionsansätze für Dienstleistungen findet sich u. a. im Beitrag Bullinger/Schreiner in diesem Herausgeberband. Es zeigt sich, dass besonders der konstitutive Definitionsansatz durch die Unterscheidung der Potenzial-, Prozess-, Ergebnis- und Marktdimension aus betriebswirtschaftlicher Sicht für Untersuchungen zur systematischen Gestaltung und Entwicklung von Dienstleistungen als zweckmäßig erachtet werden kann (vgl. u. a. [13]).

Ein konstitutives Dienstleistungsverständnis ermöglicht keine dichotome Unterscheidung in Sach- und Dienstleistungen. Stattdessen gilt es, die Gemeinsamkeiten und Differenzierungsmerkmale zur Spezifikation von Sach- und Dienstleistungen zu betonen und die Implikationen in eine dienstleistungsspezifische Gestaltung einfließen zu lassen. Zu den für die Betrachtungen dieses Beitrags relevanten Charakteristika der Dienstleistung zählen die Integration eines externen Faktors in den Leistungserstellungsprozess und der Grad der Immaterialität der Dienstleistung.

3.2 Dimensionen des Begriffs „International“

Hinsichtlich der Basisdefinition herrscht in der wissenschaftlichen Literatur weitgehend Konsens, dass internationale Unternehmen „ …durch eine auf Dauer angelegte grenzüberschreitende Tätigkeit in Form des Exports, von Technologieverträgen oder Direktinvestitionen in mehreren Ländern gekennzeichnet sind“ [14]. Damit folgt dieser Beitrag einem sehr weiten Begriffsverständnis, um das Alternativenspektrum des internationalen Engagements nicht einzuschränken. Unter Internationalisierung soll der Ausdehnungs- bzw. Anpassungsprozess des Länder und Kulturen übergreifenden unternehmerischen Engagements verstanden werden.

Mit der internationalen Ausrichtung von Unternehmensaktivitäten steigt die Komplexität der Unternehmensführung. Nicht nur die politisch-rechtlichen, kulturellen und ökonomischen Rahmenbedingungen des Heimatmarkts, sondern die Rahmenbedingungen aller durch die grenzüberschreitenden Engagements bearbeiteten Märkte müssen in Führungsentscheidungen und -handlungen einbezogen werden [7]. Die Wissenschaftsdisziplin internationales Management befasst sich mit der Beschreibung, Präzision und Systematisierung von Phänomenen, die sich aus einer internationalen Unternehmenstätigkeit ergeben [15].

Zu den wesentlichen Dimensionen, mit denen sich die internationale Ausrichtung von Unternehmen gestalten lässt, zählen (vgl. u. a. [16][17][18]):

- die Anzahl, die geographische Distanz und die kulturelle Diversität der Länder,
- die Art und der Umfang der Wertschöpfung in den Ländern und
- das Ausmaß der Integration und Koordination innerhalb des unternehmerischen Leistungsverbunds.

Ergänzend wird als weitere Gestaltungsdimension der internationalen Unternehmung die Geschwindigkeit genannt, mit der die Ländermärkte erschlossen werden.

4 Handlungsfelder internationaler Dienstleistungen

Basierend auf den zentralen Gestaltungsdimensionen der Internationalisierung erfolgt eine Betrachtung möglicher Ausprägungen der Gestaltungsdimensionen unter Berücksichtigung der Dienstleistungscharakteristika. Dabei werden zunächst die Dimensionen unabhängig voneinander betrachtet, bevor anschließend im Kapitel 5 eine Zusammenführung erfolgt.

4.1 Gestaltungsdimension Anzahl, geographische Distanz und kulturelle Diversität der Länder

Unbestritten in der Literatur der internationalen Unternehmenstätigkeit stellt die Anzahl der Länder, in denen ein Unternehmen präsent ist, ein wesentliches Merkmal für den Grad der Internationalisierung dar. Mit der Länderanzahl, in denen ein Unternehmen präsent ist, steigt die Komplexität der Entscheidungen. Für jedes Land gilt es, die jeweiligen politischen, rechtlichen, kulturellen, gesellschaftlichen, geographischen, ökonomischen und ökologischen Rahmenbedingungen in die Gestaltungsüberlegungen einzubeziehen.

Neben der quantitativen Betrachtung der Länderanzahl lassen sich die Überlegungen verfeinern, indem zur Einschätzung der Rahmenbedingungen geeigneten Instrumente herangezogen werden. Unter dem Begriff „Länderrisiko" werden Kennzahlen zur politischen, ökonomischen sowie soziokulturellen Situation eines Landes ermittelt, die zumeist in Indizes zusammengefasst werden. Einer der bekanntesten Indizes zur Beurteilung des Geschäftsrisikos von Industriefirmen und Banken ist der Business Environment Risk Index (BERI) [19].

Mit der geographischen Distanz ergeben sich für Dienstleistungen besonders aufgrund der Überlegungen zur Immaterialität und Einheit von Produktion und Absatz Implikationen für die Gestaltung der Produktionsprozesse, die im Folgenden mit der Darstellung der Gestaltungsdimension Wertschöpfung betrachtet werden.

Bei der Charakterisierung der Rahmenbedingungen in Ländern wird der Aspekt der Länderkultur hervorgehoben [20]. Der Einfluss kultureller Aspekte bezieht sich nicht nur auf sprachliche Unterschiede, sondern vielmehr auf die zwischen Kulturen differierenden Werte, Normen, Einstellungen und Überzeugungen [21]. Ein Maß zur Bestimmung der kulturellen Diversität bestehend aus fünf Dimensionen hat HOFSTEDE entwickelt (vgl. u. a. [22][23][24]). Die Relevanz kultureller Unterschiede wird in der Literatur kontrovers diskutiert. Während Universalisten der „Culture-Free-These" folgend davon ausgehen, dass Managementtechniken und -konzepte kulturübergreifend gültig sind, betonen Kulturisten entsprechend der „Culture-Bond-These", dass Managementtechniken kulturabhängig sind [4]. Nicht nur auf der Ebene der Unternehmensführung, sondern auch hinsichtlich individueller Kundenanforderungen werden Trends zur weltweiten Anpassung gesehen [25]. Unbestritten ist, dass kulturelle Unterschiede zwischen Ländern bestehen. Ferner bleibt festzuhalten, dass Kulturen einem steten Wandel unterliegen. Im Hinblick auf den Umgang mit kulturellen Einflusskräften ergeben sich zwei grundlegende Gestaltungsalternativen [26]. Werden den Auslandsgesellschaften Gestaltungsfreiräume zugestanden, sodass die Unternehmenskultur Anpassungen an die jeweiligen Landeskulturen erfährt, wird von einer polyzentrischen Unternehmung gesprochen. Dahingegen werden in einer ethnozentrischen Unternehmung die Freiheitsgrade der Auslandsgesellschaften mit der Absicht eingeschränkt, eine überformende Gesamtkultur herauszubilden.

Zum Erreichen der mit der Internationalisierung verfolgten Ziele können bei der Leistungsgestaltung sowohl die polyzentrischen als auch die ethnozentrischen Kräfte genutzt werden [16]. Im Bestreben nach Größenvorteilen werden die ethnozentrischen Kräfte betont. Beispielsweise wird durch eine internationale Ausdehnung der Marktpräsenz mit möglichst standardisierten Leistungen das Erreichen der optimalen Betriebsgröße angestrebt, wenn die Nachfrage auf dem Heimatmarkt nicht ausreicht (economies of scale). Auch bei einer geringeren Leistungshomogenität lassen sich durch gemeinsames Nutzen von Ressourcen auf einzelnen Wertschöpfungsstufen Verbundvorteile nutzen (economies of scope). Neben den Größenvorteilen, die sich aus den „Ähnlichkeiten" ergeben, können bei der Internationalisierung auch die „Unterschiedlichkeiten" in Form von Arbitragevorteilen genutzt werden. So bilden u. a. unterschiedliche Lohnkosten, Subventionen, steuerliche Vorteile oder staatliche Auflagen die Basis für Arbitragevorteile.

Nicht nur in Bezug auf das Leistungsportfolio, sondern auch der Umgang mit kulturellen Unterschieden in Unternehmen sollte im Hinblick auf die mit der Internationalisierung verfolgten Ziele gestaltet werden [24][26]. Die Vorteile einer polyzentrischen Unternehmung liegen in der kulturellen Nähe zu den jeweiligen Landeskulturen, die sich in Spezialisierungs-, Flexibilitäts-, Kreativitäts- und Problemlösungsvorteilen äußern kann. Dem entgegen bietet die kulturelle Fokussierung einer ethnozentrischen Unternehmung Kommunikations-, Zuverlässigkeits-, Identifikations- und Effizienzvorteile.

4.2 Gestaltungsdimension Wertschöpfung

Charakteristisch für primäre Wertschöpfungsprozesse von Dienstleistungen ist die Integration des externen Faktors. Aus der Integration des externen Faktors folgt, dass Produktion und Konsum meist simultan erfolgen. Je kontaktintensiver die Dienstleistungswertschöpfung ist, desto enger ist der externe Faktor in den Leistungserstellungsprozess eingebunden.

Neben der räumlichen Identität von Leistungserbringung und -inanspruchnahme stellt die Standardisierbarkeit der Wertschöpfungsaktivitäten ein weiteres Gestaltungselement der Wertschöpfung dar [16]. Durch eine hohe Standardisierung lassen sich Größenvorteile nutzen, wohingegen eine stärkere Kundenorientierung und Berücksichtigung kultureller Spezifika eher eine Differenzierung in der Wertschöpfung erfordern.

Die von HOLTBRÜGGE et al. vorgestellte Typologie fasst die Standardisierbarkeit der Potenzialfaktoren, die Identität von Leistungserbringung und -inanspruchnahme sowie die Einbeziehung eines externen Faktors unter den Differenzierungsmerkmalen „Standardisierung von Wertaktivitäten" sowie „Räumliche Identität von Leistungserbringung und -inanspruchnahme" zusammen [27]. Den beiden Merkmalen werden dichotome Extremausprägungen zur idealtypischen Beschreibung der Dienstleistungstypen zugewiesen, so dass sich eine Vierfeldermatrix ergibt. Abbildung 2 veranschaulicht die vier Felder der Matrix und enthält Dienstleistungsbeispiele für die identifizierten Typen.

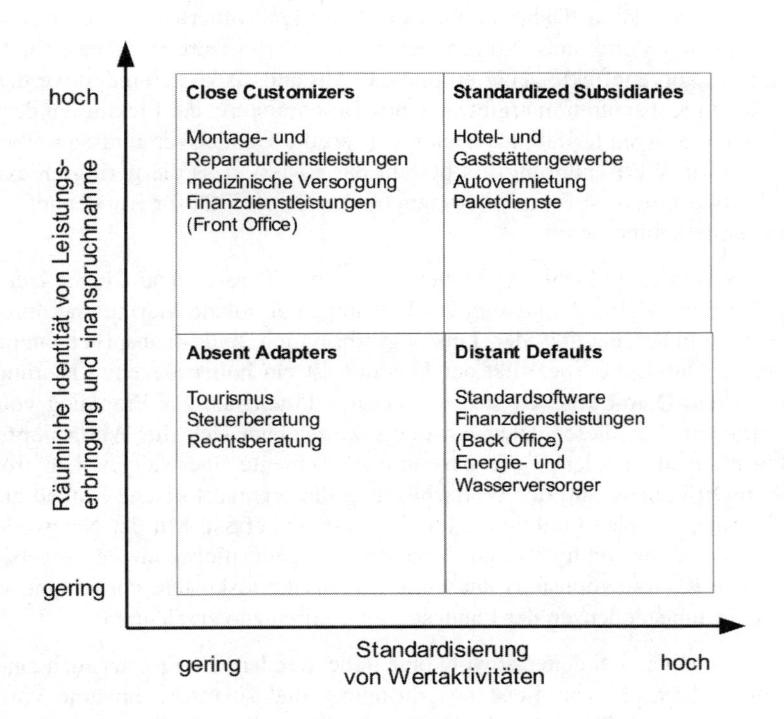

Abbildung 2: Wertschöpfungsorientierte Typologie internationaler Dienstleistungen (in Anlehnung an [27])

Die im Quadranten „Absent Adapters" repräsentierten Dienstleistungen zeichnen sich durch einen geringen Standardisierungsgrad der Wertschöpfungsaktivitäten sowie eine geringe räumliche Identität von Leistungserstellung und -inanspruchnahme aus. Demnach werden mit diesem Typ Dienstleistungen beschrieben, die nicht zwingend beim Kunden erbracht werden müssen, jedoch eine hohe Anpassung der Leistungen an nationale Anforderungen erfordern. Es zeichnet sich für diesen Dienstleistungstyp die differenzierte Wertschöpfung in autarken Netzwerken ab. In autarken Wertschöpfungsnetzwerken können die Länderrisiken verringert und landesspezifisches Wissen aufgebaut und genutzt werden. Das Leistungsportfolio lässt sich flexibel an die Landesspezifika anpassen. Aus der starken Autonomie der Einheiten des Wertschöpfungsnetzwerks ergibt sich, dass kaum Größenvorteile erzielt werden können.

Demgegenüber werden unter dem Typ „Distant Defaults" Dienstleistungen zusammengefasst, die sich durch eine hohe Ortsunabhängigkeit und eine weitgehende Standardisierbarkeit der Wertaktivitäten auszeichnen. Dienstleistungen des Typs „Distant Defaults" bieten ein hohes Kostendegressionspotenzial, das mit einer Strategie der lokalen Konzentration von Wertschöpfungsaktivitäten ausgeschöpft werden kann. Dabei können mit einer kontrollierten Variation des Leistungsangebots durch das Nutzen gemeinsamer Ressourcen Skaleneffekte und Erfahrungskurveneffekte generiert und das Auslandsrisiko gemindert werden. Aus der lokalen Konzentration ergibt sich eine Beschränkung der Flexibilität der Wertschöpfung. Sowohl tarifäre als auch nicht-tarifäre Handelshemmnisse wirken sehr stark auf die Wertschöpfung. Es besteht das Risiko, dass die geringe Flexibilität der Wertschöpfung in Form einer mangelnden Sensibilität für Kundenanforderungen wahrgenommen wird.

Im Gegensatz dazu stehen Dienstleistungen des Typs „Close Customizers", die sich durch eine hohe Anpassung der Leistungen an lokale Märkte und durch eine hohe räumliche Identität der Leistungserbringung und -inanspruchnahme auszeichnen. Durch die Spezifität der Leistung ist ein hoher Dezentralisierungsgrad erforderlich. Damit ergeben sich nur geringe Potenziale zur Erzielung von Größenvorteilen. Für diesen Dienstleistungstyp zeichnet sich die Wertschöpfung in Netzwerken ab, in denen die dezentralen Elemente überwiegen. Um trotz der starken Differenzierung der Wertschöpfung die organisatorische Einheit zu wahren, werden einzelne Funktionen lokal zusammengefasst. Mit der Netzwerkstruktur bestehend aus zentralen und dezentralen Organisationseinheiten ergeben sich durch den Koordinationsaufwand höhere Transaktionskosten. Ferner sind vereinzelt Isolierungstendenzen der Landesgesellschaften zu verzeichnen.

Dienstleistungen, bei denen sowohl eine hohe Standardisierung als auch eine hohe räumliche Identität von Leistungserbringung und -inanspruchnahme vorliegen, werden unter dem Typ „Standardized Subsidiaries" subsumiert. Dienstleistungen dieses Typs zeichnen sich trotz weitgehender Dezentralisierung durch ein weltweit einheitliches Leistungsniveau aus. Im Wertschöpfungsnetzwerk werden die zentralen Elemente bspw. durch die Vorgabe von Prozessen oder Budgets betont. Es werden nur marginale Anpassungen an die Landesspezifika vorgenommen. Durch die hohe Identität von Leistungserbringung und -inanspruchnahme ist allerdings eine geographische Verteilung der wertschöpfenden Einheiten erforderlich. Dennoch liegt der Fokus auf einer Homogenisierung der Wertschöpfung, um Größenvorteile zu generieren.

4.3 Gestaltungsdimension Organisation

In einer Welt arbeitsteiliger Leistungsprozesse sind Organisationen allgegenwärtig. Organisationen dienen der Gestaltung der arbeitsteiligen Aktivitäten innerhalb und zwischen Organisationen durch Koordination und Motivation. Sie werden von Menschen als Systeme von expliziten oder impliziten Regeln erlebt, die auf ein bestimmtes Ziel hin ausgerichtet sind [28][29][30]. Durch den Einsatz geeigneter Koordinations- und Steuerungsinstrumente gilt es, das Autonomieniveau der Auslandsgesellschaften zu gestalten. Dabei steht die Organisationsgestaltung im Spannungsfeld zwischen der Umsetzung der Gesamtunternehmensstrategie und den erforderlichen Anpassungen an spezifische nationale Rahmenbedingungen [31].

Zur Koordination und Steuerung stehen internationalen Unternehmen technokratische und personenorientierte Instrumente zur Verfügung [31][32][33]. Zu den technokratischen Koordinationsinstrumenten zählen Planung und Planungssysteme, Programme und Richtlinien sowie Kontrolle und Kontrollsysteme. Die persönliche Weisung sowie Sozialisation werden den personenorientierten Steuerungsinstrumenten zugeordnet.

Einfluss auf die Gestaltung der Koordinations- und Kontrollinstrumente hat die Integrationstiefe. Je enger die Beziehung zwischen den Organisationseinheiten im Stammland und ausländischen Organisationseinheiten ist, desto homogener sind die Beziehungsstrukturen [32]. Unternehmen mit einer großen internationalen Wettbewerbspräsenz und einem homogenen Leistungsportfolio charakterisieren zur Erzielung von Verbund- und Größenvorteilen eher formalisierte zentrale Koordinationsprozesse. Mit steigender Leistungsheterogenität wächst die Entscheidungsautonomie in den ausländischen Einheiten. Steht das Nutzen von Lokalisierungsvorteilen im Vordergrund und werden über ausländische Organisationseinheiten an die Länderspezifika angepasste Leistungen vertrieben, erfolgt die Koordination eher personenorientiert und dezentral. Wird eine transnationale Strategie verfolgt, bei der zugleich Anpassungs- als auch Verbundvorteile genutzt werden sollen, werden die Handlungsspielräume in den ausländischen Organisationseinheiten zwar eingeschränkt, zugleich bestehen jedoch Entscheidungsbeteiligungen der Auslandsgesellschaften.

5 Entwicklungspfade der Internationalisierung von Dienstleistungen

Die vorher beschriebenen Dimensionen der internationalen Ausrichtung von Dienstleistungen sind nicht unabhängig voneinander gestaltbar. Dennoch sind die wechselseitigen Verknüpfungen nicht so eng, dass die Gestaltungsfelder sich gegenseitig determinieren. Vielmehr besteht eine weiche Kopplung zwischen den Dimensionen internationaler Dienstleistungen. Durch die weiche Kopplung ergeben sich typische Entwicklungspfade der Internationalisierung als eine Abfolge zunehmender Exportintensität [9][34][35].

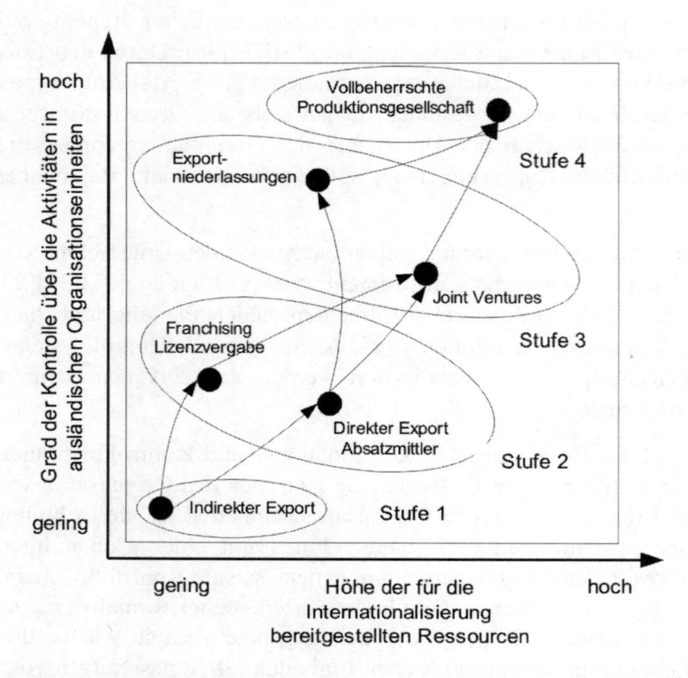

Abbildung 3: Typische Entwicklungspfade der Internationalisierung (in Anlehnung an [9][36])

In der Phase des indirekten Exports findet keine aktive internationale Vermarktung der Leistungen statt, vielmehr ergibt sich der Leistungsexport aus der zufälligen Nachfrage internationaler Kunden. Es werden keine Ressourcen zur Erschließung internationaler Märkte bereitgestellt, ebenso ist der Internationalisierungsgrad gering. Ein aktiver Export bei geringer internationaler Erfahrung, geringer strategischer Bedeutung des Geschäftsfelds, homogenen Kundenbedürfnissen oder geringer Marktattraktivität erfolgt entweder direkt über Absatzmittler oder durch Lizenzvergabe. Besonders Dienstleistungen des Typs „Distant Defaults" eignen sich mit ihrem produktähnlichen Charakter für den Direktexport. Erscheint hingegen der Markt attraktiv bei hoher Unsicherheit des Marktumfelds, wird versucht das Risiko des Auslandsengagements durch Joint Ventures oder Exportniederlassungen abzufedern. Den Landesgesellschaften wird eine begrenzte Entscheidungsautonomie zur Leistungsanpassung zugestanden. Dienstleistungstypen wie „Close Customizers" oder „Standardized Subsidiaries" erfordern durch die hohe räumliche Identität von Leistungserbringung und -inanspruchnahme eine ständige Präsenz vor Ort. Die Gründung von ausländischen Tochtergesellschaften erfolgt überwiegend bei sehr attraktiven Märkten mit geringer Unsicherheit und hoher Leistungshomogenität.

Dabei verläuft der Internationalisierungsprozess eines Unternehmens keineswegs immer geradlinig, wie dies in der Abbildung angedeutet wird. Vielmehr lassen sich sowohl Elemente einer kontinuierlichen, inkrementellen wie einer schubartigen Internationalisierung erkennen [17].

Unter Berücksichtigung der situativen Rahmenbedingungen eines Dienstleistungsunternehmens ist die Internationalisierungsstrategie zu entwickeln. Zu den wesentlichen Elementen zur Beschreibung des situativen Unternehmenskontexts zählen die Zieldefinition, die globalen Rahmenbedingungen, die Betrachtung der Branche und des Wettbewerbs sowie unternehmensspezifische Faktoren wie die Unternehmensgröße, die Mitarbeiterzahl, die Erfahrung mit Auslandsaktivitäten und die Finanzstärke sowie das Leistungsspektrum [37]. Ein besonderes Gestaltungselement der Internationalisierungsstrategie stellt dabei die zeitliche Dimension dar. Mit IT-basierten Dienstleistungen als Leistungen des Typs „Distant Defaults" finden sich Leistungsbeispiele, bei denen der Internationalisierungsprozess sehr rasch durchschritten wurde. Besonders IT-basierte Dienstleistungen werden teilweise als „born international" [38] Dienstleistungen betrachtet. Hat das mit der mit der Ausweitung verbundene unternehmerische Risiko existenzbedrohende Dimensionen, wie bspw. bei klein- und mittelständischen Unternehmen, verläuft der Internationalisierungsprozess wesentlich langsamer.

6 Internationales Service Engineering

Vor dem Hintergrund der regionalen und kulturellen Verteilung internationaler Dienstleistungsaktivitäten erscheinen Anpassungen des Dienstleistungsentwicklungsprozesses erforderlich [39]. Je nach Strategie werden mehr oder weniger große Annäherungen an die länderspezifischen Marktanforderungen und Kulturen vorgenommen. Im Service Engineering Prozess besteht die zusätzliche Herausforderung, die sich aus der Internationalisierung ergibt, in der Koordination der Aktivitäten in den geographisch und kulturell verteilten Unternehmenseinheiten.

Auslöser für die Entwicklung internationaler Dienstleistungen können Internationalisierungsaktivitäten eines wichtigen Kunden oder der Konkurrenz, die Zugangssicherung zu ausländischen Ressourcen und Märkten oder die Streuung des Unternehmensrisikos durch Diversifikation sein. Bei einer ethnozentrischen Strategie werden Innovationsimpulse aus den ausländischen Organisationseinheiten nicht oder kaum wahrgenommen, während sich bei einer polyzentrischen Strategie die internationalen Innovationen gegenseitig befruchten können. In der Analyse und Prognosephase wird die Dienstleistungsidee unter Berücksichtigung unternehmens- und umweltbezogener Aspekte bewertet. Je nach Integrationsgrad erfolgt die Beurteilung der Dienstleistungsinnovation unter mehr oder weniger starker Beteiligung der ausländischen Unternehmenseinheiten. Es wird ein Dienstleistungskonzeptentwurf bestehend aus landesspezifischen Konzeptentwürfen und einem übergreifenden Dienstleistungsentwurf angestrebt.

Im Entwicklungsprozess ergibt sich in der Phase der Dienstleistungskonzeption die Herausforderung der operativen Planung und Abstimmung. Sowohl eine übergreifende Konzeption der Dienstleistung erscheint erforderlich als auch die Erstellung landesspezifischer Dienstleistungskonzepte. Im International Master Design Concept werden die übergreifenden Leistungselemente festgehalten, während in den landesspezifischen Konzepten die Dienstleistungsvarianten beschrieben werden. Das Realisieren und operative Umsetzen der Dienstleistungskonzepte kann in allen Ländern gleichzeitig oder sukzessive erfolgen. Eine inkrementelle Vorgehensweise erlaubt, dass Erfahrungen mit der Dienstleistungsrealisierung bei der Umsetzung in weiteren Ländermärkten berücksichtigt werden können, wie in Abbildung 4 angedeutet. Gleiches gilt für die Test- und Einführungsphase der Dienstleistung. Erfolgt das Testen und die Einführung schrittweise, kann Erfahrungswissen über die Rückkopplungsschlaufen in den Entwicklungsprozess einbezogen werden.

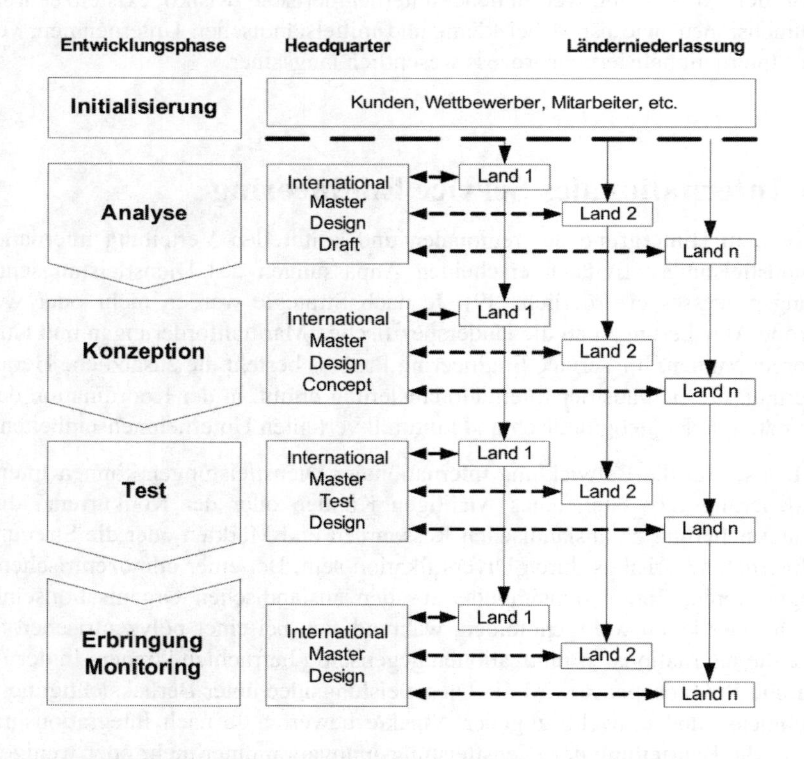

Abbildung 4: Internationaler Service Engineering Prozess

Die Herausforderung für den Entwicklungsprozess durch die Internationalisierung liegt in der großen Bedeutung der Koordination der Einzelaktivitäten und der Informationsflüsse. Aufgaben der überregionalen Strategieentwicklung und Koordination werden unter dem Begriff Headquarterfunktionen zusammengefasst. Je stärker eine ethnozentrische Internationalisierungsstrategie verfolgt wird, umso bedeutender ist die Konzentration der Headquarterfunktionen; gleichsam sinken die Bedeutung und der Einfluss der Auslandsgesellschaften im Dienstleistungsentwicklungsprozess.

7 Zusammenfassung

Nach einer historischen und empirischen Einordnung der Relevanz internationaler Dienstleistungen erfolgte die Darlegung der Ziele und Motive, die Dienstleistungsunternehmen zur Ausdehnung der Geschäftsaktivitäten über das Heimatland hinaus veranlassen. Mit der Betrachtung der Dimensionen der Phänomene Dienstleistung und Internationalisierung wurde versucht, die wesentlichen Elemente des Gestaltungsrahmens für internationale Dienstleistungen zu identifizieren. Es erfolgte eine Einzelbetrachtung der Gestaltungsdimensionen. Idealtypische Entwicklungspfade für die Internationalisierung wurden vorgestellt. Die Wirkung der Internationalisierung auf den Dienstleistungsentwicklungsprozess wurde diskutiert.

Die vorgestellten Ansätze sind nicht frei von Kritik, mit der gleichsam der weitere Forschungsbedarf umrissen wird. Beispielsweise wird die starke Komplexitätsreduzierung von Strategiematrizen als zu sehr vereinfachend und damit Erkenntnis verkürzend beanstandet [40]. Phasenmodelle zur Internationalisierung bilden den Gestaltungsspielraum ab, geben jedoch wenig Hinweise zur konkreten Ausgestaltung des einzelunternehmerischen Internationalisierungsprozesses [36]. In der Tradition der internationalen Managementforschung standen bislang bis auf wenige Ausnahmen Sachleistungshersteller [41]. Vielfach fehlen empirische Befunde, unter welchen Bedingungen die eher auf Sachleistungen ausgerichteten Erkenntnisse des internationalen Managements auf Dienstleistungen übertragen werden können. Es fehlen dienstleistungsspezifische strategische und operative Vorgehensmodelle zur Internationalisierung.

Die deutsche Dienstleistungsforschung weist im internationalen Vergleich eine geringere Spezialisierung auf [42]. Sie scheint besonders geeignet zu sein, Impulse zur Entwicklung übergreifender Konzepte und Vorgehensweisen geben zu können, wie sie zur Beantwortung der mit der Internationalisierung von Dienstleistungen aufgeworfenen Forschungsfragen erforderlich sind.

Literaturverzeichnis

[1] Mößlang, A. M.: Internationalisierung von Dienstleistungsunternehmen, Wiesbaden 1995.

[2] Moore, K.; Lewis, D.: The First Multinationals: Assyria cica 2000 B.C., in: Management International Review, (1998)2, S. 95-107.

[3] Dülfer, E.: Zur Geschichte der internationalen Unternehmenstätigkeit – Eine unternehmensbezogene Perspektive, in: Macharzina, K. et al. (Hrsg.): Handbuch Internationales Management, Wiesbaden 2002, S. 69-95.

[4] Kutschker, M.; Schmid, S.: Internationales Management, 4. Auflage, München 2005.

[5] Deutsche Bundesbank: Zur Problematik internationaler Vergleiche von Direktinvestitionsströmen, in: Monatsberichte der Deutschen Bundesbank, (1997)5, S. 79-86.

[6] United Nations Conference on Trade and Development (UNCTAD): World Investment Report 2004, New York 2004.

[7] Macharzina, K.: Unternehmensführung, 3. Auflage, Wiesbaden 1999.

[8] Müller, S.; Kornmeier, M.: Motive und Unternehmensziele als Einflussfaktoren der einzelwirtschftlichen Internationalisierung, in: Macharzina, K. et al. (Hrsg.): Handbuch Internationes Management, 2. Auflage, Wiesbaden 2002, S. 99-130.

[9] Bartlett, C. A.; Ghoshal, S.; Birkinshaw, J.: Transnational Management, 4. Auflage, New York 2003.

[10] Dolski, J.; Hermanns, A.: Internationalisierungsstrategien von Dienstleistungsunternehmen, in: Gardini, M. A. et al. (Hrsg.): Management internationaler Dienstleistungen, Wiesbaden 2004, S. 87-110.

[11] Köhler, L.: Internationalisierung produzentenorientierter Dienstleistungen, Hamburg 1991.

[12] Corsten, H.: Dienstleistungsmanagement, 4. Auflage, München 2001.

[13] Schreiner, P.: Gestaltung kundenorientierter Dienstleistungsprozesse, Wiesbaden 2005.

[14] Macharzina, K.: Grundlagen, in: Breuer, W. et al. (Hrsg.): Internationales Management, Wiesbaden 2003, S. 11-53.

[15] Macharzina, K.; Oesterle, M.-J.: Das Konzept der Internationalisierung im Spannungsfeld zwischen praktischer Relevanz und theoretischer Unschärfe, in: Macharzina, K. et al. (Hrsg.): Handbuch internationales Management, 2. Auflage, Wiesbaden 2002, S. 3-21.

[16] Ringlstetter, M.; Skrobarczyk, P.: Die Entwicklung internationaler Strategien, in: Zeitschrift für Betriebswirtschaft, (1994)3, S. 333-357.

[17] Kutschker, M.: Internationalisierung der Unternehmensentwicklung, in: Macharzina, K. et al. (Hrsg.): Handbuch internationales Management, 2. Auflage, Wiesbaden 2002, S. 45-67.

[18] Bamberger, I.; Wrona, T.: Führung der internationalen Unternehmung – Planung, in: Breuer, W. et al. (Hrsg.): Internationales Management, Wiesbaden 2003, S. 57-109.

[19] Tümpen, M. M.: Strategische Frühwarnsysteme für politische Auslandsrisiken, Wiesbaden 1987.

[20] Schmid, S.: Multikulturalität in der internationalen Unternehmung: Konzepte, Reflexionen, Implikationen, Wiesbaden 1996.

[21] Jacob, F.; Kleinaltenkamp, M.: Herausforderungen bei der internationalen Vermarktung von Service-to-Business-Leistungen, in: Gardini, M. A. et al. (Hrsg.): Management internationaler Dienstleistungen, Wiesbaden 2004.

[22] Hofstede, G.: Culture´s consequences: international differences in work-related values, Beverly Hills 1980.

[23] Hofstede, G.: The Cultural Relativity of Organizational Practices and Theories, in: Journal of International Business Studies, (1983)Fall, S. 75-89.

[24] Hofstede, G.: Think Locally, Act Globally: Cultural Constaints in Personnal Management, in: Management International Review, (1998)Special Issue 2, S. 7-26.

[25] Levitt, T.: The globalization of markets, in: Harvard Business Review, (1983)3, S. 92-102.

[26] Schreyögg, G.: Die internationale Unternehmung im Spannungsfeld von Landeskultur und Unternehmenskultur, in: Euro-strategisches Personalmanagement, (1991), S. 17-42.

[27] Holtbrügge, D.; Kittler, M. G.; Rygl, D.: Konfiguration und Koordination internationaler Dienstleistungsunternehmen, in: Gardini, M. A. et al. (Hrsg.): Management internationaler Dienstleistungen, Wiesbaden 2004, S. 159-179.

[28] Frese, E.: Organistionstheorie: historische Entwicklung, Ansätze, Perspektiven, 2. Auflage, Wiesbaden 1992.

[29] Picot, A.: Organisationstheorie, in: Bitz, M. et al. (Hrsg.): Vahlens Kompendium der Betriebswirtschaftslehre, München 1999, S. 109-180.

[30] Scherer, A. G.: Kritik der Organisation oder Organisation der Kritik? – Wissenschaftstheoretische Bemerkungen zum kritischen Umgang mit Or-

ganisationstheorien, in: Kieser, A. (Hrsg.): Organisationstheorien, 3. Auflage, Stuttgart 1999, S. 1-37.

[31] Welge, M.; Holtbrügge, D.: Internationales Mangement – Theorien, Funktionen, Fallstudien, Stuttgart 2003.

[32] Bufka, J.: Auslandsgesellschaften internationaler Dienstleistungsunternehmen: Koordination – Kontext – Erfolg, Wiesbaden 1996.

[33] Kenter, M. E.: Die Steuerung ausländischer Tochtergesellschaften, Frankfurt a. M. 1985.

[34] Helm, R.: Einflussfaktoren auf die Wahl verschiedener institutioneller Formen des internationalen Absatzes, in: Die Unternehmung, (2001)1, S. 43-59.

[35] Stauss, B.: Internationales Dienstleistungsmarketing, in: Hermanns, A. et al. (Hrsg.): Internationales Marketing-Management, München 1995, S. 437-474.

[36] Bamberger, I.; Wrona, T.: Ursachen und Verläufe von Internationalisierungsentscheidungen mittelständischer Unternehmen, in: Macharzina, K. et al. (Hrsg.): Handbuch Internationales Management, 2. Auflage, Wiesbaden 2002, S. 273-313.

[37] Berndt, R.; Fantapié Altobelli, C.; Sander, M.: Internationales Marketing-Management, 2. Auflage, Berlin et al. 2003.

[38] Madsen, T. K.; Servais, P.: The Internationalization of Born Globals. An Evolutionary Process?, in: International Business Review, (1997), S. 561-583.

[39] Scheer, A.-W.; Schneider, K.; Zangl, F.: Methodengestützte Internationalisierung von Dienstleistungen, in: Bruhn, M. et al. (Hrsg.): Internationalisierung von Dienstleistungen, Wiesbaden 2005, S. 73-99.

[40] Engelhard, J.; Dähn, M.: Theorien der internationalen Unternehmenstätigkeit – Darstellung, Kritik und zukünftige Anforderungen, in: Macharzina, K. et al. (Hrsg.): Handbuch internationales Management, 2. Auflage, Wiesbaden 2002, S. 23-44.

[41] Bruhn, M.: Internationalisierung von Dienstleistungen, in: Bruhn, M. et al. (Hrsg.): Internationalisierung von Dienstleistungen, Wiesbaden 2005, S. 3-42.

[42] Fassnacht, M.; Homburg, C.: Deutschsprachige Dienstleistungsforschung im internationalen Vergleich, in: Die Unternehmung, (2001)4/5, S. 279-294.

Erfolgsfaktor kundenorientiertes Service Engineering – Fallstudienergebnisse zum Tertiarisierungsprozess und zur Integration des Kunden in die Dienstleistungsentwicklung

Rainer Nägele
Fraunhofer-Institut für Arbeitswirtschaft und Organisation (IAO), Stuttgart
Ilga Vossen
Universität Jena

Inhalt

1 Einleitung

In der letzten Zeit erschienene Studien und Veröffentlichungen belegen deutlich, dass die Kundenorientierung in der Dienstleistungsentwicklung einen der herausragenden Erfolgsfaktoren von Best Practice Unternehmen bildet. So stellt die Institutionalisierung von Kunden-Feedbacks laut einer Untersuchung von Arthur D. Little ein entscheidendes Charakteristikum von „Service Stars“ dar [1]. Für WILDEMANN wird die Kundenorientierung durch den Wandel vom Verkäufer zum Käufermarkt, der die Unternehmen dazu zwingt, ihre Produkte und Dienstleistungen immer kundenspezifischer anzubieten, zum Erfolgsfaktor [2].

Es stellt sich aber die Frage, in welcher Phase des Dienstleistungsentwicklungs- und -erbringungsprozesses der Einsatz kundenorientierter Methoden und Vorgehensweisen des Service Engineering Erfolg versprechend ist und zu Wettbewerbsvorteilen führen kann. Dieser Frage gingen zwei Fallstudienuntersuchungen nach, deren Ergebnisse vorgestellt werden sollen. Darauf aufbauend wird auf die Weiterverarbeitung der Ergebnisse, in Form eines Reifegradmodells zur Kundenorientierung bei der Entwicklung von Dienstleistungen, eingegangen.

2 Fallstudien in der Dienstleistungsforschung

Fallstudien finden in der empirischen betriebswirtschaftlichen Forschung immer stärkeren Eingang. Ihre Wurzeln haben Fallstudien zum einem in der juristischen Kasuistik, sprich der Arbeit mit und an Fällen, sowie in der empirischen Sozialforschung, wo sie neben dem Versuch und der Umfrage als dritte grundsätzliche Form wissensgenerierender empirischer Untersuchungsdesigns bei aktuellen Forschungsfragen gelten [3].

Die gegenwärtige Dienstleistungsforschung wird sehr stark durch den Einsatz von Fallstudien in singulärer, aber auch in Kombination mit weiteren Methoden der empirischen Forschung geprägt. Dies ist unter anderem darauf zurückzuführen, dass mit Fallstudien zunächst nicht quantifizierbare Untersuchungsbereiche, im Sinne eines explorativen iterativen Forschungsprozesses, erschlossen werden können [4].

Aktuelle Beispiele zur Anwendung von Fallstudien in der Dienstleistungsforschung finden sich in den Projekten „MoveOn“ [5] und „CoRSE“ [6], deren Untersuchungsaufbau und Ergebnisse im Folgenden dargestellt werden.

2.1 Fallstudien im Rahmen von „MoveOn“ und „CoRSE“

Im Rahmen der vom Bundesministerium für Bildung und Forschung (BMBF) geförderten Projekte „MoveOn“ – Moderne Dienstleistungen durch innovative

Organisationsprozesse (http://www.moveon2000.de) und „CoRSE“ – Customer Related Service Engineering (http://www.corse-projekt.de) [7][8] wurden insgesamt 29 Fallstudien zum Themenbereich des Dienstleistungsmanagements durchgeführt. Beide Fallstudienuntersuchungen lassen sich als Problemfindungsfallstudien oder Fallstudien gemäß der Incident Method bezeichnen. Die beiden Untersuchungen lassen sich durch ihre individuellen Untersuchungsfragen gut voneinander abgrenzen, wobei die Thematik der Kundenorientierung als verbindendes Element bezeichnet werden kann.

2.1.1 Untersuchungsfrage und Untersuchungsumfang innerhalb von „MoveOn“

Ziel des Verbundvorhabens „MoveOn“ war die Entwicklung eines Tertiarisierungsbaukastens, der Unternehmen mit geeigneten Methoden, Werkzeugen und Vorgehensweisen in ihren Tertiarisierungsbestrebungen unterstützt. Hierzu wurden in einem ersten Schritt 20 Unternehmen, die den Tertiarisierungsprozess bereits durchlaufen haben, als „Fälle“ untersucht und gegenübergestellt [9]. Die einzelnen Untersuchungsaspekte leiten sich aus einem Phasenmodell zur Tertiarisierung ab, das im Vorfeld der Fallstudien innerhalb des Projekts entwickelt wurde.

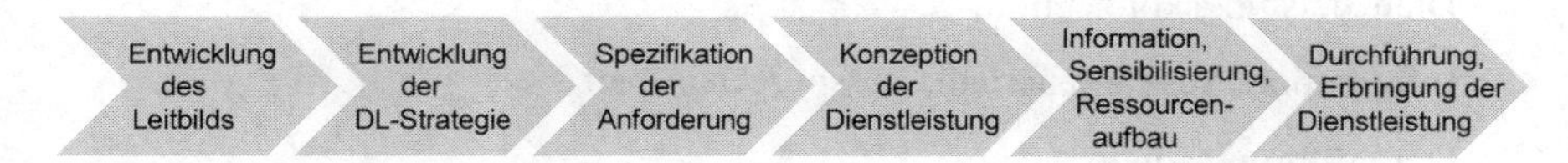

Abbildung 1: Phasenmodell zur Tertiarisierung

Die Fallstudien im Vorhaben hatten einen explorativen Charakter und dienten der weiteren Detaillierung und Konzeptionierung des Tertiarisierungsbaukastens in folgenden Punkten:

- Über eine Typologisierung von Tertiarisierungsprozessen und der Identifikation von Einflussfaktoren wurde die Entwicklung eines ersten „validierten“ Referenzmodells möglich. Das Referenzmodell beschreibt erfolgreiche, betriebliche Tertiarisierungsprozesse.
- Aus den Fallstudien heraus wurden Hypothesen bezüglich Einflussfaktoren und Vorgehensweisen generiert, die in einer anschließenden Breitenuntersuchung überprüft wurden.
- Die Fallstudien bildeten die Grundlage zur Ableitung von Anforderungen an die Module des Tertiarisierungsbaukastens. Dies geschah bspw. durch die Untersuchung von in den Fallstudienunternehmen eingesetzten Methoden und Instrumenten, die dort die Unternehmensentwicklung unterstützen.

Mit dem Ziel, eine hinreichend hohe Validität des Referenzmodells zu erreichen, wurde bei der Auswahl der Unternehmen für die Fallstudien darauf geachtet, möglichst unterschiedliche Branchen und Unternehmensgrößen sowie gleichzeitig unterschiedliche, auf den ersten Blick erkennbare Tertiarisierungsstrategien zu berücksichtigen (Repräsentativität).

Im Rahmen einer Literatur- und Internetrecherche wurden die potenziellen Fallstudienkandidaten identifiziert und kontaktiert. Die Unternehmen stammten aus unterschiedlichen Branchen und ihre Unternehmensgröße reicht von KMUs bis hin zum Großunternehmen. Mit Hilfe eines halbstandardisierten Erhebungsinstruments wurde in einem dreistündigen Interview die Fallstudie erhoben und schriftlich dokumentiert. Zentrales Strukturierungsmerkmal des Fallstudieninterviews war das bereits angesprochene Phasenmodell zur Tertiarisierung, das die Fallstudien nach folgenden Kategorien strukturiert:[1]

- Charakterisierung der Dienstleistung,
- Ausgangslage: Konkurrenzverhältnisse und Kundenstrukturen,
- Leitbild,
- Dienstleistungsstrategie,
- Spezifikation der Anforderungen,
- Dienstleistungskonzeption,
- Information, Sensibilisierung, Ressourcenaufbau,
- Durchführung sowie
- Bedeutung der einzelnen Phasen.

In der sich anschließenden Auswertung wurden mögliche Erfolgsfaktoren gemäß den folgenden Gesichtspunkten untersucht und systematisiert.

- Strategie und Ziele,
- Vorgehensweise und Konzept,
- Kundenorientierung,
- Mitarbeiterorientierung und Beteiligung und
- Umsetzung und Evaluation.

---

[1] Das eigentliche Phasenmodell beginnt in dieser Aufzählung mit „Leitbild" und endet mit der Phase „Durchführung". Die Bereiche „Charakterisierung der Dienstleistung", „Ausgangslage" und „Bedeutung" werden um die Phasen des Modells gelegt, um Rückschlüsse auf Dienstleistungen, Markt und Wettbewerbsbedingungen sowie die Bedeutung der einzelnen Phasen für das einzelne Unternehmen ziehen zu können.

2.1.2 Untersuchungsfrage und Untersuchungsumfang innerhalb von „CoRSE“

Ziel der Fallstudien im Projekt „CoRSE“ ist die Analyse, wie Unternehmen Dienstleistungen entwickeln und dabei ihre Kunden einbeziehen. In Absprache mit den Unternehmen wird dazu eine Dienstleistungsentwicklung identifiziert, die für das Unternehmen bzw. die Branche neu und von großer Bedeutung sind. In persönlichen Interviews gaben am Projekt beteiligte Mitarbeiter über die Einzelheiten des Dienstleistungsentwicklungsprozesses Auskunft. Die einzelnen Perspektiven wurden im Anschluss von den Interviewern zu einer Fallstudie zusammengefasst. Im Vorfeld der Interviews wurde eine Struktur für die Gesprächsführung erarbeitet. Auf diese Weise konnten die Interviews zielgerichtet und effektiv geführt werden. Der Aspekt „Kundenorientierung“ begleitet einerseits alle Phasen der Dienstleistungsentwicklung, von den Auslösern bis zur Markteinführung der Dienstleistung; andererseits wird allgemein nach dem Verständnis von „Kundenorientierung“ im jeweiligen Unternehmen gefragt. Die durchgeführten Interviews gliedern sich in neun Teilaspekte. Zunächst wurde der Betrachtungsgegenstand definiert. Hierzu zählte die Aufnahme der wichtigsten Unternehmensdaten sowie die Beschreibung der entwickelten Dienstleistung. Ebenfalls allgemeinen Charakter hatte die Frage nach der Kundenorientierung in der jeweiligen Organisation. Im Vordergrund stand dabei die Bedeutung des Kunden für das Unternehmen. Daran schloss sich die Analyse des Dienstleistungsentwicklungsprozesses an. Die Entwicklungsprojekte wurden dahingehend evaluiert, inwieweit der Entwicklungsprozess systematisch und methodengestützt gesteuert wurde. Aus Unternehmenssicht wurden Nutzen, Erfolgsfaktoren und Herausforderungen einer kundenorientierten Dienstleistungsentwicklung identifiziert und die Relevanz des Einsatzes geeigneter Vorgehensmodelle, Methoden und Werkzeuge für die Zukunft diskutiert.

Die hier aus den beiden Projekten „CoRSE“ und „MoveOn“ vorgestellten Studien bauen aufeinander auf. Beide Studien gehen der Frage nach, in welcher Phase des Dienstleistungsentwicklungs- und -erbringungsprozesses der Einsatz kundenorientierter Methoden und Vorgehensweisen des Service Engineering Erfolg versprechend ist und zu Wettbewerbsvorteilen führt. Die MoveOn-Fallstudien liefern erste Ergebnisse hinsichtlich dieser Fragestellung, während die Ergebnisse der CoRSE-Fallstudien im Anschluss daran einen ersten empirischen Befund über die Art und das Ausmaß der Kundenintegration in die Dienstleistungsentwicklung vermitteln.

2.1.3 Ergebnisse der Fallstudien innerhalb von „MoveOn“

Durch das Untersuchungsdesign der Fallstudien innerhalb von „MoveOn“, das sich stark an dem Phasenmodell zur Tertiarisierung orientiert (siehe Abbildung 1), kann die Fragestellung, in welcher Phase des Dienstleistungsentwicklungs- und

-erbringungsprozesses der Einsatz kundenorientierter Methoden und Vorgehensweisen des Service Engineering Erfolg versprechend ist und zu Wettbewerbsvorteilen führen kann, relativ deutlich beantwortet werden.

Interpretiert man die Fallstudien bezüglich der Fragestellung, wo und wie Kundenorientierung innerhalb einer erfolgreichen Tertiarisierung vorkommt, so lässt sich die Kundenorientierung als ein Schlüssel- und Erfolgsfaktor bezeichnen, der in jeder Phase des Tertiarisierungsprozesses von großer Bedeutung ist.

Neben der Relevanz der Kundenorientierung als Erfolgsfaktor ist die Relevanz der einzelnen Phasen innerhalb der Tertiarisierung ein wichtiges Kriterium zur Interpretation der vorgestellten Ergebnisse. Abbildung 2 zeigt die Relevanz der einzelnen Phasen zueinander, wie sie von den einzelnen Unternehmen eingeschätzt wurde.

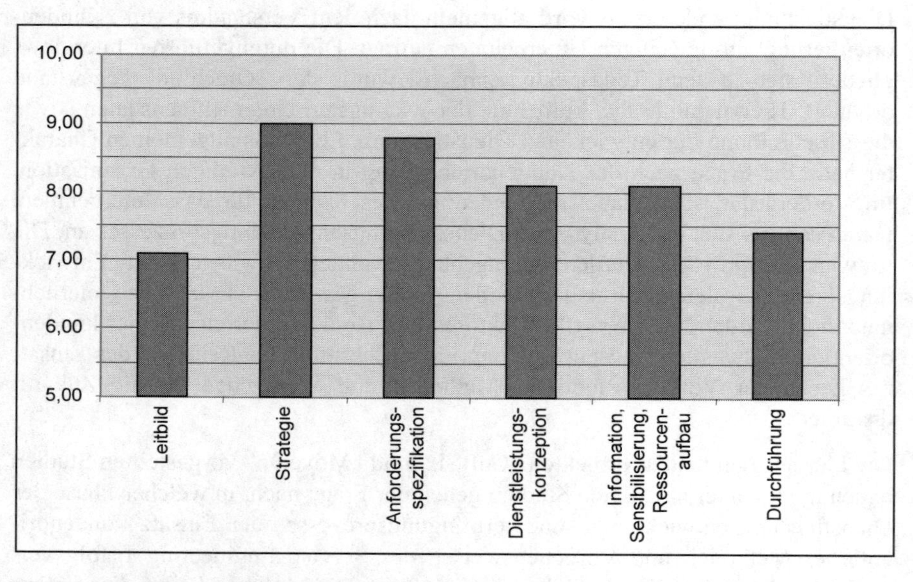

Abbildung 2: Relevanz der einzelnen Phasen eines idealtypischen Phasenmodells zur Tertiarisierung

2.1.3.1 Ausgangslage: Konkurrenzverhältnisse und Kundenstrukturen

In diesem Abschnitt der Untersuchung wurde versucht, die unterschiedlichen Ausgangslagen der einzelnen Unternehmen zu charakterisieren, um Gründe für die Entwicklung von Dienstleistungsangeboten zu identifizieren und Rückschlüsse auf die Ausgestaltung des Tertiarisierungsprozesses zu schließen.

Die ermittelten Ergebnisse zeigen deutlich, dass der Versuch eine langfristige Kundenbindung aufzubauen, neben dem starken Preiskampf und der geringen

Zyklusabhängigkeit, einer der Gründe für den Auf- und Ausbau des Dienstleistungsangebots in fast allen betrachteten Firmen ist. Charakteristisch ist, dass bei großen Unternehmen der Grund zum Aufbau und zur Erweiterung eines Dienstleistungsangebots in der Erschließung zusätzlicher Umsatzbringer zu sehen ist, während kleine und mittlere Unternehmen die Dienstleistung als Diversifikationsinstrument einsetzen, um das angestammte Kerngeschäft zu sichern. Bei der Betrachtung der einzelnen Phasen wird aber schnell deutlich, dass der Tertiarisierungsgrund per se keinen signifikanten Einfluss auf die Bedeutung der Kundenorientierung innerhalb der einzelnen Phasen des Tertiarisierungsprozesses hat.

2.1.3.2 Leitbild und Dienstleistungsstrategie

Ein Unternehmensleitbild stellt ein an der Realität orientiertes Idealbild dar, an dem sich alle unternehmerischen Tätigkeiten orientieren sollten. Es dient den Mitarbeitern dazu, ihr Handeln auf gemeinsame Ziele auszurichten sowie der Kommunikation der zentralen Werte nach innen und außen [10]. Die Hälfte der betrachteten Firmen entwickelt für ihre Tertiarisierungsbemühungen ein spezielles Leitbild. Als direkte Folge aus den Erkenntnissen zur Ausgangslage steht bei der Formulierung des expliziten sowie des impliziten Leitbilds der Tertiarisierung eine konsequente Kundenorientierung und eine langfristige Kundenbindung an erster Stelle.

Die Dienstleistungsstrategie bestimmt die Richtung, das Ausmaß und die Struktur der Entwicklung eines Unternehmens zum Dienstleister. Sie umfasst die generellen Ziele, die Kunden und Märkte, die Mitarbeiter sowie die Aufbau- und Ablauforganisation und die relevanten Technologien für die Entwicklung und Bereitstellung von Dienstleistungen. Dieser Phase der Entwicklung wird von allen befragten Unternehmen eine große Bedeutung zugesprochen. Der Einbezug der Kundenanforderungen gilt, neben der Integration von Mitarbeitern sowie der Orientierung an Märkten und internationalen Trends, als Schlüsselfaktor für die erfolgreiche Entwicklung und Umsetzung der Dienstleistungsstrategie. So werden bei mehr als einem Drittel der befragten Firmen Kundenbewertungen auf die Dienstleistungsstrategie angewendet. Der Kunde stellt für diese Unternehmen eine wichtige Bezugsgröße sowohl bei der Entwicklung als auch bei der Bewertung der Dienstleistungsstrategie dar.

2.1.3.3 Spezifikation der Anforderungen

Die Anforderungsspezifikation umfasst die Aufnahme der Marktanforderungen, der Unternehmensanforderungen und der Kundenanforderungen. Sie dient dazu, neue Dienstleistungsideen zu sammeln, zu filtern und zu bewerten und ist neben der Strategieentwicklung die wichtigste Phase. Sie bildet die Basis für die anschließende Dienstleistungskonzeption. Als Schlüsselfaktor zur erfolgreichen Anforderungsermittlung und -spezifikation wird von mehr als einem Drittel der Firmen das Eingehen auf individuelle Kundenanforderungen genannt. Um solche

Anforderungen zu ermitteln, werden von der Hälfte der befragten Firmen Kundenzufriedenheitsanalysen durchgeführt. Mehr als drei Viertel der Kunden äußern sich darin sehr zufrieden. Aus den Kundenzufriedenheitsanalysen können verschiedene Maßnahmen abgeleitet werden, z. B. ein kundenindividuelles Problemlösungsangebot. Auch die ermittelten Kundenanfragen werden als Auslöser zur Entwicklung neuer Dienstleistungen genutzt.

Die Ermittlung von Kundenanforderungen zur Gestaltung des Dienstleistungsangebots der einzelnen Firmen ist weit verbreitet. Diese Kundenanforderungen werden über Gespräche, die Analyse von Problemfällen und Kundenbesuche ermittelt. Auch der direkte Kontakt zwischen Vertrieb und Geschäftsfeldbetreuung und die Durchführung von Marktstudien werden zur Ermittlung der Kundenanforderungen genutzt. Die Einbeziehung von Schlüsselkunden sowie die Unterscheidung zwischen allgemeinen Kundenanforderungen und kundengruppenspezifischen Anforderungen kann fast als Standard innerhalb der Anforderungsspezifikation betrachtet werden.

2.1.3.4 Dienstleistungskonzeption

Innerhalb der Dienstleistungskonzeption erfolgt die eigentliche Konstruktion der Dienstleistung. Dabei kommen vor allem Modellierungstechniken zum Einsatz, um Produkt- und Prozessmodelle sowie Ressourcenkonzepte zu erstellen. Ein weiterer Bestandteil der Dienstleistungskonzeption ist die frühzeitige Entwicklung von Marketingkonzepten. Als wichtigster Schlüsselfaktor für eine erfolgreiche Dienstleistungskonzeption gilt neben der Qualifikation und Motivation der Mitarbeiter eine starke Kundenorientierung. Alle Firmen berücksichtigen explizit die ermittelten Kundenanforderungen bei der Konzeption der Dienstleistung. Der Kunde wird dabei meist als Partner betrachtet, wobei das Kundenverständnis von der Art der Dienstleistung abhängig ist und immer darauf abzielt, eine optimale Dienstleistungserbringung zu gewährleisten.

2.1.3.5 Information, Sensibilisierung, Ressourcenaufbau

Die Tertiarisierung eines Unternehmens stellt einen umfassenden Prozess der Unternehmens- und Kompetenzentwicklung dar. Dieser Prozess erfordert auch tief greifende Veränderungen in den Einstellungen und Verhaltensweisen der Mitarbeiter. Dabei gilt es, potenzielle Ängste und Widerstände abzubauen und die Mitarbeiter für ihre neue Rolle als Dienstleister zu motivieren und zu schulen. Neben einer umfangreichen Kommunikation und Qualifizierung waren eine hohe Kundenzufriedenheit und das Erkennen von Markt- und Kundenanforderungen durch den einzelnen Mitarbeiter die Schlüsselfaktoren zum Abbau der Ängste vor dem neuen Dienstleistungsangebot. Innerhalb dieser Phase gilt es daher, das Kundenfeedback gezielt zur Information, Sensibilisierung und Qualifizierung der Mitarbeiter einzusetzen, um latent vorhandene Vorbehalte und Ängste zu nehmen.

2.1.3.6 Durchführung

Im Mittelpunkt der Durchführungsphase bei der Dienstleistungsentwicklung steht die effektive und effiziente Organisation der Dienstleistungserbringung und deren Messung. Bei den Schlüsselfaktoren für eine erfolgreiche Dienstleistungserbringung steht die Kundenorientierung gleich an zweiter Stelle hinter der Kompetenz und Qualifikation der Mitarbeiter. Als Mittel, um die Beziehung zum Kunden zu fördern, gilt hauptsächlich der intensive Kontakt während der Dienstleistungserbringung. Auch persönliche Gespräche bei Problemen wirken sich positiv auf die Beziehung zwischen Kunden und Unternehmen aus. So wird insgesamt das persönliche Gespräch als wichtigstes Medium zur Kundenansprache betrachtet. Die Kunden werden vor allem im Projektrahmen, bei Geschäftsverhandlungen, während der Dienstleistungserbringung, bei formalen Kundenbesuchen und bei festlichen Gelegenheiten angesprochen.

Bei der Hälfte der befragten Firmen wird die Rolle des Kunden als Co-Produzent der Dienstleistung aus dem Dienstleistungskonzept abgeleitet. Kenngrößen zur Messung der Kundenleistung innerhalb der Dienstleistungserbringung werden nur in einem Fall explizit definiert. Nur ein geringer Teil der untersuchten Unternehmen führen eine kontinuierliche Evaluation und Verbesserung der Mitwirkung des Kunden an der Dienstleistung durch.

Betrachtet man die hier vorgestellten Ergebnisse, so lässt sich sagen, dass die Kundenorientierung ein bestimmender Faktor zur Auslösung von Tertiarisierungsbestrebungen innerhalb der betrachteten Unternehmen ist. Bei der näheren Betrachtung der einzelnen Phasen fällt auf, dass der Kundenorientierung in jeder der betrachteten Phasen eine herausragende Bedeutung zukommt und sie somit als phasenübergreifender Erfolgsfaktor innerhalb der Tertiarisierung angesehen werden kann.

2.1.4 Ergebnisse der Fallstudien innerhalb von „CoRSE"

Die Fallstudien im Projekt „MoveOn" ergaben, dass Kundenorientierung bei der Tertiarisierung phasenübergreifend eine wesentliche Rolle spielt. Im Projekt „CoRSE" wurde ermittelt, welche Maßnahmen zur Kundenorientierung innerhalb der Dienstleistungsentwicklung ergriffen werden.

Im Rahmen von Interviews wurden insgesamt acht Unternehmen und ein öffentlicher Dienstleister untersucht. Dazu zählen sowohl Konzerne als auch kleine und mittelständische Unternehmen vom „neuen" wie vom „alten" Markt.

Für die befragten Dienstleister heißt Kundenorientierung in erster Linie, dem Kunden optimale, individualisierte Leistungen anbieten zu können. Dabei wird in vielen Fällen der Weg über das Zusammenstellen von standardisierten Leistungsmodulen zu individuellen Dienstleistungspaketen gewählt. Als spezifisch für die Dienstleistungswirtschaft kann auch das Verständnis von Kundenorientierung als das Einbinden von Kunden in die Leistungserstellung und -erbringung gelten. Welche Art der Integration als optimal eingeschätzt wird, variiert jedoch zwischen den untersuchten Unternehmen vom sensiblen Erfassen von Kundenbedürfnissen bis zur Kooperation und partnerschaftlichen Zusammenarbeit mit dem Kunden. Viele Unternehmen sehen in der Kundenorientierung ein Instrument der Kundenbindung, wozu eine professionelle Dokumentation von Kundeninformationen gehört. Teilweise gehen Unternehmen in ihrem Verständnis noch weiter, indem sie Kundenorientierung als Orientierung am Kunden des Kunden verstehen. Es wird also nicht nur der Geschäftskunde, sondern auch dessen Kunde analysiert und in die Leistungsentwicklung integriert. So kann die Wettbewerbsfähigkeit des Geschäftskunden durch den Dienstleister unterstützt und gefördert werden.

2.1.5 Art und Intensität der Kundenintegration

Fast alle befragten Unternehmen führen Kundenbefragungen durch, um die Anforderungen, Erwartungen und Bedürfnisse ihrer Kunden zu identifizieren und bei der Entwicklung von Dienstleistungen zu berücksichtigen. Die meisten Unternehmen setzen dazu auf quantitative und qualitative Methoden der Marktforschung.

Etwa die Hälfte der untersuchten Unternehmen ergänzen ihre Informationen über den Kunden mit Auswertungen von Beschwerden und Reklamationen. Aus der Kundenbetreuung, sei es durch Call Center, sei es durch Kundenbesuche, ziehen hier befragte Unternehmen Hinweise auf Veränderungen beim Kunden, seinen Wünschen und Anforderungen. Kundenanregungen werden ausgewertet und für die Entwicklung von Dienstleistungen verwendet. Während die meisten praktizierten Vorgehensweisen zur Sicherung der Kundenorientierung im Bereich der Informationsgewinnung liegen, integrieren nur wenige Unternehmen den Kunden als „sich einbringenden Akteur". Workshops und Prototypevaluationen werden als Methoden genannt, um den Kunden aktiv einzubinden.

Der Entwicklungsprozess einer Dienstleistung kann von der Ideenfindung bis zur Markteinführung in fünf Phasen eingeteilt werden (siehe Abbildung 3). In der Definitionsphase werden Ideen für eine neue Dienstleistung gesammelt und evaluiert. Die Bewertung der vielfältigen Vorschläge richtet sich in erster Linie an der Strategie des Unternehmens, seinen Stärken und Schwächen sowie den aktuellen und zukünftigen Marktbedingungen aus. Der Kunde kann hier als Auslöser in den Prozess integriert werden; sei es, dass im Unternehmen vorhandene Informationen ausgewertet werden; sei es, dass in Kundenworkshops neue Ideen erarbeitet werden.

Nachdem die Idee ausdifferenziert und die Anforderungen aus Kundensicht spezifiziert wurden, wird die Dienstleistung in ihren einzelnen Elementen konzipiert. Prozess- und Produktmodelle können gemeinsam mit dem Geschäftskunden entwickelt werden. So kann schon zu einer frühen Phase sichergestellt werden, dass die Prozesse auf den Kunden ausgerichtet sind bzw. alle Module so gestaltet sind, dass sie den Anforderungen des Kunden entsprechen.

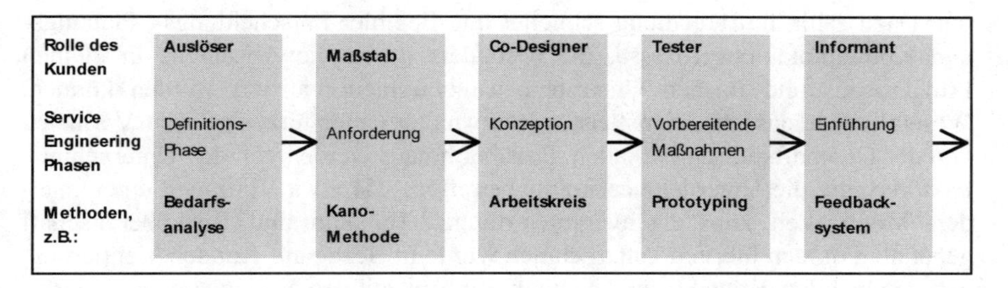

Abbildung 3: Generisches Phasenmodell eines kundenorientierten Entwicklungsprozesses

Vor der Einführung auf dem Markt sollte die Dienstleistung getestet werden. Kritische Elemente müssen vor der Markteinführung berichtigt werden; wichtige, aber unkritische Beanstandungen werden in einer späteren Überarbeitung berücksichtigt. Der Kunde ist also Tester und Optimierer des Dienstleistungsprototypen.

In der abschließenden Phase kann der Kunde, mit dem die Dienstleistung entwickelt wurde, die Markteinführung unterstützend begleiten. Als „innovator" oder „early adapter" kann er die Marktdurchringung der Dienstleistung weiter verstärken. Befragungen eines größeren Kundenkreises sowie Dokumentationen von Kundenreaktionen, die im Call Center oder bei Kundenberatern aufgenommen werden, geben ein Bild über die Akzeptanz der Dienstleistung im Markt. Diese Informationen können wiederum für Modifikationen der Dienstleistung bzw. für Neuentwicklungen weiterer Leistungen genutzt werden.

Legt man das beschriebene stilisierte Phasenmodell der Dienstleistungsentwicklung zu Grunde, wird deutlich, dass die meisten Unternehmen den Kunden in den ersten beiden Phasen einbeziehen. Die Ergebnisse der Kundenbefragungen werden vor allem als Impulsgeber für die Gestaltung von Dienstleistungen oder zur Identifikation der Kundenanforderungen verwendet. Kundenbefragungen oder gar Mitgestaltung durch den Kunden in der Konzeptionsphase werden dagegen selten realisiert. Wenige der befragten Unternehmen nannten die Prüfung eines Prototyps durch ausgewählte Kunden als vorbereitende Maßnahme zur Markteinführung. Die meisten Unternehmen halten den Kontakt zum Kunden nach Einführung der Dienstleistung. Die dadurch gewonnen Kundeninformationen werden jedoch von verhältnismäßig wenigen Unternehmen systematisch aufbereitet und genutzt.

Insgesamt zeigen die Fallstudien, dass in vielen Unternehmen Dienstleistungen eher unsystematisch entwickelt werden. So entwerfen viele Unternehmen kein Produktmodell und nur wenige planen systematisch die Prozessabläufe der Dienstleistungserbringung. Im Gegensatz zu diesen Realitäten der Praxis, sehen wesentlich mehr Unternehmen in einem strukturierten, systematischen und methodenbasierten Vorgehen einen entscheidenden Erfolgsfaktor der kundenorientierten Dienstleistungsentwicklung. Darüber hinaus benennen die Unternehmensvertreter organisationale Aspekte als relevante, den Erfolg beeinflussende Faktoren. Dazu zählt die Bedeutung schneller und flexibler Entscheidungs-, Planungs- und Kommunikationsprozesse, die besonders durch die Absprache in kleinen Projektteams und flachen Unternehmenshierarchien realisiert werden können. Wesentlich ist, dass die Dienstleistungsentwickler Unterstützung für ihr Vorhaben von der Geschäftsführung erhalten. Darüber hinaus werden von den Unternehmen Faktoren, die die Unternehmenskultur betreffen, wie etwa Vertrauen untereinander, Möglichkeit zum eigenverantwortlichen Handeln und Risikobereitschaft genannt. Von den meisten Unternehmen wurde in Bezug auf Kundenorientierung, der regelmäßige Kontakt zum Kunden zur frühzeitigen Erkennung von Marktchancen hervorgehoben sowie die gelebte Kundenorientierung sowohl in der Dienstleistungserbringung als auch in der Dienstleistungsentwicklung.

Neben diesen Erfolgsfaktoren hatten die Unternehmen in weiten Teilen mit ähnlichen Herausforderungen zu kämpfen. Fast alle Unternehmen nannten als zentrale Herausforderung die Motivation und Überzeugung der Mitarbeiter zur Entwicklung originär neuer Leistungen. Einige mussten für die neue Leistung erst entsprechende Kompetenzen bei den Mitarbeitern aufbauen. Auch dafür musste teilweise zunächst Überzeugungsarbeit geleistet werden. Eng mit diesen personalgebundenen Problemen verbunden beklagten die Unternehmensvertreter ebenfalls Schwierigkeiten auf Grund von Abteilungsdenken, interner Konkurrenz um Budget, unterschiedlichen Auffassungen bei den Mitarbeitern und mangelnder Bereitschaft zur kontinuierlichen Verbesserung. Neben diesen dringlichen Herausforderungen, vorwiegend das Personalmanagement betreffend, ist auch die Dienstleistungsentwicklung im engeren Sinn herausfordernd. Dies betrifft vor allem die Planung und Bereitstellung der Ressourcen zur Dienstleistungserbringung, die Kommunikation des Kundennutzens einer originär neuen Leistung, die Bewertung von Dienstleistungsideen, die Ermittlung der Zahlungsbereitschaft und die Kalkulation der Kosten. Die Auflistung zeigt, dass die meisten Herausforderungen an interne Bedingungen gebunden sind. Nur wenige Unternehmen berichten von Schwierigkeiten mit externen Kooperationspartnern, Ämtern oder gesetzlichen Rahmenbedingungen. Dies zeigt die Notwendigkeit eines professionellen Dienstleistungsmanagements auf, das vor allem Antworten auf Fragen des Personalmanagements und der methodenbasierten kundenorientierten Dienstleistungsentwicklung liefern muss. Auf der einen Seite haben die Fallstudien gezeigt, wie stark Kundenorientierung bereits in den Unternehmen gelebt wird. Auf der anderen Seite, wie viel Potenzial in den meisten Firmen zu erschließen ist, um Dienstleistungsentwicklungsprozesse noch konsequenter am Kunden auszurichten.

3 Entwicklung eines Reifegradmodells zur Kundenorientierung in der Dienstleistungsentwicklung

3.1 Die Bedeutung einer kundenorientierten Entwicklung von Dienstleistungen

Lange Zeit schien das Thema „Kundenorientierung" als Orientierung am Konsumenten verstanden zu werden. Untersucht wurden zunächst vor allem Fragen, die sich auf die Erfassung der Kundenzufriedenheit, der Bindung von Kunden und der Qualitätssicherung im Massenproduktionsbereich bezogen [11]. Später wurde das Konzept um Aspekte des Dienstleistungsmanagements erweitert und auch auf die internen Geschäftsprozesse des anbietenden Unternehmens ausgedehnt. Seit Mitte der neunziger Jahre werden die Konzepte der Kundenorientierung auch auf den Geschäftskundenbereich übertragen [12]. Gerade im Business-to-Business-Bereich ergeben sich durch Kundenorientierung Chancen, marktgerechte Produkte und Leistungen zu entwickeln und anzubieten. Relevanz und Unterstützung erhält der Transfer des Konzepts Kundenorientierung auf den Business-to-Business-Bereich auch durch eine empirische Untersuchung. Demnach entwickeln 76 % von 282 befragten deutschen Unternehmen ihre Leistungen überwiegend für Geschäftskunden [13]. Immer häufiger erwarten und verlangen diese Geschäftskunden zusätzliche individualisierte Dienstleistungen von ihrem Anbieter, wie EHRET U. GLOGOWSKY [14] beispielhaft für den Anlagenbau ausführen. KLEINALTENKAMP [12][15] weist darauf hin, dass die Individualisierung von Dienstleistungen auf Business-to-Business-Märkten konsequenterweise zu einer Integration des Kunden und damit zu einer sehr intensiven Form der Kundenorientierung führt. Er stellt die Verknüpfung von Wertschöpfungsprozessen des Anbieters und des Nachfragers heraus, die dadurch zu Stande kommt, dass bspw. eine externe Dienstleistung eine interne Leistungserstellung ersetzt und dadurch unterstützende Unternehmensprozesse verändert werden. Der Anbieter beeinflusst also die Wertschöpfungskette des Geschäftskunden und nimmt dadurch Einfluss auf dessen Möglichkeiten zur Erzielung von Wettbewerbsvorteilen [12]. Hier hat der Anbieter ein enormes Potenzial, den Wert seiner Leistung zu erhöhen, indem er dem Nachfrager durch kundengerechte individualisierte Leistungspakete zur Verbesserung seiner Wettbewerbsfähigkeit verhilft. Im Business-to-Business-Bereich eröffnet eine konsequente Kundenorientierung die Möglichkeit, den Geschäftskunden – durch die gewährte Unterstützung bei seiner Positionierung im Markt – an sich zu binden.

Um Dienstleistungen kundenindividuell erstellen zu können, müssen die Anforderungen des Nachfragers spezifisch erfasst und in die Entwicklung der Leistung einfließen [12]. Während standardisierte Servicepakete häufig an den Anforderungen des Kunden vorbeigehen, können sich es auf der anderen Seite Anbieter nicht erlauben, für jeden Nachfrager maßgeschneiderte Lösungen zu entwickeln. Um in diesem Spannungsfeld von Standardisierung vs. Individualisierung wirtschaftlich handeln zu können, modularisieren immer mehr Unternehmen ihre Dienstleistungen. Leistungen werden in einzelne Einheiten zerlegt, die dann für Geschäftskunden zu Paketen zusammengeschnürt werden. Kundenintegration sollte jedoch nicht erst bei der konkreten Betreuung einzelner Kunden ansetzen oder ein Instrument der Entwicklung individualisierter Dienstleistungen sein, sondern beim Aufbau des Serviceangebots im Unternehmen allgemein realisiert werden. Nur ein konsequent auf den Kunden ausgerichtetes Unternehmen, kann den gewachsenen Anforderungen bei umfassender Informiertheit des Nachfragers gerecht werden und langfristig auf den sich rasch wandelnden Märkten bestehen.

Wie aber können Unternehmen Dienstleistungen kundenorientiert entwickeln? Ausgehend von den in diesem Beitrag beschriebenen Fallstudien wurde ein Reifegradmodell entwickelt, das Unternehmen die Bewertung ihrer Unternehmensprozesse und deren Ausrichtung auf den Kunden erleichtern soll.

3.2 Qualitätssicherung über Reifegradmodelle

Reifegradmodelle sind bislang vor allem aus dem Qualitätsmanagement der Softwareentwicklung bekannt. Dort werden sie eingesetzt, um schon während der Produktentwicklung einen hohen Qualitätsstandard der Software zu garantieren. Dazu sind im Modell prozessorientierte Maßnahmen zur ständigen Verbesserung der Qualität formuliert, die sich auf den gesamten Entwicklungs- und Lebenszyklus des Produkts beziehen. Diese Maßnahmen bilden Anweisungen ab, wie der Entwicklungsprozess von der Innovation, über die Entwicklung bis zur Vermarktung und Wartung besser, d. h. im Sinne der Modelle auf einem höheren Reifeniveau, realisiert werden kann. Zu den bedeutendsten Reifegradmodellen zählen das Capability Maturity Model, Bootstrap und ISO 15504 Software Process Improvement and Capability Determination (?) Model [16]. Als eines der ersten Reifegradmodelle zur Bewertung des Softwareentwicklungsprozess wurde das Capability Maturity Model (CMM) entwickelt [17]. Im Modell werden fünf Stufen definiert, mit denen unterschiedliche Reifegrade der Entwicklung unterschieden werden [18]:

- Reifegrad 1 - initial: chaotische, unsystematische Entwicklung
- Reifegrad 2 - repeatable: geordnete Entwicklung
- Reifegrad 3 - defined: definierte und dokumentierte Entwicklungsprozeduren
- Reifegrad 4 - managed: verfolgen quantitativer Ziele in der Entwicklung

- Reifegrad 5 - optimized: ausrichten der Entwicklung auf kontinuierliche Prozessverbesserungen

Das CMM bietet die Möglichkeit, anhand von Assessments den aktuellen Reifegrad zu ermitteln. Außerdem sind je Stufe Maßnahmen zur Prozessverbesserung beschrieben, durch die die Softwareentwicklung auf einem höheren Reifegrad organisiert werden kann.

Reifegradmodelle haben sich als wirkungsvolles Instrument zur Realisierung kontinuierlicher, sukzessiver und langfristig wirksamer Verbesserungsprozesse herausgestellt, da sie, ausgehend von umfassenden Assessments, ein deutliches Bild des Qualitätsniveaus vermitteln und die Ableitung von Handlungsempfehlungen und Maßnahmen zur Verbesserung erleichtern.

3.3 Ein Reifegradmodell der kundenorientierten Dienstleistungsentwicklung

Qualitative und quantitative empirische Untersuchungen zeigen, dass in der Praxis der Kunde unterschiedlich stark in die Entwicklung von Dienstleistungen integriert wird und die Interaktionen mit dem Geschäftskunden verschieden intensiv organisiert sind.[19] In diese Richtung weisen auch die in diesem Beitrag vorgestellten Fallstudien. In den meisten Fällen, so konnte beobachtet werden, wurden die Kunden durch Befragungen, z. B. zur Erhebung der Bedarfe oder der Anforderungen, in den Entwicklungsprozess einbezogen. In anderen Fällen wurde der Geschäftspartner als Co-Designer in die Entwicklung integriert. Es wurden Kompetenzverbünde geschlossen oder einzelne Kunden in den Engineering-Prozess einbezogen. Die Bandbreite der in der Praxis realisierten Integrationsformen reicht also von oberflächlicheren Formen wie standardisierten Befragungen bis hin zu intensiveren wie Kundenpartnerschaften für Entwicklung und Vermarktung von Leistungen [20]. Ausgehend von dieser empirischen Basis wird ein Reifgrademodell der kundenorientierten Dienstleistungsentwicklung vorgeschlagen. In aktuellen und zukünftigen Forschungsvorhaben wird das Modell einschließlich der entwickelten Assessments differenziert und validiert.

In Anlehnung an das Capability Maturity Model werden fünf Stufen definiert, die unterschiedliche Grade der Integration von Kunden in die Entwicklung von Dienstleistungen beschreiben (vgl. Abbildung 4).

Je höher die Stufe, desto intensiver die Interaktion und desto stärker die Einbindung des Kunden. Die definierten Ebenen sind nicht unabhängig voneinander, sondern bauen stufenweise aufeinander auf. Das bedeutet, dass ein Unternehmen einer höheren Reifestufe auch alle Vorgehensweisen und Methoden der Kundenintegration, die für niedrigere Reifestufen charakteristisch sind, beherrscht und diese gewählt einsetzt.

Beschreibende Elemente im Reifegradmodell sind das Bild des Kunden im Unternehmen und die sich daraus ableitenden Handlungsroutinen. Die Wahrnehmung des Kunden durch die Mitarbeiter des Unternehmens bestimmen die Aktionen, die zur Entwicklung von Dienstleistungen unternommen werden.

Auf der untersten Ebene des Reifegradmodells wird der Kunde primär als Abnehmer der Produkte und Dienstleistungen gesehen. Er wird noch in seiner passiven Rolle als Verbraucher oder Nutznießer betrachtet, wie sie ihm bis in die 90er Jahre zugeschrieben wurde [21].

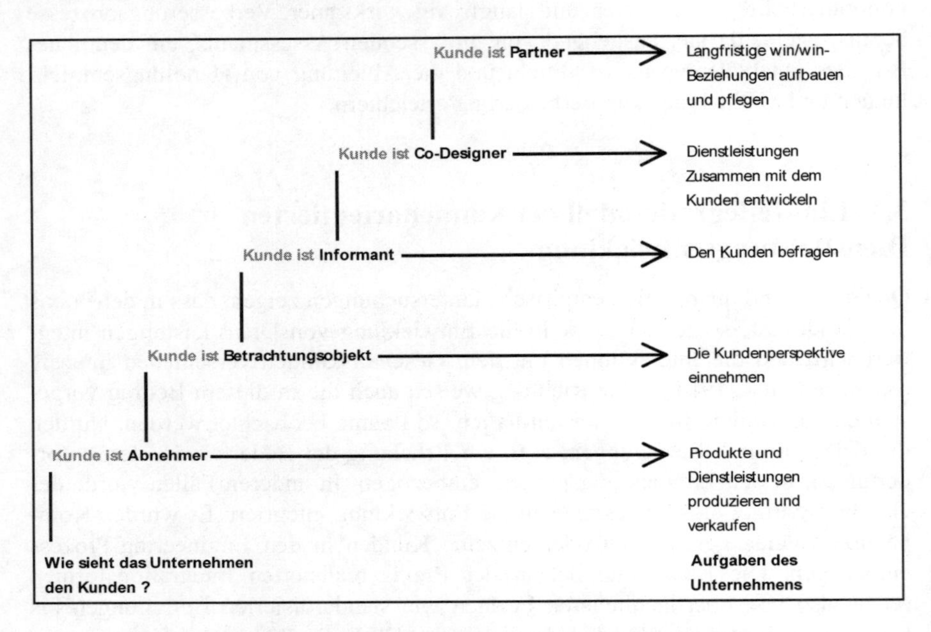

Abbildung 4: Reifegradmodell der kundenorientierten Dienstleistungsentwicklung

Die Mitarbeiter im Unternehmen handeln und denken verkaufs- und wettbewerbsorientiert. Gelebt wird die Ausrichtung auf den Markt, jedoch ohne explizite Orientierung am Kunden. Dienstleistungen werden konzipiert, ohne die Bedarfe, Anforderungen und Wünsche der Kunden im Entwicklungsprozess explizit zu berücksichtigen. So vergibt das Unternehmen Chancen, die Dienstleistungsidee zu prüfen und die Konzeption mit Hilfe des Kunden zu optimieren. Das Unternehmen wartet auf die Reaktion des Markts nach Einführung der Dienstleistung. Erst dann wird deutlich, ob die entwickelte Leistung am Markt auf Akzeptanz stößt. Das Risiko der Fehlentwicklung und damit steigender Kosten steht in keinem Verhältnis zu der kurzen Time-to-market-Spanne, die sich durch einen Entwicklungsprozess ohne Einbindung des Kunden besonders knapp halten lässt. Meistens erfolgt eine Dienstleistungsentwicklung auf dieser niedrigsten Reifestufe ad hoc und unsystematisch, ein weiterer Faktor, der sich negativ auf die Qualität der Leistung auswirken kann. Viele Unternehmen haben für die Entwicklung von Dienstleistungen noch keine standardisierten Prozesse definiert und gehen weitgehend unsystematisch vor [13]. Diese Vorgehensweise steht im starken Kontrast zur Systematik der Konzepte und Vorgehensmodelle bei der Produktentwicklung. Dort wird eine hohe Produktqualität durch geeignete Methoden gewährleistet und kontinuierlich kontrolliert (z. B. über Quality Function Deployment, Fehlermöglichkeits- und Einflussanalyse).

Entwicklungsvorhaben auf der ersten Reifestufe sind mit vielen unternehmerischen Risken verbunden bis hin zur Gefahr, Kunden durch schlechte Dienstleistungsqualität zu verlieren. Auf die Bedeutung der Dienstleistungsqualität für die Kundenbindung weist schon eine Untersuchung aus dem Jahr 1988 hin. Die Ergebnisse der Studie zeigen, dass der häufigste Grund für Kundenabwanderung in einer mangelhaften Dienstleistungsqualität liegt [22]. Weit weniger ausschlaggebend ist eine mangelhafte Produktqualität. Gleichzeitig gelingt es immer weniger, sich über Qualitätsmerkmale im Sachgüterbereich vom Wettbewerb signifikant abzusetzen [23]. Die Dienstleistungsqualität ist also von einer enormen Bedeutung für den nachhaltigen Geschäftserfolg.

Kunden sind gegenüber der Dienstleistungsqualität kritischer, da diese Leistung weitestgehend nicht materieller Art ist, sondern interaktiv erbracht wird. Der Kunde, der ein Sachgut nachfragt, ist dauerhaft im Besitz eines materiellen Objekts. Der Kunde hingegen, der eine Dienstleistung nachfragt, besitzt die Leistung nicht, er erfährt sie. Ein materieller Anteil an der Dienstleistung ist zwar meist vorhanden, doch ist dieser der Leistung, die interaktiv erbracht wird, untergeordnet. Die unterschiedlich kritisch ausgeprägte Haltung des Kunden basiert also vor allem auf den Polen Materialität/Immaterialität. Genau aus diesen unterschiedlichen Beschaffenheiten (Materialität und Immaterialität) resultieren unter anderem auch die Herausforderungen, Dienstleistungsqualität zu kontrollieren und sicher zu stellen [23].

Auf Reifestufe zwei unternimmt der Dienstleister erste Schritte dahingehend, die Bedarfe des Kunden bei der Entwicklung von Leistungen explizit zu berücksichtigen. Ausgangspunkt für die Entwicklung von Dienstleistungen ist die Überlegung, welche Probleme und Herausforderungen des Kunden durch das Unternehmen kompetent gelöst werden können. Kundenbedarfe und Unternehmensanforderungen werden gegenüber gestellt und bewertet; die Ausgangsbasis für die Machbarkeit der Dienstleistungsentwicklung und den Nutzen der geplanten Leistung wird geprüft. Die Bedarfe des Kunden werden auf Reifestufe zwei zwar systematisch analysiert, jedoch wird der Kunde nicht zu seiner Situation befragt. Demnach kann das Unternehmen aus seiner externen Perspektive nur indirekt die Bedürfnisse des Kunden erschließen. Der Dienstleister riskiert, die Situation des Kunden eingeschränkt und – auf Grund der eigenen Intention, Dienstleistungen anbieten zu wollen – verzerrt wahrzunehmen, eine Tendenz, die zur Überschätzung des Marktpotenzials der Dienstleistung führen kann.

Trotz dieser ersten Ansätze zur Systematisierung wartet das Unternehmen letztendlich auch auf dieser Reifestufe auf die Reaktionen des Markts nach Einführung der Dienstleistung.

Auf Reifelevel drei versetzt sich der Anbieter nicht mehr nur in die Situation des Kunden hinein. Der Kunde verliert seine passive Rolle und wird als Experte und Informant für das Serviceangebot zur Lösung seiner Geschäftsprobleme entdeckt. Er ist Maßstab für die Konzeption und Ausgestaltung der Dienstleistungsmodule, die das Unternehmen anbietet und wird erstmalig aktiv in die Dienstleistungsentwicklung eingebunden.

Der Anbieter befragt den Kunden in Interviews oder Fragebogenaktionen und misst die unternehmensinterne Wahrnehmung an der Perspektive und Einschätzung des Nachfragers. Die dargestellten Fallstudien zeigen, dass bereits viele deutsche Unternehmen den Kunden durch Befragungen in die Dienstleistungsentwicklung integrieren. Diese Tendenz wird auch in quantitativen Studien bestätigt [19] 70 % aller Unternehmen, die kundenorientiert Dienstleistungen entwickeln, führen Befragungen durch. Verbreitet sind Interviews bei Schlüsselkunden oder Fragebogenaktionen, die sich an eine große Kundengruppe richten (einen Überblick über Befragungsmethoden gibt STAUSS [24]).

Auf Reifestufe drei schlägt das Unternehmen einen sehr effizienten Weg zum Kunden ein. Befragungen sind günstig und wenig zeitintensiv. Allerdings birgt diese Herangehensweise auch Risiken. Häufig treten Differenzen zwischen dem von Kunden erwarteten Nutzen der zu entwickelnden Dienstleistung und dem von Kunden erlebten Nutzen bei Erbringung der Dienstleistung auf. Die Vorhersagegenauigkeit von Befragungsergebnissen, bezogen auf Nutzeneinschätzung, Preisbereitschaft, Bedarf und Anforderung, ist nicht immer hoch. Mehrere Gründe sind für diese Abweichungen verantwortlich. So setzt sich der Kunde mit der Dienstleistung im Rahmen einer Befragung meist nur oberflächlich auseinander. Was KÖCHER [25] für die Bewertung von Produkteigenschaften in frühen Entwicklungsphasen feststellt, nämlich die mangelnde kritische Auseinandersetzung des befragten Kunden mit dem Produkt, kann auch auf die Beurteilung von Dienstleistungen bezogen werden. Der Kunde steht zu Beginn einer Dienstleistungsentwicklung noch nicht vor der konkreten Situation, die Leistung nachzufragen und das Angebot zur Problemlösung zu nutzen. Er muss sich in die Situation der Leistungserstellung hineinversetzen, übersieht dabei jedoch mit großer Wahrscheinlichkeit Bedingungen, die für Nachfrage und Erbringung der Dienstleistung entscheidend sind, da diese Wirkfaktoren komplex und intransparent sind. Der Kunde kann also nur ausschnitthaft die Dienstleistungsidee bewerten und seine Anforderungen formulieren. Die Wahrscheinlichkeit, dass wesentliche Bedingungen vom Kunden übersehen werden, ist hoch.

Darüber hinaus ist beim Kunden mit der Tendenz zu rechnen, die Dienstleistung eher zu positiv einzuschätzen. Der Kunde wird die Chance, dass ein möglicherweise auf seine Bedarfe und Anforderungen zugeschnittenes Leistungspaket erstellt wird, nicht ausschlagen. Eine positive Antworttendenz ist also zu erwarten. Solche Ungenauigkeiten können die Ergebnisinterpretation durchgeführter Kundenbefragungen erschweren. So bleibt ein Restrisikofaktor bei der Prognose der Akzeptanz und des Marktpotenzials der Dienstleistung.

Unternehmen, die ihre Dienstleistung auf Reifestufe vier entwickeln, minimieren das Risiko, Kundenanforderungen und -akzeptanz falsch einzuschätzen. Auf diesem Level wird der Kunde als Co-Designer in die Entwicklung von Dienstleistungen integriert. Wichtig ist es, den Kunden frühzeitig zu kontaktieren und von Anfang an einzubinden [20]. Aus dem eindimensionalen Informationsaustausch, über Befragungen und Interviews auf Reifestufe drei, wird auf Level vier ein offener Dialog, der bspw. über Arbeitskreise initiiert wird. Der Kunde wird nicht mehr nur als Informant, sondern auch als Tester und aktiv gestaltender Co-Designer eingebunden. Beim Prototyping etwa prüft der Nachfrager die innovative Dienstleistung oder einzelne Module über einen längeren Zeitraum und gibt dem Anbieter in mehreren Intervallen Feedback zur Modifikation des Prototypen [26][27]. Während dieser Erprobungsphase optimiert der Dienstleister kontinuierlich seine Leistungserstellung und nutzt die Verbesserungsvorschläge seines Kunden, um eine reife Lösung am Markt anbieten zu können. Der Kunde – integriert in Arbeitsgruppen und Workshops – setzt sich nun wesentlich stärker mit den Vor- und Nachteilen der einzelnen Dienstleistungsmodule auseinander. Er stellt eigenes Wissen sowie Ressourcen, z. B. in Form von Personal, zur Verfügung. Durch diesen eigenen Beitrag wird dem Kunden die Dienstleistung wichtiger, er wird kritischer und engagiert sich stärker im Entwicklungsprozess. Gerade das Entwickeln von Leistungen in Partnerschaft mit einem oder mehreren Kunden ermöglicht interorganisationelles Lernen, Know-how-Aufbau und -Austausch. Die Integration des Kunden als Co-Designer eröffnet Potenziale zur Gewährleistung einer hohen, durch den Input des Kunden optimierten Service- und Prozessqualität. Risiken der Fehlentwicklung können reduziert, hohe Kosten vermieden werden. Gleichzeitig ist Reifestufe vier mit der Herausforderung verbunden, die Schnittstellen zum Kunden transparent zu organisieren. Nur so kann der Nachfrager das für eine Zusammenarbeit notwendige Vertrauen aufbauen [20].

Auf Reifestufe fünf werden solche Entwicklungspartnerschaften langfristig gepflegt. Es bestehen dauerhafte und intensive Beziehungen zwischen Unternehmen und Geschäftskunden. Während auf Reifestufe vier die Unternehmensverbünde nach Entwicklung einer Dienstleistung auseinander brechen, sind die Partnerschaften und Netzwerke auf dieser Ebene langfristig angelegt. Die Kundenintegration geht über den einzelnen Entwicklungsprozess hinaus und dies sowohl zeitlich als auch inhaltlich. Der Dialog zwischen Unternehmen und Geschäftskunden wird bspw. über Usergroups, Geschäftskundenclubs oder Kundenforen dauerhaft implementiert [21][28]. Im Entwicklungsprozess aufgebautes Wissen geht nicht verloren, sondern kann in neuen Projekten weiter vertieft werden. Durch gemeinsame Aktionen und Veranstaltungen wird die Beziehung zwischen Unternehmen und Kunden gefestigt und dies besonders durch den informellen Austausch zwischen Firmenvertretern beider Seiten. Vor allem kann dadurch im Unternehmen ein besseres Verständnis für Kundenanforderungen aufgebaut werden. Solche Partnerschaften müssen sich nicht auf singuläre Beziehungen zwischen Anbieter und Nachfrager beziehen, sondern können als Netzwerk zwischen anbietendem Unternehmen und ausgewählten Kunden organisiert werden.

Die aktive Einbindung und Nähe zum Kunden sichert nicht nur die Service- und Prozessqualität einer Einzeldienstleistung oder eines Dienstleistungsmoduls. In Zukunft erleichtert sie auch, Veränderungen beim Kunden und Trends in anderen Branchen zu erkennen und somit am Kunden orientiert Modifikationen am eigenen Dienstleistungsportfolio oder Neuentwicklungen vorzunehmen. Darüber hinaus bindet diese Art der Partnerschaft den Kunden auch emotional, macht ihn interessierter, engagierter und aktiver. Ein solcher involvierter Kunde ist aber nicht nur ein treuer Kunde, sondern auch ein effektiver Werber. BAYÓN und VON WANGENHEIM [29] gehen davon aus, dass langfristig gebundene Kunden auf Grund ihrer Erfahrung und ihres Wissens über den Anbieter effektiv und erfolgreich Weiterempfehlungen an Interessenten aussprechen. So resultieren aus einem langfristigen professionellem Management der Kundenbeziehungen auch Imagegewinne bei Potenzialkunden [30].

3.4 Schlussbetrachtungen

Die hier vorgestellten Ergebnisse zeigen, dass Kundenorientierung im Dienstleistungsmanagement phasenübergreifend eine wichtige Rolle spielt. Sie ist bei der Dienstleistungsentwicklung unablässig. Jedoch sollte der Kunde nicht nur als Impulsgeber dienen, sondern auch als Mitgestalter und später weiterhin als Informant dem Unternehmen Nutzen stiften. Die immer stärker werdende Einbeziehung des Kunden in das Unternehmen kommt im hier vorgestellten Reifegradmodell zum Ausdruck.

Das Reifegradmodell der kundenorientierten Dienstleistungsentwicklung bildet eine stufenweise Integration des Kunden in die Entwicklungsprozesse des Dienstleisters ab. Es ermöglicht, Kundenorientierung manifest und für die Entwicklung von Dienstleistungen greifbar zu machen. Um im Unternehmen den Status quo der Kundenintegration zu erfassen und den beschriebenen Reifestufen zuzuordnen, wird ein Assessmentverfahren zur Verfügung gestellt. Dazu wurden Bewertungskategorien definiert, die die Voraussetzungen und Erfolgsfaktoren für kundenorientierte Dienstleistungsentwicklung abbilden. Hierzu zählen Aspekte des Kundenschnittstellenmanagements, der Mitarbeiterqualifikation, der Unternehmenskultur, des Qualitätsmanagements, des Service Engineering u. a. Im Rahmen eines Audits werden Potenziale und Schwachstellen je Kategorie analysiert. Pro Stufe sind Handlungsanweisungen zur Verbesserung und Erreichung einer höheren Reifestufe beschrieben. Damit erfüllt das Reifegradmodell die Forderungen der Praxis nach direkter Umsetzbarkeit von Assessmentergebnissen in

Maßnahmen. Vor dem Assessment legt das Unternehmen fest, welchen Reifegrad es in welcher Kategorie sinnvoll realisieren kann, denn nicht immer ist es lohnend, eine Dienstleistung auf den obersten Reifeniveaus zu entwickeln. Der damit verbundene Aufwand und Nutzen ist bei dieser Entscheidung genau abzuwägen. Insgesamt ist eine erste wirkungsvolle Integration des Kunden in die Dienstleistungsentwicklung – gemäß dem vorgestellten Reifemodell – ab Stufe drei gegeben, wenn der Kunde als Informant und Experte eingebunden wird. Eine Dienstleistung, deren Marktattraktivität sehr hoch ist und für die das Unternehmen eine hervorragende Ausgangssituation vorweisen kann, sollte jedoch auf einem höheren Integrationslevel entwickelt werden. Die Einschätzung dieser beiden grundlegenden Bedingungen wird durch eine Portfolio-Analyse unterstützt [31]. Dabei werden als Bewertungskriterien für die Marktattraktivität u. a. das Marktvolumen, Marktwachstum, Kundensituation und Kundenpotenzial herangezogen. Zur Beurteilung der eigenen Ausgangssituation fließen Aspekte wie Kompetenz/Mitarbeiterqualifikation, Projektmanagement, Marktkenntnis etc. ein. Genauso relevant wie die Einschätzung dieser beiden Aspekte ist die Segmentierung der Kunden. So kann die Kundenstruktur im Hinblick auf Umsatz, Potenzial oder Profitabilität, z. B. anhand der ABC-Analyse bewertet werden [32]. Mindestens genauso wichtig sind im Dienstleistungsbereich die verhaltens- und prozessorientierten Segmentierungen nach wahrgenommenen Nutzen und anderen Kaufentscheidungskriterien, Art der Verwendung oder Intensität, mit der der Kunde auf den Leistungserstellungsprozess Einfluss nehmen will [30]. Diese interaktiven Kriterien sind auch die entscheidenden Einflussgrößen, über die sich ein Dienstleister vom Wettbewerb differenzieren kann.

Für eine zukunftsfähige Dienstleistungsentwicklung sollten in Entwicklungspartnerschaften langfristig Kompetenzen mit dem Kunden aufgebaut werden. Zusammen mit ausgewählten Kunden können Innovationen und Modifikationen ausgearbeitet werden und das Dienstleistungsportfolio des Anbieters kundennah gestaltet werden. Nur über solche kunden- und damit auch qualitätsorientierten Dienstleistungen kann eine dauerhaft hohe Kundenbindung erreicht werden.

Literaturverzeichnis

[1] Landmann, R.: Studie Service Innovation Arthur D. Little, 2001, <URL: http://www.competence-site.de/dienstleistung.nsf/FDB08B1D1AB0763CC1256B12004F2F67/$File/servicestudie_adl.pdf>, online: 22.04.2002.

[2] Wildemann, H.: Service Engineering, in: Service Today, 1(2002), S. 5-14.

[3] Sundbo, J.: The Organisation of Innovation in Services, Rokskilde 1998.

[4] Tomczak, T.: Forschungsmethoden in der Marketingwissenschaft: Ein Plädoyer für den qualitativen Forschungsansatz, in: Marketing, 2(1992), S. 77-87.

[5] Luczak, H. (Hrsg.): Vom Produzenten zum Dienstleister, Düsseldorf 2004.

[6] Spath, D.; Zahn, E. (Hrsg.): Kundenorientierte Dienstleistungsentwicklung in deutschen Unternehmen, Berlin 2003.

[7] Bullinger, H.-J.; Scheer, A-W.; Zahn, E. (Hrsg.): Vom Kunden zur Dienstleistung; Fallstudien zur kundenorientierten Dienstleistungsentwicklung in deutschen Unternehmen, Stuttgart 2002.

[8] Scheer, A-W.; Spath, D.; Zahn, E. (Hrsg.):Vom Kunden zur Dienstleistung – Methoden, Instrumente und Strategien zum Customer related Service Engineering, Stuttgart 2004.

[9] Bading, A. et al.: Entwicklung, Entstehung und Umsetzung des Produktes – Fallstudien und Breitenerhebung, in: Luczak, H. (Hrsg.): Vom Produzenten zum Dienstleister, Düsseldorf 2004, S: 2-65.

[10] Staehle, W. H.: Management. Eine verhaltenswissenschaftliche Perspektive, München 1994.

[11] Haischer, M.: Dienstleistungsqualität – Herausforderung im Service Management, in: Theorie und Praxis der Wirtschaftsinformatik, 187(1996), S. 35-48.

[12] Burghard, W.; Kleinaltenkamp, M.: Standardisierung und Individualisierung – Gestaltung der Schnittstelle zum Kunden, in: Kleinaltenkamp, M.; Fließ, S.; Jacob, F. (Hrsg.): Customer Integration, Wiesbaden 1996, S. 163-176.

[13] Fähnrich, K. P. et al.: Service Engineering. Ergebnisse einer empirischen Studie zum Stand der Dienstleistungsentwicklung in Deutschland, Stuttgart 1999.

[14] Ehret, M.; Glogowsky, A.: Customer Integration im industriellen Dienstleistungsmanagement, in: Kleinaltenkamp, M.; Fließ, S.; Jacob, F. (Hrsg.): Customer Integration, Wiesbaden 1996, S. 203-218.

[15] Kleinaltenkamp, M.: Kundenbindung durch Kundenintegration, in: Bruhn, M,; Homburg, C. (Hrsg.): Handbuch Kundenbindungsmanagement, Wiesbaden 2000, S. 337-354.

[16] Pivka, M.; Javornik, B.: Die Softwarequalität reifen lassen, in: Qualität und Zuverlässigkeit, 43(1998), S. 280-282.

[17] Paulk, M. et al.: The Capability Maturity Model – Guidelines for Improving the Software Development Process, New York 1995.

[18] Schmelzer, H. J; Sesselmann, W.: Assessment von Geschäftsprozessen, in: Qualität und Zuverlässigkeit, 43(1998), S. 39-42.

[19] Spath, D.; Zahn, E.: Kundenorientierte Dienstleistungsentwicklung in deutschen Unternehmen, Berlin 2003.

[20] Pfeifer, K.: Praktische Ansatzpunkte der Customer Integration auf Basis der Kundenorientierung, in: Kleinaltenkamp, M.; Fließ, S.; Jacob, F. (Hrsg.): Customer Integration, Wiesbaden 1996, S. 123-135.

[21] Prahalad, C. K.; Ramaswamy, V.: Wenn Kundenkompetenz das Geschäftsmodell mitbestimmt, in: Harvard Buiness Manager, 4(2000), S. 64-75.

[22] Fonvielle et al.: Customer Focus Research Study – Preliminary Report of Overall Findings, Boston 1988.

[23] Benkenstein, M.: Dienstleistungsqualität: Ansätze zur Messung und Implikationen für die Steuerung, in: Zeitschrift für Betriebswirtschaft, 11(1993), S. 1095-1116.

[24] Stauss, B.: Kundenzufriedenheit, in: Marketing, 21(1999)1, S. 5-24.

[25] Köcher, W.: Präferenzen von zukünftigen Nutzern entdecken, in: Bedürfnisse entdecken: Gestalten zukünftiger Märkte und Produkte, Frankfurt a. M. et al. 1997, S. 97-124.

[26] Bullinger, H.-J.; Meiren, T.: Service Engineering – Entwicklung und Gestaltung von Dienstleistungen, in: Bruhn, M.; Meffert, H. (Hrsg.): Handbuch Dienstleistungsmanagement, Wiesbaden 2001, S. 149-175.

[27] Rau, J.; Lienhard, P.; Opitz, M.: Prototypische Entwicklung der Dienstleistung TÜV CERT Excellence Audit, in: Bullinger, H. J.; Scheer, A.-W.; Zahn, E. (Hrsg.): Vom Kunden zur Dienstleistung, Stuttgart 2002, S. 43-48.

[28] Schildhauer, T.: Borderless Orgaization – Instrument der Customer Integration am Beispiel der Lufthansa Systems Berlin GmbH, in: Kleinaltenkamp, M.; Fließ, S.; Jacob, F. (Hrsg.): Customer Integration, Wiesbaden 1996, S. 137-148.

[29] Bayón, T.; Wangenheim, F. von: Valuation of Customers' Word-of-Mouth Referrals: Approach and First Result, Working Paper 10, International University in Germany GmbH, Bruchsal 2002.

[30] Bullinger H.-J.: Technologiemanagement: Forschen und Arbeiten in einer vernetzten Welt, Berlin et al. 2002.

[31] Schreiner, P.; Klein, L.; Seemann, C.: Dienstleistungen im Griff – Erfolgreich gründen mit System, Stuttgart 2001.

[32] Tomczak, T.; Dittrich, S.: Erfolgreich Kunden binden, Zürich 1997.

Dienstleistungsästhetik

Timo Kahl
Institut für Wirtschaftsinformatik (IWi) im Deutschen Forschungszentrum für Künstliche Intelligenz (DFKI), Saarbrücken
Walter Ganz
Thomas Meiren
Fraunhofer-Institut für Arbeitswirtschaft und Organisation (IAO), Stuttgart

Inhalt

1 Einleitung

Um die Potenziale eines noch immer wachsenden Dienstleistungsbedarfs ausschöpfen zu können, ist es für Unternehmen wichtiger denn je, innovative Dienstleistungen auf den Markt zu bringen. Im Gegensatz zur klassischen Produktentwicklung zeigt sich jedoch, dass es vielen Dienstleistungsanbietern schwer fällt, gezielt wettbewerbsfähige Dienstleistungen zu entwickeln [1]. Und auch in der Wissenschaft hat man sich Fragestellungen der Dienstleistungsinnovation erst in jüngerer Zeit verstärkt zugewandt [2].

Um den nachhaltigen Erfolg eines Dienstleistungsunternehmens zu sichern, ist es unabdingbar, innovative Dienstleistungsideen systematisch zu entwickeln und zu gestalten. Dabei besteht die Aufgabe der Gestaltung vor allem darin, für technische Notwendigkeiten und menschliche Bedürfnisse innovative und kundenorientierte Lösungen zu finden, die nicht notwendigerweise gegenständlicher Natur sein müssen [3]. Für den Erfolg von Dienstleistungen ist es jedoch nicht nur entscheidend, inwieweit Probleme der Kunden tatsächlich gelöst werden, sondern auch die Art und Weise, wie die Erbringung der Dienstleistungen seitens der Kunden erlebt wird. Untersuchungen haben gezeigt, dass die Beurteilung von Dienstleistungen aus Kundensicht zu einem wesentlichen Teil auf der Basis direkt wahrnehmbarer Elemente erfolgt [4]. Die Gestaltung der Kundenschnittstellen und der Kundeninteraktion sind deshalb als zentrale Erfolgsfaktoren für viele Dienstleistungsanbieter zu sehen.

Von Interesse ist außerdem die Frage, inwieweit Konzepte aus dem Produktdesign auf den Dienstleistungsbereich übertragbar sind und welche Rolle ästhetische Aspekte dabei spielen. An dieser Stelle darf insbesondere auf die lange Tradition des deutschen Industriedesigns verwiesen werden, das geprägt ist durch hohe technische Standards, eine durchdachte Handhabung und eine funktionsorientierte Ästhetik, welche die Anmutung von Qualität, Professionalität und Zuverlässigkeit vermittelt. Nicht zuletzt dadurch wurde der Erfolg des „Made in Germany" mitbegründet.

Die nachfolgenden Ausführungen beginnen zunächst mit einer Betrachtung der Rolle von Design und Ästhetik in der Produkt- und Dienstleistungsentwicklung. Im Anschluss daran erfolgen grundsätzliche Überlegungen zum Begriff der Ästhetik und es wird der Versuch einer Übertragung auf den Dienstleistungsbereich vorgenommen. In diesem Zusammenhang ist es insbesondere von Interesse, welche konkreten Potenziale sich für Dienstleistungsanbieter aus der Beschäftigung mit diesem Thema ergeben. Der Schwerpunkt des Beitrags liegt schließlich in einem Modell zur Operationalisierung der Dienstleistungsästhetik unter Berücksichtigung der Wirkungen auf Kunden- und Mitarbeiterverhalten. Abschließend wird eine Roadmap mit zukünftigen Forschungsfragen skizziert.

2 Bedeutung von Design und Ästhetik in der Produkt- und Dienstleistungsentwicklung

2.1 Betrachtungen zu Produkt- und Dienstleitungsdesign

In dem praktisch orientierten und häufig stark individuell praktizierten Wissensbereich des Designs gehen die Auffassungen darüber, was unter Design zu verstehen ist, weit auseinander [5]. Schon der Terminus selbst ist in der deutschen Sprache ein doppeldeutiger Begriff, der sowohl „das Designte" (von lateinisch designatum) als auch „das Designen" (von lateinisch designans) beinhaltet. Nach SEEGER ist Design im Sinne von das „Designte" derjenige Nutzwert einer Produktgestalt, der ihre Betätigbarkeit und Benutzbarkeit sowie ihre Sichtbar- und Erkennbarkeit durch den Menschen (Käufer; Nutzer u. a.) beinhaltet [6]. Hingegen kann Design im Sinne von „das Designen" als die Entwicklung einer Produktgestalt im Rahmen eines systematischen und konstruktiven Entwicklungsprozesses nach den Anforderungen der Betätigbarkeit und Benutzbarkeit sowie der Sichtbar- und Erkennbarkeit verstanden werden [6].

Bereits diese beiden grundlegenden Sichtweisen machen deutlich, dass eine allgemeingültige und trennscharfe Definition nahezu unmöglich ist. Um dennoch zu einer gebrauchsfähigen Handhabung des Designbegriffs zu gelangen, ist es notwendig, sowohl auf die jeweiligen Tätigkeitsfelder (Begriffsextensionen) als auch auf die Tätigkeitsinhalte (Begriffsintensionen) näher einzugehen.

LÖBACH sieht in der Funktionalität und der Ästhetik zwei zentrale Gestaltungsparameter des Designs. Als praktische Funktionen gelten bei LÖBACH alle Relationen zwischen einem Produkt und seinem Benutzer, welche auf unmittelbar körperlich-organischen Beziehungen beruhen [7]. Diese Definition soll an dem Beispiel eines Stuhls verdeutlicht werden. Durch die praktischen Funktionen des Industrieprodukts Stuhl wird das physische Bedürfnis des Benutzers befriedigt, den Körper in eine Position zu bringen, die der physiologischen Ermüdung weitgehend entgegenwirkt. Um dies zu ermöglichen, nimmt die Sitzfläche das Körpergewicht auf. Zusätzlich stützt die Rückenlehne die Wirbelsäule und entlastet so die Rückenmuskulatur. Die ästhetische Funktion hingegen ist diejenige Relation zwischen Produkt und Benutzer, die beim Wahrnehmungsvorgang erlebt wird. Im Zuge der Ästhetik geht es um die sinnliche Wahrnehmung eines Gegenstands. Nach LÖBACH ist dieser sinnliche Gebrauch im Wesentlichen von zwei Faktoren abhängig [7]:

- von zuvor gemachten Erfahrungen mit ästhetischen Dimensionen (Form, Farbe, Klang etc.) und
- von der bewussten Wahrnehmung dieser Dimensionen.

LÖBACH ergänzt die beiden Dimensionen der Funktionalität und der Ästhetik um die Dimension der Symbolik. Darunter versteht er die soziale Anmutungsleistung, d. h. das Prestige eines Produkts. Ein Objekt hat dann eine symbolische Funktion, wenn der menschliche Geist beim Wahrnehmen dieses Objekts angeregt wird, Beziehungen zu früheren Erfahrungen und Gefühle zu knüpfen. Grundlage der symbolischen Dimension ist die ästhetische Dimension eines Produkts. Diese liefert durch die ästhetischen Elemente das Material für die Gedankenverknüpfungen zu anderen Lebensbereichen. Die symbolische Funktion wird nur wirksam aufgrund des sinnlich erfahrbaren Erscheinungsbilds und der Geistesleistung der Gedankenverknüpfung [7].

Im Gegensatz zu LÖBACH unterscheidet BUSSE vier Designkriterien, die bei der Gestaltung eines Produkts von Relevanz sind. Hierzu zählt er die Funktionen der Technik, der Fertigung, der Ergonomie und der Ästhetik, die zunächst allesamt wertneutral sind. Um jedoch „gutes Design" zu erreichen, sind die vier Designkriterien wie folgt zielgerichtet anzuwenden [8]:

- Funktion der *sicheren* Technik,
- Funktion der *wirtschaftlichen* Fertigung,
- Funktion der *erklärungsfreien* Ergonomie sowie
- Funktion der *zielgruppengerechten* Ästhetik.

Die vier Designkriterien nach BUSSE haben sich in der Praxis bewährt. Insbesondere haben sie zur Verbreitung eines ganzheitlichen Designbegriffs beigetragen – Design ist dementsprechend mehr als nur Veredelung, Verschönerung und Aufmachung.

Die bisherigen Ausführungen bezogen sich vor allem auf die Gestaltung von Industrieprodukten. Diese Teildisziplin des Designs wird auch als Industrial Design oder Industriedesign bezeichnet. Neben dem Industrial Design haben sich in Wissenschaft und Praxis weitere wichtige Anwendungsfelder etabliert, die sich mit Designfragen auseinandersetzen. Zu nennen sind hier insbesondere das Environment Design und das Communication Design.

Zu den Feldern des Environment Designs gehören die Architektur und das Layout der Firmengebäude sowie alle Elemente des Erscheinungsbilds und der Arbeitsbedingungen eines Unternehmens. Es wird gegenwärtig immer deutlicher, dass Mitarbeiter und die unternehmensexterne Umwelt das Environment Design als Ausdruck der Unternehmenskultur betrachten. So erweisen sich bspw. lange Gänge als Zeichen bürokratischer Mentalität und überindustrialisierte Fabrikgebäude wirken oft arbeitnehmerfeindlich.

Das Communication Design umfasst die Gestaltung aller Aussagen eines Unternehmens, mit denen es Kontakt zu seinen Kunden, zu seinen Mitarbeitern und zu seinem Umfeld pflegt. Zu den Instrumenten zählen vor allem Werbung, Public

Relations, Dokumente, interne Mitteilungen aber auch das Auftreten und Verhalten der Mitarbeiter des Unternehmens.

Die nachfolgende Tabelle gibt einen Überblick über Anwendungsbereiche, Instrumente und Zielgruppen der bisher behandelten Tätigkeitsfelder des Designs.

	Industrial Design	Environmental Design	Communication Design
Anwendungs -bereiche	Gestaltungsprozess, Gestaltung der Produkte	Gestaltung der Facilities eines Unternehmens	Gestaltung der kommunikativen Mittel eines Unternehmens
Instrument	Produkt, Verpackung, Servicekonzept	Firmengebäude, Interieur, Firmenwagen	PR-Aktivitäten, Dokumente, Auftreten der Mitarbeiter
Zielgruppen	Nutzer des Produkts, Öffentlichkeit	eigene Mitarbeiter, Kunden	Kunden, potenzielle Nutzer des Produkts, eigene Mitarbeiter
Beispiele	Rasierer von Braun	Produktionsgebäude von Bang & Olufsen	Print-Anzeigen von Sony

Tabelle 1: Tätigkeitsfelder des Designs (in Anlehnung an [9])

Alle drei Tätigkeitsfelder zusammen bilden das Corporate Design eines Unternehmens. Industrial Design, Environment Design und Communication Design sind nicht immer klar voneinander abgrenzbar und werden zum Teil mit denselben Instrumenten verfolgt. Diese Überschneidungen bedingen kohärente Designaussagen. Widersprüche zwischen einzelnen Designelementen führen zu einem unstimmigen Bild des Unternehmens und tangieren das Corporate Design entsprechend in einer negativen Weise.

Neben den „klassischen" Tätigkeitsfeldern des Designs findet sich in jüngster Zeit auch im Dienstleistungsbereich eine zunehmende Verwendung des Designbegriffs. Dienstleistungsdesign (oder auch Service Design) wird in der Literatur ähnlich heterogen verwendet, wie der Design- oder Dienstleistungsbegriff selbst. Nach wie vor fehlt insbesondere im deutschsprachigen Raum eine allgemein anerkannte Terminologie, die die dahinter stehenden Inhalte präzise wiedergibt.

Noch stärker als im technischen Design materieller Güter treffen im Service Design zwei unterschiedliche Grundanschauungen aufeinander. Einerseits wird Design im Sinne von „das Designte" als die wahrnehmbare Gestalt von Dienstleistungen verstanden [3]. Andererseits betonen besonders im anglo-amerikanischen Raum viele Autoren die prozessuale Sicht („das Designen") und sehen im Service Design die systematische Entwicklung (Konzeption, Entwurf, Ausarbeitung) einer Dienstleistung [10].

Im Zuge der ersten Grundanschauung werden Dienstleistungen als Produkte betrachtet, die genauso systematisch gestaltet werden müssen wie Sachgüter. Entsprechend geht es auch beim Dienstleistungsdesign um die Gestaltung von Funktionalität und Form [11]. Hierunter wird im Dienstleistungsbereich allerdings mehr als nur die reine Gestaltung von Dingen (Objektgestaltung) verstanden. Die Aufgabe der Formgestaltung besteht vielmehr darin, für technische Notwendigkeiten und menschliche Bedürfnisse geeignete Lösungen zu finden [3]. Es geht um die Entwicklung innovativer und kundenorientierter Strategien, um die Erarbeitung effizienter und funktionaler Abläufe und die Gestaltung einer formvollendeten Kundenschnittstelle. Letztere ist so zu gestalten, dass die Dienstleistungsprodukte im gesamten Prozess des Konsums sowohl für die Kunden als auch für die Mitarbeiter sinnlich wahrnehmbar werden [11].

Im anglo-amerikanischen Raum wird unter Service Design zumeist eine systematische und analytische Vorgehensweise zur Entwicklung von Dienstleistungen verstanden. Es geht darum, eine Dienstleistung in zufrieden stellender Qualität und zu vertretbaren Kosten zu produzieren [10]. RAMASWAMY beschreibt hierzu einen detaillierten Prozess zur Entwicklung von Dienstleistungen und fasst unter dem Begriff des Service Designs das Product Design, das Facilities Design und das Process Design zusammen. Das Product Design beinhaltet die Gestaltung der tangiblen Leistungsbestandteile eines Dienstleistungsangebots. Das Facilities Design umfasst die Erscheinung der Räumlichkeiten und der Einrichtungen eines Dienstleistungsanbieters. Schließlich geht es im Process Design um die Gestaltung und Strukturierung des Dienstleistungserstellungsprozesses. Dies beinhaltet sowohl die für den Kunden unmittelbar wahrnehmbaren als auch die nicht wahrnehmbaren Teile des Prozesses [10].

Der Dienstleistungsdesignbegriff, der den weiteren Ausführungen zugrunde liegt, interpretiert Design im Sinne von „das Designte" als die wahrnehmbare Gestalt von Dienstleistungen. Es geht entsprechend darum, diese wahrnehmbare Gestalt hinsichtlich funktionaler, wirtschaftlicher, ergonomischer und ästhetischer Kriterien zu gestalten.

2.2 Betrachtungen zu Ästhetik

Die Ästhetik (griech. aisthánesthai: durch die Sinne wahrnehmen) wurde im 18. Jahrhundert von Alexander Gottlieb Baumgarten als eigenständige philosophische Disziplin begründet. BAUMGARTEN wollte in seinem Grundlagenwerk „Aestetica" mit der Ästhetik eine Theorie der sinnlichen Erkenntnis schaffen. Die Ästhetik sollte dabei im Gebäude der Philosophie der Logik zur Seite treten und damit das instrumentelle Wissen erweitern. Sein Ansatz wurde als solcher im Grunde nie voll entfaltet und systematisch ausgearbeitet, sondern ist bereits bei seinen unmittelbaren Nachfolgern zu einer Theorie der Kunst, der Kunsterfahrung und schließlich des Kunstwerks geworden [12].

Die Lehre der „Künste" und des „Schönen" selbst ist jedoch viel älter und geht bis in die Antike zurück. Das erste abendländische Zeugnis einer umfangreichen Reflexion über das Schöne ist in Platons frühem Dialog „Hippias maior" zu finden. Das Schöne wird bei der Unterredung des Sokrates mit dem Sophisten Hippias als ein befragenswertes Phänomen aufgefasst. Es werden mehrere Definitionsansätze formuliert, auf die hier im Einzelnen nicht eingegangen werden soll. Entscheidend ist vielmehr die Feststellung, dass der Dialog bereits ein weit gefächertes Problembewusstsein hinsichtlich des Schönen aufweist und dass die zentralen Begriffe, die in späteren ästhetischen Theorien maßgeblich werden, hier bereits umfangreich eingeführt sind [13].

Im Folgenden wird Ästhetik als die Lehre des sinnlich Wahrnehmbaren definiert. Im Gegensatz zur volkstümlichen Meinung, in der Ästhetik häufig mit der Lehre von Schönheit gleichgesetzt wird, ist der Ästhetikbegriff grundsätzlich neutral. Schönheit ist genau wie Hässlichkeit nur eine Form der Wahrnehmung und kann zwar verwendet werden, um die Art der Ästhetik eines Gegenstands zu beschreiben, lässt aber keinen Schluss darüber zu, ob eine Sache „ästhetisch" ist oder nicht. In Anlehnung an BUSSE wird deshalb im Folgenden von Positiv- und Negativästhetik gesprochen [8].

Um beschreiben zu können, was unter Ästhetik und ihren Wirkungen zu verstehen ist, soll zunächst erläutert werden, wie ästhetische Parameter vom Menschen wahrgenommen werden. Sowohl bei materiellen Produkten als auch bei Dienstleistungen ist zu berücksichtigen, dass der Wahrnehmungsprozess eines Menschen multisensorisch abläuft. Generell gilt, dass die Ästhetik eines Produkts oder einer Dienstleistung über die fünf Sinne des Menschen wahrgenommen wird. Nur über diese Sinne können Umweltreize aufgenommen und ein ästhetisches Empfinden überhaupt ermöglicht werden [14].

Chemisch-physikalische Umweltreize werden von Sinneszellen (Rezeptoren) in den Sinnesorganen (Auge, Ohr, Nase, Tastorgan, Zunge) aufgenommen und in Form von elektrischen Impulsen an das Zentrale Nervensystem weitergeleitet. Dort lösen sie optische, akustische, olfaktorische, haptische und gustatorische Sinneseindrücke aus, die dem Menschen als Empfindungen bewusst werden [15]. Diese Empfindungen können dann Emotionen wie Lust oder Unlust auslösen. Das Lust- bzw. Unlustempfinden ist von Individuum zu Individuum unterschiedlich. Es ist jedoch möglich eine Lustskala aufzustellen, die vom Negativästhetikbereich (Unbehagen, Furcht, Angst, Panik) bis hin zur Positivästhetik (Behagen, Freude, Wonne, Euphorie) reicht (vgl. Abbildung 1).

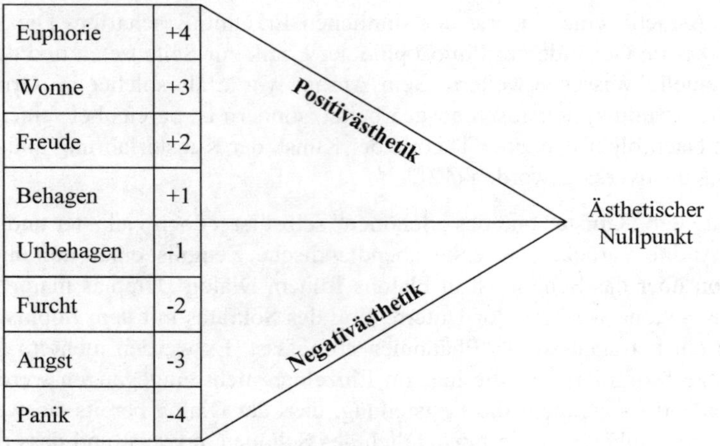

Euphorie	+4
Wonne	+3
Freude	+2
Behagen	+1
Unbehagen	-1
Furcht	-2
Angst	-3
Panik	-4

Positivästhetik

Ästhetischer Nullpunkt

Negativästhetik

Abbildung 1: Lustskala nach Busse [8]

Zwischen Behagen und Unbehagen liegt der so genannte ästhetische Nullpunkt, der von jedem Individuum selbst bestimmt wird. So haben Kinder ein anderes Ästhetikempfinden als ihre Eltern, Frauen ein anderes als Männer usw. Auch Gruppen setzen ihren Nullpunkt und finden sich dementsprechend zusammen (z. B. Zusammenschluss zu Vereinen). Um diesem Sachverhalt gerecht zu werden, spricht Busse auch von „zielgruppengerechter Ästhetik“ [8]. Dieser Aspekt ist insbesondere vor dem Hintergrund der kundenorientierten Produkt- bzw. Dienstleistungsentwicklung von Relevanz.

3 Grundsätzliche Überlegungen zur Dienstleistungsästhetik

3.1 Begriffsklärung und Definition

Dienstleistungsästhetik ist ein verhältnismäßig neues Feld in der Dienstleistungsforschung. Es gibt nur wenige Veröffentlichungen zu diesem Themenbereich und auch angesehene deutschsprachige Standardwerke der Dienstleistungsforschung (z. B. [16][17][18]) gehen nicht oder nur am Rande auf Fragestellungen der sinnlichen Wahrnehmung einer Dienstleistung ein. Lediglich in anglo-amerikanischen Publikationen wird gelegentlich die Gestaltung der physischen Umgebung zur Erbringung der Dienstleistung thematisiert, u. a. prägte BITNER in diesem Zusammenhang den Begriff der „servicescape“ – ein Wortspiel aus *Service* und *Landscape* [14].

Ein Ansatz zu Dienstleistungsästhetik, der die Wirkung ästhetischer Elemente auf Dienstleistungskunden erläutert, wird von WAGNER vorgestellt [19]. Auch dieses Modell bezieht sich vor allem auf das physische Umfeld von Dienstleistungsanbietern. Nach WAGNER sind visuelle Elemente die wichtigsten physischen Faktoren für die Wahrnehmung einer „servicescape" und haben den größten Einfluss auf das Verhalten von Kunden. In einer Serviceumgebung gibt es nach Wagner zwei Gruppen von visuellen Elementen. Zum einen sind dies die dreidimensionalen Designelemente Gestalt und Raum. Zum anderen nennt sie Licht, Farbe und Beschaffenheit. Diese visuellen Elemente lassen sich mit Hilfe von Richtlinien gestalten. Solche Gestaltungsrichtlinien können somit als Verknüpfung zwischen den Designelementen angesehen werden. Wagner unterscheidet drei Gestaltungsrichtlinien: Proportion, Zusammenstellung und Symmetrie. Abschließend betont sie, dass die experimentelle Evaluation von Designalternativen als eine der größten Forschungsherausforderungen anzusehen ist [19].

Auch SUSANI spricht von der Ästhetik einer Dienstleistung [20]. Er sieht Dienstleistungsästhetik unter Interaktionsgesichtspunkten und führt den Begriff des „bewohnten Territoriums" der Beziehungen ein. Darunter versteht er das Design der Beziehung des Nutzers zum Service. Kunden werden einen effizienteren Zugang zu diesem Gebiet finden, wenn das Territorium ein Gefühl der Zugehörigkeit vermittelt. Dieser Eindruck von Zugehörigkeit entsteht durch die ansprechende Gestaltung eines Orts (gleichgültig, ob dieser real ist oder im Terminal simuliert), von Agenten (gleichgültig, ob dies reale Personen oder Softwareassistenten sind) und Werkzeugen (physische Hilfsmittel). Nach SUSANI geht es bei der Gestaltung der Ästhetik einer Dienstleistung um das Design des „bewohnten Territoriums" [20].

Auf der Basis der bisherigen Betrachtungen zu Design und Ästhetik lässt sich Dienstleistungsästhetik wie folgt definieren:

„Dienstleistungsästhetik beschäftigt sich mit der Gestaltung objektiv und subjektiv wahrnehmbarer Eigenschaften von Dienstleistungen, der Entstehung von Wert- und Geschmacksurteilen über Dienstleistungen sowie der Wirkung von Dienstleistungen auf Kunden [21].

Dies beinhaltet insbesondere die Gestaltung des räumlichen Umfelds, der Mitarbeiter und der Kommunikation. Dienstleistungsästhetik kann somit als diejenige Teildisziplin des Dienstleistungsdesigns verstanden werden, die sich mit der sinnlich wahrnehmbaren Gestalt eines Dienstleistungsprodukts beschäftigt [22].

3.2 Potenziale für Dienstleistungsanbieter

Die Beschäftigung mit Fragestellungen der Dienstleistungsästhetik ist kein Selbstzweck. Vielmehr lässt sich durch die Berücksichtigung ästhetischer Elemente im Design von Dienstleistungen eine Reihe von Vorteilen für Unternehmen erzielen.

Zum einen kommt der Dienstleistungsästhetik eine bedeutende Rolle bei der Herausbildung von Wert- und Geschmacksurteilen über angebotene Leistungen zu, zum anderen kann Dienstleistungsästhetik auch zur Differenzierung des Dienstleistungsunternehmens von Wettbewerbern beitragen. Die folgenden Ausführungen sollen Möglichkeiten einer instrumentellen Nutzung der Dienstleistungsästhetik näher erläutern.

Erste Potenziale ergeben sich mit Blick auf die Qualitätswahrnehmung von Dienstleistungen. Bei überwiegend immateriellen Leistungen ist die Qualität für Kunden vor dem Kauf nur schwer einschätzbar und wird deshalb als erhöhtes Kaufrisiko empfunden. Zudem sind Dienstleistungen aufgrund der Integration des externen Faktors schwerer zu standardisieren und stärkeren Qualitätsschwankungen ausgesetzt. Die Qualität schwankt dabei umso mehr, je mehr die Leistung auf individuelle Kundenwünsche ausgerichtet ist und je stärker das Leistungsergebnis vom persönlichen Verhalten der Mitarbeiter abhängt. Die Sicherstellung einer möglichst konstanten Dienstleistungsqualität stellt deshalb eine notwendige Voraussetzung für den Markterfolg eines Dienstleistungsunternehmens dar. Gleichzeitig lässt sich feststellen, dass nicht die objektive Qualität ausschlaggebend ist, sondern die durch den Kunden subjektiv wahrgenommene Dienstleistungsqualität [4]. Da bei großen immateriellen Anteilen die Qualität von Dienstleistungen für Kunden nur schwer fassbar ist, ergibt sich für den Dienstleistungsanbieter die Notwendigkeit, den Kunden Hilfestellungen für die Qualitätsbeurteilung zu liefern. In diesem Zusammenhang ist die „Cue Utilization Theory" von Bedeutung, bei der davon ausgegangen wird, dass Produkte über eine Anzahl von Schlüsselinformationen („cues") verfügen, die als Qualitätssurrogate wirken. Und insbesondere die Dienstleistungsästhetik lässt sich als ein solches Qualitätssurrogat heranziehen. Bevor Kunden eine Dienstleistung in Anspruch nehmen, informieren sie sich bspw. auf der Internetseite des Dienstleistungsunternehmens oder auch in dessen Räumlichkeiten über das Dienstleistungsangebot. So können verschiedene Aspekte der Dienstleistungsästhetik bereits vor der Kaufentscheidung die Bewertung des Leistungspotenzials und somit die Angebotsauswahl beeinflussen [23]. Eine weitaus größere Bedeutung kommt der ästhetischen Dimension im Leistungserstellungsprozess zu, insbesondere dann, wenn dieser in den Räumlichkeiten des Dienstleistungsanbieters stattfindet. Das Erscheinungsbild des Kundenkontaktpersonals und des Umfelds sind hierbei besonders kritische Punkte, da sie die Kundenmeinung über die gesamte Dienstleistung wesentlich beeinflussen. Die Ausführungen verdeutlichen, wie wichtig sinnliche Eindrücke und Empfindungen bei der Qualitätsbeurteilung von Dienstleistungen sein können.

Aber nicht nur als Qualitätsindikator ergeben sich Potenziale aus der Beschäftigung mit Dienstleistungsästhetik, sondern auch als Differenzierungsinstrument zu Wettbewerbern. Dieser Aspekt wird zunehmend wichtiger, da viele Dienstleistungsmärkte als gesättigt gelten und Leistungen verschiedener Anbieter ein nahezu gleich hohes Qualitätsniveau aufweisen. Diese Tendenz wird dadurch verstärkt, dass wesentliche vom Kunden honorierte Qualitätssteigerungen aufgrund des Fehlens eines patentrechtlichen Schutzes von Wettbewerbern relativ einfach nachgeahmt werden können. Aus diesem Grunde bedarf es vor allem im Dienstleistungssektor an Instrumenten, die zur Schaffung einer Identifikation der Kunden mit dem Dienstleistungsanbieter beitragen. Dies kann neben dem Aufbau einer Marke auch die ästhetische Gestaltung des Dienstleistungsangebots sein [24].

PINE U. GILMORE sehen in einer mit einem ästhetischen Mehrwert angereicherten Dienstleistung sogar ein viertes Wirtschaftsgut neben Rohstoffen, Sachgütern und Dienstleistungen [25]. Durch eine geplante Inszenierung entwickelt sich die Dienstleistung zum Erlebnis. Kunden erwerben ein einprägsames Ereignis, das mit ihrer Gefühlswelt in einer starken Wechselbeziehung steht. Das Erlebnisunternehmen bietet somit zusätzlich zur Dienstleistung eine mit dem Konsum einhergehende Erfahrung an, die beim Käufer eine Vielzahl von Sinneseindrücken auslöst [25]. Erlebnisse können aufgrund ihrer Spezifika von anderen Wirtschaftsgütern (Rohstoffe, Sachgüter und Dienstleistungen) abgegrenzt werden. Tabelle 2 gibt einen Überblick über die jeweiligen Wirtschaftsgüter und ihre Eigenschaften.

Der zentrale Unterschied zwischen einem Erlebnis und einer Dienstleistung ist das emotionale Empfinden der Kunden. Diese Emotionalität wird maßgeblich durch die ästhetische Dimension einer Dienstleistung bestimmt. Aufgrund der emotionalen Konstitution und Disposition der Kunden unterliegt ein Erlebnis zwar auch einer gewissen Unkalkulierbarkeit für den Anbieter. Dennoch bleibt festzuhalten, dass sich durch eine gezielte Inszenierung der Dienstleistungen der subjektive Kundennutzen steigern lässt und damit Wettbewerbsvorteile des Dienstleistungsanbieters erzielt werden können [26].

	Rohstoffe	Sachgüter	Dienstleistungen	Erlebnisse
Wirtschaftssektor	Landwirtschaft	Industrie	Dienstleistung	Erlebnis
Wirtschaftliche Funktion	Gewinnung	Herstellung	Durchführung	Inszenierung
Natur des Angebots	austauschbar	materiell	immateriell	einprägsam
Schlüsseleigenschaft	natürlich	standardisiert	maßgeschneidert, persönlich	persönlich
Methode der Bereitstellung	Massengutspeicherung	Lagerung nach Herstellung	Lieferung auf Nachfrage	Entfaltung im Laufe der Zeit
Verkäufer	Händler	Hersteller	Anbieter	Gestalter

Käufer	Markt	Nutzer	Kunde	Gast, Besucher
Nachfrage-faktoren	Eigenschaften	Merkmale	Nutzen	Wahrnehmun-gen

Tabelle 2: Durch die Anreicherung mit ästhetischen Komponenten werden aus Dienstleistungen Erlebnisse (in Anlehnung an [24])

4 Ansätze zur Operationalisierung der Dienstleistungsästhetik

4.1 Dimensionen der Dienstleistungsästhetik

Für die betriebliche Praxis genügt die alleinige Kenntnis über Bedeutung und Potenziale der Dienstleistungsästhetik nicht. Vielmehr ist es erforderlich, diese geeignet zu operationalisieren, d. h. konkrete Wege zur ästhetischen Gestaltung von Dienstleistungen aufzuzeigen und praxisorientierte Gestaltungsrichtlinien zu liefern.

Übertragen auf den Dienstleistungsbereich beinhaltet ästhetische Gestaltung eine Ausstattung des Dienstleistungsprodukts mit ästhetischen Funktionen im Hinblick auf die sinnliche Wahrnehmung durch Kunden und Mitarbeiter. Dabei geht es vor allem darum, Evidenzen zu schaffen, die immaterielle Dienstleistungsanteile mehr oder weniger fassbar machen und somit eine erfahrbare „Dienstleistungsrealität" erzeugen.

Ästhetik basiert auf Sinneswahrnehmungen und ist für jeden Menschen individuell verschieden. An dieser Stelle kommt deshalb die zielgruppengerechte Ästhetik zum Tragen. Insbesondere im Hinblick auf die systematische Dienstleistungsentwicklung ist diese Zielgruppenorientierung der ästhetischen Dimension von Bedeutung. Bevor ein Dienstleistungsangebot unter ästhetischen Gesichtspunkten gestaltet wird, sollte zunächst die Zielgruppe definiert werden. Erst danach macht es Sinn, konkrete ästhetische Gestaltungsparameter eines Dienstleistungsangebots auszuarbeiten. Dies kann bspw. anhand der folgenden drei Dimensionen erfolgen:

- Umfeld,
- Mitarbeiter und
- Kommunikation.

Der Gestaltung des physischen Umfelds von Dienstleistungen kommt aus ästhetischer Sicht eine zentrale Bedeutung zu. In der Literatur gibt es allerdings unterschiedliche Auffassungen, wie weit der Begriff gefasst werden soll und welche Komponenten eines Dienstleistungsangebots diesem Bereich zuzuordnen sind. ZEITHAML U. BITNER definieren das physische Umfeld einer Dienstleistung als die Umgebung, in der eine Dienstleistung erbracht wird und in der Anbieter und Kunde interagieren. Sie erweitern diese Definition um alle materiellen Gebrauchsgüter, welche die Erbringung oder Vermittlung der Dienstleistung ermöglichen oder erleichtern („tangibles") [27]. Fasst man den Begriff des physischen Umfelds einer Dienstleistung noch ein wenig weiter, so lassen sich hierunter auch die Gestaltung der Atmosphäre [23] sowie die Gestaltung der Orts- und Funktionsorientierung [21] zuordnen. Zusammengefasst besteht das Design des physischen Umfelds aus folgenden Komponenten:

- Ausstattung (Gebäude, Mobiliar, Arbeitsgeräte etc.),
- Atmosphäre (Klima, Licht, Farbe, Akustik, Gerüche etc.),
- Ortsorientierung (Beschilderung, Beschriftung etc.) sowie
- Funktionsorientierung (Anwendungs- und Bedienungshinweise etc.).

Neben dem physischen Umfeld stellen die Mitarbeiter des Dienstleistungsanbieters eine weitere ästhetische Dimension dar. Dem liegt die These zugrunde, dass Auftreten und Aussehen der Mitarbeiter das Verhalten von Kunden wesentlich beeinflussen. Bspw. ist das äußere Erscheinungsbild des Kundenkontaktpersonals ein besonders kritischer Punkt, da Kunden in der Regel nicht zwischen Dienstleister und Dienstleistung unterscheiden. Wenn etwa ein Kellner einen unsauberen Eindruck macht, dann ist in den Augen des Kunden auch das Restaurant unsauber, d. h. die Negativästhetik des Servicemitarbeiters löst im Kunden ein Gefühl des Ekels und der Unlust aus, die er auf die Dienstleistung selbst überträgt. Ein weiteres – jedoch bislang kaum diskutiertes – Feld der Ästhetik ist die Attraktivität der Dienstleistungsmitarbeiter. Dies mag daran liegen, dass die Attraktivität eines Menschen nur schwer in Worte zu fassen und kaum wissenschaftlich zu beschreiben ist. Eine Disziplin, die sich mit der ästhetischen Wirkung von Menschen beschäftigt, ist die Attraktivitätsforschung. Hier geht es darum, Faktoren zu finden, die objektiv beschreiben, wie Schönheit oder Attraktivität durch den Betrachter definiert wird. Dabei gibt es zwei Wege der Annäherung an das Problem. Der erste der Zugänge setzt Attraktivität mit Durchschnitt gleich, der andere versucht, Einzelmerkmale von Attraktivität zu analysieren [28]. Allerdings gibt es in der Dienstleistungsforschung bislang faktisch keine Untersuchungen, die sich mit dem Einfluss der Attraktivität des Dienstleistungspersonals auf die Wahrnehmung von Dienstleistungen durch Kunden beschäftigen.

Als dritte Dimension der Dienstleistungsästhetik lässt sich die Kommunikation nennen. Dies umfasst vor allem die Formulierung zentraler Botschaften und die entsprechende Auswahl und Gestaltung von Kommunikationsmitteln (z. B. Werbeanzeigen, Plakate, Internetauftritt, Fernseh- und Radiospots). Ziel der Kommunikation ist der gegenseitige Informationsaustausch, der verbal und nonverbal erfolgen kann. Von Bedeutung sind insbesondere visuelle und auditive Kommunikation. Unter ersterem wird die mit dem Auge wahrnehmbare Informationsvermittlung verstanden. Es handelt sich um einen sehr dominanten Informationskanal, da der Mensch einen Großteil der Informationen mit dem Auge aufnimmt. Demgegenüber wird die über den Gehörsinn wahrnehmbare Information als auditive Kommunikation bezeichnet. Es hat sich gezeigt, dass auditive Kommunikation einen höheren kognitiven Aufwand im Gedächtnis des Zuhörers erfordert und meist durch nicht-sprachliche Signale begleitet wird [29].

4.2 Wirkung auf Kunden- und Mitarbeiterverhalten

Die Ausgestaltung der beschriebenen ästhetischen Dimensionen erfolgt letztlich immer mit dem Ziel, ein konkretes Verhalten zu bewirken. Bspw. sollen somit Aufmerksamkeit, Interesse, Zustimmung oder Engagement erzeugt werden und zwar sowohl im Hinblick auf Kunden als auch auf Mitarbeiter. Der Zusammenhang zwischen ästhetischen Dimensionen auf der einen Seite und Kunden- und Mitarbeiterverhalten auf der anderen Seite soll im Folgenden näher beschrieben werden. Als Basis hierzu dient das in Abbildung 2 dargestellte Modell.

Die Aufnahme ästhetischer Reize erfolgt aus Sicht der Kunden bei der Interaktion mit dem Dienstleistungsanbieter. Wesentliche Elemente sind dabei die geschilderten ästhetischen Dimensionen Umfeld, Mitarbeiter und Kommunikation. Nun ist es jedoch nicht so, dass ästhetische Reize in allen Menschen dieselben Empfindungen und somit dieselben Reaktionen auslösen. Insbesondere im Hinblick auf die Zielgruppenbezogenheit der Ästhetik muss berücksichtigt werden, welche Einflussgrößen filternd bzw. „moderierend" auf die ästhetischen Reize einwirken. Diese auch als „moderierende Faktoren" bezeichneten Einflussgrößen sind (in Anlehnung an [30]):

- Werte und Normen,
- individuelle Präferenzen,
- kulturelle und soziale Faktoren und
- situationsspezifische Gegebenheiten (z. B. Zeitdruck, Krankheit, Stimmung).

Die moderierenden Faktoren sind diejenigen Parameter, die eine individuell unterschiedliche Wahrnehmung und somit die Zielgruppengerechtigkeit der Ästhetik determinieren. Ohne diese Größen würde die Ästhetik eines Gegenstands oder einer Dienstleistung von allen Menschen gleich eingeschätzt werden.

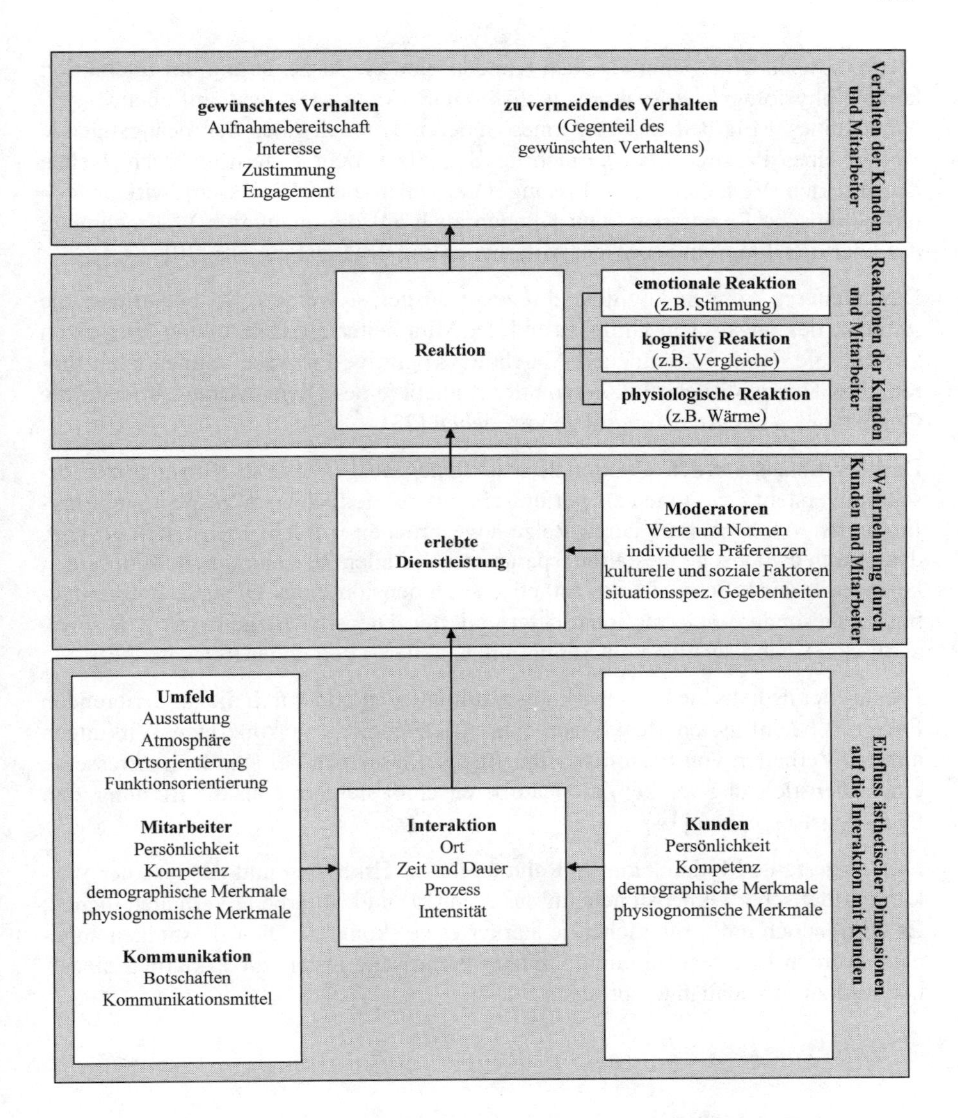

Abbildung 2: Wirkung ästhetischer Dimensionen

Das individuelle Erleben einer Dienstleistung löst innere Reaktionen aus, die positiv oder negativ sein können. Diese inneren Reaktionen sind physiologischer, kognitiver und emotionaler Art. Physiologische Reaktionen erfolgen aufgrund des Einflusses von Raumklima, Lichtverhältnissen, Akustik etc. und werden hauptsächlich durch Stimuli des Umfelds ausgelöst. So erschwert bspw. eine schlechte Luftqualität das Atmen, eine zu tiefe Temperatur führt zu Frieren und eine zu hohe Temperatur löst vermehrte Konzentrationsmängel aus. Aber nicht nur das Umfeld sondern auch das Verhalten der am Dienstleistungsort verweilenden Personen (sowohl Mitarbeiter als auch Kunden) und die Inszenierung der Interaktion können physiologische Reaktionen auslösen. So kann das Angst einflößende Verhalten eines Mitarbeiters bzw. eines anderen Kunden oder der beängstigende Ablauf eines Prozesses ein vermehrtes Schwitzen oder Zittern auslösen. Neben der direkten Verhaltensbeeinflussung (Verweilen oder Verlassen) wirken sich physiologische Reaktionen beim Kunden auch auf die qualitative Wahrnehmung des Dienstleistungsanbieters, der Mitarbeiter und der Leistung aus [30].

Des Weiteren können kognitive Prozesse ausgelöst werden. So beeinflusst die Ästhetik des physischen Umfelds und der Mitarbeiter die Beurteilung über einen Ort und die damit verbundenen Angebote. Kognitive Prozesse können dazu führen, dass Kunden Rückschlüsse von der Ästhetik eines Dienstleistungsorts auf die Qualität eines Dienstleistungsangebots ziehen [23].

Darüber hinaus werden emotionale Reaktionen ausgelöst. Die Konsumentenforschung versteht Emotionen als periodisch, unterschiedlich stark ausgeprägte Empfindungen, die besonders durch Reize angesprochen werden. Es hat sich gezeigt, dass durch ästhetische Gestaltungsparameter vor allem das emotionale Empfinden beeinflusst wird. Somit ist die ästhetische Dimension eines Dienstleistungsangebots insbesondere bei emotional determinierten Dienstleistungen (wie z. B. Freizeitparks, Erlebniswelten von Automobilherstellern) von hoher Relevanz [30].

Die aus der ästhetischen Reizwirkung resultierenden und durch die moderierenden Faktoren beeinflussten Reaktionen führen letztendlich zu konkreten Wirkungen auf das Verhalten von Personen. Zum Beispiel lässt sich bei Kunden Interesse an einer Dienstleistung wecken, die Kaufbereitschaft steigern oder die Bindung zum Dienstleister erhöhen [14].

Das vorgestellte Modell kann als Rahmen für die Erklärung und Analyse der Wirkung ästhetischer Dimensionen auf das Kunden- und Mitarbeiterverhalten dienen. Es wird jedoch umso nützlicher, je stärker es auf konkrete Dienstleistungen angepasst werden kann und je umfangreicher empirische Daten zur Erklärung einzelner Wirkzusammenhänge vorliegen.

5 Ausblick

Während Fragestellungen des Designs und der Ästhetik bei Sachgütern längst Eingang in Forschung und Praxis gefunden haben, so waren dies in der Vergangenheit bei Dienstleistungen erstaunlich wenig untersuchte Themenfelder. Auch im Rahmen des Service Engineerings wurden Fragen der sinnlichen Gestaltung und Wahrnehmung von Dienstleistungen bislang bestenfalls am Rande behandelt. Insbesondere die ästhetischen Wirkungen von Dienstleistungen auf Kunden und Mitarbeiter wurden in bisherigen Entwicklungsmodellen kaum berücksichtigt.

Die vorgestellten Ansätze zur Dienstleistungsästhetik lassen sich jedoch durchaus als sinnvolle Ergänzung zu Produkt-, Prozess- und Ressourcenmodellen [31][32] in Entwicklungsprozesse für Dienstleistungen integrieren. Dies macht vor allem deshalb Sinn, weil ästhetische Parameter den Wert einer Dienstleistung deutlich erhöhen können. Zum einen kommt der Dienstleistungsästhetik eine bedeutende Rolle bei der Herausbildung von Erwartungen und Qualitätseinschätzungen über angebotene Dienstleistungen zu und zum anderen kann sie zur Differenzierung gegenüber Wettbewerbern beitragen. Nicht zuletzt steigen durch die Anreicherung von Dienstleistungen mit einem ästhetischen Mehrwert der damit verbundene Kundennutzen und letztlich auch die Preisbereitschaft der Käufer.

Um die Chancen zukünftig nutzen zu können, wird es darauf ankommen, die Auseinandersetzung mit Fragestellungen der Dienstleistungsästhetik zu intensivieren. Insbesondere ist es erforderlich, Forschungsarbeiten auf diesem Gebiet weiter fortzuführen. Dabei sind Modelle der Dienstleistungsästhetik zu entwickeln, Wirkungszusammenhänge detailliert herauszuarbeiten und durch empirische Arbeiten zu validieren. Gleichzeitig sollten Methoden zur Beschreibung, Analyse und Bewertung von Dienstleistungsästhetik bereitgestellt und praxisorientierte Richtlinien zur Umsetzung ästhetischer Gestaltungsparameter ausgearbeitet werden.

Außerdem liefert die Beschäftigung mit Dienstleistungsästhetik wichtige Erkenntnisse, die sich bei aktuellen Fragen des Service Engineerings nutzen lassen. Dies gilt bspw. bei der Simulation physischer Dienstleistungsumgebungen (z. B. durch den Einsatz von Virtual Reality) sowie bei der Entwicklung und Erprobung von Interaktionsprozessen zwischen Kunden und Mitarbeitern durch Techniken der Inszenierung von Dienstleistungen („service theater"). Dienstleistungsästhetik wird somit zu einem interessanten Ansatz, um Kunden über die eigentliche Kernleistung hinaus einen qualitativ hochwertigen Mehrwert bieten zu können.

Literaturverzeichnis

[1] Meiren, T.: Service Engineering im Trend: Ergebnisse einer Studie unter technischen Dienstleistern, Stuttgart 2005.

[2] Ganz, W.; Meiren, T. (Hrsg.): Service research today and tomorrow. Spotlight on international activities, Stuttgart 2002.

[3] Mager, B.: Service macht Karriere, in: Erlhoff, M.; Mager, B.; Manzini, E. (Hrsg.): Dienstleistung braucht Design: Professioneller Produkt- und Marktauftritt für Serviceanbieter, Neuwied 1997, S. 3-19.

[4] Zeithaml, V. A.; Parasuraman, A.; Berry, L. L.: Delivering Quality Service, New York 1990.

[5] Schultz, A.; Koppelmann, U.: Produktdesign als Marketinginstrument, in: Marketing ZFP, 5(1983)4, S. 227-234.

[6] Seeger, H.: Design technischer Produkte, Programme und Systeme: Anforderungen, Lösungen und Bewertungen, Berlin 1992.

[7] Löbach, B.: Industrial Design: Grundlagen der Industrieproduktgestaltung, München 1976.

[8] Busse, R.; Was kostet Design? Kostenkalkulation für Designer und ihre Auftraggeber, Frankfurt a. M. 1999.

[9] Arthur D. Little: Praxis des Design-Management, Frankfurt a. M.1990.

[10] Ramaswamy, R.: Design and Management of Service Processes: Keeping Customers for Life, Massachusetts 1996.

[11] Mager, B.: Was ist Service Design?, URL: http://www.service-design.de/wasistsd.html, gelesen am 18.02.2004.

[12] Böhme, G.: Aisthetik: Vorlesungen über Ästhetik als allgemeine Wahrnehmungslehre, München 2001.

[13] Scheer, B.: Einführung in die philosophische Ästhetik, Darmstadt 1997.

[14] Bitner, M. J.: Servicescapes: The Impact of Physical Surroundings on Customers and Employees, in: Journal of Marketing, 56(1992)July, S. 57-71.

[15] Scharf, A.: Sensorische Produktforschung im Innovationsprozess, Stuttgart, 2000.

[16] Meffert, H.; Bruhn, M.: Dienstleistungsmarketing: Grundlagen – Konzepte – Methoden, Wiesbaden 2000.

[17] Meyer, A. (Hrsg.): Handbuch Dienstleistungs-Marketing, 1998.

[18] Bruhn, M.; Meffert, H. (Hrsg.): Handbuch Dienstleistungsmanagement. Von der strategischen Konzeption zur praktischen Umsetzung, Wiesbaden 2001.

[19] Wagner, J.: A Model of Aesthetic Value in the Servicescape, in: Swartz, T. A.; Iacobucci, D. (Hrsg.): Handbook of Services Marketing and Management, New York 2000, S. 65-88.

[20] Susani, M: Interaktion mit Service, in: Erlhoff, M.; Mager, B., Manzini; E. (Hrsg.): Dienstleistung braucht Design: Professioneller Produkt- und Marktauftritt für Serviceanbieter, Neuwied 1997, S. 73-85.

[21] Meiren, T.: Dienstleistungsästhetik, Seminar “Zukunftsthemen der Dienstleistungsforschung und -praxis” am 25.11.2004, Stuttgart 2004.

[22] Kahl, T.: Ein designbasiertes Dienstleistungsmodell unter Berücksichtigung ästhetischer Gestaltungsparameter, Diplomarbeit, Universität Kaiserslautern 2004.

[23] Reimer, A.: Die Bedeutung des Dienstleistungsdesign für den Markterfolg von Dienstleistungsunternehmen, in: Die Unternehmung, 57(2003)1, S. 45-61.

[24] Schmitt, B.; Simonson, A.: Marketing Aesthetics: The Strategic Management of Brands, Identity, and Image, New York 1997.

[25] Pine, J.; Gilmore, J.: The Experience Economy – Work is Theatre & Every Business is a Stage: Goods and Services are no longer enough, Massachusetts 1999.

[26] Mikunda, C.: Marketing spüren: Willkommen am dritten Ort, Frankfurt a. M. 2002.

[27] Zeithaml, V; Bitner, M. J.: Services Marketing, New York 1996.

[28] Grammer, K.: Signale der Liebe: Die biologischen Gesetze der Partnerschaft, München 2000.

[29] Weinberg, P.: Erlebnismarketing, München 1992.

[30] Bühler, C.: Kommunikation als integrativer Bestandteil des Erlebnismarketing: Eine systematische Analyse der Bedeutung, Wirkungsweise und Gestaltungsmöglichkeiten der Kommunikationspolitik im Dienstleistungsmarketing, Bern 1999.

[31] Meiren, T.: Service Engineering: Systematic Development of New Services, in: Werther, W.; Takala, J.; Sumanth, D. J. (Hrsg.): Productivity & Quality Management Frontiers, Bradford 1999, S. 329-343.

[32] Bullinger, H.-J.; Meiren, T.: Service Engineering: Entwicklung und Gestaltung von Dienstleistungen, in: Bruhn, M.; Meffert, H. (Hrsg.): Handbuch Dienstleistungsmanagement: Von der strategischen Konzeption zur praktischen Umsetzung, Wiesbaden 2001, S. 151-175.

IV Service Engineering und Informationstechnologie

Outtasking mit WebServices

Hubert Österle
The Information Management Group (IMG), Institut für Wirtschaftsinformatik (IWI HSG), Universität St. Gallen
Christian Reichmayr
AUDI AG, Ingoldstadt

Inhalt

1 Potenziale in der elektronischen Arbeitsteilung[1]

Das Netzwerkunternehmen bringt den nächsten Schritt in der globalen Spezialisierung und Arbeitsteilung. Das Outsourcing lagerte ganze Prozesse, vor allem Unterstützungsprozesse wie z. B. Lohn- und Gehaltsabrechnung, in sog. Shared Services aus [1]. Fortschritte in der Kommunikations- und Schnittstellentechnologie ermöglichen es nun, nicht nur ganze Prozesse, sondern Teile daraus, einzelne Aktivitäten (Aufgaben) aus Prozessen, an Spezialisten, WebService-Anbieter, abzugeben (Outtasking). Auswirkungen sind bspw.:

- *Weitere Spezialisierung*. Die PayNet (Schweiz) AG bietet Rechnungsstellern und –empfängern eBanking-WebServices für den Empfang und die Bezahlung von Rechnungen, Gutschriften und Mahnungen online an. Am PayNet Netzwerk sind 83 Schweizer Banken und die Postfinance angeschlossen. Ca. 1.7 Mio. Kunden, inkl. ca. 250.000 kleinere Firmenkunden, nutzen die Leistungen.

- *Entwicklung neuer Dienstleistungen.* Händler und zukünftig auch Endkunden der AUDI AG können Ausstattungsinformationen und Bilder sowie weitere Stammdaten, wie Motor, Getriebe, Farbe(n) etc. ihres Fahrzeugs mittels Fahrgestellnummer direkt im Internet abrufen (‚Find my car'). Rund um diesen Service werden weitere personalisierte Dienste entlang des Kunden- und Fahrzeuglebenszyklus angeboten werden, von der Vermittlung von Serviceterminen, online Fahrtenbuch, Betriebskostenrechner, Finanzierungsinformationen, Download der original Bedienungsanleitung bis hin zur automatischen Weiterleitung des Fahrzeugs zum Verkauf an Internetbörsen.

- *Bündelung von Services in Business Collaboration Infrastructures (BCI).* Die Deutsche Post bietet mit ihrem Transport-Portal ‚Portivas' (www.portivas.de) eine Plattform für den europaweiten Frachtverkehr für die Bereiche Brief, Express und Logistik. Einkäufer, Disponenten, Logistikdienstleister, Fuhrunternehmer und Frachtführer können Transportaufträge online anbieten, freie Ladekapazitäten finden, Transportplanungen optimieren, Rücktransporte besser auslasten und Leerfahrten reduzieren. Eine BCI hat das Ziel, WebServices und WebService-Anwender einheitlich zu verbinden. Sie regelt für alle Teilnehmer verbindlich (standardisiert) den rechtlichen Rahmen (Handelsvereinbarungen), die Prozesse, Applikationen, Datenformate und Informationstechnik und schafft so die m:n-Fähigkeit.

Outtasking erlaubt es Unternehmen, sich vollständig auf einen bestimmten Kundenprozess zu fokussieren. WebServices ermöglichen es einem Unternehmen, einerseits sämtliche Leistungen zur Lösung eines Kundenproblems (z. B. Reise)

---

[1] Diese Arbeit entstand im Rahmen des Kompetenzzentrums Business Networking des Instituts für Wirtschaftsinformatik der HSG (Universität St. Gallen) als Teil des Forschungsprogrammes Business Engineering HSG.

aus einer Hand anzubieten, andererseits sich auf seine Kernkompetenz im engsten Sinne zu konzentrieren.

Ein Unternehmen muss im Zusammenhang mit WebServices folgende Fragen beantworten: Welche WebServices bringen ihm Effizienzverbesserungen? Welcher (zusätzliche) Nutzen entsteht für seine Kunden? Kann es selbst WebServices im Markt anbieten? Welche BCI bzw. Architektur bietet dafür Zukunftssicherheit?

2 Überblick über WebServices

Die Wirtschaft setzt große Erwartungen in WebServices. Eine Befragung von 437 Unternehmen in den USA spiegelt deren Erfahrungen wider [2].

- 71% der US-Unternehmen, die WebServices bereits einsetzen, wollen ihre Ausgaben im nächsten Jahr erhöhen.
- WebServices werden vor allem für interne Systeme und IT-Infrastrukturen eingesetzt.
- Nur 15% der Unternehmen haben WebServices in externe Systeme integriert. Gründe dafür liegen (noch) in der Risikominimierung bei der Einführung neuer Techniken/Technologien.
- Bei 75% der US-Unternehmen helfen WebServices, die Komplexität ihrer verteilten Anwendungen zu reduzieren.
- 58% haben die Entwicklungskosten für Anwendungen reduziert.
- 56% der befragten Unternehmen wollen WebServices in den Bereichen Human Resources sowie Finanzen und Buchhaltung einsetzen. Weitere Einsatzbereiche sind Supply Chain Management (51%) und Verkauf (47%).

Tabelle 1: Nutzung und Potentiale von WebService-Anbietern

Ein WebService-Anbieter übernimmt einzelne Aufgaben wie bspw. die Paketverfolgung (Transportstatus) via Internet im originären Prozess von Kooperationspartnern und somit die Rolle eines Erfüllungsgehilfen, Boten, Auftragnehmers oder Geschäftsbesorgers. Die Rollen der Kooperationspartner (A und B) ändern sich dadurch nicht (s. Abbildung 1).

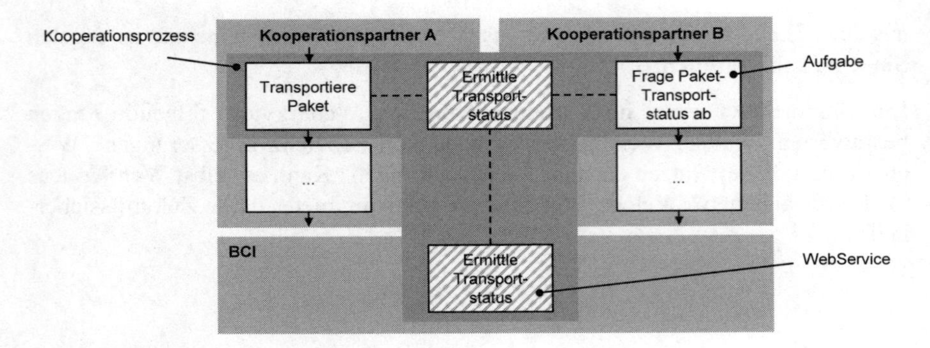

Abbildung 1: Ausschnitt aus dem Teilprozess Logistik mit integriertem WebService

Aus betriebswirtschaftlicher Sicht übernehmen WebServices klar abgrenzbare, hoch standardisierbare Aufgaben aus Prozessen, sind zeit- und/oder transaktionsbasiert verrechenbar und in die Applikationswelt von Unternehmen, wie z. B. Enterprise Resource Planning (ERP)-, Customer Relationship Management (CRM)-, Katalog- und Portal-Systeme etc., integrierbar [3][4][5][6] (s. a. Tabelle 2).

Aus technischer Sicht geht es um Schnittstellendefinition, Programmierung, Verfügbarkeit, Standards, Sicherheit etc. [7][8][9][10][11][12].

– unterstützen die Prozesskoordination, – übernehmen eine klar abgrenzbare, eigenständige Geschäftsaufgabe, – erbringen Leistungen elektronisch, – werden von eigenständigen Geschäftseinheiten erbracht, – bieten standardisierte und modularisierte Leistungen, – werden transaktions- oder zeitbasiert abgerechnet,	– besitzen gegen Null strebende Grenzkosten für eine einzelne Leistungserbringung, – können aus dem Kerngeschäft/-prozess ausgelagert werden (Outtasking), – können sowohl in zwischenbetriebliche als auch interne Prozesse integriert werden, – können einen offenen oder geschlossenen Nutzerkreis besitzen, – können mit jedem anderen WebService interagieren [7].

Tabelle 2: WebServices

Heute existieren die meisten WebService-Lösungen in den Bereichen Auftrags- und Transportabwicklung, Zahlungsverkehr sowie Darstellung und Bündelung von Inhalten.

3 Effizienzverbesserung - Outtasking statt Outsourcing

(IT-)Outsourcing ist derzeit wieder ein viel diskutiertes Thema. Die Diskussion dreht sich dabei aber vor allem um die Auslagerung ganzer Organisationseinheiten, Prozesse oder IT-Infrastrukturen, wie Rechenzentren etc. Dabei werden Leistungen mittlerweile auch über grosse Distanzen hinweg in Niedriglohnländer verlagert (Offshoring) [13]. Eine sehr umfassende Sammlung theoretischer und praktischer Ansätze zum Outsourcing findet sich in [14].

Bei der Nutzung von WebServices werden hingegen nicht ganze Organisationseinheiten oder Prozesse, sondern nur einzelne Aufgaben ausgelagert und dafür elektronische Dienste in die internen Strukturen integriert, man spricht von ‚Outtasking' [15][16].

Outtasking-Projekte betreffen verstärkt auch Aufgaben aus Leistungsprozessen, wie Auftrags- oder Paketverfolgung, Lagerbestandsabfrage, Kreditkartenabwicklung, Transportoptimierung etc. Für auszulagernde Aufgaben gilt es deshalb neben der ‚atomaren' Kernkompetenz [17] auch die strategische Bedeutung und Spezifität [18] zu analysieren.

3.1 Outtasking am Beispiel der ETA SA

Die ETA SA Fabriques d'Ebauches (www.eta.ch, Schweiz) ist ein Unternehmen der Swatch Group und einer der weltweit grössten Hersteller von Uhrwerken für Marken wie Omega, Rado, Longines, Tissot, Certina oder Swatch. Als weltweit drittgrösster Hersteller von Uhrwerken beschäftigt die ETA SA ca. 8.000 Mitarbeiter (Swatch Group gesamt ca. 17.500) in mehr als 15 Produktionsstätten in der Schweiz, Deutschland, Frankreich, Thailand, Malaysia und China. 2004 wurden mehr als 100 Millionen Uhrwerke produziert.

Der ETA-Kundendienst (ETA-CS), der für den Vertrieb von Uhrwerkersatzteilen, die Reparatur von Uhrwerken und die technische Beratung zuständig ist, verkauft seine Produkte und Leistungen weltweit an ca. 1.500 Geschäftskunden. Um die Kundenbeziehung transparenter zu gestalten, die Prozesskosten und die Auftragsdurchlaufzeit zu reduzieren sowie den globalen Auftritt zu stärken, konzipierte und realisierte die ETA SA gemeinsam mit dem Institut für Wirtschaftsinformatik der Universität St. Gallen (IWI HSG) ein eigenes Service-Portal. In diesem Rahmen lagerte sie ineffiziente interne Aufgaben wie z. B. den Prozess der Vorauszahlung für Kleinkunden, die Erstellung von Transportdokumenten, die Beauftragung von Logistikdienstleistern sowie die Verfolgung der Paketstatusinformationen an WebService-Anbieter aus.

Das Business Network des Service-Portals der ETA (s. Abbildung 2), das aus der Weiterentwicklung des ETA Online Shop (EOS) entstanden ist, bedient Kunden wie etwa Swatch Group Marken, Lieferanten von Komponenten wie Batterien und WebService-Anbieter wie die Inet-Logistics (für Track & Trace, Transportauftragsweiterleitung und Transportdokumenterstellung) und Telekurs (für Kreditkartenabwicklung bei Kleinbestellungen) [19].

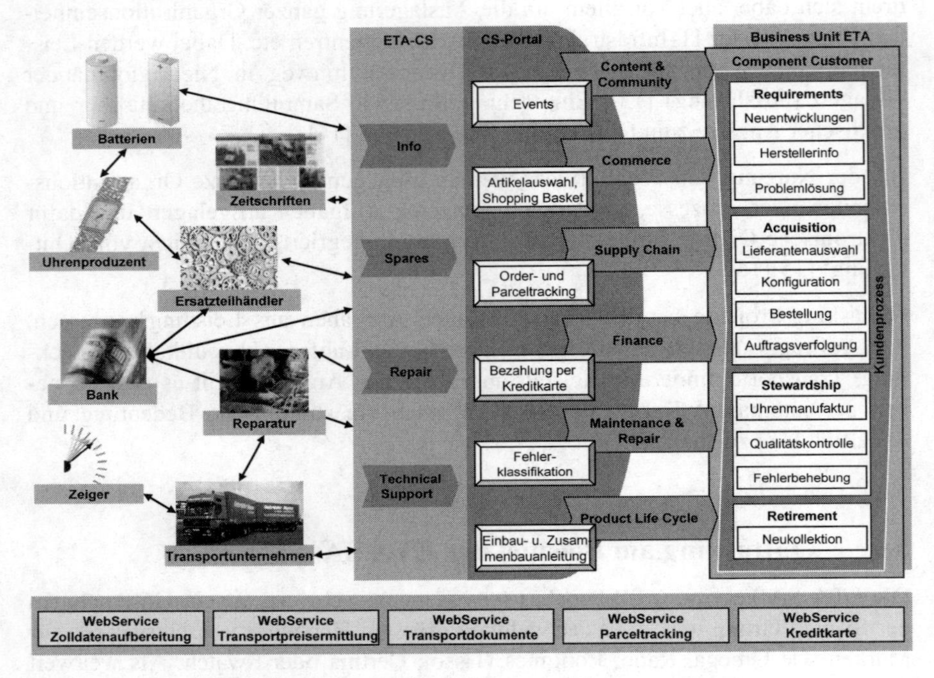

Abbildung 2: Konzept des ETA-CS Service-Portals

Eine ex-post-Analyse des ETA-CS ergab die in Tabelle 3 ausgewiesenen Nutzenkategorien.

Ziele	... des ETA-CS	... der Kunden
Prozess-kosten	– höhere Kundenzufriedenheit – weniger Kundenbeschwerden – einfachere Transportauftragsvergabe via Logistik-Web-Service	– Verbesserte Auftragsabwicklungseffizienz durch die Reduktion der Auftragsdurchlaufzeit um mehr als 60%

Ziele	... des ETA-CS	... der Kunden
Geschwindigkeit	– Zeitersparnis durch elektronische Erstellung der Transportdokumente (ca. 10 Minuten je Dokument) – elektronische Zolldatenaufbereitung und Erstellung individueller Paketlabels – Verbesserte Mitarbeitereffizienz (jeder kann den gesamten Auftragsabwicklungsprozess ‚ausführen')	– kürzere Auftragsdurchlaufzeit
Transparenz	– Reduktion der Artikelsuchzeiten pro Bestellposition um ca. 90% – Verbesserung der Eindeutigkeit von Aufträgen durch elektronischen Auftragseingang (ca. 80% aller Bestellpositionen online in 2004) – verbesserte Datentransparenz und Einsparungen von mind. 15 Minuten je Kundenanfrage durch elektronische Tracking Applikationen – Reduktion der Anzahl von Kundenanrufen im Call Center durch Nutzung der Tracking Applikationen – Verbesserte interne Prozesstransparenz – Steigerung der Datenqualität durch Aktualisierung der elektronischen Katalogdaten (ca. 5.000 Artikel neu erfasst und aktualisiert)	– Vereinfachung des Bestellprozesses (individueller elektronischer Warenkorb merkt sich häufig bestellte Artikel) – Verbesserung der Kommunikation mit ETA-CS durch elektronische Bestellbestätigungen und online Tracking Applikationen (zusätzliche Informationen, wie Verzögerungshinweise, behobene Fehler etc.) – verbesserte Transparenz des Auftragsabwicklungs- und Transportprozesses – Prozessvereinfachung durch integrierte Paketverfolgung anhand ETA-Auftragsnummer (FedEx, Swiss Post) – höhere Datenqualität durch Informationen zu Artikelaustauschbarkeiten und Berücksichtigung individueller Konditionen

Tabelle 3: Realisierte Potentiale

4 Nutzensteigerung – Kunden- statt Produktorientierung

Vernetzung, Multimedia und hohe IT-Funktionalität beim Kunden erlauben es, nicht das Produkt, sondern das Problem des Kunden (z. B. Mobilität) in den Mittelpunkt zu stellen [20]. Die Unternehmen entwickeln sich von eindimensionalen Produktanbietern hin zu individuellen Problemlösern. Dabei ist der gesamte Kundenprozess relevant, also der Prozess, den ein Kunde zur Befriedigung eines Bedürfnisses durchläuft. Unternehmen bieten dem Kunden aus einer Hand jene Produkte, Dienstleistungen und Informationen, die er benötigt und führen ihn in seinem Prozess. Sie werden so zu Leistungsintegratoren und Spezialisten und damit zum sog. (Kunden)Prozessportal.

Für ein Unternehmen ist es entscheidend, dass es jene Leistungen aus dem Gesamtportfolio identifiziert, welche es selbst marktfähig beisteuern kann und welche es extern zukaufen oder integrieren muss. Die Herausforderung besteht dabei einerseits in der Integration verschiedener Dienstleister in die eingeschlagene Strategie, in die Geschäftsprozesse und in die IT-Architektur [21]. Dabei wird deutlich, dass das primäre Produkt gegenüber der Gesamtleistung und Stabilität des Unternehmensnetzwerks in den Hintergrund tritt. Denn erst durch dieses kann das Kundenbedürfnis vollständig befriedigt werden [22].

4.1 Online Direktvertrieb der AUDI AG

Die AUDI AG in Ingolstadt (www.audi.de), eine Tochtergesellschaft des Volkswagenkonzerns, beschäftigt an ihren fünf Standorten weltweit mehr als 50.000 Mitarbeiter. 2004 wurden 779.000 Fahrzeuge in 110 Ländern an Endkunden ausgeliefert und ein Umsatz von EUR 24,5 Mrd. erzielt. Zur Markengruppe Audi gehören die Marken Audi, SEAT und Lamborghini.

Seit September 2003 können Endkunden sog. Werksdienstwagen auch direkt via Internet kaufen (www.audi.de/direktkauf). Werksdienstwagen sind Fahrzeuge im Eigentum der AUDI AG – zum Großteil genutzt von Audi Mitarbeitern im sog. Mitarbeiter-Leasing, „echte“ Dienstwagen oder an Partner verliehene Fahrzeuge, wie z. B. an die Spieler des FC Bayern München. Die Fahrzeuge sind i. d. R. nicht mehr als 9 Monate alt und meist weniger als 10.000 km gefahren. Der Kunde erhält nach eingehender interner Prüfung ein hochwertiges und fast neuwertiges Fahrzeug.

„Was offline gilt, gilt prinzipiell auch online“ – so reicht es nicht aus, dass ein (gebrauchtes) Fahrzeug vorhanden, funktionstüchtig und erwerbbar ist, sondern es müssen verschiedene weitere Leistungen - möglichst gebündelt an einem zentralen Ort - ebenso angeboten und einfach konsumierbar sein, von der Suche, Bezahlung oder Finanzierung bis hin zur Versicherung und Anmeldung etc. Aus diesem Grund wurde der gesamte Kundenprozess ‚Autobesitz‘ analysiert und die Lösung basierend auf folgenden Annahmen definiert:

- Der Kunde muss im Web (mindestens) die gleichen Leistungen wie in den herkömmlichen Verkaufskanälen erhalten (Produkt, Zusatzleistungen, aber auch Prestige und Vertrauen).
- Das Internet muss, um sich gegenüber dem klassischen Vertriebskanal behaupten zu können, einen spezifischen Zusatznutzen erbringen (Zeit, Kosten, Qualität oder Flexibilität).

Um dem Kunden alle geforderten Prozesse anbieten zu können, wurden bestimmte Aktivitäten, die nicht zur Kernkompetenz der AUDI AG zählen, an externe WebService-Anbieter ausgelagert (s. Abbildung 3). Dazu gehören die Kreditkartenabwicklung für die Anzahlung, online Finanzierungs- und Versicherungsrechner, der online Abschluss von Finanzierungen inkl. Scoring, die elektronische Beauftragung der Zulassung oder (in der noch folgenden Ausbaustufe in 2005) die Alt-Fahrzeugbewertung für eine Inzahlungnahme.

Die Vorteile für den Kunden sind eine schnelle Lieferung (innerhalb von 10 Werktagen), bequeme und einfache Prozesse (Bestellmöglichkeit 24x7), Auswahl des Wunschautos aus allen verfügbaren Werksdienstwagen (ca. 2.500 Fahrzeuge), keine Medienbrüche, online Auftragsverfolgung, Einladung in die Audi Markenwelt (Welcome Package bei Fahrzeugabholung und Werksführung etc.) sowie die Produkt- und Prozessgarantie durch die Marke Audi.

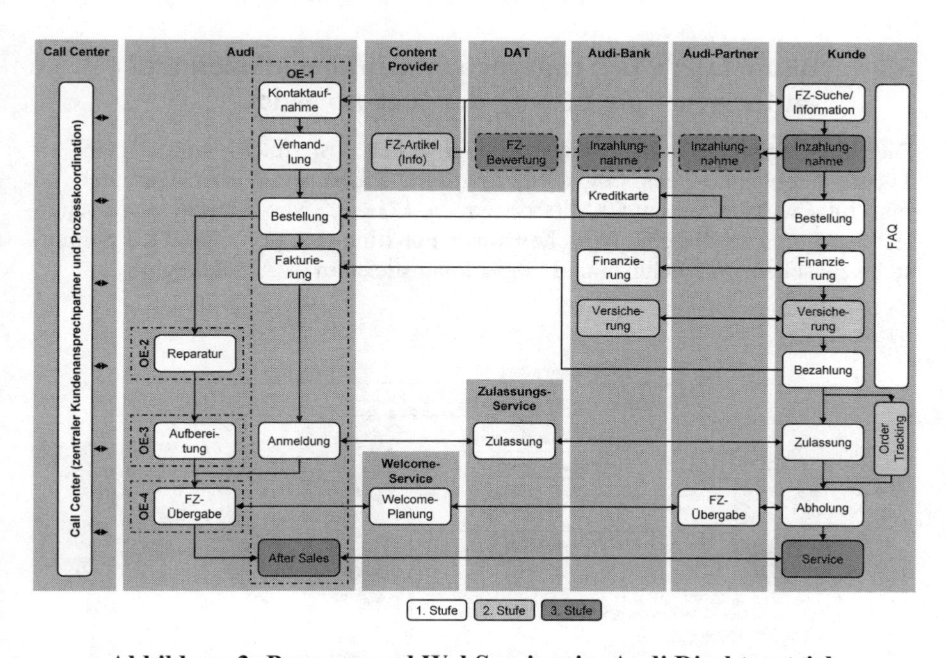

Abbildung 3: Prozesse und WebServices im Audi Direktvertrieb

5 WebService Angebot – Entwicklung und Vermarktung

Die Entwicklung und Vermarktung von WebServices folgen denselben Marktgesetzen wie die für klassische Dienstleistungen. In der Regel lagern Unternehmen

Aktivitäten aus, die einerseits unspezifisch und damit am Markt identisch verfügbar sind und andererseits ein geringes strategisches Potential haben und für die auch keine Kernkompetenzen vorliegen oder aufgebaut werden sollen. So ist bspw. die Eigenentwicklung einer Kreditkartenabwicklung für ein Unternehmen unwirtschaftlich und zu komplex, da die Dienstleistung mittlerweile als Standardprozess/-service kostengünstig am Markt verfügbar ist.

Ein WebService-Anbieter muss deshalb für eine möglichst grosse Zahl von Kunden in der Lage sein, einen identischen und hoch standardisierten, elektronischen Service anzubieten, der einen grossen Kundennutzen mit gleichzeitig gegen null strebenden Grenzkosten generiert und damit Skaleneffekte ausnutzt. Zusätzlich ist aufgrund des Transaktionscharakters einer Dienstleistung eine Verrechenbarkeit pro Zeiteinheit oder Nutzung notwendig.

5.1 Bündelung von Transportstatusinformationen und -aufträgen – die Lösung der Inet-Logistics

Die Inet-Logistics GmbH (www.inet-logistics.at, Österreich) wurde 1999 als Tochterunternehmen des Logistikdienstleisters Gebrüder Weiss gegründet. Im Jahr 2004 wurden mit ca. 50 Mitarbeitern ca. EUR 6,5 Mio. Umsatz erwirtschaftet. Inet-Logistics übt eine typische Broker-Funktion aus, d. h. bildet die Schnittstelle zwischen Unternehmen und Logistikdienstleistern (s. Abbildung 4).

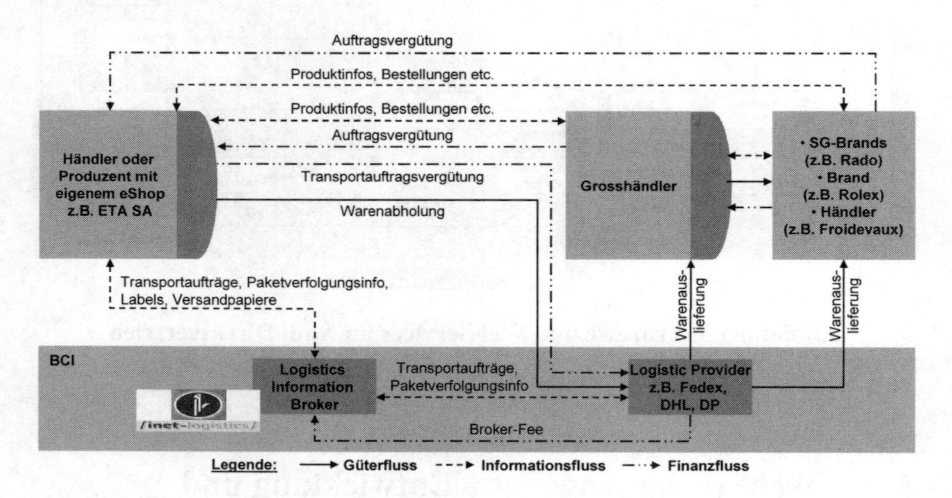

Abbildung 4: Güter-, Informations- und Finanzfluss im Szenario der Inet-Logistics

Die verfügbaren Kernleistungen sind die elektronische Bereitstellung der Transportdokumente und Paketlabels inklusive Bar-Codes, die Weiterleitung der Transportaufträge an die Logistikdienstleister per EDI und die Sammlung und Darstellung der Statusinformationen der Logistikdienstleister in z. B. eShops. Der physische Warenfluss der Pakete erfolgt nicht via Inet-Logistics, sondern z. B. via FedEx oder UPS. Die erbrachten Leistungen der Inet-Logistics (Broker-Fee) bezahlen nicht die versendenden Unternehmen, sondern die beauftragten Logistikdienstleister, die durch die Anbindung an die Inet-Logistics von einer standardisierten Datenschnittstelle für den Transportauftrag, einer automatischen Integration der Daten in die Backend-Systeme und einem höheren Paketvolumen durch die Akquisition von Neukunden profitieren. Der Geldfluss für die Kundenauftragsvergütung zwischen Kunden oder Grosshändlern und Lieferanten bleibt durch die Aktivitäten der Inet-Logistics unberührt.

In der BCI werden über die WebServices der Inet-Logistics die im Netzwerk ausgetauschten Daten bzw. Dokumente standardisiert, die betroffenen Logistikaufgaben aller Partner definiert und Handelsvereinbarungen zwischen dem versendenden Unternehmen, der Inet-Logistics und den Transportunternehmen festgelegt.

5.2 Kreditkartenabwicklung - Bibit Internetzahlungen GmbH

Bibit Billing Services BV (www.bibit.com, Niederlande), einer der führenden europäischen WebService-Anbieter für den Zahlungsverkehr im Internet, bietet mehr als 40 länderspezifische Zahlungsverfahren, von Kreditkarte, Lastschrift, Überweisung, Mobile Payment, eBanking, Nachname, Geldkarte bis ‚auf Rechnung' (Open Invoice). Die angebotenen Leistungen werden auf zwei Arten verrechnet: eine monatliche Grundgebühr garantiert den Zugriff auf aktualisierte Versionen, Neuerungen und neue Zahlungsverfahren, und eine Transaktionsgebühr berechnet sich entweder anhand der monatlich generierten Transaktionen oder als gebündelter Paketpreis. Zusätzlich werden noch die je Service anfallenden Kommissionsgebühren der beteiligten Geldinstitute erhoben.

Bibit entwickelt sich sukzessive zu einem Komplettanbieter von Prozessen, auch im Umfeld von Zahlungsabwicklung (s. a. Tabelle 4). So gibt es Kooperationsprojekte mit elektronischen Kataloganbietern, Online-Bonitätsprüfern, Dienstleistern für Auftragsabwicklung sowie Logistik. Der Druck, solche Kooperationen einzugehen, geht allerdings nicht von den zukünftigen Kooperationspartnern, sondern von den Kunden derartiger Lösungen aus. Kunden, das sind Anbieter von Waren oder Inhalten, fordern verstärkt Komplettlösungen, die von WebService-Anbietern unterhalten und auch betrieben werden.

Autorisierung	Rechnungsstellung
Risk Management Services, zur Verhinderung von online Betrug durch: – Adressverifizierung, – Credit Scoring und – Fraud Detection	– Bill Presentment im Internet, – Unterstützung von Marketingaktivitäten, – Bill Payment

Tabelle 4: Weitere WebServices von Bibit

6 Zukunftssicherheit – Nutzung von Business Collaboration Infrastructures

Ein WebService muss einerseits mit den Applikationen des Unternehmens, andererseits mit weiteren WebServices zusammenarbeiten. Das bedeutet hohe Integrationsaufwendungen. Es ist zu beobachten, dass WebService-Anbieter mit einer grossen Marktmacht (z. B. portivas.com) anfangen, WebServices zusammenzufassen, so dass der Kunde über einen Kooperationspartner mehrere WebServices nutzen kann. Die Zusammenfassung von WebServices, die damit verbundenen Standards und Prozeduren, die eingesetzten Softwarepakete usw. bilden gemeinsam die Infrastruktur zur Kooperation von Unternehmen (Business Collaboration Infrastructure, BCI) [22].

Die BCI wird in zehn bis zwanzig Jahren auf dem Netz die Rolle einnehmen, die heute das Betriebssystem auf dem einzelnen Computer innehat. Die unternehmensspezifischen Applikationen werden WebServices nutzen, wie sie heute Datenbankroutinen oder ein Preisfindungsmodul verwenden. Heute ist noch unklar, welche Funktionen wo gebündelt und welche Architekturen sich durchsetzen werden. Viele Entwicklungsrichtungen werden sich als Sackgasse herausstellen, so wie dies auch bei den Betriebs- und Datenbanksystemen der Fall war. Eine falsche Entwicklungslinie kann die Entwicklung wettbewerbskritischer Unternehmensprozesse um Jahre zurückwerfen.

Aktuell entwickeln Unternehmen vielfach eigene WebServices, da einerseits noch zuwenig branchen- bzw. unternehmensspezifische WebServices am Markt existieren und andererseits auch unternehmensintern ein grosses Potential in der Standardisierung von Prozessen/Aufgaben besteht. Bei der Integration von externen WebServices ist zudem der Aufwand für die Administration, der sich durch eine steigende Zahl an WebService-Anbietern ergibt, nicht zu unterschätzen.

6.1 Collaborative Transportation Management-Szenario bei Transplace

Collaborative Transportation Management (CTM) ist eine Weiterentwicklung der Collaborative Planning, Forecasting, and Replenishment-Initiative[2] (www.cpfr.org) mit dem Ziel der Integration von Logistikprozessen.
CTM beginnt mit dem Transportauftrag, beinhaltet die physische Zustellung und endet mit der Bezahlung des Logistikdienstleisters:

- Die Rahmenvereinbarung schafft geschäftliche Grundsatzvereinbarungen und einen gemeinsamen Geschäftsplan für die zu transportierenden Produkte, Transportvolumina und geographische Verteilung.
- Die Prognose liefert die Grunddaten und enthält die Ermittlung der Verkaufs- und Transportprognose (geplante Transportausschreibungen, zugesagtes Transportmittelvolumen etc.).
- Die Durchführung setzt Geschäftspläne, Aufträge etc. um. Dazu gehören auch Aktivitäten zur Lösung unvorhergesehener Lieferengpässe und die Zahlungsabwicklung des Transports.

Hauptziele von CTM sind die Verbesserung der Transparenz des Prozesses für alle Beteiligten, Verbesserung der Planung der benötigten Transportmittel (durch genauere Forecasts) sowie die Bildung einer kooperativen Beziehung und Förderung des Informationsaustausches zwischen Unternehmen.

Transplace Inc. (transplace.com, Texas) entstand im Juli 2000 aus einer Fusion von sechs US-Logistikunternehmen: Covenant Logistics, J.B. Hunt Logistics, M.S. Logistics, Swift Logistics, U.S. Xpress Logistics und Werner Logistics. Es bezeichnet sich als ‚non-asset' Logistikdienstleister, beschäftigt mehr als 600 Mitarbeiter und hat Beziehungen zu mehr als 5.000 Transportunternehmen, mit denen es eine CTM-Lösung realisiert hat. Die Leistungen von Transplace sind in Tabelle 5 zusammengefasst.

– Versender/Empfängerkoordination	– Freight Audit und Zahlungsabwicklung
– Performance Tracking	– Aushandlung von Lieferverträgen
– Rücktransportoptimierung	– Preisanalysen und Angebotsoptimierung
– Transport-/Flottenoptimierung	– Lieferantenoptimierung und –kommunikation
– Kostenmanagement	– Kapazitätsplanung für kurzfristig hohe Versandvolumina
– Mode/Routenoptimierung	– Kapazitätsplanung für Einzellieferungen
– Prozessdefinition	
– allgemeine Auswertungen	

Tabelle 5: Leistungen von Transplace

[2] Die Voluntary Inter-industry Commerce Standards Association (VICS) definiert unternehmensübergreifende (Prozess)Standards für Güter- und Informationsflüsse im Handel.

Mit Hilfe einer Web-basierten Plattform – der Transplace ‚Dense Network Efficiency‘ (DNE)-Plattform – sind verfügbare Transportkapazitäten in Echtzeit abrufbar. Kernelement ist eine neutrale Transportvergabe/-optimierung auf Basis von Kundenpräferenzen mit dem Ziel, Transportmittel in Bewegung zu halten, Wartezeiten zu reduzieren und Leerfahrten zu vermeiden (Collaborative Continuous Moves). Jährlich werden via DNE mehr als 1,2 Mio. LKW-Ladungen und zusammengesetzte Lieferungen sowie 5,7 Mio. ‚less-than-truckload‘ Lieferungen verwaltet. Aufgrund der verfügbaren kritischen Masse an Transportkapazitäten im Netzwerk konnte ein kooperatives Transportmanagement-Szenario entwickelt werden, das die Potentiale lt. Tabelle 6 realisiert.

Metriken	Nutzen
Einkaufspreise für Frachtkapazität	Verringerung um mehr als 20%
∅ Auftragsdurchlaufzeit	Reduktion von einer Woche auf 1,5 Tage
Service-Zuverlässigkeit	mehr als 98% der Lieferungen ‚on-time‘ innerhalb eines vorab definierten Zeitfensters
Lagerbestand	Reduktion von bis zu 50%
Kapitalnutzung	Schaffung zusätzlicher Distributionszentren konnte vermieden werden
Arbeitsproduktivität	definierbarer Workflow führt zu einer Steigerung der Produktivität
Transparenz	Effizienter Dispositionsprozess (Vermeidung von Telefon und Fax bei der Kapazitätssuche)
Transportmittelauslastung	Nutzung von Rücktransporten stieg um 25%

Tabelle 6: Nutzen von CTM [23][24]

7 Bewertung von WebServices

Das IWI HSG untersuchte zusammen mit der SAP AG zwischen Dezember 2000 und Mai 2001 ca. 100 WebService-Anbieter für den Zahlungsverkehr weltweit [25][3]. Ziele der Studie waren (1) die Identifikation wichtiger WebService-Anbieter im Markt, (2) die Beschreibung neuer Zahlungsprozesse und (3) die Analyse der Schnittstellen und der verwendeten Standards.

[3] 62 WebService-Anbieter erhielten Fragebögen und es wurde eine Rücklaufquote von 21% erzielt. Anschliessend wurden mit fünf Anbietern mündliche Interviews durchgeführt.

Die Studie ergab, dass die WebServices die klassischen Prozesse der Zahlungsabwicklung nicht verändert haben. Eine Überweisung läuft im Internet wie offline ab. Geändert hat sich das Instrument, über das die Prozesse angestossen, ausgeführt, kontrolliert, verfolgt etc. werden, mit der Konsequenz, dass WebService-Anbieter mehrere Instrumente gleichzeitig unterstützen müssen. Neu ist die Integration innovativer, den klassischen Zahlungsabwicklungsprozessen vorausgehender Prozesse, wie EBPP oder Mobile Payment. Neu ist die Rolle von WebService-Anbietern in Geschäftsprozessen, als Erfüllungsgehilfen, Boten, Auftragnehmern oder Geschäftsbesorgern. Vor allem aber wurden die Zahlungsaufgaben standardisiert, die Prozesse für die Beteiligten transparenter und die Abläufe flexibler.

Es ist eine Vielzahl von Zahlungsverfahren verfügbar, wobei im B2B-Bereich insbesondere Überweisungen und Lastschriften etabliert sind. Keiner der untersuchten Anbieter hat sämtliche Zahlungsverfahren abgedeckt. Neben reinen ‚Zahlungsaufgaben' bot der Grossteil der WebService-Anbieter bis zu fünf weitere Leistungen an, meist Statusinformationen, Archivierung abgewickelter Transaktionen, Zuteilung von Gutschriften und Unterstützung gegen Internet- oder Kartenbetrug. Die WebService-Anbieter haben standardisierte Schnittstellen zu unterschiedlichen Organisationen entwickelt, vor allem im Umfeld der Zahlungsabwicklung wie Banken, Clearingorganisationen etc. Die Befragten gaben auch Einschätzungen über Kriterien zur Auswahl eines WebService-Anbieters für den Zahlungsverkehr an (s. Tabellen 7 und 8).

Prozess und Zeit	Kosten	Qualität	Flexibilität
– schnelle Transaktionsabwicklung – keine Unterbrechung des Kaufflusses im Shop – sichere Identifikation des Endkunden – schnelle Implementierbarkeit	– einfache Integration in die bestehende IS-Architektur – gesicherte Eigentümerstruktur und finanzielle Basis – hohe Sicherheit – Preis und Kosten	– Abdeckung vieler Zahlungsverfahren – Image und Glaubwürdigkeit – Know-how und Erfahrung – gutes Bankennetzwerk	– Zuverlässigkeit und Flexibilität für Entwicklung neuer Zahlungsverfahren – einfache Handhabung und Verständlichkeit – keine Voraussetzung beim Kunden notwendig

Tabelle 7: Kriterien bei der Auswahl eines WebService-Anbieters

Prozesse und Zeit	Kosten	Qualität	Flexibilität
– manuelle Schnittstellenreduktion – Transparenz – sichere Identifikation des Endkunden – Zahlungsabwicklung in Echtzeit	– ‚Pay-per-Click', ‚Pay-per-Session' – verbesserte Kostenkontrolle – wirtschaftliche Abrechnung kleiner Beträge – hohe Sicherheit, geringer Preis	– Integration / Nutzung vieler Zahlungsverfahren – verbessertes Beziehungsmanage-ment – Multibank-, Mehrwährungsfähigkeit	– Ständige Verfügbarkeit – einfache Konfiguration – Integration von Zahlungsverkehr und Rechnungsstellung – Internationalität

Tabelle 8: Hauptvorteile für den Kunden durch Nutzung eines WebService-Anbieters

Aufgrund der noch nicht standardisierten Schnittstellen, der schwierigen Vergleichbarkeit des angebotenen Leistungsspektrums, der unterschiedlichen Abrechnungsmodalitäten etc. sind die WebService-Anbieter nicht leicht austauschbar. Der von vielen Anbietern anfangs propagierte ‚plug-and-play'-Anspruch kann nur als Vision und nicht als Realität angesehen werden. Für die Nutzung jedes WebServices braucht es jeweils einen klar formulierten Kooperationsvertrag, eine individuelle Integration der Leistungen in die Unternehmensprozesse und eine individuelle Ausgestaltung der Schnittstellen zu den anderen Applikationen. Es ist aber davon auszugehen, dass sich die WebService-Anbieter weiter konsolidieren und zu (Zahlungs)Komplettanbietern entwickeln werden. Zudem werden verstärkt ASP-Lösungen angeboten und benachbarte Prozesse in ihre Lösungen integriert werden.

8 WebService-Architektur

Einzelne Softwarehäuser, WebService-Anbieter, ja sogar Vertreter der Wissenschaft [9] träumen von einer freien Kombinierbarkeit von WebServices nach dem Prinzip von Lego-Bausteinen. Dies hat bis heute auf keinem Gebiet der Systementwicklung in dieser naiven Form funktioniert, da die Semantik von Softwarekomponenten und ausgetauschten Daten nicht isoliert beherrschbar ist. Sie ist erst dann exakt beschrieben, wenn sie auf einem Computer ausgeführt werden kann, also als Programm vorliegt. Dann werden weitere Komponenten gegen die bereits bestehenden testbar. Von Standardisierungsvorhaben wie ‚electronic Business XML (www.ebxml.org) für die Standardisierung von XML-Dokumenten für das e-Business, RosettaNet (www.rosettanet.org) für die Standardisierung von Kooperationsprozessen, oder ‚Universal Description, Discovery & Integration Registry' (UDDI, ‚global electronic yellow pages', www.uddi.org) für die Spezifikation, Ablage und Veröffentlichung von im Web verfügbaren WebServices, dürfen daher graduelle Fortschritte, aber keine Wunder erwartet werden.

Die neun Partnerunternehmen des Kompetenzzentrums Business Networking[4] haben sich im Jahre 2000 zusammen mit dem IWI HSG das Ziel gesetzt, u.a. eine Architektur für WebServices zu entwerfen und daraus unternehmensspezifische Strategien für WebServices abzuleiten. Eine Architektur für WebServices dient als Referenzmodell, um unterschiedliche Konzepte von Software-Herstellern, WebService-Anbietern und der Literatur vergleichbar zu machen. Sie erleichtert die Kategorisierung von WebServices, deren Zuordnung zu Kooperationsprozessen sowie die Zusammenstellung und Abschätzung der Vollständigkeit und Komplexität eines WebService-Portfolios und hilft so die Integrationskosten gering zu halten. Die WebService-Architektur des IWI HSG basiert auf folgenden WebService-Quellen[5]:

- ISO/OSI Schichtenmodell (http://www.iso.org)
- Web Service Architecture von [9] Service Grid für B2B-WebServices, die von allen Application Services benötigt werden.
- Architecture Stack von [26] Anforderungen für den Austausch von Nachrichten oder Ergebnissen zwischen WebServices und/oder Applikationen.
- WebService Architektur von [27][28] Orientierung an Endkunden und Kundenprozessen auf oberster Ebene, die unteren Ebenen an allgemeinen Standards wie Simple Object Access Protocol (SOAP).
- IBM WebService Architektur [29] Orientierung an Unternehmensprozessen und Nachvollziehbarkeit aufgrund der Beispiele.

Die WebService-Architektur des IWI HSG klassifiziert auf der obersten Ebene nach Geschäftsprozessen und leitet dann ebenenweise die Services ab, die für die übergeordnete Ebene benötigt werden. Da existierende WebServices nicht nach dieser (oder einer anderen) Architektur konstruiert worden sind, beinhalten sie gewöhnlich Funktionalitäten aus verschiedenen Kategorien und Ebenen und sind nur entsprechend ihren Schwerpunkten zuzuordnen (s. Abbildung 5).

---

[4] Robert Bosch GmbH, Daimler Chrysler AG, Deutsche Telekom AG, emagine GmbH, ETA SA Fabriques d'Ebauches, F. Hoffmann-La Roche Ltd., Hewlett-Packard GmbH, SAP AG und Triaton GmbH.

[5] Microsoft, IBM, HP, Oracle und Sun Microsystems wurden Ende 2001 von GartnerGroup als die wichtigsten WebService-Software Anbieter klassifiziert [30]. Die Architekturen von HP, Oracle und Sun sind der technischen Betrachtungsweise zuzuordnen und wurden deshalb im obigen Entwurf nicht explizit berücksichtigt. Eine Kurzbeschreibung dieser Architekturen findet sich bei [31].

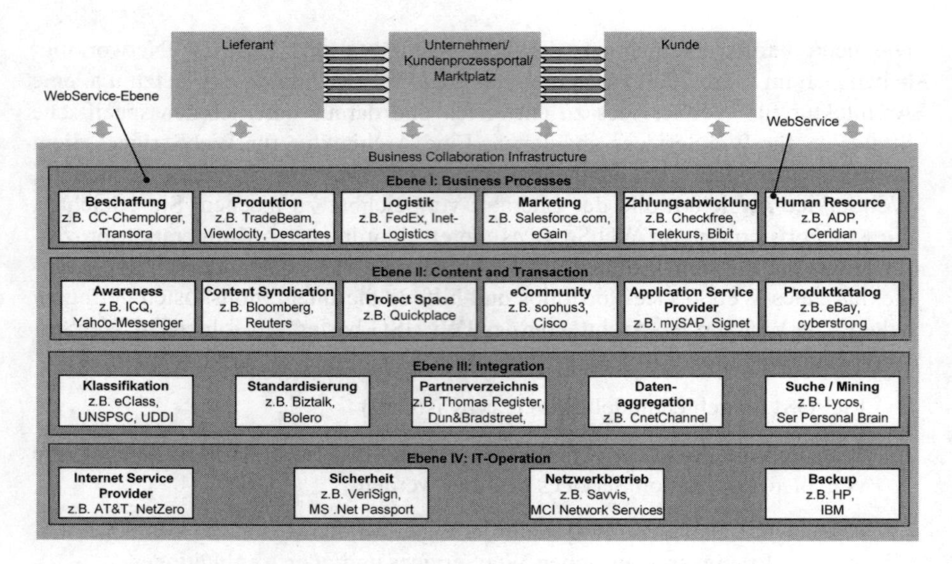

Abbildung 5: WebService-Architektur des IWI HSG

- Das WebService-Portfolio eines Kooperationsprozesses wird primär durch die *Business Process Services* (Ebene I) bestimmt. Diese unterstützen Aufgaben der unternehmerischen Kernprozesse wie Einkauf, Produktion, Vertrieb, Marketing, Verkauf und Kundendienst. Am Beispiel des Einkaufs von Büromaterial kann dies die Suche des günstigsten Lieferanten von Büroartikel, die Durchführung von Auktionen, die Zahlungsabwicklung via Internet oder die Online-Paketverfolgung während des Warentransportes etc. umfassen.

- Ebene II enthält *Content und Transaction Services*, die IT-Anwendungsfunktionen für die Nutzung in verschiedenen Prozessen liefern. Sie unterstützen die Aufgabenträger bei der Sammlung von Information und der Interaktion, wie bspw. die Kommunikation verteilter Projektteams mit Hilfe virtueller Räume oder Instant Messaging etc. Sie stellen Inhalte bereit, bewerten, syndizieren und speichern diese und liefern Anwendungsfunktionen für Transaktionen, wie Nachrichten oder Forschungsberichte, Börsenkurse, Produktkataloge oder Community-Funktionen etc. Die Informationen können als ein Kanal in das eigene Portal einfliessen, unternehmensintern in einem Clipping-Service transportiert werden oder – bspw. als Finanzdaten – direkt in Berechnungen (z. B. aktueller Preis in Fremdwährung) eingehen.

- *Integration Services* (Ebene III) liefern Funktionen, die in netzwerkbasierten Applikationen benötigt werden. Sie integrieren Leistungen und Inhalte, um den Aufgabenträgern oder den Kunden einen einheitlichen Zugriff zu ermöglichen. Sie erbringen Aufgaben, die den Informationsaustausch und die Koordination zwischen Prozessen verschiedener Unternehmen unterstützen. Dies sind zum Beispiel Aktivitäten, die für den sicheren Transport und die Protokollierung der Nachrichten von und zu ausgewählten Netzteilnehmern (Messaging, Routing) sorgen, Nachrichten in andere Formate umwandeln, z. B. EDI, XML, Fax, Mail oder Papier, beim Suchen und Identifizieren von Marktteilnehmern (Directory- und Subscriber Registration Services) helfen, die Rekonstruktion einer gestörten Web-Transaktion über mehrere Teilnehmer hinweg übernehmen oder Objekte aus unterschiedlichen Datensammlungen (Produktkataloge) verbinden etc.

- *IT-Operation Services* (Ebene IV) bieten modulare Basisdienstleistungen, auf denen die anderen WebServices aufbauen. Sie unterstützen den Informationstransport auf Datenebene, also die technische Infrastruktur, auf der alle anderen Dienste aufbauen. Die unterstützten Aufgaben reichen dabei vom reinen Netzwerkbetrieb über Internet Service Providing bis zum Backup gesamter Informationssysteme etc.

Das CC BN hat über 300 WebServices analysiert und in die WebService-Architektur eingefügt. Tabelle 9 zeigt das daraus resultierende Klassifikationsschema.

Ebene I Business Process Services			
eLogistics		**ePayment**	
Load Tendering	Shipper Rates Comparison	Bill Presentment & Payment	Prepaid Card
Parcel Tracking	Shipping Address Verification	Wap Payment	Smartcard
Route Auctioning	Transportation Contract Management	Fraud Risk Management	eMoney
Route Optimizing		Viability Verfication	eLeasing
Carrier Availability		Content per Time	Credit Card
		Credit Transfer	Direct Debit
		Digital Wallet	

Profiling and Analyses	**eProcurement**	**eFulfillment**
Balance and Transaction Reporting	Auctioning	Available-to-Promise (ATP)
Customer Behaviour Reporting	Bid and Ask	Inventory Status
Customer Profiling	Credit Request and Approval	Order Tracking
Demand Analyses	Procurement Decision Support	Tax Calculation
Imports and Exports Reporting	Reverse Auctioning	
Management Reporting		
Transportation Costs Analyses		

Ebene II Content & Transaction		
Community Management	Finance Information	Bond Trading
Q&A Management	Investment	Credit and Financing Management
Voice over Internet	Online Database	Credit Derivatives Trading
Project Management	Catalogue Management	Risk Trading – Insurancing
Ebene III Integration		
Business Directory	Search	Standardization
Content/Data Aggregation	Subscriber Registration	Classification
Ebene IV IT-Operation		
Application Hosting	Internet Service Providing	Private Key Issuing
eMail	Network Operation	

Tabelle 9: Identifizierte WebServices

Der Schwerpunkt der heute verfügbaren WebServices liegt im Zahlungsverkehr und in der Logistik. WebServices für den Zahlungsverkehr greifen gewöhnlich weniger tief in die Geschäftsprozesse ein, sind also leichter integrierbar. So ist ein WebService für die Kreditkartenabwicklung relativ unkompliziert in einen eShop via Standardschnittstelle zu integrieren und greift nicht direkt in interne Prozesse ein – am Ende der Artikelauswahl erfolgt der Zugriff auf den Kreditkartenservice, der nur bei einer positiven Antwort, d. h. ‚Kartennummer stimmt', ‚Karte ist gedeckt' etc. die Auftragsabwicklung anstösst. Nach definierten Perioden können die Ergebnisse der Kreditkartentransaktionen ins Buchhaltungssystem eingespielt werden. Der Kreditkartenservice ist selbst wieder z. B. mit Kreditkartenorganisationen, wie Visa oder Mastercard, Payment Gateways und diese wiederum mit Banken und deren Netzwerken verbunden, so dass ein WebService-Nutzer ‚lediglich' eine Schnittstelle zum Kreditkartenservice benötigt (s. Abbildung 6). Im Beispiel des ETA-CS dauerte die Integration des Kreditkarten-WebServices in den EOS ca. zwei Personentage.

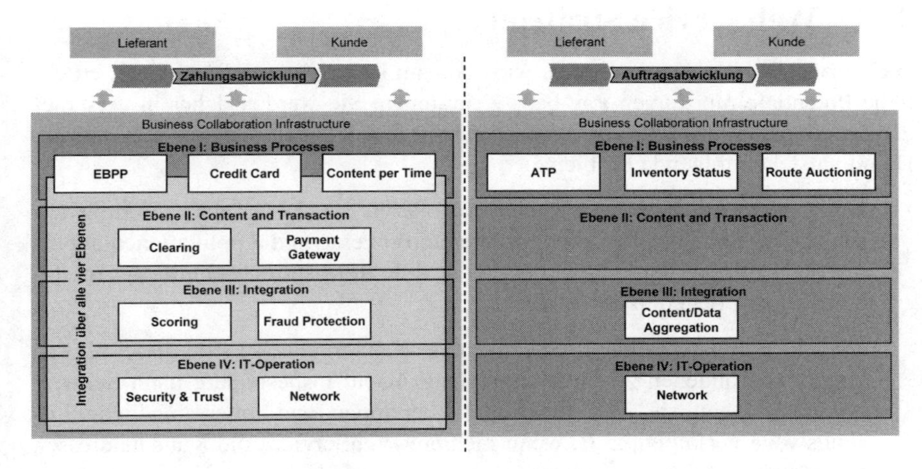

Abbildung 6: Exemplarische WebService-Portfolios für Zahlungs- und Auftragsabwicklung

Die Kombination von WebServices für den Zahlungsverkehr auf Ebene 1, wie Kreditkarten- und Electronic Bill Presentment & Payment-Services etc. sind insofern einfach miteinander kombinierbar, als sich die betroffenen Prozesse nicht direkt gegenseitig ergänzen oder voneinander abhängen. Sie komplettieren ‚lediglich' gemeinsam die für Kunden eines Unternehmens benötigten Zahlungsarten. Deshalb ist es für einen WebService-Anwender zwar organisatorisch vorteilhaft, wenn er sämtliche benötigten Zahlungsarten von nur einem WebService-Anbieter beziehen kann (nur ein Kooperationsvertrag, einheitliche Abrechnungsmodalitäten, Rabatte etc.), aber es ist nicht zwingend erforderlich. WebServices für die Logistik weisen hingegen eine grössere Integrationstiefe und Prozesskomplexität auf. Lagerbestands-, Auftragsstatusabfragen oder Transportoptimierungen etc. greifen direkt in interne Prozesse ein bzw. auf interne Applikationen zu. Werden diese Aufgaben bisher nicht automatisch von den internen Prozessen oder Applikationen ausgeführt, sind Prozesse und Applikationen zu reorganisieren. Im Beispiel des ETA-CS mussten für die Nutzung der WebServices der Inet-Logistics die internen Prozesse für die Erstellung von Transportdokumenten und Transportbeauftragung von Logistikdienstleistern völlig umgestellt werden. Dabei wurden die Prozesse an jene der Inet-Logistics angepasst und die Schnittstellen des eShops und des ERP-Systems entwickelt. Dadurch ist ein einfacher und schneller Wechsel zu einem anderen WebService-Anbieter aber nicht möglich.

9 WebService Strategie

WebServices bieten Unternehmen, wie oben am Beispiel der ETA gezeigt, erhebliche Potentiale mit kurzen Pay-back-Zeiträumen. Sie werden daher in verschiedenen Kooperationsprozessen mit Lieferanten und Kunden WebServices nutzen. Damit entstehen folgende Probleme:

- Das Unternehmen muss mit dem WebService-Anbieter einen Vertrag abschliessen, Schnittstellen programmieren, Prozesse und Applikationen anpassen und schliesslich die Lösung pflegen, d. h. Releasewechsel mitmachen, das Know-how pflegen usw.

- Braucht das Unternehmen später weitere WebServices, so sind diese mit den bereits vorhandenen zu integrieren. Dies macht insbesondere dann Schwierigkeiten, wenn sie sich funktional überlappen und unterschiedliche Lösungswege verfolgen, z. B. wenn mehrere WebServices die Kundenadressen bearbeiten.

- Setzen unterschiedliche Unternehmensbereiche auf verschiedene Anbieter oder sind diese Bestandteil eingekaufter Paketlösungen, führt dies zu den gleichen Problemen.

- Die Halbwertszeit der erhobenen WebServices lag bei einem Jahr, wobei die Grösse des Anbieters nicht entscheidend ist (vgl. z. B. den Telematikdienst Passo von Vodafone). Verschwindet ein WebService oder ein WebService-Anbieter, muss der Anwender einen Ersatz suchen und erneut integrieren oder die Aufgaben sogar wieder selbst ausführen. Beides ist mit erheblichem zeitlichem und finanziellem Aufwand verbunden.

- Beim Einsatz von Services vieler unterschiedlicher Anbieter muss ein Unternehmen lernen, wie das Komplexitätsmanagement für Einzelaufgaben funktioniert und dabei billiger ist, als die Eigenerstellung.

- Bei der Eigenerstellung und internen Nutzung von WebServices sind die IT-Architekturen und die Betriebskostenmodelle auf die neuen Anforderungen anzupassen. Klassische Betriebskostenmodelle, die nur auf Basis von Hard- und Softwareressourcen für i. d. R. große Anwendungen verrechnen und gleichzeitig abteilungs- bzw. kostenstellenorientiert sind, eignen sich nicht für modulare und transaktionsbasierte Dienste. Sie führen im Extremfall sogar zur Neubildung von ‚IT-Monolithen', da die Kosten für eine einzelne Abteilung stark ansteigen.

WebServices sind die ersten Komponenten künftiger BCIs. Sie haben heute einen Reifegrad, der mit den Komponenten von Betriebssystemen Ende der 60er Jahre vergleichbar ist. Der Besitz eines Betriebssystems, eines Datenbankmanagementsystems, einer Office-Suite oder eines eMail-Systems verschafft dem Anbieter eine gewaltige Marktmacht. IBM, Microsoft, Oracle und SAP, aber auch AT&T, Deutsche Telekom und S.W.I.F.T. (Society for Worldwide Interbank Financial

Telecommunication) oder MasterCard belegen den Wert eines derartigen de-facto-Standards (Monopolrente) in ihren Börsenbewertungen. Der Besitz einer im Markt breit durchgesetzten BCI wird schliesslich zu noch viel kräftigeren Einnahmeströmen führen.

Das wirtschaftliche Interesse der Marktteilnehmer lässt einen langen und zähen Kampf um die Standards erwarten. Dies wird Entscheidungen von Anwendungsunternehmen zu WebServices nicht erleichtern. Wir erleben zunächst Versuche, Teilmärkte zu beherrschen. Diese können regional sein (z. B. ConexTrade als MRO-Handelsplatz für die Schweiz), können auf Branchen fokussieren (Verticals, z. B. cc-chemplorer als Marktplatz für indirekte Güter in der Chemie- und Life Science-Industrie), können aus sog. Private Exchanges entstehen (z. B. aus dem Einkaufsportal von Volkswagen), können sich auf einzelne Prozesse konzentrieren (z. B. Bibit für den Zahlungsverkehr), können ein Betriebssystem als Ausgangspunkt nehmen (z. B. die .Net-Strategie von Microsoft), können als Erweiterungen von Unternehmenssoftware entstehen (z. B. ein Bill Presentment als Erweiterung des Finanzmoduls von SAP) oder schliesslich aus den Netzdiensten von Telekommunikationsanbietern oder Finanzinstituten erwachsen (z. B. die Telematik-Dienste von ATX, die Autobahnmaut-Dienste der Deutschen Telekom oder Bolero.org von S.W.I.F.T. als Plattform für den ‚Internationalen Handel'). Die Airline Reservation Systems (Apollo und SABRE in den USA und die Derivate Galileo und Amadeus in der EU) und S.W.I.F.T. sind alte Beispiele für WebServices und erlauben es, die Mechanismen und Wege zum Erfolg besser zu verstehen.

Die Erfahrungen der im Kompetenzzentrum Business Networking mitwirkenden Unternehmen sowie aus weiteren Fallstudien legen folgende Empfehlungen nahe:

- Die Zeit ist reif für die Nutzung von WebServices, wie das Beispiel von ETA mit Inet-Logistics und Telekurs belegt. Isolierte Einsätze sind richtig, wenn ihre Wirtschaftlichkeit nachweisbar ist.
- Unternehmen müssen Erfahrungen mit WebServices aufbauen, allein schon um die unternehmensspezifischen Voraussetzungen kennenzulernen.
- Unternehmen müssen eine WebService-Strategie aufbauen. Sie hat das Ziel, Entscheidungen für bestimmte WebServices vor dem Hintergrund des Gesamtbildes, insbesondere der Marktsituation, zu treffen.
- Unternehmen müssen die Koordination vieler (integrierter) WebServices frühzeitig erlernen, entweder indem sie eigene BCIs entwickeln oder am Markt verfügbare nutzen.
- Die WebService-Architektur und die Sammlung von WebServices des IWI HSG sind eine brauchbare Hilfe zur Ableitung der unternehmensspezifischen Architektur und Strategie.

Literaturverzeichnis

[1] Outsourcing Institute: The Outsourcing Index 2000: Strategic Insights into U.S. Outsourcing, The Outsourcing Institute, 2000 <URL: http://www.outsourcing.com/content.asp?page=02i/articles/intelligence/OI_Index.pdf&nonav=true,>, online: 19.02.2001.

[2] Kallus, M.: Web Services vor dem Durchbruch, CIO Magazin, 2004 <URL: http://www.cio.de/index.cfm?PageID=258&cat=det&maid=6565#>, online: 10.03.2005.

[3] Gasteen, M.: E-services Think Paper 1, Hewlett Packard AG, CSSG Group R&D, Version 1.0, 1999.

[4] Gisolfi, D.: Web Services Architect: Part 1 - An Introduction to Dynamic E-business. IBM Corp.,<URL: http://www-106.ibm.com/developerworks/webservices/library/ws-arc1/,>, online: 05.12.2001.

[5] Österle, H.: Geschäftsmodell des Informationszeitalters. in: H. Österle; Fleisch, E.; Alt, R. (Hrsg): Business Networking in der Praxis: Beispiele und Strategien zur Vernetzung mit Kunden und Lieferanten, Berlin et al. 2001, S. 17-37.

[6] Ambler, S. W.: Web Services are the Doomed Fad of 2001: Performance is Likely to be Abysmal if Complexity is Required, ZDnet, Plesman Publications, 2001 <URL: http://www.zdnet.com/cgi-bin/printme.fcgi?t=tib>, online: 05.12.01.

[7] Glass, G.: The Web Services (R)evolution: Applying Web Services to Applications. IBM Corp., 2000 <URL: http://www-4.ibm.com/software/developer/library/ws-peer1.html>, online: 24.01.2002.

[8] Kirtland, M.: A Platform for Web Services. Microsoft Developer Network, 2001 <URL: http://msdn.microsoft.com/library/default.asp?url=/library/en-us/ dnwebsrv/html/websvcs_platform.asp>, online: 20.01.2002.

[9] Hagel, J. I.; Brown, J. S.: Your Next IT Strategy, in: Harvard Business Review 79 (2001), S. 105-113.

[10] Bond, J.: Web Services are ... What? Webservices.org, 2001 <URL: http://www.webservices.org/article.php?sid=305>, online: 05.12.2001.

[11] Pezzini, M.: The Need for Web Services Standards, Research Note. Gartner Group, 2001 <URL: http://www3.gartner.com/Init>, online: 18.01.2002.

[12] Durchslag, S.; Donato, C.; Hagel, J.: Web Services: Enabling the Collaborative Enterprise, Grand Central Networks Inc., White Paper, San Francisco 2001.

[13] Allweyer T.; Besthorn, T.; Schaaf, J.: IT-Outsourcing: Zwischen Hungerkur und Nouvelle Cuisine, Deutsche Bank Research, 2004 <URL: http://www.dbresearch.de/PROD/DBR_INTERNET_DE-PROD/PROD0 000000000073793.PDF>, online: 10.03.2005.

[14] Kakabadse, N.; Kakabadse, A.: Critical Review - Outsourcing: A Paradigm Shift, in: Journal of Management Development 19(2000), S. 670-728.

[15] Keen, P.; McDonald, M.: The eProcess Edge: Creating Customer Value and Business Wealth in the Internet Era, Berkeley 2000.

[16] Kalakota, R.; Robinson, M.: E-business: Roadmap for Success, Reading (MA) 1999.

[17] Boutellier, R.; Locker, A.: Beschaffungslogistik – Mit praxiserprobten Konzepten zum Erfolg, München 1998.

[18] Picot, A., Maier, M.: Analyse- und Gestaltungskonzepte für das Outsourcing, in: Information Management (1992), S. 14-27.

[19] Reichmayr, C.: Collaboration und WebServices – Architekturen, Portale, Techniken und Beispiele, Berlin et al. 2003.

[20] Vandermerwe, S.: How Increasing Value to Customers Improves Business Results, in: MIT Sloan Management Review, 42(2001)1, S. 27-37.

[21] Gilpin, M.: The Interaction Platform. Forrester Research, Inc., Cambridge 2004.

[22] Fleisch, E.: Das Netzwerkunternehmen – Strategien und Prozesse zur Steigerung der Wettbewerbsfähigkeit in der "Networked Economy", Berlin et al. 2001.

[23] Sutherland, J.: Innovative Ways to Anticipate and Create Significant Logistics Value. Transplace.com, Plano (TX) 2000.

[24] Longo, M. E.; Sutherland, J.: Adding Value through Supply Chain Integration - Auto Parts Retailing. Transplace.com, Plano (TX) 1999.

[25] Reichmayr, C.: ePayment – kooperative Zahlungsprozesse und WebServices im Internet. Arbeitsbericht Institut für Wirtschaftsinformatik (Lehrstuhl Prof. H. Österle), Universität St. Gallen, CC BN/7, St. Gallen 2001.

[26] W3C: Web Services Framework for W3C Workshop on Web Services, 11-12 April 2001, San Jose. IBM, Microsoft, 2001 <URL: http://www.w3.org/2001/03/WSWS-popa/paper51>, online: 2.03.2002.

[27] Microsoft: Global XML Web Services Architecture - White Paper. Microsoft, 2001 <URL: http://gotdotnet.com/team/xmlwebservices/gxa_overview.aspx>, online: 25.02.2002.

[28] Microsoft: XML Web Services. Microsoft, 2001 <URL: http://msdn.microsoft.com/nhp/default.asp?contentid=28000442>, online: 12.03.2002.

[29] Gisolfi, D.: The Web Services Architect: Catalysts for Fee-based Web Services.IBM Corp., 2001,<URL: http://www106.ibm.com/developerworks/library/ws-arc6/>, online: 05.12.2001.

[30] Smith, D.: Software Vendors Weave Web Services into Their Strategies. Gartner Group, Stamford 2001.

[31] Myerson, J. M.: Web Service Architectures – How They Stack Up. Tect, Chicago 2002.

Kooperationsunterstützung und Werkzeuge für die Dienstleistungsentwicklung: Die pro-services Workbench

Markus Junginger
Festo AG & Co. KG, Esslingen
Kai-Uwe Loser
Institut für Arbeitswissenschaft, Ruhr-Universität Bochum
Arndt Hoschke
Techniker Krankenkasse, Hamburg
Thomas Winkler
avaso GmbH, München
Helmut Krcmar
Lehrstuhl für Wirtschaftsinformatik, Technische Universität München

Inhalt

1 Einleitung

Service Engineering ist ein kooperativer Prozess an dem unterschiedlichste Personenkreise beteiligt sind: Kunden, externe Vertragspartner für die Erbringung und die beteiligten Mitarbeiter eines Dienstleistungsunternehmens bilden mit ihren unterschiedlichen Sichtweisen auf und Erwartungen an Dienstleistungen ein komplexes Geflecht von Rollen, die an der Entwicklung beteiligt sind. BRUHN [1] betrachtet diese Rollen in erster Linie unter der Fragestellung der Kommunikationspolitik und beschreibt dafür eine Reihe von Lücken, die durch geeignete interne und externe Kommunikationsmaßnahmen zu überbrücken sind. In einigen dieser Kommunikationsmaßnahmen wird man über bloße Informierungsmaßnahmen hinaus denken müssen und eine aktive Beteiligung anstreben. Das sind die Bereiche in denen Kooperation stattfindet. Die aktive Mitarbeit der beteiligten Mitarbeiter bspw. ist bei der Definition von Dienstleistungsspezifikationen, bei der Ausrichtung der Marktkommunikation, bei der Erhebung der Kundenerwartungen oder der Gestaltung des Erbringungsprozesses von Dienstleistungen vielfach angezeigt.

Service Engineering kann die Entwicklung von Dienstleistungen als Prozess betrachten, der durch Kooperation geprägt ist, und in dessen Verlauf die Bearbeitung geeigneter Materialien koordiniert und geplant wird. Die dazu vorgeschlagenen Prozessmodelle reichen von Wasserfallprozessen bis hin zu zyklischen Modellen [2]. In der Realität von Dienstleistungsunternehmen finden sich meist sehr spezifische Vorgehensweisen, die Bestandteile aus den unterschiedlichen Ansätzen kombinieren, um den Eigenarten der Domäne und den internen Gegebenheiten des Unternehmens gerecht zu werden. Die Gestaltungsebenen solcher Konzepte sind dabei die Organisationsform, die Arbeitsplätze, die Qualifikation der Mitarbeiter, die zu verwendende Technik und das Leistungsversprechen gegenüber dem Kunden als solches. Bei allen Gestaltungsdimensionen können bessere Ergebnisse erzielt werden, wenn schon frühzeitig die unterschiedlichen Sichten auf eine Dienstleistung, welche die unterschiedlichen Rollen haben, einbezogen werden.

Für die technische Unterstützung der dazu notwendigen Kooperation stehen bereits viele Lösungen zur Verfügung, die in unterschiedlichen Kontexten verwendet werden können und in vielen Unternehmen bereits Bestandteil der alltäglichen Arbeit sind. An diese existierenden Installationen von Kooperationsunterstützung können speziellere Lösungen für die Unterstützung bei der Entwicklung von Dienstleistungen angekoppelt werden. Im Projekt pro-services[1] werden über derartige Kooperationsplattformen spezielle Werkzeuge zur kooperativen Prozessgestaltung, zur Sitzungsunterstützung, zur modularen Dienstleistungsgestaltung (siehe Artikel „Modulare Servicearchitekturen“ in diesem Band) und Werkzeuge

---

[1] Das Projekt pro-services wird gefördert vom BMBF, Fördernummer 01HG0066/0067.

für die Managementmethode „Partizipatives Produktivitätsmanagement" PPM [3] in einer Service Engineering Workbench integriert.

Der folgende Abschnitt thematisiert zunächst die Herausforderungen des Service Engineering an eine solche Kooperationsplattform, die vor einem konkreten Hintergrund aus dem Bereich der IT-Dienstleistungen erläutert werden. Anschließend wird kurz der State-of-the-Art von Kooperationssystemen beschrieben, die insbesondere die asynchrone Zusammenarbeit unterstützen. Aus der Betrachtung der beteiligten Rollen, Aufgaben und verwendeten Materialien im Service Engineering wird dann ein Architekturkonzept abgeleitet. Zwei Werkzeuge werden konkreter beschrieben und in einem exemplarischen Szenario wird gezeigt, wie die Kooperation zwischen unterschiedlichen Beteiligten gefördert wird. Der letzte Abschnitt fasst den Beitrag zusammen und gibt einen Ausblick.

2 Herausforderung Kooperation

Die Entwicklung neuer Dienstleistungen und die Weiterentwicklung eines bestehenden Dienstleistungsportfolios ist eine Kernkompetenz für die Erhaltung oder die Schaffung einer herausragenden Wettbewerbsposition eines Dienstleistungsunternehmens. Im Zentrum der Bemühungen steht die Entwicklung eines Leistungsversprechens, das für Kunden möglichst attraktiv erscheint, gegenüber Mitbewerbern am Markt konkurrenzfähig ist und im internen Leistungserstellungsprozess eine effektive und effiziente Erbringung erlaubt. Grundlage für eine systematische Unterstützung der Dienstleistungsentwicklung ist daher die Betrachtung der Herausforderungen im Service Engineering und die darauf aufbauende Entwicklung eines Konzepts für eine softwarebasierte Unterstützung unter dem Fokus der Kooperationsunterstützung. Im Folgenden werden zunächst die zentralen Herausforderungen bei der Dienstleistungsentwicklung herausgearbeitet und am Beispiel von IT-Dienstleistungen im Bereich des Application Hosting, dem Betrieb von Kundensystemen durch einen Dienstleister in seinen Rechenzentren, exemplarisch beleuchtet.

Die Identifikation der Herausforderungen für eine erfolgreiche Dienstleistungsentwicklung lassen sich in Anlehnung an die Triebkräfte des Wettbewerbs [4] systematisieren. So wird die Entwicklung neuer Dienstleistungen primär durch das Ziel der Befriedigung von Kundenanforderungen und durch den Wettbewerb innerhalb einer Dienstleistungssparte getrieben. Ebenso wird die Dienstleistungsentwicklung durch das Aufkommen substitutiver Produkte initiiert. Hier können bspw. Systemdienstleistungen genannt werden, die bisher einzeln erbrachte Leistungen ersetzen oder integrieren. Eine weitere Herausforderung ist die Konkurrenzfähigkeit etablierter Dienstleister mit neuen Wettbewerbern. Diese machen sich oftmals neue Dienstleistungsideen oder technologische Innovationen zu Nutze, um in bestehende Märkte einzudringen. Eine wichtige Rolle spielen ebenso die

Lieferanten für das Service Engineering. So ist mit Ausnahme von reinen Beratungsdienstleistungen fast immer die Nutzung von Vorprodukten unerlässlich. Auch müssen bei (Weiter-)Entwicklungen von Dienstleistungen aktuellste Produkte durch den Dienstleister eingesetzt werden. Die Verfügbarkeit modernster Technologien, Verfahren und Methoden ist ja gerade ein zentraler Vorteil, den sich Dienstleistungskunden versprechen. Einen Überblick über die Triebkräfte und Herausforderungen gibt Abbildung 1.

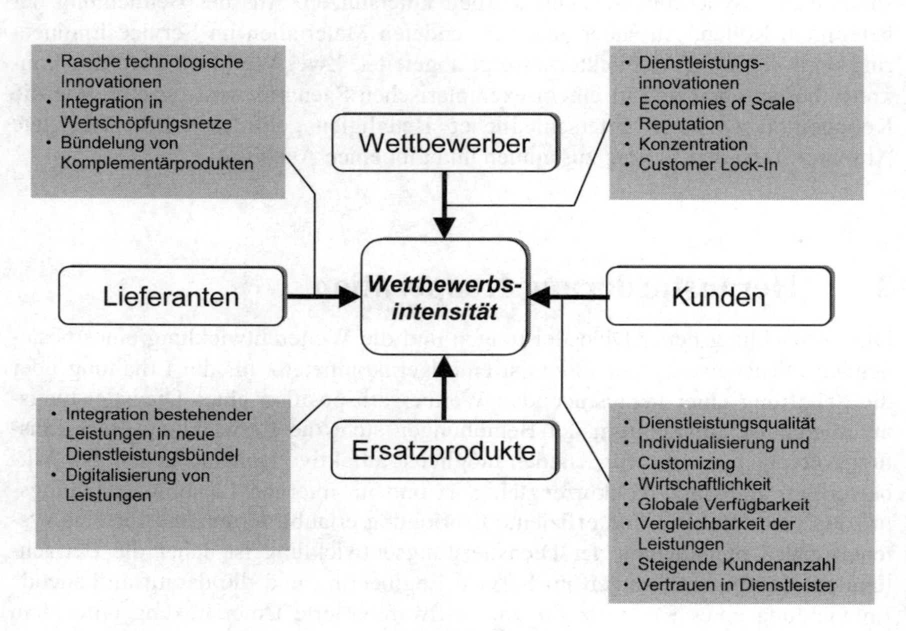

Abbildung 1: Triebkräfte und Herausforderungen des Service Engineering

Besonderes Merkmal bei der Dienstleistungsentwicklung ist die Berücksichtigung des externen Faktors, also derjenigen (Produktions-)Faktoren, die vom Nachfrager der Leistung zur Verfügung gestellt werden und an denen oder mit denen eine Leistung erbracht wird [5]. So ist bspw. bei IT-Dienstleistungen die bestehende Systemlandschaft und technische Infrastruktur des Kunden zu berücksichtigen. Die Dienstleistung muss folglich in hohem Maße an Kundenbedürfnisse und den externen Faktor anpassbar sein. Dieser Umstand macht es bei der Entwicklung erforderlich, mögliche spätere Kundenwünsche und externe Rahmenbedingungen der Kunden zu antizipieren und zu berücksichtigen. Die Anpassung eines Leistungsangebots wird auch oftmals mit dem Begriff Customizing bezeichnet. So müssen beim Application Hosting grundsätzlich Systemverfügbarkeiten, Systemantwortzeiten und Reaktionszeiten über Service Level konfigurierbar sein oder die Anbindung von proprietären Drittsystemen über Schnittstellen bei der Implementierung realisierbar sein. Der Dienstleister steht hier vor einem Dilemma: Einerseits muss er systematisch (teil-)standardisierte Leistungen entwickeln, mit denen er im Wettbewerb seine Leistungsbereitschaft signalisieren kann, andererseits muss er flexibel genug sein, kundenindividuelle Lösungen zu implementieren. Eine mögliche Lösung zwischen den beiden Extremen hochstandardisierter Dienstleistungen und integraler kundenspezifischer Leistungen, sind modulare Service Architekturen, die eine optimale Anpassung und Konfiguration standardisierter Bausteine den Kundenbedürfnissen entsprechend erlauben.

Die Entwicklung von Dienstleistungen ist auch vor dem Hintergrund überregional und global operierender sowie verteilt organisierter Dienstleistungsunternehmen problematisch. So werden die Leistungen oftmals in unterschiedlichen Ländern vertrieben und betrieben, die Dienstleistungsentwicklung ist jedoch zentralisiert. Um bei der Entwicklung von Dienstleistungen eine optimale Kundennähe erreichen zu können, bedarf es allerdings einer möglichst nahen Kopplung zwischen Vertrieb, Marketing, Betrieb sowie Kunden und des für die Entwicklung zuständigen Bereichs unerlässlich. So müssen Erfahrungen aus dem laufenden Geschäft heraus genauso berücksichtigt werden wie länderspezifische und kulturelle Gegebenheiten. Insbesondere wenn es sich um wissensintensive immaterielle Dienstleistungen handelt, ist die Berücksichtung kulturkreisspezifischer Eigenheiten ein wesentlicher Erfolgsfaktor bereits im Vertrieb. Auch die Einbindung von Partnern auf Lieferantenseite und auf Vertriebsseite ist zunehmend ein wichtiger Erfolgsfaktor beim Service Engineering. Insbesondere wenn in Wertschöpfungsnetzen Systemprodukte entwickelt werden, muss eine enge Zusammenarbeit bei der Entwicklung in geeigneter Weise sichergestellt sein. Hier müssen sämtliche einzubindenden Teilprodukte aufeinander abgestimmt werden und Erfahrungen bei der Erbringung dieser Leistungen möglichst unmittelbar in die Weiter- und Neuentwicklung von Dienstleistungen eingebracht werden. Besonders deutlich wird diese Abhängigkeit beim Application Hosting. Das Dienstleistungsunternehmen muss ein funktionsfähiges Systemprodukt aus bezogener Hardware und Software entwickeln und betreiben sowie dem Kunden einen geeigneten Service anbieten. Schnelle Rückkopplungsmöglichkeiten zwischen diesen Partnern sind unerlässlich.

Während der Schwerpunkt der Wertschöpfung bei materiellen Gütern in der Produktion liegt, so erbringt ein Dienstleistungsunternehmen seine Leistung über den gesamten Lebenszyklus einer Dienstleistung hinweg, was auch bei einem Vergleich der Zahlungsströme offensichtlich wird [6]. Die Wertschöpfung von Dienstleistungen ist über den gesamten Leistungszeitraum anteilig zuordenbar. Der Ertrag einer Dienstleistung wird erst durch die permanente Befriedigung der Kundenbedürfnisse erzeugt und bspw. durch monatliche aufwandsbezogene Zahlungen sichergestellt. Wesentliche Risiken sind die im Vergleich zu Investitionsgütern vermuteten niedrigeren Wechselkosten auf Seiten des Kunden sowie die erwartete Geschäftsentwicklung des Kunden. So sind Dienstleistungen wesentlich flexibler anzupassen als Investitionsgüter, die einmal gekauft materiellen Bestand haben. Solche Situationen muss der Dienstleister erkennen und in der Lage sein,

sein Leistungsangebot flexibel in alle Richtungen anzupassen. Voraussetzung hierfür ist der permanente Kundenkontakt, nicht nur durch operative Einheiten, sondern auch durch die dem Key-Account Management vergleichbare Kunden- oder Service-Manager, die Veränderungen beobachten und Neu- und Weiterentwicklungen eines Leistungsangebots initiieren können.

Die erfolgreiche Bewältigung vorausgehend genannter Herausforderungen macht vielfältige Kooperationen notwendig. Am Beispiel der Entwicklung und Pilotierung einer Application Hosting Dienstleistung kann man sich die Kooperationsbeziehungen während der Entwicklung und des Betriebs einer Dienstleistung vergegenwärtigen. Im Rahmen einer Interaktionsanalyse [7] wird deutlich, dass es sich um eine Vielzahl besonders wissensintensiver Kooperationsbeziehungen unter den zahlreichen Akteuren handelt (vgl. Abbildung 2).

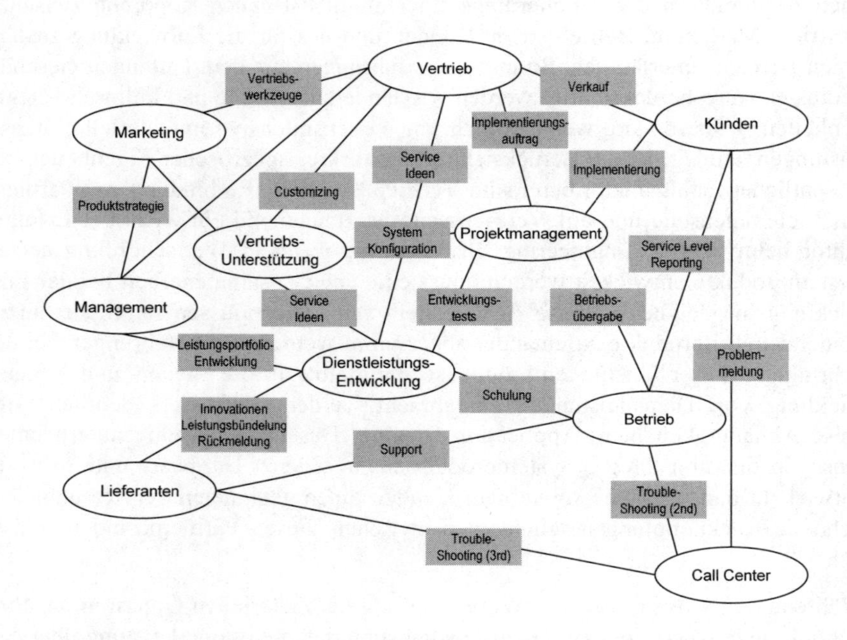

Abbildung 2: Interaktionsnetz bei der Entwicklung von IT-Dienstleistungen

Die Darstellung verdeutlicht: Zur erfolgreichen Bewältigung der Herausforderungen des Service Engineering ist eine Unterstützung der Akteure bei der Zusammenarbeit unerlässlich. Welche technischen Lösungen dafür zur Verfügung stehen wird im nächsten Kapitel beschrieben.

3 Kooperationsunterstützung

Für die Unterstützung der Arbeit an gemeinsamen Materialien stehen unterschiedlichste Systeme zur Verfügung. Solche kooperationsunterstützenden Systeme sind eng mit den Begriffen CSCW (Computer-Supported Cooperative Work) und Groupware gekoppelt – für einen Überblick über das Thema steht ein weites Spektrum an Literatur zur Verfügung (z. B. [8][9]). Weit verbreitet sind Systeme, über die Dokumente effektiv verteilt und verwaltet werden können. Diese werden heute als Intranet-, Dokumentenmanagement und Wissensmanagementlösungen mit jeweils unterschiedlichem Fokus vermarktet (DominoDoc, Livelink, Hyperwave, BSCW etc.). Im Folgenden werden Funktionen einer Klasse von Systemen beschrieben, die unterschiedlichste Kooperationsunterstützungen anbieten und im Kern ähnliche Eigenschaften besitzen.

Die Basisfunktionalität der genannten Systemklasse ermöglicht es mehreren Nutzern Dokumente verteilt im System abzulegen, zu klassifizieren und wieder zu finden. Unter diesem Aspekt können solche Systeme als **Shared Workspace** Systeme bezeichnet werden. Die Nutzerschnittstelle ist häufig webbasiert und ermöglicht so einen flexiblen Zugang zu den Dokumenten. Eine besondere Eigenschaft, die von großem Nutzen ist, ist dass neben den eigentlichen Dokumenten auch **Metadaten,** also beschreibende Daten, wie Autoren, Thema, Dokumentenart etc., verwaltet werden können, die flexibel einzustellen sind. Auf dieser Datenbasis kann dann flexibel gesucht werden: nach Metadaten, Bezeichnungen und durch Volltextsuche. Einmal verwendete Suchanfragen können häufig wie Dokumente als Objekt abgespeichert werden und wiederholt ausgeführt werden. Zu dieser Shared Workspace-Funktionalität gehören weitere wesentliche Aspekte wie **Benutzerrechte**, die den Zugriff auf die unterschiedlichen Bereiche steuern und der Schutz von Dokumenten, die aktuell bearbeitet werden. Diese sind vor versehentlicher Änderung von weiteren Nutzern geschützt (**Locking**). Ebenso können **Versionen** von Dokumenten verwaltet werden.

Die bis hierhin genannte Funktionalität stellt bereits eine wichtige Basis für das Service Engineering zur Verfügung: Die unterschiedlichen Dokumente und Arbeitsergebnisse von Beteiligten können damit zentral verwaltet und untereinander ausgetauscht werden. Die Arbeit an diesen Dokumenten kann dadurch koordiniert werden und der verteilte Zugriff ist sichergestellt. Durch flexibles Suchen können Dokumente in unterschiedlichem Kontext angezeigt werden und stehen damit für weitere Arbeiten zur Verfügung. Über die Rechtevergabe wird es möglich, Dokumente in einem Kontext zur Ansicht, in dem anderen zur Bearbeitung zur Verfügung zu stellen. Im Beispiel der Kooperationsbeziehungen bei IT-Dienstleistungen findet z. B. der Betrieb die Service-Level-Agreements, die der Vertrieb getroffen hat, entsprechend im System vor oder Lieferanten einer Teil-Dienstleistung können sich vorab über derzeit notwendige und über zukünftig gewünschte Spezifikationen informieren.

Auf Basis dieser Kernfunktionalität sind wiederum unterschiedlichste Funktionalitäten möglich, die bestimmte Aspekte der Ablage weiter verbessern können: Neben Dokumenten können **Diskussionen** gestartet werden. Es können bspw. zu abgelegten Dokumenten Kommentare abgegeben werden und diese können wiederum kommentiert werden. Solche Diskussionsforen können dazu dienen, Aushandlungen vorzubereiten, beliebige Anmerkungen von unterschiedlichen Akteuren zu sammeln oder Begründungen (Design Rationale) für bestimmte Entscheidungen zu dokumentieren.

Prozesse lassen sich mit einer **Workflowfunktionalität** unterstützen: bspw. können Prüfschritte für das Risikomanagement automatisch angestoßen werden, wenn entsprechende Konzeptdokumente für Dienstleistungen fertig gestellt werden. Weniger formal steuernd kann auch über so genannte **Push-Dienste und Notifications** ermöglicht werden, dass andere Beteiligte die Bearbeitung von Dokumenten wahrnehmen. Über diese Funktion können Dokumente und Benachrichtigungen an bestimmte Adressaten versandt werden. Dies kann sowohl innerhalb des Systems erfolgen oder aber auch durch Integration mit E-Mail-Systemen. Diese Funktion fällt in den Bereich der Awarenessdienste: den Nutzern werden bestimmte Tätigkeiten von Beteiligten sichtbar gemacht. Dies ist bei zeitlich/räumlich entkoppelten Systemen ein wichtiger Baustein, um die Zusammenarbeit sicherzustellen. Erst wenn der Betrieb der IT-Dienstleistung mitbekommt, dass neue Vereinbarungen mit einem Kunden getroffen worden sind, können diese auch eingehalten werden. Dabei ist wichtig zu beachten, dass in Systemen dafür sowohl eher starre Mechanismen wie Workflow zur Verfügung stehen, die eine bestimmte Form der Koordination sicherstellen können, als auch eher flexible Mechanismen, die eine Zusammenarbeit eher ermöglichen als formale Regeln. Nicht jede Zusammenarbeit ist sinnvoll vorherzusehen und formal festzulegen. Zu den dazu notwendigen Awarenessdiensten sind auch **Ticker** zu zählen, die auf ganz informellem Wege über Aktivitäten und Neuigkeiten im System informieren.

Weitere Funktionen, die von vielen Groupware-Produkten unterstützt werden, sind **Gruppenterminkalender** und **Aufgabenlisten**. Darüber können Gruppen und Projektkalender geführt werden, um z. B. gemeinsame Treffen zu koordinieren, die Projektplanung transparent zu machen sowie Aufgaben zuzuweisen und direkt mit den Dokumenten zu verbinden. Das kann bspw. bei der Koordination von Projektteams für neue Dienstleistungen eingesetzt werden.

Um die Arbeit mit den Systemen zu unterstützen, sollte eine möglichst nahtlose Integration in die Arbeitsumgebung der Nutzer möglich sein. Die unterschiedlichen Technologien der Systeme haben hier spezifische Vor- und Nachteile. Webbasierte Systeme sind hier einerseits plattformübergreifend und verringern den Installationsaufwand, sind aber andererseits häufig eher umständlich zu bedienen. Um die Arbeit in Windowsumgebungen handlicher zu machen, existieren verschiedene Möglichkeiten: durch entsprechende Add-Ins kann bspw. aus Officeapplikationen direkt auf Dokumente zugegriffen werden, ohne zusätzliche Up-/ Downloadschritte. Ebenso besteht über spezielle Client-Applikationen ein direkterer Zugriff auf Dokumente. Offene Protokolle wie bspw. das WebDAV-Protokoll [10] erlauben es, Kooperationsserver wie Fileserver (mit erweiterten Funktionen, wie Locking und Metadaten) zu benutzen.

Die genannte Vielfalt an Funktionalität zur Unterstützung kooperativer Arbeit ist heute in unterschiedlicher Ausprägung in vielen Plattformen entweder direkt zu finden oder sie steht als zusätzliche Komponenten zur Verfügung. Insbesondere seien hier Groupware-Lösungen wie Lotus Notes/Domino und Microsoft Exchange genannt, aber auch viele Dokumenten-, Content- und Wissensmanagementlösungen umfassen derartige Funktionen [11]. Lotus Notes/Domino und Microsoft Exchange werden dabei vielfach eher als Entwicklungsplattform gesehen, für die einerseits eine große Bandbreite unterschiedlicher zusätzlicher Funktionalität zur Verfügung steht, andererseits können auf deren Basis flexibel sehr spezielle Systeme für die Kooperation im Unternehmen entwickelt werden. Abbildung 3 zeigt die genannten typischen Funktionen noch einmal im Überblick. Dabei sind sie den Aufgaben Kommunikation, Koordination und Kooperation im engeren Sinne zugeordnet.

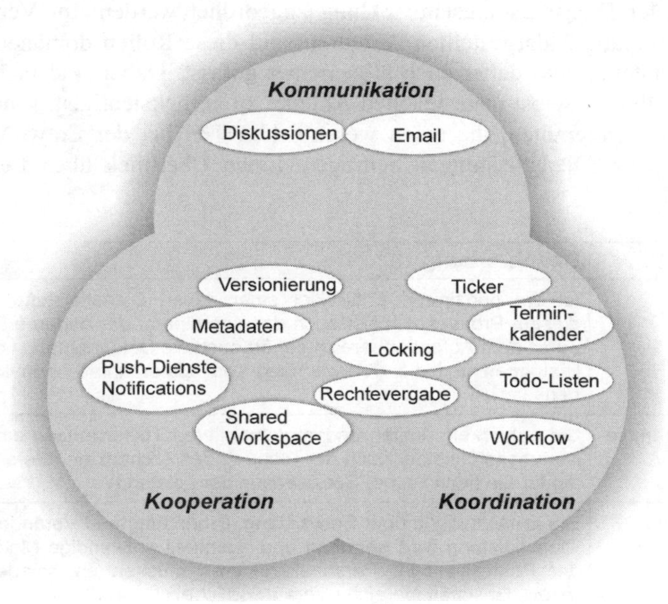

Abbildung 3: Typische Funktionen von asynchronen Kooperationsplattformen im Überblick

4 Unterstützung von Akteuren im Service Engineering

Um eine Unterstützung der Akteure im Service Engineering bei der Erfüllung ihrer komplexen Aufgaben und Interaktionen zu ermöglichen, können sie in verschiedenen Rollen klassifiziert und diesen Rollen entsprechende Aufgaben zugewiesen werden. Kooperationsunterstützung im Service Engineering heißt, die Arbeit unterschiedlicher Akteure an gemeinsamem Material in unterschiedlichem Kontext sicherzustellen.

4.1 Rollen, Aufgaben und Materialien

Basierend auf einer differenzierten Aufgabenanalyse der Akteure in der Dienstleistungsentwicklung im Rahmen des Forschungsprojekts pro-services in den Domänen IT-Dienstleistungen, Facility Management, Beratung, Schulungsdienstleistungen sowie industrieller Serviceleistungen, können den Akteuren allgemeine Rollen in der Dienstleistungsentwicklung zugeordnet werden. Im Vergleich zu den in Abbildung 2 dargestellten Akteuren sind diese Rollen domänenübergreifend zu verstehen und daher auch allgemeiner gefasst. Dabei sind nicht nur die beim Dienstleister selbst angesiedelten Akteure zu berücksichtigen, sondern auch Kunden und Lieferanten, die einen wesentlichen Teil bei der Entwicklung und Erbringung von Dienstleistungen beitragen. Einen Überblick über diese Rollen gibt Tabelle 1.

Rolle	Beschreibung
Architekt	Ist der prinzipielle Entwickler einer neuen Dienstleistung und ist in diesem Prozess zumeist auch der Koordinator der anderen Beteiligten. Zu seinem Aufgabenbereich gehört auch die Dokumentation der Dienstleistungen und die Überwachung von später anfallenden Modifikationen.
Entwickler/ Implementierer	Sie entwickeln, testen und implementieren Teilleistungen einer Dienstleistungsarchitektur nach der Planung des Architekten. Sie sind zuständig für die (technische) Spezifikation der Leistung.
Management	Die Entscheidung über Entwicklung, Erbringung und Veränderung einer Dienstleistung wird getroffen und eventuell notwendige Modifikationen der Prozesse oder Personalstrukturen müssen entschieden werden (bspw. Geschäftsbereichs-Verantwortliche).
Marketing	Hier gilt es, in die Entwicklung der Dienstleistung Erkenntnisse über den Markt und etwaige Konkurrenten einfließen zu lassen und später die erfolgreiche Kommunikation des Produkts an die Kunden sicherzustellen.
Vertrieb	Er ist für den Verkauf der Dienstleistungen zuständig. In dieser Funktion hat er auch den direkten Kontakt zum Kunden und ist für die Pflege dieser Schnittstelle und den Abgleich der Anforderungen zuständig.

Controlling	Bereits während der Entwicklung einer Dienstleistung muss ein entsprechendes Geschäftsmodell entwickelt werden, dessen Einhaltung während der Lebensdauer der Dienstleistung verifiziert werden muss.
Dienstleistungs-erbringer	Sie erbringen die Dienstleistung für den Kunden allein, im Verbund mit anderen Dienstleistern oder gemeinsam mit Zulieferern und liefern Daten über Produktivität und Zufriedenheit.
Lieferant	Liefert einzelne Bestandteile oder komplette Services die in die Dienstleistung integriert werden und ist dabei auf reibungslose Kommunikation angewiesen. Kann bereits an der Entwicklung einer neuen Dienstleistung beteiligt sein.
Kunde	Als Abnehmer der Dienstleistung soll sie auf seine Bedürfnisse zugeschnitten sein und er kann daher auch bereits an der Entwicklung einer neuen Dienstleistung beteiligt sein. Außerdem kann er durch verändertes Verhalten Anstoß zu Neuentwicklungen oder Modifikationen geben.

Tabelle 1: Rollen in der Dienstleistungsentwicklung

Um eine erfolgreiche und systematische Entwicklung, Durchführung und Anpassung von Dienstleistungen zu ermöglichen, müssen diese neun Rollen kooperativ die anfallenden Aufgaben und Probleme bewältigen und die vorhandenen Informationen austauschen. Um diesen Prozess zu unterstützen, bietet die Workbench verschiedene Räume, in denen jeweils spezifischen Rollen Werkzeuge zur Unterstützung zur Verfügung gestellt werden. Die semantische Struktur der Workbench soll einen möglichst intuitiven Einstieg in das Service Engineering und das Durchführen konkreter Service Engineering-Projekte ermöglichen. Daher ist es sinnvoll, dass die Struktur der Workbench einem einheitlichen Leitgedanken folgt, den sich Benutzer einfach zu eigen machen können und der es erlaubt, die Funktionalität der Workbench vollständig daran auszurichten. SCHWABE/HERTWECK/KRCMAR [12] nennen für das Design von CSCW-Umgebungen drei grundsätzliche Ansätze: die Prozessorientierung, die Materialorientierung sowie die Kontextorientierung, an der sich auch die pro-services Workbench orientiert.

Im kontextorientierten Ansatz richtet sich die Telekooperationsumgebung an Arbeitszusammenhängen der Beteiligten aus. Dabei definiert ein Kontext eine Menge von Kooperationspartnern, Materialien, Aktivitäten und Werkzeugen sowie Verbindungen zu anderen Kontexten. Ein Arbeitskontext steht idealerweise auch für definierte Formen der Öffentlichkeit von Kooperation, weil sich auf diesem Weg komplexe Zugriffsrechte und auch der Status von Materialien anschaulich abbilden lassen. Der kontextorientierte Zugang versucht, einen Mittelweg zwischen der großen Flexibilität des materialorientierten Ansatzes und der starken Strukturierung des prozessorientierten Ansatzes zu finden. Besonders leicht wird der Zugang zur Software, wenn die Kontexte real existierenden Arbeitskontexten der Benutzer entsprechen oder dieser Zugang anschaulich erklärt werden kann. Eine geeignete Metapher zur Veranschaulichung sind dabei Räume [13]. Räume definieren auch in nicht-technischen Umgebungen Arbeits- und Kooperationszusammenhänge. Sie definieren Inklusion und Exklusion von Beteiligten sowie die Bearbeitungs- und Ablageorte für Materialien. Daher werden die Kontexte des Service Engineering über die Raummetapher in der Workbench repräsentiert.

Für die Unterstützung der wichtigsten Aufgaben des Service Engineering wird die Implementierung von insgesamt sieben Räumen vorgeschlagen, die im Folgenden kurz beschrieben werden:

Raum **Service Engineering(SE)-Gestaltung**: Im Raum der Service Engineering-Gestaltung geht es um die Art und Weise, in der im Unternehmen Dienstleistungen entwickelt werden. Bei den Tätigkeiten in diesem Raum handelt es sich nicht um Alltagsgeschäft: es geht weder um die Entwicklung noch um die Erbringung einer konkreten Dienstleistung. Es geht vielmehr darum – vom Einzelfall abstrahierend – Prozessbeschreibungen, Methoden und Artefakte zu gestalten, die zu Dienstleistungsentwicklungsprozessen im Unternehmen beitragen.

Raum **Geschäftsmodell**: Im Geschäftsmodellraum erarbeiten Akteure Ziele und Rahmenbedingungen aus betriebswirtschaftlicher Sicht für die technisch-organisatorische Konzeption, Implementierung und Erbringung einer Dienstleistung. Ein Geschäftsmodell beschreibt, auf welche Art und Weise mit einer umzusetzenden Dienstleistungsidee Einnahmen generiert werden können. Dazu konkretisiert ein Geschäftsmodell das Wertversprechen des Dienstleisters gegenüber seinen Kunden, die Einnahmemodelle und beschreibt Annahmen über Wachstum und Skalierung. Letztere zeigen zum einen den geplanten Wachstumspfad über den Lebenszyklus auf und machen gleichzeitig Vorgaben für die Ausgestaltung der für die Umsetzung benötigten Ressourcen. Neben einer Skizzierung dieser Ressourcen benennt ein Geschäftsmodell zudem das Netzwerk möglicher oder notwendiger Partner, das die Ressourcen bereitstellt. Im Vordergrund der Kooperation in diesem Raum steht die Untersuchung der betriebswirtschaftlichen Rentabilität einer Dienstleistungsidee, bzw. einer Dienstleistung im Rahmen des Reengineering.

Raum **Konzeption**: Im Konzeptionsraum werden eine Dienstleistung, eine Servicearchitektur und die zugehörigen Prozesse detailliert entworfen und getestet. Der Konzeptionsraum wird in unterschiedlichen Situationen verwendet. Dazu gehören die Neuentwicklung oder Veränderung einer Servicearchitektur, das Customizing von Dienstleistungen und die Neukonzeption oder das Reengineering eines einzelnen Dienstleistungsmoduls.

Raum **Implementierung**: In diesem Raum geht es um die Arbeitsvorbereitung, Arbeitsplatzgestaltung und Schulung. Dort werden alle Aktivitäten durchgeführt, die notwendig sind, um die entwickelte Dienstleistungsarchitektur und das Geschäftsmodell zum „going life“, d. h. zur Marktreife oder zur Einführung eines neuen Releases zu bringen. Hierbei wird die entwickelte Dienstleistungsarchitektur duplizierbar gemacht, es werden Vertriebs- und Marketingaktivitäten vorbereitet, die entsprechenden Arbeitsplätze zur Verfügung gestellt, Schulungen der Mitarbeiter durchgeführt und die organisatorische Implementierung sichergestellt.

Im Zentrum stehen hierbei die Bereitstellung der für die Leistungserbringung notwendigen Ressourcen und die Festlegung der organisatorischen Prozesse, wie bspw. Vertriebsprozesse, Betriebsprozesse, Serviceprozesse, Einführungsprozesse. Dieser Raum ist hierbei die Schnittstelle zwischen der Entwicklung einer Dienstleistung und dem am Markt ausgeübten Leistungsversprechen einerseits und der Erbringung der Leistung gegenüber dem Kunden andererseits. Zudem gilt es, Richtlinien, Vorschläge und Normen zur Arbeitsplatzgestaltung und Ergonomie darzustellen und die Sammlung von „Best practice Modellen" und Anregungen aus arbeitspsychologischer Sicht zu ermöglichen, die dann Eingang in entsprechende Schulungen bzw. Schulungsmaterialien finden.

Raum **Evaluation**: In diesem Raum werden die Güte der Dienstleistungserbringung und die Einhaltung von vereinbarten Spezifikationen überwacht. Dabei werden sowohl Prozesse (Längsschnitt) als auch Teams (Querschnitt) evaluiert und die Ergebnisse zur stetigen Optimierung der zu erbringenden Dienstleistungen genutzt. Durch den Einsatz von Instrumenten zur Produktivitätsoptimierung können Produktivität und Arbeitsprozesse effizient gesteuert werden und autonome Teams erhalten notwendige Rückmeldungen über ihre Ergebnisse. Dem Anwender stehen dabei verschiedene Instrumente zur Planung und Durchführung der Evaluation zur Verfügung, so dass ein speziell auf seinen Service abgestimmter Evaluationsprozess gestaltet werden kann.

Raum **Infothek**: In der Infothek findet sich der Zugang zu Informationen, die im Unternehmen zur Verfügung stehen. Dabei kann es sich um den Zugriff auf informative Artefakte (Dokumente, Formulare, Prozessbeschreibungen etc.) handeln oder aber um das Auffinden von Personen, die über gesuchte Kompetenzen und Informationen verfügen. Ein zentraler Bestandteil der Infothek ist ein Kategorienschema, das eine effiziente und integrierte Suche nach Artefakten und Personen unterstützt.

Raum **Sitzung**: Der Sitzungsraum wird von allen Beteiligten am Service Engineering immer dann verwendet, wenn sowohl im inhaltlichen als auch im zeitlichen Sinne gemeinsam Ergebnisse für alle Aktivitäten des Service Engineering erarbeitet werden sollen. Der Sitzungsraum bietet eine Funktion, die in allen Phasen des Dienstleistungsentwicklungsprozesses sinnvoll genutzt werden kann. Er dient der Vorbereitung, Durchführung und Nachbereitung von Sitzungen im Allgemeinen, sowie der Unterstützung von elektronischen Sitzungen.

Die Einbindung eines individualisierbaren Portals ermöglicht darüber hinaus einen benutzerspezifischen Zugang zur Workbench, der eine Vorgruppierung der Räume für die Anwender ermöglicht und ihnen einen Überblick über zur Verfügung stehende Werkzeuge und Aufgaben verschafft.

Die Systematisierung der Rollen und Aufgaben im Service Engineering, die im kontextorientierten Ansatz durch die Bildung von Räumen im Sinne eines gemeinsamen Arbeitskontexts unterstützt werden, erlaubt die Arbeit an und mit gemeinsamem aufgabenspezifischem Material. Hierbei werden den Akteuren

Materialtypen und Vorlagen, basierend auf Best-Practice Prozessen, zur Verfügung gestellt. So haben Materialien ihren Ursprung in den oftmals gleichnamigen Räumen, wie bspw. die Beschreibung eines Geschäftsmodells im Geschäftsmodellraum, sie sind jedoch auch in allen anderen Räumen im dortigen Arbeitskontext mit dedizierten Rechten oder Inhalten verfügbar. Für die Bearbeitung dieser Materialien werden neben den Kooperationsfunktionen der Workbench auch spezifische Werkzeuge bereitgestellt, die eine Arbeit mit den Materialen unterstützen. Beispielsweise sind Werkzeuge zur Verwaltung und Visualisierung von Service-Architekturen oder zur Beschreibung von Service-Prozessen zu nennen (vgl. hierzu auch Kapitel 5).

4.2 Workbench-Konzept

Für die Unterstützung des Service Engineering durch Kooperationswerkzeuge wird eine Drei-Ebenen Architektur vorgeschlagen. Auf der obersten Akteursebene werden den unterschiedlichen Akteuren die vorhergehend beschriebenen Rollen zugeordnet, sie bilden den Ausgangspunkt für das Rechtekonzept und den aufgabenspezifischen Zugriff auf die Materialien bei der Dienstleistungsentwicklung. Auf der zweiten Ebene, der Werkzeugebene, werden unterschiedliche Arbeitskontexte in Räumen zusammengefasst, in denen aufgabenspezifisch Materialien mit geeigneten Werkzeugen bearbeitet werden. Die Basis bildet die Datenebene, auf der die Materialien gespeichert werden und für die Arbeit in unterschiedlichen Räumen zur Verfügung stehen. Einen Überblick gibt Abbildung 4.

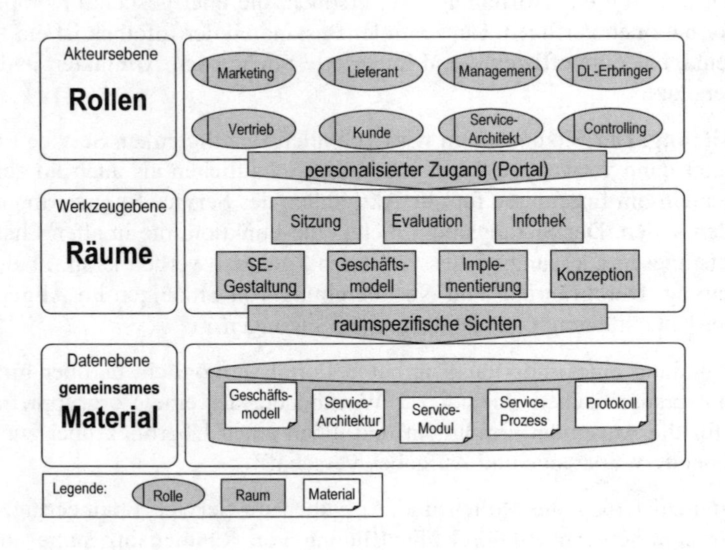

Abbildung 4: Drei-Ebenen Konzept

Im Zentrum des Arbeitskontexts steht die gemeinsame Arbeit an Materialien in den Räumen. Hier werden semi-strukturierte Kooperationskontexte definiert, in denen die Arbeit an einer zu entwickelnden Dienstleistung aufgabenbezogen und kooperativ durchgeführt wird. In einem Raum wird das relevante Material samt zugehöriger Werkzeuge zur Bearbeitung bereitgestellt. Die Nutzung der Raummetapher hat den Vorteil, dass die Anwender möglichst viel ihres existierenden Arbeitsverständnisses aus der realen Arbeitswelt auf die Anwendung der Workbench übertragen können. Daneben stehen ihnen ergänzend zu den bisherigen Möglichkeiten, Material bearbeiten zu können, aufgabenbezogene Software-Werkzeuge zur Verfügung, welche die Arbeit am gemeinsamen Material unterstützen.

Am Beispiel der Entwicklung eines Geschäftsmodells für eine Dienstleistung wird die Notwendigkeit der flexiblen Verfügbarkeit unterschiedlicher Räume deutlich. So erfolgt die Entwicklung eines Wertversprechens im Geschäftsmodellraum. Hier stehen Kalkulationstools und Tools zur systematischen Beschreibung der Komponenten eines Geschäftsmodells zur Verfügung. Ausgangspunkt dieser Entwicklung ist die Dienstleistungsidee, die in einer gemeinsamen Strategiesitzung mit dem Top-Management, Service-Entwicklern und Marketing im Sitzungsraum entwickelt wird. Aufbauend auf einem Geschäftsmodell wird im Entwicklungsverlauf eine Dienstleistungsarchitektur im Konzeptionsraum entwickelt. Das Service Engineering ist hinsichtlich der Zusammenarbeit der Akteure nicht als determinierte sequenzielle Abfolge von Aktivitäten zu betrachten. Vielmehr sind in unterschiedlichen Phasen je nach Komplexität der angestrebten Leistung Rückkopplungen mit anderen Arbeitskontexten nötig, wie z. B. eine Meilensteinsitzung im Sitzungsraum zum Entwicklungsstand des Geschäftsmodells. Auch wenn eine Dienstleistung bereits implementiert ist und am Markt angeboten wird, kann die Verbesserung des Geschäftmodells eine Aufgabe des Service Engineering sein und muss entsprechend durch einen Zugang zum Geschäftsmodellraum sichergestellt werden.

Eine wichtige Bedeutung hat die grundlegende Ausgestaltung der unterschiedlichen Räume der Service-Workbench. In ihnen müssen kontextspezifische Software-Werkzeuge zur Verfügung gestellt werden, die eine Bearbeitung der Materialien und Daten in geeigneter Weise unterstützen. So ist bspw. bei der Service Engineering Gestaltung ein Modellierungswerkzeug notwendig, das die Darstellung von Entwicklungsprozessen in geeigneter Weise unterstützt. Zur Sicherstellung dieser Arbeit ist die Festlegung grundlegender Arbeitsaufgaben und Arbeitsabläufe im Rahmen der Service Engineering Gestaltung in einem Raum unerlässlich. Einen Überblick über die grundsätzliche Wahrnehmung der Raumgestaltung aus Akteurssicht und der Materialflüsse gibt Abbildung 5.

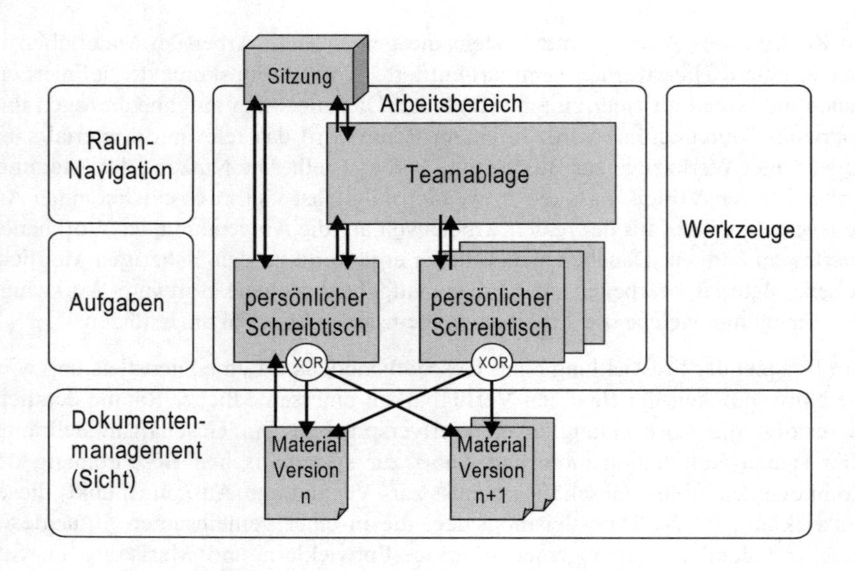

Abbildung 5: Konzeption eines Raumes und Materialflüsse

Nach dem Login in einen Raum findet ein Akteur entsprechend seiner Rolle eine angepasste Arbeitsumgebung vor. Im Zentrum steht hierbei der persönliche Schreibtisch, worauf grundsätzlich mit Hilfe der Werkzeuge, wie sie im folgenden Kapitel näher beschrieben werden, Materialien bearbeitet werden. Die Materialien werden hierfür aus dem Dokumentenmanagement über eine raum- und rollenspezifische Sicht präsentiert und in unterschiedlicher Weise für die Bearbeitung zur Verfügung gestellt. Grundsätzlich können diese Materialien in Einzelarbeit auf einem eigenen persönlichen Schreibtisch eines Akteurs oder in gemeinsamen Sitzungen gleichzeitig von mehreren Akteuren bearbeitet werden. Über die Teamablage werden Dokumente dann zur Weiterbearbeitung an weitere Akteure weitergeleitet oder zur Einsicht freigegeben. Für Sitzungen stehen spezifische Werkzeuge für synchrone Situationen zur Verfügung. Auf dem persönlichen Schreibtisch ist es einem Akteur möglich, beliebig viele versionierte Kopien des Ursprungsdokuments zu bearbeiten, ohne dass diese Dokumente für andere sichtbar sind. Dies ist wichtig, wenn z. B. ein neues Geschäftsmodell entwickelt werden soll. Hier muss genügend Raum existieren um den Akteuren eine vertrauliche Umgebung für experimentelle Versionen eines Materials zur Verfügung zu stellen. Nach dem Abschluss der Bearbeitung eines Materials wird dieses entweder als aktualisierte Version bereitgestellt oder aber als gänzlich neue Version veröffentlicht.

5 Werkzeuge der Service Engineering-Workbench

Aufbauend auf den Funktionen der Kooperationsplattform werden für das Service Engineering spezifische Werkzeuge integriert, welche die effiziente Planung, Konzeption und Evaluation von Dienstleistungen in geeigneter Weise unterstützen. Im Rahmen des pro-services Projekts wird ein Modellierungswerkzeug mit einer Kooperationsplattform spezifisch für das Service Engineering verbunden, ebenfalls wird ein Sitzungsunterstützungssystem, also eine Kooperationsplattform für synchrone Kooperation am gleichem Ort integriert. Darüber hinaus wird zur Produktivitätsmessung und Evaluation die Methode PPM (Partizipatives Produktivitätsmanagement) speziell für die Leistungsmessung von Dienstleistungen unterstützt. Mit den Werkzeugen soll insbesondere die Entwicklung von Geschäftsmodellen und Dienstleistungen mit modularen Service-Architekturen ermöglicht werden. Einen Überblick über die in die Kooperationsplattform zu integrierenden Werkzeuge gibt Tabelle 2.

Werkzeugname	Beschreibung
Prozessmodellierung (SeeMe)	Analyse, Planung und Umsetzung wird durch Prozessmodellierung unterstützt. Präsentation und Anpassung von Prozessmodellen in Sitzungen. Enge Koppelung an asynchrone Kooperationsplattformen. Spezielle Analysen: z. B. Kundeninteraktion identifizieren.
Sitzungsunterstützung (GroupSystems)	Unterstützung synchroner Sitzungen mit den Funktionalitäten: Agenda, Brainstorming, Kategorisierung, Abstimmung, elektronische Protokollerstellung und Exportfunktion in Workbench. Moderationsleitfäden für die Bereiche Modularisierung, Geschäftsmodellentwicklung, Strategieentwicklung.
Geschäftsmodell-entwicklung	Interaktive Entwicklung von Geschäftsmodellen auf Basis von Best-Practice Prozessen mit den Partialmodellen: Wertversprechen, Ressourcen, Partner & Lieferanten, Einnahmen, Netzwerk, Wettbewerb und Kalkulation.
Modulare Servicearchitekturen	Unterstützung der Entwicklung, Verwaltung und Arbeit mit modularen Servicearchitekturen. Merkmale: Konfigurationsmanagement, kundenorientiertes Customizing und Leistungsportfolio-Management.
Evaluation (PPM)	Partizipative Entwicklung, Dokumentation und Auswertung von Feedbacksystemen zur Produktivitätssteuerung. Dezentrale Datenverwaltung und automatisierte Generierung von Auswertungen zur Unterstützung von autonomen Teams.

Tabelle 2: Werkzeuge der pro-services Workbench

Ein wesentlicher Aspekt dabei ist, dass die mit den Werkzeugen erstellten Materialien und Dokumente möglichst nahtlos in eine Kooperationsplattform eingebunden werden, damit sie für die weitere Arbeit in anderen Räumen zur Verfügung stehen. So ist bspw. die Verfügbarkeit der Ergebnisse einer Strategiesitzung für die darauf aufbauende Entwicklung eines Geschäftsmodells für eine neue Dienstleistung notwendig. Im umgekehrten Fall können Sitzungen mit dem System geplant und vorbereitet werden und Funktionen wie die Vorbereitung einer Agenda, das Suchen geeigneter und erforderlicher Teilnehmer, deren Vorabinformation und das Finden von Terminen unterstützt werden.

Neben der Integration von Werkzeugen ist als ein wesentlicher weiterer Aspekt hier noch die Anbindung existierender Produktivsysteme an eine Kooperationsplattform zu nennen. Für die Bewertung und Gestaltung neuer Dienstleistungsangebote und die Verbesserung der aktuellen Dienstleistungsangebote sind Daten aus der Dienstleistungserbringung hilfreiche Informationsquellen. Im Dienstleistungsumfeld ist die Integration von CRM-Lösungen ein besonders relevantes Thema.

In den folgenden beiden Abschnitten wird am Beispiel zweier bisher im Projekt erprobten Werkzeuge skizziert, wie die Prozessmodellierung und Sitzungsunterstützung im Service Engineering mit einem Kooperationssystem zusammenspielen können. Die Implementierung der Kooperationsplattform und Realisation der Schnittstellen befindet sich derzeit in der Realisationsphase, so dass an dieser Stelle noch kein tieferer Einblick möglich ist.

5.1 Prozessmodellierung im Service Engineering

Für die Planung, Analyse und Einführung von Dienstleistungsprozessen – Aufgaben, die vorwiegend in den Räumen „SE-Gestaltung" und „Implementierung" geleistet werden – sind Modellierungswerkzeuge nützliche Instrumente. Die Ergebnisse von Modellierungsaktivitäten stehen aber direkt nicht einem (asynchronen) Gruppenprozess zur Verfügung. Das Sammeln von Rückmeldungen und Anmerkungen sowie die Aushandlung von Lösungen mit den Beteiligten wird in den gängigen Prozessmodellierungswerkzeugen nur schlecht unterstützt. Entsprechend ist es sinnvoll, die Funktionalität von kooperationsunterstützenden Plattformen für diesen Zweck zu nutzen. Dies kann für unterschiedlichste Aufgabenbereiche erfolgen. Die Bekanntgabe und Verteilung kann auf einfache Weise mit solchen Plattformen unterstützt werden, in dem die Dokumentenablagefunktionalität bspw. für den Grafikexport von Modellen genutzt wird. Weitere Funktionen stehen dann z. B. zur Kommentierung solcher Diagramme zur Verfügung. Für die Sammlung konkreter Rückmeldungen ist es aber auch sinnvoll, eine feinere Granularität zu wählen und Beschreibungen von Elementen und z. B. hierarchische Strukturen und Relationen zwischen Elementen in eine Navigationsstruktur in einem Dokumentenmanagementsystem zu übertragen. Dort können dann Kommentare an die entsprechende Stelle gehängt werden und auch beschreibende Texte direkt modifiziert und ergänzt werden.

Dazu ist es notwendig, die Struktur von Modellen, wie sie in Metamodellen beschrieben wird, zum Teil in das Kooperationssystem zu exportieren und dort zum

Aufbau von Strukturen und Dokumenten zu benutzen. Ein solcher Austausch lässt sich auf der Basis von XML erreichen. Auch der entsprechende Rückimport ist auf dieser Basis möglich, so dass die Kommentare und Änderungen auch in geeigneter Weise im Modellierungswerkzeug repräsentiert werden können (vgl. Abbildung 6).

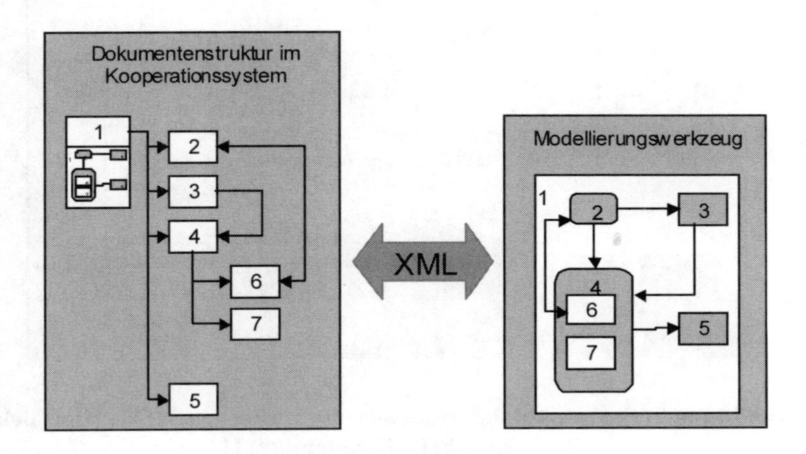

Abbildung 6: Erzeugung und Modifikation von Strukturen im Modellierungswerkzeug und in der Kooperationsplattform

Analysen von Modellen können in ähnlicher Weise auf einer Kooperationsplattform zur Verfügung gestellt werden und so z. B. einem gemeinsamen Interpretationsprozess zur Verfügung stehen, in dem die notwendigen Schlussfolgerungen getroffen werden. Solche Analysen können in einem moderierten Prozess auch dazu verwendet werden, bestimmte Aspekte und Eigenschaften von Dienstleistungen in den Vordergrund von Diskussionen zu stellen und Modelle und Prozesse mit Hinblick auf verschiedene dienstleistungsrelevante Zieldimensionen zu untersuchen. Ein Beispiel hierfür ist die Frage des externen Faktors (also der Präsenz, Verfügbarkeit etc. des Objekts, an dem eine Dienstleistung durchgeführt wird) und die daraus resultierende angepasste Gestaltung des Dienstleistungsprozesses, die sich auf diesen Kundenkontakt hin orientieren soll. Die Ergebnisse einer solchen Analyse sollten dazu dem kooperativen Prozess zur Verfügung stehen.

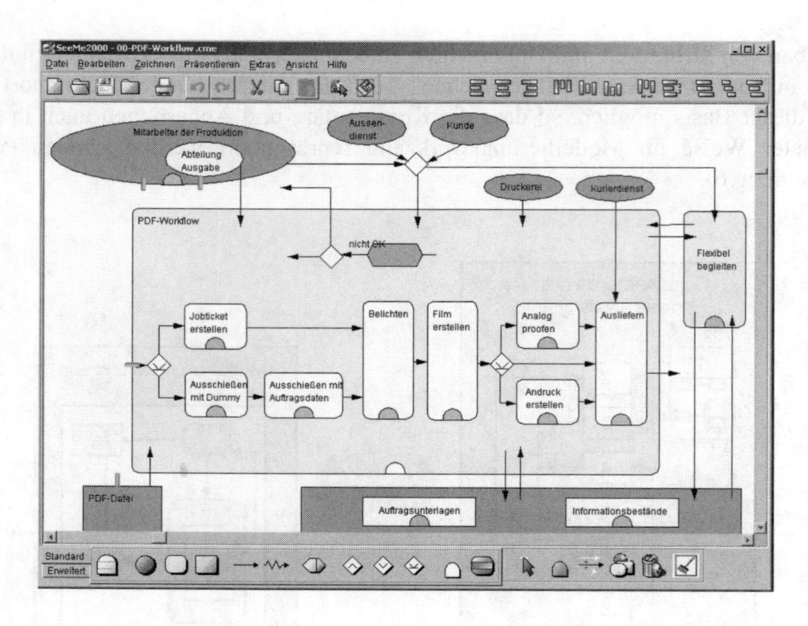

Abbildung 7: Screenshot des Modellierungwerkzeugs SeeMe (Beispiel: Workflow „PDF-Erzeugung") [14]

5.2 Synchrone Sitzungsunterstützung im Service Engineering

Wesentliches Element des Raums „Sitzung" ist die Integration eines Electronic-Meeting Systems (EMS) [15]. Der Fluss der Dokumente zwischen synchroner Arbeit während Sitzungen und asynchroner Arbeit in den anderen Räumen kann durch die Integration des EMS in die Workbench ohne Medienbrüche organisiert werden. Neben Terminabsprachen und Planungsdokumenten, bspw. für die Agenda von Treffen, finden sich im asynchronen System auch alle inhaltlich relevanten Dokumente. Diese können direkt in das EMS übernommen werden und stehen dort für das Treffen zur Verfügung. Weitere Arbeitsergebnisse aus einem Brainstorming z. B. stehen unmittelbar nach der Sitzung jedem zur Verfügung. Ein positiver Effekt ist hier vor allen Dingen durch die Vermeidung von Medienbrüchen zu erwarten: Plakate und Notizen müssen nicht zusätzlich gescannt oder fotografiert und in das System übertragen werden.

So wird zur Unterstützung synchroner Sitzungen bei der Dienstleistungsentwicklung das EMS GroupSystems eingesetzt. Hier werden Funktionen wie Agendaerstellung, elektronisches Brainstorming, Kategorisierung, Abstimmung, Alternativenanalyse und die automatische Protokollierung unterstützt. Einen Einblick in die Funktionsweise gibt Abbildung 8 [16].

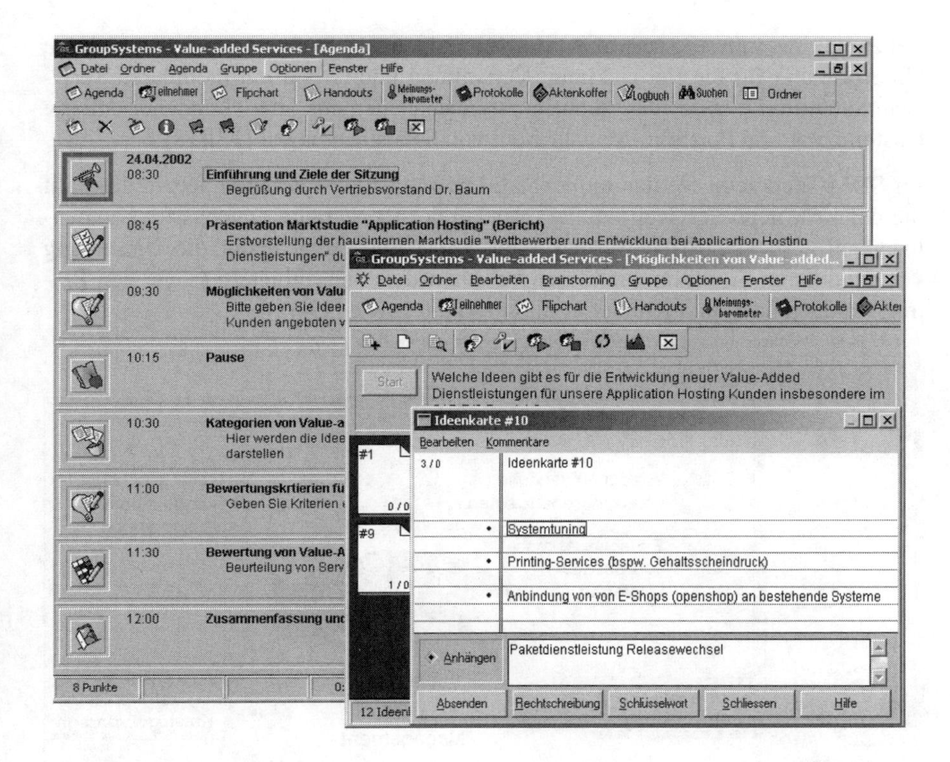

Abbildung 8: GroupSystems Agenda/Brainstorming (Beispiel)

Die Technische Lösung dieses Integrationsproblems ist wiederum ähnlich dem der Modellierung. Einerseits kann man Dokumente ablegen, die Ergebnisse dokumentieren. Die Realisierung einer feineren Granularität kann aber wiederum gleichzeitig zu einem höheren Nutzen führen, weil die Möglichkeiten der Kooperationsplattform besser ausgeschöpft werden können. Also können hier bspw. hierarchische Strukturierungen, wie sie mit Mindmaps dargestellt werden, in analoge Strukturen in der Plattform überführt werden. Jeder einzelne Beitrag eines systemunterstützten Brainstormings kann dadurch als Idee in einem Diskussionsforum auftauchen. Ideen lassen sich dann z. B. auch bei weiteren Mitarbeitern, Kunden und Partnern zur Diskussion stellen, so dass dort zusätzliches Feedback eingeholt werden kann.

5.3 Modulare Servicearchitekturen

Die Entwicklung und Anpassung von Dienstleistungsangeboten kann durch ein Werkzeug für das Service Data Management (SDM) unterstützt werden, mit dem Daten zu Servicekatalogen und individuellen Dienstleistungsverträgen über ihren

Lebenszyklus hinweg verwaltet werden. Ein SDM-Werkzeug bietet wichtige Unterstützung für die Entwicklung, Verwaltung und Arbeit mit modularen Servicearchitekturen sowie das Konfigurationsmanagement, das kundenorientierte Customizing und Portfolio-Management von Dienstleistungen [17][18]

Im SDM-Werkzeug werden anpassbare Dienstleistungsbausteine spezifiziert, auf die dann für neue Serviceprodukte oder bei der Konzeption angepasster Kundenlösungen zurückgegriffen werden kann. SDM unterstützt damit die Umsetzung von modularen Servicearchitekturen bei Dienstleistungsanbietern (siehe den Beitrag von Böhmann und Krcmar in diesem Band sowie [19]).

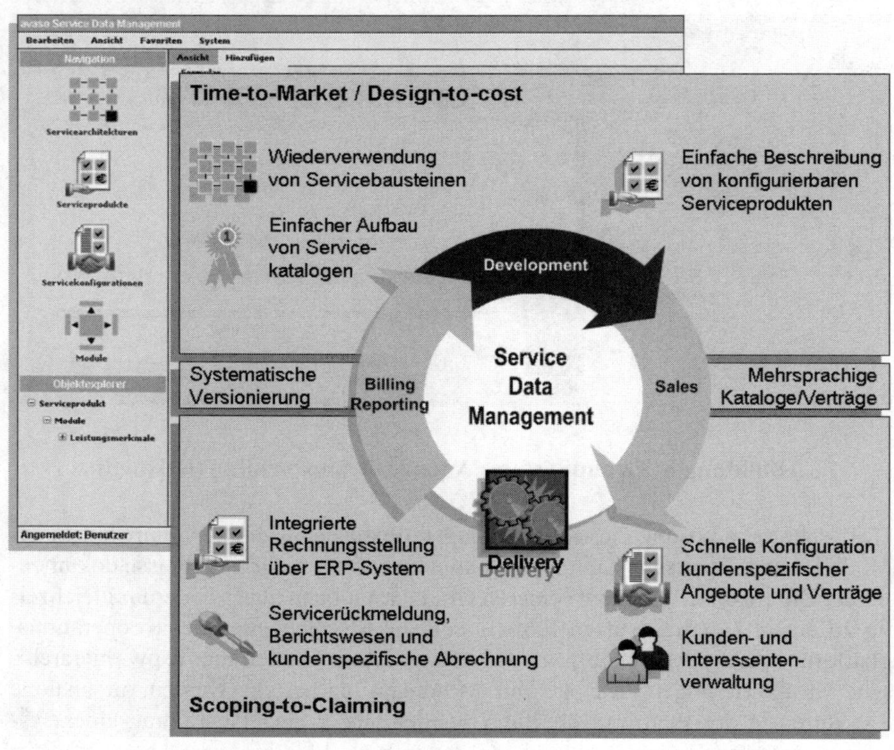

Abbildung 9: Service Data Management für modulare Servicearchitekturen (Beispiel)

Ein Beispiel für ein solches SDM-Werkzeug ist das Produkt „avasoSDM", das aufbauend auf Konzepten aus dem Forschungsprojekt „pro-services" neu als Produkt entwickelt wurde. Es unterstützt den Dienstleister z.B. mittels folgender für das Servicemanagement und -engineering hilfreichen Funktionen:

1. Servicearchitektur: Zur Verwaltung wieder verwendbarer Servicemodule werden zunächst die allgemein anbietbaren Dienstleistungsmerkmale sowie

deren Ausprägungen gesammelt. Die Servicearchitektur stellt das Gesamtportfolio dar, welches im Rahmen von Produkten zusammengefasst und angeboten werden kann. Dabei ist eine Beschränkung auf eine Servicearchitektur nicht notwendig, da bspw. länderspezifische Portfolios denkbar sind, sofern sich keinerlei Überschneidungen bereits auf Leistungsmerkmalsebene abbilden lassen.

2. Servicekatalog: Beschreibung einer Katalogstruktur und des Leistungsportfolios für bestimmte Zielgruppen (Serviceprodukte). Serviceprodukte erlauben die Vorgabe von Konfigurations- und Preisregeln, auf deren Grundlage kundenspezifische Angebote und Verträge erstellt werden können. Eine mehrsprachige Erfassung des Leistungsportfolios ermöglicht die einfache Übertragbarkeit des Angebots in weitere Länder und unterstützt hierdurch die internationale Ausrichtung von Anbieterunternehmungen.
3. Konfigurationsunterstützung: Produktbeschreibungen erlauben eine detailliertere Spezifikation möglicher wesentlicher Konfigurationsalternativen für die kundenspezifische Anpassung von Dienstleistungsangeboten. Die serviceproduktabhängige Vorgabe von Konfigurationsmöglichkeiten unterstützt die zielgruppengenaue Steuerung der Angebotserstellung und Vertragsgestaltung.
4. Angebots- und Vertragsmanagement: Wesentlicher Bestandteil des Service Engineering ist die kundenspezifische Konfiguration von Dienstleistungsangeboten. Aus den angebotenen Serviceprodukten wird im Rahmen eines Kooperationsprozesses mit dem Kunden und ggf. externen Lieferanten das Leistungsangebot für den Kunden zusammengestellt. An den Angebotsprozess ist direkt die Erstellung von Verträgen angeknüpft, der die Service Level Agreements zwischen den Vertragspartnern definiert.
5. Integrierte Wissensbasis: Die integrierte Dokumentenablage zur kontextspezifischen Speicherung von zusätzlichen Informationen stellt ein Werkzeug dar, das zentral alle notwendigen Informationen im SDM-Werkzeug bereitstellt und die dezentrale Speicherung von Dokumenten auf Mitarbeiterplätzen überflüssig macht. Somit haben eine Vielzahl von Mitarbeitern Zugriff auf aktuelle und historische Konfigurationsdaten. Diese können zudem von den Service-Delivery-Teams eingesehen und annotiert werden, um die kundenspezifische Konfiguration erbringen zu können. Eine Erweiterung des Zugriffs auf die Konfigurationsdaten durch den Kunden direkt und die Möglichkeit der begrenzten Anpassung durch den Kunden innerhalb zuvor festgelegter Regeln ermöglicht eine erweiterte Integration des Kunden in die Leistungserbringung.
6. Release Management: Die Innovationsgeschwindigkeit von IT-Technologien und Software erfordern eine häufige Anpassung von Serviceverträgen und Konfigurationen. Die Änderungen sind häufig nicht grundlegend, erfordern aber eine Anpassung bestehender Verträge und deren Aktualisierung. Die Unterstützung der Erweiterung und Anpassung des Leistungsmerkmalsspektrums bedingt die Erstellung und Verwaltung von aufeinander folgenden Releases von Konfigurationen und Verträgen.

7. Abrechnung: Durch die Definition von Preismodellen im Zusammenhang mit der Produktdefinition wird die Grundlage für die Abrechnung von Dienstleistungsverträgen gelegt. Die zentrale Unterstützung von Rechnungsläufen für Services gemäß deren Inanspruchnahme und die direkte Kopplung mit bestehenden Abrechnungs- oder ERP-Systemen ermöglicht eine durchgehende Integration des Service Engineering in die gesamte Unternehmensstruktur. Dies führt zu Effizienzsteigerungen beim Serviceanbieter und ermöglicht die Fokussierung des Serviceanbieters auf das Kerngeschäft – die Serviceerbringung.

Die Aufzählung macht deutlich, dass das Werkzeug in unterschiedlichsten Phasen des Service Engineering zum Einsatz kommen kann und hierbei die zentrale Verwaltung der Dienstleistungsdaten auch im Sinne eines Wissensmanagements übernehmen kann. Durch die kontextspezifische Speicherung von z. B. SeeMe-Prozessmodellen mittels der integrierten Dokumentenablage oder auch von Produktivitätsstatistiken und Sitzungsprotokollen, kann das SDM-Werkzeug als das zentrale Informationssystem für modulares Service Engineering eingesetzt werden. Die Ablage von Prozessmodellen kann hier bspw. modulorientiert erfolgen, wodurch eine direkte Verknüpfung von Prozessmodellen zu Modulen hergestellt werden kann. Es ist zudem als Kooperationswerkzeug zu verstehen, mit dem die unterschiedlichen Beteiligten am Entwicklungs- und Herstellungsprozess für Dienstleistungen interagieren. Auch die Einbindung von Werkzeugen für das Service-Level-Management und die Verwendung der Datenbasis für das Service-Level-Measurement verdeutlichen die zentrale Funktion des Service Engineering für nachgelagerte Produktlebenszyklusphasen.

5.4 Beispielszenario eines Dienstleistungskooperationsprozesses

Um zu verdeutlichen, wie die unterschiedlichen Komponenten einer Workbench die Entwicklung von Dienstleistungen unterstützen können, wird an dieser Stelle ein exemplarisches Szenario aus der Dienstleistungsentwicklung beschrieben. In der Beschreibung des Ablaufs finden sich die verwendeten Funktionen der Kooperationsplattform (vgl. Abbildung 3), verwendete Werkzeuge und die Räume in denen gearbeitet wird.

Bei einem IT-Dienstleister wird geplant, das Application Hosting Angebot um ein weiteres Produkt zu ergänzen. Die Leistung, einen Kooperations-Server zu hosten, soll zukünftig das Angebot erweitern. Um die nötigen Planungen für dieses Angebot durchzusprechen, treffen sich einige Partner, nachdem sie auf der Kooperationsplattform einen entsprechenden Termin gefunden hatten (*Gruppenterminkalender*): Ein Vertriebsmitarbeiter hat bereits einen Kunden, der dieses Angebot nachgefragt hat, ein Mitarbeiter aus dem Marketing soll die gesamte Angebotspalette aufeinander abstimmen und Mitarbeiter aus dem Rechnerbetrieb und der Abteilung Rechnereinrichtung sind ebenfalls beteiligt. Ziel des Treffens ist es, die Dienstleistung genauer zu beschreiben und offene Fragen zu erarbeiten, die in der Nacharbeit zu klären sind. Dabei stehen die Anforderungen des konkreten Kunden zunächst im Vordergrund. Die Sitzung und deren Ergebnisse des Treffens werden mit dem EMS, das im Sitzungsraum der Workbench zur Verfügung steht, gesammelt und stehen direkt im Anschluss allen Teilnehmern in der Kooperationsplattform (*Shared Workspace*) zur Verfügung.

Aus dem Treffen resultierte auch eine Reihe von Aufgaben, die in einer *Aufgabenliste* gesammelt wurden. Insbesondere sollten bestimmte Detailfragen geklärt werden. Durch die Kooperation mit den technischen Abteilungen sind einige Details als Fragen an den Kunden und an den Softwareanbieter aufgeworfen worden. Die entsprechenden Fragen werden nach dem Treffen von den Technikern detailliert und dem Vertriebsmitarbeiter über die Plattform zugeleitet (*Push-Dienste*), der die Klärung mit dem Kunden und dem Softwareanbieter durchführt. Das Ergebnis wird wieder entsprechend dokumentiert (*Shared Workspace*). Nach zwei Zyklen der Klärung mit dem Kunden stehen genügend Informationen zur Verfügung, um das Angebot inhaltlich und preislich zu gestalten. Dazu ist auch bereits von Mitarbeitern der Rechnereinrichtung und des Betriebs eine grobe Vorgehensweise mit einem *Prozessmodellierungstool* (Konzeptionsraum) beschrieben und diskutiert worden. Es soll ein weiteres Treffen geben, bei dem der Prozess genauer ausgestaltet werden soll. Das Marketing und der Vertrieb sind nicht unmittelbar betroffen, sollen aber die Prozessbeschreibung vorab entsprechend prüfen (*Shared Workspace*). Im Raum „Infothek" wird nach bestimmten Begriffen gesucht, um Mitarbeiter mit entsprechenden Erfahrungen zu finden, die in der Diskussion beteiligt werden sollten. Im Unternehmen findet sich dazu aber niemand, der bereits Erfahrungen mit dem gewünschten oder einem ähnlichen System hat. Entsprechend wird ein Partner in einem kooperierenden Beratungsunternehmen gebeten, der sich bereits mit entsprechenden Systemen auskennt, an den Gesprächen teilzunehmen. Zur Vorinformation können einige der Dokumente von dem Partner in der Kooperationsplattform eingesehen werden (*Shared Workspace*). Einige Anmerkungen hat der Partner sofort und kann sie in dem System entsprechend einfügen (*Diskussion*).

Bei dem Treffen wird dann über den Ablauf der Dienstleistung detailliert gesprochen, wobei die vielen wertvollen Hinweise im *EMS* gesammelt werden und anschließend von einem Mitarbeiter zur Korrektur der Modelle für das Vorgehen verwendet werden (*Shared Workspace*). Allen wird das abschließende Dokument noch mal zur Prüfung im System zugeleitet (*Notification*). Erst nachdem bestimmte Personen dem Ergebnis abschließend zugestimmt haben, wird der Prozess freigegeben (*Workflow*) (Konzeptionsraum).

Das aktuelle Ergebnis des Dienstleistungsgestaltungsprozesses ist ein Angebot für einen konkreten Kunden und eine detaillierte Vorgehensweise zur Erbringung dieser Dienstleistung. Nachdem die Leistung beauftragt und ausreichend Erfahrungen aus der Erbringung vorhanden sind, soll das Angebot verallgemeinert werden, um es leichter anderen Kunden anbieten zu können. Dazu werden in Zusammenarbeit der technischen Abteilungen und dem Vertrieb die Angebotsbestandteile und Auswahlalternativen in eine Checkliste mit entsprechenden Preismodellen umgewandelt und dazugehörende Vertragsbausteine entwickelt (Konzeptionsraum). Die Vertragsbausteine werden von einem Rechtsanwalt geprüft (*Push Dienste*). Zusätzlich wird das Prozessmodell von einem Mitarbeiter vor dem Hintergrund der gemachten Erfahrungen aus der Praxis korrigiert und für weitere Kunden verallgemeinert. Neben den konkreten Dokumenten für den Pilotkunden stehen also im Anschluss an den Prozess auch allgemeine Dokumente zur Gestaltung des Angebots mit einem Kunden zur Verfügung. Ein Überblick der Kooperationsbeziehungen in und zwischen den Räumen aus dem dargestellten Beispiel wird in Abbildung 10 gegeben.

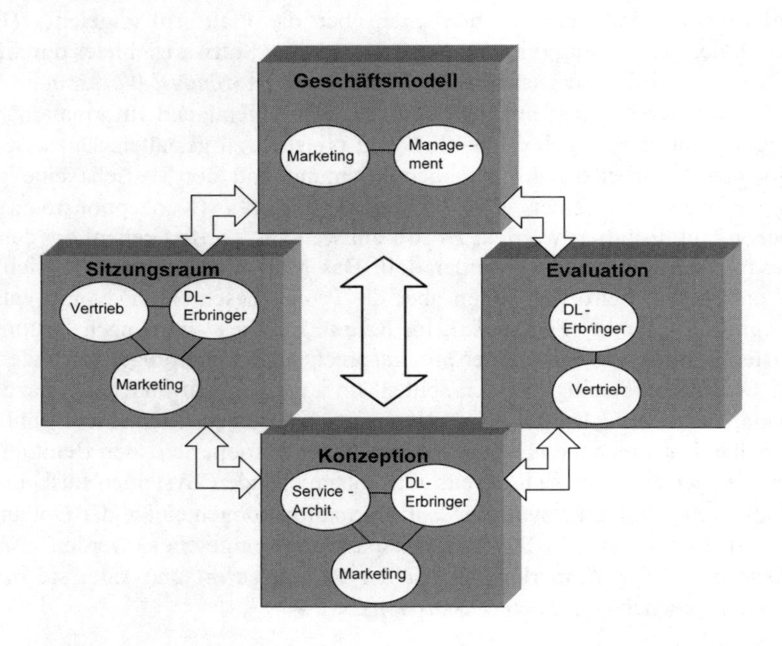

Abbildung 10: Interaktionsnetz in den Räumen zum Szenario

An diesem exemplarischen Ablauf zeigen sich schon viele unterschiedliche notwendige und hilfreiche Kooperationsschritte und wie sie sich durch die skizzierten technischen Systeme fördern lassen. Die Förderung der Innovationsbereitschaft ist bspw. vordringlich als kulturelles Phänomen zu betrachten, das aber durch ein entsprechendes kooperatives Milieu gefördert wird. Bestimmte Kooperationen können auf derartigen Plattformen sichergestellt werden (Rechtsabteilung, Controlling, Risikoabschätzungen), andere werden möglich und unterstützt (externe Partner). Am Beispiel kann man erkennen, dass die Kooperation unterschiedliche

Sichten in den Entwicklungsprozess eines Dienstleistungsangebots einbezieht was sich auf unterschiedliche Ebenen mit Bezug auf die Herausforderungen auswirkt:

- Prozesse der Erbringung sind frühzeitig schon mit anderen Prozessen zu integrieren.
- Wirtschaftlichkeit, Risiken etc. lassen sich frühzeitig im Angebot berücksichtigen.
- Erbringende Abteilungen und Vertrieb/Marketing können Hand in Hand an der Planung und Erbringung einer hochwertigen Dienstleistung arbeiten.
- Customizing und Individualisierung zeigen sich in einem solchen Prozess nicht als Gegensatz zu Standardisierung. Durch die Unterstützung kooperativer Prozesse besteht die Möglichkeit eines effizienten Ausgleichs.

Eine starke Kooperation der unterschiedlichsten Beteiligten in Dienstleistungsunternehmen vermag auf unterschiedlichen Ebenen zu einer guten Dienstleistung beizutragen. Technische Kooperationsplattformen sind dazu sicherlich nicht als hinreichend anzusehen, vielmehr können solche Plattformen dazu beitragen, die zeitlich/räumlichen Randbedingungen zu überwinden und Kooperation auch dort zu ermöglichen, wo sie ohne solche Möglichkeiten nur sehr eingeschränkt möglich ist.

6 Zusammenfassung und Ausblick

In der Service Engineering-Workbench wird die Entwicklung neuer Dienstleistungen für die beteiligten Akteure mit der Bereitstellung einer Kooperationsumgebung und die Integration notwendiger Werkzeuge unterstützt. Das Service Engineering wird hierbei nicht als ein starrer Workflow-Prozess verstanden sondern stellt mit dem Raumkonzept für das Service Engineering einen Zugang über typische Arbeitskontexte zur Verfügung. Hier werden entsprechend der Rolle, die einem Akteur zugewiesen ist, Werkzeuge und Materialien kontextspezifisch bereitgestellt. Die konkreten Aufgaben für die Entwicklungstätigkeiten sind im Raum gekapselt und können vom Akteur unter Zuhilfenahme der Werkzeuge und Kooperationsinstrumente individuell ausgeführt werden. Durch die Verfügbarkeit dieser semi-strukturierten Umgebung wird den Akteuren bei ihrer Entwicklungstätigkeit ein hohes Maß an Freiheit für die kreative Realisierung einer Dienstleistungsidee gegeben. Gleichzeitig wird sichergestellt, dass notwendige Instrumente und Informationen in angemessener Weise zur Verfügung stehen. Weiter kann die Unterstützung des Service Engineering durch die Implementierung domänenspezifischer Aufgaben und Entwicklungsprozesse in die Workbench konkretisiert werden. Im pro-services Projekt wird bspw. in den Domänen IT-Dienstleistungen, Schulungsdienstleistungen, Beratung und Facility Management gearbeitet.

Die Bewältigung der eingangs genannten Herausforderungen im Wettbewerb der Dienstleistungsbranche kann durch den Einsatz der Service Engineering Workbench auf effiziente Art und Weise unterstützt werden. Letztendlich ist hierbei die Flexibilität und Innovationskraft eines Dienstleisters der entscheidende Erfolgsfaktor. Besondere Bedeutung bei der Realisation dieser Dienstleistungsinnovationen hat der Aufbau von Human-Resources in der Rolle des Service-Architekten. Er stellt sicher, dass Dienstleistungsideen in angemessener Zeit und höchster Qualität zu Dienstleistungsprodukten entwickelt werden.

Literaturverzeichnis

[1] Bruhn, M.: Kommunikationspolitik von Dienstleistungsunternehmen, in: Bruhn, M.; Meffert, H. (Hrsg.): Handbuch Dienstleistungsmanagement, Wiesbaden 2001, S. 572-605.

[2] Hofmann, H. R.; Klein, L.; Meiren, T.: Vorgehensmodelle für das Service Engineering, in: IM Information Management & Consulting, 13(1998) Sonderausgabe, S. 20-25.

[3] Pritchard, R. D.; Kleinbeck, U.; Schmidt, K.-H.: Das Managementsystem PPM - Durch Mitarbeiterbeteiligung zu höherer Produktivität, München 1993.

[4] Porter, M. E.: Competitive Advantage, New York et al. 1985.

[5] Kleinaltenkamp, M.: Begriffsabgrenzungen und Erscheinungsformen von Dienstleistungen, in: Bruhn, M.; Meffert, H.: Handbuch Dienstleistungsmanagement, Wiesbaden 2001, S. 27-50.

[6] Bodendorf, F.: Wirtschaftsinformatik im Dienstleistungsbereich, Berlin 1999.

[7] Schwabe, G.; Krcmar, H.: Der Needs Driven Approach – Eine Methode zur Gestaltung von Telekooperation, in: Krcmar, H.; Lewe, H.; Schwabe, G.: Herausforderung Telekooperation– Proceedings der D-CSCW 96, Heidelberg 1996, S. 69-88.

[8] Schlichter, J.; Reichwald, R.; Koch, M.; Möslein, K.: Rechnergestützte Gruppenarbeit (CSCW), in: i-com – Zeitschrift für interaktive und kooperative Medien, 1(2001).

[9] Schwabe, G.; Streitz, N.; Unland, R. (Hrsg.): CSCW-Kompendium, Lehr- und Handbuch zum computerunterstützten kooperativen Arbeiten, Berlin 2001.

[10] o.V.: WebDav, <URL: http://www.webDAV.org.>, online: 14.04.2002.

[11] Bullinger, H.-J.; Bucher, M.; Müller, M.: Knowledge meets system, Wissensbasierte Informationssysteme, Studie des Fraunhofer IAO, Stuttgart 2001.

[12] Schwabe, G.; Hertweck, D.; Krcmar, H.: Partizipation und Kontext bei der Erstellung einer Telekooperationsumgebung – Erfahrungen aus dem Projekt CUPARLA, in: Jarke, M.; Pasedach, K.; Pöhl, K. (Hrsg.): Informatik 97 – Informatik als Innovationsmotor, Heidelberg 1997, S. 370-379.

[13] Henderson, D.; Card, S.: Rooms: The use of multiple virtual workspaces to reduce space contention in a window-based graphical user interface, in: ACM Transactions on Graphics, 5(1986)3, S. 211-243.

[14] Herrmann, T.; Hoffmann, M.; Loser, K.-U.: Modellieren mit SeeMe – Alternativen wider die Trockenlegung feuchter Informationslandschaften, in: Desel; Pohl; Schürr (Hrsg.): Modellierung ´99, Proceedings of Modellierung 99.

[15] Nunamaker, J. F.; Dennis, A. R.; Valacich, J. S.; Vogel, D. R.; George, J. F.: Electronic Meeting Systems to Support Group Work, in: Communications of the ACM (CACM), 34(1991), S. 40-61.

[16] Krcmar, H.; Böhmann, T.; Klein, A.: Sitzungsunterstützungssysteme, in: Schwabe, G.; Streitz, N.; Unland, R. (Hrsg.): CSCW-Kompendium, Lehr- und Handbuch zum computerunterstützten kooperativen Arbeiten, Berlin 2001, S. 238-249.

[17] Krcmar, H.; Böhmann, T.: Service Data Management: Potenziale einer integrierten Informationslogistik für Entwicklung und Management industrialisierter IT-Dienstleistungen, in: IM - Information Management & Consulting, Sonderausgabe (2005), S. 13-20.

[18] Böhmann, T.; Winkler, T.; Fogl, F.; Krcmar, H.: Servicedatenmanagement für IT-Dienstleistungen: Ansatzpunkte für ein fachkonzeptionelles Referenzmodell, in: Becker, J.; Delfmann, P. (Hrsg.), Referenzmodellierung: Grundlagen, Techniken und domänenbezogene Anwendung, Heidelberg 2004, S. 99-124.

[19] Böhmann, T.: Modularisierung von IT-Dienstleistungen: Eine Methode für das Service Engineering, Wiesbaden 2004.

Referenzmodelle für Workflow-Applikationen in technischen Dienstleistungen

Jörg Becker,
European Research Center for Information Systems (ERCIS), Universität Münster
Stefan Neumann,
Ford-Werke GmbH, Köln

Inhalt

1 Prozessorientierte Informationssysteme für technische Dienstleistungen

1.1 Domänenspezifische Anforderungen an die Informationssystemgestaltung

In dem Maße, in dem die Industrialisierung von Dienstleistungen den Bedarf an ingenieurmäßigen Methoden zur Gestaltung von Leistungsprodukten hervorgebracht hat, steigen auch die Anforderungen an eine integrierte und flexible Unterstützung durch Informationssysteme im Service. Eine Kategorie von Leistungen, deren effiziente Planung und Steuerung ohne den Einsatz adäquater Softwaresysteme heute bereits unmöglich scheint, sind technische Dienstleistungen. Diese zeichnen sich dadurch aus, dass sie primär an technischen Objekten des Kunden – z. B. Maschinen, Anlagen, Immobilien oder Netzen – verrichtet werden. Dabei wird hier ein Verständnis von technischen Dienstleistungen zugrunde gelegt, das den „After-Sales-Service" an technischen Objekten nach ihrer Herstellung und Inbetriebnahme fokussiert. Beispiele für diese Leistungen sind die Instandhaltung (mit Inspektion, Wartung und Instandsetzung), Umrüstung, Optimierung und Stilllegung bzw. Demontage von Anlagen. Die Anbieter technischer Dienstleistungen sind im industriellen Bereich neben produzierenden Unternehmen des Maschinen- und Anlagenbaus, die sich durch produktbegleitende Dienstleistungen diversifizieren, auch zunehmend eigenständige Serviceunternehmen. Letztere sind häufig ein Ergebnis des Outsourcings zuvor intern erbrachter Leistungen ihres Hauptkunden, mit dem sie noch durch vielfältige und wenig standardisierte Leistungsbeziehungen verbunden sind.

Die besonderen Merkmale der Dienstleistungsproduktion, der industrielle Charakter technischer Dienstleistungen und die typischen Formen der Leistungsbeziehungen in dieser Domäne haben spezifische Anforderungen an die Informationssystemgestaltung zur Folge:

- Im Zusammenhang mit dem immateriellen Charakter von Dienstleistungen wird häufig ihre schlechtere Beschreib- oder Messbarkeit problematisiert [1]. Für technische Dienstleistungen liegen zwar verschiedene, gängige Systematisierungsansätze vor, Probleme bei der Standardisierung der Auftragsabwicklung und der Formalisierung adäquater Prozessbeschreibungen zur Leistungserbringung erschweren jedoch die Abbildung in Informationssystemen. Vereinbarungen mit dem Kunden werden zu großen Teilen in natürlicher Sprache getroffen und in unstrukturierten Verträgen dokumentiert, die unzureichend für eine automatisierte Prozesssteuerung sind.

- Zudem bestehen unterschiedliche Möglichkeiten, die Komponenten der erbrachten Leistung abzurechnen und aus Kundensicht zu kontieren: Produktbegleitende Dienstleistungen im Maschinen- und Anlagenbau werden oftmals nur in Verbindung mit dem Sachgut fakturiert. Outsourcing-Partnerschaften basieren häufig auf komplexen Konditionsbedingungen oder Pauschalabrechnungen. Die Kosten der Leistungen an Immobilien und Anlagen können unter bestimmten Umständen durch Schlüsselung auf die Nutzer verteilt werden oder bei investivem Charakter für den Eigentümer aktivierungsfähig sein.

- Da technische Dienstleistungen unterschiedliche personelle und materielle Komponenten, diverse Abrechnungsarten und sowohl Eigen- als auch Fremdleistungsanteile enthalten können, ist die Abfolge organisatorischer und Systemfunktionen nicht immer ex-ante festzulegen. Die Auftragsabwicklung wird dadurch fehleranfällig und intransparent.

- Geschäftsprozesse beinhalten auch Leistungsanteile des Kunden (Integrativität). Dies erfordert sowohl den Austausch von Stamm- und Bewegungsdaten als auch die Koordination von Aktivitäten mit dem „externen Faktor" während der Auftragsbearbeitung. Die erforderlichen Arbeitsgänge eines Auftrags ergeben sich vielfach erst zur Laufzeit aus dem Kundenverhalten oder aus dem Zustand seiner technischen Objekte. Dadurch müssen Planungs- und Dispositionsaktivitäten u. U. mehrfach iteriert werden. Die räumliche Verteilung der Bearbeitung muss in die Planung einbezogen werden.

Der Heterogenität dieser Anforderungen wird häufig mit verschiedenen Typen von Anwendungssystemen zur Planung und Steuerung der Auftragsabwicklung begegnet. Damit verbunden sind unterschiedliche Koordinationskonzepte, Funktionen und Daten, die sich nur schwer integrieren lassen. Dem wird in diesem Beitrag ein Workflow-gestützter Ansatz zur Modellierung und Koordination von Geschäftsprozessen gegenübergestellt, der den oben genannten spezifischen Problemstellungen Rechnung trägt. Insbesondere werden Beispiele für die Kopplung von generischen Workflow- und domänenspezifischen Fachkomponenten gezeigt. Es handelt sich dabei um die Grundzüge eines Workflow-basierten Informationssystems für technische Dienstleistungen.

1.2 Workflow-basierte Auftragsabwicklung für technische Dienstleistungen

Mit der Komplexität interorganisatorischer Geschäftsprozesse einerseits und der Komponentenorientierung neuerer Softwaretechnologie andererseits hat mittlerweile ein Koordinationskonzept Einzug in die betriebliche Praxis gehalten, das unter dem Begriff Workflowmanagement bereits seit Mitte der 90er Jahre intensiv diskutiert worden ist. Unter Workflowmanagement wird die durch Informationssysteme unterstützte Koordination und Kontrolle von Arbeitsabläufen verstanden [2]. Auf der Grundlage einer Ablaufspezifikation (des Workflowmodells) werden dabei zur Laufzeit eines Prozesses die jeweils anstehenden Aktivitäten ermittelt und die für sie zuständigen Bearbeiter ermittelt (Rollenauflösung). Der jeweilige Bearbeiter wird benachrichtigt und mit den für seine Aktivitäten benötigten Daten und Systemfunktionen zeitgerecht versorgt. Dies gilt auch für den zwischenbetrieblichen Austausch von Geschäfts- und Kontrolldaten. Neben diesen domänenunabhängigen Leistungen sind von Workflowmanagementsystemen in technischen Dienstleistungen besondere Merkmale zu fordern, die in Tabelle 1 im Überblick dargestellt werden [3][4].

Das Konzept des Workflowmanagements erfordert eine Kopplung zwischen Workflowmanagementsystem und den eingebundenen Applikationen, wofür unterschiedliche Architekturansätze existieren. Betriebliche Standard-Anwendungssysteme werden zunehmend mit integrierter Workflowmanagement-Funktionalität angeboten. Die aus einer solchen Kombination von Workflowmanagement- und Fachkomponenten resultierende Softwareanwendung wird auch als *Workflow-Applikation* bezeichnet [5].

Aktivitätenkoordination	Aktorenkoordination	Datenkoordination	Monitoring u. Controlling
- Steuerung der Aktivitäten auf Basis eines Prozessmodells - Konfigurierbarkeit von Prozessen auf Basis von Leistungsmerkmalen - Konsistenz von Vertragsmerkmalen und Aktivitätendefinition - Erzeugung von auftragsspezifischen Prozessvarianten - Veränderbarkeit der Prozessdefinition zur Laufzeit	- Ermittlung und Beauftragung geeigneter Akteure für Aktivitäten - Differenzierte Berücksichtigung technischer Qualifikationen - Berücksichtigung der räumlichen Verteilung und Wegezeiten bei der Rollenauflösung - Unterstützung von Abstimmungsvorgängen zwischen Kunden und Lieferanten	- Prozessorientierte Steuerung von Datenflüssen zwischen heterogenen Anwendungssystemen - Zwischenbetrieblicher Austausch von Objekt- und Leistungsstammdaten - Konsistenz von Workflow- und Objektstrukturen	- Automatisierte Überwachung der korrekten und termingerechten Aktivitätenbearbeitung - Unterstützung der Eskalation bei Leistungsstörungen gem. Service Level Agreements - Rücksetzbarkeit von Prozessen, auch betriebsübergreifend - (eingeschränkte) Transparenz des Auftragsfortschritts auch für Kunden - Prozesse als einheitliche Bezugsobjekte des Controllings

Tabelle 1: Workflow-Unterstützung von Dienstleistungsprozessen

Für eine durchgängige Koordination technischer Dienstleistungen, die sowohl operative und dispositive Aktivitäten als auch Informationsbedarfe und Aktionen des Kunden mit einschließt, ist eine Betrachtung der Auftragsabwicklungsprozesse auf mehreren Ebenen erforderlich (vgl. Abbildung 1) [6]. Auf der obersten Ebene werden die Prozesse des Leistungsnehmers betrachtet, in denen technische Dienstleistungen eines externen Lieferanten in Anspruch genommen werden müssen. Der Bedarf an diesen Leistungen führt zum Start des Auftragsabwicklungsprozesses auf Seiten des Dienstleisters. Das Bindeglied zwischen Kunden- und Lieferantenprozessen stellt eine *Servicevereinbarung* dar, in der die aus Kundensicht relevanten Elemente des Lieferantenprozesses spezifiziert sind. Im Zentrum der Auftragsabwicklung steht der eigentliche Serviceauftrag, der die operativen (direkten) Aktivitäten der Leistungserbringung umfasst.

Grundgedanke bei der Konzeption von Workflow-Applikationen ist die Unterteilung des komplexen Leistungsbündels der Auftragsabwicklung in standardisierte Prozess- und Systembausteine, die flexibel und mit Bezug zur individuellen Ausprägung eines Geschäftsprozesses kombiniert werden. Diese Sichtweise überträgt den betriebswirtschaftlich-strategischen Ansatz des Service Engineering auf die Ebene der Informationssystemgestaltung.

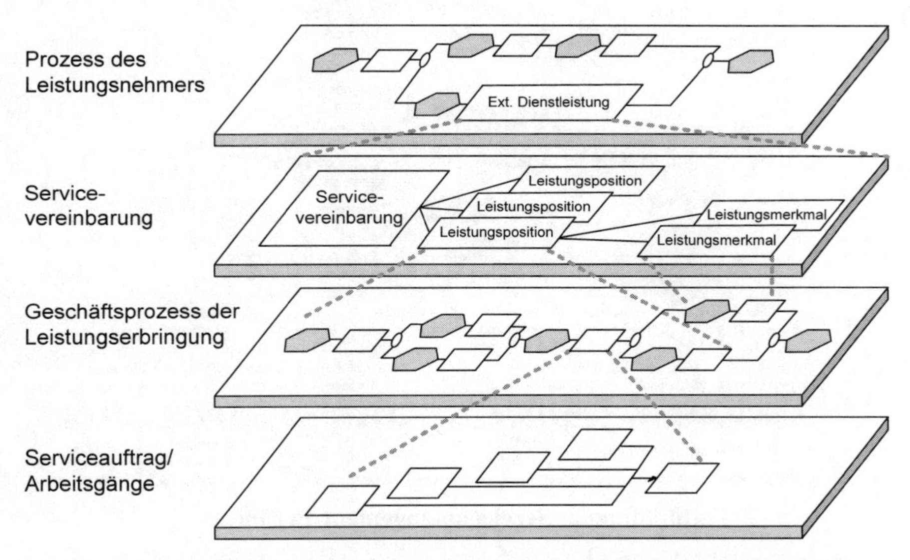

Abbildung 1: Ebenenmodell vertragsbasierter Workflow-Applikationen

1.3 Ein prozessorientierter Ordnungsrahmen für Informationssysteme in technischen Dienstleistungen

Die unterschiedlichen Typen von Geschäftsprozessen, gekoppelt mit den häufig langfristig ausgerichteten Kundenbeziehungen, eröffnen verschiedene Möglichkeiten zur Strukturierung der Domäne der technischen Dienstleistungen. Dabei ist häufig ein unsystematisches und ineffizientes Vorgehen zu beobachten, das sich u. a. an funktionalen Kriterien, an Leistungsprodukten, am Objektlebenszyklus oder an Kombinationen dieser Merkmale orientiert. Abbildung 2 zeigt einen Ordnungsrahmen für Informationssysteme in technischen Dienstleistungen, der die domänenspezifischen Fachkomponenten aufführt und anhand zweier Kriterien strukturiert: In der vertikalen Dimension weist die Servicemanagement-Pyramide verschiedene Ebenen für die zentralen *Geschäftsobjekte* der Domäne auf. Tendenziell besteht zwischen Objekten einer über- und einer untergeordneten Ebene eine (1:n)-Beziehung und weisen Objekte auf höherer Ebene eine höhere Persistenz auf. In horizontaler Richtung sind die *Kernprozesse* zur Bearbeitung der jeweiligen Geschäftsobjekte angegeben. Objekt- und kernprozessübergreifend werden das Dach der Pyramide durch die Aufgaben der Unternehmensplanung und -steuerung und der Sockel durch die Unterstützungsprozesse mit Querschnittscharakter gebildet [7].

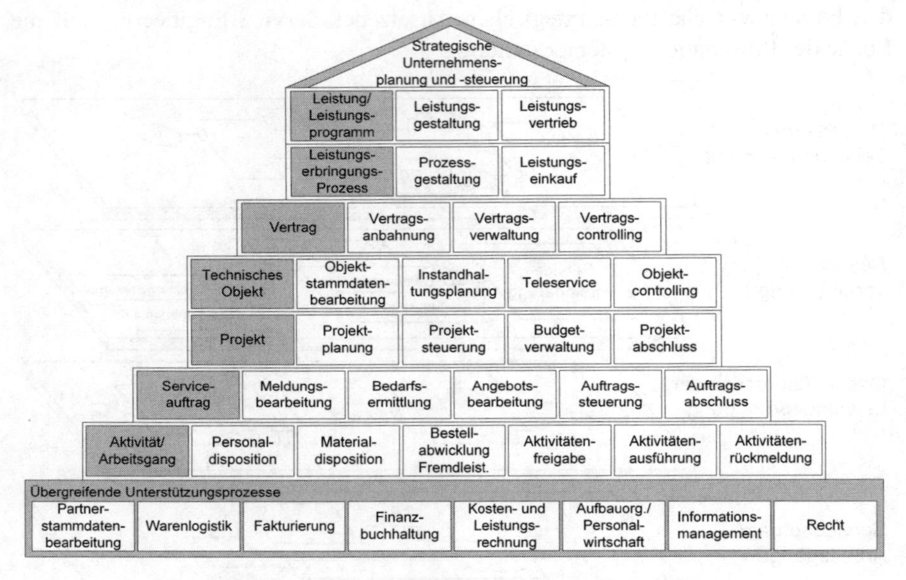

Abbildung 2: Servicemanagement-Pyramide

Das dominierende Geschäftsobjekt ist die am Markt anzubietende *Leistung*. Ihre Definition geht einher mit der Gestaltung der *Leistungserbringungsprozesse*. Dazu gehören sowohl die Gestaltung der Geschäftsprozesse einschließlich der Interaktion mit Marktpartnern als auch die eigentliche (generische) Arbeitsplanung. Zu Leistungen, die vollständig oder in Teilen von Dritten bezogen werden, werden geeignete Lieferanten ausgewählt und Rahmenvereinbarungen getroffen.

Vereinbarungen zwischen Dienstleistern und Leistungsnehmern sind vielfach langfristiger Natur. Dies beinhaltet nicht nur die auftragsneutrale Definition von Leistungsinhalten und Konditionen, sondern auch die eigenständige Feststellung von Maßnahmenbedarfen durch den Dienstleister, z. B. die Erkennung von Störungen. Diese Vereinbarungen werden in *Verträgen* dokumentiert. Bei engerer Kundenbindung mit bei einer größeren Zahl betreuter Objekte finden i. d. R. ein systematisches Controlling dieser Leistungsbeziehungen und periodische Vertragsanpassungen statt. Damit einher geht die Notwendigkeit einer taktischen und strategischen Abstimmung der Ressourcenplanung [8].

Technischen Objekten kommt für Anbieter technischer Dienstleistungen besondere Bedeutung zu. Die Aufnahme und Aktualisierung von Objektdaten und die objektspezifische Instandhaltungsplanung werden vielfach als eigenständige Leistungen angeboten und repräsentieren Kernprozesse des Dienstleisters. Dies gilt insbesondere für Anlage- und Gebäudedaten. Ebenso wird die Objektinstandhaltung durch die kontinuierliche Überwachung des Objektzustands vor Ort oder mittels Ferndiagnosesystemen unterstützt.

Längerfristige Maßnahmen oder Vorhaben, denen komplexe Planungen zugrunde liegen, werden als *Projekte* organisiert. Die Ausführung von Projektaktivitäten selbst kann durch die Instanziierung von Serviceaufträgen erfolgen. Zur Planungs- und Steuerungsfunktionalität des Projektmanagements gehören Funktionen der Budgetverwaltung, mit denen auch langfristige Verläufe von Instandhaltungsbudgets nach Leistungsarten und Objektgruppen gegliedert abgebildet werden können.

Ein *Serviceauftrag* ist ein Konstrukt zur Gruppierung der Arbeitsgänge und Materialien, die im Rahmen einer an einem Objekt durchzuführenden Maßnahme erforderlich sind. Serviceaufträge fungieren nicht nur als Instrumente zur maßnahmenbezogenen Koordination von Arbeitsgängen, sondern auch als vertriebliche Bezugsbelege für die Angebotserstellung und Fakturierung.

Auf der untersten Objektebene repräsentieren *Aktivitäten* die aus organisatorischer Sicht relevanten Elemente der Prozessbearbeitung. Aktivitäten beanspruchen unterschiedliche Arten von Ressourcen und werden durch eigenes Personal oder externe Dienstleister ausgeführt.

Zur Bearbeitung eines konkreten Geschäftsvorfalls wird eine Folge dieser Prozesse oder ihrer Subprozesse ausgeführt. Die Koordination der jeweils geeigneten Aktivitäten und der Interaktion der beteiligten Akteure ist ebenenübergreifend die Aufgabe der Workflow-Steuerung. Die Interdependenzen zwischen Workflow-Komponenten und den für technische Dienstleistungen typischen Fachkomponenten stehen im Mittelpunkt der nachfolgenden Abschnitte.

2 Darstellung der zentralen Komponenten

2.1 Prozesse und Aktivitäten

Ein Prozess im hier behandelten Sinne ist eine Folge von Aktivitäten und Ereignissen zur Bearbeitung eines betriebswirtschaftlich relevanten Objekts, das durch ein Datenobjekt der Workflow-Applikation repräsentiert wird. Ein Prozess wird häufig durch ein betriebswirtschaftlich relevantes Objekt geprägt (das „prozessprägende Objekt"), mit dessen Instanziierung seine Ausführung als Workflow gestartet wird [9]. Ablaufalternativen und Parallelbearbeitungen werden mittels Kontrollflussoperatoren spezifiziert. Ereignisse markieren das Eingetretensein von Zuständen oder Bedingungen. Die Ausführung eines Prozesses wird beim Eintritt definierter Ereignisse gestartet und seine Erledigung durch ein oder mehrere Endereignisse markiert.

Für die einzelnen Elemente des Leistungsprogramms werden Prozesse definiert, in denen die Form der Auftragsabwicklung einschließlich der indirekten Aktivitäten (z. B. Planung oder Einkauf von Leistungen) spezifiziert wird. Dabei handelt es sich auf generischer Ebene um Referenzprozesse. Die vertrags- oder auftragsspezifische Konfiguration von Leistungen, die die Variabilität des Dienstleistungsgeschäfts bedingt, führt zur Definition individueller Prozessvarianten. Prozessvarianten werden aus Referenzprozessen abgeleitet und ggf. noch zur Laufzeit modifiziert. Abbildung 3 verdeutlicht diese Zusammenhänge in Form eines erweiterten Entity-Relationship-Modells [10][11].

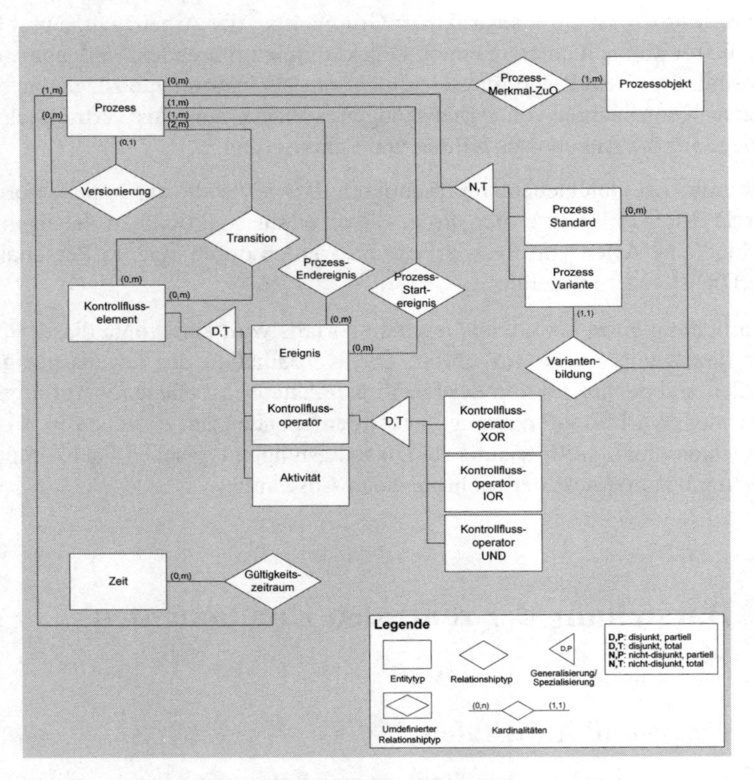

Abbildung 3: Datenmodell Prozess

Eine Aktivität in einem Prozess kann selbst durch einen anderen Prozess verfeinert werden, der beim Start der Aktivität als Subprozess ausgeführt wird. Auf diese Weise entsteht zur Laufzeit eine Hierarchie von Prozessinstanzen, die auch bei komplexen Auftragsabwicklungsstrukturen ein systematisches Monitoring und Controlling ermöglicht. Daneben kann eine Aktivität auch durch eine Menge unstrukturierter Aktivitäten, d. h. ohne Angabe einer Reihenfolgebeziehung, verfeinert werden. Aktivitäten werden Rollen zugeordnet, die Gruppen von Qualifikationen und/oder Kompetenzen darstellen. Der Bearbeiter einer Aktivität wird zur Laufzeit anhand seiner Rolle ermittelt. Rollen können auch von externen Bearbeitern, d. h. Kunden- oder Lieferantenmitarbeitern, eingenommen werden.

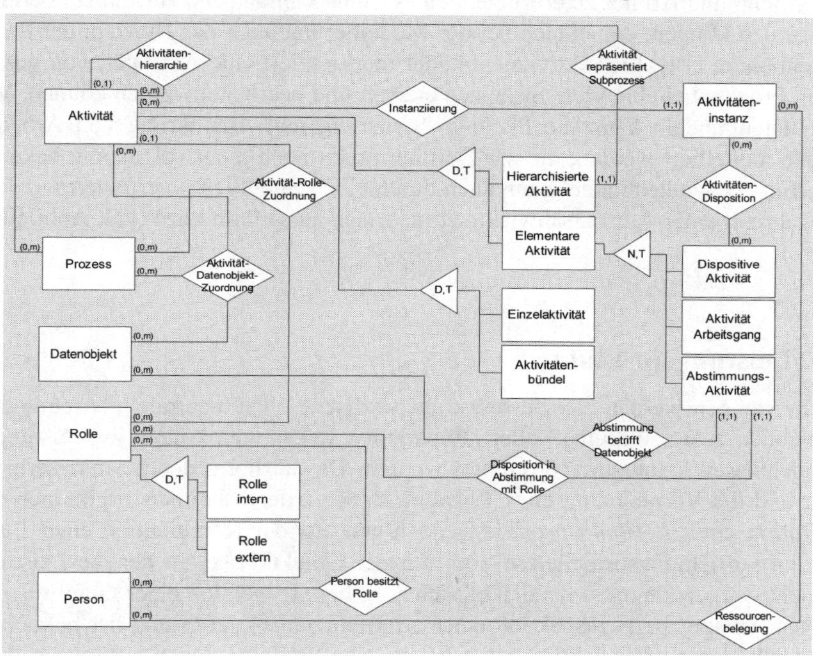

Abbildung 4: Datenmodell Aktivität

In einem Workflow-basierten Servicemanagement-System kann den unterschiedlichen Spezifika von Dienstleistungsprozessen durch eine geeignete Differenzierung von Aktivitätstypen Rechnung getragen werden. Bei einer „Arbeitsgang"-Aktivität handelt es sich um eine von einem Servicemitarbeiter direkt an einem technischen Objekt physisch ausgeführte Verrichtung. Arbeitsgänge sind Gegenstand der Disposition und mit speziellen dispositionsrelevanten Attributen versehen. In Abgrenzung zu diesen objektbezogenen Tätigkeiten werden alle anderen, indirekten Aktivitäten als „dispositiv" bezeichnet [12]. Diese werden zur Planung und Steuerung von Arbeitsgängen sowie des Fremdbezugs von Leistungen spezifiziert. Eine besondere Form dispositiver Aktivitäten stellen Abstimmungsaktivitäten dar, in deren Rahmen der ausführende Bearbeiter Vereinbarungen mit einem anderen Akteur zu treffen hat. Beim Start einer Abstimmungsaktivität wird ein aus elementaren Sprechakten bestehender Vereinbarungsprozess (Anbahnung, Verhandlung, Leistung, Abnahme) in Gang gesetzt [13]. Auf diese Weise kann insbesondere die Terminabstimmung mit dem Kunden, aber auch die individuelle Vereinbarung von Leistungsinhalten elektronisch unterstützt werden. Abstimmungsaktivitäten beziehen sich immer auf ein konkretes Datenobjekt, das allerdings auch als Aggregation mehrerer Objekte fungieren kann. Das Abstimmungsobjekt kann auch eine Aktivität des weiteren Prozessablaufs darstellen, bspw. bei der Terminfindung.

Da Umfang und Art der zu erbringenden Leistung vielfach erst zur Laufzeit ermittelt werden können, eignet sich bei der Modellierung auch das Konzept der Aktivitätenbündel [14]. Ein Aktivitätenbündel repräsentiert eine Aktivität, von der in einem Prozess beliebig viele Instanzen erzeugt und bearbeitet werden können. Mit Aktivitätenbündeln kann die Planung, Steuerung und Ausführung von Arbeitsgängen modelliert werden, die zur Definitionszeit noch nicht vollständig bekannt sind. Ein Aktivitätenbündel kann auch durch einen Subprozess verfeinert werden, der während einer Auftragsabwicklung mehrfach ausgeführt wird (vgl. Abbildung 4).

2.2 Leistungsprodukte

Als Leistungen werden hier zunächst unspezifische objektneutrale Verrichtungen bezeichnet, z. B. „Wartung“ oder „Reparatur“. Leistungen können in Leistungsverzeichnissen katalogartig gruppiert werden. Da die Form der Leistungserbringung und die Verrechnung einer Leistung stark variieren können, ergibt sich die Definition eines *Leistungsprodukts* jedoch erst aus der Kombination einer Leistung im verrichtungsorientierten Sinn mit der Objektklasse, an der die Leistung erbracht werden kann. So handelt es sich z. B. bei „Inspektion einer raumlufttechnischen Anlage“ und „Inspektion eines Kraftfahrzeugs“ auf Grund der betrachteten Objektklasse offensichtlich um verschiedene Produkte. Das Leistungsprodukt stellt das eigentliche Absatzobjekt des Dienstleisters dar. Seine Spezifikation beinhaltet Angaben zur Form der Ausführung und ist damit von hoher Workflow-Relevanz. Daher wird mit dem Leistungsprodukt eine Referenzprozess-Definition verknüpft. Objektneutrale Eigenschaften können auch der Leistung zugeordnet und dann an alle betroffenen Leistungsprodukte „vererbt“ werden. Zu Leistungsprodukten, die generell fremdbezogen werden, existiert ein (ggf. produktspezifischer) Beschaffungsprozess (vgl. Abbildung 5).

Die Vielfalt der unterschiedlichen Ausprägungen eines Leistungsprodukts wird durch Konfiguration mittels individuell definierbarer Merkmale abgebildet, die die Leistungserbringung und Abrechnung determinieren. Die merkmalsbasierte Konfiguration einer Leistungsproduktvariante findet ihre Entsprechung in der Konfiguration des Prozesses der Leistungserbringung. Dabei werden an der Definition des Referenzprozesses Änderungen (Entfernen, Ersetzen oder Hinzufügen) vorgenommen, die sich auf den Kontrollfluss oder die den Prozessaktivitäten zugewiesenen Ressourcen auswirken. Beispiele für solchermaßen spezifizierte

Prozesskonfigurationen sind zusätzlich erforderliche Abnahmeschritte, gesetzlich vorgeschriebene Dokumentationstätigkeiten oder die Einbeziehung spezialisierter Organisationseinheiten in die Leistungserbringung. Auch so genannten Service Levels, die die unterschiedliche Bearbeitung von Geschäftsvorfällen in Abhängigkeit von ihrer Dringlichkeit oder anderen Kategorien vorsehen, können so spezifische Prozessvarianten zugeordnet werden.

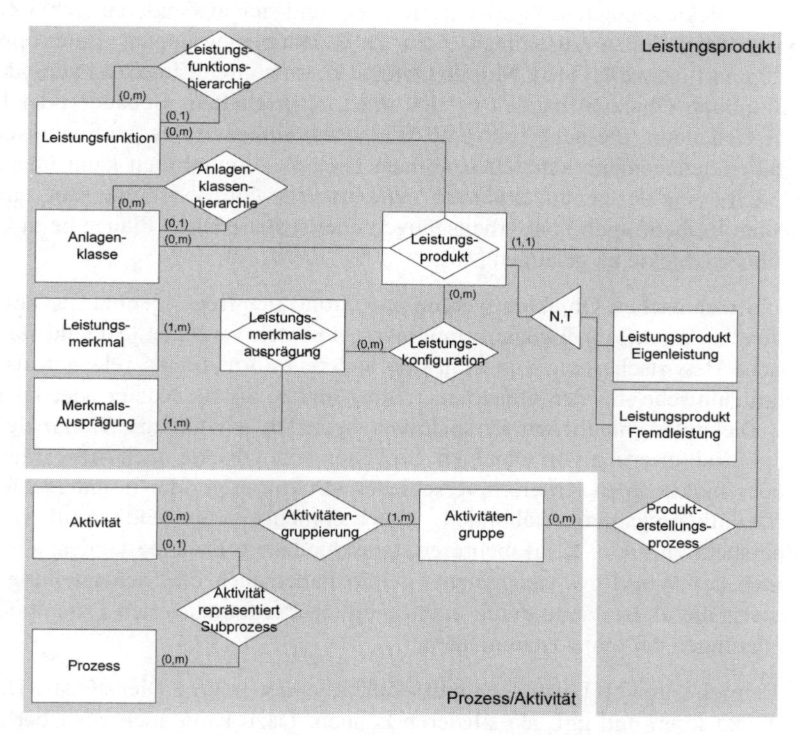

Abbildung 5: Datenmodell Leistungsprodukt

Bei der Entscheidung, in welchen Fällen sich Unterschiede der Leistungserbringung in der Definition neuer Leistungsprodukte oder in konfigurationsrelevanten Merkmalen niederschlagen, bestehen analog zur Variantenspezifikation in produzierenden Unternehmen Freiheitsgrade. Die Standardisierung der Prozessvarianz durch Merkmalsausprägungen kann die Flexibilität der Leistungsdefinition zwar einschränken, jedoch auch zu einer deutlichen Reduzierung der Komplexität und Redundanz im Datenbestand der Workflow-Applikation beitragen [15].

2.3 Technische Objekte

Die Systematisierung technischer Objekte erfolgt über ihre Zuordnung zu Objektklassen. Anhand von Objektklassen wird das Leistungsprogramm strukturiert und der leistungserbringende Prozess geprägt (vgl. Abbildung 6). Aus der Art des Objekts resultieren zudem Vorgaben für die Prozessaktivitäten und ihren Ressourcenbedarf. Technische Objekte besitzen eine Vielzahl weiterer Eigenschaften, die sowohl zur Planung als auch zur Ausführung von Arbeitsgängen bekannt sein müssen. Da es sich um die unterschiedlichsten Typen von Objekten handeln kann, müssen Objektklassen und die sie beschreibenden Merkmale individuell definierbar sein. Objekte können selbst strukturiert sein und sich aus anderen technischen Objekten oder Teilen zusammensetzen (z. B. Hauptbaugruppen, Baugruppen, Bauteile und Ersatzteile) [16]. Mobile Objekte können ihren Einsatzort verändern. Bei immobilen Objekten handelt es sich um Liegenschaften, Gebäude oder Flächen in Gebäuden, die auch relevante Wirtschaftseinheiten des kaufmännischen Immobilienmanagements darstellen können [17]. Bei Immobilien kann überdies die Modellierung der gebäudeinternen Verkehrswege von Bedeutung sein, um zu effizienten Reihenfolgen von Arbeitsgängen oder realisierbaren Plänen beim Umzug mobiler Objekte zu gelangen [18].

Daten zu technischen Objekten werden auf Grund der Heterogenität der auf sie zugreifenden Workflowteilnehmer multiperspektivisch verwaltet. So sind für die technische Bewirtschaftung von Objekten andere Informationen relevant als für die kaufmännische, für den Objekteigentümer andere als für Nutzer oder Dienstleister. Die unterschiedlichen Perspektiven betreffen sowohl die Merkmale als auch die Strukturierung von Objekten. So lassen sich Objekte nach bspw. räumlichen oder funktionalen Kriterien verschieden strukturieren oder in unterschiedlichen Detaillierungsgraden abbilden. Unternehmensübergreifend resultiert die Multiperspektivität i. d. R. in mehreren, teilredundanten Datenbeständen. Zu den Aufgaben des Workflowmanagements gehört daher auch die Sicherstellung der Konsistenz dieser Bestände durch einen möglichst automatisierten Datentransfer bei Änderungen der Objektstammdaten.

Beim Fremdbezug von Leistungen muss außerdem der externe Dienstleister Daten zum Objekt lesen und ggf. aktualisieren können. Dazu kann auch ein Überblick über die in der Vergangenheit oder gegenwärtig am Objekt durchgeführten Maßnahmen zählen. Die Workflow-Applikation stellt ihm dazu einen temporären, für die Dauer der Leistungserbringung befristeten Zugriff auf die benötigten Merkmale bereit [19].

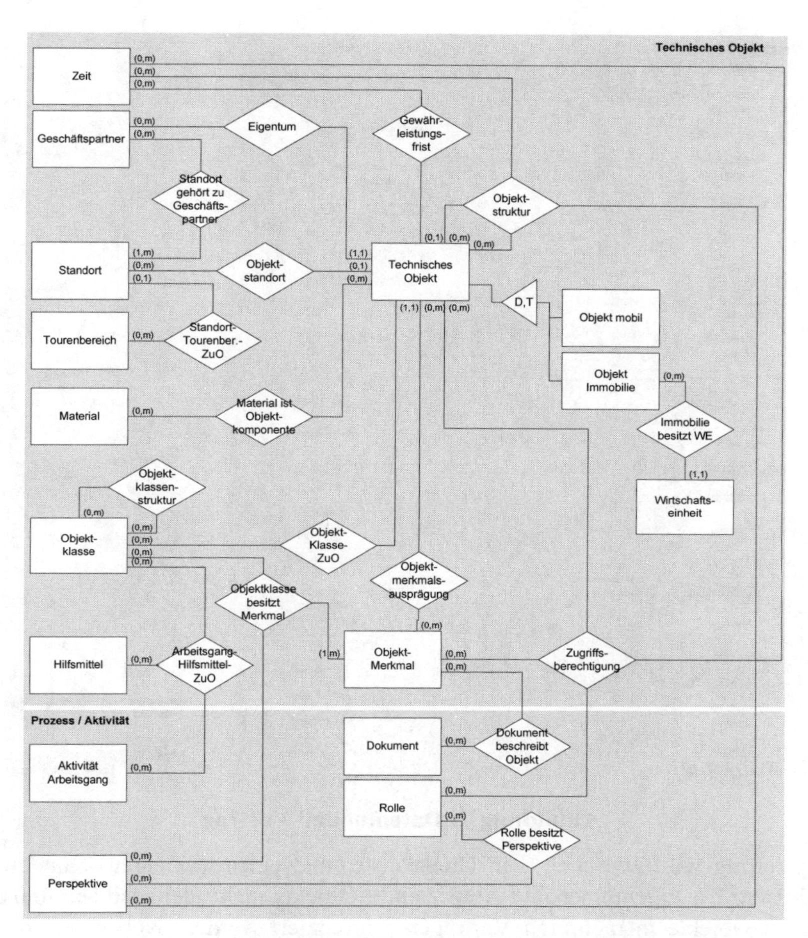

Abbildung 6: Datenmodell technisches Objekt

2.4 Verträge

Die Spezifikation von Leistungsprodukten erfährt eine Konkretisierung bei der Anlage von Dienstleistungs-Verträgen. In einer Vertragsposition wird die Erbringung eines Leistungsprodukts in einer spezifischen Konfiguration an einer Menge von technischen Objekten des Geschäftspartners vereinbart (vgl. Abbildung 7). Einer Vertragsposition ist mit dem Leistungsprodukt auch eine konfigurierbare Prozessdefinition zugeordnet. Die Prozesskonfiguration bezieht sich auf das Leistungsprodukt insgesamt oder einzelne seiner Merkmalsausprägungen. Sie kann aus den Leistungsstammdaten abgeleitet werden (s. o.) oder vertragsspezifisch erfolgen.

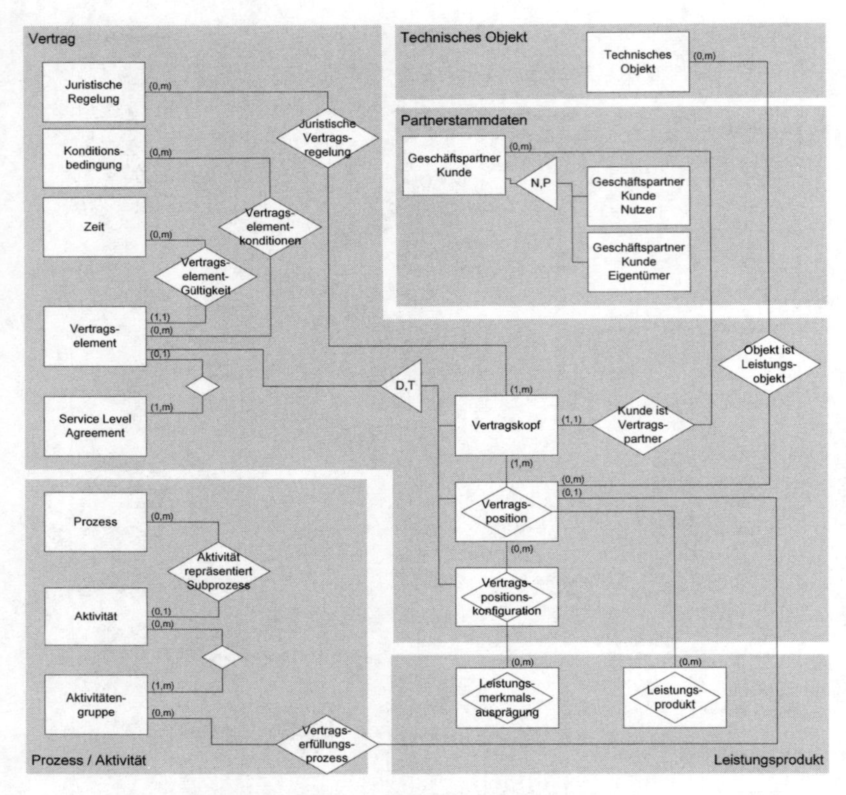

Abbildung 7: Datenmodell Vertrag

Ein Vertrag wird zwischen dem Dienstleister und einem (einzigen) Kunden geschlossen. Da Eigentümer und Nutzer eines Objekts nicht identisch sein müssen, können Objekte in mehreren Verträgen referenziert werden. Neben den betroffenen technischen Objekten werden eine Gültigkeitsdauer des Vertrags und die Abrechnungskonditionen vereinbart. Beides kann sowohl auf Vertragskopf- als auch auf Positionsebene erfolgen.

Das Eintreten bestimmter Ereignisse, die nicht Element des Sollprozesses sind, kann als *Leistungsstörung* gewertet werden. Für diese Fälle können Eskalationsprozesse definiert werden, die automatisch instanziiert werden. Häufig beschränkt sich die Spezifikation der Eskalation auf die Angabe von Organisationseinheiten oder Aufgabenträgern, die in einer vorgegebenen Eskalationsreihenfolge mit der Kompensation der Leistungsstörung beauftragt werden.

2.5 Serviceaufträge

Im Gegensatz zu den bisher betrachteten Datenstrukturen, die Stammdaten repräsentieren, stellen Serviceaufträge Bewegungsdaten der Workflow-Applikation dar. Serviceaufträge dienen der Koordination vertraglich vereinbarter Leistungen oder als eigenständige Vertriebsbelege ohne Vertragsbezug. Ein Serviceauftrag verweist auf eine Prozessvariante, die sich aus den Arbeitsgängen für eine konkrete Maßnahme an einem technischen Objekt zusammensetzt (vgl. Abbildung 8). Bei planmäßiger Leistungserbringung, vorwiegend bei Wartungs- und Inspektionsleistungen, werden Serviceaufträge automatisch generiert. Dies geschieht auf der Basis eines Instanziierungsschemas, das Informationen zur Instandhaltungsstrategie, zu Ausführungsintervallen und zu weiteren planungsrelevanten Parametern beinhaltet.

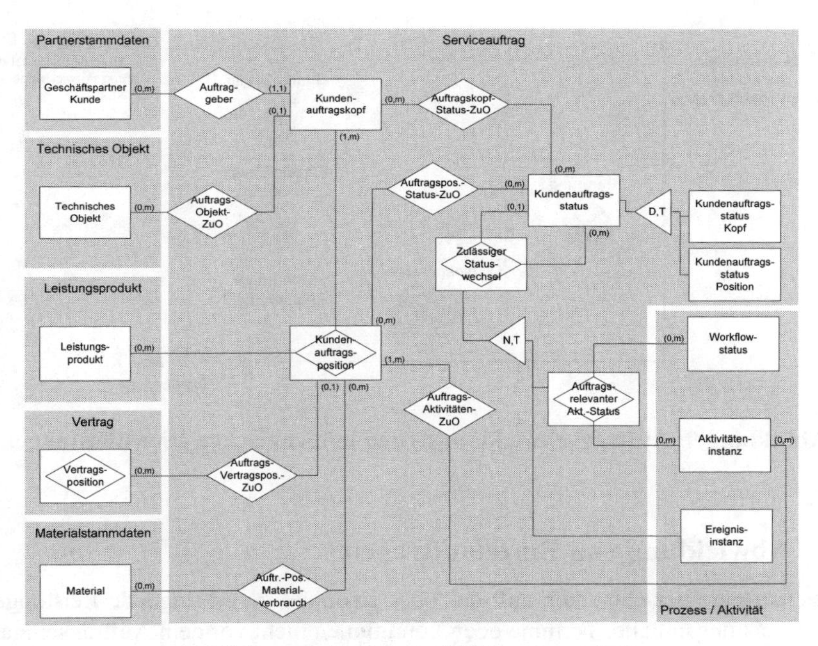

Abbildung 8: Datenmodell Serviceauftrag

Ein individualisiertes Auftragsmonitoring ist durch die Definition einer Statusfolge realisierbar, die einen geringeren Detaillierungsgrad aufweist als das Prozessmodell selbst. Statuswechsel werden durch Prozessereignisse ausgelöst. Damit kann auch der Kunde eine Sicht auf den Fortschritt der Leistungserbringung erhalten, ohne dass ihm Zugriff auf die Daten der Einzelaktivitäten eingeräumt werden müsste.

3 Auftragsabwicklungstypen in technischen Dienstleistungen

Trotz der Heterogenität der Produkte in technischen Dienstleistungen und der Variabilität der Leistungserbringung ist für die Informationssystemgestaltung die Identifikation einer begrenzten Anzahl von Auftragabwicklungstypen erforderlich. Die Abgrenzung erfolgt hier anhand der für die Prozesskoordination relevanten Kriterien Standardisierbarkeit der Leistungserbringung, Bezug zum technischen Objekt und Umfang bzw. Komplexität der Auftragsabwicklungsstruktur (vgl. Abbildung 9). Dieses Vorgehen führt zur Unterscheidung der Typen Einzelauftragsabwicklung, Planmäßiger Service, Störungsmanagement, Projektabwicklung und Beratung.

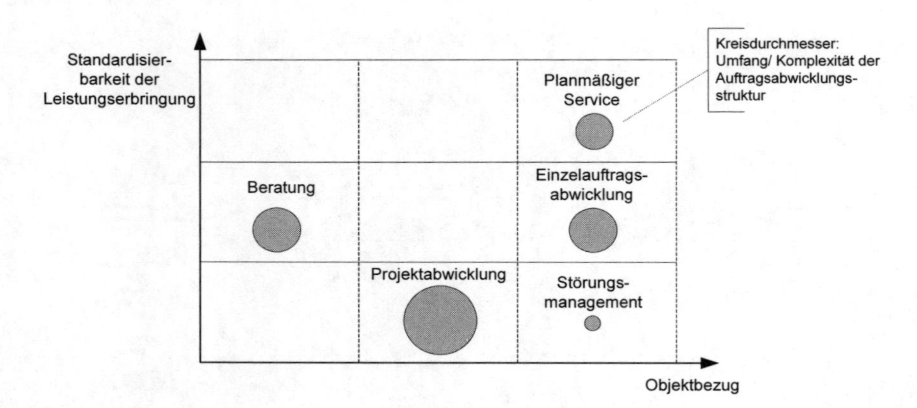

Abbildung 9: Auftragsabwicklungstypen in technischen Dienstleistungen

3.1 Abwicklung von Einzelaufträgen

Einzelaufträge beziehen sich auf ein- oder erstmalig zu erbringende Leistungen, deren Leistungsinhalte, Termine oder Konditionen nicht vor dem Auftragseingang bekannt und unter Umständen erst mit dem Kunden zu vereinbaren sind. Dazu zählt auch die Abwicklung von Instandsetzungsmaßnahmen, zu denen bereits vertragliche Vereinbarungen existieren. zeigt auf grober Ebene den Kontrollfluss und die bearbeiteten Datenobjekte. Bei den Quellen der Inputdaten kann es sich um vorangegangene Prozessaktivitäten oder auch um hier nicht dargestellte Prozesse ohne direkte sachlogische Kopplung zur Auftragsabwicklung handeln. In einer konkreten Ausprägung des Prozesses erfolgt die Instanziierung der einzelnen Teilprozesse evtl. mehrfach (z. B. die Bearbeitung von Arbeitsgängen) oder gar nicht (z. B. die Beschaffung externer Dienstleistungen).

Mit der Erfassung der Kundenmeldung, bei der Angaben zum Kundenwunsch aufgenommen werden, wird zum gewünschten Leistungsprodukt die geeignete Prozessdefinition ausgewählt und auftragsspezifisch angepasst. Der Workflow wird anschließend instanziiert. Bei einem überbetrieblichen Zugriff auf die Workflow-Applikation kann der Kunde den Workflow auch selbst starten. Voraussetzung ist eine hinreichend strukturierte Abbildung der Leistungsprodukte und ihrer Konfigurationsalternativen. Die Beauftragung kann dann entweder durch eine Benutzerschnittstelle des Serviceanbieters, etwa im Internet, oder durch direkte Kopplung des Einkaufssystems des Kunden mit der Workflow-Applikation erfolgen. Vor der Leistungserbringung finden ggf. eine Bonitätsprüfung und weitere debitorische Prüfungen statt. So können Leistungsanteile mit investivem Charakter auf Seiten des Objekteigentümers spezifische Prozesse auslösen oder Vereinbarungen zu Instandhaltungsbudgets vorhanden sein, die von der Maßnahme betroffen sind.

Im Rahmen der Auftragsplanung, die Workflow-gestützte Abstimmungsaktivitäten mit Kunden und Lieferanten beinhalten können, werden die erforderlichen Arbeitsgänge und Fremdleistungen spezifiziert. In vielen Fällen setzt dies zunächst die Inspektion des betroffenen Objekts vor Ort voraus. Rücksprünge zur Auftragsplanung können auch während der Leistungserbringung erfolgen, wenn weitere Bedarfe erst später erkannt werden. Eine zumindest grobe Auftragsplanung ist auch die Voraussetzung für eine vorangehende Angebotserstellung. Kommt es nicht zu einer Auftragserteilung, werden ggf. die Angebotskosten fakturiert.

Die Ermittlung geeigneter Kräfte zur Ausführung der Maßnahmen basiert außer auf Qualifikations- und Kompetenzanforderungen auf geografischen Kriterien. Die räumliche Verteilung der Servicemitarbeiter erfordert zur Sicherstellung einer zeitnahen Übermittlung freigegebener Aufträge und Transparenz des Bearbeitungsstatus eine Integration mobiler Endgeräte in die Workflow-Applikation.

Übergaben bzw. Abnahmen der Leistung finden ggf. mehrfach statt und werden jeweils beim Erreichen eines bestimmten Auftragsstatus veranlasst. Auch der Schlussfaktura können Teilfakturen vorangehen. Insbesondere beim Fremdbezug von Leistungen setzt eine zeitnahe aufwandsbezogene Fakturierung eine systemgestützte Koordination von Abnahmeterminen, Rechnungsprüfung und Fakturaerstellung voraus. Der Auftragsabschluss stößt keine Fakturierungsaktivität an, wenn vertragliche Vereinbarungen mit periodischer Sammelfakturierung bestehen.

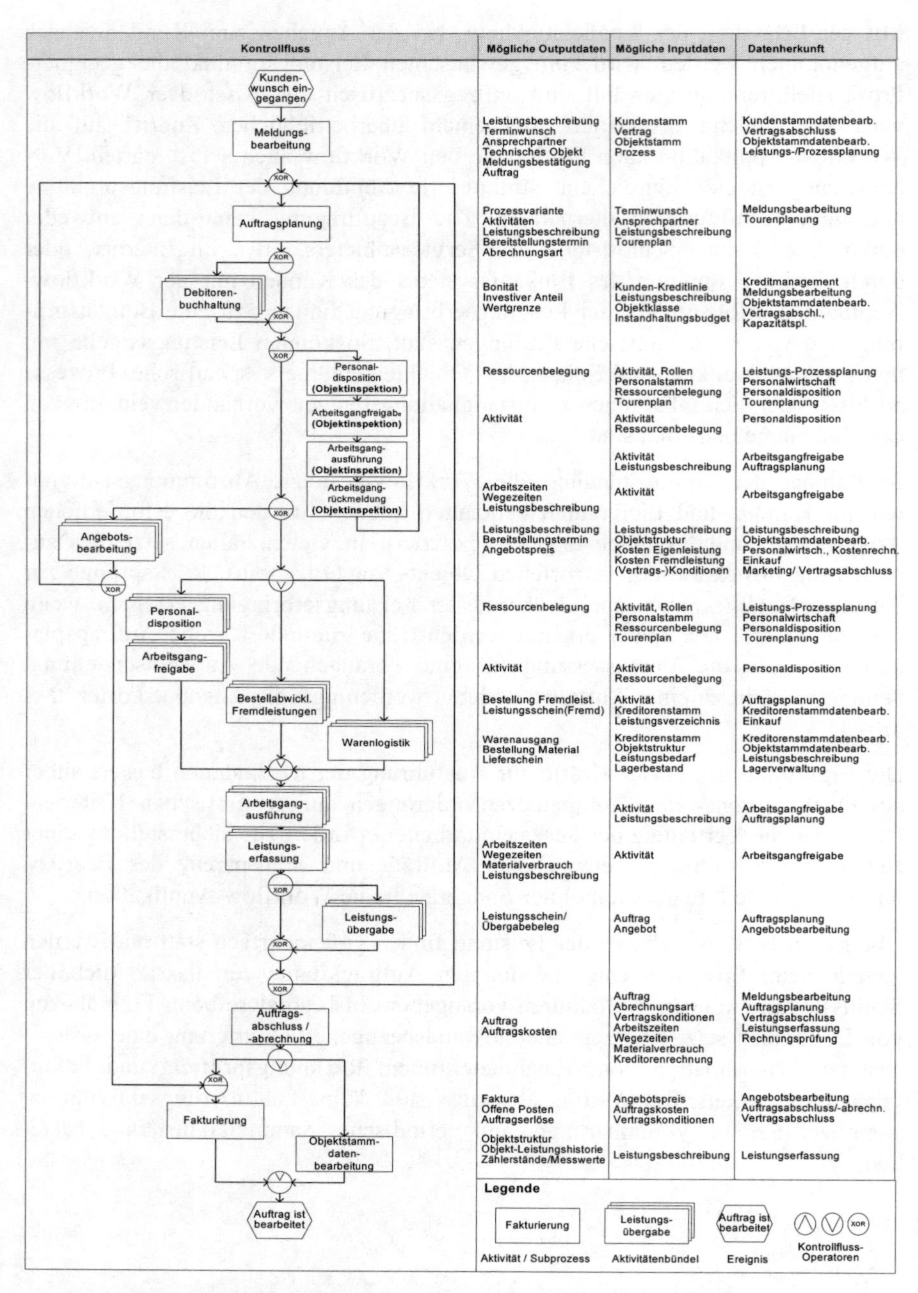

Abbildung 10: Prozessmodell zur Abwicklung von Einzelaufträgen

3.2 Planmäßiger Service

Die planmäßige Leistungserbringung, in den meisten Fällen zu Wartungs- oder Inspektionszwecken, zeichnet sich gegenüber der Abwicklung von Einzelaufträgen durch zwei Besonderheiten aus: Zum einen findet die Auftragsauslösung i. d. R. beim Dienstleister selbst statt. Die Auslösung erfolgt zeitlich gesteuert oder beim Erreichen bestimmter Anlagenzustände, die automatisch oder durch manuelle Ablesung von Messwerten erkannt werden. Zum anderen sind die erforderlichen Arbeitsgänge bereits vor der Auftragsauslösung definiert und werden zu einer Maßnahme automatisch angelegt. Planmäßiger Service basiert grundsätzlich auf einem Dienstleistungsvertrag, aus dem auch die abrechnungssteuernden Informationen hervorgehen. Dennoch kann auch eine Angebotserstellung für individuelle Wertgrenzen übersteigende Ersatzteile, Eigenleistung oder fremd zu beziehende Wartungsleistungen vertraglich vorgesehen sein. Der Zeitraum zwischen Erzeugung der Serviceaufträge für planmäßige Leistungen und den Ausführungsterminen sollte groß genug für die Deckung des vorhersehbaren Ersatzteilebedarfs sein. Durch Dritte erbrachte Leistungen sollten ebenfalls bereits rahmenvertraglich definiert sein.

Die maßnahmenbezogene Planung der Leistung besteht hauptsächlich in der Abstimmung der Servicetermine zwischen Kunde und Dienstleister. Im einfacheren Fall werden Kundenmitarbeiter benötigt, um dem Servicetechniker Zugang zum Objekt zu verschaffen und ggf. die Leistungserbringung zu bestätigen. Bei Serviceleistungen an Produktionsanlagen ist überdies die Koordination mit der Fertigungssteuerung geboten, um die Einhaltung von Produktionsterminen zu gewährleisten und Stillstandzeiten gering zu halten [20]. Das Outsourcing von Instandhaltungsleistungen birgt in dieser Hinsicht die größten Koordinationsprobleme und damit hohes Workflow-Potenzial für den produzierenden Leistungsnehmer, insbesondere bei kurzfristiger Reihenfolgeplanung. Flexibler kann eine effiziente Reihenfolge von Fertigungs- und Instandhaltungsaufträgen bei einer längeren Anwesenheit des Servicepersonals vor Ort ermittelt werden. Begünstigt wird die Terminabstimmung durch die verhältnismäßig gute Prognostizierbarkeit der Dauer planmäßiger Leistungen.

Die Anforderungen an eine informationstechnische Unterstützung der Abstimmungsvorgänge steigen bei der Einbeziehung weiterer Dienstleister. Bei der Beauftragung eigener Servicemitarbeiter sind u. U. Rückkopplungen von der Personaldisposition und Tourenplanung zur Terminierung notwendig. Eine Fakturierung der Leistungen findet oftmals pauschal und periodisch statt. Durch eine prozessorientierte Gestaltung des Informationssystems ist ex-post dennoch eine präzise Zuordnung der vertraglichen Erlöse zu Aktivitätstypen oder anderen Bezugsobjekten der Leistungserbringung möglich.

3.3 Störungsmanagement

Der Prozess des Störungsmanagements unterscheidet sich von der geplanten Instandsetzung dadurch, dass unvorhergesehene Störungen dringend und ohne vorausgehende Plan- und Prüfschritte beseitigt werden müssen. Es handelt sich daher um einen stark verkürzten Auftragsabwicklungsprozess. Für die Initialisierung und Koordination von Entstörungsprozessen werden häufig eigenständige, permanent erreichbare Organisationseinheiten gebildet, die überregional Bereitschaftskräfte beauftragen können und Zugriff auf spezialisierte Informationssysteme besitzen.

Große Bedeutung kommt der effizienten Fehlerdiagnose zu. Wissensbasierte Systeme können den Instandhaltungsdienstleister bei der Eingrenzung und Klassifikation der Fehlerursache und der Auswahl einer geeigneten Entstörstrategie unterstützen [21]. Nach Möglichkeit finden Diagnose und Entstöraktionen mittels Teleservicesystemen direkt im Zusammenhang mit der Meldungsannahme statt. Alternativ oder zusätzlich wird ein Servicemitarbeiter mit der sofortigen Instandsetzung vor Ort beauftragt. Die Anwesenheit des Mitarbeiters und die störungsbedingte Stillstandzeit des technischen Objekts können auch zur Durchführung kurzfristig anstehender Wartungs- oder Inspektionsmaßnahmen genutzt werden. Diese werden objektbezogen ermittelt und mit dem Instandsetzungsauftrag verbunden.

Im Anschluss an die Rückmeldung und Dokumentation des Vorfalls kann zudem der Anstoß einer regulären Einzelmaßnahme erfolgen, um Fehlerursachen zu analysieren oder weiter reichende Auswirkungen der Störung zu beseitigen. Während des Entstörprozesses ist der Kunde, möglichst detailliert über den Bearbeitungsfortschritt zu informieren, damit seiner Feinplanung realistische Annahmen über die Verfügbarkeit seiner Ressourcen zugrunde gelegt werden können.

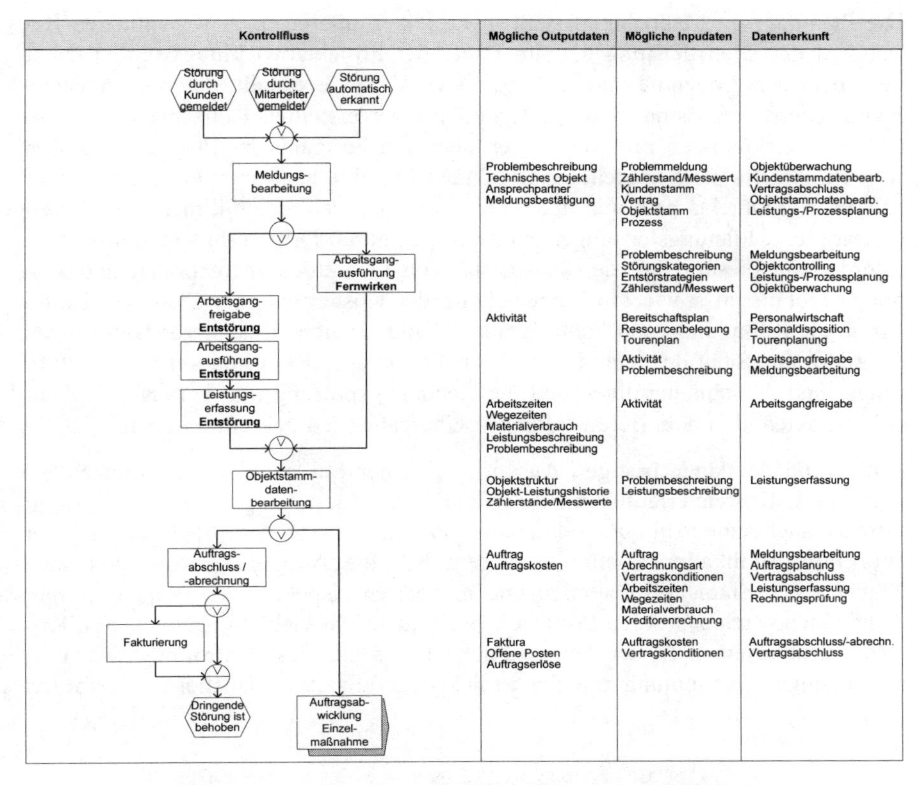

Abbildung 11: Prozessmodell zum Störungsmanagement

3.4 Projektabwicklung

Lang laufende, mehrstufig strukturierte Prozesse werden als Projekte bezeichnet und erfordern spezifische Systemfunktionalität. Charakteristisch für Projekte ist eine eigene, temporäre Aufbauorganisation mit einer projektbezogenen Definition von Bearbeiterrollen. Die Aktivitäten des Prozesses werden in die *Projektplanung* und die *Projektrealisierung* unterteilt. Während die Aktivitätenstruktur der Projektrealisierung erst während der Projektlaufzeit definiert wird, kann dem Teilprozess der Projektplanung eine Referenz zugrunde liegen, z. B. im Facility Management die Phasenfolge der HOAI [22], die nach Bedarf verfeinert wird. Die Projektstruktur kann sich zudem an den Komponenten eines technischen Objektes orientieren, die durch gleichartige Subprozesse bearbeitet werden. Diese parallel ausgeführten Subprozesse müssen zu bestimmten Meilensteinen des Projekts mit Unterstützung durch das Workflowmanagementsystem synchronisiert werden.

Die Planung von Maßnahmen stellt in Projekten häufig einen wesentlichen Bestandteil der Dienstleistung dar. Im Laufe der Projektabwicklung werden daher ggf. mehrfach Angebote und Aufträge bzw. Verträge erstellt, deren Gegenstand Planungsleistungen sind. Auf der Grundlage der erstellten Konzepte können zu mehreren Zeitpunkten Entscheidungen über den Fortgang des Projekts getroffen werden. Anders als Serviceaufträge können Projekte auch mehrere Nutzer eines technischen Objekts betreffen und daher Vertragsabschlüsse mit mehreren Parteien erfordern. Planungsleistungen können auch durch Dritte erbracht werden und erfordern in diesem Fall den Austausch von Objektdokumentationen und Planungsergebnissen sowie die Einbeziehung der Kosten externer Planungsleistungen in die Kalkulation und Fakturierung. Fremdbezogene Realisierungsleistungen erfordern aus Sicht des technischen Dienstleisters die Koordination von Ausführungs- und Abnahmeterminen und der Rechnungsprüfung mit den eigenen Kundenkontakten, d. h. von Bereitstellungs-, Übergabe- und Fakturaterminen.

Auf Grund der längerfristigen Auswirkungen der Maßnahmen auf Anlagenverfügbarkeit, Kostenverläufe und die Veränderung des Anlagevermögens erfolgt oftmals auch eine Abbildung laufender Projekte im System des Kunden. Der Workflow-Applikation kommt in diesem Fall die Aufgabe zu, den zeitnahen Transfer von Statusinformationen und monetären Aspekten des Projekts zu gewährleisten. Zudem werden Projekte aus Kundensicht vielfach nach anderen Kriterien strukturiert, z. B. der Anlagenbuchhaltung oder des Controllings, was eine regelmäßige Abstimmung mit der Projektsteuerung des Dienstleisters erfordert [23].

3.5 Beratung

Als Beratung werden hier alle technischen Dienstleistungen klassifiziert, die nicht physisch an einem technischen Objekt ausgeführt werden, sondern im Kern im Wissenstransfer zu Mitarbeitern des Kunden bestehen. Beispiele für Beratungsleistungen sind:

- Konzepte zur Prozessgestaltung, etwa zur Erreichung einer instandhaltungsgerechten Konstruktion oder Fertigungsorganisation,
- Konzepte zur Verbrauchsoptimierung von Anlagen,
- Schulung von Kundenpersonal in der Bedienung von Maschinen und
- Bereitstellung von Auswertungen zu Leistungen an Kundenobjekten.

Darüber hinaus wird vor der Kontrahierung umfangreicherer Maßnahmen oftmals die Erstellung von (ggf. alternativen) Feinkonzepten beauftragt und als eigenständige Beratungsleistung fakturiert.

Die Leistungserbringung erfolgt bei technischen Beratungsleistungen zu heterogen, um referenzartig beschrieben werden können. Beratungsleistungen können in einer Projektorganisation, als Einzelaufträge oder als kontinuierliche Dauerleistungen ohne Prozessstruktur erbracht werden. Beratungsleistungen stützen sich vielfach auf *Berichte*, die die Analyse des Mengen- und Wertgerüstes der Leistungserbringung zu technischen Objekten oder anderen Bezugsobjekten ermöglichen. Durch die Verknüpfung von Prozessdefinitions- und Ausführungsdaten mit Produkt-, Vertrags- und Objektdaten stellt die Workflow-orientierte Informationssystemgestaltung die Grundlage qualitativ hochwertiger Beratungsleistungen dar.

4 Anwendung der Referenzmodelle

Die vielfach diskutierten Charakteristika von Dienstleistungsprodukten und -prozessen stellen umfangreiche Anforderungen an die unterstützenden Informationssysteme. Die hier dargestellten Modelle geben Empfehlungen für eine prozessorientierte Systemgestaltung, indem sie der Integrativität von Leistungsdefinition, kundenspezifischen Vereinbarungen und Prozessmanagement Rechnung tragen. Es handelt sich dabei um die elementaren Anforderungen an eine neue Generation Workflow-basierter Servicemanagement-Systeme.

Zugleich sollen damit Anhaltspunkte für eine prozessorientierte Integration vorhandener Anwendungssysteme und die Konfiguration von Standardsoftware gegeben werden. Heutige Systeme zum Enterprise Resource Planning (ERP), in denen die auch für Dienstleistungsanbieter erforderliche Integration der Auftragsplanung und -steuerung mit Materialwirtschaft, Rechnungswesen, Personalwirtschaft und anderen Unternehmensbereichen verwirklicht ist, orientieren sich noch vorwiegend an den Anforderungen der Sachgüterproduktion. Auf der anderen Seite decken spezialisierte Anwendungssysteme für technische Dienstleistungen, die früher als Instandhaltungsplanungs- und Steuerungssysteme firmierten und mittlerweile auch vertriebliche Aufgaben vorsehen, die Unterstützungsprozesse noch nicht in für größere Anbieter zufrieden stellender Weise ab.

In beiden Szenarien stehen Informationssystemgestalter vor der Aufgabe, ihre Leistungserbringungsprozesse zu identifizieren und zu formalisieren. Dabei ist eine möglichst geringe Zahl unterschiedlicher Standardprozesse zu definieren, aber zugleich die Handhabung der durch die Spezifika von Leistungsprodukten oder Kundenbeziehungen bedingten Variabilität zu ermöglichen. In diesem Spannungsfeld können Workflowmanagementsysteme zur Sicherstellung der korrekten Ausführung eines Geschäftsprozesses beitragen und zugleich die Interaktion der beteiligten Organisationseinheiten oder Geschäftspartner unterstützen.

Mithin verfügen mittlerweile viele ERP-Systeme über Komponenten zur flexiblen Prozessdefinition und -steuerung, so genannte "Embedded" Workflowmanagementsysteme. Überdies werden in vielen Servicemanagement-Systemen heute bereits die Möglichkeiten des Internets zur Kommunikation mit Kunden und Lieferanten und zur Anbindung mobiler Endgeräte der Servicemitarbeiter genutzt. Damit ist die Realisierung inner- und überbetrieblicher Workflow-Lösungen mit reduziertem Aufwand für die Schnittstellenentwicklung möglich geworden. In aller Regel werden diese Möglichkeiten jedoch als domänenneutrale Basistechnologien angeboten – ihre prozessorientierte, unternehmensspezifische Integration mit den Anwendungskomponenten bleibt eine Herausforderung für den Informationssystemgestalter, der sich dabei auch auf Branchen-Referenzmodelle stützen kann.

Literaturverzeichnis

[1] Maleri, R.: Grundlagen der Dienstleistungsproduktion, 4. Auflage, Berlin et al. 1997, S. 117-132.

[2] Schwab, K.: Koordinationsmodelle und Softwarearchitekturen als Basis für die Auswahl und Spezialisierung von Workflow-Management-Systemen, in: Becker, J.; Vossen, G. (Hrsg.): Geschäftsprozeßmodellierung und Workflow-Management. Modelle, Methoden, Werkzeuge, Bonn et al. 1996, S. 295-318.

[3] Klischewski, R.; Wetzel, I.: Serviceflow Management, in: Informatik Spektrum, 23(2000)1, S. 38-46.

[4] Koetsier, M.; Grefen, P.; Vonk, J.: Contracts for Cross-Organizational Workflow Management, in: Proceedings of the 1st International Conference on Electronic Commerce and Web Technologies, Greenwich 2000.

[5] Becker, J.; zur Mühlen, M.: Rocks, Stones and Sand – Zur Granularität von Komponenten in Workflowmanagementsystemen, in: IM Fachzeitschrift für Information Management & Consulting, 17(1999)2, S. 57-67.

[6] Vonk, J. et al.: Distributed Global Transaction Support for Workflow Management Applications, in: Proceedings of the 10th Int. Conference on Database and Expert Systems Application, Florenz 1999.

[7] Neumann, S.: Workflow-Anwendungen in technischen Dienstleistungen. Eine Referenz-Architektur für die Koordination von Prozessen im Gebäude- und Anlagenmanagement, Berlin 2003.

[8] Corsten, H.; Stuhlmann, St.: Capacity management in service organisations, in: Technovation, 18(1998)3, S. 163-178.

[9] Neumann, S.; Serries, T.; Becker, J.: Entwurfsfragen bei der Gestaltung Workflow-integrierter Architekturen von PPS-Systemen, in: Buhl, H. U.;

Huther, A.; Reitwiesner, B. (Hrsg.): Information Age Economy, 5. Internationale Tagung Wirtschaftsinformatik, Heidelberg 2001, S. 133-146.

[10] Chen, P. S-S.: The Entity-Relationship Model – Toward a Unified View of Data, in: ACM Transactions on Database Systems, 1(1976)1, S. 9-36.

[11] Becker, J.; Schütte, R.: Handelsinformationssysteme, Landsb./Lech 1996.

[12] Krimm, O.: Beitrag zur Produktionsplanung und -steuerung von technischen Dienstleistungen, Dortmund 1995.

[13] Weigand, H.; van den Heuvel, W. J.: Meta-Patterns for Electronic Commerce Transaction based on FLBC, in: Proceedings of the Hawaii International Conference on Systems Science, Hawaii 1998.

[14] Leymann, F.; Roller, D.: Production Workflow: Concepts and Techniques, Upper Saddle River 2000.

[15] Rosemann, M.: Komplexitätsmanagement in Prozessmodellen. Methodenspezifische Gestaltungsempfehlungen für die Informationsmodellierung, Wiesbaden 1995.

[16] Warnecke, H. J.: Der Produktionsbetrieb. Band 2: Produktion, Produktionssicherung, Berlin et al. 1993.

[17] Schmahl, W.: Immobilienpraxis im Kommunikationskonzern Deutsche Telekom AG, in: Moslener, W.; Rondeau, E. (Hrsg.): Facility Management. Verfahren, Praxis, Potentiale, Berlin et al. 2001, S. 185-234.

[18] Iwainsky, A.; Vigerske, W.; Runge, F.: Modellierung und Analyse gebäudeinterner Verkehrswege, in: Proceedings zur CAD 2000, Berlin 2000.

[19] Messer, B.: Workflow-Anwendungen im Facility Management, in: Jablonski, S.; Böhm, M.; Schulze, W. (Hrsg.): Workflow-Management – Entwicklung von Anwendungen und Systemen. Facetten einer neuen Technologie, Heidelberg 1997, S. 457-470.

[20] Luczak, H.; Kallenberg, R; Kahl, R: Kopplung PPS – IPS, Abschlussbericht des Forschungsinstituts für Rationalisierung, DFG-Nr. Lu 373/9-3, Aachen 1997.

[21] Schwab, J.: Logistisches Störungsmanagement. Gestaltungspotentiale der Ablaufplanung für die logistische Beherrschung von Produktionsprozessen, in: FB/IE – Zeitschrift für Unternehmensentwicklung und Industrial Engineering, 48(1999)3, S. 122-126.

[22] o. V.: Verordnung über die Honorare für Leistungen der Architekten und der Ingenieure, Wiesbaden, Berlin 1995.

[23] Braun, H.-P.: Dokumentation des Gebäudebestands, in: Braun, H.-P.; Haller, P.; Oesterle, E. (Hrsg.): Facility Management. Erfolg in der Immobilienbewirtschaftung, Berlin et al. 1996, S. 39-50.

[7] Haller, W.; Rentzsch, H.: Das Informationsmanagement [illegible] Wirtschaftsinformatik, Heft [illegible] 1995, [illegible]

[8] Chen, P. S.: The Entity-Relationship Model – Toward a Unified View of Data. In: ACM Transactions on Database Systems, [illegible]

[11] Becker, J.; Schütte, R.: Handelsinformationssysteme. Landsberg 1996.

[12] Kraulik, [illegible]: Datenbanken [illegible] Produktionsplanung und -steuerung [illegible] Dissertation, Dortmund 1995.

[13] Wei, [illegible]: [illegible] Electronic [illegible] Transaction Based on [illegible]. In: Proceedings of the Hawaii International Conference on System Sciences, Hawaii 1998.

[14] Lewandowski: Roboter und Produktion [illegible] Wiesbaden [illegible] 2000.

[15] Rosemann, M.: Komplexitätsmanagement in Prozessmodellen. Methodenspezifische Gestaltungsempfehlungen für die Informationsmodellierung. Wiesbaden 1996.

[16] Wiendahl, H.-P.: Fertigungsregelung. Band [illegible] München, Wien 1997.

[17] Schlicht, W.: [illegible] Kommunikationssystem. [illegible] In: [illegible] 2000, S. [illegible]

[18] [illegible] A.; [illegible] W.: [illegible] 2001.

[19] Messer, B.: [illegible] Investments and Facility Management [illegible] [illegible] Management [illegible] 1997, S. [illegible]

[20] [illegible] Kalleng, R. [illegible] Kompton: [illegible] Aachen 1998.

[21] Schmidt-Rehmann: [illegible] Gestaltungsaspekte der Unternehmung für die Informationsversorgung [illegible] In: [illegible] Zeitschrift für Unternehmensführung und Organisation [illegible] 1990, [illegible]

[22] [illegible] Verwaltung [illegible] Wiesbaden, Berlin 1995.

[23] [illegible] Dokumentationen [illegible] Management. [illegible]

Computer Aided Service Engineering – Konzeption eines Service Engineering Tools

Katja Herrmann
Ralf Klein
Institut für Wirtschaftsinformatik (IWi) im Deutschen Forschungszentrum für Künstliche Intelligenz (DFKI), Saarbrücken
Tek-Seng The
Fraunhofer-Institut für Arbeitswirtschaft und Organisation (IAO), Stuttgart

Inhalt

1 Einleitung

Ein Schwerpunkt der Service Engineering Forschung befasst sich mit der informationstechnischen Unterstützung des Dienstleistungsentwicklungsprozesses. Ziel dabei ist es, ein Werkzeug bereitzustellen, das den gesamten Dienstleistungsentwicklungsprozess über alle Phasen hinweg, d. h. von der Ideenfindung bis zur Markteinführung, abdeckt [1]. Die derzeit verwendeten Werkzeuge unterstützen jeweils nur einen separaten Ausschnitt des Service Engineering Prozesses. Damit sind als wesentliche Kritikpunkte die unzureichende Integration und die daraus resultierenden Medienbrüche sowie die mangelnde methodische Unterstützung des Entwicklungsprozesses verbunden.

Der vorliegende Beitrag beschreibt die wesentlichen Voraussetzungen für eine durchgängige Begleitung des Service Engineering Prozesses unter Einsatz einer Softwareplattform. Dazu wird zunächst der Gedanke des Computer Integrated Manufacturing (CIM), der auf die ganzheitliche informationstechnische Unterstützung von Abläufen in Industrieunternehmen abzielt, dargestellt und anschließend für die Anwendung im Dienstleistungsbereich adaptiert. Aufbauend auf organisatorischen, allgemeinen sowie funktionalen Anforderungen wird im dritten Abschnitt eine detaillierte, fachkonzeptionelle Beschreibung eines Service Engineering Tools aus Funktions-, Daten- und Steuerungssicht vorgestellt. Deren technische Überführung in ein Architekturkonzept sowie in Konfigurations-, Tailoring- und Realisierungskonzepte erfolgt schließlich im Rahmen des vierten Abschnitts.

Die Darstellungen basieren auf den Ergebnissen des vom Bundesministerium für Bildung und Forschung im Rahmen des Programms „Arbeitsgestaltung und Dienstleistungen" geförderten Projekts „Computer Aided Service Engineering Tool (CASET)". Das Ziel bestand darin, eine Werkzeugumgebung für die systematische Entwicklung, Gestaltung und EDV-technische Unterstützung von Dienstleistungen zu konzipieren, zu realisieren und in der praktischen Anwendung zu erproben. Mit der gleichnamigen, Internet-basierten Dienstleistungsentwicklungsplattform CASET, deren fachkonzeptionelle und technische Konzeption hier erläutert werden, entwickelten das Institut für Wirtschaftsinformatik im Deutschen Forschungszentrum für Künstliche Intelligenz, Saarbrücken, und das Fraunhofer-Institut für Arbeitswirtschaft und Organisation, Stuttgart, eine prototypische Softwarelösung, um verteilt arbeitende Projekte unterschiedlicher Größenordnung durch die integrierte Bereitstellung von Methoden und Werkzeugen informationstechnisch zu unterstützen [2].

2 IT-gestützte Entwicklung von Dienstleistungen

2.1 Computer Integrated Manufacturing für Sachleistungen

Industrieunternehmen haben über Jahrzehnte ihre Produktions- und Entwicklungsabläufe rationalisiert und damit ein hohes Maß an Effizienz erreicht. Einen wesentlichen Beitrag dazu leistete der Einsatz von Informationssystemen. Während es sich dabei zunächst um Insellösungen zur Unterstützung eines bestimmten Sachverhalts, wie z. B. die Fertigungssteuerung, handelte, hat mit dem Aufkommen des CIM-Gedankens die ganzheitliche Betrachtung von Logistik- und Entwicklungsprozessen in Verbindung mit einer integrierten informationstechnischen Unterstützung Einzug in Fertigungsunternehmen gehalten [3][4]. Das 1973 von HARRINGTON erstmals vorgestellte Konzept fokussiert auf den gesamten Lebenszyklus einer Sachleistung und löst die auf Grund der engen ablauforganisatorischen Verzahnung nicht zweckdienliche Trennung in einzelne Funktionsbereiche auf [5]. CIM umfasst somit „die integrierte Informationsverarbeitung für betriebswirtschaftliche und technische Aufgaben eines Industriebetriebes“ [6]. Abbildung 1 zeigt ein in Wissenschaft und Praxis gleichermaßen anerkanntes Rahmenkonzept, das den durch CIM betrachteten Funktionsumfang verdeutlicht.

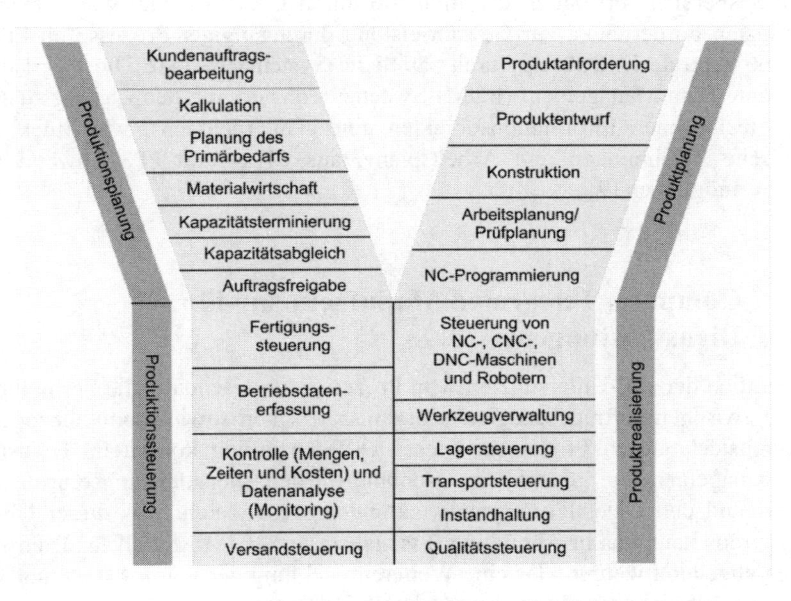

Abbildung 1: Y-CIM-Modell für Sachleistungen [7]

Der linke Ast des Y-CIM-Modells beschreibt die primär betriebswirtschaftlich-planerisch orientierte Produktionsplanung und -steuerung (PPS) und damit den

Funktionsumfang der dort eingesetzten Informationssysteme. Diese unterstützen als übergeordnete Instrumente die organisatorische Planung, Steuerung und Überwachung der Produktionsabläufe auf der Grundlage von Mengen-, Termin- und Kapazitätsgesichtspunkten [8]. Dabei lassen sich der Produktionsplanung die Hauptfunktionen Kundenauftragsbearbeitung, Kalkulation, Planung des Primärbedarfs, Materialwirtschaft, Kapazitätsterminierung, Kapazitätsabgleich sowie Auftragsfreigabe zuordnen. Die Produktionssteuerung umfasst die Aufgaben Fertigungssteuerung, Betriebsdatenerfassung, Kontrolle und Datenanalyse sowie Versandsteuerung. Die Produktionslogistik beinhaltet somit sämtliche durch den Auftragsfluss gesteuerten Tätigkeiten, angefangen bei der Auftragsannahme über die Bedarfsplanung (Beschaffungslogistik) bis hin zum Versand (Vertriebslogistik) der bestellten Sachleistung [7].

Der obere Teil des rechten Asts des Y-CIM-Modells stellt den Entwicklungsprozess einer Sachleistung dar. Der Leistungsgestaltungsprozess setzt sich aus der Anforderungsanalyse, dem Produktentwurf, der Konstruktion, der Arbeits- beziehungsweise Prüfplanung sowie der NC-Programmierung zusammen. Der untere Teil bildet die für die Leistungserstellung benötigten Ressourcen ab und differenziert die Tätigkeitsbereiche Steuerung von NC-, CNC-, DNC-Maschinen und Robotern, Werkzeugverwaltung, Lagersteuerung, Transportsteuerung, Instandhaltung und Qualitätssteuerung. Die Unterstützung der eher technisch orientierten Funktionsbereiche erfolgt in der Industrie durch CAx-Systeme, wobei eine der wichtigsten Forderungen zur Gewährleistung durchgängiger Prozesse im Zugriff auf eine zentrale Datenbasis durch sämtliche Systeme besteht. Dies wird durch Electronic Data Management (EDM)-Systeme realisiert, die den Zugang zu sämtlichen technischen Informationsobjekten eines Unternehmens, wie Stücklisten, technische Zeichnungen und Arbeitspläne, aus CAx- und PPS-Anwendungen heraus ermöglichen [9].

2.2 Computer Integrated Manufacturing für Dienstleistungen

Hinsichtlich der DV-Unterstützung von Prozessen unterscheidet die Fertigungsindustrie zwischen auftragsbezogenen, organisatorischen sowie produktbezogenen, fertigungstechnischen Prozessen. Dieser Differenzierung kommt im Dienstleistungsmanagement die gedankliche Trennung in den Dienstleistungserbringungsprozess und den Dienstleistungsentwicklungsprozess gleich. Aus dieser Überlegung heraus kann das in Abbildung 2 visualisierte Y-CIM-Modell für Dienstleistungen abgeleitet werden, das eine Weiterentwicklung der von KRÄMER und ZIMMERMANN entwickelten Konzeption darstellt [10].

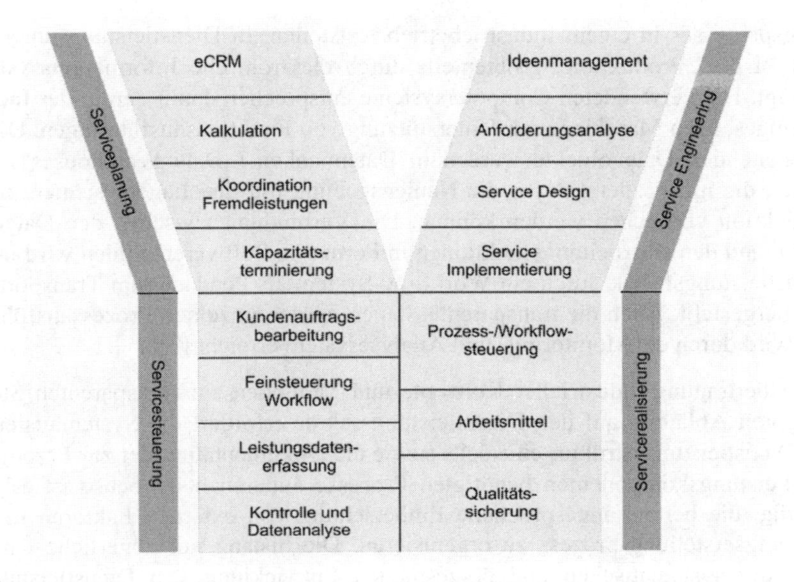

Abbildung 2: Y-CIM-Modell für Dienstleistungen

Die in der wissenschaftlichen Diskussion beklagte Unschärfe in der Abgrenzung zwischen Sach- und Dienstleistungen [13] spiegelt sich in der Anwendung des Y-CIM-Modells wider. Generell kann festgehalten werden, dass sich mit zunehmendem Immaterialitätsgrad der betrachteten Leistung die Zweckdienlichkeit des Einsatzes des in Abbildung 2 gezeigten Modells gegenüber dem Y-CIM-Modell für Sachleistungen erhöht. Gleiches gilt für den Interaktionsgrad mit externen Faktoren.

Ein Unterschied zwischen den beiden Modellausprägungen liegt im Produktionsplanungsprozess. Während in der Fertigungsindustrie die Produktionsplanung vor allem auf Basis vorliegender Kundenaufträge durchgeführt wird, ist dies bei Dienstleistungen auf Grund der Nichtlagerbarkeit sowie der Simultanität von Leistungserstellung und -abgabe nur bedingt möglich. Vielmehr resultiert die Quantifizierung der bereitzustellenden Potenzialfaktoren aus Schätzungen, die entweder aus Erfahrungen oder aus Prognosen abgeleitet werden. Dies gilt sowohl für unternehmenseigene als auch für fremd bezogene Ressourcen. Die Produktionsplanung wird folglich bei Dienstleistungen, die keine materiellen Bestandteile besitzen, unabhängig von vorliegenden Kundenaufträgen gestaltet.

Eintreffende Kundenaufträge beeinflussen somit auf Grund des Integrationszwangs von externen Faktoren in den Erstellungsprozess ausschließlich die Produktionssteuerung. Unter Berücksichtigung der Kundeneinbindung lässt sich prinzipiell in diesem Bereich eine hohe Analogie zwischen der Systemstruktur eines DV-unterstützten Dienstleistungsprozesses und der Struktur eines Fertigungsprozesses in einem Industriebetrieb feststellen. In Dienstleistungsunternehmen ist die „Produktion" größtenteils durch elektronische Informationssysteme geprägt. Die verwendeten Computersysteme entsprechen damit den in der Industrie eingesetzten Maschinen zur Unterstützung von Funktionsausführungen. Die zu bearbeitenden Datenobjekte werden in Datenbanken („Data Warehouses") verwaltet, die nicht zuletzt durch die Namensgebung mit den Lagersystemen in der Produktion verglichen werden können. Die Verbindung zwischen den Datenobjekten und den Bearbeitungsfunktionen in Form von Softwaremodulen wird in der Dienstleistungsfabrik durch ein Workflow-System als Pendant zum Transportsystem hergestellt. Auch die transparente Steuerung der einzelnen Prozessausführungen wird durch ein Monitoring- und Analysesystem erreicht [3][11].

Die Übertragung industrieller Konzepte und Methoden zur transparenten Steuerung von Abläufen auf den Dienstleistungssektor erfordert die Systematisierung der Dienstleistungsstruktur einerseits sowie die Dokumentation der zur Erzeugung der Leistungskomponenten benötigten Prozesse andererseits. Ebenso ist es notwendig, die bereits angesprochene Einbeziehung von externen Faktoren in den Leistungserstellungsprozess zu organisieren. Die bislang nur zögerliche Umsetzung der systematischen und IT-gestützten Entwicklung von Dienstleistungen lässt sich nicht zuletzt auf die allgemeine Beschreibungsproblematik hinsichtlich der Ergebnis-, Prozess- und Potenzialdimension von Dienstleistungen zurückführen [12]. Die Erarbeitung einer entsprechenden Methodik bildet die grundlegende Voraussetzung dafür, Dienstleistungen als Entwicklungsobjekte begreifbar zu machen [13]. Einen Ansatz hierfür stellt der Beitrag „Modellbasiertes Dienstleistungsmanagement" von SCHEER, GRIEBLE und KLEIN in diesem Buch vor.

Die informationstechnische Unterstützung des durch den rechten Ast des Y-CIM-Modells für Dienstleistungen beschriebenen Dienstleistungsentwicklungsprozesses blieb bisher sowohl in der Wissenschaft als auch in der Praxis weitgehend unberücksichtigt. Zwar gibt es für einzelne Funktionsbereiche entsprechende Software, eine integrierte Gesamtlösung existiert jedoch nicht. Ein weiterer Grund dafür liegt in der fehlenden Strukturierung des Service Engineering Prozesses, die erst in den letzten Jahren langsam vorgenommen wird.

Im Folgenden werden die Anforderungen an ein IT-gestütztes Service Engineering sowie die fachkonzeptionelle Spezifikation des im Rahmen des Projekts CASET entwickelten Service Engineering Tools vorgestellt.

3 Fachkonzeptionelle Spezifikation des Service Engineering Tools

3.1 Anforderungen an die informationstechnische Unterstützung

Die derzeit in der Dienstleistungsentwicklung eingesetzten DV-Werkzeuge lassen eine durchgängige inhaltlich-methodische Unterstützung der Entwicklungsaktivitäten vermissen [1][14]. Neben dem Einsatz von Modellierungswerkzeugen beschränkt sich die informationstechnische Unterstützung weitgehend auf Standard-Office-Anwendungen und heterogene Datenbanklösungen. Außerdem werden Projektmanagement-Werkzeuge sowie Groupware zur Abstimmung von Aufgaben innerhalb der Projektteams eingesetzt.

Die im Rahmen des Projekts CASET erhobenen Anforderungen an ein Werkzeug zur Unterstützung des Service Engineering Prozesses lassen sich drei Kategorien zuordnen. Dabei handelt es sich um organisatorische Anforderungen als Voraussetzung für den erfolgreichen Einsatz des Tools, allgemeine sowie funktionale Anforderungen an das System [15].

Organisatorische Anforderungen

Die Konzeption der CASET-Plattform beruht auf der Annahme, dass die Planung neuer Dienstleistungen durch interdisziplinäre Teams erfolgt, deren Mitglieder sich aus Mitarbeitern verschiedener Abteilungen rekrutieren. Dies setzt eine adäquate Aufbau- und Ablauforganisation voraus und stellt zugleich Anforderungen an die Innovations- und Unternehmenskultur. Um einen offenen Informationsaustausch zu gewährleisten, sind nicht nur Team- und Kritikfähigkeit gefragt, sondern auch die Bereitschaft der einzelnen Mitarbeiter, ihre unterschiedlichen Wissensressourcen in den Planungsprozess einzubringen [16].

Allgemeine Systemanforderungen

Eine Software zur Unterstützung der Dienstleistungsentwicklung muss Flexibilität gewährleisten, um den jeweiligen Projektmanagern die ad hoc-Steuerung ihrer Projekte zu ermöglichen. Durch die Modularität und damit die Wiederverwendbarkeit nicht nur der Software, sondern auch der ihr zu Grunde liegenden Prozessmodelle wird die kurzfristige Anpassung der Projektabläufe an die vorliegenden Rahmenbedingungen ermöglicht. Im Hinblick auf die Akzeptanz des Systemeinsatzes sowie zur Vermeidung unnötiger Neuentwicklungen ist zudem die Offenheit des Tools anzustreben, um die Anbindung an bestehende Systeme und Datenbanken, bspw. im Controlling oder im Vorschlagswesen, zu gewährleisten. Schließlich ist auch die langfristige Adaptierbarkeit wichtig, d. h. die der Software zu Grunde liegenden Prozessmodelle müssen auch langfristig an veränderte Rahmenbedingungen anpassbar sein.

Funktionale Anforderungen

Die funktionalen Anforderungen beziehen sich vor allem darauf, dass mit dem zu entwickelnden Tool eine Kooperationsplattform für das gemeinsame Konzipieren von Dienstleistungen anzubieten und zugleich eine spezifische Methodenunterstützung für das Service Engineering bereit zu stellen ist.

Gegenstand der Computer-supported Cooperative Work (CSCW)-Forschung sind Groupware-Systeme, die dem arbeitsteiligen Bearbeiten betriebswirtschaftlicher Aufgabenstellungen dienen. Deren Funktionalitäten werden nach der Intensität der Interaktion in Kommunikations-, Koordinations- und Kooperationsunterstützung unterschieden [17].

- *Kommunikationsunterstützung*: Zu den wesentlichen Funktionalitäten des Tools müssen der Austausch von projektspezifischen Informationen zwischen den Teammitgliedern, z. B. über E-Mail, sowie die themenspezifische Kommunikation, in einem Community-Bereich, gehören.
- *Koordinationsunterstützung*: Die Grundlage der Workbench sollte ein konfigurierbares Vorgehensmodell bilden, das den Anwender im Sinne eines elektronischen Leitfadens mit Checklisten und Methodenbeschreibungen durch den Service Engineering Prozess führt. Darüber hinaus muss der Leitfaden Erläuterungen zu Vor- und Nachteilen von Methoden, unterstützenden Werkzeugen etc. enthalten, die dem Anwender eine strukturierte Anleitung durch den gesamten Prozess hindurch gewährleisten [19]. Aus den einzelnen Phasen heraus kann dann der Aufruf externer Anwendungsprogramme, wie Dokumentenmanagement- oder Projektmanagement-Systeme, erfolgen. Um den unterschiedlichen Aufgaben der Projektmitglieder gerecht zu werden, sind verschiedene Sichten entsprechend eines definierten Rollenkonzepts anzulegen. Zur Durchführung des Projektmonitorings sowie zur Unterstützung des zielgerichteten Planens der neuen Dienstleistung ist die Integration eines Kennzahlensystems erforderlich, auf dessen Basis Reports sowie grafische Aufbereitungen von Daten zur Entscheidungsunterstützung generiert werden.
- *Kooperationsunterstützung*: Da sich die visuelle Darstellung der zu entwickelnden Dienstleistung als ein zentrales Kriterium für die arbeitsteilige Planung herauskristallisiert hat, ist ein zentraler Zugriff auf eine Prozessmodellierungskomponente erforderlich. Der sinnvolle Einsatz der Prozessmodellierungskomponente beruht auf dem Aufbau einer Modulbibliothek. Dazu muss der Leitfaden eine detaillierte Anleitung enthalten, um die Entscheidungsträger zur selbstständigen Bildung und Anpassung der Module zu befähigen. Für IT-gestützte Dienstleistungen sind neben den Dienstleistungsmodulen auch Softwaremodule zu definieren, die das möglichst automatische Mapping von Dienstleistungen und entsprechender Softwareunterstützung erlauben.

Auf der Grundlage des erarbeiteten Pflichtenhefts wurde der CASET-Prototyp fachkonzeptionell spezifiziert und anschließend informationstechnisch umgesetzt. Durch den prototypischen Einsatz des Tools bei den beteiligten Anwendungspartnern wurden sowohl die inhaltlich-methodische Konzeption als auch die systemseitige Umsetzung evaluiert. Auf diese Weise konnten Verbesserungsvorschläge wieder in Konzeption und Umsetzung einfließen. Das entwickelte Fachkonzept wird in den folgenden Abschnitten aus Funktionssicht, Datensicht sowie Steuerungs- beziehungsweise Prozesssicht vorgestellt.

3.2 Funktionssicht des Fachkonzepts

Der anwendungsbezogene Aufbau des Service Engineering Tools wird anhand der funktionalen Architektur erläutert. Diese lässt sich in die drei grundlegenden Komponenten Benutzerführung, Werkzeuganbindung und Repository zerlegen, die in Abbildung 3 dargestellt sind und nachfolgend beschrieben werden.

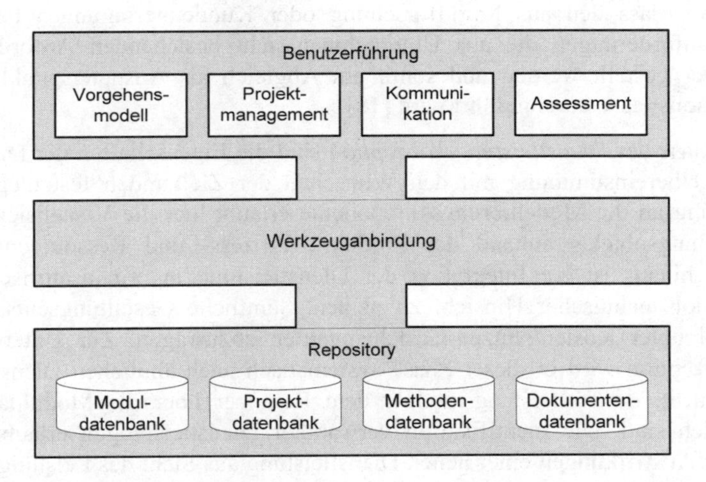

Abbildung 3: Funktionale Architektur des Service Engineering Tools

Benutzerführung: Aus Sicht des Benutzers bietet die CASET-Plattform informationstechnische Unterstützung für die verschiedenen Entwicklungstätigkeiten an, die im Laufe des Service Engineering Prozesses anfallen. Daneben werden phasenübergreifende Funktionen angeboten sowie Funktionen, die strategischer Natur sind und daher nur zu bestimmten Zeitpunkten und unabhängig von bestimmten Entwicklungsprojekten ausgeführt werden. Über den Leitfaden wird der Benutzer anhand kurzer Hilfstexte durch die Phasen des Service Engineering Prozesses geleitet. Parallel dazu besteht der Zugriff auf die einzelnen Bearbeitungsmasken. Die dort umgesetzten Funktionalitäten werden im Folgenden anhand der einzelnen Phasen des Service Engineering Prozesses vorgestellt.

In der *Definitionsphase* werden neue Ideen erfasst beziehungsweise aus dem Vorschlagswesen übernommen und hinsichtlich ihrer Erfolgsaussichten bewertet. Zur Konkretisierung der Ideen wird eine Modellierungskomponente zur visuellen Unterstützung eines Brainstormings angeboten. Für das Projektmanagement liegen Funktionalitäten zur Projektplanung, wie Zieldefinition, Zusammenstellung der Projektteams, Termin-, Ressourcen- und Kostenplanung sowie Risikoabschätzung, vor. In Abhängigkeit von den Rahmendaten des Projekts kann im Anschluss eine Projektklassifikation durchgeführt werden, welche die Grundlage für die Konfiguration des Service Engineering Prozesses bildet, auf die in Abschnitt 3.4 näher eingegangen wird.

Die Phase der *Anforderungsanalyse* ist eng mit der Definitionsphase verflochten. Eine eindeutige Trennung dieser beiden Phasen ist in der vorliegenden Systemkonzeption nicht sinnvoll, vielmehr sind Rücksprünge aus der Anforderungsanalyse in die Definitionsphase unbedingt erforderlich. Die beiden Phasen bilden damit einen Regelkreis zur Vorbereitung der Entscheidungsfindung hinsichtlich des Projektstarts. Im Rahmen der Anforderungserhebung kommt es vor allem darauf an, dass den aus Marktforschung oder Kundenbefragungen bekannten Kundenanforderungen die aus Unternehmenssicht bestehenden Anforderungen gegenüber gestellt werden und somit ein Abgleich als Ausgangspunkt für die Konzeptionsphase durchgeführt wird [18].

In der Phase der *Dienstleistungskonzeption* sind die Eigenschaften der Dienstleistung in Übereinstimmung mit den Wünschen der Zielkunden festzulegen. Die Anbindung an die Modellierungskomponente erlaubt hier die Visualisierung des Entwicklungsobjekts anhand der Produkt-, Prozess- und Ressourcenmodelle. Darüber hinaus ist die Integration der Dienstleistung in organisatorischer und informationstechnischer Hinsicht zu planen. Sämtliche Gestaltungsentscheidungen sind unter Kosten/Nutzen-Gesichtspunkten abzuwägen. Zur Unterstützung der Konzeption wird in dieser Phase systematisch nach ähnlichen Dienstleistungen gesucht, deren Leistungsmodule dem Benutzer über die Moduldatenbank zugänglich sind. Die Identifikation verwandter Dienstleistungen erlaubt außerdem, die Auswirkungen einer neuen Dienstleistung aus Sicht des Leistungsportfolios wertmäßig abzuschätzen.

Im Rahmen der *Dienstleistungsrealisierung* erfolgt die Umsetzung der neuen Dienstleistung auf Basis der zuvor erstellten Modelle. Die anfallenden Maßnahmen umfassen insbesondere die Bereitstellung der technischen Infrastruktur, die Durchführung organisatorischer Anpassungsmaßnahmen, die Schulung der Mitarbeiter sowie die Einleitung von Marketingaktionen zur externen Kommunikation der Dienstleistung. Zur automatisierten Maskengenerierung von IT-gestützten Dienstleistungen wurde eine Prototyping-Komponente angebunden.

Die *Vorbereitung der Markteinführung* soll sicherstellen, dass die Dienstleistung möglichst reibungslos am Markt anläuft. Dazu werden Notfallpläne für die Einführungsphase festgelegt, die Einweisung des Personals abgeschlossen und Tests durchgeführt. Wichtig ist in dieser Phase insbesondere die genaue Festlegung von Zuständigkeiten und die Überwachung der Einhaltung zeitlicher Vorgaben.

In der Phase nach der *Markteinführung* steht die Evaluation der Dienstleistung mit dem Ziel der kontinuierlichen Leistungsverbesserung im Vordergrund. Dazu ist zum einen die Projektdurchführung und zum anderen die Erreichung der operativen und strategischen Projektziele zu bewerten. Die Ergebnisse der Analyse können anschließend als Ausgangspunkt für die Durchführung neuer Service Engineering Projekte dienen.

Parallel zu den Aktivitäten des Service Engineering Prozesses werden Funktionalitäten zum *Projektmanagement*, und zwar insbesondere zur Überwachung des Projektstatus sowie zur Einhaltung der vorgegebenen Kosten- und Leistungsziele, angeboten. Zur Unterstützung der *Kommunikation* bietet ein Community-Bereich neben der Anbindung an das Standard-Mail-System den Benutzern die Möglichkeit, mit anderen Dienstleistungsentwicklern in Dialog zu treten. Um die regelmäßige Überprüfung des organisatorischen und methodischen Reifegrads der Dienstleistungsentwicklung zu begleiten, enthält das Tool eine Anleitung, die relevante Fragestellungen zur Durchführung eines *Assessments* entweder im Rahmen einer Selbstbewertung oder eines Audits behandelt.

Werkzeuganbindung: Die zweite funktionale Komponente des Service Engineering Tools bildet die Werkzeuganbindung an bereits im Unternehmen implementierte Systeme. Damit kommt das Tool der zentralen Forderung nach einer Integration und Vernetzung der bestehenden Systeme nach [19]. Das Service Engineering Tool übernimmt in diesem Sinne eine Portalfunktion für die an der Dienstleistungsentwicklung beteiligten Mitarbeiter. Grundlegende Voraussetzung für die Dienstleistungsgestaltung ist die Anbindung an ein Modellierungstool. Vorteilhaft ist dabei der Einsatz eines webbasierten Werkzeugs, da auf diese Weise selbst Mitarbeiter an verteilten Standorten mit einer zentralen Datenbank arbeiten können. Auch erübrigt sich auf diese Weise die lokale Installation einzelner Werkzeuge. Wichtig ist darüber hinaus die Anbindung an im Einsatz befindliche Anwendungssysteme, um die mehrfache Erfassung von Kennzahlen zu vermeiden. Zur zentralen Verwaltung von Ideen für neue Dienstleistungen bietet sich schließlich auch die Anbindung des Systems an das Vorschlagswesen oder an ein vorhandenes Marketinginformationssystem an.

Repository: Um der Anforderung der Kooperationsunterstützung Genüge zu leisten, baut das entwickelte System auf einer zentralen Datenbank auf, die sämtlichen Projektbeteiligten offen steht. Jeder Datenbank ist ein Konzept hinterlegt, das es den Benutzern erlaubt, die Inhalte selbstständig zu erweitern und zu aktualisieren. Der Zugriff auf die einzelnen Datenbankinhalte ist dabei rollenspezifisch festzulegen. Aus inhaltlicher Sicht lassen sich vier Bereiche unterscheiden:

- Die *Moduldatenbank* enthält die Dienstleistungsmodule, welche die Grundlage für die neu zu entwickelnde beziehungsweise zu konfigurierende Dienstleistung bilden.

- Die *Projektdatenbank* enthält die Prozessmodule des Service Engineering Prozesses, auf die im Rahmen der Projektklassifizierung zurückgegriffen wird.
- Eine *Methodendatenbank* bietet Zugriff auf detaillierte Methodenbeschreibungen, eine Analyse der Einsatzvoraussetzungen sowie die Anbindung an DV-Werkzeuge zur Methodenunterstützung. Um dem Benutzer gewisse Freiheitsgrade bei der Bearbeitung der Projekte zu gewähren, sind die Masken des Systems so offen gehalten, dass sie für den Einsatz unterschiedlicher Methoden, bspw. im Bereich der Ideenfindung oder der Leistungsspezifikation, geeignet sind.
- Um bestehendes Erfahrungswissen zu nutzen, ist schließlich eine *Dokumentendatenbank* erforderlich, in der verschiedene Dokumententypen abgelegt und den verschiedenen Benutzern zugänglich gemacht werden können. Dies können zum einen projektgebundene Dokumente sein, wie Pflichtenhefte oder Entscheidungsvorlagen, die einerseits den Bearbeitungsfluss in laufenden Projekten unterstützen und andererseits wichtige Informationen darstellen, um aus vergangenen Projekten zu lernen. Zum anderen können hier aber auch projektunabhängige Informationen gespeichert werden, wie Dokumentenvorlagen, Best Practice-Dokumentationen, Veröffentlichungen zum Thema Service Engineering etc.

Der folgende Abschnitt stellt die genauen Datenstrukturen der Moduldatenbank und der Projektdatenbank als zentrale Komponenten des Repository dar.

3.3 Datensicht des Fachkonzepts

Die Datenstruktur des Service Engineering Tools wurde mit Hilfe der objektorientierten Modellierungssprache UML (Unified Modeling Language) als Klassendiagramm entwickelt. Damit wird einerseits die Übersichtlichkeit über komplexe betriebswirtschaftliche Sachverhalte gewährleistet und andererseits bildet die Darstellung zugleich den Ausgangspunkt für die DV-technische Realisierung. Zentraler Gegenstand des Klassendiagramms sind die Datenstrukturen der Moduldatenbank („Service Engineering Database") und der Projektdatenbank. Der Übersichtlichkeit halber werden nacheinander die beiden Partialmodelle dargestellt und beschrieben. Das Bindeglied zwischen den beiden Modellen bildet die Klasse Dienstleistung. In die Entwicklung der Datenstruktur wurden in der Literatur bestehende Datenmodelle einbezogen [20][21][22][23].

Moduldatenbank

Der Aufbau der Moduldatenbank berücksichtigt die gedankliche Trennung der drei Dimensionen Ergebnis, Prozess und Potenzial (vgl. Abbildung 4).

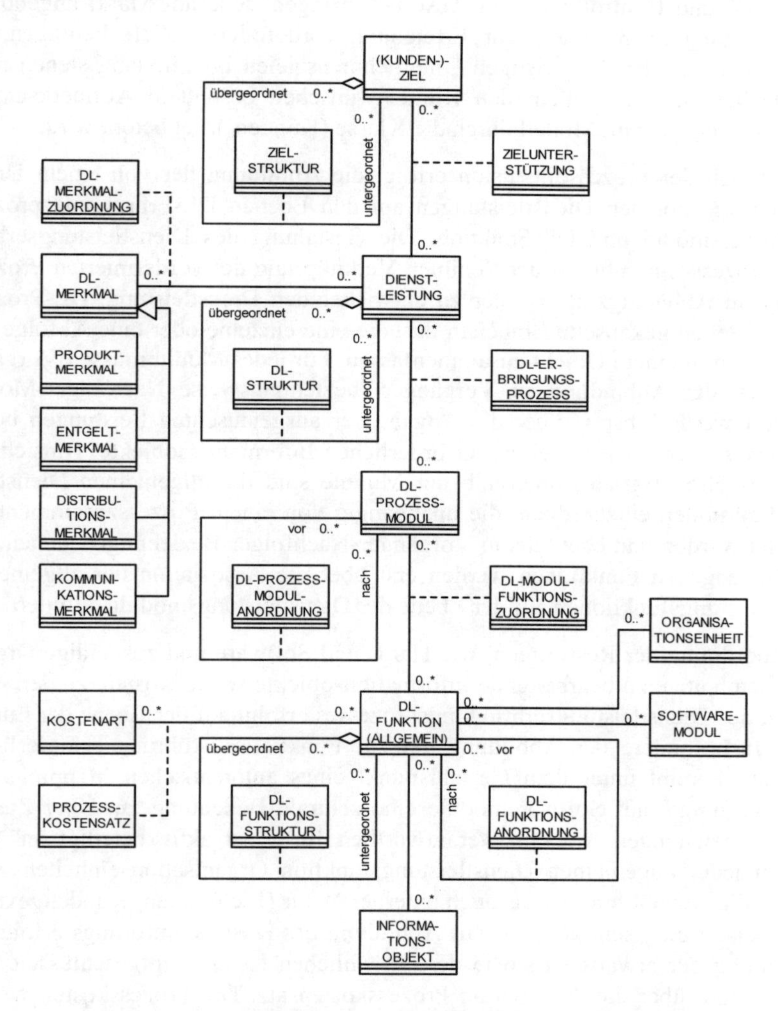

Abbildung 4: Informationsmodell der Moduldatenbank

Die Ergebnisdimension der Dienstleistung wird durch die Klasse Dienstleistung abgebildet. Zusammen mit der Aggregation Dienstleistungs (DL)-Struktur lassen sich sowohl die Zusammensetzung physischer Komponenten zu einem Dienstleistungsprodukt beziehungsweise die Bündelung mehrerer Einzelleistungen zu einer Gesamtleistung als auch die Einordnung in Produktkataloge über mehrere hierarchische Ebenen hinweg darstellen. Neben den materiellen Bestandteilen ist jede Dienstleistung durch Merkmale gekennzeichnet, welche die im Rahmen der Entwicklung an die Dienstleistung gerichteten Anforderungen aus den verschiedenen am Entwicklungsprozess beteiligten Fachbereichen, wie Fachabteilung, Vertrieb, Marketing und Controlling, zum Ausdruck bringen. Jede am Markt angebotene Dienstleistung muss zudem zur Erreichung vordefinierter Ziele beitragen, die letztendlich mit den langfristigen Unternehmenszielen im Einklang stehen müssen. Dabei muss vor allem den Kundenwünschen besondere Aufmerksamkeit zuteil werden, was im Modell durch die Klasse (Kunden-)Ziel betont wird.

Hinsichtlich der Prozessdimension erfolgt die Abbildung der von einem Unternehmen angebotenen Dienstleistungen auf den Ebenen DL-Erbringungsprozess, DL-Prozessmodul und DL-Funktion. Die Gestaltung des Dienstleistungserbringungsprozesses beruht auf der flexiblen Verknüpfung der vordefinierten Prozessmodule in Abhängigkeit von der zu entwickelnden Dienstleistung. DL-Prozessmodule stellen gekapselte Einheiten dar, die eine einzelne oder eine Abfolge von Funktionen in einem Objekt zusammenfassen. Für jedes Modul müssen Vorgaben bezüglich der Anbindung an Vorgänger- beziehungsweise Nachfolger-Module definiert werden, bspw. über die Angabe der ausgetauschten Leistungen beziehungsweise der zur Bearbeitung erforderlichen Informationsobjekte. Hinsichtlich des Verdichtungsgrades unterhalb der Module sind die allgemeinen Dienstleistungsfunktionen einzuordnen, die unabhängig von einem Prozesszusammenhang gebildet werden und ebenfalls in Vorgänger-Nachfolger-Beziehungen stehen. Die modulbezogenen Funktionen werden erst über die Assoziation der allgemeinen Dienstleistungsfunktionen auf der Ebene der Dienstleistungsmodule definiert.

Die Zuordnung der Ressourcen, wie Hard- und Software und zuständige Organisationseinheiten, zu bearbeitende Informationsobjekte sowie Kosten, zu den Aktivitäten des Dienstleistungserbringungsprozesses erfolgt auf der Ebene der Funktionen. Insbesondere der Abbildung der zur Funktionsausführung erforderlichen Software kommt unter dem Gesichtspunkt eines automatischen Mappings von Dienstleistungs- auf Softwaremodule eine zentrale Bedeutung zu. Über Zuständigkeitsbeziehungen, wie „ist verantwortlich für", „ist aktiv beteiligt an" etc., werden jeder allgemeinen Dienstleistungsfunktion Organisationseinheiten zugeordnet, die sowohl interner als auch externer Natur (Lieferanten, Kunden, externe Dienstleister etc.) sein können. Zur Abbildung des Kostencontrollings erfolgt die Zuordnung der erwarteten sowie der tatsächlichen Kosten, aufgeschlüsselt nach Kostenarten, über die Assoziation Prozesskostensatz. Die Prozesskosten werden anschließend über den Prozesskostensatz und die für die Erbringung der Dienstleistung erforderlichen Einsatzfaktoren ermittelt [11].

Projektdatenbank

Mit Hilfe der Projektdatenbank wird zum einen die flexible Konfiguration des Entwicklungsprozesses und zum anderen das Auslesen von Informationen über laufende und abgeschlossene Projekte ermöglicht (vgl. Abbildung 5). Zu jeder Dienstleistung können ein oder mehrere Service Engineering (SE)-Projekte initiiert werden, da neben der Neuentwicklung von Dienstleistungen auch Erweiterungen beziehungsweise -verbesserungen von bestehenden Dienstleistungen projekttechnisch abgewickelt werden. Diese sind jeweils über die Dienstleistung selbst sowie über Start- und Endzeitpunkte eindeutig definiert. Jedes SE-Projekt kann in Abhängigkeit von Rahmenbedingungen wie Innovationsgrad, strategische Bedeutung, Projektdauer etc. einem bestimmten Projekttyp zugeordnet werden. Jeder Projekttyp umfasst wiederum ein Set an SE-Modulen, die in ihrem Ablauf und Umfang variieren. Die Reihenfolge der Module und die logischen Abhängigkeiten zwischen ihnen werden über die Klassen SE-Modul-Anordnung und SE-Modul-Verknüpfung abgebildet. Zusätzlich kann die hierarchische Gliederung der Module über die Aggregation SE-Modul-Struktur erfasst werden. Somit stellt jeder SE-Prozess eine individuelle Verknüpfung von SE-Modulen im Rahmen eines SE-Projekts dar. Jedem SE-Modul werden die zur Bearbeitung erforderlichen Informationsobjekte und Ressourcen, wie Organisationseinheiten und Software-Module, zugeordnet.

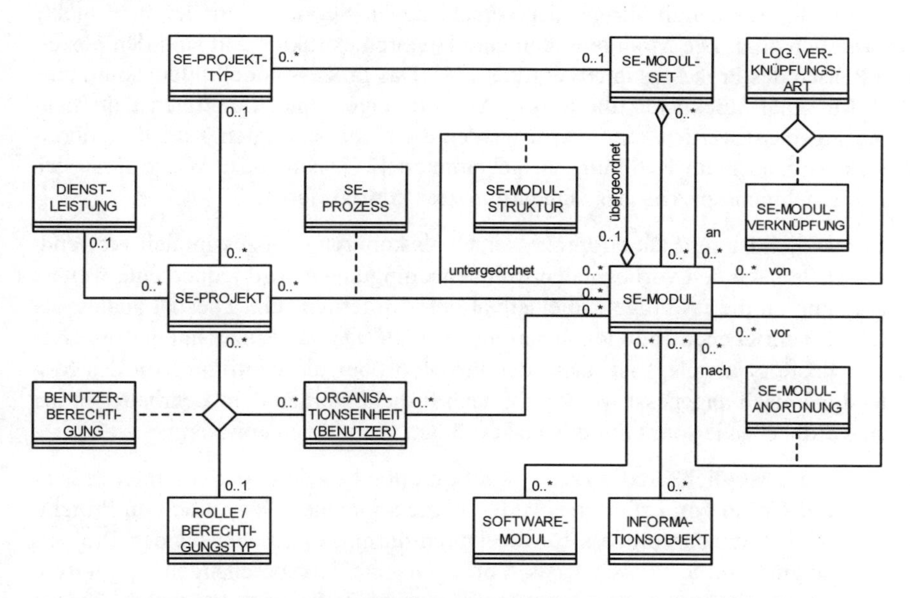

Abbildung 5: Informationsmodell der Projektdatenbank

Die Bearbeitung jedes SE-Projekts erfolgt durch die Projektmitglieder, denen jeweils eine bestimmte Rolle, wie Projektmanager oder Dienstleistungsingenieur, zugewiesen wird, wobei die Rolle je nach Projekt variieren kann. Jeder Rolle sind über ein Berechtigungskonzept Zugriffsberechtigungen für bestimmte Informationsobjekte beziehungsweise für die Durchführung bestimmter Aktivitäten zugewiesen [22]. Auf Grund der definierten Rollen werden den Projektmitarbeitern die für sie relevanten Daten personalisiert angezeigt. Auf diese Weise lassen sich außerdem je nach Berechtigung die Ansprechpartner zeitlich zurückliegender Projekte auffinden.

3.4 Steuerungssicht des Fachkonzepts

Wie bei der Modellierung der Datensicht beschrieben, setzt sich der Service Engineering Prozess flexibel aus Service Engineering Modulen zusammen. Dabei werden in CASET drei Formen der Prozesskonfiguration unterschieden:

- (angepasster) Standardprozess,
- vorkonfigurierter Prozess sowie
- individuell konfigurierter Prozess.

Das dem CASET-Prototyp zu Grunde liegende Service Engineering Prozessmodell enthält im Sinne eines generischen Referenzmodells alle Service Engineering Module, die zur Durchführung der verschiedenen Service Engineering Projekte erforderlich sind. Die Module bilden eine Hierarchiestruktur und sind den einzelnen Phasen des Prozesses untergeordnet [24]. Das Prozessmodell bildet somit eine Art „Maximal-Stückliste“, die an die Anforderungen eines konkreten Unternehmens angepasst werden kann. Dazu werden die nicht benötigten Teile der Hierarchiestruktur über ein Redlining ausgeklammert [25]. Auf diese Weise lässt sich ein unternehmensspezifischer Standardprozess konfigurieren.

Grundsätzlich ist der Standardprozess auch als konkretes Prozessmodell verwendbar [26]. Je nach den vorliegenden Rahmenbedingungen wird jedoch eine weitere Anpassung an die jeweilige Projektsituation erforderlich sein. Dies ist analog der bereits beschriebenen Individualisierung möglich. Da das Prozessmodell im System-Repository abgelegt ist, kann der Prototyp über die Konfiguration des Modells dynamisch angepasst werden. Je nach Projekt werden dem Bearbeiter in der Benutzeroberfläche somit nur die ausgewählten Funktionen angezeigt.

Eine weitere Möglichkeit der Prozesskonfiguration besteht in der unternehmensinternen, auf Grund von Erfahrungswerten vorgenommenen Definition von Projekttypen. Ist der Standardprozess für die Durchführung eines anstehenden Projekts nicht geeignet, sollte zunächst das Vorliegen eines entsprechenden Projekttyps geprüft werden. Für die Zuordnung eines konkreten Projekts zu einem vordefinierten Projekttyp wird in CASET die Verwendung eines morphologischen Kastens vorgeschlagen, der die wesentlichen Einflussfaktoren bezüglich der Ausgestaltung des Prozesses abbildet (vgl. Abbildung 6). Liegt kein geeigneter Prozesstyp vor, kann auf die Individualisierung des Standardprozesses zurückgegriffen werden.

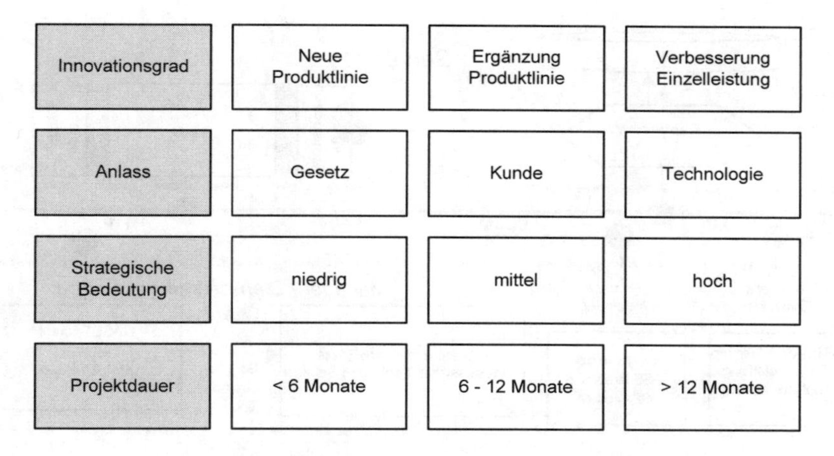

Abbildung 6: Prozesskonfiguration mit CASET

Als dritte Möglichkeit bietet sich die individuelle Konfiguration eines Prozesses durch Verknüpfung und anwendungsfallspezifische Individualisierung der generischen Prozessbausteine an [27]. Dazu müssen den Modulen Regeln hinterlegt werden, um logische Abhängigkeiten zwischen den Modulen berücksichtigen zu können [11]. Da die Modellierung des Service Engineering Prozesses in der Steuerungssicht unmittelbare Auswirkungen auf die Gestaltung der unterstützenden Software hat, erfordert ein Multi-Projektmanagement die Entkopplung beziehungsweise lose Kopplung zwischen den Prozessmodellen, sodass an einem Prozess Änderungen vorgenommen werden können, ohne dass diese zugleich Auswirkungen auf andere Prozesse nach sich ziehen [28][15].

Nach der fachkonzeptionellen Spezifizierung des Service Engineering Tools wird im folgenden Abschnitt dessen technische Umsetzung erläutert.

4 Technische Umsetzung in CASET

4.1 Architekturkonzept

Die Realisierung der CASET-Plattform erfolgt auf Basis von Internet-Technologie, um eine einfache und breite Verwendbarkeit sicherzustellen. Der Prototyp setzt dabei auf dem .NET Framework [29], der aktuellen Netzwerkplattformarchitektur von Microsoft, auf.

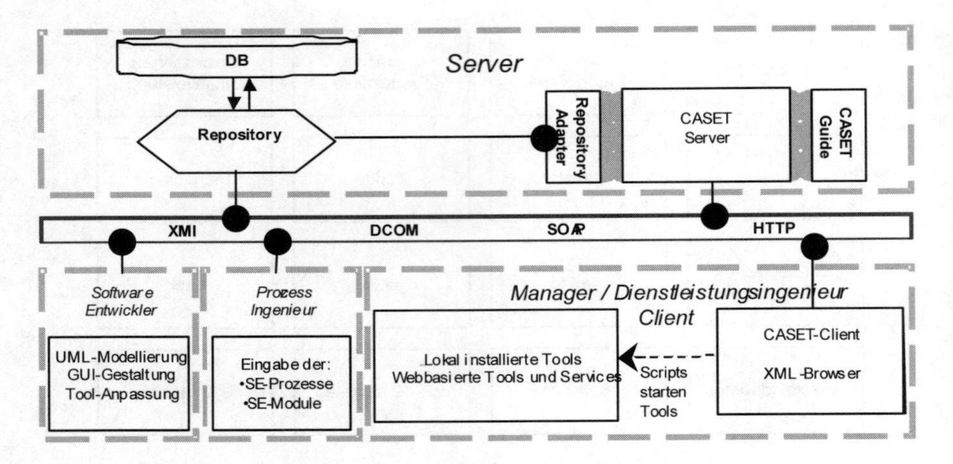

Abbildung 7: Architektur von CASET

Abbildung 7 zeigt die Aufteilung der Komponenten in das klassische Three-Tier Modell [30], welches den Aufbau in drei Schichten vorsieht: der Datenhaltungs-Schicht (Data-Source-Tier), der Anwendungslogik-Schicht (Middle-Tier) und der Darstellungs-Schicht (Client-Tier). Die Trennung von Daten, Applikation und Benutzeroberfläche erleichtert die modulare Entwicklung von Software.

Die Datenhaltung und die Anwendungslogik sind serverseitig implementiert, während die Darstellung clientseitig erfolgt. Sowohl das Datenbankmodell als auch die Eingabe der Dienstleistungsentwicklungsprozess-Vorlagen und der Leitfadeninhalte geschieht über ein UML-Werkzeug. Die gemeinsam von BOOCH, JACOBSON und RUMBAUGH entwickelte Unified Modeling Language (UML) [31] hat sich als Quasistandard für objektorientierte Modellierung etabliert. Sie wurde auf Grund des relativ hohen Bekanntheitsgrades, Verbreitung und damit auch guter Werkzeugunterstützung ausgewählt.

Datenhaltung

Die gesamte Datenhaltung erfolgt in einer zentralen Datenbank, dem Repository. Hier sind u. a. die Dienstleistungsentwicklungsprozesse, die dazugehörigen Aktivitäten und Beschreibungen abgelegt.

Für den Einsatz in der Praxis ist eine Anpassbarkeit auf die unternehmensspezifischen Service Engineering-Prozesse unerlässlich. Aus diesem Grund wurde als Struktur kein statisches Datenmodell gewählt. Statt dessen wird das Datenbankmodell aus einem UML-Modell generiert. Die objektorientierten Zugriffsklassen werden passend dazu miterzeugt. Dadurch muss bei Bedarf nur das UML-Modell geändert werden, aus dem das neue Datenbankmodell mit den dazugehörigen Zugriffklassen unmittelbar erzeugt wird.

Prozessbeschreibungen und Leitfaden werden als Instanzen des UML-Modells hinterlegt und in das Repository importiert. Änderungen und/oder das Einstellen neuer Prozessmodelle erfordern damit keine Neugenerierung (vgl. Abbildung 8).

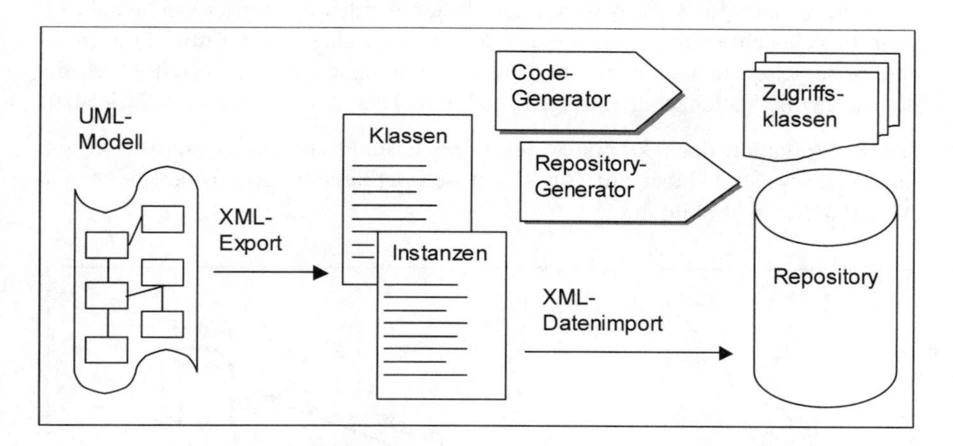

Abbildung 8: Generierung des Repository und dessen Zugriffsklassen aus einem UML-Modell

Für den einmaligen Mehraufwand bei der Programmierung der Generatoren gegenüber dem Ausprogrammieren eines statischen Modells sprechen neben der Flexibilität weitere Vorteile:

- Qualitätsgewinn: Fehler im automatisch erzeugten Code lassen sich an einer einzelnen Stelle – am Generator – beheben. Durch diese Eigenschaft konnte bereits im Prototypstadium eine sehr hohe Codequalität erreicht werden.
- Konsistenz zwischen den Datenobjekten und den Zugriffsklassen: Da nach jeder Änderung des Datenmodells auch gleichzeitig der Code der Zugriffsklassen mitgeneriert wird, sind keine manuellen Anpassungen notwendig. Diese Fehlerquelle führt bei konventionell entwickelten Systemen häufig zu schwer nachvollziehbaren Anwendungsfehlern.
- Plattformunabhängigkeit: Werden aus organisatorischen oder technischen Gründen für das Produktivsystem andere Datenbanksysteme oder Systemplattformen gefordert als sie beim Prototypen realisiert werden, können die Konzepte mit verhältnismäßig geringem Aufwand übertragen werden.
- Erweiterbarkeit: Werden die Modelle gepflegt und erweitert, fallen deutlich geringere Aufwände für die Softwareentwicklung an.

Anwendungslogik

Die Anwendungslogik greift ausschließlich über die bereitgestellten Zugriffsklassen auf die Datenbasis zu. Aufgrund der Daten werden dynamisch personenbezogene Projektsichten generiert, die den Anwender während des Entwicklungsprozesses begleiten und unterstützen. Die Ausführung erfolgt serverseitig, um die Konsistenz bei gleichzeitigem Zugriff mehrerer Teammitglieder zu gewährleisten.

Die Koordination der Aktivitäten des Dienstleistungsentwicklungsprozesses untereinander erfolgt dabei auf Basis von definierbaren Ressourcen, Rollen und Aktivitäten (vgl. Abbildung 9).

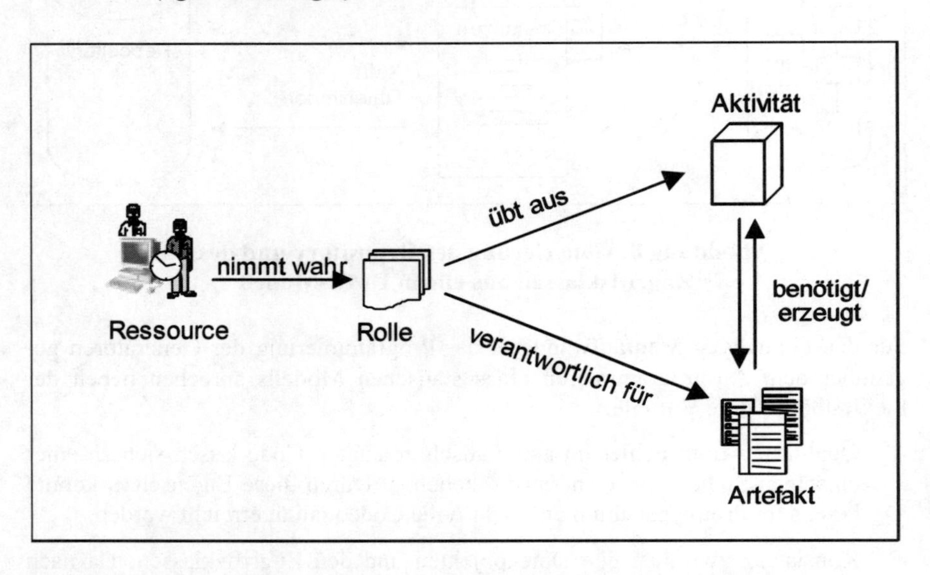

Abbildung 9: Zusammenhang von Ressourcen, Rollen, Aktivitäten und Artefakten (nach Rational Unified Process, Rational Inc.)

Als Ressource werden sowohl Human- als auch andere Ressourcen verstanden. Diese nehmen verschiedene Rollen wahr. An die Rollen sind Verantwortlichkeiten für Artefakte und auszuübende Aktivitäten geknüpft. Aktivitäten können neue Artefakte erzeugen und verändern. Bei der Durchführung der Aktivität wird der Anwender durch Arbeitsanleitungen und Werkzeuge unterstützt. Artefakte können z. B. Vorlagen, Checklisten, Kalkulationen und andere Dokumente sein.

Darstellung

Die Darstellung – als dritte Schicht der Three-Tier Architektur – erfolgt über Webbrowser, z. B. den Microsoft Internet Explorer ab Version 6.0. Die anzuzeigenden Inhalte werden in XML (Extensible Markup Language) [32] erzeugt, das

Layout wird dabei über Style Sheets gesteuert. Die Verwendung von Style Sheets erleichtert Designänderungen und ermöglicht ein durchgängig einheitliches Layout.

4.1.1 Anbindung der Werkzeuge

Ein wichtiger Bestandteil des Werkzeug- und Methodenbaukastens CASET ist die Anbindung der einzelnen Entwicklungs-Werkzeuge. Generell werden drei Arten von Werkzeugen von der Plattform aufgerufen:

- in die Plattform integrierte Funktionalitäten,
- auf einem Arbeitsplatz lokal installierte Programme und
- netzbasierte Anwendungen und Dienste.

Zudem gibt es Kombinationen zwischen diesen reinen Aufrufsarten.

Integrierte Funktionalitäten

Bei den integrierten Funktionalitäten handelt es sich nicht nur um Basisfunktionen der Plattform. Einige Tools, z. B. zur Bewertung von Dienstleistungsideen, werden unmittelbar über die Plattform zu Verfügung gestellt. Der Aufruf und die Datenhaltung dieser Funktionalitäten erfolgt innerhalb der Plattform.

Lokal auf dem Arbeitsplatz installierte Werkzeuge

Anwendungen, z. B. Textverarbeitungsprogramme, müssen auf dem Client-Rechner installiert sein und werden vom Browser aufgerufen. Ein Nachprogrammieren entsprechender Applikationen wäre ineffizient. Zudem haben sich viele Anwendungen als Standard durchgesetzt, so dass die Akzeptanz für eine Ersatzapplikation sehr gering ist. Vorteile der Verwendung von lokaler Standardsoftware bestehen zudem in der hohen Verarbeitungsgeschwindigkeit und der geringen Netzwerkbelastung. Lediglich die Daten werden über das Netzwerk vor dem Aufruf vom Server bereitgestellt und nach Bearbeitung wieder importiert.

Um den administrativen Aufwand für die Verwendung von CASET möglichst gering zu halten, wird die Anzahl der lokal benötigten Software so weit wie möglich reduziert. Daher wird angestrebt, dass zur Benutzung von CASET ein Arbeitsplatzrechner mit einer Standardkonfiguration ohne zusätzliche Softwareinstallationen verwendet werden kann.

Web-basierte Werkzeuge und Dienste

Da die CASET-Plattform als Web-Anwendung konzipiert wurde, ist es konsequent, ebenfalls netzbasierte Applikationen für die benötigten externen Werkzeuge auszuwählen. Diese werden auf Netzwerkservern ausgeführt und ebenfalls im Web-Browser dargestellt. Für die Datenübergabe sind verschiedene Mechanismen vorgesehen wie:

- Parameterübergabe in der URL: Sind nur wenige und einfache Parameterübergaben nötig, können sie direkt an die Internetadresse angehängt werden. Beispiel: http://Servername/ServiceX?Anzahl=123.
- Datenimport/-export über „Cookies": „Cookies" sind kleine Datenpäckchen, die auf dem Client gespeichert werden, um Informationen über mehrere Webaufrufe hinweg zu erhalten oder zu übergeben. Üblicherweise werden „Cookies" zur Personalisierung von Webauftritten eingesetzt.
- Datenimport/-export über XML-Dateien per fileshare, http oder ftp: Größere Datenmengen werden auf dem Server in eine XML-Datei geschrieben. Diese Datei kann dann übers Netz geladen, verändert und wieder zurückgeschrieben werden.
- Direkter Zugriff auf das Repository: Anwendungen, welche die Struktur des Repository kennen, können direkt übers Netz auf das Repository zugreifen.

Diese Datenübergabemöglichkeiten, insbesondere die letzten beiden, setzen natürlich voraus, dass die aufgerufene Applikation auch entsprechende Schreib- beziehungsweise Leserechte besitzt.

Beispiele für Web-basierte Anwendungen sind die bereits für CASET angepassten Modellierungstools ARIS und Gramoset.

Kombinierte Anwendungen

Als kombinierte Anwendungen werden Werkzeuge bezeichnet, die auf dem Netz bereitgestellt werden, aber zur Ausführung zusätzlich eine lokale Installation erfordern. Ein Beispiel hierfür ist eine Microsoft Excel-Datei, die einen Business-Case für eine neue Dienstleistung errechnet und die inklusive der Daten auf dem Server vorliegt, aber zur Bearbeitung eine lokale Installation von Microsoft Excel erfordert.

4.1.2 Konfigurierbarer Leitfaden

Als „roter Faden", der die Dienstleistungsentwickler durch den Service Engineering-Prozess führt, wurde ein konfigurierbarer Leitfaden konzipiert. Dieser enthält Beschreibungen von Vorgehensmodellen, Methoden und Werkzeugen des Service Engineering. Wie der Service Engineering-Prozess selbst ist der Leitfaden modular aufgebaut und durch zusätzliche Module erweiterbar. Er dient nicht nur als elektronisches Nachschlagewerk, sondern auch als projektspezifische Benutzerführung und Hilfesystem. Für jeden Schritt im Projekt können auf diese Weise kontextsensitive Informationen hinterlegt und abgefragt werden.

4.2 Konfigurations-, Tailoring- und Realisierungskonzepte

Im Folgenden wird die in CASET implementierte Lösung nach den unterschiedlichen Benutzertypen gegliedert. Dabei werden unterschieden:

- Softwareentwickler/Modell-Designer (CASET Werkzeug): Diese Gruppe entwickelt die Software beziehungsweise das Datenhaltungsmodell und führt Erweiterungen und Wartungsarbeiten durch.
- Dienstleistungsentwicklungs-Prozess-Ingenieur: Mit dieser langen Bezeichnung sind nicht die Dienstleistungsentwickler, sondern diejenigen gemeint, die Dienstleistungsentwicklungsprozesse, wie z. B. das generische Sechs-Phasen-Modell von CASET, aufsetzen.
- Projekt-Manager: Unter dem Projekt-Manager verstehen wir hier den für das Projektmanagement Verantwortlichen, der im Normalfall auch Dienstleistungs-Ingenieur ist.
- Dienstleistungs-Ingenieur: Der Dienstleistungs-Ingenieur entwickelt eine Dienstleistung mit Hilfe der CASET-Plattform.
- IT-Dienstleistungsrealisierer: Diese Gruppe wird nach der Konzeption einer (IT-) Dienstleistung einbezogen, um diese in Form von Software zu realisieren.

Während die ersten aufgeführten Benutzergruppen (Softwareentwickler, Modell-Designer und Dienstleistungsentwicklungs-Prozess-Ingenieur) hauptsächlich während der Einführung von CASET an dem System arbeiten, stellen Dienstleistungs-Ingenieure und Projekt-Manager, die in der Regel auch selbst als Dienstleistungs-Ingenieure am Projekt mitarbeiten, die Hauptnutzer der Werkzeuglösung dar. Sie bilden die primäre Zielgruppe der Plattform. Daher wurde bei der Implementierung besonders auf die Benutzerfreundlichkeit der Komponenten geachtet, die bei der täglichen Arbeit der Dienstleistungs-Ingenieure verwendet werden. Die mit der IT-Umsetzung beauftragten Dienstleistungsrealisierer werden durch ein so genanntes „Mapping Tool" unterstützt, das beim Übergang von den Dienstleistungsmodellen zu den IT-Komponenten Hilfestellung leistet.

Unternehmensspezifische Anpassung der Software (Softwareentwickler/Modell-Designer)

Es ist notwendig, dass eine Anpassung der Plattform an die unternehmensspezifischen Anforderungen mit vertretbarem Aufwand durchführbar ist. Sowohl die

Änderung oder Ergänzung des Datenmodells als auch die Anpassung des Darstellungsdesigns sind vorgesehen.

Anpassung des Repository-Datenmodells

Anpassungen am Repository werden im Rahmen der initialen Erstkonfiguration durchgeführt. Weitere Modifikationen sind während der Laufzeit nicht erforderlich. Besteht dennoch die Notwendigkeit, Attribute oder Klassen hinzuzufügen, zu löschen beziehungsweise zu ändern, so erfolgt dies lediglich im UML-Modell. Das neue Repository mit den dazugehörigen Zugriffsklassen wird per XML-Export aus dem UML-Modell generiert. Die vorhandenen Daten bleiben weitestgehend erhalten (eine Ausnahme stellt bspw. das Löschen ganzer Klassen oder deren Attribute dar). Auf diese Weise ist es möglich, das System im laufenden Betrieb zu erweitern.

Anpassung der Darstellung an das Corporate Design

Die Darstellung des dynamisch erzeugten XML-Codes per Webbrowser erfolgt über Style Sheets. Dadurch kann das Erscheinungsbild der Anwendung transparent verändert werden. Darüber hinaus ist es möglich, zur Laufzeit beliebig zwischen mehreren „Skins" zu wechseln.

Pflege und Wartung der im Unternehmen verwendeten Service Engineering Vorgehensmodelle (Dienstleistungsentwicklungs-Prozess-Ingenieur)

Im Projekt CASET wurde ein generisches Service Engineering Vorgehensmodell gewählt, das als Arbeitsgrundlage für die Entwicklung der Plattform dient. Für den späteren Einsatz wurde jedoch vorgesehen, dass die Finanzdienstleister zusätzliche Vorgehensmodelle für die Plattform erarbeiten. Dies ist die Aufgabe von Dienstleistungsentwicklungs-Prozess-Ingenieuren. Eingabe und Pflege der Vorgehensmodelle erfolgen unmittelbar über das UML-Werkzeug, mit dem auch das Datenmodell erzeugt wird. Alle Inhalte werden als Instanzen der UML-Klassen eingegeben. Diese Daten werden anschließend in das Repository importiert. Diese Vorgehensweise hat zwei zentrale Vorteile:

- Der Entwicklungsaufwand für das Ausprogrammieren von Eingabemasken entfällt. Die Eingabe über das UML-Tool erfordert zwar genauere Kenntnisse über das Datenmodell, kann aber in Anbetracht der notwendigen hohen Qualifikation eines Dienstleistungsentwicklungs-Prozess-Ingenieurs und der niedrigen Änderungshäufigkeit vorausgesetzt werden.
- Durch die direkte Eingabe der Instanzen im UML-Tool ist die Konsistenz zwischen den Daten und dem Datenmodell sichergestellt.

Müssen Klassen oder Attribute geändert werden, kann das Datenmodell in Zusammenarbeit mit dem Softwareentwickler angepasst werden.

Zuschnitt der Vorgehensmodelle auf einzelne Dienstleistungsentwicklungsprojekte (Projekt-Manager)

Wird ein neues Projekt angelegt, kann der Projekt-Manager anhand von Kenndaten das Projekt klassifizieren. Diese Kenndaten wurden aus den Angaben der im Projekt CASET beteiligten Finanzdienstleister abgeleitet. Aus der Klassifizierung wird eines der im Repository verfügbaren Service Engineering Vorgehensmodelle mit einem Set von Dienstleistungsentwicklungsmodulen vorgeschlagen. Der Projekt-Manager kann den Vorschlag überarbeiten, indem er entweder die Kenndaten ändert und sich einen neuen Vorschlag errechnen lässt oder indem er direkt Dienstleistungsentwicklungsmodule zu dem Projekt hinzufügt, entfernt oder gar vollständig das Vorgehensmodell wechselt. Eine Änderung ist auch während laufender Projekte möglich.

Verteiltes und kooperatives Arbeiten (Dienstleistungs-Ingenieur)

Die Interviews mit den am CASET-Projekt beteiligten Kreditinstituten ergaben, dass das Kernteam eines typischen Dienstleistungsentwicklungsprojekts aus etwa drei bis fünf Personen besteht. Für auftretende fachliche Problemstellungen werden zusätzlich temporär Spezialisten aus den Fach- und Stabsabteilungen einbezogen. Dieser Arbeitsweise wird durch die Client-Server-Architektur von CASET Rechnung getragen. Die Bearbeitung erfolgt über eine Web-Oberfläche. Jeder Benutzer erhält eine Sicht auf die Projekte, an denen er beteiligt ist. In dieser Sicht sind alle relevanten Informationen über die nächsten Arbeitsschritte enthalten. Abhängigkeiten zwischen Arbeitspaketen und Bearbeitern werden angezeigt, um die Koordination der Zusammenarbeit zu erleichtern.

IT-Dienstleistungsrealisierer

Im Rahmen des Projekts wurden mehrere ergänzende Werkzeuge implementiert. Zwei dieser Tools stellen die Verbindung zwischen CASET und CASE dar. Es handelt sich hierbei um Werkzeuge, die bei der IT-Realisierung Hilfestellung leisten.

GUI-Prototyper: Der GUI-Prototyper unterstützt sowohl die Modellierung der Dienstleistung als auch deren informationstechnische Realisierung. Dieses Werkzeug generiert aus dem Prozessmodell eine prototypische Benutzeroberfläche mit Dialogen und Dialogobjekten, die den Ablauf der Dienstleistung aus der späteren Benutzersicht darstellen. Die automatische Auswahl der Dialogobjekte wird über ein einfaches Verfahren aus den im Prozessmodell hinterlegten Attributtypen ermittelt. Die erzeugten Masken vermitteln einen frühen ersten Eindruck, wie diejenigen des später zu implementierenden Tools aussehen könnten.

Dadurch, dass der Modellierer „on demand" einen Prototypen der Dienstleistungsapplikation bekommt, kann er diese aus Anwendersicht beurteilen und benutzerfreundlich gestalten. Die bei der Generierung durchgeführten Plausibilitätsprüfungen geben einen zusätzlichen Hinweis auf Fehler in der Modellierung.

Nach Abschluss der Modellierung vereinfacht das Tool die Spezifikation der Anwendung. Dienstleistungs- und Anwendungsentwickler verfügen über die automatisch generierten Dialoge über eine gemeinsame Basis.

„Mapping Tool": Dieses Werkzeug unterstützt die Abbildung von häufig auftretenden Dienstleistungskomponenten durch entsprechende Softwarekomponenten (vgl. Abbildung 10).

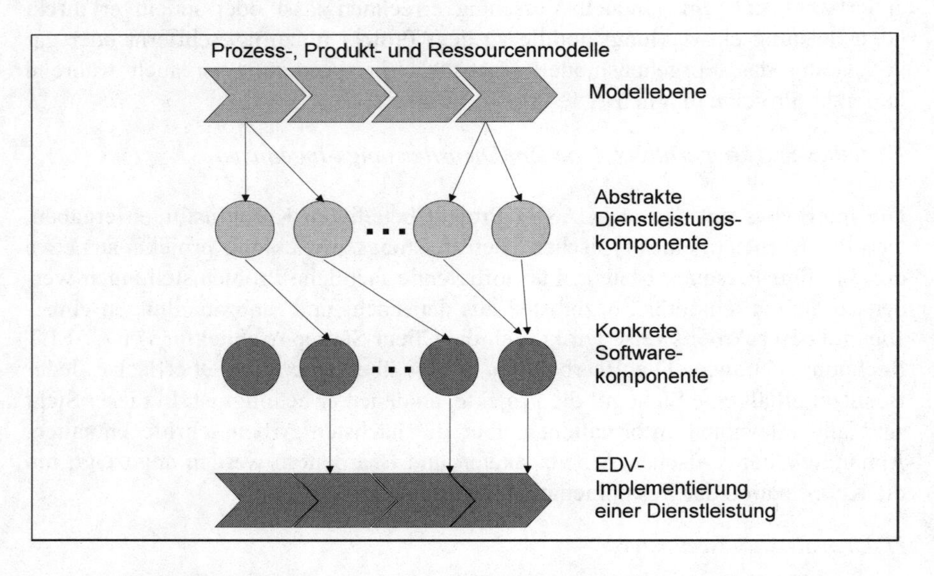

Abbildung 10: Schematische Darstellung des „Mapping Tools"

Das Hauptziel des Mapping Tools ist die Unterstützung der IT-seitigen Dienstleistungserbringung. Anhand von in der Konzeptionsphase definierten Dienstleistungskomponenten und zusätzlichen Informationen (z. B. Klassifikationen und Beschreibungen) wählt das Mapping Tool aus einer vorhandenen Datenbasis Softwarekomponenten aus, die zur informationstechnischen Umsetzung der Dienstleistungskomponente in Frage kommen. Falls mehr als eine Komponente pro Aufgabe gefunden wird, bestimmt das Werkzeug auf Grund heuristischer Regeln die günstigste Kombination. Außerdem werden bei der Verbindung der Komponenten die zeitlich-logische Abfolge der Aktionen und der Datenfluss berücksichtigt. Idealerweise wird das Komponentenkonzept unter Verwendung eines Komponentenrepository umgesetzt, das ein Archiv von wiederverwendbaren Dienstleistungskomponenten enthält und über die Möglichkeit zur Komponentensuche verfügt.

Rapid Prototyping mit dem GUI-Prototyper und dem Mapping Tool: Die Werkzeuge GUI-Prototyper und Mapping Tool sind so konzipiert, dass sie jeweils einzeln verwendet werden können. Mit der Zusammenarbeit der Werkzeuge werden die Möglichkeiten deutlich erweitert. Der GUI-Prototyper bindet Softwarekomponenten, die über das Mapping Tool identifiziert wurden, in den Prototypen ein und erzeugt für die nicht abgedeckten Bereiche Dialoge.

5 Zusammenfassung und Ausblick

Der vorliegende Beitrag liefert eine detaillierte Beschreibung eines Service Engineering Tools. Ausgehend von der allgemeinen Vorstellung des CIM-Konzepts wurde in einem ersten Schritt dessen Übertragbarkeit auf den Dienstleistungssektor aufgezeigt. Im Anschluss erfolgte die Fokussierung auf den Dienstleistungsentwicklungsprozess und die unterstützende Softwareplattform. Zunächst wurde deren fachkonzeptionelle Darstellung aus den Perspektiven der zu unterstützenden Funktionalitäten, der zu Grunde liegenden Datenstruktur sowie der Prozessplanung und -konfiguration vorgenommen, bevor die technische Umsetzung anhand des Architekturkonzepts sowie der Konfigurations-, Tailoring- und Realisierungskonzepte illustriert wurde.

Im folgenden, idealisiert dargestellten Szenario wird ein Ausblick gegeben, wie die Dienstleistungsentwicklung in naher Zukunft auf Basis bereits heute verfügbarer Technologien aussehen kann: Sobald ein Dienstleistungs-Ingenieur seine Arbeit fertig gestellt hat, kann er „per Knopfdruck" einen Prototypen der unterstützenden Softwarelösung erstellen. Mit dem Mapping Tool werden aus den vorhandenen Komponenten geeignete ausgewählt. Für die noch nicht vorhandenen Module werden Dialoge über den GUI-Prototyper erzeugt. Nun kann der Dienstleistungs-Ingenieur das Ergebnis aus Sicht des Benutzers beurteilen. Verbesserungsmöglichkeiten im Ablauf oder bei der Komponentenauswahl können schnell erkannt und realisiert werden. Korrekturen können iterativ vorgenommen werden. Ist der Dienstleistungs-Ingenieur mit dem Ergebnis zufrieden, wird noch einmal ein Prototyp erzeugt, der dem IT-Realisierer als Designprototyp dient und aus dem die Spezifikation unmittelbar abgeleitet werden kann.

Um die Adaptierbarkeit der Plattform zu gewährleisten und damit ihren langfristigen Erfolg sicherzustellen, müssen darüber hinaus Methoden und Werkzeuge bereitgestellt werden, die es dem Anwender ermöglichen, die Wissensbasis selbstständig zu pflegen und weiterzuentwickeln [27]. Zukünftige Bestrebungen werden dabei stärker in Richtung einer unternehmensübergreifenden Standardisierung gehen müssen. Dies beinhaltet die Schaffung branchenspezifischer Referenzmodelle für das Service Engineering, die als Ausgangspunkt für eine DV-technische Unterstützung geeignet sind. Ein weiterer Schwerpunkt wird im Ausbau von Methoden zur gemeinsamen Abbildung von Dienstleistungen und zugehörigen Sachleistungen bestehen, um auf diese Weise der zunehmenden wettbewerbsentscheidenden Bedeutung produktbegleitender Dienstleistungen in der Investitionsgüterindustrie stärker Rechnung zu tragen.

Literaturverzeichnis

[1] DIN Deutsches Institut für Normung e. V. (Hrsg.): Service Engineering: Entwicklungsbegleitende Normung (EBN) für Dienstleistungen, DIN-Fachbericht 75, Berlin 1998.

[2] Weitere Informationen zum Forschungsprojekt CASET können der Homepage unter http://www.caset.de oder dem Herausgeberband Scheer, A.-W.; Spath, D.: Computer Aided Service Engineering : Informationssysteme in der Dienstleistungsentwicklung, Berlin et al. 2004 entnommen werden.

[3] Scheer, A.-W.: 20 Jahre Gestaltung industrieller Geschäftsprozesse, in: Industrie Management, 20(2004)1, S. 11-18.

[4] Jost, W.: EDV-gestützte CIM-Rahmenplanung, Wiesbaden 1993.

[5] Harrington, J.: Computer Integrated Manufacturing, New York 1973.

[6] Scheer, A.-W.: CIM: Der computergestützte Industriebetrieb, 4. Auflage, Berlin et al. 1990.

[7] Scheer, A.-W.: Wirtschaftsinformatik: Referenzmodelle für industrielle Geschäftsprozesse, 7. Auflage, Berlin et al. 1997.

[8] Scholz-Reiter, B.: CIM – Informations- und Kommunikationssysteme: Darstellung von Methoden und Konzeption eines rechnergestützten Werkzeugs für die Planung, München et al. 1990.

[9] Stahlknecht, P.; Hasenkamp, U.: Einführung in die Wirtschaftsinformatik, Berlin et al. 1999.

[10] Krämer,, W.; Zimmermann, V.: Public Service Engineering – Planung und Realisierung innovativer Verwaltungsprodukte, in: Scheer, A.-W. (Hrsg.): Rechnungswesen und EDV: Kundenorientierung in Industrie, Dienstleistung und Verwaltung, 17. Saarbrücker Arbeitstagung, Heidelberg 1996, S. 555-580.

[11] Scheer, A.-W.: ARIS – Vom Geschäftsprozess zum Anwendungssystem, 4. Auflage, Berlin et al. 2002.

[12] Corsten, H.: Dienstleistungsmanagement. 4. Auflage, München 2001.

[13] Engelhardt, W. H.; Kleinaltenkamp, M.; Reckenfelderbäumer, M.: Leistungsbündel als Absatzobjekte: Ein Ansatz zur Überwindung der Dicho-

tomie von Sach- und Dienstleistungen, in: Zeitschrift für betriebswirtschaftliche Forschung, 45(1993)5, S. 395-426.

[14] Bullinger, H.-J.; Meiren, T.: Service Engineering: Entwicklung und Gestaltung von Dienstleistungen, in: Bruhn, M.; Meffert, H. (Hrsg.): Handbuch Dienstleistungsmanagement, 2. Auflage, Wiesbaden 2001, S. 149-175.

[15] Habermann, F.; Wargitsch, C.: IMPACT: Workflow-Management-System als Instrument zur koordinierten Prozessverbesserung: Anforderungen, in: Scheer, A.-W. (Hrsg.): Veröffentlichungen des Instituts für Wirtschaftsinformatik, Heft 150, Saarbrücken 1998.

[16] Eversheim, W.; Schuh, G.: Produktion und Management: Produktmanagement, Band 2, Berlin et al. 1999.

[17] Schwabe, G.; Streitz, N.; Unland, R. (Hrsg.): CSCW-Kompendium: Lehr- und Handbuch zum computerunterstützten kooperativen Arbeiten, Berlin et al. 2001.

[18] Schwarz, W.: Methodisches Konstruieren als Mittel zur systematischen Gestaltung von Dienstleistungen, Berlin 1997.

[19] Heckmann, M.; Raether, C.; Nüttgens, M.: Werkzeugunterstützung im Service Engineering, in: Information Management & Consulting, 13(1998) Sonderausgabe, S. 31-36.

[20] Hermsen, M.: Ein Modell zur kundenindividuellen Konfiguration produktnaher Dienstleistungen, Aachen 2000.

[21] Galler, J.: Vom Geschäftsprozeßmodell zum Workflow-Modell: Vorgehen und Werkzeug für einen kooperativen Ansatz, Wiesbaden 1997.

[22] Scheer, A.-W.: ARIS – Modellierungsmethoden, Metamodelle, Anwendungen, 4. Auflage, Berlin et al. 2001.

[23] Mehlau, J. I.; Wimmer, A.: Produktmodelle im Finanzdienstleistungssektor: Entwicklung eines objektorientierten Meta-Modells, in: Regensburger Diskussionsbeiträge zur Wirtschaftswissenschaft, Nr. 371, Regensburg 2002.

[24] Strauß, O.; The, T.-S.; Weisbecker, A.: Konfigurierbare modulare Vorgehensmodelle zur Entwicklung von Dienstleistungen, in: Scheer, A.-W.; Spath, D. (Hrsg.): Computer Aided Service Engineering – Informationssysteme in der Dienstleistungsentwicklung, Berlin et al. 2004, S. 69-92.

[25] Emrany, S.; Boßlet, K.: Prozess-Beratung. In: Scheer, A.-W.; Köppen, A. (Hrsg.): Consulting : Wissen für die Strategie-, Prozess- und IT-Beratung. 2. Auflage, Berlin et al. 2000.

[26] Hars, A.: Referenzdatenmodelle : Grundlagen effizienter Datenmodellierung. Wiesbaden 1994.

[27] Rupprecht, C.; Peter, G.; Rose, T.: Ein modellgestützter Ansatz zur kontextspezifischen Individualisierung von Prozessmodellen. In: Scheer, A.-W.; Nüttgens, M. (Hrsg.): Electronic Business Engineering, 4. Internationale Tagung Wirtschaftsinformatik. Heidelberg 1999.

[28] Allweyer, T.: Adaptive Geschäftsprozesse : Rahmenkonzept und Informationssysteme. Wiesbaden 1998.

[29] Richter, J.: Applied Microsoft .NET Framework Programming. Redmond 2002.

[30] o. V.: Three-Tier Development and Visual Studio 6.0. Redmond 1999.

[31] Booch, G.; Jacobson, I.; Rumbaugh, J.: The Unified Modeling Language User Guide. Sydney et al. 1998.

[32] Informationen zu XML im Internet: http://w3.org/XML/.

Customizing von Dienstleistungsinformationssystemen

Oliver Thomas
August-Wilhelm Scheer
Institut für Wirtschaftsinformatik (IWi) im Deutschen Forschungszentrum für Künstliche Intelligenz (DFKI), Saarbrücken

Inhalt

1 Einleitung

Dienstleistungen werden nicht mehr nur von klassischen Dienstleistungsbetrieben, sondern zunehmend auch von produzierenden Unternehmungen erbracht [1][2]. Standen früher vorwiegend Sachgüter im Mittelpunkt der Leistungsangebote, bilden heute Dienstleistungen den Kern der Absatzbündel. Dienstleistungen tragen nicht mehr nur als „Add-on“ zum Erfolg eines Produkts bei – sie nehmen vielmehr die Rolle des Systemführers ein.

Die betriebswirtschaftliche Dienstleistungsforschung wurde in den letzten beiden Jahrzehnten von einer marketing-orientierten Sichtweise geprägt [3][4][5][6][7]. Viele dieser Publikationen betrachten das Management von Dienstleistungen aus der Perspektive der Nachfrage. Dabei liegen die Schwerpunkte auf Themen wie Service Design oder Qualitätsmanagement. Die Tatsache, dass der wirtschaftliche Erfolg eines Dienstleistungsangebots maßgeblich von dessen Konzeption und kundenindividueller Gestaltung abhängt, wird jedoch häufig vernachlässigt [8].

Die zentrale Herausforderung bei Dienstleistungen liegt in deren systematischer Entwicklung und kontinuierlicher Verbesserung. Gleichwohl sind substanzielle Vorgehenswiesen kaum verbreitet. Ferner existieren nur unzureichend erprobte Methoden zur Beschreibung und Modellierung von Dienstleistungen und die systematische Gestaltung von Dienstleistungen wird nur begrenzt durch DV-Werkzeuge unterstützt.

Zahlreiche Dienstleistungen zeichnen sich durch einen hohen Anteil an Informationen und informationsverarbeitenden Tätigkeiten aus. Ebenso sind viele Dienstleistungen komplex und daher erklärungsbedürftig. Nicht selten gewinnen sie erst durch die dienstleistungsbezogene Bereitstellung von Informationen einen Mehrwert gegenüber vergleichbaren Produkten, wie z. B. durch die Bereitstellung webbasierter Auskünfte über die Lieferfähigkeit einzelner Artikel oder eine Auftragsverfolgung (Tracking & Tracing). Für den Kunden müssen Dienstleistungsinformationen die wesentlichen Leistungsbestandteile nach Inhalt und Umfang transparent machen. Daher spielen bei der effizienten Erstellung, Distribution und Vermarktung von Dienstleistungen Informations- und Kommunikationstechnologien eine Schlüsselrolle. Einerseits kommt der hohe Informationsanteil einer Dienstleistung einer Unterstützung durch Informationssysteme entgegen. Andererseits stellen die Immaterialität, Interaktivität und die räumliche Unabhängigkeit von Dienstleistungen besondere Anforderungen an die Informationsverarbeitung.

Im Gegensatz zu industriell gefertigten Produkten sind Dienstleistungen und deren Komponenten relativ leicht modifizierbar. Daher müssen Informationssysteme schnelle Anpassungen in der Produktion der Dienstleistung erlauben. Des Weiteren müssen sie die Distribution der Dienstleistung unterstützen, da der Vertrieb der Dienstleistung direkt aus dem System heraus erfolgen kann. Dies erfordert die Konzeption von integrierten aber auch flexiblen Informationssystemen, deren Ablauflogik und Applikationen leicht anpassbar sind.

In dieser Arbeit wird die Entwicklung eines Werkzeugs motiviert, das die kundenindividuelle Konfiguration von Dienstleistungen auf der Basis eines modularen Dienstleistungsbaukastens ermöglicht. Die Anpassbarkeit und Flexibilität der Dienstleistungen und der sie unterstützenden Informationssysteme werden durch ein modellgestütztes Customizing auf der Basis von Referenzmodellen gewährleistet. Der Beitrag fokussiert die informationstechnische Unterstützung der systematischen Entwicklung von Dienstleistungen sowie die zielgerichtete Entwicklung von dienstleistungsunterstützenden Informationssystemen – kurz: *Dienstleistungsinformationssysteme*.

Zunächst werden das Management von Dienstleistungen als relevante betriebswirtschaftliche Problemstellung herausgestellt und existierende Ansätze zur Modellbildung von Dienstleistungen und deren systematischer Entwicklung aufgezeigt. Das Variantenmanagement von Dienstleistungen auf der Grundlage modularer Dienstleistungsbausteine wird anschließend als Basiskonzept zum modellgestützten Customizing von Dienstleistungen präsentiert. Dieses Anwendungsfeld wird nachfolgend in Form eines semantischen Datenmodells analysiert. Das entworfene Modell bildet abschließend die Grundlage für die Konzeption und prototypische Implementierung des Werkzeugs zum modellgestützten Customizing von Dienstleistungen.[1]

2 Dienstleistungsentwicklung

Traditionelle Definitionsansätze des Dienstleistungsbegriffs befassen sich vorwiegend mit Merkmalen zur Abgrenzung des materiellen und immateriellen Leistungsbegriffs. Diese Abgrenzung entspricht jedoch lediglich einer von mehreren Dimensionen, über die eine Dienstleistung charakterisierbar ist.

Die bei der wissenschaftlichen Abgrenzung von Dienstleistungen in der Betriebswirtschaftslehre verwendeten Definitionsansätze lassen sich grob in vier Kategorien gliedern: enumerative, negative, institutionelle und konstitutive Ansätze [9].

---

[1] Die vorliegende Arbeit resultiert aus dem Forschungsprojekt „Referenzmodell-basiertes (Reverse-) Customizing von Dienstleistungsinformationssystemen (REBECA)“, Teilprojekt 4 des Paketantrags „Betriebswirtschaftliche Referenz-Informationsmodelle in Dienstleistungsunternehmen (BRID)“, gefördert von der Deutschen Forschungsgemeinschaft (Förderkennzeichen Sche 185/21-1). Verwandte Forschungsgebiete sind Geschäftsprozess-Management und -Modellierung, Referenzmodellierung, Service Engineering und Customizing betriebswirtschaftlicher Informationssyteme. Das entwickelte Konzept wird prototypisch am Institut für Wirtschaftsinformatik (IWi) im Deutschen Forschungszentrum für Künstliche Intelligenz (DFKI) implementiert. Die fachliche Konzeption dieses Beitrags wird in ähnlicher Form unter dem Titel „Ein modellgestützter Ansatz zum Customizing von Dienstleistungsinformationssystemen“ im Tagungsband der 6. Fachtagung Referenzmodellierung 2002 (Nürnberg) veröffentlicht.

Enumerative Definitionen versuchen praxisorientiert das Wesen von Dienstleistungen durch Auflistung von Beispielen näher zu bestimmen. Hierzu kann bspw. die Immaterialität einer Leistung als Unterscheidungsmerkmal herangezogen werden. Im Rahmen der *Negativabgrenzung* wird all das als Dienstleistung bezeichnet, was nicht der Sachleistung zugeordnet werden kann. Eine *institutionelle* Abgrenzung liegt dann vor, wenn die Annahme getroffen wird, dass Dienstleistungen ausschließlich im tertiären Sektor einer Volkswirtschaft produziert werden. Definitionen, die auf *konstitutiven* Merkmalen basieren, greifen zur Abgrenzung von Dienstleistungen auf das Vorhandensein von Merkmalen zurück, die als spezifische Kriterien von Dienstleistungen angesehen werden. Ein konstitutives Merkmal stellt dabei eine prägende Eigenschaft dar, die grundlegend den Wesenskern einer Dienstleistung beschreibt.

Von den beschriebenen Definitionsansätzen leistet der konstitutive Ansatz einen anerkannt wichtigen Beitrag zur Begriffsbestimmung von Dienstleistungen [3][10]. Neben der Berücksichtigung spezifischer Charakteristika wird bei diesem Definitionsansatz auch eine Unterscheidung nach Phasen der Dienstleistung bzw. Dimensionen des Dienstleistungsbegriffs vorgenommen. Es wird zwischen potenzial-, prozess- und ergebnisorientierter Dimension unterschieden.

Unter der *potenzialorientierten* Dimension wird die Fähigkeit und die Bereitschaft verstanden, mittels einer Kombination von Potenzialfaktoren, tatsächlich eine Dienstleistung zu erbringen [11][12]. Die potenzialorientierte Dimension ist auf die Bereitstellung der Ressource zur Leistungserstellung fokussiert. Die anschließende Erstellung der Leistung wird dann durch das Kombinieren interner Potenzialfaktoren möglich.

Nach der *prozessorientierten* Dimension sind Dienstleistungen allein dadurch charakterisiert, dass bei ihrer Erstellung immer eine Integration externer Faktoren in den Leistungserstellungsprozess stattfindet [9]. Dieser Prozess kann aus zwei Sichtweisen Betrachtung finden: einerseits ist der Leistungserstellungsprozess, d. h. die Abfolge bestimmter Tätigkeiten, zu sehen, andererseits kommt die Einbeziehung des Kunden hinzu. Vielfach ist der Leistungserstellungsprozess selbst das Produkt [13].

Die *ergebnisorientierte* Dimension verweist auf den immateriellen Charakter des Ergebnisses einer dienstleistenden Tätigkeit [5][14]. Sie beschreibt den Zustand, der nach vollzogener Faktorkombination, also nach Abschluss des Dienstleistungserstellungsprozesses, vorliegt. Dabei ist eine Differenzierung zwischen dem prozessualen Endergebnis und den eigentlichen Zielen von Dienstleistungstätigkeiten sowie deren Folgen bzw. Wirkungen vorzunehmen [10][12].

Die dimensionsorientierte Dienstleistungsdefinition wird in der Literatur nicht uneingeschränkt akzeptiert, da sie gewisse Unschärfen in der Zuordnung aufweist. Dennoch bilden die genannten Dimensionen die Grundlage für die Erstellung unterschiedlicher Modellkonzepte für Dienstleistungen. Analog werden Ressourcenkonzepte (Potenzialdimension), Prozessmodelle (Prozessdimension) und Produktmodelle (Ergebnisdimension) entwickelt [15].

Parallel zum amerikanischen New Service Development wird die systematische Entwicklung von Dienstleistungen seit Mitte der 90er-Jahre in Deutschland unter dem Begriff „Service Engineering" diskutiert [16][17][18][19]. Service Engineering bezeichnet die Fachdisziplin, die sich mit der systematischen Entwicklung und Gestaltung von Dienstleistungen unter Verwendung geeigneter Vorgehensweisen, Methoden und Werkzeuge befasst [20]. Stark interdisziplinär orientiert macht sich Service Engineering insbesondere das aus dem Bereich der klassischen Ingenieurwissenschaften stammende „Know how" der Produktentwicklung für die Entwicklung von Dienstleistungen nutzbar [21]. Gleichwohl existieren nur wenige wissenschaftliche Ansätze, die sich mit dem Thema der systematischen Dienstleistungsentwicklung aus ingenieurwissenschaftlicher Sicht beschäftigen [22][23][24][25][26].

Im Verlauf der letzten vier Jahre ist die Anzahl der Veröffentlichungen zum Management und der systematischen Entwicklung von Dienstleistungen gestiegen [10][15][16][17][27][28][29][30][31][32]. Für die Entwicklung komplexer und professionell zu erbringender Dienstleistungen fehlt es allerdings an praxiserprobten systematischen Vorgehensweisen und Methoden [33].

Grobe Vorgehensmodelle wurden entwickelt, die eine strukturierte Vorgehensweise bei der Dienstleistungsentwicklung unterstützen sollen. Dabei lassen sich unter anderem lineare Phasenmodelle [18][34][35] sowie iterative Vorgehensmodelle [36] unterscheiden. Ein Standard zur branchenunabhängigen Entwicklung von Dienstleistungen wurde vom Deutschen Institut für Normung e. V. [21] vorgeschlagen.

Die Vorgehensmodelle weisen jedoch Schwächen in den Bereichen Konfigurierbarkeit, Kundenintegration und informationstechnische Unterstützung auf. Es mangelt ebenfalls an einer Abstraktion der Modelle zu branchenübergreifenden Standardvorgehensmodellen. Eine Verbreitung der Methoden und Vorgehensmodelle ist – wenn überhaupt – lediglich in reinen Dienstleistungsunternehmungen, in denen die Dienstleistung die Funktion der Hauptleistung übernimmt, zu erkennen [37].

Im Vergleich zur Entwicklung materieller Produkte bestehen nach wie vor enorme Asymmetrien bezüglich der Intensität der DV-Unterstützung. Begriffe wie CAD (Computer Aided Design), CAP (Computer Aided Planning) oder PDM (Product Data Management) repräsentieren den durchgängigen Einsatz von DV-Werkzeugen bei der systematischen Entwicklung von materiellen Produkten. Zwar liegen zur integrierten lebenszyklusorientierten und durchgängigen Produkt- und Prozessmodellierung von Dienstleistungen erste Konzepte vor [38][39]. Eine durchgängige informationstechnische Unterstützung, die auf spezielle Belange von Dienstleistungen ausgerichtet ist, wurde bislang jedoch nur rudimentär realisiert.

Auch in Bezug auf die Entwicklung und Verwaltung von Dienstleistungen muss es erklärtes Ziel sein, eine DV-technische Unterstützung im Sinne eines „Computer Aided Service Engineering" [40] oder „Service Data Management" zu erreichen. Dienstleistungen sollten wie Sachleistungen kundenindividuell kombiniert, konfiguriert und gebündelt werden [37]. Ein derartiger Strukturierungsansatz fehlt sowohl in theoretischer als auch praktischer Hinsicht [22].

Dieser Grundgedanke wird im folgenden Abschnitt durch die zielgerichtete Strukturierung von Dienstleistungen vertieft. Diese Strukturierung dient der Gestaltung und Konfiguration kundenindividueller Dienstleistungen mit wiederverwendbaren Dienstleistungsbausteinen. Die Dienstleistungsbausteine stellen gestaltungsrelevantes betriebswirtschaftliches und informationstechnisches Wissen mit Referenzcharakter zur Verfügung. Sie werden in einem Repository gespeichert und verwaltet (modularer Dienstleistungsbaukasten). Kundenindividuelle Dienstleistungen werden mit dieser Wissensbasis aus Referenz-Dienstleistungsbausteinen montiert und in einem modellgestützten Customizing an die individuellen Bedürfnisse angepasst.

3 Dienstleistungsbausteine als Basis des modellgestützten Customizing

3.1 Produktmodelle für Dienstleistungen

Für die Entwicklung und Gestaltung von Dienstleistungen wird die Übertragung von Methoden aus dem industriellen Sektor schon seit langem diskutiert [41]. Ähnlich der industriellen Herstellung von Produkten sollten auch Dienstleistungen im Rahmen eines systematischen Vorgehens, bestehend aus Phasen wie Planung, Konzipierung, Gestaltung und Detaillierung [42], konstruiert werden. Eine unmittelbare Übertragung der Methoden ist zwar aufgrund der Heterogenität von Dienstleistungen nur schwer möglich. Dennoch liefert das Gebiet des methodischen Konstruierens Ideen zur systematischen Gestaltung von Dienstleistungen.

Aufgabe der Konstruktion ist der technische Entwurf von Produkten. Ergebnis dieses Prozesses sind unter anderem die Ermittlung des funktionalen und strukturellen Aufbaus technischer Erzeugnisse sowie fertigungsreife Unterlagen [42]. Die Struktur der technischen Erzeugnisse wird durch Stücklisten repräsentiert. Sie beschreiben die Zusammensetzung von Endprodukten aus Bauteilen und Materialien [43]. Ihre Datenstruktur ist in der linken Hälfte der Abbildung 1 in Form eines Entity-Relationship-Modells [44] gegeben.

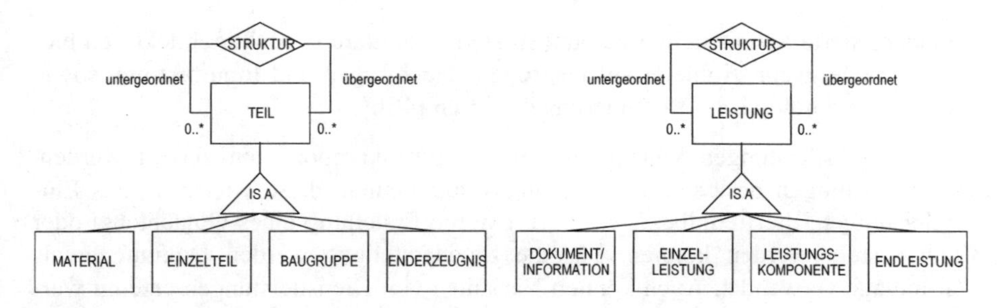

Abbildung 1: Produktmodell für Sach- und Dienstleistung

Bei der Definition der Teile wird zwischen Enderzeugnissen, Baugruppen, Einzelteilen und Materialien unterschieden. Da diese Teilearten unterschiedliche Planungsprozesse und damit unterschiedliche Datenstrukturen auslösen, werden im linken Modell der Abbildung 1 die Subtypen MATERIAL, EINZELTEIL, BAUGRUPPE und ENDERZEUGNIS als Spezialisierung des Entitytyps TEIL eingeführt [43].

Werden die Teilestrukturen entsprechend ihrem Aufbau sequenziell gespeichert, treten Redundanzen auf. Diese Redundanzen werden vermieden, wenn die Datenstruktur nicht in Form getrennter Bäume, sondern als Gozintograph gespeichert wird. Dabei wird jedes Teil und jede Strukturbeziehung genau einmal erfasst [45]. Jedes Teil des Gozintographen ist ein Element des Entitytyps TEIL und jeder Pfeil ein Element des Beziehungstyps STRUKTUR. Dazu sind in Abbildung 1 die Teile in ihren „Rollen" als Ober- und Unterteile mit ihren Zuordnungen aufgeführt. Elementen der „Oberteil"-Menge und Elementen der „Unterteil"-Menge können jeweils mehrere Elemente der anderen Menge zugeordnet werden. Deshalb liegen jeweils (0..*)-Kardinalitäten vor.

Auf Basis dieser „wohl grundlegendsten Datenstruktur eines Industriebetriebes" [43] wird der notwendige Bedarf an eigengefertigten oder fremdbezogenen Baugruppen, Einzelteilen und Materialien nach Menge und Bedarfsperiode ermittelt.

Gerade aus Marketinggesichtspunkten kann es sinnvoll sein, ein Enderzeugnis in unterschiedlichen Ausführungsarten herzustellen, um unterschiedliche Kundenanforderungen zu befriedigen. Beispielsweise kann ein Kraftfahrzeug mit Motoren unterschiedlicher Stärke angeboten werden oder ein Konsumartikel in unterschiedlichen Farben. Ausführungen von Endprodukten oder Baugruppen, die sich nur in wenigen Positionen voneinander unterscheiden, werden als *Varianten* bezeichnet [43]. Die systematische Produktstrukturierung flexibilisiert das Management der Varianten und ermöglicht eine kundenindividuelle Produktkonfiguration. Dies bezieht sich im Bereich der Produktentwicklung auf die modulare Gestaltung der Produktstruktur unter Berücksichtigung standardisierter Baugruppen und Einzelteile. Allgemein beschreiben modulare Produktarchitekturen die Zerlegung eines Produkts in Module, die untereinander möglichst unabhängig sind und über standardisierte Schnittstellen verbunden sind. Modulare Produktarchitekturen bieten Vorteile, wenn Anbieter auf heterogene Nachfragen und Inputfaktoren sowie schnelle technologische Veränderungen treffen [46].

Auch Dienstleistungen können in ihre Leistungskomponenten zerlegt werden. Dienstleistungen bestehen aus Leistungskomponenten, diese wiederum aus Einzelleistungen, die fremdbezogen (z. B. externe Erstellung eines Gutachtens) oder selbsterstellt werden können. Für die Eigenerstellung werden Dokumente als Grundlage verwendet. Auch können Varianten von Dienstleistungen erzeugt werden. [47] In Korrespondenz zur Datenstruktur der Stückliste wird daher im rechten Teil der Abbildung 1 der Entitytyp LEISTUNG beispielhaft in die Subtypen ENDLEISTUNG, LEISTUNGSKOMPONENTE, EINZELLEISTUNG und DOKUMENT/INFORMATION spezialisiert. Die Analogie zwischen beiden Darstellungen ist deutlich erkennbar.

3.2 Prozessmodelle für Dienstleistungen

„Allgemein ist ein Geschäftsprozess eine zusammengehörende Abfolge von Unternehmungsverrichtungen zum Zweck einer Leistungserstellung. Ausgang und Ergebnis des Geschäftsprozesses ist eine Leistung, die von einem internen oder externen ‚Kunden' angefordert und abgenommen wird" [48].

Die prozessorientierte Abgrenzung charakterisiert Dienstleistungen durch die Integration externer Faktoren in den Leistungserstellungsprozess. In diesem sind in der Regel sämtliche zur Leistungserstellung notwendigen Aktivitäten enthalten. Daher besteht die Gefahr hoher Komplexität. Durch die Modularisierung der Dienstleistungsprozesse kann die komplexe monolithische Gestalt der Gesamtprozesse aufgebrochen und in einzelne, handhabbare Prozessbausteine segmentiert werden. Ein Prozessbaustein stellt dabei einen eigenständigen organisatorischen Verantwortungsbereich dar [49][50][51].

Um eine Wiederverwendbarkeit der Prozessbausteine in unterschiedlichen Dienstleistungserbringungsprozessen zu gewährleisten, müssen sie in Form allgemeingültiger, produktunabhängiger Standard-Prozessbausteine definiert werden [52].

Die Interaktion der Prozesse mit ihrer Umwelt erfolgt über definierte Beziehungen an den Eingangs- und Ausgangsschnittstellen. Die Definition dieser Schnittstellen zu vor- und nachgelagerten Prozessbausteinen stellt eine Grundlage zur Komposition kundenindividueller Prozesse dar. Ein individueller Prozess lässt sich durch die Auswahl, Kopplung und Modifikation von Prozessbausteinen zusammensetzen [53][54]. Die Bausteine können in einem Prozess-Repository gespeichert und verwaltet werden.

Obwohl eine inflationäre Vielfalt an Handlungsanweisungen, Vorgehensmodellen, Modellierungssprachen und softwarewerkzeugen für die Entwicklung von

Soll-Modellen für Geschäftsprozesse existiert, steht wieder verwendbares „Know-how“, das integriert Prozessablauf und IV-Unterstützung betrachtet, nur unzureichend zur Verfügung. In vielen Disziplinen besteht nicht zuletzt aus wirtschaftlichen Gründen die Notwendigkeit zur Wiederholteileverwendung (z. B. modulare Baukastensysteme im industriellen Produktentwurf im vorhergehenden Abschnitt). Hingegen stellt die Prozessgestaltung in der Praxis handwerkliche Einzelfertigung dar. [50] Forschungsarbeiten, die diesen Mangel zu beheben versuchen, existieren unter anderem zur kontextspezifischen Individualisierung von Prozessmodellen [51], zur Prozessmodularisierung [55], zur unternehmungsspezifischen Anpassung und Individualisierung von Prozessmodellen [56] sowie zur modellgestützten Geschäftsprozesskonstruktion mit Prozesspartikeln [57].

3.3 Dienstleistungsbausteine

Unter Berücksichtigung der genannten Strukturierungsansätze für Produkt- und Prozessmodelle besteht im Folgenden eine Dienstleistung pragmatisch aus einer Anzahl von Elementen in Form assoziierter so genannter *Dienstleistungsbausteine*. Ein Dienstleistungsbaustein ist dabei eine geschlossene logische Gesamtheit, die eine betriebswirtschaftlich sinnvolle und eindeutig abgegrenzte Komponente einer Dienstleistung darstellt. Die Assoziationen zwischen den Dienstleistungsbausteinen konkretisieren sich in aufbau- (Produktmodell) und ablauflogischen (Prozessmodell) Anordnungsabhängigkeiten. Dienstleistungsbausteine können auf mehreren Ebenen in eigenständige Dienstleistungsbausteine dekomponiert werden. Sie stellen gewissermaßen die Produktbaugruppen der Dienstleistungen dar.

Beispielsweise könnte sich die Dienstleistung „Qualitätsmanagement (QM)-Beratung“ untergliedern in die Dienstleistungsbausteine „Analyse des Ist-Zustands“, „Erarbeitung eines QM-Systemkonzepts“, „Einarbeitung des QM-Beauftragten und der Führungskräfte“, „Erstellung erforderlicher QM-Dokumente“, „Bereitstellung eines QM-Handbuchs“, „Beurteilung der vom Kunden erstellten QM-Dokumente“ sowie „Seminare und Training“. Zugleich bestehen ablauflogische Abhängigkeiten. So steht am Anfang der Beratungsleistung im Rahmen der Analyse des Ist-Zustands möglicherweise eine Bestandsaufnahme aller in der Unternehmung bereits vorhandenen QM-Maßnahmen. Diese ermöglicht erst die Abschätzung des Arbeitsumfangs und der erforderlichen QM-Dokumentation, wie z. B. die Einschätzung des Umfangs des bereitzustellenden QM-Handbuchs.

Die Definition der Dienstleistungsbausteine folgt einer systemorientierten Betrachtungsweise [58]. Allgemein wird ein System definiert als eine Menge von Elementen und Menge von Relationen, die zwischen diesen Elementen bestehen. Die Menge der Relationen zwischen den Elementen macht die Struktur des Systems aus [59]. Die Abgrenzung von Dienstleistungen und Dienstleistungsbausteinen ähnelt ferner der Abgrenzung von Geschäftsprozessen und Geschäftsprozessaktivitäten. So definieren unter anderem Hammer und Champy einen Geschäftsprozess als „ein Bündel von Aktivitäten, für das ein oder mehrere unterschiedliche Inputs benötigt werden und das für den Kunden ein Ergebnis von Wert erzeugt" [60].

Die standardisierten Produkt- und Prozessmodelle aus dem Bereich des Dienstleistungsmanagements, die aus Untersuchungen bei verschiedenen Unternehmungen sowie aus der Aufarbeitung der wissenschaftlichen Literatur abgeleitet werden können, haben den Charakter von *Referenzmodellen*. Referenzmodelle sind allgemeingültige und von individuellen Besonderheiten abstrahierte Modelle [61]. Ein Referenzmodell kann als Empfehlung oder idealtypisches Bezugsobjekt im Hinblick auf die Durchführung von Modellierungs- bzw. Gestaltungsaufgaben angesehen werden. Mit Hilfe von Referenzmodellen, die allgemeingültiges Wissen über anwendungsbezogene Zusammenhänge enthalten, lassen sich Rationalisierungspotenziale bei der Entwicklung von Informationsmodellen erschließen. Außer in der Kosten- und Zeitreduktion liegt der Vorteil der Erstellung von Informationsmodellen auf der Basis von Referenzmodellen vor allem in einem Know-how-Gewinn durch das in einem Referenzmodell enthaltene betriebswirtschaftliche Wissen.

Standardisierte Dienstleistungsbausteine müssen derart gestaltet werden, dass sie für viele Unternehmungen als Ausgangslösung zur kundenindividuellen Gestaltung von Dienstleistungen anwendbar sind. Mit Hilfe dieser Modelle werden auch die Anforderungen an die dienstleistungsunterstützenden Informationssysteme spezifiziert. Durch den Rückgriff auf die Dienstleistungsbausteine können für bestimmte Problemfälle und Ziele bereits vorgedachte Ansätze verwendet werden. Die vorgedachten Lösungen werden auf den speziellen Anwendungsfall hin überprüft und können – gegebenenfalls nach einem unternehmungsspezifischen Customizing – in das betriebliche Informationsmanagement integriert werden. Diese Bausteine werden daher als *Referenz-Dienstleistungsbausteine* bezeichnet.

3.4 Modellgestütztes Customizing von Dienstleistungen

Unter dem Begriff *Customizing* wird das werkzeuggestützte Parametrisieren und Anpassen von Softwaresystemen an unternehmungsspezifische Anforderungen verstanden [62]. Er findet unter der Bezeichnung des *Modell-Customizing* ebenfalls Verwendung für das unternehmungsindividuelle Anpassen von Referenzmodellen [63]. Im Folgenden wird unter *modellgestütztem Customizing* das Anpassen von Referenz-Dienstleistungsbausteinen an kundenindividuelle Anforderungen subsumiert.

Entsprechen ausgewählte Dienstleistungsbausteine nicht vollständig den kundenindividuellen Anforderungen, so sind Anpassungsmaßnahmen erforderlich. Diese beziehen sich im Wesentlichen auf die Änderung der Bezeichnung, die Anpassung der aufbau- und ablauflogischen Anordnungsbeziehungen zwischen den

Dienstleistungsbausteinen sowie die Anpassung von Customizing-Attributen an kundenindividuelle Anforderungen.

Insbesondere für die Änderung der Anordnungsbeziehungen werden Gestaltungsmuster in Form von Operatoren definiert. Diese Operatoren sind im Wesentlichen Einfüge-, Lösch- und Änderungsoperationen an Objekten, Objektbeziehungen und Objekteigenschaften der Anwendungsdomäne „modellgestütztes Customizing von Dienstleistungen“:

- *Löschung:* Enthält eine ausgewählte Dienstleistung Referenz-Dienstleistungsbausteine, die aufgrund des kundenspezifischen Modells nicht erforderlich sind, so ist zu prüfen, ob diese Referenz-Dienstleistungsbausteine gelöscht werden können. Die Löschung eines dekomponierten Referenz-Dienstleistungsbausteins entfernt alle untergeordneten Bausteine. Daher ist zu prüfen, ob diese untergeordneten Bausteine Relevanz für andere Bausteine besitzen.
- *Einfügung:* Weist ein kundenspezifisches Modell Anforderungen auf, die nicht vollständig durch eine bereits konfigurierte Dienstleistung abgedeckt werden, so kann das Einfügen von Dienstleistungsbausteinen in die Gesamtdienstleistung zum Ziel führen. Die Positionen, an denen die Referenz-Dienstleistungsbausteine einzufügen sind, werden durch aufbau- und ablauflogische Beziehungen der zugrundeliegenden Referenz sowie durch kundenindividuelle Anforderungen bestimmt.
- *Modifikation:* Eine Änderung der Anordnungsziehungen zwischen den Referenz-Dienstleistungsbausteinen (z. B. eine Änderung der Reihenfolge) der ausgewählten Dienstleistung kann ebenfalls notwendig sein, wenn die aufbau- oder ablauflogischen Beziehungen der ausgewählten Dienstleistung nicht den kundenindividuellen Anforderungen entsprechen.

Im folgenden Abschnitt wird auf Basis der Vorüberlegungen die zentrale Datenstruktur des modellgestützten Customizing von Dienstleistungen abgeleitet.

4 Metamodell zum modellgestützten Dienstleistungs-Customizing

Eine wesentliche Aufgabe der Modellierung ist es, das Verständnis des Anwendungsfelds zu erhöhen, um auf dieser Basis Gestaltungsvorschläge machen zu können. Diese Aufgabe umfasst die Klärung der relevanten Begriffe und die Festlegung einer einheitlichen Terminologie [64]. So könnte der Begriff „Customizing einer Dienstleistung“ einerseits als Vorgang mit dem Ziel der Anpassung einer Dienstleistung interpretiert werden. Andererseits könnte er jedoch auch als das Ergebnis eines solchen Vorgangs, d. h. als die angepasste Dienstleistung, aufgefasst werden. Während bei sprachlichen Ausführungen die Bedeutung des Begriffs oft nur aus dem Kontext geschlossen werden kann, muss im Rahmen der Systementwicklung eine eindeutige Definition erfolgen [65].

Makromodelle ermöglichen einen ersten Schritt bei dieser Begriffsklärung. Sie stellen Modelle dar, die in feinere Elemente zerlegt werden können und sind dazu geeignet, ein komplexes Anwendungsfeld grob zu strukturieren sowie eine Übersicht über die relevanten Modellbausteine zu geben. In der Unified Modeling Language (UML) erfüllt das *Paketdiagramm* [66] diese Aufgabe. Es wird als ein Diagramm verstanden, das Bündel von (Objekt-)Klassen und die zwischen ihnen existierenden Abhängigkeiten zeigt [67].

Paketdiagramme werden im Folgenden dazu genutzt, auf abstrakter Ebene die grundsätzlichen Abhängigkeiten zwischen den Komponenten des modellgestützten Customizing von Dienstleistungen aufzuzeigen (Makromodellierung). Im nächsten Schritt werden diese Pakete genauer untersucht und ihre innere Struktur wird abgebildet (Mikromodellierung). Zu diesem Zweck wird die UML-Methode des *Klassendiagramms* [66] genutzt. Zur Notation sei auf [68][69] verwiesen.

4.1 Makromodell

Das in Abbildung 2 präsentierte Paketdiagramm zeigt auf abstrakter Ebene die grundsätzlichen Abhängigkeiten zwischen den Komponenten des modellgestützten Customizing von Dienstleistungen auf. Die durch gestrichelte Pfeile dargestellten Beziehungen zwischen Paketen drücken die Tatsache aus, dass in den assoziierten Paketen mindestens jeweils eine Objektklasse existiert, die Beziehungen zueinander unterhalten.

Bei der Strukturierung des Makromodells wird dem Grundgedanken gefolgt, dass für die Gestaltung und kundenindividuelle Konfiguration einer Dienstleistung ein Prozess durchzuführen ist – der Gestaltungs- bzw. Konfigurationsprozess. Aufgrund ihrer zeitlichen und inhaltlichen Restriktionen weisen diese Prozesse in der Regel Projektcharakter auf. Deshalb wird für sie das Paket CUSTOMIZING-PROJEKT, das im Zentrum des Makromodells der Abbildung 2 steht, eingeführt. Analog kann ein Customizing-Projekt als ein spezieller Geschäftsprozess interpretiert werden. Anders ausgedrückt ist ein Customizing-Projekt ein planmäßiger Vorgang, der, ausgehend von einer konkreten Zielsetzung oder einer bestimmten Kundenanforderung, in einer für den Kunden individuell konfigurierten Leistung endet.

Eine ORGANISATORISCHE EINHEIT kann CUSTOMIZING-PROJEKTE initiieren, die eine MODIFIKATION von DIENSTLEISTUNGEN nach sich ziehen. Diese Modifikationen an Dienstleistungen werden durch Organisatorische Einheiten durchgeführt. Customizing-Projekte werden in konkreten CUSTOMIZING-MASSNAHMEN umgesetzt, die ebenfalls von Organisatorischen Einheiten ausgeführt werden. Dabei werden zur Konfiguration kundenindividueller Dienstleistungen in den Paketen

MODIFIKATION, CUSTOMIZING-PROJEKT und CUSTOMIZING-MASSNAHME Referenzmodelle der Domäne „Dienstleistung“ verwendet. Diese Referenzmodelle dienen als Bauplan für optimierte Geschäftsprozesse und die sie unterstützenden Informationssysteme. Das CONTROLLING, das ebenfalls von ORGANISATORISCHEN EINHEITEN durchgeführt wird, bewertet einerseits die durchgeführten CUSTOMIZING-MASSNAHMEN und -PROJEKTE nach Wirtschaftlichkeitsaspekten und plant bzw. verfolgt andererseits die Kosten, die durch die Verrichtung der Dienstleistungsfunktion anfallen.

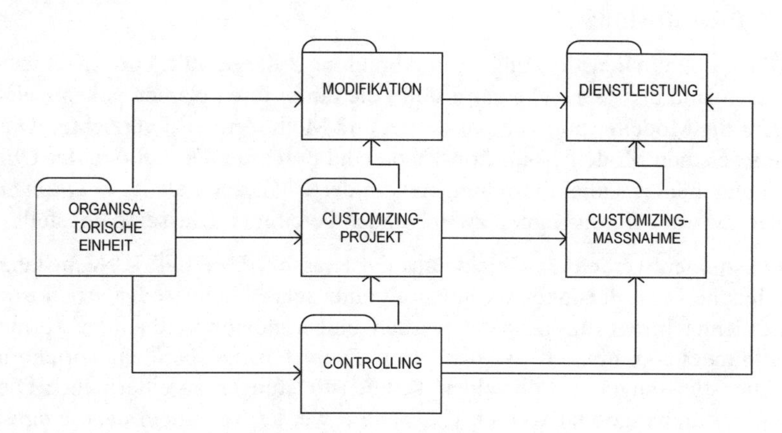

Abbildung 2: Makromodell des modellgestützten Customizing von Dienstleistungen

Die modellierten Pakete und deren Strukturen können grundsätzlich für jede Form von Customizing-Projekten verwendet werden. Die Wiederverwendung von Modell- bzw. Systembausteinen ist ein wesentliches Ziel komponentenbasierter Systementwicklung [70]. Zu diesem Zweck wird angestrebt, die innere Struktur der einzelnen Komponenten möglichst stabil und unabhängig von Beziehungen zu anderen Komponenten zu gestalten. Bei der Gestaltung der Mikromodelle im nächsten Abschnitt wird diesem Prinzip gefolgt. So sind die im Folgenden vorgestellten Mikromodelle der bislang eingeführten Pakete prinzipiell für verschiedene Anwendungsfelder des Managements von Customizing-Projekten wiederverwendbar. Die spezielle Ausrichtung auf das Anwendungsfeld „modellgestütztes Customizing von Dienstleistungen“ erfolgt innerhalb des Pakets DIENSTLEISTUNG. Durch seine spezielle Charakteristik und die Bezüge zu anderen Paketen prägt es das Gesamtmodell und gibt erste Hinweise für die Systemkonzeption.

4.2 Mikromodelle

Die einzelnen Objektklassen und die konkreten Zusammenhänge zwischen den Paketen werden im Folgenden beispielhaft für die Pakete DIENSTLEISTUNG, ORGANISATORISCHE EINHEIT, CUSTOMIZING-PROJEKT und CONTROLLING erläutert. Auf die Darstellung des Gesamtmodells wird verzichtet.

4.2.1 Dienstleistung

Das Mikromodell Dienstleistung ist in Abbildung 3 dargestellt. Die einzelnen Objektklassen sind als Rechtecke dargestellt, die durch ihren Namen gekennzeichnet sind. Auf die Modellierung von Attributen und Methoden wird verzichtet. Die dafür vorgesehenen Modellierungskonstrukte sind durch die Dreiteilung der Objektklassen angedeutet. Objektbeziehungen – in der UML auch als *Assoziationen* bezeichnet – werden durch Kanten zwischen den beteiligten Klassen dargestellt.

Dienstleistungen werden als Objekte aus der Klasse DIENSTLEISTUNG instanziert. Verschiedene Dienstleistungen können an einer tatsächlichen oder prognostizierten Kundennachfrage ausgerichtet werden und kundenindividuell in Form von Produktbündeln kombiniert werden. Von Dienstleistungsbündeln spricht man, wenn Dienstleistungen aus einzelnen Teildienstleistungen zu einer neuen Dienstleistung zusammengesetzt werden [71]. Diese werden vor allem dazu eingesetzt, um Kundenbedürfnisse nicht nur punktuell zu befriedigen. Verbunden sind damit oftmals auch Kooperationen verschiedener Dienstleistungsorganisationen. Beispielhaft sei auf das Bedürfnis „Mobilität" verwiesen. Für dieses könnte, neben dem materiellen Produkt des Fahrzeugs, ein Dienstleistungsbündel geschnürt werden, bestehend aus (1) Beratungsleistungen, (2) Garantieleistungen, (3) Bankprodukten, wie Finanzierung oder Darlehen, (4) Versicherungsleistungen, wie Haftpflicht-, Insassenunfall-, Kasko- oder Parkschadenversicherung, sowie (5) Inspektionsleistungen [72]. Dieser Zusammenhang wird durch die Assoziationsklasse PRODUKTBÜNDEL zum Ausdruck gebracht.

Ein konkreter Dienstleistungsbaustein ist Bestandteil mehrerer Dienstleistungsbündel bzw. -teilbündel. Eine Dienstleistung umfasst mindestens einen konkreten Dienstleistungsbaustein. Dies wird als Part-of-Beziehung zwischen den Objektklassen DIENSTLEISTUNG und DIENSTLEISTUNGSBAUSTEIN modelliert. Den Dienstleistungen werden lediglich die Dienstleistungsbausteine auf jeweils oberster Hierarchieebene zugeordnet. Daher besteht zwischen den Klassen DIENSTLEISTUNGSBAUSTEIN und DIENSTLEISTUNG eine (1..*):(0..*)-Kardinalität. Die modellierte Struktur enthält mehr Freiheitsgrade als eine reine Part-of-Beziehung. Dies entspricht dem formulierten Grundsatz der Wiederverwendbarkeit der Dienstleistungsbausteine.

Durch die beiden Assoziationsklassen PRODUKT- und PROZESSMODELL werden eine vertikale sowie eine horizontale Vernetzung der Dienstleistungsbausteine sichergestellt. Einerseits wird die vertikale Vernetzung der Dienstleistungsbausteine durch eine hierarchische Zuordnung im Sinne eines Dienstleistungsproduktmodells, d. h. durch ein Hierarchiemodell, wiedergegeben. Andererseits repräsentiert das Prozessmodell ablauflogische Zusammenhänge zwischen den Dienstleistungsbausteinen und damit die horizontale Vernetzung [37].

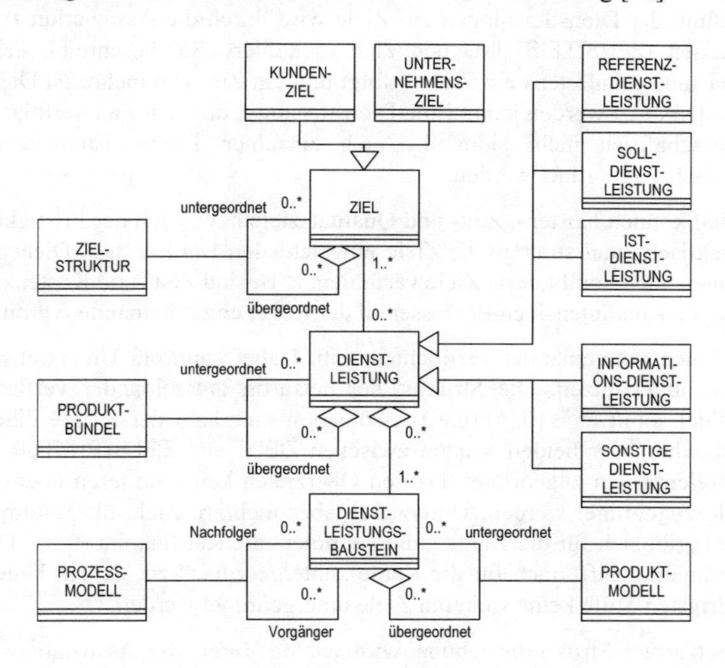

Abbildung 3: Mikromodell Dienstleistung

Als allgemeinste ablauflogische Struktur von Dienstleistungsbausteinen wird hier eine Netzstruktur modelliert. Die Assoziationsklasse PROZESSMODELL besagt, dass ein Dienstleistungsbaustein mehrere Vorgänger und Nachfolger haben kann, aber nicht muss. Dies ermöglicht die Darstellung einer Aktivitätenbox, bei der ein Dienstleistungsbaustein keinen Vorgänger oder Nachfolger hat (Untergrenze Null), die Beschreibung von Listen, in der jeder Baustein höchstens einen Nachfolger und Vorgänger hat (Obergrenze Eins), sowie die Unterstützung komplexer Vorgänger-Nachfolger-Beziehungen (Obergrenze Mehrere).

Die unterschiedlichen Granularitätsgrade werden durch die Assoziationsklasse PRODUKTMODELL abgebildet. Sie beschreibt die Möglichkeit, dass ein Dienstleistungsbaustein aus mehreren untergeordneten Bausteinen bestehen kann bzw. Element eines übergeordneten Bausteins ist.

Die kundenindividuelle Gestaltung von Dienstleistungen muss auf den Kunden und damit auf seine Ziele ausgerichtet werden. Eine hohe Servicequalität wird häufig nur durch den reibungslosen Ablauf standardisierter, unternehmungsinterner Prozesse sichergestellt. Gleichzeitig müssen die Anbieter dafür sorgen, dass der Aufwand für die Erstellung des Service in einem akzeptablen Rahmen bleibt. Dieser Zusammenhang wird durch die Klassen KUNDENZIEL und UNTERNEHMUNGSZIEL als Spezialisierungen der Klasse ZIEL zum Ausdruck gebracht. Die Ausrichtung der Dienstleistungen auf Ziele wird durch die Assoziation zwischen den Klassen DIENSTLEISTUNG und ZIEL modelliert. Sie beschreibt, dass jede Dienstleistung mindestens ein Ziel verfolgt und ein Ziel von mehreren Dienstleistungen unterstützt werden kann. Eine Dienstleistung, die kein Ziel verfolgt, ist betriebswirtschaftlich nicht sinnvoll. Auch einzelnen Dienstleistungsbausteinen können Ziele zugeordnet werden.

Prinzipiell können Kosten-, Zeit- und Qualitätsziele bzw. nach der Fristigkeit operative, taktische und strategische Ziele unterschieden werden [64]. Dienstleistungen können auch kombinierte Ziele verfolgen, z. B. sind Zeit- und Kostenziele vor allem bei personalintensiven Prozessen in der Regel eng miteinander verbunden.

Ziele können untereinander verflochten sein. Dabei kann ein Unterziel mehrere Oberziele unterstützen. Die Struktur der netzartig untereinander verflochtenen Ziele bildet somit eine (0..*):(0..*)-Assoziation innerhalb der Klasse ZIELE. Zur Unterscheidung der beiden Kanten zwischen ZIELE und ZIELSTRUKTUR werden ihnen Rollennamen zugeordnet. Da den Oberzielen keine weiteren übergeordneten Ziele zugeordnet werden, Unterzielen aber mehrere Ziele übergeordnet sein können, ergibt sich für die Kante „übergeordnet" die Kardinalität (0..*). Die gleiche Kardinalität trifft auch für die Kante „untergeordnet" zu, da den Unterzielen der niedrigsten Stufe keine weiteren Ziele untergeordnet werden.

Diese netzartige Strukturbeziehung wird analog durch die Assoziationsklassen PRODUKTBÜNDEL, PRODUKT- und PROZESSMODELL zum Ausdruck gebracht.

Die Anwendungsdomäne des modellgestützten Customizing von Dienstleistungen unterstützt die Generierung unternehmungsspezifischer Soll-Modelle auf der Grundlage von Referenzmodellen. Besondere Berücksichtigung muss neben der Entwicklung von Soll-Modellen auch die Analyse bestehender Ist-Systeme und -Modelle zur Ableitung und Rekonfiguration der Soll-Modelle finden. Die Klasse DIENSTLEISTUNG wird daher spezialisiert in die Unterklassen REFERENZ-, SOLL-, und IST-DIENSTLEISTUNG.

4.2.2 Organisatorische Einheit

Die Definition der Aufbauorganisation einer Unternehmung dient dazu, die Komplexität der Beschreibung der Unternehmung zu verringern. Dazu werden gleichartige Aufgabenkomplexe zu Organisationseinheiten zusammengefasst. Organisationseinheiten können, ähnlich wie Funktionen, nach verrichtungs-, objekt- oder prozessorientierten Kriterien gebildet werden [26].

Die Aufbauorganisation beschreibt die Organisationseinheiten mit den zwischen ihnen bestehenden Kommunikations- und Weisungsbeziehungen. Das Mikromodell der Abbildung 4 stellt die in Verbindung mit den Dienstleistungsprodukten stehende Aufbauorganisation des Dienstleistungserbringers dar. Ferner wird mit dem Rollenkonzept das Anforderungsprofil einer Organisationseinheit definiert, auf dessen Basis die Zuordnung der Organisationseinheiten zu Dienstleistungsaktivitäten und -bausteinen erfolgt. Um die Modellerweiterungen zu verdeutlichen, werden im Folgenden alle bereits behandelten Objektklassen schattiert dargestellt.

Die zu modellierenden Organisationseinheiten bilden auf der Meta-Ebene die Klasse ORGANISATIONSEINHEIT. Über diese Klasse werden die an der Dienstleistungserbringung beteiligten Organisationseinheiten erzeugt. Das ORGANISATIONSOBJEKT stellt das erste Objekt im zu erstellenden Baum unter dem „Root-Objekt" dar, im Allgemeinen die betreffende Unternehmung. Mehrere Organisationsobjekte sind bei getrennt arbeitenden Geschäftsbereichen möglich.

Neben menschlichen können auch maschinelle Arbeitsleistungen strukturiert und zu Organisationseinheiten wie Maschinengruppe, Bearbeitungszentrum, Lagersystem oder Rechenzentrum, Workstation oder PC-Netz bei DV-Ressourcen zusammengefasst werden. Damit enthält Abbildung 4 sowohl die Strukturierung menschlicher als auch sachlicher Ressourcen. Im Modell wird dies durch die Subklassen PRIMÄR MENSCHLICHE bzw. PRIMÄR TECHNISCHE LEISTUNGSTRÄGER ausgedrückt. Letztere werden nach MATERIALBEARBEITEND und INFORMATIONSVERARBEITEND (Computer) unterschieden. Da Organisationseinheiten nach menschlichen und technischen Leistungsträgern parallel gebildet werden können, wird durch die Assoziationsklasse RESSOURCENZUORDNUNG auch dieser Zusammenhang dargestellt. Dies betrifft z. B. die Zuordnungsmöglichkeit eines Computersystems zu einer Vertriebsabteilung.

Auch externe Partner der Unternehmung wie Kunden, Lieferanten oder Behörden sind Ausprägungen der Klasse ORGANISATIONSEINHEIT. Die Implementierung dieser Organisationseinheiten ist aufgrund der Entwicklungen des Outsourcing, des Aufbaus eigenverantwortlicher Servicegesellschaften oder der verstärkten Zusammenarbeit zwischen Hersteller, Zulieferer und Kunde im Sinne strategischer Partnerschaften bis hin zu virtuellen Unternehmungsverbünden von großer Bedeutung [37]. Das Objekt Organisationseinheit kann geographische Standorte und Abteilungen darstellen, z. B. das Büro in München oder eine bestimmte Abteilung. Die geographische Verteilung von Organisationseinheiten wird durch die Assoziation ANSIEDLUNG zwischen den Klassen STANDORT und ORGANISATIONSEINHEIT hergestellt.

Die aufbauorganisatorischen Verbindungen der Organisationseinheiten einer Unternehmung werden durch die Assoziationsklasse ORGANISATIONSSTRUKTUR charakterisiert. Sie beschreibt eine rekursive Beziehung über der Objektklasse ORGANISATIONSEINHEIT. Als Organisationsstruktur mit den größten Freiheitsgraden wird eine Netzstruktur modelliert, da z. B. eine Niederlassung für mehrere

Produktbereiche zuständig sein kann und ein Produktbereich mit mehreren Niederlassungen zusammenarbeitet. Dieser Zusammenhang wird durch die (0..*)-Kardinalitäten zum Ausdruck gebracht. Eine Organisationseinheit kann mehreren anderen Organisationseinheiten über- und untergeordnet sein.

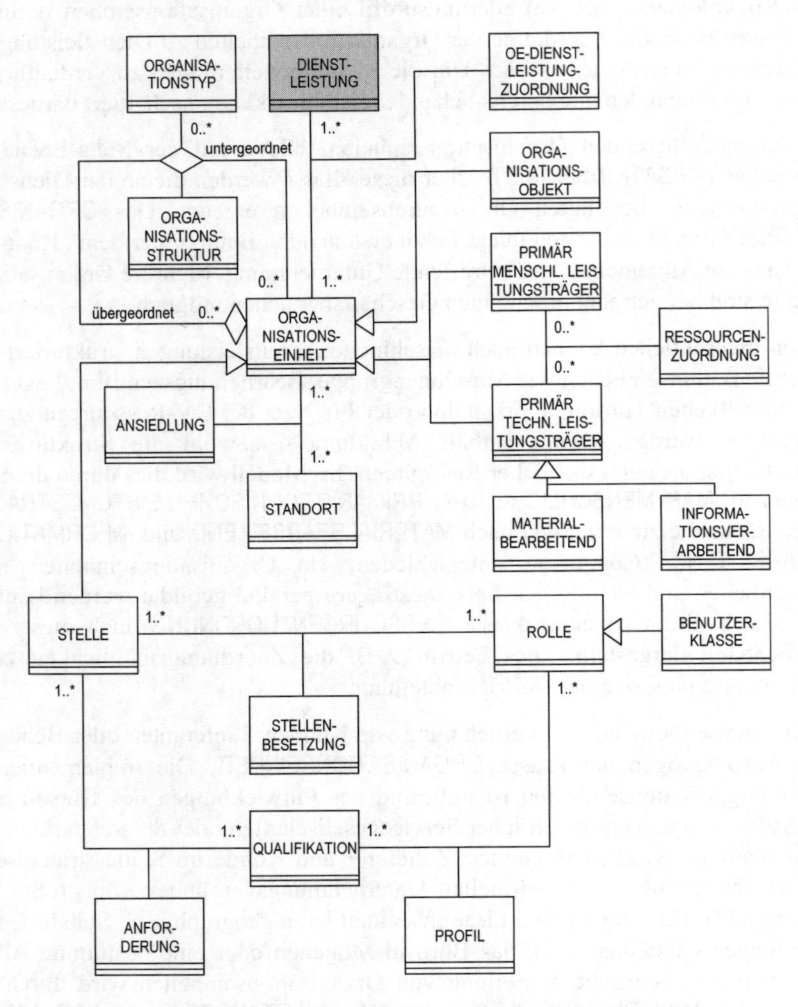

Abbildung 4: Mikromodell Organisatorische Einheit [26]

Kleinste Einheit einer Organisationsstruktur ist die Stelle, instanziert als Objekt aus der Klasse STELLE. Fachlich kann eine Stelle als Bündel von qualifikatorischen Anforderungen verstanden werden. In der Regel ist dieses Anforderungsbündel so groß, dass es von einer einzelnen Person bewältigt werden kann. Die Zuordnung von Stellen zu größeren Einheiten kann nach dem Kriterium der fachlichen oder disziplinarischen Leitungsbefugnis gebildet werden. Für diese Kriterien wird die Klasse ORGANISATIONSTYP eingeführt. Neben der fachlichen und disziplinarischen Unterscheidung können auch Beziehungen zur Regelung von Vertretungszuständigkeiten zwischen Stellen sowie eine prozessorientierte Sicht erfasst werden.

Auf der fachlichen Ebene einer Geschäftsprozessmodellierung werden neben den Organisationseinheiten auch Mitarbeitertypen wie Verkaufssachbearbeiter, Kostenrechner, Maschinenbediener oder Einkäufer beschrieben. Konkrete Mitarbeiter werden dagegen nur in Ausnahmefällen einer Funktion zugeordnet, da sonst bei Veränderungen mit Versetzung oder Kündigung das Fachkonzept geändert werden müsste. Der Begriff Rolle bezeichnet einen bestimmten Mitarbeitertyp mit einer definierten Qualifikation und Kompetenz [73][74][75]. Eine Rolle ist im Gegensatz zu einer Stelle nicht in eine dauerhafte aufbauorganisatorische Struktur eingebunden. Rollen werden in hohem Maße situationsabhängig und oft nur für eine begrenzte Zeitspanne realisiert. Sie werden als Objekte aus der Klasse ROLLE instanziert. Die Assoziationsklasse STELLENBESETZUNG stellt eine Referenz der Klasse STELLE zu der Klasse ROLLE her. Hierdurch werden den Dienstleistungsprodukten über die Rollendefinition konkrete Mitarbeiter mit einer geforderten Qualifikation und Kompetenz zugeordnet.

Die Qualifikationskriterien werden in der Klasse QUALIFIKATION erfasst und über die Assoziationsklasse PROFIL der ROLLE zugeordnet. Die Rolle Marketingleiter enthält z. B. die Qualifikationen „Wirtschaftswissenschaftliches Studium mit Schwerpunkt Marketing“ und „Berufserfahrung im Absatzbereich“. Aus Sicht der Stelle können Anforderungen an Qualifikationen definiert werden. Nach dem Kriterium einer guten Übereinstimmung können dann den Stellen bestimmte Rollen zugeordnet werden.

Bei der Rollendefinition können für die Gestaltung und Nutzung eines DV-gestützten Informationssystems auch Benutzerklassen unterschieden werden. Diese werden für die Definition von Zugriffsrechten auf Daten und Funktionen benötigt. Entsprechend den Kenntnissen und den Häufigkeiten, mit denen Benutzer DV-Systeme nutzen, wird zwischen gelegentlichen Nutzern, intensiven Nutzern und Experten unterschieden [76][77]. Zur Charakterisierung derartiger Benutzerklassen wird die spezialisierte Klasse BENUTZERKLASSE eingeführt.

Die Assoziationsklasse OE-DIENSTLEISTUNG-ZUORDNUNG detailliert die Beziehungen zwischen den Klassen ORGANISATIONSEINHEIT und DIENSTLEISTUNGSPRODUKT. Hierdurch wird die Art der Einbindung der Organisationseinheit in das Dienstleistungsprodukt beschrieben. Beispiele sind die verantwortliche Erbringung der Dienstleistung oder die aktive Beteiligung an einer kundenindividuellen Konfiguration einer Dienstleistung.

4.2.3 Customizing-Projekt

Innerhalb der in Abbildung 5 gegebenen Datenstruktur nimmt die Klasse CUSTOMIZING-PROJEKT eine zentrale Stellung ein. Customizing-Projekte identifizieren spezielle Projektaufträge zwischen Organisationseinheiten. Sie können sowohl durch interne als auch externe Projektvergaben zustande kommen. Zwischen Projektauftraggeber und -nehmer können zu verschiedenen Zeitpunkten Projektaufträge existieren. Zur Projektplanung und -realisierung werden Mitarbeiter aus unterschiedlichen Abteilungen in temporären Organisationseinheiten zusammengefasst. Diese temporären Organisationsformen können je nach Ausgestaltung verschiedene Formen der Projektorganisation annehmen. Alternativen zur aufbauorganisatorischen Eingliederung des Projektmanagements in die Unternehmungsorganisation geben u. a. HEILMANN [78], YOUNG [79] und GROCHLA [80].

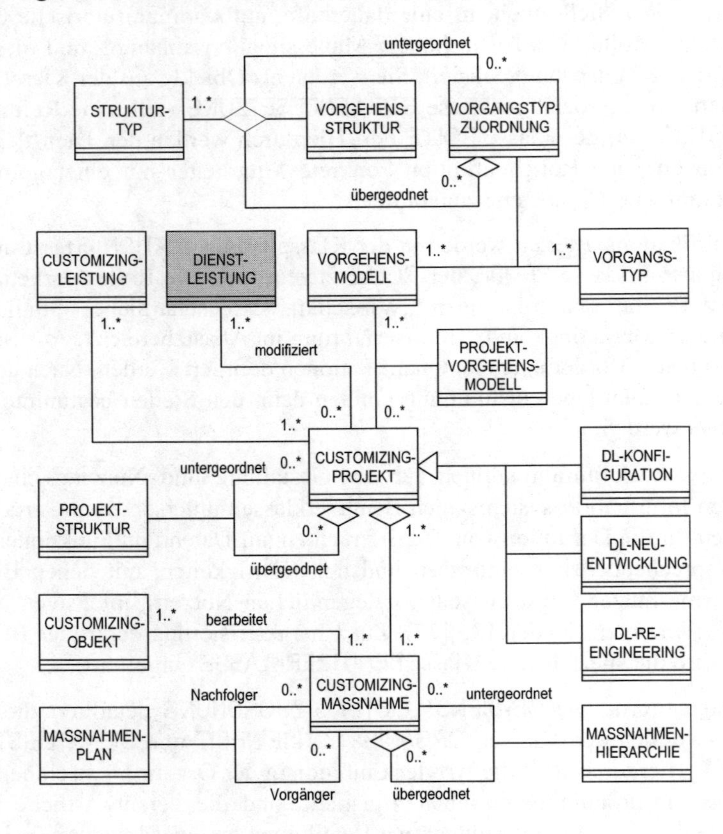

Abbildung 5: Mikromodell Customizing-Projekt

Bei der Strukturierung des Mikromodells der Abbildung 5 wird wie zuvor dem Grundgedanken gefolgt, dass für die Gestaltung und kundenindividuelle Konfiguration einer Dienstleistung Prozesse durchzuführen sind. Diese weisen aufgrund ihrer zeitlichen und inhaltlichen Restriktionen in der Regel Projektcharakter auf. Deshalb wird für sie die Klasse CUSTOMIZING-PROJEKT eingeführt. Sie verweist auf die Schnittstelle zum gleichnamigen Objektpaket der Abbildung 2.

Ein Customizing-Projekt besteht aus den konkreten Maßnahmen, mit denen eine angestrebte Customizing-Leistung realisiert werden soll. Dieser Zusammenhang wird durch die Assoziationen zwischen den Klassen CUSTOMIZING-PROJEKT und CUSTOMIZING-LEISTUNG bzw. CUSTOMIZING-MASSNAHME dargestellt. Die Anzahl, Art und logische Reihenfolge der Maßnahmen muss ebenfalls durch das zu entwickelnde Werkzeug beschrieben werden. Eine konkrete Customizing-Maßnahme ist Bestandteil eines Customizing-Projekts bzw. -Teilprojekts. Ein Customizing-Projekt umfasst mindestens eine konkrete Maßnahme. Dies wird als Part-of-Beziehung zwischen den Objektklassen CUSTOMIZING-PROJEKT und CUSTOMIZING-MASSNAHME modelliert.

Maßnahmen können grundsätzlich unterschieden werden in koordinierende Tätigkeiten des Projektmanagements und in Tätigkeiten, die unmittelbar die angestrebte Veränderung fachlich verfolgen [81]. Als allgemeinste Ablaufstruktur von Customizing-Maßnahmen wird hier eine Netzstruktur modelliert. Die Assoziationsklasse MASSNAHMENPLAN besagt, dass eine Maßnahme mehrere Nachfolger und Vorgänger haben kann, aber nicht muss. Die Assoziationsklasse MASSNAHMENHIERARCHIE beschreibt die Möglichkeit, dass eine Customizing-Maßnahme aus mehreren untergeordneten Maßnahmen bestehen kann bzw. möglicherweise ein Element einer übergeordneten Maßnahme ist.

Die Datenstruktur zur Abbildung von Vorgehensmodellen ist ebenfalls in Abbildung 5 dargestellt. Vorgehensmodelle beschreiben Standardabläufe für bestimmte Projekttypen und können zur Spezifikation konkreter Projektabläufe herangezogen werden. Der Klasse VORGEHENSMODELL können über die Assoziationsklasse VORGANGSTYPZUORDNUNG Vorgangstypen, instanziert als Objekte der Klasse VORGANGSTYP, zugeordnet werden. Dadurch werden die Wiederverwendung und redundanzfreie Speicherung von Vorgangstypen ermöglicht. Durch die Klasse STRUKTURTYP werden die verschiedenen Möglichkeiten der strukturellen Verknüpfung von Vorgangstypen zum Ausdruck gebracht. Neben aufbau- können auch ablauflogische Beziehungen zwischen Vorgangstypen abgebildet werden. Damit wird eine sukzessive und kontextbezogene Detaillierung bzw. Vergröberung eines Vorgangsnetzes ermöglicht. [82] Dies ist insbesondere in umfangreichen Vorgehensmodellen ein wichtiges Hilfsmittel zur Beherrschung der Komplexität des Planungsprozesses. Es bietet sich an, in frühen Phasen der Projektplanung mit groben Vorgehensmodellen zu arbeiten und zur kurzfristigen Feinplanung zunehmend projektspezifische Detailmodelle einzusetzen.

Der fachliche Bezug zwischen den Klassen CUSTOMIZING-PROJEKT und VORGEHENSMODELL wird durch die Assoziationsklasse PROJEKTVORGEHENSMODELL hergestellt. Je nach Komplexität des Projekts können einem Customizing-Projekt mehrere Vorgehensmodelle zugeordnet werden. Sie werden dann im Rahmen des Gesamtprojekts als weitestgehend eigenständige Teilprojekte bearbeitet.

Das zu entwickelnde Werkzeug unterstützt die Gestaltung und Konfiguration kundenindividueller Dienstleistungen mit wieder verwendbaren Referenz-Dienstleistungsbausteinen, die in einem Repository gespeichert und verwaltet werden (modularer Dienstleistungsbaukasten). Kundenindividuelle Dienstleistungen werden mit Hilfe dieser Wissensbasis aus Referenzbausteinen zusammengesetzt und in einem modellgestützten Customizing an individuelle Bedürfnisse angepasst. Ein im Werkzeug gespeichertes Customizing-Projekt kann prinzipiell als „Referenz-Vorgehensmodell“ für neue Customizing-Vorhaben oder zur Modifikation einer bereist existierenden Referenz-Dienstleistung der Wissensbasis genutzt werden. Im Gegensatz zu dem gängigen Referenzmodellbegriff [61] bildet ein bereits dokumentierter Customizing-Prozess jedoch keine „Common-Practice-Lösung“ ab. Er stellt nicht das abstrahierte Vorgehen für einen bestimmten Problemtyp dar. Vielmehr ist er, wie das neu zu gestaltende Projekt, für das er als Vorlage dient, eine individuelle Ausprägung – er ist gewissermaßen die „Best-Local-Practice-Lösung“ [65].

Gleichzeitig sollen auch Veränderungen der Wissensbasis dokumentiert und für zukünftige Customizing-Projekte nutzbar gemacht werden. Dieser Zusammenhang wird gerade bei der Unterstützung der Einführung von Standardsoftware durch DV-Werkzeuge [56] bemängelt – das Konfigurationswissen dieser Werkzeuge zur automatischen unternehmungsspezifischen Individualisierung von Prozessmodellen ist in der Regel nicht editier- und erweiterbar [51].

Die Klasse CUSTOMIZING-PROJEKT wird deswegen für Dienstleistungen in die Subklassen DIENSTLEISTUNGSNEUENTWICKLUNG, DIENSTLEISTUNGSKONFIGURATION und DIENSTLEISTUNGS-REENGINEERING spezialisiert:

- *Dienstleistungsneuentwicklung:* Hierunter wird die erstmalige Entwicklung neuer Dienstleistungen verstanden, die wiederum in zwei Kategorien gegliedert werden kann: zum einen in Dienstleistungen, die lediglich für die Unternehmung neu sind (also bereits in ähnlicher Form am Markt angeboten werden) und zum anderen in innovative Dienstleistungen, die einen Neuigkeitsgrad für den gesamten Markt besitzen [71].

- *Dienstleistungskonfiguration:* Werden Dienstleistungen aus einzelnen Teildienstleistungen bzw. Dienstleistungsbausteinen zu einer neuen Dienstleistung zusammengesetzt, so wird von einer Dienstleistungskonfiguration gesprochen. Der Anbieter von Dienstleistungen konfiguriert individuell auf den Kunden ausgerichtete Dienstleistungen durch die Kombination von Referenz-Dienstleistungsbausteinen. Die informationstechnische Unterstützung der Konfiguration von Dienstleistungen erfordert Funktionen zur Versions- und Variantenverwaltung von Dienstleistungskomponenten. Hier bestehen Parallelen zum Konfigurations- und Dokumentationsmanagement von Informationssystemen [83][84].

- *Dienstleistungs-Reengineering:* Auch bei bereits vorhandenen Dienstleistungen kann ein Service Engineering sinnvoll eingesetzt werden. Hierbei kann es entweder das Ziel sein, eine existierende Dienstleistung neu zu spezifizieren (Reverse Engineering) oder komplett neu zu entwickeln (Reengineering) [71].

4.2.4 Controlling

Leistungen werden mit den zu ihrer Erstellung benötigten Kosten bewertet. Werden den Leistungen quasi „Kostenrucksäcke" aufgeschnürt, dann wird auch durch den Leistungsfluss der Kostenfluss beschrieben. Im Mikromodell zur Abbildung des Controllingkonzepts der Abbildung 6 werden durch die Klasse KOSTENART die den Dienstleistungen zuzuordnenden Kostenkategorien, wie Material- oder Personalkosten, beschrieben. Die Assoziationsklasse KOSTENSATZ enthält dann konkrete Durchschnittswerte einer Kostenart für eine Leistungsart oder Anteilsätze der Kostenart an den Gesamtkosten der Leistung. [26] Durch die Zuordnung von Kostenarten zu den Dienstleistungen ist auch der Kostenfluss innerhalb des Prozesses einbezogen [26].

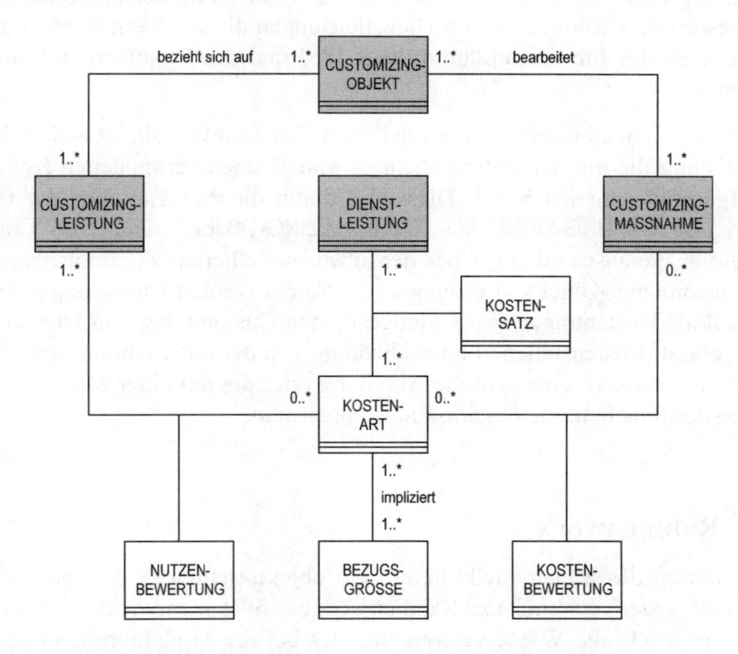

Abbildung 6: Mikromodell Controlling [26][64]

Merkmal einer Leistung ist, dass der Empfänger bereit sein muss, einen Preis für sie zu zahlen, d. h. dass er ihren Nutzen anerkennt. Innerhalb der Betriebswirtschaftslehre besitzt der Leistungsfluss zwischen Organisationseinheiten bei der Kostenstellenrechnung eine besondere Bedeutung. Zur Planung der Kosten einer Kostenstelle werden Leistungsindikatoren definiert, die als Bezugsgrößen bezeichnet werden. Für die Bezugsgrößen werden dann Kostensätze bestimmt, die zur Kalkulation der Produkte herangezogen werden. Um die Kosten einer Kostenstelle zu erfassen, müssen auch die von anderen Kostenstellen empfangenen Leistungen bewertet werden. [26] Bezugsgrößen zur Bewertung können sowohl quantitative (z. B. notwendige Arbeitszeit) als auch qualitative Kennziffern (z. B. notwendige Qualifizierung) sein. In beiden Fällen sind sie Maßgrößen der Kostenverursachung [64]. In Abbildung 6 wird daher eine Assoziation zwischen den Objektklassen BEZUGSGRÖSSE und KOSTENART dargestellt.

Customizing-Projekte müssen ebenso wie die zu verbessernden oder zu konfigurierenden Dienstleistungen hinsichtlich ihrer Effizienz und Effektivität bewertet werden. Die Qualität der erbrachten Leistung, Durchlaufzeit, Prozesskosten usw. sind Kriterien, an denen sich die Customizing-Projekte messen lassen. Da Customizing-Projekte als spezielle Geschäftsprozesse interpretiert werden (vgl. S. 690), können die in einer Unternehmung vorhandenen Konzepte und Instrumente für das Controlling von Geschäftsprozessen zur Wirtschaftlichkeitsmessung von Customizing-Projekten eingesetzt werden. Das Controlling der Projekte, die dem modellgestützten Customizing von Dienstleistungen dienen, kann folglich auf den Erkenntnissen des Innovationscontrollings [85] und des Projektcontrollings [86] aufbauen.

Die weiteren Objektbeziehungen modellieren den Sachverhalt, dass dem Nutzen einer Leistung die mit den entsprechenden Maßnahmen verbundenen Kosten gegenübergestellt werden können. Dies wird durch die Assoziationen der Objektklassen CUSTOMIZING-LEISTUNG, CUSTOMIZING-OBJEKT und CUSTOMIZING-MASSNAHME veranschaulicht. Über den oben modellierten Zusammenhang zwischen Customizing-Objekt, -Leistung und -Projekt werden Customizing-Projekte prinzipiell als Kostenträger des modellgestützten Customizing von Dienstleistungen aufgefasst. Kostenstellen können abhängig von der unternehmungsindividuellen Organisation z. B. eine zentrale Abteilung oder die mit einer Modifikation einer Dienstleistung betraute Organisationseinheit sein.

4.3 Rahmenwerk

Die Strukturen des Metamodells liefern ein objektorientiertes, komponenten-basiertes und wieder verwendbares Rahmenwerk zur Systementwicklung. Das Metamodell ermöglicht die Wiederverwendung des bei der Modellierung erworbenen Wissens für die Entwicklung unterschiedlicher Anwendungssysteme. Es besteht aus den definierten Makro-Paketen bzw. -Komponenten (siehe Abbildung 2) und den nachfolgend modellierten Mikro-Objektstrukturen. Innerhalb des Rahmenwerks können bestimmte Komponenten so entworfen werden, dass sie in Form so genannter „Hot Spots“ [70] austauschbar sind.

Die Komponenten ORGANISATORISCHE EINHEIT, CUSTOMIZING-PROJEKT und -MASSNAHME, CONTROLLING sowie MODIFIKATION sind am stärksten unabhängig von einer speziellen Anwendungsdomäne. Sie wurden so entworfen, dass sie nahezu unverändert für andere Anwendungsfelder des modellgestützten Customizing eingesetzt werden können. Das konkrete Anwendungsfeld wird durch die Komponente DIENSTLEISTUNG charakterisiert. Diese Komponente markiert den fachlichen Hot Spot des Rahmenwerks. Würde das Rahmenwerk für ein anderes Fachgebiet wieder verwendet, müsste sie ausgetauscht werden.

Das Metamodell wurde trotz Heterogenität und Breite des Dienstleistungssektors nicht auf einen speziellen Dienstleistungstyp ausgerichtet. Für bestimmte Dienstleistungen könnte das Modell erweitert werden. Ein Beispiel stellt die Ausrichtung des Rahmenwerks auf *produktbegleitende Dienstleistungen* dar. Dabei handelt es sich um immaterielle Leistungen, die ein Industriegüterhersteller zur Absatzförderung seiner Güter zusätzlich anbietet. Sie sind direkt oder indirekt mit der materiellen Hauptleistung verknüpft und tragen als immaterielle Zusatzleistungen dazu bei, den Kundennutzen aus angebotenen Investitionsgütern zu erhöhen. Die Produktion und der Verkauf des Kernprodukts, d. h. der Sachleistung, stehen jedoch im Mittelpunkt [87]. Dieser Sachleistungsbezug könnte zur Abbildung produktbegleitender Dienstleistungen durch die Erweiterung des Modells um eine Komponente SACHLEISTUNG erzielt werden [37].

5 Konzeption des Werkzeugs zum modellgestützten Dienstleistungs-Customizing

Das im vorherigen Kapitel entworfene Analysemodell bildet die Grundlage für die Konzeption des Werkzeugs „*REBECA* – *Re*ferenzmodell-*b*asiertes (R*e*verse-) *C*ustomizing von Dienstleistungsinform*a*tionssystemen“. Im Folgenden wird skizziert, welche Haupt-Funktionalitäten das Werkzeug aufweisen muss und wie diese Funktionalitäten in ein Gesamtkonzept integriert werden können.

5.1 Werkzeug-Komponenten

Das Customizing-Werkzeug REBECA soll Informationen zu Leistungen, Kunden und Erstellungsprozessen in Dienstleistungsunternehmungen verarbeiten. Es besteht im Wesentlichen aus Komponenten zur *Modellierung von Dienstleistungen*, zur *Generierung von Soll-Modellen* und zum *Customizing von Dienstleistungen*.

Bei der Konzeption der *Modellierungskomponente* von REBECA kann auf existierende Analyse- und Modellierungswerkzeuge zurückgegriffen werden [88]. Modelldatenbanken zur Analyse, Modellierung und Navigation von Geschäftsprozessen bieten eine breite Auswahl an Modellierungsmethoden, welche in der Regel gemeinsam in einem einzigen konsistenten Metamodell abgelegt sind. Die Modelle werden in dem Repository des Systems verwaltet und können jederzeit aufgerufen, analysiert und verändert werden. Darüber hinaus sorgen Versionsmechanismen für eine durchgängige Dokumentation der betrachteten Prozesse. Das Modellierungswerkzeug nimmt die Aufgaben der Erstellung, Speicherung und Präsentation der Referenz-, Soll- und Ist-Dienstleistungsmodelle wahr. REBECA ist für die Verwaltung der Customizing-Projekte zuständig und unterstützt die an den Dienstleistungsbausteinen durchzuführenden Modellmodifikationen. Hierzu soll das System über eine Schnittstelle des Modellierungswerkzeugs auf die Modelldaten zugreifen, diese manipulieren und sie wieder über die Schnittstelle an das Modellierungswerkzeug zurückgeben. Die geänderten Daten werden wiederum von der Modelldatenbank gespeichert.

Auf der Grundlage der Komponente zur Modellierung von Dienstleistungen und deren Bausteinen baut die *Komponente zur Generierung von Soll-Modellen* von REBECA auf. Diese Komponente übernimmt die Referenzmodelle aus dem Modellierungswerkzeug und unterstützt den Benutzer bei der Erstellung der Soll-Modelle, z. B. durch interaktive Frage-Antwort-Dialoge.

Vielfach ist bei der Einführung und Entwicklung von Informationssystemen dieser Top-down-Ansatz nicht anwendbar, da in dem betrachteten Anwendungsbereich bereits Informationssysteme vorhanden sind. In diesem Fall müssen die Merkmale der bereits existierenden Informationssysteme im Sinne eines *Reverse Engineering* [89][90][91][92] bei der Soll-Modell-Generierung berücksichtigt werden. Als komplementäre Bottom-up-Strategie ist die Vorgehensweise des Reverse Engineering aus dem Bereich der Hardwareentwicklung entlehnt und bezeichnet den Prozess der Erforschung der Funktionsweise eines (Informations-)Systems [93][94]. Bisherige Anwendungen des Reverse Engineering fokussieren auf die Ableitung der Datenmodelle, Generierung effizienteren Codes und Definition von wieder verwendbaren Codestücken bzw. Codemustern aus bestehenden Informationssystemen. Nur wenige Ansätze berücksichtigen auch die betriebswirtschaftlichen und fachlichen Anforderungen [95][96]. Dies erscheint jedoch sehr viel versprechend. Aus implementierten Systemen können bereits viele Charakteristika des Betriebs abgeleitet werden, z. B. die Anzahl der Mitarbeiter, die Organisationsstruktur oder die verwendeten betriebswirtschaftlichen Verfahren. Zudem zeigen Parameter des laufenden Systems Optimierungspotenziale in den Abläufen der Unternehmung an.

Werden mit Hilfe eines Reverse-Engineering-Ansatzes die Ist-Daten der Unternehmung bei der Soll-Modell-Generierung mit einbezogen, können wissensbasierte Assistenten zur Modellgenerierung die Konzeption bereichern. Diese können, aufbauend auf dem Ist-Zustand in der Unternehmung und der Beziehung zwischen Referenzmodell und Ist-Modell, dem Benutzer durch gezielte Fragen bei der Definition der Soll-Modelle behilflich sein.

Mit der Implementierung des Prototyps REBECA werden die Top-down-Vorgehensweise des modellgestützten Customizing und die Bottom-up-Vorgehensweise des Reverse Engineering integriert.

Probleme bei der Generierung eines unternehmungsspezifischen Sollmodells aus Referenzmodellen entstehen durch das unterschiedliche Verständnis des Anwenders, des Beraters und des Herstellers von Prozessmodellinhalten. Durch die *Customizing-Komponente* von REBECA soll der Anwender, der über das fachliche Prozesswissen verfügt, in die Lage versetzt werden, selbst die Anpassung von Referenzprozessen vorzunehmen. Hierzu soll der Mitarbeiter innerhalb des Tools mit Hilfe eines vorstrukturierten Fragenkatalogs durch den Prozess der Modellanpassung geführt werden. Nach Beantwortung der Fragen werden durch die Anwendung einer hinterlegten Regelbasis einzelne Prozessteile ausgeblendet oder Erweiterungen hinzugefügt.

5.2 Schnittstellen

Mit der Beschreibung der Konzeption wurde deutlich, dass der Integration des Werkzeugs zum modellgestützten Customizing von Dienstleistungen in die Arbeitsumgebung der Mitarbeiter eine hohe Bedeutung zukommt. Diese Integration ist nicht zuletzt durch eine geeignete informationstechnische Gestaltung sicherzustellen. Dies betrifft sowohl ergonomische Benutzerschnittstellen als auch offene Schnittstellen zu bestehenden Anwendungssystemen.

Das zu entwickelnde Werkzeug sollte das Customizing auf den Ebenen Prozesssteuerung und Prozessausführung des dienstleistungsunterstützenden Informationssystems ermöglichen. Die Modelle der Erstellungs- und Distributionsprozesse können zur Definition eines Workflow in Dienstleistungsinformationssystemen genutzt werden. Daher ist ein fließender Übergang der in der Modellierungskomponente gehaltenen Build-time-Modelle in Run-time-Modelle innerhalb eines Workflow-Management-Systems vorzusehen. Umgekehrt sind die Ist-Daten eines Workflow-Management-Systems geeignete Indikatoren bei der Analyse von Schwachstellen innerhalb der Prozesse.

Zahlreiche Einstellungen innerhalb der Applikationen eines Dienstleistungsinformationssystems ergeben sich aus den Beschreibungen der Dienstleistungen und ihrer Erstellungsprozesse. Die Beschreibung der Dienstleistungen in den Prozessmodellen hat jedoch meist keinen Bezug zu den operativen Daten in den Informationssystemen der Fachabteilungen. Ziel muss es daher sein, die dort installierten Systeme aus den Produktbeschreibungen innerhalb der Prozessmodelle zu konfigurieren. Umgekehrt liefern die operativen Systeme wichtige Daten zur Optimierung der Prozesse im Prozessinformationssystem.

6 Implementierung des Werkzeugs zum modellgestützten Dienstleistungs-Customizing

Die Beschreibung der technischen Realisierung der REBECA-Konzeption konzentriert sich im Folgenden auf die Darstellung der Datenbankkomponenten sowie der Benutzerschnittstelle des Werkzeugs. Letztlich wird das Interaktionsdesign beispielhaft für die Komponente zur Generierung von Soll-Modellen veranschaulicht.

6.1 Repository

Das REBECA-Repository besteht aus vier Datenbankkomponenten, die durch einen Server verwaltet werden und Relationen zu externen Datenbanken aufweisen (vgl. Abbildung 7).

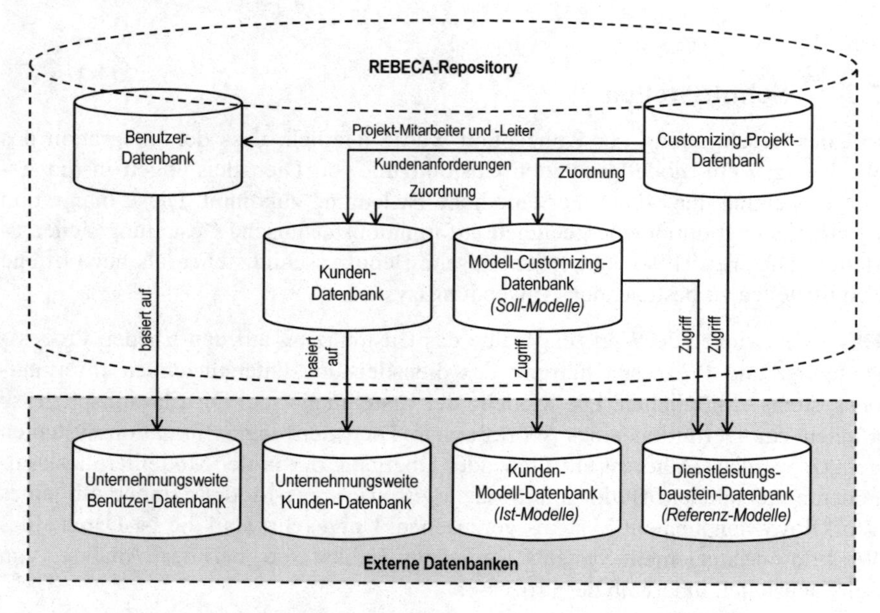

Abbildung 7: REBECA-Repository und -Datenbanken

Alle Benutzer des Systems sind in der *Benutzer-Datenbank* angelegt und werden über diese authentifiziert. Die Benutzer-Datenbank ist eine aus der unternehmungsweiten Benutzer-Datenbank abgeleitete Datenbasis. Ihre Datenstruktur entspricht bis auf informationstechnisch bedingte Anpassungen dem Metamodell der Organisatorischen Einheit aus Abbildung 4. Die externe unternehmungsweite Benutzerdatenbank enthält Daten wie Name, Positionsbezeichnung und Kontaktangaben der Benutzer sowie Organisationseinheiten und Standort, denen ein Benutzer zugeordnet ist („Business Card"). In der Benutzer-Datenbank von REBECA werden überdies die persönlichen Profile der Benutzer (z. B. fachliche Interessen, Start- und Standardeinstellungen der REBECA-Benutzeroberfläche) sowie Berechtigungen, die einem Benutzer bezüglich der Manipulation von Daten zugeteilt werden, verwaltet. Wesentliche Verfügungsrechte sind das Lesen, Anlegen, Ändern und Löschen von Informationsobjekten.

Die logische Datenstruktur der *Kunden-Datenbank* orientiert sich ebenfalls am in Abbildung 4 gegebenem Metamodell der Organisatorischen Einheit. Sie basiert auf einer externen unternehmungsweiten Kundendatenbank. Letztere ist eine Sammlung von Daten bestehender Kunden und Interessenten. Diese werden durch zahlreiche Merkmale, die der Qualifizierung der Daten dienen, ergänzt. Bei Privatkunden können dies bspw. Geschlecht, Alter, Einkommen oder Haushaltsgröße sein. Bei Firmenkunden interessieren Branche, Umsatzgröße, Mitarbeiteranzahl oder Produktpalette. Diese Informationen werden von Adressverlagen bezogen und/oder in der Unternehmung durch Mitarbeiter, die Kundenkontakt haben, gesammelt.

In der *Modell-Customizing-Datenbank* werden die Operatoren zur Änderung der Anordnungsbeziehungen zwischen Dienstleistungsbausteinen sowie zur Anpassung von Customizing-Attributen an kundenindividuelle Anforderungen gespeichert. Für jeden Operator wird eine Beschreibung seiner grundsätzlichen Wirkungsweise und betriebswirtschaftlichen Bedeutung verwaltet. Die Modell-Customizing-Datenbank übernimmt einerseits die Modelle aus der externen Referenz-Datenbank (modularer Dienstleistungsbaukasten), die Name, Funktion, Ergebnis, etc. der Referenzmodelle sowie deren Struktur speichert. Andererseits erfordert die Berücksichtigung bereits existierender Informationssyteme bei der Soll-Modell-Generierung (Reverse Engineering) Zugriffe auf die externe Ist-Modell-Datenbank des Kunden. Die logische Datenstruktur der drei Modell-Datenbanken baut – um sinnvolle Vergleiche der Modelle zu ermöglichen – auf der in Abbildung 3 gegebenen Struktur der Dienstleistungsbausteine und deren Assoziationen auf. Die externen Modell-Datenbanken – Kunden-Modell-Datenbank und Dienstleistungsbaustein-Datenbank – bilden gewissermaßen das Dienstleistungs-Repository des modellgestützten Customizing.

Neben den Soll-Dienstleistungsmodellen werden in der Modell-Customizing-Datenbank auch so genannte *Konfigurationsmodelle* verwaltet. Diese bilden – in Analogie zu Softwareeinführungsprojekten – strukturierte Fragebögen zur Erfassung von Kundenanforderungen ab. Einzelne Fragen sind mit Konfigurationsregeln assoziiert. Über die Konfigurationsregeln wird der Bezug zu den Referenz-Dienstleistungsbausteinen hergestellt. So werden Konsequenzen wiedergegeben, die aus dem Treffen einer Konfigurationsentscheidung resultieren. Hierbei kommen vor allem Entscheidungs-, Alternativ- und Bewertungsfragen zum Einsatz. Mit Hilfe der Fragen wird bspw. geprüft, ob Elemente des Referenzmodells überflüssig oder Teil-Prozessmodelle für die Unternehmung irrelevant sind.

REBECA unterstützt den Benutzer durch diese interaktiven Frage-Antwort-Dialoge bei der Erstellung der Soll-Modelle. Eine eigene Frage-Antwort-Datenbank wird jedoch nicht implementiert. Die Fragen werden „frei" generiert, indem die in der Datenbank gespeicherten Eigenschaften der Modelle (Parameter) schrittweise (z. B. nach den Dimensionen der Dienstleistung) abgefragt werden. Die Frage-Antwort-Datenbank ist somit ein impliziter Teil der Modell-Datenbanken.

Im Zentrum des REBECA-Repository der Abbildung 7 steht die *Customizing-Projekt-Datenbank.* Die logische Datenstruktur der Projekt-Datenbank entspricht dem in Abbildung 5 gegebenem Metamodell. Sie verwaltet interne und externe Projektaufträge zwischen Organisationseinheiten durch die Speicherung von Daten wie Projektname, -typ, -ziel, -zeitraum, -status, oder -fortschritt. Projektdokumente, wie Projektauftrag, -strukturplan, Terminpläne, Sitzungsprotokolle, Statusberichte oder Pflichtenheft, werden nicht direkt im REBECA-Repository gespeichert. Diese Dokumente werden von den Benutzern dezentral erstellt und in einem externen Datei-Verzeichnis verwaltet. Die Projekt-Datenbank unterstützt das Projektmanagement ferner durch die Verwaltung der Anzahl, Art und logischen Reihenfolge der Maßnahmen, mit denen eine angestrebte Customizing-Leistung realisiert werden soll, sowie durch die Speicherung der Modell-Historien. Mittels Relationen zu der Benutzer-Datenbank werden jedem Customizing-Projekt ein Projektleiter und eine Gruppe von Projektmitarbeitern zugeordnet. Assoziationen zur Kunden-Datenbank berücksichtigen dienstleistungsspezifische Kundenanforderungen. Die projektbezogene Neuentwicklung, Konfiguration oder das Reengineering von Dienstleistungen sowie die Dokumentation von Veränderungen der Wissensbasis erfordern Zugriffe auf die Datenbank der Referenz-Dienstleistungsbausteine.

6.2 Portal

Im Folgenden wird die integrierte Benutzersicht auf die implementierten Funktionalitäten von REBECA veranschaulicht. Die Benutzeroberfläche des Werkzeugs ist in Abbildung 8 dargestellt.

Die Menüleiste gliedert die Basisfunktionen von REBECA in das Management der Customizing-Projekte („Projects"), die Modellierung von Dienstleistungen („Service"), die Suche und Navigation in Projekt- und Modell-Datenbanken („Search"), das Verändern der Benutzereinstellungen („Options") und die Hilfe zur Bedienung („Help") des Prototyps.

Der Arbeitsbereich von REBECA gliedert sich in „Service Project Explorer" (links) und „Service Project Viewer" (rechts, siehe auch Abbildung 9). Im Explorer werden alle Customizing-Projekte zur Dienstleistungsneuentwicklung, -konfiguration und zum -Reengineering angezeigt. Explorer und Viewer sind logisch miteinander verknüpft: ein im Explorer ausgewähltes Customizing-Projekt wird im Viewer im Detail angezeigt und kann dort manipuliert werden.

Der Service Project Viewer ist in Registerkarten unterteilt, die über einen Registerkartenreiter ausgewählt werden können (vgl. Abbildung 8). Eine Registerkarte enthält unter einem Oberbegriff verschiedene Informationen, die inhaltlich zusammengehören – ähnlich den Karten eines Karteikastens. Durch Klicken auf die Registerkarten öffnet sich das entsprechende Menü, einzelne Punkte können ausgewählt und enthaltene Informationen gegebenenfalls verändert werden. Durch Verwendung der Registerkarten werden Funktionalitäten gebündelt und auf dem Bildschirm übersichtlicher dargestellt.

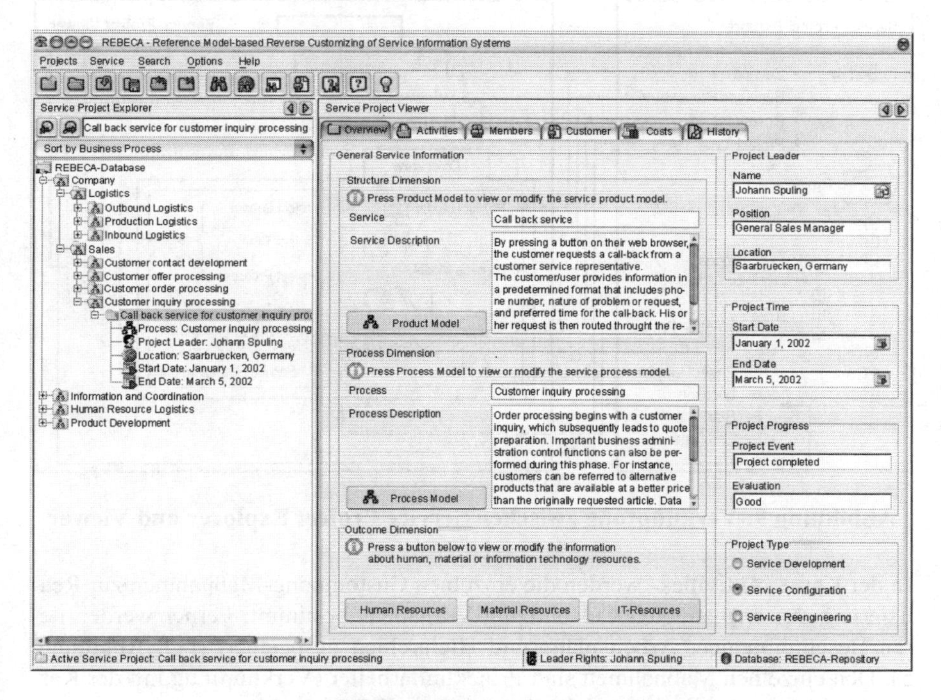

Abbildung 8: REBECA-Benutzeroberfläche

In der Registerkarte „Overview" werden die Customizing-Projekte grundlegend charakterisiert (vgl. Abbildung 8, 9). Der rechte Teil der Karte umfasst Angaben über den Projektleiter („Project Leader"), den Projektzeitraum („Project Time"), den Projektfortschritt („Project Progress") und den Projekttyp („Project Type"). Im linken Teil der Overview-Karte werden die Kernelemente der durch die Customizing-Projekte angepassten oder veränderten Dienstleistungen gemäß dem Drei-Dimensionen-Modell in Form von Produkt- (Ergebnisdimension, „Structure Dimension"), Prozess- (Prozessdimension, „Process Dimension") und Ressourcenmodellen (Potenzialdimension, „Outcome Dimension") charakterisiert. Diese

Elemente bilden zugleich wichtige Kriterien, nach denen die Menge der gespeicherten Customizing-Projekte sortiert oder durchsucht werden kann (vgl. Abbildung 9).

Das in Abbildung 8 aktive Projekt lautet „Call back service for customer inquiry processing". Die beiden Komponenten des Titels, „Service" und „Process", wurden vom Projektleiter beim Anlegen des Customizing-Projekts über die Buttons „Product Model" und „Process Model" nacheinander ausgewählt. Sie bilden quasi die Schnittstellen zu den Modell-Datenbanken des REBECA-Repository (vgl. Abbildung 7). Beide Komponenten werden durch eine Beschreibung ergänzt.

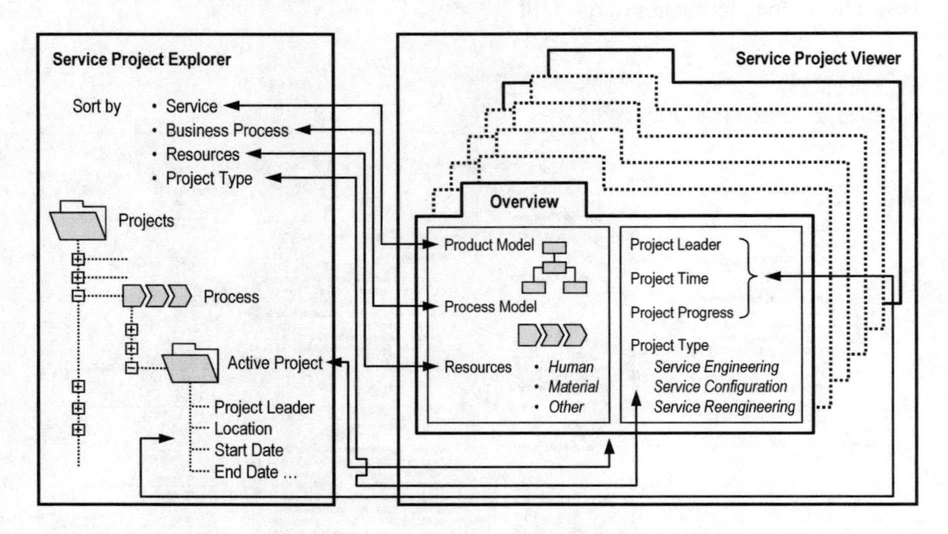

Abbildung 9: Verknüpfung zwischen Service Project Explorer und Viewer

In der Karte „Activities" werden die einzelnen Customizing-Maßnahmen zur Realisierung des angestrebten Customizing-Vorhabens bestimmt. Ferner werden deren Beschreibungen, Arbeitspläne und Hierarchien gespeichert (vgl. Abbildung 5). Den einzelnen Maßnahmen sind Projektmitarbeiter (Verknüpfung mit der Karte „Members"), aber auch -dokumente, wie z. B. Besprechungsprotokolle oder Ergebnispräsentationen, zugeordnet.

Über die „Members"-Karte erfolgt die Definition derjenigen internen oder externen Mitarbeiter, die bei der Realisierung eines Customizing-Projekts zusammenarbeiten, die Zuordnung dieser Projektmitarbeiter zu Customizing-Maßnahmen (Verknüpfung mit der Karte „Activities") sowie die Illustration von deren Name, Position, Standort, Organisationseinheit und Kontaktinformation.

Eine detaillierte Darstellung des dem aktivierten Customizing-Projekt zugeordneten Kunden, dessen Adresse, Branche, Umsatzgröße, Mitarbeiteranzahl, Produktpalette, etc., erfolgt in der Karte „Customer". Diese Zuordnung kann auch konkrete Kundensegmente betreffen. Ferner sind Kundenbeschreibungen, -ziele oder -anforderungen abrufbar.

In der Karte „Costs“ werden zum einen die Customizing-Leistungen mit den zu ihrer Erstellung benötigten Ressourcen (z. B. Personalbedarf) und Kosten (z. B. Prozesskosten) hinsichtlich ihrer Effizienz und Effektivität bewertet (Projektcontrolling, Verknüpfung mit der Karte „Activities“). Zum anderen erfolgt das Controlling der Kosten, die durch die Verrichtung der Funktionen der Dienstleistungsbausteine anfallen (vgl. Abbildung 6). Dies betrifft unter anderem Personal- oder Materialkosten (Dienstleistungscontrolling).

Gegenstand der Karte „History“ ist die Verwaltung der Versionen der im Laufe der Customizing-Projekte bearbeiteten Dienstleistungsmodelle (Modellhistorie). Versionen kennzeichnen die Ausprägungen eines Modells zu bestimmten Zeitpunkten. Neben den wichtigsten Modelldaten, wie Name, Typ oder Zeitpunkt, werden Art, Grund, Verantwortlichkeit (Verknüpfung mit der Karte „Members“), Priorität, Status der Modelländerungen sowie zugehörige Customizing-Maßnahmen (Verknüpfung mit der Karte „Activities“) aufgezeichnet. Die Gestaltung dieser Registerkarte baut auf Erkenntnissen des Konfigurationsmanagements [97] auf.

6.3 Funktionalität aus Benutzersicht

Abbildung 10 zeigt die prototypische Umsetzung der Funktion „Soll-Modell-Generierung”. Zunächst versucht der Benutzer die bestmögliche Vorlage aus der Referenzdatenbank herauszufinden („Referenzwahl“). Zu diesem Zweck stehen Such- und Navigationsfunktionen zur Verfügung. Ausgehend von einer bestimmten Kundenanforderung sind nach gewissen Kriterien ähnliche Dienstleistungsbausteine zu ermitteln. Die dazugehörigen Produkt- und Prozessmodelle dienen dann als Referenz für die neu zu gestaltende Dienstleistung. Im Idealfall ist die Menge auf eine einzige Referenz-Dienstleistung eingeschränkt.

Im nächsten Schritt werden die vorhandenen Strukturen des Referenzmodells auf ihre Relevanz in Bezug auf die zu generierende Dienstleistung überprüft („Redlining“). Das Vorgehen erfolgt auf der Basis vorformulierter Fragen. Durch Beantworten der Fragen werden diejenigen Teilstrukturen des Referenzmodells, auf die sich die Frage bezieht, aktiviert bzw. deaktiviert. Eine mögliche Konfigurationsfrage könnte z. B. lauten „Sind Qualifizierungsmaßnahmen erforderlich?“, wenn diese in dem Referenzprozess durchgeführt wurden.

Die Antworten wirken sich auf das zu konfigurierende Modell aus. Die vollzogenen Änderungen müssen dem Benutzer möglichst transparent gemacht werden. Diese Integration von Fragenkatalog und Modellmanipulation ist vor allem deshalb erforderlich, um Benutzereingriffe zu ermöglichen. Daher wird dem Benutzer im Rahmen einer „Leitfaden-Historie“ angezeigt, welche Fragen er bereits beantwortet hat und welche noch offen stehen. Er kann über diesen Leitfaden durchgeführte Konfigurationsschritte revidieren. Der fragebogenbasierte Leitfaden ähnelt dem Vorgehen beim Customizing von Standardsoftware.

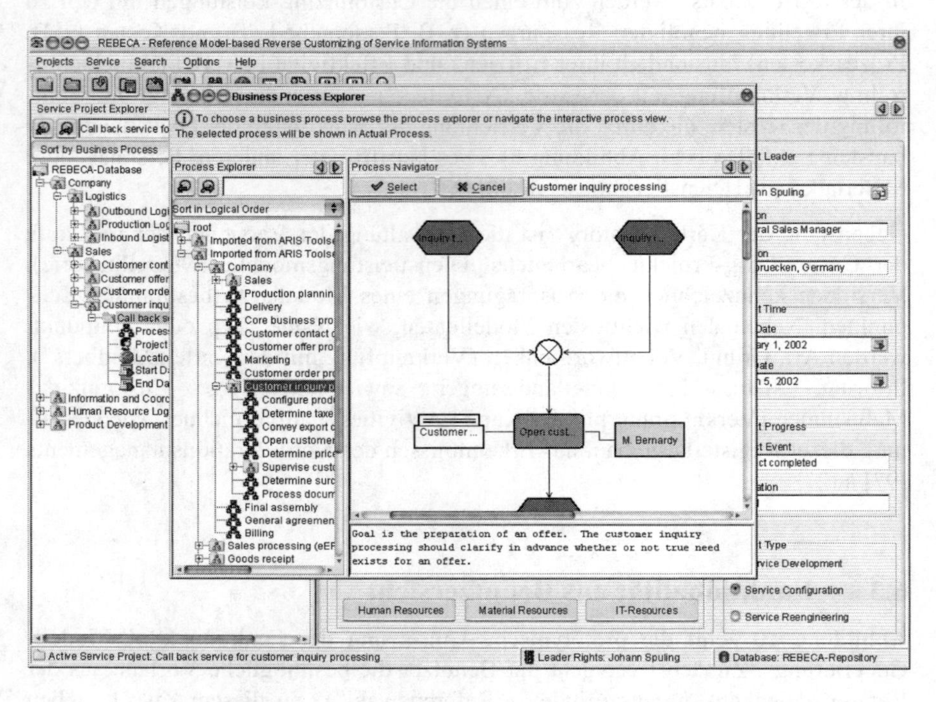

Abbildung 10: Prozessmodell-Explorer und -Navigator

In der Regel ist es nicht möglich, eine neue Dienstleistung allein durch Ein- und Ausblenden von Teilstrukturen der Referenz zu generieren. Vielmehr ist es in der Regel nötig, bestimmte Teilprozessstrukturen hinzu zu modellieren. Eine Schnittstelle zum Modellierungswerkzeug ARIS Toolset [98] ermöglicht den Zugriff auf die Modelldaten, deren Manipulation und Rückgabe an die REBECA-Modelldatenbank. In Abbildung 10 ist dieser Zugriff auf die Referenzmodelle sowie deren anschließende optionale Manipulation beispielhaft für eine Ereignisgesteuerte Prozesskette [99] des Beispielprozesses „Customer inquiry processing" dargestellt.

REBECA soll einerseits so gestaltet sein, dass es das menschliche Fachwissen bei der Konfiguration von Dienstleistungen durch die Informationstechnologie fördert. Andererseits soll es durch die Wissensträger selbst und ohne die Vermittlung durch eine dritte Partei verwendet werden. In einer späteren Phase des Projekts soll daher die Komponente zur Soll-Modell-Generierung durch eine „Drag & Drop"-Funktionalität erweitert werden. Der Benutzer kann durch diese Erweiterung – einfach und zum Teil ohne konkrete Kenntnis der verwendeten Modellierungsmethoden – Soll-Modelle auf Basis des Bildausschnitts einer Referenz-Dienstleistung generieren.

7 Zusammenfassung und Ausblick

Der wirtschaftliche Erfolg eines Dienstleistungsangebots hängt maßgeblich von dessen systematischer Konzeption und Gestaltung ab. Die Neuentwicklung und kundenindividuelle Konfiguration von Dienstleistungen basiert dennoch häufig auf Ad-hoc-Entscheidungen und lässt kaum strukturiertes Vorgehen erkennen. Dienstleistungen entsprechen daher selten den tatsächlichen Kundenanforderungen und müssen häufig als „Fehlentwicklungen" angesehen werden.

Die Charakteristika von Dienstleistungsprodukten und -prozessen stellen umfassende Anforderungen an die unterstützenden Informationssysteme. Trotz der DV-technischen Unterstützung zur systematischen Entwicklung von Sachleistungen wird eine durchgängige informationstechnische Unterstützung, die auf spezielle Belange von Dienstleistungen ausgerichtet ist, bislang nur unzureichend realisiert.

In diesem Beitrag wurde ein modellgestützter Ansatz zur kundenindividuellen Konfiguration von Dienstleistungen vorgestellt. Er basiert auf der Gestaltung eines modularen Dienstleistungsbaukastens. Hauptbestandteil des Baukastens sind standardisierte, wieder verwendbare Dienstleistungsbausteine, die gestaltungsrelevantes, betriebswirtschaftliches und informationstechnisches Dienstleistungswissen mit Referenzcharakter zur Verfügung stellen. Die Anpassung der Dienstleistungen und der sie unterstützenden Informationssysteme an kundenindividuelle Anforderungen wird durch ein modellgestütztes Customizing erreicht.

Der Schwerpunkt lag dabei auf der Ableitung der zentralen Datenstruktur des modellgestützten Customizing von Dienstleistungen in Form eines Metamodells. Die Komponenten des Modells wurden – um ihre Wiederverwendbarkeit zu gewährleisten – zunächst dienstleistungsunabhängig entworfen und anschließend auf die Anwendungsdomäne ausgerichtet. Darüber hinaus wurde trotz der Heterogenität des Dienstleistungssektors auf die Beschreibung eines speziellen Dienstleistungstyps verzichtet, um die Erweiterbarkeit des Modells zu gewährleisten. Die dargestellten Modelle gaben Empfehlungen für eine dienstleistungsorientierte Systemgestaltung. Diese finden in einer prototypischen Realisierung des Konzepts am Institut für Wirtschaftsinformatik (IWi) im Deutschen Forschungszentrum für Künstliche Intelligenz (DFKI) ihre Umsetzung.

Literaturverzeichnis

[1] Bullinger, H.-J.; Ganz, W.; Schreiner, P.: Mehr Jobs, mehr Umsatz, mehr Service: Neue Potentiale durch Dienstleistungen, in: Warnecke, H.-J. (Hrsg.): Projekt Zukunft : die Megatrends in Wissenschaft und Technik, Köln 1999, S. 53-57.

[2] Benölken, H.; Greipel, P.: Dienstleistungsmanagement : Service als strategische Erfolgsposition, 2. Auflage, Wiesbaden 1994.

[3] Meffert, H.; Bruhn, M.: Diensleistungsmarketing : Grundlagen, Konzepte, Methoden, 3. Auflage, Wiesbaden 2000.

[4] Meyer, A.: Dienstleistungsmarketing : Erkenntnisse und praktische Beispiele, 8. Auflage, München 1998.

[5] Hilke, W.: Grundprobleme und Entwicklungstendenzen des Dienstleistungs-Marketing, in: Hilke, W. (Hrsg.): Dienstleistungs-Marketing : Banken und Versicherungen, freie Berufe, Handel und Transport, nicht-erwerbswirtschaftlich orientierte Organisationen, Wiesbaden 1989, S. 5-44.

[6] Zeithaml, V. A.; Parasuraman, A.; Berry, L. L.: Problems and Strategies in Services Marketing, in: Journal of Marketing, 49(1985), S. 33-46.

[7] Lovelock, C. H.: Classifying services to gain strategic marketing insights, in: Journal of Marketing, 47(1983), S. 9-20.

[8] Haller, S.: Dienstleistungsmanagement : Grundlagen – Konzepte – Instrumente, Wiesbaden 2001.

[9] Kleinaltenkamp, M.: Begriffsabgrenzung und Erscheinungsformen von Dienstleistungen, in: Bruhn, M.; Meffert, H. (Hrsg.): Handbuch Dienstleistungsmanagement, 2. Auflage, Wiesbaden 2001, S. 27-50.

[10] Corsten, H.: Dienstleistungsmanagement, 4. Auflage München et al. 2001.

[11] Engelhardt, W. H.; Kleinaltenkamp, M.; Reckenfelderbäumer, M.: Dienstleistungen als Absatzobjekt, in: Veröffentlichungen des Instituts für Unternehmensführung und Unternehmensforschung, Nr. 52, Bochum, 1992.

[12] Nüttgens, M.; Heckmann, M.; Luzius, M. J.: Service Engineering Rahmenkonzept, in: IM Information Management & Consulting, 13(1998) Sonderausgabe, S. 14-19.

[13] Scharitzer, D.: Das Dienstleistungsprodukt, in: der markt, 32(1993)2, S. 94-107.

[14] Meyer, A.: Dienstleistungs-Marketing, in: Die Betriebswirtschaft, 51(1991)2, S. 195-209.

[15] Fähnrich, K.-P.; Meiren, T.; Barth, T.: Service Engineering. Ergebnisse einer empirischen Studie zum Stand der Dienstleistungsentwicklung in Deutschland, Stuttgart1999.

[16] Cooper, R. G.; Edgett, S. J.: Product development for the service sector : lessons from market leaders, Cambridge 1999.

[17] Fitzsimmons, J. A.; Fitzsimmons, M. J.: New service development : creating memorable experiences, Thousand Oaks et al. 2000.

[18] Ramaswamy, R.: Design and management of service processes : keeping customers for life, Reading, MA et al. 1996.

[19] Bullinger, H.-J.: Dienstleistungsmärkte im Wandel : Herausforderung und Perspektiven, in: Bullinger, H.-J. (Hrsg.): Dienstleistung der Zukunft : Märkte, Unternehmen und Infrastrukturen im Wandel; Ergebnisse der Tagung des BMBF vom 28. und 29. Juni 1995 in Berlin, Wiesbaden 1995, S. 45-95.

[20] Bullinger, H.-J.; Meiren, T.: Service Engineering – Entwicklung und Gestaltung von Dienstleistungen, in: Bruhn, M.; Meffert, H. (Hrsg.): Handbuch Dienstleistungsmanagement, 2. Auflage Wiesbaden 2001, S. 149-175.

[21] Deutsches Institut für Normung e. V. (Hrsg.): Service-Engineering: entwicklungsbegleitende Normung (EBN) für Dienstleistungen, Berlin et al. 1998.

[22] Fähnrich, K.-P.: Service Engineering – Perspektiven einer noch jungen Fachdisziplin, in: IM Information Management & Consulting, 13(1998) Sonderausgabe, S. 37-39.

[23] Jaschinski, C.: Qualitätsorientiertes Redesign von Dienstleistungen, Aachen 1998.

[24] Simon, H.: Industrielle Dienstleistungen und Wettbewerbsstrategie, in: Simon, H. (Hrsg.): Industrielle Dienstleistungen, Stuttgart 1993.

[25] Stein, S.; Goecke, R.: Service Engineering und Service Design, in: Bullinger, H.-J. (Hrsg.): Dienstleistungen – Innovation für Wachstum und Beschäftigung, Wiesbaden 1999, S. 583-591.

[26] Scheer, A.-W.: ARIS – Modellierungsmethoden, Metamodelle, Anwendungen, 4. Auflage, Berlin et al. 2001.

[27] Bruhn, M.; Meffert, H.: Handbuch Dienstleistungsmanagement – Von der strategischen Konzeption zur praktischen Umsetzung, 2. Auflage, Wiesbaden 2001.

[28] Bruhn, M.; Stauss, B.: Dienstleistungsmanagement Jahrbuch 2001. Interaktionen im Dienstleistungsbereich, Wiesbaden 2001.

[29] Bullinger, H.-J. (Hrsg.): Dienstleistung 2000plus. Zukunftsreport Dienstleistungen in Deutschland, Stuttgart 1998.

[30] Luczak, H.: Servicemanagement mit System : erfolgreiche Methoden für die Investitionsgüterindustrie, Berlin et al. 1999.

[31] Luczak, H.: Service Engineering. Der systematische Weg von der Idee zum Leistungsangebot, München 2000.

[32] Reichwald, R.; Goecke, R.; Stein, S.: Dienstleistungsengineering : Dienstleistungsvernetzung in Zukunftsmärkten, München 2000.

[33] Bullinger, H.-J.: Entwicklung innovativer Dienstleistungen, in: Bullinger, H.-J. (Hrsg.): Dienstleistungen – Innovation für Wachstum und Beschäftigung: Herausforderungen des internationalen Wettbewerbs, Wiesbaden 1999.

[34] Edvardsson, B.; Olsson, J.: Key Concepts for New Service Development, in: The Service Industries Journal, 16(1996)2, S. 140-164.

[35] Scheuing, E. E.; Johnson, E. M.: A Proposed Model for New Service Development, in: Journal of Services Marketing, 3(1989)2, S. 25-34.

[36] Kingman-Brundage, J.; Shostack, L. G.: How to design a service, in: Congram, C. A.; Friedman, M. L. (Hrsg.): The AMA Handbook of Marketing for the Service Industries, New York, 1991, S. 243-261.

[37] Hermsen, M.: Ein Modell zur kundenindividuellen Konfiguration produktnaher Dienstleistungen. Ein Ansatz auf Basis modularer Dienstleistungsobjekte, Aachen 2000.

[38] Demuß, L.: Methoden und Vorgehensweisen der Dienstleistungsentwicklung, in: Spath, D.; Bullinger, H.-J.; Demuß, L. (Hrsg.): Service Engineering 2000. Entwicklung und Gestaltung innovativer Dienstleistungen, Karlsruhe 2000, S. 5-29.

[39] Meiren, T.: Management der Dienstleistungsentwicklung, in: Spath, D.; Bullinger, H.-J.; Demuß, L. (Hrsg.): Service Engineering 2000. Entwicklung und Gestaltung innovativer Dienstleistungen, Karlsruhe 2000, S. 79-106.

[40] Heckmann, M.; Raether, C.; Nüttgens, M.: Werkzeugunterstützung im Service Engineering, in: IM Information Management & Consulting, 13(1998) Sonderausgabe, S. 31-36.

[41] Scheer, A.-W.: Industrialisierung der Dienstleistungen, in: Scheer, A.-W. (Hrsg.): Veröffentlichungen des Instituts für Wirtschaftsinformatik, Nr. 122, Saarbrücken 1996.

[42] VDI-Gesellschaft Entwicklung Konstruktion Vertrieb (Hrsg.): Konstruktionsmethodik. Konzipieren technischer Produkte, Düsseldorf 1977.

[43] Scheer, A.-W.: Wirtschaftsinformatik: Referenzmodelle für industrielle Geschäftsprozesse, 7. Auflage, Berlin et al. 1997.

[44] Chen, P. P.-S.: The entity-relationship model – toward a unified view of data, in: ACM Transactions on Database Systems, 1(1976)1, S. 9-36.

[45] Vazsonyi, A.: Die Planungsrechnung in Wirtschaft und Industrie. Wien et al. 1962.

[46] Schilling, M. A.: Toward a General Modular Systems Theory and Its Application to Interfirm Product Modularity, in: Academy of Management Review, 25(2000)2, S. 312-334.

[47] Kraemer, W.; Zimmermann, V.: Public Service Engineering – Planung und Realisierung innovativer Verwaltungsprodukte, in: Scheer, A.-W. (Hrsg.): Rechnungswesen und EDV: Kundenorientierung in Industrie, Dienstleistung und Verwaltung, Heidelberg 1996, S. 555-580.

[48] Scheer, A.-W.: ARIS – Vom Geschäftsprozeß zum Anwendungssystem. 4. Auflage, Berlin et al. 2002.

[49] Schantin, D.: Kundenorientierte Gestaltung von Geschäftsprozessen durch Segmentierung und Kaskadierung. Technische Universität Graz, Fakultät für Maschinenbau, Diss., 1999.

[50] Lang, K.: Gestaltung von Geschäftsprozessen mit Referenzprozeßbausteinen, Wiesbaden et al., 1997.

[51] Rupprecht, C.; Peter, G.; Rose, T.: Ein modellgestützter Ansatz zur kontextspezifischen Individualisierung von Prozessmodellen, in: Wirtschaftsinformatik, 41(1999)3, S. 226-237.

[52] Gersch, M.: Die Standardisierung integrativ erstellter Leistungen, in: Arbeitsberichte des Instituts für Unternehmungsführung und Unternehmensforschung, Nr. 57, Ruhr-Universität Bochum 1995.

[53] Malone, T. W.; Crowston, K.; Lee, J.; Pentland, B.: Tools for inventing organizations: Toward a handbook of organizational processes, in: Proceedings of the 2nd IEEE Workshop on Enabling Technologies: Infrastructure for Collaborative Enterprises, Morgantown, WV, April 20-22, 1993. Morgantown, WV: IEEE Computer Society Press., 1993, S. 72-82.

[54] Malone, T. W.; Crowston, K.; Lee, J.; Pentland, B.; Dellarocas, C.; Wyner, G.; Quimby, J.; Osborn, C. S.; Bernstein, A.; Herman, G.; Klein, M.; O'Donnell, E.: Tools for Inventing Organizations: Toward a Handbook of Organizational Processes, in: Management Science, 45(1999)3, S. 425-443.

[55] Kraus, M.: Informationsmanagement im betrieblichen Umweltschutz : Strategien und Architekturen betrieblicher Umweltinformationssysteme, Diss., Saarbrücken 1997.

[56] Hagemeyer, J.; Rolles, R.; Scheer, A.-W.: Modellgestützte Standardsoftwareeinführung mit dem ARIS Process Generator, in: Scheer, A.-W. (Hrsg.): Veröffentlichungen des Instituts für Wirtschaftsinformatik, Nr. 152, Saarbrücken 1999.

[57] Remme, M.: Konstruktion von Geschäftsprozessen : ein modellgestützter Ansatz durch Montage generischer Prozeßpartikel, Wiesbaden 1997.

[58] Ulrich, H.: Die Unternehmung als produktives soziales System : Grundlagen der allgemeinen Unternehmungslehre. Bern et al. 1968.

[59] Klaus, G. (Hrsg.): Wörterbuch der Kybernetik, 2. Auflage, Berlin 1968.

[60] Hammer, M.; Champy, J.: Business reengineering : die Radikalkur für das Unternehmen. 6. Auflage, Frankfurt a. M. et al. 1996.

[61] Scholz-Reiter, B.: CIM – Informations- und Kommunikationssysteme : Darstellung von Methoden und Konzeption eines rechnergestützten Werkzeugs für die Planung, München et al. 1990.

[62] Meinhardt, S.; Teufel, T.: Business Reengineering im Rahmen einer prozeßorientierten Einführung der SAP-Standardsoftware R/3, in: Brenner, W.; Keller, G. (Hrsg.): Business reengineering mit Standardsoftware, Frankfurt/Main et al. 1995, S. 69-94.

[63] Scheer, A.-W.; Nüttgens, M.; Zimmermann, V.: Rahmenkonzept für ein integriertes Geschäftsprozeßmanagement, in: Wirtschaftsinformatik, 37(1995) 5, S. 426-434.

[64] Habermann, F.: Management von Geschäftsprozesswissen : IT-basierte Systeme und Architektur, Wiesbaden 2001.

[65] Habermann, F.; Thomas, O.; Botta, C.: Organisational-Memory-System zur Unterstützung informationstechnisch basierter Verbesserungen von Geschäftsprozessen, in: Becker, J.; Knackstedt, R. (Hrsg.): Wissensmanagement mit Referenzmodellen : Konzepte für die Anwendungssystem- und Organisationsgestaltung, Heidelberg 2002, S. 291-322.

[66] Balzert, H.: Lehrbuch der Software-Technik: Software-Entwicklung. 2. Auflage, Heidelberg et al. 2001.

[67] Fowler, M.; Scott, K.: UML konzentriert: eine strukturierte Einführung in die Standard-Objektmodellierungssprache, 2. Auflage, München et al. Diss., 2000.

[68] Object Management Group, I. (Hrsg.): OMG Unified Modeling Language Specification, Version 1.4, September 2001. Needham 2001.

[69] IDS Scheer AG (Hrsg.): ARIS Methode, Version 5, Stand Mai 2000, Saarbrücken 2000.

[70] Pree, W.: Komponentenbasierte Softwareentwicklung mit Frameworks, Heidelberg 1997.

[71] Hofmann, H. R.; Klein, L.; Meiren, T.: Vorgehensmodelle für das Service Engineering, in: IM Information Management & Consulting, 13(1998) Sonderausgabe, S. 20-25.

[72] Bauer, H. H.; Herrmann, A.; Huber, F.: Die Gestaltung von Produkt- und Servicebündeln bei PKW, in: Jahrbuch der Absatz- und Verbrauchsforschung, 42(1996)2, S. 164-183.

[73] Galler, J.: Vom Geschäftsprozeßmodell zum Workflow-Modell, Wiesbaden 1997.

[74] Rupietta, W.: Organisationsmodellierung zur Unterstützung kooperativer Vorgangsbearbeitung, in: Wirtschaftsinformatik, 34(1992)1, S. 26-37.

[75] Esswein, W.: Das Rollenmodell der Organisation : die Berücksichtigung aufbauorganisatorischer Regelungen in Unternehmensmodellen, Otto-Friedrich-Universität Bamberg 1992.

[76] Martin, J.: Application development without programmers, Englewood Cliffs 1982.

[77] Davis, G. B.; Olson, M. H.: Management information systems : conceptual foundations, structure and development, 2. Auflage, New York et al. 1985.

[78] Heilmann, H.: Das Management von Softwareprojekten, in: HMD – Theorie und Praxis der Wirtschaftsinformatik, 21(1984)116, S. 3-22.

[79] Young, E. J.: Project Organisation, in: Lock, D. (Hrsg.): Project management handbook, London 1987, S. 15-39.

[80] Grochla, E.: Grundlagen der organisatorischen Gestaltung, Stuttgart 1995.

[81] Drexl, A.; Kolisch, R.; Sprecher, A.: Koordination und Integration im Projektmanagement : Aufgaben und Instrumente, in: Zeitschrift für Betriebswirtschaft, 68(1998)3, S. 275-295.

[82] Nüttgens, M.: Koordiniert-dezentrales Informationsmanagement : Rahmenkonzept – Koordinationsmodelle – Werkzeug-Shell, Wiesbaden 1995.

[83] Feldman, S. I.: Software Configuration Management: Past Uses and Future Challenges. In: van Lamsweerde, A.; Fugetta, A. (Hrsg.): Proceedings / ESEC '91 : 3rd European Software Engineering Conference, Milan, Italy, October 21-24, 1991. Berlin et al. 1991, S. 1-6.

[84] Tichy, W. F.: Programming-in-the-Large: Past, Present, and Future, in: Proceedings of the 14th International Conference on Software Engineering, Melbourne 1992, S. 362-367.

[85] Schröder, H.-H.: Konzepte und Instrumente eines Innovations-Controllings, in: Die Betriebswirtschaft, 56(1996)4, S. 489-507.

[86] Krcmar, H.: Informationsmanagement, 2. Auflage, Berlin et al. 2000.

[87] Backhaus, K.; Kleikamp, C.: Marketing von investiven Dienstleistungen, in: Bruhn, M.; Meffert, H. (Hrsg.): Handbuch Dienstleistungsmanagement : von der strategischen Konzeption zur praktischen Umsetzung, 2. Auflage, Wiesbaden 2001, S. 73-102.

[88] Bullinger, H.-J.; Schreiner, P. (Hrsg.): Business process management tools: eine evaluierende Marktstudie über aktuelle Werkzeuge, Stuttgart 2001.

[89] Wagner, B.; Borchers, J.; Henselmann, G.; Hirsch, K.; Lahm, R.; Riegg, A.: Reverse Engineering : Sanierung, Dokumentation und Strukturierung vorhandener Software, Ehningen bei Böblingen 1992.

[90] Gutzwiller, T.; Jenny, W.: State of the Art des Reverse Engineering, St. Gallen 1991.

[91] Richter, L.: Wiederbenutzbarkeit und Restrukturierung oder Reuse, Reengineering und Reverse Engineering, in: Wirtschaftsinformatik, 34(1992)2, S. 127-136.

[92] Waters, R. G.; Chikofsky, E.: Reverse engineering: progress along many dimensions, in: Communications of the ACM, 37(1994)5, S. 22-25.

[93] Klösch, R.; Gall, H.: Objektorientiertes Reverse Engineering : von klassischer zu objektorientierter Software, Berlin et al. 1995.

[94] Stahlknecht, P.; Drasdo, A.: Methoden und Werkzeuge der Programmsanierung, in: Wirtschaftsinformatik, 37(1995)2, S. 160-174.

[95] Hufgard, A.; Wenzel-Däfler, H.: Reverse Business Engineering – Modelle aus produktiven R/3-Systemen ableiten, in: Scheer, A.-W.; Nüttgens, M. (Hrsg.): Electronic Business Engineering, Heidelberg 1999, S. 425-441.

[96] Wenzel-Däfler, H.: Reverse Business Engineering : Ableitung von betriebswirtschaftlichen Modellen aus produktiven Softwarebibliotheken, Hamburg 2001.

[97] Saynisch, M.: Konfigurationsmanagement : fachlich-inhaltliche Entwurfssteuerung, Dokumentation und Änderungswesen im ganzheitlichen Projektmanagement, Köln 1984.

[98] Scheer, A.-W.: ARIS-Toolset: Die Geburt eines Softwareproduktes, in: Scheer, A.-W. (Hrsg.): Veröffentlichungen des Instituts für Wirtschaftsinformatik, Nr. 111, Saarbrücken 1994.

[99] Keller, G.; Nüttgens, M.; Scheer, A.-W.: Semantische Prozeßmodellierung auf der Grundlage "Ereignisgesteuerter Prozeßketten (EPK)", in: Scheer, A.-W. (Hrsg.): Veröffentlichungen des Instituts für Wirtschaftsinformatik, Nr. 89, Saarbrücken 1992.

V Service Engineering in der Praxis

Einsatz von Prozessmodulen im Service Engineering – Praxisbeispiel und Problemfelder

Christoph Klein
SKG Bank, Saarbrücken
Andreas Zürn
Aareal Hyphotheken-Mangement GmbH, Mannheim

Inhalt

1 Prozessmanagement und Service Engineering

1.1 Prozessmanagement als Instrument des Service Engineering

Die Bedeutung des tertiären Sektors für die Wertschöpfung der westlichen Volkswirtschaften (68 % der Bruttowertschöpfung der Bundesrepublik Deutschland wird in diesem Sektor erzielt) macht die systematische Entwicklung von Dienstleistungen zu einem wesentlichen Erfolgsfaktor. Dies gilt umso mehr in einem globalen Wirtschaftsumfeld, das einem rasanten Wandel unterzogen ist und von den beteiligten Unternehmen hohe Innovationsfähigkeit und Anpassungsbereitschaft fordert. Die daraus resultierende Häufigkeit der Entwicklung bzw. Anpassung von Dienstleistungen erhöht noch die Brisanz des Service Engineering. Die Risiken reichen von der Nichtberücksichtigung marktfähiger Ideen über hohe Entwicklungskosten durch ineffiziente Entwicklungsprozesse bis hin zur Bereitstellung von Dienstleistungen, die vom Kunden nicht angenommen werden.

Das Thema Prozessmanagement spielt in zweierlei Hinsicht eine wichtige Rolle im Service Engineering. Einerseits gilt es, den Dienstleistungsentwicklungsprozess selbst zu betrachten. Hier werden z. Zt. Referenzmodelle entwickelt, die diesen Prozess im Sinn eines Leitfadens beschreiben (vgl. Kapitel 1.2). Diese Modelle müssen aber unternehmens- und produktspezifisch angepasst werden.

Andererseits stellt die Prozessdimension der zu entwickelnden Dienstleistung ein Einsatzgebiet des Prozessmanagements im Service Engineering dar. Hier kommen die noch zu besprechenden Prozessmodule zum Einsatz.

Eine Dienstleistung wird wesentlich bestimmt durch die ihr zugrunde liegenden Prozesse, die im Rahmen des Service Engineering durch geeignete Modelle, Methoden und Werkzeuge erarbeitet, angepasst oder zusammengesetzt werden müssen. Abbildung 1 zeigt den Zusammenhang der Prozessdimension mit den anderen Dimensionen einer Dienstleistung sowie den darauf anzuwendenden Gestaltungsfeldern.

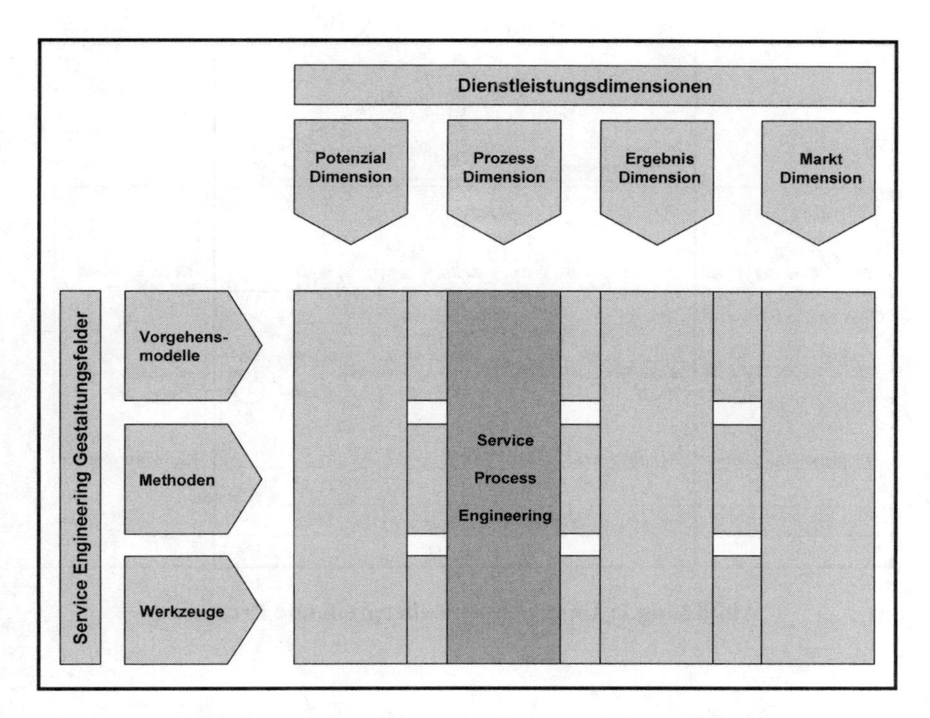

Abbildung 1: Gestaltungsfelder und Dienstleistungsdimensionen im Service Engineering [1]

Der Prozessdimension kommt eine herausgehobene Bedeutung zu, der mit Hilfe eines ganzheitlichen Prozessmanagements Rechnung getragen werden kann. Ein solches Prozessmanagement sollte sich nicht auf das Design von Prozessen beschränken, sondern einem Regelkreismodell wie dem Process Life Cycle Ansatz [2] folgend Prozesse designen, realisieren, optimieren und periodisch kontrollieren. Somit sollte Service Engineering also nicht eine neue Prozessmanagementinsel schaffen, sondern die Prozessorganisation der Unternehmung nutzen und um die Besonderheiten des Service Engineering ergänzen.

An dieser Stelle sei noch darauf hingewiesen, dass Geschäftsprozesse nicht vor bzw. nach den Pforten eines Unternehmens aufhören, sondern im Sinne eines kollaborativen Ansatzes sowohl die Lieferanten als auch die Kundenseite mit einschließen.

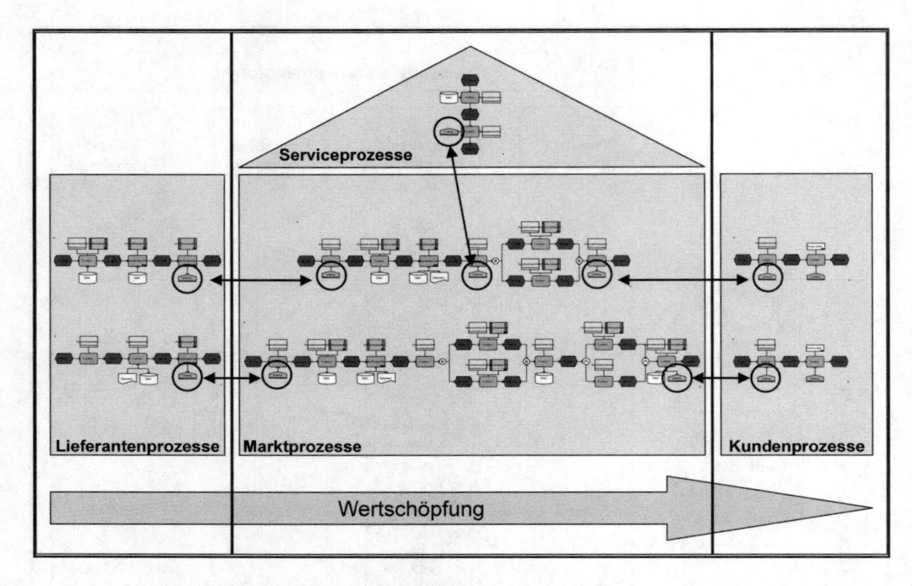

Abbildung 2: Unternehmensübergreifende Prozesse

1.2 Eingliederung des Prozessmanagements in den Service Engineering Prozess

Die Forschung im Bereich Service Engineering entwickelt Vorgehensmodelle, die die Entwicklung von Dienstleistungen prozessual darstellen und somit ein standardisiertes Vorgehen etablieren sollen. Die Ausgestaltung dieser Vorgehensmodelle hängt von Faktoren wie Unternehmensgröße, Art der Dienstleistungen, Marktpotenzial der Dienstleistung u. s. w. ab. Im vorliegenden Artikel wird das Vorgehensmodell aus dem Projekt CASET (Computer Aided Service Engineering Tool) verwendet.

Hiernach besteht der Dienstleistungsentwicklungsprozess aus den Prozessschritten Definitionsphase, Anforderungsanalyse, Dienstleistungskonzeption, Dienstleistungsrealisierung, Vorbereitung Markteinführung und Markteinführung (Abbildung 3). Das Betätigungsfeld des Prozessmanagements konzentriert sich dabei im Wesentlichen auf die Phasen Konzeption und Realisierung, wobei bereits in der Anforderungsanalyse Erkenntnisse aus dem Prozessmanagement genutzt werden.

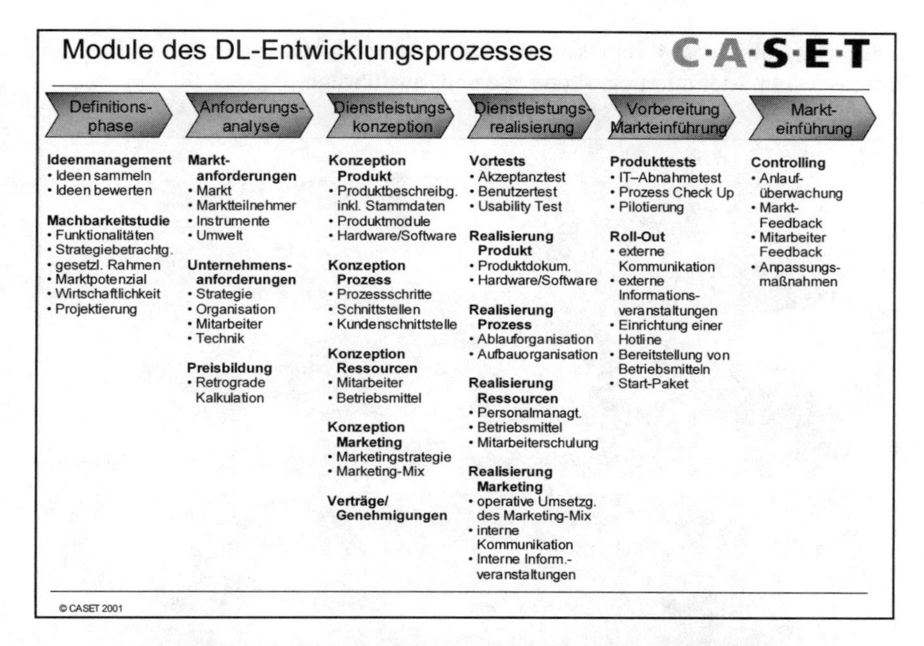

Abbildung 3: Entwurf eines Vorgehensmodells für die Dienstleistungsentwicklung [3]

In der Anforderungsanalyse erfolgt u. a. ein Abgleich, ob bestehende Organisationsstrukturen angepasst werden müssen. Dabei entstehen aufbauorganisatorische Anforderungen aus der Analyse der vorliegenden Prozessstrukturen. Während in dieser Phase Prozesse auf einer hohen Granularitätsstufe analysiert werden (also z. B. Fragestellungen wie: Existiert ein Prozess zur Messung der Kundenbonität?), erfolgt in der nächsten Phase die Erstellung eines Sollkonzepts, wobei Prozesse in einer deutlich feineren Detaillierungsstufe sowohl neu entworfen (neue Prozesse) als auch aufeinander abgestimmt (bestehende Prozessmodule) werden müssen. Nach der Konzeptionsphase werden die Sollprozesse in der Realisierungsphase implementiert.

1.3 Toolunterstützung durch CASET und ARIS

Ein effizientes Prozessmanagement muss, damit es handelbar ist, toolgestützt durchgeführt werden. Hierfür existiert am Markt eine ganze Reihe von Werkzeugen, wobei die Palette von reinen Visualisierungstools bis hin zu Workflow Anwendungen reicht. Mit der Produktfamilie ARIS (ARIS Collaborative Suite, ARIS Process Performance Manager, ARIS for mySAP.com sowie den ARIS Scouts) bietet die IDS Scheer AG Anwendungen, die den kompletten Process Life Cycle abdecken. Abbildung 4 veranschaulicht die Zusammenhänge zwischen Strategie, Prozessdesign, -optimierung, -kontrolle und -ausführung.

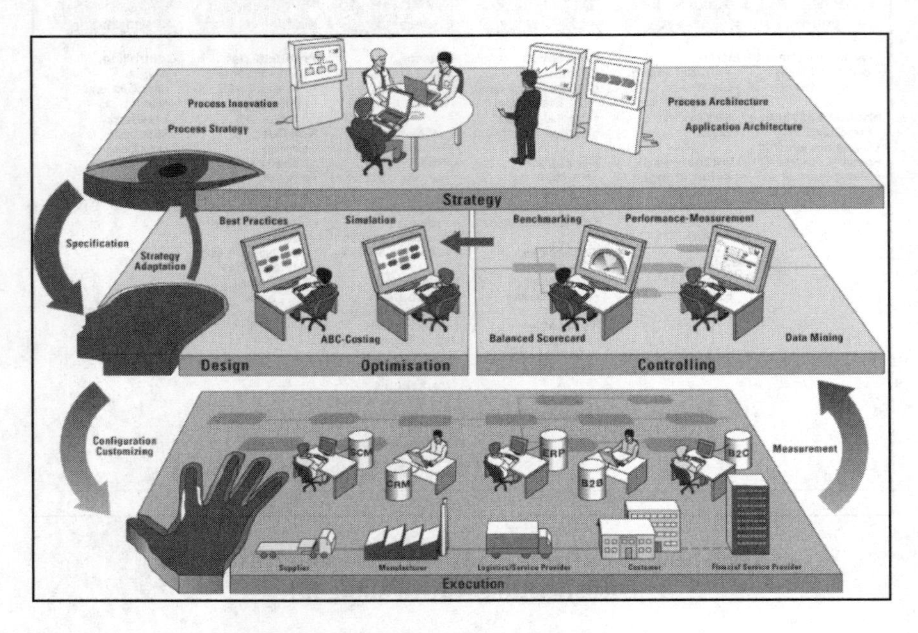

Abbildung 4: Business Process Excellence

Im Gegensatz zur ARIS Produktfamilie stellt CASET ein Unterstützungswerkzeug dar, mit dessen Hilfe der Service Engineering Prozess gesteuert werden kann. Dabei unterteilt sich CASET in einen Kernel, der ein konfigurierbares Vorgehensmodell beinhaltet, einen Leitfaden, der die theoretischen Grundlagen des Service Engineering Prozesses beschreibt und eine Integrationsplattform, an der andere Tools andocken können. Für den Bereich des Prozessmanagements wurde bereits der ARIS Web Designer integriert.

Detaillierte Ausführungen zu CASET sind im Beitrag von KLEIN, HERRMANN, THE in diesem Herausgeberband zu finden.

2 Einsatz von Prozessmodulen

2.1 Prozessmodule als Teil der Standardisierung von Dienstleistungen

Auf Grund bestimmter Merkmale von Dienstleistungen (wie Immaterialität, Einbindung des Kunden in die Erbringung u. s. w.) entwickelten sich Standards in diesem Bereich erheblich verhaltener. Die Selbstverständlichkeit der Normung bestimmter industrieller Produkte (z. B. DIN A4 Papier) ist bei Dienstleistungen noch immer Zukunftsmusik. Unbestritten ist allerdings die Notwendigkeit interner und externer Dienstleistungsstandards. Da bei Dienstleistungen i. d. R. kein physisches Produkt vorhanden bzw. entscheidend ist, müssen andere Standardisierungsmerkmale als Größe, Gewicht oder Farbe gefunden werden. Die Kriterien reichen von Grundlagen wie Terminologie oder Klassifikation über Spezifikationen, Produktmodelle, Prozessmodelle oder Qualität bis hin zur Qualifikation [1].

Einige dieser Kriterien eignen sich zur Definition unternehmensübergreifender Standards, einige – wie bestimmte Leistungserstellungsprozesse – können schon aus Wettbewerbsgründen nur zur internen Standardisierung herangezogen werden. Gerade diese interne Standardisierung führt bei den Geschäftsprozessen zu bemerkenswerten Rationalisierungspotenzialen.

Die Reduktion von Prozessvarianten und die damit verbundene Eliminierung nicht zwingend notwendiger Prozessschritte führt zu einer Erhöhung der economies of scale, verbunden mit einem Lernkurveneffekt sowie zu reduzierten Durchlaufzeiten und somit i. d. R. auch Prozesskosten. Des Weiteren werden interne Leistungen besser vergleichbar, wenn ihnen standardisierte Prozesse zugrunde liegen. Die Berechnung von Prozesskosten und damit die Schaffung einer soliden Datenbasis für die Preiskalkulation wird durch eine Standardisierung der Prozesse erleichtert. Bestimmte Mindeststandards können in vielen Bereichen auch unternehmensübergreifend sinnvoll eingesetzt werden (z. B. Sicherheitsstandards oder Standards bei der Kreditvergabe in Kreditinstituten).

Standardisierte Prozessteile, die sinnvoll abgegrenzt und in verschiedenen Wertschöpfungsketten im Unternehmen eingesetzt werden können, werden Prozessmodule genannt.

2.2 Einsatz von Prozessmodulen im Service Engineering

Bei der Prozessgestaltung im Service Engineering können durch den Einsatz von Prozessmodulen mehrere Ziele erreicht werden:

- Ausrichtung an bestehenden Unternehmensstandards,

- Verkürzung des Time-to-market,
- Reduzierung der Entwicklungskosten.

Die Nutzung der Prozessmodule erfolgt in Form eines Baukastenprinzips, wobei für die Erbringung von Teilleistungen, die innerhalb der neuen Dienstleistung genutzt werden sollen, vorhandenes Prozesswissen abgerufen werden kann. Die Wertschöpfungskette eines neuen Produkts entsteht also durch die Kombination bestehender und neuer Prozessmodule (siehe Abbildung 5). Im Idealfall können die Prozesse für eine neue Dienstleistung vollständig aus bestehenden Prozessmodulen zusammengesetzt werden.

Auch in den Interaktionsbereichen zwischen den verschiedenen Unternehmen einer Gesamtwertschöpfungskette bietet die modulare Vorgehensweise Vorteile. Denn gerade hier ist es hilfreich, wenn neue Dienstleistungen einen standardisierten Input abfordern (was bei nachgelagerten standardisierten Prozessen natürlich leichter fällt) bzw. standardisierten Output abliefern.

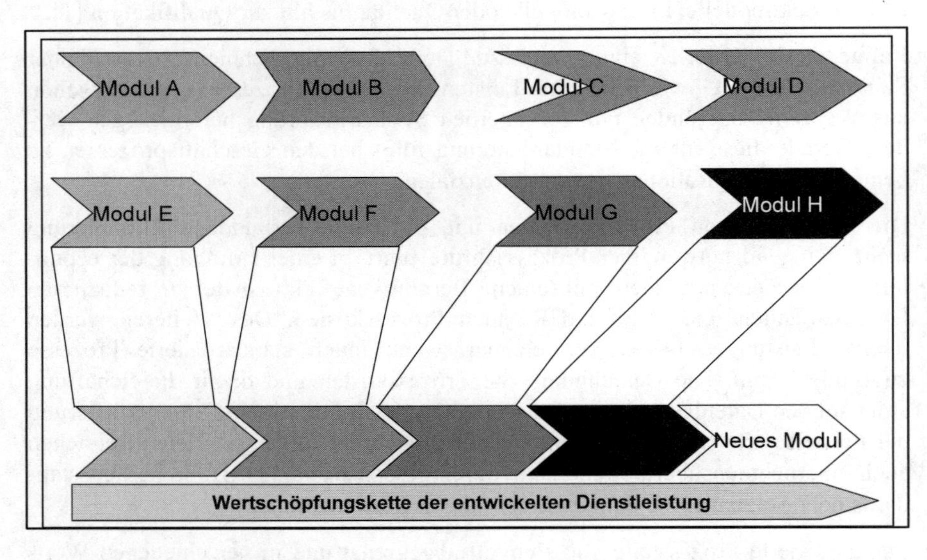

Abbildung 5: Baukastenprinzip beim Einsatz von Prozessmodulen im Service Engineering

Im Folgenden soll gezeigt werden, wie bereits heute Prozessmodule in der Praxis eingesetzt werden.

3 Praxisbeispiel

3.1 Projektbeschreibung

Dieses Kapitel beschreibt am Beispiel eines Projekts bei einem Finanzdienstleister, wie Prozessmodule bereits heute eingesetzt werden können. Hier wurden Prozessmodule entwickelt, die anschließend in den produktiven Prozess eingebettet wurden. Im hier verwendeten Vorgehensmodell ist das Projekt in die Phasen Dienstleistungskonzeption und -realisierung einzuordnen. Dabei werden alle Gestaltungsfelder des Service Engineering angesprochen.

Zunächst wird die Ausgangssituation mit den vorgefundenen Gegebenheiten und Besonderheiten geschildert. Aufbauend auf den definierten Zielen des Projekts wird anschließend das Vorgehen im Projekt erläutert. Schwerpunkt ist dabei die Entwicklung und Implementierung der Prozessmodule. Der anschließende Ausblick zeigt die Übertragbarkeit der Ergebnisse auf das Service Engineering.

Die Aufgabe des Projekts bestand in der Analyse des Kreditprozesses im Bereich „Privates Anschaffungsdarlehen" mit dem Ziel der Optimierung und Standardisierung der damit verbundenen Prozesse. Die Bank nutzte im Bereich des Anschaffungsdarlehens verschiedene Vertriebswege (Distribution Channels) zur Bereitstellung ihrer Produkte. Der Untersuchungsbereich des Projekts konzentrierte sich innerhalb der Bearbeitung des privaten Anschaffungsdarlehens auf folgende Teilprozesse: Antragsbearbeitung, Kreditprüfung, Entscheidung, Vertragsabschluss und Krediteinräumung.

Die zu betrachtende Dienstleistung setzt sich in diesem Fall aus Produktberatung und Kalkulation, der Bearbeitung und Prüfung sowie der Vertragserstellung und Kontoführung zusammen.

3.2 Projektvorgehen

Legt man das CASET Vorgehensmodell zum Service Engineering zugrunde, so beschreibt der folgende Abschnitt in erster Linie die Erstellung des Prozessmodells innerhalb der Dienstleistungskonzeption.

Auf Basis der bestehenden Vertriebskanäle und den zu untersuchenden Teilprozessen wurde eine Matrix erstellt, die als Orientierungshilfe bzw. „Projektlandkarte" diente. Im Rahmen einer detaillierten Prozesserhebung wurden die Besonderheiten pro Vertriebsweg analysiert und dokumentiert. Je Vertriebsweg entstand so ein Prozessmodell (Hauptprozess) mit Teilprozessen. Zusätzlich wurden Informationen bezüglich notwendiger Ressourcen, z. B. Systeme, Formulare eruiert.

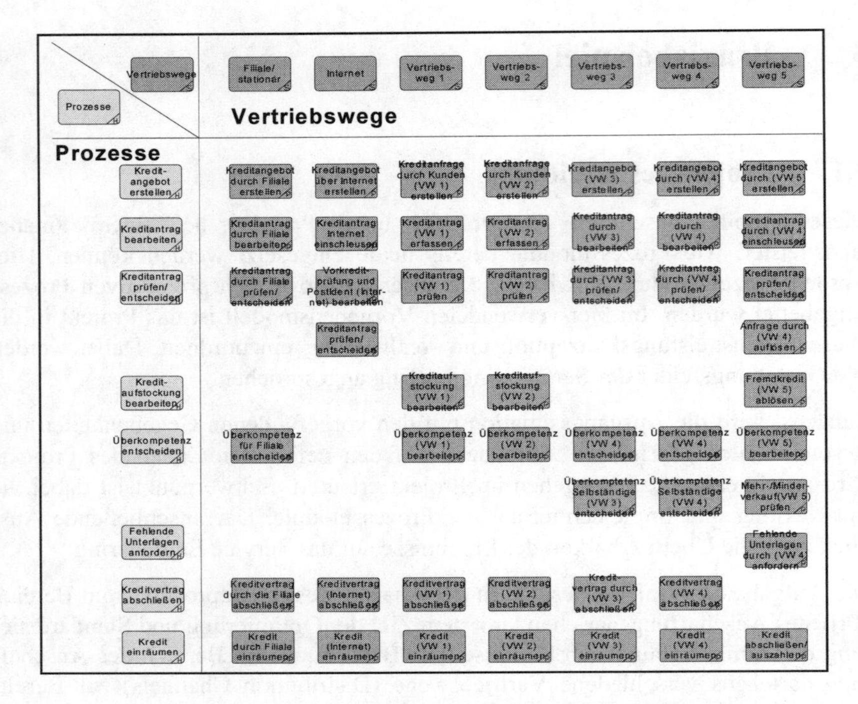

Abbildung 6: Ausschnitt aus der Projektlandkarte

Auf Grundlage der Ergebnisse der Prozessanalyse konnten Maßnahmen zur Optimierung erstellt und zur Umsetzung angestoßen werden. Gleichzeitig flossen die Maßnahmen in die Erstellung des Soll-Konzepts mit ein. Die im Rahmen der Anforderungs-Analyse definierten Besonderheiten je Vertriebsweg stellten ebenfalls Rahmenbedingungen für das Soll-Konzept dar. Beispielhaft wird im Folgenden auf die Besonderheiten des Prozesses in der Filiale und des Online-Banking als Vertriebsweg für die Dienstleistung des privaten Anschaffungsdarlehens eingegangen.

Vertriebsweg Filiale

Beim klassischen Vertriebsweg über die Bankfiliale waren bestimmte Rahmenbedingungen zu beachten. Zum einen findet ein direkter Kundenkontakt statt, der die zeitgleiche, direkte Erbringung der Leistung (Kreditberatung) erfordert. Zum anderen erwartet der Kunde neben der Beratung und Darlehenskalkulation auch gleichzeitig eine verlässliche Entscheidung und letztlich den endgültigen Abschluss. Der Vorteil des Kundenkontakts in der Filiale liegt darin, dass die zu erbringenden Unterschriften (z. B. für die Schufa-Erklärung und den Vertrag) oder auch die Legitimationsprüfung zeitnah erfolgen kann. Schließlich kann der Prozess durchgehend bearbeitet werden. Eine zeitliche Unterbrechung des Prozesses durch Weg- oder Liegezeiten ist selten bzw. sollte vermieden werden.

Vertriebsweg Online-Banking

Die Abwicklung eines privaten Anschaffungsdarlehens über das Internet im Rahmen des Online-Banking stellt andere Anforderungen an die Erbringung dieser Dienstleistung. Zum Beispiel ist die Leistungserbringung nicht an Öffnungs- bzw. Geschäftszeiten gebunden. Im „Online-Geschäft" ist es üblich, dass gerade in den Abendstunden bzw. über das Wochenende viele Darlehensanfragen abgesendet werden. Im Gegensatz zum Prozess in der Filiale ist über den Vertriebsweg Internet keine durchgängige Bearbeitung gewährleistet. Gerade durch Postlaufzeiten zur Versendung des Angebots und des Vertrags sowie der Legitimationsprüfung durch Dritte (Post-Ident) wird der Prozess mehrmals unterbrochen.

Diese beispielhaft aufgeführten Besonderheiten galt es im Rahmen der Entwicklung und Konzipierung der Soll-Prozesse zu beachten.

3.3 Konzeption der Prozessmodule

Im Rahmen der Konzeption wurde jeder Prozess eines Vertriebswegs hinsichtlich der zeitlich logischen Abfolge der Funktionen (Einzeltätigkeiten) untersucht. Zu jedem Vertriebskanal entstand eine Liste mit allen Einzelfunktionen je Teilprozess. Anschließend wurden diese Einzelfunktionen nach Grobthemen gegliedert. Zum Beispiel wurden alle Funktionen hinsichtlich der Erfassung persönlicher Daten unter dem Teilprozess „Adressdaten" bzw. „Selbstauskunftsdaten" zusammengefasst. Dabei blieb die zeitliche Reihenfolge der Funktionen unverändert. Es entstanden so genannte Leistungsblöcke. Dieses Vorgehen wurde auf alle bestehenden Vertriebswege angewandt (siehe Abbildung 7).

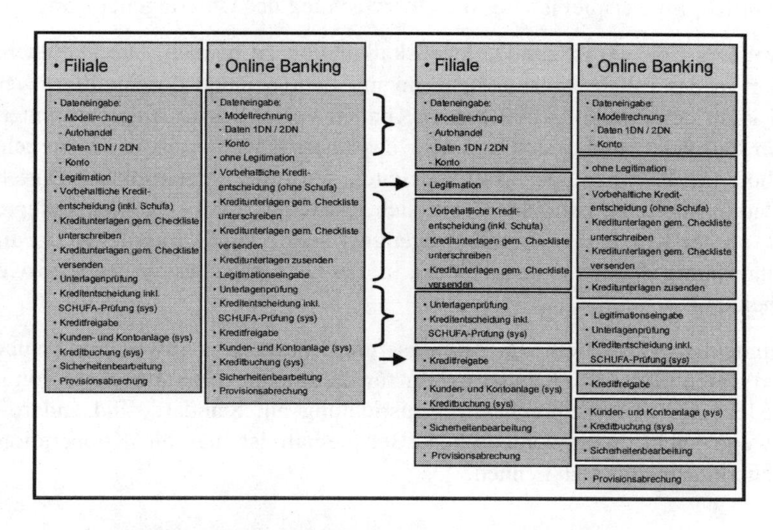

Abbildung 7: Funktionsübersicht Vertriebswege

Die zusammengefassten Themen ergaben eine Übersicht aller auszuführenden Funktionen entlang einer Zeitachse. Dabei wurde sichtbar, zu welchem Zeitpunkt welche Funktion bzw. Leistung erbracht werden muss. Beim Vergleich der Leistungsblöcke je Vertriebsweg wurden gleichartige Leistungsblöcke erkannt. Diese wurden allerdings in einer zeitlich differenzierten Reihenfolge bearbeitet. Neben der Schufa-Prüfung waren dies bspw. die Durchführung der Darlehenskalkulation oder die Antragsprüfung.

Die im Konzept entwickelten Leistungsblöcke konnten in einzelne Wertschöpfungselemente umgewandelt werden. Auf dieser Basis wurden die entsprechenden Gemeinsamkeiten der Prozesse herausgefiltert, was in Abbildung 8 verdeutlicht wird.

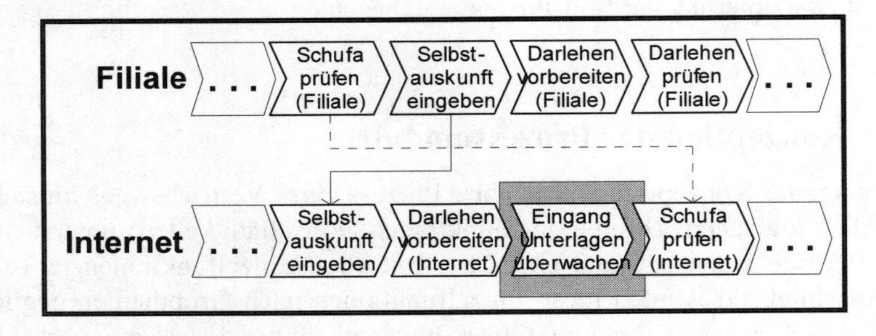

Abbildung 8: Ausschnitt Konzeption

Neben den Gemeinsamkeiten ließen sich außerdem die Besonderheiten je Vertriebsweg ableiten. So nehmen bestimmte Vertriebswege zusätzliche Teilprozesse in Anspruch. Im Beispiel ist dies die Überwachung des Unterlageneingangs.

Als weiteres Beispiel ist die Darlehenskalkulation zu nennen. Die Darlehenskalkulation in der Filiale kann gemeinsam mit dem Kunden durchgeführt werden. Dabei kann der Filialmitarbeiter dem Kunden verschiedene Angebote unterbreiten. Im Fall der Darlehensanfrage über das Internet werden bspw. entsprechende Angebote per Post bzw. per Mail zugeleitet. Wird die Einzelfunktion Darlehenskalkulation im Detail betrachtet, lässt sich feststellen, dass es keinen Unterschied macht, ob der Kunde dem Berater gegenüber sitzt oder im Internet ist. Lediglich die Einordnung dieser Leistungsblöcke in den Gesamtprozess je Vertriebsweg ist entscheidend.

Die eindeutige Definition von Anfangs- und Endereignis sowie den zu übergebenden Daten (vgl. auch Kapitel 4) war für die Implementierungsphase von größter Bedeutung. Mit entsprechender Ausrichtung am Standard sind andere Vertriebswege leicht zu implementieren. Beispielhaft ist hier die Kooperation mit Versicherungsmaklern zu nennen.

Die Untersuchung der Schnittstellen der einzelnen Leistungsblöcke soll am Beispiel des Teilprozesses „Schufa prüfen" verdeutlicht werden. Der Beginn dieses Prozesses ist abhängig von der Unterschrift der Schufa-Erklärung. Erst wenn die Kundenunterschrift vorliegt und geprüft wurde, kann der Prozess angestoßen werden. Somit kann das Startereignis, sprich die Prozessschnittstelle eindeutig bestimmt werden. Ebenso findet sich ein eindeutiges Endereignis für diesen Teilprozess. Sobald die Schufa-Auskunft vorliegt, geprüft und für positiv erklärt wurde, kann dieser Leistungsblock abgeschlossen werden. Die Weiterbearbeitung erfolgt im Hauptprozess.

Daneben ist zu beachten, dass innerhalb des Teilprozesses der Gesamtprozess beendet werden kann bzw. zu einem nächsten Teilprozess übergeleitet wird. Beispiel hierfür ist die negative Schufa-Auskunft, an die sich das Prozessmodul der Kreditablehnung anschließt. Hier kann ebenfalls ein Prozessmodul eingesetzt werden.

Zur Dokumentation der Prozesse wurde das ARIS Toolset der IDS Scheer AG im Projekt eingesetzt. Dies hat neben dem Visualisierungseffekt den Vorteil, dass durch die Methodik die Start- und Endereignisse bereits in den Prozessen eindeutig identifiziert sind. In der Dokumentation wurden so genannte Prozessschnittstellen zur Darstellung der Prozessmodule verwendet. In Abbildung 9 sind entsprechende End- und Startereignisse des Hauptprozesses und die Schnittstellen (Prozessmodule) dargestellt.

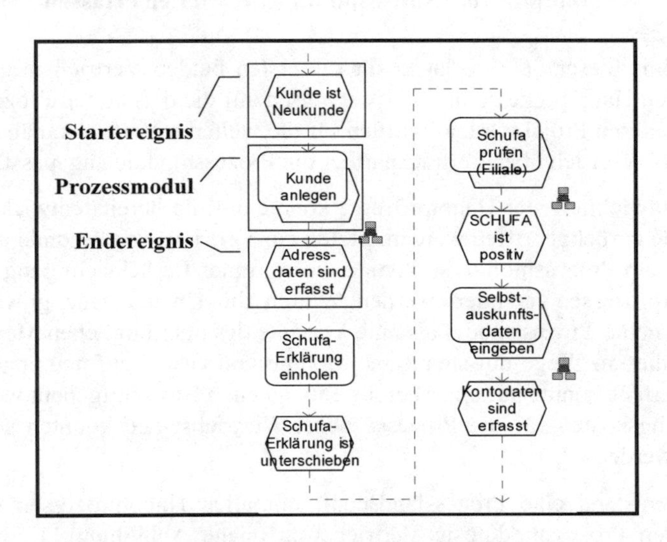

Abbildung 9: Prozessschnittstellen im Hauptprozess

Im ARIS Toolset wurden Prozessmodule mit Hilfe des Modelltyps eEPK (erweiterte ereignisgesteuerte Prozesskette) modelliert. Abbildung 10 zeigt die Darstellung innerhalb der eEPK. Der Prozess beginnt mit mehreren Prozessschnittstellen und Startereignissen. Diese sind mit den Hauptprozessen, in denen das Modul in Anspruch genommen wird verlinkt. Am Ende des Prozessmoduls zeigt sich ein entsprechendes Bild. Nach Erreichen des Endereignisses verzweigt der Prozess in die verschiedenen Hauptprozesse.

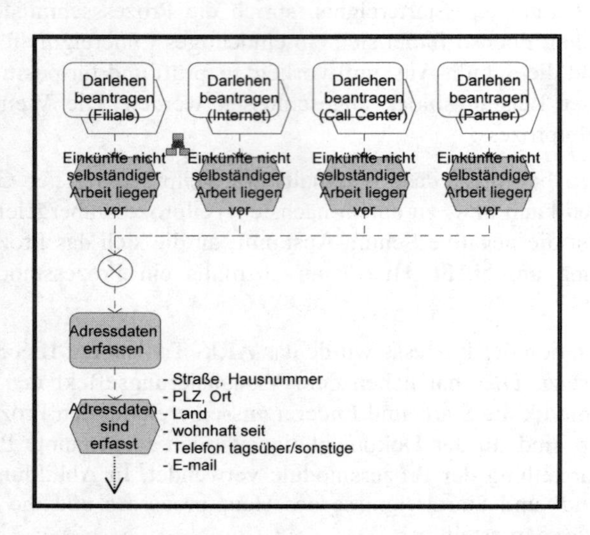

Abbildung 10: Prozessmodul Adressdaten erfassen

Als Ergebnis dieser Schritte lagen für die ersten beiden Vertriebswege die entsprechenden Hauptprozesse mit den Verweisen auf die definierten Prozessmodule vor. Im weiteren Projektverlauf wurden für die weiteren Vertriebkanäle, wie z. B. Call Center, Vertrieb über Vertragspartner die Prozessmodule angepasst.

Bei der Entwicklung der Hauptprozesse konnte auf die bereits entwickelten Prozessmodule zurückgegriffen werden. Stellte ein Vertriebsweg besondere Anforderungen an ein Prozessmodul, so konnte dieses, unter Berücksichtigung der anderen Hauptprozesse, verändert werden. Waren die Unterschiede gravierend, so wurde ein neues Prozessmodul als eine Variante des ursprünglichen Moduls angelegt. Auf diesem Wege mussten keine Module von Grund auf neu angelegt werden, sondern es konnte auf einer bereits entwickelten Basis aufgebaut werden. Die Entwicklungskosten für die Prozesse neuer Vertriebswege konnten so deutlich reduziert werden.

Letztlich entstand eine Prozesslandschaft mit allen Hauptprozessen sowie der verwendeten Prozessmodule je Vertriebsweg (siehe Abbildung 11). Neben der Erreichung des Ziels der Prozessstandardisierung wurde somit auch ein „Prozess-Baukasten" zum Auf- und Ausbau weiterer Vertriebswege geschaffen.

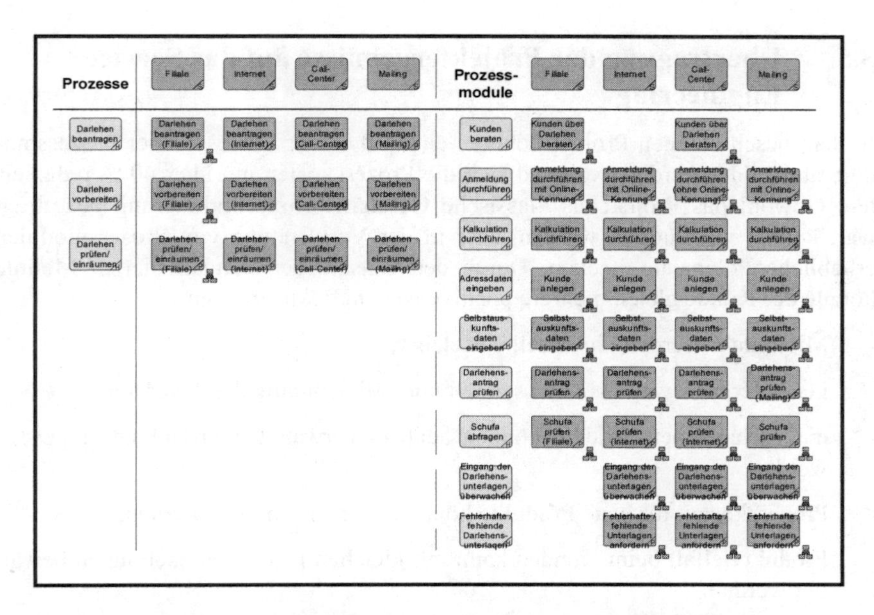

Abbildung 11: Ausschnitt aus der Soll-Prozesslandschaft

3.4 Implementierung der Prozessmodule

In der Realisierungsphase ist es zunächst wichtig, dass die Mitarbeiter die neuen Prozesse kennen lernen. Hierzu wurden bereits in der Konzeptionsphase Mitarbeiter aus allen betroffenen Bereichen eingebunden.

Wichtiger Faktor bei der Implementierung war die Betrachtung der Systemunterstützung. Im Rahmen der Möglichkeiten des Projekts wurde das System prozessorientiert ausgerichtet, die Prozessmodule insbesondere die Prozessschnittstellen sollten vom System „erkannt" werden. Beispielhaft sind hier Pflichtfelder oder Plausibilitätskontrollen zu nennen. Diese gewährleisteten optimale Systemunterstützung für einen reibungslosen Prozessablauf indem durch das Erreichen der entsprechenden Endereignisse des Hauptprozesses die jeweiligen Startereignisse ausgeführt wurden.

Als weiterer Punkt musste das Berechtigungs- und Zugriffskonzept so gestaltet werden, dass sowohl der stationäre als auch der mobile Vertrieb, Kooperationspartner und der Kunde selbst zu gewissen Modulen Zugang haben. Dies ermöglicht anhand der entsprechenden Prozessmodule bestimmte Tätigkeiten nicht nur in unterschiedlicher Prozessreihenfolge, sondern auch durch verschiedene Personen (Rollen) ausführen zu lassen.

3.5 Übertragung der Projektergebnisse auf das Service Engineering

In dem beschriebenen Projekt konnten circa 70 % der Prozesse über Prozessmodule abgebildet werden, während sich die Prozesskosten um über 40 % reduzierten. Obwohl das Projekt als klassische Geschäftsprozessoptimierung beauftragt war, konnte verdeutlicht werden, dass in der Verwendung von Prozessmodulen erhebliche Potenziale stecken. Durch den Einsatz der standardisierten Module konnte der Kunde gleich mehrere positive Nebeneffekte erzielen:

- Mitarbeiter werden universell einsetzbar,
- neue Vertriebswege können schnell und effizient aufgebaut werden,
- die vorhandenen Module können auch in verwandten Produkten eingesetzt werden,
- Prozesskosten für neue Produkte können leichter ermittelt werden,
- Produktvielfalt beim Kunden kann mit gleichen Prozessen nach innen bewältigt werden.

Abschließend ist zu sagen, dass das Arbeiten mit Prozessmodulen anfänglich durch die Abstimmung der Schnittstellen sehr aufwendig erscheint. Wird aber der Wiederverwendungseffekt und die damit bereits erbrachte Vorarbeit berücksichtigt, relativiert sich dieser Aufwand. Wie bereits oben erwähnt, muss betont werden, dass Prozessmodule im Sinne eines Process Life Cycle immer wieder überprüft werden müssen. Die Prozessmodifizierung kann dabei durch den Markt, z. B. Mitbewerber, innovative Technologien oder durch gesetzliche Novellierungen initiiert werden.

4 Problemfelder und Ausblick

4.1 Problemfelder

Obwohl – wie in Kapitel 3 beschrieben – Prozessmodule bereits erfolgreich in Projekten der IDS Scheer AG eingesetzt werden, gilt es sicher noch einige Probleme zu lösen, bis die Idealvorstellung, Prozessmodule wie Puzzleteile zusammenzustecken, realistisch ist.

Die wesentliche Herausforderung besteht in der Dokumentation und Gestaltung der Schnittstellen. Im Gegensatz zu Schnittstellen in der IT beschränken sich hier die Fragen nicht auf Daten und Technik, sie gehen deutlich darüber hinaus. Abbildung 12 zeigt sechs mögliche Schichten einer Schnittstelle zwischen Prozessmodulen, wobei durchaus weitere denkbar sind. Die Datenschicht beschreibt die zwischen den Prozessmodulen zu übertragenden Daten, wobei für jedes Prozessmodul ein Standardinput und -output festgelegt werden muss. Die technische Seite der Datenübertragung wird in der Medien- und Systemschicht beschrieben. Der Focus dieser Schicht liegt auf der Basis, auf der die zuvor beschriebenen Daten übertragen werden. Hierbei kann es sich um Formulare, Anwendungssysteme, Datenbanken u. s. w. handeln. Die räumliche Schicht beschreibt Fragen der Allokation von Leistungen eines Prozessmoduls, d. h. wo wird eine Leistung bereitgestellt bzw. abgefordert. Die zeitliche Dimension wird in der danach benannten Schicht beschrieben und beinhaltet bspw. Restriktionen bezüglich der zeitlichen Verfügbarkeit von Leistungen. Da bestimmte Leistungen auch rechtliche Restriktionen beinhalten, widmet sich diesen ebenfalls eine Schicht. Die organisatorische Schicht beschreibt letztlich Fragen des Leistungsaustauschs zwischen Unternehmensbereichen oder Unternehmen. Ob hierunter auch weiche Faktoren betrachtet werden, oder ob diesen eine eigene Schicht zu widmen ist, muss noch diskutiert werden.

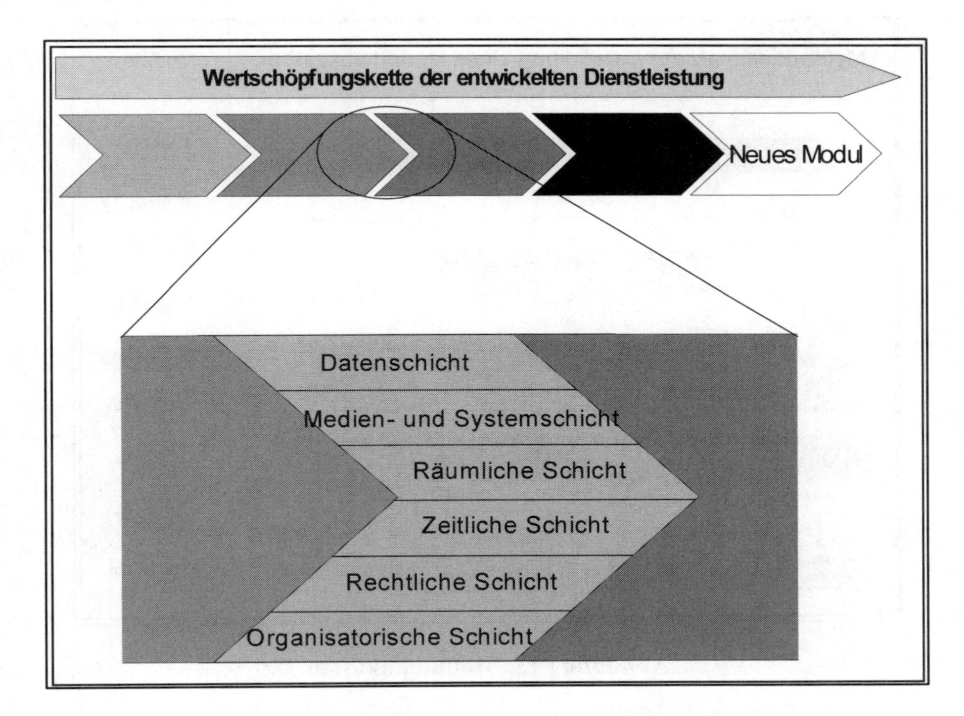

Abbildung 12: Schnittstellen von Prozessmodulen

Der Beschäftigung mit den verschiedenen Schichten der Prozessmodulschnittstellen vorangestellt sind die Fragen nach der Granularität der Module, als auch der damit zusammenhängenden Kosten der Erstellung des Modulbaukastens. Die IDS

Scheer AG verfügt in vielen Branchen über Referenzmodelle, die zumindest ein Template für die Erarbeitung der Module bereitstellen. Auch ein im Unternehmen bereits installiertes Prozessmanagement leistet, durch die oben geforderte Verknüpfung von Prozessmanagement und Service Engineering erheblichen Input bei dieser Aufgabe.

4.2 Ausblick

In der letzten Dekade des 20. Jahrhunderts etablierte sich das Thema Service Engineering zu einem ernstzunehmenden Forschungsgebiet. Die erste Dekade des 21. Jahrhunderts wird nun den Transfer der Forschungsergebnisse in die Praxis bringen müssen. Wie in Kapitel 3 gezeigt, gilt es dabei nicht völliges Neuland zu betreten, sondern das in der Praxis bereits vorhandene Know-how mit den Erkenntnissen der Forschung zu verknüpfen.

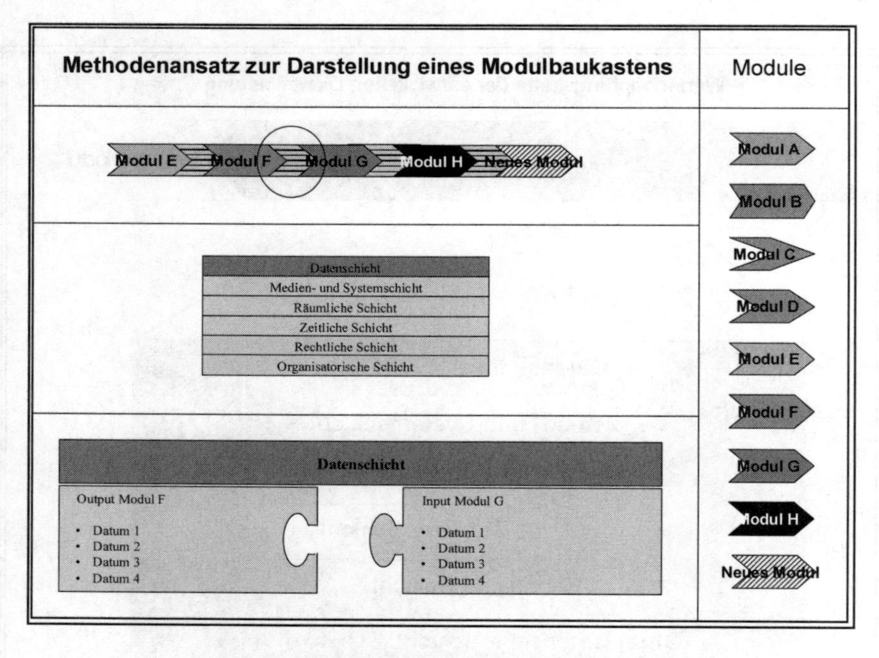

Abbildung 13: Modulbaukasten

Im Bereich der Prozessmodule sind praxisrelevante Ergebnisse sowohl softwaretechnisch als auch consultingseitig zu erwarten. Während sich auf der einen Seite Standards für Prozessmodule in Form von Templates für die verschiedenen Branchen entwickeln, wird das Handling des angesprochenen Modulbaukastens mit entsprechender Software sicher noch zu verbessern sein. Abbildung 13 zeigt den Ansatz für eine Methode zur Darstellung eines solchen Modulbaukastens.

Die Kombination einer solchen Methode mit einem Tool wie CASET (was mit dem ARIS Web Designer technisch ja bereits möglich ist) sowie entsprechendem Prozess Know-how wird einen erheblich effizienteren Service Engineering Prozess ermöglichen.

Literaturverzeichnis

[1] Newsletter Service Engineering, Fraunhofer IAO, Stuttgart, November 2001: o. V.: Fokusthema: Standardisierung von und für Dienstleistungen in: Fraunhofer IAO (Hrsg.): Newsletter Service Engineering, Stuttgart, November 2001.

[2] Emrany, S.; Boßlet, K.: Prozess Beratung, in: Scheer; Köppen (Hrsg.): Consulting, Wissen für die Strategie-, Prozess- und IT-Beratung, Saarbrücken 2000, S. 149-176.

[3] Forschungsprojekt CASET, z. B. in diversen Veröffentlichungen des Projekts Computer Aided Service Engineering Tool, Internetseiten http://www.caset.de.

Quality Function Deployment im Kreditkartengeschäft – Anwendung, Nutzen und Grenzen der Methode bei der Entwicklung von Komponenten in der Finanzdienstleistung

Alexander Zacharias
Bankgesellschaft Berlin AG

Inhalt

1 Ausgangssituation und Einordnung des Kreditkartengeschäfts im Konzern der Bankgesellschaft Berlin AG

Die Bankgesellschaft Berlin mit ihrem Sitz in der deutschen Hauptstadt ist ein an inländischen Börsen notierter Bank- und Finanzkonzern, der in den nächsten Jahren zu einer starken Regionalbank im Raum Berlin umgebaut wird. Sie betreut ihre Kunden im Retail-Banking, in der Immobilienfinanzierung sowie in den Kapitalmärkten.

Das Kreditkartengeschäft wird in einem Teilbereich des Portfolios Retail-Banking, dem Direktbankservice, mit ca. 80 Mitarbeitern betrieben.

Hier werden verschiedene Kreditkartenprogramme betreut. Zum einen werden die Karten den Kunden der Konzernbanken im Rahmen des Cross-Sellings als Ergänzung zum bereits nachgefragten Produktportfolio angeboten. Zum anderen richten sich die Programme bundesweit an Kunden, die über die Kooperation mit Cobranding-Partnern die Karten vornehmlich als Einproduktnutzer verwenden.

Mit der Gewinnung des ADAC als Partner Anfang der neunziger Jahre befinden sich bundesweit ca. 1,3 Mio. Kreditkarten von Kunden des Konzerns im Umlauf. Damit ist die Bank in diesem Segment Marktführer in Deutschland.

Die Aufgaben des Bereichs bilden fast die gesamte Wertschöpfungskette im Kreditkartengeschäft ab. Zu den Aufgaben zählen:

- Eigene Akquisition neuer Cobranding-Projekte bzw. Unterstützung der Konzernbanken bei eigenen Akquisitionsbemühungen derartiger Projekte,
- Neukonzeption von Kartenprogrammen z. T. mit Cobranding-Partnern,
- Durchführung von Maßnahmen zur Neukundenakquisition sowie Aktivitäten bei Bestandskunden zur besseren Nutzung der verschiedenen Produktkomponenten,
- Kartenanträge einschließlich der damit verbundenen Bonitätsprüfung auf Basis einer eigens für das Kartengeschäft entwickelten Scorekarte bearbeiten,
- Kundenservice einschließlich der damit verbundenen Stammdatenänderung, Reklamationsbearbeitung und Sperrendienst auf Basis schriftlicher oder telefonischer Kundenkorrespondenz,
- Überwachung der Kundenbonitäten sowie Bearbeitung von Betrugsfällen,
- Bereitstellung des Mahnwesens bis zur Kündigung und Abgabe an einen Inkasso-Dienst.

2 Qualitätsaktivitäten im Kreditkartenbereich

Der Konzern näherte sich im Rahmen von Pilotprojekten den Themen Lean Banking und Total Quality Management (TQM). Mitarbeiter des Bereichs Konzern-Organisation haben in Zusammenarbeit mit einer externen Beratungsfirma Verfahren und Methoden aus der Industrie mit den Bedürfnissen der Bank abgeglichen, angepasst und erfolgreich in Marktbereichen des Konzerns angewendet.

Das Kreditkartengeschäft wurde als Untersuchungsbereich für ein TQM-Pilotprojekt ausgewählt. Gründe hierfür waren die Größe der Einheit, ihr dynamisches Marktumfeld sowie das Interesse und die Unterstützung seitens des zuständigen Vorstandsmitglieds und der Geschäftsführung.

Für den Bereich wurden folgende Projektziele formuliert:

- Wettbewerbsfähigkeit des Kreditkartenbereichs stärken,
- Marktposition weiter ausbauen und
- positive Ergebnisbeiträge dauerhaft für den Konzern sichern.

Dafür sollte der Bereich als erste Kreditkarteneinheit Deutschlands nach der Normenreihe DIN EN ISO 9000 ff. zertifiziert werden. Unter starker Einbindung der Mitarbeiter musste ein Qualitätsmanagement-System konzipiert und eingeführt werden.

Im Rahmen des allgemeinen Trends zur Industrialisierung der Finanzdienstleistung wurden für den Konzern folgende Projektziele formuliert:

- Qualitätstechniken von Produktionsbetrieben auf die Übertragbarkeit und Dienlichkeit für die Dienstleistung durch Einsatz prüfen und
- Wissenstransfers von externen Beratern auf konzerninterne Mitarbeiter sicherstellen.

Dies sollte zum einen die Basis für die Fortführung der QM-Aktivitäten im Kreditkartenbereich bilden. Zum anderen sollte die Möglichkeit geschaffen werden, andere Bereiche des Konzerns bei ähnlichen Aufgabenstellungen ohne externe Hilfe beraten und unterstützen zu können.

Das Projektkernteam bestand aus externen Beratern sowie Mitarbeitern der Konzern-Organisation. Fast jeder Mitarbeiter des Untersuchungsbereichs wurde in die Projektarbeit integriert.

Quality Function Deployment (QFD) wurde als eine der anzuwendenden Qualitätsmethoden für die Produktentwicklung ausgewählt. Zusätzlich wurde ein Qualitätsmanagement-System konzipiert, implementiert und nach einer zwölfmonatigen Projektlaufzeit erfolgreich durch eine akkreditierte Gesellschaft nach der DIN EN ISO 9001 zertifiziert.

2.1 Qualitätsbegriff in der Bankdienstleistung

Die Ursprünge des Qualitätsmanagements finden sich in der industriellen Fertigung. Das Erstellen von Bankdienstleistungen unterscheidet sich in dreifacher Weise vom Erstellen industrieller Erzeugnisse:

- Dienstleistungen sind immaterieller Art,
- Dienstleistungen sind nicht lagerungsfähig,
- Dienstleistungen werden unter Mitwirkung des Leistungsempfängers erstellt.

Das bedeutet für den Konzern:

- Die Kunden können die Leistungen nicht anfassen oder ausprobieren. Sie müssen von vornherein ein so hohes Maß an Vertrauen zu der Bank haben, dass sie das Institut als Geschäftspartner bevorzugen.
- Die Bank kann ihre Leistungen nicht über eine Endkontrolle schicken, dort testen, eventuelle Unzulänglichkeiten beheben, qualitätsgesichert einlagern und dem Kunden durch Abgabe dieser gesicherten Leistungen sofort beliefern. Die Leistungen entstehen zwar unter standardisierten Bedingungen, letztlich fallen jedoch Leistungserbringung und -nachfrage zusammen. Die Kunden müssen sich diese Leistungen deshalb abstrakt vorstellen können.
- Bankleistungen werden nach einem fünfstufigen Phasenschema erbracht: Beratung, Antrag, Vertrag, Pflege und Auflösung. Insbesondere in der Beratungsphase, aber auch im weiteren Verlauf wirken die Kunden beim Erstellen der Leistung mit. Ohne diese Mitwirkung könnte die Bank ihre Leistungen nicht erstellen. Deshalb spielt der Kontakt zum Kunden für das Institut eine entscheidende Rolle.

2.2 Qualitätsdimensionen

Im Konzern wird ein dreidimensionaler Qualitätsbegriff [1] verwendet, dem folgendes Verständnis von Qualität zugrunde liegt:

- Bankkunden entscheiden permanent und weitgehend subjektiv auf Grund von Schlüsselerlebnissen zu den drei Dimensionen
- Bankprodukt/Bankdienstleistung,
- Geschäftsprozesse und
- Kontaktsphäre,
- ob sie mit einem Institut zufrieden sind oder nicht.
- Dabei vergleichen sie ihre Erwartungen (Wünsche, Anforderungen) zu diesen drei Dimensionen mit dem, was ihnen dazu geboten wird.

- Wird ihnen mindestens das geboten, was sie erwarten, so sind sie zufrieden und leiten von ihrem Zufriedenheitsempfinden das Ausmaß von Qualität ab, das sie aus ihrer Sicht erhalten. Kennzeichnend ist, dass sie in Episodenform über Schlüsselerlebnisse berichten können.

Qualität ist nach diesem Verständnis nicht das, was objektiv geboten, sondern subjektiv erlebt wird. Die Konsequenz lautet deshalb, Qualität ist das, was der Kunde dafür hält.

Positive sowie negative Äußerungen zu fiktiven Schlüsselerlebnissen der Kunden sind im Folgenden für das Kreditkartengeschäft plakativ dargestellt:

Dimension Produkt/Dienstleistung

- (–) „Wenn ich die Reiserücktrittsversicherung meiner VISA-Karte nutzen will, muss ich immer den Reisepreis mit der Karte bezahlen. Das ist doch oft gar nicht möglich..."
- (–) „Die Jahresgebühr der Karte ist viel zu hoch und außerdem ist der Magnetstreifen an vielen Kassen nicht lesbar. Das ist vielleicht peinlich. Da denken die anderen Kunden mein Konto wäre nicht gedeckt..."
- (+) „Ich finde die Kombination aus ADAC-Mitgliedsausweis und VISA-Karte praktisch. Endlich eine Karte weniger in der Brieftasche."
- (+) „Als Freiberufler brauche ich eine flexible Liquiditätsreserve. Auf meinem EUROCARD-Konto bekomme ich mein Guthaben verzinst, kann aber auch bei einem Sollsaldo die günstige Teilzahlungsmöglichkeit nutzen."

Dimension Prozess

- (–) „Ich wünsche mir, dass ich die Kartenumsätze in Ruhe prüfen kann, bevor mein Konto belastet wird. Leider erfolgt die Abbuchung immer viel zu früh."
- (–) „Ich habe einen Kartenumsatz schriftlich beanstandet. Nach zwei Wochen hat die Bank mir noch nicht mal den Eingang des Schreibens bestätigt. Jetzt muss ich mich darum auch noch kümmern. Die kosten mich mehr Zeit, als sie mir sparen..."
- (+) „Schon sieben Tage nachdem ich die Karte bestellt hatte, konnte ich mit meiner neuen EUROCARD bezahlen."
- (+) „Meine Angelegenheiten bzgl. der VISA-Karte kann ich häufig auch telefonisch oder über das Internet regeln. Die Verfahren erscheinen mir sicher. Endlich weniger Papierkram und eine tolle Zeitersparnis."

Dimension Kontaktsphäre

- (–) „Ich hatte eine wichtige Angelegenheit zu regeln, musste mir aber für meine Telefongebühren in der Warteschleife des Call-Centers ewig Musik anhören. Die Mitarbeiterin war dann auch ziemlich unfreundlich und wollte wohl in den Feierabend."
- (–) „Die Briefe, die ich von der Bank erhalte, sind in einem kalten, z. T. unverschämten Ton formuliert. Da werde ich mal entsprechend antworten..."
- (+) „Wenn ich Fragen zu meinen Kreditkarten habe, erreiche ich telefonisch selbst zu Stoßzeiten zügig einen Mitarbeiter, der sich mit seinem Namen meldet und mich höflich begrüßt."
- (+) „Leider konnte mein Anliegen nicht sofort geklärt werden. Die freundliche Mitarbeiterin sagte mir aber innerhalb einer Stunde einen Rückruf zu, der auch prompt erfolgte."

Um den externen oder internen Kunden zufrieden zu stellen, müssen erwartete oder vereinbarte Merkmale in allen drei Dimensionen erfüllt werden. Erst bei deren Übererfüllung stellt sich eine Kundenbegeisterung ein [2].

3 QFD als integraler Bestandteil des QM-Systems

Um die Aktivitäten zum Qualitätsmanagement in strukturierter Form bearbeiten zu können und als Basis für die Zertifizierung, wurde im Projekt das QM-System des Kartenbereichs (siehe Abbildung 1) konzipiert und umgesetzt.

Es ist zu ersehen, dass das QM-System im Wesentlichen aus zwei sich ergänzenden Säulen besteht.

Die **erste Säule** des QM-Systems dient der permanenten Verbesserung der Marktleistungen und der Vereinfachung des Umgangs mit den Kunden. Die Ergebnisse dieser Arbeit helfen, die Wünsche und Erwartungen der Kunden immer zielgerichteter zu erfüllen. Wichtige Elemente dieser Säule sind QFD und ein DV-unterstütztes Beschwerdemanagement.

Die **zweite Säule** ist die Ausrichtung der Aufbau- und Ablauforganisation nach der international verbindlichen Norm DIN EN ISO 9001. Die Ergebnisse dieser Arbeit dienen dazu, Fehler zu vermeiden, anstatt sie mit erhöhtem Kostenaufwand beseitigen zu müssen.

Im weiteren Verlauf dieses Beitrags wird der Fokus ausschließlich auf die Methode QFD gelegt. Es war in dem Projekt jedoch wesentlich, dass nur durch das Zusammenwirken der beiden Ansätze, hinter denen sich jeweils ein eigener Qualitätsregelkreis verbirgt, ein methodischer Weg beschritten werden konnte, das

Thema Qualität in einen kontinuierlichen Verbesserungsprozess (KVP) überführen zu können.

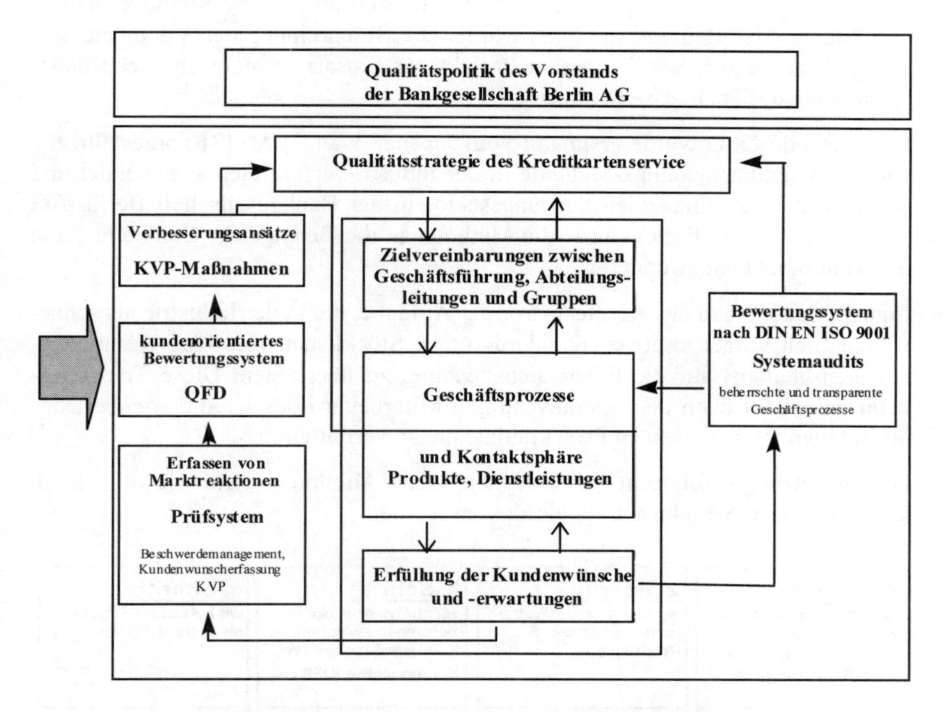

Abbildung 1: QM-System des Kreditkartenbereichs

Die QFD-Methode dient der systematischen Produkt- und Dienstleistungsentwicklung. Anhand der Einflussgrößen

- priorisierte Kundenwünsche,
- Unternehmensabsichten bzgl. der Kundenwunscherfüllung und
- grobe Aufwandschätzungen der notwendigen Aktivitäten

lassen sich die Produktkomponenten lokalisieren, deren Gestaltung die größten Ergebnisbeiträge zur Kundenwunscherfüllung bieten.

QFD lässt sich für die Gestaltung der Komponenten aller drei Qualitätsdimensionen verwenden. Im Rahmen der Priorisierung im Projekt wurde entschieden, die Methode für die Gestaltung der Dimension Produkt/Dienstleistung einzusetzen. Die Marktbedingungen im Kreditkartensektor forderten gerade hier die Konzeption und Einführung von an den Kundenwünschen ausgerichteten Innovationen.

Zusätzlich konnte mit Hilfe von QFD im Rahmen der Zertifizierung nach der DIN EN ISO 9001 die Produktentwicklung kundenorientiert gestaltet werden.

4 Vorgehen bei der Anwendung der QFD-Methode

Die folgenden Ausführungen dienen nicht der Vermittlung der Methode, da das den Rahmen des Beitrags sprengen würde. Die Beschreibung des Vorgehens soll nur grob aufzeigen, wie in diesem Projekt der Einsatz erfolgte und setzt daher entsprechendes Fachwissen voraus.

Die Methode QFD wurde erstmalig vom Japaner YOJI AKAO [3] vorgestellt. Sie wird als Qualitätsplanungs-Methode in der Industrie erfolgreich angewendet und ist im deutschen Finanzdienstleistungssektor in der Bankgesellschaft Berlin AG eingesetzt worden. Dabei wurde die Methode an die Belange der Bank angepasst und vereinfacht angewendet.

Immer wieder stand das Kernteam vor der Aufgabe, die in der Industrie als selbstverständlich vorausgesetzten Standards (z. B. Stücklisten, messbare Komponenteneigenschaften) auf die Finanzdienstleistung zu übertragen. Diese Transferergebnisse waren dann den operativ tätigen Mitarbeitern des Kreditkartenbereichs im Rahmen ihrer intensiven Projektteilnahme zu vermitteln.

Die Umsetzung erfolgte in vier Schritten (siehe Abbildung 2), die jeweils durch klare Meilensteinergebnisse abgeschlossen wurden.

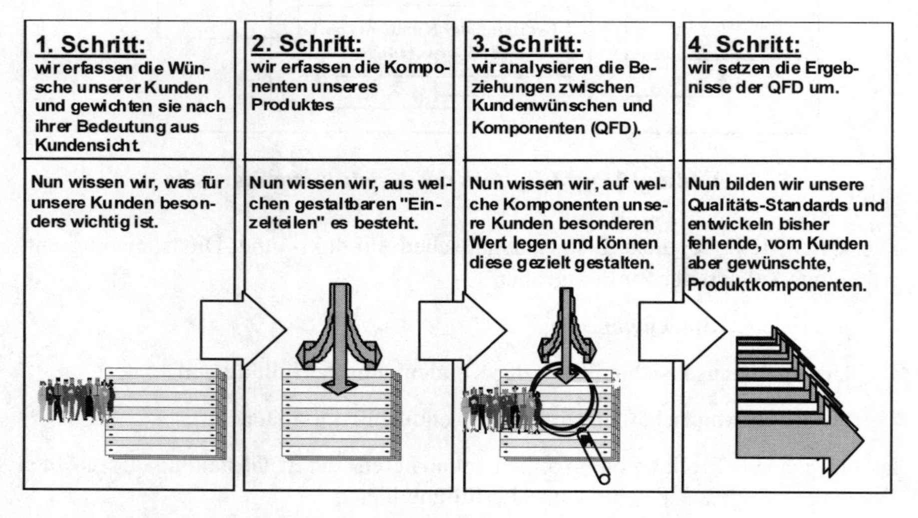

Abbildung 2: Vorgehen bei der Anwendung der QFD-Methode

Erster Schritt: Kundenwünsche erfassen und gewichten

Wie auch in Produktionsbetrieben müssen am Anfang der QFD-Arbeit die Kundenwünsche ermittelt und priorisiert werden. Die unterschiedlichsten Verfahren zur Messung der Dienstleistungsqualität stehen hierfür zur Verfügung [4][5].

Es wurde vom Projektteam entschieden, dass die geäußerten und vermuteten Kundenwünsche von internen Mitarbeitern des Call-Centers und des Kundenservices im Rahmen von moderierten Workshops gesammelt, strukturiert und priorisiert werden sollten. Der mögliche Gap zwischen tatsächlichen und vermuteten Wünschen und Prioritäten wurde im Rahmen einer Kosten-/Nutzen-Betrachtung akzeptiert [6]. Berücksichtigt wurden auch Kundenwünsche, die nicht explizit geäußert werden, da sie vom Kunden als selbstverständlich angesehen werden. Über Plausibilitätsprüfungen und die Ergebnisverifizierung durch weitere, im täglichen Kundendialog stehende Mitarbeiter wurde versucht, diese Lücke so gering wie möglich zu halten.

Im weiteren Verlauf haben die Mitarbeiter die Kundenwünsche geclustert und einer der drei Qualitätsdimensionen (Kontaktsphäre, Geschäftsprozess oder Bankprodukt/Dienstleistung) zugeordnet.

Damit war der erste Schritt des QFD getan, es existierte eine priorisierte Kundenwunschstruktur mit insgesamt 60 Elementen (siehe Abbildung 3).

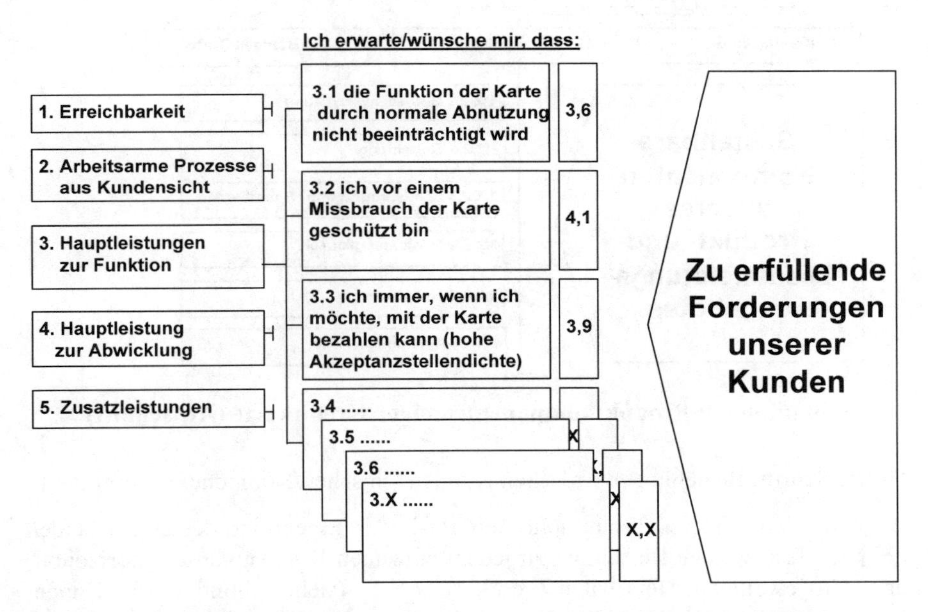

Abbildung 3: Struktur priorisierter Kundenwünsche (Ausschnitt)

Zweiter Schritt: Produkt-/Dienstleistungskomponenten ermitteln

Nach dem ersten Schritt hatte ein weiteres interdisziplinär zusammengesetztes Projektteam die Aufgabe, das Produkt „Kreditkarte“ inkl. der angebotenen Dienstleistungen in Bestandteile zu zerlegen.

Hierbei war es nicht wesentlich, ob diese Zerlegung falsch oder richtig, sondern ob sie zweckmäßig für die weitere Projektarbeit war. Nachdem die Mitarbeiter die Karte im ersten Schritt in vier Komponenten zerlegt hatten, wurden diese Komponenten jeweils so weit in Unterkomponenten aufgegliedert, bis sie eindeutige, einzeln gestaltbare Merkmale aufwiesen, auf die Kundenerwartungen möglicherweise abzielen konnten. In diesem Schritt war es notwendig, die finanzwirtschaftliche Begriffs- und Gedankenwelt der Mitarbeiter um die eher industrielle in Richtung Stücklisten und Komponentenmerkmale zu ergänzen.

Insgesamt wurden von den Mitarbeitern 50 Unterkomponenten erarbeitet und in einer gegliederten Liste zusammengestellt (siehe Abbildung 4). Diese Übersicht löste bei manchem Mitarbeiter den „Aha-Effekt" aus, wie viele Ansatzpunkte das Produkt „Kreditkarte" zur Individualisierung und Marktabgrenzung bietet.

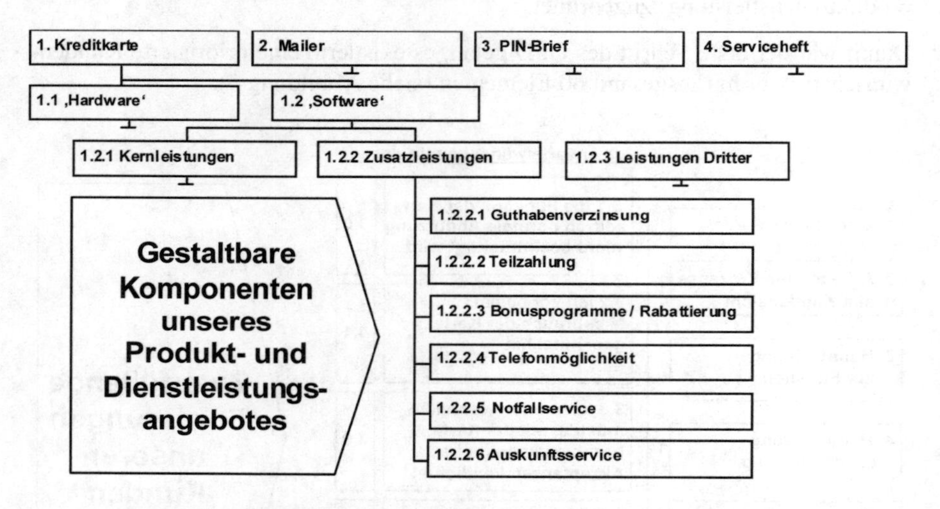

Abbildung 4: Produktkomponenten einer Kreditkarte (Ausschnitt)

Dritter Schritt: Beziehungen zwischen Kundenwünschen/Komponenten ermitteln

Wiederum ein anderes Team stellte auf Basis der Ergebnisse der ersten beiden Gruppen fest, welche Beziehung zu jedem einzelnen Kundenwunsch (horizontal) und den jeweiligen Merkmalen (vertikal) besteht (siehe Abbildung 5). Zudem wurden Vergleiche mit den Wettbewerbern angestellt und grobe Aufwandsschätzungen für Änderungen abgegeben.

Die unterschiedlichen Ausprägungen in den bereits angebotenen Kartenprogrammen führten im Team oftmals zu interdisziplinären Diskussionen. Die Teilnehmer mussten sich bei dem einen oder anderen Merkmal bzw. Kundenwunsch mit den Mitarbeitern der anderen Teams sowie mit denen anderer Kartenprogramme austauschen, was zu wertvollen Lerneffekten führte.

Das Teilprojektergebnis zeigte, welche Unterkomponenten der Produkt-/ Dienstleistungsdimension qualitativ zu verbessern sind, um künftig den wichtigsten Kundenwünschen entsprechen zu können. Es zeigte aber auch, welche Komponenten und damit Kundenwünsche auf Grund von Kosten-/Nutzenrechnungen nicht, oder nicht in der gewünschten Form, vom Kartenbereich erfüllt werden konnten.[1] Nun war das Projekt in die Lage versetzt, zielgerichtet, nämlich priorisiert, das Thema Qualitätsverbesserung umzusetzen.

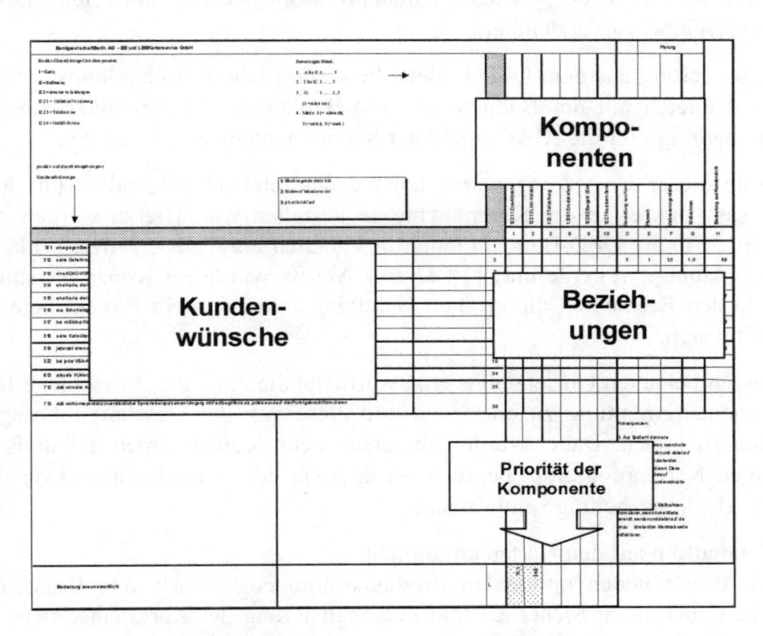

Abbildung 5: QFD-Matrix (Beispiel)

Im Rahmen einer auf diesem Zahlenmaterial aufsetzenden ABC-Analyse kam die Projektgruppe zu dem Ergebnis, dass bei einzelnen Kundengruppen mit der Veränderung von ca. einem Drittel aller Produkt- und Dienstleistungskomponenten ca. die Hälfte aller offenen Kundenwünsche hätten voll erfüllt werden können.

Vierter Schritt: QFD-Ergebnisse umsetzen

Nachdem die Liste der zu gestaltenden Komponenten vorlag, erfolgte der entscheidende Schritt der Umsetzung. Dabei konnten die Komponenten in drei Kategorien eingeordnet werden:

---

[1] Hierzu zählten z. B. einzelne Versicherungsleistungen, die nicht kostengünstig beschaffbar waren, bzw. der Verzicht auf die Kartengebühr seitens des Unternehmens. Inzwischen ist die Höhe der Gebühr an den Jahresumsatz der Karte gekoppelt und damit vom Kunden beeinflussbar.

- Komponente ist neu zu konzipieren und einzuführen, da bisher noch nicht existent,
- Komponente existiert und
- muss auf Grund einer großen Kundenrelevanz aufwendiger gestaltet werden oder
- kann auf Grund der geringen Kundenrelevanz weniger aufwendig gestaltet werden bzw. ist verzichtbar.

Die Priorisierung aus dem QFD bildete die wesentliche Entscheidungsgrundlage, um im Abgleich mit der Budget- und Projektplanung des Kreditkartenbereichs eine Reihenfolge für die Abarbeitung der Komponentenliste festzulegen.

Im Laufe dieser Umsetzung wurde anhand der relevanten Kundenwünsche geprüft, was konkret an der Komponente zu gestalten war. Hierzu werden in der Industrie z. T. die QFD-Betrachtungen in Tabellen zur Teile-, Prozess- und Produktionsplanung weitergeführt [7]. Dieser Ansatz wurde im Konzern nicht verfolgt, da den Fachleuten die größten Handlungsfelder in dem Projekt bereits ersichtlich waren.

Stattdessen bekamen Umsetzungsverantwortliche die Aufgabe, Vorschläge für die Komponentengestaltung zu erarbeiten und diese von der Geschäftsführung entscheiden zu lassen. Dabei wurden folgende, neue Komponenten abhängig vom jeweiligen Kartenprogramm bepreist, so dass sie dem Unternehmen zusätzliche, positive Deckungsbeiträge einbringen:

- Kundenfoto auf den Karten ermöglicht
  Mit dieser neuen optionalen Produktkomponente wurde den Kundenwünschen nach mehr Sicherheit und Personalisierung der Karte entsprochen. Inzwischen sind gut die Hälfte aller umlaufenden Karten mit Kundenfotos versehen.
- Kartendoppel EUROCARD / VISACARD anbieten
  Mit diesem optionalen Angebot erweitert der Kunde seine Zahlungsmöglichkeiten, da beide Kartensysteme zusammen das weltweit dichteste Akzeptanzstellennetz bereitstellen. Sollten zudem in Einzelfällen bei der Zahlung technische Probleme mit dem Abrechnungssystem der einen Karte auftreten, ist die Wahrscheinlichkeit sehr groß, mit der anderen trotzdem zahlen zu können. Da beide Karten über ein Konto abgerechnet werden, entfallen für den Kunden Administrationsaufwände. Auch dieses neue Angebot wurde von den Kunden gut nachgefragt.
- Kartenlayout geändert
  Das Layout des ADAC-Kreditkartenprogramms war analog zum Mitgliedsausweis leuchtend gelb gestaltet. Dies wurde von vielen Kunden nicht als das gewünschte Design einer Kreditkarte angesehen. In Zusammenarbeit mit dem Cobranding-Partner wurde beschlossen, den Kreditkarten ein hochwertiges,

silberfarbenes Design zu geben. Die Kundenreaktionen zeigten daraufhin eine hohe Akzeptanz dieser Maßnahme.

- Mailer und Rechnungen überarbeitet
  Immer wieder wurden Kundenwünsche geäußert, den Mailer[2] und die Monatsrechnungen verständlicher zu gestalten. In einem separaten Team wurden diese Wünsche, soweit technisch möglich, umgesetzt.

- Text und Layout des Servicehefts verändert
  Das Serviceheft gibt dem Kunden die wichtigsten Informationen über die Dienstleistungen seines beantragten Kartenprogramms. Wie die meisten „Bedienungsanleitungen" wurde dieses Dokument nicht von allen Kunden in der für die Bank gewünschten Tiefe gelesen, was zu vermeidbaren Rückfragen, bzw. Beschwerden im Call-Center führte.
  Zum einen wurde die Struktur und damit die Übersichtlichkeit des Dokuments verbessert. Zum anderen konnten die Kunden mit einem attraktiven Preisausschreiben, dessen Lösungswort sich nur nach der Lektüre des Hefts erschloss, vermehrt dazu gebracht werden, das Heft durchzuarbeiten.
  Die ausgelobten Preise amortisierten sich schnell über den reduzierten Aufwand im Call-Center.

5 Lessons learnt

Im Rahmen der Projektplanung, auch speziell für den Teil der QFD-Arbeit, wurden diverse fördernde und hemmende Faktoren für den Projekterfolg diskutiert. Im Nachgang ließ sich feststellen, dass mit folgenden, präventiven Maßnahmen das Vorhaben optimal vorbereitet werden konnte:

- Unterstützung der obersten Führungsebenen sichern
  Ausschlaggebend für den dauerhaften Erfolg des Projekts war zweifelsohne die Unterstützung durch die zuständigen Mitglieder im Konzernvorstand und der Geschäftsführung. Es ist nicht nur ein wohlwollendes Committment dieser Ebenen notwendig. Für den Aufbau, die Einführung und die Zertifizierung des QM-Systems ist die aktive Mitarbeit bei der internen und externen Kommunikation und der Bereitstellung von Ressourcen erforderlich.

- Gerade Letzteres förderte die QFD-Arbeit, da immer wieder Mitarbeiter aus dem Tagesgeschäft abgezogen werden mussten und Qualitätsverluste für die Kunden zwingend zu vermeiden waren.

---

[2] Der Mailer ist das „Begrüßungsschriftstück" mit welchem die aufgeklebte Karte an den Kunden versendet wird. Hier finden sich u. a. erste Informationen zum Gebrauch.

- Aufbauorganisation des Projekts
  Der Projektaufbau, unterteilt in ein methodisch versiertes Kernteam und mehrere, mit Bereichsmitarbeitern besetzte Fachteams, hat sich bewährt.
- Das qualitätsfachliche Beraterwissen konnte im Kernteam zwischen den externen Beratern und internen Mitarbeitern der Konzern-Organisation intensiv ausgetauscht werden und stand dem Konzern seitdem für Folgeprojekte zur Verfügung.
- Gleichzeitig wurden Mitarbeiter des Bereichs zu „Qualitätssicherheits-Beauftragten" ernannt, die wiederum mit dem Wissenstransfer vom Kernteam nach dem Projektabschluss die Qualitätsarbeit im Kartengeschäft eigenständig fortführen konnten.
- Mitarbeiter des Bereichs in das operative Projektgeschehen einbeziehen
  Sehr vorteilhaft war es, die Mitarbeiter von Beginn an in die Lösungsfindung einzubinden. Nach anfänglicher Zurückhaltung konnten über die Geschäftsführung und weitere Multiplikatoren Akzeptanz und Interesse in der Mitarbeiterschaft für das Projekt gefunden werden.
- Die Arbeitsplätze des Kern-Projektteams wurden räumlich zentral im Kartenbereich installiert. Gleichzeitig wurde ein Informationsstand eingerichtet, auf dem die jeweils von den Teams erarbeiteten Ergebnisse für alle Mitarbeiter zugänglich gemacht wurden.
- Gerade die Arbeit in den QFD-Teams ermöglichte es den Beteiligten, ihr eigenes Arbeitsumfeld sichtbar und nachhaltig positiv zu verändern. Die QFD-Ergebnisse wären fachlich mit weit weniger Bereichsbeteiligung zu erstellen gewesen, aber die zeitaufwendigere Mitarbeit schuf Akzeptanz bzgl. der Methode und eine große Motivation, die selbst erarbeiteten Ergebnisse auch umzusetzen.

Das Projekt im Kreditkartenbereich hatte, bezogen auf den Einsatz von QFD, einen Pilotcharakter für den Konzern. Nach Abschluss der Arbeiten wurden im Projekt der Nutzen aber auch die erkannten Grenzen der Methode und des Vorgehens diskutiert und zusammengestellt.

5.1 Nutzen der QFD-Methode

Treffsicherheit der Ergebnisse

Die umgesetzten Veränderungen an den Komponenten führten nachweislich zu einer erhöhten Kundenzufriedenheit und weniger Beschwerden. Gerade die neu eingeführten Optionen „Fotokarte“ und „Kartendoppel“ wurden von den Kunden gut nachgefragt und liefern dem Konzern dauerhafte, positive Ergebnisbeiträge.

Methode zwingt zum systematischen Vorgehen (DIN EN ISO 9001)

Mit der Anwendung von QFD wurde eine wesentliche Basis für die systematische Produktentwicklung im Kartenbereich geschaffen. Während vor dem Projekt diese Tätigkeit von den zuständigen Mitarbeitern sehr individuell gelöst wurde, gab es nach Abschluss Standards in der Produktentwicklung. Es wurde ein Prozess beschrieben, in dem die erarbeiteten Listen zu Kundenwünschen und Produkt-/ Dienstleistungskomponenten als verbindliche, weiter zu entwickelnde Arbeitsmittel integriert wurden. Dies wurde im QM-Handbuch dokumentiert und wird im Rahmen der verschiedenen Audits regelmäßig geprüft.

Für die Mitarbeiter ergibt sich der Vorteil, dass in der Produktentwicklung keine diesbezüglichen Rüstaufwände für Einzelprojekte entstehen. Die Organisation kann zudem aus den Mängeln der Vorprojekte lernen und es entstehen nur Aufwände für neu zu konzipierende Komponenten.[3]

QFD bringt Transparenz und Erkenntnisgewinn in der Produktentwicklung

Bei den finanzwirtschaftlich geprägten Mitarbeitern des Kartenbereichs war für das Kernteam im Laufe des Projekts eine immer industrialisiertere Denkweise erkennbar. So wurde die Produktentwicklung an die QFD-Systematik angepasst und damit stärker auf

- die Kundenwünsche,
- die Komponentenstruktur (im Sinne von Stücklisten) und
- die Interdependenzen zwischen beiden

ausgerichtet. Die interdisziplinären Diskussionen in den QFD-Teams führten bei den Mitarbeitern zu wertvollen Lerneffekten. Dieser Erkenntnisgewinn optimierte über die Standardisierung der Prozesse und der Arbeitsmittel die „time to market“ und erhöhte nachweislich die Treffsicherheit, Produkte nach den Wünschen der Kunden zu entwickeln. Die Mitarbeiter erkannten zudem, dass die konsequente

---

[3] So wurde nach dem beschriebenen Projekt die Businesskarte in Zusammenarbeit mit großen Firmenkunden eingeführt. Geschäftliche Umsätze einzelner Mitarbeiter können nun im Unternehmen mit geringerer Administration abgerechnet werden. Hierfür waren neue Produktkomponenten zu entwickeln.

Ausrichtung der Produktentwicklung an den Kundenwünschen kostenintensive Fehlentwicklungen und Mängel bei der Einführung vermeiden hilft.[4]

Methode ist flexibel einsetzbar

Die Methode bietet den Vorteil, dass sie für die Gestaltung aller drei Qualitätsdimensionen verwendbar ist. Anwendungsbeispiele zur Gestaltung von Prozessen finden sich in der Industrie [8]. In einem Folgeprojekt begleitete die Konzern-Organisation die Anwendung von QFD zur Dimension Kontaktsphäre in zwei Filialbereichen einer Teilbank. Die Gestaltung ist hier auf Grund der schlechten Skalierbarkeit der „weichen“ Komponenten (wie z. B. Freundlichkeit, Einsatzbereitschaft, persönliche Zuverlässigkeit) erschwert, die Ergebnisse führten aber nach der Umsetzung von erarbeiteten Qualitätsstandards zu positiven Kundenreaktionen.

5.2 Grenzen der QFD-Methode

Methode ist stark erklärungsbedürftig

Die zielführende Umsetzung von QFD erfordert ein hohes Fach- und Methodenwissen bei den beteiligten Personen. Die Detailkenntnisse zur Methode wurden aus betriebswirtschaftlichen Erwägungen bei einem kleinen Personenkreis im Unternehmen aufgebaut und im Rahmen ihrer Multiplikatorenfunktion projektspezifisch weitergegeben. Die dafür erforderlichen, und nicht unerheblichen, Aufwände mussten in Projekten zusätzlich berücksichtigt werden.

Methode ist bei intensiver Mitarbeiterbeteiligung sehr aufwendig

Der Ansatz der intensiven Mitarbeiterbeteiligung führte zu einer erhöhten Durchlaufzeit. Jeder Schritt in der Anwendung von QFD wurde von unterschiedlichen Mitarbeiterteams durchgeführt, so dass alle in der Methode geschult werden mussten. In der Teamarbeit kam es oft zu wertschöpfenden aber zeitaufwendigen Diskussionen, die z. T. nur durch das entsprechende Eingreifen des Coachs aus dem Kernteam zielgerichtet in die QFD-Ergebnisse einfließen konnten.

---

[4] Die Korrektur eines fehlerhaften Anschreibens an mehrere hunderttausend Kunden würde nicht nur eine hohe Unzufriedenheit und Aufwände im Kundenservice verursachen, sondern auch sechsstellige Sachkosten für das erneute Mailing und den Versand.

Die investierten Aufwände konnten im Projektverlauf mit der Akzeptanz der Ergebnisse und der damit verbundenen, hohen Umsetzungsgeschwindigkeit gerechtfertigt werden.

Zu fragen bleibt jedoch, ob nicht auch andere, aufwandsärmere Methoden zu diesem Effekt geführt hätten. Sicher gab es die eine oder andere Verschiebung in den Prioritäten, aber die Ergebnisse der relevanten bzw. teilweise fehlenden Produktkomponenten waren für die Fachleute aus dem Bereich nicht sonderlich überraschend. Ein weiteres Indiz für die These war der Umstand, dass mit geringem Zeitverzug einzelne Komponenten von anderen kartenausgebenden Instituten eingeführt wurden, ohne dass dort auf die Methode QFD zurückgegriffen wurde.

Ergebnisse sind stark abhängig vom Input und dem Vorgehen

Speziell bei der QFD-Methode ist die Qualität der Ergebnisse stark von den Eingabedaten abhängig. Sollten die Daten zu Kundenwünschen und Produktkomponenten falsch oder unvollständig sein, sind nur unzureichende Ergebnisse zu erwarten. Gleiches gilt für die Einschätzungen zur Wettbewerbssituation oder bzgl. der Aufwände.

Fehlendes Methodenwissen bei den Fachleuten aus dem Bereich kann zu Kommunikationsproblemen führen und die Ergebnisse entsprechend negativ beeinflussen. Um diese Effekte zu vermeiden, ist auch hier ein großer Wert auf die Fach- und Methodenkompetenz der betrauten Mitarbeiter zu legen.

Auf Grund der starken Auswirkungen der Eingabedaten und den – stets angreifbaren – Übereinkünften in den QFD-Teams, existiert zudem die Möglichkeit, mit entsprechender Methodenkenntnis die Ergebnisse nach Wunsch zu manipulieren.

6 Fazit

Die QFD-Methode wurde im Projekteinsatz an die Belange der Bankgesellschaft Berlin AG angepasst. In der eingesetzten, vereinfachten Form hat sie sich als geeignet erwiesen, Komponenten der Qualitätsdimensionen Produkt/Dienstleistung und Kontaktsphäre kundenorientiert gestalten zu können.

Der erkennbaren Tendenz zur Industrialisierung der Finanzdienstleistung wird mit dem Einsatz von QFD insofern Rechnung getragen, als dass systematisch Kundenwünsche und Qualitätskomponenten in einer entsprechenden Weise analysiert, kombiniert und priorisiert werden können. Dies führte bei den Mitarbeitern der betroffenen Bankbereiche zu begrüßenswerten Änderungen in der Denkweise bezogen auf die angebotene Qualität und das eigene Verhalten dem Kunden gegenüber. Den Mitarbeitern konnte vermittelt werden, dass die Arbeit an den QM-

Themen nicht nur das eigene Arbeitsumfeld positiv verändern kann, sondern zusätzlich dem Unternehmen externe wie interne Nutzenpotenziale erschließt. QFD hat sich zudem im Rahmen der Zertifizierung nach der DIN EN ISO 9001 als wirksame Methode zur kundenorientierten, systematischen Produkt(weiter)entwicklung erwiesen.

Der gewählte Projektansatz der starken Mitarbeiterintegration führte zu großen Aufwänden in der Konzeptionsphase. Obwohl diese mit einer höheren Umsetzungsgeschwindigkeit gerechtfertigt werden konnte, ist fraglich, ob die Ergebnisse nicht auch mit anderen Methoden hätten erzielt werden können. Die Grenzen der Methode sind bekannt und damit aus Sicht des Konzerns beherrschbar.

Die Teilnehmer haben im Projekt gelernt, dass eine Entscheidung bzgl. des Einsatzes der Methode und des Vorgehens – wie in jedem Unternehmen – nach Kosten-/ Nutzenaspekten erfolgen muss. Es gilt zukünftig zu prüfen, ob sich nicht Projektziele z. T. mit der Bearbeitung einzelner, isolierter Schritte bzw. einer stärkeren Fokussierung im Vorfeld des Einsatzes besser erreichen lassen.

Literaturverzeichnis

[1] Bokranz, R.; Kasten, L.: Qualitätssicherung im Bankbetrieb, Wiesbaden 1994.

[2] Berry, L. L.; Parasuraman, A.: Marketing Services. Competing Through Quality, New York et al. 1991.

[3] Akao, Y.: Quality function deployment, Cambridge, Mass. 1978.

[4] Stauss, B.: Service-Qualität als strategischer Erfolgsfaktor, in: Stauss, B. (Hrsg.): Erfolg durch Service-Qualität, München 1991.

[5] Hentschel, B.: Multiattributive Messung von Dienstleistungsqualität, in: Bruhn, M.; Stauss, B. (Hrsg.): Dienstleistungsqualität, 2. Auflage, Wiesbaden 1995.

[6] Parasuraman, A.; Zeithaml, V. A.; Berry, L. L.: A conceptual model of Service Quality and its Implications for Future Research, in: Journal of Marketing, 49(1985)Fall, S. 41-50.

[7] Timpe, K. P.; Fessler, M. H.; Burmester, R. K.: Von Anfang an mit System, in: QZ Qualität und Zuverlässigkeit, 45(2000)7, S. 883-887.

[8] Bischoff, K.: Herr der Prozessketten, in: QZ Qualität und Zuverlässigkeit, 47(2002)4, S. 387-389.

Service Engineering bei einem Logistikdienstleister am Beispiel eines Outsourcing- und Logistikprojekts

Thomas Reppahn
Schenker Deutschland AG, Kelsterbach

Inhalt

1 Einleitung

„Logistik" bedeutet – vereinfacht umschrieben – die richtige Ware in der richtigen Menge und Beschaffenheit zum richtigen Zeitpunkt am richtigen Ort verfügbar zu haben.

Der sich daraus ergebende Markt für entsprechende Dienstleistungen ist verstärkt seit Ende der 90er Jahre in das Interesse der Öffentlichkeit gekommen. Dies hat nicht nur mit den Börsengängen einiger bedeutender Logistikunternehmen zu tun, sondern vor allem damit, dass diese Unternehmen für ihre Kunden sehr komplexe logistische Systeme entwickeln und auch betreiben.

Die Kunden der Logistikdienstleister besinnen sich zunehmend auf ihre Kernkompetenzen, wozu das Lagern und Transportieren zumeist nicht gehört. Aber auch wirtschaftliche Zwänge oder mangelnde eigene Flexibilität führen dazu, dass Unternehmen größere Bereiche ihres Materialflussmanagements an Dritte abgeben.

In der Speditionsbranche wird der sich erweiternde Markt logistischer Dienstleistungen entdeckt und bearbeitet. Überholt ist die Sammelbezeichnung der Kunden als „Verladende Wirtschaft". Die Klientel der Logistiker sind mehr als Unternehmen, die ihre Versandware auf die Transportgefäße der Spediteure stellen: Sie übergeben weite Teile der Verantwortung über den Materialfluss.

Mit der einleitenden Definition ist bereits eine klare Messmarke für die Kundenzufriedenheit von Logistikdienstleistern gesetzt: Die Ware muss in der richtigen Menge und Beschaffenheit zum richtigen Zeitpunkt an den richtigen Ort verbracht werden, und das Ganze unter ökologischen und ökonomischen Gesichtspunkten. Das Produktziel ist definiert.

2 Die Rolle des Logistikdienstleisters in vernetzten Wirtschaftssystemen

2.1 Logistikdienstleister als Garanten des weltweiten Güteraustauschs

Der „Logistikdienstleister" erbringt heute alle Leistungen rund um die Transportdurchführung, Lagerung und Kommissionierung sowie der administrativen Begleitung und der dazugehörigen Datenverarbeitung. Weiterhin verrichtet er so genannte Mehrwertdienstleistungen, neudeutsch „Value Added Services" genannt, rund um das Produkt und dessen Verpackung.

Um die Kundenwünsche zu befriedigen, ist idealerweise ein weltweit präsentes Netzwerk notwendig. Im Markt sind dazu zwei Strategien erkennbar: Ausbau des eigenen Netzes, zumeist über Zukauf von Unternehmen oder Aufbau eines Kooperationsnetzes durch Suche geeigneter Partner.

Für Nischendienstleistungen und Spezialdienste ist es erforderlich, nahe bei den Quellen und Senken des Warenflusses der Kundschaft zu sein. So ist es bspw. unabdingbar, dass Dienstleister mit Geschäftsbeziehungen zur Halbleiterindustrie in den entsprechenden Fertigungsregionen (in Deutschland bspw. München und Dresden) präsent sind.

So funktionieren auch Logistiksysteme, die sequenz- und taktgenau ein Automobilwerk versorgen, nicht über große Entfernungen. Räumliche Nähe zum Kunden ist also eine Voraussetzung für das erfolgreiche Erbringen von Leistungen für den Kunden.

2.2 Der Begriff des Logistikdienstleisters

2.2.1 Begriffsbestimmung

Der Logistikdienstleister spezialisiert sich auf Problemlösungskonzepte rund um den Güteraustausch. Entgegen der Begriffe „Frachtführer“, „Lagerhalter“ oder „Spediteur“ ist er gesetzlich nicht definiert, somit also eine Art Eigenbezeichnung der Branche geworden.

Man findet in der Literatur auch eine hohe Anzahl von Bezeichnungen, die ähnliche Sachverhalte kennzeichnen: „(3rd Party) Logistics Service Provider“, „Logistik Partner“ und so weiter. Gemein ist ihnen jeweils die Aufgabe: Durch weitgehende Übernahme von Leistungen rund um Lager und Transport, die verladende Wirtschaft von Randkompetenzen zu entlasten.

2.2.2 Der Umfang des Leistungsspektrums

Wie auch bei anderen „Make-or-buy“ Entscheidungen spielt bei Entscheidungen über die Vergabe der Logistik die Frage nach Kern- oder Randkompetenz eine Rolle. Verschiedene Auftraggeber ziehen auch die Grenze zwischen Kernkompetenz und Randkompetenz entsprechend unterschiedlich.

In Abgrenzungsgesprächen zwischen dem Logistikunternehmen und dem Auftraggeber wird festgelegt, wer wo (noch) seine eigenen Schwerpunkte sieht.

Letztendlich muss eine Vielzahl von Faktoren berücksichtigt werden, um die Grenze eines möglichen Logistikoutsourcings an einen Dienstleister festzulegen:

Personal- und Kostensituation, Firmenphilosophie und gegenseitiges Vertrauen, Erfahrungsschätze und so fort.

In der Praxis bedeutet dies, dass ein Dienstleister X für den Kunden A „nur" das Lager und die Transporte managt, während Dienstleister Y für Kunden B bereits Produktionsprozesse übernommen hat, Warenbestände vorfinanziert und im Auftrag seines Kunden einen Thekenverkauf im Lagerhaus vornimmt.

2.2.3 Erforderliche Verzahnung der Prozesse und des Informationsflusses

Die Verzahnung der Prozesse setzt enge Kontakte zwischen den Unternehmen auf der Produktions- bzw. Handelsseite einerseits und den Dienstleistern andererseits voraus. Gespräche sind auf allen Ebenen (ausführende Mitarbeiter, Projektebene, Projekt-Steering-Komitees, Geschäftsleitungen), über alle Bereiche (z. B. Mengenplanung, DV-Datenausgleich) und über alle Planungshorizonte erforderlich, um erfolgreiche Produkte im Markt einführen zu können.

Zu diesem Zweck sind umfangreiche und frühzeitige Gespräche zwischen den Partnern notwendig, um die vormals standardisierten Logistikbausteine entsprechend den Kundenanforderungen zu parametrisieren.

Oft helfen gerade im Bereich der elektronischen Datenübermittlung Standards, um ein Ineinandergreifen der Strukturen zu ermöglichen. So sind Barcodeinhalte oder Datenschnittstellen (z. B. EDIFACT-Standard) normiert, um hier eine reibungslose Kunden-Dienstleister-Bindung zu gewährleisten.

Die Projektvorgehensweise wird zwischen den Partnern dokumentiert und die entsprechend erforderlichen Schritte werden veranlasst.

2.3 Schenker als weltweit tätiger Logistikdienstleister

Die Schenker Deutschland AG mit Sitz in Frankfurt am Main ist die deutsche Landesgesellschaft der Schenker AG, Essen.

Schenker unterstützt Industrie und Handel beim globalen Güteraustausch: im Landverkehr, bei der weltweiten Luft- und Seefracht sowie allen damit verbundenen logistischen Dienstleistungen. In der ganzen Welt erwirtschaften 38.000 Mitarbeiter an mehr als 1.100 Standorten einen Gesamtumsatz von € 6,9 Mrd. im Jahr.

Schenker ist für Kunden verschiedenster Branchen aus Industrie und Handel, darunter auch zahlreiche Marktführer in der Beschaffungs-, Produktions- und Distributionslogistik, erfolgreich tätig – Logistik Full-Service unter der Devise: Alles aus einer Hand.

3 Produkte und Dienstleistungen von Logistikdienstleistern

3.1 Historische Entwicklung der Leistungen am Beispiel Schenker

Die Globalisierung der Wirtschaftsbeziehungen und die damit einhergehende zunehmende Tendenz der Wirtschaft, Arbeitsprozesse zu teilen, verlangt von den Dienstleistern, sich entsprechend anzupassen. Somit ist die Firmengeschichte von Schenker durchgängig geprägt von der Entwicklung neuer Produkte und Dienstleistungen.

Bereits 1873 erkannte der Firmengründer Gottfried Schenker den Bedarf der Kunden, mit dem damals führenden Verkehrsträger Eisenbahn, auch Kleinsendungen zu kostengünstigen Sätzen befördern zu wollen. Die Idee des Bahnsammelverkehrs war geboren: Schenker sammelte die Sendungen ein und übergab sie als komplette Waggonladung der Bahn, wodurch geringe Kostensätze möglich wurden.

Schenker begleitete seine Kunden bei der weltweiten Expansion, so dass in den folgenden Jahrzehnten das globale Netz aufgebaut wurde. Bereits 1922 wurde dafür auch das Flugzeug als Transportalternative entdeckt. Während der Schwerpunkt in der Expansion zunächst Europa war, wurde nach dem Zweiten Weltkrieg auch der überseeische Bereich gezielt aufgebaut.

Ein Beispiel für das Vorgehen, für besondere Kunden spezielle Produkte zu entwickeln, zeigte sich ab 1972: Schenker wurde in München erstmals offizieller Spediteur der Olympischen Spiele. In dieser Tradition bewegt sich das Unternehmen bis zu den Spielen von Athen und Turin. Ein spezielles Team mit hoher Erfahrungskompetenz hat auch für das längste Ruderboot eine logistische Lösung parat.

3.2 Heutiges Produktportfolio von Logistikdienstleistern

Logistikdienstleister bieten je nach Größe und Spezialisierungsgrad verschiedene Bereiche der möglichen Leistungspalette ab.

Neben Nischen- und Sonderleistungen kann man die Dienstleistungspalette zunächst nach Verkehrsträgern und dann auf spezielle Sonderleistungen unterteilen.

In der Regel findet man vor:

1. Straßengüterverkehre (Teil- und Komplettladungen, Stückgutverkehre, Liniendienste, Termindienste, Sonderdienste (z. B. Abtrageleistungen), Sonderverkehre)
2. Bahnverkehre
3. Lufttransporte (Importverkehre, Exportverkehre, Standardprodukte, Kundenspezifische Produkte, Termindienste)
4. Seeverkehre
5. Binnenschifffahrt
6. Stationäre Leistungen (Lagerung, Kommissionierleistungen, Mehrwertleistungen)

Darüber hinaus gibt es spezielle Angebote auf dem Markt für besondere Güter. Als Beispiel dienen hier Wert-, Kunst- oder Messetransporte oder die am Beispiel der Olympischen Spiele bereits dargestellte Eventlogistik.

3.3 Anpassung der Standardprodukte zur Kundenlösung

Beim Vertrieb der genannten Leistungen befinden sich Logistikunternehmen im Spannungsfeld zwischen dem Wunsch nach schlanken und am industriellen Standard orientierten Produktionsabläufen und den teilweise hohen Anforderungen, die Kunden an das Handling ihrer Produkte stellen.

Denn einerseits drängen wirtschaftlicher Wettbewerb und dauerhaft steigende Einkaufs- und Produktionskosten zu standardisierten Lösungen mit hohen Durchsätzen, damit die entsprechenden Stückkosten niedrig bleiben. Auf der anderen Seite gibt es Kundenanforderungen, die es zu beachten gilt. Sensible Kunden mit langen, schweren, zeitkritischen, gefährlichen oder diebstahlgefährdeten Gütern verlangen eine vom üblichen Standard abweichende Behandlung.

Bei einer Lagerabwicklung müssen entsprechend Wassergefährdungsklassen und Zusammenlagerverbote berücksichtigt werden, im Bereich der Lebensmittel-, Medikamenten- oder Chemielagerung müssen Produktionschargen und Verfallsdaten verwaltet werden.

Oft sind die Abstimmungsgespräche von einer so hohen Komplexität geprägt, dass entweder Beratungsunternehmen eingeschaltet werden, oder aber der Dienstleister vor der eigentlichen Angebotserstellung das Consulting übernimmt.

All diese Umstände erklären, wieso logistische Dienstleistungen fast immer erst nach umfangreichen Gesprächen mit dem Auftraggeber angegangen werden können. Dies ist auch der Grund dafür, wieso im logistischen Bereich – außer möglicherweise beim reinen Transport von A nach B einer standardisierten Größe –

niemals ein Preis nach Preistafel angegeben werden kann, sondern individuelle Tarife kalkuliert werden sollten.

3.4 Von den Produktbausteinen zum „Supply Chain Management"

Aus dem Zusammensetzen der oben erwähnten Bausteine werden für Kunden Lieferketten gebildet: Ein elektronisches Gerät kommt per Container aus Fernost nach Hamburg, dieser wird dort entladen, das Gerät verzollt, getestet und eingelagert. Dann erfolgen die Kommissionierung und der Transport im Stückgutdienst an den binnenländischen Bestimmungsort.

Aus dem Ineinanderspielen der unterschiedlichen Leistungen eines Logistikdienstleisters ergeben sich Vorteile, da die Schnittstellen unter einheitlicher Regie laufen und dem Kunden somit ein Ansprechpartner für alle Fragen zur Verfügung steht.

Das Steuern der entsprechenden Lieferketten wird als „Supply Chain Management" bezeichnet.

3.5 Die Produktbausteine von Schenker

Schenker kann Kunden eine umfangreiche Palette an entsprechenden Dienstleistungen bieten. Die weiter oben genannten Standardleistungen sind Bestandteile im Portfolio des Unternehmens. Für die Innovation bei der Entwicklung neuer Produkte und Dienstleistungen dienen folgende Beispiele:

3.5.1 Kundenorientierte „Hub-and-Spoke-Verkehre"

Anfang der 90er Jahre wurde durch Schenker als erster Stückgut-Systemdienstleister die Hub-and-Spoke-Systematik in Deutschland eingeführt. Beim Hub-and-Spoke-System (Speiche-Nabe-System) treffen sich an einem definierten Punkt (in diesem Fall Friedewald an der Autobahn A4, zwischen Bad Hersfeld und Eisenach gelegen) allnächtlich Fahrzeuge aus den rund fünfzig Schenker Geschäftsstellen, um Überhänge aus den Linien auszutauschen oder Relationen zu bedienen, die wirtschaftlich im Direktverkehr nicht betrieben werden könnten. Das so entstehende Netz gleicht Fahrradspeichen, die sich in der Mitte alle treffen: Daher Hub-and-Spoke.

Das System sorgt für kürzere Sendungslaufzeiten im Fernverkehr und reduziert Fahrzeugumläufe und damit die Schadstoffemissionen. Durch den Einsatz von

Jumbo-Cargo-Boxen (Doppelstock-Wechselbrücken) wird der Laderaum bestmöglich ausgenutzt.

Das System wurde mittlerweile um Regional-Hubs in Hannover und Nürnberg erweitert.

3.5.2 Lager- und Mehrwertleistungen

Einen Schwerpunkt im Portfolio bildet das Produkt „schenkerlogistics *distribution*“, unter dessen Bezeichnung auch die transportangebundenen Lageraktivitäten durchgeführt werden.

Dem Trend zur Durchführung von Mehrwertlogistik folgend, werden diese Leistungen unter der Produktgruppe eurocargo*store*plus abgebildet. Zu diesen Mehrwertleistungen zählen u. a.

- Auftragserfassung und -abwicklung
- Konfektionierung
- Bestandsmanagement
- Logistikberatung
- Qualitätskontrolle und Funktionsprüfung
- Musterziehungen
- Aus- und Umpacken
- Etikettieren
- Verpackungsservice

Mittlerweile fertigt Schenker an seinen Standorten im Auftrag der Kunden bereits komplette Anbausysteme oder übernimmt die Füllung und Aufladung von Autobatterien.

3.5.3 Kundenorientierung bei Schenker

Kundenorientierung ist ein zentraler Punkt in der Firmenphilosophie von Schenker.

Ziel ist hier, dass dem Kunden durch einen Dienstleister die gesamte Bandbreite speditioneller Dienstleistungen angeboten werden kann, nach dem Motto „one face to the customer“. So entstand die Denkweise vom „Full Service Provider“. Nicht nur die kommunizierten Standardprodukte werden angeboten, sondern – wo immer wirtschaftlich darstellbar – wird auf kundenspezifische Anforderungen eingegangen.

Dafür ist die Kundencenter-Philosophie ein Zeichen für den weitgehenden Aufbau von Kundenbetreuungssystemen.

In jeder Geschäftsstelle des Produktbereichs Land wurde ein Kundencenter eingerichtet, das für die professionelle Kommunikation mit dem Kunden zuständig ist.

In Berlin bspw. sind acht Mitarbeiter im Kundencenter beschäftigt. Ausgestattet mit einer speziell für diese Zwecke eingerichteten Telefonanlage und einem Beamer, der die aktuellen Standorte der Auslieferfahrzeuge ständig vor Augen hält, sind die Damen und Herren mit den Kunden im Kontakt. Diese Gespräche werden sowohl „inbound" (Kunde erkundigt sich beim Dienstleister) als auch „outbound" (Dienstleister spricht Kunden an) geführt.

Die so ermittelten Anforderungen der Kunden fließen zusammen mit den Erkenntnissen des Außendiensts direkt in die Produktgestaltung mit ein und waren somit eine große Hilfe beim Aufbau des Logistikzentrums Berlin-Nord.

4 Das Logistikzentrum Berlin-Nord als kundenorientierte Logistiklösung

4.1 Der Logistikstandort Berlin

4.1.1 Besonderheiten des wirtschaftlichen Umfelds von Berlin

Die wirtschaftliche Situation in und um Berlin wird geprägt durch die Ereignisse der neueren bundesdeutschen Geschichte. Zum einen befinden sich die „Neuen Bundesländer", und hier kann man gedanklich zumindest den Ostteil Berlins mit dazunehmen, nach dem Zusammenbruch der wirtschaftlichen Zusammenarbeit der sozialistischen Staaten bekannterweise in einem Umbruch und haben bei weitem noch nicht den westdeutschen Standard erreicht.

Zum anderen wurde Berlin nach dem Fall der Mauer und der Entscheidung des deutschen Bundestags, seinen Sitz an die Spree zu verlagern, verstärkt Verwaltungs- und Regierungsmetropole. Dies hatte zur Folge, dass Berlin immer mehr zum Verbrauchsgebiet wurde, also zu einer materialflusstechnischen Senke.

4.1.2 Auswirkungen des wirtschaftlichen Umfelds auf den Logistikmarkt

Die oben geschilderten Ereignisse führten aus Sicht von Speditionen und Logistikdienstleistern zu einer schwierigen Situation. Zwar haben sich in und um

Berlin noch traditionelle Unternehmen verschiedener Industriezweige gehalten: Elektrotechnik, Bahn- und Kraftfahrzeugbau, Genussmittel- und Pharmaindustrie stellen ein wirtschaftliches Gegengewicht zu Politik, Finanzwelt und Tourismus dar. Dennoch ist das Gesamtvolumen über die letzten Jahre gesehen rückläufig.

Des Weiteren fehlt auf Grund des geringen Industrialisierungsgrads generell das Volumen, damit Dienstleistungsunternehmen zu geringen Stückkosten produzieren können. Auf der anderen Seite sind die Warenströme extrem unpaarig: Ein Vielfaches an Verbrauchsgütern geht in die Stadt hinein, verglichen zu dem Volumen, welches als Gütersendungen wieder die Stadt verlässt. Dies bedeutet, dass Transportunternehmen ihre Kapazitäten nicht paarig auslasten können, was wiederum Leerfahrten aus dem Berliner Raum heraus zur Folge hat.

4.1.3 Chancen aus der besonderen Situation

Die besondere Situation der Hauptstadt erweist sich aber auch als Chance für einen Logistikdienstleister: Einerseits ist Berlin mit seinen knapp vier Millionen Einwohnern allein im Stadtgebiet eine Hauptsenke im Warenfluss vieler Unternehmen. Da es oft Sinn macht und in machen Fällen sogar dringend erforderlich ist, zeitkritische Waren nahe der Empfänger zu lagern, um kurze Reaktionszeiten gewährleisten zu können, entsteht hier eine Nachfrage des Markts nach Lagerdienstleistungen. Müssen kurzfristig Produktvarianten erzeugt werden, steigt außerdem die Nachfrage nach Mehrwertdienstleistungen.

Eine ganz besondere Dienstleistung von Schenker hat ihre Wurzeln in Berlin: die Gebäudelogistik. Als die Investoren am Potsdamer Platz die Planungen für die Bautätigkeiten vorantreiben ließen, wurde ihnen schnell klar, dass das neue Zentrum Berlins mit einer extrem hohen Bebauungsdichte auch unter logistischen Gesichtspunkten (Ver- und Entsorgung) entsprechend eine Steuerung benötigen wird.

Die Gebäudekomplexe halten nun Ver- und Entsorgungstiefgaragen vor, die eine vom sonstigen Besucherverkehr losgelöste Logistik erlauben. Die Bewirtschaftung dieser fußballfeldgroßen unterirdischen Versorgungsgaragen obliegt Dienstleistern, wobei auch hier Schenker umfangreich eingebunden ist. Aus der reinen Bewirtschaftung ergaben sich zahlreiche Ansätze für weitergehende Dienstleistungen wie Kurierdienste, externe Lagerdienstleistungen und Luftfrachtabwicklungen.

Dies mag als Beispiel dienen, Kundenanforderungen auch unter besonderen Bedingungen zu meistern.

4.2 Schenker in Berlin

Die Geschäftsstelle Berlin der Schenker Deutschland AG ist ein wichtiger Pfeiler im nationalen und internationalen Systemverbund der Schenker AG. Innerhalb dieses Verbunds ist das Haus für die Abholung und Zustellung innerhalb der Hauptstadt sowie weiten Gebieten des Umlands zuständig. 250 Mitarbeiter arbeiten unweit des Flughafens Berlin Tegel in den Bereichen Transport und Logistik.

4.3 Die Entwicklung der Dienstleistungen rund um das Logistikzentrum

4.3.1 Produktbeschreibung: Das Logistikzentrum Berlin-Nord

Um den Kundenanforderungen an umfangreiche logistische Dienstleistungen gerecht zu werden, hatte Schenker Berlin in der zweiten Jahreshälfte 2000 seine Transport- und Logistikaktivitäten stark erweitert. Dazu wurde das Logistikterminal Berlin-Nord entwickelt und in den Markt eingeführt. Entsprechende Überlegungen gab es schon länger, zu diesem Zeitpunkt waren aber die Kundenanfragen so zahlreich, dass das verbleibende betriebswirtschaftliche Risiko begrenzt und überschaubar war.

Beim Logistikzentrum Nord handelt es sich um ein modernes Hochregal- und Blocklager auf einer Lagergrundfläche von rund 13.000 qm, davon über die Hälfte regalisiert.

Das Lager zeichnet sich durch modernes Lagerequipment, einen belastbaren Hallenboden, umlaufende Lampen, Heizung, Bewachung, Sprinkleranlage, Feuermeldesysteme und Werkstätten aus.

4.3.2 Maßnahmen vor der Produkteinführung

Im Juni 2000 wurden bei Schenker die ersten Planungsschritte vorgenommen. Anlass war die Tatsache, dass ein Kunde des Unternehmens sein Lager outsourcen wollte. Schenker übernahm die Infrastruktur inklusive des qualifizierten Personals und gliederte das Lager in das eigene Unternehmen ein. In der Luftfahrtindustrie würde man vom „Launching Customer“ sprechen. Innerhalb von vier Monaten wurde das Konzept entwickelt, das Lager gestaltet und in den Markt eingeführt. Startschuss für das Logistikterminal war im November 2000.

Da Schenker Berlin schon zu Beginn mehrere Großkunden für das Lagergeschäft gewinnen konnte, hatte das Unternehmen eine gute Ausgangsposition für eine erfolgreiche Dienstleistungseinführung. Ziel für die nächsten Jahre ist ein überdurchschnittliches Auftragswachstum, das durch Ausbau der Lagerflächen und Optimierung des Lagerportfolios erreicht werden soll.

4.3.3 Die Produkteinführungsphase

Die Kunden wurden auf verschiedene Art und Weise im Entscheidungsprozess zur Dienstleistungsentwicklung berücksichtigt. Zum einen kannte Schenker den Bedarf nach Lagertätigkeiten bei den Kunden. Zum anderen wurde gezielt der Markt untersucht. Schon im Sommer 2000 führte der Vertrieb persönliche Einzelgespräche mit den wirtschaftlich interessanten A- und B-Kunden durch.

Weiterhin wurde im Rahmen einer Diplomarbeit die Zukunftsfähigkeit des Produkts im Vergleich zu den anderen Geschäftsfeldern untersucht und als sehr kundenorientiert und chancenreich bewertet.

Mit der Aufnahme des Lagerhaltungsgeschäfts konnte somit ein wichtiger Schritt zur Abrundung des Leistungsportfolios hin zum Full-Service-Dienstleister sowie zur Ausweitung des Geschäfts getan werden.

Nach der Entscheidung zum Start des entsprechenden Angebots liefen ab Sommer 2000 die Aufbautätigkeiten parallel an.

Auf der einen Seite wurde rollierend die Wirtschaftlichkeit der Leistungen über ein unternehmensinternes Kalkulationsprogramm geprüft. Dieses auf Erfahrungswerten aus anderen Projekten basierende Kalkulationstool ermöglichte dem Projektteam auch, entsprechende Manpowerabschätzungen für die einzelnen Leistungen vornehmen zu können.

Des Weiteren wurden die notwendigen Bestellungen in Lagertechnik, Fördertechnik und DV getätigt. Der Vertrieb und das Kundencenter blieben kundenseitig „am Ball“.

Das ganze Vorgehen wurde vom Logistik-Verantwortlichen der Schenker-Geschäftsstelle organisiert, der gleichzeitig als Projektmanager auftrat. Das Projektcontrolling oblag dem Geschäftsstellenleiter.

Im Zusammenhang mit der hohen Individualität der einzelnen Leistungen wurde auf die Erstellung eines Produktmodells verzichtet. Stattdessen wurde für die einzelnen Kunden mit ihren Projekten das Leistungsspektrum individuell definiert. Somit wurden für die einzelnen Aufträge ggf. Prozessmodelle vereinbart, in denen die vorgesehenen Abläufe entsprechend festgeschrieben worden sind. Ähnlich sind auch die Preise individuell kalkuliert worden, pauschale Abrechnungspreise sind nur in wenigen speziell definierten Fällen (z. B. Handling von Europaletten) möglich.

4.3.4 Der Stand der Entwicklung nach 5 Jahren

Die Dienstleistungsentwicklung schließt mit der Einführung am Markt ab. Das Lagergeschäft wurde bei Schenker Berlin im November 2000 aufgenommen. Seitdem gab es von den Kunden vielfach positives Feedback. Durch die nun verfügbare Immobilie kann Schenker für Kunden die gesamte Palette logistischer Leistungen übernehmen. Neben der oben erwähnten Durchführung von Lager- und Kommissionierleistungen werden bereits umfangreiche Mehrwertdienstleistungen durchgeführt. Das Logistikzentrum entwickelte sich zu einem so genannten „Multi-Customer-Warehouse", in dem mehrere Dutzend Kunden bedient werden. Außer den Fertigwaren eines örtlichen Werks aus der Baustoffbranche finden sich Kunden aus der Lebensmittel-, Werbe- und Maschinenbauindustrie. Kundenvorteil ist dabei die Nutzung weitergegebener Synergieeffekte und die erhöhte Flexibilität bei der Bereitstellung von Technikressourcen und Mitarbeiterkapazitäten. Es bleibt festzuhalten, dass Schenker nun in der Lage ist, aus seiner Lager- und Transportorganisation zusammen Komplettlösungen anzubieten, die weite Teile des Kundenmaterialflusses abbilden können.

Aus Kundensicht bedeutet dies, dass Schenker nicht nur die Verantwortung für die Transporte von A nach B übernimmt, sondern auch in Verbindung mit Lager- und Mehrwertleistungen umfangreichere Verantwortungen übernehmen kann. Entsprechende Kundenaussagen bestätigen dies.

Beiderseits führt dies zu einer engen Verknüpfung der Zusammenarbeit und bedeutet eine zukunftssichere Basis der Kooperation. Erfreulich zeigt sich, das zahlreiche Kunden dem Logistikzentrum seit vielen Jahren treu sind. Aus einer reinen „Kunden-Dienstleister-Beziehung" hat sich eine stabile Logistikpartnerschaft entwickelt.

4.3.5 Das Logistikzentrum und die Kundenzufriedenheit

Um die von den Kunden gestellten Anforderungen des Leistungsangebots zu berücksichtigen, werden bei Schenker regelmäßig Umfragen durchgeführt. Das Unternehmen beabsichtigt, jährlich wenigstens eine umfassende schriftliche Kundenzufriedenheitsanalyse abzuwickeln. Hinzu kommen einzelne, vom Kundencenter durchgeführte telefonische Kundenbefragungen. Schenker ermittelt über diese Befragungen, wie der Servicegrad aktuell vom Kunden bewertet wird und wo sich noch Verbesserungspotenziale befinden. Die Fragebögen sind thematisch strukturiert, und es finden sowohl offene wie auch geschlossene Fragen Verwendung. Mit diesen Kundenbefragungen hat Schenker eine wichtige Methode im Einsatz, um dauerhaft Anregungen für Optimierungen zu lokalisieren.

In den vergangenen Jahren wurden die Prozesse durch den Einsatz eines modernen Lagerverwaltungssystems optimiert. Dieses System basiert auf dem aktuellen Stand der Technik und ermöglicht bspw. eine datenfunkunterstützte Kommissionierung und eine optimierte Abarbeitung der Kommissionieraufträge. Als vorteilig erwies sich die Tatsache, dass das eingesetzte System bei Schenker einen hohen Durchdringungsgrad in den einzelnen Geschäftsstellen hat. Kunden profitieren von Entwicklungen in anderen Projekten, da die daraus resultierenden DV-Features anschließend nach einem Update auch dem lokalen DV-System zur Verfügung stehen.

Mit dieser Ausstattung – moderne Immobilie, motivierte Mitarbeiter und hochmoderner Datenverarbeitungstechnologie – ist das Logistikzentrum Berlin-Nord für die Kundenwünsche der Zukunft gut gerüstet.

5 Gesamtwertung für das Unternehmen

Die Erfahrungen aus Berlin unterstreichen, dass bei der Übernahme logistischer Tätigkeiten von Kunden, einschließlich der Durchführung von Mehrwertleistungen, entsprechende Umsatzausweitungen zu erzielen sind. Im Kontakt mit den Unternehmen finden sich weiterreichende Ansätze, teilweise auch speditionell atypische Aufgabenbereiche zu übernehmen. Während der klassische Transportmarkt auf einen reinen Verdrängungswettbewerb hinausläuft, sind im Bereich der weitergehenden Logistikleistungen – auch im schwierigen wirtschaftlichen Umfeld – durch das Akquirieren neuer Aufgabenfelder Erfolg versprechende Kundenaufträge zu erzielen. Das Berliner Projekt zeigte, dass auch für den Dienstleistungsbereich gilt, was einst Ernst Reuter über diese Metropole sagte: „Schaut auf diese Stadt!“.

Einführung eines Betriebsführungskonzepts im Fachgebiet Back-Office Services

Jörg Rombach
T-Systems, Ulm

Inhalt

1 Aktuelle Situation

Serviceunternehmen stehen heute vor einer Vielzahl von Herausforderungen:

- Die immer kürzer werdenden Integrationszyklen von Neuprodukten,
- der dynamisch technischen Entwicklung,
- der zunehmenden Globalisierung und
- der Wettbewerb um die besten Fachkräfte.

Führungskräfte unterschiedlicher Ebenen werden oft ohne vorherige Warnung vor Entscheidungen gestellt, die es ihnen – und nicht nur ihnen! - immer schwerer machen, ihr Unternehmen auf Kurs zu halten, geschweige denn einen Vorsprung vor der internationalen Konkurrenz und dem Mitbewerb zu gewinnen bzw. diesen zu halten oder auszubauen.

Hierbei soll dieser Beitrag eine Orientierungshilfe bieten. Es geht aber auch darum, in gangbaren, kleinen und nachvollziehbaren Schritten, den von dem IT-Service-Anbieter Siemens Business Services in diesem Bereich beschrittenen und auch in der Praxis erprobten Weg zu beschreiben.

„Bfk" steht für das Betriebsführungskonzept. Das Bfk ist das Resultat einer über zwei Jahre währenden Analyse eines Betriebebereichs unter folgender Fragestellung:

1. Was macht ein Unternehmen und auch die Einzelnen in diesem Unternehmensbereich agierenden Menschen erfolgreich?
2. Warum sind manche Unternehmensbereiche erfolgreicher als andere?

Ein zentrales Ergebnis der Untersuchungen ist: Nicht die berufliche Ausbildung, nicht die vorhandenen Kenntnisse oder das eingesetzte Kapital ist entscheidend für den Erfolg, sondern vielmehr die dabei angewandten Strategien und deren Umsetzung in die Praxis.

2 Qualitätsorientierte Teamentwicklung

„Nichts ist so beständig wie der Wandel" – Hinter diesem Satz verbirgt sich ein ernst zu nehmender Sachverhalt in unserem Wirtschaftsleben. Wer stehen bleibt, wird von anderen überholt und verliert seine Wettbewerbsposition. Weltweit befinden sich Wirtschaftsunternehmen sowie die Politik und die Gesellschaft im Umbruch. Dies fordert von den jeweiligen Unternehmenseinheiten, Fachgebieten und ihren Führungskräften sowie ihren Mitarbeiterinnen und Mitarbeitern ganzen Einsatz. Der Stillstand über nur ein, manchmal auch zwei Jahre, kann erhebliche Einbußen in der Positionierung des Unternehmens als Ganzes oder auch einzelner

Unternehmenszweige hervorrufen. Die Maßnahmen im Rahmen von vorgeschlagenen Basisthemen sowie vereinbarten Entwicklungssysteme zeigen uns dann oftmals eine erhebliche Kostendifferenz zum Mitbewerb.

Das heißt:
Die Zielrichtung der Veränderungen gibt in erster Linie der Kunde vor, der letztendlich die Maßstäbe für die Qualität der Produkte setzt. Auf seine Anforderungen und Engpässe muss sich die Strategie unseres Unternehmens ausrichten. Die Einführung von durchgängigen Prozessen ist somit notwendig.

Erfolgreiche Unternehmensführung wird heute daran gemessen, wie sensibel das Unternehmen, die Führungskräfte, die Betriebsleiter in ihrer Rolle und die Mitarbeiter den Veränderungsbedarf, neue Betätigungsfelder und neue Serviceumgebungen akzeptieren und sich hierbei einbringen [1].

Wie soll vorgegangen werden?
Im Wettbewerb ist derjenige am erfolgreichsten, der die beste Problemlösung für den Kunden bietet. Somit geht es darum, die Stärken des eigenen Fachgebiets, der Führungskräfte und Mitarbeiter zu entdecken und auszuspielen. Es geht auch um die kundenorientierte Gestaltung unserer Themenfelder und themenorientierte Ausrichtung des Business. Die Dienstleistungen, Strukturen, Prozesse und Abläufe müssen schnörkellos und sofort an den Bedürfnissen und Interessen der Kunden ausgerichtet werden. Den Veränderungsbedarf zu erkennen und Veränderungen umzusetzen, ist ein kontinuierlicher Prozess, und zwar nicht nur von der Leitung oder dem Leitungskreis, sondern auch für alle Führungskräfte und Mitarbeiter vor Ort. Wenn es nicht gelingt, alle Gruppen, ihre besonderen Stärken, Neigungen und Potenziale einzubinden, ihre Identifikation mit der Aufgabe und dem Unternehmen herbeizuführen, sie für ihre Probleme zu sensibilisieren und zu Problemlösungen zu befähigen, wird die komplexe Aufgabe des Veränderungsmanagements nur schwer zu bewältigen sein (vgl. Abbildung 1).

Das Humankapital ist der wichtigste Faktor für den Erfolg unseres Fachgebiets und wird an Bedeutung gewinnen, da Technik und Organisation immer vergleichbarer und reproduzierbarer werden. Benötigt werden kompetente, motivierte, selbstbewusste und engagierte Mitarbeiter und Führungskräfte sowie eine Kultur der Offenheit und des Vertrauens.

Hier setzt die qualitätsorientierte Teamentwicklung an. Es versteht sich von selbst, dass die qualitätsorientierte Teamentwicklung nicht am grünen Tisch stattfindet, sondern in konkreten Prozessen im Unternehmensbereich. Nur wenn der Prozess es erfordert, greifen weitere Personalentwicklungsinstrumente, z. B. direkt am Arbeitsplatz. Die Teamentwicklung ist gemäß unserer Personalstrategie zunächst individuell angelegt, dass Veränderungsmanagement, welches wir durchführen ist team- und transferorientiert. Die „lernende Organisation“ erschließt Wissens- und Know-How-Potenziale, macht sie transparent und entwickelt sich stets selbst weiter.

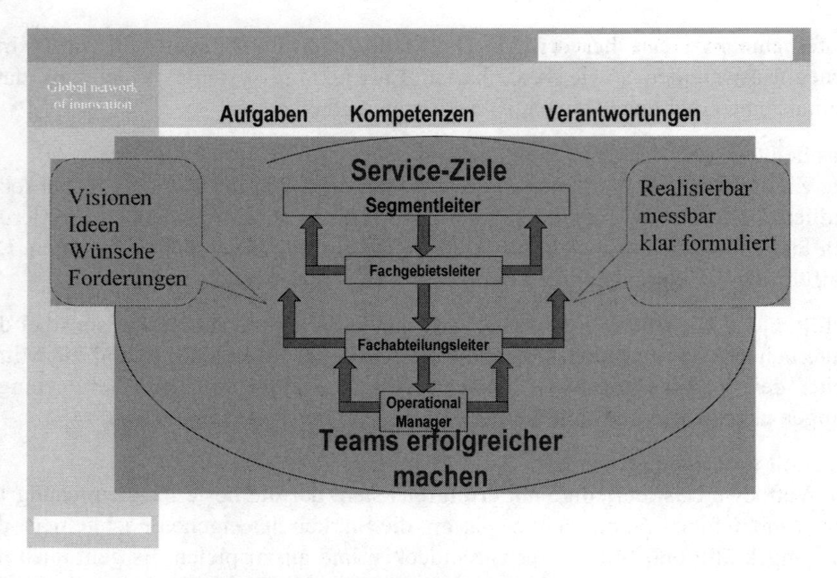

Abbildung 1: Zielvereinbarungsprozess

Die qualitätsorientierte Teamentwicklung ist die wichtigste Basis für die Weiterentwicklung des Unternehmens. Der Beginn mit der Einführung eines standardisierten Betriebsführungskonzepts in Deutschland, Geschäftsdurchsprachen, die Weiterentwicklung über entsprechende Zielvereinbarungen und die Abprüfung der Zielerreichung über Mittel und Methoden, die eine effiziente Kontrolle und einen Kontrollmechanismus möglich machen, war der Ansatz, um auf dieser Basis weiter voranzuschreiten. Hinter dieser Idee steht ein partizipativer Führungsansatz, der mit motivierten Mitarbeiterinnen und Mitarbeitern zu höherem Kundennutzen und Unternehmenserfolg führen wird. Dies gepaart mit denen in den weiteren Kapiteln beschriebenen Voraussetzungen und in der Historie vorbelegten Aktionen wird unseren Erfolg auf mittelfristige Sicht sicherstellen.

2.1 Nutzung der Mitarbeiterstärken

Veränderungen – sei es in den Unternehmenstrukturen oder in dem menschlichen Verhalten – finden meistens nur statt, wenn ein Leidensdruck vorhanden ist [2].

Ein aufgesetzter Strategie- und Orientierungsworkshop brachte einiges an kritischen Punkten zu Tage, die Führungskräfte als auch Mitarbeiterinnen und Mitarbeiter resignieren ließen. Auf den Punkt gebracht waren es die nicht oder zu gering kommunizierten Visionen, Missionen und Inhalte in der Unternehmensentwicklung. Anlass sind oft die Wahrnehmung von Störungen in der Zusammenarbeit, im Arbeitsablauf, bei den Arbeitsergebnissen oder eine verschlechterte Wettbewerbsposition. All diese Dinge wurden im Geschäftsjahr 2001 analysiert und erarbeitet.

Wir – das ist der erweiterte Führungskreis – führten daraufhin in den Monaten März und April 2001 eine Prozessstandardisierung über sämtliche Betriebe in Deutschland ein. Diese hat den Namen: *Einführung eines Betriebsführungskonzepts des Fachgebiets Back-Office Services*.

Wir begannen eine Analyse des eingeführten Zustands im Monat März 2001 durch Berichterstattung einer jeden Führungskraft.

Wir stellten einen Unterschied zwischen der Darstellung durch die jeweilige Führungskraft und der realistisch vorhandenen Prozessabläufe, im Rahmen von Qualitätsengpässen, über die gesamte Organisation fest.

Wir beauftragten auf dieser Basis ein Review über ausgewählte Best-in-Class als auch Problembetriebe. Der durchgeführte Betriebsreview spiegelte uns klar, dass die Arbeitsabläufe und die Arbeitsergebnisse nicht unserer Wahrnehmung als zentraler Führungskreis entsprachen.

Wir brachten einen Controlling- und Unterstützungsprozess in die Organisation. Dieser zeigte uns wiederum, dass eine Entwicklung auf Basis von starkem Controlling und klaren Zielvereinbarungen mit festen Terminen sowie Nachfrage der Terminrealisierung und kritischer Prüfung möglich ist.

Wir führten den „Orientierungsworkshop" und einen „Follow up Workshop" mit sämtlichen Führungskräften im Rahmen des erweiterten Führungskreises, der aus Fachgebietsleiter, Fachabteilungsleitern und Operational Managern besteht, durch. Auch hier erfolgte der Umbruch nur langsam, bei manchen Mitarbeitern nicht.

Wir bemerkten, dass die Gesamtorganisation in einen Strudel des Abreisens von unseren hohen qualitativen Basisgrundlagen hineinmanövrierte und dass auch durch eine sehr starke Segmentierung die Prozesse in ihrer Durchgängigkeit unterschiedlich gelebt wurden.

Wir erkannten, dass unser Fachgebiet gut unterwegs war und auch sehr gute Geschäftszahlen erreichte, aber weitere Segmentbestandteile sich weitaus negativer, teilweise auch bis tief in kritische wirtschaftliche Bereiche entwickelten.

Diese Unzufriedenheit mit den gegebenen Verhältnissen, gepaart mit Verantwortungsbewusstsein, gab und gibt uns die Impulse für Veränderungen.

2.2 Anforderungsprofile

Vor dem Hintergrund dieser genannten Konstellationen lässt sich ein Anforderungsprofil zeichnen, das in seinen Kernelementen für alle Führungskräfte wie

Mitarbeiterinnen und Mitarbeiter gleichermaßen zutrifft, wenn auch die Ausprägungen der einzelnen Merkmale differieren können. Die wesentliche Voraussetzung ist nach wie vor ein solides, auf die Aufgabe oder das Berufsfeld ausgerichtetes Basiswissen, die *Fachkompetenz*. Sie alleine reicht aber nicht aus, um Prozesse zu beherrschen und geforderte Qualitätsstandards zu gewährleisten. Hier sind zusätzliche *Methodenkompetenz* und *Sozialkompetenz* gefragt, vor allen Dingen aber *Persönlichkeit*. Es werden Führungskräfte und Mitarbeiter benötigt, die einen geschärften Blick für Probleme und Kundenengpässe in ihrem beruflichen Umfeld haben, die in der Lage sind, Probleme zu konkretisieren und ihre Stärken systematisch für deren Lösung einzusetzen, und die das Format haben, ihre Meinung selbstbewusst zu artikulieren.

Mehr Mitarbeiterpartizipation, weniger Führungsmacht, mehr Partnerschaftsdenken sind angesagt. Insofern geht qualitätsorientierte Teamentwicklung auch mit der Formierung einer speziellen *Unternehmenskultur* einher, die Führungskräften und Mitarbeiterinnen sowie Mitarbeitern einerseits mehr Eigengestaltung und Verantwortung überlässt, auf der anderen Seite aber höhere Leistungs- und Qualitätsansprüche stellt – die Basis für die Formulierung und Einführung eines standardisierten Betriebsführungskonzepts.

3 Management heterogener Umgebungen

Ein Betriebsführungskonzept sorgt für ein hoch verfügbares, effizientes und kostengünstiges Gesamtsystem.

Die Verteilung von Daten und Anwendungen macht Unternehmensnetze an sich schon komplex und heterogen genug. Kommt das elektronische Geschäft hinzu, erhöht sich die Komplexität um ein Vielfaches. Wird nicht rechtzeitig gehandelt, explodieren die Kosten und die Effizienz bleibt auf der Strecke. So weit muss es aber nicht kommen. Konzepte für durchgehende Geschäftsprozesse, auch über unterschiedliche Systemplattformen hinweg, gibt es bereits.

Das hohe Ziel eines verteilten und dennoch harmonierenden Unternehmens ist, abgesehen von geeigneten technologischen Integrationsverfahren, nur mit einem professionellen Betriebsführungskonzept gepaart mit einer qualitätsorientierten Teamentwicklung zu erreichen. Ein solches Konzept garantiert, dass das Gesamtsystem hochverfügbar, effizient und unter dem Kostenstrich wirtschaftlich betrieben werden kann. Oder anders ausgedrückt: ohne ein professionelles Betriebsführungskonzept ist und bleibt selbst das aus technologischer Sicht bestintegrierte und flexibelste Gesamtsystem nur ein Stückwerk.

- Was ist ein Betriebsführungskonzept?
  Ein Betriebsführungskonzept beschreibt den Prozess der Betriebsführung. Die Prozesse sind mindestens durchgängig in der für die in der Geschäftsein-

heit festgelegten und geltenden Regelprozesse.

Die im Rahmen der Leistungserbringung oder aber auch der Dienstleistung durchzuführenden Tätigkeiten werden in ihrer Gesamtheit beschrieben, dargestellt, die Nahtstellen ausgewiesen, die kritischen Größen beschrieben und die Risiken in der Durchführung der Leistungserbringung beleuchtet.

- Was ist ein Betriebskonzept?
  Ein Betriebskonzept ist die Beschreibung der technischen Zusammenhänge zur Leistungserbringung an einem Gesamtsystem. Gesamtsysteme können zum Beispiel sein: der E-Mail-Service. Die einzustellenden Parameter im System, deren Einflüsse auf benachbarte Systeme und die Optimierung des Gesamtsystems bis hin zur Sicherstellung der im Kundenvertrag vereinbarten Servicelevel, ist die Zielrichtung der technischen Beschreibung im Betriebskonzept.

3.1 Ziele fokussieren

Doch wie zum professionellen Betriebsführungskonzept finden?

Die generellen Ziele, die darüber erreicht werden sollten, sind klar:

- Erhöhung der Kundenzufriedenheit,
- Fokussierung auf das People-Business-Service Geschäft,
- Reduzierung der Betriebskosten für die gesamte IT-Landschaft,
- Erhöhung der Verfügbarkeit und Leistungsfähigkeit der Gesamtinstallation, getragen durch Administrationsarbeitsplätze, Server, Netzkomponenten, Anwendungen, Tools, Verfahren, Dienste und Datenbanken,
- Beschleunigung und höhere Qualität der Benutzerunterstützung und
- Netz-, System- und Software-Management sowie darüber hinaus Inventarisierung unter Einsatz eines Helpdesks sind die prädestinierten Verfahren, um das Betriebsführungskonzept mit Leben zu erfüllen.

3.2 Komplexität mindern

Vor dem abgestimmten Einsatz dieser Managementdisziplinen galt es, die Systemkomplexität auf ein notwendiges Maß zu reduzieren. Um das zu erreichen, wurde an verschiedenen Stellschrauben gedreht. Folgende Stellschrauben werden als wichtig angesehen:

Themenorientierte Ausrichtung: Durch die themenorientierte Spezialisierung eines Betriebs erfolgt die punktuelle Ausrichtung auf ein bestimmtes Themenfeld.

Dieses Themenfeld soll die Spezialisierung des Best-in-Class-Services für den Kunden auf Basis der vertraglichen Vereinbarungen sicherstellen. Es bringt weiterhin den Vorteil der kostenredundanten Aktionen z. B. im Rahmen von Vergleichen mit dem Mitbewerb.

Prozesse auf ein notwendiges Maß reduzieren und die Prozessabläufe genau dokumentieren: Das trägt zu schlankeren und transparenteren Geschäftsabläufen bei und reduziert die Wahrscheinlichkeit von Fehlern und Fehlerrecherchen entlang der Geschäftsprozessketten.

Wichtige Daten zentralisieren: Nur so sind diese Daten für die Administratoren immer im schnellen und hoch verfügbaren Zugriff.

Zusammenführen des Wissens der Administration. Im zurückliegenden Zeitraum zeigte sich für uns als Service-Dienstleister, dass die Zusammenführung des Wissens mit einhergehender Halbwertzeit der heutigen Wissensbasis eine wichtige Grundlage für effizientes Management und das „Leben" des Betriebsführungskonzepts sind. Das vermindert die Gefahr von verschiedenartigen Systemumgebungen in unterschiedlichen Standorten und erhöht die Qualität durch Nutzung der besten Tools und Verfahren an sämtlichen Standorten. Hervorzuheben ist hierbei auch eine übergreifende Austauschbarkeit sofern ein Dienstleister z. B. über die gesamte Bundesrepublik verteilt arbeitet und so die jeweils beste Lösung eines Standorts verallgemeinert wird.

Den Einsatz von Terminal-Services für die Administration prüfen: Durch diesen Zentralisierungsschritt wird die Komplexität in der Administration zusätzlich vermindert. Parallel trägt dieser Schritt zu einer erheblichen Betriebskostenreduzierung bei, weil die komplette Anwendungsintelligenz einschließlich der Daten zentral überwacht, bearbeitet und verwaltet werden kann.

Heterogenität der eingesetzten Systeme auf ein Mindestmaß zurückfahren: Das gilt besonders für Clients aber auch für Server, Netzwerk-Komponenten, eigenentwickelte Tools, zentrale Anwendungen wie Report-Management sowie Datenbanken.

Die installierten Server so weit wie möglich zentralisieren: D. h. nicht eine Standort-Konsolidierung, sondern bedeutet das Zusammenführen gleicher Applikationen zu einem Gesamtsystem – das verkürzt Überwachungs-, Verwaltungs- und Wartungswege.

Arbeitsplätze so weit wie möglich standardisieren: Nur das macht die gesamte Client-Installation übersichtlich und wirtschaftlich handhabbar und es beugt zudem dem Software-Wildwuchs vor. Dazu gehören auch die Bereinigung der alten Software-Updates und die Erweiterung durch neue Software-Updates.

Einsatz einer Zentraladministration: die Zentraladministration hat die Aufgabe, die Sicherheit im gesamten Netz zu gewährleisten. Nur sie kann die Vergabe von Administrationskennungen auf sämtlichen Servern beschließen und einrichten. Sie überwacht Personalabgänge, Personalzugänge, den Zugang von Fremdkräften, Geschäftspartnerzugänge, die Integration erweiterten Lösungen und gegebenenfalls Hochverfügbarkeit und damit einhergehende erweiterten Administrationszugänge.

Für Störungen, die Zuständigkeiten und erforderlichen Maßnahmen definieren: Damit sind kurze Ansprache und Hilfewege garantiert. Dazu gehört auch die Definition von Eskalationsstufen und Workflow-Prozessen zur gezielten Weiterleitung von Fehlermeldungen. Die Einrichtung eines definierten Eskalationsmanagements durch den Einsatz eines Manager-on-Duty und eines Eskalationsmanagers mit fest definierten Rufnummern, die den Partnernbereichen, gegebenenfalls den Kunden ausgewiesen werden, stellt die schnelle Reaktion unter Minimierung der Ausfallzeit sicher. Des Weiteren wird die Lösungszeit um ein Vielfaches verkürzt. Durch Einsatz eines speziellen einmaligen Telefons je Partner (Rotes Telefon), welches redundant ausgelegt und somit immer verfügbar und auch besetzt ist, durch geeignete Report-Management-Werkzeuge und durch verschiedene Wege zur Alarmierung bei einer Störung erfolgt die Bearbeitung von Fehlern und Störungen umfassend und schnell.

Datenredundanz möglichst vermeiden, sowohl im Hinblick auf Datenbanken als auch auf Verzeichnisse. Das vermindert die Gefahr inkonsistenter Daten.

Der Einsatz von Warnmeldern, wie z. B. den Short Message Services gepaart mit automatischer Ruf- und e-Mail-Meldung, obliegt die Sicherstellung der redundanten Alarmierungsmöglichkeit, bei Störungen rund um die Uhr.

3.3 Aufgaben und Abläufe festlegen

Die spezifischen Aufgaben innerhalb der Arbeitspakete, Rollen und Funktionen, Projektmanagement, Netz-, System-, Softwaremanagement, Inventarisierung, Helpdesk fokussieren und zur Erfüllung dieser Aufgaben die notwendigen Abläufe und Prozesse definieren: das sind die Schritte, die für ein professionelles Betriebsführungskonzept als nächstes gemacht werden mussten.

Im Folgenden soll die erweiterte betriebsführungskonzeptionelle Darstellung erläutert und systematisiert werden. Der systemische Ansatz zeigt die prozessübergreifende und vom Management zu erkennende notwendige Ausgangsbasis. Wichtig hierbei ist, dass das oberste Management einer operativen Abteilung die Gesamtprozesse stützt. Ohne diesen Stützprozess, ist das Teilprojekt nur bedingt einsetzbar. Die Durchführung einer straffen Projektleitung ist für die im Folgenden genannten Arbeitspakete notwendige und wichtige Basis zum erfolgreichen Umsetzen des Gesamtprojekts.

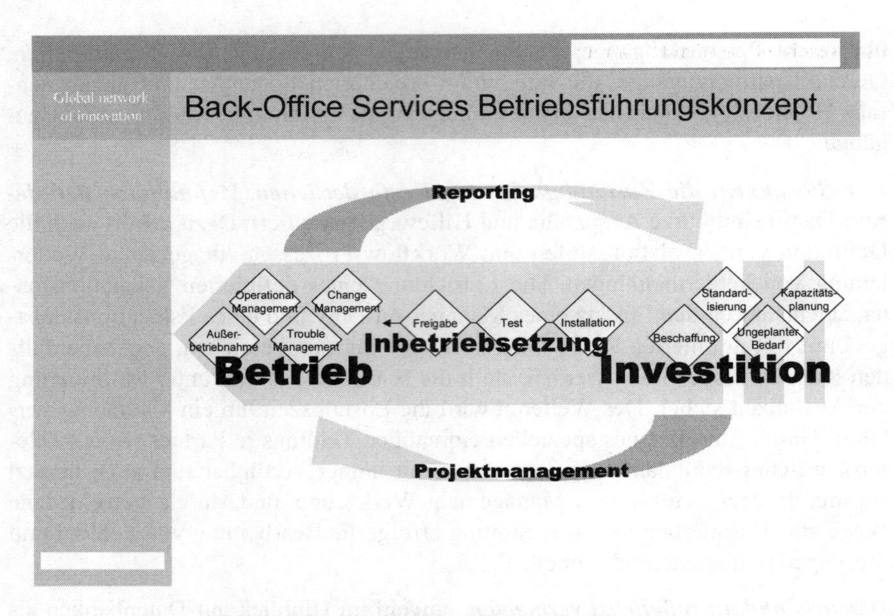

Abbildung 2: Betriebsführungskonzept

Rollen und Funktionen

Das Management muss die Rollen und Rechte der Mitarbeiter genau festlegen. Die klare Zuordnung von Prozessschritt und zugehöriger Rolle sowie die Kenntnis dieser Rolle bei dem jeweils verantwortlichen Mitarbeiter sind für einen reibungslosen Betrieb dringend notwendig. Das Führen von Verfügbarkeits- und Einsatzlisten für den so genannten „Manager on Duty" und den „Eskalationsmanager" sowie die Abstimmung aller am Prozess der Serviceerbringung beteiligten Unternehmen über den gesamten Servicezeitraum hilft insbesondere bei schwierigen Problemen, die nicht sofort einer Rolle zugeordnet werden können, zu einer sofortigen Aktion. Das mehrfache Hin- und Herschieben von unterschiedlichen Funktionsträgern und Rollenverantwortungen wurde so stark eingeschränkt.

Projektmanagement

Die sich schnell ändernden Anforderungen, unterschiedlichste Kundenbedürfnisse, die schnelle Reaktion auf Veränderungen, unbedingte Kenntnis der gelebten Rollen, Funktionen und Prozesse, klare Trennung zwischen Regelbetrieb und Projekt, die Adaption der Kundenwünsche auf das Solution Design und die Beschreibung von kundenspezifischen Erweiterungen machten ein standardisiertes Projektmanagement notwendig. Es wurden Maßnahmen zur Kapazitäts- und Aufgabenplanung, Statement of Work, Projektbericht sowie Übergabecheckliste eines Projekts in den Regelbetrieb festgelegt und eingeführt.

Netz- und Systemmanagement

Ziel dieses Arbeitspakets ist es, die Etappen Netzwerk, Server und außerdem ausgewählte Anwendungen und Dienste sowie Datenbanken pro-aktiv zu überwachen. Dieses Report-Management wird auch „Monitoring" genannt. Auf diese Weise können Fehlerzustände ausgeräumt werden, bevor sie sich schädlich auf den Betrieb auswirken. Alle Fehlermeldungen laufen dafür an zentraler Stelle auf. Von dieser Stelle müssen Fehlerzustände eingestuft, die passenden Vorgehensweisen identifiziert und die Fehlermeldungen gezielt weitergeleitet (eskaliert) werden. Dieser komplette Ablauf inklusive aller beteiligten Prozesse ist zu überwachen und zu protokollieren. Das erhöht die Transparenz und die Verlässlichkeit des ITBetriebs. Hierfür wurden die entsprechenden Maßnahmen und Werkzeuge festgelegt. Hinzu kommen Reporting-Mechanismen. Sie erlauben an zentraler Stelle, Statistiken zu den beteiligten Systemen zu generieren. Diese Statistiken lassen sich dafür verwenden, frühzeitig negative Verfügbarkeits- und Kapazitätstrends innerhalb der IT-Landschaft zu erkennen. So können rechtzeitig Gegenmaßnahmen eingeleitet werden. Auch für den kompletten Aktionsradius des Reportings wurden alle notwendigen Abläufe und Prozesse festgelegt. Hinzu kommt die Definition von Maßnahmen und Werkzeugen, die der Überwachung und Protokollierung dieser Abläufe und Prozesse dienen. Zu alledem will die organisatorische und technische Einbindung der Administratoren und Operatoren ins Überwachungskonzept bedacht sein, inklusive ihrer Rollen und Rechte (Betriebskompetenzen). Hier hilft z. B. der Einsatz einer Zentraladministration.

Softwaremanagement
Aufgabe des Softwaremanagements ist es, über eine zentrale Stelle einen stabilen und planbaren Client-/Server-Betrieb sicherzustellen. Dafür muss im Einzelnen der Workflow von der Übergabe des Programms an die Softwareverteilung bis zur Freigabe des Programms für den produktiven Flächeneinsatz definiert werden. Alle erforderlichen Werkzeuge und personellen Voraussetzungen wurden zu diesem Zweck ermittelt. Zu einem leistungsfähigen Softwaremanagement gehört zudem die Errichtung einer Test- und Integrationsumgebung, um über diese Zwischenetappe eine hohe Qualität des Softwaremanagements abzusichern. Der Abschluss einer Inbetriebnahme erfolgt grundsätzlich mit einer Checkliste. Und schließlich will der komplette Softwaremanagement-Workflow in die Organisationsstruktur eingebunden sein, damit entlang der Verfahrenskette keine Reibungsverluste entstehen.

Helpdesk
Der Helpdesk wird dann seine Aufgabe – eine schnelle und effiziente Beseitigung von Störungen – bewältigen können, wenn die Voraussetzungen dafür bestehen. Auf die folgenden Punkte mussten sich die Planungsverantwortlichen bei der Definition von Abläufen und Prozessen vor allem konzentrieren:

- Der Kommunikationsfluss zwischen Helpdesk und Benutzern muss nachvollziehbar und beweisbar sein. Das heißt: Probleme und Aufträge dürfen vom Helpdesk nicht per Telefon, Fax, e-Mail oder mündlich weitergeleitet werden.

- Der Einsatz einer Kommunikationssoftware ist notwendig und für alle Prozessbeteiligten verpflichtend.
- Zur Abstimmung von ggf. notwendigen Wartungsarbeiten wurden Vorlaufzeiten vereinbart und der Workflow festgelegt.
- Die durchgängige Einführung und Nutzung eines Auftrags- und Change-Managements ist notwendig, um Workflows und Prozesse während der Abarbeitung von Aufträgen und Änderungsanforderungen überwachen zu können.
- Wichtig ist das Vorhandensein eines „One-Face-to-the-Customer-Helpdesk", damit der Benutzer für seine Probleme und Anforderungen nur eine, für beide Seiten verbindliche Anlaufstelle hat.
- Das Report-Management wird eingesetzt, um Schwachstellen innerhalb der IT-Landschaft am Helpdesk eigenständig, für eine schnelle Problembeseitigung, auf die Spur zu kommen.
- Die Einrichtung einer Lösungs-Datenbank ist notwendig, um speziell die Lösungsquote des 1st-Level-Supports zu steigern.
- Weiterhin war die Etablierung eines Prozesses zum Eskalationsmanagement und von Operational-Level-Agreements notwendig, der es erlaubt, anfallende Support-Kosten gezielt den Verursachern zuzuordnen.
- Der regelmäßige Abgleich – mindestens alle drei Monate – von personellen Kompetenzen und Problemprioritäten ist notwendig, um mit der Helpdesk-Unterstützung immer die aktuellen Anforderungen des IT-Betriebs zu erfüllen.

3.4 Inventarisierung

Das Ziel der Inventarisierung in einer Asset-Datenbank besteht im Aufbau und in der Pflege eines gesicherten und konsistenten Datenbestands über den aktuellen Status von Client- und Server-Konfigurationen. Um das zu erreichen, mussten im Einzelnen die Stammdaten, deren Verknüpfung und die Aufzeichnungen über Veränderungen betrachtet werden. Zudem stellt sich die Frage, inwieweit es sinnvoll ist, Betriebsdaten wie Schwellenwerte, Fehlermeldungen, Verfügbarkeiten und sämtliche Performance-Angaben mit welchen Filter-Einstellungen aus dem laufenden Betrieb in die Inventarisierung zu übernehmen.

Die Anwendung eines so genannten Monatsberichts beschleunigt einerseits die Problemrecherche, macht aber andererseits die Inventarisierung rasch komplex. Die Nutzung für die Ausweisung von Qualität und Servicelevel-Agreement ist möglich. Somit kann über diese Darstellung ein gewisser Anteil der komplexen Daten in unterschiedlichen Anfragen von Zielgruppen benutzt werden. Die Nutzung im Bereich der Balanced Scorecards ist ebenfalls möglich und durchaus von Relevanz.

Für diesen dynamischen Teil der Inventarisierung mit seinen permanenten Veränderungen wurden Abläufe, Rollen, Funktionen, Nahtstellen, Zuständigkeiten und die Berechtigungen beschrieben. So fließen Betriebsdaten aus sämtlichen o. g. Arbeitspaketen ein, daneben aus organisatorischen Maßnahmen wie Mitarbeiterschulungen, Kundenprojekte, neue Installationen und Umzüge.

Für die beiden letztgenannten Quellen müssen Workflows zur Aufnahme der Veränderungen in die Inventarisierungsdatenbank etabliert werden. Nur so lässt sich insgesamt die Konsistenz der Informationen und Daten, auf denen diese Informationen aufbauen, auf Dauer sicherstellen.

Für diese Auswertungszwecke wurden Konstellationen, Nahtstellen, Auswahlkriterien, Filter sowie die Aufbereitung und Darstellung von Informationen definiert.

Darüber hinaus hat die Inventarisierung einen statischen Teil, nämlich die Erfassung der Komponenten Hard- wie Software ergänzt um die Angaben zum Kundenvertrag (Vertragsnummer), wann und wo diese Komponenten installiert wurden und zu welchen Personen oder Organisationen sie gehören (Verknüpfungdaten). Das setzt eine genaue Analyse derjenigen Komponenten in Unternehmen voraus, die weiterhin im Einsatz bleiben sollen, der neuen Komponenten, die zum Einsatz kommen sollen und es erfordert eine lückenlose und kompromisslose Aufnahme aller Stamm- und Verknüpfungsdaten in die Inventarisierungsdatenbank. Eine Zuordnung der Vertragsnummer und den im Gesamtprozess vorhandenen Betriebsdaten macht das Reporting der Servicelevel möglich. Unsere Kunden können so ihre Qualitätsansprüche aktiv verfolgen.

4 Beziehung zwischen Teilprojekten

Für die Etablierung eines professionellen erweiterten Betriebsführungskonzepts reicht aber die gesonderte Betrachtung der Teildisziplinen nicht aus. Es wurden darüber hinaus die Wechselbeziehungen zwischen sämtlichen Teilprojekten transparent gemacht. Das heißt, die gemeinsame Vision, Mission, Ziele, Prozessabläufe, Stamm-, Bestands- und Betriebsdaten sollen von allen Führungskräften und Mitarbeitern verstanden werden, sich nachvollziehen lassen und wurden in eigens vereinbarten Nahtstellenbeschreibungen zwischen den beteiligten Einheiten vereinbart. So wurden die Administrationszuständigkeiten (Rollen) klar abgegrenzt. Es wurde jeweils ermittelt, ob Daten direkt ausgetauscht werden oder ein View auf das andere Teilprojekt ausreicht. Zielvereinbarungen wurden diskutiert, besprochen und mit Terminen sowie einem Realisierungsgrad belegt. Zur Weiterentwicklung und ständigen Anpassung der Prozesse an neue Prozessmodelle und Organisationsänderungen wurde eigens ein Projekt beauftragt. Weiterhin wurde ein Controllingprogramm mit dem Namen „Speed“ aufgesetzt, das den Fortschritt der einzelnen, unabhängig voneinander agierenden Führungskräfte unterstützt und wertvolle Hilfe bei Notwendigkeit bietet.

5 Wirtschaftlichkeit sicherstellen

Die Kosten für die Einführung des Gesamtprojekts wurden an das Management reportet. Da die gesamte Organisation betroffen war, gab es neben den rein planbaren Projektkosten auch so genannte „versteckte“ Kostenanteile. Diese „versteckten“ Kosten wurden über eine eigens eingeführte Stundenschlüsselung je Führungskraft und Mitarbeiter, über festgelegte Schlüsselpositionen monatlich erfasst und den Projektkosten für die Teilprojekte und Arbeitspakete aufgerechnet sowie im Monatsreport ausgewiesen. So ergab sich ein transparentes Bild zwischen den Aufwänden und den Ergebnissen. Die Fortschritts- und Kostenprüfung erfolgte in den quartalsweise stattfindenden Geschäftsdurchsprachen. Es wurden Maßnahmen vereinbart, die die Wirksamkeit unterstützten und Termintreue sicherstellten.

6 Fazit

Führungskräften und Mitarbeitern muss die Unternehmensstrategie – die Zielrichtung unternehmerischen Handelns – transparent sein, um in ihrem Arbeitsbereich Optimales leisten zu können. Dies muss zeitnah, durchgängig und klar formuliert sowie durchgeführt werden.

Ist die Geschäftsstrategie sinnlos und der Kundennutzen nicht Maßstab der Strategie, werden die Mitarbeiter ihre Tätigkeit nicht als sinnvoll empfinden und nicht unternehmerisch mitarbeiten. Werden die Betroffenen an der Strategieentwicklung und an der Lösung von Problemstellungen beteiligt, ermöglicht die Organisation ihnen die Entfaltung ihrer Stärken und setzt Potenziale für die Unternehmensentwicklung frei. Dies betrifft vor allem das vom People-Business getriebene Servicegeschäft. Personal und Organisationsentwicklung bewegt sich somit stehts auch in einem Spannungsfeld von Anforderungs- und Eignungsprofilen. Erkannte Problemstellungen auf Basis von Betriebsreviews, einer Schwachstellenanalyse und Kundenengpässe auf Basis heutiger Kenntnisse zur Kundenzufriedenheit sowie die Nutzung unserer Stärken und Potenziale unserer Mitarbeiterinnen und Mitarbeiter sind das Reservoir für Erfolgsteigerungen der Back-Office Services.

Das bedingt Arbeiten in überschaubaren Gruppen (Family Groups), direkte Mitwirkung, unmittelbare Kommunikation und Ideen-Assoziation. In diesem Zusammenhang wurde im Monat Juli des Geschäftsjahres 2001 ein Mitarbeiterwettbewerb gestartet, bei dem die besten Ideen bewertet und zur Auszeichnung gebracht wurden. Die Ideeninhaber übernahmen die Realisierung und Umsetzung. Dadurch wird Solidarität geweckt, Teamarbeit gefördert, das Bedürfnis nach Anerkennung durch die Möglichkeit zum Mitgestalten befriedigt und eine Identifikation mit dem, was man selber erdacht hat, geschaffen [3].

Als wesentliche Konsequenz für die Führungsphilosophie bei Back-Office Services ergeben sich, dass die betrieblichen Entscheidungen – auch im Hinblick auf persönliche Entwicklungsprozesse – von den Mitarbeiterinnen und Mitarbeitern mit getroffen werden. Dies hat ein verändertes Anspruchsniveau bei künftigen Aufgabenstellungen zufolge, worüber sich das gesamte Management der Back-Office Services im Klaren sein muss.

Mit der Expansion der Unternehmensnetze, einer steigenden Systemkomplexität und der wachsenden Anforderungen, die IT in Zeiten durchgehender Geschäftsprozesse in den Griff zu bekommen, geht ohne ein professionelles Betriebsführungskonzept über sämtliche Prozesse im Unternehmen nichts mehr. Erst dieses Konzept stellt den IT-Betrieb organisatorisch wie technologisch auf eine effiziente Basis. Diese Basis brauchen die Unternehmen gerade mit Blick auf e-Commerce und e-Business dringender den je. Es sprechen handfeste wirtschaftliche Gründe dafür, dass die Unternehmen dem Betriebsführungskonzept künftig mehr Aufmerksamkeit widmen.

Literaturverzeichnis

[1] Mewes, W.: Mit Nischenstrategie zur Marktführerschaft, Hamburg 2000.

[2] Blanchard, K.: The One Minute Manager Balances Work an Life, 1-st Quill Edition, New York 1999.

[3] Csikszentmihalyi, M.: Das flow-Erlebnis, 8. Auflage, Stuttgart 1985.

Innovative Ansätze für interne Services – Dienstleistungsentwicklung bei der AUDI AG

Thomas Sturm
Audi AG, Ingoldstadt

Inhalt

1 Management Summary

Längst hat sich die AUDI AG im Premiumsegment der europäischen Fahrzeugbauer etabliert und die Absatzzahlen übertreffen seit zehn Jahren den Vorjahreswert. Der Slogan „Vorsprung durch Technik" ist zum geflügelten Wort geworden und wirbt eindrücklich durch technische Innovationen und die sich in ausgeklügelten Lösungen darstellende Ingenieurskunst im und um das Fahrzeug.

Diese Entwicklung steht im Kontext schwacher konjunktureller Aussichten und eines enormen Kostendrucks, mit dem sich insbesondere die hochstandardisierte Automobilindustrie konfrontiert sieht. Es ist daher auf sämtlichen organisatorischen Ebenen erforderlich, durch kontinuierliche Service-Innovationen neue Märkte zu erschließen oder bestehende Strukturen zu verbessern, traditionelle Leistungen durch integrierte Mehrwertdienste anzureichern oder zu ersetzen.

Die „Zentralen Organisationsdienste" der AUDI AG durchleben seit mehreren Jahren den ständigen Wandel der eigenen Dienstleistungsstruktur: angefangen als Organisationseinheit, die dem internen Kunden die unterschiedlichsten Services anbietet, ist die Einheit heute als Dienstleistungsnetzwerk aufgestellt, das durch die kundenseitige Integration in die jeweiligen Prozessabläufe Mehrwert schaffen kann.

Anhand zahlreicher Praxisbeispiele aus dem Dienstleistungsportfolio der „Zentralen Organisationsdienste" werden im Folgenden modellhaft die Charakteristika erfolgreicher Dienstleistungsentwicklung und -umsetzung erläutert und Potenziale für zukünftige Service-Angebote aufgezeigt.

2 Die Wurzeln der „Zentralen Organisationsdienste"

Im Jahre 1999 wurde im Zuge der Bündelung sämtlicher interner Dienstleistungen des indirekten Bereichs die Dienstleistungssparte „Audi General Services" gegründet. Anfänglich waren unter diesem Label die Dienstleistungen Betriebsgastronomie, Mobilitätsservice, Vermarktung von Vorserienfahrzeugen und Dienstleistungsmanagement zusammengefaßt.

2003 wurden die bislang im Geschäftsbereich „Finanzen" angegliederten Dienstleistungen Hausdruckerei, Postdienste, Büromaterialversorgung und Zentralarchiv als Organisationseinheit „Zentrale Organisationsdienste" in die Dienstleistungssparte integriert. Bereits vor dieser Reorganisation standen diese internen Dienstleistungen für eine zuverlässige und qualitativ hochwertige Leistungserbringung mit einer hohen Affinität für kundenorientierte, unternehmensweit eingebrachte Lösungen.

Die Hausdruckerei koordinierte ein Volumen von mehreren Millionen Euro, das zum Teil an externe Dienstleister vergeben, zum Teil für internen Druck und

Vervielfältigung auf den eigenen Druckstraßen verwendet wurde. Durch die angegliederten Grafikdienstleistungen verfügte man bereits zu dieser Zeit über die Möglichkeit, in der Phase vor dem Fulfillment den internen Kunden kreativ zu unterstützen. Teils aus Ressourcen-Knappheit, teils wegen mangelnder Erfahrung mussten jedoch viele Aufträge extern vergeben werden.

Der Aufgabenbereich der Postdienste war klar anhand der klassischen Tätigkeitfelder umrissen: eingehende Postsendungen werksweit, tagesaktuell und an den korrekten Empfänger zuzustellen sowie ausgehende Sendungen vorsortiert und aufbereitet der Deutschen Post zu übergeben. Diese Ressourcen-intensiven Tätigkeiten wurden ergänzt durch das Thema Kuriersendungen.

Die Büromaterialversorgung diente als interner Umschlagplatz von Büromaterialien, die entweder als lagerhaltige Artikel abgerufen werden konnten oder durch die Zusammenarbeit mit einem externen Dienstleister nach entsprechender Bedarfsanforderung durchgeschleust wurden. Durch die Einführung eines eProcurement-Systems und die damit einhergehende Standardisierung eines Audi-weiten Bestellkatalogs konnte die Prozesssicherheit erhöht werden.

Als Verantwortungsträger für sämtliche zu archivierenden, papierbasierten Informationen hatte das Zentralarchiv der AUDI AG bereits einen Umzug in größere Räumlichkeiten hinter sich. Da diese jedoch erneut zu knapp zu werden drohten, wurde durch die Anschaffung von Hybrid-Scannern der Entwicklungspfad in Richtung eines digitalen Archivs angedacht.

Der Leistungsstand der einzelnen Dienstleistungen hinsichtlich der erbrachten Service Qualität war durchweg überdurchschnittlich zu bewerten – was auch bei konzerninternen oder industrieweiten Benchmark-Studien nachgewiesen werden konnte. Die Interoperabilität, die Fähigkeit zu vernetztem Denken und die Möglichkeit, Synergien zu realisieren, wurden jedoch in der vorhandenen Organisationsstruktur nicht gefördert. Das Ziel musste daher sein, die schlummernden Nutzenpotenziale zu wecken und integrierte Dienstleistungen zu entwickeln, die sich entlang von Prozessketten aufstellen ließen. Nur so wäre es im Rahmen einer Gesamtschau möglich, entfernt von der jeweiligen Leistungserstellung auftretende Kosten im Kontext zu analysieren. Ganz zu schweigen von den Möglichkeiten, das Auftreten und die Charakteristik der Services zu ändern oder Dienstleistungen neu zu platzieren – immer vor dem Hintergrund einer verbesserten Kundenzufriedenheit und -loyalität.

3 Voraussetzungen für den Change Prozess

3.1 Identifikation von Gemeinsamkeiten

Auch im Zeitalter von Schlagworten wie dem „papierlosen Büro“ ist die überwiegende Zahl der Geschäftsprozesse der AUDI AG auf das Medium Papier angewiesen. Vor Start des Projekts „Digitalisiertes Bewerbermanagement“ wurde bspw. die Zahl an Prozessschritten erhoben, die eine Printbewerbung vom Eintritt ins Unternehmen bis zur endgültigen Zusage benötigt. Das damit verbundene Handling der Bewerbungsunterlagen – vom Posteingang zum verantwortlichen Personalreferenten, in den interessierten Fachbereich, zurück zum Personalreferenten etc. – verursachte bei jeder Weiterleitung im Unternehmen Aufwände bspw. bei den Postdiensten. Multipliziert man diese Aufwände mit der Anzahl an Bewerbungen, die tagtäglich bei der AUDI AG eingehen, ergibt sich bereits ein nicht zu vernachlässigender Ressourcenbedarf – und dies allein bei der Betrachtung eines einzigen Anwendungsfalls!

Das Auftreten von negativen Kosteneffekten als indirekte Nebenwirkung von Geschäftsprozessen lässt sich im Rahmen der systemischen Analyse in allen betrachtenden Dienstleistungen nachweisen. Ziel mußte es daher sein, trotz der Heterogenität der Prozesslandschaft in das die unterschiedlichen Services eingebunden sind Gemeinsamkeiten als Struktur gebende Elemente zu entdecken. Dies gelang durch die Fokussierung auf das zentrale Objekt „Dokument“.

Dokumente, teils papierbasierte, teils digitale Ergebnisse konzeptioneller, kreativer und/oder dokumentierender Tätigkeiten, werden bei den „Zentralen Organisationsdiensten“ in den letzten Stadien des Dokumenten-Lebenzyklus begleitet. Von der Erstellung eines Dokuments über die Verarbeitung bis hin zur Publikation bzw. Archivierung sind die entsprechenden Services auf die Unterstützung der Prozesse Information und Kommunikation des Unternehmens und im Unternehmen ausgerichtet.

Während jedoch die im Dokument sich manifestierende Idee zu Beginn eines Dokumentenlebens in vorgelagerten Prozessphasen entsteht, treten die Zentralen Organisationsdienste erst in späteren Arbeitsschritten auf den Plan. Die Grafik bspw. wurde meist erst in die kreative Phase mit einbezogen, wenn bereits richtungsweisende Entscheidungen des Auftraggebers festgezurrt waren. Diese Effekte hatten eine viel größere Wirkung in der sich anschließenden Druckaufbereitung, dem eigentlichen Druck und dem Finishing, der Aufbereitung der Drucksachen etwa als Booklet oder in einer Präsentationsmappe. „Zündende“ Ideen der Dokumentenerstellung wurden hier meist auf dem „Altar horrender Herstellungskosten geopfert“.

Der nächste Abschnitt im Dokumenten-Lifecycle umfasst die nachgelagerten Services Verteilung und Zustellung der Printexemplare. Aufwendige und ausgefallene Printdokumente erzeugen hier weitere Aufwendungen hinsichtlich Kuvertierung, Verpackung und Transport. Auswirkungen auf Portokosten und Mehrarbeit durch Rückläufer aufgrund fehlerhafter Adressen sind nur zwei Kostenfaktoren, die durch frühzeitige Einbindung der Dienstleister in die Prozesse hätten vermieden werden können. Und an die Archivierung gemäß gesetzlichen Vorschriften hatte erst keiner gedacht.

Nach erfolgter Identifikation der relevanten Geschäftsabläufe, der internen Kunden und weiterer Schnittstellen im Rahmen der Dienstleistungsprozesse war das integrative Strukturelement „Dokument“ als gemeinsame Grundlage der Geschäftstätigkeit sämtlicher Dienstleistungen der Organisationseinheit etabliert. Die Durchführung der Analyse der kompletten Prozesslandschaft und die daraus möglichen Schlüsse, die Services neu zueinander zu positionieren, erfordert allerdings in einem operativ geprägten Umfeld externe Unterstützung. Oder – wie im Fall der „Zentralen Organisationsdienste“ – eine organisatorische Änderung.

3.2 Etablierung von Change Agents

Zentrale Voraussetzung, um dieses identifizierte Geschäftsobjekt als Auslöser des Change Prozesses innerhalb der Organisationseinheit zu begreifen, war eine organisatorische Änderung verbunden mit der Ergänzung des Skillsets der Einheit. Eingerichtet als Stabsstelle wurde ein Expertenteam in Sachen Projekt- und Changemanagement etabliert.

Neben der Notwendigkeit jeder Dienstleistung einen konzeptionell starken Partner an die Seite zu stellen, mussten diese als internen Berater agierenden Kräfte auch hohes Fach- und Prozessverständnis, Umsetzungsstärke und soziale Kompetenz mitbringen. Damit wurde einerseits die Grundlage geschaffen der gesamten Dienstleistungssparte als Prozessberatung und Umsetzungsbegleitung im Rahmen von IT-Projekten zur Verfügung zu stehen. Andererseits konnte jedem Mitarbeiter dieses Teams die Verantwortung für den Reorganisationsprozess eines oder mehrerer einheitsinterner Dienstleistungen übertragen werden.

In der Funktion als Prozessberatung steht dieses Projektmanagement-Team meist noch vor der Generierung eines Dokuments am Anfang des Lebenszyklus und kann bereits hier entscheidenden Einfluss auf dessen Handlingskosten in nachgelagerten Stufen der Wertschöpfungskette nehmen. Die dem Unternehmen angebotenen Dienste zielen darauf ab in den unterschiedlichen Projekten Geschäftsprozesse (oder deren Ergebnisse) konzeptionell systemisch abzubilden und das Konzept auch in der Umsetzung zu begleiten. Erfolgreiche Operationalisierungen wie bspw. das Flugbuchungssystem für die Konzernflüge des Audi Flugservices oder das Besuchermanagementsystem für die Audi Foren Ingolstadt und Neckarsulm dienen primär der Komplexitätsreduktion von Standardprozessen durch erhöhte Transparenz und Prozesssicherheit. Daneben ersetzen sie jedoch auch in vielen

Fällen den Einsatz von formularbasierten Prozessen zugunsten einer elektronischen Prozessabwicklung mit direkten Feedback-Schleifen.

3.3 Erste erfolgreiche Umsetzungen

Grundlage der Service-spezifischen Reorganisation unter Berücksichtigung der gesamtheitlichen Abhängigkeiten ist die konsequente Ausrichtung an den zu unterstützenden Geschäftsprozessen.

Wie bereits als Beispiel angeführt hat das Projekt „Digitales Bewerbermanagement" das Ziel, eingehende Bewerbungen beim Eintritt in das Unternehmen – und das sind für Postsendungen die zentralen Postdienste – zu klassifizieren und zu digitalisieren. Neben der reinen Digitalisierung, die die oben beschriebenen Handlingskosten vermeiden hilft, wird hier bereits ein Mehrwertdienst erkennbar: durch die Bewertung von Bewerbungen anhand objektiv messbarer Kriterien (wie etwa der Notendurchschnitt oder der Nachweis gewisser Qualifikationen für bestimmte Stellenprofile) werden bereits hier Entscheidungen für die Einordnung in bestimmte Kategorien getroffen. Speziell geschulte Mitarbeiter der Postdienste übernehmen hier Aufgaben, die vordem die Ressourcen des Personalwesens gebunden hatten.

Darüber hinaus eignet sich dieses Beispiel auch als Referenzmodell für den Wandel der Stellung und Tätigkeitsprofile bei den Postdiensten. Aufgerüstet zum modernen Scan-Dienstleister und ausgerüstet mit den neuesten Modellen an Hochgeschwindigkeits- und Hochauflösungs-Scannern gehen hier Mitarbeiterqualifikation und technologischer Fortschritt Hand in Hand. Ferner ermöglichen sie die Schaffung von neuen Dienstleistungen durch horizontale Service-Erweiterungen bspw. im Rahmen des digitalisierten Posteingangs, der zukünftig die manuelle Verteilung schrittweise ersetzen soll.

Eine weitere Erfolgsgeschichte stellt das Projekt „Digitalisierung des Tagespressedienstes der AUDI AG" dar. Angefangen mit der federführenden Konzeption durch die Prozessberatung der Zentralen Organisationsdienste wurde eine Reduktion von täglich gedruckten Papier-Exemplaren um mehr als 50% erreicht. Die Umsetzung einer nunmehr parallelen Verarbeitung des redaktionell aufbereiteten Dokuments „PresseNews" eröffnet dem Mitarbeiter mittlerweile die Möglichkeit, den täglichen Pressespiegel im Intranet anzuklicken – und dem entsprechend berechtigten Management-Mitglied (nur nach expliziter Bedarfsmeldung!) weiterhin den Bezug des Printexemplars.

Die Nutzeneffekte dieser erfolgreichen Umsetzung sind vielfach:

- Mit Zahlen schwarz auf weiß belegbar sind die Einsparungen beim Druck- und Kopierservice, die sich darüber hinaus in frei gewordenen Druckkapazitäten manifestieren.

- Die vorhandenen Kapazitäten des Scan-Dienstleisters „Postdienste“ können genutzt werden und das Kompetenz-Portfolio der Mitarbeiter wird im Bereich Digitalisierung/digitale Bildbearbeitung erweitert.
- In Zusammenarbeit mit der prozessverantwortlichen Organisationseinheit „Interne Unternehmenskommunikation“ wurde der Bezugskreis der Audi PresseNews vervielfacht: von anfänglich knapp 1.000 Empfängern aus den Nutzergruppen Management, Importeure und Regionalbüros sind mittlerweile durch die digitale Bereitstellung rund 20.000 Mitarbeiter der AUDI AG in der Lage, den täglichen Pressespiegel zu lesen und Informationen über das Unternehmen aus erster Hand zu bekommen.
- Auch das Produkt „PresseNews“ hat gewonnen: im Rahmen der Service-Erweiterung durch die Einführung einer digitalen Version konnte die Benutzerfreundlichkeit anhand einfacher Mittel wie etwa eines Inhaltsverzeichnisses erhöht werden, das über direkte Verlinkungen zum jeweiligen Artikel führt. Weitere Optimierungen wie etwa die Darstellung als html-Version, die eine Verlinkung auch innerhalb der Artikel entlang ausgewählter Schlagwörter ermöglicht, sind in Planung.

Weitere Beispiele erfolgreicher Umsetzungen aufgrund der veränderten Rahmenbedingungen lassen sich anschließen. Die Grafik hat ein Service-Reengineering durchlaufen, das ein Insourcing von Grafikdienstleistungen ermöglicht. Neue Services sind um das Thema Video enstanden: durch die Einführung eines Video-Services sowie -Archivs kann direkter Einfluss auf die Entstehung und Recherche von Bildmaterial genommen werden. Service-Ergänzungen wurden beim Audi Zentralarchiv durchgeführt, wo das Leistungsportfolio durch erweiterte Möglichkeiten der digitalen Archivierung ergänzt wurde.

Die Liste der Projekt- und Umsetzungsbeispiele verdeutlicht, dass diese erste Stufe des Change Prozesses eine „reiche Ernte beschert hat“. Im nun Folgenden wird die zweite Stufe betrachtet, die auf eine ganzheitlichere Betrachtung und die Schaffung des Dienstleistungsnetzwerks der „Zentralen Organisationsdienste“ hinwirkt.

4 Die Schaffung eines Dienstleistungs-Netzwerks

Objektiv betrachtet zeigen die aufgeführten Beispiele deutlich, dass die erste Stufe des Charakterwandels der Organisationseinheit auf die Schaffung einer eigenen Identität ausgerichtet war. Gestartet als Ansammlung von unterschiedlichen Dienstleistungen, die größtenteils am Ende des Wertschöpfungsprozesses angesiedelt sind und auf die Prozessqualität im Rahmen der Vorarbeit und Übergabe der Artefakte vertrauen mussten, hatte sich die Einheit – jede Dienstleistung für sich – ein neues Selbstbewusstsein erarbeitet.

Dieses Selbstbewusstsein war die Grundlage die zunächst noch zögerlich geöffnete Tür in die digitale Welt weiter aufzustoßen. Hatte man bislang anhand von pilothaften Umsetzungen Erfolg versprechender Business Cases Sachverstand bewiesen und technisches Know-How aufgebaut, konnte nun der Sprung in eine vernetzte Dienstleistungswelt gewagt werden.

Auch die neu etablierte Projektmanagement-Truppe hatte anfänglich noch mit Akzeptanz-Problemen als Neuling in einer gewachsenen Struktur zu kämpfen. Doch die erfolgreichen Systemeinführungen dienten bald als Referenzprojekte mit Vorbildcharakter. Dadurch war auch der notwendige Respekt erwachsen, der die Unterstützung des jeweiligen Service Reengineerings in den einzelnen Dienstleistungen voraussetzte. Auf diese Weise war eine Matrix-Organisation entstanden, die in der Lage war, ein Maximum an Potenzialen zu identifizieren und aus eigener Kraft zu heben.

4.1 Systemische Prozessunterstützung

Als Dienstleister, der sich nicht nur externen Anbietern zu stellen hat, sondern sich zuweilen auch konkurrierenden internen Bereiche gegenüber sieht, gilt selbstverständlich die Maxime der Kundenorientierung. Zur Identifikation und Stärkung von Alleinstellungsmerkmalen müssen Service-Pakete daher ständig überarbeitet und neu geschnürt werden, was sich wiederum positiv auf die Kundenbindung auswirkt. Diese Rekonfiguration der Services hinter der „line of visibility", dem Bereich der Leistungserbringung, der dem Kunden verborgen bleibt, wird nur durch die flexible Integration von verschiedenen Geschäftsprozessen gewährleistet.

Diese Integrationsleistung hatte man bei den „Zentralen Organisationsdiensten" am Leitbild des Dokuments als Kernobjekt sämtlicher interner Prozesse festgemacht. In unterschiedlicher Erscheinungsform und auf verschiedenen Prozessstufen stellt das Dokument die Konstante der Service-Erstellung jeder betrachteten Dienstleistung dar.

Die Vielfalt an Erscheinungsformen und Arbeitsschritten rund um das Dokument war jedoch aufgrund der „Digitalisierung" der Organisationseinheit gewachsen. Medienbrüche traten vermehrt zutage und brachten zusätzliche Komplexität in die Arbeitsabläufe. Auch aus prozessualer Sicht war die Komplexität angestiegen: durch das Beschreiten neuer Wege war mittlerweile ein Wegenetz entstanden, das einer Strassenkarte bedurfte.

Die Karte wurde in Form eines „Output Management Systems (OMS)" gefunden. Dieses System steht für die ganzheitliche Betrachtung sämtlicher Output-erzeugender Prozesse, Systeme und Vorgehensweisen. Ziel des geschäftsbereichsübergreifend aufgesetzten Projekts ist die Konsolidierung, Standardisierung und Optimierung des Dokumentenflusses, der zur Generierung von Output angestossen wird.

Vergleicht man das OMS mit einer Black Box, müssen primär In- und Outputfaktoren analysiert und im Sinne der Zielsetzung modifiziert werden. Inputfaktoren sind dabei sämtliche vorgelagerten, Druckaufträge erzeugenden Systeme der unterschiedlichen Systemwelten wie z. B. SAP, Windows-Welten oder Hostsysteme. Die dort zur Weiterverarbeitung bereitgestellten Druckaufträge werden durch die Black Box geschleust und gemäß den zur Verfügung stehenden Outputkanälen aufbereitet. Die Palette der Outputkanäle ist vielfältig, aber endlich: sinnhaft einsetzbar sind bislang der klassische Druck, Fax-, eMail- oder SMS-Verteilung, Publikation auf web-basierten Plattformen oder weitere anzubindende Systeme wie bspw. ein Archiv.

Die Black Box selbst – die eigentliche Output Management Plattform – dient den Output-erzeugenden Prozessen als „Veredelungsvorgang". Über ein Eingangsportal werden Job Tickets für ein durchgängiges Prozessmonitoring vergeben. Eine zentrale Instanz überwacht und dokumentiert die einzelnen Arbeitsschritte, die der Datenstrom je nach Prozessdefinition durchläuft. Neben klassischen Diensten wie Spooling und Formatierung sind auch fortgeschrittene Arbeitsschritte, wie das Scannen der Daten nach bestimmten Informationen wie Herkunft und Layoutangaben oder die Anreicherung anhand identifizierender Merkmale vorgesehen. Die Plattform ist ein „one-stop-shop": an zentraler Stelle stellt die Informationstechnologie unterschiedliche Services zur Verfügung wo früher eine Vielzahl unterschiedlicher Module angesteuert werden mussten -und ist daher mehr Verkehrsleitsystem denn Strassenkarte.

4.2 Pilotumsetzung: Druck- und Kopierservice

Viel „Technik" für eine zwar mehr und mehr IT-affinere Organisationseinheit, die dennoch weit entfernt von Fragestellungen der IT-Infrastruktur und Software-Architektur ist!

Als erste Dienstleistung wurde der Druck- und Kopierservice auserkoren, die Potenziale des OMS für die eigenen Prozessabläufe zu nutzen. Durch das organisatorische Aufgehen der parallel betriebenen Rechenzentrums-Druckerei in das bei den „Zentralen Organisationsdiensten" angesiedelte Druckzentrum erweiterte sich die Palette der zu verarbeitenden Aufträge um großvolumige Jobs. Als ehrgeiziger Pilot wurde der erste Durchlauf der Audi-weiten Lohn- und Gehaltsabrechnung über die Output Plattform angestrebt – mit dem zusätzlichen Nervenkitzel, die im Zuge der Zusammenlegung der Druckzentren neu angeschafften Druckstrassen gleich mit einzubinden.

Sowohl diese pilotierte „Operation am offenen Herzen" als auch die prozessual bedingt übernommenen Kuvertierkapazitäten konnten in diesem mit hoher Unternehmenspriorität versehenen Prozess gemeistert und integriert werden. Neben einer Erweiterung des Service-Umfangs auf sämtliche zentral erstellten Druckaufträge wurde unter anderem eine Reduzierung des Hardware-Einsatzes mit den entsprechenden Kostenvorteilen erreicht.

Dass aus Unternehmenssicht neben den angesprochenen Kostenvorteilen mehr als eine 1:1-Abbildung der zuvor erbrachten Ergebnisse erzielt werden konnte, zeigt ein Blick auf die Prozesssicherheit. Durch die Abwicklung über das OMS wurde eine Service-Qualität von herausragender Güte realisiert: die zentrale Kontrollinstanz des OMS ermöglicht ein seitengenaues Tracking der verarbeiteten Aufträge, so dass erstmals systemisch dokumentiert nachgewiesen werden kann, dass sämtliche Angestellten und Lohnempfänger der AUDI AG ihren Gehalts- bzw. Lohnzettel erhalten.

4.3 Anwendung auf die optimierte Prozesslandschaft

Im Vergleich zu IT-relevanten Messgrössen wie etwa die Standardisierung von Datenströmen oder die Redundanzfreiheit von Architekturen, die sich durch den Einsatz der Output Management Plattform ergeben, müssen die Kaufargumente pro OMS in einer Dienstleistungsorganisation anders lauten. Hauptziel muß die „Forward Integration" in Richtung Kundenprozesse darstellen.

Anhand unterschiedlichster Praxisbeispiele läßt sich nachweisen, dass sich die Leistungserbringung im Kernprozess umso negativer auf die Kostenbilanz der Dienstleistungsprozesse auswirkt, je weiter entfernt die Entstehung von Produkt und dazugehöriger Serviceleistung ist. Durch die Möglichkeit, bereits in einem früh(er)en Prozessstadium Einfluss auf die Kosteneinflussfaktoren der Dienstleistungserbringung zu nehmen, werden etwa ressourcenintensive Nacharbeiten minimiert. So tragen bspw. wie bereits angesprochen die Postdienste die Mehrkosten, die durch eine schlechte Adressqualität bei zielgruppenorientierten Mailings entstehen.

Nach erfolgter Pilotumsetzung beim Audi Druck- und Kopierservice gilt das Hauptaugenmerk der Abbildung weiterer Prozesse auf der zentralen Output Management Plattform. Auf Basis von Kosten-Nutzen-Analysen werden Abläufe identifiziert, die in besonderem Maße von den „Features & Functions" des OMS profitieren können – und die Dienstleistungserbringung im Rahmen eines „Remote Service Management" wettbewerbsfähiger machen.

Die größten Nutzenpotenziale für eine Service Integration und die Gesamtschau der betrachteten Dienstleistungen verstecken sich dabei in folgenden Bausteinen:

- *Ausgewogene und kundenorientierte Nutzung der Outputkanäle:*
  Bereits die Möglichkeit, je nach Kundenwunsch oder Geschäftsanforderung Kommunikation weg von Printmedien und hin zu „Online"-Kanälen wie

bspw. Mail oder Internet flexibel verlagern zu können, hat durch die Umschichtung von Outputmengen auf kostengünstigere Medien Auswirkungen auf die Kommunikationskosten. Die mediengerechte Nutzung durch jeweils angepasste Inhalte kann zusätzliche Potenziale erschließen.

- *Integration der personalisierten Ansprache:*
  Durch die Integration von kundenbezogenen Informationen in den Prozess der Output-Erstellung lassen sich zusätzliche Mehrwertdienste anbieten – eine wichtige Mitteilung an die Händler statt über eine Online-Plattform personalisiert über eMail zuzustellen kann unter Umständen erfolgskritisch sein.
- *Einbindung „vernachlässigter" Dienstleistungen:*
  Wer denkt schon bei der Versendung von Ausschreibungsunterlagen an die Archivierungspflicht? Durch eine Anbindung eines digitalen Archivs lassen sich archivierungspflichtige Dokumente zeitnah und ohne Mehraufwand automatisiert und revisionssicher ablegen.
- *Nutzungsbasierte Abrechnungsmodelle:*
  Der Baustein „Accounting" erleichert die Identifikation kostenrelevanter Service-Nutzung und unterstützt die Selbständigkeit des Dienstleisters als eigenes Profit Center.

5 Bewertung und Ausblick

5.1 Modellcharakter für Dienstleistungsentwicklungen

Die Frage, ob sich Dienstleistungsentwicklung als Funktion im Unternehmen organisatorisch platzieren muss, „spaltet die Gemüter". Auch die AUDI AG hat in diesem Thema eine eigene Historie. Das illustrierte Beispiel anhand einer Audi Service-Einheit lässt diesbezüglich einen pragmatischen und zugleich salomonischen Schluss zu: ohne die notwendige Mitarbeiterverfügbarkeit – sowohl in Hinblick auf die Kapazität als auch bezogen auf das Eignungsprofil – lässt sich keine erfolgreiche Service-Entwicklung betreiben.

Neben der Ressource „Mensch" müssen jedoch auch weitere Voraussetzungen als Minimalanforderungen für einen fruchtbaren Nährboden erbracht werden. Erst durch die Schaffung eines Dienstleistungsnetzwerks artverwandter Services wird die Möglichkeit geschaffen hinter der „line of visibility" die singulären Dienste einem ständigen Rekonfigurationsprozess zueinander zu unterziehen. Dies ermöglicht die Einrichtung von „one-stop-shops", die über definierte und bekannte Schnittstellen zum Kunden ein ständig wachsendes Service-Angebot bereitstellen.

Auch die Automatisierung und Standardisierung von Dienstleistungen wie anhand des Praxisbeispiels der Einführung einer Output Management Plattform beschrieben, mindert Reibungsverluste beim Dienstleistungsmanagement. Eine höhere Kundenbindung aufgrund von Mehrwertdiensten und Wettbewerbsvorteile durch Premium-Servicequalität sind garantiert.

Dass Dienstleister dabei keine Wohlfartsverbände sein müssen, die die eigene Bilanz außer Acht lassen können, versteht sich im heutigen von verstärktem Kostendruck geprägten Wettbewerbsumfeld von selbst. Zwar besteht in großen Industrieunternehmen wie der AUDI AG punktuell auch die Notwendigkeit, die Profitabilität einzelner Services zugunsten der Mitarbeiterzufriedenheit und allgemeinen Verfügbarkeit von Basisdiensten zu opfern. Doch machen die Organisation als selbständiges Profit Center bei der Bündelung von verschiedenen Dienstleistungen eine Quersubventionierung möglich, die über moderne Methoden des Accountings solidarisch an die kostenverursachenden Stellen weitergegeben werden können.

5.2 The road ahead – der weitere Weg der Zentralen Organisationsdienste

Die Entwicklung der Organisationseinheit „Zentrale Organisationsdienste" von einem Sammelsurium von internen Diensten über ein Portfolio an „Value Added Services" hin zu einem Dienstleistungsnetzwerk hat in vielerlei Hinsicht „Spuren hinterlassen".

Zwar wird auch zukünftig an einer ständigen Verbesserung der Service-Qualität und des -Angebots gearbeitet werden. Insbesondere die Investition in die Einführung des OMS erfordert sowohl eine horizontale als auch vertikale Erweiterung der über diese Plattform abgebildeten Geschäftsprozesse.

Doch hat die hohe Veränderungsgeschwindigkeit der letzten Jahre den Wunsch nach Konsolidierung reifen lassen. Eine solche Phase der „Dienstleistungsentwicklung mit angezogener Handbremse" muss jedoch auch gut geplant und vorbereitet werden. Das Festschreiben von als „best-in-class" entwickelten Prozessen im Rahmen organisatorischer Richtlinien stellt dabei nur einen Bestandteil dar.

Auch dem gewachsenen Selbstbewusstsein der Mitarbeiter und der veränderten Stellung als Dienstleister im Unternehmen muss dabei Rechnung getragen werden.

Kooperative Services im Maschinen- und Anlagenbau

Tanja Klostermann, Georg Bischoff
Fraunhofer-Institut für Arbeitswirtschaft und Organisation (IAO), Stuttgart
Eckhard Beilharz, Homag AG, Schopfloch
Manfred Dresselhaus, Reis Robotics, Obernburg

Inhalt

1 Einleitung

Komplexe Maschinen- und Anlagenbauprojekte verbunden mit sich zunehmend etablierenden Kooperationsnetzwerken erfordern eine effiziente Produktionsablaufsunterstützung. In diesem Artikel werden wesentliche Ergebnisse des Verbundprojektes Kooperatives Produktengineering in einem Kunden-, Zulieferer-, Produzenten-Netzwerk („KoPro-Netz“) vorgestellt.[1] Zentraler Bestandteil dieses Projektes war die Konzeption und Realisierung eines Kooperationsnetzwerkes zwischen Kunden, Zulieferern und Produzenten auf Basis einer internetbasierten Plattform zur Abwicklung von Maschinen- und Anlagenbauprojekten. Die Zielsetzung bestand darin, kooperative Services in einem beispielhaften Umfeld zu etablieren und zu stabilisieren. Der im Projekt „KoPro-Netz“ entwickelte Prototyp wurde insbesondere in Bezug auf die Wertschöpfungsstufen Service und Inbetriebnahme fokussiert.

In diesem Beitrag wird zunächst ein Ansatz zum Design kooperativer Services von der Planung über die Entwicklung bis hin zur Servicebereitstellung aufgezeigt. Im dritten Kapitel wird die im Forschungsprojekt realisierte IT-Kooperationsplattform mit allen notwendigen Sub-Systemen zur Unterstützung der kooperativen Bereitstellung und Nutzung der Services dargestellt. Die Realisierung der Services ist Inhalt des vierten Kapitels. Hier werden die Praxisszenarien „Störungsbearbeitung im Service“ bei einem Roboterhersteller und „Projektierung in der Inbetriebnahme“ bei einem Holzmaschinenhersteller vorgestellt und die Realisierung der kooperativen Services veranschaulicht.

2 Design kooperativer Services

In den folgenden Unterkapiteln wird ein Vorgehensmodell zur methodischen Entwicklung kooperativer Services aufgezeigt. Das in Abbildung 1 dargestellte Modell umfasst die drei Vorgehensphasen Planung, Entwicklung und Bereitstellung von Services. Die Entwicklungsphase beinhaltet die Erstellung von Sub-Modellen zum Design des Serviceprodukts, der Serviceprozesse und der benötigten Ressourcen. Die Entwicklung kann dabei über die Gestaltungsbereiche Mensch, Technik und Organisation einerseits und über die Gestaltungsmittel Methoden, Werkzeuge und Verfahren andererseits unterstützt werden.

---

[1] Das Projekt (Förderkennzeichen: 02PD1040) wurde vom Bundesministerium für Bildung und Forschung (BMBF) gefördert und von der Projektträgerschaft Produktions- und Fertigungstechnologien (PFT) des Forschungszentrums Karlsruhe betreut.

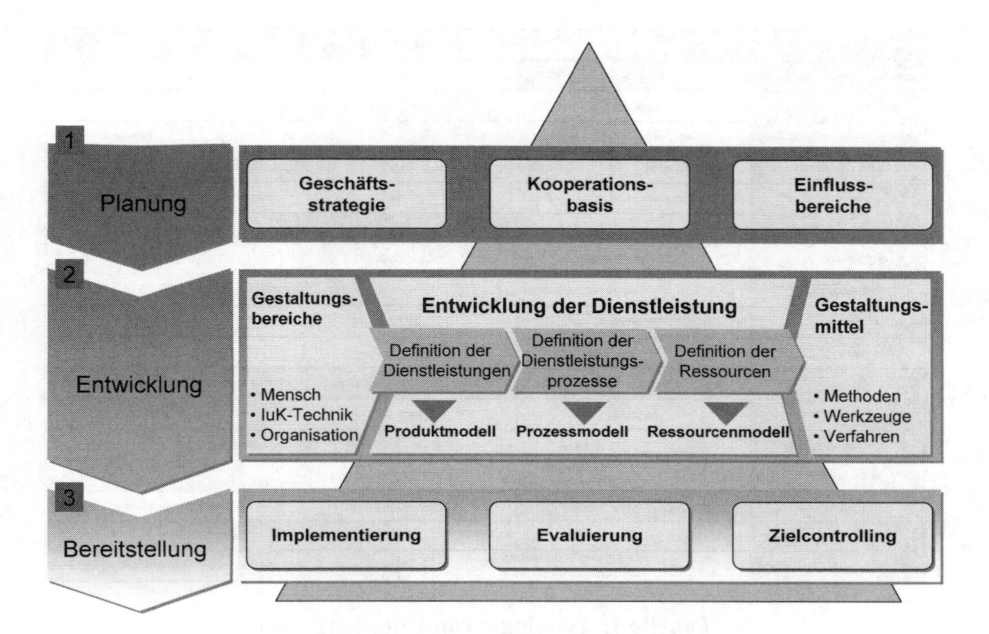

Abbildung 1: Design kooperativer Services

2.1 Service Planung

Um den Erfolg der Einführung kooperativer Services zu gewährleisten, ist es bereits in der Planung der Dienstleistungsentwicklung notwendig, die später in den Service involvierten Bereiche mit einzubeziehen. Dadurch sind eine frühzeitige Erschließung potenzieller Dienstleistungsinnovationen und deren Positionierung auf den Märkten möglich. Die Planung der Dienstleistungsentwicklung legt die strategische Ausrichtung aller weiteren Entwicklungsprozesse fest und stellt somit einen wichtigen Bestandteil des Referenzmodells zum Servicedesign dar.

Neben der Entwicklung einer Geschäftsstrategie, ist die Organisation der Kooperationsbasis Bestandteil der Planung der Serviceentwicklung. Die Gestaltungsoptionen einer Kooperation sind in Tabelle 1 dargestellt. Im Rahmen des Projektes „KoPro-Netz" wurde von einer langfristigen, strategischen Kooperation mit vertikaler Kooperationsrichtung ausgegangen. Die Zielsetzung bestand in der Optimierung der unternehmensinternen und -übergreifenden Servicekooperation. Weitere Kooperationsschwerpunkte (zum Teil in Anlehnung an [1]) sind als markierte Bereiche in Tabelle 1 visualisiert.

Kriterium	Ausprägung					
Zeitdauer der Kooperation	langfristig	mittelfristig	kurzfristig			
Kooperationsmodelle	operativ	strategisch	virtuell			
Richtung der Kooperation	horizontal	vertikal	diagonal	lateral		
Hierarchieebenen	Individuum	Gruppe	Team	Unternehmen	Unternehmens-verbund	
Netzwerkmodelle	Baum	Bus	Stern	Ring	Vermascht	
Verflechtung	keine	mittel	starke			
IuK Unterstützung	Kommunikation	Koordination	Kooperation			
Konfiguration	unternehmensintern	unternehmensübergreifend				
Formen	inhaltlich	zeitlich	räumlich			
Beteiligte	Subjekte	Objekte				
Phasen	Bedarfsermittlung	Zieldefinition	Partnerauswahl	Konfiguration	Durchführung	Beendigung
Reichweite	regional	national	international			
Ausdehnung/Ort	lokal	räumlich verteilt				
Erweiterbarkeit	dynamisch (neue Partner möglich)	statisch (keine Veränderung durch Partner)				
Kontrolle	durch einen Partner	durch wenige Partner	durch alle Partner			
Produktvariablität	fix	variabel				
Wertschöpfungsvariabilität	Abwicklung in derselben Wertschöpfungsstruktur	Abwicklung in veränderter, neuer Wertschöpfungsstruktur				

Tabelle 1: Typologie von Kooperationen

Es ist sinnvoll, die Organisation der Kooperation als eigenes Projekt zu definieren und analog eines Phasenmodells für Projektmanagement zu gestalten [2]. Entlang der Phasen Bedarfsermittlung, Zieldefinition, Auswahl von Kooperationspartnern, Konfiguration, Durchführung und Beendigung der Kooperation lässt sich hierdurch der Kooperationsprozess geeignet durchführen.

Darüber hinaus sind mögliche Einflussbereiche in die Planung mit einzubeziehen, da die Dienstleistungsentwicklung direkt durch sie beeinflusst werden kann. Insbesondere Märkte, Branchen, Technologien und Unternehmenskulturen spielen dabei eine wichtige Rolle. Die Wettbewerbsfaktoren Marktpotenziale, Markt-, Unternehmens- und Dienstleistungsanforderungen, Wirtschaftlichkeitsrechnungen, Branchenspezifika, neue technologische Entwicklungen und im Zuge der Globalisierung, das interkulturelle Management sind in diesem Zusammenhang die herausragenden Einflussgrößen, deren Evaluierung unerlässlich ist.

2.2 Service Entwicklung

2.2.1 Produktentwicklung

Hinsichtlich des Begriffs „Produkt" ist festzuhalten, dass nach der Klassifizierung von Produkten nach dem Aspekt der Gegenständigkeit auch Dienstleistungen, z.

B. reparatur- und ingenieurstechnische Leistungen, als Produkt definiert werden können [7]. Hiernach ist auch der Service als produktbegleitende Dienstleistung ein Produkt.

Im Rahmen der Produktentwicklung ermittelt jeder Kooperationspartner die aus Sicht seines Unternehmens relevanten Leistungsmerkmale (Funktionen) des zu entwickelnden Services bzw. des Serviceportfolios (siehe Tabelle2). Basierend darauf können die ersten Kooperationsszenarien entworfen werden. Das Produktmodell stellt das Resultat der Produktentwicklung dar. Dieses enthält eine komplette Beschreibung aller zunächst unternehmensindividuell präferierten Leistungsmerkmale des Services. Danach erfolgt der Abgleich der singulär erstellten Produktmodelle und die detaillierte Gestaltung der Szenarien.

2.2.2 Prozessentwicklung

Nach Abschluss der Produktentwicklung wird die Prozessentwicklung durchgeführt. Diese umfasst die genaue Spezifikation der einzelnen Prozessschritte zur Entwicklung der kooperativen Services sowie die Definition der Schnittstellen zu den angrenzenden Prozessabläufen. Die Aufgabe jedes Kooperationspartners ist es nun, den Prozess der von ihm bereitzustellenden Services zu modellieren und die relevanten Kooperationsprozesse zu skizzieren. Das Prozessmodell stellt das Resultat der Prozessentwicklung dar. Im Anschluss daran kann die Auswahl der hinsichtlich einer unternehmensübergreifenden Zusammenarbeit für alle Projektpartner relevanten Kooperationsprozesse vorgenommen werden.

Da jeder Kooperationspartner unterschiedliche Präferenzen hat und zudem ein späterer Austausch von entwickelten Teil-Services (Service-Komponenten) innerhalb des Kooperationsnetzwerkes möglich sein soll, erhält die Entwicklung konfigurierbarer Prozessmodelle [3] eine zunehmende Bedeutung. Das Prinzip der Modularisierung, d. h. einer Dekomposition der Serviceprozesse in einzelne Module, ermöglicht die Identifikation von standardisierbaren Modulen. Diese Standardmodule lassen sich dann z. B. auf der Basis definierter Service-Level oder Reifegrade der später anzubietenden Dienstleistung zu so genannten Service-Objekten aggregieren. Überträgt man das Prinzip der Objektorientierten Softwareentwicklung auf die Dienstleistungsentwicklung können mehrere gleichartige Service-Objekte zu Service-Komponenten zusammengefasst werden.

Je nach Bedarf können Anbieter ihren Endkunden sowohl Service-Objekte als auch Service-Komponenten anbieten bzw. innerhalb des Kooperationsnetzwerkes zwischen den nachfragenden Partnern zur Diversifizierung des Leistungsportfolios austauschen. Die Entwicklung von Service-Objekten birgt insbesondere den Vorteil, dass Dienstleistungen individuell für den Kunden als produktbegleitender Service konfiguriert werden können und darüber hinaus dem Anspruch der Wiederverwendbarkeit genügen.

2.2.3 Ressourcenentwicklung

In Rahmen der Ressourcenentwicklung bilden die an der Kooperation beteiligten Mitarbeiter entsprechend ihrer Kompetenzen Teams, denen unterschiedliche Rollen zugeordnet werden. Basierend auf den Aufgaben und Qualifikationsprofilen werden zu jeder Rolle die benötigten Zugangs- und Zugriffsrechte ermittelt. Ein derartiges Benutzer-Rechte-Rollen-Konzept ist Bestandteil des Ressourcenmodells, das wiederum die Grundlage für die Konfiguration und das Authentifizierungs- und Sicherheitssystem der gesamten Plattform darstellt. Aus den rollenspezifischen Verantwortlichkeiten lassen sich funktionale Anforderungen an die Plattform sowie deren Sub-Systeme ableiten.

2.3 Service Bereitstellung

Eine zentrale Rolle bei der Bereitstellung von Services spielt die Auswahl oder die Entwicklung eines geeigneten Betreibermodells. Verschiedene Service-Komponenten können organisatorisch bspw. über einen zentralen Anbieter (Betreiber) angeboten werden. Dieser steht dem Endkunden als einziger Service-Ansprechpartner gegenüber. Dies hat für die beteiligten Dienstleistungsnehmer den Vorteil, dass es nur eine einzige Anlaufstelle gibt und trotzdem ein breites Spektrum individuell konfigurierbarer Service-Angebote verfügbar ist.

Die Grundlage zur Erstellung eines Service-Angebots ist die Implementierung von aggregierten Service-Objekten oder Service-Komponenten. Diese werden wiederum von verschiedenen Partnern (z. B. Drittanbietern oder Lieferanten) des Kooperationsnetzwerkes bereitgestellt. Dadurch ergibt sich eine ganzheitliche Abdeckung der Bedürfnisse eines Endkunden entlang des gesamten Produktlebenszyklusses, z. B. eines Käufers einer Maschine, der eine Produktinformation, einen Online-Support und ebenso einen Reparaturservice in Anspruch nehmen möchte. Den Endkunden wird dabei bewusst verborgen, welche Services von welchen Unternehmen geleistet werden. In der folgenden Tabelle wird ein vereinfachender Überblick über das Portfolio möglicher Service-Komponenten mit den zugehörigen Service-Objekten im Bereich des Technischen Kundendienstes im Maschinen- und Anlagenbau gegeben.

Service-Komponenten (Standard oder individual)	Service Objects (Standard oder individual)	Service-Erbringer
Reparatur-Service	Hotline	Maschinenhersteller / Call-Center
	Customer-Self-Service	Maschinenhersteller / Kundendienst
	Ersatzteillieferservice	Ersatzteilzulieferer
	Vor-Ort-Service	Maschinenhersteller / Servicetechniker
	Serviceabrechnung	Maschinenhersteller / Buchhaltung
	Online-Billing	Kreditinstitut
Service-Level-Agreements	Haftung	Notariate, Rechtsanwälte
	Wartungsverträge Garantien	Maschinenhersteller / Rechtsabteilung
Konfigurierbare Komponenten:	Individuelle Zusammenstellung von Service-Objekten	Auswahl nach Zusammensetzung der Services

Tabelle 2: Beispiel eines Service-Portfolios im Technischen Kundendienst

3 Entwicklung einer Kooperationsplattform

3.1 Architektur der Kooperationsplattform

Zur internetbasierten Unterstützung kooperativer Services in einem Kooperationsverbund aus Kunde, Hersteller und Zulieferer wurde die in Abbildung 2 dargestellte Kooperationsplattform entwickelt. Im Projekt „KoPro-Netz“ wurden insbesondere die Prozesse der Wertschöpfungsstufen Service und Projektierung über diese IT-Plattform abgebildet.

Die folgenden Komponenten sind als Sub-Systeme der Kooperationsplattform untereinander verbunden und wirken als Gesamtsystem:

- Customer Communication Portal als Kunden- bzw. Service-Schnittstelle mit einem Ticket-Management-System,
- Product Lifecycle Management System (Produktkonfiguration, Produktdaten- und Prozessmanagement),
- Multi-Projektmanagement System (Projekt- und Ressourcendisposition),
- Collaboration Portal (Application-/Data-Sharing, Ferndiagnose) und

- Schnittstellen zwischen den Systemen.

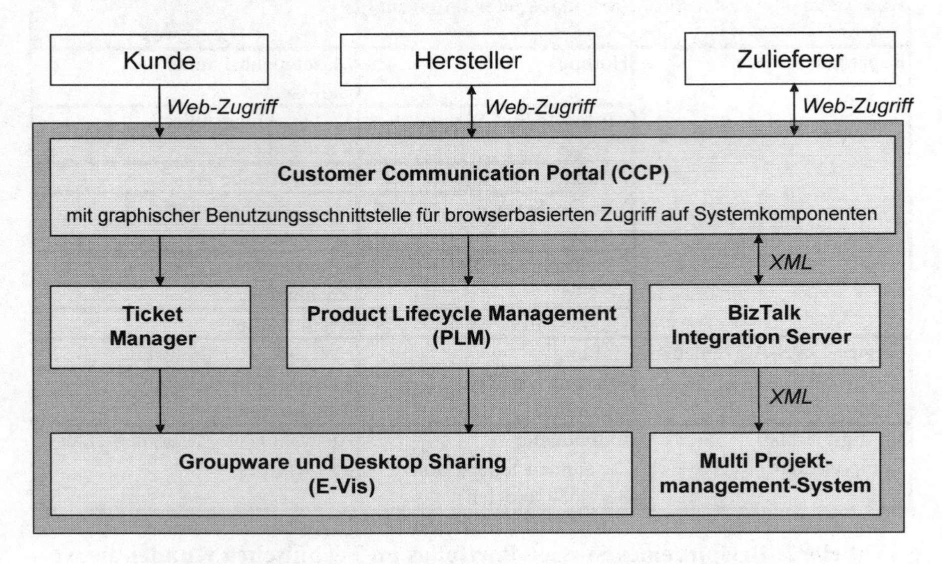

Abbildung 2: Internetbasierte Kooperations-Plattform

3.2 Sub-Systeme der Kooperationsplattform

3.2.1 Customer Communication Portal mit Ticket-Manager

Das Customer Communication Portal (CCP) mit einem integrierten Ticket-Management-System stellt die zentrale Schnittstelle zwischen der Plattform und den beteiligten Benutzern Kunde, Hersteller und Lieferant dar. Der Ticket-Manager ist eine Kernkomponente des CCP und basiert auf den folgenden Technologien:

- ASP zur Erzeugung der HTML-Oberflächen (incl. JavaScript),
- C++ basierte Mittelschicht (Anwendungslogik) nach dem COM/DCOM-Komponentenmodell,
- ADO und OLE DB als Datenbankzugriffsschnittstelle und
- Relationale Datenbank (getestet mit DB2, MS SQL Server und Oracle).

Das Ticket ist das Basisobjekt der „KoPro-Netz“ Software. Es wird über das CCP bedient und besteht aus mehren Ein- und Ausgabe-Masken, die Datenfelder und Links zu Dokumenten und Programmen enthalten. Für jeden neuen Vorgang (z.

B. Service- oder Inbetriebnahmefall) wird ein Ticket angelegt, das bei Beendigung des Vorgangs automatisch archiviert wird. Für die verschiedenen Vorgangsarten sind jeweils passende Ticketarten verfügbar. Ein Ticket kann angelegt, mit Daten und verbundenen Dokumenten ergänzt und geändert, aber nicht mehr zerstört werden. Im „KoPro-Netz" Referenzprozess „Störungsbearbeitung" unterstützt das CCP primär die Phasen Kontaktaufnahme, Störungsmeldung und -behebung. Im Referenzprozess „Inbetriebnahme" unterstützt das CCP alle Phasen von der Planung bis zum Abschluss.

3.2.2 Multi-Projektmanagement-System

Ein Multi-Projektmanagement-System (MPMS) beschreibt, entsprechend der Anforderungen an ein kooperatives Management multipler Projekte, die übergeordnete Koordination einer Vielzahl von Projekten und deren wechselseitige Abhängigkeiten in der Projektlandschaft der Unternehmen [4]. Die Zielsetzung besteht darin, die Reibungsverluste der Projekte untereinander durch eine übergreifende Projektportfolio-Planung und -Steuerung zu minimieren [5]. Für das heterogene und kooperative Umfeld im Projekt „KoPro-Netz" war die Unterstützung der gängigen bzw. im Einsatz befindlichen Betriebssystemplattformen bei der Auswahl eines MPMS wichtig. Das eingesetzte System „MS Project Central" ist eine Erweiterung zu der gängigen Projektmanagement Software „MS Project 2000". Es unterstützt ein web-basiertes Multi-Projektmanagement und wurde z. B. zur Disposition von humanen und technischen Ressourcen bei der Störungsbehebung und in der Inbetriebnahme eingesetzt.

3.2.3 Product Lifecycle Management-System

Das Product Lifecycle Management-System (PLM-System) [11] dient der Verwaltung aller Produktdaten, d. h. aller maschinen- und anlagenbezogenen Daten über den gesamten Produktlebenszyklus. Das PLM-System unterstützt beide „KoPro-Netz" Referenzprozesse. Insbesondere im Prozess „Kooperative Störungsbehebung" wird es bei der Identifikation und Diagnose von Störungen sowie bei der Störungsnachbearbeitung eingesetzt. Die folgenden Funktionalitäten sind für den kooperativen Service relevant:

Kundenservice und Instandhaltung: Eine Verwaltung von Anlagen und Ausrüstung sowie aller Bausteine eines EAM-Systems (Enterprise Asset Management), wie z. B. vorbeugende Wartung, Prüfpläne, Katalogsysteme für die Definition von Ausfällen, integriertes Supplier Relationship Management, Bestandsführung sowie eine Auftragszyklusverwaltung.

Produktdaten- und Dokumenten-Management: Eine Umgebung für die Verwaltung von Spezifikationen, Stücklisten, Arbeitsplänen, Ressourcendaten, Projekt- und Anlagenstrukturen, Rezepten und technischer Dokumentation für den gesamten Lebenszyklus von Produkten und Anlagen. Die Anbindung an relevante Systeme wie Computer-Aided Design, Supervisory Control and Data Acquisition (SCADA) und geographische Informationssysteme (GIS) wird geeignet unterstützt.

Lifecycle Collaboration: Unterstützung der Kooperationsprozesse und des Projektmanagements mit XML-basierten Web-Standards für die Weiterleitung von Daten wie Projektplänen, Dokumenten und Produktstrukturen zwischen den virtuellen Entwicklungsteams und Geschäftspartnern. Zeichnungen und Informationen über Qualität und Dienstleistungen können im Internet abgerufen und ausgetauscht werden.

3.2.4 Collaboration Portal „E-Vis“

Das Collaboration-Portal „E-Vis“ umfasst die nachfolgend aufgeführten kooperationsunterstützenden Funktionalitäten:

Datenhaltung: Um einen schnellen Zugriff auf die Produktdaten zu ermöglichen, werden Baugruppen hierarchisch angezeigt. Zur Identifikation des aktuellen Dokuments bzw. der Daten können automatisch Versionsnummern vergeben werden. Zugangsprivilegien können einfach und individuell für Mitarbeiter sowie Daten spezifiziert werden.

Realtime-Conferencing: 2D- und 3D-Daten können von den Teilnehmern einer Online-Konferenz simultan angesehen und bearbeitet werden. Zudem können Daten zwischen den Mitgliedern eines Teams ausgetauscht und Applikationen über den so genannten „shared visual desktop“ gemeinsam verwendet werden.

Groupware-Funktionalität: Die Mitglieder eines Teams haben Zugriff auf einen gemeinsamen Kalender, und können weitere Features, wie Aufgabenplanung, Kontaktlisten und Diskussionsforen, kooperativ nutzen. Die Benutzerverwaltung ermöglicht es, die Konfiguration jedes Mitarbeiters individuell einzustellen.

Der Einsatz der E-Vis Collaboration Plattform ist exemplarisch für eine typische Instandhaltungkooperation in Abbildung 3 veranschaulicht.

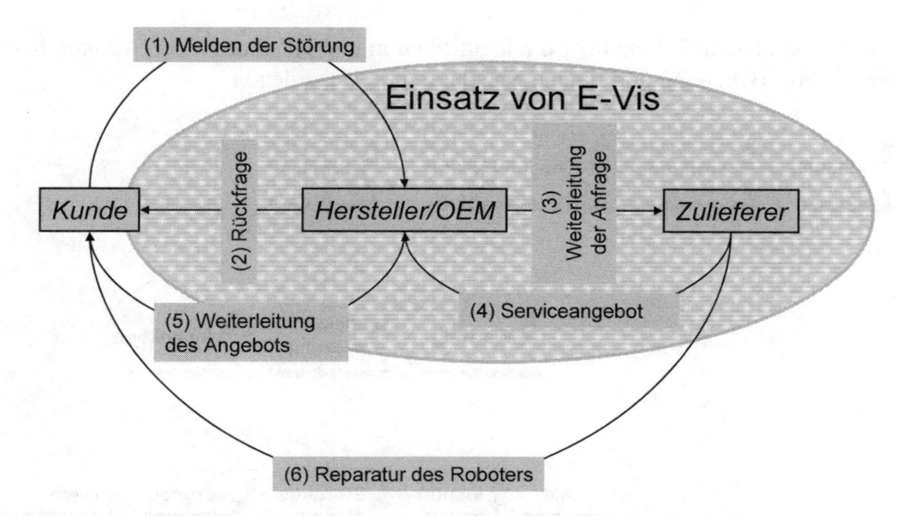

Abbildung 3: Einsatzbeispiel der E-Vis Collaboration Plattform

4 Praxisszenarien

4.1 „Kooperative Störungsbehebung"

4.1.1 Ausgangssituation und Zielsetzung

Das Praxisszenario „Kooperative Störungsbehebung" wurde im Unternehmen Reis Robotics in Obernburg/Main validiert. Reis Robotics gehört zu den führenden Anbietern von Robotersystemen und Automatisierungsanlagen und befasst sich mit allen Sparten der Robotertechnologie und komplexen Automatisierungsanlagen. Reis Robotics ist zertifiziert nach ISO 9001.

Die Zielsetzung besteht in der Optimierung der kooperativen Abwicklung von Serviceeinsätzen gemeinsam mit den Kunden und den Zulieferern von Reis Robotics. Die Optimierung schließt eine Online-Integration von Kunden, der firmeninternen Servicetechniker sowie fremder Zulieferer über ein gemeinsames nutzbares aber herstellergeführtes Kooperationssystem ein.

Im Szenario wurden insbesondere die Kooperationsprozesse in der Service-Phase und hier am Beispiel einer typischen Störungsbehebung untersucht und dargestellt. Die Störungsbehebung ist Bestandteil der störungsbedingten Instandsetzung nach DIN 31051 [9] und lässt sich in die nachfolgend dargestellten Teilprozesse von der Kontaktaufnahme über die Identifikation und Diagnose einer Störung, bis hin zu ihrer Behebung und finalen Nachbereitung [8] zerlegen.

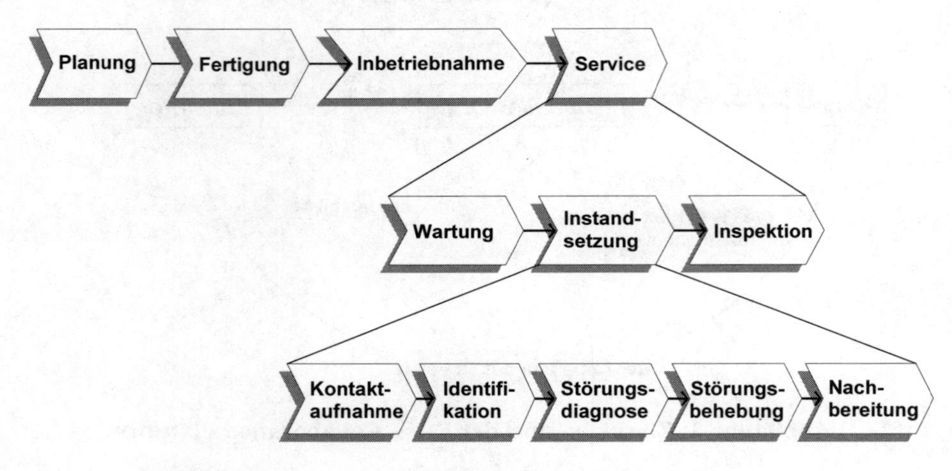

Abbildung 4: Prozess „Kooperative Störungsbehebung"

Im erstellten Szenario setzt ein Kunde einen Durchstrahlschweißroboter von Reis Robotics zum Zusammenschweißen von Kfz-Rückleuchten ein. Nach zwei Jahren störungsfreiem Betrieb fällt dem Produktionsleiter des Kunden auf, dass die Qualität und Haltbarkeit der Schweißnähte spürbar nachgelassen hat. Nach Auftreten dieser Störung nimmt er Kontakt zum Hersteller auf, um die Störung zu melden. Diese muss zunächst identifiziert und diagnostiziert werden, ehe sie behoben und nachbearbeitet werden kann. Die einzelnen Teilprozesse schließen sowohl unternehmensinterne als auch unternehmensübergreifende Kooperationen ein.

4.1.2 Realisierung

Nachfolgend werden die Prozesse und ihre systemtechnische Unterstützung auf Basis der erhobenen Teilprozesse der Instandsetzung (vgl. Abbildung 4) ausführlich erläutert.

Kontaktaufnahme / Meldung der Störung:

Eine auftretende Störung an einem Roboter eines Kunden wird vom Produktionsleiter telefonisch an den First Level Support des Roboterherstellers gemeldet. Der Mitarbeiter des First Level Supports erhält durch den Zugriff auf die „KoPro-Netz"-Plattform über das CCP alle Daten zum Kunden und die bei ihm vorhanden Maschinen. Mit Hilfe des Ticket-Management-Systems legt der Mitarbeiter ein so genanntes Service-Ticket an.

Nach Eingabe der Seriennummer des defekten Roboters wird vom PLM-System eine Liste mit den relevanten Konfigurationsdaten dieses Roboters generiert. Die folgende Abbildung zeigt die Darstellung der Kooperationsabläufe bei der Störungsmeldung und -weiterleitung in Form eines Sequenz-Diagramms.

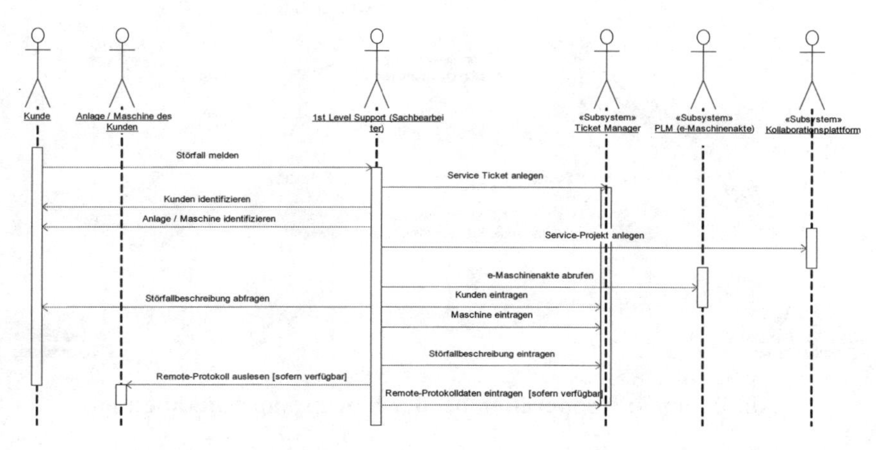

Abbildung 5: Sequenzdiagramm „Störungsmeldung“ [6]

Störungsidentifikation:

Für die Störungsidentifikation wurden typische, in Abbildung 5 dargestellte Kooperationsalternativen realisiert. In dem beschriebenen Szenario erfragt der Mitarbeiter des First Level Supports die genaue Beschreibung der aufgetretenen Störung bei dem Kunden und trägt die Daten in das angelegte Service-Ticket ein. Im CCP liest er die Historie vergangener Störungen dieses Roboters nach, kann jedoch die Störung anhand vorliegender Daten nicht identifizieren und leitet das Service-Ticket an den Second Level Support weiter. Dieser benötigt vom Kunden zusätzliche visuelle Informationen über die aufgetretene Störung. Der Kunde stellt daraufhin z. B. ein Digitalfoto einer fehlerhaften Schweißnaht in die Kooperationsplattform ein. Mit Hilfe dieser Information identifiziert der Second Level Support ein Problem an der Lasereinheit, die von einem externen Zulieferer bezogen wurde. Er erhält über das PLM-System die Information, dass die beschädigte Lasereinheit nicht durch ein Serienersatzteil ersetzt werden kann. Deshalb leitet er das um diese Information ergänzte Service-Ticket über das CCP an den Zulieferer weiter.

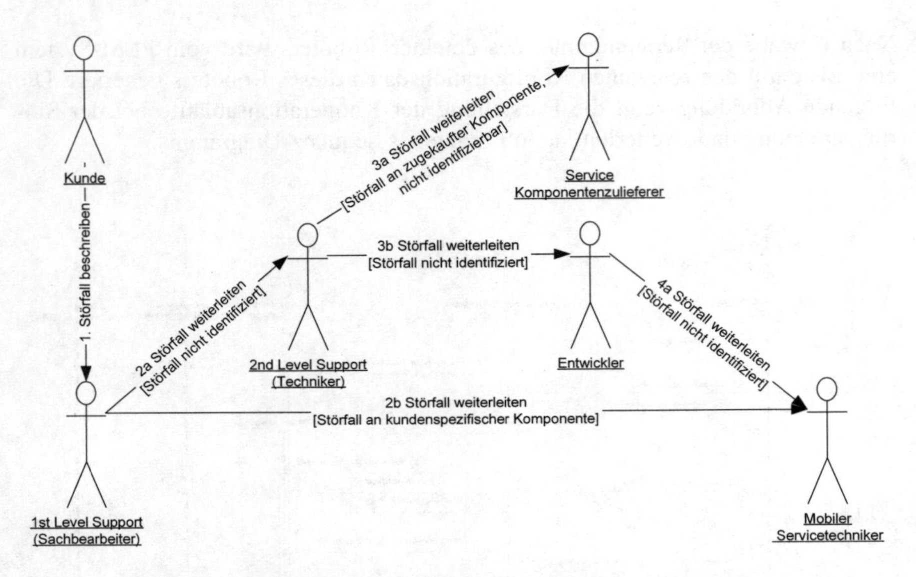

Abbildung 6: Kooperation bei der Störungsidentifikation [6]

Über das Collaboration Portal E-Vis lädt der Second Level Support des Herstellers den Servicemitarbeiter des Zulieferers zu einer Online-Konferenz ein, um gemeinsam den Fehler zu lokalisieren. Hierzu stellt er das Service-Ticket, das Digitalfoto der fehlerhaften Schweißnaht, eine Sicht auf die PLM-Daten des defekten Roboters sowie diverse 3D-Ansichten des Roboters auf den gemeinsam nutzbaren Desktop (vgl. Abbildung 6).

Störungsdiagnose:

Der Servicemitarbeiter des Zulieferers diagnostiziert aufgrund der ihm vorliegenden visuellen Daten einen Defekt, z. B. eine defekte Laserdiode, und recherchiert in der internen Wissensdatenbank nach ähnlichen Störungen. Auf diese Weise wird ermittelt, dass der beschriebene Defekt nur durch einen Servicetechniker vor Ort beim Kunden behoben werden kann.

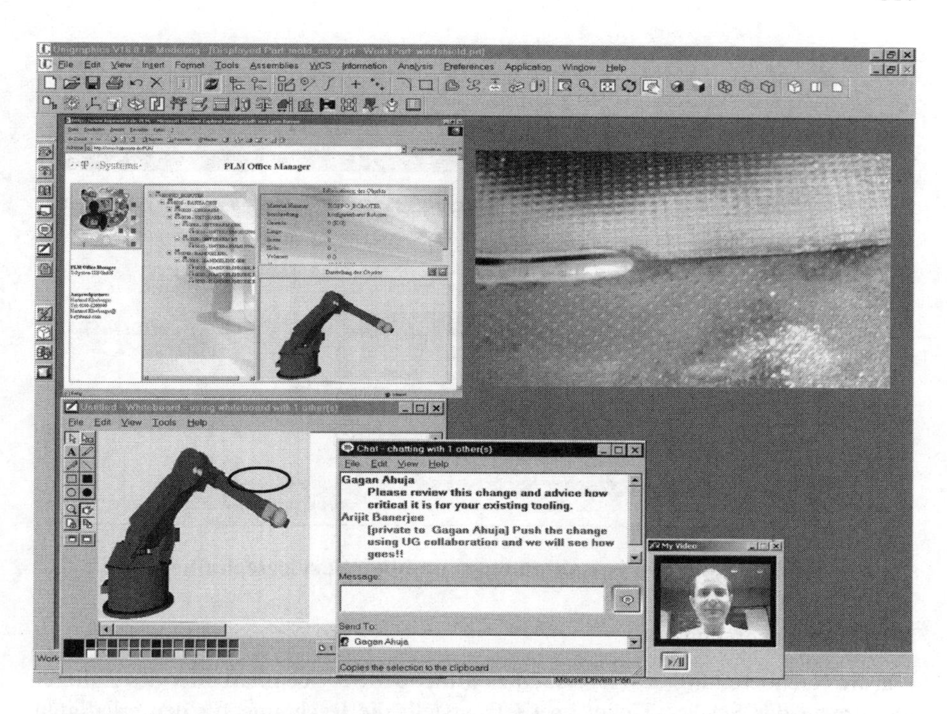

Abbildung 7: Online-Konferenz zwischen Kunde, Hersteller und Zulieferer

Störungsbehebung:

Nach Überprüfung der Verfügbarkeit des Ersatzteils (auszutauschende Platine) im Lagerressourcen-Verwaltungssystem, wird ein Service-Angebot erstellt und an den First Level Support des Herstellers weitergeleitet, der es seinerseits via CCP dem Kunden zusendet. Der Kunde erteilt daraufhin einen Service-Auftrag, den der Hersteller ebenfalls via CCP an den Zulieferer weiterleitet. Dieser disponiert mittels des integrierten Multi-Projektmanagement-Systems einen mobilen Servicetechniker, der die Auftragsdaten via Funkmodem entgegennimmt, den Auftrag beim Kunden ausführt und die dokumentierten Reparaturdaten entsprechend zurückmeldet.

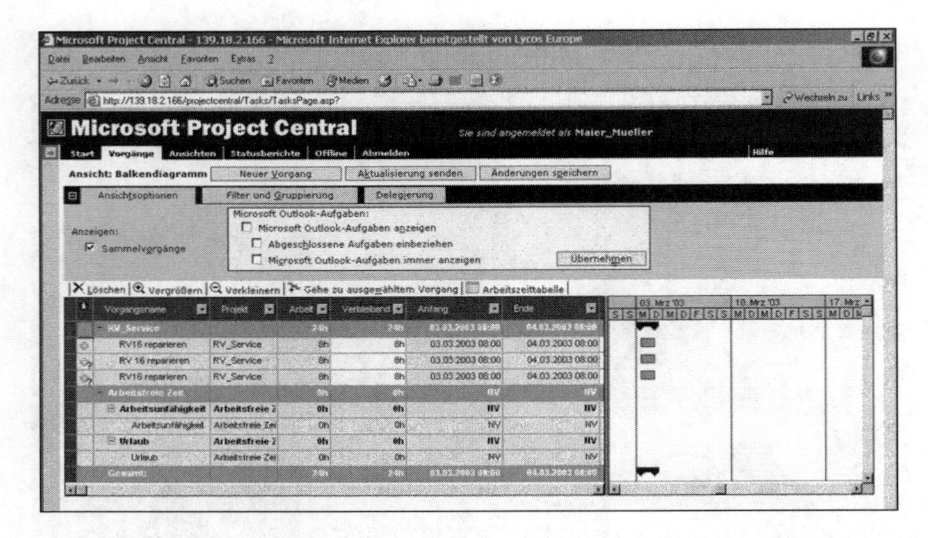

Abbildung 8: Disposition eines mobilen Servicetechnikers

Störungsnachbereitung:

Für die Nachbereitung des Servicefalles öffnet der Servicemitarbeiter des Zulieferers erneut das Service-Ticket im CCP, erstellt die Rechnung für den erledigten Service-Auftrag, hängt sie an das Service-Ticket an und leitet es an die Fakturierungsstelle weiter. Mit der Archivierung des Service-Tickets mit allen zugehörigen Daten im Ticket-Manager des CCP wird der Servicefall abgeschlossen.

4.2 „Kooperative Inbetriebnahme"

4.2.1 Ausgangssituation und Zielsetzung

Der im „KoPro-Netz" entwickelte Prototyp wurde in einem weiteren Fallbeispiel mit dem Unternehmen Homag validiert. Homag ist mit einem innovativen Programm an Maschinen, Dienstleistungen und Softwarelösungen Weltmarktführer bei Maschinen- und Anlagen für die Holzbearbeitungsindustrie. Aufgrund der Kooperationsbeziehungen innerhalb der Homag Gruppe sowie mit Zulieferern und Kunden verfügt die Firma über ein besonderes Know-how in der Umsetzung von Kooperationslösungen.

Die Inbetriebnahme lässt sich in einzelne chronologisch ablaufende Teilprozesse zerlegen, wie sie in Abbildung 9 dargestellt sind. Der Inbetriebnahme einer Maschine oder Anlage geht zunächst die Planung und Vorbereitung des Inbetriebnahmeeinsatzes voraus. Anschließend werden die Maschinen aufgestellt und ein

Funktions- und Bearbeitungstest durchgeführt. Durch die Verkettung der einzelnen Maschinen wird die komplette Anlage montiert. Diese wird erneut geprüft und anschließend für den Produktionsbetrieb konfiguriert. Zum Abschluss erfolgt die Abnahme durch den Kunden.

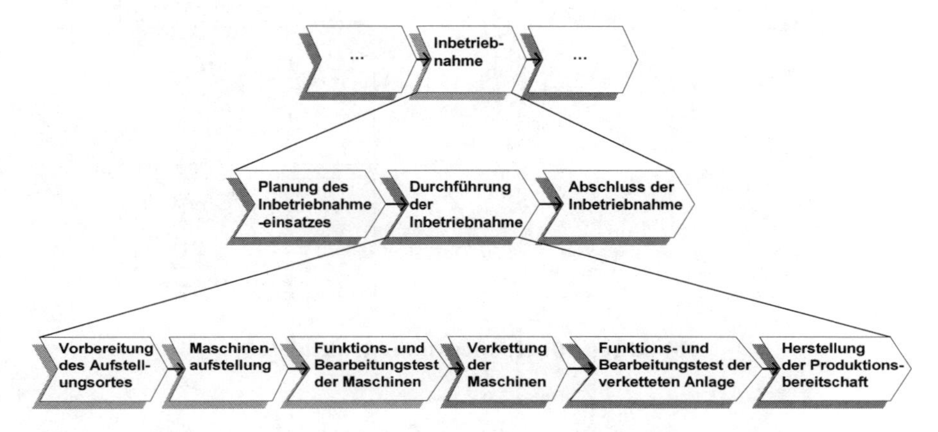

Abbildung 9: Prozess „Kooperative Inbetriebnahme“ [10]

Im Szenario hat ein Kunde eine neue Anlage für die Herstellung eines neuen Küchenmöbelprogramms bestellt. Die Anlage enthält eine Kantenleimmaschine des Herstellers, eine Plattenaufteilsäge eines Zulieferers des Herstellers und ein Fördermodul eines kooperierenden fremden Zulieferers außerhalb der Unternehmensgruppe des Herstellers. Die einzelnen Maschinen der Fertigungsanlage sind in den Produktionsgesellschaften fertig gestellt und haben die interne Qualitätskontrolle passiert.

Die Zielsetzung des Herstellers bestand in der Optimierung der Projektierung in der Außenmontage durch eine Systemunterstützung für die Kooperation zwischen der Baustelle, dem Kunden und verschiedenen Zulieferern. Die Kooperationsstruktur ist in Abbildung 10 dargestellt. Teilziele waren die Einführung eines webfähigen kooperationsunterstützenden Berichtswesens mit unternehmensübergreifender Terminplanung und -überwachung, ein projektweites Service-Ticket-Management und eine projektweite Dokumentation des Montageverlaufes. Einheitliche Schnittstellen bezüglich Informations- und Materialfluss sollen eine enge Anbindung der Kooperationspartner Kunde und Zulieferer sowie weiterer Produktionsgesellschaften des Herstellers ermöglichen und die Effizienz und Effektivität des Projekt-Teams steigern.

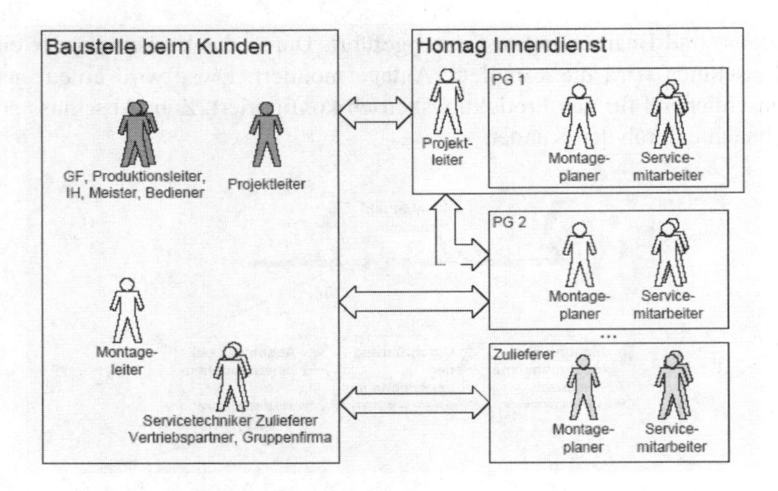

Abbildung 10: Kooperationsstruktur [10]

4.2.2 Realisierung

Nachfolgend wird die Realisierung des beschriebenen Szenarios „Inbetriebnahme auf Basis der identifizierten Teilprozesse" beschrieben.

Planung des Inbetriebnahmeeinsatzes:

Der Projektleiter des Herstellers erstellt einen Projektablaufplan (PAP) für die acht Phasen des Inbetriebnahmeprozesses mit Hilfe des MS Project Tools und stimmt den PAP mit dem Kunden ab. Anschließend erstellt er über das CCP ein Inbetriebnahme-Ticket, in das er die Kundendaten einträgt. Zudem werden die Soll-Termine der einzelnen Phasen aus MS Project importiert. Anschließend wird das Inbetriebnahme-Ticket mit dem Prüfplan als Anhang an den Montageleiter weitergeleitet. Dieser öffnet das Ticket über das CCP und prüft die Vollständigkeit der Daten. Zur späteren Verwendung repliziert er das Ticket lokal auf seinem mobilen Endgerät.

Vorbereitung des Aufstellungsorts:

Die Durchführung der Inbetriebnahme beginnt mit der Vorbereitung des Ortes, an dem die Anlage aufgestellt wird. Der Montageleiter und der Kunde inspizieren zunächst diesen Aufstellungsort anhand des Prüfplans. Der Projektleiter des Herstellers disponiert die verfügbaren Ressourcen in MS Project über das CCP. Zur Abfrage der Ressourcen wählt er die einzelnen Ressourcengruppen aus und trägt das jeweilige Montagedatum sowie die geschätzte Montagedauer ein. Die verfügbaren Ressourcen werden disponiert und in die Projektdatei eingetragen. Alle

Dispositionsdaten werden in das Inbetriebnahme-Ticket übernommen, so wie es in der nachfolgenden Abbildung dargestellt ist.

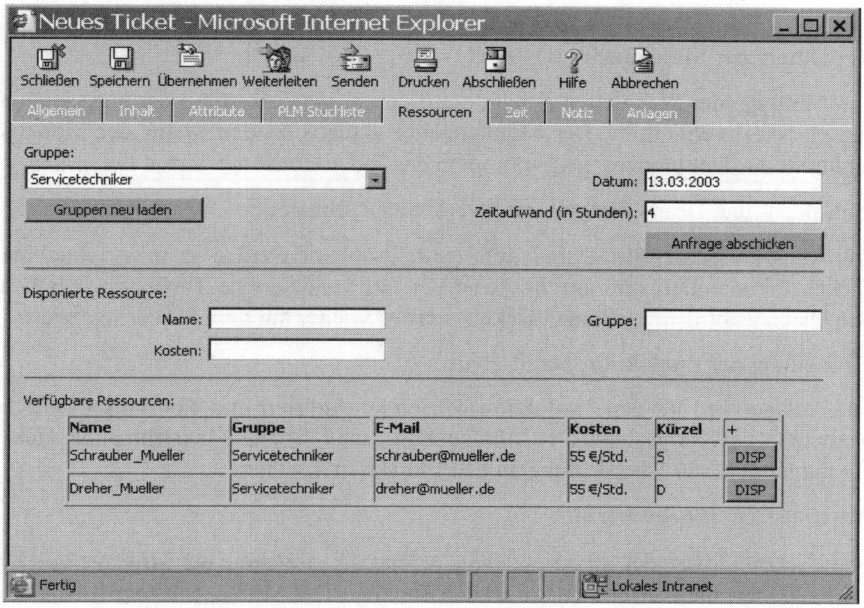

Abbildung 11: Disposition verfügbarer Ressourcen

Maschinenaufstellung:

Die Phase der Maschinenaufstellung beinhaltet neben der physikalischen Aufstellung der Maschinen die Montagedokumentation sowie die Datenreplikation. Nach der Freigabe der Maschinen wird ihr Transport an den Aufstellungsort durchgeführt. Die Montagedokumentation erfolgt über das Inbetriebnahme-Ticket und umfasst eine Statusmeldung zum Montagefortschritt, die Terminüberwachung (Abweichung Soll-Ist-Termin) und das Berichtswesen (d. h. Erstellung und Bereitstellung eines Zwischen- und Abschlussberichts sowie Bilder und Restpunkte). Abschließend werden die Daten des Inbetriebnahme-Tickets auf dem Server repliziert.

Funktions- und Bearbeitungstest der Maschinen:

Die aufgestellten Maschinen werden geprüft und die dabei auftretenden Probleme im Inbetriebnahme-Ticket dokumentiert. Ist der Einbau eines Ersatzteils notwendig, meldet der Servicetechniker dies an den Montageleiter. Dieser erstellt ein Service-Ticket im CCP und dokumentiert das aufgetretene Problem. Anschließend fordert er das Ersatzteil an und leitet das Inbetriebnahme-Ticket über das CCP an den Servicemitarbeiter des entsprechenden Zulieferers weiter. Dieser prüft seinen

Lagerbestand auf Verfügbarkeit des Ersatzteils und versendet es direkt an den Kunden, bei dem die Montage erfolgt. Die Dokumentation wird aktualisiert, und die Daten des Inbetriebnahme-Tickets werden wiederum auf dem Server repliziert.

Verkettung der Maschinen:

Die Montage der kompletten Anlage wird durch die Verkettung der aufgestellten Maschinen durchgeführt. Der Montageleiter aktualisiert den Status der Montage und trägt das Datum der Fertigstellung in das Inbetriebnahme-Ticket ein.

Funktions- und Bearbeitungstest der verketteten Anlage:

Die Anlage wird geprüft. Dabei auftretende Probleme werden im Inbetriebnahme-Ticket dokumentiert und anschließend vor Ort vom Service Techniker behoben. Die Daten des Inbetriebnahme-Tickets werden wieder auf dem Server repliziert.

Herstellung der Produktionsbereitschaft:

Die Anlage wird für den Produktionsbetrieb konfiguriert und damit die Produktionsbereitschaft hergestellt. Der Montageleiter schließt das Inbetriebnahme-Ticket ab und leitet es zur Überprüfung an den Projektleiter weiter.

Abschluss der Inbetriebnahme:

In der letzten Phase der Inbetriebnahme erfolgt die Abnahme der Montage und die Übergabe der montierten Anlage an den Kunden. Der Montageauftrag wird abgeschlossen und die Dokumentation aktualisiert. Nach erneuter Replikation der Daten wird das Inbetriebnahme-Ticket archiviert.

5 Nutzen für kleine und mittelständische Unternehmen

Für kleine und mittelständische Unternehmen ergeben sich Wettbewerbsvorteile durch flexibel gestaltbare Kooperationsprozesse, die zur Abwicklung komplexer Projekte dezentral agierender Partner notwendig sind. Stoßen Kooperationspartner erst später zu einem Projekt hinzu, können sie gezielt und sicher in definierte Geschäftsprozesse integriert werden. Die gemeinsam nutzbare Infrastruktur und Kommunikationsdienste ermöglichen eine bessere Planbarkeit der Kosten.

Insbesondere mittelständische Unternehmen, die in exportorientierten Branchen mit lokalen Produktionsstandorten und global agierenden Kunden angesiedelt sind, profitieren davon.

Bei der Entwicklung hybrider Produkte sind Effektivitäts- und Effizienzgewinne zu erwarten. Es entsteht ein erweitertes Prozessmodell für die Zulieferer-Kunden-Hersteller-Kooperation. Leistungsgarantien für den gesamten Produktlebenszyklus sind operationalisierbar und können gewährleistet werden. Zudem ergibt sich eine enge Rückkopplung der Ergebnisse und eine stärkere Kundenbindung.

Ein weiteres Resultat ist die Erbringung und Unterstützung von Service- und Inbetriebnahmeprozessen einer generischen Mehrwertdienstplattform für kooperative Services. Neuartige kooperative Produktengineering-Prozesse für hybride Produkte entstehen.

Die Kooperationsunterstützung der Belange des Mittelstandes wird durch die Weiterentwicklung einer performanten Kooperations-Plattform vorangetrieben. Eine verbesserte Kundenakquisition und ein erhöhter „Customer Life Time Value“ machen es für technologieorientierte mittelständische Unternehmen attraktiv, die gewonnen Ergebnisse umzusetzen und so zur Verbreitung einer mittelstandsorientierten Infrastrukturtechnologie beizutragen.

6 Zusammenfassung und Ausblick

Für Unternehmen, die als Ergänzung zu ihrem Produktkatalog komplementäre Services anbieten möchten, ist es zunehmend erforderlich, sich an den Bedürfnissen ihrer Kunden zu orientieren. Daher bedarf es sowohl der strukturierten und systematischen Serviceentwicklung als auch der effizienten Integration aller kooperationsunterstützenden Maßnahmen und Ressourcen. Das vorgestellte Modell zur Entwicklung kooperativer technischer Services ist ein erster dahingehender Schritt. Darauf basierende angepasste Modelle ermöglichen die Integration von kunden- und produktspezifischen Services verschiedener Anbieter zu einem allumfassenden, kundenzentrischen Dienst. Die Einführung eines zentralen Portals, auf das Kunde, Hersteller und Zulieferer gleichermaßen zugreifen können, führt zu einer einheitlichen Sicht auf die Vorgänge im Projekt. Auch externe Daten können den beteiligten Projektpartnern durch die Anbindung bestehender IT-Systeme an das Portal sichtbar gemacht werden. Servicetechniker und Montageleiter profitieren von umfassenden Produktinformationen und intelligenten Formularen, die sie direkt über ihre mobilen Endgeräte aufrufen können, um den Informationsstand zu verbessern und Entscheidungsprozesse zu beschleunigen. Die Archivierung des Servicefalls zu Dokumentationszwecken sowie dem späteren Zugriff auf Historiendaten verbessert die Qualität des Datenbestands erheblich. Der effiziente Informationsfluss erhöht die Akzeptanz des eingesetzten Systems bei allen Projektbeteiligten.

Um zukunftsfähige kooperative Services wissenschaftlich-methodisch und dennoch praktikabel realisieren zu können, müssen noch einige Hindernisse überwunden werden. Trotz zahlreicher Forschungsprojekte in diesem Bereich ist es immer noch schwierig, ein Kooperationsnetzwerk strategisch erfolgreich zu konfigurieren und kooperative Services wettbewerbsfähig zu gestalten und anzubieten. Die häufigsten Probleme sind das Fehlen passender Kooperationspartner und unterschiedliche Ansichten über die Reichweite der Kooperation, hinsichtlich der Bereitschaft, Ressourcen und Wissen bereitzustellen. Ein weiteres Problem ist, dass in vielen Fällen nur unzureichend Informationen über die am Prozess beteiligten Anlagen verfügbar sind. Daher ist es zunehmend notwendig, die Integration von „intelligenten Anlagen" in die Kooperations-Plattform zu verbessern. Dadurch profitieren sowohl der Hersteller als auch der Kunde. Ein erster Schritt dorthin ist der „Remote-Zugriff" des Herstellers auf die Maschine des Kunden, welcher sowohl zur Störungsbehebung als auch zu Wartungsarbeiten eingesetzt werden kann.

Literaturverzeichnis

[1] Hirschmann, P.: Kooperative Gestaltung unternehmensübergreifender Geschäftsprozesse, Wiesbaden 1998.

[2] Burghardt, M.: Projektmanagement. Leitfaden für die Planung, Überwachung und Steuerung von Entwicklungsprojekten, 2. Auflage, München, 1993.

[3] Fähnrich, K. P.: Service Engineering. Perspektiven einer noch jungen Fachdisziplin, in: IM Information Management & Consulting, 13(1998) Sonderausgabe, S. 37-39.

[4] Lomnitz. G.: Multiprojektmanagement, verlag moderne industrie Ag & Co KG, Landsberg/Lech 2001.

[5] Holzer, C.: Projektorganisation, Vortrag, Wilhelm-Schickard-Institut, Universität Tübingen, August 2002.

[6] Klostermann, T., Specht, T.: A collaboration engineering platform for production, Tagungsband "17th International Conference on Production Research" (ICPR), Blacksburg, Virginia, USA, August 2003.

[7] Sabisch, H.: Produkte und Produktgestaltung, in: Kern, W. (Hrsg.): Handwörterbuch der Produktionswirtschaft, Stuttgart 1995, Sp. 1439-1452,.

[8] Dresselhaus, M., Klostermann, T.: Kooperatives Produktengineering in einem Kunden-, Zulieferer-, Produzenten-Netzwerk, Tagungsband der Karlsruher Arbeitsgespräche 2004, Karlsruhe 2004.

[9] DIN 31051:2003-06: Grundlagen der Instandhaltung, Deutsche Norm, Juni 2003, mit DIN EN 13306:2001-09, Ersatz für DIN 31051:1985-01.

[10] Beilharz, E.: Projektierung in der Inbetriebnahme, Tagungsband der Industrietagung „Kooperatives Produktengineering" und Abschlussveranstaltung „KoPro-Netz", VDMA-Haus, Frankfurt 2004.

[11] Kleeberger, H.: Produktdatenmanagement in Service und Vertrieb – PLM leicht gemacht, in: Digital Engineering Magazin, (2003)4, S. 20-21.

Autorenverzeichnis

Prof. Dr. Jörg Becker
European Research Center for Information Systems (ERCIS), Universität Münster

Prof. Dr. Jörg Becker ist geschäftsführender Direktor des European Research Center for Information Systems (ERCIS) der Universität Münster, Direktor des Instituts für Wirtschaftsinformatik der Universität Münster sowie Inhaber des Lehrstuhls für Wirtschaftsinformatik und Informationsmanagement. Seine Arbeitsgebiete umfassen Informations- und Datenmanagement, (Referenz-)Informationsmodellierung, Workflowmanagement, E-Government, Logistik- und Handelsinformationssysteme sowie Projekte in öffentlichen Verwaltungen und Industrie-, Service- und Handelsunternehmen.

Dipl.-Ing. Hermann Behrens
DIN Deutsches Institut für Normung e. V., Berlin

Hermann Behrens ist seit 2000 Leiter des Referats Entwicklungsbegleitende Normung (EBN) im DIN Deutsches Institut für Normung e. V. und beschäftigt sich im Rahmen seiner Arbeit mit Standardisierungsmaßnahmen in den Forschungsfeldern Dienstleistungen im Allgemeinen, e-Government, e-Learning, e-Business und Wissensmanagement.

Dipl.-Ing. Eckhard Beilharz
Homag Holzbearbeitungssysteme AG, Schopfloch

Dipl.-Ing. Eckhard Beilharz ist Leiter des Service Centers der Homag Holzbearbeitungssysteme AG in Schopfloch und ist verantwortlich für die Bereiche Fernservice, Vor-Ort-Service, Ersatzteilwesen und das Servicebezogene Wissensmanagement, sowohl für die Homag AG, als auch für die 11 produzierenden Tochterfirmen.

Prof. Dr. Martin Benkenstein
Institut für Marketing und Dienstleistungsforschung, Universität Rostock

Prof. Dr. Martin Benkenstein ist Direktor des Instituts für Marketing und Dienstleistungsforschung sowie stellvertretender Direktor des Ostseeinstituts für Marketing, Verkehr und Tourismus der Universität Rostock. Er beschäftigt sich schwerpunktmäßig mit dem Dienstleistungsmarketing, speziell mit Aspekten der Dienstleistungsqualität, der Dienstleistungssegmentierung und der Dienstleistungsinnovationen.

Georg Bischoff
Fraunhofer-Institut für Arbeitswirtschaft und Organisation (IAO), Stuttgart

Georg Bischoff studiert Softwaretechnik an der Universität Stuttgart und ist als wissenschaftliche Hilfskraft des Fraunhofer-Instituts für Arbeitswirtschaft und Organisation (IAO), Stuttgart, schwerpunktmäßig im Forschungsprojekt „KoPro-Netz“ tätig.

Dr. Christian Blümelhuber
Institut für Marketing, Ludwig-Maximilians-Universität München

Dr. Christian Blümelhuber ist wissenschaftlicher Assistent am Institut für Marketing der Ludwig-Maximilians-Universität München (Lehrstuhl Prof. Meyer). Dort ist er Leiter der Forschungsgruppe Global Brand Management.

Dr. Tilo Böhmann
Lehrstuhl für Wirtschaftsinformatik, Technische Universität München

Dr. Tilo Böhmann ist wissenschaftlicher Assistent am Lehrstuhl für Wirtschaftsinformatik der Technischen Universität München. Dort ist er verantwortlich für den Forschungsschwerpunkt Dienstleistungsmanagement. Seine Forschungsinteressen sind Dienstleistungsentwicklung und -management mit einem Schwerpunkt auf IT-Dienstleistungen. Derzeit stehen dabei die Entwicklung neuer Methoden für die Modularisierung komplexer Unternehmensdienstleistungen sowie neuer Referenzmodelle für betriebliche Dienstleistungsinformationssysteme im Mittelpunkt seiner Tätigkeit. Tilo Böhmann hat an der Universität Hohenheim in Wirtschaftswissenschaften promoviert. Er studierte Wirtschaftswissenschaften und Management Information Systems an der Universität Hohenheim und der London School of Economics and Political Science.

Prof. Dr. Manfred Bruhn
Lehrstuhl für Marketing und Unternehmensführung, Universität Basel

Prof. Dr. Manfred Bruhn ist Ordinarius für Betriebswirtschaftslehre, insbesondere Marketing und Unternehmensführung, am Wirtschaftswissenschaftlichen Zentrum (WWZ) der Universität Basel und Honorarprofessor an der Technischen Universität München (TUM).

Prof. Dr.-Ing. habil. Prof. e.h. Dr. h.c. Hans-Jörg Bullinger
Fraunhofer-Gesellschaft zur Förderung der Angewandten Forschung e. V., München

Prof. Dr.-Ing. habil. Prof. e.h. Dr. h.c. Hans-Jörg Bullinger ist Präsident der Fraunhofer-Gesellschaft zur Förderung der Angewandten Forschung e. V. und war über 20 Jahre Leiter des Fraunhofer-Instituts für Arbeitswirtschaft und Organisation. Er ist Autor und Mitautor zahlreicher Bücher und von weit über 1.000 weiteren Fachbeiträgen, u. a. in den Themenbereichen Dienstleistungs-, Informations- und Technologiemanagement.

Dr. Daniel Busse
Ruhr-Universität Bochum

Dr. Daniel Busse war wissenschaftlicher Mitarbeiter an der Ruhr-Universität Bochum, Institut für Unternehmungsführung und Unternehmensforschung. Dort beschäftigte er sich im Rahmen des durch das BMBF geförderten Verbundprojekts "Invest-S" mit Fragen der Gestaltung innovativer Service-Konzepte im Maschinen- und Anlagenbau.

Dipl.-Kffr. Christine Daun
Institut für Wirtschaftsinformatik (IWi) im Deutschen Forschungszentrum für Künstliche Intelligenz (DFKI), Saarbrücken

Dipl.-Kffr. Christine Daun ist wissenschaftliche Mitarbeiterin am Institut für Wirtschaftsinformatik (IWi) im Deutschen Forschungszentrum für Künstliche Intelligenz (DFKI). Sie beschäftigt sich dort schwerpunktmäßig mit den Bereichen E-Government und Service Engineering.

Dr.-Ing. Lutz Demuß
DEMUSS CONSULTING, Karlsruhe

Dr.-Ing. Lutz Demuß ist Unternehmensberater für nachhaltige Business Excellence. Schwerpunkt seiner Beratungsleistung ist die Organisationsentwicklung auf Basis von innovativen Exzellenz-Reifemodellen für Service Engineering und Service Management. Er ist Gründungsmitglied und Präsident des Vereins Deutscher Dienstleistungsingenieure e.V. (VDLI).

Dr.-Ing. Manfred Dresselhaus
Reis Robotics, Obernburg

Dr.-Ing. Manfred Dresselhaus, studierte Elektrotechnik an der Universität Paderborn und promovierte zum Dr.-Ing. in Paderborn. Seit 1990 ist er Mitarbeiter bei Reis Robotics, zunächst als Entwicklungsingenieur im Bereich Entwicklung Bildverarbeitungssysteme und Steuerungssoftware. Seit 1998 ist er Projektkoordinator für Forschungs- und Verbundprojekte.

Univ.-Prof. Dr.-Ing. Dipl.-Wirt.-Ing. Dr. h.c. mult. Walter Eversheim
Forschungsinstitut für Rationalisierung (FIR), RWTH Aachen

Univ.-Prof. Dr.-Ing. Dipl.-Wirt.-Ing. Dr. h.c. mult. Walter Eversheim, Jahrgang 1937. Studium des Maschinenbaus mit anschließendem wirtschaftswissenschaftlichem Aufbaustudium an der RWTH Aachen. 1965 Promotion und Oberingenieur am Laboratorium für Werkzeugmaschinen und Betriebslehre (WZL). Von 1969 bis 1973 leitende Positionen in namhaften Großunternehmen. 1973 bis August 2002 Inhaber des Lehrstuhls für Produktionssystematik. 1980 bis August 2002 Institutsdirektor des Fraunhofer-Instituts für Produktionstechnologie (IPT), Aachen. 1981-1983 Prorektor der RWTH Aachen. 1989-1994 ständiger Gastprofessor am Institut für Technologiemanagement (ITEM) der Universität St. Gallen (HSG). 1990 bis 2002 Direktoriumsmitglied des Forschungsinstituts für Rationalisierung (FIR), Aachen. Seit 1997 Sprecher des Direktoriums der Gesellschaft für die Verleihung des Internationalen Karlspreises zu Aachen e. V. Vorstandsmitglied des Interdisziplinären Forums Technik und Gesellschaft der RWTH Aachen. Seit Oktober 1992 Honorarprofessor der Tian-jin-Universität, China. Im Dezember 2000 Ernennung zum Honorarprofessor der Universität Huaz-hong, China. Board Member of Chiang Foundation, Hong Kong.

Univ.-Prof. Dr.-Ing. habil. Dipl.-Math. Klaus-Peter Fähnrich
Institut für Informatik, Universität Leipzig

Professor Fähnrich ist Leiter der Abteilung „Betriebliche Anwendungssysteme“ am Institut für Informatik der Universität Leipzig. Seine Lehrgebiete umfassen betriebliche Informationssysteme, E-Business, Dienstleistungsinformatik sowie Service Engineering und Service Management. Als Direktor am Fraunhofer IAO hat er am Auf- und Ausbau des Instituts mitgewirkt und dabei auch die Entwicklung der Disziplin Service Engineering begleitet. Professor Fähnrich ist seit vielen Jahren als Berater für die EU, das Forschungsministerium, einzelne Bundesländer und vor allen Dingen als Consultant für die Wirtschaft tätig.

Dipl.-Kffr. Janine Frauendorf
Department of Marketing, University of Otago

Dipl.-Kffr. Janine Frauendorf ist Doktorandin am Department of Marketing der University of Otago, Dunedin, Neuseeland. Ihre Forschungsschwerpunkte liegen in den Bereichen Blueprinting, Kundenprozesse und Wissensmanagement.

Prof. Dr. Ursula Frietzsche
Fachhochschule Worms

Prof. Dr. Ursula Frietzsche studierte Betriebswirtschaftslehre an der Wirtschaftsuniversität Wien. Dort promovierte sie mit Auszeichnung am Lehrstuhl „Absatzlehre“ bei Prof. Dr. Fritz Scheuch. Nach siebzehnjähriger leitender internationaler Tätigkeit in der Tourismusbranche sowie als Unternehmensberaterin liegen ihre Forschungs- und Lehrinhalte auf den Gebieten Dienstleistungsproduktion, Dienstleistungsmanagement und -marketing sowie touristischer und transportwirtschaftlicher Fragestellungen.

Walter Ganz M.A.
Fraunhofer-Institut für Arbeitswirtschaft und Organisation (IAO), Stuttgart

Walter Ganz ist Institutsdirektor am Fraunhofer IAO. Er leitet dort die Bereiche Human Resource Management und Dienstleistungsmanagement. Walter Ganz ist in Dienstleistungsforschungsinitiativen des Bundesministeriums für Bildung und Forschung, des Bundesministeriums für Wirtschaft und Arbeit sowie der Europäischen Union beratend tätig.

Dr.-Ing. Dipl.-Wirt.-Ing. Christian Gill
SKF GmbH, Schweinfurt

Nach seiner Zeit als wissenschaftlicher Mitarbeiter am Forschungsinstitut für Rationalisierung im Bereich Dienstleistungsorganisation promovierte Christian Gill im Jahre 2004 zum Thema „Architektur für das Service Engineering zur Entwicklung von technischen Dienstleistungen“ an der RWTH Aachen. Zur Zeit ist er als Leiter Business Development & Sales in der Service Division der SKF GmbH in Schweinfurt tätig.

Dr. Oliver Grieble
Institut für Wirtschaftsinformatik (IWi) im Deutschen Forschungszentrum für Künstliche Intelligenz (DFKI), Saarbrücken

Dipl.-Verw.Wiss. Oliver Grieble ist wissenschaftlicher Mitarbeiter am Institut für Wirtschaftsinformatik (IWi) im Deutschen Forschungszentrum für Künstliche Intelligenz (DFKI). Er beschäftigt sich dort schwerpunktmäßig mit den Bereichen Geschäftsprozessmanagement, Dienstleistungsbenchmarking, Leistungsmodellierung und Service Engineering.

Dipl.-Kffr. Katja Herrmann
Institut für Wirtschaftsinformatik (IWi) im Deutschen Forschungszentrum für Künstliche Intelligenz (DFKI), Saarbrücken

Dipl.-Kffr. Katja Herrmann ist wissenschaftliche Mitarbeiterin am Institut für Wirtschaftsinformatik (IWi) im Deutschen Forschungszentrum für Künstliche Intelligenz (DFKI). Sie beschäftigt sich dort schwerpunktmäßig mit den Bereichen Collaborative Business und Service Engineering.

Dipl. Psych. Arndt Hoschke
Techniker Krankenkasse, Hamburg

Dipl. Psych. Arndt Hoschke ist als Projektleiter bei der Techniker Krankenkasse im Bereich der Personalgrundsatzfragen für die Entwicklung und Einführung von innovativen Personalprozessen zuständig. Zu seinem Aufgabenbereich gehört unter anderem die Umsetzung eines Modells zur Lebensarbeitszeit, die Einführung der digitalen Personalakte und die Optimierung von Instrumenten zur Potenzialidentifikation und Nachfolgeplanung.

Dr. Markus Junginger
Festo AG & Co. KG, Esslingen

Dr. Markus Junginger ist Assistent des Vorstands Wissens- und Informations-Management bei der Festo AG & Co. KG. Er beschäftigt sich mit Fragen des strategischen IT-Einsatzes und Umsetzungsaspekten des Wissensmanagements. Markus Junginger hat an der Universität Hohenheim im Bereich Wirtschaftswissenschaften promoviert. Forschungsschwerpunkte seiner universitären Arbeit waren IT-Risk Management, IT-Service Management und Wissensmanagement.

Dipl.-Wirt.-Ing. Timo Kahl
Institut für Wirtschaftsinformatik (IWi) im Deutschen Forschungszentrum für Künstliche Intelligenz (DFKI), Saarbrücken

Timo Kahl ist wissenschaftlicher Mitarbeiter am Institut für Wirtschaftsinformatik (IWi) im Deutschen Forschungszentrum für Künstliche Intelligenz (DFKI). Er beschäftigt sich dort schwerpunktmäßig mit den Themen Collaborative Business, Geschäftsprozessmodellierung und Service Engineering.

Dr. Roland Kantsperger
Institut für Marketing, Ludwig-Maximilians-Universität München

Dr. Roland Kantsperger ist wissenschaftlicher Assistent am Institut für Marketing der Ludwig-Maximilians-Universität München. Dort ist er Leiter der Forschungsgruppe Kundenmanagement.

Dipl.-Ing. Dr. mont. Eva-Maria Kern, MAS
Technische Universität Hamburg-Harburg

Dr. Eva-Maria Kern ist Oberingenieurin und Habilitandin am Arbeitsbereich Logistik und Unternehmensführung der Technischen Universität Hamburg-Harburg. Ihre Forschungsschwerpunkte sind die Gestaltung verteilter Produktentwicklungsprozesse sowie der Informationstransfer in vernetzten Unternehmensstrukturen.

Univ.-Prof. Dr. rer. pol. Dipl.-Wirt.-Ing. Wolfgang Kersten
Technische Universität Hamburg-Harburg

Univ.-Prof. Dr. rer. pol. Dipl.-Wirtsch.-Ing. Wolfgang Kersten ist Präsident der Hamburg School of Logistics und Leiter des Arbeitsbereichs Logistik und Unternehmensführung an der Technischen Universität Hamburg-Hamburg. Forschungsschwerpunkte sind neben dem Logistik- und Supply Chain Management das Varianten- und Komplexitätsmanagement und der Einsatz von Managementmethoden.

Dipl. Betriebswirt (FH) Christoph Klein
SKG BANK, Saarbrücken

Dipl. Betriebswirt (FH) Christoph Klein ist Leiter der Abteilung Bilanz & Controlling der SKG BANK in Saarbrücken. Er ist dort für die Gesamtbanksteuerung, das interne und externe Rechnungswesen sowie diverse Projekte (z.B. Basel II, IFRS) zuständig.

Dipl.-Kfm. Ralf Klein
Institut für Wirtschaftsinformatik (IWi) im Deutschen Forschungszentrum für Künstliche Intelligenz (DFKI), Saarbrücken

Dipl.-Kfm. Ralf Klein ist wissenschaftlicher Mitarbeiter am Institut für Wirtschaftsinformatik (IWi) im deutschen Forschungszentrum für Künstliche Intelligenz (DFKI). Er beschäftigt sich dort schwerpunktmäßig mit den Bereichen Service Engineering, (Finanz-)Dienstleistungsmanagement, Geschäftsprozessmanagement und Ubiquitous Computing.

Prof. Dr. Michael Kleinaltenkamp
Institut für Marketing, Freie Universität Berlin

Prof. Dr. Michael Kleinaltenkamp ist Inhaber der Professur für Marketing und Technischen Vertrieb am Institut für Marketing der Freien Universität Berlin. Gleichzeitig leitet er den Studiengang „Executive Master of Business Marketing". Seine Forschungsschwerpunkte liegen in den Bereichen Business-to-Business- und Dienstleistungsmarketing. Er ist u. a. Mitherausgeber der wissenschaftlichen Schriftenreihen „Business-to-Business-Marketing" und „Dienstleistungsmarketing" sowie der Fachzeitschrift „Wirtschaftsinformatik".

Dipl.-Kffr. Tanja Klostermann
Fraunhofer-Institut für Arbeitswirtschaft und Organisation (IAO), Stuttgart

Dipl.-Kffr. Tanja Klostermann ist wissenschaftliche Mitarbeiterin im Marktstrategieteam Dienstleistungsmanagement am Fraunhofer-Institut für Arbeitswirtschaft und Organisation (IAO), Stuttgart. Sie koordiniert Forschungs- und Beratungsprojekte in den Bereichen Dienstleistungsoptimierung, Collaboration-Engineering-Lösungen und technische Services in Produktionsnetzwerken. Ihr Forschungsfokus liegt in der Leistungsoptimierung durch regelbasierte Ansätze.

Prof. Dr. Helmut Krcmar
Lehrstuhl für Wirtschaftsinformatik, Technische Universität München

Univ.-Prof. Dr. Helmut Krcmar ist Inhaber des Lehrstuhls für Wirtschaftsinformatik an der Fakultät für Informatik der Technischen Universität München. Er ist Mitglied der Fakultät für Informatik, Zweitmitglied der Fakultät für Wirtschaftswissenschaften und Mitglied des Zentralinstituts "Carl von Linde-Akademie". Er ist zudem Academic Director des Programms ¡communicate! und Scientific Director des CDTM (Center for Digital Technology and Management) der Technischen Universität München. Krcmars Forschungsinteressen umfassen die Bereiche Informations- und Wissensmanagement, Engineering und Management IT-basierter Dienstleistungen, Pilotierung innovativer Informationssysteme in Gesundheitswesen, Umweltmanagement und eGovernment, sowie Computerunterstützung für die Kooperation in verteilten und mobilen Arbeits- und Lernprozessen. Sein Buch „Informationsmanagement" ist in 4. Auflage erschienen.

Dr.-Ing. Dipl.-Kfm. Volker Liestmann
Forschungsinstitut für Rationalisierung (FIR), RWTH Aachen

Volker Liestmann arbeitet seit 1996 am Forschungsinstitut für Rationalisierung an der RWTH Aachen. Zunächst als wissenschaftlicher Mitarbeiter im Bereich Dienstleistungsorganisation tätig, übernahm er im Jahre 2000 die Verantwortung als Bereichsleiter. Sein inhaltlicher Themenfokus liegt im Service Engineering.

Dipl.-Inform. Kai-Uwe Loser
Institut für Arbeitswissenschaft, Ruhr-Universität Bochum

Diplom-Informatiker Kai-Uwe Loser ist Mitarbeiter am Institut für Arbeitswissenschaft der Ruhr-Universität Bochum und Datenschutzbeauftragter. Er ist dort für die Durchführung von Forschungsprojekten zu den Themen Modellierung von soziotechnischen Systemen, Einführung von Groupware und Service Engineering verantwortlich. Kai-Uwe Loser promoviert zum Thema Modellbasierte Partizipation bei der Einführung von Standardsoftware.

Univ.-Prof. Dr.-Ing. Dipl.-Wirt.-Ing. Holger Luczak
Forschungsinstitut für Rationalisierung (FIR), RWTH Aachen

Prof. Holger Luczak war bis März 2005 Geschäftsführender Direktor im Vorstand des Forschungsinstituts für Rationalisierung e.V. (FIR) an der RWTH Aachen und Lehrstuhlinhaber und Direktor des Instituts für Arbeitswissenschaft (IAW) der RWTH Aachen. Als Emeritus widmet er sich weiterhin der Institutsforschung sowie Wissenschaft und Praxisberatung. Die Institute entwerfen Leitbilder für die moderne Arbeits- und Betriebsorganisation sowie für die ganzheitliche Gestaltung von Arbeitsprozessen und Werkzeuge zu deren Unterstützung. Seit März 2005 ist Prof. Luczak Präsident der Gesellschaft für Arbeitswissenschaft (GfA).

Prof. Dr. Rudolf Maleri
Fachhochschule Worms

Prof. Dr. Rudolf Maleri studierte nach seiner Ausbildung bei der Deutschen Bank AG Betriebswirtschaftslehre an der Universität Mannheim sowie der Northwestern University, Evanston, Illinois, USA; Promotionsstipendium an der Harvard Business School. Langjährige Tätigkeit als Unternehmensberater u. a. in Afrika, Asien, Australien und der Volksrepublik China. Seit 1973 Veröffentlichungen zu grundlegenden Fragen der Dienstleistungsproduktion.

Prof. em. Dr. Dr. h. c. mult. Heribert Meffert
Marketing Centrum Münster, Westfälische Wilhelms-Universität Münster

Vorsitzender des Vorstandes der Bertelsmann Stiftung, studierte Betriebswirtschaftslehre an der Universität München. 1968 habilitierte er über „Flexibilität in betriebswirtschaftlichen Entscheidungen". Im Jahr 1969 folgte er einem Ruf auf den Lehrstuhl für Betriebswirtschaftslehre an der Universität Münster. Dort baute er das erste Institut für Marketing an einer deutschen Hochschule auf. 1981 war er Gründungsmitglied der Wissenschaftlichen Gesellschaft für Marketing und Unternehmensführung e. V., Münster. Er erhielt zahlreiche Ehrungen und Ehrendoktorwürden und gehört mehreren Aufsichtsräten und Beiräten international tätiger Unternehmen an. Als Marketing-Wissenschaftlicher publizierte er mehr als dreihundert wissenschaftliche Schriften und mehr als dreißig Monographien. Nach der Emeritierung wurde Prof. Meffert am 1.10.2002 Vorsitzender des Präsidiums (seit 1.1.2005: Vorstand) der Bertelsmann Stiftung.

Dipl.-Wirt.-Ing. Thomas Meiren
Fraunhofer-Institut für Arbeitswirtschaft und Organisation (IAO), Stuttgart

Thomas Meiren ist wissenschaftlicher Mitarbeiter am Fraunhofer IAO. Er leitet dort das Marktstrategie-Team „Dienstleistungsentwicklung". In zahlreichen Forschungs- und Beratungsprojekten beschäftigt er sich bereits seit Mitte der 90er Jahre mit Strategien und Konzepten der Entwicklung von Dienstleistungen. Er hält an der Universität Stuttgart eine der weltweit ersten Vorlesungen zu Service Engineering.

Univ.-Prof. Dr. Anton Meyer,
Institut für Marketing, Ludwig-Maximilians-Universität München

Univ.-Prof. Dr. Anton Meyer ist Ordinarius für Betriebswirtschaftslehre und Vorstand des Instituts für Marketing an der Ludwig-Maximilians-Universität München. Seine Forschungsschwerpunkte liegen in den Bereichen Kundenmanagement, Dienstleistungsmanagement sowie Global Brand Management.

Dipl. oec. Rainer Nägele
Fraunhofer-Institut für Arbeitswirtschaft und Organisation (IAO), Stuttgart

Dipl. oec. Rainer Nägele ist Leiter des Competence Center Dienstleistungsmanagement am Fraunhofer IAO. In Forschungs- und Beratungsprojekten erarbeitet er Lösungen zur Optimierung und Innovation von Dienstleistungen. Seine Themenschwerpunkte liegen in den Bereichen Dienstleistungsinnovation, Dienstleistungsbenchmarking und der systematischen Gestaltung von Tertiarisierungsprozessen.

Dr. Stefan Neumann
Ford-Werke GmbH, Köln

Dr. Stefan Neumann promovierte 2003 am Institut für Wirtschaftsinformatik in Münster zum Thema "Workflow-Anwendungen in technischen Dienstleistungen". Derzeit ist er als IT Project Manager in der Ford Customer Service Division in Köln tätig.

Prof. Dr. Hubert Österle
Institut für Wirtschaftsinformatik, Universität St. Gallen

Prof. Dr. Hubert Österle ist Direktor des Instituts für Wirtschaftsinformatik der Universität St. Gallen und der Präsident des Verwaltungsrats der Information Management Group (IMG) St. Gallen. Professor Österle studierte Betriebswirtschaftslehre an den Universitäten Innsbruck und Linz. Nach seiner Promotion an der Universität Erlangen-Nürnberg arbeitete er als Berater bei der IBM Deutschland, habilitierte an der Universität Dortmund und wurde 1980 als Professor für Wirtschaftsinformatik und Informatik-Beauftragter an die Universität St. Gallen (HSG) berufen. 1989 gründete er das Institut für Wirtschaftsinformatik (IWI-HSG), das Forschungsprogramm "Business Engineering HSG" und The Information Management Group (IMG AG). Als Präsident des Verwaltungsrats der IMG AG und Professor für Wirtschaftsinformatik verbindet Prof. Österle Forschung, Lehre und Praxis. 1997 initiierte er den Nachdiplomstudiengang "Executive MBA in Business Engineering". Seine Forschungsgebiete sind Geschäftsmodelle für das Informationszeitalter, Business Networking und Business Engineering.

lic. oec. HSG Marc Opitz
Fraunhofer-Institut für Arbeitswirtschaft und Organisation (IAO), Stuttgart

Marc Opitz ist wissenschaftlicher Mitarbeiter im Competence Center Dienstleistungsmanagement am Fraunhofer IAO. In Forschungs- und Beratungsprojekten beschäftigt er sich schwerpunktmäßig mit den Bereichen kundenorientiertes Service Engineering und organisationale Gestaltung von Dienstleistungsinnovationssystemen.

Prof. Dr. Martin Reckenfelderbäumer
AKAD Wissenschaftliche Hochschule Lahr (WHL)

Prof. Dr. Martin Reckenfelderbäumer ist Inhaber des Lehrstuhls für Allgemeine Betriebswirtschaftslehre mit Schwerpunkt Marketing an der AKAD Wissenschaftliche Hochschule Lahr (WHL). Seine Interessen- und Arbeitsschwerpunkte liegen im Investitionsgüter- und Dienstleistungsmarketing sowie im Marketing-Controlling.

Dr. Christian Reichmayr
Audi AG, Ingoldstadt

Teamleiter für Online Vertriebssupport der AUDI AG im Online Marketing Studium an der Leopold Franzens Universität Innsbruck mit Spezialisierung auf Finanzierung und Betriebsinformatik. Herr Reichmayr war von 1998 bis 2002 wissenschaftlicher Mitarbeiter im Kompetenzzentrum Business Networking am Institut für Wirtschaftsinformatik, Universität St. Gallen. Seine Dissertation hat er zum Thema Collaboration und WebServices – Architekturen und Beispiele verfasst. Seit 2002 ist er bei der AUDI AG beschäftigt und koordiniert im Bereich Online Marketing die Themen Fahrzeugkonfiguratoren, Fahrzeugbörsen, eShops und myAudi.

Prof. Dr. Dr. h.c. Ralf Reichwald
Lehrstuhl für Allgemeine und Industrielle Betriebswirtschaftslehre, Technische Universität München

Prof. Dr. Dr. h.c. Ralf Reichwald ist Dekan der Fakultät für Wirtschafts- und Sozialwissenschaften und Inhaber des Lehrstuhls für Allgemeine und Industrielle Betriebswirtschaftslehre der Technischen Universität München. Dienstleistungsmanagement und Organisationsformen innovativer Dienstleister bilden seit Anfang der 80er Jahre einen zentralen Forschungsschwerpunkt im Tätigkeitsfeld von Prof. Reichwald. Zahlreiche laufende bzw. bereits abgeschlossene Forschungsprojekte unterstreichen dies. Darüber hinaus wird durch den Lehrstuhl das Themenfeld Service Management und Service Engineering auch als Bestandteil der Lehre an der TU München vertreten. Im Rahmen des Studiengangs „Managementorientiertes betriebswirtschaftliches Aufbaustudium (MBA)“ an der TU München bildet Service Engineering als eigenständige Vertiefungsrichtung einen wesentlichen Schwerpunkt moderner Managementmethodik.

Thomas Reppahn
Schenker Deutschland AG, Kelsterbach

Thomas Reppahn, Jahrgang 1969, leitet innerhalb der Zentrale der Schenker Deutschland AG den Bereich "Warehousing & Systems". Zuvor hat er nach einer

Ausbildung zum Speditionskaufmann diverse Positionen im Unternehmen im Bereich Logistik wahrgenommen.

Jörg Rombach
T-Systems, Ulm

Herr Jörg Rombach trat am 15. Oktober 1990 in die Siemens AG in Berlin als Referent für interne Organisation und Datenverarbeitung ein. Zum 01. Februar 1996 wechselte er zur Siemens Business Services GmbH & Co. OHG nach München, wo er als Fachberater für die Kundenbetreuung „Sales Deutschland" zuständig war. Ab dem 01. Februar 1999 wurde er als Leiter Practice Business Development berufen. In seinem damaligen Verantwortungsbereich war er zuständig für die Entwicklung von innovativen Dienstleistungen rund um den IT/TK-Workplace. Gleichzeitig war er verantwortlich für den Diensteentstehungsprozess im operativen Geschäft Deutschland. Vom 1. Oktober 2001 verantwortete Hr. Rombach im Bereich „Workgroup Applications & Desktops" als Line Manager die „Global Service Delivery". Zum 1. Oktober 2003 wechselte er zur T-Systems GEI GmbH. Als Bereichsleiter und Mitglied des Managementboard ist er verantwortlich für die disziplinarische Führung der Mitarbeiter des Bereiches Embedded Services & Information Management. Er sorgt für die profitable Vermarktung der Professional Services im Markt Manufacturing Industries.

Dipl.-Inform. Christian Schaller
Lehrstuhl für Allgemeine und Industrielle Betriebswirtschaftslehre, Technische Universität München

Christian Schaller ist wissenschaftlicher Mitarbeiter am Lehrstuhl für Allgemeine und Industrielle Betriebswirtschaftslehre an der TU München (Prof. Dr. Dr. h.c. R. Reichwald) und Partner der Unternehmensberatung „Think Consult". Seine Arbeits- und Forschungsschwerpunkte liegen in den Bereichen Kundenbeziehungsmanagement, Dienstleistungsmanagement und Knowledge Management. In diesen Bereichen leitet er mehrere Forschungsprojekte am Lehrstuhl und ist auch in der Lehre aktiv. Davor war er, nach dem Studium der Informatik und Wirtschaftswissenschaften, mehrere Jahre in der Beratung tätig, mit Fokus auf die Bereiche Prozesse und Strategie, in der Transportindustrie und der Finanzbranche.

Prof. Dr. Dr. h.c. mult. August-Wilhelm Scheer
Institut für Wirtschaftsinformatik (IWi) im Deutschen Forschungszentrum für Künstliche Intelligenz (DFKI), Saarbrücken

Prof. Dr. Dr. h.c. mult. August-Wilhelm Scheer war bis 28.02.2005 Direktor des Instituts für Wirtschaftsinformatik (IWi) im Deutschen Forschungszentrum für Künstliche Intelligenz (DFKI) und ist Gründer und Vorsitzender des Aufsichtsrats der IDS Scheer AG sowie Gründer und Hauptgesellschafter der imc, Information Multimedia Communication GmbH, beide mit Sitz in Saarbrücken.

Dipl.-Kfm. Kristof Schneider
Institut für Wirtschaftsinformatik (IWi) im Deutschen Forschungszentrum für Künstliche Intelligenz (DFKI), Saarbrücken

Dipl.-Kfm. Kristof Schneider ist wissenschaftlicher Mitarbeiter am Institut für Wirtschaftsinformatik (IWi) im Deutschen Forschungszentrum für Künstliche Intelligenz (DFKI). Er beschäftigt sich dort schwerpunktmäßig mit den Bereichen Service Engineering, E-Business und Collaborative Business.

Dr. rer. pol. Dipl.-Kfm. Peter Schreiner
Celesio AG, Stuttgart

Dr. rer. pol. Dipl.-Kfm. Peter Schreiner leitete drei Jahre das Competence Center Dienstleistungsmanagement am Fraunhofer IAO. In Forschungs- und Beratungsprojekten hat er Konzepte für die Dienstleistungsentwicklung und -optimierung erarbeitet. Die wesentlichen Ergebnisse seiner Arbeit sind in der Dissertation "Gestaltung kundenorientierter Dienstleistungsprozesse" veröffentlicht. Heute arbeitet Peter Schreiner als Senior Manager für den europäischen Marktführer im Bereich Pharmadistribution.

Prof. Dr.-Ing. Dieter Spath
Fraunhofer-Institut für Arbeitswirtschaft und Organisation (IAO), Stuttgart

Prof. Dr.-Ing. Dieter Spath ist seit 2003 Leiter des Fraunhofer-Instituts für Arbeitswirtschaft und Organisation (IAO) und des Instituts für Arbeitswissenschaft und Technologiemanagement (IAT) der Universität Stuttgart. Zuvor war er von 1981 bis 1992 in leitenden Positionen der Kasto Gruppe tätig (seit 1988 als Geschäftsführer) und von 1992 bis 2002 als Ordinarius für Werkzeugmaschinen und Betriebstechnik an der Universität Karlsruhe (TH).

Dipl.-Kfm. Martin Stanik
DaimlerChrysler AG, Stuttgart

Dipl.-Kfm. Martin ist Mitarbeiter der DaimlerChrysler AG in Stuttgart. Sein Arbeitsgebiet ist die Multi-Projekt-Planung der Aggregateentwicklung in der Mercedes-Benz Car Group.

Prof. Dr. Bernd Stauss
Lehrstuhl für Dienstleistungsmanagement, Katholische Universität, Eichstätt-Ingolstadt

Univ.-Prof. Dr. Bernd Stauss ist als Professor für Betriebswirtschaftslehre an der Wirtschaftswissenschaftlichen Fakultät der Katholischen Universität Eichstätt-Ingolstadt tätig und hat dort den Lehrstuhl für Dienstleistungsmanagement inne. Im Mittelpunkt seines wissenschaftlichen Interesses stehen Managementfragestellungen, die bei der Erstellung und Vermarktung von Dienstleistungen für interne und externe Kunden auftreten. Seine aktuellen Forschungsschwerpunkte liegen in den Feldern Dienstleistungsqualität, Qualitätsmanagement im Dienstleistungsunternehmen, Service Customer Relationship Management, Kundenbindung durch Zufriedenheits- und Beschwerdemanagement sowie e-services und Service-Engineering.

Dipl.-Kffr. Ariane von Stenglin
Institut für Marketing und Dienstleistungsforschung, Universität Rostock

Dipl.-Kffr. Ariane von Stenglin ist wissenschaftliche Mitarbeiterin am Institut für Marketing und Dienstleistungsforschung der Universität Rostock. Hier beschäftigt sie sich insbesondere mit der Kundenzufriedenheitsforschung im Dienstleistungs- und Automobilsektor.

Thomas Sturm
Zentrale Organisationsdienste der Audi AG, Ingoldstadt

Diplom-Wirt.-Ing. Thomas Sturm ist seit Oktober 2002 bei der AUDI AG tätig. Nach einem Berufseinstieg in einer namhaften Unternehmensberatung wechselte er ins Inhouse Consulting der Audi General Services, wo er die Projektleitung in primär technischen Vorhaben bekleidete. Nach einem Wechsel zu den Zentralen Organisationsdiensten koordiniert er dort die Themen Prozessberatung und Umsetzungsbegleitung und leitet geschäftsübergreifende Change Projekte. Er ist Projektleiter im Thema „Output Management".

Dr. Tek-Seng The
Fraunhofer-Institut für Arbeitswirtschaft und Organisation (IAO), Stuttgart

Dr. Tek-Seng The ist wissenschaftlicher Mitarbeiter im Marktstrategie Team Service Engineering am Fraunhofer IAO. In Forschungs- und Beratungsprojekten erarbeitet er IT-Lösungen zur Unterstützung der Entwicklung und Erbringung von Dienstleistungen. Seine Themenschwerpunkte liegen in der Konzeption und Einführung von unternehmensspezifischen IT-Lösungen und der Entwicklung von Software für Service Engineering.

Dipl.-Kfm. Oliver Thomas
Institut für Wirtschaftsinformatik (IWi) im Deutschen Forschungszentrum für Künstliche Intelligenz (DFKI), Saarbrücken

Dipl.-Kfm. Oliver Thomas ist wissenschaftlicher Mitarbeiter am Institut für Wirtschaftsinformatik (IWi) im Deutschen Forschungszentrum für Künstliche Intelligenz (DFKI). Er beschäftigt sich dort schwerpunktmäßig mit den Bereichen Geschäftsprozessmanagement, Wissensmanagement, Groupware und Referenzmodellierung.

Dipl.-Psych. Ilga Vossen
Friedrich Schiller Universität, Jena

Dipl.-Psych. Ilga Vossen ist wissenschaftliche Mitarbeiterin am International Graduate College der Universität Jena. In Forschungsprojekten erarbeitet sie Lösungen zur Optimierung von Organisationsprozessen. Die thematischen Schwerpunkte ihrer Arbeit liegen in den Bereichen Diversity Management, kundenorientierte Dienstleistungsentwicklung und Gestaltung innovativer Unternehmenskulturen.

Dipl.-Kfm. Daniel Wagner
Ministerium für Wirtschaft und Arbeit des Saarlandes, Saarbrücken

Dipl.-Kfm. Daniel Wagner war bis Oktober 2002 wissenschaftlicher Mitarbeiter am Institut für Wirtschaftsinformatik (IWi) im Deutschen Forschungszentrum für Künstliche Intelligenz (DFKI). Von November 2002 bis Dezember 2004 war er als Cluster Manager in der Stabsstelle für Innovation der Staatskanzlei des Saarlandes tätig. Seit Januar 2005 ist er Cluster Manager it.saarland des Ministerium für Wirtschaft und Arbeit des Saarlandes.

Dipl.-Ing. Katrin Winkelmann
Forschungsinstitut für Rationalisierung (FIR), RWTH Aachen

Dipl.-Ing. Katrin Winkelmann arbeitete nach Abschluss ihres Studiums an der TU Darmstadt zwei Jahre als Unternehmensberaterin bei der Boston Consulting Group in Hamburg. Seit 2003 ist sie wissenschaftliche Mitarbeiterin am Forschungsinstitut für Rationalisierung (FIR) an der RWTH Aachen. Ihre Forschungsschwerpunkte sind Dienstleistungsnetzwerke, Wissensmanagement in Netzwerken und Service Engineering.

Dipl. oec. Thomas Winkler
avaso GmbH, München

Dipl. oec. Thomas Winkler ist Geschäftsführer der avaso GmbH, einem Beratungs- und Softwareunternehmen für IT Service Management. Schon während des

Studiums der Wirtschaftswissenschaften an der Universität Hohenheim war Herr Winkler als freiberuflicher IT-Berater und Softwareentwickler tätig, bevor er sich als wissenschaftlicher Angestellter am Lehrstuhl für Wirtschaftsinformatik von Prof. Dr. Krcmar im Rahmen von Forschungsprojekten intensiv mit Service Engineering beschäftigt hat. Als Mitglied des Arbeitskreises „Operational Service Management" des itSMF partizipiert er aktiv an der Fortentwicklung von ITIL.

Dipl.-Kfm. Alexander Zacharias
Bankgesellschaft Berlin AG

Dipl.-Kfm. Alexander Zacharias leitete nach seinem Traineeprogramm im Organisationsbereich verschiedene Projekte zur Einführung von Qualitätsmanagement-Systemen in unterschiedlichen Konzernteilen der Bankgesellschaft Berlin AG. Er war maßgeblich bei der Restrukturierung und Zentralisierung des Kreditgeschäfts der Berliner Bank AG beteiligt und leitete dort im Anschluss die Abteilung Qualitätsmanagement. Seit 2001 ist er für das Thema Prozessmanagement bei der Bankgesellschaft Berlin AG verantwortlich.

Prof. Dr. Erich Zahn
Lehrstuhl für Allgemeine Betriebswirtschaftslehre, Betriebswirtschaftliche Planung und Strategisches Management, Universität Stuttgart

Prof. Dr. Erich Zahn ist Universitätsprofessor und Inhaber des Lehrstuhls für Allgemeine Betriebswirtschaftslehre, Betriebswirtschaftliche Planung und Strategisches Management an der Universität Stuttgart, Geschäftsführender Gesellschafter der IFUA – Unternehmensberatung für Strategisches Management GmbH, Stuttgart sowie Mitglied verschiedener Aufsichtsräte und Beiräte.

Dipl. oec. Daniel Zähringer,
Fraunhofer-Institut für Arbeitswirtschaft und Organisation (IAO), Stuttgart

Nach einer Ausbildung zum Finanzfachwirt bei der Landesgirokasse (heute: LBBW) studierte der Autor Wirtschaftswissenschaften an der Universität Hohenheim mit den Vertiefungen Wirtschaftsinformatik, Transport und Logistik sowie Wirtschaftspsychologie. Seit dem Jahr 2002 arbeitet der Autor am Fraunhofer-Institut für Arbeitswirtschaft und Organisation (IAO) bzw. am Institut für Arbeitswissenschaften und Technologiemanagement (IAT) der Universität Stuttgart. Er ist Projektleiter und Betreuer zahlreicher Industrie- und Forschungsprojekte. Seine Arbeits- und Forschungsschwerpunkte liegen im Service Engineering, der Reorganisation bestehender Dienstleistungssysteme und der Internationalisierung von Dienstleistungen.

Dipl.-Ing. oec. Thomas Zink
Technische Universität Hamburg-Harburg

Thomas Zink ist Wissenschaftlicher Mitarbeiter und Programm Manager des MBA-Studiengangs Logistics Management an der HSL Hamburg School of Logistics. Sein Forschungsschwerpunkt ist das Management von Services, insbesondere im Bereich der Logistik.

Dipl. Betriebswirt (FH) Andreas Zürn
Aareal Hyphotheken-Mangement GmbH, Mannheim

Dipl. Betriebswirt (FH) Andreas Zürn ist Consultant im Bereich Consulting Mandanten-Projekte und beschäftigt sich dort u. a. mit der Mandantenbetreuung, Prozess- und Projektmanagement sowie Unternehmensprozessmodellen.